JN437354

한국의 화약 역사

한국의 화약 역사

염초에서 다이너마이트까지

2009년 9월 25일 초판 1쇄 발행
2014년 10월 25일 초판 2쇄 발행

지은이 민병만
펴낸이 김영호
펴낸곳 아이워크북
등 록 제313-2004-000186
주 소 서울시 마포구 망원동 472-11 2층
전 화 (02)335-2630
전 송 (02)335-2640
이메일 ymedia@paran.com
홈페이지 www.y-media.co.kr

ISBN 978-89-91581-27-2 93900

The History of Explosives in Korea

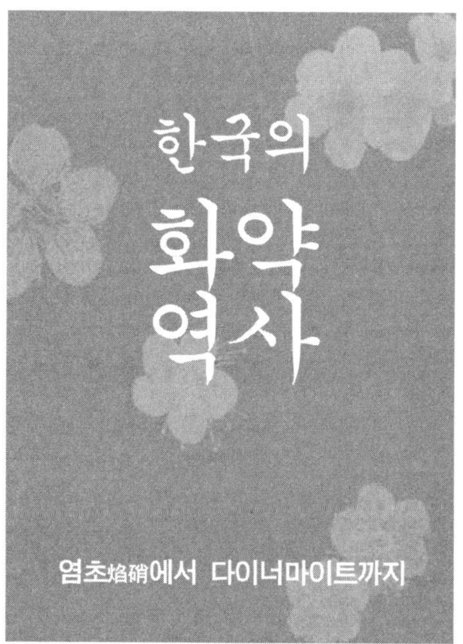

한국의 화약 역사

염초焰硝에서 다이너마이트까지

민병만 지음

추천사

우리나라 역사 중에 '화약'만큼 잘 알려져 있지 않은 분야도 드물 것이다. 물론 역사학자들이나 과학자들, 일반인들까지도 '화약'의 역사에 대해 단순하고 막연한 생각을 언급한 사례들은 꽤 많이 볼 수 있지만 일반적으로 역사란 것이 그렇듯이 주로 문헌에 나타나는 과거의 기록을 논하다 보면 과학적으로 구체화시키지 못하는 경우가 대부분이다. 특히 '화약'이란 것은 눈으로 보고 느낄 수 있는 유적이나 유물 등이 증거물로 후세에 전해지는 것이 없기 때문에 더욱 그러하다고 생각된다. 이런 점에서 이 책은 단편적으로 전해 오던 '화약'의 역사에 과학적 지식을 접목시켜 현대인들에게 생생한 화보집을 보여 주듯 한권의 책으로 우리의 화약 역사를 눈으로 보고 손으로 만지듯 이해시켜 주는 우리나라 최초의 책이라 하겠다.

이 책은 우리 땅에서 화약의 최초 시작에 대한 매우 작은 도화선을 찾는 것에서 시작하여 현대 국가 발전의 근간을 이룬 산업용화약에 이르기까지 화약의 역사를 작은 것 하나 놓치지 않고 깊이 있게 다루고 있다. 또한 최초로 '화약'에 한정하여 그 역사적 흐름을 고찰했다는 의의도 있지만, 한편으로 화약의 비군사적 이용에 집중하여 역사의 한 갈래를 만들어 냈다는 점이 기존의 무기나 전쟁사에 치중되어 있던 화약의 역사 연구에 새로운 시각을 제시하고 있다.

우리나라 화약 역사에 대해서 이토록 진지하게 고찰한 연구가 또 있었을까? 역사와 현대 과학을 넘나들며 자유롭게 한반도 화약의 흐름에 대해서 서술하고 있는 이 책은 한 평생을 화약에 몸담고 산업용화약 분야를 두루 경험한 기술자에 의해 집필되었다. 소위 '화약쟁이'라 할 수 있는 저자가 그동안 주로 역사학歷史學이나 군사학軍史學 측면에서 연구되던 화약 역사를 산업용화약을 중심으로 현대 과학의 시각으로 고증한 것이다. 기존의 화약에 대한 역사적 문헌에 현대 과학의 숨결을 불어 넣어 조선시대 화약의 진위를 밝히고 지난 600년간 한반도를 둘러싼 여러 국가들과의 관계까지도 화약을 통해 생생하게 서술하고 있다.

또한 이 책에서 저자는 그동안 우리 역사에서 특별히 취급되지 않았던 구한말 격동기 근대 화약이 도입된 것에서 시작하여 해방 후 산업용화약의 발전 과정까지도 매우 구체적으로 서술하고 있다. 특히 구한말에서 일제 강점기를 거치는 과정에서의 산업용화약에 관한 각종 사료들을 수집, 정리한 최초의 성과물이 아닌가 싶다.

이 책은 순수한 역사서도 아니며 순수한 화약 기술서도 아니다. 화약 기술자가 아니면 이루어 낼 수 없는, '화약쟁이'의 고집스런 연구와 노력으로 완성된 산업용화약에 대한 모든 것을 담고 있는 최초의 화약 역사서이다. 따라서 이 책의 독자층은 극히 한정적일 수밖에 없을 것이지만 그동안 그 누구도 관심을 갖지 않았던, 우리나라 경제 발전의 한 축이었던 산업용화약의 역사를 이제라도 이렇게 정리할 수 있게 되었다는 점에서 저자의 노력에 박수를 보내고 싶다.

2009년 9월 1일

이학박사 김 민 곤

前 국방과학연구소 화약가공 공장장

前 한국외국어대학교 부총장

우리나라 화약의 역사를 논하다 보면 제일 먼저 언급되는 사람이 있으니 바로 최무선崔茂宣이다. 이어서 "화통도감火㷁都監"이 나오고 각종 화약병기火藥兵器들과 함께 전쟁의 역사가 등장한다. 화약은 단지 이들 무기와 전쟁의 역사 속에서 부속품처럼 거론될 뿐이다. 하지만 무기나 전쟁의 역사 속에서 단편적으로 등장하는 정도만을 가지고 이를 화약의 역사라고 하기에는 부족한 점이 너무 많다. 중국에 이어 동양에서는 두 번째로 화약을 생산하기 시작하여 수백 년 동안 화약을 사용하고 있는 우리나라에 화약의 역사를 일목요연하게 정리한 역사서가 없는 것은 매우 아쉬운 노릇이다. 특히 산업용화약의 역사에 대해서는 군사용 화약 분야에 비해 더더욱 자료가 부족한 형편이다.

물론 우리나라 산업용화약 역사는 아직 100여 년에 불과하다. 하지만 짧은 기간임에도 불구하고 현대과학의 발달과 함께 군사용 화약 못지않은 변천과 발전이 있었고 특히 최근 수년 동안 우리나라 산업용 화약산업은 유사 이래 최대의 변환기를 거치고 있다. 우리나라 최초의 화약이었던 흑색화약은 물론이고 구한말 이후 산업용화약의 대명사로 통하던 다이너마이트까지도 이미 그 수명을 다하고 생산이 중단되었으며 새로운 화약들이 속속 출현하여 그 자리를 대신하고 있다. 지금이야말로 더 늦기 전에 화약병기나 전쟁 역사의 부속물이 아닌 화약에 초점을 맞춘 산업용 화약사火藥史의 정리 작업이 필요한 시기가 아닐까 싶다. 따라서 필자는 고려시대 우리나라에 화약이 처음 전래傳來된 것으로부터 시작하여 해방 후 현대의 화약산업이 자리를 잡고 오늘에 이르기까지 산업용화약을 중심으로 우리나라 화약의 역사를 정리해 보고자 하였다.

집필 순서는 크게 시대 순으로 하는 것을 원칙으로 하였으나 필요에 따라서는 주제별로 정리하기도 하였다. 군사용 병기나 전쟁의 역사에 관해서는 화약을 설명하기 위해 시대적 배경 등이 필요한 경우를 제외하고는 크게 비중을 두지 않으려고 하였으나 조선조 말기에 이르기까지 화약의 주 용도가 군사용이었던 탓에 조선의 화약 역사를 살펴보는 과정에서는 부득이 화약병기나 전쟁에 대한 이야기를 빼놓을 수는 없었다.

시대의 구분은 편의상 우리나라에 화약이 전래傳來되었던 고려시대를 고대古代로 하고, 조선시대는 우리나라 화약사火藥史에 큰 획이 되었다고 할 수 있는 임진왜란을 전후로 해서 조선 전기와 후기로 구분하였다. 암석발파용으로 본격적인 산업용화약이 태동하던 구한말 개화기를 근대近代로 분류하였고 일제 강점기를 별도로 정리하였으며, 끝으로 해방 이후를 현대現代로 구분해 보았다.

본서本書의 발간에 앞서 독자들에게 몇 가지 양해를 구하고 싶은 것이 있다. 그 하나는 본서의 내용 중에는 몇몇 학자들의 연구결과와 상충되는 것이 있고, 또 본서에서 새롭게 제시하는 내용들도 있기는 하지만 이를 가지고 감히 그분들의 학문적 업적에 대립하고자 한 것은 아니었다는 점이다. 필자가 비록 오랫동안 산업용화약 산업에 종사하면서 화약의 개발, 생산, 영업 등 다방면으로 두루 경험을 하였다고는 하나, 아직도 화약에 대한 전문지식조차도 턱없이 부족할 뿐만 아니라 고문서나 고도서 등을 연구할 능력은 더더욱 일천하기 때문이다.

특히 구한말 근대식 화약 발파가 시작된 시점으로부터 일제 강점기를 거치는 과정의 산업용화약 역사에 대해서는 참고할 만한 연구자료들이 전무한 형편이었다. 대한제국 정부문서와 조선총독부문서, 고신문古新聞들을 참고로 나름대로 정리해 보긴 했으나, 이 역시 역사 연구에 대한 전문성이 부족한 필자로서는 역부족일 수밖에 없었다. 따라서 일부 부족한 점에 대해서는 관심 있는 독자들의 추가 연구에 기대를 걸어 보기로 하였다.

둘째, 해방 후 현대의 산업용화약을 논하기 시작하면서부터는 많은 부분이 한국화약주식회사(現 주식회사 한화)라는 특정 기업의 이야기로 구성되었다는 점이다. 하지만 이는 한국화약주식회사가 해방 이후 산업용화약의 역사를 실질적으로 이끌어 왔던 것을 부인할 수만은 없는 노릇이기에 어쩔 수가 없는 일이다. 다만 필자가 30년을 넘게 근무한 회사였음을 감안하여 나름대로 객관성을 유지하고자 주식회사 한화의 회사 내부기록에 의하기보다는 회사 외부의 자료들을 중심으로 정리하였다는 점은 밝혀 두고 싶다. 그럼에도 불구하고 일부 편향적 시각이 포함되었다면 양해를 바란다.

셋째, 본서를 집필하면서 또 하나 아쉬웠던 점이라면 현재 진행되고 있는 산업용화약

산업의 전말顚末에 대해서는 상세히 언급할 수가 없었다는 점이다. 그중에서도 특히 제조기술의 경우는 화약이라는 제품의 특성상 공공의 안전에 막대한 영향을 끼칠 수 있다는 점을 감안할 때 대중적으로 공개하는 것에도 문제가 있을 뿐만 아니라 현재 산업용화약 산업을 주도하고 있는 기업들의 기업 비밀을 침해할 수도 없는 노릇이기 때문이다. 이런 점을 감안하여 현대의 역사에 대해서는 사실史實들을 간략히 기록하는 것으로 만족할 수밖에 없었다. 본서에서 다루지 못한 나머지 상세한 부분이나 그에 대한 평가는 후배들의 몫으로 남겨두면서 훗날 필자에게도 다시 한 번 부족한 부분을 보충할 수 있는 기회가 오기를 기대해 본다.

또한 본서의 내용 중에는 불충분한 내용뿐만 아니라 때로는 오류도 있을 것으로 생각한다. 따라서 본서의 집필 성과를 크게 기대하기에는 미흡한 부분이 많이 있을 것인바, 전해지고 있는 사실史實들을 수집, 정리한 "지루하고 재미없는 책"으로 이해해 주길 바라며 아울러 기탄없는 비판과 많은 지적을 해주길 바란다.

끝으로 그동안 본서의 집필을 위해 귀중한 자료를 제공해 주시고 또 많은 조언을 해주신 여러분께 깊은 감사의 말씀을 드린다. 특히 본서는 '화약'이라는 특수한 분야를 다룬, 극히 한정된 독자층을 대상으로 하는 내용일 뿐만 아니라 이미 주식회사 한화에서 동일한 내용으로 출판, 배포한 바가 있음에도 불구하고 수익성을 떠나 선뜻 출판을 결정해 주신 '아이워크북' 김영호 사장님께 각별한 고마움을 전한다.

2009년 9월 1일

閔 丙 萬

차 례

제2장 우리나라 고대의 화약 역사

제 II 부 조선 전기의 화약

제3장 조선 전기의 화약

제4장 조선의 화약기술 유출 단속

제5장 임진왜란과 화약

제 III 부 조선 후기의 화약

제6장 조선 후기의 화약

제7장 조선의 유황 수급

제8장 현대과학으로 살펴본 조선의 화약

제9장 조선시대의 산업용화약

제10장 조선의 화약 관련 법률과 관제

제 IV 부 근·현대의 화약과 불꽃놀이의 역사

제11장 우리나라 근대 화약의 역사

제12장 일제 강점기 산업용화약

제13장 대한민국 정부 수립과 화약 국산화

제16장 우리나라 불꽃놀이의 역사

일 러 두 기

1. 이 책은 현행 한글맞춤법 규정에 따라 띄어 쓰기와 맞춤법을 사용했으나, 본문의 내용 중, 근대 신문기사 내용은 맞춤법을 따로 바꾸지 않고 그대로 실었습니다. 또한 현장에서 사용하는 단어에 대해서는 합성명사화한 대로 썼습니다. (예: 산업용화약, 에멀젼폭약)
2. 고문헌에 등장하는 한문漢文의 경우 뜻만 통하면 서로 다른 발음의 한자를 쓰기도 하고, 혹은 뜻은 달라도 발음이 같으면 서로 다른 한자를 혼용하는 사례가 있습니다. 이 책에서는 한자 표기는 가능한 원본에 충실히 하는 것을 원칙으로 세웠고 한글 표기는 현재 통용되는 발음을 기준으로 삼았습니다.
3. 본문의 부호에서 단행본이나 전집, 실록 등은 겹낫표(『 』)를 사용했고, 그 다음 단계의 저작물 부호로 낫표(「 」)를 썼습니다. 또한 신문이나 그림 등에는 두 겹 꺾은 괄호(《 》)를 사용했습니다. 하지만 근대의 신문기사 등의 제목과 내용에 사용한 낫표와 겹낫표는 실렸던 그대로 살렸습니다. 또한 각주에 나오는 출처 중 고문서 출처는 따로 부호로 표시를 하지 않았습니다.
4. 이 책에서 도표로 제시한 각종 자료들 중에서 조선총독부문서나 신문기사에서 발췌한 것들은 자료마다 약간씩 상이합니다. 하지만 화약의 역사를 살펴보고자 하는 목적을 감안했을 때 전체 흐름에는 크게 영향을 주지 않는 정도여서 가공하지 않고 원문에 충실하고자 하였으나, 합계가 잘못 계산된 것, 반올림 과정의 오차 또는 명확하게 오타라고 판단되는 것 등은 필자가 숙고하여 정정한 내용입니다.
5. 본문 중간 중간에 찾아볼 수 있도록 연계되는 주석이나 도표 절節 등의 내용을 표기했습니다. "( )" 온괄호로 표시한 것은 절 표시이며, ")" 반괄호로 표시한 것은 주석입니다. 또한 도표는 꺾은 괄호(〈 〉)로 표시했습니다.

제 I 부

화약의 기원과 우리나라 고대의 화약

화약의 기원을 정확히 이야기하기는 어려운 일이다. 하지만 각종 기록을 보면 인류는 오늘날의 흑색화약과 유사한 가연물, 즉 발화물질을 오래전부터 사용하고 있었다. '火藥'이라는 이름에서도 알 수 있듯이 어떻게 보면 인류가 처음 불을 사용하기 시작한 것 자체가 바로 화약의 기원이라고 할 수도 있을 정도로 불과 화약의 관계는 밀접하다.

제 1 장

화약의 기원과 발달

01_

화약의 기원

화약火藥이란, 마찰 · 타격 · 열熱 · 불꽃 또는 전기스파크와 같은 외부의 자극(충격)에 의해 급격한 화학반응(연소, 폭발)이 일어나면서 고온의 열과 함께 다량의 가스Gas를 발생시키는 폭발물(화합물 및 혼합물) 중, 공업적으로 이용가치가 있는 것을 말한다.

초기의 화약은 오늘날의 흑색화약黑色火藥과 유사한 조성물造成物이었다. 초석硝石(질산칼륨, KNO_3), 유황硫黃, 숯(木炭)의 혼합물이었던 이 조성물은 흑색화약의 원조가 되었으며, 처음 이러한 조성물이 만들어진 후 1,000년이 넘도록 오늘날까지도 사용되고 있다.

1-1. 불과 화약

화약의 기원을 정확히 이야기하기는 어려운 일이다. 하지만 각종 기록을 보면 인류는 오늘날의 흑색화약과 유사한 가연물可燃物, 즉 발화물질發火物質을 오래전부터 사용하고 있었다. '火藥'이라는 이름에서도 알 수 있듯이 어떻게 보면 인류가 처음 불을 사용하기 시작한 것 자체가 바로 화약의 기원이라고 할 수도 있을 정도로 불(火)과 화약의 관계는 밀접하다.

인간이 다른 동물과 차이가 나는 것 중의 하나는 불을 사용할 줄 안다는 것이다. 처음 불을 발견한 인류는 음식의 조리調理나 겨울철 난방煖房, 야간조명 등에 이용하기 시작했을 것이며 더러는 맹수猛獸들로부터 자신을 보호하기 위한 수단으로도 사용하였다. 이후 시간이 지나면서 여러 가지 땔감마다 불이 쉽게 붙는 것과 힘든 것, 또 오래 타는 것과 잘 꺼지는 것은 물론 화력火力도 제각각 다르다는 것도 알 수 있었을 것이다. 그 과정에서 유황硫黃이라는 물질이 쉽게 꺼지지 않고 오랫동안 타는 것을 알게 되었고 그 후 초석硝石을 발견하고 나서 유황에 초석, 숯(木炭) 등을 섞으면 강렬한 불꽃과 함께 급속히 연소되는 현상을 발견하였을 것이니, 이것이 바로 원시 화약의 기원이라 할 수 있다.

구석기시대 '활비비'와 '부싯돌'로 불을 지펴 사용하던 상상도(출처: www.dolmen.or.kr)

1-2. 화약의 기원설

화약이 어디에서 처음 만들어졌는지에 대해서는 몇 가지 견해가 있다. 중국에서부터 시작되었다는 설說과 유럽 또는 인도印度에서 처음 만들어졌다는 설 등이 그것인데, 화약을 어떻게 정의하느냐에 따라 이러한 이견異見들이 생기게 되었다고 생각된다.

과거 일부 사가史家들은 화약의 기원을 논하면서 화약이라기보다는 일종의 '불', 즉 평소 실생활에 사용하던 것과는 좀 색달랐던 "화력火力은 세고, 잘 꺼지지도 않으며, 보통의 '불'보다는 급격히 연소하는 '강한 불'"까지를 화약의 역사에 포함시키려는 경향이 있었다. 하지만 엄격히 말하면 이러한 '불'은 단순히 '불'이었을 뿐 화약은 아니다. 이 '불'이 화약의 원형原形으로 발전할 수 있었던 것은 그 '불'의 원료 중에 산소공급제酸素供給劑를 혼합시켜 외부의 산소酸素 없이도 스스로 연소가 가능한 '물질'이 만들어지고 난 후라고 해야 한다. 이러한 산소공급제로서 처음 사용된 것은 바로 초석이었다. 따라서 초석을 발견한 후, 거기에 유황, 목탄을 혼합한 '물질'이 만들어진 시점이 바로 오늘날 흑색화약의 시발점이라고 해야 할 것이다.

대부분의 역사가歷史家들 역시 이 '물질'을 원시原始 화약의 기준으로 삼고 있다. 하지만 이 '물질'의 역사를 찾는 과정에서 초석을 사용하기 이전에 발견되었던 '강한 불'까지도 원시 화약의 기원에 포함시키려는 일부 사가史家들의 견해 때문에 화약 발명에 대한 이견들이 대두되었던 것이다. 즉 중국이나 유럽, 인도 등 여러 곳에서 비교적 일찍부터 만들어져 사용되었던, 예를 들면 유황, 석유 등을 사용하던 '강한 불'들을 각자 자기들의 역사 속에 화약의 기원으로 포함시키려 한 것이다.

만약 원시의 화약이 유황이나 목탄이 아닌 그 어떤 '다른 가연제可燃劑'를 초석과 함께 사용하였다면 그 어떤 '다른 가연제'에 대한 연소기록을 발굴하여 그것들을 가지고 화약의 시초라고 주장했을지도 모른다. 따라서 유황이나 석유, 목탄 등의 혼합물을 화약의 원류源流에 포함시키는 것은 문제가 있다고 판단되며 '보다 강한 불'이 아니라 초석을 사용한 '강력한 불'이 나온 시점부터 화약의 시발점을 논하는 것이 옳다고 본다. 다만 화약의 발명은 어느 한 개인에 의해 이루어진 것이 아니고 오랜 기간 동안 이러한 '강력한 불'을 기초로 여러 사람에 의해 반복적인 실험을 거치며 점진적으로 개량되어 배합 비율과 제조 방법이 결정되었다고 보는 점에서는 별다른 이견이 없는 듯하다.

1-3. 화약과 무기

인류가 일찍이 '강력한 불'의 존재를 알아냈다고는 하지만 처음에는 그 불의 강력한 연소(폭발) 현상을 인위적으로 억제하거나 조절하는 방법을 몰랐기 때문에 이 '강력한 불'을 사용할 곳은 별로 없었을 것이다. 이 '강력한 불'이 오늘날의 흑색화약으로 발전되면서 그와 병행, 이를 제어하는 방법을 터득함에 따라 비로소 실용화가 가능해졌다고 보아야 한다.

'강력한 불', 즉 화약이 처음 사용된 곳은 전쟁용 무기였다. 화공법火攻法이 등장한 것이다. 하지만 화공법도 처음에는 단순히 적진에 불을 지르는 정도로 시작하다가 점차 화약의 강력한 폭발력과 추진력을 이용하는 법을 터득하고 나서 구축물 파괴나 인마人馬 살상이 가능한 무기를 만들 수 있었다. 아무리 싸움을 싫어하는 사람도 공격해 오는 적을 물리치기 위해서는 전쟁을 피할 수가 없다. 또한 전쟁을 하려면 당연히 무기가 필요하다. 이때 매우 유용한 무기로 등장한 것이 바로 화약병기火藥兵器였던 것이다. 화약의 엄청난 폭발력을 이용한 화약병기들은 점차 전쟁의 중요한 요소가 되었고, 이후 화약병기 기술은 급속한 발전을 거듭하였다.

하지만 화약병기에는 화약이라는 물질이 있어야만 한다. 따라서 선조들은 보다 강력한 화약병기를 만들기 위해 병기뿐만 아니라 그에 적합한 화약 생산 방법을 찾아 많은 노력을 했을 것이다. 따라서 초기의 화약들은 화약무기에 적합한 형태로 발전될 수밖에 없었고, 결국 화약의 역사는 무기나 전쟁 역사의 일부가 되고야 말았던 것이다.

오래 전부터 이러한 화약들이 사용되었다는 기록도 있고 또 이런 것들이 흑색화약의 시발始發이었음은 분명하지만 오늘날 우리가 이야기하는 화약의 정의에 부합되는, 즉 추진적 역할과 함께 파괴력을 가지고 있는 화약은 중국 당唐 대에 와서야 비로소 실용화된 것으로 알려져 있다.

02_

중국의 화약 발명1)

2-1. 연단술과 화약

흔히 근대 화학化學은 18세기 말 프랑스 화학자 라부아지에Antonine Laurent de Lavoisier(1743~1794)로부터 시작되었다고 말하지만 그 이전부터도 많은 화학적 지식들이 알려져 오고는 있었다. 그중 화학의 한 원류源流라고 할 수 있는 것으로는 서양의 연금술練金術과 중국의 연단술煉丹術을 들 수 있는데 특히 화약火藥은 중국 4대 발명의 하나로서 연단술을 구사하던, 즉 선약仙藥을 합성하려던 방술가方術家들의 매우 중요한 업적 중의 하나였다.

중국에서는 육조시대六朝時代 노장老莊사상을 바탕으로 했던 도교道教가 신선神仙사상과 이어져 신비적 도가道家사상으로 발전하였고 이 신비적 도가사상 속에서 합리적인 것과 신비로운 것이 공존하며 여러 과학적 업적이 생겨나게 되었다. 이 도가사상과 이어지는 신선술神仙術을 연구하는 사람들을 방사方士, 또는 방술가方術家라고 하는데 당시로서는 마법사와 같은 존재였다.

유럽의 연금술사Alchemist들이 황금을 만들려고 했던 반면 중국의 신선술을 연구하던 방술가들은 불로불사不老不死의 선약仙藥을 추구하고 있었다. 이때 선약의 중심이 되는 것이 단丹이라고 하는 수은 화합물이었기 때문에 유럽의 연금술과 비교하여 중국에서는 연단술이라고 한 것이다. 즉, 연단술은 훌륭한 단약丹藥을 만들고자 했던 기술이었다. 이때 방술가들은 단사丹砂나 금金과 함께 초석硝石(질산칼륨)과 황黃을 매우 귀중한 것으로

1)『실크로드학』(정수일, 창비, 2001),『화약학개론』(황덕상, 주식회사 한화, 1999) http://museum.hanwha.co.kr(한화, 火藥博物館)

고대 중국의 방술가(方術家)

생각하였는데 연단술의 한 과정에서 초석의 혼합물이 맹렬히 불타는 것을 확인하면서 훗날 '화약'이라 부르게 되는 '강력한 불'의 존재를 발견한 것이다.

2-2. 화약의 발견과 인식

초기의 연단술에 관해서는 오늘날 가장 오래된 연단술서煉丹術書로 일컬어지는 BC 220년경에 위백양魏伯陽이 저술한 『주역周易 삼동계參同契』에서 엿볼 수 있다. 이 책은 유교儒敎의 역易, 도교道敎의 철학, 그리고 단약丹藥을 만들려고 했던 연단술을 포함, 소위 삼위일체론三位一體論으로 구성되어 있는데 '삼동계'란 삼자三者가 같은 도道라는 의미이다.

이어 회남왕淮南王 유안劉安이 저술하였다는 연단술서 『회남자淮南子』[2]가 전해진다. 이 저서에서는 단약丹藥을 만들기 위한 금金(黃), 은銀(白)의 제조방법으로 황백술黃白術이

2) 한고제(漢高帝) 유방(劉邦)의 손자 유안(劉安, BC 179?~BC 122)이 수춘(壽春, 安徽省 壽縣)에 도읍을 정하고 회남왕(淮南王)이 되어 수많은 빈객과 방술가(方術家)들을 불러 모아 함께 편찬한 책으로 원래 내외편(內外編)과 잡록(雜錄)이 있었으나 현재 내편(內篇) 일부만이 남아 있다.

라는 기술을 소개하고 있는데 초석과 유황, 숯을 섞어 만든 니물泥物로 금을 만들었으며 납으로는 은을 만들었다고 한다. 물론 비과학적이긴 하지만 금을 만들려고 했던 원료들이 오늘날 흑색화약의 3가지 성분과 동일하다는 점에서 화약의 기원을 연상해 볼 수는 있다.

송宋나라의 이방李昉 등이 편집한 『태평광기太平廣記』[3]에는 후한시대後漢時代 순제順帝(125~144) 때의 설화가 실려 있다. "두자춘杜子春이 단약丹藥을 만드는 방사方士를 찾아갔는데 마침 주인이 출타出他 중이었다. 단약로丹藥爐 옆에서 기다리다 졸고 있는데 로爐에서 큰 불이 발생하여 화염이 지붕까지 솟아오르고 단약 제조 건물이 소실燒失되었다"고 하였다. 일부 학자들이 단약로에 섞여 있던 초석으로 인해 폭연爆燃 현상이 일어났을 것이라고 추정하면서 화약의 기원과 연관시키는 기록이다.

서진西晋의 정사원鄭思遠(264~322)이 저술한 『진원묘도요략眞元妙道要略』이라는 연단서煉丹書에서는 화약과 유사한 물질의 제조가 본격적으로 시도되고 있었음을 알려주고 있다. "빨갛게 연소하고 있는 목탄木炭 위에 초석을 가까이 하였더니 화염이 발생하면서 연소했다"라는 내용에서는 초석이 가지고 있는 산소를 공급받아 목탄이 맹렬히 연소하여 불꽃을 발생시킨다는 사실을 관찰했음을 알 수 있고 "초석, 유황, 자황雌黃[4] 및 꿀의 혼합물에다 화기를 가까이하면 격렬하게 연소하여 사람의 손이나 눈을 태우며 화재를 일으킬 위험이 있으니 주의하라"고 한 것에서는 초석, 유황 및 꿀의 혼합물은 가열에 의해 발화되며 그 연소속도도 매우 빨랐다는 것을 알 수 있다.

이처럼 초기의 연단술은 불로불사不老不死의 단약丹藥을 만들려던 방법 중의 하나였지만 이는 도저히 실현 가능성이 없는 비과학적인 방법일 따름이다. 오히려 당나라의 몇몇 황제들이 단명短命했던 이유가 불로불사를 갈망하며 수은화합물로 만든 단약을 장기간 복용하다가 수은중독증水銀中毒症에 걸렸기 때문이었다는 주장이 타당성이 있어 보인다.

하지만 연단술이 부작용만 있었던 것은 아니었다. 단약을 사용하는 과정에서 방술가

---

3) 500권으로 된 중국의 역대 설화집. 송나라 태종(太宗)의 칙명으로 977년에 편집되었다. 종교 이야기와 정통역사에 없는 기록과 소설류를 모은 것으로, 당시의 유명한 학자 이방(李昉)을 필두로 하여 12명의 학자와 문인이 편집에 종사하였다. 475종의 고서에서 골라낸 이야기를 신선 · 여선(女仙) · 도술 · 방사(方士) 등의 내용별로 92개의 항목으로 나누어 수록하였다. 간본(刊本)으로 명대(明代)의 담개(談愷) 간행본, 허자창(許自昌) 간행본, 청대(淸代)의 황성(黃晟) 간행본 등이 있다.

4) 유황과 비소의 화합물인 삼류화비소를 주성분으로 하는 광석. 산의 양지에서 캔 것은 웅황(雄黃), 음지에서 캔 것은 자황(雌黃)이라 한다.

들은 단약의 여러 재료들이 각각 특정 질병에 대한 의학적 효능을 가지고 있다는 사실을 알아낼 수가 있었다. 우연한 발견이었지만 이 후 여러 단약 재료들은 각각 광물성 약물藥物로 발전되었고 〈본초학本草學〉5)이라는 의학 분야에 흡수되어 질병치료용 약재藥材로 사용되었다. 중국 후한後漢에서 삼국시대 사이에 성립된 본초서本草書『신농본초경新農本草經』에서는 총 365종의 약물을 약효에 따라 상약, 중약, 하약으로 나누어 소개하고 있는데 그중에 박초朴硝, 석류황石硫黃 등 화약과 관련된 약물들이 들어 있다.

그 후 중국 남조南朝 양梁나라의 도가道家 학자였던 도홍경陶弘景(456~536)은 당시까지의 모든 명의名醫들의 본초설을 수집, 정리하여 중국 최초의 체계화된 본초학 전문서인『신농본초경집주神農本草經集注』라는 의서醫書를 저술하였다. 도홍경도 이 책에서 730종의 약물 중에 화약의 원료인 초석을 하나의 약재藥材로 소개하고 있는데, 이 책에서 도홍경은 초석과 망초芒硝(황산나트륨)가 서로 다른 것임을 명확히 구분하였다. 화약에서 가장 중요한 성분은 초석이라 할 수 있는데 그 초석이 망초와 혼농되고 있었던 것을 도홍경이『신농본초경집주』에서 이들이 서로 다른 것임을 구분한 것이다. 도홍경의 이 발견은 다른 연단술사와 의술가들에게 초석의 존재를 널리 인식시켜 주는 계기가 되었고 나아가 화약의 기초를 닦는 데 일조를 하게 된다.

동진東晉 시대의 갈홍葛洪(283~343)도 신선방약神仙方藥과 불로장수不老長壽의 비법에 관한『포박자抱朴子』라는 책을 저술하였는데 그 역시 이 책에서 단약丹藥 제조에 유황과 초석을 사용했던 사실을 언급하고 있다.

그 후 당唐 초기의 명의名醫이자 신선가神仙家였던 손사막孫思邈(581~682)은『단경丹經』내복유황법內伏硫黃法에서 복화伏火를 제조하는 처방을 상술하고 있다. 그는 여기서 복화 제조방법을 "두 냥씩의 초석硝石과 유황을 분쇄한 다음 은제銀製 용기에 넣고 다시 조각자皂角子(쥐엄나무 열매의 씨) 3개를 넣은 후, 불을 지펴 불꽃이 일어날 때 목탄木炭 3근을 넣는다. 목탄이 1/3쯤 타면 불을 끄고 혼합물을 꺼낸다"라고 하였다. 화약을 만들기 위한 작업은 아니지만 유황, 초석, 목탄이라는 화약조성과 동일한 원료를 사용했던 발화물질이

---

5) 한의학 약을 통틀어 연구하는 학문. 한의학 약에는 식물이나 동물 또는 광물에서 기원한 것이 있는데 그중 식물에서 기원하는 한의학 약이 제일 많기 때문에 이를 연구하는 학문을 본초학이라고 한다. 한의학 약에 관한 책인『신농본초경(神農本草經)』,『본초강목(本草綱目)』을 생략해서 본초학이라 하기도 한다.

라는 점에서 이 복화 제조과정도 화약이라는 존재를 알게 해준 원형이라고 할 수 있다. 하지만 아직까지 화약이라고 하기에는 거리가 있는 것들이다.

도교의 경전을 집대성한 『도장道藏』[6]에는 연단술과 함께 화약에 관한 여러 내용이 언급되어 있는데 여기서 **화약**火藥이란 단어가 처음으로 발견된다. 다만 당시는 물론이고 고대 중국에서 오랫동안 화약이라 부르던 것은 오늘날 우리가 말하는 'Explosives(흑색화약 Black powder)'가 아니고 일종의 '약藥(Medicine)'으로 인식되어 있었다. 약은 약이되 불을 붙이면 타는, 즉 불(火)이 되는 약이었기 때문에, 또는 불이 되는 재료로 만든, 즉 불(火)로 만든 약藥이었기 때문에 '화약火藥'이라 했을 것이다.

명나라의 이시진李時珍(1518~1593)이 쓴 『본초강목本草綱目』 "화약" 편에도 "화약은 창선瘡鮮과 살충에 주효하며 습기와 온역溫疫을 제거한다"는 내용이 있다. 16세기에 들어설 때까지도 화약을 약재로 사용하고 있었음을 알 수 있다.

당나라 말기 헌종 3년(808)에 저술된 청허자淸虛子의 『연홍신진지보집성鉛汞申辰至寶集成』이란 책에서는 같은 양의 초석과 황의 혼합물에 바곳(부자附子)을 가한 다음 가열했더니 발화되어 연소했다는 복화반법伏火礬法을 소개하고 있다. 이것은 손사막孫思邈(581~682)의 실험과 사실상 동일한 것으로 볼 수 있다. 쥐엄나무 열매나 바곳(附子), 꿀은 모두가 유기물질인 식물체로서 가연제可燃劑들이다. 따라서 초석, 황, 유기물질(木炭)의 혼합물을 가열하면 발화되는 현상, 즉 황과 목탄이 초석으로부터 산소를 공급받아 연소하는 현상을 관찰했다고 할 수 있다.

이와 같이 오랜 동안 화약의 원형이 약용藥用으로 사용되다 드디어 'Medicine'이 아닌 'Explosives'로서의 "화약"으로 각광받게 된 것은 무기에 사용되기 시작한 이후였다. 즉 초석, 유황, 목탄의 혼합물이 폭발성과 함께 추진력을 가지고 있다는 사실을 발견한 것은 의학자들이었지만 이 기술이 군사기술자들한테 옮겨지면서 화약기술은 널리 전파되

---

6) 도교(道教)의 경전류를 모은 책으로 『도장경(道藏經)』이라고도 하며, 불교의 『대장경(大藏經)』에 해당한다. 도교를 숭상하던 중국 송대(宋代, 960~1279)에 집대성되었다. 원본은 약 5,000권으로 이루어져 있었으나, 원대(元代, 1271~1368) 때 많은 부분이 산실되었다. 오늘날 1,000여 권이 남아 있는데 도교의 묵상과 연단술 및 천기(天機)에 대한 사변철학(思辨哲學)적 저술과 비전(秘傳)의 작품을 비롯하여 다양한 문헌으로 이루어져 있다. 현존의 『도장』은 중국 명나라의 정통(正統) 연간(1436~1449)에 편찬한 『정통도장(正統道藏)』과 만력(萬歷) 연간(1573~1619)에 편찬한 『속장(續藏)』으로 1845년에 중간되었다.

었고 또 획기적으로 발달하게 된 것이다. 이렇게 발달한 'Explosives"로서의 화약제조법은 1044년『무경총요武經總要』라는 병서에서 각종 병기류와 함께 발표되기에 이른다.〈표 1-1 참조〉

2-3. 중국의 화약무기 기원

당나라의 화약병기

화약이 언제부터 화기火器로 이용되었는지는 미상이지만 많은 학자들은 문헌상 당나라 덕종德宗 흥원興元 원년(784)에 이희렬李希烈의 반란군이 사용했다는 '방사책方士策'을 최초의 화기 사용으로 간주하고 있다.『신당서新唐書』"이희열전"에 의하면 이희열이 국호를 초楚라 정하고 스스로 황제라 칭하며 반란군을 이끌고 송주宋州를 공격할 때 '방사책'으로 병영과 성벽 위의 방어물을 불태워 버렸다고 한다. 당시에 사용했던 방사책이 무엇인지는 정확한 실체가 밝혀진 바는 없으나, 일종의 화공법火攻法으로서 '화기火器'임에는 틀림이 없다고 본다.

또한 송나라 노진路振이 쓴『구국지九國志』에는 당나라 애제哀帝 천우天祐 초(904~906년경)에 정번鄭璠이 예장豫章을 공격할 때 '발기비화發起飛火'를 사용해 예장의 용사문龍沙門을 소각하였다는 기사가 있다. "비화飛火"는 화약이고, "발기發起"는 투석기나 쇠뇌로서 이 '발기비화"도 화약병기로 간주되고 있다. 아마도 화살 끝에 연소제燃燒劑를 발라 발사하는 일종의 화전火箭(불화살)일 것으로 추측된다.

송·금의 화약병기

송나라 시기의 특징은 북방 유목민족인 돌궐족突厥族이 세운 금金나라와의 적대적 관계 속에서 각종 화기가 발달했다는 점을 들 수가 있다. 송·금 두 국가는 경쟁적으로 화약과 화기제조술을 발전시켰고 서로 간의 전쟁에 다양한 화기들을 사용하였다. 13세기 초에는

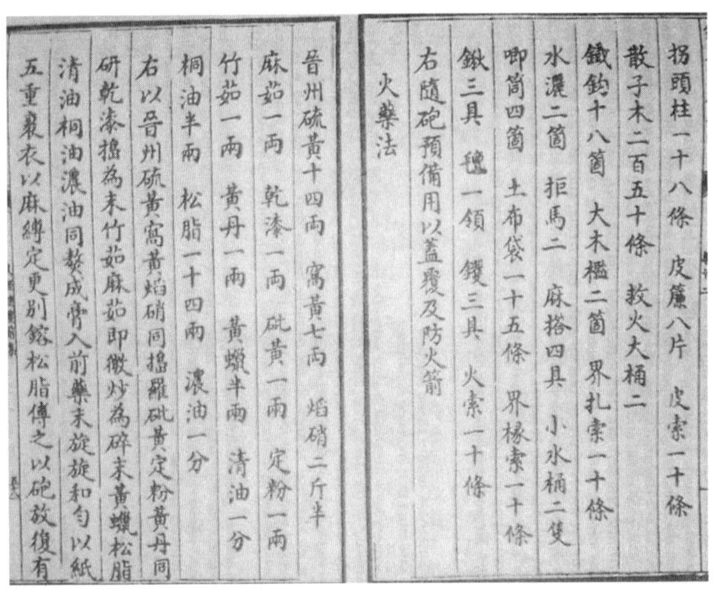

拐頭柱一十八條 皮簾八片 皮索一十條
散子木二百五十條 救火大桶二
鐵鈎十八箇 大木檑二箇 界扎索一十條
水瀼二箇 拒馬二 麻搭四具 小水桶二隻
唧筒四箇 土布袋一十五條 界橡索一十條
鍬三具 鑁一領 鑊三具 火索一十條
右隨砲預備用以蓋覆及防火箭

火藥法

晉州硫黃十四兩 窩黃七兩 焰硝二斤半
麻茹一兩 乾漆一兩 砒黃一兩 定粉一兩
竹茹一兩 黃丹一兩 黃蠟半兩 清油一分
桐油半兩 松脂一十四兩 濃油一分
右以晉州硫黃窩黃焰硝同擣羅砒黃定粉黃丹同
研乾漆擣為末竹茹麻茹即微炒為碎末黃蠟松脂
清油桐油濃油同熬成膏入前藥末旋旋和匀以紙
五重裹衣以麻縛定更別鎔松脂傅之以砲放復有

武經總要 火藥法

송·금 쌍방이 모두 금속제 화기도 제작·사용한 것으로 알려져 있다.

특히 북송北宋 대에 이르러 매우 다양한 종류의 화기들이 제조되는데 화전火箭, 화구火球; 火毬, 화질려火疾藜, 수포手炮, 화포火炮 등이 그것이다. 1040년 수도 변량汴梁에는 〈광비공성작廣備攻城作〉이라는 대형 병기공장이 건설되었고 '광비공성작'의 11개 작업장 중에는 화약과 화기제작을 전문으로 하는 〈화약요자작火藥窯子作〉이라는 작업장도 있었다. 하지만 이때까지 제작된 화기들도 아직까지는 연소성 화기에 불과했다는 것이 일반적 해석이다.

이 무렵 1040년 송宋나라 인종仁宗의 명에 의하여 『무경총요武經總要』라는 병서兵書의 저술이 시작되었는데 북송北宋의 증공량曾公亮과 정도丁度 등이 1044년에 완성한 군사기술서로 40권으로 되어 있다. 당시 서하西夏의 반란이 일어난 뒤 인종이 병법에 뛰어난 인재들을 모집, 군사기술에 관한 지식을 정리시키고, 병기류의 그림을 그리도록 한 것인데 그 내용 중에는 '화약법火藥法', 즉 화약의 조성에 관한 기록도 포함되어 있다. 그중 한 가지 조성을 소개하면 〈표 1-1〉과 같다.

〈표 1-1〉 무경총요(武經總要) 화약 조성

원료명	사용량	%	비 고
晉州 硫黃 (진주 유황)	14兩	17.032	* 두 가지 황(黃)의 구분이 불확실하지만, 산출지(産出地)나 생긴 모양에 따라 구분하였을 것으로 추정됨.
窩黃(와황)	7兩	8.516	
焰硝(염초)	2斤半(40兩)	48.662	* 질산칼륨(KNO_3)
麻茹(마여)	1兩	1.217	* 마(삼) 뿌리
乾漆(건칠)	1兩	1.217	* 마른 옻나무 진(津)
砒黃(비황)	1兩	1.217	* 비소(砒素, Arsenic)로 추정됨.
定粉(정분)	1兩	1.217	* (?)
竹茹(죽여)	1兩	1.217	* 대나무 뿌리
黃丹(황단)	1兩	1.217	* 연단(Pb_3O_4)
黃蠟(황랍)	半兩	0.608	* 봉랍(蜂蠟)으로 추정됨.
桐油(동유)	半兩	0.608	* 오동나무 기름
松脂(송지)	14兩	17.032	* 송진(松津), 소나무의 진(津)
淸油(청유)	1分	0.122	* 각각 식물성, 동물성 기름으로 추정됨.
濃油(농유)	1分	0.122	
合 計	82.2兩	100%	

화약제조술이 본격적으로 발달하게 된 시기는 11세기 중엽이다. 이때부터 폭발성 화기인 '벽력화구霹靂火毬'가 제작되었고 얼마 후에는 보다 위력적인 '벽력포霹靂炮'로 발달하였으며, 각종 화기들이 다량 제작되었다. 신종神宗 원풍元豊 6년(1083) 서하군西夏軍이 난주蘭州를 진공할 때 북송군北宋軍은 무려 25만 개나 되는 화전을 사용하였다고 한다. 또한 1126년 금군金軍이 남하하여 수도를 위협할 때 북송군은 벽력포로 대항하였고, 1161년 금군이 다시 60만 대군을 이끌고 올 때도 남송군 역시 벽력포를 사용하여 이들을 격퇴하였다는 기록이 있다. 이 벽력포의 탄환에는 화약과 함께 석회가 들어 있었는데, 화약이 폭발하면 석회가루가 사방에 흩어지면서 적군이 눈을 뜨지 못하게 했다고 한다.

이후 남송은 금군에 대응하기 위해 화기를 한층 더 개량하였다. 1132년 진규陳規가 덕안德安을 수비할 때 처음으로 '화창火槍'을 제작하였는데, 그것은 원형 죽통竹筒에 화약을 장착한 후 점화·발사하여 적을 소살燒殺하는 화기로서 최초의 관형管形화기였다. 이것은 기존의 투사식投射式 화기가 창포식槍炮式 화기로 옮겨가는 과정으로서 무기제조사에 있어서 일대 거보巨步라고 할 수 있다. 화약병기의 발전이 빨라지면서 화기는 전쟁무기의 주요 요소로 등장하였고 화기가 없는 경우 고전을 면할 수 없었다. 화기를 보유하지 못했던 금군이 번번이 남송, 북송과의 전투에서 고전을 했던 것도 그 때문이다.

하지만 일찍이 1127년 북송의 수도를 점령하고 화약공장과 관련 기술을 확보하고도 크게 관심을 두지 않던 금나라도 13세기 초에 이르러 뒤늦게 화약병기를 사용하기 시작한다. 송나라 말 영종寧宗 14년(1221) 금나라가 점주蘄州를 공격할 때 '철화포鐵火砲'를 사용하는 등 결국에는 금도 송나라 못지않은 화약과 화기술을 확보하고 이를 대송전對宋戰에서 사용한 것이다. 이후 금군의 화기 사용이 더욱 활발해지면서 1231년 몽고가 하중부河中府를 공격해 올 때는 '진천뢰震天雷'를 가지고 대항하였고 1232년의 변량汴梁 쟁탈전과 1233년 남경전투에서는 '비화창飛火槍'을 사용하여 몽고군을 격퇴하였다 한다.

한편 몽고군의 계속적인 공략의 대상이 되었던 남송이 이종理宗 때인 1257년 북상한 몽고군으로부터 격렬한 공격을 받고 있을 때였다. 남송의 재상 이증백이 정강靜江을 시찰하면서 화약병기가 겨우 화포 95문, 화전 95기 및 화창 105통뿐임을 알고, 즉시 호북湖北의 형주荊州에서 보충시키도록 한 사실이 있다. 당시 형주에는 1~2천 문의 철화포를 만들 수 있는 공장이 있었을 뿐만 아니라 양양襄陽과 종상鐘詳에도 각 1~2만 문의 철화포를 보유하고 있었다 하니 남송 시절 화약병기가 대량으로 생산되었음을 알 수 있다.

1259년 남송은 수춘부壽春府에서 굵은 죽통에 화약과 함께 자과子窠(일종의 탄환)를 장전하여 발사하는, 한층 위력적인 '돌화창突火槍'도 만들어 사용하였으며, 1268년에는 몽고군에 의해 5년간이나 포위돼 있던 양양襄陽을 '화창火槍'으로 구원하였다. 또한 정강靜江을 함락하던 1277년에는 남송의 수장인 요령할要玲轄이 '대화포大火砲'로 성벽을 파괴하였는데 수많은 몽고병이 전사했다는 기록도 있다.

몽고의 화약병기

칭기즈 칸의 개국 초기 몽고는 화약 또는 화약병기에 관해 전혀 알지 못했던 것으로 보인다. 개국 초인 1205년 서하를 공략하기 시작할 무렵이나 금의 수도인 북경을 처음 공격할 때(1211~1215년)까지도 몽고군이 화약병기를 사용한 기록은 나타나지 않는다. 몽고가 화약병기의 위력을 처음으로 알게 된 것은 화약병기의 사용이 보편화되었던 금金나라와의 싸움에서였을 것이다. 문헌상 몽고가 화약기술을 최초로 전수받은 때는 금의 수도인 북경을 점령한 직후인 1214년, 금이 보유하고 있던 화약기술과 시설을 포함해 상당수의 기술자들을 몽고로 끌고 간 뒤라고 한다.

몽고군이 화약병기와 유사한 화공무기를 사용한 최초의 싸움은 칭기즈 칸이 서하(중앙아시아 지역)의 오트라르Ottrar를 공격하던 1219년으로 알려져 있다. 이후 1221년 넷사Nessa를 공략할 때 사용한 화전, 화포가 몽고의 본격적인 화약병기라고 할 수 있다.

몽고군이 중국 대륙을 침공하면서 처음 사용했던 화기는 금나라 남경을 공략하던 1232년의 '진천뢰震天雷'였다. 진천뢰는 철구鐵球에 화약을 장전한 다음 점화를 하여 발사하는 것으로서 큰 소리와 함께 작렬하는 일종의 철제鐵製 화기이다. 그 밖에도 몽골군은 처음으로 죽통竹筒 대신에 금속(銅)제 관형화기도 사용하였는데, 이것이 바로 대포의 효시이다. 이어서 몽고는 1234년 채주蔡州를 점령할 때와 1237년 남송의 안풍安豊을 공격할 당시에도 각각 화포를 사용하였다.

그 후로 몽고의 서정군西征軍은 1241년 폴란드의 발스타트Wahlstadt 전에서 '독약연구毒藥煙毬'를 처음 사용하였으며, 또한 같은 해에 모라비아(지금의 슬로바키아)의 올뮈쯔Olmuetz 성을 공략할 때에는 화전으로 사원을 불태웠고, 1258년 바그다드전에서는 진천뢰를 사용하였다. 이 밖에도 몽고의 재상인 백안伯顔이 1247년 남송의 사양沙洋을 공격할 때도 화포를 사용하여 공성攻城에 성공하였다 한다.

1274년(1281년) 몽고·고려 연합군이 일본을 원정할 때에도 몽고군이 진천뢰震天雷로 추측되는 병기를 사용하였다고 일본의 문헌에서 전하고 있다. 이에 대해 고려나 중국에서는 기록을 찾아 볼 수가 없지만 당시 몽고군의 화약병기 수준으로 보아 신뢰가 가는 부분이다. 규슈九州의 하카다만博多灣에 상륙한 몽고군대를 맞이한 일본의 가마쿠라鎌倉 막부幕府군은 이제까지 본 적도 없는 몽고의 병기에 고전을 면치 못했다고 한다. 이때 몽고군이 사용했던 것으로 보이는 진천뢰라는 화약병기는 오늘날의 수류탄이라고 할 수 있는 일종의 작열탄炸裂彈이었다.

이상과 같이 중국에서는 10세기경부터 전쟁용 무기에 흑색화약이 본격적으로 실용화된 후, 원(몽고)과 명에 의해서 더욱 발전되었다. 그러나 화약기술의 초기적인 바탕은 사실상 송·금대에 완성되었다고 할 수 있다. 또한 이 무렵 중국에서는 관상용觀賞用 폭죽爆竹(불꽃놀이용 화약)도 사용하였는데 이러한 폭죽은 이미 7세기 초, 수隋나라에서 시작하여 당나라를 거치면서 송·금대에 널리 보급되었다 한다.

2-4. 중국 화약의 서방 전파

제지술, 인쇄술, 그리고 나침반羅針盤과 함께 중국의 4대 발명 중의 하나로 손꼽히는 화약제조기술 역시 다른 기술들과 마찬가지로 이슬람을 통해 유럽으로 전해졌다고 한다. 화약이 중국에서 서방으로 전파된 것은 아랍·이슬람 상인들에 의해 화약제조법이 전해진 것과 몽고의 서정西征을 통해 화약과 화약무기가 직접 전해진 두 단계로 나눠 볼 수 있다.

화약제조법의 전파

첫 번째 단계는 중국의 화약제조법이 전파되어 유럽인들이 화약을 자체 제조한 단계이다. 아랍-무슬림인들은 8세기경 중국의 연단술을 받아들이면서 처음으로 화약의 주요 원료였던 초석硝石에 대해 알게 되었다 한다. 그들은 처음에 초석을 중국의 특산물로 알고 있었으며, '중국 소금', '중국 눈(雪)'이라고도 하였는데 소금처럼 짜고 눈처럼 흰 초석의 특성 때문이었다. 하지만 처음 중국에서 수입된 초석은 설사제泄瀉劑 등 의약품과 연단술의 소재로만 쓰였을 뿐이고 13세기에 이를 때까지도 화약제조에는 사용되지 않았던 것으로 보인다.

그 후 1249년 이집트에서 초석으로 화약을 제조하였다는 아랍 문헌 기록이 등장한다. 그 화약제조기술은 남송南宋과 아라비아 반도 남부, 홍해紅海를 연결하는 해로海路를 따라 이집트에 전해졌을 가능성이 높은데 당시 해로를 왕래하던 남송의 선박들이 항시 화기를 가지고 다녔기 때문이다.

화약과 화기의 직접 전파

다음은 몽골의 서정西征과 함께 중국의 화약과 화기가 직접 전파된 단계이다. 몽고의 서방 원정은 동서 문화 교류에 큰 역할을 하였으며 특히 화약과 화약병기를 서방에 전파한 사실은 화약사火藥史에서 중요한 의미를 갖는다. 로저 베이컨Roger Bacon이 흑색화약을 만들었다(1-3절)는 1249년보다 앞선 시기에 몽고는 이미 유럽의 인근 지역인 아라비아 등지에서 화약병기를 실전에 사용함으로써 유럽지역에 화약기술에 관한 정보를 제공한 것이다.

몽고가 아랍지역에서 최초로 화약병기를 사용한 것은 1219년 서방 원정 당시 1차 목표가 됐던 중앙아시아 지방의 호라즘 공격 때였다. 그 후 1221년 넷사Nessa를 공략할 때는 화전, 화포 등 본격적으로 화약병기를 사용하였으며 1258년 몽고군이 바그다드를 침공할 때 철병鐵餅이라는 진천뢰를 사용하면서 아랍권은 본격적인 화약병기와 접촉하게 된다. 그 결과 아랍-이슬람 세계에서는 중국의 각종 화기가 속속 모조模造되기 시작하였다.

시리아의 병술가 Hasan al-Rammah al-Ahdab가 1285~1295년 사이에 저술한 아랍어 병서兵書『기마술과 병기』에는 중국화약(거란화契丹花)의 성분과 화기(거란화창契丹火槍, 거란화전契丹火箭) 제조방법이 구체적으로 소개되어 있다.

중국의 화약과 화기 제조법을 전수받은 아랍-이슬람인들은 단기간에 급속한 기술발전을 이룩하였다. 13세기 말 관형화기를 제조하였으며 14세기 초에는 몽고인들이 전한 화통火筒과 돌화창突火槍을 개조하여 보다 위력적인 화포火砲(마드파아madfa'a)를 제작하는 데 성공하였다. 단통短筒과 장통長筒, 2종류의 화포에 사용된 화약조성은 초석 10, 목탄 2, 유황 1의 비율이었다 한다. 14세기 중엽 이집트에서는 이미 대형 동포銅炮를 만들었을 정도로 화기는 급속도로 발달하였고 이렇게 보급된 화약과 화기는 여러 경로를 따라 유럽에 전파되어 유럽 전역으로 신속히 확산되었다.

유럽은 12~13세기부터 선진 이슬람 문명을 수용하기 위해 다량의 아랍어 서적들을 라틴어로 번역하였는데, 그 과정에서 13세기 중엽에 저술되었다는『항적연소화공서抗敵燃燒火攻書, *Liber Ignium ad Comburendos bostes*』라는 병서를 통해 유럽인들도 화약을 이용한 화공법을 알게 된다. 이 책에는 유황 1파운드, 레몬나무나 버드나무 목탄 2파운드, 초석

6파운드를 섞어 대리석 위에 놓고 간 다음 기화통起火筒이나 화포통花炮筒에 장착, 비화飛火라는 화기를 제조한다는 내용이 소개되어 있다. 그 외에 『88 자연실험법』이라는 책에서도 유사한 내용의 화공법을 기술하고 있다 한다.

이후 14세기 전반 아랍-이슬람 세계와의 무력충돌을 비롯한 각종 전쟁이 빈번하게 발발하면서 화약과 화기는 유럽 전역으로 급속히 확산되었다. 1326년 이탈리아가 최초로 금속제 관형화기인 철포를 제조하였고 이어서 영국도 1342년에 철포를, 1347년에는 아랍의 화포火砲 "마드파아Madfa'a"를 모조한 화포도 제작하였다. 독일은 1348년에 '장형홍동총長形紅銅銃'을 만들었다.

03_
유럽의 화약 발명설

유럽인들 사이에서는 화약이 유럽인 자신들의 발명이라는 주장이 제기되기도 한다. 이 같은 주장이 제기된 것은 다음과 같은 화공火攻과 관련된 기록들이 유럽에서 발견되고 있기 때문이다.

- 기원전 1190년경 트로이 전쟁에서 트로이군이 "꺼지지 않는 불"로 그리스 함대를 격파
- 기원전 850년경 서남아시아 메소포타미아의 고대국가에서 일종의 연소 가열제燃燒加熱濟를 병기에 사용
- 기원전 431~404년경 피치와 유황 및 마대껍질을 섞어 화살에 발라 적진에 방화放火를 하는 데 사용
- 기원전 410~302년경 스파르타 동맹군이 시라쿠사Syracusa(시실리) 전투에서 황, 피치, 송진을 혼합한 소이제燒夷劑 사용
- 226년 로마제국의 알렉산더 6세가 페르시아군과의 메소포타미아 전쟁에서 생석회와 아스팔트를 사용한 자동화自動火라는 화기 사용
- 275년 아프리카누스Julius Africanus 초석硝石과 황의 혼합물 소개
- 380년 베게테우스Vegeteus 석유와 피치를 포함한 연소물燃燒物 소개
- 667년 칼리니코스Kallinikos가 "희랍의 불Greek fire"를 발명
- 7세기 비잔틴 제국이 사라센군으로부터 공격을 받을 때 "희랍의 불"을 사용, 수도 콘스탄티노플 사수死守

- 813년 사라센군이 "희랍의 불"과 유사한 발화제로 바그다드 공격
- 904년 사라센군이 그리스를 공격할 때 피치, 황, 생석회 혼합물을 도자기통에 넣어 투사投射
- 941년 비잔틴군이 콘스탄티노플 전투에서 나프타, 생석회, 황의 혼합물로 만든 "바다의 불Sea Fire"을 사용, 러시아 함대 소각

이처럼 기록들은 기원전부터 유럽에서 화약·화기가 사용되었던 것처럼 전하고 있다. 특히 "희랍의 불Greek fire"에 대해서는 정확히 그 실체가 밝혀진 바가 없음에도 몇몇 중세에 쓰인 자료들을 보면 "희랍의 불"은 피치에 유황과 초석을 섞어 만들었던 것으로 흑색화약의 원형이라고 기록하고 있다. 명백하게 흑색화약은 아니지만 유사한 물질이었다는 것이다. 하지만 일부 기원전의 기록들은 신화적인 측면이 강하여 실재實在하였다고 믿기 어려운 점도 있고, 나머지 기록들도 단순한 화공용火攻用 발화제, 연소제들로서 아직 화약과는 거리가 먼 것들이다.(1-1-2절 참조)

로저 베이컨의 화약 발명

유럽에서 화약이 아닌 발화, 연소제가 화공火攻의 주요 수단으로 사용되고 있을 때, 이미 중국은 각종 화약병기에 화약을 사용하고 있었음이 입증되고 있음에도 유럽 일각에서는 르네상스 초기인 1249년 영국의 로저 베이컨Roger Bacon(1214?~1294년)이 최초로 흑색화약을 발명했다고 주장하기도 한다.

베이컨은 중세 프란체스코Francesco 교회 소속의 수도승이었지만 자연과학 분야에서도 뛰어난 재능을 보였던 과학자였다. 특히 그는 당시에 유럽을 오랫동안 풍미하던 연금술이라는 사술詐術에 과감히 도전하여 현대과학의 기초를 확립하는 데 크게 기여한 선구자였다.

그는 과학이 진정한 학문으로 성립하려면 허구에서 탈피해 사실 자체를 객관적으로 증명해야 한다고 주장했고 그는 이 같은 인식에 기초해 전설로만 전해 오던 고대의 소이제燒夷劑나 "희랍의 불(Greek Fire)"을 과학적으로 재현하기 시작했다. 그러나 군용으로만

사용했던 발화제의 조성과 사용법은 어디에서나 비밀이었기 때문에 참고할 만한 자료를 쉽게 찾을 수가 없었다. 결국 여러 물질을 직접 배합, 연소시켜 가며 실험을 통해 확인해 갈 수밖에 없었고, 때문에 그의 실험실은 항상 연기와 불꽃으로 가득 차 있었다고 한다. 어쨌든 오랜 실험 끝에 베이컨은 발화제의 비밀을 밝혀내고야 말았다.

로저 베이컨(1214?~1294)

그에 따르면 '희랍의 불'을 비롯한 고대의 소이제나 발화제는 가연성의 피치나 타르와 같은 물질에 생석회를 배합한 혼합물이었다고 한다. 하지만 보다 중요한 사실은 이 같은 실험과정에서 베이컨이 목탄과 황의 혼합물에 초석(KNO_3)을 가미하면 연소성이 좋아지고 배합비율에 따라서는 폭발적으로 연소한다는 것을 발견했다는 사실이다. 흑색화약을 만든 것이다.

이렇게 로저 베이컨은 전설로만 전해지던 '희랍의 불'을 재현하는 과정 중에 초석, 황, 목탄의 세 가지 성분을 적절히 배합함으로써 종래의 발화제나 희랍의 불보다 연소성능이 뛰어난 물질을 만들어낸 것인데, 여기에 흑색화약Black Powder이라는 이름이 붙게 된 것은 목탄가루가 배합되어 있어 혼합물의 색이 검었기 때문이다.

베이컨은 자신이 발명한 흑색화약의 비밀과 초석의 정제법을 1249년에 저술한 *Operikus Artis et Magiao*에 수수께끼식으로 기록했다고 한다. 왜냐하면 그가 흑색화약을 발명할 당시는 교리와 상치相馳되는 과학적 내용을 발표하는 것이 엄격히 금지되어 있었고, 이를 위반하면 종교재판에 회부되기도 하던 시절이었기 때문에 실험 내용을 아무나 읽을 수 없도록 철자의 순서를 바꾼 수수께기식 라틴어로 표기했다는 것이다. 또한 일설에 따르면 베이컨은 자신이 만든 흑색화약이 화약병기로 사용될 가능성, 즉 전쟁이나 살인과 같은 죄악罪惡의 수단으로 오용誤用될 것을 우려하여, 훗날 정의로운 목적에만 사용할 훌륭한 과학자가 나타나 이를 해독할 수 있도록 제조법만은 글자 수수께끼로 기록한 것이라고도 한다. 이를 두고는 베이컨을 숭상하는 중세적 신화라고 치부하기도 하지만 오늘날 베이컨이 우려했던 대로 대량의 화약이 전쟁터에서 파괴와 살상용으로 사용되고 있는 점을 감안해 본다면 한 번쯤 음미해 볼 필요가 있는 대목이다.

베이컨의 고향인 잉글랜드 남서부 서머셋주Somersetshire의 일체스터Ilchester에 있는 성 메리St. Mary 교회에는 베이컨을 기념하는 조촐한 현판이 있는데 이 현판에는 베이컨이 세계 최초의 흑색화약 발명가라고 기록되어 있다. 하지만 이곳 사람들에게는 안타깝지만 흑색화약이 베이컨에 의해서 발명되었다는 주장은 유럽인들의 주장일 뿐이다. 중국에서는 베이컨이 흑색화약을 처음 제조했던 시기보다 수백 년 앞서 이미 전쟁용으로 흑색화약을 사용한 사실이 입증되었고, 또 아랍에서도 화약병기를 사용한 기록이 확실하게 전해지고 있으며 베이컨의 화약 발명과 같은 시기, 몽고군이 서방원정을 할 때에도 본격적인 화약병기를 가지고 유럽 공략에 사용했다는 사실도 전술한 바와 같다. 따라서 베이컨은, 비록 그가 자신만의 독창적 연구를 통해 흑색화약을 만들었다고는 할지라도, 세계 최초가 아닌 영국 또는 유럽 최초의 화약 발명가라고 해야 할 것이다.

한편 베이컨이 아랍의 연금술사로부터 흑색화약의 제조법을 직접 배웠다거나 스페인의 마드리드에 있는 에스코리알Escorial 수도원이 소장하고 있는 도서圖書의 기록을 통해 제조법을 터득했다는 설說도 있다. 베이컨의 경력으로 미루어 이러한 주장도 상당한 설득력이 있다고 본다. 하지만 베이컨의 흑색화약 발명과 관련된 초기 자료에는 전설적인 성격이 강하기 때문에 확인하기는 어렵고, 로저 베이컨 이후 유럽에서는 장기간에 걸쳐 흑색화약에 관한 자료가 거의 발견되지 않는다.

이후 14세기 초 독일의 수도사 베쏠드 슈바르츠Berthold Schwarz(?~1384)가 베이컨의 기록을 판독함으로써 유럽의 흑색화약 역사는 다시 시작되게 된다. 따라서 혹자는 이런 사실을 가지고 슈바르츠를 흑색화약 발명가라고도 하지만 베이컨과 마찬가지로 그 역시 아랍의 라틴어 서적 역서譯書에서 얻은 지식을 활용, 베이컨의 수수께끼를 풀고 흑색화약을 만들었을 뿐 화약 발명가는 아니다.

또한 슈바르츠는 1380년 금속제 관형대포管形大砲도 만든 사람이다. "화약의 오용誤用을 걱정하며 정의로운 목적에 사용할 훌륭한 과학자가 나타나 해독할 수 있도록 화약제조법을 수수께끼화했다"라는 베이컨의 입장에서 본다면 자신의 수수께끼를 풀고 이를 이용하여 전쟁용 대포를 만든 슈바르츠는 매우 몹쓸(?) 과학자일 것이다.

04_

인도의 화약 발명설

인도印度에서도 기원전부터 화약병기를 사용하였다는 설說이 있다. 이러한 주장이 나온 근거로는 다음과 같은 기록들이 있으나, 이것들만으로 인도가 화약을 사용하였다고 보기에는 무리가 있다. 그렇다고 전혀 화약이 아니었다고 하기도 문제가 있을 것인바, 좀 더 구체적인 연구가 진행된 후에 판단해야 할 것이다.

- 헤라클레스Heracules와 박카스Bucchus가 인도를 침공했을 때도 인도인들은 적이 가까이 올 때를 기다려 머리 위에 "Storm of Lighting and Thunderbolts"를 투하投下하여 격퇴하였다 하고,
- 기원전 327년 알렉산더가 인도를 원정했을 때 인도인들이 성벽 위에서 "Tempest and Thunderbolts Shot"을 투하하였고,
- 인도법전 중에 산스크리트어로 "Agni astra(火矢)"라는 단어가 발견 되는데 후세에 그 단어가 대포大砲를 호칭하는 말이 되었다는 것에서 "Agni astra"가 화약병기였다고 하는 사람도 있으며,
- 또한 동 법전에는 "Shata ghni(Hundred killer, 百人殺)"라는 용어도 있는데 이 또한 화약병기였을 것이라고 한다.

그 후 14세기 중반 이후에도 화약병기였을 것이라고 주장하는 몇몇 기록이 발견되기는 하지만 1498년 포르투갈 사람들이 들어오기 전까지 인도에는 화약이 알려지지 않았다는 것이 일반적 견해이다.

05_

산업용화약의 발달

화약의 용도를 크게 두 가지로 구분한다면 군사용軍事用과 비군사용非軍事用으로 나누어 볼 수가 있다. 그중 비군사용 화약, 즉 채광採鑛이나 토목공사를 위한 암석발파용 화약이나 불꽃놀이용 화약 등을 일반적으로 산업용화약이라 한다. 군사용도 크게 보면 국방산업이라는 하나의 산업분야임에도 불구하고 언제부턴가 우리나라에서는 산업용화약이라는 말이 비군사용 화약 즉, 민수용民需用 화약을 통칭하는 표현으로 굳어지고 말았다. 따라서 본서本書에서도 군사용이 아닌 화약을 산업용화약이라고 통칭했다.

5-1. 폭약의 발달

흑색화약은 처음 발견된 이후 수백 년 동안 다양한 용도의 개척과 함께 그 제조기술이 발달하여 입상화약까지 만들어졌고 채광용으로 사용되기 시작하였다. 그러나 흑색화약은 태생적으로 그 자체가 지니고 있는 고유의 성능性能 때문에 암석발파용으로서는 한계에 도달할 수밖에 없었는데 이때 암석발파용 화약으로 새롭게 등장한 물질이 염소산칼륨($KClO_3$)이다.

염소산염 폭약

프랑스의 베르톨레Claude Louis Berthollet는 1786년 염소산칼륨($KClO_3$)을 발견하고 이 염소산칼륨이 산소공급제 역할을 할 수 있을 것에 착안, 라부아지에Antonine Laurent Lavoisier와 함께 일종의 염소산염폭약을 만들고자 시도하였다. 염소산칼륨의 과민성過敏性 때문에 시험 제조에 그쳤을 뿐, 공업화에는 실패하고 말았지만 이들의 시도는 염소산염폭약이라는 화약 역사상 최초의 폭굉爆轟 물질을 발견하였다는 점에서 커다란 의의가 있다고 본다. 염소산염폭약이 실효를 거두지 못하고 그 후 실제 산업용으로 이용된 것은 염소산염이 아닌 과염소산염이었다. 베르톨레의 실험이 완성되지 못하고 나서 1896년 스웨덴의 칼슨Oscar B. Carlson이 염소산염 대신에 폭력은 더 강한 반면 보다 안전한 과염소산염을 원료로 하는 폭약을 창제創製한 것이다.

칼슨은 주원료로 과염소산암모늄(NH_4ClO_4)을 사용하였는데 이는 일제 강점기 '카릿트'라는 이름으로 우리나라에서도 사용되었던 폭약이다. 갱외坑外의 노천露天 발파에서는 과염소산암모늄이 70~80%까지 사용되었고 갱내용坑內用에는 초안이나 질산나트륨(Sodium Nitrate)이 40~60% 정도 첨가되었다. 또한 탄광용炭鑛用의 경우 과염소산암모늄은 10% 이내로 아주 적게 사용된 반면 감열소염제減熱消炎劑로 소금이 사용되었다. 하지만 '카릿트'는 발파 후 유독성 가스 발생과 내습성 취약, 취급 불편 등의 문제도 있을 뿐만 아니라 이를 대체할 수 있는 더욱 우수한 폭약들이 속속 개발되면서부터 그 사용량이 감소되다가 현재는 사용되지 않는다.

면약의 발명

산업용화약의 근대기는 다이너마이트의 사용이 보편화된 이후라고 할 수 있다. 하지만 다이너마이트가 만들어질 수 있었던 이면에는 면약綿藥(니트로셀룰로오스Nitrocellulose, NC)과 니트로글리세린Nitroglycerine(NG)의 발명이 있었다. 따라서 산업용화약 근대기의 시발점으로 NC와 NG를 살펴보지 않을 수 없다.

1845년 스위스의 쇤바인C. F. Schönbein과 독일의 보트거R. Bottger가 면綿(Cotton)의 초화硝化(Nitration)[7] 시험을 하였다. 그들이 NC의 생산 가능성을 확인한 것은 각각 독자적

7) 초화(硝化, Nitration) : 유기화합물의 분자 속에 있는 수소원자를 니트로기(-NO_2)로 바꾸어 주는 일로서 에스테르화(Esterification), 니트로화(Nitrification), 니트롤리시스(Nitrolysis) 등 세 종류가 있다. 이렇게 만들어진 니트

인 실험을 통해서였지만 후에 그것을 폭약의 용도로 활용하는 방안을 놓고 서로 협력을 하였기 때문에 쇤바인과 보트거, 이 두 사람을 NC의 공동 발명자라고 한다.

하지만 그들 이전에도 1833년 브라콩Henri Braconnot이 녹말(Starch)을 초화硝化하였고, 또 1838년에는 페로우즈T. J. Pelouze도 종이와 면을 비롯, 다양한 물질들에 대해 초화를 했던 사실도 있다. 쇤바인과 보트거의 발표가 있기 전에 발간된 문헌에서 셀룰로오스Cellulose의 초화에 대한 페로우즈의 논문이 발견되면서 확인된 사실이다. 오늘날 흔히 페로우즈를 NC 발명자라고 하는 근거이다. 하지만 그 당시에 페로우즈는 단순히 초화만 했던 것일 뿐, 자신이 면약(NC)을 만들었다는 것을 명확히 인식하지는 못하고 있었다 한다.

그 후 영국에서 톰킨스Tompkins에 의해 "Pulped Guncotton"에 대한 특허가 있었고, 1866년 영국의 아벨Fredrick Augustus Abel이 "Improvements in the Preparation and Treatment of Guncotton"이란 특허를 받은 후 NC는 공업적 생산이 가능해졌다. 아벨은 화약의 내산 안전도시험법耐酸安全度試驗法인 '아벨 테스트Abel Test 법'을 고안한 사람이기도 하다.

또한 브라운E. A. Brown은 압착시킨 건면약乾綿藥이 뇌홍雷汞(Mercury fulminate, MF)뇌관에 의해 기폭된다는 사실도 발견하였다. 그때 함께 발견된 또 하나의 사실이 있었는데 "압축된 습면약濕綿藥은 소량의 건면약에 의해 기폭된다"는 것으로서 바로 부스터Booster의 원리를 발견한 것이라 할 수 있다.

이처럼 각종 화약적 폭발 성질이 규명되면서 NC는 군사용과 산업용 분야에서 다양한 용도로 화약제조에 사용되기 시작하였다. 1873년 미국의 한 의과대학생이던 메이나드Eduard Maynard는 NC가 에테르와 알코올의 혼합용액에 용해된다는 사실을 발견하고 이를 콜로디온Collodion이라 하였는데 이 발견은 NC의 응용범위를 한층 더 넓혀 주는 계기를 만들었고, 현재 공업용 락카Lacquer로 발전하여 전 세계적으로 널리 사용되고 있다.

로화합물은 화약이나 염료(染料) 등으로 사용된다. 화약으로 사용되는 대표적 초화(硝化) 생성물로는 NG(니트로글리세린), TNT(트리니트로톨루엔), NC(니트로셀룰로오즈) 등이 있다.

니트로글리세린의 발명

면약이 만들어진 직후 니트로글리세린Nitroglycerine(NG)이 만들어졌는데 이는 유럽의 뛰어난 여러 과학자들의 연구결과가 축적된 결과라고 할 수 있다. 1847년 이탈리아의 소브레로Ascanio Sobrero(1811~1888년)가 최종적으로 NG의 제조기술을 완성시켰는데, 그는 이때 만들어진 NG를 피로글리세리나Piroglycerina라고 하였다.

규조토 다이너마이트 발명

이제까지 산업용화약의 역사에서 다이너마이트만큼 확고한 위치를 차지하고 있었던 폭약은 없었다. 그만큼 다이너마이트의 발명은 획기적이었다고 할 수 있는데 이런 다이너마이트의 발명은 우연한 계기에서 시작되었다.

1847년 이탈리아의 소브레로Sobrero가 NG를 제조하고 그것의 폭발 성질을 확인하였다고는 하나 제조과정에서의 수차례에 걸친 폭발 사고로 인해 사람들의 관심을 끌지 못하고 또 공업적으로 이용되지도 못하고 있었다. 1862년 스웨덴의 노벨Alfred Bernhard Nobel에 의해 공업적 생산이 개시되면서 비로소 NG는 산업용 발파에 사용되기 시작하였다.

노벨은 NG를 글로니온 오일Glonion Oil이라는 이름으로 세계 각지로 수출하였는데 당시 NG를 사용하는 방법은 액체상태의 NG를 천공穿孔 구멍에 부어 넣고 폭발시키는 방법이었다. 하지만 이와 같은 원시적 NG 취급 방법으로는 많은 인명과 재산 피해가 발생하는 폭발 사고를 수반할 수밖에 없었다.

그뿐만 아니라 이처럼 위험한 NG를 수출할 때는 포장 방법에도 많은 신경을 써야 했다. 노벨은 NG를 배에 선적할 때 그 위험성을 감안하여 2중으로 포장을 하였다. 양철 같은 금속제 통에 NG를 담은 후, 다시 이를 나무상자에 포장했는데 수송 중에 흔들리는 것을 방지하고 외부의 충격으로부터 NG를 보호하려는 목적으로 금속통과 나무상자 사이에 완충제를 채워 주었다. 이때 노벨이 처음 완충제로 사용하던 것은 톱밥이었다. 그러나 그 당시의 니트로글리세린은 세척 방법이 불완전하여 금속과 반응하는 불순물(질산, 황산)이 포함되어 있었기 때문에 경우에 따라서는 금속통이 부식되어 구멍이 뚫리는 일도 있었

알프레드 노벨(1833.10~1896.12)

다. 이 경우 통에서 새어나온 NG는 완충제인 톱밥에 일부는 흡착되긴 했지만 정도가 심하면 나무상자 밖으로까지 흘러나와 취급이 대단히 위험할 수밖에 없었다. 때문에 더욱 흡착력이 좋은 완충제를 찾아 고심하던 노벨은 마침내 규조토(Kieselguhr, Diatomaceous earth)라는 물질을 발견하고 완충제를 톱밥에서 규조토로 변경하게 된다. 다행히 노벨의 함부르크 공장 근처에는 규조토가 대규모로 매장되고 있었기 때문에 얼마든지 값싸게 규조토를 얻을 수 있었다. 하지만 규조토를 사용하면서 수송이나 취급 중의 폭발 위험은 크게 줄었으나 니트로글리세린이 액체이기 때문에 생기는 폭발 사고는 여전히 막을 수가 없었다.

NG의 폭발 사고에 대한 당시의 여론은 대단히 부정적이었다. 특히 신종 폭약의 등장에 불만을 갖고 있던 사람들의 진정이 쏟아졌다. 이에 따라 각국 정부에서는 액체 NG의 사용을 금지하는 등 강력한 규제 조치를 취하기도 하였다. 그러던 어느 날 노벨이 금속통에서 흘러나온 NG가 완충제인 규조토에 흡수되는 것을 보고 있던 중 한 가지 아이디어가 떠올랐다. 즉시 시험에 착수한 노벨은 규조토가 자기 중량의 약 3배나 되는 NG를 흡수한다는 사실과 규조토에 흡수된 NG는 액체상태의 NG에 비해 취급하기가 매우 안전하다는 사실을 확인할 수가 있었다.

1867년 드디어 노벨은 이 규조토에 흡수시킨 NG를 발파 현장에서 사용하기 편리하도록 Paper Cartridge(약포, 藥包)로 만들었고 이를 "다이너마이트Dynamite"라 명명하였다. 후에 이 규조토 다이너마이트는 교질膠質 다이너마이트Gelatine Dynamite로 발전하게 된다.

초안과 폭약

오늘날 산업용화약이 있기까지 초안硝安(Ammonium Nitate)이라는 물질이 기여한 것을 생각해 보면 결코 다이너마이트에게도 뒤지지 않는다. 초안을 빼고 산업용 폭약을 논한다는 것 자체가 무의미할 정도가 되어 버린 것이다.

초안(질산암모늄)은 1659년 독일의 글로버Johann Rudolph Glauber에 의해 최초로 발견되었다. 탄산암모늄과 질산을 반응시키자 흰색 결정이 만들어졌는데 그때 만들어진 염鹽(salt)을 "Nitrum flammans"라 명명하였으니 그것이 바로 초안의 최초 발견이었다. 그 이름에서 알 수 있듯이 발견 당시부터 초안은 그 연소성이 확인되고 있었다. 19세기에 들어 그멜린L. Gmelin은 "Flammender Saltpeter"라 부르기도 하였다.

$$(NH_4)_2CO_3 + 2HNO_3 \rightarrow 2NH_4NO_3 + H_2CO_3$$

이 초안을 처음 화약에 사용한 사람은 19세기 초 그린델Grindel과 로빈Robin이다. 이들은 흑색화약의 초석(KNO_3)을 초안으로 대체하려는 시도를 하였다고 한다. 그 후 1840년 라이스Reise와 밀론Millon은 초안과 목탄의 혼합물을 170도로 가열하면 폭발한다는 사실도 발견하였다.

드디어 스웨덴의 올손Johan Ohlsson과 노르바인John Norrbein이 초안에 소량의 가연성 물질을 혼합하여 "Ammoniakkrut"라는 폭약을 발명하고 특허등록을 함으로써 초안을 이용한 폭약이 탄생하게 된다. 노벨이 규조토 다이너마이트를 발명하던 해인 1867년에 이루어진 성과였다.

이들 두 사람은 화약이 폭발할 때 발생하는 열량과 가스량을 계산해 내는 이론도 전개했으며, 산소공급제에 대한 연구를 통해 화약성분 중에 탄소는 CO_2로, 수소는 H_2O로 변화한다는 사실도 밝혀내었다. 뿐만 아니라 폭약이 완전 연소할 수 있도록 산소 과부족량을 계산하여 원료의 배합비율을 결정하는 방법을 고안하기도 하였다. 이들은 폭약에 대한 이론적 기초를 확립함으로써 산업용 폭약의 발전에 크게 기여한 과학자들이다.

올손과 노르바인이 처음 만들었던 폭약은 초안(AN)과 목탄을 8 : 2로 혼합한 것이었다. 하지만 이 폭약은 초안의 특성상 흡습성도 매우 컸을 뿐만 아니라 기폭감도가 낮아 용이하게 기폭시키는 데는 문제가 있었다. 이러한 단점을 해결하기 위한 방법으로 그들은 초안 80%는 그대로 두고 목탄을 6~10%로 줄이는 대신에 NG를 10~14% 추가한 새로운 폭약을 만들게 된다. 이름은 달랐지만 요즘의 기준으로 본다면 암모니아 다이너마이트 Ammonia Dynamite를 만든 것이다.(표 1-3 참조)

둔감한 AN의 감도를 높이기 위해 예감제로서 NG를 추가했던 것이지만 그 결과는 — 만약 같은 양의 NG를 사용한다면 — 노벨이 만들었던 규조토 다이너마이트보다 위력이 훨씬 강력한 폭약을 탄생시키는 계기가 되었다. 이를 바탕으로 데이비스Davis는 가연성 물질로 목탄 외에도 톱밥, 나프탈렌, 피크린산, 니트로벤젠 등을 혼합한 다양한 Ammonia-kkrut의 조성들을 발표하였다. 이로써 초안은 그 존재가 발견되고 나서 200년이나 지난 뒤에야 비로소 화약원료로 각광받기 시작한 것이다. 이후에도 초안에 대한 연구는 계속되어, 1880년대에 들어 베르텔롯M. Berthelot이 초안의 분해에 대한 이론 방정식을 발표하였고, 20세기 초에는 카스트Kast와 네이옴Naoum이 기폭·충격 및 열 감도와 폭발속도 등 초안의 화약적火藥的 성질을 규명하기도 하였다.

젤라틴 다이나마이트 발명

다이너마이트는 노벨이 발명하였다고 한다. 맞는 말이다. 하지만 노벨이 독자적으로 발명한 것은 규조토에 NG를 흡수시킨 규조토 다이너마이트를 발명한 것이었고, **젤라틴 다이너마이트**까지 만들게 된 것은 노벨 혼자만의 공적이라고 하기보다는 올손과 노르바인을 그 원조라 해도 좋을 것이다. 왜냐하면 노벨이 올손과 노르바인으로부터 'Ammoniakkrut' 특허권을 사들이고, 이를 개량하는 과정에서 젤라틴 다이너마이트를 만들었기 때문이다.

당시 스웨덴에서는 올손과 노르바인이 발명한 니트로글리세린(NG) 이 첨가된 'Ammoniakkrut'가 널리 사용되고 있었다. 하지만 아직도 이 폭약은 흡습성과 장기 보관시 NG가 침출浸出하는 등의 문제점을 여전히 내포하고 있었다. 이때 1870년 노벨이 올손과 노르바인으로부터 특허권을 사들이고 'Ammoniakkrut'의 가장 큰 단점이던 흡습성吸濕性과 NG 침출현상을 보완할 수 있는 연구에 착수하였다.

그가 처음 시도한 것은 초안(AN) 입자를 파라핀이나 스테아린Stearin, 나프탈렌 등으로 코팅하는 것이었다. 하지만 만족할 만한 결과를 얻지 못하고, 실험 과정에 사고를 당하여 부상까지 입는 등 우여곡절을 겪게 된다. 그러던 어느 날 노벨이 손가락을 다쳤을 때였다. 그는 당시 외상치료에 널리 사용하던 콜로디온Collodion(48쪽 참조)을 상처에 발랐다. 콜로디온은 NC를 에테르와 알코올에 용해시켜 만든 투명하고 끈기 있는 액체로 외상 부위에 바르면 용제는 휘발하고 상처 부위를 얇은 피막으로 덮어 주기 때문에 상처를 치료하는 데 매우 효과적이었다. 요즘으로 본다면 페인트(락카)를 바른 것이다.

간단히 약(?)을 바르고 실험을 계속하던 노벨은 우연히 손에 바른 콜로디온이 니트로글리세린과 접촉하면서 놀랍게도 서로 용해되는 것을 발견한다. 천부적인 과학자였던 노벨은 이 현상을 무심하게 보아 넘기지 않았고 그는 이를 다이너마이트에 응용할 수 있겠다는 점에 착안, 니트로글리세린에 콜로디온을 혼합하는 실험을 시작하였다. 그 결과 콜로디온은 니트로글리세린에 잘 용해되며 콜로디온의 원료인 니트로셀룰로오스도 니트로글리세린에 용해돼 껌Gum과 같은 상태로 변한다는 것을 알게 되었다. 그는 이렇게 만들어진 물질이 규조토다이너마이트보다 폭발력은 강력하면서도 충격이나 마찰에는 둔감하다는 사실도 알 수 있었고 즉시 이 새로운 고성능 폭약을 생산, "**다이너마이트 껌**"이라는 이름으로 시판을 시작하였다.

얼마 후 기존의 다이너마이트와 구별하기 위해 '**블라스팅 젤라틴**'이라 이름을 바꾸고, 이어서 1870년 올손과 노르바인으로부터 특허권을 사들였던 'Ammoniakkrut' 기술과 블라스팅 젤라틴 기술을 접목하여, 초안(AN)을 블라스팅 젤라틴으로 코팅하는 실험에도 착수, 성공을 거두게 된다. 1875년의 일이다. 규조토 다이너마이트의 단점과 초안의 단점, 그리고 'Ammoniakkrut'의 단점까지 일시에 해결할 수 있는 방법이었다. 이것이 바로 오늘날의 **젤라틴 다이너마이트**로 발전하게 되는 획기적인 발명이었던 것이다. 다음은 노벨이 처음 만들었던 다이너마이트 조성들이다.

〈표 1-2〉 노벨의 젤라틴 다이너마이트 조성

	초안	Carcoal	NG / Collodion Cotton
I	23	2	71 / 4
II	62	12	25 / 1

콜로디온을 이용한 폭약의 개발에 성공을 하고 나자 노벨은 다시 이 제품을 "**엑스트라**

다이너마이트Extra Dynamite" 또는 "암몬젤라틴 다이너마이트Ammongelatin Dynamite"라 명명하였고 블라스팅 젤라틴과 함께 특허등록을 하였다.

이처럼 최근까지도 널리 사용되던 블라스팅 젤라틴은 "시험관이 아니라 노벨의 손가락에서 탄생했다"는 말이 있을 정도로 '노벨의 집념'과 '우연'이 어우러져 생겨난 것이다.

블라스팅 젤라틴의 등장으로 광물 자원의 채굴이나 토목공사 분야는 혁명적 발전이 이루어졌으며 노벨과 그의 회사는 엄청난 명성과 부富를 거머쥐게 되었다. 노벨은 1895년 11월 27일 "인류복지에 공헌한 사람들에게 나누어 주라"는 유언과 함께 스웨덴 왕립과학 아카데미에 거액을 기부하였고, 이 기금을 바탕으로 노벨 재단이 설립되어 1901년부터 매년 노벨상이 수여되고 있다.

다이너마이트의 발달

노벨에 의해 젤라틴 다이너마이트가 만들어진 후, 이 기술은 전 세계로 퍼져 나갔고 NC나 AN을 사용하느냐에 따라, 또는 소금Salt을 사용하는지 여부와 제품의 용도, 성상 등에 따라 서로 다른 명칭으로 불리면서 발전에 발전을 거듭하였다. 이 과정을 간략히 요약해 보면 다음과 같다.

〈표 1-3〉 다이너마이트의 발달

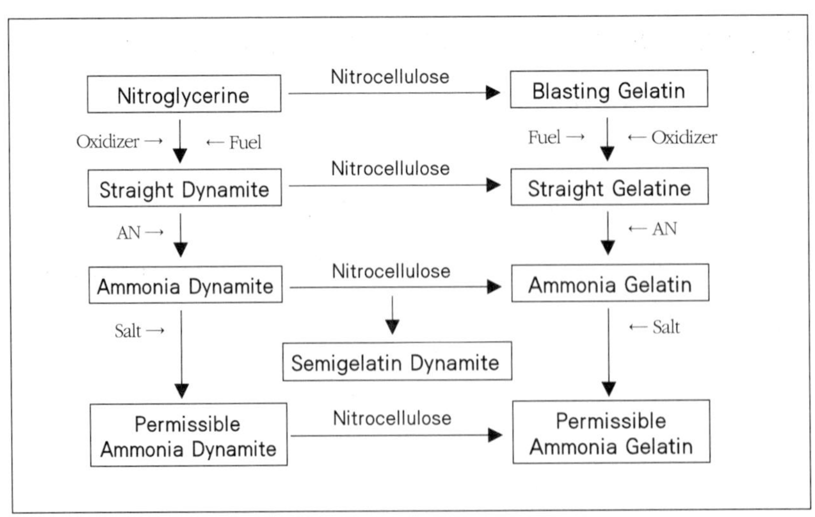

"Ammonia Dynamite"는 "Ammonium Nitrate Dynamite"라 하기도 하고 "Ammonia Gelatin"은 "Ammonia Gelatine Dynamite" 또는 "Ammonium Nitrate Gelatine Dynamite"라고도 한다.

탄광용 폭약의 출현

초안이 폭약에 사용되기 시작하고 나서 이 초안을 주원료로 하는 폭약, 즉 Ammonium Nitrate(AN) Blasting Explosives가 각광을 받으며 가장 많이 사용된 곳은 바로 탄광이었다. "Permissible Explosives"로써의 용도로 사용되기 시작한 것이다.

그때까지 주로 사용되던 흑색화약은 발파시의 화염으로 인해 가연성 가스와 석탄먼지가 가득한 탄광에서 사용하는 것은 2차 폭발의 우려가 있어 매우 위험하였으나 "AN Blasting Explosives"를 사용함으로써 이를 해결할 수가 있게 된 것이다. "AN Blasting Explosives"는 주로 초안을 사용함으로써 폭발온도가 낮았기 때문이다. 부수적으로 가격도 저렴하다는 장점까지 가지고 있었다.

"AN Blasting Explosives"를 탄광 발파에 처음으로 적용 시도한 것은 1885년 프랑스의 파비에르Favier였다. 그는 니트로 화합물을 폭약의 예감제로 사용할 수 있겠다는 새로운 착상을 하고 연구결과를 발표한 사람이기도 하다.

당시에 NG나 NC외에 "AN Blasting Explosives"에 사용되던 니트로 화합물로는 MNN, DNN, TNN 등 니트로나프탈렌Nitronaphthalene 종류와 MNT, DNT, TNT 등 니트로톨루엔Nitrotoluene 종류, 그리고 TNX(Trinitroxylene), Pcric acid 등 다양한 것들이 있었다. 파비에르 이후 서양 각국에서는 약간씩 조성을 달리한 다양한 종류의 탄광용 폭약이 개발되어 미국에서는 "Permissibles"로, 영국에서는 "Permitted"라고 분류하여 탄광발파에 사용하는 것이 허용되었다. 독일에서는 그 화약의 명칭 자체를 "갱내坑內 폭발성 가스에 안전한 화약(Schlagwettersichere Sprengstoffe)"이라고 하였고, 그 밖에도 프랑스, 벨기에를 비롯하여 유럽 여러 나라에서 널리 사용되기 시작하였다.

초창기의 탄광용 폭약들은 NG를 사용하지 않았지만 그 위력을 높이기 위해 점차 NG를 사용하기 시작하였다. NG를 사용하지 않았던 "Ammonium Nitrate Blasting

Explosives"와 구분하여 NG를 사용하는 다이너마이트는 "Ammonium Nitrate Gelatine Dynamite"라 하였다.

〈표 1-4〉 초창기 탄광용 폭약의 조성

<table>
<tr><th rowspan="2">국가별</th><th rowspan="2">제 품 명</th><th colspan="7">조 성</th><th rowspan="2">비고</th></tr>
<tr><th>AN</th><th>NG</th><th>DNN</th><th>Resin</th><th>DNB</th><th>CC</th><th>기타</th></tr>
<tr><td>미 국</td><td>Monobel</td><td>80.0</td><td>10.0</td><td>-</td><td>-</td><td>-</td><td>-</td><td>10</td><td>DuPont</td></tr>
<tr><td rowspan="3">영 국</td><td>Ammonite</td><td>88.0</td><td>-</td><td>12.0</td><td>-</td><td>-</td><td>-</td><td>-</td><td></td></tr>
<tr><td>Westfalite</td><td>95.0</td><td>-</td><td>-</td><td>5.0</td><td>-</td><td>-</td><td>-</td><td></td></tr>
<tr><td>Bellite</td><td>83.5
93.5</td><td>-</td><td>-</td><td>-</td><td>16.5
6.5</td><td>-</td><td>-</td><td></td></tr>
<tr><td rowspan="3">프랑스</td><td>Grisounaphthaliteroche</td><td>91.5</td><td>-</td><td>8.5</td><td>-</td><td>-</td><td>-</td><td>-</td><td></td></tr>
<tr><td>Grisoudynamitre</td><td>70.0</td><td>29.0</td><td>-</td><td>-</td><td>-</td><td>1.0</td><td>-</td><td></td></tr>
<tr><td>Grisoudynamitcouche</td><td>87.5</td><td>12.0</td><td>-</td><td>-</td><td>-</td><td>0.5</td><td>-</td><td></td></tr>
</table>

* DNN : Dinitronaphthalene, * DNB : Dinitrobenzene, * CC : Collodion Cotton

그 후 탄광용 폭약은 1887년에 독일의 로불리트Robulit가 감열소염제로 소금을 배합한 제품을 만들면서 그 기술의 발전이 일단락되었다고 볼 수 있다.

초안 폭발 사고

초안(Ammonium Nitrate)이 폭약의 주원료로 광범위하게 사용되고 있었지만 1921년 독일의 오파우Oppau에서 발생한 대규모 폭발 사고가 있기 전까지는 아직도 초안 자체는 화약으로 간주되지 않고 있었다. 독일 오파우의 한 창고에서 비료용 초안 이 고화固化되어 사용이 곤란해지자 이것을 파쇄하기 위해 폭약을 장진, 파쇄시키다가 약 4,500톤의 초안이 동시에 폭발하는 대형 사고가 발생하였다. 사망자와 행방불명자가 669명, 부상자가 1,952명에 달했던 것에서 그 사고의 크기를 짐작할 수 있다.

이 폭발 사고 후 초안의 성질에 대한 보다 광범위한 연구가 진행되었고 그 결과 많은 논문들이 발표되었으나 두 가지 주장이 엇갈리고 있었다. 초안은 단단히 밀폐된 상태에서 매우 강력한 기폭약을 사용해야만 폭발될 수 있다는 주장과 밀폐된 상태에서는 기폭약 없이도 고온으로 가열될 경우 초안이 분해되면서 발생되는 가스가 1차 폭발하고 이 충격으로 나머지 용융상태의 초안도 폭발될 수 있다는 두 가지 주장이 대립되었던 것이다. 오파우의 폭발 사고가 초안도 확실히 폭발할 수 있다는 것을 보여 주었음에도 불구하고, 이 같은 논란과 함께 이후에도 곳곳에서 초안의 화재나 폭발 사고는 소규모이긴 했지만 계속 발생하였다.

제2차 세계대전이 끝난 후 미국은 유럽으로 초안을 수출하기 시작하였다. 이는 FGAN(Fertilizer Grade Ammonium Nitrate)이라고 부르던 비료용 초안으로서 0.75%의 왁스Wax로 코팅Coating을 하고 3~5%의 점토가루를 혼합한 것이었다. 이 초안은 화약으로 간주되지 않고 있었기 때문에 선적작업 중 흡연도 허용되었을 정도로 그 취급이 제한을 받지 않고 있었다.

하지만 1947년 텍사스에서 또다시 초안의 폭발 사고가 발생하고 말았다. FGAN을 싣고 항구에 정박해 있던 두 척의 증기선蒸氣船 '그랜드 캠프Grand camp호'와 '하이 플라이어 High flyer호'가 4월 16, 17일에 연쇄적으로 폭발한 것이다.

4월 16일 아침 8시 FGAN 2,300톤을 적재한 프랑스 화물선 그랜드 캠프호에서 화재가 발생, 9시 12분 폭발하였다. 수 톤씩이나 되는 배의 파편들은 사방으로 비산飛散되었고 항구는 물론 인근 시가지와 몬산토Monsanto 사의 화학공장 등으로 화재는 대규모로 확산되었다. 설상가상으로 그랜드 캠프호 폭발의 충격이 채 가시기도 전인 밤 11시경, FGAN 1,000톤을 싣고 그랜드 캠프호 부근에 정박해 있던 미국 화물선 하이 플라이어호에서도 화재가 발생, 17일 새벽 1시 10분 폭발하고야 말았다. 그랜드 캠프호보다 더욱 강력한 폭발이었다고 한다. 이 두 건의 사고로 사망 568명(행방불명 100명 포함), 부상 3,500명 이상의 인명피해가 발생했는데 이는 그 당시 텍사스Texas 전체 인구 16,000명의 25%에 해당하는 숫자로 미국 역사상 최악의 폭발 사고였다.

이 사고 후 미국에서는 사고 원인에 대한 정밀조사를 실시하였고 동시에 초안뿐만 아니라 초안과 유기有機 또는 무기물無機物들의 혼합물에 대한 폭발성질에 관한 연구도 병행하였다.

텍사스 항구 화재 현장

초안을 "Oxidizing material"이자 "An explosives ingredient"로 분류하여 제조, 저장, 수송 등을 '광무국鑛務局(Bureau of mines)'이 관장하는 "Federal Explosives Act"로 규제하였으며 철도 운송 시에는 "Ammonium perchlorate"와 동일한 수준인 'Yellow Label'로 관리하기 시작하였다.

1947년의 사고 이후 대규모 초안 폭발이라는 중대사고가 없는 것은 다행한 일이다. 하지만 불행하게도 한반도 내에서 또 한번의 대규모 폭발 사고가 일어났다. 2004년 4월 22일 북한의 평안북도 용천군龍川郡에 있는 용천역 구내에서 있었던 대폭발이 그것이다. 북한 당국의 발표로는 이 사고로 150여 명이 사망하고, 1,300여 명이 부상을 당했으며 8,000여 명의 이재민이 발생하였고 3~4억 유로EURO의 재산피해를 입었다고 한다.

당시 언론들은 여러 가지 정황을 들어가며 사고 원인을 추측, 보도를 하였는데, 초안을 적재한 열차가 유조차와 충돌하면서 폭발하였다는 것과 석유와 LP가스를 실은 화물열차들이 충돌하였다는 보도가 있었고, 김정일을 목표로 한 테러였을 것이라는 추측이 제기된 바도 있었다. 그뿐만 아니라 시리아로 수출하려던 스커드 미사일(노동 1호)이 폭발한 것이라는 주장이 제기되기도 하였다. 필자가 이 같은 여러 주장들의 진위眞僞를 논할 바는 아니고, 다만 초안이 폭발했을 가능성 여부에 대해서만 생각해 보았다.

많은 양의 초안이 폭발했다면 북한에서는 초안을 어디에 사용하고 있는 것일까? 원래 초안은 비료와 화약의 원료로 사용되는 물질이다. 하지만 일부 국가를 제외하면

용천역 폭발 사고 현장

이제 초안은 비료로는 잘 사용되지 않는다. 따라서 비료용이 아니라면 초안이 대량으로 사용될 곳은 화약밖에 없다. 즉 다이너마이트, 초유폭약(AN-FO), 에멀션폭약, 초안폭약 등에 사용되는 것이다.

여기서 우리는 간단하게 초안을 어디서 싣고 어디로 가고 있었는지, 하필이면 왜 용천역에서 폭발했는지, 이 두 가지만 생각해 보면 초안이 폭발한 것인지 아니면 다른 어떤 것이 폭발한 것인지 짐작해 볼 수 있다고 생각한다. 용천역은 신의주 아래에 있는 경의선의 한 역驛이다. 남쪽에서 초안을 싣고 북쪽으로 가던 중이었다면 신의주 쪽에 초안을 사용할 '화약공장'이 있다고 해야 할 것이고, 북쪽에서 싣고 남쪽으로 가던 중이었다면 북쪽, 즉 신의주 쪽에 초안을 실어 준 '초안공장'이 있어야 한다. 신의주 북쪽은 압록강이고 강 건너는 중국 땅이다. 북으로는 더 이상 올라갈 곳도 없으니 아주 간단하다. 신의주 인근에 초안을 사용하는 '화약공장'이 있는지, 아니면 초안을 만드는 '초안공장'이 있는지 각자 생각해 보기로 하자.

초유폭약의 등장

1867년 노벨에 의해서 발명된 다이너마이트는 1세기 이상 꾸준히 산업용화약 분야의 독보적 위치에 군림하며 인류문명에 커다란 공을 세우고 있었다. 하지만 극히 예민한 니트로글리세린을 사용하는 한 다이너마이트는 항상 사고의 위험이 도사리고 있고, 공장을 건설하는 데는 많은 자금과 넓은 공장부지도 필요하며, NG 제조공정 중에 다량 발생하는 폐산廢酸과 폐수廢水는 환경문제를 수반할 수밖에 없다. 그뿐만 아니라 제조공정 중에 발생하는 NG 증기蒸氣는 작업자들로 하여금 두통과 현기증, 구토를 일으키게 하는 등 보건문제도 빼놓을 수 없다. 따라서 많은 화약 연구자들은 좀 더 안전하고 저렴한 폭약에 관해 관심을 기울일 수밖에 없었다.

그러던 중 1921년과 1947년 발생한 대규모 초안 폭발 사고를 겪으면서 새롭게 힌트를 얻고 개발된 것이 바로 초유폭약硝油爆藥(AN-FO)이다. 초안을 실은 배가 폭발을 일으키자 미국의 화약기술자들이 초안이 예감제 없이도 폭발할 수 있다는 기폭성에 깊은 관심을 두고 초안으로 폭약을 만드는 연구를 시작한 것이다.

1955년 미국의 아크레R. L. Akre와 리H. B. Lee가 비료용 초안에 목탄과 기름 등을 섞어 만든 폭약을 개발하고 이것에 아크레마이트Akremite라 이름을 붙였는데 이것이 바로 초유폭약(AN-FO, Ammonium Nitrate Fuel Oil)의 원조가 되었다. 1953년 이 폭약의 첫 발파가 시도되었다. 인디애나의 한 노천탄광에서 다이너마이트 20파운드를 부스터Booster로 사용하여 기폭시키는 실험이 성공되었는데 이 실험의 책임자가 바로 아크레였다. 1955년 실험 결과가 미국에서 발표되었고, 이 폭약은 곧 바로 '프릴초안'에 디젤유를 섞는 제품으로 발전, AN-FO라는 이름으로 실용화되어 전 세계로 급속히 퍼져 나갔다.

이러한 연구가 성공할 수 있었던 또 하나의 중요한 요인은 바로 프릴Prill초안이 있었기 때문이다. 하지만 프릴초안이 처음부터 AN-FO를 만들기 위해 고안된 것은 아니었다. 1921년 독일에서 폭발되었던 초안은 입자형(Crystal)이었다. 이 입자형의 초안은 흐름성이 나빠 취급하기가 매우 불편할 수밖에 없었는데 따라서 취급이 용이하도록 초안의 입자크기를 증가시키려는 시도가 있었고 그 과정 중에서 프릴초안이 만들어진 것이다.

프릴초안은 1943년 캐나다에서 개발되었는데 흡습성이 강한 초안의 고화방지를 위해 코팅제로서 소량의 규조토를 첨가하였다. 이로써 프릴초안은 화약제조공정 중에서의 취급이 보다 용이하게 되었을 뿐 아니라 발파 작업시 천공 내에 충전充塡하는 작업까지도 편리하게 되자 AN-FO의 원료로 널리 사용될 수가 있었던 것이다.

그 후 AN-FO는 작업의 편리성을 위해 'Bagged AN-FO'로도 포장되기 시작했으며

1958년에는 캐나다의 Canadian Industrial Limited와 Iron Ore Company에 의해 기계식 현장 충전방법이 고안되었고 1960년 미국에서는 공압식空壓式(Pneumatic) AN-FO 충전트럭도 개발되었다.

이처럼 AN-FO는 원료 확보의 용이성, 저렴한 가격 및 사용상의 편리성뿐만 아니라 특히 안전하다는 장점을 가지고, 전 세계에 빠르게 전파되어 세계적으로 산업용 폭약 수요의 70%를 점유할 정도로 성장하였다.

하지만 엄밀히 말하면 아크레가 만든 초유폭약(AN-FO)은 1867년 스웨덴의 올손과 노르바인이 초안에 소량의 가연성 물질을 혼합하여 만들었던 "Ammoniakkrut", 즉 Ammonium Nitrate Blasting Explosives(51쪽 참조)를 원조라고 해도 좋을 것이다. 올손과 노르바인이 가연제可燃劑로 목탄이라는 고체원료를 사용하였다면 아크레는 기름, 즉 경유Diesel Oil라는 액체 가연제를 사용한 것이 다를 뿐이다.

슬러리Slurry폭약

하지만 AN-FO 역시 초안이 지니고 있는 고유의 성질 때문에 그 성능에서 한계에 직면한다. 처음 제품이 개발되고 나서 단시간에 폭약 소비량의 많은 부분을 점유하긴 했으나 몇 가지 부분에서 만큼은 다이너마이트를 따라갈 수가 없었다. 첫째로 위력이 약하고, 둘째로 내수성이 취약했다. 또한 뇌관만으로는 완벽하게 기폭시킬 수도 없었기 때문에 전폭약傳爆藥(Booster)이 필요하였다. 따라서 다이너마이트와 같은 완전한 "Explosives"라기보다는 "Blasting Agent"로서의 한계를 넘을 수가 없었던 것이다.

그뿐이 아니라 AN-FO는 비중이 0.8~0.9로서 물보다 가벼워 수공水孔에서는 물에 뜨기 때문에 공孔 내에 충전充塡하기가 곤란하였으며 장전裝塡 후에도 장전비중이 낮아 경암硬岩 발파용으로는 부적당하다는 단점도 있다.

단점이 있으면 이를 개선하려는 노력도 있게 마련이다. AN-FO의 문제점을 해결하려는 노력은 단기간에 급진전되었다. 1956년 12월 미국 유타Utah 대학의 쿡M. A. Cook 교수와 캐나다의 파르남H. E. Farnam이 AN-FO의 내수성을 보완하고 밀도를 높일 수 있는 슬러리 폭약을 발명한 것이다. 그들은 초안이 물을 흡수하여 용해되는 것을 방지하고 수공水孔

Pneumatic AN-FO 충전트럭 작업 광경(출처: (주)한화)

바닥까지 폭약이 쉽게 들어가도록 비중을 높이는 방법으로 AN-FO 혼합물에 물과 가교제(Guar Gum)을 가하여 슬러리Slurry 상태로 만들고 예감제로 알루미늄 분말과 TNT를 사용하였다. 쿡은 이를 상품화하기 위하여 아이레코Ireco사를 창립하였고 이 아이레코사에서 만든 슬러리폭약은 캐나다와 미국 중서 북부의 메사비와 마르케트 지역의 철광석 발파에 사용되며 큰 호응을 얻어 냈다.

또한 슬러리폭약의 출현은 폭약이 물과 공존할 수 있다는 것을 보여 줌으로써 화약은 물과 상극이라는 전통적인 관념을 깨뜨려 버렸다. 그것은 화약에 대하여 갖고 있는 인간의 지식을 한 단계 도약시킨 것이었으며 산업용화약의 개발에 있어 다이너마이트에 이은 또 다른 혁명이었다.

그 후 아이레코사는 1963년 예감제로 비금속 가연제를 사용한 슬러리폭약을 개발하였으며 'Field Slurry Mixing System'을 고안하기도 했다. 또한 1969년 미국의 듀퐁DuPont사에서는 예감제로 MMAN(Mono methylamine nitrate)을 사용한 슬러리폭약(Watergel)도 생

슬러리폭약 제조 시설(출처: (주)한화 2002.5)

산하기 시작하였다.

이러한 슬러리폭약의 발전은 70년대에 절정을 이루어 비화약 예감제를 사용하는 기술과 함께 뇌관기폭성 제품이 개발되어 소구경小口徑발파도 가능해지는 등 다양하게 발전되었다. 특히 1964년에 개발된 'Chemical gassing' 방법에 의한 예감화 기술개발은 슬러리폭약의 특성을 더욱 보강시켰고, 후에 이 'Chemical gassing' 기술은 에멀젼폭약에도 응용되었다.

에멀젼Emulsion폭약

1956년 쿡M. A. Cook과 파르남H. E. Farnam이 개발한 슬러리폭약이 화약은 물과는 상극이라는 전통적인 관념을 깨뜨리면서 다이너마이트에 이은 또 다른 혁명으로 격찬을 받았지만, 이 폭약 역시도 다이너마이트나 AN-FO와는 또 다른 약점을 갖고 있었다. 슬러리폭약은

O/W(Oil in Water)형의 폭약으로서 물 층이 대기와 노출되어 있어 겨울철에는 동결로 인해 기폭성을 잃어버리는 치명적인 결점이 있었는데, 보통 4℃ 이하에서는 기폭성이 현저히 떨어져 불폭不爆현상이 발생하는 것이다. 슬러리폭약의 또 다른 약점은 역시 낮은 폭속(爆發速度)이다. AN-FO에 비해 폭속이 높아지기는 했지만 발파 현장에서는 계속해서 다이너마이트와 유사한 수준의 높은 폭속을 요구하고 있었다.

에멀젼폭약은 이러한 슬러리폭약의 단점을 개선하는 과정에서 만들어졌다. 1961년, 미국의 커머셜 솔벤트사(Commercial Solvents Corp.)의 어글리R. S. Egly가 최초로 W/O(Water in Oil)형 에멀젼과 O/W형 슬러리를 혼합한 형태의 폭약을 만든 것이다. 이어서 1963년 미국의 아틀라스사(Atlas Chemical Industrial Limited)의 게릭N. E. Gehrig이 슬러리를 포함하지 않는 에멀젼을 개발하였다. 그러나 에멀젼폭약 기술을 완성한 사람은 미국 아틀라스 화학공업의 블럼H. F. Bluhm이었다. 1969년 6월 블럼에 의해서 에멀젼폭약의 기술이 처음 특허 공개되었다. 초기의 에멀젼폭약은 뇌관 비기폭성 폭약으로서 부스터를 사용하여 기폭시켰으며, 소구경의 발파공에는 사용되지 못하고 대구경에만 사용되었다.

많은 폭약 제조회사에서는 이러한 새로운 에멀젼폭약에 관심을 갖게 되었고, 에멀젼폭약을 제조하기 위한 새로운 장치와 기술, 그리고 유화제 등에 많은 연구를 기울이기 시작하였다. 1972년 듀퐁사의 카터몰G. R. Catermole은 Aminenitrates(MMAN 등)를 사용하여 폭굉감도를 증가시킴으로써 직경 25mm의 소구경 천공 내에서도 완폭完爆이 가능한 에멀젼폭약을 개발하였고, 1973년 미국 ICI사(Imperial Chemical Industries America Incorp.)의 찰스 웨이드Charles G. Wade는 에멀젼폭약의 기폭감도를 향상시키기 위해 가스를 포함하는 에멀젼폭약과 스트론튬이온을 폭발촉매제로 사용하는 에멀젼폭약 2가지를 개발하였다. 그해 12월 듀퐁사의 토믹E. A. Tomic은 유화제로 'Alkali stearate' 또는 'Ammonium stearate'를 사용하여 유동성이 좋은 에멀젼폭약을 개발하였다. 여기서의 특징이라면 Stearates를 유화제로 사용한 것이라 할 수 있는데 Stearates는 HLB가價에 따라 O/W용 유화제가 되기도 하는 물질이었지만 토믹이 그것들을 가지고 W/O형 에멀젼폭약을 만들어낸 것이다.

1977년에 아틀라스 파우더사Atlas Powder의 웨이드는 예감제로 화약 종류나 Organic amine nitrate를 사용하지 않고도 6호 뇌관으로 기폭시킬 수 있는 에멀젼폭약을 개발하여

에멀젼폭약 공장 조정실(출처: (주)한화 인천 공장)

특허를 출원하였다. 이 폭약의 특징은 뇌관 기폭성을 갖고 있다는 점이라 할 수 있는데 바로 속이 빈 미세한 유리공, 즉 미소중공구체微小中孔球體(Hollow microballoons)를 사용함으로써 기폭감도를 증가시킬 수가 있었던 것이다. 이것이 바로 오늘날 보편적으로 사용되고 있는 GMB(Glass microballoons)를 사용한 에멀젼폭약이다. 1978년 웨이드는 다시 에멀젼폭약의 연속식 제조기술을 개발하여 특허 등록하였고 제4회 "US Conference on Explosives and Blasting Techniques"에서 〈Wade's paper〉라고 하는 "Emulsion Viva la Difference"를 발표하였다. 이를 계기로 에멀젼폭약은 많은 사람들 사이에 커다란 반향을 불러일으키면서 새로운 내수성 산업용 폭약의 대량생산 시대를 열게 되었다.

그 후 에멀젼폭약은 발전을 거듭하여 비중조절 기술, 유화제와 유화기 등 유화기술을 비롯하여 Field loading[Bulk] 에멀젼폭약, 내수성 에멀젼폭약, 에멀젼 AN-FO 폭약 등 수많은 특허가 등록, 발표되었다.

미국의 아틀라스 파우더사는 소구경小口徑 뇌관기폭성 에멀젼폭약과 지포장紙包裝

(Paper Cartridge) 에멀젼폭약의 상업생산을 시작하였고, 이제 에멀젼폭약은 전 세계에 걸쳐 다이너마이트, 슬러리폭약의 수요를 대부분 대체해 가고 있다. 점차 AN-FO 수요도 잠식하고 있으며 앞으로 상당 기간은 에멀젼폭약이 다이너마이트의 뒤를 이을 것으로 보인다.

향후 에멀젼폭약을 대체할 수 있는 새로운 폭약이 나오지 않는다는 보장은 없다. 아직은 에멀젼폭약도 개선할 점들이 많이 남아 있으며, 과거에도 그랬듯이 이러한 문제점을 개선하는 과정에서 새로운 아이디어를 가미한 새로운 폭약이 나올 수 있는 것이기 때문이다. 하지만 현재의 일부 문제점들이 어느 정도 개선만 된다면 에멀젼폭약은 다이너마이트보다도 오랫동안 산업용 폭약으로 유지될 수도 있을 것이다.

5-2. 화공품火工品의 발달

면약과 니트로글리세린의 발명을 산업용화약 근대기의 시발점이라고 한다. 하지만 그와 함께 산업용화약의 발전을 이끌어 온 것으로 화공품火工品을 빼놓을 수 없다. 화공품을 사용하지 않고 폭약을 효율적으로 사용한다는 것은, 즉 발파를 한다는 것은 불가능한 일이기 때문이다.

1867년과 1875년, 노벨에 의해 규조토 다이너마이트와 젤라틴 다이너마이트가 연이어 발명되면서부터 각종 토목공사와 채광작업 등 산업용 발파작업은 눈부신 발전을 이룰 수가 있었고, 이 후 100여 년간 다이너마이트는 산업용 폭약의 대명사로 자리 잡으며 독보적인 존재로 그 전성기를 구가하였다. 이에 따라 흑색화약은 오랫동안 지켜오던 화약의 왕좌王座를 산업용 발파부문에서 만큼은 다이너마이트에게 넘겨주게 되고야 말았다.

하지만 다이너마이트가 만들어지기 전 흑색화약이 사용되고 있을 때에도 발파를 위해서는 화공품이 필요했고 따라서 화공품은 다이너마이트 이전에 이미 개발되고 있었다. 만약 화공품의 개발이 선행되지 않았더라면 단순히 화염에 의해서도 점화되던 흑색화약에 비해 기폭시키기가 훨씬 어려웠던 AN폭약류나 다이너마이트의 등장은 상당기간 지연되었을 것이다. 기폭 방법이 불확실한 물질을 폭약으로 사용해 보겠다는 개발 아이디어는 시작부터 그 착상이 불가능했을지도 모르기 때문이다. 따라서 산업용화약의 발달에 화공품이 기여한 바는 결코 폭약류에 뒤지지 않는다고 할 수 있는 것이며, 실제로 현재에 와서도 발파의 효율성, 경제성이나 안전성을 좌우하는 것은 폭약보다 화공품의 역할이 우선하고 있을 정도다.

화약 발파의 유래

고대의 채광 방법은 깨뜨리고자 하는 광석鑛石 표면에 나무를 쌓아 놓고 불을 지펴 뜨겁게 가열한 다음, 가열된 광석에 물을 부어 급랭시킴으로써 암석에 균열을 일으키는 방법이었다. 우리나라도 조선시대에 화흉법火洶法이라고 하는 이와 유사한 방법을 사용한 적이 있다고 한다.

하지만 그러한 방법은 시간도 너무 많이 소요될 뿐만 아니라 광산 주변의 산림을 고갈시킬 수밖에 없었고 목재의 운반 문제 등 비용도 증가하는 많은 문제점을 안고 있었다. 이 같은 문제점들은 17세기에 들어 목재 대신 흑색화약을 사용하면서부터 해소되었는데, 수백 년 동안 군사용으로만 사용되던 흑색화약을 산업용 발파에 응용하기 시작한 것이다. 17세기 말에는 유럽 대부분의 광산에서 흑색화약을 사용하였다.

흑색화약이 토목공사에 처음 사용된 것은 1548~1572년 네만Neman 강 준설공사였다고 하며 1613년 독일의 광산사업가 바이겔Weigel이 프라이스베르크Freisberg의 한 광산에서 흑색화약을 사용하였고 1627년 헝가리의 바인들Kasper Weindle은 최초로 석탄광산에서 사용하였다 한다. 문헌상 확실한 최초의 기록은 1665년 모레이R. Moray가 발표한 영국 학술원의 논문 「A way to break easily and speedily the hardest rock」이라 할 수 있는데 그에 따르면 당시의 발파방법은 프랑스의 뒤 종du Son이 발명한 것이라고 한다.

이후 1643년 모건스턴Morgenstern이 고안한 천공발파법과 1687년 줌베Zumbe의 진흙 전색법塡塞法이 널리 보급되면서 흑색화약을 약포藥包(Cartridge)에 넣어 장전하는 아이디어가 추가되었고, 17세기 말 발파기술이 크게 향상되자 18세기에 들어서는 광산에서뿐만 아니라 토목공사에도 화약이 사용되는 등 유럽 전역에서 널리 활용되기 시작하였다. 드디어 19세기 말 노벨의 다이너마이트 발명과 함께 대부분의 광산과 토목 현장에서 화약 발파는 특별한 일이 아닌 아주 보편적인 일이 되어 오늘에 이른다.

도화선Safety fuse

흑색화약의 사용이 증가하자 그에 비례하여 안전사고도 증가하였다. 불안전한 점화방법이 사고의 주원인이었는데 이러한 불안전한 점화방법을 보다 안전하게 개선하려는 노력은 꾸준히 진행되었다. 그때까지 흑색화약을 점화하는 방법은 갈대나 밀집, 골풀(등심초) 등과 같은 속이 빈 식물 줄기나 종이 또는 나무로 만든 가는 대롱 속에 흑색화약 가루를 넣어 만든 일종의 도화관導火管을 사용하는 것이었다. 도화선의 원시적 형태라고 볼 수 있다.

우리나라 조선시대에도 유사한 사례가 있다. 1812년 홍경래의 난亂을 진압할 때 손가락 굵기의 대나무를 반으로 쪼개어 중간 중간에 있는 마디들을 파낸 다음, 그 안에 종이로 감싼 흑색화약을 넣고 두 조각을 다시 맞대어 묶은 일종의 도화관을 만들어 사용하였다.[9-107] 그뿐 아니라 조선시대에는 약선藥線, 또는 화승火繩이라고 부르던 일종의 도화선도 만들어 사용하였는데 도화선의 기능뿐만 아니라 요즘의 속화선速火線이나 착화선着火線의 기능으로도 사용되었다.

도화선 제조시설(출처: (주)한화, 1980년대)

현재와 같은 형태의 도화선은 1831년 영국의 윌리엄 빅포드William Bickford에 의해 최초로 개발되었다. 그는 흑색화약을 가늘고 길게 황마사黃痲絲 등으로 감싼 도화선을 만들고 'Miner's Safety Fuse'라 명명하였다. 미국 코네티컷Connecticut의 카파 힐 마인Copper Hill Mine의 책임자였던 리처드 베이컨Richard Bacon이 빅포드Bickford 도화선을 미국으로 가지고 와 1836년 제조공장을 세웠는데 그 회사가 바로 현재의 엔자인 빅포드(Ensign Bickford Co.)이다.

도화선의 목적은 점화 후 주장약(Main Charge)이 폭발하기 전, 작업자들이 안전한 지역으로 대피할 수 있는 시간을 확보하기 위한 장치로서 말 그대로 'Safety Fuse'이다. 흑색화약의 연소시간을 매우 느리게 했기 때문에 완연緩燃도화선이라고도 한다. 초기의 도화선은 흑색화약에 직접 점화하는 용도로 사용되었으나 1864년 노벨이 뇌홍뇌관을 만들어 사용하게 되면서 도화선은 뇌관을 점화시키기 위한 장치로서 훌륭한 역할을 수행하게 된다.

공업뇌관(Blasting Cap, Plain Detonator)

뇌관의 기원을 이야기하려면 1803년 하워드E. Howard가 뇌홍雷汞(Mercury Fulminate)을 만든 것으로부터 시작해야 할 것이다. 뇌관의 기폭약起爆藥으로 사용된 첫 번째 물질이 뇌홍이기 때문이다.

흑색화약을 대신하여 NG를 암석발파용으로 사용해 보려는 시도를 하고 있을 때였다. 흑색화약은 도화선의 미약한 불꽃으로도 쉽게 점화가 되었지만 NG는 도화선만으로는 쉽게 기폭할 수가 없었다. 즉 NG를 기폭할 수 있는 장치가 있어야만 NG를 발파에 사용할 수 있겠다는 착상이 뇌관의 탄생을 보게 된 것이다. 처음 이런 생각을 하고 개발을 시도한 사람은 노벨이었다. 처음 시도한 것은 흑색화약을 가지고 NG를 기폭하는 방법이었으나 NG를 기폭하려면 기폭약으로 사용해야 하는 흑색화약의 양이 너무 많이 소요되는 문제가 있어 효과적인 발파를 할 수가 없었다. 따라서 좀 더 적은 양으로도 NG를 기폭할 수 있는 위력을 가지고 있으면서 또한 도화선의 미약한 화염으로도 점화가 가능한 예민한 폭약이 필요하였는데 당시에 나와 있는 화약 중에 가장 적합한 화약으로 뇌홍雷汞(Mercury

Fulminate)이 선정되었다.

노벨은 1803년에 발견되었던 뇌홍이 이미 총탄의 퍼쿠션 캡Percussion Cap으로 사용되고 있는 것에서 착안을 하였다 한다. 시험은 대성공이었고 1864년 노벨은 드디어 주석朱錫 관체管體에 뇌홍을 장전裝塡한 "Fuse Blasting Detonator"를 발명하게 된다. 1867년 영국에 특허가 등록되었다. 전술하였듯이 만약 이 뇌홍뇌관이 없었다면 NG를 암석발파에 사용하는 것은 상당기간 지연되었을 것이 확실하다. 어쩌면 이후에 속속 개발되는 "AN Blasting Explosives"나 다이너마이트와 같은 제품들의 개발아이디어 자체가 나오지 않았을지도 모르는 일이다.

1890년 쿠르티우스Curtius가 아지화연(Lead Azide, LA)을 발명하고 1907년 독일의 뵐러Wöhler가 LA를 사용하는 뇌관의 특허를 등록한 후, 뇌홍은 LA로 대체되기 시작하였다. 하지만 이때까지의 뇌관은 뇌홍이나 LA 등 한 종류의 기폭약만을 사용하는 **단일 기폭약 시스템 뇌관**(Single Compound Cap)이었다. 제2차 세계대전 이후 뇌관은 기폭약(Primary Charge)과 첨장약(Base, Main or Secondary Charge)으로 구분되는 두 가지 폭약을 사용하는 구조로 발전하게 되는데, 두 가지 폭약을 사용하였기 때문에 **2중 기폭약 시스템 뇌관**(Composite or Compound Cap)이라고 한다.

처음 단일 기폭약 시스템 뇌관은 No.1~No.8로 분류되어 8가지가 있었다. 그중 No.8 뇌관은 기폭약으로 뇌홍 1.6g과 $KClO_3$ 0.4g을 사용하였는데 이 뇌관으로는 고폭약을 확실히 기폭시키기에는 부족함이 있었다. 따라서 부스터Booster를 필요로 하게 되자 뇌관 자체에 부스터로서의 기능을 부가하고자 한 것이 바로 2중 기폭약 시스템 뇌관을 만들게 된 계기였다. 뇌관에 첨장약을 넣음으로써 그 자체가 소형 부스터 역할을 하도록 한 것으로 독일의 뵐러가 발명하였다. 이후로 뇌관에 사용되는 폭약의 종류가 다양해져서 첨장약으로는 TNT, Tetryl, PETN, RDX 등이 사용되었다.

기폭약으로 사용되던 폭약들은 그 종류가 더욱 다양하다. MF를 시작으로 LA, DDNP, 테트라센, 뇌산염류雷酸鹽類, 디아조화합물류, 니트로화중금속염류와 그 혼합물 또는 염소산염 등 산화제를 혼합한 것까지 수많은 기폭약들이 있었다. 현재는 주로 LA, DDNP 등 몇 가지만 사용되고 있으며 나라별, 제조회사별로 다양한 구조를 가진 특징 있는 뇌관들이 만들어지고 있다.

전기뇌관Electric Detonator

공업뇌관을 점화시키는 방법은 도화선을 사용하는 것이다. 하지만 여기에는 여러 가지 문제점들이 내포되어 있다. 먼저 발파 효율 측면에서 본다면 도화선의 길이와 연소 속도를 가지고 발파 시간을 조절하는 것으로는 정밀한 발파를 할 수가 없는 것은 물론이고, 사람이 직접 도화선에 점화하는 방법으로는 여러 개의 폭약을 동시에 점화하는 데도 한계가 있을 수밖에 없다. 또한 안전성 측면에서는 도화선의 불규칙한 연소속도, 특히 속연速燃현상과 작업자들의 실수 등으로 작업자가 대피도 하기 전에 폭약이 폭발되는 사고가 발생하는 문제도 있다. 이러한 도화선 발파의 문제점을 해결하게 된 것이 바로 전기식 점화시스템을 적용한 전기뇌관이다.

전기뇌관이 만들어질 수 있는 아이디어는 뇌홍뇌관이 나오기 120년 전에 발견되었다. 화약이 전기電氣스파크로도 점화된다는 사실이 1745년 영국의 왓슨Watson에 의해 처음으로 알려진 것이다. 당시 흑색화약을 취급하는 과정에서 종종 화재가 발생하였는데 화재 원인을 조사하다 보면 화재가 나기 전의 화재 현장에는 항상 흑색화약 가루가 흩날리고 있었다는 공통점을 발견할 수 있었다. 바로 이 흑색화약 분진이 전기스파크에 의해 점화가 되었던 것이다. 당시의 이 발견은 흑색화약 취급시의 주의사항 한 가지를 더 알아낸 정도에 불과했을지 모르지만 전기스파크로도 화약이 폭발된다는 것을 발견했다는 데 큰 의의가 있는 것이었다.

1749년 벤저민 프랭클린Benjamin Franklin은 압착한 소량의 흑색화약에 약간 간격을 두고 두 가닥의 전선을 꼽은 뒤, 전기를 통하면 두 전선 사이에서 발생하는 전기스파크에 의해 흑색화약이 점화되고 그때 발생하는 화염으로 다른 흑색화약까지 점화시킬 수 있다는 사실을 확인하였다. 뇌관으로 장약裝藥(Main charge)을 기폭시키는 원리와 동일한 방법을 고안한 것이다. 하지만 이 장치는 흑색화약에 점화를 할 수 있는 정도였을 뿐, 다이너마이트 등 고폭약을 기폭시킬 수 있는 것은 아니었다. 프랭클린의 아이디어는 더 이상 발전되지 못하고 잊히고 말았다.

1830년 모지스 쇼Moses Shaw가 프랭클린과 유사한 장치를 만들었다. 뇌산은雷酸銀(Fulminating Silver)과 흑색화약의 혼합물을 기폭약으로 사용하고 여기에 전기를 통하면

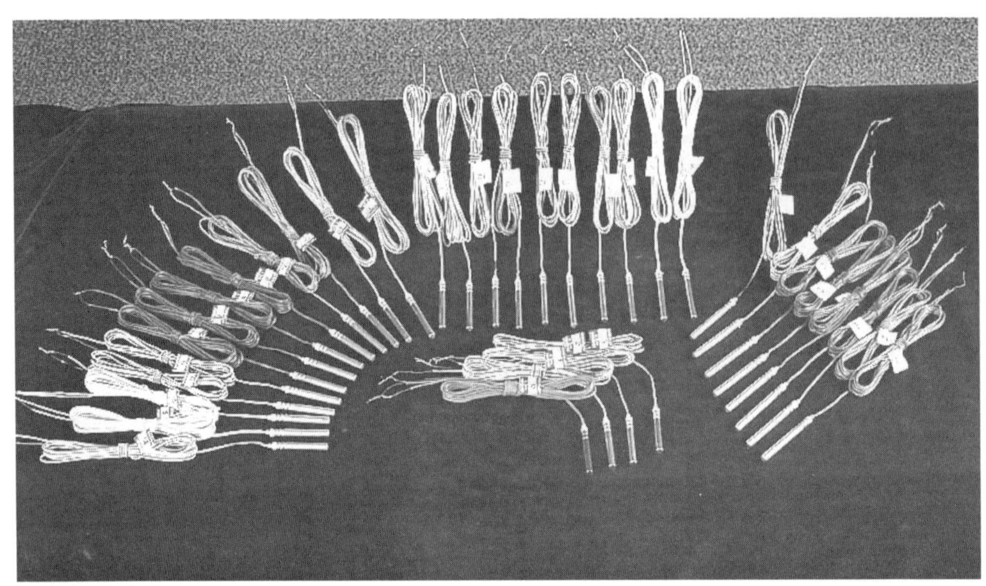

전기뇌관(출처: (주)한화)

그 기폭약이 폭발하면서 동시에 장약인 흑색화약을 폭발시킬 수 있는 장치를 만든 것이다.

전기뇌관은 전기로 화약을 기폭시키는 방법에 따라 크게 두 가지로 구분한다. 하나는 두 전극 사이에 간격을 두고 그 간격에 화약을 채워 넣은 다음 전류를 흘려 두 전극 사이에서 발생하는 스파크를 이용해서 화약을 기폭시키는 방법이고, 또 하나는 두 전극 사이에 저항이 큰 와이어Wire를 연결해서 전류를 흘릴 때 발생하는 열로 화약을 기폭시키는 방법이다. 전자의 경우는 고압전류를 필요로 하기 때문에 "High Tension Caps"이라 하고 후자의 경우를 "Low Tension Caps"이라 한다. 오늘날 우리가 보편적으로 사용하고 있는 전기뇌관이 바로 "Low Tension Caps"이다.

1830년 모지스 쇼가 고안한 장치는 "High Tension Caps"로서 실용화에는 크게 불만족스러운 상태였는데 1832년 쇼가 다시 미국 펜실베이니아 대학의 로버트 헤어Robert Hare와 협력하여 최초로 "Low Tension Cap"을 만들어 냈다. 배터리를 사용해서 저항이 큰 가느다란 전선電線(Bridge Wire, 電橋)을 고온으로 발열시켜 화약을 기폭시키는 장치였다. 당시 사용한 점화약은 염소산칼륨에 비소(As)나 유황을 섞은 혼합물이었는데 오늘날 사용하고 있는 전기뇌관의 기본 아이디어라고 할 수 있다. 하지만 이때는 아직 공업뇌관이 만들어지기 전으로서 역시 하나의 아이디어였을 뿐이었고 본격적으로 전기뇌관이 구상되고 만들어진 것은 1864년 노벨에 의해 뇌홍뇌관이 만들어진 이후라고 할 수 있다.

노벨에 의해 뇌관도 만들어졌고 전기점화장치까지 준비가 되었음에도 그 당시의 배터리를 가지고 발파 현장에 적용하는 것은 또 다른 문제가 있었다. 오늘날에 비해 배터리의 성능에 한계가 있었기 때문이다. 이와 같은 문제를 해결하기 위한 시도는 1850년 오스트리아의 에브너Baron von Ebner가 'Electric Friction Machine'이라는 발파기를 발명한 것에서 시작한다. 하지만 이 또한 현장에서 널리 사용할 수 있는 수준은 아니었다.

발파 현장에서 실용 가능한 발파기는 1869년 스미스H. Julius Smith가 에브너의 장치를 개선하면서 만들어졌다. 스미스는 자기가 만든 발파기를 후삭 터널Hoosac Tunnel 공사에 처음으로 적용하여 발파작업을 성공적으로 마칠 수가 있었다고 한다. 그 후 모우브레이Mowbray가 다시 스미스의 발파기를 개량하여 "Power Keg"라는 발파기를, 그리고 1871년에는 모지스 파머Moses G. Farmer가 Hand-cranked 발파기를 만들었고, 후에 스미스가 다시 Hand-crank 대신에 Rack and pinion을 사용하는 새로운 아이디어를 추가하면서 전기뇌관의 사용이 보다 편리해졌고 널리 보급될 수 있었다.

지발遲發 전기뇌관Delay Electric Detonator

전기뇌관의 등장으로 발파 현장에서는 안전성과 생산성이 획기적으로 향상되었지만 이때의 전기뇌관으로는 도화선의 장점, 즉 뇌관을 터뜨려 주는 시간을 임의로 설정할 수 있는 기능까지 따라갈 수는 없었다. 도화선은 정밀하지는 못해도 그 길이를 가지고 연소시간을 조절할 수가 있었지만 당시의 전기뇌관은 순발瞬發 전기뇌관으로서 여러 개의 뇌관을 동시에 점화시킨 후, 순차적으로 기폭시키는 다단多段 발파는 할 수가 없었던 것이다.

이를 보완한 아이디어는 1910년 영국에서 처음 고안되었다. 도화선 한쪽에 전기점화장치를 결합하고 다른 쪽에는 공업뇌관을 결합하여 전기점화를 하면서도 기폭시간까지 조절이 가능토록 한 것인데 이것이 바로 오늘날 지발(遲發, 또는 段發) 전기뇌관(Delay Electric Detonator)의 시초이다.

하지만 이 전기뇌관은 도화선의 양단兩端이 모두 밀폐되었기 때문에 도화선이 연소할 때 발생하는 연소 가스에 의해 내부 압력이 증가, 속연速燃현상이 발생하는 문제점이 있었다. 이를 예방하기 위해 가스 방출放出용 배기구(Vent Hole)를 뚫기도 하였으나 폭약의 조기폭발早期爆發 문제점을 완전히 해결하지는 못하였다. 후에 에쉬바흐Eschbach에 의해 가스 발생이 매우 적은 연시약延時藥이 연구되어 배기구(Vent Hole)가 필요 없는 전기뇌관 전용專用의 연시延時 도화선導火線이 개발되었고 이러한 'Gasless Delay Powder'의 등장으로 밀리세컨드Millisecond 단위의 매우 다양한 지연초시를 가진 지발 전기뇌관 생산이 가능케 되었다. 이 연시도화선은 우리나라에서도 오랫동안 사용되었으나 현재는 지연초시가 더욱 정밀한, 즉 알루미늄이나 아연, 또는 납과 같은 금속관金屬管에 연시약을 충전한 일명 금속관식 연시장치가 사용되고 있다.

〈표 1-5〉 과거와 현재의 지발 전기뇌관(Delay Electric Detonator) 구조 비교

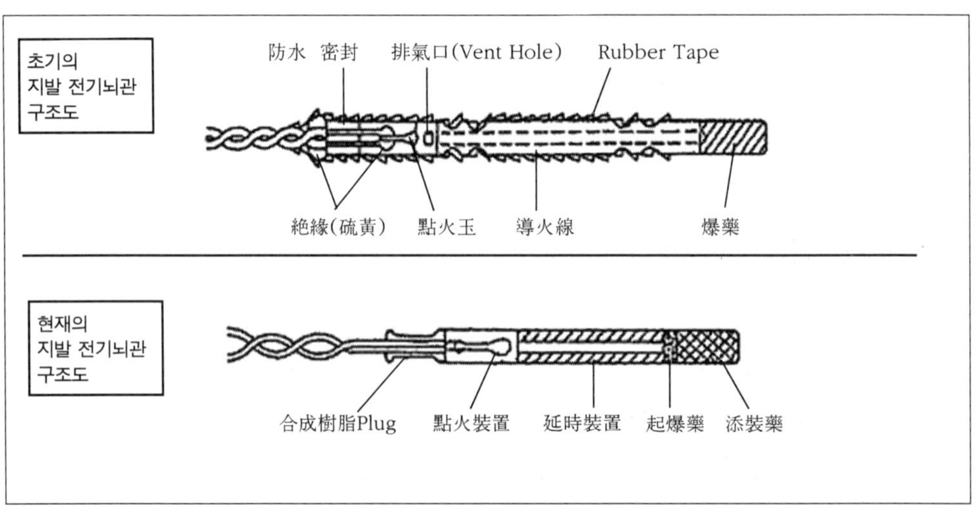

비전기뇌관Non-Electric Detonator

전기뇌관의 사용으로 도화선 사용 시의 사고는 어느 정도 막을 수는 있었으나, 또 다른 유형의 사고가 발생하기 시작하였다. 전기뇌관은 전기를 이용, 화약을 기폭시키기는 것이기 때문에 원치 않는 전기가 인입되어도 폭발은 일어나고 이는 결국 사고로 연결될 수밖에

(주)한화 비전기뇌관(하이넬)과 터널발파를 위한 결선 장면(출처: (주)한화)

없다. 이러한 사고의 원인이 되는 전기의 유형에는 누설전류, 정전기, 무선전파에너지, 낙뢰 등이 있다.

1967년 스웨덴의 NNAB사에서는 이러한 전기뇌관의 단점을 보완할 수 있는 즉, 전기를 사용하지 않는 새로운 점화시스템을 개발하게 되는데 그것이 바로 **시그널 튜브**Signal Tube(Shock Tube)이다. 시그널 튜브는 내경 약 1mm, 외경 약 3mm의 튜브 내면에 HMX (Octogen, High Melting Point Explosives)와 알루미늄(Al) 분말을 혼합한 화약을 미량微量 코팅한 장치이다. 기능은 전기뇌관에 버금가며 안전성은 도화선 수준의 기폭시스템이라고 할 수 있다.

이 시그널 튜브식 비전기뇌관은 그 효능이 인정되어 1990년대 전 세계로 전파되었고 현재 가장 발전된 형태의 산업용뇌관으로 자리 잡고 있다. 물론 이 비전기뇌관도 일부 단점은 있지만 유럽 등에서는 안전성 측면을 중시하여 시그널 튜브식 비전기뇌관의 사용이 매우 활성화되어 이미 상당 부분 전기뇌관을 대체하였으며 우리나라에서도 점차 그 사용량이 증가하고 있다.

06_ 산업용화약의 응용

군사용 화약에서 출발하여 산업용으로까지 그 사용 영역이 넓어진 화약은 다이너마이트와 뇌관, 도화선 등이 만들어지면서 단기간에 장족의 발전을 이루었다. 하지만 노벨 이후 100여 년간 사용되던 다이너마이트는 보다 안전하고 가격이 저렴한 폭약들에게 이미 그 지위를 넘겨주고 역사 속으로 사라져 가고 있고, 새롭게 등장했던 슬러리폭약도 에멀젼 폭약에 밀려 자취를 감추고 있다.

오늘날 산업용화약은 흑색화약, 다이너마이트에 이어 에멀젼폭약 시대라는 '제3의 변혁기'를 맞고 있다. 그뿐만 아니라 이 같은 폭약의 변화에 발맞추어 보다 안전하게 또 효율적으로 사용할 수 있는 화공품들도 속속 개발되고 있다. 공업뇌관과 도화선은 이미 전기뇌관으로 대체되었으며, 다시 전기뇌관은 비전기뇌관 및 전자식뇌관으로 개량, 발전되고 있고, 발파의 효율성과 안전성을 더욱 향상시키기 위한 발파기술도 속속 연구되어 발파 현장에 적용되고 있다. 또한 산업용화약은 암석발파 외에도 용도가 더욱 다양해져서 폭발, 파괴라는 단순한 이미지에서 벗어나 매우 건설적인 방향으로 응용분야를 넓혀 가며 우리들 생활 속에서 유용하게 사용되고 있다.

화약의 응용분야 확대

채광이나 토목공사를 위한 암석 발파보다도 가장 먼저 화약이 사용된 곳이라면 연화煙火(불꽃놀이)를 빼놓을 수는 없을 것이다. 암석 발파가 있기 오래전 흑색화약 발견 당시부터 군사용 이외로는 제일 먼저 화약이 사용된 분야일뿐더러 현재에 이르기까지 가장 오랫동안 변함없이 흑색화약을 사용하고 있는 분야이다. 또한 해상조난 시 인명구조를 위한 신호용으로 사용되는 선박용신호기기도 꽤 일찍부터 화약이 사용된 분야였다.

특수하게는 의학용으로도 사용되고 있다. 니트로글리세린이 심장병 치료제로 사용되고 있는 것은 익히 알려진 사실이다. 영국에서 처음 니트로글리세린을 협심증狹心症 치료제로 사용한 것이 1879년이었다고 하니 벌써 100년이 넘었다.

1981년 일본의 교토부립의과대학京都府立醫科大學 비뇨기과에서는 환자의 체내에서 화약을 폭발시켜 방광膀胱 및 요도결석尿道結石을 치료하는 방법을 고안하기도 하였다. 이른바 미소발파微小發破에 의한 요로결석파쇄기술尿路結石破碎技術이다. 처음 이 기술은 방광 내의 결석結石을 대상으로 적용되었다. 결석이 작을 때는 카테타Catheter를 이용, 화약(Lead Azide)을 결석에 대고 직접 폭발시켰고 결석의 직경이 3.5Cm가 넘게 큰 경우에는 결석에 미세한 천공穿孔(Drilling)을 하고 화약을 장전하여 폭발시키는 방법으로 시술하였다. 그 후 요도尿道의 결석結石을 제거하는 데까지 시술범위를 넓혔는데 요도의 경우는 카테타 삽입이 곤란하기 때문에 특수한 장치를 고안하여 사용하였다.

〈표 1-6〉 화약을 이용한 Pin Hammer형 요도결석 파쇄장치

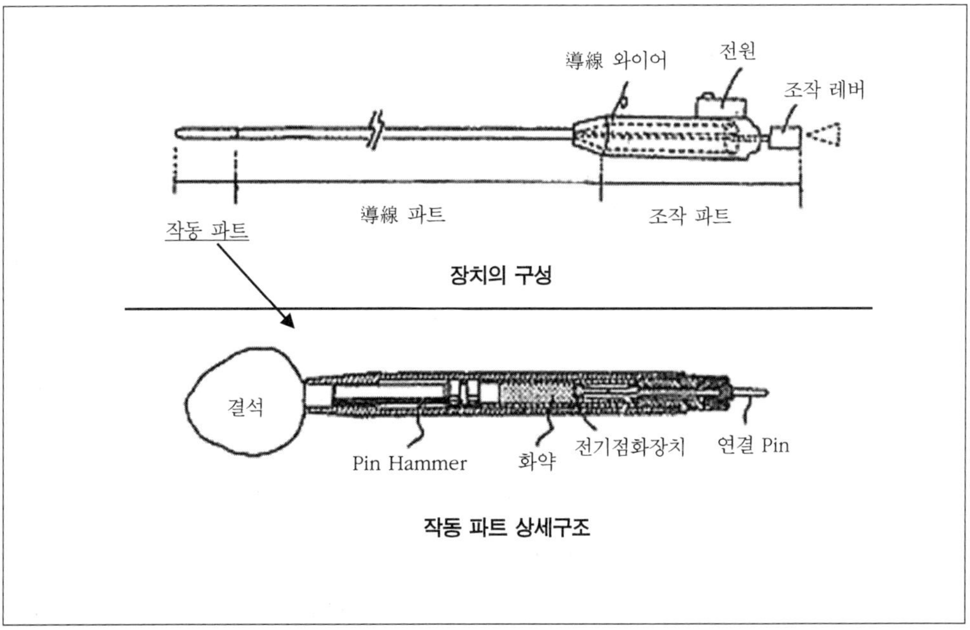

직경 2.6mm의 가늘고 긴 장치의 끝에 직경 1.3mm의 핀 해머Pin Hammer〔擊針〕와 화약을 내장한 시술기구를 요도 내로 삽입, 격침擊針을 결석結石에 밀착시킨 다음 화약을 폭발시키면 순간적으로 전진하는 격침이 결석에 충돌하여 파쇄하는 방식이다. 철골 또는 콘크리트 구조물에 못을 박을 때 쓰는 타정총打釘銃과 그 원리가 유사하다.

이 외에도 화약의 폭발력을 이용하여 각종 금속들을 가공하기도 한다. 소위 폭발금속가공(Explosive Metalworking)이라고 하는 분야로 Explosive Forming, Explosive Hardening, Explosive Compaction, Explosive Welding & Cutting 등을 꼽을 수 있다. 그중 가장 널리 응용되고 있는 분야로는 물리적으로 용접이 불가능한 서로 다른 종류의 금속을 화약의 폭발력을 이용하여 접합시키는 Explosive Cladding(爆發壓接)이 있다.

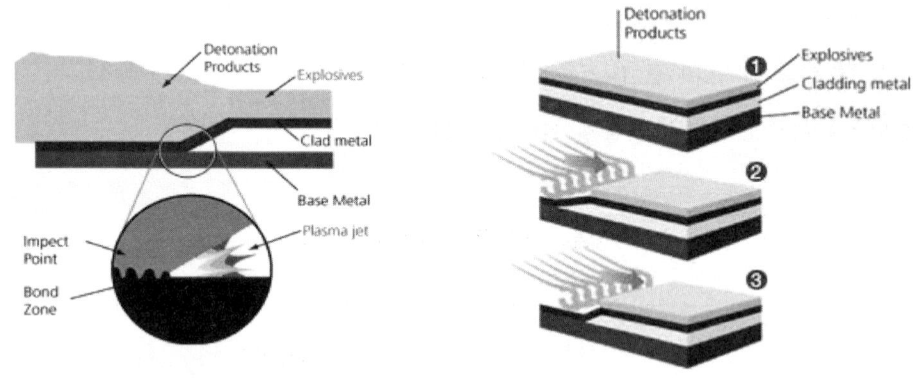

Explosive Cladding(爆發壓接)의 원리

튜브 플레이트Tube plate 내에서 튜브를 확장시켜 접합시키는 폭발확관爆發擴管(Explosive Expanding, Tube to Tubeplate Welding)을 비롯하여 튜브Tube와 로드Rod, 실린더Cylinder 등을 조합하여 가공하는 Explosive Tube Plugging, Duplex & Triplex Cylinder Welding, Tubular Joint Welding 등도 상업화하여 보급되었다.

폭약의 폭발에너지를 이용, 탄소炭素가루로 인조人造 다이아몬드를 합성하기도 한다. 이는 어찌 보면 현대의 연금술練金術이라고도 할 만한 일이다.

최근 우리 일상생활 깊숙이 자리하고 있으며 가장 널리 보급되고 있는 화약기술은 바로 자동차용 에어백Air Bag을 작동시키는 가스발생장치라고 할 수 있다. 에어백은 차량이 충돌사고를 당했을 때 발생되는 충격을 센서로 감지한 후, 전자제어장치(ECU)를 통해 인플레이터Inflator(가스발생장치)를 작동, 백Bag을 부풀려 줌으로써 승객이 차량 내장재 등에 직접 부딪치는 것을 방지하는 안전장치이다. 최근 들어 운전석뿐만 아니라 조수석, 뒷좌석, 측면용 인플레이터 등이 개발되어 많은 승용차에 장착되고 있다.

폭약이 폭발할 때 발생하는 충격파衝擊波를 관찰하여 지질구조나 지하자원을 탐사하는 용도로도 사용되고 있으며, 노후 건물을 철거하는 폭파해체공법이 실용화된 것도 이미 오래 전의 일로서 종종 볼 수 있는 공법이다.

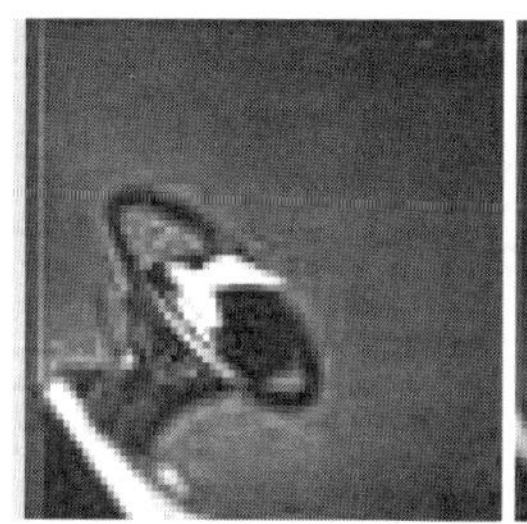
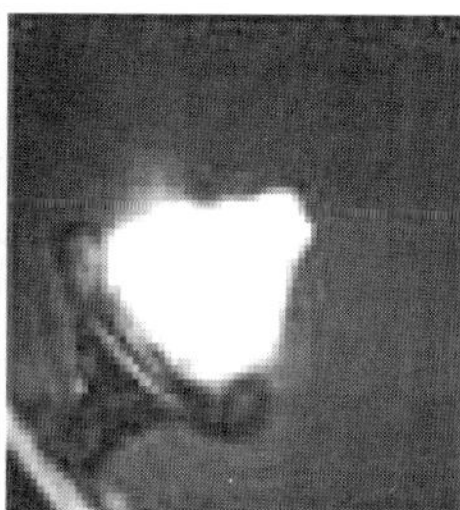
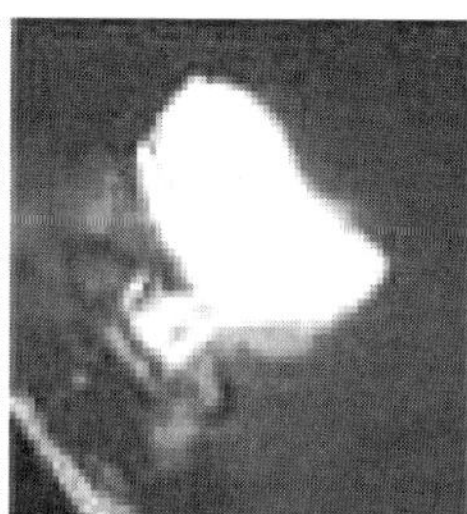
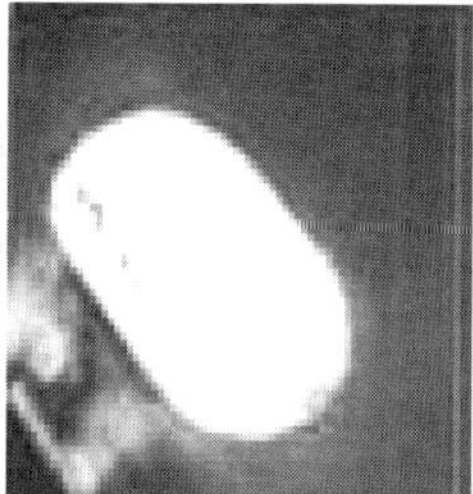

승용차 운전석의 에어백 작동 장면

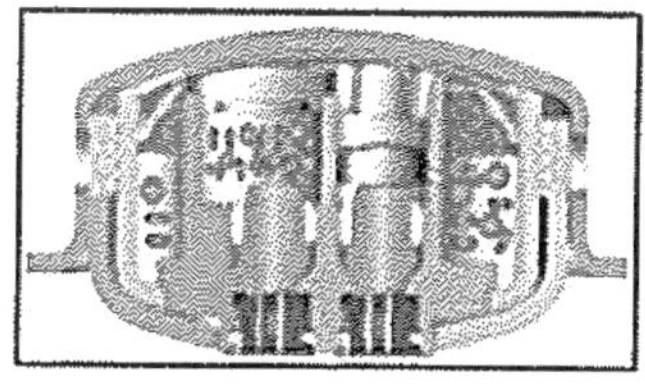
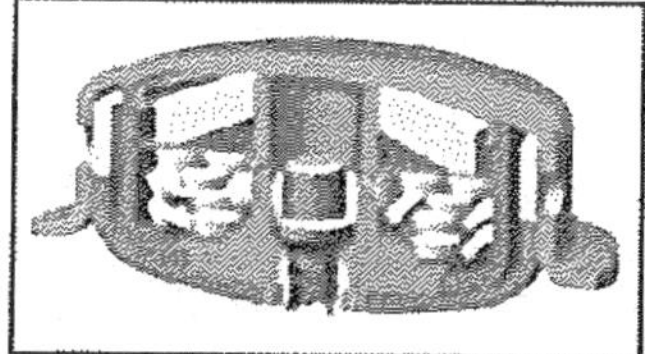
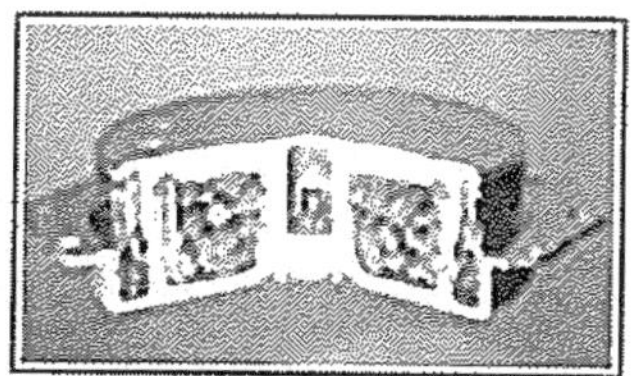

에어백용 인플레이터(가스발생기) 해부 모형

그 외에도 어로漁撈 작업용이나 유전油田 화재진압 등에도 소량이지만 화약이 사용되고 있고, 철도 운행 중 전방의 위험상황을 알려주는 신호염관信號炎管, 고압선의 낙뢰 여부를 표시해 주는 낙뢰탐지落雷探知 장치, 전기시설에 낙뢰가 쳤을 때 고압전류의 유입을 차단시켜 전기시설을 보호해 주는 피뢰避雷 장치를 비롯하여, 눈사태 우려가 있는 지역에 화약을 터트려 그 충격으로 미리 눈사태를 일으켜 버림으로써 불의不意의 사고를 예방하는 수단으로도 화약이 사용된 바 있다.

1993년 6월 속초시 킹덤호텔(지상 8층, 지하 2층) 폭파해체 장면(출처: (주)한화).

〈표 1-7〉 MC(磁場濃縮)형 폭발발전기 개념도

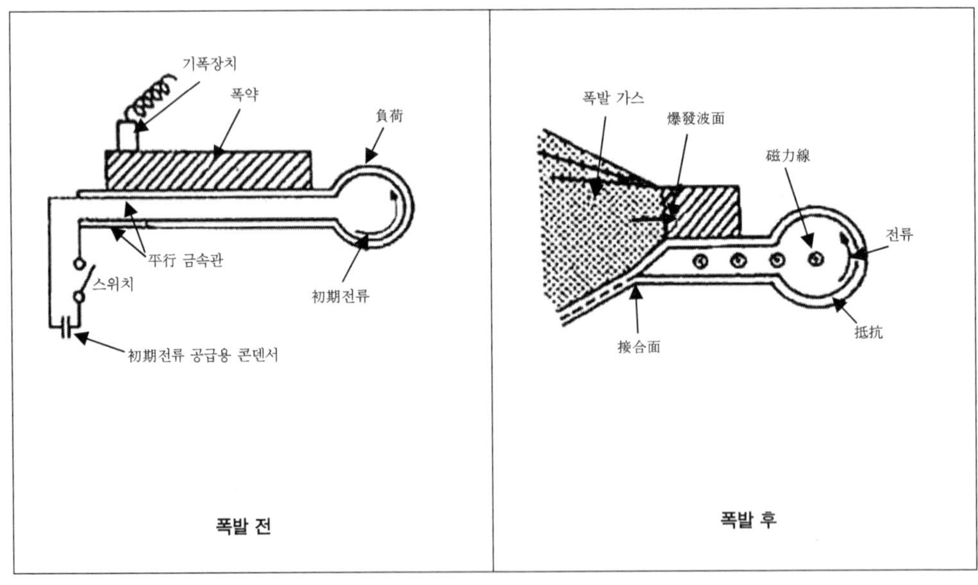

그뿐 아니라 폭약이 폭발할 때 순간적으로 발생하는 폭발에너지를 전기에너지로 변환시키는 폭발발전爆發發電이 연구되기도 하였다. 2차 세계대전 종전 후, 미소 양국에서 적극적인 연구가 진행되었는데 1951년 소련에서 폭발에너지를 전자기電磁氣 에너지로 변환시키는 초고자장超高磁場 펄스Pulse전류 발생장치를 고안, 1952년 실험을 한 적이 있다고 한다.

이처럼 현대에 와서 화약은 매우 다양한 분야에 걸쳐 응용되고 있다. 하지만 화약의 소비량 면에서 본다면 토목공사나 채광작업, 또는 전쟁용 무기에 사용되는 것에 비해서는 극히 미량에 불과할 뿐이다. 따라서 인류가 처음 화약을 만들어 놓고도 화약의 엄청난 파괴력을 손쉽게 이용하지 못했던 것처럼 아직 현대인들도 화약의 활용에는 그 한계를 드러내고 있는 것 같기도 하다.

하지만 그동안 선조들은 이미 오랜 연구를 통해 위험한 화약을 공업적으로 매우 유용하게 활용할 수 있는 토대는 충분히 마련해 수었다고 생각한다. 앞으로 어떤 분야에, 어떤 방법으로 화약의 응용범위를 확대해 나갈 수 있을 것인지는 우리 후손들의 몫인바, 좀 더 많은 연구와 노력을 통해 보다 평화적이고 건설적인 분야로 화약의 응용범위를 더욱 넓혀 나갈 수 있기를 기대해 본다.

제 2 장

우리나라 고대의 화약 역사

01_

우리나라 화약의 기원

우리나라 '화약의 기원'을 알아보려면 '화약병기'나 '전쟁'의 역사를 살펴보지 않을 수 없다. 중국이나 유럽과 같이 우리나라도 초창기 화약의 용도는 군사용 병기兵器에 사용하는 것이었기 때문이다.

우리나라에서 화약이 본격적으로 사용된 것은 고려 말 1377년 최무선에 의해 화약이 만들어지고 또 다양한 화약병기들이 제작된 이후였지만 최무선 이전에도 이미 화약병기가 사용되었던 사실이 기록으로 전해진다. 후술하겠지만 고려 말 공민왕 5년(1356년) "총통銃筒으로 화살을 발사하였다"는 『고려사高麗史』의 기록이 우리나라 최초의 화약 사용 기록이라고 보는 것이 일반적인 의견이다.(2-1-3절) 하지만 일부에서는 우리나라 화약병기의 역사를 그 보다 훨씬 이전으로 소급해서 추정하는 경우도 있다.

공민왕 5년(1356년) 이전에 화약병기가 사용되었을 것이라고 주장하는 근거들은 『고려사』에 등장하는 **포**砲 또는 **화**火라는 글자가 포함 된 단어들을 놓고 화약병기였을지도 모른다고 추정하는 것들이 대부분이다. 대표적인 것으로 **대포**大砲, **포차**砲車, **발화**發火, **화시**火矢 등을 들 수가 있다. 하지만 이러한 기록들은 단순히 불을 이용한 화공火攻이거나 돌을 날려 보내는 석공石攻일 가능성도 배제할 수 없는 것들로서 화약을 사용한 화약병기라는 근거는 매우 부족한 편이다. 따라서 고려시대 에 사용했던 **포**砲나 **화**火의 종류는 어떤 것들이 있었고 과연 그것들이 화약을 사용한 병기였는지 상세히 살펴보기로 한다.

1-1. 고려의 포砲와 화火는 어떤 것들이 있었나?

뇌등석포雷騰石砲

일부에서 우리나라 최초의 화약병기에 대한 기록일 수도 있다고 제기하는 것이 있다. 고려 9대 왕인 덕종德宗 원년(1032) 3월 상사봉어尙舍奉御 박원작朴元綽이 **뇌등석포雷騰石砲**를 만들 것을 청하자 왕이 이 제의를 받아들였다고 하는 기록이다.[1] 석포石砲라 했으니 돌을 던지는 포砲라는 것은 확실해 보이는데 돌을 던지는 방법이 기계적인 방법인지 화약을 사용하는 방법인지는 분명치가 않다. 다만 뇌등雷騰이란 단어가 막연하긴 하지만 혹시 화약병기일지도 모른다고 생각해 보는 것이다.

발화發火

고려조에 화약병기가 있었을 것으로 추정해 볼 수 있는 또 다른 것으로는 고려 숙종 9년(1104년)의 기록을 들 수 있다. 윤관尹瓘이 여진女眞과의 싸움에서 패했던 것에 대해 "신이 여진에게 패한 까닭은 저들은 기병騎兵인데 우리는 보병步兵이라 대적할 수 없었다"라고 그 패인을 분석하고 '별무반別武班'의 설립을 건의했는데 그 별무반 안에 '발화發火'라는 부대를 두었다고 하였다.[2][3] 이 역시 그 이름을 볼 때 화약병기를 사용한 부대였다고 추정해 볼 수도 있는 명칭이다. 『고려사』 병지1 병제 별호 제반을 비롯해서 오군五軍조 등에도 발화라는 명칭의 부대部隊가 명시되어 있다.[4]

---

1) 고려사 권81 병지1
德宗元年三月尙舍奉御朴元綽請令有司作革車繡質弩雷騰石砲又請以八牛弩二十四般兵器置邊城從之

2) 고려사절요 숙종 명효대왕 2 갑신 9년(1104)
尹瓘奏臣所以敗於女眞者彼騎我步不可敵也於是建議始立別武班自文武散官吏胥至于商賈僕隸及州府郡縣凡有馬者爲神騎無馬者爲神步跳蕩梗弓精努發火等軍年二十以上男子非擧子皆屬神步兩班與諸鎭府軍人四時訓鍊又選僧徒爲降魔軍以圖再擧

3) 고려사 권96 열전9 윤관
瓘遷叅知政事判尙書刑部事兼太子賓客奏日臣觀賊勢倔强難測宜休徒養士以待待後日且臣之所以敗者賊騎我步不可敵也於是建議始立別武班自文武散官吏胥至于商賈僕隸及州府郡縣凡有馬者爲神騎無馬者爲神步跳蕩梗弓精弩發火等軍年二十以上男子非擧子皆屬神步西班與諸鎭府軍人四時訓鍊又選僧徒爲降魔軍遂鍊兵畜穀以圖再擧

화전火箭

그 후로도 화약병기가 사용되었을 것으로 짐작할 수 있는 기록이 있는데 『고려사』「열전列傳」 "김부일金富佾전"에서 그 내용을 찾아볼 수 있다. 인종仁宗 임금과 국경 방위 문제를 논의하면서 김부의金富儀가 아뢰기를 "서울〔京城〕과 각 주州, 각 진鎭의 성城들을 견고하게 정비하고 강한 활〔强弩〕, 독시毒矢, 뇌석雷石, 화전火箭 등의 무기를 많이 제작, 축적하는 것이 필요하다"라고 했던 기록이 그것이다.5) 정확한 연대를 확인할 수는 없지만 아마도 1120년대 초·중반의 일이라 여겨지는데 고려에서는 이때 이미 화전火箭이란 무기를 사용하고 있었음을 알 수가 있다.

포석砲石·포기砲機·화구火毬

화전火箭이 나오고 얼마 되지 않아 포砲라는 용어가 본격적으로 등장한다. 대표적인 것으로는 첫째 인종13년(1135년) 11월 관군이 묘청의 난을 평정하면서 서경西京을 공격할 때의 일이다. 반란군들이 성 머리에 궁노弓弩와 포석砲石을 설치하고 항거할 때 관군이 이들을 제압하기 위해 성 밖에 높이가 8길〔丈〕, 길이는 70길〔丈〕, 폭이 18길〔丈〕이나 되는 거대한 토산土山을 쌓고 그 위에 포기砲機를 설치하여 수백 근이나 되는 돌을 날려 성루城樓를 파괴하였고 아울러 화구火毬를 던져 이를 불태웠다고 한다.6)

---

4) 고려사 권81 병지1 병제
別號諸班神騎神步梗弓精弩石投大角鐵水剛弩跳盪射弓發火五軍中軍置兵陣都指諭及都將校五兵都指諭及將校都業師神騎都領及指諭左右梗弓都領及指諭左右精弩都領及指諭神步石投大角鐵水發火跳剛弩亦各置都領及指諭前後左右軍亦各置兵陣都指諭神騎神步精弩都領及指諭

5) 고려사 권97 열전10 김부일(김부의)
仁宗在東宮富儀爲詹事府司直以文學被眷遇及卽位擢御史中丞歷吏戶禮三部尙書翰林學士承旨王嘗問邊事奏曰〈中略〉京城及諸州鎭高城深池畜强弩毒矢雷石火箭遣使督察主吏以賞罰之

6) 고려사절요 제10권 인종 공효대왕 2 을묘 13년(1135)
十一月〈中略〉五軍就前軍屯所起土山跨楊命浦抵賊城西南隅晝夜督役賊大驚日以精兵出戰又於城頭設弓弩砲石盡力拒之官軍隨宜捍禦鼓譟攻城以分賊勢又有僑人趙彦猷計制砲機置土山上其制高大飛石重數百斤城樓碎繼投火毬焚之賊不敢近土山高八丈長七十餘丈廣十八丈去賊城數丈

포砲 · 대포大砲와 대포차大砲車

다음에는 대포大砲가 실전에서 사용된다. 정중부鄭仲夫, 이의방李義方 등이 소위 "무신의 난"을 일으켜 의종毅宗을 폐위시키고 명종明宗을 추대하면서 정권을 잡자 서경유수西京留守 병부상서兵部尙書 조위총趙位寵이 정중부 일당을 징벌코자 군사를 일으켰을 때였다. 고려 명종 5년(1175년) 6월 이들 반군을 진압하기 위해 후군총관後軍摠管 두경승杜景升이 관군官軍을 이끌고 연주성漣州城을 공격하면서 성 밖에 토성土城을 쌓고 **대포**大砲를 설치하여 성을 공격, 함락시켰다고 한다.[7][8]

포砲와 대포大砲에 이어서 다음에는 포차砲車와 대포차大砲車가 등장하는데 아마도 수레에 장착된 이동식 포砲의 종류들이었을 것으로 판단된다. 1231년 몽고가 고려를 침입할 당시에 있었던 일이다. 몽고군들이 **대포차**大砲車 15대로 귀주성龜州城을 공격해 올 때, 병마사兵馬使 박서朴犀가 이끄는 고려군 역시 대臺를 쌓고 성 위에서 **포차**砲車로 돌을 날리며 항거하자 몽고군이 성을 에워싸고 신서문新西門 요지에 무려 28개소에다 **포**砲를 설치하고 공격하여 성랑城廊 50간을 무너뜨렸다. 그리곤 다시 몽고 군대가 **대포차**大砲車를 가지고 재공격을 해오자 박서朴犀도 또한 **포차**砲車를 가지고 돌을 쏘아 적들을 물리쳤던 사실이 비교적 상세히 서술되어 있다.[9][10]

그 뒤 1236년 몽고군과의 죽주성竹州城 전투에서 몽고병이 포炮를 가지고 공격해 올 때도 송문주宋文胄가 이끄는 고려군 역시 성중城中에서 **포**砲를 가지고 역습하여 몽고병을 물리쳤던 사실도 있다.[11] 송문주宋文胄는 박서朴犀와 함께 구주龜州전투에 참가했던

---

7) 고려사절요 명종 광효대왕 1 을미 5년(1175)
六月後軍摠管杜景升以漣州久不下積土城外樹大砲攻城拔之

8) 고려사 권100 열전13 두경승
西兵入保漣州景升積土城外列大砲攻拔之

9) 고려사절요 제16권 고종 안효대왕 3 신묘 18년(1231)
蒙人又以**大砲車**十五攻城南甚急犀亦築臺城上發炮車飛石却之蒙人〈中略〉蒙兵領諸城降卒圍城樹**砲**於新西門要害處凡二十八所以攻之又破毁城廊五十間〈中略〉蒙兵復以**大砲車**攻龜州朴犀亦發**砲車**飛石擊殺無算蒙兵退屯樹柵以守

10) 고려사 권103 열전16 박서
蒙古又以**大砲車**十五攻城南甚急犀亦築臺城上發**砲車**飛石却之〈中略〉復驅北界諸城兵來攻列置**砲車**三十攻破城廊五十間〈中略〉蒙古復以**大砲車**攻之犀又發**砲車**飛石擊殺無

사람으로서 그 공으로 죽주방호별감竹州防護別監이 되었는데 그는 구주龜州에 있을 때부터 몽고군의 성城을 공격하는 전술을 잘 알고 있었기 때문에 죽주竹州를 지켜낼 수가 있었다고 한다.

화시火矢

1273년 4월 여몽麗蒙 연합군이 탐라도로 도망간 삼별초 저항군을 공격할 때는 **화시**火矢도 사용하였다. 관군이 외성外城을 넘어 들어가며 화시火矢 4발을 쏘니, 연기와 불꽃이 하늘을 덮고 적의 무리가 크게 무너졌다고 하였다.[12)13)]

이처럼 고려왕조 시절 1032년에서부터 시작하여 1270년대에 이르기까지 약 240여 년간 **뇌등석포**雷騰石砲, **화전**火箭, **포석**砲石, **포기**砲機, **화구**火毬, **포**砲, 炮, **대포**大砲, **대포차**大砲車, **화시**火矢, **발화군**發火軍 등 화약병기였거나 또는 화약병기를 사용하던 부대였을 것으로 추정되는 것들이 연이어 등장한다. 일부에서 우리나라 화약병기의 역사, 즉 화약의 역사를 11세기 초까지 끌어올리며 그때부터 이미 화약이 사용되었을 것이라고 발표하고 있는 근거들이다.

1-2. 고려의 포砲와 화火는 화약병기였나?

전술한 바와 같이 일부에서 고려 왕조 시절 화약병기를 사용했을 것이라고 추정하는 것들은『고려사高麗史』에 등장하는 **포**砲 또는 **화**火라는 글자가 포함된 병기들을 그 근거로 하고

---

11) 고려사 권103 열전16 박서(송문주)
宋文胄亦從軍龜州者也以功超授郎將二十三年爲竹州防護別監蒙古至竹州城諭降城中士卒出擊走之蒙古復以炮攻城四面城門輒摧落城中亦以**砲**逆擊之蒙古不敢近蒙古又備人油灌藁縱火攻之城中士卒一時開門突擊之蒙古死者不可勝數蒙古多方攻之凡十五日竟不能拔乃燒攻具而去文胄在龜州熟知蒙古攻城之術其計畫無不先料

12) 고려사절요 제19권 원종 순효대왕 2 계유 14년(1273)
官軍踰外城而入火矢四發煙焰漲天賊衆大潰

13) 고려사 권104 열전17 김방경
官軍踰外城入火矢四發烟焰漲天賊衆大亂

있지만 이러한 것들을 가지고 그 당시에 우리나라에서 화약을 사용했다고 보기에는 문제가 많다.

우선 고려 덕종德宗 원년(1032)의 **뇌등석포**雷騰石砲[2-1]부터 검토해 보기로 한다. 석포石砲라는 단어에서 알 수 있듯이 돌을 던지는 투석기投石機였음은 확실한바, 그렇다면 돌을 던지는 방법이 화약의 추진력을 이용하였는지를 생각해 보아야 한다. 하지만 흑색화약을 처음 발명했던 중국도 11세기 초까지는 화살 끝에 연소제를 발라 발사하는 투사식投射式 화전火箭을 사용했을 뿐이고, 폭발성 화기인 벽력화구霹靂火毬나 벽력포霹靂砲가 사용된 것은 11세기 중엽이었으며, 또한 본격적인 화약병기라 할 수 있는 관형화기管形火器를 사용한 것은 고려의 뇌등석포보다 100여 년이나 늦은 12세기 중반 이후였다. 뇌등석포를 화약의 추진력을 이용한 화약병기였다고 한다면 우리나라가 중국에 앞서 세계 최초로 유통식有筒式 화약병기를 사용하였다고 해야 하는데 근거 없는 일일 뿐이다.

따라서 1104년, 즉 중국에서 폭발성 화기가 사용되기 전에 설치되었던 **발화**發火라는 부대도[2-2, 3] 화약병기 부대가 아닌 단순히 불을 사용하는 화공火功부대였다고 해야 한다. 물론 조선시대에 와서 발화發火라는 명칭의 병기가 발견되기는 한다. 세종 8년(1428년) 윤봉尹鳳이 화약을 청구하였을 때 대발화大發火, 중발화中發火라고 하던 화약병기를 보내준 사실이 있다.[14] 하지만 이때는 이미 『고려사』에서 '발화'라는 단어가 등장하고 나서 320년 이상의 세월이 흐른 뒤이다. 이렇게 시대 차이가 나는 것을 가지고 그것들을 동일하게 해석할 수도 없는 것이지만 조선조에서의 '발화'라는 것은 무기의 이름이었고 고려에서의 '발화'는 군사조직 중의 하나인 특정 부대部隊의 명칭으로서 결코 동일하다고 할 수는 없다.

인종 13년(1135) 묘청의 난을 진압하면서 사용했다는 **화구**火毬[2-6]에 대해서도 의문이 간다. 이 점에 대해서는 크게 두 가지로 생각해 볼 수 있는데 첫째 화구 자체가 화약으로 만들어진 것인지, 둘째 화구를 발사하는 장치가 화약을 이용한 화포火砲였는지 여부이다.

우선 화구가 화약으로 만들어진 것인지를 검토해 보자. 만약 화구를 일종의 포탄이거나 또는 화약덩어리라고 가정한다면 그것을 어떻게 점화하여 발사했을지가 의문이다.

---

14) 세종실록 권33 세종 8년 丙午(1428) 7월 8일 기해

〈前略〉尹鳳請火藥十餘箇欲用於東八站草野命以蒺藜砲五大發火十中發火十送之

화약덩어리였다면 발사 전 점화를 하고, 발사 후 목표에 접근하여 폭발토록 해야 하는데 이는 지연 점화장치가 있어야 가능한 일이다. 화포가 아니고 기계적 장치를 이용해서라도 불을 붙인 화약덩어리를 던질 수는 있겠지만 점화 즉시 폭발한다면 의미가 없는 것이기 때문이다. 그렇다면 고려 말 당시에 화약뿐만 아니라 지연장치까지도 사용했다고 보아야 하는데 이는 기록도 존재하지 않을 뿐더러 발상 자체가 무리한 일이라고 생각한다.

성城을 공격하는 순서에도 문제가 있다. 즉 포기砲機로 돌을 날려 성루城樓를 부수고 그 다음에 화구火毬를 던져 불살랐다고 한 것에서도 화구는 단순한 불덩어리에 불과했음을 알 수가 있기 때문이다. 만약 화구가 파괴력이 있는 화약덩어리였다면 굳이 돌로 성곽을 부순 다음 2단계로 불을 지르는 번거로운 공격을 했을 리가 없다. 따라서 화구는 어떤 형태였든 화약은 아니었고 단순히 불을 붙여 던졌던 불덩어리였을 뿐이다.

다음은 화구를 발사하던 병기가 화약을 이용한 포砲의 일종이었는지 알아보아야 하는데, 이는 화구를 던지는데 사용한 장치가 **포기**砲機였다고 한 것에서 단순한 기계식 장치〔砲機〕였을 뿐 화약의 추진력을 이용한 병기〔火砲〕가 아니었다는 것을 짐작해 볼 수 있다. 또한 성 밖에 8길〔丈〕 높이의 토산土山을 쌓고 그 위에 포기砲機를 설치, 돌을 날리고 화구를 던졌다고 하였다. 성 밖에 높이가 8길〔丈〕이나 되는 토산을 쌓았다는 것은 토산 위에서 성을 내려다보며 공격하기 위한 것으로 볼 수밖에 없는데, 만약 총통銃筒과 같은 유통식有筒式 화약병기라면 반드시 위에서 내려다보며 쏘아야만 했을까 하는 점이다. 이 점은 조위총趙位寵을 정벌하기 위해 명종 5년(1175) 6월 두경승杜景升이 성 밖에 토성土城을 쌓고 대포大砲를 설치, 연주성漣州城을 공격했다고 하는[2-7, 8] 기록에서도 마찬가지이다.

결론적으로 **화구**火毬는 지연장치가 불필요한, 즉 화약처럼 연소속도가 빠르지 않은 단순한 **불덩어리**(火毬)를 기계식 **투척기**(砲機)**로 발사하던 병기**였다고 할 수밖에 없다.

화구 이후에 등장하는 각종 포砲의 종류들은 화약을 사용한 것이 아니었다는 점을 좀 더 확실하게 전해 주는 기록도 있다. 세조 2년(1456) 3월 집현전 직제학 양성지梁誠之가 최무선崔茂宣의 사우祠宇를 세우고 그 자손들도 공신으로 칭하여 녹용錄用하자며 상소를 올리는 중에 "우리나라는 신라新羅 때부터 단지 포석砲石의 제도만 있고 역대歷代로 화약의 법이 없었는데, 전조 말 최무선이 처음으로 화포火砲의 기술을 전했다"면서 **포석이란** 병기는 **화약을 사용하지 않는 병기**이고 **화약을 사용하는 것은 화포**라고 하여 두 가지 병기를 명확히

구분하고 있다.[15)]

혹자는 이처럼 포석과 화포는 서로 다른 병기라고 했던 양성지梁誠之가 8년 후인 세조 10년 8월 동지중추원사同知中樞院事가 되어 군법 · 군정 · 군제 등에 관한 일을 상서上書할 때는 "**화포火砲의 제도는 신라 때부터 시작하여 고려 때에 정비되었고** 본조本朝에 들어 그 진가眞價를 다하게 되었으니, 군국軍國의 이기利器라 할 수 있을 것"[16)]이라고 했다는 기록을 가지고 우리나라 화약사용이 신라 때부터 시작되었을지도 모른다고 한다. 하지만 이것은 화포가 신라 때부터 시작되었다는 것이 아니라 포석 등의 기법이 신라 때에 시작되었다가 고려 때에 화포火砲로 발전되었다는 뜻으로 생각하는 것이 옳을 것이다.

또한 포차砲車와 화포가 다르다는 것은 서애西厓 유성룡柳成龍도 『서애집西厓集』에서 언급하고 있는데 『세조실록』보다 더욱 구체적으로 박서朴犀가 귀주龜州에서 사용하던 포차는[2-9, 10)] 화포가 아니었다고 서술하고 있다. 유성룡은 "원나라가 변경邊京을 공략할 때 사용하던 이른바 **찬죽포濽竹砲 · 진천뢰震天雷 등은 화포火砲이나** 양양襄陽을 공격할 때 사용하던 **양양포襄陽礮라는 것은 틀을 설치하여 발포하는 것이지 화약을 사용하는 것이 아니다**"라고 했던 경산瓊山 구준丘濬의 《대학연의보大學衍義補》를 상기하면서 "**박서가 귀주에서** 원나라 군사와의 싸움에서 돌을 날려 보내는데 **사용하던 포차라는 것은 바로 경산瓊山이 말한 양양포襄陽礮와 같은 것**"이라 하였다. 즉, 포차砲車가 화약을 사용한 화포火砲가 아니었음을 분명히 하고 있다.[17)]

그뿐만 아니라 각종 기록 속에서 뒤섞여 쓰이고 있는 **포**炮와 **포**礮, **포**砲[18)]라는 병기들

15) 세조실록 3권 세조 2년 丙子(1456) 3월 28일 정유
集賢殿直提學梁誠之上疏曰〈中略〉敢將便宜二十四事條錄以獻惟聖鑑財幸〈中略〉崔立祠又自新羅只有砲石之制而歷代無火藥之法前朝末崔茂宣始學火砲之法於元東還而傳其術至今軍鎭之用利不可言茂宣之功萬世除民害也〈中略〉其澤被生民豈曰小哉乞於鄕貫官立祠宇春秋令本官行祭其子孫稱爲功臣有罪錄用

16) 세조실록 34권 세조 10년 甲申(1464) 8월 1일 임오
同知中樞院事梁誠之上書曰〈中略〉火砲之制自新羅而始至高麗而備及本朝而盡善可謂軍國之利器也

17) 西厓先生文集 卷之十六 : 記火砲之始
火砲不知始於何時丘濬大學衍義補以爲火藥藏銅鐵中點放始於近世而至云天祚國家錫以自古所無之兵器是瓊山以火砲之用出於大明也然以史書觀之則火砲出於前代已久而盛於蒙古宋史載元人攻汴京有所謂濽竹砲震天雷等具是非火砲而何哉至於攻襄陽時以大石爲砲所擊無不摧碎世謂之襄陽礮而瓊山以爲設機發之非用火藥亦未知何所據而云也我國龜州之戰元兵及城內皆用砲車飛石亦恐與瓊山所論襄陽礮相類而今亦無傳其制甚可惜也

18) 漢韓大字典, 民衆書林, 1994
理想 學習玉篇, 理想社, 1994

은 그 한자漢字의 뜻에서도 화약병기였는지 비화약병기였는지가 구분되고 있다. 즉, **그슬릴 포**炮는 화약병기를 비롯한 화공용火攻用 병기를 말했을 것이고, **돌 탄알 포**礮와 **돌 쇠뇌 포**砲는 돌을 날려 보내던 석공용石功用 비화약병기였다는 것을 짐작해 볼 수가 있다. 그런데 전술했던 『고려사』나 『고려사절요』에서 화약병기였을지 모른다고 추정하던 것들은 **포**炮가 아니고 주로 **포**砲라는 단어만을 사용하고 있다. 따라서 고려의 **포**砲는 화약병기가 아니었다는 것을 알 수가 있는 것이다.

하지만 『고려사절요』와 『고려사』에서 대부분 **포**砲라는 용어가 사용되고 있는데도 불구하고, 각각 한 군데씩 **포**炮가 사용된 것이 발견된다. 하나는 1231년 몽고군이 대포차大砲車로 공격해 올 때 박서가 **포차**炮車로 돌을 날려 물리쳤다고 한 것이고[2-9] 또 하나는 1236년 몽고군이 죽주성竹州城을 공격할 때 **포**炮를 가지고 성을 공격했다고 한 것이다.[2-11]

우선 1231년 박서朴犀가 사용했다는 『고려사절요』의 **포차**炮車[2-9]에 대해 살펴보자. 하지만 이는 이미 언급했듯이 『서애집』에서 **포차**砲車라고 하면서 "**돌을 날리는 데 썼던 무기**"[2-17]라고 하여 화약병기가 아니었음을 명확히 하고 있다. 따라서 **포차**炮車는 **포차**砲車의 오기誤記였을 것이다. 『고려사절요』에 수록된 박서朴犀의 **포차**에 대한 기록은 『고려사』에도 동일한 내용이 수록되어 있다. 하지만 『고려사』에서는 **포차**砲車[2-10]라고 기록하고 있는 것을 후일 이 『고려사』를 저본底本으로, 즉 『고려사』를 축약하여 편찬했던 『고려사절요』에서만 **포차**炮車[2-9]라고 쓴 것을 볼 때도 오기였다는 것을 짐작해 볼 수가 있다.

다음은 1236년 몽고군이 죽주성竹州城 공격 때 썼다는 **포**炮[2-11]에 대해 검토해 보아야 하는데 이 부분에 대해서는 명확히 설명할 자료가 없다. 하지만 이것은 만약 화약병기였다 하더라도 고려인이 사용한 것이 아니고 몽고군이 사용한 것일 뿐이다. 우리나라 화약 역사는 아니다.

물론 **포**砲라는 단어는 화약병기의 명칭에도 사용되기는 하였는데 이때는 포砲라고만 하지 않고 화火 자字를 추가하여 **화포**火砲라고 하였다. 이러한 사실은 조선조에 사용되던 용어를 살펴보면 확실해진다. 조선조에서는 화포火砲라는 단어가 화약병기를 통칭하고

〈炮〉 그슬릴 포
〈砲〉 돌쇠뇌 포
〈礮〉 돌탄알 포(砲와 同)

있기 때문이다.

그렇다면 혹시 고려시대와 조선시대에 서로 사용하던 용어가 다르지는 않았을까 생각해 볼 필요도 있다. 하지만 이 부분은 『고려사』나 『고려사절요』가 고려인들이 쓴 것이 아니고 조선조에 들어와서 이미 화약병기에 대해서는 화포火砲나 총통銃筒, 화통火筒이라는 이름으로 부르고 있던 조선인들이 집필한 것이라는 점에서 올바른 추측은 아니다.

조선인들은 『고려사』를 집필하면서 화통도감火㷁都監에서 만든 병기 중에는 화포火砲와 육화석포六花石砲[2-37]가 있다고 하였다. 즉 『고려사』를 집필하던 조선인들은 같은 **포**砲자를 사용하면서도 이미 화약병기와 비화약병기를 화포火砲와 석포石砲로 명확히 구분하여 사용하고 있는 것이다. 그뿐만 아니라 공민왕 5년의 기록에서는 총통銃筒이라 하여 통筒이라는 말도 화약병기에 사용하기 시작하였다.[2-19]

이처럼 고려에서 사용하던 포砲가 화약병기가 아니었다면 그 당시 『고려사』에 함께 등장하는 포기砲機, 포차砲車, 대포大砲, 대포차大砲車, 포석砲石 등 각종 포砲의 종류들은 모두 화약병기가 아니고 돌을 날려 보내는 투석기投石機의 일종인 기계식 무기라고 보아야 한다. 다만 그 병기의 종류마다 돌을 날려 보내는 방법이나 용도, 성능 등이 서로 달랐기 때문에 여러 가지 명칭으로 부르고 있었을 뿐이다.

1273년 4월 여몽麗蒙 연합군의 김방경이 사용하였다는 **화시**火矢는[2-12, 13] "화시火矢 4발을 쏘니 연기와 불꽃이 하늘을 덮었다"는 당시의 기록 그대로 적진을 불사르기 위한 단순한 불화살이었고, 따라서 그보다 약 150년 전 인종仁宗 시절 김부의金富儀가 언급한 **화전**火箭도 같은 맥락으로 볼 수 있다.[2-5]

끝으로 뇌등석포雷騰石砲 등장 이후 240여 년간 화약병기일지 모른다고 추정되는 기록이 이어져 오는 동안 화약에 대한 기록은 전혀 발견되지 않는 점도 상기의 각종 무기들이 화약병기가 아니었음을 짐작케 해준다. 화약병기를 사용하던 사람들이 병기만을 거론하고 화약에 대해서는 전혀 언급하지 않았다는 것 자체가 이해할 수 없는 부분이기 때문이다. 따라서 우리나라 화약의 역사는 그 이후에서 찾는 것이 옳다고 본다.

1-3. 우리나라 최초의 화약 사용

우리나라에서 화약이 최초로 사용된 것은 언제였을까? 군사용 병기로 화약이 사용되었을 것으로 추정되는 매우 구체적인 내용이 『고려사』 공민왕 5년(1356)의 기록에서 발견된다.

재추宰樞(宰府의 宰臣과 中樞院의 樞臣)들이 숭문관崇文館에 모여 서북면방어西北面防禦의 무기를 검열檢閱하고, 총통銃筒을 발사하니 그 화살이 순천사順天寺 남쪽까지 날아가 땅에 떨어져 박혔다고 하였다.[19]

어떤 종류의 화살이 얼마나 멀리 날아갔는지 알 수는 없다. 하지만 화살이 상당히 멀리 날아갔다는 뜻으로 기록된 점, 화살을 활이 아닌 총통銃筒으로 발사했다는 점 등을 볼 때, 재래식의 활을 사용한 것은 아니고, 총통銃筒이라는 유통식有筒式 무기였다는 것은 확실하다. 따라서 이것을 화약을 사용한 화약병기였을 것으로 추정할 수 있는 최초의 기록이라 할 수 있다. 그 당시 유통식有筒式 화약병기는 최첨단 신무기였을 것인바, 아마도 문무고관〔재추宰樞〕들을 모아놓고 시연회試演會를 했던 것으로 판단해 볼 수도 있다.

그 후 16년 뒤 공민왕 21년(1372) 10월 화전火箭을 쏘았고[20] 22년(1373) 10월에는 화전火箭, 화통火筒을 동시에 시험하였다.[21] 발사체인 화전과 발사기인 화통이 함께 등장했으니 이보다 더 분명하게 화약 무기임을 증명할 수는 없다. 드디어 고려에서도 화약병기 시대가 시작된 것이다.

이처럼 1350년대부터 1370년대에 이르기까지 20여 년간 고려에서도 이미 화약병기의 존재를 인식하고는 있었다. 하지만 본격적으로 사용할 정도는 아니었고 간단한 시험발사만을 했던 것으로 보이는바, 아마도 신무기 개발 과정에서 소량씩 화약을 사용했을 것으로 추정된다.

이상과 같이 우리나라 화약 사용의 기원을 정리해 보면 이론異論의 여지가 있기도

---

19) 고려사 권81 병지一
恭愍王五年九月宰樞會崇文館閱西北面防禦兵仗放銃筒于南岡箭及順天寺南墜地沒羽

20) 고려사 권43 세가 공민왕 6(1372)
恭愍王二十一年十月庚寅親率五軍出次昇天府甲午次引月串放火箭乙未登經浦峯觀丹丙申次甑山峯終夜設火山雜戲以觀

21) 고려사 권44 세가 공민왕 7(1373)
恭愍王二十二年冬十月丙子次西江城丁丑觀新造戰艦又試火箭火筒

하지만 단순히 기록만을 놓고 볼 때 1356년(공민왕 5)이 처음이었다고[2-19] 보는 것이 타당할 것이다.

그러나 이 당시의 화약 사용은 모두 군사용 무기에 사용하는 것이었고 무기용 외에 화약이 사용된 것으로 보이는 기록은 그보다도 15년 후인 1371년에 발견된다. 화산대火山臺를 설치하고 신돈辛旽이 왕을 모셔다가 함께 구경한 적이 있는데 이것이 바로 화약을 이용한 최초의 불꽃놀이였을 것으로 보이는 기록이다.[22] 이 부분에 대해서도 서로 다른 견해들이 있는데 이는 제16장 〈우리나라 불꽃놀이의 역사〉 편에서 상세히 다루기로 한다.

상기와 같이 부분적으로 화약을 사용한 흔적이 있기는 하나 자체적으로 화약을 생산하여 본격적으로 사용하기 시작한 것은 1377년 화통도감이 설치되고 1380년(우왕 6) 8월, 진포해전鎭浦海戰에서 왜구를 섬멸하면서부터라고 할 수 있다.[2-3-1] 따라서 우리나라 화약의 기원을 굳이 몇 십 년 정도 끌어올리려는 시도보다는 화약 생산을 위해 화통도감이라는 국가기관이 설립된 1377년을 그 기원으로 정리한다 해도 특별한 문제는 없다고 본다.

1-4. 명나라 화약(원료) 도입

명나라에의 화약(원료) 공급 요청

한 가지 의문을 가져 본다면 1350년대부터 화약을 사용하던 고려에서는 그 화약을 어디서 구하였을까 하는 점이다. 하지만 이 부분은 크게 문제가 되지 않는다. 소량이라면 명나라로부터도 구해 올 수 있었을 것이고 혹은 고려를 침공했던 몽고군을 통해 시험 발사를 해볼 정도의 화약을 습득하는 것은 크게 어렵지 않았을 것으로 보기 때문이다.

1370년대에 들어서는 고려에서도 이미 화약의 제조법(배합기술)까지 터득하고 있었다는 것을 확인시켜 주는 기록도 있다. 명나라에게 화약 원료를 공급해 달라고 요청했던 사실이 그것인데 화약의 제조법, 즉 배합법도 모르면서 화약의 원료를 요청할 수는 없는

---

22) 고려사 권132 열전 신돈
恭愍王二十年權適又大亭旽設火山臺旽不敢自安又移涼廳請王觀之

일이기 때문이다. 고려가 처음 공식적으로 명나라에게 공급을 요청한 것은 화약이었다. 공민왕 22년(1373)의 일이다. 1373년 11월 밀직부사密直副使 장자온張子溫을 남경南京에 보내어 방물方物을 바쳐 가며 명나라 황제에게 화약을 하사해 줄 것을 요청하였다.[23)][24)]

화약뿐만 아니라 화약의 원료까지도 요청한 것은 그 다음 해인 공민왕 23년(1374) 5월의 일이다. 고려는 정비鄭庇를 명나라에 보내 재차 화약을 요청하였는데 이때 화약과 함께 유황, 염초焰硝 등 원료들도 요청한 것이다. 6월 정비 일행이 귀국하여 보고한 기록에서 중국 조정에 화약과 그 원료들을 요청했던 내용을 상세히 확인할 수 있다.[2-25)]

명나라의 화약(원료) 공급 거절

고려로부터 화약을 요청하는 공문을 접수한 중국의 중서성中書省에서는 "홍무洪武 7년 5월 4일에 보내온 자문에 '왜구를 토포討捕하기 위한 선척船隻을 만들었으니, 이에 필요한 기계器械, 화약火藥, 유황硫黃, 염초焰硝 등의 물건을 내려주시기를 자문으로 요청합니다' 하였는데, 자문은 잘 받았습니다. 하지만 고려에서 왜구를 토포하기 위해 만든 배가 바다로 나가 왜구를 치기에 적합한지 그 여부를 알지 못하겠습니다. 더구나 중국에서 소용되는 화약, 염초, 유황은 비축분이 비록 많기는 하더라도 쓸 데도 또한 많으니, 어찌 중국이라고 해서 외방外邦에 대줄 수가 있겠습니까?"라고 하면서 거절할 뜻을 분명히 하였다.[25)]

중국 조정의 중서성中書省에서 화약 공급을 거절하고 나서 바로 4일 뒤인 홍무 7년 5월 8일 명황제가 봉천전奉天殿에서 중서성 대도독부大都督府 어사대관御史臺官에게 내린 지시를 보면, 나름대로 중국 황제는 고려의 사정을 이해하고 도와주려 했던 것 같기는

23) 고려사절요 제29권 공민왕 4 계축(1373)
〈前略〉十一月遣密直副使張子溫如京師獻方物請賜火藥〈下略〉

24) 고려사 권44 세가 공민왕 17(1373)
恭愍王二十二年十一月乙丑遣密直副使張子溫代周英贊如京師是月移咨中書省請賜火藥曰倭賊作耗乍往乍來二十餘年矣自來本國沿海州郡關隘去處止是調兵守禦不行下海追捕近年以來賊勢已熾今欲下海追捕以絶民患差官打造捕倭船隻其船上合用器械火藥硫黃焰等物無從可辦議合申達朝廷頒降以濟用度

25) 고려사 권44 세가 공민왕 17(1374)
恭愍王二十三年六月壬子鄭庇等還自京師〈中略〉中書省咨曰〈中略〉洪武七年五月初四日准來咨爲打造捕倭船隻合用器械火藥硫黃焰焇等物咨請頒降准此照得高麗國所造捕倭船隻未委是否堪中出海征進况中國所用火藥焇黃預備雖多需用亦廣豈有中國而資外邦之理

하다. 명나라 황제는 고려의 화약원료 공급 요청에 대해 "고려에서도 염초나 유황은 구할 수 있는 것이니 염초 50만 근과 유황 10만 근 정도를 장만해 놓고 오면 필요한 다른 약품들을 조합하여 고려에 보내 주겠다"고 하였다.[26] 하지만 이 역시 염초와 유황은 줄 수 없으니 고려에서 알아서 구해 보라는 것이었을 뿐 다시 한번 화약 공급의 거절을 확인한 것에 불과하다.

명 황제가 무슨 근거로 염초焰硝 50만 근, 유황 10만 근이라는 숫자를 들어가며 고려에서도 준비할 수가 있을 것이라고 했는지 알 수는 없다. 염초가 흙에서 채취하는 것이므로 어쩌면 중국과 고려와의 영토 넓이를 감안해서 고려의 영토라면 그 정도의 염초는 구할 수가 있을 것으로 생각하고 대충 말한 것일지도 모른다. 그렇다면 당시 중국에서의 염초 생산은 엄청난 수준이었음을 알 수가 있다. 어찌되었건 결론적으로 공민왕 23년(1374) 5월 4일 정비鄭庇를 중국에 보내 화약을 요청했을 때 중국으로부터 화약 공급을 거절당한 것만은 확실하다.

하지만 간혹 일부에서는 **"1374년 5월 8일 염초焰硝 50만 근, 유황 10만 근을 반급頒給하라는 명 태조의 교시敎示가 내려졌다"**라고 주장하기도 한다. 하지만 이 점에 대해서는 다음과 같이 몇 가지 의문이 있다.

우선 염초 50만 근이면 적어도 수백 톤의 화약을 만들 수 있는 분량으로 당시로서는

---

26) 고려사 권44 세가 공민왕 5(1374)
恭愍王二十三年六月洪武七年五月初八日中書省大都督府御史臺官於奉天殿欽奉聖旨高麗來關軍器火藥造船捕倭我看了好生歡喜却不似已前坐視民病方纔有救民之心似這等行移與中國一般王顓敢眞箇依着我的號令若如此時把湮每號令行將去他必是依着行早發文書去敎那裏掃得五十萬觔硝將得十萬觔硫黃來這裏著上那別色合用的藥修合與他去那裏新造捕倭的船敎差能幹將官率駕將來我看欽此省臺官卽奏恐彼無此物又欽奉聖旨皆是同天共日安得此有彼無此等之物處處有之彼方但不會修合耳恁宰相每只將這號令行將去【고려에서 관문(關文)을 보내 군기와 화약을 요청하고 배를 만들어 왜구를 토포한다 하니 내가 보고 나서 마음이 매우 기뻤다. 이전에 백성의 병통(病痛)을 좌시하던 것과는 달리 이제는 백성을 구제하려는 마음을 가지게 되었구나. 이렇게 행이(行移)하는 것은 중국과 같아진 것으로 보이니, 왕전(王顓, 高麗國王)이 혹 진실로 나의 명령을 따르려는 것인가. 만일 지금과 같은 때에 우리의 명령을 행한다면 그가 반드시 따라서 행할 것이니 서둘러 공문을 보내 그쪽에서 50만 근(斤)의 염초(焰硝)를 모으고 10만 근의 유황 을 구한 뒤 이곳에 와서 필요한 다른 재료를 섞어 조제한 다음 주어 그쪽으로 가져가게 하고 새로 만든 왜구를 토포할 배는 배를 잘 다루는 장관(將官)을 파견하여 몰고 오도록 하라. 내가 볼 것이다' 하였습니다. 성지를 삼가 받들고 성대(省臺)의 관원이 즉시 아뢰기를 '아마도 저쪽에는 이런 물건이 없을 듯합니다.'하였는데 또다시 성지를 삼가 받드니 '모두 같은 하늘 아래 있는데 어찌 이곳에는 있고 저곳에는 없을 수 있겠는가? 이러한 물건은 어디에나 있다. 저쪽에서는 단지 조제하는 방법을 모를 뿐이다. 너희 재상들은 다만 이 명령을 행하도록 하라' 하였습니다" 하였다.】

너무 많은 수량이라는 점이다. 고려 말의 화약 배합비율을 알 수는 없고 조선조의 기록을 가지고 판단해 보았다. 조선조에 사용하던 화약의 염초 함량은 53.2%~78.2%까지 여러 가지가 있다.〈표 8-7〉 유황은 중국뿐만 아니고 일본에서도 구할 수 있는 물품이었으니 논외로 하고 염초만을 기준으로 해서 이 조성들을 가지고 계산해 보면 염초 50만 근을 가지고 만들 수 있는 화약은 최대 약 90만 근, 최소 약 60만 근이나 되는 방대한 양이다. 고려 말의 정확한 화약소비량도 알 수는 없으니 이것 또한 『조선왕조실록』의 자료들을 가지고 판단해 보자. 화약 60~90만 근이라면 한 번에 화약을 1,000근씩 사용하던[27] 제야除夜의 불꽃놀이를 600~900회나 할 수 있는 양이다. 또 임진왜란 때 사용하던 화약병기인 호준포虎蹲砲에는 화약이 4냥씩 사용되었으니[28] 240만 번에서 360만 번을 발사할 수 있는 양이기도 하고, 세종 임금 즉위 초, 연간 화약소비량 8,000근을[29] 기준하면 75년에서 110년을 쓸 수 있는 엄청난 양이다.

운반에도 문제가 있다. 당시 정비鄭庇 일행이 명나라를 방문할 때의 동행 인원수 등 상세한 내용은 확인할 수 없지만 지금으로부터 630년 전 고려 말에는 말(馬)이나 인력에 의존하여 짐을 운반하던 시절이었던바, 염초와 유황 60만 근(360톤)을 운반하기 위해서는 엄청난 숫자의 말과 사람을 동원해야만 가능한 일이었음을 알 수가 있다. 예를 들면 최근까지 우리나라 농촌에서 널리 사용하던 길마(소나 말의 등에 얹어 물건을 나르는 데 쓰던 기구, 통상 쌀 2가마(160Kg)씩을 싣고 다녔음)와 유사한 기구를 사용하여 운반을 했다 해도 2,000마리 이상의 말과 말을 부릴 마부馬夫가 필요한 막대한 수량이다. 만약 사람이 등짐으로 운반을 하려면 도대체 몇 만 명이 필요했을까? 따라서 운반가능성 측면에서도 도저히 현실성이 없는 계산이 나오는 것이다.

결국 염초 50만 근과 유황 10만 근이라는 수량은 중국에서도 쉽사리 공급해 줄

---

27) 세종실록 59권 세종 15년 계축(1433) 2월 29일 계축
教兵曹曰焰焇煮取其功不細臨敵破陣其用甚大前此除夜火砲所費之數至於千斤誠爲未便自今每年除夜所用毋過三十斤以爲恒式

28) 선조실록 50권 선조 27년 甲午(1594) 4월 17일 을축
德馨曰虎蹲砲入四兩此砲亦可入四兩

29) 세종실록 1권 세종 즉위년 戊戌(1418) 9月 19일 병인
軍器監啓留庫焰硝只三千三百十六斤一年春秋所用凡四千斤明年春節所用尙且不敷請加煮取上王從之

수 있는 정도의 만만한 수량도 아니었겠지만 만약 중국에서 준다고 해도 당시로서는 가져 올 수도 없고, 누가 가져다 준다 해도 그 많은 양을 쓸 곳도 없었으며, 쌓아 놓을 창고[화약고]도 없었을 것이다.

결론적으로 "1373년 5월 8일 염초焰硝 50만 근, 유황 10만 근과 기타 필요한 여러 약품을 반급頒給하라는 명 태조의 교시敎示가 내려졌다"라고 하는 주장에 대해서는 찬성할 수가 없다.

명나라에서 고려의 화약 공급 요청을 거절했다고 명확히 전해 주는 기록도 있다. 언제 요청한 것에 대해 거절했다는 것인지는 불확실하지만 전술한 두건 외에 화약을 요청했던 기록이 없음을 감안하면 이를 지칭한 것으로 보아야 할 것인데 "공민왕恭愍王이 일찍이 명 황제에게 화약과 염초焰硝를 청하였으나 허락하지 않았다"라고 『동사강목』에서는 적고 있다.[30]

명나라의 화약(원료) 공급은 전혀 없었나?

일단 명나라에서 거절은 했지만 화약이 꼭 필요했던 고려 조정에서는 그 후로도 명나라로부터 화약을 구하기 위한 노력을 계속했을 것이다. 반복해서 공급해 주기를 요청했거나 아니면 비공식적인 경로를 통해서라도 화약을 입수하려는 시도를 하였을 것인데 명나라에서도 완전히 공급을 막은 것은 아니고 소량씩일지언정 염초나 유황 등 화약원료를 공급해 주거나 또는 화약 자체를 나누어 주었을 것으로 판단된다.

조선조에 들어와서의 일이다. 세종 16년(1434) 명나라에 염초무역을 요청하는 자문咨文의 초본草本을 만들 때 "**일찍이 홍무洪武 연간에 왜적을 잡는 데 쓰는 화통火㷁·화약물火藥物을 만드는 원료를 나누어 보냈으나**, 본국의 공장工匠들이 염초焰硝를 고아 만드는 법을 알지 못하므로 이제 값으로 매수하고자 한다"[31]라고 하였고, 세종 26년에도 임금이 승정원에

---

30) 동사강목 제16상 정사년 전폐왕 우 3년
冬十月始置火桶都監本國不解火藥煉造之法恭愍王請火藥焰焇于明帝不許〈下略〉

31) 세종실록 65권 세종 16년 甲寅(1434) 9월 9일 계미
〈前略〉曾於洪武年間頒降捕倭所用火㷁火藥物料緣本國工匠未識煮取焰硝之法製造未精今欲用價收買未敢擅便呈稟施行

이르기를 "**옛날 명나라 태조太祖 고황제高皇帝가 화약火藥을 특별히 주었는데, 우리나라에서 그것을 잘 사용하지 못하고 있다**"[32)]라고 한 적이 있다. 성종 9년에는 공조판서工曹判書 양성지梁誠之가 상서上書하면서 이르기를 "신이 생각하건대 화포火砲는 군국軍國의 비밀한 무기인데, **명나라 초에 고황제高皇帝가 왜倭를 방어하라고 하사하였습니다**"[33)]라고 했던 사실도 있다.

특히 세종 16년(1434)의 기록은[2-31)] 세종 26년[2-32)]과 성종 9년[2-33)]의 기록과는 다른 점이 있다. 다른 두 기록은 단지 조선 조정 내에서 하던 이야기에 불과하지만 세종 16년의 기록은 조선이 명나라에 보내려고 준비하던 「**염초무역을 요청하는 공문서(咨文) 초안草案**」의 내용이었다는 점이다. 중국에 보내는 공문서를 작성하며 중국과 관계되는 일을 사실과 다르게, 즉 당사자가 보내 준 적도 없는 화약을 보내 준 적이 있다고 했을 리가 없기 때문이다.

따라서 고려 말 홍무洪武년간에 명나라로부터 화약을 공급받았던 사실은 분명히 있었다고 보아야 한다. 다만 공급받은 수량이 50만 근의 염초焰硝라거나 또는 10만 근의 유황이라는 등 대규모가 아니고 소규모였다는 것이다.

---

32) 세종실록 106권 세종 26년 甲子(1444) 10월 12일 정사
上謂承政院曰〈中略〉予意昔太祖高皇帝特賜火藥我國不善用之

33) 성종실록 97권 성종 9년 戊戌(1478) 10월 13일 신축
工曹判書梁誠之上書曰〈中略〉臣又念火砲軍國秘寶也高麗末崔茂宣始入元朝學之大明初高皇帝以防倭而賜之

02_

우리나라 최초의 화약 생산

고려 말의 화약은 염초焰硝(질산칼륨, KNO_3)와 유황, 숯을 혼합하여 만드는 일종의 흑색화약이었다. 여기서 숯은 쉽게 구할 수 있는 물질이었지만 염초와 유황이 항상 문제였다. 특히 염초를 만드는 것이 가장 큰 어려움이었다. 염토鹽土, 焰土(염초 추출을 위한 흙)의 채취로부터 시작해서 염초의 추출과 정제, 건조 및 분쇄 등 과학적 기술을 적용하여 만들어야 했는데(8-4, 5절) 중국에서는 이를 극비로 취급, 국외로 그 제조방법이 새어나가지 않도록 엄히 단속했기 때문이다.

하지만 이 세 가지, 즉 염초, 유황, 숯만 있으면 이를 혼합하여 화약을 만드는 것은 위험하긴 해도 기술적으로는 그다지 어려운 일은 아니다. 따라서 염초제조법은 비밀이었지만 세 가지 원료를 배합하는 화약제조법은 큰 비밀이 아니었을 것으로 보인다. 중국에서 배워왔거나 아니면 자체적으로 터득했거나 고려에서도 꽤 일찍부터 알고 있는 기술이었다. 화약제조법은 이미 알고 있었기에 중국에 원료 공급을 요청했던 것이다.

물론 그 당시에 화약을 어느 정도의 규모로 생산하였고 또 사용했었는지 알 수는 없다. 전술하였듯이 소규모의 시험적인 생산이었을 것으로 보이긴 하지만, 결론적으로 말하면 우리나라에서 최초로 화약을 만든 것은 최무선崔茂宣의 화약 제조보다 조금 앞선 1373년 이전으로 보아야 한다.

그렇다면 이처럼 화통도감 이전에도 이미 화약을 만들어 사용했었음이 분명함에도 불구하고 우리는 왜 최무선을 우리나라 최초의 화약 발명가라고 하는 것일까?

최무선이라는 훌륭한 장수將帥이자 과학자의 업적에 흠을 내고자 하는 것은 아니지만 엄밀히 말하자면 "최무선은 화약의 가장 중요한 원료인 염초焰硝제조법을 국내 최초로 개발하여 화약 원료의 국산화를 이루었고, 따라서 중국에 의존하거나 간섭받지 않고 자체적으로 화약을 대량 생산할 수 있는 기술을 확립함과 아울러 각종 화약병기와 병선을 개발함으로써 자주국방에 큰 기여를 한 사람"이라고 하는 것이 타당할 것이다. 다시 말해서 최무선은 우리나라 최초의 화약 제조자가 아니고 우리나라 최초의 염초 제조자인 것이다.

600년이 지난 지금에도 화약의 기초 원료인 초석硝石(KNO_3)이나 암모니아 등은 전량 외국에서 수입하고 있다. 하지만 그렇다고 해서 우리나라가 아직도 화약을 국산화하지 못했다고 하지는 않는다. 왜냐하면 초석이나 암모니아를 수입하는 것이 어려운 일이 아니기 때문이다. 다만 고려 말에는 염초를 구하는 일이 매우 어려웠기 때문에 중국으로부터 염초를 공급받지 못하면 화약은 만들고 싶어도 만들 수가 없는 상황이었다. 원료 수급이 원활한 오늘날과는 전혀 다른 상황이었던 것이다.

따라서 당시에는 염초제조법을 알아낸 것 자체가 바로 화약을 만든 것이나 다름이 없는 것이었으니 최무선을 보고 우리나라 '화약의 아버지'라고 부르거나, 또는 우리나라 최초의 '화약 발명가'라고 하는 것이 잘못된 것은 아니다. 그렇다면 이러한 최무선이 어떻게 염초를 만들게 되었는지 그의 업적에 대해 살펴보도록 하겠다.

03_

최무선과 화약

3-1. 최무선은 누구인가?

최무선의 이름은 『고려사』나 『조선왕조실록』을 비롯하여 옛 기록의 여러 곳에 종종 등장하곤 한다. 『조선왕조실록』에는 그가 죽은 지 200년이 지난 후까지도 그의 업적을 논하는 기록이 전해지고 있다. 이는 그만큼 그의 업적이 컸다는 의미로 볼 수 있지만 그의 생애에 대해서는 오히려 자세한 기록이 없는 편이다.

최무선은 1326년 지금의 경상북도 영천에서 광흥창사廣興倉使 최동순催東洵의 아들로 태어났다.[2-47] 최동순催東洵은 영천최씨 시조始祖 최한崔漢의 6세손이며 최무선은 그의 7세손이다.

최무선이 장성하여 20대의 성인이 되었을 때는 왜구들의 침탈이 매우 극심하던 시기였다. 특히 1350년대에 들어서는 왜구의 침입이 전라도와 경상도의 남해안뿐만 아니라 인천과 강릉을 비롯하여 동서 해안 지역으로까지 폭넓게 확대되며 막심한 피해를 입고 있었고 그 피해는 날로 심해지고 있었다.

1350년대 초에 있었던 왜구들의 침입 상황을 보면 다음과 같다. 기록되지 않은 소규모의 노략질도 있었을 것을 감안할 때 전 국토가 왜구들의 침입에 시달리고 있었음을 알 수 있는데, 그 침입 빈도나 규모를 보면 임진왜란에 버금간다고도 할 수 있는 정도다.

고려 충정왕忠定王 2년(1350) 2월, 최초로 고성固城 · 죽림竹林 · 거제巨濟 등에서 왜구들의 노략질이 시작되고 나서 4월에는 순천부順天府와 남원南原 · 구례求禮 · 영광靈光 · 장흥부長興府 등이, 5월에는 다시 순천부順天府가, 그리고 11월에는 동래군東萊郡이 노략질을

최무선 영정

당하였다.[34] 다음해인 충정왕 3년(1351) 8월과 11월에는 인천 앞바다의 섬들을 비롯하여 남양부(수원), 쌍부현(시흥)과 남해현이 각각 침략을 당하였다.[35] 공민왕 원년(1352) 왜구들의 침략은 절정에 이른다. 3월에 교동喬桐, 착량窄梁, 안흥安興, 장암長巖을 침략하였으며 6월에는 전라도와 강릉도江陵道를, 7월과 9월 두 차례에 걸쳐 합포合浦를 침입하는 등 온 나라가 왜적의 침략에 시달리고 있었다.[36]

최무선의 화약 개발

최무선의 젊은 시절, 이러한 왜구들의 끊임없는 침략과 노략질은 그로 하여금 일찍부터 그 피해에 대한 심각성을 느끼게 했을 것이고, 왜구를 물리치는 것에 대해서도 관심을

34) 고려사절요 제26권 충정왕(忠定王) 경인 2년(1350)
春二月倭寇固城竹林巨濟等處合浦千戶崔禪等戰破之賊死者三百餘人倭寇之興始此〈中略〉夏四月戊戌倭賊百餘艘寇順天府掠南原求禮靈光長興府漕船〈中略〉五月倭賊六十六艘寇順天府追獲一艘斬十三級〈中略〉六月倭賊二十艘寇合浦焚其營又寇固城會源長興府〈中略〉冬十一月倭寇東萊郡

35) 고려사절요 제26권 충정왕(忠定王) 3년 辛卯(1351)
秋八月倭船一百三十艘來寇紫燕三木二島焚其民舍殆盡又焚南陽府雙阜縣〈中略〉十一月倭寇南海縣

36) 고려사절요 제26권 공민왕 1(恭愍王一) 원년 壬辰(1352)
三月命內府少尹金暉南率戰艦二十五艘禦倭至楓島遇賊船二十艘不戰而退至喬桐又望見賊船甚盛遂還西江請濟師暉南等與倭戰于窄梁安興長岩等處獲賊船一艘王除暉南左常侍倭屠巴音島瑞州防護所獲倭船一艘殲之〈中略〉倭船大至金暉南兵少不能敵退次西江告急鷹揚軍上將軍金鏞調發諸領兵婦女欄街痛哭都城大駭又斂百官坊里民戶軍粮及箭有差倭焚喬桐甲山倉前代言崔源與戰獲賊船二艘六月倭寇全羅道知益州事金輝等領舟師擊之不克〈中略〉倭寇江陵道〈中略〉秋七月合浦萬戶獻倭俘九月倭賊五十餘艘寇合浦

갖게 하였을 것이다. 그가 언제부터 화약 개발에 관심을 가지기 시작했는지는 알 수 없지만 관직에 오른 뒤에는 본격적으로 화약을 만들기 위해 노력했던 것만은 확실하다.

그러나 당시의 기록을 보면, 최무선이 화약을 만든 후에도 그가 만든 화약에 대해 사람들은 크게 관심을 가져 주지 않았다. 화약은 중국에서나 만드는 것으로서 중국에서 가져다 쓸 수밖에 없는 것이라는 고정관념을 가지고 스스로 만드는 것을 포기하고 있었는지도 모른다.

이러한 무관심 때문에 최무선이 원나라 염초장焰硝匠 이원李元으로 부터 염초자취술焰硝煮取術을 알아내고 나서도 이를 곧바로 실용화할 수가 없었다. 그가 "왜구를 제어함에는 화약만한 것이 없다"며 이를 시험해 보자고 하였으나, 모두들 이를 믿지 않고 오히려 염초제조법을 가르쳐 준 이원이 최무선을 속이는 것이라고 험담까지 한 것을 보면 당시의 상황을 짐작해 볼 수 있다.[2-37),(2-3-2절)]

화통도감 설치

하지만 최무선은 포기하지 않았다. 여러 해를 두고 헌의獻議한 끝에 드디어 최무선의 노력이 결실을 거두게 된 것은 1377년 10월의 일이었다. 최무선의 건의가 받아들여져 화통도감火㷁都監이 설치되기에 이른 것이다.[2-37, 51, 54, 55)]

이렇게 자신의 건의에 의해 설치된 화통도감에서 최무선은 화약뿐만이 아니라 대장군포大將軍砲를 비롯하여 질려포蒺藜砲, 촉천화觸天火 등 20여 종의 각종 화약병기를 제작하였음은 물론, 이 화포들을 장착할 전함까지도 건조하였는데[37)] 아쉽게도 화약병기에 쓰이는 화약의 제조에 대해서는 구체적인 내용이 전해지지 않는다.

---

37) 태조실록 7권 태조 4년 乙亥(1395) 4월 19일 임오

〈檢校參贊門下府事崔茂宣卒記〉〈前略〉嘗曰制倭寇莫若火藥國人未有知者茂宣每見商客自江南來者便問火藥之法有一商以粗知對請置其家給養衣食累旬諮問頗得要領言於都堂欲試之皆不信至有欺誑茂宣積以歲月獻計不已卒以誠意感之乃許立局以茂宣爲提調官乃得修鍊火藥其具有大將軍二將軍三將軍六花石砲火砲信砲火㷁火箭鐵翎箭皮翎箭蒺藜砲鐵彈子穿山五龍箭流火走火觸天火等名旣成觀者莫不驚嘆又訪求戰艦之制言於都堂監督備造

진포해전의 승리

최무선은 1380년(우왕 6) 8월, 진포해전鎭浦海戰에서 자신이 만든 화약과 화약병기를 이용하여 왜구를 섬멸하기에 이른다. 당시 진포해전에서 최무선은 나세羅世, 심덕부沈德符 등과 함께 참전하여 500여 척의 배를 몰고 침입해 온 왜구들을 소탕하고 포로로 잡혀 있던 고려인 330여 명을 구출하는 대전과를 거두었다.[38][39]

이후 최무선의 행적에 대해서는 더 이상 자세한 기록이 없다. 『신증동국여지승람新增東國輿地勝覽』에 수록된 정이오鄭以吾의 「화약고기火藥庫記」에 진포해전의 공로로 순성익찬공신純誠翊贊功臣의 호가 내리고, 광정대부문하부사匡靖大夫門下府事에 제수되었으며, 얼마 뒤에는 중대광영성군重大匡永城君에 제수되었고, 조선 건국 후 1393년(태조 2)에 정헌대부검교참찬문하부사正憲大夫檢校參贊門下府事가 되고, 판군기시判軍器寺를 겸임하게 하였다는 내용이 있을 뿐이다.[40] 『조선왕조실록』에서도 일부 같은 내용들이 기록되어 있다.[41]

---

38) 동사강목(東史綱目) 제16상 庚申年 前廢王 우 6年
8월 해도원수(海道元帥) 나세(羅世)와 심덕부(沈德符)가 왜적을 진포(鎭浦)에서 크게 깨뜨렸다. 나세와 심덕부가 최무선(崔茂宣)과 더불어 전함 1백여 척으로 적을 추격하여 나포하였다. 〈中略〉 나세 등이 진포에 이르러 최무선이 제작한 화통(火㷁)과 화포(火砲)를 사용하여 적선 30여 척을 불태우고 그 괴수 손시랄(孫時剌)을 죽이니 화염(火焰)이 하늘을 찌르고 배를 지키고 있던 도적들은 거의 다 불에 타 죽었다. 도적들은 포로로 잡은 어린이와 부녀자들을 모조리 죽여서 지나는 곳마다 피가 시냇물처럼 흘렀고, 3백 30여 명만이 도망하여 왔다.

39) 고려사절요 제31권 경신 신우 6년(1380)
倭賊五百艘入鎭浦口以巨絙相維分兵守之遂登岸散入州郡恣行焚掠屍蔽山野轉穀于其舶米棄地厚尺羅世沈德符崔茂宣等至鎭浦始用茂宣所製火砲焚其船煙焰漲天賊燒死殆盡赴海死者亦衆賊盡殺所俘子女山積所過波血唯三百三十餘人自拔而來賊脫死者趣沃州與登岸賊合焚利山永同縣

40) 신증동국여지승람(新增東國輿地勝覽) 제2권 경도 하
〈前略〉 정이오(鄭以吾)가 지은 화약고기(火藥庫記)문에 "군기시부정(軍器寺副正) 최해산(崔海山) 군이 나에게 말하기를 〈中略〉 '왜구가 전라도와 충청도에 크게 침입하여 그때 인심이 흉흉하였으나, 심덕부(沈德符)·나세(羅世)와 우리 선군(先君)이 세 원수(元帥)가 되어 누선(樓船) 80척에 화통(火㷁)과 화포(火砲)를 비치하고서 진포(鎭浦)에서 맞아 공격하여 왜선 30척을 불사르고 괴수 손시랄(孫時剌)를 잡아 죽였으니 이것은 홍무 13년 경신 8월에 있던 일이다. 그 공로에 대한 상으로 금과 비단이 하사되었고 순성익찬공신(純誠翊贊功臣)의 호가 내리고 광정대부문하부사(匡靖大夫門下府事)에 제수되고 조금 뒤에는 중대광영성군(重大匡永城君)에 제수되었다. 우리 태조가 즉위하시던 이듬해 계유년에는 정헌대부검교참찬문하부사(正憲大夫檢校參贊門下府事)가 되고 판군기시(判軍器寺)를 겸임하게 하였으니, 공(公)을 등용하려 한 것이다. 〈下略〉

41) 고려사절요 제31권 경신 신우 6년(1380)
倭賊五百入艘鎭浦口以巨絙相維分兵守之遂登岸散入州郡恣行焚掠屍蔽山野轉穀于其舶米棄地厚尺羅世沈德符崔茂宣等至鎭浦始用茂宣所製火砲焚其船煙焰漲天賊燒死殆盡赴海死者亦衆賊盡殺所俘子女山積所過波血唯三百三十餘人自拔而來賊脫死者趣沃州與登岸賊合焚利山永同縣

화약수련법 저술

관직에서 물러난 후 최무선은 집에 머물며 화약제조에 대한 비법을 책으로 엮는 일에 몰두한 것으로 보인다. 무선이 임종할 때에 책 한 권을 부인에게 주면서 부탁하기를, "아이가 장성하거든 이 책을 주라" 하였는데 부인이 이를 잘 감추어 두었다가 아들이 나이 15세에 글자를 알게 되어 내어 주니 이것이 바로 최무선이 지은『화약수련법火藥修鍊法』이다.[42] 그리고 그 아들은 바로 훗날 아버지의 뒤를 이어 화약병기 개발에 큰 공을 세우게 되는 최해산崔海山이다.

당시 최무선이 집필한 책이『화약수련법』외에 더 있었는지는 알 수 없으나 최무선이 사망하고 나서 92년이 지난 1487년 최무선의 증손자 어모장군禦侮將軍 최식崔湜이《용화포섬적도用火砲殲賊圖》라고 하는 그림 1축軸과『화포법火砲法』이라는 책 1권을 성종 임금에게 바쳤는데 최식이 임금에게 바칠 당시에 이미 그것들은 고화古畵였고, 고서古書였다고[43] 한 것을 보면 이것 또한 최무선의 작품이었을 것으로 보이기는 한다.[(3-2-1절)] 하지만 이들 모두가 전해지지 않는다.

최무선은 1395년(태조 5) 3월에 향년 70세로 별세하여, 개성 인근 옥림사玉林寺 근처에 묻혔다. 1401년(태종 1) 11월 태종은 그에게 대광보국숭록대부의정부우정승판병조사大匡輔國崇祿大夫議政府右政丞判兵曹事라는 관직을 추증追贈하고, 영성부원군永城府院君으로 봉하였다.[44][45]

---

42) 태조실록 7권 태조 4년 을해(1395) 4월 19일 임오
〈檢校參贊門下府事 崔茂宣 卒記〉
〈前略〉茂宣臨卒以一卷書屬其夫人曰待兒長以此與之夫人藏之甚密及海山年十五稍識字出而與之乃火藥修鍊之法〈下略〉

43) 성종실록 206권 성종 18년 丁未(1487) 8월 3일 경오
〈前略〉禦侮將軍崔湜上書曰臣曾祖崔茂宣入中朝學得火砲法遂傳布我國至今試用去庚寅年間倭寇深入內地屠殘邊邑茂宣用火砲摧折賊鋒其功信不細矣仍進家藏《用火砲殲賊圖》一軸《火砲法》一册皆古畵古書也且啓曰木綿子取來人子孫令皆錄用吾曾祖之功若此而未蒙錄用臣竊憫之命饋送仍賜角弓一張

44) 신증동국여지승람(新增東國輿地勝覽) 제2권 경도 하
〈前略〉 정이오(鄭以吾)가 지은 화약고기(火藥庫記)문에 "군기시부정(軍器寺副正) 최해산군이 나에게 말하기를 '나의 선군(先君)이 〈中略〉 을해년 봄 3월에 70세로 사망하였다. 금상 전하께서는 건문(建文) 3년 11월에 대광보국 숭록대부 의정부우정승판병조사(大匡輔國 崇祿大夫 議政府右政丞判兵曹事)에 추증(追贈)하고 영성부원군(永城府院君)에 봉하였다'"라고 하셨다.

최무선과 최해산

최무선의 아들 최해산崔海山은 아버지의 뒤를 이어 훌륭한 화약전문가가 되었고 아버지 최무선이 세상을 떠난 지 6년 뒤에는 관직에도 나가게 된다.(3-2-1절) 군기시의 군기주부軍器注簿로 특채되었는데 이는 "고故 지문하부사知門下府事 최무선은 처음으로 화약火藥을 제조하여 능히 해구海寇를 제어하였으니, 실로 국가에 공功이 있습니다. 그 아들 해산海山도 마땅히 서용敍用하여야 합니다"라는 참찬參贊 권근權近의 상소에 의한 것이었으니[46] 바로 아버지 최무선의 공로로 인해 대를 이어 군기감에 근무하게 된 것이다. 이처럼 최무선의 아들 최해산이 아버지의 공으로 벼슬에 올랐을 뿐만 아니라 최해산의 아들 최공손崔功孫[47] 까지도 할아버지 최무선의 공으로 음직蔭職에 올라 군기감에서 일을 하였고[2-48] 앞서 기술하였듯이 최무선의 증손자 최식崔湜도 어모장군禦侮將軍이라는 벼슬길에 올랐으니[2-43] 당시 화약을 만들어낸 최무선의 공이 얼마나 크게 인정받고 있었는지 알 수 있다. 다만 최해산의 아들 최공손은 그 방면에 재능이 없었는지 두각을 나타내지 못하고 "여느 사람과

45) 태조실록 7권 태조 4년 乙亥(1395) 4월 19일 임오
〈檢校參贊門下府事 崔茂宣 卒記〉
及卒上嗟悼賻以厚歲辛巳追贈議政府右政丞永城府院君

46) 태종실록 1권 태종 1년 辛巳(1401) 윤3월 1일 경인
〈前略〉海山軍器注簿參贊權近上書曰〈中略〉故知門下府事崔茂宣始劑火藥能制海寇實有功於國家其子海山亦宜敍用從之

47) 영천최씨 대동보, 영천최씨 대동보편찬위원회, 1993

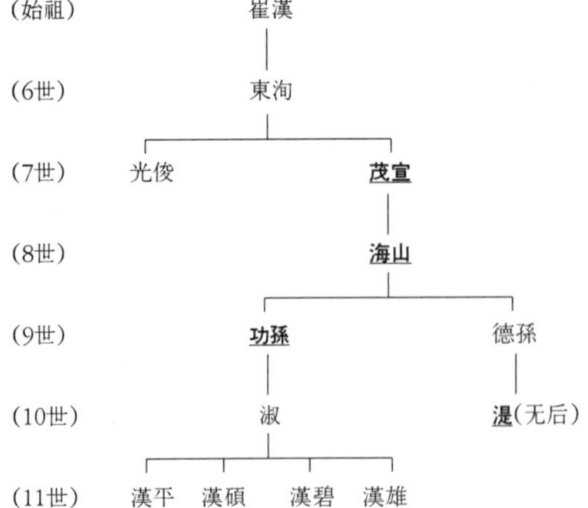

다름이 없다"는 평가를 받는 정도였다.48)

여기서 한 가지 앞뒤가 맞지 않는 부분이 있다. 최무선이 사망한 것은 태조 4년(1395)이었고49) 사망할 당시 나이가 70세라고 하였으며2-44) 그의 아들 해산海山은 홍무洪武 무오(1378) 생이라 하였다.2-49) 이 기록들을 종합해 보면 최무선은 1326년에 태어났고 53세가 되던 1378년 아들 해산海山을 낳았으며 "**해산海山이 18세가 되던 1395년에 사망**"했어야 한다. 하지만 최무선이 임종을 하면서 부인에게 "아들이 장성하거든 주라"고 했던 『화약수련법』을 그 부인이 잘 간직했다가 "**아들 해산海山이 15세가 되어 글을 알게 되니 책을 내주었다**"라고2-42) 하는 『태조실록』의 기록상으로는 최무선이 사망할 당시 아들 해산海山은 15세에도 미치지 못했던 것으로 볼 수 있는데 영천최씨 족보에서는 최무선이 사망할 당시 이미 해산은 18세에 이르고 있었다는 것이다.

일부 기록들에 오기誤記가 있다고 해서 특별히 우리나라 화약 역사에 영향을 줄 바는 아니지만 앞뒤 정황을 살펴 이를 추리해 보았다. 만약 최해산이 15세도 되기 전(10세 전후로 가정해 본다)에 최무선이 사망한 것이라면 최무선 사후 6년 뒤인 태종 4년(1401)에 군기주부로 등용될 때의 나이가 16세 전후밖에 되지 않는다. 너무 어린 나이이다.

두 번째로 최무선이 살아생전에 아들에게 화약에 대한 교육을 시켰는지 아니면 최무선 사후에 물려받은 책만을 가지고 최해산이 혼자서 독학을 했는지 여부를 살펴보아야 한다. 이것은 『신증동국여지승람』의 "화약고기문"에서 추정이 가능하다. "이것은 완구포碗口砲이니 평소 선군先君에게서 그 이름과 제도를 익숙하게 들은 것이다"3-9)라는 대목에서 해산은 아버지가 죽기 전에 화약교육을 받았다는 것을 알 수 있다. 아버지로부터 교육을 받았다면 적어도 "글을 알게 된 15세에 『화약수련법』을 물려받은 후"라고 보는 것이 타당할 것이고 그렇다면 최무선이 사망하기 전 해산은 이미 15세가 되었다는 얘기가 되는 것이다.

또한 최무선이 은퇴한 시기가 언제인가 하는 점인데 이는 조선왕조 건국 이전으로

---

48) 세종실록 107권 세종 27년 乙丑(1445) 3월 30일 계묘
癸卯傳旨議政府〈中略〉崔海山其父有功於國且其爲人勤而不怠故太宗使掌此事其子功孫以祖父之蔭亦任此事然予聞其人無異尋常之人也〈下略〉

49) 영천최씨 대동보, 영천최씨 대동보편찬위원회, 1993
茂宣〈中略〉太祖四年乙亥四月二十九日卒〈下略〉
海山〈中略〉洪武 戊午生〈下略〉

보아야 한다. "조선 개국 후에 늙어서 쓰이지는 못했으나, 임금이 그 공을 생각하여 검교참찬檢校參贊을 제수하였다"50)고 하여 1392년 이전에 은퇴하였음을 보여 주고 있기 때문이다.

끝으로 1392년은 최무선이 이미 67세이던 해였으므로 나이를 감안하면 현직現職 무장武將으로서는 너무 나이가 많다. 따라서 60세를 전후해서 은퇴하였다고 가정하면 1380년 진포해전을 치르고 나서 얼마 되지 않은 시점에 은퇴했다고 볼 수 있다. 1380년 진포해전을 끝으로 그에 대한 기록이 발견되지 않는 점도 그가 은퇴하였기 때문이 아닌가 생각되며, 고려 우왕 4년(1388) 화통도감이 폐지되었던 점을 감안해 보면[3-1] 화통도감 폐지와 함께 은퇴하였을 가능성도 있다.

이상을 종합하여 재편집해 보면 "최무선은 1380년대 후반 은퇴하고 나서 그동안 자신이 저술해 놓았던 『화약수련법』을 아들에게 전수하고자 했으나 너무 나이가 어려 전수가 불가능하자 만일을 위해 부인에게 '내가 죽거든 해산에게 물려주라'고 하였는데 해산이 15세에 이르러 글을 읽게 된 1392년부터 이 책을 가지고 아들에게 화약기술을 가르치기 시작하여 3년여 동안 교육을 시키던 중 해산이 18세가 되던 1395년 무선이 사망하였고 해산은 그 책을 가지고 계속해서 화약기술을 연마하여 태종 1년(1401) 24세의 나이로 군기주부에 등용되었다"라고 추리해 볼 수 있다.

3-2. 최무선의 화약 개발 과정

화약은 처음 발견된 직후부터 가장 먼저 실용화된 곳이 화약병기였고 전쟁을 치르면서 화약병기와 함께 발전해 왔다. 따라서 일찍 화약을 발명하고 실용화했던 중국에서는 화약 제조법을 극비로 취급하였으며 이를 비밀로 다루는 것은 그때나 지금이나 당연한 일이다.

특히 화약의 성분인 염초·유황·목탄 세 가지 중 염초제조법에 대해서만은 철저히 단속하고 있었다. 화약의 제조는 이 염초의 제조 여부에 따라 좌우되는 것이기 때문이다. 하지만 염초법 이외에 세 가지 원료를 혼합하여 화약을 만드는 것은 비교적 간단한 일이어

50) 태조실록 7권, 태조 4년 을해(1395) 4월 19일 임오
〈前略〉至國初以年老未見用上念其功授檢校參贊〈下略〉

서 크게 신경을 쓰지 않았던 것 같기도 하다. 전술前述한 바와 같이 명나라에서 고려에 염초는 보내 주지 않았지만 염초를 구해 놓고 오면 나머지는 조합해서 보내 주겠다고 한 것에서 배합방법 자체는 비밀로 하지 않았음을 짐작할 수 있다.[2-26]

이처럼 고려에서도 염초의 중요성은 이미 알고 있는 상황이었으니 아마도 여러 사람들이 염초제조법을 알아내려고 시도했을 것이다. 이때 최초로 실용성 있는 염초의 제조법을 습득한 사람이 바로 최무선이었다. 당시 중국 대륙은 원나라와 명나라가 교체되던 혼란기로서 비밀로 취급하던 염초제조기술에 대한 유출 단속이 일부 소홀해졌기 때문에 가능했는지도 모른다. 최무선이 언제, 어떻게 염초제조기술을 습득하게 되었는가 하는 것은 동일한 내용들이 여러 고문헌들에 반복해서 나타나 있다. 『고려사절요』,[51] 『조선왕조실록』,[52][2-37] 『서애집』,[53] 『신증동국여지승람』,[54] 『동사강목』[55] 등이 그것인데 그 내용들을 종합하면 다음과 같이 정리해 볼 수 있다.

"왜구의 침탈이 날로 성하자 이들을 격퇴하기 위해서는 화약병기가 가장 효과적이라고 판단한 최무

---

51) 고려사절요 제30권 신우 1(辛禑一) 정사 신우 3년(1377)
冬十月始置火㷁都監從判事崔茂宣之言也時元焰焇匠李元與茂宣同里閈茂宣竊問其術使家僮數人私習試之建白于朝

52) 선조실록 43권 선조 26년 癸巳(1593) 10월 6일 병술
嘗聞高麗時有宋商李元者來寓於宰相崔茂先奴家茂先待之甚厚因學硝焇火藥煮取之法我國之有火藥自茂先始

53) 서애집(西厓集) 잡저(雜著) 記火砲之始
又按我國本無火藥前朝末有唐商李元船到開城禮成江寄寓於軍器監崔茂宣奴家茂宣令其奴厚遇之李元教以煮焰硝法我國之有火藥自茂宣始於是倭犯珍島鄭地船載火砲攻之賊大敗而去地自言平生遇敵多矣未有如今日之快

54) 신증동국여지승람(新增東國輿地勝覽) 제2권 경도 하
〈前略〉 정이오(鄭以吾)가 지은 화약고기(火藥庫記)문에 "군기시부정(軍器寺副正) 최해산(崔海山) 군이 나에게 말하기를 '나의 선군(先君)이 일찍이 왜구(倭寇)가 침입하면 제어하기 어려움을 근심하여 수전(水戰)에서 화공을 쓸 방책을 생각하고서 염초(焰硝)를 구워서 쓸 기술을 찾았다. 당나라 이원(李元)이란 자는 염초 굽는 장인(匠工)인데 공(公)이 매우 후하게 대우하고, 은밀히 그 기술을 물어서 집에서 부리는 종 몇 명을 시켜 사사로 이 기술을 익히게 하여 그 효과를 시험한 뒤에야 조정에 건의하여 홍무 10년 정사 10월에 처음으로 화통도감(火㷁都監)을 설치하여 염초를 굽고 또 당나라 사람으로 우리나라에서 살고 있는 자를 모집하여 전함(戰艦)을 만들게 하고 공이 직접 감독하였다. 〈下略〉'"

55) 동사강목(東史綱目) 정사년 전폐왕 우 3년(1377)
처음으로 화통도감(火桶都監)을 설치하였다. 본국은 화약(火藥)을 연조(煉造)하는 법을 몰랐었다. 공민왕(恭愍王)이 일찍이 명 황제에게 화약과 염소(焰焇)를 청하였으나 허락하지 않았다. 이때에 와서 판사(判事) 최무선(崔茂宣)이 원(元)의 염소공(焰焇工) 이원(李元)과 한 마을 사람이었으므로 잘 대우하여 은밀히 그 방법을 물었으며 가동(家僮)으로 하여금 익히게 하여 시험하고, 드디어 화통도감을 설치할 것을 건의하였다

선이 화약제조술을 익히려고 여러 가지로 노력을 다하였으나 가장 중요한 염초 제조술만은 알아낼 수가 없었다. 그러던 중 원나라 상인 이원李元이 배를 타고 개성 예성강으로 들어와 최무선과 한 마을에 살고 있을 때, 음식과 의복을 주어 가며 후대하여 수십 일간에 걸쳐 염초제조법을 배웠고, 이후 수차례의 건의를 통해 1377년 화통도감을 설치, 화약뿐만 아니라 다양한 화약병기들과 함께 전함까지도 만들었다."

다른 견해도 있다. 최무선이 중국 상인 이원으로부터 배운 것이 아니고 직접 중국에 가서 배워 왔다는 주장이다. 이와 같은 주장의 근거는 『조선왕조실록』의 다른 부분에서 찾아볼 수 있는데 세조 2년 3월 양성지梁誠之가 최무선의 사당 건립을 건의하면서 최무선이 직접 원나라에 가서 배워 왔다고 말하고 있고,[56] 『성종실록』에서도 이와 유사한 내용을 두 차례에 걸쳐 기록하고 있다.[57][58]

하지만 이 기록들은 최무선이 이원으로부터 염초제조법을 배웠다고 기록하고 있는 『태조실록』(1395년)[2-37]보다 무려 60~90년이나 지난 후의 기록(1478, 1487년)일 뿐만 아니라 당시의 사실을 묘사한 부분에서도 그 내용의 구체성이 『태조실록』에 미치지 못하고 있다. 또한 『신증동국여지승람新增東國輿地勝覽』의 "화약고기火藥庫記"는 정이오鄭以吾가 최무선의 아들 최해산의 얘기를 받아 적은 것으로서 다른 자료들에 비해 그 내용이 가장 정확하다고 볼 수 있다. 따라서 염초제조법은 고려에 들어온 원나라 상인 이원李元에서 배웠다고 보는 것이 타당할 것이다.

물론 이원李元을 만나기 이전에 이미 최무선이 염초제조법을 구하려고 중국을 드나들었을 가능성도 충분히 생각할 수는 있다. 중국을 다니면서 어느 정도 그 비법을 배운 상태에서 마지막 핵심 노하우만을 이원李元으로부터 배워 기술을 완성했는지도 모른다.

---

56) 세조실록 3권 세조 2년 丙子(1456) 3월 28일 정유
集賢殿直提學梁誠之上疏曰〈中略〉又自新羅只有砲石之制而歷代無火藥之法前朝末崔茂宣始學火砲之法於元東還而傳其術至今軍鎭之用利不可言茂宣之功萬世除民害也〈下略〉

57) 성종실록 97권 성종 9년 戊戌(1478) 10월 13일 신축
工曹判書梁誠之上書曰〈中略〉臣又念火砲軍國秘寶也高麗末崔茂宣始入元朝學之

58) 성종실록 206권 성종 18년 丁未(1487) 8월 3일 경오
禦侮將軍崔湜上書曰臣曾祖崔茂宣入中朝學得火砲法遂傳布我國至今試用

『대동야승大東野乘』에 수록된 "해동잡록海東雜錄"과 『신증동국여지승람』 등에서 최무선은 중국어(華語)에도 능통하였다고[59][60] 하였으니 그런 가능성도 생각해 볼 수 있는 일이다. 해동잡록의 색다른 점은 최무선이 **李亢**(이항)이라는 원나라 염초장에게서 염초법을 배웠다고 하였는데 이는 **李元**(이원)의 오기誤記일 것이다.

염초제조법을 터득하고 난 최무선은 화약 제조시험을 거쳐 자신감을 얻게 되자 이를 조정에 건의하였고, 드디어 화통도감火㷁都監이 설치되면서 그 업무를 주관하게 된다. 화통도감 설치의 가장 큰 의의意義는 화통도감이 설치됨으로써 비로소 고려에서도 화약을 자체 생산하게 되었음은 물론 대량생산 체제까지 갖추었다는 점이라 할 수 있다.

여말선초麗末鮮初의 학자 권근權近이 저술한 시문집詩文集, 『양촌집陽村集』에 수록되어 있는 한시漢詩 하나를 소개한다. "화약과 화포를 만들어 진포해전鎭浦海戰을 승리로 이끌었던 최무선의 공적을 칭송하는 시詩"로서 조선 초 우리 선조들이 느끼고 있던 화약을 만든 최무선에 대한 고마움을 한마디로 표현하라면 이 시를 꼽고 싶다.

〈賀崔元帥 茂宣 破鎭浦倭船 公始作火砲〉

(진포에서 왜선을 깨뜨린 최崔 원수元帥 무선茂宣을 축하하다. 공이 처음으로 화포火砲를 만들었다.)

때맞추어 태어난 우리 님의 지략이라	明公才略應時生
삼십 년 왜적 난리 하루에 평정했네	三十年倭一日平
바람 실은 전함戰艦은 나는 새가 못 따르고	水艦信風過鳥翼
진陣 무찌른 화차는 뇌성이 무색하네	火車催陣震雷聲
가소롭다 주유周瑜는 갈대에 불지를 뿐[주1]	周郎可笑徒焚葦
자랑 마소 한신이 목앵부 타고 건넌 것[주2]을	韓信寧誇暫渡甖
이제부터 큰 공이 만세를 전하고말고	豐烈自今傳萬世

---

59) 해동잡록(海東雜錄) 1 본조(本朝) 최무선(崔茂宣)
永州人性通敏且曉華語〈中略〉與元焰焇匠李亢同閈竊問其術使家僮數人私習試之建白于朝始置火㷁都監麗史

60) 신증동국여지승람 제2권 경도 하(京都下) 군기시(軍器寺)
〈前略〉府院君諱茂宣〈中略〉且曉華語〈下略〉

능연각에 초상 걸려〔주3〕 여러 공경公卿 으뜸이리	凌煙圖畫冠諸卿
화포 만들 공의 지혜하느님이 열어주어	天誘公衷作火砲
병선兵船의 한번 싸움에 흉한 무리 쓸어냈네	樓船一戰掃兇徒
허공에 뻗친 적의 기세 연기 따라 흩어지고	漫空賊氣隨烟散
세상 덮은 공명은 해와 함께 빛나누나	蓋世功名與日鋪
긴 맹세 어찌 다만 대려帶礪〔주4〕를 기약하리	永誓豈惟期帶礪
응당 정벌征伐 맡아 궁부를 받으리라〔주5〕	專征應亦賜弓鈇
종묘사직 힘입고 나라도 안정되어	宗祧慶賴邦家定
억조창생 목숨이 다시금 소생하리	億萬蒼生命再蘇

(陽村集〔주6〕 第4卷 中에서)

〔주1〕 주유(周瑜)는 …… 불지를 뿐 : 삼국시대 오(吳)나라 장수 주유가 조조(曹操)와 싸울 적에 전함 수십 척에 섶을 가득 싣고 기름을 그 속에 간직한 다음, 조조에게 거짓 항복하겠다고 속이고는 조조의 진영(陣營)에 다가가서 그 섶을 실은 배에다 불을 지르자, 불길이 강풍을 타고 만연(蔓延)하여 조조의 군마(軍馬)가 물에 빠져 죽거나 불에 타 죽은 자가 매우 많아, 조조를 대패시킨 일을 말한다.『三國志』〈卷54 周瑜傳〉

〔주2〕 한신(韓信)이 …… 건넌 것 : 한 고조(漢高祖) 때, 위왕(魏王)이 배반하자 한신이 위나라를 치기 위해 임진(臨晉)을 건널 적에 목앵부(木罌缻 : 나무로 만든 통 여러 개를 엮어 쭉 한 줄로 띄우고 그 위에 판자를 깔아 물을 건너는 장치)에다 군사들을 태워 인솔하고 건너가서 위왕 표(豹)를 사로잡고 위나라를 평정했던 일을 말한다.『史記』〈卷92 淮陰侯列傳〉

〔주3〕 능연각(凌煙閣)에 초상 걸려 : 능연각은 당(唐) 나라 때 서안부(西安府)의 성안에 있던 전각(殿閣) 이름인데, 당 태종(唐太宗)이 여기에다 장손무기(長孫無忌)·두여회(杜如晦)·위징(魏徵)·방현령(房玄齡) 등 24명의 훈신(勳臣)들의 초상을 그려서 걸어 놓게 했던 고사이다.『唐書 太宗紀』

〔주4〕 대려(帶礪) : 대려지서(帶礪之誓)의 준말. 황하(黃河)가 띠와 같이 좁아지고 태산(泰山)이 숫돌과 같이 작게 되어도 국토(國土)는 멸망하지 않는다는 뜻. 공신(功臣) 집안은 영구히 단절시키지 않겠다는 서약이다.『史記』〈高祖功臣年表〉

〔주5〕 궁부(弓)를 받으리라 : 왕으로부터 생살권(生殺權)을 부여받는 일. 전하여 일군(一軍)의 대장(大將)에 임명된 것을 말한다.『예기』왕제에 "제후(諸侯)는 궁시(弓矢)를 받아야만 정벌할 수 있고 부월(斧鉞)을 받아야만 죽일 수 있다"라고 한 데서 나온 말이다.

〔주6〕 陽村集 : 여말선초(麗末鮮初)의 학자 권근(權近, 1352~1409)의 시문집. 세종 초에 편찬, 간행되었다.

제 II 부

조선 전기의 화약

조선 개국 초부터 임진왜란이 끝나는 시점까지 조선의 화약기술에 대한 검토 결과를 종합해 보면 그때까지도 조선에는 조직적인 화약기술 개발정책은 없었다고 판단된다. 최무선이 중국의 상인 이원으로부터 염초법을 배웠던 것이 1370년대 중반이었으니 220년이나 지난 선조 때까지도 조선의 화약기술 개발은 그때그때 우연히 전해 듣거나 중국인들에게 물어물어 배우는 것이 고작이었던 것이다. 하지만 이렇게 반복되는 시행착오를 통해 수백 년을 두고 부족하나마 조금씩 기술발전이 있었을 것이라고 생각하면 이러한 노력 자체를 무시할 수는 없다.

제 3 장

조선 전기의 화약

01_

조선 전기의 화약제조기술은 왜 전해지지 않을까?

조선 전기의 화약제조기술을 알아보기에는 전해지는 자료가 너무나 부족하다. 우리나라 최초이자 여말선초麗末鮮初의 유일한 화약 제조에 대한 기록이라 할 수 있는 최무선의 『화약수련법火藥修鍊法』은 전해지지 않는다. 중국의 새로운 기술을 입수하려고 고심했던 기록들만이 간간이 전해질 뿐 자체적인 연구개발 기록은 소수에 불과하고 그것도 단편적인 것들만이 전해지고 있어 구체적인 내용은 고사하고 사실 여부를 파악하는 것조차 어려운 실정이다. 그렇다면 조선 전기의 화약제조기술은 왜 전해지지 않을까? 여러 가지 이유가 있겠지만 다음과 같이 요약해 보았다.

첫째, 화약은 군사기밀로서 그 기술은 철저히 비밀로 취급되었다. 조선은 특히 왜구들에게 화약제조법이 유출되는 것을 항상 우려하고 있었기 때문에 기록을 남기는 것 자체를 꺼리고 있었다.(제4장 참조)

왜구들에게 화약제조 비법이 새어나가는 것을 예방하기 위한 조선 조정의 각종 조치가 수시로 있었는데 기록을 남기는 것을 꺼려했던 대표적인 사례로는 『총통등록銃筒謄錄』이나 『오례의五禮儀』 등 화기火器에 대한 정보를 기록한 책들을 회수하려고[4-16, 25]했던 사실을 들 수 있다. 그 밖에도 왜구들에게 화약제조법의 유출을 예방하기 위해 조선은 왜구들의 왕래가 잦은 곳에서의 화약제조 금지,[4-14, 15] 약장의 숫자 감축 및 화약 상공제도常貢制度 철폐,[4-18] 화약 밀수출 금지,[4-24] 왜사들의 방화 참관 금지 등[4-29~34] 일련의 조치를 취하고 있었다.

둘째, 민간에 의한 화약제조는 엄격히 금지하였고, 관주도로만 생산하였다. 화약은 그 자체가 곧바로 무기화할 수 있는 위험한 물건으로서 대외적으로 비밀을 유지해야 하는 것은 당연한 일이었고 대내적으로도 각종 반란에 사용될 우려가 있는 물건이었기 때문에 함부로 취급할 수는 없는 물건이었다. 즉, 보안保安상 사조私造를 금하고 국가가 독점하면서 비밀을 유지할 수밖에 없었다.

셋째, 주로 군사용으로 쓰이던 화약은 국내외 정세 변화에 따라 발전과 정체가 되풀이 되었는데, 임진왜란 발발 전까지는 전국적인 대전란大戰亂이 없어 그 존재 가치를 완전하게 인정받지 못한 것도 하나의 이유로 볼 수 있다.

최무선의 건의로 만들어졌던 화통도감도 설치 10여 년만인 고려 우왕 4년(1388) 조선 개국 이전에 이미 폐지되어 그 기능이 군기시軍器寺로 흡수되고 말았다.1) 이는 대사헌大司憲 조준趙浚의 건의에 따른 것으로서 특별기관으로 설치된 도감都監들이 배성들에게 큰 피해를 주고 있었기 때문이라 하였다. 조준은 "모든 도감은 일이 있으면 설치했다가 일이 끝나면 폐지하는 것이 법칙[**有事則置 無事則罷**]"이라며 당조 궁궐을 짓기 위해 설치되었던 조성도감造成都監이 궁궐을 다 짓고 난 후에도 그대로 존속하여 역졸을 괴롭히고 백성을 착취하는 폐단이 끊이지 않는 것을 예로 들면서 조성도감을 폐지하여 선공시繕工寺에 귀속시키자고 하였다. 이때 특별한 사유도 없이 단지 특별기관인 도감이란 이유만으로 화통도감火㷁都監은 물론 방어도감防禦都監까지도 군기시軍器寺에 귀속되고 말았다.2)

도감들의 폐해가 있기도 했지만 화통도감의 경우는 최무선의 진포해전 승리 등으로 왜구의 소탕이 웬만큼 성공하여 더 이상 특별기관인 도감까지 차려 놓을 필요성이 없었기 때문으로 보이기도 한다. 군사용 화기 제조기관의 필요성을 유비무환**有備無患**의 수단으로 보지 않고 유사칙치 무사칙파**有事則置 無事則罷**라는 개념으로 단순하게 판단하는 모순을 저지른 것이다. 전쟁이 나야만 겨우 유사有事고 전쟁이 끝나면 다시 무사無事라고 생각하

---

1) 고려사절요 제33권 신우 14년 무진(1388)
〈前略〉大司憲趙浚陳時務日"〈中略〉凡都監有事則置事已則罷例也〈中略〉幷罷防禦火㷁都監屬之軍器寺愼揀廉正者官之且使糾正監檢〈中略〉昌下其書都堂〈下略〉

2) 고려사 권118, 열전31 조준
浚又率同列條陳時務曰〈中略〉凡都監有事則置無事則罷例也造成都監初因宮闕之作而置後以繕工之職歸之使管一國材鐵之用遣官吏而煩驛騎竭民財而盡其力一木之曳至斃十牛一爐之冶至廢十農一束之麻一把之葛至費十布取之於民也剝膚椎髓用之於私也如泥如沙願罷都監屬繕工寺幷罷防禦火㷁都監屬之軍器寺愼揀廉正者官之且使糾正監檢

였는지도 모를 일이다.

넷째, 화약뿐만이 아니라 조선시대의 일반적인 시대상황이기도 하지만 기술자를 천시하는 풍조가 있었다. 당시의 실질적인 기술자는 장인匠人이라 하여 천시받는 계층으로 구성되어 있었으니 학문적으로나 경제적으로나 궁핍할 수밖에 없는 그들에게 새로운 기술개발을 기대할 수는 없는 노릇이다. 그들은 단지 국가의 동원動員에 의해 소집되어 정해진 작업 방법대로 단순한 기계적 노동만을 했을 것이기 때문이다. 그런 그들에게 구전口傳으로 배운 기술에다가 자신의 체험을 더하여 이를 기록하고 보존하는 것까지를 기대하기는 더더욱 어려운 일이었다.

『세종실록』을 보면 염초장焰硝匠의 신분이 어떤 계층이었는지 잘 알 수 있다. "염초장은 본디 천례賤隷"라 하였고,[3] "염초焰硝를 자취煮取할 때는 어리석은 관노官奴들을 동원하여 일을 시켰다"라고 하였다.[4]

다섯째, 화약제조법 자체가 대체적으로 손쉽고 간단하였던 것도 하나의 원인으로 보인다. 화약제조기술 중 가장 어렵다고 하는 염초자취술焰硝煮取術도 처음 그 비방을 알기가 어려웠을 뿐, 한번 터득하고 나면 누구나 할 수 있는 방법이었고, 특별한 시설투자가 필요한 것도 아니었다. 국가 비밀로 엄히 관리하였다고는 하지만 단순 작업에 동원되었던 사람들, 즉 비전문가들도 쉽게 익힐 수 있는 기술로서 상세한 기록이 불필요했을 수도 있다.

세종 29년(1447) 의정부에서 "각 도道별로 염초焰硝를 자취煮取할 때 어리석은 관노官奴로 하여금 역사役事에 조력하게 하여 그 방법을 알지 못하도록 숨기고 있지만 **아무리 어리석은 사람이라도 여러 날 종사從事하다 보면 다 알 수 있는 것이니** 금후로는 모두 군기감軍器監 소속 인원을 보내어 염초를 굽게 하되 은밀隱密한 공해公廨에서 문을 닫고 자취煮取하도록 하고, 외인外人들에게는 보여 주지 말도록 하자"라고 한 것에서 짐작할 수가 있다.[5]

---

3) 세종실록 108권 세종 27년 乙丑(1445) 5월 9일 임오
〈前略〉今焰硝匠本賤隷〈下略〉

4) 세종실록 115권 세종 29년 丁卯(1447) 2월 26일 무오
戊午議政府據兵曹呈啓近者受敎諸道焰硝煮取以愚惑官奴助役使不與知以秘其術

5) 세종실록 115권 세종 29년 정묘(1447) 2월 26일 무오
戊午議政府據兵曹呈啓近者受敎諸道焰硝煮取以愚惑官奴助役使不與知以秘其術然雖愚惑者累日從事則豈無可知

이는 화약제조법을 철저히 비밀로 취급하여 외부로 유출되는 것을 방지하던 정책과도 일맥상통한다.

여섯째, 조선에서는 화약제조법에 대해 전해질 만한 기록 자체가 만들어지지 않았는지도 모른다. 기술의 발전이 있어야 기록할 것도 있고 기록이 있어야 전해질 것도 있겠지만 조선 전기에는 최무선의 화약제조술을 능가하는, 즉 기록할 만한 기술의 발전이 없었다고 보는 것이다.

조선조에 들어 각종 화약병기들에 대해서는 전해 오는 기록이 많이 남아 있다. 비록 전해지지는 않더라도 언제, 무슨 내용의 기록이 "**있었다는 기록**"만은 명확히 남아 있다. 하지만 화약병기를 사용하기 위한 필수품인 화약에 대해서는 상세한 기술적 내용은 고사하고 "기술개발을 위해 어떤 일을 하였고 그 성과가 무엇이었는지" 등등 사실事實 그 자체에 대한 기록조차 부실한 것을 보면 화약기술 발전 자체가 매우 미미했을 것으로 보인다. 즉 조선 초기는 화약제조기술에 대한 연구가 매우 미흡했으며 화약병기에 비해 상대적으로 관심도 적었고, 따라서 "기술의 발전이 없다 보니 기록할 만한 것도 별로 없고 전해 오는 기록도 없다"고 판단해 볼 수 있다.

이처럼 기술개발이 부진했던 이유 중의 하나로는 원료구득난이 큰 비중을 차지하였다고 생각된다. 특히 염초의 원료, 즉 함토醎土(8-2-2절)의 채취가 문제였다. 기본적으로 채취할 수 있는 수량 자체에도 한계가 있었을 뿐만 아니라 보안상의 이유와 백성들의 민원, 그리고 경제적인 사유로 인해 함토 채취를 축소하거나 중단하는 등 기술발전에 역행되는 조치가 수시로 취해지고 있었다.(3-2-3절) 따라서 조선 전기 내내, 임진왜란 이후까지도 함토 부족 현상이 지속되고 있었으니 당연히 함토, 즉 원료확보가 가장 시급한 과제였고, 이처럼 부족한 함토를 가지고 만들어야 하는 염초의 제조기술 연구는 후순위가 될 수밖에 없었을 것이다.

끝으로 자기의 기술을 남에게 전수하려고 하지 않았던, 우리가 흔히 이야기하는 "청기와 장수"의 속성을 들 수 있다. 대표적인 예로 최무선도 은퇴하고 난 후에 겨우 나이 어린 아들에게 전해 주라며 『화약수련법』을 부인에게 내놓았다고 하였다. 군사기밀을

之理今後分遣敬差之時每所焰硝匠一人取土匠一人助役五人皆以軍器監慣熟者送之隱密公廨閉門煮取毋使外人得見從之

다루던 국가 특별기관의 총책임자가 이런 상황이었으니 일반 하급관원들이야 더 말할 필요도 없었을 것이다.

최무선이 군기감에서 은퇴한 후, 그의 아들 최해산이 군기감 주부로 특채될 때까지 아마도 군기감 화약장火藥匠들은 핵심기술은 잘 알지도 못한 채 최무선의 어깨 너머로 드문드문 배웠던 얄팍한 기술만을 가지고 화약을 만들었는지도 모른다. 태종 때에 이르러 아버지 최무선으로부터 화약기술을 물려받은 최해산이 군기감에 특채된 후 단기간에 많은 업적을 이룩하고 있는 것을 보면 충분히 있을 법한 일이다.

훗날 무선의 증손자 최식崔湜이 《용화포섬적도》와 『화포법』을 성종에게 바친 것도[2-43]같은 맥락으로서 집안에서만 대대로 물려받고 있었음을 알려주는 사례이다. 그는 최해산의 둘째 아들 덕손德孫의 외아들로서 후사後嗣가 없었다.[2-47] 더 이상 물려줄 데가 없자 비로소 임금에게 바쳤을 것이라는 추측이 가능하다. 따라서 『화약수련법』 역시 영천 최씨 가문에서 물려 내려오다가 최식崔湜 이전에 이미 분실되었을 것이라고 예측해 볼 수도 있다. 만약 『화약수련법』이 보관되어 있었다면 최식이 《용화포섬적도》와 『화포법』을 성종에게 바칠 때 함께 바쳤을 가능성이 크기 때문이다. 하지만 《용화포섬적도》와 『화포법』 역시 전해지지 않고 있는데 이는 이미 세종조에 『총통등록』이 발간되는 등 최무선 시절보다 한층 병기술이 발전된 후, 즉 기술적 가치가 없어진 후에 뒤늦게 공개되었기 때문에 인정을 받지 못하고 사장死藏되고 말았을 것이다.

이러한 상황에서 조선시대의 화약기술 발달 과정을 살펴보기는 어려울 수밖에 없다. 따라서 당시의 시대적 상황에 따른 조선 정부의 대응이나 원료 확보에 대한 노력과 어려웠던 점, 외국의 제조기술을 알아내고자 고심했던 흔적을 알아보고 군사용 외에 산업용으로는 화약이 어떻게 사용되었는지 등을 살펴보는 것으로 조선시대의 화약 역사를 간추려 보았다.

02_

조선 전기의 화약기술

2-1. 조선 건국과 화약

조선 건국 초기의 화약

조선 건국 초기의 화약제조기술은 최무선의 제조기술 한 가지에만 의존하고 있었을 것이다. 전술한 바와 같이 조선 초기에는 화약에 대한 관심이 상대적으로 적었던 시절이기 때문이다. 고려 말 화통도감 폐지 이후 조선조 전반기에 걸쳐 나타나는 몇몇 자료들이 이를 뒷받침하고 있다. 우선 조선 초기에 화약을 얼마나 소홀히 다뤘는지는 『신증동국여지승람』과 『태종실록』에서 나타난다. 태종 임금 즉위 초 군기감의 화약 재고는 6근 4냥에 불과하였다.[6)]

후술하겠지만 필자는 세종 이후, 즉 문종 시절부터 임진왜란까지 150년간을 조선 화약기술의 정체 내지는 퇴보 시기, 즉 공백기였다고 규정하였는데[(3-2-3절)] 조선 건국 초기는 한발 더 나아가 "화약의 제조기술 문제를 떠나 아예 화약을 생산하는 것조차 등한시하던 시기였다"는 것을 알 수가 있다. 군기감의 화약 재고가 6근 4냥에 불과하였다는 것은

---

6) 신증동국여지승람 제2권 경도 하
최 군이 본감에 처음 들어 왔을 때는〈註1〉 화약이 겨우 6근 4냥이 있었고 각궁(角弓)이 2백 장 정도이고, 중소화통(中小火㷁)이 겨우 각궁의 수효와 같았는데, 지금은〈註2〉 화약이 6천 9백 80근 9냥이고, 각궁이 1천 4백 20장이며 중소화통이 1만 3천 5백 자루이고 〈下略〉
〈註1〉 최 군이 본감에 처음 들어 왔을 때 : 태종 1년(1401)
〈註2〉 지금은 : 태종 17년(1417 정유)

언제부턴가 화약을 전혀 만들지 않았음을 짐작케 해주기 때문이다.

그뿐만 아니라 군기감에 근무하는 화약장火藥匠의 수도 겨우 33명에 불과하였다.7) 하지만 이때는 이미 태종이 즉위하고 7년이나 지난, 즉 태종 7년(1407)의 일로서 그 이전에는 화약장의 수가 이보다 더 적었을 수도 있다. 그 외에 조선 건국 초기 화약에 대한 기록이라곤 겨우 불꽃놀이에 대한 기록〈표 16-1〉들만이 몇몇 발견될 뿐이다.

조선 건국 초 왜 이렇게 화약에 대해 무관심했는가를 명확히 설명할 자료는 없다. 다만 유혈혁명으로 조선을 건국했던 태조 이성계로서는 고려왕조를 추종하는 구세력들의 반란을 우려하면서 그중 가장 경계해야 할 것 중의 하나에 화약을 포함시키고 있었을 수가 있다. 따라서 조선 건국 당시 화약은 무관심의 대상이 아니라 오히려 지대한 관심의 대상이었지만 장려할 대상이 아닌 통제나 금지의 대상이었을 것이다.

최해산의 등용과 화약 생산

조선 3대 임금인 태종조에 들어서서 화약에 대한 관심이 커지기 시작했다. 태종 임금은 최무선의 화약과 병기 제조에 대한 공을 높이 평가하여 태종 1년(1401) 11월에 관직을 추증, 영선부원군에 봉하였음은 물론 그의 아들 최해산을 군기감의 군기주부로 특채하였다.2-46) 하지만 최해산이 등용된 이후에도 화약제조기술 개발에 대한 내용은 발견되지 않는다. 새로운 화약기술에 대한 연구개발보다는 아버지 무선으로부터 전수받은 기술로 부지런히 생산활동만 했던 것으로 보일 뿐이다.

『신증동국여지승람新增東國輿地勝覽』의 "화약고기火藥庫記"를 보면 최해산이 군기감에 특채된 후의 활동상이 상세히 기록되어 있다. 그의 주된 업무는 각종 시설물을 신 · 증축하여 군기감의 체계를 바로잡고 신종 병기를 개발하는 것이었음을 알 수 있다. 화약에 대한 내용으로는 이렇게 정비해 놓은 군기감의 화약감조청에서 대량으로 생산하여 재고량을 크게 늘려 놓았다는 사실만이 기록되어 있다.

"화약고기문火藥庫記文"은 그 내용 자체가 "마땅히 화약에 대한 시말을 기록하여 청사

---

7) 태종실록 14권 태종 7년 丁亥(1407) 12월 30일 기유
賜軍器監火藥匠三十三名各米一石〈下略〉

의 벽에 써 붙여서 선군先君이 애쓰던 뜻을 무궁한 후세에 드러나게 해야겠기에, 자네에게 이것을 부탁하는 것이니, 부디 써주기 바란다"라는 최해산의 부탁을 받고 정이오가 그의 말을 받아 적으면서 최무선, 최해산 부자父子의 공적을 칭송하는 내용이 포함되어 있는 기록이다. 따라서 만약 해산이 화약개발에 대한 연구실적이 있었다면 당연히 정이오에게 얘기했을 것이고 "화약고기"에도 기록되었을 것이다. 하지만 해산은 "선신先臣이 전해 준 비밀의 기술을 이어받아 밤이나 낮이나 혹 직책을 이행하지 못할까 두려워하였다"라고만 하였다. 새로운 기술개발보다는 물려받은 기술을 활용하여 생산 활동에만 주력했던 것을 알 수 있다.8)

최해산은 아버지로부터 어떻게 화약기술을 전수받았나? (최무선은 화약수련법 한 권만 저술하였을까?)

여기서 한 가지 더 생각해 볼 것이 있다. 최해산이 아버지 최무선으로부터 화약제조법뿐만이 아니라 화기火器의 제조비법도 물려받았음이 분명한데도 기록상으로는 단지 『화약수련법』 한 권만 전해 받은 것으로 되어 있다는 것이다.

그렇다면 최해산은 화기의 제조비법은 어떻게 물려받았을까 하는 점을 생각해 보지 않을 수 없다. 우선 한 가지는 『화약수련법』이 화약제조법뿐만 아니라 화포의 제조방법까지 모두 포함하고 있었을 가능성이 있고, 또 하나는 『화약수련법』에는 화약제조법만이 기록되었고, 화포제작법 등에 대해서는 다른 기록으로 전해졌을 가능성을 생각해 볼 수가 있다.

여기서 필자는 훗날 최무선의 증손자 최식崔湜이 성종 임금에게 올리게 되는 『화포

8) 신증동국여지승람(新增東國輿地勝覽)제2권 京都 下
〈前略〉 정이오(鄭以吾)가 지은 화약고기(火藥庫記)문에, "군기시 부정(軍器寺 副正) 최해산 군이 나에게 말하기를 〈中略〉 위로는 전하의 위임하심이 융숭함을 생각하고 아래로는 선신(先臣)이 전해 준 비밀의 기술을 이어받아 밤이나 낮이나 혹 직책을 이행하지 못할까 두려워하였다. 〈中略〉 마땅히 화약에 대한 시말을 기록하여 청사의 벽에 써 붙여서 선군(先君)이 애쓰던 뜻을 무궁한 후세에 드러나게 해야 하겠기에 오직 자네에게 이것을 부탁하는 것이니 부디 써주기 바란다" 하였다. 〈中略〉 아, 최 군은 위로는 융숭한 위임을 저버리지 않았고, 아래로는 그 아버지가 비밀리에 남겨 준 기술을 잃지 않아 아버지가 앞에서 시작한 것을 아들이 뒤에서 계승하였으니 참 유능한 신하라 하겠고 또한 유능한 아들이라 하겠다" 하였다.

법』과 《용화포섬적도》에 대해[2-43] 생각해 보았다. 즉 이들 모두가 최무선의 작품이었으며 『화약수련법』과 함께 아들 최해산에게 물려졌다가 다시 증손자 최식에게 전해졌을 가능성이 있다는 것이다. 왜냐하면 상기 서화書畵들의 이름을 볼 때 화약제조법에서부터 사용법에 이르기까지의 일련의 과정을 별도로 기록을 것으로 보이기 때문이다.

즉 화약제조법은 『화약수련법』에, 화포제조법은 『화포법火砲法』에, 그리고 화포를 사용하는 방법은 《용화포섬적도用火砲殲賊圖》에 기록되었을 것으로 짐작이 가는 이름들이다. 따라서 『화약수련법』에 화포 제조나 사용법까지 기록되었을 것이라고 하기보다는 상기 세 가지 모두가 최무선의 작품이었다고 보는 것이 좀 더 신빙성이 높다고 본다.

만약 이것이 사실이라면 최무선이 아들 최해산에게만 기술을 물려주었듯이 최해산도 물려받은 기술을 외부에 공개하지 않고 집안에서만 대를 물려가며 전수했다는 것도 알 수 있다. 최무선이 아들 최해산에게만 자신의 모든 기술을 전수하였다는 것은 당나라 선박으로부터 구해 온 '완구포碗口砲'를 보고 아무도 알아보지 못했을 때 **최해산만이 이를 알아보고 "선군으로부터 들어서 안다"**라고 한 것과[9] **"선신先臣이 전해 준 비밀의 기술**을 이어받아"[3-8] 운운하던 내용에서도 이미 입증되고 있는 사실이다.

태종 임금과 화약

태종 임금 즉위와 함께 화약에 대한 관심이 높아진 후에는 화약과 병기에 대한 관리 강화와 생산 확대, 화통군火㷁軍 편성 등의 일련의 조치가 연이어 실행되었다. 태종 3년 전라, 경상 각도의 병선을 점검하여 과죄科罪하는 법을 세우면서 점검항목 중에 병선에 보관된 화약의 부실 여부도 점검할 것을 포함시켜 책임자들을 논죄論罪하도록 하는 등 화약의

---

9) 신증동국여지승람 제2권 경도 하(京都下)
정이오(鄭以吾)가 지은 화약고기문에 "〈中略〉 처음 당선(唐船)에 있는 화기(火器) 한 개를 깨뜨려 가지고 충청도에서 의정부에 가서 그 이름을 군기시판사 곽해룡(郭海龍)에게 물으니 대답하기를 '화기는 중국에서도 비밀로 취급하는 기술이므로 내 비록 중국에 오래도록 있었으나 나 또한 모른다' 하였다. 그 후 최 군이 이 직책에 들어와서 그 화기를 보고서 말하기를, '이것은 완구포(碗口砲)이니 평소 선군(先君)에게서 그 이름과 제도를 익숙하게 들은 것이다' 하였다. 전하께서 최해산에게 명하여 그것을 주조하라 하니, 최 군이 물러나와 대 · 중 · 소 20개를 만들어 올리자 이것을 해온정(解慍亭)에 나가서 발사시험을 하니 화석포(火石炮)가 1백 50보의 거리까지 나갔으므로 최 군은 내승마(內乘馬)를 상으로 받았다. 〈下略〉

관리를 보다 중요시하기 시작하였다.[10)]

또한 태종 17년(1417)에는 군기시軍器寺 내에 화약감조청火藥監造廳을 설치하여[10-37, 38)] 화약과 화기 생산에 주력하여 즉위 당시 겨우 6근 4냥에 불과했던 화약 재고를 6,980여 근으로 늘려 놓았고, 200여 자루의 화통火㷁도 13,500자루나 확보하기에 이른다.[11)] 태종 4년(1404) 경에 편성되었을 것으로 보이는 화통군火㷁軍[12)]이 1415년 600명에서 1,000명으로 증원되고[13)] 다시 그 다음해(1416)에는 10,000명으로[14)] 증원되는데 이처럼 화통군의 인원이 급격히 증가하면서 그와 비례하여 화약과 화기의 소요도 대폭 늘었기 때문이었을 것이다.

하지만 안타깝게도 많은 양의 화약과 무기를 만들었다고만 하였을 뿐 화약감조청火藥監造廳에서도 역시 화약제조기술에 대한 기록은 찾아볼 수가 없다. 다만 태종 시절은 화약제조기술의 발전 여부를 떠나 태조와 정종 임금 시절보다는 화약에 대한 관심이 고개를 들던 시기였음은 분명하다.

2-2. 세종대왕과 화약

세종대왕이 우리나라 과학사에 끼친 영향은 화약뿐만이 아니라 다른 분야에서도 매우 지대하다는 것을 우리는 잘 알고 있다. 측우기測雨器를 비롯하여 혼천의渾天儀, 해시계,

---

10) 태종실록 6권 태종 3년 癸未(1403) 12월 15일 무자
慶尙全羅各浦兵船點檢科罪之法〈中略〉慶尙全羅道各浦兵船屢被倭侵致殺人命擇人差遣點檢各道戰艦軍器火藥不實〈中略〉都觀察使首領官及各道守令照律論罪〈下略〉

11) 신증동국여지승람 제2권 경도 하(京都下)
정이오가 지은 화약고기문에 "〈中略〉 최 군이 본감에 처음 들어 왔을 때는 화약이 겨우 6근 4냥이 있었고 각궁(角弓)이 2백 장, 중소화통(中小火㷁)이 겨우 각궁의 수효와 같았는데 지금은 화약이 6천 9백 80근 9냥이고, 각궁이 1천 4백 20장이며, 중소화통이 1만 3천 5백 자루이고 다른 병기도 이 정도이니 〈下略〉

12) 태종실록 8권 태종 4년 甲申(1404) 8월 20일 기축
己丑命議政府議臺諫上疏以聞司憲府上疏〈中略〉近來火㷁軍加定之時〈下略〉

13) 태종실록 29권 태종 15년 乙未(1415) 4월 4일 신미
辛未增置火軍四百名通前六百爲一千以攝隊長隊副補充軍司宰監屬自己婢妾子孫壯實者充額肄習

14) 태종실록 32권 태종 16년 丙申(1416) 12월 14일 신미
刑曹啓區處革去寺社奴婢法〈中略〉其軍器監屬火㷁軍因前屬革去寺社奴婢之數定爲一萬口〈下略〉從之

세종대왕 영정

세종실록

물시계 발명 등 과학문화 발전 측면에서 조선왕조 500년 역사상 가장 위대한 성군으로 평가받기에 조금도 부족함이 없다. 심지어 세종 시대를 두고 해동海東의 요순堯舜 시대라 일컬으며 태평성대를 구가하던 시기였다고 평가하기도 하는데 이런 평가를 받을 수 있는 요인에는 여러 가지가 있다.

그중 하나는 문치文治를 토대로 하여 튼튼한 국방력을 갖춤으로써 남南으로는 왜구를 정벌하고, 북北으로는 사군四郡과 육진六鎭을 개척하는 등 국가 안보태세가 바탕이 되어 정치적으로 가장 안정된 시기였다는 점을 들 수 있는데 이 같은 세종의 국방력 강화에 커다란 힘이 되었던 것은 바로 화약병기의 개량과 그 운용이 한몫했을 것으로 판단된다.

선왕先王인 태종 때부터 최해산의 기술로 유지되던 화약병기는 세종조에 이르러 매우 독창적으로 발전하기 시작하여 세종 말기에는 『총통등록銃筒謄錄』이 편찬되는 등 획기적으로 개량되었다. 하지만 화약병기를 개발하고 이를 운용하기 위해서는 화약병기의 필수품인 화약의 생산량도 함께 증가시켜야 하는 것은 당연한 일일 수밖에 없다. 따라서 세종조에는 화약병기의 개발과 함께 화약제조기술 개발과 각종 화약과 관련한 제도의 개선 등 일련의 조치가 꾸준히 병행되고 있었다.

조선왕조의 화약 확보 방법은 크게 중국 기술 습득과 자체 생산, 중국 제품 수입 등으로 요약해 볼 수 있는데 세종조에서도 이 세 가지 기조를 크게 벗어나지는 않았다. 하지만 다른 왕조와 비교해서 몇 가지 다른 점이 있다면 그 추진방법이 좀 더 구체적이고 체계적이었으며 기술개발을 위한 실험 등이 나름대로 분명한 성과를 이루었다는 사실이 기록으로 전해지고 있다는 것이다.

체계적 화약 수급

세종 때의 화약 수급 상황 역시 항상 생산이 넉넉하지 못했던 것은 조선 전기 200년간 여느 왕조 때와 마찬가지였지만 다른 왕조 때와는 달리 보다 구체적인 계획을 가지고 화약의 수급을 판단했던 것을 볼 수 있다. "현재 군기고軍器庫에 있는 염초焰硝 재고는 3천 3백 16근에 불과한데 향후 수요는 1년간 봄가을에 필요한 염초만 해도 약 4천 근이니 명년 춘절春節에 쓸 것도 부족한바, 더 제조해야겠다"[15]고 하는 등 막연히 "염초를 많이 굽도록 하라"는 식의 다른 왕조 때 기록과의 차이를 알 수 있다.

그 외에도 각 도에 염초 생산량을 할당함에 있어서도 도별로 그 생산능력을 감안하고 정확한 수급 판단을 통해 잘못 책정된 할당량을 재조정하는 등 보다 과학적이고 체계적이었다.[16]

---

15) 세종실록 1권 세종 즉위년 戊戌(1418) 9월 19일 병인
軍器監啓留庫焰硝只三千三百十六斤一年春秋所用凡四千斤明年春節所用尙且不敷請加煮取上王從之

16) 세종실록 52권 세종 13년 辛亥(1431) 6월 2일 갑오
兵曹啓平安黃海道分定焰焇元數過多未易煮取今更磨勘改定前此每年春秋兩等合藥之數摠三千斤今若減半則一年一千五百斤以此分定則前此平安道一千五百斤今定爲二百七十斤黃海道一千五百斤今定爲二百七十斤江原道九百四十斤今定爲三百六十斤載在貢案上納其餘不足七百斤於留後司忠淸慶尙全羅道每年差遣軍器監員就陸地深遠各官煮取以用從之

화약 생산조직 정비

세종 때에는 화약 생산을 위한 조직을 정비하고 인원을 늘리는 등 일련의 조치들을 취했던 사실도 있다. 당시 군기감軍器監이 안고 있는 문제 중의 하나는 인원은 적은데 일은 번잡하고, 또 다른 사무로 인해 자주 담당자가 바뀌어 군국軍國의 중대한 일을 친히 감독하지 못하고 공장工匠에게 맡기게 되는 점이었다. 세종은 이 문제를 해결하는 방안으로 군기감 업무 중에서도 가장 긴요한 화약火藥은 녹관祿官 중에 적당한 사람 2명을 골라서 이를 주관하게 하고, 임무를 잘 수행하여 공을 세우는 자는 체임遞任시키지 말고, 본감本監 내에서만 천직遷職, 전보轉補하게 하는 등 군기감 내에서 장기복무토록 하였다.[17]

또 군기감의 공장工匠들을 격려하면서 약장藥匠은 22명에서 32명으로, 마조장磨造匠은 5명에서 10명으로 인원을 증원하였는데 이미 각각 35명씩 편성되어 있던 염초장焰硝匠 및 취토장取土匠들은 그대로 두고 약장과 마조장의 인원만 증원한 것을 보면 공정 간 작업량 균형을 맞추기 위한 즉, 병목Bottleneck 공정을 해소하기 위한 조치였을 것으로 판단된다.[18]

그뿐만이 아니라 은퇴한 화약기술자까지 특별히 관리하여 유사시에 대비토록 하는 조치도 취하였다. 화약기술자들은 거관去官한 뒤 보통 그 본향本鄕에 흩어져 살고 있었기 때문에 혹시 급한 일이 발생하여 재소집을 하려 해도 거처를 알 수가 없는 일이 발생하였는데 이를 예방하기 위해 소재관所在官으로 하여금 불시에 점열點閱하여, 연변沿邊에서 부방赴防하거나 먼 지방으로 내왕하는 것을 방지하는 조치를 취한 것이다.[19]

---

17) 세종실록 37권 세종 9년 丁未(1427) 7월 8일 갑오
吏曹啓軍器監員少事煩且因他務或數遞軍國重事未得親監付之工匠誠爲未便其中最緊火藥所掌請於祿官中擇可者二人主之其餘緊務竝令兼掌如能堪任有効者毋遞差仍於本監遷轉從之

18) 세종실록 64권 세종 16년 甲寅(1434) 6월 11일 병진
兵曹與軍器監提調議工匠激勵及加數條件以啓〈中略〉藥匠二十二加十磨造匠五加五焰硝匠三十五仍取土匠三十五仍〈下略〉從之

19) 세종실록 111권 세종 28년 丙寅(1446) 1월 26일 갑오
議政府據兵曹呈啓軍器監權知直長習知火藥之術者去官後散居其鄕或有緩急徵聚無據令所在官不時點閱毋使沿邊赴防及遠方來往從之

염초제조법 연구

세종은 심지어 직접 염초제조 시험을 하기도 하였다. "외방外邦에서 염초를 만드는 것이 비용은 많이 드는데 생산량은 적다"며 궐내闕內 내사복內司僕에서 염초제조 시험을 하면서 "장마가 오면 염초 시험이 곤란하니 장마가 닥치기 전, 가물 때에 시험을 해야겠다"고 하는 등 세종대왕의 화약에 대한 열의를 엿볼 수 있는 기록이 있다.[20] 이때 실시한 세종의 염초제조 시험 결과 "전보다 생산량이 두 배나 증가하였다"고 하였으니 일단은 대성공이었다고 할 수 있다. 이처럼 시험이 성공을 거두자 세종은 내사복 남쪽에 '사표국司豹局'이라는 별도의 기구를 설치하기도 했다.

약 4개월 후인 9월 27일 세종은 사표국의 직제를 새롭게 정하였다. 내시부內侍府의 관속官屬들을 써서 사使 2인은 종5품으로, 부사副使 2인은 종6품으로, 승丞 4인은 종8품으로 임명하였다.[21] 이처럼 사표국의 직제를 새롭게 정하는 등 일련의 조치를 연속적으로 추진했던 것을 보면 당시에 세종 임금이 추진했던 염초제조법 개발 시험이 나름대로 큰 성과를 거두었다는 것을 짐작할 수 있다.

하지만 당시에 세종이 어떤 방법으로 생산성을 높였는지는 알 길이 없다. 다만 사표국이 설치되기 약 10년 전 당염초唐焰硝법을 시험해 본 결과 향염초鄉焰硝법보다 생산량이 갑절이나 되는 것을 알았고, 그 후로는 당염초법을 기준으로 염초를 생산하였으며 염초장을 평안·함길·강원·황해 등에 보내어 당염초법을 전수시킨 적이 있다고 하였다.[22)]

20) 세종실록 108권 세종 27년 乙丑(1445) 5월 9일 임오
命護軍張孟昌欲煮焰硝令承政院議其節目政院啓今以旱省費復擧此事恐未可也請待來秋上曰昔有一人被虜於倭問煮焰硝之術極慘酷其人得還曰若知方術不堪其苦〈中略〉況焰硝之藥皆出於彼若學之是不可之大者又外方所煮費力多而所出反少肆予於京中暫試煮之水潦若降必不能爲欲及其旱姑試耳非欲永爲也所煮於外司恐爲倭人所知欲於內司僕爲之毋別定監役以內竪掌之使兵房承旨監督僉曰今聞聖教備知其故於內司僕秘密爲之便從之其所煮比前倍蓰上喜別置局于內司僕之南名曰司豹局命臣官掌其事

21) 세종실록 109권 세종 27년 乙丑(1445) 9월 27일 정유
議政府據吏曹呈啓伏承教旨火砲軍國重事不可不設官以掌之闕內合藥之所稱司豹局使二從五品副使二從六品丞四從八品皆用內侍府官屬兵曹祿科三軍甲士隊副隊長給料餘數給之書員二擇各司奴婢解書算者爲之使令十亦以各司奴爲之書員遞兒職上林園給事一使令遞兒上林園副給使二一年兩都目相遞受職從之

22) 세종실록 65권 세종 16년 甲寅(1434) 7월 2일 정축
兵曹啓今試唐焰焇煮取之法所出倍於鄉焰硝今後以唐焰硝例煮取今秋送焰硝匠于平安咸吉江原黃海等道煮取之法俾令教習從之

그런데 세종이 또다시 생산량을 2배로 늘렸다면 세종조에 이르러 조선의 염초 제조공정은 세종의 시험 성공으로 조선 초보다 생산성을 4배 정도로 향상시켰다는 추측도 가능하다.

화약관리 강화

세종은 화약의 생산량 증대를 위한 기술개발에 몰두하면서 그 관리에도 많은 신경을 쓰고 있었다. 특히 안전 관리와 장기 저장에 따른 문제점을 염려하였는데 배에 적재된 화약의 점검을 철저히 하기 위해 '선상기계회계船上機械會計' 목록에 화약을 포함시켜 상시常時 점검이 가능토록 하였다.[23)]

각 포浦에 있는 화약들이 흡습吸濕되어 필요시 점화點火가 되지 않는 사례가 발생하였을 때의 일이다. 세종 7년(1425) 병조에서 경상도 경차관의 정문呈文에 의거하여 계하기를, "각 고을의 화약火藥은 조금도 매霾가 부착한 것이 없으나, 각 포浦에 있는 화약은 매霾가 부착하여 기운이 없는 것이 많은데 병선兵船 안에서 밥을 지을 때 화로火爐 위에 있는 누판樓板 아래에 시렁을 만들고, 거기에 진흙을 바르고서, 화약을 그 위에 놓아 화기火氣를 받도록 하면 매습霾濕이 침투하지 않아 매우 편리하다"라고 하였다. 그러자 세종 임금이 경상도뿐 아니라 다른 도道에도 행문이첩行文移牒하여 실행토록 하였다. 화약의 건조방법을 구체적으로 명시한 기록이라 하겠다.

하지만 아무리 좋은 방법이 있더라도 이를 제대로 실행하지 않으면 아무 소용이 없다. 따라서 사전에 이를 검사하고 단속하기 위해 '선상기계회계' 목록에 화약을 포함시켜 상시常時 점검하는 것을 법으로 삼도록 하였다. 아마도 그때까지는 점검 목록 중에 화약이 기재되어 있지 않아 점검 시 누락되는 일이 있었기 때문에 이를 예방하기 위한 조치였을 것이다.

아울러 세종은 화약고 안전 관리에서도 각별한 주의를 기울이고 있었다. 화약고에

23) 세종실록 27권 세종 7년 乙巳(1425) 1월 15일 병술
兵曹據慶尙道敬差官呈啓各官火藥則暫無着霾各浦火藥着霾無氣者頗多此必常載船上不能點火之所致也使國家用功最重之物將爲無用奚可哉謹與處置使試於兵船內當炊飯火爐上樓板之下作架塗之以泥置藥其上使受火氣霾濕不侵甚爲便易然人心無恒若不檢擧必不遵行請於船上機械會計內幷令載錄常時點考以爲恒式命如所啓幷他道行移

화재가 발생하였을 경우를 대비하여 군기감軍器監 화약고火藥庫를 민가와 멀리 떨어진 소격전동昭格殿洞으로 이전시켰다. 현재와 비교하면 보안거리 확보를 위한 조치라 할 수 있을 것이다.[24] 이어서 화약고의 도난방지와 화재예방을 위해 숙직을 강화하는 조치를 취하기도 하였다. 화약고를 소격전동昭格殿洞으로 이전하였지만 이는 단지 인가로부터 멀리 떨어져 놓기만 한 것일 뿐 별군別軍 4, 5명만으로 간수看守하는 것에는 문제가 있다고 보고 군기겸관軍器兼官 등으로 하여금 윤차輪次로 숙직을 하도록 하였다.[25] 이렇게 숙직을 강화하는 조치를 취해 놓고서는 숙직하기를 꺼려하는 사례가 발생하는 것을 방지하기 위해 겸관兼官은 복제服制나 기일忌日을 당해도 반드시 숙직하게 하고, 녹관錄官의 예例에 따라 그 부지런하고 태만한 것을 고찰하여 이들을 권징勸懲이 가능토록 하였다.[26]

화약 소비 절약

세종조에는 이처럼 기술개발을 통한 생산량 증대와 안전 관리를 강화했을 뿐 아니라 소비 절약, 즉 화약 사용량 절감을 위한 노력도 게을리 하지 않았다.

첫째 사신 접대를 위한 불꽃놀이 규모를 축소하여 화약의 소비를 줄이도록 하였다. "염초를 구워내는 것은 쉬운 일이 아니어서 한해에 구워내는 양이 1천여 근에 불과한데도 사신에게 보여 줄 화붕火棚을 설치하는 데 너무 많이 소모하고 있다"며 이를 줄여서 화약이 귀한 것임을 보여 주도록 한 것이다.[27] 여기에는 또 다른 목적도 있었는데 만약 중국에

24) 세종실록 67권 세종 17년 乙卯(1435) 2월 6일 무신
命造火藥庫于昭格殿洞備火災也

25) 세종실록 77권 세종 19년 丁巳(1437) 6월 1일 기미
議政府啓軍器監火藥庫在閭閻間火災可慮今已移排於昭格殿洞藏置火藥但人家隔遠只以別軍四五名看守有乖大體軍器兼官等本爲火藥教習而設者乞令輪次直宿從之

26) 세종실록 83권 세종 20년 戊午(1438) 12월 26일 병자
議政府據軍器監提調上言啓曰火藥庫專委兼官輪次直宿然無貶黜多托故不肯入直自今兼官雖服制忌日亦令入直且當褒貶時依錄官例考其勤慢以爲褒貶而勸懲之從之

27) 세종실록 54권 세종 13년 辛亥(1431) 12월 24일 을묘
贊成許稠啓煮取焰焇其功不細一歲所煮不過千餘斤而一設火棚費藥甚多願自今使臣雖欲見火棚暫設之以示火藥稀貴上曰焰硝除外方所煮則一年不滿千斤爲至貴矣使臣之見火棚非徒費藥萬一中國有變若以朝鮮火藥爲貴而求之則處之至難也是可畏也卿言甚善予甚嘉納

무슨 변고가 발생하였을 때 조선의 화약이 넉넉한 것으로 판단하고 화약을 보내 달라고 한다면 대처하기가 곤란할 것도 염려하였기 때문이다.

화약을 절약하는 두 번째 방안은 염초를 적게 소비할 수 있도록 평상시에 화포술火砲術을 연마하는 것이었다. 염초 저장량은 적은데 전쟁이 나서 성城을 공격하고 진陣을 함락하는 데 사용한다면 염초 소비가 매우 클 것이니 평소에 충분한 화포연습을 할 수 있도록 대책을 준비하여 유사시 염초의 낭비를 줄일 수 있도록 하였다.[28] 사격술을 연마하여 명중률을 높이는 훈련이었을 것이다.

중국화약 수입 및 제조기술 전습傳習 추진

이처럼 내부적으로는 생산량 증대를 위한 기술 개량, 화약 소비 절감대책 강구, 생산조직 정비, 안전 관리 대책 등을 시행하면서 다른 한편으로는 중국으로부터 화약 수입도 검토하였다.

하지만 당시 중국은 수출을 엄격하게 통제하고 있던 중이어서 중국의 화약을 어떤 방법으로 수입하는 것이 좋을지 알 수가 없었다. 화약의 수입을 허락받으려면 예부禮部에 정문呈文(하급 관아에서 동일 계통의 상급 관아로 올리는 공문)을 보내야 하는 것인지, 아니면 주달奏達(명 황제에게 아뢰는 일)을 해야 하는 것인지 추진 절차조차도 불확실하였다. 공식 무역이 안 되면 몰래 무역을 해오자는 의견도 있었다.[29]

다음 날 예부禮部에 정문呈文을 보내는 것이 옳다는 판단을 하였는지 『천추사千秋使』 "박신생朴信生" 편에 "값을 주고 화약을 무역하고자 한다"는 내용의 초안草案을 가지고 다시 의논을 하였다.[30] 하지만 이틀 뒤에 염초를 무역하는 것은 의당 주청奏請을 해야지

---

28) 세종실록 55권 세종 14년 壬子(1432) 2월 13일 임인
壬寅受常參視事上謂左右曰煮取焰焇其功不易所儲不多若用於攻城陷陣則焰焇之費甚多若因儲費之少不習火砲則亦無以臨機應變如欲廣備焰焇日習火砲將如之何贊成許稠判書申商啓焰硝煮取之所慶尙全羅忠淸三道而已倭人性本巧而居下道者亦多若見其術必能傳習禍將不測宜於東西兩界亦皆煮取常習爲便

29) 세종실록 65권 세종 16년 甲寅(1434) 9월 8일 임오
召議政府諸曹判書議事唐焰焇貿易之事問於禮部彼如曰義當奏達則進呈文有不肯之色則毋得貿易若曰雖不奏達猶可貿易則除呈文貿易而來且此事宜極謹密庶合事宜京城內不可潛隱貿易通州以東潛隱貿易而來何如僉曰上教允當

예부禮部에 정문呈文을 보내는 것은 불가하다는 결론을 내리게 된다.[31]

이런 문제를 두고 며칠에 걸쳐 대신들과 의논을 하고 있었으니 여기서도 우리는 당시 중국의 화약 수출 통제가 얼마나 심했는지 잘 알 수가 있다. 하지만 이처럼 중국에 화약을 청하는 것을 놓고 여러 날을 두고 의논을 하였으나 본 건이 어떻게 처리되었는지는 알 수 없다. 그 후 염초가 수입되었다는 기록이 없는 것을 보면 중국으로부터 거절을 당했든지 아니면 요청조차 못 했든지 어찌 되었건 수입 자체는 좌절되었던 것으로 판단된다.

10년이 지난 후 세종 26년 또 한번 중국에 화포와 화약을 청하자는 의견이 대두되었다. 이번에는 중국이 조선에 왜구倭寇를 막으라는 칙서勅書를 보내 온 것을 핑계로 "1단계로 화약기술자를 청구하고, 기술자를 보내 주지 않으면 2단계로 화약을 청구하고, 화약도 주지 않으면 3단계로 우리 기술자를 파견하여 배워 오도록 하자"고 의논을 하였다. 단순히 화약만을 요청하지 않고 기술을 확보하려고 했던 점은 매우 현명한 판단으로 여겨지는 부분이다.

이를 두고 영의정 황희黃喜는 "기술자를 파견, 기술을 배워 오자"고 하였으나, "조선이 화약을 가지려는 것에 대해 중국 조정의 의심을 사지나 않을까" 하는 우려와 다행히 청을 들어 준다 해도 만약 왜적이 명나라를 침범하게 되었을 때 명나라에서 조선에 칙서勅書를 내려, "너희 나라에서 병선과 화포에 대한 기술을 배워 갔으니, 이 두 가지 것을 갖추고 군량을 많이 준비하여 대기하라. 짐朕이 장차 너희에게 장수를 명명하여 일본을 치게 하겠다"고 했을 때 대처방법이 없을 것이라는 의견 때문에 결국 화약을 청하는 것은 포기하고야 말았다.[32]

---

30) 세종실록 65권 세종 16년 甲寅(1434) 9월 9일 계미
焰硝貿易之事依前議書事目送于千秋使朴信生仍修呈禮部草付之其辭日本國欽蒙太祖高皇帝以不分化外一視同仁之義曾於洪武年間頒降捕倭所用火熥火藥物料緣本國工匠未識煮取焰硝之法製造未精今欲用價收買未敢擅便呈稟施行

31) 세종실록 65권 세종 16년 甲寅(1434) 9월 11일 을유
乙酉領議政黃喜啓曰焰硝軍國所重義當奏達貿易若千秋使於禮部進呈文收買則似乎自己之事誠爲不可殿下思欲貿易恐煩天聽不敢奏請之語竝錄何如判中樞院事許稠啓曰焰硝重物也宜當奏請收買不可進呈文於禮部

32) 세종실록 106권 세종 26년 甲子(1444) 10월 12일 정사
上謂承政院曰〈中略〉今本國旣獻倭俘中朝又降禦寇之勅奏請火砲此其時矣予欲請之請賜藥匠而藥匠不可得請劑藥劑藥又不可請遣人傳習其兵船亦依此例設此三段以請之其令議政府擬議以聞領議政黃喜議云奏請遣人傳習爲便右議政申槪左贊成河演左參贊權踶右參贊李叔時等議曰今者皇帝雖視同一家豈盡信海外之國乎朝廷無乃疑貳

이후 조선은 화약의 품질이나 생산량 두 가지 면에서 모두 불만족하긴 했어도 임진왜란 발발 후 명나라로부터 원병援兵과 함께 화약을 원조받을 때까지 자급자족 태세를 유지할 수밖에 없었다. 염초와는 달리 유황은 천연에서 산출되는 것이지 만들어 쓸 수가 없는 것인데 다행하게도 당시는 왜구로부터 유황 공물을 넉넉히 받고 있었기 때문에 가능한 일이었다. 하지만 이 일본의 유황 공물도 세종조에 절정을 이루다가 이후 서서히 감소하여 임진왜란을 앞두고 완전히 끊어지게 된다. 조선의 유황 수급에 대해서는 제7장에서 상세히 다뤘다.

총통등록의 발간

세종대왕은 화약무기 개발에도 매우 적극적이었다. 북쪽 변경의 여진을 정벌할 목적으로 1448년 9월, 『총통등록銃筒謄錄』을 편찬하여 각 도의 절제사節制使와 처치사處置使에게 기밀문서로 내려 보냈다.33) 화포의 주조법과 도면, 규격 치수 및 화약 사용법을 상세히 기록하였다고 하였는데 현재 이 『총통등록』은 전해지지 않는다.

따라서 확인할 길은 없지만 여기에도 화약의 제조법은 실려 있지 않았던 것으로 판단된다. 『세종실록』에서는 『총통등록』을 "주조하는 방식과 약을 쓰는 기술을 세밀하게 갖추고 그 형체를 그려 넣었고 또 척촌尺寸을 기록한 책"이라고 설명하고 있다. 또한 "화살의 무게에 따라 화약의 사용량을 조정하여 화약을 적게 사용하고서도 화살은 더 멀리 날아갔다"고 하는 등 병기 제조와 화약 사용에 대한 기술적인 사항만을 언급하고 있을 뿐 화약 제조에 대해서는 별다른 기록이 포함되었을 것으로 볼 만한 내용이 발견되지

於其間乎雖幸準請設若倭賊陵犯上國而上國降勅云汝國既已傳習兵船與火砲備此二物又峙糧餉以待之朕將命將以征日本則將何辭以待之且近奏請之事數矣無乃煩瀆乎今乃奏請而後又有不得已奏請之事如之何臣等之意不若不請之爲愈也從概等議

33) 세종실록 121권 세종 30년 戊辰(1448) 9월 13일 병신
賜《銃筒謄錄》于諸道節制使處置使諭曰今送謄錄一册鑄造之方用藥之術備悉載錄軍國秘器所係至重宜常秘密以藏每於考閱卿獨開見勿委吏手日加謹愼及其遞代交相授受又命藏于春秋館前此軍器監所藏銃筒制造匪精鐵重藥多雖放之乏力而矢之所及遠不過五百步近不過二百步乙丑春命臨瀛大君璆監鍊改治於是量其厚薄較其長短而參諸矢之輕重定其藥之多寡既成試之藥少鐵輕而矢之所及遠至於千五百步近不下四百步輸運既便而放不費力眞軍國之重寶而可爲後來制作之程式故圖其形體書其尺寸以傳永世

않기 때문이다.

훗날의 기록이지만 『총통등록』을 토대로 만들어졌을 것으로 보이는 『오례의五禮儀』의 「군례軍禮」 "병기도설兵器圖說"에도 "총통銃筒을 만드는 법만 실려 있고 화약을 만드는 법은 실려 있지 않았다" 4-26)고 하였으니 『총통등록』에 화약제조법이 기록되지 않았음을 짐작할 수 있다. 이처럼 화약은 화약병기의 부속물로 취급되면서 전해 오는 자료가 없으니 조선 전기의 화약제조기술은 찾아볼 수가 없는 것이다.

최해산의 지방 발령과 화포장 분리

조선 500년 역사에서 화약에 대한 관심이 매우 컸던 임금 중의 한 사람인 세종 시절에도 때론 화약 제조를 등한시했던 사례들이 발견된다.

태종 1년(1401)에 화약기술자로 특채되어 군기감에 근무하던 최해산을 판경성군사判鏡城郡事로 임명, 지방관리로 발령을 낸 것이다. 이를 두고 일부에서 "해산이 외직外職으로 나가면 군기감軍器監의 일이 반드시 해이하게 될 것"을 우려하여 "변경의 수령으로 보내지 말고 화약 업무를 전임시키는 것이 좋겠다"고 반대하는 의견을 내기도 하였지만, "본감本監에서는 약장藥匠들이 이미 그 기술을 익혔으니 해산海山이 비록 1, 2년 지방에 가 있더라도 또한 큰 폐해는 없을 것"이라는 의견도 있었던 것을 보면 화약제조기술의 지속적인 연구, 발전보다는 이미 가지고 있는 기술이 전수되어 있다는 것만으로 만족하고 있음을 알 수 있다.[34]

세종 27년에는 화약장火藥匠의 주요 임무, 즉 화약 만드는 일과 화포 만드는 일을 분리하여 화약 제조는 환관宦官에게 일임시키고 화약장은 그 명칭을 화포장火砲匠으로 바꾸어 화포 제작에만 주력하도록 하는 조치가 있었다.[35] 하지만 당시 『총통등록』을 편찬

---

34) 세종실록 56권 세종 14년 壬子(1432) 4월 22일 경술
召黃喜孟思誠權軫許稠等議曰今以崔海山判鏡城郡事有一大臣曰海山出外則軍器監之事必至凌夷何以處之喜思誠等曰如此之人不可不知閫外之事且本監藥匠已習其術海山雖一二年在外亦無大害軫稠等曰勿任邊境專任火術爲便〈下略〉

35) 세종실록 109권 세종 27년 을축(1445) 8월 26일 정묘
丁卯傳旨兵曹今後火砲合藥令宦官掌之火藥匠改稱火砲匠止令制造火砲

하는 등 병기 연구와 개발에 치중하던 세종 시대의 정황을 볼 때 화약과 화포 제조를 분리했다는 것은 화약 제조에 무게를 둔 것이 아니라 화포 제조를 전문화했던 조치로 판단된다. 즉 화약제조기술의 퇴보까지는 아니더라도 덜 중요시했다는 것을 알 수 있다. 연구개발보다는 단순 노동력에 의한 생산 활동에만 치우치고 있었던 것이다.

하지만 화약이 없는 화약병기火藥兵器는 무용지물이다. 따라서 화약의 중요성을 배제할 수는 없다. 조선 500년 역사 중 화약제조기술 개발 노력이나 중국의 기술과 제품 수입 추진, 화약고 안전 관리 등등 화약 전반에 관해서 꾸준한 관심과 함께 구체적 노력을 기울였던 임금은 그래도 세종이 유일한 임금이었다.

2-3. 문종 이후 화약기술의 퇴보

세종의 뒤를 이은 문종 재위 기간은 화약기술 발전의 정체가 시작된 시기였다. 물론 대규모 전란戰亂이 없던 시기로서 화약과 같은 군사물자 비축보다는 민생문제가 더 중요했을 수는 있지만 어찌 되었든 화약기술 발전 측면에서 볼 때 문종 재위 기간은 화약기술의 정체 내지는 퇴보가 시작된 시기였음이 분명하다.

도회소 설치

문종이 즉위하면서 전국 25개소에 염초를 굽는 도회소都會所를 설치하는 조치가 내려졌다. 일부에서는 이를 두고 화약 분야에 대한 문종 임금의 큰 업적으로 내세우기도 한다. 하지만 이는 화약 제조의 편리성을 감안한 조치였을 뿐이지 화약제조기술을 향상시켜 성능을 개선한다거나 생산량을 증대하는 등 화약 분야의 발전을 위한 조치는 아니었다. 문종은 전국에 산재되어 있는 함토鹹土의 운반거리를 단축하고, 도회소별로 순번을 정하여 해를 바꾸어 염초를 생산토록 하였다. 또한 해마다 봄, 가을로 염초를 생산하는데 따른 백성들의 불편을 감소시킴과 아울러 공공기관에서만 취토取土를 하고 민가에서는 취토를 중지토록 하였는데 이는 그 내용을 보면 백성에게 끼치는 폐단을 줄이기 위한 목적이었을 뿐이지

화약기술 발전을 위한 것이 아니었음을 알 수가 있다. 당시 도회소를 설치하면서 취해진 주요 조치들을 요약해 보면 다음과 같다.36)

1. **염초 생산 방법 변경** : 각 도道별로 도회都會를 복수로 운영, 매년 윤번을 정해 돌아가며 염초를 생산하여 도회가 있는 읍邑만 매번 폐해를 받던 불공평함을 없애고, 염초토焰硝土와 잡물雜物의 수송거리를 단축
2. **각 도별 도회소 설치장소 지정** : 경기(5도회), 강원(4도회), 충청(4도회), 전라(4도회), 경상(4도회), 황해(4도회), 사표국과 개성부별도 운영
3. **생산설비 사전 준비** : 큰 가마(大釜), 큰 구유통(大槽), 나무통(木桶), 바가지(瓢), 체(篩) 등은 도회소에서 사전에 준비토록하며, 이를 백성들로부터 조달하는 경우 과죄科罪
4. **취토 장소 제한** : 공해公廨, 사사寺社, 원관院館에서만 채취하고 민호民戶에서의 채취를 금지
5. **소목燒木 조달 방법 명시** : 농한기農閑期를 이용하여 고을별로 할당된 수량 확보
6. **취토장取土匠의 민폐 엄금** : 과거 벼슬을 지낸 강직剛直하고 명민明敏한 품관品官을 뽑아 취토取土를 감독, 도회소都會所로 운반
7. **염초 생산시기 지정** : 1월 15일~3월 그믐(晦日), 8월 15일~10월 그믐
8. **염초 생산량 기준 설정** : 전년 대비 생산량이 많은 사람은 품계品階를 올려 격려하고 적은 사람은 핵문劾聞하여 과죄科罪

이처럼 민폐를 줄이면서 안정적인 염초 생산을 도모하기 위해 25개의 도회소都會所를 설치, 운영하였지만 실질적으로는 그마저도 원활히 운영되지는 못하였다. 문종 재위 기간 내내 염초 생산의 폐단을 이유로 계속해서 염초 생산의 중단이 반복되고 있었다.

36) 문종실록 3권 문종 즉위년 庚午(1450) 9월 19일 경신 〈原文 省略〉

염초 생산 감축

도회소를 설치한 것이 문종 즉위년(1450) 9월인데, 이듬해(1451) 1월 12일 황해도黃海道 도체찰사都體察使 정분鄭苯이 "본도는 부방赴防할 군졸의 조발調發로 인하여 민간의 일이 많으니 모든 군무軍務에 관계되는 이외의 잡송雜訟은 모조리 다 정지시켜 오로지 군무에만 전념케 하고 염초鹽硝를 굽는 따위의 일도 정지하게 해달라"고 치계馳啓를 하자 문종 임금이 이를 받아들여 그대로 따랐으니 도회소를 설치한 지 겨우 4개월도 채 안된 시기였다.37)

그뿐만이 아니라 정분鄭苯의 치계馳啓가 있은 지 3일 후에는 공역工役과 재목과 부증釜甑 등을 모두 백성에게서 취하는데 따른 폐단을 들며 아예 도회소都會所 자체를 혁파하자는 한 환관宦官의 상소까지 있었다. 이 상소를 두고 임금이 승정원으로 하여금 의논케 하였더니 모두가 옳다고 하였다. 물론 문종 임금이 "법을 세운 것이 오래되지 아니한데, 갑자기 환관 한 사람의 말 때문에 이를 혁파하는 것은 옳지 않다"며 받아들이지는 않았지만 이는 화약에 대한 당시 조정 대신들의 생각을 짐작해 볼 수 있는 부분이라 하겠다.38)

민폐를 줄이자는 목적에서 각도에 25개소의 도회소를 설치하고 그 운영에 대한 상세한 운영 기준까지도 만들어 놓았으나 몇 개월도 지나지 않아 예외 규정이 생겨나기 시작하는 등 그것조차도 제대로 지켜지지 않고 염초 생산에 대한 문제점은 계속해서 거론되었다. 전쟁을 염두에 두지 않던 시기였으니 염초의 중요성이 후순위로 밀려나고 있었다고 보인다.

도회소 폐지가 논의되다가 중지된 지 5일 후, 병조兵曹에서는 군기감軍器監의 정문에 따라 염초를 굽는 별감別監을 없애고 공장工匠만을 보내어 굽도록 하면서 각도에는 염초의 생산량만을 정해 주었고 이어서 경기 · 강원 · 황해도는 아예 염초 생산을 정지시켰다.39)

---

37) 문종실록 5권 문종 1년 辛未(1451) 1월 12일 임자
黃海道都體察使鄭苯馳啓本道因赴防軍卒調發民間多事乞凡干軍務外其餘雜訟悉皆停斷專治軍務至如營造倉庫及煮鹽硝等事亦令停之〈中略〉從之

38) 문종실록 5권 문종 1년 辛未(1451) 1월 15일 을묘
更立煮鹽硝都會所凡四處定斤數有一宦者言於上曰今立都會則工役財木釜甑之屬皆取於民其弊甚巨請令京畿水邊州縣掘土船載回泊京江煮之爲便上令承政院議之皆曰可上曰立法未久遽以宦者之言革之不可其令軍器監具辭更請予當從之

39) 문종실록 5권 문종 1년 辛未(1451) 1월 20일 경신

4월 13일에는 남해현南海縣과 거제현巨濟縣 두 현縣의 염토 채취도 금지시켰고[40] 또 며칠 후엔 각도의 염초焰硝 굽는 군사의 숫자도 감사監司들이 알아서 적당히 줄일 수 있도록 하였다.[41]

한 가지 특이한 사실은 남해와 거제 두 현縣의 염토焰土 채취를 정지한 사유가 "두 현은 외딴 곳에 있는 섬이어서 방수防戍(국경을 지키는 일)가 가장 긴요하니, 오로지 수어守御에만 전념하기 위해 염초焰硝를 구워내는 흙의 수납輸納을 그만두게 하겠다"[3-40]는 것이다. 화약병기보다는 아직도 활과 창 등 비화약병기를 사용하고 있었기 때문일 것이다.

그로부터 2개월 뒤에는 대사헌大司憲 정창손鄭昌孫에 의해 사표국司豹局의 폐지가 다시 거론되었다. 물론 그 사유가 염초 문제는 아니고 당시 정음청正音廳, 책방冊房, 사표국을 관장하고 있던 환관들의 세력이 활개를 치고 있었기 때문이었다. 따라서 환관들의 세력을 견제하기 위해 이들 세 기관을 없애고 정음청과 책방은 주자소鑄字所에, 사표국은 군기감에 그 업무를 흡수시키려고 한 것이다.

문종 임금이 "정음청은 파하겠으나 사표국의 일은 그동안 환관이 맡아 하는 것이 공가功過가 더 많았고 또 환시宦寺가 공역을 맡았다고 어찌 전권용사專權用事할 리가 있겠으며, 더구나 군기를 보수하는 것은 국가의 중대한 일이니 폐지할 수가 없다"라고 하며 사표국 폐지에는 반대를 했지만, 문제가 있으면 이를 보완하지 않고 그것을 없애 버리려고 했던 점 또한 당시의 화약에 대한 의식이 엿보이는 대목이다.[42]

문종의 재위 기간(2년 3개월)이 비교적 단기간이었음에도 불구하고 즉위와 함께 설치

兵曹據軍器監呈啓今春等焰硝除別監只遣工匠煮取京畿沿邊各官取土納于司豹局煮之旦定各道焰硝之數從之仍命姑停京畿江原黃海道

40) 문종실록 7권 문종 1년 辛未(1451) 4월 13일 신사
議政府啓南海巨濟兩縣竝在絶域小島防戍最緊請除焰硝煮取土輸納之役使專守禦從之

41) 문종실록 7권 문종 1년 辛未(1451) 4월 19일 정해
議政府據兵曹呈啓各道焰硝煮取軍之數請令監司量減以啓從之

42) 문종실록 8권 문종 1년 辛未(1451) 6월 8일 을해
乙亥視事大司憲鄭昌孫啓〈前略〉今軍器監旣專掌軍器而又於禁內修造軍器不責之有司而命宦官監督恐違文王罔兼之意宦寺之勢亦由此而鴟張也非特此耳又於禁內設正音廳冊房司豹局皆使宦寺任之多役工匠鑄字所專任書字則冊房正音廳可無也軍器監旣掌焰焇則司豹局亦可無也請罷新設竝付有司〈中略〉上曰正音廳則予當罷之禮賓寺供給之事亦改區處但修補軍器國家重事不可廢也〈中略〉以司豹局之事觀之其功課倍於有司所監督遠矣況宦寺雖掌工役安有專權用事之理耶

했던 도회소는 문종 임금 당대에서도 한 번도 정상적으로 운영되지 못하고 있었다. 매번 변칙적으로 처리되고 있던 것만이 곳곳에서 발견된다. 백성을 부려 염초를 굽는 것은 옳지 않다는 건의를 받은 문종 임금이 장인匠人을 부리라고 하자 장인을 부려도 역시 공급은 농민의 몫이니 가을걷이를 기다리자는 식이었다.[43)]

함토 채취의 폐단

당초 도회소를 설치하는 목적 중의 하나에는 취토장取土匠들의 민폐를 금하고자 하는 것도 포함되어 있었다. 하지만 도회소를 설치한 지 1년 반이나 지난 문종 2년 3월이 되도록 각도에 파견된 약장藥匠들이 취토를 하면서 민간을 침학侵虐하는 일은 여전히 근절되지 않고 있었다. 문종 임금은 이를 해결하는 방안으로 약장들을 내려보내지 말고 각 고을마다 염초 생산량만을 할당해 주고 스스로 생산하여 바치도록 하였다. 취토장들의 작폐作弊 역시 도회소 제도를 무시하고 편법을 쓰게 된 사유 중의 하나였음을 알 수가 있다.[44)45)]

당시에 염토鹽土를 취토取土하면서 일어났던 각종 폐해弊害들을 살펴보면 다음과 같다.

1. 도회소까지의 길이 멀어 염초焰硝에 소용되는 흙과 잡물雜物을 운반하는 즈음에는 온 경내境內가 소요騷擾하였고,
2. 염초를 구울 때 필요한 큰 가마(大釜)・큰 구유통(大槽)・나무통(木桶)・바가지(瓢)・체(篩) 등을 백성들로부터 빼앗아 썼으며,

---

43) 문종실록 8권 문종 1년 辛未(1451) 6월 9일 병자
丙子視事兵曹參判黃守身啓今方東作不宜役民以煮焰硝上曰役匠人何如對曰此非一時之事將行永久雖役匠人其供給者率皆農民待秋爲便

44) 문종실록 12권 문종 2년 壬申(1452) 3월 8일 신축
〈前略〉上又曰焰硝軍國重務故令各道定爲都會分遣藥匠使之煮取予聞藥匠等或因取土侵虐民間作弊不訾今諸道人民皆習煮取之事故予欲酌定焰硝斤數令各官納貢何如〈中略〉令各官納貢則庶無此弊〈下略〉

45) 문종실록 13권 문종 2년 壬申(1452) 4월 27일 신묘
〈前略〉諸道焰硝煮取差遣別監及京中取土匠到處作弊民不堪苦除遣人煮取以各官之大小酌定斤兩之數各自煮取上納以爲常貢如何皆曰〈中略〉於三道酌定常貢似爲便益〈下略〉

3. 염초를 굽는 시기가 임박해서야 소목燒木 등을 백성들로부터 바치게 하여 농번기와 겹치는 폐단이 있었고,
4. 공해公廨와 사사寺社 · 원관院館에서 뿐만 아니라 민호民戶에게서도 흙을 채취하면서 집 안팎을 파헤쳐 민원을 샀으며,
5. 힘 있는 자의 집은 흙 채취에서 제외시켜 백성들의 불만이 커져만 갔고,
6. 취토장取土匠에게 미움을 산 백성의 집은 염토鹽土가 아님에도 불구하고 취토를 한다면서 온 집안을 마구 파헤친다거나
7. 또는 염초 자취煮取에 부적당한 흙인데도 이를 파서 억지로 운반을 하게 하여 고의적으로 고생을 시키는 등 보복을 하는 경우도 있었다.

이러한 각종 폐해가 계속되자 당연히 백성들의 불만은 쌓여만 갔고 급기야는 일반 백성들도 부조리를 저지르기 시작했다. 그 하나는 싣고 오던 염토를 모두 버리고 빈 수레로 편안히 도회소 인근까지 온 다음, 아무 흙이나 쓸모없는 잡토雜土를 싣고 와서 속여 바치는 일이 있었고, 또 하나는 취토장에게 포백布帛(베와 비단)이나 혹은 미속米粟(쌀과 벼)을 뇌물로 주면서 염토 운반을 회피하는 것 등이었다.

이처럼 문종 재위 기간에는 염초 생산에 대한 문제점만이 빈번히 논의되었을 뿐 화약제조기술의 변화에 대한 기록은 찾아볼 수가 없다. 문제가 생기면 그 문제를 해결하려는 것이 아니라 단순히 염초 굽는 것을 중지하거나 축소하는 것이 고작이었다. 태종과 세종 때와는 달리 이미 그때부터 화약에 대한 관심이 멀어지고 있었다는 증거라 할 수 있다.

화약기술 발전의 공백기

문종 시절의 화약에 대한 낮은 관심은 문종의 뒤를 이은 단종 때에도 계속 이어진다. 단종 즉위년 강원도와 황해도 두 도道와[46] 개성부開城府의 염초 굽는 일을 중지하였고[47]

46) 단종실록 1권 단종 즉위년 壬申(1452) 6월 13일 갑술
議政府據兵曹呈啓江原黃海二道本人物凋殘加以歲歉又當國恤民間多事請今秋冬等所煮焰硝減半且勿遣監練官

이듬해인 단종 1년에는 강원도와 황해도에서도 흉년을 사유로 염초 굽는 일을 중단하였다.[48][49]

실농失農한 백성들의 구황救荒을 위한 조치이긴 했지만 이후에도 갖가지 명분으로 염초 굽는 일은 수시로 정지되고 있었다. 오늘날에도 국가적인 재난이 발생하면 군병력을 대민對民지원에 부분적으로 동원하기도 하지만 당시에는 흉년이나 재난이 발생하면 제일 먼저 군사물자 조달부터 축소하였던 것으로 보인다.

단종 이후에도 임진왜란 발발 전까지 염초 제조를 감하거나 중단하는 일들은 계속되었다. 대표적인 사례들로는 세조 12년(1466) 7월 충청도 관찰사觀察使 이승소李承召의 건의에 따라, 각 도道에 공문을 보내 염초 자취를 정지시킨 일과[50] 예종 1년(1469) 경상도의 기황饑荒으로 염초 자취를 중단하였던 일,[51] 성종 5년(1474) 충청도 가뭄으로 인한 염초 자취 중지,[52] 성종 10년(1479) 경상도 밀양읍성密陽邑城 축성으로 인한 공역 과다로 염초 자취 중지,[53] 성종 13년(1482) 경상도 염초 자취 중지,[54] 중종 36년(1541) 군기시 화약

命全除焰硝勿遣官

47) 단종실록 2권 단종 즉위년 壬申(1452) 7월 26일 정사
議政府據兵曹呈啓近年以來開城府居民流移凋殘築城及煮焰焇等事一時俱擧則民不能支將爲可慮請停煮焰焇從之

48) 단종실록 7권 단종 1년 癸酉(1453) 8월 28일 임자
議政府據兵曹呈啓江原道年歉救荒之備不可不預請諸邑築城習陣焰硝煮取等事限來秋停罷銃筒箭則依忠淸慶尙道例爲半造作從之

49) 단종실록 7권 단종 1년 癸酉(1453) 9월 14일 정묘
議政府據兵曹呈啓黃海道今年失農救荒最急道內諸浦船軍及京畿右道喬桐所屬船軍諸鎭鎭軍守城軍等請依前例限明年七月本是分二番人則今分三番分三番人則分四番防戍諸邑所造銃筒箭依他道失農邑例爲半造作安岳都會煮取焰硝則停寢從之

50) 세조실록 39권 세조 12년 丙戌(1466) 7월 10일 기묘
忠淸道觀察使李承召據永春縣監曺尙謙呈啓本縣今春等所煮焰硝雜物都會所忠州官督令輸納本縣連年失農專以草食爲資乃用羸瘦牛馬輸納遠途其弊不訾況本縣匠人已曾習煮請於本縣煮之輸于都會所從之命幷移他道且停今年煮取

51) 예종실록 5권 예종 1년 己丑(1469) 4월 5일 무오
兵曹據慶尙道觀察使金謙光啓本啓本道饑荒請停戊子年秋冬等及今年春等焰硝待麥熟後煮取從之

52) 성종실록 45권 성종 5년 甲午(1474) 7월 12일 을축
戶曹據忠淸道觀察使啓本啓本道旱荒請停採金鍊鐵煮焰硝等事放忠州等失農諸邑番上軍士及吏胥使之備荒從之

53) 성종실록 108권 성종 10년 己亥(1479) 9월 21일 갑술
戶曺啓今築密陽邑城本道諸邑貢鐵吹鍊採金焰硝煮取等雜役依前例蠲減何如從之

54) 성종실록 146권 성종 13년 壬寅(1482) 9월 29일 갑자

제조용 염초를 반감하였던 일 등이 있다.[55]

이상과 같이 『조선왕조실록』의 기록을 놓고 볼 때, 세종 이후 임진왜란까지 약 150년간은 우리나라 화약기술 발전의 공백기라고 할 수 있을 정도로 화약에 대한 관심은 뒷전으로 물러나 있었다. 염초 생산을 중단하거나 그 양을 감축할 때 "재고가 충분하니 일시 중단하자"고 한다거나 또는 "일시 중지하더라도 다음에 어찌어찌해서 보충하자"고 하는 것이 아니라 **"염초를 굽는 일 따위의 잡역雜役은 아예 중지하는 것이 좋겠다"**는 식의 극단적인 표현으로 화약의 원료인 염초를 소홀히 하는 경향이 있었던 것이다.

당시의 사정을 감안하지 않고 수백 년이나 지난 지금에 와서 화약의 공백기라고 표현하는 것은 다소 무리일 수도 있다. 왜냐하면 염초를 굽는 것이 백성들에게는 너무 힘든 일이었을 뿐 아니라 당시는 큰 전란도 없었던 점을 감안하면 백성이 곤경에 처했을 때 염초의 제조를 중단하거나 감했던 당시 조정의 판단이 옳았던 것인지도 모르기 때문이다.

그렇지만 곧 닥쳐올 임진왜란을 생각하면 당시의 그런 판단은 너무나 안이했다고 볼 수밖에 없다. 왜구들에게 화약제조법이 흘러 들어갈 것을 우려한 조선 조정이 온갖 보안조치들을 취하고 있었음에도(제4장 참조) 이미 왜구들은 임진왜란 발발 50년 전부터 화약과 화약병기를 만들기 시작하고 있었다.

戶曹啓〈中略〉慶尚道焰硝正鐵吹鍊採金等事雖非失農之邑請限今年停寢從之

55) 중종실록 95권 중종 36년 辛丑(1541) 6월 10일 을축
傳于政院曰軍器寺箭竹焰硝長興庫竹皮方席尙衣院松脂等皆全減矣【戶曹以救荒量減貢物如此】軍器寺箭竹非取於民間亦限壬寅年全減軍器之物減之不可焰硝乃火藥所入方席五十坐闕內所用松脂亦國用而其數不多此等物皆亦半減可也

제 4 장

조선의 화약기술 유출 단속

중국에서 염초焰硝의 제조법을 비밀로 하고 있었던 점은 전술한 바 있다. 최무선이 염초제조법을 알아내는 데 어려움을 겪었던 것도 그 때문이었으며 그가 이루어 낸 업적이 두고두고 높이 평가되고 있는 것도 역시 비밀로 취급하던 기술을 알아냈다는 점 때문일 것이다.

이처럼 중국이 화약의 비법이 새어 나가는 것을 엄히 단속하고 있었지만 결국 최무선에 의해서 기술을 알아내고야만 우리나라 역시 그 비법을 비밀로 취급하기 시작하였다. 물론 화약뿐만 아니라 다른 병기술兵器術들도 보안을 유지해야 할 부분이었으며, 그 비밀을 유지해야 할 대상은 끊임없이 우리나라 변방을 침략하던 왜구倭寇들이 있었고 또한 국경을 접하고 있던 압록강, 두만강 건너의 북방 야인野人들이 있었다. 당시에 조선과 교류를 하던 인접 국가로는 명나라도 있었으나 명나라로부터는 조선이 오히려 기술을 배워 오고자 하던 입장이었으니 문제가 되지 않았고 당연히 왜구와 야인들이 그 대상이 될 수밖에 없었다.

고려 말 최무선에 의해 화통도감이 설치되고 진포해전을 승리로 이끌면서 인정받기 시작한 화약병기의 위력은 특히 조선조에 들어와서 아직 화약병기를 만들지 못하던 왜구들과 야인들을 격퇴하는데 최고의 무기로 그 진가를 발휘하게 된다.

세종 14년(1432) 세종 임금이 "우리나라의 외환外患은 북방北方에 있는데 야인野人이 중국의 경역境域을 침노하지 못하는 것은 중국의 화포火砲와 궁노弓弩를 두려워하기 때문이다. 우리도 병조에서 미리 연대烟臺·신포信砲·소화포小火砲 등을 준비하게 하라"는 명을 내린 사실이 있다.[1] 당시 화포가 외적을 방어하는 데 가장 유효한 무기였음을 알 수가 있다.

그 후 세종 20년(1438)에도 유사한 기록이 있다. 의정부에서 병조의 정문呈文에 의거 변방 방어책에 대한 보고를 할 때 강계에서 의주까지 연변 각 고을에 진을 설치해야 실효를 거둘 수 있을 것이라면서 "적을 제압하는 데에는 화포火砲와 편전片箭만 한 것이 없다"고

1) 세종실록 55권 세종 14년 壬子(1432) 2월 10일 기해
上謂代言等曰<u>我國之患在於北方野人不能侵中國之境者畏火砲弓弩也</u>〈中略〉<u>其令兵曹預備烟臺信砲小火砲等事</u>

하였고,[2] 함길도 도절제사都節制使 김종서金宗瑞에게 전지傳旨하기를 "화포火砲가 적敵에 대응對應하는 데에는 그 이익이 큰 것이다. 왜구나 야인들이 두려워하는 것도 이것에 있는 것이다"고 하였다.[3]

세조 10년 동지중추원사同知中樞院事 양성지梁誠之가 상서上書할 때 "편전片箭은 진실로 우리나라의 장기長技이니, 뜻을 두어 강습講習하지 아니할 수가 없고, 화포火砲의 제도는 본조本朝에 이르러 그 진가眞價를 다하고 있는데 가위可謂 군국軍國의 이기利器라 할 수 있을 것"[4]이라 한 것이나, 중종 4년 "화포火砲는 왜인倭人과 야인野人이 알지 못하는 것으로서 참으로 적을 깨뜨리는 도구이니 군기軍器를 단련하라"고 정원에 전교했던 사실[5] 등도 화포의 유효성을 강조하는 기록들이다.

이처럼 외적을 물리치는데 가장 효과적이었던 화약과 화약병기에 대한 기술을 비밀로 취급하는 것은 당연한 일이다. 이러한 화약기술 유출 방지를 위한 조선의 노력은 임진왜란 발발 전 왜구들이 화약병기술을 습득할 때까지 계속되었는데 그렇다면 조선에서는 어떤 방법으로 화약기술의 유출을 예방하고 있었는지 살펴보기로 한다.

---

2) 세종실록 80권 세종 20년 戊午(1438 무오) 1월 15일 경자
議政府據兵曹呈啓自江界至義州沿邊各官雖不得每邑置鎭間一邑置鎭然後防禦有實〈中略〉制賊之要莫如火砲片箭〈下略〉

3) 세종실록 83권 세종 20년 戊午(1438) 11월 24일 갑진
甲辰傳旨咸吉道都節制使金宗瑞火砲之於應敵其利大矣倭寇野人之所畏者在此

4) 세조실록 34권 세조 10년 甲申(1464 갑신) 8월 1일 임오
同知中樞院事梁誠之上書曰〈中略〉片箭固本國之長技不可不用意講習也〈中略〉火砲之制自新羅而始至高麗而備及本朝而盡善可謂軍國之利器也〈下略〉

5) 중종실록 8권 중종 4년 己巳(1509) 4월 12일 계유
傳于政院曰〈中略〉且火炮倭野人所不知眞破敵之具〈下略〉

01_

야인野人에 대한 병기술兵器術 유출 금지

여기서 야인野人이라 하면 동부 만주滿洲에 살던 퉁구스 계통의 민족으로서 여진족을 일컫는다. 여진족이 우리나라와 관계를 가진 것은 발해渤海가 멸망한 뒤 이들이 그 고토故土에 준거한 고려 초기부터이다. 그중에서도 고려와 관계를 가진 것은 고려의 북서부에 있던 압록강 유역 양안兩岸의 서여진(西蕃)과 동북의 함경도 지방 일대에 걸쳐 거주한 동여진(東蕃)으로 고려가 이들 두 곳의 여진과 직접적으로 교섭한 것은 왕건의 북방 개척에서 비롯되었다.

고려 초기에 여진은 고려를 상국으로 섬겼고, 고려는 이를 회유하여 무역을 허락하는 등 회유정책을 폄으로써 여진과의 관계는 평온 상태를 유지하였으나 숙종肅宗 이후 완안부完顔部 추장 영가盈歌가 여진족을 통합, 북간도北間島 지방을 장악한 뒤 두만강까지 진출하면서 고려군과 충돌을 시작하였다.

고려를 이은 조선 초기의 대여진정책은 회유와 무력의 양면정책을 썼다. 회유정책으로는 귀순을 장려하면서 무력정책으로는 국경지방에 진보鎭堡를 설치하여 방비를 강화하였고, 복속하지 않는 여진족은 그 본거지를 토벌하였다. 하지만 여진족은 수시로 조선의 북변에서 끊임없이 크고 작은 소란을 피워대고 있었다. 따라서 조선으로서는 남쪽의 왜구와 함께 북쪽의 야인野人은 가장 경계해야 할 대상이었고 이들에게 각종 병기술이 전해지는 것을 막아야 하는 것은 당연한 일이었다.

조선 전기에 중요시하던 병기로는 화포뿐만 아니라 편전片箭이라고 하던 궁실弓失도 있는데[4-2,4)] 그중에서 주로 호인胡人에게 전습傳習될까 염려를 하던 것은 편전片箭이었다.

세종 13년 함길도咸吉道 감사가 "경성군鏡城郡과 경원군慶源郡 일대는 야인野人들이 왕래하는 곳으로서 그들이 보는 곳에서 편전片箭 사격연습을 하는 것은 그들이 이를 배워 익힐 것이 우려된다"며 사격훈련을 중지시킨 적이 있었고[6] 세종 20년 평안도 지역에서의 편전연습을 권장할 때도 함길도에서 만은 계속해서 그 연습을 금지시키고 있었다. 당시 함길도는 야인野人들이 뒤섞여 살고 있는 곳이었기 때문이다.[7]

물론 그렇다고 해서 단지 편전사격술 유출만을 금했던 것은 아니고 당연히 화약병기술에 대한 유출도 금하고 있었다. 따라서 임진왜란 말기까지도 호인胡人들은 화약병기술을 배우지 못하고 있었다.

선조 29년 남부주부南部主簿 신충일申忠一의 서계에서 신충일이 호인들에게 조총의 위력을 설명해 주자 좌우에서 듣던 호인들이 서로 돌아보면서 놀라운 기색을 지었다고 한 것이나,[8] 호인들이 우리나라의 화기火器과 포수砲手 50여 명을 얻어 가고자 할 때에 평안병사平安兵使 변응규邊應奎가 "포수와 화기를 저들이 만약 전습傳習하면 우리나라에 해가 있을 뿐만 아니라, 중국에도 또한 만세에 무궁한 화가 있게 될 것인데 아마도 상물賞物을 후히 주면 영리만을 탐내는 무지한 우리나라 사람들이 혹시 몰래 파는 폐단이 있을까 염려되오니 각별히 각 진을 단속하여 잠상潛商의 길을 엄히 단속을 해야 한다"고 건의한 사실에서도 알 수가 있다.[9]

---

6) 세종실록 51권 세종 13년 辛亥(1431) 3월 12일 병자
兵曹據咸吉道監司關啓鏡城郡境連彼土野人來往故前此欲令軍土習射片箭慮彼人傳習而寢請自今本郡及慶源郡人勿習片箭從之

7) 세종실록 80권 세종 20년 戊午(1438) 1월 15일 경자
議政府據兵曹呈啓〈中略〉制賊之要莫如火砲片箭火砲則火藥難繼固未得常時隷習片箭須當肄習可以制敵去年已立平安咸吉兩道邊郡習射論賞之法片箭不在肄習之例咸吉道邊郡與野人雜處竝肄片箭固爲未便平道道則竝令肄習論賞〈下略〉

8) 선조실록 71권 선조 29년 丙申(1596) 1월 30일 정유
〈前略〉南部主簿申忠一書啓〈中略〉馬臣曰倭子等狀貌壯大云然耶臣曰形體甚小能潛行草間放丸必中馬臣曰雖且小能中否臣曰倭銃能中飛鳥故曰鳥銃馬臣出鐵盔以示曰能透得這盔否臣曰鳥銃放丸能穿兩重眞木防牌籠以薄鐵者透過此盔何足道哉馬臣曰豈至於此乎諸胡之立於左右者皆相顧愕然〈下略〉

9) 선조실록 73권 선조 29년 병신(1596) 3월 2일 기사
平安兵使邊應奎馳啓曰〈中略〉馬臣欲得我國銃筒相公前潛隱懇求相公答曰朝鮮軍器非我所能擅給云聞其言不勝驚駭恐有重給賞物則我國人無知貪利之輩或有潛賣之弊故守護軍官等使之嚴密禁防〈中略〉前日余相公謂言曰㺚子地方入歸時大旗幟及砲手五十餘名火器諸具幷爲持歸事懇請臣答曰砲手火器彼人若傳習則非徒有害於小邦天朝亦有萬世無窮之患牢拒不從今者馬臣請求銃筒於相公兇謀所在極爲痛憤矣〈中略〉各別嚴飭各鎭痛禁潛商之路觀察使處行移

02_

왜구倭寇에 대한 화약기술 유출 방지

야인野人들에게는 화약병기술과 함께 편전片箭이 전습傳習될까 염려를 하였던 반면에 왜인들에게는 주로 그들이 화기火器을 배워갈까 더 우려하고 있었다. 끊임없이 계속되던 왜구들의 침략을 감안할 때 그들에게 최신 무기기술이 전해지는 것은 반드시 막아야만 하는 당연한 일이었다. 더구나 최무선이 화약을 만들고자 했던 동기도 왜구들을 격퇴하기 위한 것이었으니 말이다.

또한 일본은 우리나라에서는 산출되지 않던 유황을 가지고 있었고 우리는 그것을 일본에서 수입하는 입장이었으니 왜구들에게 화약기술이 전해진다는 것은 창과 방패를 모두 그들의 손에 쥐어 주는 것이나 다름이 없는 일이었다.

왜구들은 이미 고려 말부터 조선의 화약병기 위력을 익히 알고는 있었지만 공식적으로 조선에 입국한 사신使臣이 조선의 화기火器 시범을 처음으로 참관한 것은 조선 2대 임금인 정종 1년에 이르러서였다.[10] 『정종실록』에 따르면 일본국日本國 사신이 예궐詣闕하니 주식酒食을 하사하고, 날이 저물자 군기감軍器監으로 하여금 불꽃놀이(火戲)를 베풀게 하여 구경을 시켰는데, 이때 왜사倭使들이 말하기를 **"이것은 인력으로 하는 것이 아니고, 천신天神이 시켜서 그런 것이다"**라며 놀라워했다고 한다. 그들에게 조선의 화기는 두려운 존재였음을 알 수 있다.

그 뒤로 태종 임금 시절에도 일본 사신들에게 불꽃놀이(火山臺)나 역질疫疾을 쫓는 방포放砲 행사를 보여 주곤 했는데 이때도 역시 **"화약의 맹렬함을 보고 놀라고 두려워하지**

10) 정종실록 1권 정종 1년 己卯(1399) 6월 1일 경자
日本國使詣闕賜酒食日旣夕令軍器監張火戲以視之倭驚曰此非人力所爲乃天神使之然也

않는 왜사倭使가 없었다"고 한다거나11) "**모두 놀라고 두려워하며 부산하게 달아났다**"12)고 한다. 태종 시절까지도 일본은 불꽃놀이를 보고도 놀랄 정도로 화약기술에 대한 실체를 전혀 파악조차 못하고 있었던 것이다.

왜구들이 화희火戲나 방포放砲를 보고 두려워하거나 신비스러워하는 기록이 계속 이어지고 있는데 중종 때까지도 왜구들은 화약병기를 사용하지 못하고 있었음을 알려주는 기록이 있다. 중종 20년(1525) 사신들을 위해 관화觀火 · 관무재觀武才를 보여 주었을 때의 일이다. 관화觀火를 할 때는 모두가 두려워하는 모습이었고 대포大砲와 장군전將軍箭을 발사할 적에는 객인客人들이 차일遮日 앞으로 다가와서 인사하고 꿇어앉으며 "마땅히 이런 일은 본국에다 말하여 명성이 우리나라에 가득하게 하겠다"라고 하였다.13)

세종의 대왜對倭 화약 금비책禁秘策

화약기술의 왜구들에 대한 보안정책이 언제부터 시작되었는지는 명확하지 않다. 다만 세종 시절부터였을 것으로 추정되는 기록이 있다. 일본과 지리적으로 비교적 가까웠던 강원도 영동지방 연해沿海의 고을에서도 염초焰硝를 구워 만들고 있었는데 "**간사한 백성이나 주인을 배반한 종들이 무릉도茂陵島(울릉도)나 대마도 등지로 도망가서 화약 만드는 비술秘術을 왜인에게 가르치지나 않을까 염려되니**, 이제부터는 연해沿海의 각 수령들로 하여금 화약을 구워 만들지 못하게 하자"는 강원도 감사의 관문關文을 세종 임금이 승인했던 사실이 있다.14)

이를 시작으로 조선 전기 내내 화약제조 비법이 왜구들에게 누출될까 염려하거나

---

11) 태종실록 14권 태종 7년 丁亥(1407) 12월 30일 기유
〈前略〉除夜軍器監設火山臺于闕中火藥之烈倍於前日倭使來觀莫不驚怖〈下略〉

12) 태종실록 26권 태종 13년 癸巳(1413) 12월 29일 갑술
軍器監設火藥于殿庭逐疫年例也乃令兀良哈與倭使觀之及火矢交發皆驚懼奔走或有燒其衣者

13) 중종실록 55권 중종 20년 乙酉(1525) 8월 19일 병오
丙午領議政南袞等來復命仍啓曰昨日日本使臣等觀火觀武才〈中略〉及放火則皆有恐懼之狀〈中略〉當放大炮及將軍箭時客人就遮日見之欲跪曰當以此事言于本國使聲滿我國也〈下略〉

14) 세종실록 34권 세종 8년 丙午(1426) 12월 13일 임신
兵曹據江原道監司關啓道貢焰焇曾於嶺東沿海各官煮取因此每人傳習慮有奸民及背主奴僕逃往茂陵對馬等島將火藥秘術教習倭人自今沿海各官勿令煮取從之

그를 단속했던 기록이 이어진다. 세종 14년(1432)의 일이다. 유사시에 응변應辯을 하려면 널리 염초를 준비하여 날마다 화포술을 연습하여야 하는데 염초를 굽는 일은 그 공이 쉽지 않으며 저장된 것도 많지 않다는 점을 걱정하면서, "**염초를 굽는 곳은 경상도 · 전라도 · 충청도의 세 곳뿐인데, 왜인들은 본래 성질이 간교**奸巧**하고 또 하도**下道**에 와서 사는 자도 많으니, 만약 그들이 그것의 굽는 기술을 본다면 반드시 능히 전습하여 갈 것이므로** 그렇게 되면 화禍를 장차 예측豫測할 수 없을 것이니, 왜인들의 왕래가 뜸한, 즉 그들과 멀리 떨어져 있는 동계東界(함경도) · 서계西界(평안도) 양계에서 염초를 굽게 하여 항상 화포를 익히게 하는 것이 좋겠다"고 한 기록이 있다.15)

그뿐 아니라 "세종조에 이미 사가私家에까지 퍼져 있는 『총통등록銃筒謄錄』을 전부 회수하여 내부內部로 거두어들이고 군기감軍器監 바깥 동쪽 문루門樓에 21건件, 춘추관春秋館에 1건만을 간직하도록 했다"고 『성종실록』은 기록하고 있다.16)

후에 세조 때에 와서는 이마저도 그 보관 책자의 수를 줄임은 물론 **언자**諺字**를 다시 써서** 내외內外의 사고史庫에 각기 3건件씩 수장하고, 홍문관弘文館의 3건은 신臣이 굳게 봉封한다고 일컫게 하고, **한자**漢字**로 쓴 것은 모두 불살라** 없애 버리자고까지 하였다.17) 만일 간첩間諜이 이를 훔쳐서 이로 인해 이익을 삼는다면 동남東南의 해害가 이루 말할 수 없을 것이라는 이유에서였다.

심지어 세종 17년 판군기감사判軍器監事 유한柳漢은 화포 관리에 대한 상소를 하면서 아예 화약비술을 알고 있는 약장藥匠의 숫자를 감축함은 물론 상공常貢제도마저 철폐하자고 하였는데 당시 상소 내용을 요약해 보면 다음과 같다.18)

---

15) 세종실록 55권 세종 14년 壬子(1432) 2월 13일 임인
壬寅受常參視事上謂左右曰煮取焰焇其功不易所儲不多若用於攻城陷陣則焰焇之費甚多若因儲費之少不習火砲則亦無以臨機應變如欲廣備焰焇日習火砲將如之何贊成許稠判書申商啓焰硝煮取之所慶尙全羅忠淸三小而已倭人性本巧而居下道者亦多若見其術必能傳習禍將不測宜於東西兩界亦皆煮取常習爲便〈下略〉

16) 성종실록 97권 성종 9년 戊戌(1478) 10월 13일 신축
工曹判書梁誠之上書曰〈中略〉及我世宗朝《銃筒謄錄》散在私家者盡收入內府其後軍器監外東門樓藏二十一件春秋館藏一件慮亦周矣〈下略〉

17) 세조실록 40권 세조 12년 丙戌(1466) 11월 17일 을유
大司憲梁誠之上書〈中略〉《銃筒謄錄》國家秘密文書也春秋館有一件文武樓有二十一件自弘文館入內一件軍器監有幾件萬一姦細偸之因以爲利則東南之害不可勝言乞以諺字書寫內外史庫各藏三件弘文館三件稱臣堅封其漢字書寫者竝皆燒毁以爲萬世之慮〈中略〉傳曰予知之

본감本監을 설치한 지가 오래 되어 현재 약장藥匠이 24인, 거관去官한 자가 20인, 권지직장權知直長이 20여 인으로 그 숫자가 너무 많아 귀화한 외이外夷나 수호修好를 위해 왕래하는 자들에게 누설될 염려가 있으니 이제부터는 현재 근무하고 있는 약장 중에 한두 사람만을 뽑아 약을 배합하는 기술과 중량을 다는 임무를 직접 하게 하고, 나이 70이 된 뒤에야 역사役事를 면제해 주고, 나머지 약장은 화포 제작에만 참여하게 하여, 함부로 전수하여 배우는 일이 없게 하면, 10년 이내에 늙은 자는 다 은퇴하고 신입자는 몇 안 될 것이니 그 법이 저절로 진귀해짐으로써 비밀이 누설될 근심이 없어질 것이고 또한 지금 세 도道(함경, 평안, 강원)의 군현郡縣에서 실시하고 있는 상공常貢의 법을 없애고 경상도慶尚道·전라도全羅道의 예例에 의하여 약공藥工을 내려 보내 친히 감독하게 하여 외부인은 알지 못하게 한다면 영구적으로 폐단이 없을 것입니다.

같은 기록에서 이미 실시 중인 염초자취법에 대한 구체적인 보안대책도 알 수가 있다.[19] "염초 굽는 법은 비밀히 하지 않을 수 없기 때문에 사사로이 굽는 것을 금지하는 것이 영갑令甲에 나타나 있으며, 이전에 외방外方에서 염초를 구울 때는 조관朝官을 전위傳委하여 보내어 도회소都會所로 모아 들였고, 제조를 감독하는 자도 두어 사람에 불과하였고, 담을 파고 물을 채워 놓아 바깥 사람이 출입하지 못하게 하여 그 법을 알지 못하게 조심하고 비밀히 하였다"고 한다.

세종 27년(1445) 염초제조 전문 관청인 사표국을 설치할 때 굳이 대궐 안의 내사복內司

18) 세종실록 68권 세종 17년 乙卯(1435) 5월 21일 임진
判軍器監事柳漢上言〈中略〉國家爲設本監專掌其事鳩工傳習〈中略〉故在前藥匠能通其術者不多法久弊生藥匠之數視古爲加時執其業者二十四人仕滿去官者二十人權知直長二十餘人皆通其術雜處閭巷交通中外熟於耳聞況外夷之投化來居修好往來者彌滿海徼奸猾之徒因行商賈不無漏洩之慮〈中略〉願自今時仕藥匠分爲兩番擇良者一二人專主其業合藥之術稱量之任皆使親之〈中略〉俟年滿七十然後永免其役又擇能者仍充本數其餘藥匠但參火砲之作毋得濫相傳學則不過十年老者不存新者罕識其法自珍其傳自秘國家專享其利而無交通漏洩之患矣〈中略〉今也三道郡縣定爲常貢各置煮所每當煮時使人吏監督村民趨事更番上下手執其役目覩其事一縣之人能知其術者過半矣作法於謹久必有弊況始而不謹其終何如願自今請除常貢之法令諸道依慶尙全羅道例分遣藥工親監煎煮勿令外人傳習以重兵家之用庶幾永久而無弊矣啓下兵曹

19) 세종실록 68권 세종 17년 乙卯(1435) 5월 21일 임진
判軍器監事柳漢上言〈中略〉焰焇煮法不可不秘故私煮之禁著在令甲前此外方煮取之時委遣朝官聚于都會所監造者不過數人鑿墻入水外人毋得出入不知其法之如何〈下略〉

僕에 사표국을 설치한 것도, 염초를 제조하는 곳이 왜도倭島에 가까우면, 즉 외사外司에서 제조하다가 보면 혹시라도 왜인들에게 비밀이 누설될 것을 염려하였기 때문이었다.[3-20] 조선의 화약기술의 대외對外, 특히 대왜對倭 유출 방지 정책은 이렇듯 강력하게 추진되었다.

그러나 이는 한편으로는 전술한 바와 같이 조선 화약기술에 대한 기록을 단절시키는 원인이 되었으며, 나아가 조선의 화약기술 발전에 큰 장애가 되기도 하였다. 우리나라 속담 중에 **"구더기 무서워 장 못 담글까?"**라는 말이 있다. 이 속담은 다소의 장애가 있더라도 해야 할 일이나 하고 싶은 일은 해야 된다는 뜻이다. 그 옛날 장을 담글 때 구더기가 생기는 것을 완벽하게 예방하는 것은 매우 어려운 일 중의 하나였을 것이다. 하지만 구더기만 걱정하다 보면 평생 장을 담그지 못할 수도 있다. 간혹 구더기가 생기는 한이 있더라도 장은 담가야만 하는 일인데도 말이다. 그런데 우리 선조들은 구더기가 무서워 장을 담그지 않았다. 유출만을 두려워하며 화약제조기술에 대한 기록을 남기지 않았고 기술개발은 물론, 기술자들에 대한 대우마저도 소홀히 하여 화약기술 발전을 지체시키는 결과를 초래하고야 말았다.

성종의 대왜對倭 화약 유출 방지 강화

대마도 정벌과 계해조약癸亥條約[20] 등으로 비교적 안정적이던 왜구들과의 관계가 다시 악화된 것은 성종 임금 때에 들어 왜구들의 침략이 심해지면서라고 할 수 있다. 왜구들의 침략이 잦아지면서 조선의 대왜對倭 화약기술 유출 방지책도 강화될 수밖에 없었다. 따라서 이때부터 임진왜란 전까지 『조선왕조실록』에서는 화약기술의 유출 방지에 고심했던 기록들이 연이어 발견되고 있다. 당시 일본으로 가던 통신사通信使 일행 중에는 격군格軍의 일원으로 화통장火桶匠이 포함되어 있었고 또 그 격군들이 소지하는 군기 중에는 각종 화약병기들도 포함되어 있었다.[21]

---

20) 계해조약(癸亥條約) : 1419년 쓰시마 섬을 근거지로 하여 말썽을 부리던 왜인들을 정벌한 후, 한동안 조선 · 일본 사이의 왕래가 중단되었으나 쓰시마 도주의 간청으로 다시 삼포(三浦)를 개항하여 무역과 근해에서의 어획을 허락하면서 체결한 조약을 말한다.

21) 성종실록 75권 성종 8년 丁酉(1477) 1월 8일 정미
禮曹啓日本國通信使事目〈中略〉一船匠二名爐冶匠二名<u>火桶匠二名</u>吹螺赤二名竝以才能人充格軍率行一<u>格軍軍</u>

화통군火桶匠이나 화약병기들이 통신사 일행의 사목事目에 포함된 것은 변고를 당했을 때 대응하기 위한 조치로 통신사 일행을 경호하기 위한 목적이라 할 수 있다. 하지만 이들이 일본에 갔을 때 화약제조법을 누설하게 될 가능성도 배제할 수는 없었다. 따라서 이를 예방하기 위해 조선에서는 기존에 화약을 잘 아는 경중京中의 약장藥匠을 뽑아 화통군으로 보내던 것을 화약기술이 다소 떨어지는 외방外方의 약장을 보내는 것으로 변경시켰다.22) 또한 왜구들과 불필요한 말을 하는 것을 삼가고 특히 궁시弓矢나 화포火砲를 만드는 방법에 대해서는 더욱 엄하게 입조심을 시켰으며, 가지고 가는 화포들은 변고에 대응할 때 외에는 깊이 숨겨 두고 드러내지 말라는 엄명도 잊지 않았다.23)

당시 일본과의 무역은 공무역公貿易 위주였으나 암암리에 사무역私貿易도 이루어지곤 했는데 이 역시 화약의 유출이 우려되는 부분이었다. 조선에는 사신 일행이 북경을 왕래할 때 금물禁物에 대한 법령을 엄중히 하여 금물을 잠매潛賣하지 못하도록 하고 있었다. 하지만 엄한 금령禁令에도 불구하고 잠매가 근절되지 않듯이 왜인들에게도 화약 밀매密賣를 하는 자가 생길 것을 걱정하며 그러한 자들에게는 중한 벌을 내리도록 하였다.24)

이처럼 화약기술이 왜구들에게 새어 나가는 것을 우려하는 중에 또 하나 문제가 된 것이 있었으니 세종조에 『총통등록銃筒謄錄』을 회수했던 조치와4-16) 동일한 내용이다. 전국에 배포되어 있는 화포법을 기록한 책들이 왜구들에게 흘러 들어갈 것을 걱정한 것이다.

성종 9년의 일이다. 공조판서 양성지梁誠之는 이러한 점을 우려하여 그 예방책을

器衣甲環刀角弓木弓及旗纛錚鼓大小角預備火藥火桶流火蒺f藜炮直上火大中小釘朴鐵巨末釘正鐵船楸休紙令其道題給〈下略〉 〈註〉〔格軍〕: 사공의 일을 돕던 사람

22) 성종실록 101권 성종 10년 己亥(1479) 2월 26일 계축
〈前略〉今日本通信使之行令帶行京中藥匠能合火藥者臣謂焰硝火藥兵家所重藥匠至倭國萬一漏洩則甚非細故請勿送京匠抄外方人以送上顧問左右領事金國光對曰使倭人得知用藥則非細事以銃筒軍中不知火藥者送之可也〈中略〉右承旨李瓊仝啓曰請擇慶尙道銃筒軍二人送之上曰可

23) 성종실록 102권 성종 10년 기해(1479) 3월 25일 신사
辛巳禮曹啓日本國通信使齎去事目〈中略〉與彼人輕易說話一皆禁止且如弓矢火砲造式一應當諱之言尤加嚴禁〈中略〉如火砲當諱之物應變時外深莊勿露〈下略〉

24) 성종실록 175권 성종 16년 乙巳(1485) 2월 26일 무인
命召隨駕宰相更議倭物私貿易便否〈中略〉如三浦則倭奴所賣者金銀銅鐵皮物朱紅石硫黃皆我國功用之物而我國禁物亦不過火藥金銀數物而已〈中略〉赴京之行禁物之令雖嚴然或以銀或以他禁物挾歸潛賣者有之但無現發者故未之罪耳今於倭人如以火藥銀換金此實禁物當置重典〈下略〉

상소하였다. 관청과 사가私家에 있는 『오례의五禮儀』를 모두 거두어 들여 「병기도설兵器圖說」 부분을 모두 삭제하고 다시 반포하되 총통銃筒의 제도는 1건만 남겨서 어소御所에 간직하고 그 나머지는 세 사고史庫, 동문루東門樓, 실록각實錄閣에 모두 언자諺字로 써서 각각 한 건씩 간직하며 '신견봉臣堅封'이라고 써서 전교를 받아 열람할 수 있도록 하고 군기시軍器寺에 있는 한 건 역시 언자로 써서 제조提調가 친히 봉封하고, 전에 한자漢字로 쓴 것은 죄다 불태워서 없애 버리자고 하는 것이 상소의 주 내용이다.[25)]

『오례의』에는 화포火砲를 만드는 법의 척尺·촌寸·푼分·리釐까지도 상세히 기록하고 있었기 때문에 만약 간사한 자가 기화奇貨로 삼아서 왜적倭賊에게 팔면 그것이 동남쪽 지방의 화禍가 됨을 어찌 이루 다 말할 수 있겠느냐는 것이 그 이유였다. 양성지梁誠之는 이미 세조 임금 시절에도 『총통등록』을 언자로 다시 써서 엄히 보관할 것을 주장했던 사람이다.[4-17)]

양성지의 이러한 의견에는 반대의견도 있었다. 동지사同知事 이승소李承召는 "오례五禮란 길례吉禮·흉례凶禮·군례軍禮·빈례賓禮·가례嘉禮를 말하는데 만약 군례를 삭제한다면 오례가 갖추어지지 않을 것"이라며 반대를 하였다. 이 말을 들은 성종 임금이 "군례를 모두 삭제하는 것이 아니라 그중에서 단지 총통銃筒을 만드는 법만 삭제할 뿐"이라고 하였지만 이승소는 다시 "총통을 만드는 법에 화약을 만드는 법은 실려 있지 않으니 왜인이 비록 본다 하더라도 화포火砲를 쏘는 법은 알지 못할 것이니 해로움이 없을 것"이라며 군례의 일부만을 삭제하는 것도 온당치 않다고 주장을 굽히지 않았다.[26)]

실제로 『총통등록』의 숫자를 감한다거나 『오례의』의 「병기도설」 부분을 삭제하는 조치는 취하지 않았던 것으로 보인다. 이는 4년 후인 성종 13년 양성지가 다시 『총통등록』

---

25) 성종실록 97권 성종 9년 戊戌(1478) 10월 13일 신축
〈前略〉然近日伏見《五禮儀》火砲造作之式尺寸分釐悉書無隱印頒中外遍于一國萬一奸細以爲奇貨賣與賊倭則其爲東南之禍可勝言哉乞命禮曹內外官私所有五禮儀并令收取所謂《兵器圖說》盡削而復頒之又其銃筒制度只留一件藏于御所其餘外三史庫東文樓實錄閣皆以諺字書寫各藏一件稱臣堅封承傳開閉軍器寺一件亦書諺字提調親封其前日漢字書寫者悉令焚毁以爲萬世之計幸甚

26) 성종실록 97권 성종 9년 戊戌(1478) 10월 15일 계묘
癸卯御經筵講訖同知事李承召啓曰吉凶軍賓嘉是謂五禮令若削去軍禮則五禮不備矣上曰非盡削去軍禮但軍禮中削銃筒造作式而已倭人本不解用石硫黃之法若此法傳於倭國則非細事也承召曰銃筒造作式不載用藥法倭人雖見之不曉放火法固無害也領〈下略〉

의 숫자를 줄이자는 상소를 되풀이하고 있는 점과[27] 현재 전해지고 있는 『국조오례서례國朝五禮序例』에 화기의 조작식造作式, 즉 「병기도설」이 수록되어 있는 것으로 보아 짐작해 볼 수 있다.

왜사倭使들의 방화放火 참관 금지

앞에서 살펴본 것과 같이 조선의 화약제조기술이 후대에 전해지지 않는 주요 요인이 될 정도로 우리의 선조들은 화약비법을 기록으로 남기는 일을 금기시하였다. 따라서 왜구들에게 화약기술이 전해지는 것은 막을 수가 있었지만 오늘날에 와서 선조들의 화약기술을 살펴보는 데는 많은 제약制約이 되고 있다. 1603년 광해군 시절 함경도 도순찰사都巡察使 한효순韓孝純이 저술한 『신기비결神器秘訣』에서 처음으로 '화약합제식火藥合製式'을 기록함으로써 겨우 조선 전기의 것으로 보이는 화약조성을 확인할 수 있는 정도이다.(6-8절 참조)

이처럼 화약기술에 대해 조선이 철저한 보안정책을 펼침으로써 왜구들은 조선 중종 임금 때까지도 화약병기를 갖추지 못하고 있었다. 중종 5년(1510) 삼포왜란이 일어나고[28] 조선이 왜구들과의 교역을 끊은 후는 왜구들에의 화약기술 이전을 더욱 경계하였을 것이다. 이 난으로 조선과의 통교가 중단된 후 경제적 어려움을 겪게 된 일본은 대마도주를 통해 조선과의 외교 재개를 요청하였는데, 중종 7년(1512) 5월과 윤5월 두 차례에 걸쳐 일본 국왕의 명을 받은 대마도주가 삼포왜란 때 난을 일으킨 주모자를 처형하여 바치고, 포로로 끌고 갔던 조선인을 송환하면서 화친을 청함에 따라 새로 임신약조壬申約條가 체결되고 외교관계가 재개되었다.

그 후로도 조선의 화약 금비책禁秘策은 계속되었는데 중종 17년(1522) 조선에서는

27) 성종실록 138권 성종 13년 壬寅(1482) 2월 13일 임자
南原君梁誠之上疏曰〈中略〉臣竊觀《銃筒》兵家秘書也世祖朝崔山海及臣妻父邊尙觀各受一件專掌火炮之事去丙辰年盡令入內慮至周也今春秋館有一件文武樓有二十一件萬一奸人偸竊以爲利則生民之害可勝言哉臣願今後御覽一件外俱以諺文書寫內外史庫各藏一件稱臣堅封軍器寺置一件提調堅封其餘漢字書寫者竝皆焚之以爲萬世之慮〈下略〉

28) 삼포왜란 : 내이포(乃而浦, 熊川), 부산포(富山浦, 東萊), 염포(鹽浦, 蔚山)의 3포에 거주하던 왜인들이 일으킨 난. 이때가 경오년(庚午年)이므로 경오의 난이라고도 한다. 이 삼포왜란 발발을 계기로 조선에서는 3포를 폐쇄하고 왜인과의 교역을 끊었다.

그동안 관례대로 일본 사신에게 보여 주던 관화觀火와 관무재觀武才까지 경계하기 시작하였다. 당시 조선에서 왜인들에게 방화放火를 보여 주던 이유는, 화포의 웅장한 위력을 왜인들이 보고 "조선의 화포가 저러하니 우리는 도저히 대적할 수 없겠다"고 여기게 하려는 것이었다. 그러나 그들의 왕래가 잦아지면서 그 기술을 배워 갈 우려가 있다고 판단한 조선이 이를 중지할 것을 검토하기 시작한 것이다. 다만 그동안 관례도 있고 또 왜구들이 보기를 간청하기도 했으며 화포火砲뿐 아니라 화희火戲(불꽃놀이)를 보여줌으로써 그들을 즐겁게 위로하는 뜻도 있었기 때문에 이를 완전히 중단할 수는 없었다.

방화放火를 보여 주는 것을 신중히 했던 사례가 처음 발견되는 것은 중종 17년의 일이다. 일본국 사신 동당東堂이 왔을 때 그들을 위한 연향宴饗을 준비하면서 "동당東堂 등이 연향宴饗 때에 그들의 요구사항을 말할 것으로 보이는데 관화觀火·관사觀射 등을 요청할 것으로 보인다"며[29] "관화觀火·관무재觀武才하는 일은 이미 전례가 있으니 그들이 만일 다시 청한다면 소원대로 보여 주자"고 했던 것을 보아 요구가 없으면 보여 주지 않을 계획이었음을 알 수 있다.[30]

그 후 중종 37년(1542)부터는 방화放火를 보여 줄 것인가 말 것인가를 놓고 본격적인 토론이 시작되었다. 보여 주자는 의견과 보여 줘서는 안 된다는 의견이 팽팽히 대립하였다. 예조에서 "전에 왜사倭使 붕중弸中이 왔을 때 방화하는 것을 보고 돌아가서 '화포火砲의 웅장함이 저렇게 두려운데 대마도對馬島가 어떻게 저들의 국경을 침범할 수 있겠는가?'라고 했다면서 이번에는 보통의 화포만 쏘아 보일 것이 아니라 여러 가지 기이한 화포를 쏘아 보여 두려운 마음을 품게 함으로써 감히 우리나라를 업신여기는 마음을 품지 못하게 하자"고 건의를 하였고, 중종 임금도 "방화할 때에는 평상시 군사 훈련할 적에 쏘는 화포만 보일 것이 아니라 신기전神機箭같은 화전火箭도 보여 주라"고 전교를 하였다.[31]

---

29) 중종실록 44권 중종 17년 壬午(1522) 3월 24일 신미
辛未禮曹判書洪淑參判韓效元等啓曰日本國使臣宴饗明日當行東堂等必於宴饗言其求請之事其求請不過觀火觀射觀金剛山及二三戶許居三浦與夫對馬島通好等數事耳〈下略〉

30) 중종실록 44권 중종 17년 壬午(1522) 3월 24일 신미
〈前略〉觀火觀武才事已有前例彼若更請從願亦當〈下略〉

31) 중종실록 99권 중종 37년 壬寅(1542) 8월 6일 계미
禮曹啓曰〈中略〉前者弸中【日本使臣】來時觀火而歸言於其國曰火炮之壯如彼可畏對馬島何以侵犯彼境哉云今若只以尋常之火示之則不可也請多示奇異之火使其畏懾而不敢有陵侮我國之心何如傳曰放火不特示以常時戰場之

하지만 예조와는 달리 병조에서 "방화放火는 중국에서도 외국에 가르쳐 주려고 하지 않았기 때문에 우리나라에서도 몰래 배웠던 군사기밀로서 마땅히 비밀에 부쳐야 되는 것인데 만일 화포 발사하는 절차를 상세히 본다면 못 배워 갈 리 없으니, 밤에 놀이로 하는 화포나 조금 발사하여 객사에게 보이는 것이 무방할 것 같다"는 의견을 제시하였다. 과거에도 왜인들은 계모가 교사巧詐하여 은銀 불리는 것〔銀製鍊〕을 보고 바로 그 기술을 배워 갔고, 근래 또 활과 화살 만드는 기술도 배워 갔는데 역시 곧바로 능숙해졌다는 전례까지 들어가며 반대를 한 것이다.

그러자 이번에는 중종 임금도 "예전에는 객사가 화포의 발사만 보면 그뿐이었으나 지금은 그들이 교사해져서 배워 갈 폐단이 없지 않으며, 더구나 왜인들이 우리나라를 늘 왕래하여 자기들 집처럼 여기고 있으니 만약 배워 가려고 한다면 몰래 하인下人들과 사귀어 뇌물을 주고라도 배워 갈 것이다. 그러나 이미 보여 달라고 하였으니 전혀 보여 주지 않을 수는 없고 놀이로 발사하는 화포나 보여 주고 무재武才도 객사가 청하지 않으면 보여 주지 말라"고 하여 병조의 의견에 일부 동의를 하였다.32)

하지만 예조에서는 또다시 무재武才과 방화放火 등을 전례대로 거행하여 방화를 보여 주어야만 한다고 거듭 주장을 하고 나섰다. 그 이유로는 첫째 이번에 온 왜인 가운데는 전에도 우리나라에 왔던 자가 있는데 보여 주지 않는다면 자신들의 접대를 전처럼 하지 않는다고 서운해 할 것이며, 둘째 그들이 배워 갈 것을 염려하는데 배워 가려면 전에 왔던 객사도 충분히 배워 갈 수 있었을 것이나 배워 가지 못했으니 지금도 틀림없이 쉽게 터득할 수 없을 것이고, 셋째 전에 왔던 자들이 석탄자石彈子와 장군전將軍箭 등의 화포를 보고는 탄복을 금치 못하였는데 지금도 보여 준다면 돌아가 자기 나라와 대마도에 말하게 될 것이고 그렇게 되면 반드시 탄복할 것이기 때문이라는 것이다.

火如神機箭等火亦可示之〈下略〉

32) 중종실록 99권 중종 37년 壬寅(1542) 8월 13일 경인
兵曹啓曰客使請見放火故已命示之但放火乃軍機關重之事雖在中朝猶不欲外國傳習故我國人潛習於中朝軍機之重所當秘密倭人計謀巧詐見鍊銀之事便學其術近又聞習造弓矢亦便能之若詳見放火節次則不無傳習之理當夜小放戲玩之火使客使見之似爲無妨〈中略〉傳曰軍機關重之事果不可示之自古示以戰場之火者以其火壯健欲令倭人以爲朝鮮火砲如彼我雖擧國入歸蔑以敵之云爾但古則客使只觀火砲而已今則其人狡詐不無傳習之弊況倭人常常來往視我國如其家若欲傳習則潛交下人厚賂寶物而傳習矣然旣而請見不可專不示之戲翫之火示之可也〈中略〉武才則非客使請見如啓勿示之

예조와 병조의 의견이 엇갈려 서로 주장을 굽히지 않자 중종 임금은 "객사를 후히 접대하고 화포의 웅장함을 과시하자는 예조의 의견도 일리가 있고, 군사기밀 누출을 막기 위해 화포를 보여 주지 말자는 것 또한 병조의 직임職任이고 당연히 우려해야 될 일로서 두 가지 모두가 중대한 것이니 양조兩曹에서 아뢴 내용을 가지고 대신들과 의논을 하라"고 하였다.33)

팽팽한 의견 대립 속에 결국 "양조兩曹의 의견이 모두 사리에 맞는 말로서 화약을 만들고 장전하는 것은 보지 않으면 배워 갈 수 없는 것이니, 화포를 쏘되 밤에 행사를 하여 왜인들에게는 단지 방화만 보여 주도록 하자"라는 영의정의 절충안이 채택되었다.34)

이처럼 방화放火를 보여 주는 것조차 경계를 하고 신중을 기하게 되면서 심지어는 지방에 파견한 화포장火砲匠의 귀환이 늦어지는 것조차도 걱정의 대상이 되었다. 만일 뜻밖의 일이 발생하여 이들이 포로로 잡혀 가는 변이 생긴다면 이는 보통 문제가 아니기 때문이다. 전에는 파진군破陣軍은 외방外方에 내보내지 않고 날마다 본시本寺에 출근토록 하여 약선藥線 등의 물건은 본시에서 만들어 내려 보냈는데 제주濟州에서 가르쳐 주기를 계청啓請하여 장인匠人을 내려 보냈더니 해가 바뀌도록 돌아오지 않던 일이 있었다. 성종 임금은 이를 두고 "과연 잘못된 일이니 화포장火砲匠을 속히 올려 보내라"는 유지有旨과 함께 아울러 해당 관리를 추고推考하라는 전교를 내리기도 하였다.35)

---

33) 중종실록 99권 중종 37년 壬寅(1542) 8월 18일 을미
禮曹啓曰來二十五日日本國王使臣觀火及觀武才事兵曹慮或客人傳習其術不令見之云故命勿示之今此倭人亦有前日曾來我國者今若不許見之則遠人以爲待我不如前日不無缺望矣果以傳習爲慮則前來客使亦足傳習果不能傳習則今雖見之恐未必易效也況前日之來者見石彈子及將軍箭等火不勝嘆服今若見之而歸語其國及對馬島則必將嘆服武才及放火等事一依前例爲之何如傳曰禮曹啓意以爲客人多有前來者前後若異則於事何如又慮遠人缺望之心此則宜矣我國於今來客使凡例爲之事且多違遏不順從之今此觀火不以古例示之則於事亦以爲何如且前則以壯建之火示之而客使歸還其國具語其狀此乃兵威重事禮曹所啓當矣兵曹啓意則近來倭人狡詐凡事易爲效習戰場之火欲勿示之是亦兵曹職任所當慮也此二事乃關係之事兩曹所啓備悉書之令議于大臣

34) 중종실록 99권 중종 37년 壬寅(1542) 8월 18일 을미
尹殷輔議兩曹啓意皆爲近理但乘暗放火則倭人等只觀火而已如劑藥藏藥等項凡干制度非所預聞雖欲效習恐無計及也近見武士常時鍊習騎射發必中之除他武才只示騎射似爲無妨〈中略〉傳曰從領相議

35) 중종실록 99권 중종 37년 壬寅(1542) 8월 13일 경인
兵曹啓曰〈中略〉在前以放火爲重故破陣軍不許在外於其本寺日日親着必有所以近者邊方啓請傳習便許下送已爲未當前年濟州亦啓請傳習下送匠人迄未還來此甚未便脫有不虞之事而使此人等有被擄之患則所關非輕請下有旨速還何如在前藥線等物自當造作下送而已勿令匠人使之傳習於外方亦豈無意〈中略〉傳曰〈中略〉火炮匠藥線自京下送例也前年濟州啓請火炮匠下送而經年不來果爲非矣官吏竝推考斯速上來事有旨可也〈下略〉

03_

일본의 화약기술 습득

조선이 왜인들에게 화약기술의 유출을 금지하고자 해도 이는 한계가 있는 일이다. 중국이 화약기술의 유출을 엄히 단속했음에도 최무선에 의해 그 기술이 고려로 들어왔던 것처럼 조선이 단속한다고 해서 왜인들이 그 기술을 영원히 습득하지 못할 수는 없는 노릇이기 때문이다.

조선에서 이렇듯 화약기술의 유출을 금지하고 있던 반면 왜구들은 반대로 화약기술을 입수하기 위해 갖은 노력을 기울이고 있었다. 조선이 중국의 화약기술을 전습하려고 노력했던 것과 같다고 할 수 있다. 다만 조선은 유일하게 중국 외에는 그 기술을 배워올 곳이 없었지만 왜구들은 중국과 조선, 두 나라를 상대로 하였으니 좀 더 쉬웠을지도 모른다.

조선이 본격적으로 화약비법에 대한 대왜對倭 유출 방지를 하기 시작했던 세종 임금 시절, 왜구들은 이미 조선이 아닌 중국으로부터 화포를 입수하고 있었다. 당시 조선에서는 화통완구火熥碗口를 만들 때 동철銅鐵을 사용하고 있었는데, 세종 즉위년(1418) 경차관敬差官 이예李藝가 대마도에 다녀올 때 무쇠로 부어 만든 중국제 화통완구를 얻어 가지고 와서 우리나라에서도 무쇠로 만들 것을 건의한 사실이 있다. 이는 벌써 이때부터 왜구들도 중국제 화약병기를 입수하고 있던 사실을 확인하게 해주는 기록이다.[36]

세종 27년(1445) 궐내에 염초제조소인 사표국司豹局을 설치할 때의 기록에서도

---

36) 세종실록 1권 세종 즉위년 戊戌(1418) 8월 14일 신묘
對馬島敬差官李藝啓火熥碗口唯以銅鐵鑄造而銅鐵我國所不産因此火熥碗口未易鑄造臣至對馬島於賊倭處得中國所鑄水鐵火熥碗口以來請以水鐵鑄火熥碗口分置諸州鎭命軍器監試之

왜인들이 화약제조법을 알아내려고 여러 가지 시도를 하고 있었음이 확인된다.[37] 첫째는 **조선인을 납치하여 염초법을 알아내려는 것**이었다. 왜적에게 잡혀 가서 참혹한 고문을 당하고 돌아온 사람이 말하기를 "만약 염초법을 알고 있었다면 말하지 않을 수가 없었을 것"이라 한 사실에서 알 수가 있다. 또 하나는 이예李藝가 사신으로 일본에 갔을 적에 왜인들이 화포를 가지고 맞이하였는데 **그들은 사로잡은 중국인(唐人)으로부터 화포법을 알아내었다**고 하였다. 그들이 사용한 화포는 납치한 중국인이 가지고 있던 화포를 탈취하였던 것으로 추정되는데 이예 일행을 화포를 가지고 맞이한 것은 조선이 외국사신에게 보여 주던 방화放火를 흉내 내려던 것으로 볼 수 있다. 하지만 그 화포는 화기火氣가 맹렬하지도 못했고 오히려 이예李藝에게 염초를 달라고 청했던 것을 보면 화약의 품질수준은 그다지 좋지 않았던 것으로 보인다. 화포는 탈취라도 하여 가질 수가 있었으나 화약제조법은 아직 모르고 있었던 것이다. 이처럼 왜구들이 화약제조법을 알아내기 위해 갖은 수단을 쓰고 있던 시기였으므로 조선으로서는 그 비밀을 지키기 위해 더욱 고심할 수밖에 없었다.

사신 일행이 해적들에게 강탈을 당하기도 했는데[38] 보통 사신 일행에는 화포장火砲匠이 포함되어 있었고 또 소지한 무기 중에는 화약병기도 있었으므로[4-21] 해적들에게 강탈당할 때 화약과 화약병기도 탈취당했을 가능성도 있다.

훗날 『성종실록』에서는 세종조世宗祖에 왜인이 와서 화약 한 말 남짓을 바치며 달이고 볶는다고 말하므로, 세종이 왜인들도 화약사용법(燒藥法)을 아는가 의심하여 사사로이 어디에 쓰는지를 물었더니 "**일찍이 중국中國에서 얻었는데** 속이 갑자기 아픈 것을 고칠 수 있다"고 대답했던 사실도 기록하고 있다.[39]

이처럼 왜구들도 화약기술을 습득하려는 시도를 하고는 있었으나 그때까지는 아직

---

37) 세종실록 108권 세종 27년 乙丑(1445) 5월 9일 임오
命護軍張孟昌欲煮焰焇令承政院議其節目政院啓今以旱省費復擧此事恐未可也請待來秋上曰昔有一人被虜於倭問煮焰硝之術極慘酷其人得還曰若知方術不堪其苦〈中略〉煮焰硝之處近於倭島恐洩其術宜當愼密今倭人欲學其術久矣嘗虜唐人始解火砲之術曩李藝之往日本以火砲迎之然火氣不猛請焰硝于藝答以無〈下略〉

38) 세종실록 62권 세종 15년 癸丑(1433) 10월 6일 을묘
回禮使李藝回自日本啓曰逢海賊後具錄被奪之物令通事金元還白國王國王大怒令諸島代官搜探輸送且令大內殿專掌糾察大內殿適領兵出戰差遣二人來止赤間關然辭以島賊逃散不得推獲只將進上方物及船軍雜物以送

39) 성종실록 101권 성종 10년 己亥(1479) 2월 26일 계축
〈前略〉希孟曰世宗朝有倭來獻火藥一斗餘稱爲煉炒世宗疑倭人得燒藥法令譯者私問用處答云嘗於中國得之能治心腹卒痛被〈下略〉

완전한 화약기술을 습득하지는 못했고, 중국인들로부터 화포나 화약을 소량씩 입수하는 정도로서 조선으로는 크게 우려되는 바는 아니었다. 하지만 불꽃놀이 광경을 보는 것만으로도 겁을 먹고 달아나던 그들이 중종 시절에 들어서는 방포放砲를 보고도 두려워하지 않을 정도로 이미 그들도 화약병기의 방포에 익숙해지기 시작하였다.

중종 39년(1544) 남쪽 지방에서 빈발하고 있던 왜변倭變에 대해 대신들과 의논하는 자리에서 지사知事 이기李芑가 아뢰기를 "그전에 일본국왕日本國王의 사신 붕중硼中이 나왔을 적에 신이 군기시軍器寺 첨정僉正으로 있으면서 보니, 활 쏘는 것을 보고선 기뻐했고 방포放砲하는 것을 보고서는 두렵게 여겼었는데, 지금은 방포하는 것을 보고도 두려워하지 않고 활 쏘는 것을 보고서는 '우리나라에도 이와 같은 것이 있지만 정밀하지만 못할 뿐이다'고 했습니다. 활쏘기를 배워 간 일을 놓고 보면 조짐이 염려스럽습니다. 대체로 옛 제도를 글로만 읽는 것은 눈으로 보고 익히는 것만 못하기에, 신이 앞서 병조판서로 있을 적에 방포와 같은 군사기밀의 은밀한 일은 보여 주지 말기를 바랐던 것도 이 때문이었습니다. 전에는 노략질을 하지 않았던 것은 그들의 병력兵力이 우리보다 약했기 때문입니다"라고 한 사실에서 이미 그들도 방포에 익숙해졌음을 알 수가 있다.40)

당시 남해안 일대에서 왜구들의 노략질이 기승을 부리던 것도 이미 그들이 조선의 활 쏘는 기술을 완전히 습득하고 방포를 보고도 두려워하지 않을 정도의 실력을 갖추었기 때문이었을 것이다. 따라서 이때쯤에는 왜구들도 화약과 화포기술을 터득하고 있었다고 볼 수 있는데 1년 뒤 인조 1년(1545) 왜구들이 우리나라에 와서 화포를 진헌進獻하겠다고 하는 것으로 왜구들의 화약병기에 대한 기술 습득은 현실로 나타나게 된다.41) 이때는 이미 서양의 조총鳥銃기술이 왜구들에게 전해졌을 때였다. 왜구들은 1543년 규슈九州의 가고시마현鹿兒島縣에 있는 다네가시마種子島에 표류한 포르투칼 사람으로부터 철포鐵砲(火繩銃, 鳥銃) 2정을 입수하고 화약제조법까지 습득하고 있던 때였다.

---

40) 중종실록 102권 중종 39년 甲辰(1544) 4월 18일 병술
〈前略〉知事李芑曰昔者國王使臣硼中之出來時臣爲軍器僉正見之視射弓則喜焉觀放砲則懼焉今則見放砲而不懼見射弓則曰我國亦有如此之事但不精耳云以學射之事見之其漸可慮大抵觀古制於文字之間不若目見之易習故臣前爲兵曹判書時以爲放砲軍機隱事願勿許見者以此也古之所以不爲寇盜者以其兵力弱於我也

41) 인종실록 1권 인종 1년 乙巳(1545) 3월 22일 갑신
左參贊權橃啓曰全羅道水使梁允義之罪固所當治但臣聞之倭人欲進獻火炮言亦不順不無恐動我國之意當此時防備實難待得措置後治罪似當臣之所啓非臣之任欲議諸大臣而弟以事急故來啓耳

왜구들은 또한 명나라의 해적海賊들과도 손을 잡고 그들로부터 화기 제작기술을 전수받고 있었다. 왜노倭奴들이 중국 해적海賊들에게 병기兵器를 얻어 가고 또 화포火砲를 배우고 있던 사실은 『명종실록』에서 잘 나타난다. 중국에 사신을 파견하면서 전에 체포해 놓은 중국인 수적水賊(海賊)들을 북경으로 압송押送하였는데, 그 수적들이 왜노와 내통하여 이미 병기를 전해 주고 또 화포를 가르쳐 주어 중국과 조선 두 나라 모두에게 큰 불이익이 되고 있다고 하였다.[42]

그로부터 10여년 뒤 왜구들은 화약병기를 가지고[43] 조선을 침공할 정도로 화약기술의 비약적인 발전을 이룩하게 된다. 명종 10년(1555)에 발발한 을묘왜변乙卯倭變[44][45]을 기점으로 해서 이제까지 왜구에 대해 조선이 누려 왔던 화약병기기술의 절대적인 우위가 깨지기 시작한 것이다.

을묘왜변 당시 전라남도 달량포達梁浦을 침공한 왜구들을 놓고 "전에는 왜선倭船은 얇은 판자로 만들었기 때문에 부수기가 매우 쉬웠는데 지금은 **중국인들과 교통하여** 배를 아주 견고하게 만들었으므로 총통으로도 부술 수가 없습니다. 또한 **왜놈들이 사용하는 총통이 극히 교묘**하므로 지금은 왜놈들을 막기가 전보다 어렵습니다"라고[4-43] 했던 것과 "그들이 보내온 서계에 '서울의 관가官家에까지 가겠다'는 등의 말이 있는데 이는 모두 중국에서 사용하는 말이니, 이번에 침범해 온 자들 중에는 중국 사람이 있거나 그렇지 않으면 이번 왜인은 필시 중국에도 익숙하게 다니는 자들일 것입니다. 또한 왜인들은 '가정嘉靖'이란

---

42) 명종실록 5권 명종 2년 丁未(1547) 4월 19일 경자
庚子領議政尹仁鏡右議政鄭順朋啓曰謝恩奏聞使臺諫啓請兼之此意固當但敕書見偸及中原人來爲水賊皆是重事福建人交通倭奴既給兵器又教火炮此上國與我國皆是不利之事也每欲奏聞而無便今次水賊人解送正其機也〈下略〉

43) 명종실록 18권, 명종10년 乙卯(1555) 5월 16일 기유
〈前略〉連源曰古者倭船以薄板爲之故破之甚易今則與唐人交通造船極牢銃筒終不可破也且倭之用銃筒極巧今之禦倭難於古矣

44) 명종실록 18권 명종 10년 乙卯(1555) 5월 16일 기유
全羅道觀察使金澍馳啓曰五月十一日倭船七十餘隻來泊達梁外自梨津浦達梁浦分東西下陸焚蕩城底閭閻遂圍其城云

45) 을묘왜변(乙卯倭變) : 명종 10년(1555) 왜구들이 전남 연안을 습격, 영암의 달량성(達梁城) · 어란포(於蘭浦), 진도의 금갑(金甲) · 남도(南桃)의 보루(堡壘)를 불태우고 장흥 · 강진까지 침입한 왜변(倭變). 조선은 이준경(李浚慶)을 도순찰사로 삼아 토벌하였는데 후에 쓰시마 도주(島主)가 주모자들의 목을 베어 사죄하자 조선은 세견선 5척을 허락하였다.

연호年號를 쓰지 않는데 이번에는 '가정 34년'이라 했으니 더욱 의심스럽습니다"라고[46] 한 것 등에서도 왜구들이 중국과 내왕하면서 병선과 화기 제작기술을 전해 받았음을 다시 한번 확인할 수 있다.

이전부터 군사력에 있어서 조선에 비해 근본적으로 열세인 이유가 화기의 보유 여부에 있다는 점에 주목하여, 사신이 올 적마다 화희火戲를 보여 달라고 요청하는 등 독자적인 화기 제작을 위한 기술 획득에 열을 올리던 왜구들은 마침내 서양의 철포鐵砲(火繩銃, 鳥銃)와 명나라 해적들의 화기 제작기술을 전수받고 을묘왜변에서 자신들이 만든 화기의 우수한 성능을 유감없이 발휘한 것이다.

그뿐만이 아니라 이즈음 왜구들은 자기들이 만든 화약병기를 조선 조정에 갖다 바치기도 하였다. 이는 자신들의 실력을 과시하는 일종의 무력시위였다고 볼 수도 있다. 명종 9년(1554년) 왜인倭人 신장信長이란 자가 총통을 가지고 와서 발사실험을 하였다. 신장의 총통 발사실험을 참관한 비변사에서는 "총통銃筒은 정밀하나 화약 구멍에 불을 붙이기가 쉽지 않고 총알이 나가는 힘이 약하다"는 평가를 하였다. 이러한 비변사의 평가를 두고 신장은 "화약이 좋지 않기 때문이다. 내년에 다시 와서 시험하겠다"고 하였는데[47] 총통은 일본에서 가져온 것이지만 화약은 조선의 화약을 사용했던 것으로 보인다.

다음해인 명종 10년(1555)에도 평장친平長親이란 왜인倭人이 또 총통銃筒을 가지고 왔다. 이번에도 시험을 해보고 나서 비변사에서 그 결과를 평가하여 보고를 하였다. 하지만 이때는 이미 "가지고 온 총통이 지극히 정교하고 만든 화약도 또한 맹렬하다"고 하였으니 일본의 화약과 총통기술이 조선과 대등하거나 앞서기 시작했음을 알 수 있다.[48]

더구나 왜인 신장信長이 돌아갈 때 조선은 예조로 하여금 후대하여 보내도록 하였고,[4-47] 또한 평장친平長親에게도 상을 내렸는데 평장친에게는 그의 희망대로 당상堂上의

---

46) 명종실록 18권 명종 10년 乙卯(1555) 5월 19일 임자
〈前略〉且其書契要到京師官家等語皆中原所用語也今之來寇者亦必有中國之人也不然則此倭必慣行中國者也且倭人不奉嘉靖年號而今稱嘉靖三十四年尤可疑也

47) 명종실록 17권 명종 9년 甲寅(1554) 12월 18일 갑신
甲申備邊司啓曰倭人信長所造銃筒制度雖精而藥穴入火不易發丸不猛其言曰藥不良故也明年更來試之云厚待還送事請令禮曹議定傳曰可

48) 명종실록 18권 명종 10년 乙卯(1555) 5월 21일 갑인
甲寅備邊司啓曰日本倭人平長親所持來銃筒至爲精巧所劑火藥亦猛烈不可不賞請從其願以授堂上何如答曰如啓

직을 제수하기까지 하였다.[4-48] 이렇게까지 그들을 후대한 것을 보면 당시 조선에서는 왜구들의 화약과 총통기술이 조선보다 우월함을 인정하고 그들의 마음을 달래 주는 한편 그들로부터 기술을 배우고자 했던 것인지도 모를 일이다. 1543년 포르투갈의 배가 표류하면서 일본에 화약무기가 전해진 지 겨우 10년밖에 안 된 시기였다.

이처럼 조선 조정에서는 왜구들도 성능이 우수한 화약과 총통을 만들고 있다는 것을 잘 알고 있었음에도 불구하고 이에 대한 대비를 소홀히 하여 임진왜란이라는 대전란을 치르며 치욕을 당하고 말았으니 지금에 와서 생각해도 답답한 노릇이다.

그뿐만이 아니다. 임진왜란 발발 3년 전 조선은 이미 일본 조총鳥銃까지도 입수한 적이 있었다. 왜사倭使 평의지平義智 등이 조총 몇 자루를 가지고 와서 바친 것이다.[49] 하지만 조선에서는 이것마저도 사장死藏시키고 말았으니 더더욱 안타까울 뿐이다. 만약 조선 조정에서 이때 입수한 조총鳥銃의 진가眞價를 알아채고 조선 군사들도 일찍이 조총으로 무장을 시켰다면 3년 후 발발했던 임진왜란의 양상은 크게 달라졌을지도 모르는 일이기 때문이다.

조선의 화약기술 발전에 큰 장애가 되었고 또 전해지는 기록도 부실했던 원인 중의 하나가 바로 화약기술의 대외對外, 특히 대왜對倭 유출 방지 정책이었음은 반복한 바 있다. 이 점은 우리나라뿐만이 아니라 중국의 경우에서도 유사하다고 볼 수 있다. 화약이 중국, 즉 동양에서부터 시작하여 서양으로 전파되었고, 또한 동양에서는 서양보다 한발 앞서 유통식有筒式 화약병기를 사용하는 등 화기술火器術을 발달시켜 가고 있었지만 원나라와 고려가 멸망하고 명나라와 조선이라는 새로운 왕조가 들어서면서 나름대로 안정된 국권을 장악하게 된 중국과 조선에서는 화약기술의 연구와 전습傳習을 소홀히 하는 등 우물 안 개구리가 되고 말았던 것이다.

그 사이 서양에서는 각종 전쟁을 겪으면서 활발한 대외 진출을 통해 화약병기들을 크게 발달시켰고 결국은 동양에 비해 군사적으로 절대적인 우세를 점하게 된다.

---

49) 선조수정실록 23권 선조 22년 己丑(1589) 7월 1일 병오
평의지(平義智) 등이 공작(孔雀) 1쌍과 조총 몇 자루를 바쳤는데, 〈중략〉 조총은 군기시(軍器寺)에 간직하도록 명하였다. 우리나라에 조총이 있게 된 것은 이때부터이다.(義智等獻孔雀一雙鳥銃數件命〈中略〉藏鳥銃于軍器寺 我國之有鳥銃始此)

제 5 장

임진왜란과 화약

01_

임진왜란 발발과 화기의 열세

임진왜란 발발 전까지 조선의 화약 수급은 자급자족 형태로 유지되고 있었다. 몇 차례 중국으로부터 염초 수입을 시도하기는 했으나 중국의 수출 통제 정책으로 인해 공식적인 수입을 하지는 못했고 아마 수입을 했더라도 불규칙적인 밀무역을 통해 소량씩 조달하는 정도였다고 판단된다. 따라서 최무선의 염초법을 약간씩 개량하면서 암암리에 몇 차례 더 배워 온 중국기술을 이용하여 생산하고 있었을 것이다. 하지만 임진왜란이 발발하면서 조선의 화약 사정은 크게 달라질 수밖에 없었다. 염초는 생산량이 한계가 있었고 설상가상으로 전량 일본으로부터 들여오던 유황까지도 수입이 단절되었기 때문이다.

화약병기의 열세

임진왜란은 크게, 협의狹義의 임진왜란(1592년 4월~1593년 4월)과 4년에 걸친 휴전기간, 그리고 정유재란(1597년 3월~1598년 11월)의 세 시기로 구분할 수가 있다.

"요동遼東을 침공하려 하니 길을 빌려 달라(征明假道)"는 명분으로 왜구들이 조선을 침략한 것은 선조 25년(1592) 4월 13일의 일이다. 왜구들이 조선을 침략한 지 단 하루만인 14일 부산성釜山城이, 또 15일에는 동래성東萊城이 함락되었고[1] 4월 30일 선조대왕은 쏟아지는 빗속에 서울을 떠나[2] 평양에 머물다가 6월 22일에는 의주로 피신을 하고[3]

1) 선조실록 26권 선조 25년 壬辰(1592) 4월 13일 임인
十三日壬寅倭寇至〈中略〉翌日陷東萊府府使宋象賢死之其妾亦死之〈下略〉

2) 선조실록 26권 선조 25년 壬辰(1592) 4월 30일 기미

급기야는 압록강을 건너 명나라로 들어갈 것인지를 논의하기에 이른다.4)

비록 왜구들이 주요 거점만을 점령하며 진군을 하였다고는 해도, 한 달도 채 안 되는 기간에 조선은 서울을 점령당하는 등 완벽한 패배를 당하고 말았다. 4월 13일 조선을 침략한 왜구가 서울 점령한 것은 5월 3일이었다.

동래부순절도: 임진왜란 당시 동래성에서 부사 송상현과 군민들의 항전 내용을 묘사한 그림(보물 제392호).

이때 조선에서는 패배의 가장 중요한 원인을 양국 간의 화약병기 즉, 화력의 차이 때문이라고 판단하고 있었다.

적의 장기長技는 오직 화포를 사용하는 것으로서 우리 군사들이 만나기만 하면 번번이 놀라 무너져 버린 것이 화포 때문이라 생각했으며5) 왜구들이 매번 승리하는 이유뿐만 아니라 원병으로 나온 명나라 군사들이 왜구를 진압할 수 있는 것도 또한 화포火砲가 있기 때문이라며 우리의 약점은 화포를 사용하지 못하는 것이라고 하였다.6)

己未曉上已出御仁政殿百官人馬闃咽於殿庭是日大雨終日上及東宮御馬中殿御屋轎淑儀以下到洪濟院雨甚舍轎乘馬宮人皆痛哭步從宗親文武扈從者數不滿百

3) 선조실록 27권 선조 25년 壬辰(1592) 6월 22일 경술
庚戌上發龍川次義州御于牧使衙舍

4) 선조실록 27권 선조 25년 壬辰(1592) 6월 22일 경술
上問大臣曰天將旣退而賊兵漸逼則事必危急赴遼之意預言於天將何如大臣以爲若預言則不無中間阻搪之事可臨時處之上曰若欲臨時處之則恐有危迫不及渡江之患

5) 선조실록 34권 선조 26년 癸巳(1593) 1월 28일 계미
備忘記曰賊之長技唯在於火砲我軍遇輒驚潰只在於此

6) 선조실록 39권 선조 26년 癸巳(1593) 6월 29일 임자
上敎政院曰予觀今日之事有萬分之憂無一毫之幸〈中略〉且賊之全勝只在於火砲天兵之震疊亦在於火砲我國之所短亦在於此

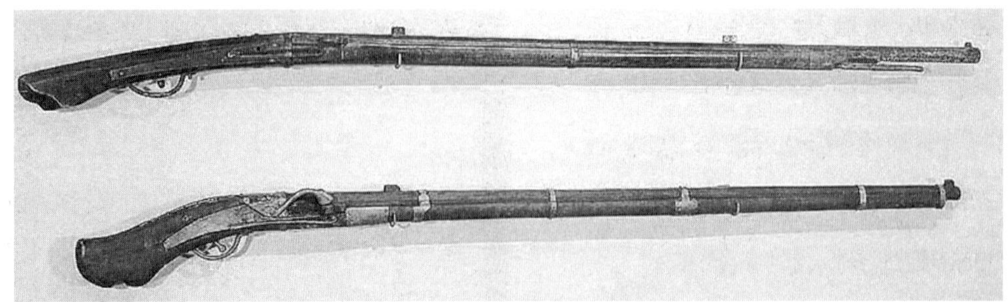

임진왜란 당시 왜구들이 사용하던 조총

당시 왜구들은 조준사격이 가능하고 명중률이 매우 높은 조총鳥銃을 사용하고 있었는데, 선조 29년(1596) 남부주부南部主簿 신충일申忠一이 올린 서계書啓에 조총의 성능이 상세히 기술되어 있다. 총을 쏘면 반드시 명중하는데 왜인의 총은 능히 나는 새도 맞힐 수 있기 때문에 조총이라고 하는 것이며, 조총의 탄환은 박철薄鐵을 씌운 이중으로 된 참나무 방패도 뚫는다고 하였다.[7]

또한 선조 27년(1594) 4월 17일 선조 임금이 왜구로부터 입수한 큰 조총(大鳥銃)을 꺼내 오게 하여 제재諸宰들에게 보이며 "이 구멍 속에 철환鐵丸 20개와 작은 돌 4개를 넣을 수 있는데, 이것을 육전陸戰에서 수레에다 싣고 다니며 쏘아댄다면 당할 수가 없을 것이다"라고 하니, 덕형德馨이 아뢰기를, "그것이 힘으로는 대포 정도의 위력을 가졌고 명중하는 것은 조총처럼 묘하여 참으로 당할 수 없는 물건입니다"라고 하였다.[8]

세종 이후 화약병기에 대해 소홀했던 조선은 임진왜란이라는 대전란大戰亂을 통해 왜구들의 조총 위력을 보면서 뒤늦게 화약병기에 대한 중요성을 절감하게 된 것이다. 물론 왜구들의 조총뿐만이 아니라 당시 원군으로 파병되어 온 명나라 군사들이 화약병기를 가지고 벌인 왜구와의 전투를 본 것도 당시 조선 조정으로서는 커다란 경험이었다. 이후

---

7) 선조실록 71권 선조 29년 丙申(1596) 1월 30일 정유
南部主簿申忠一書啓〈中略〉馬臣曰倭子等狀貌壯大云然耶臣曰形體甚小能潛行草間放丸必中馬臣曰雖且小能中否臣曰倭銃能中飛鳥故曰鳥銃馬臣出鐵盔以示曰能透得這盔否臣曰鳥銃放丸能穿兩重眞木防牌籠以薄鐵者透過此盔何足道哉馬臣曰豈至於此乎諸胡之立於左右者皆相顧愕然〈下略〉

8) 선조실록 50권 선조 27년 甲午(1594) 4월 17일 을축
上命出降倭大鳥銃以示諸宰曰此穴中容鐵丸二十箇及小石四箇若於陸戰載車以放則不可當也德馨曰力則有大砲之勢中則有鳥銃之炒誠不可當也

조선은 화약과 병기 제조에 박차拍車를 가한다.

화약 공급 부족

조총鳥銃을 비롯한 병기는 왜구들로부터 입수한 것을 통해 모방이라도 하여 만들 수가 있었으나,(9-2-2절) 이와는 별도로 더 큰 문제가 있었으니 바로 화약을 생산하는 일이었다. 화약소비량은 늘어만 가는데 공급은 턱없이 부족하기만 했다. 선조 임금은 조총의 제도는 이미 익혔으나 염초자취법은 아직도 전습하지 못했다며 걱정을 하고 있었다.[9]

임진왜란 발발 이후 선조 재임 기간 내내 실록에 등장하는 화약 관련 기사들을 보면 당시 화약 부족 현상이 얼마나 심각했는지, 또 부족한 화약을 조달하기 위해 어떤 노력을 했었는지 잘 알 수가 있다. 임진왜란 발발 후, 제일 먼저 추진한 것은 명나라에 원병을 요청하는 것과 함께 화약 부족 현상을 해소하기 위해 염초의 수입과 제조기술을 습득하기 위한 노력이었으며 뒤이어 자체적으로 기술개발을 하려는 시도도 꾸준히 진행하기 시작했다.

중국 화약의 도입 시작

임진년 7월 사은사謝恩使로 중국에 갔던 신점申點이 돌아올 때, 쓰고 남은 여비와 잡물雜物 등으로 염초를 사가지고 오는 것을 시작으로[10] 11월에는 명나라가 대규모의 원병 파병을 허락하면서 먼저 마가은馬價銀 3천 냥으로 궁각弓角과 화약을 사서 보내는 등 중국의 화약이 들어오기 시작했다.[11]

---

9) 선조실록 36권 선조 26년 癸巳(1593) 3월 11일 병인
上敎曰鳥銃之制則已爲傳習矣焰硝煮取之法未能傳習

10) 선조실록 28권 선조 25년 壬辰(1592) 7월 24일 신사
謝恩使申點啓曰且臣伏念我國兵器火藥必多缺乏不可不貿來故臣與書狀官鄭期遠唐陵君洪純彦同議遂以一行免宴銀四十五兩及用餘盤纏雜物貿得弓角一千三百八片焰硝二百斤以來矣

11) 선조수정실록 32권 선조 25년 壬辰(1592) 11월 1일 정사
鄭崑壽回自京師皇朝許出大兵來援先賜銀三千兩〈中略〉且賜馬價銀【馬價銀乃中朝邊備禦虜之銀】三千兩備買弓角火藥以送崑壽冒暑而往冒寒而廻行不留程奏請准事上嘉悅厚勞之

02_ 화약제조법 전습傳習

발등에 불이 떨어진 조선은 임진왜란 발발 후 온갖 수단을 가리지 않고 화약제조법을 습득하고자 하였다. 『선조실록』에서는 조선이 염초제조법을 입수하기 위해 취했던 조치들을 잘 기록하고 있다.

일본 염초법 입수

임진왜란 발발 후 조선은 이미 자신들보다 한 수 위라고 판단된 왜구들의 화약제조기술을 배우기 위해 부단한 노력을 기울였다. 왜구들에게 포로가 되었다가 염초 만드는 방법을 배워 온 여인에게 염초 제조 시험을 시키면서 남자들 중에도 배운 사람이 있는지 밤낮을 가리지 말고 조속히 찾아내도록 하였고,[12] 왜구들의 앞잡이 노릇을 하다가 온 자를 통해서도 적賊의 염초제조법을 추문推問하여 알아내고자 하였다.[13] 특히 개전開戰 초기에는 포로로 잡거나 항복한 왜구들을 대부분 처형시켜 버렸던 것으로 보이는데[14] 선조 임금은 이들을 죽이지 말고 잘 달래어 염초제조기술을 알아내는 데 이용하도록 하였다.

---

12) 선조실록 35권 선조 26년 癸巳(1593) 2월 10일 을미
上敎政院曰觀金功狀啓則我國被擄女人自賊中還來而學焰硝煮取之法時方試煮云男丁亦有學得之人急急不分晝夜送于行在所事下書

13) 선조실록 35권 선조 26년 癸巳(1593) 2월 16일 신축
委官啓曰金德澮窮兇極惡自初附賊結爲腹心賊鋒所向無不前導金應灌與德澮久在賊中凡百兇謀無不預知瑞男德澮之子安琢德澮之同壻幷刑推上曰金德澮等來此云凡賊情及焰硝鳥銃造作之法刀劍取色之法斯速一一推問

14) 선조실록 35권 선조 26년 癸巳(1593) 2월 16일 신축
嶺南左道節度使朴晋斬倭一百十一級送于行在

이들 왜구로부터 염초기술을 알아내려고 했던 사례만도 선조 26년 3월 이후부터 선조 29년 9월까지 3년 반 사이에 10여 차례가 넘는다. 이에 대한 『선조실록』의 기록을 요약해 보면 다음과 같다.

1. 선조 26년(1593 계사) 3월 11일 : 생포해 온 왜인이 염초 굽는 방법을 안다고 하는데, 이 왜인은 죽여 본들 이익이 없을 것이니 그 목숨을 살려 주어 속히 장인匠人을 데리고 그 방법을 다 알아내도록 하라. (上敎曰鳥銃之制則已爲傳習矣焰硝煮取之法未能傳習今次生擒倭人知其煮法云此倭殺之無益宜貸其死速令吳應林蘇忠漢等率匠人盡得其法此意密言于兵曹判書李恒福)

2. 선조 26년(1593 계사) 6월 16일 : 전에 생포한 왜인 2명 중에, 한 명이 염초를 구울 줄 안다고 하니, 염초를 굽는 자는 영변으로 보내 관인官人에게 보수保授하게 하여 가을부터 시작하면 많은 염초를 구어 낼 것인데 듣자니 그 왜인에게는 아직까지도 족쇄足鎖를 채웠다고 하는데, 족쇄를 풀어주도록 하라. (上敎政院曰前有生擒倭二名一名煮取焰硝一名造作鳥銃煮焰焇者送于寧邊保授官人自秋爲始焰硝多數煮取造爲鳥銃者送于產鐵某邑亦令保授官人鳥銃多數造作事言于軍器寺議于提調以啓且聞其倭至今猶係足鎖云若許不殺則不必如是解鎖何如此意幷問于軍器提調)

3. 선조 27년(1594 갑오) 2월 17일 : 중국의 장수는 사로잡은 왜적을 죽이지 않는데 우리나라 사람은 잡으면 문득 죽여 투항하는 길을 끊어 버리니, 도량이 좁을 뿐 아니라 이로 인하여 다른 나라의 기술을 전습傳習할 수가 없다. 전에 왜인 두 명을 사로잡았을 때 유사有司가 죽이기를 청하였으나 내가 힘써 만류하였는데 한 사람은 염초 굽는 법을 가르쳐 주었다. 금후로는 사로잡은 왜적 중에 흉악하고 교활하여 제어하기 어려운 자 이외에는 모두 형틀을 씌워 경사京師으 보내거나 혹 잘 달래어 항복을 받도록 하라. (又傳曰中國之將則不殺生擒之倭而我國之人則擒輒殺之以絶其投降之路非但度量狹隘緣此他國之技不得傳習前在永柔偶得生擒倭二人適皆迷下者有司請殺之予力止之其一敎煮焰焇其一敎造鳥銃鳥銃者病死焰焇者今在寧邊矣此其一驗也今因言端偶及之此意更議今後生擒倭兇狡難制者外其餘械送京師或誘致納降)

4. 선조 27년(1594 갑오) 2월 20일 : 들건대 항복한 왜인倭人이 항상 말하기를, "조선을 위해 정성을 다하고 싶으나 뒷날 죽임을 당할까 두렵다"고 한다니 이 왜인에게 귀순한 공으로 특별히 사맹司猛의 고신告身을 주어 마음을 안정시키고 그들로 하여금 훈련시키고 가르치는 데에 힘쓰게 하라. (備邊司啓曰〈中略〉且聞降倭常言欲爲我國盡心而猶恐後日被誅云此倭以歸順之功特授司猛告身以堅其意而使之力於訓誨則必有其效矣〈中略〉答曰依啓)

5. 선조 27년(1594 갑오) 2월 29일 : 항복한 왜인은 우리 종족도 아닌데 성중城中에 함께 거처하게 함은 안심이 안 되니 함흥咸興 · 경성鏡城 · 영변寧邊 등지로 보내어 그들로 하여금 방포放砲을 교련케 하자고 하나 이 왜인은 바로 포수로서 그 방포하는 법이 귀신처럼 빨라 견줄 데가 없으며 또한 도창刀槍 등의 법을 꽤나 잘 이해하니, 훈련도감訓鍊都監에 소속시켜 급료를 주어 전습하도록 하되 부득이한 연후에 후속조치를 취하도록 하고 지나치게 의심하지 말라. (備邊司啓曰降倭非我族類之人混處城中未安或送於咸興鏡城寧邊等使之教習放砲無妨〈中略〉答曰此倭乃砲手其放砲之法神速無比亦能頗解刀槍等法屬于訓鍊都監給料傳習不得已然後隨後處置可也不必過疑)

6. 선조 27년(1594 갑오) 3월 21일 : 투항한 왜병을 용산龍山에 두어 방포放砲 등의 일을 배우게 하였는데, 투항한 왜병들 스스로 "공료公料를 헛되이 소비하고 있을 뿐, 하는 일이 없으니 염초焰硝 굽기를 원하고 그렇지 않으면 토지를 받아 농사짓기를 바란다"고 하니, 훈련도감에 소속시켜 염초를 굽게 하고 이처럼 투항해 귀순한 왜병에게는 마땅히 은혜와 의리로 그들의 마음을 결속시켜야 하니, 의차衣次로 청람포青藍布를 지급하고 만일 만든 염초가 품질이 좋으면 사맹司猛의 고신告身을 주어 친부親附하는 마음을 권장하도록 하라. (己亥備邊司啓曰慶尙道上來降倭置在龍山令舟師將金友皐率領軍人學習放砲等事而友皐今日來言降倭自言虛費公料無所役之事願煮取焰焇不然則外方有田土處願受田農作云屬於訓鍊都監使之煮取焰焇硝無妨如此投順之倭當以恩義結其心題給衣次青藍布若所煮焰硝品好則授司猛告身以勸親附之心何如答曰甚當)

7. 선조 27년(1594 갑오) 7월 14일 : 투항한 왜인 중에 염소焰焇(염초)를 구울 줄 아는

자가 있다고 하니 이 자는 이곳에 머물러 두고 염초를 조제하게 하여 시험해 보고 우리나라 사람에게 화약을 배합하는 등의 일을 전습傳習토록 하라. (備邊司啓曰降倭分運上來則處置甚易而今之上來者至於四十餘人同在一處非徒都下人心驚疑不寧慮外之變亦不可不慮當量數分送于平安道等處但聞來倭等頗以飮食不如外方爲言獸心之輩若生怨心則中路押去亦難姑令戶曹題給衣資先慰其心隨便處置無妨且其中有煮焰焇之倭此則使之留此煮焰以試而使我國之人傳習合藥等事爲當答曰依啓)

8. 선조 27년(1594 갑오) 7월 29일 : 왜인이 투항해 왔으니 후하게 보살펴서 그 중 데리고 있을 만한 자는 서울에 머물러 두고 군직軍職을 제수하여 총검銃劍을 주조하거나 검술을 가르치거나 염초焰硝를 달이게 하라. 그 묘술을 터득할 수 있다면 적국敵國의 기술도 곧 우리의 기술이니 왜적이라 하여 그 기술을 싫어하고 익히는 일을 게을리 하지 말라. (乙巳傳曰倭旣來投不可不厚撫外方可送者則斯速下送其中可留者留置京中除以軍職或鑄劍銃或敎劍術或煮焰硝苟能盡得其妙敵國之技卽我之技也莫謂倭賊而厭其術慢於習着實爲之言于備邊司)

9. 선조 27년(1594 갑오) 8월 2일 : 항왜降倭 38명 중에 요시지로要時之老 · 신소족음信蘇足音 · 사우예査于乂 등 세 왜인은 염초焰硝 굽는 법을 조금 알고 있으니 이 왜인은 우선 서울에 머물게 하여 의식衣食을 후히 주고 염초를 굽게 해서 그 재능을 시험하도록 하라. (備邊司啓曰先來降倭三十八名〈中略〉其中要時之老信蘇足音査于乂三倭稍解煮焰焇硝之法此倭則姑留京中厚其衣食使之煮焰焇以試其能何如)

10. 선조 28년(1595 을미) 3월 5일 : 사고소우沙古所于 등 15명은 길들인 지가 이미 오래되었고 성품이 공순恭順하며 포를 쏘는 것이나 화약을 만드는 것에 익숙하지 않은 것이 없다 하니, 서울에 머물러 있게 하고 훈련도감에 배속시켜 각자 그 기능을 발휘하도록 하라.(備邊司啓曰沙古所于等十五名自前年春在李賓陣中馴擾已久性度恭順皆以李爲姓蓋從李賓姓也放砲煮藥無不慣熟留在京中屬於訓鍊都監使之各其技而延老古等六人則平安道山汝文等七人咸鏡道分送宜當敢啓)

11. 선조 28년(1595 을미) 4월 19일 : 비변사가 항왜降倭를 공초供招하였는데 그들은 본래

포수로서 탄환을 쏘고 화약 만드는 법을 조금 안다고 하니 그들이 알고 있는 탄환을 쏘고 화약을 배합하는 법을 훈련도감 낭청郎廳과 함께 자세히 묻고 오라. (政院以備邊司降倭供招啓曰臣持酒饌與譯官朴大根往饋降倭助四郞老古汝文等十一名而探其事情〈中略〉又問汝等有何技能乎對曰俺等本以砲手稍解放丸合藥別無他技但日本工匠鑽鳥銃之穴則兩人對鑽三日得鑽一柄云且其放丸合藥之規則訓鍊都監郞廳與臣一時詳問而來矣答曰知道)

12. 선조 29년(1596 병신) 9월 14일 : 흥인문興仁門 밖에 살고 있는 항왜降倭들을, 거동 때에는 개유開諭하여 숭례문崇禮門 밖으로 옮기도록 하라고 계하啓下하였지만 그들 있는 곳은 큰길 곁도 아니고, 항복하여 온 지 오래되어 우리나라 백성과 같으니 사지역관事知譯官을 시켜 수직을 전담하여 출입할 수 없도록 하고 문 안의 염초를 굽는 왜인에게도 아울러 시행토록 하라. (兵曹啓曰興仁門外止接降倭等擧動時崇禮門外開諭移接事已爲啓下更察之則降倭等所寓之處不在大路傍且降附日久有同編氓而使之移接不無自疑之患使譯官守直亦可禁其出入令事知譯官擧動之日專委守直使不得出入門內亦有煮焰焇倭人竝一體施行何如備邊之意亦然故敢啓傳曰依啓)

13. 선조 29년(1596 병신) 9월 20일 : 승장僧將 유정惟政이 데리고 온 항복한 왜인倭人이 염초焰硝를 잘 굽고 조총鳥銃을 잘 쏜다고 하니 훈련도감訓鍊都監으로 하여금 다른 왜인들처럼 머물러 두고 보살피게 하되 한갓 머물러 두기만 하지 말고 무마하고 돌보아 주어 그의 마음을 얻으려 해야 할 것이며 서울 안에 머물러 있는 전후前後의 항복한 왜인들에게도 각각 겨울옷을 주라. (備邊司啓曰僧將惟政降倭一名帶來此倭善煮焰硝能放鳥銃云令訓鍊都監依他倭留置恤養何如傳曰依啓徒爲留置而不加撫恤欲得其心難矣京中留在前後降倭各給冬衣次可也)

중국 염초법 전습 시도

임진왜란 기간 중 조선은 왜적들의 화약 제조 기술을 알아내고자 하는 일을 계속하는 한편, 중국의 기술을 알아내려는 시도 역시 끊임없이 계속하고 있었다. 선조는 명나라 요동도사遼東都事 장삼외張三畏나 혹은 제독提督 이여송李如松에게 자문諮問을 보내어 염초 제련법을 익히도록 하고, 한편으로는 영令을 내려 그 법을 잘 익히는 자는 당상관으로 승진시키는 것이 어떻겠느냐고 비망기備忘記를 내렸다.[15] 이에 비변사備邊司에서는 선조 임금의 전교를 받들어 장張 도사에게 이자移咨하여 염초법을 전수받고자 시도를 하였다.[16]

요동도사 장삼외에게 자문諮問을 보내어 염초제련법을 전수해 달라고 한 것을 시작으로 임진왜란 내내 중국의 기술을 배우고자 했던 사실들이 곳곳에서 발견된다. 어찌 보면 배우는 것이 아니라 기술을 빼내려고 했다는 것이 더 적합한 표현일 것이다. 원병으로 파병되어 왔던 중국 장수뿐만 아니라 군사들을 통해서도 염초법을 배우려 했다. 또는 조선에 들어와 있던 중국의 화약기술자를 후대하며 비밀리에 기술을 배우려 했으며 심지어 선조대왕은 중국 장수들이 데리고 온 가정家丁 중에 혹 그 방법을 아는 자가 있을 경우, 그에게 뇌물을 주어서라도 비밀히 물어서 꼭 전습하기를 기하라고 승정원에 전교轉交를 내리기도 하였다. 다음은 이 시기에 중국인들을 통해 염초의 제조법을 배우려고 시도했던 사례들이다.

1. 선조 26년(1593 계사) 2월 10일 : 화포장火炮匠과 조총鳥銃 시험을 했는데 성이 주周인 백총百總이란 중국인이 총 만드는 제도와 화약 만드는 방법을 숨기거나 꺼리는 것이 없이 가르쳐 주었는데 그 방법이 배우기 어려운 것이 아니었다. 손재주가 좋은 대장장이 및 화약 만드는 장인을 신속히 불러 와서 속히 학습케 하고 그 사람을 각별히 후대하며, 만약 전습傳習하게 되면 중한 물건을 주겠다고 약속하라. 이 뜻을 은밀히 병조판서에게 말하되 비밀리에 하도록 하라. (上曰予今日偶令內官率火炮匠試放鳥銃以聽其聲放畢內官來言有一天朝人偶然來觀教其放炮之法云予曰凡天下事有偶然而成功者汝輩宜往邀其人致慇懃之意遂承命而去則其人乃百總姓周者造銃之制焰硝之法一一教之少無隱諱其法甚非難成且自言如得善匠我當觀監造成云若得此法我國萬世之利也善手冶匠及焰硝匠各數人急急廣求招來斯速學習其人各別厚待若得傳習則贈以重物事相約此意密言于兵判秘密爲之)

---

15) 선조실록 34권 선조 26년 癸巳(1593) 1월 28일 계미
備忘記曰〈中略〉今宜移咨都司張三畏或李提督前須習煮取焰硝之法作銃放丸之制一邊下令能習其制者陞堂上如何

16) 선조실록 34권 선조 26년 癸巳(1593) 1월 28일 계미
備邊司啓曰新經大變在廷群臣洗心惕慮擺脫前習一向奉公猶懼不集而循私虛僞之習猶未痛革臣等待罪重地日夜憂懼今承下教益增惶恐不知所喩〈中略〉移咨張都司煮焰硝法傳習事竝依傳教施行

2. 선조 27년(1594 갑오) 1월 8일 : 낙총병駱總兵을 이미 만류하지 못하였으니, 의당 총병總兵에게 고하여 부하 가운데 한 사람을 그대로 머무르게 하여 그로 하여금 교습敎習시키도록 해주기를 청해야 한다. 그리고 염초焰硝를 굽는 법도 아울러 상세히 써서 보여 달라고 하라. 또 산동山東 지방에서는 바닷물로 염초를 굽는다고 하는데 아울러 그 방법도 상세히 물어 서계書啓하라. (傳曰〈中略〉駱總兵旣不得挽留宜告于總兵願得部下一人姑爲仍留使之敎誨〈中略〉且焰硝煮取之法竝請詳悉書示且聞山東地方以海水煮取云幷詳問其法書啓)

3. 선조 27년(1594 갑오) 1월 9일 : 낙참장駱參將에게 염초를 굽는 방법에 대해 대인大人은 상세히 써서 보여 주기를 바란다는 내용으로 글을 써서 간곡한 뜻을 전하도록 하라. (傳曰〈中略〉煮煉之術願大人從容詳悉書示以此措辭以致丁寧之意於駱參將何如)

4. 선조 26년(1593 계사) 10월 6일 : 훈련도감 제조가 아뢰길 "지금 남방 사람들이 여기에 많이 모였으니 그중에는 군사학軍事學을 잘 알고 식견과 생각이 해박한 사람이 매우 많을 것입니다. 모름지기 은정으로 접대하여 그들이 알고 있는 것을 다 털어 놓아 우리에게 전수해 준다면 뒷날에 유익함이 어찌 끝이 있겠습니까" 하니 상이 "지당하다. 이 계사대로 하라" 하였다. (訓鍊都監提調啓曰〈中略〉況今則南方之人多聚于此其間諳練軍事識慮廣博者何限必須待之以恩使之傾倒所有傳授於我則其爲後日之利庸有旣乎〈中略〉傳曰此意至當依此啓辭爲之)

5. 선조 27년(1594 갑오) 5월 23일 : 해평海平 부원군 윤근수尹根壽가 섭정국葉靖國이 지리를 살펴본 일과 화약火藥을 제조하는 법을 서계書啓하였으나 화약제조법은 해득할 수가 없으니 이것도 자세히 물어 전습傳習토록 하라. (海平府院君尹根壽以葉靖國相地及火藥劑造之法書啓答曰〈中略〉且火藥之法則不得解見矣此亦詳問傳習可矣)

6. 선조 28년(1595 을미) 2월 17일 : 정원에 전교하기를 병기兵器와 진법陣法은 배울 만한 것이 많은데, 그중 시급한 것은 바닷가의 짠 흙을 달여서 화약을 만드는 것과 화살에 독약을 바르는 방법이다. 이 두 방법을 진유격陳遊擊에게 묻는다면 가르쳐 줄 것이다. 직접 묻기가 어려우면 그가 데리고 온 가정家丁 중에 혹 그 방법을 아는 자가 있을 경우,

그에게 뇌물을 주어 가지고 비밀히 물어서 꼭 전습하도록 하라. (傳于政院曰〈中略〉凡兵器陣法可學者多而其中最急者以海邊土煮煉焰焇及傳矢毒藥之方耳〈中略〉右二方若問於陳遊擊則必不隱諱〈中略〉設或難於直問其所帶家丁幸或有知之者則可贈賂密問期於傳習)

해초법海硝法을 찾아라!

이처럼 임진왜란 기간 중 조선의 중국 화약제조법을 배우려는 시도는 계속되었는데 한 가지 특이한 것은 당시 조선에서는 "중국은 바닷물을 달여 염초를 만든다"고 믿고 있었던 사실이다.

최무선으로부터 시작된 염초제조법은 오래된 건물의 추녀나 담장 밑의 짜고 습한 함토鹹土에서 염초를 추출, 정제하는 방법이었다. 그러나 이는 대량생산이 불가능했고, 또한 한 번 흙을 파낸 곳에서는 오랜 시일이 지난 후에나 재채취가 가능할 뿐만 아니라, 자기가 살고 있는 집 안팎을 파내는 것에 대한 민원도 끊이질 않는 등 어려움이 많은 방법이었다.(8-3-3절 참조) 이에 비해 만일 바닷물을 달여서 염초를 채취할 수가 있다면 이는 염초생산의 문제점을 일거에 해결할 수 있는 방법으로 당시 조선으로서는 매우 매력적인 기술로 여기고 있었을 것이다. 따라서 선조 임금은 기회가 있는 대로 이 해초법海硝法을 알아내기 위한 조치를 취하곤 하였다.

1. 선조 26년(1593 계사) 2월 20일 : 상이 이르기를 "염초 만드는 제도는 또 어떻게 하는가?" 하니, 원익元翼이 아뢰기를 "바닷물의 흰 거품을 많이 모아다가 굽는다고 합니다" 하자 상이 이르기를 "그것은 소금을 굽는 것이지 어찌 염초를 굽는 것이겠는가?" 하였다. (上曰〈中略〉焰硝之制亦何以爲之元翼曰海潮白漚多聚而煮之)

2. 선조 26년(1593 계사) 3월 5일 : 상이 이르기를 염초법焰硝法을 가르쳐 달라고 청하라 하니 두수斗壽가 아뢰기를 바닷물을 구워서 염초를 만든다고 하였다. (仍傳曰〈中略〉今方對敵焰硝之法請學可也斗壽曰以海水煮爲焰硝云)

3. 선조 26년(1593 계사) 9월 9일 : 비변사가 아뢰기를 중국 장수가 있을 때 여러 기술을 배우게 하는 일이 가장 급선무입니다. 바닷물을 구워서 염초焰硝 만드는 법을 배운 사람이 없어 널리 쓸 수가 없으니 진실로 아쉬운 일입니다. 이를 배우는 자가 있으면 별도로 중상을 내리는 것이 마땅하겠습니다. (備邊司啓曰〈中略〉須及唐將在時傳習諸藝最爲當今之急務〈中略〉以海水煮成焰硝之法無人傳習所用不廣誠爲欠事重賞之下必有能者如有學習者別施重賞宜當)

4. 선조 26년(1593 계사) 9월 25일 : 전교하기를 〈中略〉 중국에는 바닷물을 졸여서 염초를 만드는 법이 있다는데 그 법을 배워 가지고 오는 자에게는 크게 포상하겠다. 사인士人일 경우는 당상堂上을 시켜줄 것이다. (傳曰〈中略〉且中國有以海水煮取焰硝之法爾其曉諭一行有能傳習其法者當大加褒賞士人則當作堂上矣)

5. 선조 26년(1593 계사) 9월 8일 : 염초의 문제는 다행히 왜법倭法을 배우기는 했으나 중국기술인 바닷물을 구워서 염초를 만드는 법은 지금까지 배운 사람이 없다. 바닷물을 구워 염초 만드는 법을 배운 자가 있으면, 직職이 있는 자는 당상관으로 승진시키고 그 이하는 높은 직을 제수토록 하라. (備忘記曰〈中略〉焰硝一事曾爲留意幸而傳習倭法而唐焰硝海水煮成之法則至今無人傳習今宜各別下令果能傳習其海水煮成法者則有職人陞堂上其下除授高職事)

6. 선조 26년(1593 계사) 10월 22일 : 상이 이르기를 중국에서는 바닷물을 달여서 만들어 낸다고 했다. 앞서 정주定州에 있을 때에 시험 삼아 달여서 만들어 내도록 하고 잘 만드는 사람은 당상堂上으로 올려 제수하겠다는 방榜을 걸어 알렸지만 잘 만드는 사람이 없었다. 어떻게 하면 화약을 풍족하게 쓸 수 있겠는가 하였다. (上曰〈中略〉中原則以海水煮取矣前在定州時試令煮取能煮者令陞授堂上掛榜知會而未有能煮者何以則能使火藥足用乎)

7. 선조 27년(1594 갑오) 1월 8일 : 또 산동山東 지방에서는 바닷물로 염초를 굽는다고 하는데 아울러 그 방법도 상세히 물어 서계書啓하라. (傳曰〈中略〉且聞山東地方以海水煮取云幷詳問其法書啓)

선조 임금이 이런 온갖 노력을 기울였음에도 끝내 해초법海硝法을 익힐 수는 없었다. 그러던 어느 날 선조 임금에게 서천舒川의 군보軍保 임몽林夢이 바다흙으로 염초를 굽는 시험에 성공했다는 훈련도감의 보고가 올라왔다. 임몽이 바다흙으로 염초를 구워냈다고 하여 감관監官 조효남趙孝南을 입회시켜 굽게 하였더니, 5일 사이에 바다흙으로 구운 염초 1근과 함토鹹土 2푼(分), 바다흙 1푼을 섞어서 구운 염초 3근을 가지고 왔다 한다. 물론 성능 시험결과도 쓸 만하였으며 필요한 바다흙은 반드시 사람과 말들이 밟고 다닌 염전鹽田에서 취하고 바닷가의 숲이 많은 지역을 찾아서 많은 양을 구워낸다면 힘도 덜고 큰 이익을 얻을 것이라는 내용이었다.[17]

두 달 뒤 선조 임금은 임몽에게 벼슬을 내릴 것을 전교하였다. 훈련도감에서 "임몽은 본디 보인保人이니, 규례規例대로 금군禁軍을 제수하는 것이 의당하다"고 건의하였으나 임금은 그에게 동반 6품東班六品의 실직實職을 제수除授하였다.[18]

하지만 이것 역시 선조 임금이 찾던 해수자취염초법海水煮取焰硝法과는 거리가 먼 것이었다. 임몽이 염초를 제조한 방법은 사람과 말들의 왕래가 많은 염전이나 바닷가의 숲이 많은 지역에서 채취한 흙을 사용하는 방법이었다. 기존의 함토와 동일한 것으로서 그 채취 장소가 내륙이 아닌 바닷가였을 뿐 해초법은 아니었다. 바닷물은 고사하고 바다흙도 아닌 그저 일반 함토로서 다만 그 채취 장소가 바닷가였던 것이다. 따라서 임몽 이후 그 기술은 널리 활용되지도 않았고 또 될 수도 없는 것이었다. 굳이 이름을 붙인다면 해초법은 물론 아니고 해토법海土法도 아닌 '해안토법海岸土法'이라고 해야 할 것이다.

임몽 이전에도 염초법을 배워 온 표헌表憲에게 상으로 가자加資하였다는 기록도 있다. 그 방법은 알 수 없으나 표헌이 역관譯官이었던 점을 감안하면 중국에서 배워 왔을 것이다.[19]

---

17) 선조실록 63권 선조 28년 乙未(1595) 5월 25일
訓鍊都監啓曰海土煮焇事都監每欲與唐人試之而未見成效有舒川軍保林夢凡焰焇煮取之事多般出計試驗得效而來告于都監願往某處煮造卽令監官趙孝南帶往南陽地海邊煮取則五日之內得海土所煮焰焇硝一斤鹹土二分海土一分合煮焰焇硝三斤以來合劑試放精猛可用故兩色藥各封進所取海土必於鹽場人馬踏行處取之如就海邊多木之地多數煮取則可以省力而得大利

18) 선조실록 64권 선조 28년 乙未(1595) 6월 25일
訓鍊都監啓曰〈中略〉我國欲以海土煮取焰焇者久矣未知煮煉之法不得煮取而林夢本是保人以規例言之則禁軍除授宜當答曰東班六品實職除授

19) 선조실록 36권 선조 26년 癸巳(1593) 3월 27일 임오
備忌記今次焰硝之法乃譯官表憲之學得而來者憲可加資

하지만 전쟁 종료 후 광해군 때 『선조실록』을 편찬하던 사관史官들은 그 일, 즉 염초법을 배워 온 사람들에게 가자하거나 벼슬을 내린 일을 매우 부정적으로 평가하고 있다. 왜구들이 화약병기를 가지고 조선을 침략한 것에 비유하면서 "윗사람을 받드는 마음이 없으면 반드시 병기를 끌고 달아나는 자가 있게 마련으로, 즉 다시 말해 반란에 쓰일 수도 있는 것으로 나라를 지키는 도리는 인의仁義가 으뜸이고 갑병甲兵은 그 다음이니 오늘날 먼저 힘써야 할 것은 아마도 염초를 굽는 방법에 있는 것이 아닌 듯하다"면서 역관 표헌에게 가자한 것을 비판한 것이다.[20)]

또한 임몽에게 벼슬을 내린 것에 대해서도 "설령 임몽이 해토海土를 자취한 공로는 있지만 어찌 줄 만한 상이 없어 미친한 자에게까지 벼슬을 주니 작상爵賞의 외람함이 막심하다"고 하였다. 관작官爵이란 국가가 현인賢人을 대우하는 도구인데 미천한 자에게까지 벼슬을 주었다며 한 사람에게는 상을 주었으나 천만 사람의 마음을 저하시켰으니, 한 세상을 격려시키는 방법이 틀렸다는 것이다.[21)]

하지만 임진왜란 당시 화약 부족과 화기의 열세로 인해 단시일에 전 국토를 잃고 임금이 압록강을 건너야 할 것인가 말 것인가를 걱정했을 만큼 국가의 존립이 위태로웠던 점을 감안한다면 그와 같은 위급상황에서 취해졌던 조치들을 두고 이렇게까지 부정적인 평가를 한 것에 대해서는 다소 의문이 가기도 한다. 최무선이 염초법을 개발한 것을 두고는 조선조 내내 그 공로를 칭송하면서 후손들에게까지도 벼슬을 내리는 등 예우를 했던 것과는 전혀 시각이 다르기 때문이다.

그것은 바로 그들의 신분 차이 때문이었다. 미천한 자에게 벼슬을 내리는 것에 대한 반발이었던 것이다. 앞에서 기술記述하였듯이 이와 같은 신분차별이 심하던 사회분위기 속에서 장인들에 의해 전습되던 화약기술을 발전시킨다거나 아니면 적어도 가지고 있던 기술만이라도 온전히 전해지기를 기대하는 것은 무척 어려웠다고 본다.

---

20) 선조실록 36권 선조 26년 癸巳(1593) 3월 27일 임오
〈前略〉【史臣曰守國之道仁義爲上甲兵次之苟無親上之心必有曳兵之走我國器械非不精利而畢竟爲寇盜之藉則今日所先務者恐不在焰硝之法也】

21) 선조실록 64권 선조 28년 乙未(1595) 6월 25일
〈前略〉【夫官爵國家所以待賢之具也今林夢以至微至賤之人遽授東班六品之職設使於夢有煮土之微勞豈無可施之賞而必以國家待賢之具輕而畀之爵賞之濫極矣〈中略〉賞一人而沮千萬人之心激勵一世之道吁亦左矣】

03_ 화약 공급 확대 추진

화약 재고 고갈

임진왜란이라는 대전란 중에도 자체적으로 염초를 생산하기 위한 노력은 끊이지 않았지만, 일부 성공을 하였음에도 불구하고 자급자족이 이루어지지 못하였다. 임진왜란 개전 초기부터 심각했던 화약 부족 현상은 정유재란 때까지도 계속되었는데 부족한 정도가 아니라 사실상 완전 고갈이 되다시피 한 일들이 수시로 발생하고 있었다.

군기시의 화약 재고가 300근이 전부였는데 그것도 쓸 수가 없게 되어 화약이 전혀 없다거나,[22] 화약이 없어 조총 사격 연습을 못하고 있다거나,[23][24] 중국에서 가져와 각 지방으로 내려 보낸 당염초唐焰硝는 보관이 부실하여 재제련再製鍊을 해야 할 형편이고 그마저도 의주義州에 있는 것은 모두 녹아 쓸모가 없어졌다고 하였다.[25] 화약이 부족하자

---

22) 선조실록 44권 선조 26년 癸巳(1593) 11월 21일

上出御便殿引見領府事沈守慶領議政柳成龍兵曹判書李恒福參判沈忠謙等〈中略〉成龍曰無火藥極悶上曰若無火藥雖十萬大將軍箭何以爲之成龍曰來此火藥欲令趙儆呈文請之矣上曰火藥已絶乎恒福曰火藥已絶軍器寺只有三百斤而皆不用之物云矣

23) 선조실록 50권 선조 27년 甲午(1594) 4월 1일

上御便殿引見都元帥從事官司藝李慶涵〈中略〉上曰所帶軍官幾許對曰百餘人上曰有火器火藥乎對曰只有戰用所入而其數不多故習放時常患不足

24) 선조실록 60권 선조 28년 乙未(1595) 2월 13일

黃海道觀察使鄭光績啓曰〈中略〉火藥則遺在絶乏不得習放云

25) 선조실록 68권 선조 28년 乙未(1595) 10월 22일

兼四道都體使柳成龍啓曰本道火藥未知所儲幾何然若軍多則一日所用者其數不眥往日唐焰焇分置於義州平壤寧邊者數千斤此亦當及時改煉劑藥入送于江邊而傳聞在義州者久未改煉太半消融誠爲可惜

아예 포수砲手의 수를 감축하여 활을 쏘고 창검을 사용하는 기예를 가르치는가 하면[26] 독성산성禿城山城에는 화약 재고가 한때 4냥으로 줄었다고도[27] 한 것을 보면 조선의 화약 부족 현상은 보통 심각한 것이 아니었다. 물론 이런 일들은 1차 임진왜란 중에 화약 재고를 모두 소비하고 나서 정유재란이 있기 전, 4년간의 휴전기간에 있었던 일이긴 하다. 하지만 불과 몇 년 뒤 조선은 왜구들의 재침으로 다시 한번 정유재란丁酉再亂이라는 고초를 겪게 되고야 만다.

명나라 화약 수입

화약 부족이 심각했던 조선은 중국으로부터의 수입을 계속 추진할 수밖에 없었다. 정유재란이 발발할 때까지 명나라에 화약을 요청하는 기록들이 이어지고 있다. 선조 임금이 명나라 장수 섭유격葉遊擊을 접견할 때 유격遊擊이 선조에게 "이곳은 화약이 모자라니 손孫 군문軍門에 알려서 화약 수천 근을 보내 달라고 할 예정인데 조선에서도 함께 자문咨文을 보내어 화약을 청하는 것이 좋겠다"고 하자 이 말을 들은 선조 임금은 방법을 알려줘서 고맙다며 사례를 하였다.[28] 어쩌면 마음만 있었지 터놓고 명나라에게 화약을 요청하는 것조차도 어려워했던 것으로 판단된다.

조선의 화약 요청을 받은 명나라에서 다음해 4월 화약을 구입할 자금을 보내왔다. 명나라의 시랑侍郎 손광孫鑛이 자문咨文을 가지고 왔는데 "조선에서 요청한 초황硝黃은 군중軍中의 화약제조에 쓰이는 것이므로 결여되어서는 안 되니 마가馬價 2천 냥을 배신陪臣에게 보내 줄 것이다. 해당 관서에서 시장이 열리는 날(開市之日) 무역하여 쓰라"고 한 것이다. 또한 자문 내용에는 "관부館夫 및 포상舖商들을 엄히 통제하여 공평한 값으로

---

26) 선조실록 74권 선조 29년 丙申(1596) 4월 21일
兵曹啓曰〈中略〉火藥既不可多得則減定砲手之數使得精鍊而其餘則教以射弓槍劍之技固無所妨

27) 선조실록 75권 선조 29년 丙申(1596) 5월 2일 무진
備邊司啓曰禿城山城軍器之中他餘物件則雖未大備粗得成樣而火藥則只有四兩臨急應用決不可望實非細慮令該司急速優送

28) 선조실록 83권 선조 29년 丙申(1596) 12월 6일 무진
上幸南別宮接見葉遊擊〈中略〉遊擊曰此處火藥乏少告於孫軍門火藥數千斤欲爲出送火砲之具遼東亦多有之可以輸來貴國亦爲咨文請火藥可也上曰此等物難措而小邦迷劣不知大人教之多謝

교역하게 하고, 값을 올려 강제로 폐단을 일으키거나 짐짓 쓸모없는 나쁜 물건을 가지고 폭리를 바라는 일이 없도록 할 것이며 이러한 내용의 폐단이 있으면 조사하여 율律에 따라 처벌하라"는 주의사항까지 담고 있었다.[29)]

배신으로 갔던 예조참판 권협權悏이 북경에서 돌아오자 조선은 사은謝恩의 표문表文을 보내는데 그 내용은 다음과 같다.

> "성상께서 우리나라가 왜적과 대치하고 있는 상황에서 병기가 부족하다는 것을 진념軫念하시어 특별히 태복太僕의 은냥銀兩을 하사하고 염초焰硝·유황硫黃·궁면弓面·우근牛筋 등 각종 재료를 구매하여 전용戰用에 보태도록 허락하여 주시니, 신은 일국의 신민들과 함께 감격스러운 마음을 견딜 수 없어 삼가 표문表文을 올려 사례를 드립니다. 삼가 생각하건대 위엄이 구하九夏에 전하시니 적을 물리치는 공을 넓혔고, 백붕百朋을 특별히 하사하시니 적을 물리칠 무기를 마련하였습니다. 은택을 후하게 내려 주시니 하시를 받아도 도리어 부끄럽기만 합니다."[30)]

정유재란 동안에는 명나라 군대가 사용하던 화약조차도 부족한 적이 있었다. 유격遊擊이 조선이 보유하고 있는 화약을 급히 보내 달라면서 중국에서 오기로 되어 있는 화약이 아직 도착하지 않았으니 우선 조선의 화약을 쓰고 중국에서 화약이 도착하면 돌려주겠다고 한 것을 보면 명나라 군사가 사용하던 화약의 조달에도 일부 문제가 있었던 것으로 보인다.[31)]

---

29) 선조실록 87권 선조 30년 丁酉(1597) 4월 13일 계유
〈前略〉卽是孫侍郎鑛之咨也〈中略〉又曰朝鮮所請硝黃筋角原係軍中製藥造弓之用委不可缺箚行太僕寺動支馬價銀貳千兩咨送禮部給付差來陪臣於該館開市之日自行貿易仍嚴禁該館館夫及各舖商平價交易毋得高擡勒指通同作弊故將濫惡無用之物希圖趁利如有此等情弊查出依律究罪買完回日照例給與車輛沿途遞送

30) 선조실록 91권 선조 30년 丁酉(1597) 8월 6일
陪臣禮曹參判權悏回自京師欽蒙聖上軫念小邦與賊對壘兵器欠缺特賜太僕銀兩許買焰硝硫黃弓面牛筋等各樣材料以資戰用臣與一國臣民不勝感激謹奉表稱謝者伏以威傳九夏方恢攘夷之功寵錫百朋獲紓除戎之具銜恩獨厚拜賜還慙

31) 선조실록 98권 선조 31년 戊戌(1598) 3월 12일
李廷龜啓曰〈中略〉遊擊卽招臣賜坐饋茶曰〈中略〉且長槍莨筅四五百箇及火藥等物給與俺營則以備不時之用此等物産於南邊不能容易辦來今已討取於天朝而時未及到若及到則當盡還付矣今與貴國事同一家固當有無相資矣此

염초의 사조私造 허용

임진왜란 중 조선 조정은 개국 이래 금물禁物로 지정, 엄격히 금지해 왔던 염초의 사조私造를 허용하였다. 물론 기한을 정해 한시적으로 허용한 것이기는 하지만 매우 이례적인 조치였으니 화약 확보에 대한 당시 조정의 다급함을 알 수 있는 좋은 사례라 할 수 있다.

화약을 금한 것이 어느 때 나왔으며 어떤 폐단과 어떤 의사가 있어서 금지한 것인지 알 수 없으므로 지금 감히 경솔히 의논할 수는 없지만, "듣건대 중국에서는 공사公私를 막론하고 모두 화약을 제조할 수 있어 가는 곳마다 민간에 포성砲聲이 난다 하니, 이로써 중국에는 사금私禁이 없다는 것을 알 수 있다"며 사조납관私造納官을 허용하였다.32)

그 이전 중종 임금 때에도 염초를 방납防納하거나 개인들로부터 구매하는 일도 있기는 했다. '방납'이란 다른 사람이 바쳐야 할 공물貢物을 대신하여 바치고 그 대가로 나중에 곱절을 받는 일을 말한다. 완성군完城君 이헌국李憲國이 이 같은 중종 시절 염초를 방납했던 사례를 들며 지금은 국가의 저축이 고갈되었고 무역하기도 어려우니 도성 사람들로 하여금 집집마다 염초를 굽게 하자고 건의를 하였다.33)

화약기술자 등용

임진왜란 중 선조 임금은 각 분야의 인재를 등용하기 위해 인재 천거薦擧를 지시하는데 그 천거 대상에 염초를 잘 굽는 자까지도 포함시켰다. 심지어는 **본인 스스로 자신을 천거**(自擧)할 수도 있게 하여 천거에서 누락, 발현發現되지 않는 사람이 없도록 하기도 했다.34)

等事情若行文則是直使之必施也

32) 선조실록 41권 선조 26년 癸巳(1593) 8월 6일
備邊司啓曰火藥之禁不知出時因何弊端有何意思今不敢輕議第聞中朝則勿論公私皆自煮造民間砲聲在在而發云其無私禁可知依傳教限近年私造納官或轉賣事枚擧行會答曰私造納官則限年可也轉賣則不限年爲之且非但行移而已捧承傳爲之更爲分卞以啓

33) 선조실록 43권 선조 26년 癸巳(1593) 10월 22일
完城君李憲國曰中宗朝有焰硝防納且給價募聚矣今則國儲已竭貿易極難令城中之人家家煮取可也

34) 선조실록 55권 선조 27년 甲午(1594) 9월 18일 계사
備邊司啓曰前日引見時上曰必得人材然後可以有爲備邊司堂上各薦其所知之人可矣臣等伏承聖教退而相議〈中略〉有或巧性能造搶刀鳥銃煮取焰焇者使之各薦所知而如有遺漏不現者許令自擧何如上從之

이상과 같이 조선 개국 초부터 임진왜란이 끝나는 시점까지 조선의 화약기술에 대한 검토 결과를 종합해 보면 그때까지도 조선에는 조직적인 화약기술 개발정책은 없었다고 판단된다. 최무선이 중국의 상인 이원으로부터 염초법을 배웠던 것이 1370년대 중반이었으니 220년이나 지난 선조 때까지도 조선의 화약기술 개발은 그때그때 우연히 전해 듣거나 중국인들에게 물어물어 배우는 것이 고작이었던 것이다.

화약개발을 위해 구체적 노력을 했던 세종조를 제외하고는 대부분이 "염초법을 전습하라", "화약은 군국의 중요한 물건이니 그 법을 배우도록 하라", "염초법을 가르쳐 달라고 청하라", "염초법을 배워 오라", "염초법을 알아낸 자에게는 상을 주겠다"는 등의 막연한 기록들만 전해지는 것을 보아도 구체적인 국가정책이 없었음을 말해 주고 있다. 물론 "염초법을 배워 온 아무개에게 상을 내렸다"는 기록도 있는 것을 보면 나름대로 성과가 있었던 것 같기도 하지만 동일한 내용들, 즉 "염초법을 배워 오라"는 것과 "배워 온 아무개에게 상을 내렸다"는 내용이 반복되고 있는 것을 보면 만족할 만한 수준은 아니었고 항상 미흡한 부분이 있었던 것이다.

하지만 이렇게 반복되는 시행착오를 통해 수백 년을 두고 부족하나마 조금씩 기술발전이 있었을 것이라고 생각하면 이러한 노력 자체를 무시할 수는 없다. 다만 한 가지 아쉬운 부분이라면 좀 더 체계적인 정책이 없었다는 점이다.

명량대첩 재현 광경: 선조 30년(1597) 9월 16일 명량(鳴梁)에서 삼도수군통제사 이순신 장군이 단 13척의 배만을 가지고 133척의 왜선을 상대로 대승을 거둔 해전으로서 〈必死卽生 必生卽死〉라는 유명한 말을 했던 곳이다. 명량은 전라남도 해남군 화원반도(花源半島)와 진도(珍島) 사이에 있는 해협으로 울돌목이라고도 한다.

임진왜란 당시 조선인들은 왜인들이 사용하던 총銃을 보고 "총을 쏘면 반드시 명중하는데 왜인의 총은 능히 나는 새도 맞힐 수 있다"고 하여 조총鳥銃이라 하였는데(倭銃能中飛鳥故曰鳥銃) 다른 말로 화승총火繩銃 또는 철포鐵砲(てつほう)라고도 하였다.

요즘도 우리는 종종 "상대도 안 될 것이 뻔한 약자弱者가 자기 분수도 모르고 강자强者에게 겁도 없이 대든다거나, 도저히 되지도 않을 일을 무모하게 추진하는 것, 또는 아는 것도 없는 무식한 자가 함부로 일을 저지르는 것" 등을 두고 **무댓뽀**라는 말을 사용하기도 한다.

바로 이 철포鐵砲(てつほう)라고 하던 화약병기에서 유래된 말이라 한다. 즉, **무댓뽀**란 "무철포無鐵砲(むてつほう)"의 일본어 발음에서 나온 말로서 전쟁을 하려면 당연히 "철포" 정도는 가지고 있어야 적과 대적할 수가 있을 것인데 "겁도 없이 철포도 없는 자가 싸우려고 대든다"는 뜻이다.

철포, 즉 조총이 상당히 위협적인 무기였음을 간접적으로 나마 잘 알려주고 있는 말이라 하겠다. 임진왜란 발발 초기 조선의 우리 선조들은 말 그대로 철포도 없이 **무댓뽀**로 전쟁을 치른 셈이다.

제 III 부

조선 후기의 화약

조선은 염초의 국내 생산을 적극 추진하기 시작하였다. 하지만 단기간에 국내의 생산량을 늘리는 것은 쉬운 일이 아니다. 당시 우리나라 염초법은 생산성이 매우 낮은 방법이었다. 따라서 조선은 상금을 내걸면서 요동 사람 중에 화약을 잘 만드는 사람을 찾는 한편 인조 9년(1631)에는 화약과 화기 생산을 위해 별조청別造廳을 설치하기도 하였다.

"신전자취염소방新傳煮取焰焇方"이 나오면서 화약의 제조법이 어느 정도 정립은 되었을 것이나 또 다른 문제가 있었으니 그것은 바로 함토醎土의 부족이었다. 함토가 부족하여 곤란을 겪고 있을 때 새로운 염초법이 등장하였다. 인가의 함오한 땅에서만 함토를 채취하는 것이 아니라 길가의 흙을 사용하는 방법을 제시한 남구만南九萬의 『신전자초방新傳煮硝方』이 나온 것이다.

제 6 장

조선 후기의 화약

01_

임진왜란 이후 조선의 화약 수급 현황

임진왜란 내내 중국으로부터 화약을 공급받아 가면서 그들의 화약 제조 기술을 배우려고 많은 노력을 하였음에도 실질적인 성과를 보지 못하고 있던 조선의 화약 사정은 선조 31년(1598) 정유재란을 끝으로 임진왜란이 끝나고 나서도 크게 좋아지질 않았다. 국내의 화약생산은 여전히 부족한 상태였다. 특히 조선은 명나라 원병이 귀국하고 난 후가 더욱 걱정일 수밖에 없었다. 전쟁 중에는 중국에서 화약이 공급되었지만 전쟁이 끝나면 화약 공급이 중단될 수도 있었기 때문이다.

이런 점을 생각한 선조는 계속해서 중국으로부터 군수물자를 공급받을 수 있도록 하라는 전교를 정원政院에 내렸다. 중국군이 돌아간 뒤에는 무기가 부족하여 적을 막기가 어려울 것이니 손孫 군문軍門이 이곳에 있을 때 이자移咨하거나 접반사接伴使를 시켜 주선하게 하여, 군문이 직접 황제께 주문하거나 병부에 이자移咨하되 "조선이 잔파殘破되어 무기가 없으니 궁각弓角·우근牛筋·어표魚鰾·염초焰硝·유황硫黃 등의 물품을 넉넉하게 보내줘야 한다"는 내용으로 중국과의 교섭을 추진하도록 지시를 하였다.[1)]

위 기록을 보면 조선은 중국에게 염초뿐만이 아니라 유황까지도 공급해 주기를 원하고 있었음을 알 수 있다. 중국이 아니면 유황마저도 조달이 어려운 상황이었던 것이다. 그러나 이런 조치가 조선이 뜻하는 대로 추진될 수만은 없는 일이었다. 좌의정 이항복李恒

---

1) 선조실록 107권 선조 31년 戊戌(1598) 12월 8일 기미
傳于政院曰天兵入去之後我國雖乞爲防禦非徒軍卒數少器械亦乏以何器械而禦賊乎軍門在此時或移咨或令接伴使周旋而使軍門或奏聞或移咨兵部而曰朝鮮殘破無器械弓角牛筋魚鰾焰硝硫黃等物優數請給事未可圖之耶此意言于備邊司議啓

福이 체찰사體察使가 되어 전라·경상도로 출발하기 전, 향후 일정과 주로 해야 할 업무를 보고하면서 "남방南方에서 가장 긴급한 것이 화약과 궁전弓箭, 염초焰硝인데 물력物力이 탕갈蕩竭된 지금 갑자기 마련하기가 어렵다"고[2] 하는 내용을 시작으로 다시 조선의 화약 부족에 대한 기록이 이어지기 시작한다.

하지만 아직은 중국과의 염초무역이 완전히 중단된 것은 아니었다. 처음 염초무역 금지 조치가 해제된 것은 임진왜란 중 왜구를 물리치기 위한 것이었지만 임진왜란은 끝이 났더라도 명나라는 요동遼東 지방의 여진女眞(후일의 청나라)을 견제하기 위해 조선과의 동맹을 강화할 필요가 있었기 때문에 전처럼 염초무역을 완전히 금지시킬 수는 없었을 것이다.

『선조실록』 곳곳에서 염초가 부족했던 정황과 명으로부터 염초를 수입하고자 했던 기록들을 찾아볼 수가 있다. 선조 34년(1601) 2월 함경도 관찰사 신잡申磼이 아뢰기를 "화약을 얻기가 매우 어려운데 염초焰硝를 구어 만들어 쓰라는 조정의 명령이 있기는 하나 그 공역이 매우 많아 차라리 중국인에게 무역하는 것만 못하니 본도에서 직접 염초와 화약을 많이 사와 전쟁물자로 쓰게 하는 것이 매우 마땅하겠다"라고[3] 하였다. 연이어 한 달 뒤에도 화약과 염초를 조달할 길이 없어 매우 염려되니 급히 무역하여 보내 달라고 하는 등 화약 부족 현상은 계속되었고 또 그 부족한 화약은 중국으로부터의 수입에 의존하고 있었음을 알 수 있다.[4]

하지만 중국은 염초무역을 완전히 금지하지는 않았더라도 염초를 무역할 때는 임금의 자게咨揭가 있어야만 가능할 정도로 엄히 통제를 하고 있었다. 중강개시中江開市에서 염초를 구입해 오는 것도 예조의 게첩揭帖만으로는 허락되지 않을 정도였다.[5]

---

2) 선조실록 121권 선조 33년 庚子(1600) 1월 16일
李恒福再啓曰〈中略〉南方最急者火藥與弓箭焰硝則物力蕩竭雖難卒辦

3) 선조실록 134권 선조 34년 辛丑(1601) 2월 24일 계사
〈前略〉申磼引見〈中略〉申磼曰〈中略〉但火藥得之甚難焰硝煮取雖有朝廷命令而其功役倍多不如貿易於唐人之便利也〈中略〉差官採銀自本道焰硝火藥多數貿來以爲戰用之具甚爲宜當

4) 선조실록 135권 선조 34년 辛丑(1601) 3월 18일 병진
咸鏡監司申磼馳啓曰〈中略〉火藥焰硝亦無措備之路極爲可慮〈中略〉急速貿送啓下備邊司

5) 선조실록 159권 선조 36년 癸卯(1603) 2월 14일 신축
禮曹欲爲揭帖于中江委官高洋處傳曰我國陪臣私自揭帖于上國人處恐於事體不當議啓政院回啓曰臣等取見其揭稿則無奉旨知會之語而若該曹直請者然事體誠不敢矣但貿硝之擧緊急難已而必有咨揭然後可免中間攔阻之患〈中略〉然或未穩則移咨鎭江遊擊府使之傳喩中江開市處勿許攔阻恐或無妨傳曰依法移咨可矣

화약이 부족하자 나라에서는 면역免役과 면천免賤을 조건으로 염초와 화약 등을 모아들이기도 하였는데 이를 빌미로 각종 부조리와 폐단이 발생하기 시작하였다.[6] 당시 면역 조건은 염초 60근 정도였는데 요양遼陽 지방의 염초는 값이 싸서 은 1냥이면 염초 20근을 살 수가 있었다. 그러다 보니 염초를 바치는 것이 아니라 이리저리 청탁을 하여 요양遼陽 지방의 염초 가격을 은으로 환산, 3냥의 은자銀子를 주고 면역되는 일도 있었고 심지어 수령守令들은 거둬들인 염초를 가지고 자기의 사욕을 채우는 일도 있었다. 이처럼 면역이나 면천을 하는 자가 늘어나자 가뜩이나 전쟁 뒤에 백성이 줄어 있는 중에 관가官家에 종사할 인원이 부족하여 관가가 피폐疲弊해질 정도였다.

한편 조선에서는 여전히 해초법海硝法에 대한 미련을 버리지 못하고 있었다. 중국 원병 중에 화약기술을 알고 있는 손용孫龍이란 자가 죄를 짓고 낙오되어 있는 것을 알고 약법藥法과 포법砲法을 전습傳習하고자 하였는데 기술을 완전히 전습하기 전에 그가 돌아가려 하자, 보고를 받은 선조 임금은 그를 서울로 데려와 더 머물게 하면서 후히 상물賞物을 주어서라도 해초법을 전습하라고[7] 지시를 하였다.

하지만 이때도 역시 해초법을 알아내지는 못하였다. 조선이 중국에 해초법이 있다는 것을 처음 안 것이 선조 26년(1593)의 일이었으니 8년이 지나도록 그 기술의 실체조차 알아내지 못하고 있는 것이었다. 그렇다면 중국의 해초법은 과연 실제로 존재했던 기술이었을까? 해초법이 실제 존재하는 기술이었다면 어째서 조선의 이와 같은 노력에도 불구하고 그 기술을 전혀 파악할 수 없었던 것일까? 혹시 해초법이란 것이 실제 존재하지 않는, 아니 존재할 수 없는 기술은 아니었을까? 이에 대해서는 현대의 과학상식으로 살펴볼 수밖에 없는데 이는 〈8-2-3〉절에서 다루도록 하겠다.

---

6) 선조실록 134권 선조 34년 辛丑(1601) 2월 8일 정축
平安道觀察使徐渻馳啓曰亂離以後人物凋耗加以移屬免役免賤〈中略〉官家之疲弊者職由於此〈中略〉則頃以操鍊一事急求焰硝火藥等物至於懸賞購募而遼陽地方焰硝價廉二十斤直銀一兩而納焇六十斤則免役或有夤緣請囑於各司圖得三兩銀子因之免役甚者守令又將其所納焰硝以濟已私者有之

7) 선조실록 137권 선조 34년 辛丑(1601) 5월 21일 무오
訓鍊都監啓曰劑藥人孫龍曾送於全羅監司處及統制使營使之傳習藥法及砲法〈中略〉且海上焰硝亦將煮取於扶安地因都監催促〈中略〉而不可以此挽留卽當隨便入送〈中略〉傳曰海硝不可不傳習仍留傳習可也且厚給賞物亦當〈中略〉大槪如此秘法京中爲之

목릉: 해초법을 찾아 무던히도 애를 썼던 선조 임금의 능. 구리시에 있다.

한편 선조 임금의 염초제조법에 대한 지대한 관심과 중국의 화약을 수입하려는 노력에도 불구하고 조선의 화약 부족은 지속되었다. 당시 조선은 군기시 본시本寺에서 화약을 생산하여 각 도道로 반송頒送하고 있었는데, 화약이 부족하자 "중국에서는 곳곳에서 염초 굽는 것을 허락하고 있기 때문에 누구든지 굽는 방법을 알고 있어 총을 사용하는 것이 장기長技가 되었다"는 중국의 예를 들며 각 도 · 각 읍으로 하여금 직접 구워 사용토록 하면서[8] 지방에 있는 옛 염초기술자들까지 동원하여 염초를 생산하기도 하였다.[9]

심지어 조선은 군대를 정비해 놓고서도 군사를 조련할 화약이 없어 애로를 겪는 일까지 있었다. 선조 36년(1603) 강화江華의 편오군編伍軍이 정예롭지 못하여 1천 3백여

8) 선조실록 160권 선조 36년 癸卯(1603) 3월 11일 정묘
輪對〈中略〉軍器副正李止孝進曰〈中略〉辦出火藥極難而頒送各道之數亦不少勢難應副竊聞中朝之法許令處處煮出故人人皆知煮法是以長於用銃乞依中朝例使各道各邑自煮用之

9) 선조실록 162권 선조 36년 癸卯(1603) 5월 19일 갑술
備邊司啓曰方今禦敵之用焰硝最急而京外一歲所煮之數應用習放之外餘存者無幾本司時方設廳煮取而人力不敷所得無多南宮欄頗曉煮硝之法曾爲軍器寺官專掌此任未期歲納官之數多至千餘斤至於入啓論賞今爲所江僉使〈中略〉使之專責煮硝之事逐月開數上送以憑賞罰恐合時務敢啓允

명으로 군사를 증원, 재편하고 조련을 하고자 하나 조총鳥銃과 화약火藥이 모자란다는 비변사의 보고가 이를 잘 설명하고 있다.[10]

이처럼 조선의 염초는 항상 부족하기만 했다. 중국화약의 수입이 완전히 중지되지는 않았다고 해도 중국으로부터 공식적인 허락을 받은 것이 아니었기 때문에 정기적인 공무역公貿易이 아닌 사무역私貿易과 밀무역密貿易을 통한 불규칙적인 수입만으로는 그 양이 충분치 못했던 것이다.

당시 중국은 화약의 사조私造를 비교적 자유롭게 허용하고 있었다. 제조가 자유스럽다는 것은 판매처도 있었다는 얘기도 된다. 그러다 보니 중국에서는 무뢰배無賴輩들이 군부대의 화약고까지 탈취하여 화약을 팔아먹는 일이 발생하였는데, 급기야는 의주義州에 사는 조선인들까지도 압록강을 건너가 화약고 벽을 뚫고 화약을 훔쳐 오는 일이 발생하였다.[11] 조선의 화약 부족을 틈타 돈벌이를 하려는 자들의 소행으로 보이는데 조선인들이 훔친 화약만이 아니라 아마도 중국 무뢰배들이 탈취한 화약도 조선으로 밀수출되었을 가능성이 있는 대목이다.

10) 선조실록 169권 선조 36년 癸卯(1603) 12월 15일 병신
備邊司啓日臣等聞江華編伍軍兵似未精抄〈中略〉改作編伍〈中略〉合而計之則一千三百餘名以此可作二司之兵若能趁此時善爲操鍊則可備他日緩急之用而本府將爲國都保障之地其關係非細而非但無教師未易成就鍊兵器具未及措備鳥銃火藥尤乏誠爲可慮

11) 선조실록 201권 선조 39년 丙午(1606) 7월 16일 계미
〈前略〉朴東亮狀啓臣近觀京外之人多於義州中江貿易火藥而其價亦不高踊云臣以詔使迎候事到義州細得其詳則所謂唐人之賣火藥者無賴唐人之輩自遼陽至鎭江其間許多鎭堡官上火藥暗裏偸出或五六百斤或千餘斤本國買賣人處夜間潛賣以此其價雖歇所偸愈多數年來遼陽一帶火藥盡皆見失鎭堡之官亦不以時點檢徒閉虛庫義州近處無賴之輩亦爲結黨乘昏過江親自穿壁偸來者非止五六臣聞來竦然早晩此事必有現露之端則我國商賈亦不無辭連之事卽招義州府尹具義剛具陳此情形使之痛加嚴禁

02_

명나라의 화약 수출 허용과 중단

명나라의 염초 공무역公貿易 허용

화약의 부족으로 곤란을 겪어 오던 조선은 선조 39년(1606)이 되어서야 드디어 중국으로부터 공식적인 무역을 허락받기에 이른다. 매년 동지사冬至使 편으로 염초 3천 근씩을 무역할 수가 있게 된 것이다.[12] 고려 말 명나라 태조에게 처음 화약의 공급을 요청한지 230여 년만의 일이다. 하지만 이때는 임진왜란 때와는 달리 무상원조가 아니라 값을 치르고 사오는 무역이었다. 염초무역을 허락받은 조선은 이에 대한 보답으로 사은사謝恩使를 보내 방물을 바치는데,[13] 사은사 일행이 중국으로 가는 도중 사은예물謝恩禮物 중 일부가 물에 젖어 색깔이 변한 것이 있자 서둘러 다시 마련해 보냈다는 기록이 있다.[14] 염초무역을 허가해 준 중국에 대한 당시 조선 조정의 태도를 엿볼 수 있는 대목이다.

중국 염초의 대량 수입이 시작되면서 조선의 염초 확보 문제는 어느 정도 해결되었던 것으로 여겨진다. 이는 선조 39년(1606) 이후 3년여 동안은 염초 부족에 대한 기사가 발견되지 않는 것으로 보아 짐작할 수가 있다.

---

12) 선조실록 201권 선조 39년 丙午(1606) 7월 17일 갑신
〈前略〉軍器之用焰硝最切而非但鹹土甚稀該司價布儲畜不多不得優送以致乏用方爲悶慮今者皇朝每年冬至使行次許貿三千斤當依此數貿易而軍器寺所貿之數只一千斤云都監備價當貿二千斤〈下略〉

13) 선조실록 199권 선조 39년 丙午(1606) 5월 6일 계유
降勅焰硝許貿謝恩方物文書順付於頒詔謝恩使韓述之行

14) 선조실록 200권 선조 39년 丙午(1606) 6월 19일 병진
禮曹啓曰伏見謝恩使韓述等馳啓焰硝謝恩禮物中滿花方席十張水濕色變急速改備下送云傳曰允

명나라의 염초무역 중단

선조 이후 광해군 시절, 조선은 또다시 염초 때문에 고심을 하기에 이르렀으니 명나라에서 매년 3천 근씩 허락하던 염초무역을 중단시킨 것이다. 원래 염초는 고려 말부터 중국의 수출금지 품목이었지만 임진왜란 발발과 함께 공동의 적인 왜구를 토벌하기 위해 일시적으로 무역을 허용했던 것으로 전쟁이 끝나자 다시 이를 금했던 것으로 판단된다.

3천 근씩 수입을 해도 부족한 형편에 수입 자체가 중단되었으니 조선의 화약 부족은 또다시 심각해질 수밖에 없었다. 중국에서 매년 3천 근씩 수입을 하게 되면서 조선은 그동안 비변사에서 1년에 1천 근씩 생산하던 규례를 폐지하고 훈련도감과 군기시에서만 자체로 구워 내고 있었는데 그 수량이 매우 적어 한 번 사용하기에도 부족한 형편이었다. 중국에서 해마다 3천 근씩 무역해 올 때도 무고武庫에 비축해 둔 염초는 날로 줄어들고 있었는데 그마저도 중단이 된다면 몇 년이 지나지 않아서 염초 재고는 아주 없어지게 될 것은 뻔한 일이다. 위급한 사태가 발생했을 때 물량이 핍절逼切된다면 실로 다급한 처지에 놓이게 될 것이니 근심이 이보다 더할 수가 없는 노릇이라 하였다.[15)]

---

15) 광해군일기(태백산본) 21권 광해 1년 己酉(1609) 10월13일 신유

비변사가 아뢰기를 "상께서 '천추사(千秋使)의 서장(書狀)으로 인해 병부(兵部)가 염초의 무역을 허락하지 않는다고 하니 이 길이 한 번 막히면 일이 매우 걱정스럽다. 이번 주청사(奏請使)의 행차에 다시 진주(陳奏)하여 간청해야 할지 대신들에게 의논하여 결정해서 아뢰도록 하라'고 전교하셨습니다. 병란 이후 우리나라가 적을 방어할 때 사용하는 기구는 총포(銃砲)보다 더 좋은 것이 없습니다. 그러나 아무리 총포가 있다 하더라도 화약이 없으면 쓸모없는 기구가 될 것입니다. 평상시 비변사가 구워 내는 화약은 품값이 많이 드는 반면 생산되는 것이 매우 적어서 1년에 1천 근도 마련하지 못했습니다. 그런데 임진년 이후 이 규례도 폐지되고 훈련도감 및 군기시에서 자체로 구워 내고 있는데 그 수량이 매우 적어 한 번 사용하기에도 부족합니다. 중국에서 해마다 3천 근씩 무역하게 하는 규례가 정해져 있지만 그것도 부족하므로 무고(武庫)에 비축해 둔 것이 날로 줄어들고 있는데 이러한 상황이 계속된다면 몇 년이 지나지 않아서 아주 없어지게 될 것입니다. 따라서 위급한 사태가 발생하여 각처에서 물밀듯이 계청해 올 경우 사용할 시기에 물량이 핍절되어 그 형세가 실로 다급한 처지에 놓이게 될 것입니다. 그런데 지금 3천 근을 무역하는 것도 허락하지 않는다면 이후로 화기(火器)를 사용하는 데 있어서 어떻게 해볼 도리가 없을 것이니 어떠한 근심이 이보다 더할 수 있겠습니까. 의당 급히 서둘러 주청해야 할 일입니다. 〈下略〉

03_

화약 생산 장려와 염초 사무역

명나라에서 염초의 무역을 중단하자 조선에서는 다시 국내 생산을 독려하기 시작했다. 자기 집에서 함토鹹土 채취를 거절하는 사대부士大夫들이 늘어나면서 함토 채취량이 줄자 광해군은 "귀천을 논하지 말고 호수戶數를 계산하여 파내되 각부의 관원이 파내고 파내지 않은 대소가大小家의 호수를 대소 점검하여 책자로 만들어 월말마다 도감에 보고하라"는 등 염초 증산을 도모하였다.16)

광해군은 국내 생산을 독려하는 한편, 중국 염초 수입도 계속 시도하였다. 무역 금지 3개월 만인 광해군 2년 1월 이언광李彦光과 최의홍崔毅弘을 중국에 보내며 염초를 사 오라는 지시를 한다.17) 그들이 염초를 사가지고 왔는지는 불확실하지만 그 2개월 뒤 동지사冬

16) 광해군일기(태백산본) 22권 광해 1년 己酉(1609) 11월 9일 병술
훈련도감이 아뢰기를 "계속 만들기 어려운 것이 화약(火藥)인데 화약의 제조는 오직 함토(鹹土)에 달려 있습니다. 그래서 함토를 파낼 때 집안에서 캐는 것을 허락하지 않는 사대부에 대해서는 무겁게 죄를 다스릴 일로 선왕조(先王朝) 때 계하하였습니다. 그런데 근래 여염의 세력이 있는 집들은 파내는 것을 허락하지 않고 심지어 장인(匠人)을 구타하고 흙을 파는 기구를 빼앗기도 하여 발을 붙일 수 없도록 한다니 매우 놀랍습니다. 평상시 인가가 즐비한 시기라 하더라도 사대부의 집을 가리지 않고 남김없이 땅을 파게 했던 것이 예전부터의 규례인데 더구나 지금 인가가 드문 시기에 사대부 집에서는 파낼 수 없다면 파내는 숫자가 모두 얼마나 되겠습니까. 요즈음에 화약을 넉넉히 조제할 수 없었던 것은 바로 여기에서 연유한 것이니 지난 날 계하한 뜻을 거듭 밝혀 거행하지 않을 수 없습니다. 그런데 근래에 국가의 기강이 해이해져 호령(號令)이 시행되지 않음이 날이면 날마다 심해지니 아무리 거듭 밝힌다 하더라도 별도로 처치하지 않는다면 염초장인(焰硝匠人)이 기필코 세력이 있는 집에는 손을 쓸 수 없을 것입니다. 지금부터는 각부(各部)·각리(各里)에 귀천을 논하지 말고 호수(戶數)를 계산하여 파내되 각부의 관원이 파내고 파내지 않은 대소가(大小家)의 호수를 대조 점검하여 책자로 만들어 월말마다 도감에 보고하도록 하며 만일 한 호수라도 누락시키고 파내지 않은 곳이 있으면 해당 부의 관리는 무겁게 죄를 다스리며 파내도록 허락하지 않은 가장은 죄를 다스리게 하는 일을 앞서 계하한 사목에 의거 다시 승전(承傳)을 받들어 시행하게 하는 것이 어떻겠습니까?" 하니, 윤허한다고 전교하였다.

17) 광해군일기 24권 광해군 2년 庚戌(1610) 1월 16일 계사

至使 정경세鄭經世과 여유길呂裕吉 등이 많은 양의 염초를 사 왔을 때 동지상사冬至上使와 부사副使에게 한 자급씩을 더해 주는 등 포상을 하였던 사실이 있는 것을 보면[18] 비공식적인 사무역私貿易을 통해 염초를 계속 수입하고 있었음을 알 수가 있다.

그 후에도 조선 조정에서는 동지사冬至使 일행뿐만이 아니라 성절사聖節使, 천추사千秋使을 통해서도 수입을 하였고, 진주사陳奏使에게도 무역을 시켰으며, 정조사正朝使, 사은사謝恩謝, 진하사陳賀使 등 정기, 부정기를 막론하고 사행使行 시마다 기회가 있는 대로 염초를 수입하였다. 광해군은 중국 염초를 사 오거나 국내 생산에 공이 있는 사람에게 포상을 하는 등 염초 수입 및 생산을 장려했고[19][20][21][22] 반대로 자신의 집에서 함토鹹土를 채취하지 못하게 방해하는 자들에게는 엄히 벌을 내리는 등[23] 염초 확보를 위한 노력을 계속하였다. 하지만 선왕先王인 선조와는 달리 염초제조술을 개량한다거나 중국의 염초기술을 배워 오려는 시도는 없었던 것으로 보인다. 선조가 추진하던 해초법海硝法의 개발은 이미

癸巳傳曰禦敵之具莫切於焰焇而聖節千秋皆未得貿來極爲可慮今此貿來人等盡心周旋多數貿來其誠可嘉各別論賞以勸他人李彦光本衙門正職除授崔毅弘相當職除授竝例外爲先赴京使之貿焇

18) 광해군일기 27권 광해 2년 庚戌(1610) 윤3월 25일 경오
庚午傳曰冬至使鄭經世呂裕吉等爲焰焇貿來事盡心周旋優穀貿來深用嘉焉上副使各加一資書狀官李芬陞敍堂上通事張士元實職除授上通事南胤咸加資

19) 광해군일기 49권 광해 4년 壬子(1612) 1월 10일 을사
〈前略〉瑞山郡守柳旻多煮焰硝優備軍糧似當褒奬而事係恩典上裁何如傳曰〈中略〉柳旻竝陞

20) 광해군일기 61권 광해 4년(1612 壬子) 12월 18일 정미
傳曰陜川郡守尹鞏措備火藥一百十五斤鐵丸三千介極爲可嘉加資

21) 광해군일기 98권 광해군 7년 乙卯(1615) 12월 25일 정묘
丁卯兵曹啓曰安邊府使李時發所備焰硝多至六百十三斤非但甲於一道亦且優於他道極爲可嘉論賞何如傳曰加資

22) 광해군일기 182권 광해군 14년 壬戌(1622) 10월30일 임진
壬辰兵器都監啓曰〈中略〉尹汝任兼察焰焇廳往來監董六朔之內煮取之數多至一千二百斤勤苦冣多焰硝監造官金彦範安瑨晝夜不離盡心竭力亦爲可嘉似當照例施賞傳曰竝加資金彦範下三道邊將除授

23) 광해군일기(태백산본) 93권 광해 7년 乙卯(1615) 8월 17일 신묘
훈련도감이 아뢰기를 "적을 막는 데 쓰이는 것으로는 화약(火藥)보다 더 중요한 것이 없습니다. 그런데 그것을 만드는 데 있어서는 함토(鹹土)가 꼭 필요한데 함토는 사람이 살지 않는 산과 들에서 나오는 것이 아니라 반드시 오래된 집과 사람들의 왕래가 빈번한 곳에서 취하여야만 쓸 수가 있습니다. 이에 '파낼 때 귀천(貴賤)을 막론하고 호구(戶口)를 헤아려 파내되 허락하지 않는 자가 있을 경우에는 가장을 치죄한다'는 것으로 승전을 받든지 이미 오래되었습니다. 그런데 지난번에 전 감찰 권진기(權盡己)는 많이 파내는 데 화를 내어 구박하여 내쫓았으며 인하여 장인(匠人)들이 그의 집에서 폐단을 일으킨 정상을 도감에 통보하였으며 또 분을 풀고자 하여 법부(法府)로 하여금 풍문(風聞)으로 염초장(焰硝匠)을 잡아다가 형신하게까지 하였습니다. 일이 몹시 놀라우니 바라건대 권진기를 승전에 의거해서 중한 쪽으로 치죄하여 다른 사람들을 경계시키는 것이 어떻겠습니까?" 하니 윤허한다고 전교하였다.

실패하였고 이때쯤에는 기술 개발 자체를 포기하고 있었는지도 모른다.

한편 염초 확보에 공이 있는 사람에게 포상을 하는 것에 대해서는 상을 너무 남발하는 것이 아니냐는 반론도 적지 않았다.[24)][25)] 『선조실록』에서도 사관들은 선조 임금 때에 포상했던 사실을 놓고 상이 과하다는 의견을 기록했던 적이 있었는데[5-20, 21)] 그 『선조실록』을 편찬하던 사람들이 집권하고 있던 시절이니 모두가 같은 맥락이라 할 수 있을 것이다.

우려했던 대로 염초 생산에 공이 있는 자에게 상을 주는 과정에서 실제로 그에 따른 폐단이 발생하기도 하였다. 뇌물을 주고 자급을 올려 받거나, 백성들을 갈취하여 염초를 만든 다음 상賞을 신청하는 등 부조리가 생겨난 것이다. 후일 『광해군일기』를 기록하던 사관史官들은 "대체로 뇌물을 주고 상을 받았던 것이기 때문에 같은 양의 염초를 가져다 바쳤더라도 상을 받지 못한 자가 셀 수 없이 많았다"고 하였다.[26)]

수령守令과 변장邊將 들이 무기와 군량을 마련하여 바치면 직속 상사인 감사監使와 병사兵使는 이 사실을 적어 장계狀啓를 올렸고 수령들은 그에 대한 공으로 금옥金玉의 반열班列에 오르는 것이 일쑤였다. 따라서 수령이나 변장들은 발령을 받으면 부임도 하기 전에 미리 시중에서 달변(月利)을 얻어 화약과 염초 등의 물건을 구입해 임지任地로 가지고 갔고 도임到任한 후에는 그 값을 백성들에게 곱빼기로 거두어 변상하는 조직적인 부조리가 생겨난 것이다.[27)]

---

24) 광해군일기 36권 광해 2년 庚戌(1610) 12월 13일 갑신
甲申司諫院啓曰〈中略〉譯官南胤咸以焰焇貿來事旣膺堂上之命又以私物百餘斤至授嘉善重加非但所納所酬輕重不稱北京一往來之間疊授二資取金將玉如拾地芥朝家命德之器豈容若是其濫授乎設有些少私納之事自有可當可酬之典何必重辱名器以貽續貂之譏乎請南胤咸嘉善賞加亟命改正

25) 광해군일기 63권 광해 5년 癸丑(1613) 2월 6일 갑오
甲午備邊司啓曰〈中略〉先朝措備米數千石者不得論賞而今則只以數百石之米未滿百斤之焰硝賭得重加前後不均此由兵水使擅自狀啓故也今後必待監司狀啓然後就其中措備數多表表治績者稟旨論賞其餘則或馬匹或表裏斟酌賜給似爲宜當傳曰依啓

26) 광해군일기 63권 광해 5년 癸丑(1613) 2월 6일 갑오
【王雖依此啓其後賞加之弊愈滋大抵率以賄得之有數均而不蒙賞者不可勝記】

27) 광해군일기 77권 광해 6년甲寅(1614) 4월 25일 정미
司諫院啓曰〈中略〉近來爵賞太濫希望成風守令邊將以軍器軍糧措備之事因監兵使一紙狀啓輒陞金玉之班此弊日痼極爲寒心軍器則例於未赴任前多出月利於市井貿得火藥焰硝筋角等物駒載而去到任之後倍徵其價於民間而償之〈中略〉請自今後監兵使以守令邊將軍器軍糧措備之由冒濫請賞者先罷後推事捧承傳施行

04_

명明 · 청清 교체기의 화약 수입

조선이 명나라와의 공무역에 제한을 받으면서도 밀무역과 사무역을 통해 염초 수입을 지속할 수 있었던 것은 당시 명나라 입장에서 일방적으로 염초무역을 완전히 중단시킬 수만은 없었기 때문이다. 이때는 이미 후금後金이 세력을 확장하며 요동遼東 지방에까지 세력을 뻗치고 있던 시기로서 명나라에서는 후금을 토벌하기 위해 조선에게 파병을 요청하는 등 조선의 도움이 꼭 필요했던 시기였다.

명나라가 후금을 치기 위해 조선에 파병派兵을 요청했을 때였다. 파병 요청을 받은 조선은 "**군사를 일으킬 때이니 명나라에서도 반드시 염초무역을 허락할 것**"이라 판단하였고 이를 명분 삼아 명나라에 염초 공급을 요청하였다.[28][29] 염초를 요청한 지 불과 3개월 만인 10월, 명나라 염초가 평양에 도착하였으니[30] 아마도 이즈음 명나라가 취했던 염초 금매禁買 조치는 조선을 압박하여 파병을 유도하기 위한 전략이었는지도 모른다.

임진왜란 때 명나라는 원병 파병과 함께 염초를 무상으로 원조했던 적이 있다. 물론 조선을 도와주기 위한 일이기도 했지만 왜구들은 명나라에서도 반드시 토벌해야 할 공동의 적이었기 때문이다. 하지만 임란 후 조선은 값을 주고 염초를 사 오면서도 공무역을 중단시

---

28) 광해군일기 129권 광해군 10년 戊午(1618) 6월28일 을유
傳曰焰硝最切於戰用若待節使之行則必緩不及事機直送咨文參酌貿來而仍使李慶全極力善圖期於貿來似當令備邊司詳議

29) 광해군일기 130권 광해군 10년 戊午(1618) 7월 4일 경인
王曰焰硝非我國之産近來絶乏卿須往稟于經略前優數貿來慶全曰軍興之時想必許貿矣

30) 광해군일기 133권 광해군 10년 戊午(1618) 10월 18일 계유
備邊司啓曰尹暉所受來焰硝之數未知幾許而目今西北防備甚緊不必輸到于京中令平安監司稱數收捧于平壤以便西北分用允合事宜

킨 명나라의 조치에 애를 태우고 있었는데 파병을 빌미로 군대를 무장하겠다며 화약을 요청하면서 조선이 군사 1만 명을 파병하자 명나라가 그에 대한 대가로 염초를 무상 공급한 것이다.

그뿐만 아니라 이 무렵엔 광해군 1년(1609)에 중단되었던[6-15] 연간 3,000근의 염초무역도 재개되었던 것으로 판단된다. 훗날(1632) 또다시 "관례대로 3,000근씩 수입하던 염초무역을 중단시켰다"[6-43]는 기록이 있는 것으로 보아 그 이전에 무역을 재개하였을 것으로 짐작할 수 있기 때문이다.

명나라 황제는 병력을 파병해 준 조선을 격려하는 한편 임진왜란 때 명나라가 조선에 원병을 파병했던 것을 상기시키면서 "중국 조정의 돈독한 보살핌으로 조선이 나라의 기틀을 다시 가다듬었으니, 은혜를 갚는 정성으로 하루 빨리 여진女眞을 협공하여 평정하라"는 칙서勅書와 함께 염초를 지급하였다. 사은사謝恩使 신식申湜과 성절사聖節使 윤휘尹暉 등이 칙서를 가지고 돌아오자 왕이 모화관慕華舘에 나가 맞이하였는데 그 칙서勅書 내용을 보면 다음과 같다.

> "황제는 조선 국왕에게 칙서를 내려 하유下諭하노라. 〈中略〉 그대 조선 국왕은 〈中略〉 군사 1만 명 이상과 말 7백여 필을 바쳤고 간첩을 보내 적진을 정탐하고 염초를 사서 화기를 만들었다. 〈中略〉 이에 특별히 부部의 복제覆題에 의거하여 보낸 말의 값과 염초를 지급하여 군실軍實을 돕고 아울러 헌묘憲廟의 구례舊例에 따라 칙서를 내리는 바이다. 〈中略〉 아, 조묘祖廟의 큰 무고를 이미 씻어 주어 세덕世德이 거듭 빛났고, 중국 조정의 보살핌이 돈독하여 나라의 기틀이 다시 가다듬어졌으니, 위급한 일이 닥쳤을 때 모든 힘을 다 바치는 마음으로 은혜를 갚는 정성을 펴도록 하라. 신중히 하라. 이와 같이 하유하노라."[31]

---

31) 광해군일기 137권 광해군 11년 己未(1619) 2월 13일 정묘
丁卯謝恩使申湜聖節使尹暉等捧敕回自京師王出迎于慕華舘敕曰〈中略〉皇帝敕諭朝鮮國王〈中略〉惟爾朝鮮國王〈中略〉藉兵一萬以上賦馬七百有奇遣間諜以偵虜情購焰硝以飭火器〈中略〉玆特準部覆題給發馬價焰硝用佐軍實仍遵憲廟舊例頒賜敕書〈中略〉於戲祖廟之厚誣已雪世德重光天朝之封植惟殷邦基再造勉効卹勦之力用攄報塞之忱欽哉故諭

명과 조선의 관계가 어떠했는지 알 수 있는 기록이다. 하지만 광해군 11년(1619) 3월, 조선과 명나라의 연합군은 여진족(後金)과의 전투에서 패하고 만다. 여진과의 전투에서 패하고 나서 명나라는 5개월 뒤인 8월 5일 차관差官 원현룡袁見龍을 조선에 파견, 파병에 대한 보답이라며 또다시 은銀 1만 냥을 보내 주면서 "정예군을 선발하여 서로 살펴가며 전투와 수비를 하여, 한편으로는 명나라의 성세聲勢를 웅장하게 하고 한편으로는 조선의 국경을 지키라"고 하였다. 재파병을 요청한 것이다.32)

하지만 광해군이 재파병에 응할 기미가 보이지 않자 원현룡은 우의정 조정趙挺에게 재차 편지를 보냈다. 원현룡은 편지를 통해 "제가 여기에 온 것은 삼가 황제의 칙서와 하사품을 내려 죽은 자를 조문하고 부상자를 위로하며 군사들을 후하게 보살피는 조치를 취하기 위해서입니다. 국왕께서는 이미 1만여 명의 군사를 동원하고 수만 섬의 군량을 소비하였는데 이는 충성과 의리를 가진 자가 아니면 할 수 없는 것이었습니다. 국왕께서는 다시 한 번 요동의 위급한 사정과 불가분의 관계에 있는 우의를 생각하고 총수銃手 수천 명을 속히 징발하여 저와 함께 떠나게 하여 요동을 보존할 수 있도록 하여 주시기 바랍니다"라면서 간곡하게 재파병을 요청하였다.33)

이렇듯 차관 원현룡이 간곡하게 파병 요청을 했음에도 광해군이 명과 후금 사이에서 중립을 지키며 파병에 응하지 않자 며칠 후 원현룡은 거듭 광해군에게 파병을 요청하는데 이번에는 화약의 공급을 약속하기도 한다. 조선이 징병을 해야 할 여섯 가지 이유를 들어가며 파병지인 **요동遼東에는 화약이 있으니 유황과 염초는 준비할 필요가 없고 징병하여 거사만 한다면 이 모든 것을 얻을 수 있다**며 2~3천 명의 조총수鳥銃手 파병을 요청하였다.34)

---

32) 광해군일기 143권 광해군 11년 己未(1619) 8월 5일 을묘
差官袁見龍等奉皇敕賞銀入京王出慕華舘親迎皇帝敕諭朝鮮國王姓諱〈中略〉朕赫焉震怒爰興問罪之師惟爾朝鮮國王姓諱志切同仇計圖剿逆整搠兵馬裏糧相從戮力齊心誓淸大怒勤王之義朕甚嘉焉〈中略〉玆特遣官頒賜敕書齎御前所發賞功銀一萬兩馳送爾國量行褒賞弔問死傷慰忠義之魂撫瘡痍之衆〈中略〉尙益挑選精銳分布沿江據險列屯相機戰守一以壯我聲勢一以固爾藩籬俛校夷不得肆呑噬之謀庶遼左亦終藉應援之助勉圖後效毋棄前功雪恥除兇務期殄滅〈下略〉

33) 광해군일기 143권 광해군 11년 己未(1619) 8월 9일 기미
差官袁見龍抵趙挺書曰不佞此來敬爲皇敕欽賜以爲弔死問傷之資優恤戰兵之擧不宜別有所干〈中略〉國王動萬餘之健卒糜數萬之糧餉非有精忠大義者不能兩帥之被擄未還士卒之創殘幾盡是以聖心惻然特賚萬金以弔問也〈中略〉國王肯念遼左之危唇齒之誼急發銃手數千同二不佞行以保遼城則所以賜使臣者勝日百宴而日百禮若不蒙垂念卽沃之醴泉寢之金穴亦何益于事哉不佞犬馬赤衷愚直若此幸垂鑑

그러나 광해군은 끝내 명나라의 파병 요청에 응하지 않았고 그 후 후금後金의 세력이 확장되면서 명과 조선 간의 염초무역 통로였던 요동遼東길이 막히게 되자 조선의 염초 가격은 급등하게 된다.[35] 아마도 변경 지방에서 행해지던 밀무역 등이 일시에 중단된 것이 큰 원인이었을 것이다.

광해군 시절 부족하기는 했으나 명나라와의 염초무역은 계속되고 있었는데 인조 즉위 후 그 양이 부쩍 늘어난다. 인조 1년 동지사冬至使 일행이 수만 근의 염초를 사 오는가 하면[36] 인조 2년에는 사은사謝恩使 일행에게도 수만 근을 사오라고 하였다.[37] 후에 그 숫자를 1만 근으로 줄이기는 했지만[38] 당시로서는 1만 근도 대단히 많은 양이라 할 수 있다. 훈련도감이 부경赴京할 때도 으레 1천 근씩 사 오던 것 외에 2천 근씩이나 더 사 오도록 하였다.[39]

이처럼 명과 조선 간의 염초무역은 인조 즉위 후에도 한동안 지속되었는데 오히려 동지사冬至使 일행에게 공식적으로 허락했던 3천 근씩의 정례적인 무역량보다도 훨씬 많은 양이 수입되고 있었던 것을 알 수가 있다. 요동遼東은 이미 후금後金에게 넘어갔고 조선마저도 후금에게 돌아서는 것을 막기 위해 많은 양의 무역을 용납할 수밖에 없었던 명나라로서는 속이 타는 일이었을 것이다.

---

34) 광해군일기 143권 광해군 11년 己未(1619) 8월 12일 임술
差官送揭帖于王曰〈中略〉院道臨行之囑以開原新破賊勢愈猖故欲煩鳥銃手以爲城守之具〈中略〉追壬辰戊戌之施篤被髮纓冠之誼於黃海平安等地量抽三千或二千以濟目前之急遼中自有火藥不必硝黃遼中自有糧餉持糗一擧而數利畢至

35) 광해군일기 169권 광해군 13년 辛酉(1621) 9월 17일 을묘
營建都監啓曰靑瓦所用焰硝煮送一款專靠於貿易而遼路阻絶雖持重價有處絶無極爲悶慮今聞調度使金純之言則某條試爲煮取云焰硝煮送一款請添入於事目中傳曰允

36) 인조실록 2권 인조 1년 癸亥(1623) 6월 2일 신유
備邊司啓曰天朝於冬至使李顯英行特給焰硝累萬斤請於冬至使趙濈行申謝

37) 인조실록 5권 인조 2년 甲子(1624) 4월 24일 정미
丁未備邊司啓曰畿甸軍兵最爲精壯其於衛內捍外之用所關極重而畿輔物力殘破無以措給器械今此日本回答使之行令戶曹備送花絲紬數千匹貿得數千柄鳥銃分給畿兵敎鍊成就且焰硝貿得之便莫如中朝今於謝恩使之行亦令該曹付送數萬斤所貿之價使之貿來上曰依爲之環刀亦令貿來可矣

38) 비변사등록 인조 2년(1624) 5월 28일
啓曰〈前略〉至於焰硝貿易誠今日極緊之事似難專廢且節使亦有年例該貿之數本司元啓請數萬斤內折半一萬斤貿來似爲便當敢啓

39) 인조실록 6권 인조 2년 甲子(1624) 7월 2일 갑인
甲寅訓鍊都監請於赴京之行例貿焰硝一千斤外別付二千斤所貿之價使之貿來

05_

명나라의 화약 수출 재금지

인조 5년(1627) 1월 정묘호란丁卯胡亂 이후, 3월에는 조선이 후금과 화친을 맺자 명나라도 더 이상 조선과의 동맹 관계만을 믿고 있을 수는 없었다. 명은 조선의 조공朝貢 길을 변경시켰다. 조선 사신들은 요동遼東이 오랑캐(後金)에게 함락된 뒤 인조 5년(1627)부터 이미 육로를 버리고 바닷길로 등주登州로 상륙, 북경을 왕래하고 있었는데 명나라에서 이 항로航路마저 바꾼 것이다. 인조 7년(1629) 가도椵島의 장수 모문룡毛文龍과 영원寧遠의 군문軍門 원숭환袁崇煥이 "조선이 왜倭와 사귀고 오랑캐에게 관대하게 대한다"며 항로 변경을 건의하여 각화도覺華島를 경유, 영원위寧遠衛로 상륙하는 길을 이용토록 한 것인데[40] 이는 조선이 후금後金과 교통交通하는 것을 원천적으로 막아 보자고 했던 조치라 할 수 있다.

이 항로는 거리도 두 배나 되고 섬이라곤 하나도 없는데다가 암초도 많아 매우 위험한 길이었다.[41] 항로가 바뀐 그해 인조 7년(1629) 진하사進賀使 이흘李忔과 동지사冬至使 윤안국尹安國이 함께 북경으로 갈 때 처음으로 각화도覺華島를 경유해 갔는데 도중에 태풍을 만나 동지사 윤안국이 익사하는 사고가 발생하기도 하였다.[42]

조공로朝貢路를 영원위로 바꾸고 나서 3년 뒤인 인조 10년(1632) 명나라에서는 염초

---

40) 인조실록 20권 인조 7년 己巳(1629) 윤4월 21일 병자
丙子中朝改定我國貢路由覺華島從經略袁崇煥議也

41) 연려실기술(燃藜室記述) 別集 제5권 사대전고(事大典故)
북경가는 도로[赴京道路] 〈中略〉 항로를 변경한 뒤의 각화도의 수로는 거리가 등주(登州)의 배가 되고 경유하는 철취(鐵嘴) 일대는 큰 바다가 하늘에 잇닿고 섬이라곤 하나도 없는데다가 암초(暗礁)가 많아 험악하기 비할 데 없다. 수년 사이에 물에 빠져 죽은 사신이 5명이나 되고 〈下略〉

42) 인조실록 22권 인조 8년 庚午(1630) 2월 6일 병진
進賀使李忔到袁督師軍門馳啓云冬至使尹安國渰死〈下略〉

와 유황무역을 또다시 중단시키고야 만다.[43] 김시국金蓍國의 사행使行 시 관례에 따른 3천 근의 염초무역을 정지하라는 명이 내려진 것이다. 하지만 당시 명나라에서는 조선에 염초 수출을 금지할 것인지, 허용할 것인지에 대해 논란이 있었던 것으로 보인다. 조선이 명나라를 배신하고 청나라로 돌아설 것을 우려했기 때문이었다.

명나라 조정에서 이를 두고 우왕좌왕하고 있었음이 확인된다. 명 황제가 다시 "염초 3천 근을 내주라"는 명을 내린 것이다. 예부禮部와 병부兵部에서 황제에게 "오랑캐도 동산東山에서 화약을 굽고 있으니 **조선이 우리에게서 살 수 없게 되면 오랑캐에게 굽실거리며 사갈까 염려되니** 공급을 해주자"라고 제청題請을 하였기 때문이다. 과거에는 명나라 마음대로 염초무역을 중지시켜도 그만이었지만 이제는 "오랑캐에게 사갈 것"을 우려할 정도로 이미 조선에 대한 명나라의 의심이 깊어졌던 것이다. 조선 사신들로서는 참으로 다행한 일이었다. 하지만 막상 염초를 받아 출발하는 날 아침, 태감太監이 염초를 모두 거두어 가고야 말았다. 염초를 안 줄 수도, 줄 수도 없었던 명나라의 입장이 엿보이는 부분이다.

그 후에도 조선 조정에서는 명나라가 염초를 내려줄 경우에 대비, 사은謝恩 방물方物을 준비하던 기록이 있는 것을 보면 간헐적으로나마 염초무역이 시행되고 있었거나 그렇지는 않더라도 명나라의 금수조치에도 불구하고 계속해서 염초무역 재개를 요청하고 있었던 것으로 보인다. 인조 12년(1634) 3월 조선에서는 부경사신赴京使臣이 돌아올 때 만약 염초를 얻어가지고 오면 이에 대해 사은하는 방물이 있어야 할 것인데 물력物力이 탕갈蕩渴되어 이를 마련해 내지 못할까 걱정을 하던 기록이 있다.[44] 조선 조정에서 아직도 혹시나 하고 기대를 하고 있었음을 알 수가 있다. 하지만 조선의 기대에도 불구하고 조·명 간의 염초무역은 이미 완전히 단절되고 있었다. 조선의 염초무역 요청 사실을 보고받은 명 황제는 이를 불허하면서 "**다시는 요청도 하지 말라**"[45]는 명命까지 내리고야 말았다.

---

43) 인조실록 27권 인조 10년 壬申(1632) 11월 8일 임인
壬寅禮曹啓曰金蓍國齎來皇勅賜銀出於異數合有謝恩之擧請令該司預備文書禮物付諸明年使臣之行備局回啓曰皇朝之許貿焰硝三千斤乃是舊例而金蓍國之行遽有停廢之命幸賴禮兵部題請特下每歲發給三千斤之命此雖出於皇上要禁濫貿之弊而亦不可謂非異數也聞使臣臨還已受焰硝而發行之日又被太監收還此必有別樣曲折且見禮部咨及兵部咨中語有曰虜又能于東山煎硝恐該國不得市於我折而市於虜爲患云其致疑於我者深矣既聞此言不可晏然宜具由陳奏申請焰硝仍及辨白之語以付節使之行上從之

44) 비변사등록 인조 12년(1634) 3월 28일
〈前略〉且赴京使臣之回焰硝得請則又似有謝恩方物該曹物力必蕩湯於詔使之時恐不能辨此〈下略〉

조선이 명나라에 마지막으로 염초 공급을 요청한 것은 병자호란 발발 2일 전의 일이다. 인조 14년 12월 7일 공로貢路를 예전의 안전한 길로 바꾸어 달라는 내용과 함께 염초와 유황무역을 허락해 달라는 장문長文의 정문呈文을 중국 예부禮部에 발송하였다. 병자호란 발발 2일 전에 이런 정문을 보낸 것을 보면 화약 부족에 시달리던 당시 조선의 절박한 심정을 알 수가 있다. 그 내용을 요약해 보면 다음과 같다.

> "우리나라에는 두 가지 절박한 일이 있는데 하나는 공로가 위험한 것이고, 하나는 염초와 유황의 무역을 금지한 것입니다. 천조天朝에서 공로를 내지內地로 허락하지 않고 으레 무역하던 염초와 유황을 금한 것은, 우리나라가 오랑캐와 화친한 뒤에 나왔습니다. 소방小邦은 공로貢路가 위험한 것과 염초무역을 금한 것보다 인자하신 부모께 의심을 당하는 것을 슬퍼하고 있습니다. 우리나라도 오랑캐를 대비하여 적을 막을 무기는 대략 완비하였습니다만 오직 화약이 부족하여 계속 쓸 수가 없습니다. 염초는 구워 만들 수도 있다 하지만 유황만은 천조天朝에서 무역을 금하면 구할 곳이 없습니다. 등주登州의 길을 허락하여 직職 등이 돌아갈 때부터 그곳을 경유해 가게하고, 염초와 유황무역을 허락하여 속히 가서 구원할 수 있게 하소서."46)

당시는 후금이 국호를 청淸으로 고친 후, 과거 정묘년(1627)에 조선과 맺었던 양국 관계 즉, 형제지국兄弟之國의 관계를 군신지의君臣之義로 고칠 것을 요구하고 있던 시기였다. 향명배금向明排金 정책을 취하고 있던 조선이 매달려 볼 곳은 오로지 명나라뿐이었던 것이다. 하지만 정문呈文을 보내고 이틀 뒤, 조선은 청나라의 침공을 받게 된다. 조선의 이 정문은 명나라에 전달조차 되지 못했을 것이다.

---

45) 비변사등록 인조 12년(1634) 5월 14일
啓曰〈中略〉貿焇一事已蒙該部題請而皇上不爲准許至有毋再籲請之命〈下略〉

46) 潛谷先生遺稿 卷八(呈文)貢路硝黃事呈禮部 仁祖14年(1636)12月7日
懇乞題奏復開登路許貿硝黃事〈中略〉小邦有切迫兩件事一則貢路之危險也一則硝黃之禁貿也〈中略〉天朝之不許貢路於內地嚴禁誚黃之例貿者出於小邦和虜之後小邦不以貢路之危險防禁之太嚴爲虋而竊自悲以情外之迹或見疑於父母之慈也〈中略〉自此以後寡君據義斥絶絶不相通選將鍊兵方爲決戰之計〈中略〉小邦固知有受兵之禍禦敵之具略已完備而惟是火藥將乏無以繼用蓋由數年以來天朝不許和貿而然也焰硝依法煮取或有所得而硫黃則不是土産苟非天朝之許貿無處可得〈中略〉快許登路自職等歸時而始許貿硫黃使速往救

06_
청나라 집권과 화약 수출 전면 중단

인조 임금은 척화론자斥和論者들의 주장을 받아들여 청의 요구, 즉 군신지의君臣之義의 관계를 거절하였고, 결국 인조 14년(1636) 12월 9일 청 태종이 직접 압록강을 건너 조선을 침공하였으니 이것이 바로 병자호란丙子胡亂이다. 남한산성으로 피신하여 청군에 저항하던 인조 임금은 2개월도 못 버티고 다음 해인 인조 15년(1637) 1월 30일 삼전도三田渡에서 굴욕적인 항복을 함으로써 조선은 250여 년간 지속해 온 명나라와의 관계를 단절하고 청나라를 섬기게 되는데 1895년 청일전쟁에서 청나라가 일본에 패할 때까지 다시 250여 년간을 청나라의 영향력 아래에서 지내게 된다.

이후 조선의 중국 염초 수입은 완전히 중단되었다. 청나라의 염초 수출 금지 정책은 명나라 때보다도 훨씬 강화되어 공무역은 물론 사무역까지도 엄격한 통제를 받기 시작하였다.

병자호란의 패전으로 맺은 정축화약丁丑和約에서 청나라는 "명나라가 준 고명誥命과 책인冊印을 헌납하고, 그들과의 수호修好를 끊고, 그들의 연호年號도 버리고, 일체의 공문서에 우리의 정삭正朔을 받들도록 하며 청나라가 명나라를 정벌하려 할 때면 조선은 수만 명의 보병步兵·기병騎兵·수군水軍을 조발토록 하고 앞으로 조선은 신구新舊의 성벽을 수리하거나 신축하는 것을 허락하지 않는다"라고 하였으니[47] 이러한 마당에 중요한 군사 물자인 화약의 수출을 금지시킨 것은 가장 기본적인 조치로 볼 수 있다.

---

47) 인조실록 34권 인조 15년 丁丑(1637) 1월 28일 무진
龍骨大持汗書來其書曰寬溫仁聖皇帝詔諭朝鮮國王〈中略〉則將明朝所與之誥命册印獻納絶其交好去其年號一應文移奉我正朔〈中略〉朕若征明朝降詔遣使調爾步騎舟師或數萬或刻期會處不得有〈中略〉新舊城垣不許繕築

염초 밀수 적발과 청나라 칙사 파견

염초 밀수가 적발되면 청나라에서는 칙사勅使를 파견하여 직접 범죄자를 심문하였고 참형斬刑이나 곤장, 유배 등 가혹한 형벌을 구형하며 엄히 다스릴 정도로 청나라는 조선에의 염초 수출을 엄격하게 통제하였다.

첫 번째 밀수 사건이 일어난 것은 효종 8년(1657)의 일이었다. 효종의 아우인 이요李㴭가 사은사謝恩使로 중국을 다녀올 때 수행원들이 공모하여 염초를 밀수하려다 적발된 사건이 발생하였다. 중국 조정에서는 "물화物貨의 매매를 금하는 법이 있음에도 수행하던 일행이 금법을 어기고 멋대로 화약火藥을 사가지고 가다가 적발되고 이를 은폐하려 하였으니 다아길多兒吉(청나라 內閣) 묘방昴邦(청나라 大臣) 3인을 보내니 조선의 왕은 이들과 함께 사매私買의 실정과 폐단을 조사하여 그 죄를 결정한 뒤에 아뢰도록 하라"며 사신을 보냈다.[48]

효종은 남별궁南別宮에서 중국 사신들과 함께 죄인들을 사문查問하고 죄의 경중을 의논하였다. 사신 이요李㴭는 대군大君으로서 그간 조선에서는 대군에게 벌을 준 전례가 없었지만 아무리 대군이라도 벌을 면할 수는 없다며 청나라 법으로 논죄하여 벌금형을 내리는 등[49] 청나라 사신이 시키는 대로 개개인의 형량을 정하여 구형하였다.

사은정사謝恩正使이었던 인평대군麟平大君 이요에게는 벌금 2천 냥을, 부사副使 김남

48) 효종실록 18권 효종 8년 丁酉(1657) 3월 28일 신미
辛未上幸西郊迎清使接見于仁政殿其勅曰禁買物貨定例昭然向經禮部咨行爾國昨爾弟李㴭因寬宥越境殺人之罪謝恩來京理宜痛改前非益盡忠敬乃事畢回還隨行員役違禁擅買硝藥行至鳳凰城被城守章京搜獲據稱李㴭不肯縛送私買之人反哀求容隱李㴭先時未能禁約事發又求隱蔽亦難辭咎今特遣多兒吉昂邦阿魯哈少傅兼太子太傅內翰林國史院太學士額色黑太子少保都察院左參政能吐吏部左侍郎千代前往該國同王察審私買情弊詳確議罪具奏特諭

49) 효종실록 18권 효종 8년 丁酉(1657) 4월 2일 갑술
上幸南別宮查問既畢清使請議罪輕重上謂左右曰都承旨及同副承旨入侍蓋同副承旨金壽恒以文書記錄之故仍許入侍與清使議定諸囚之律清使曰罪人則皆已議律使臣之罪亦可議定矣上曰唯清使曰凡大君有罪貴國施以何罰上曰我國自百年以來未有大君而予之同氣始有大君一人凡施罰之事實無前據皇帝若欲加罪則何罪不可加乎清人曰大君是何品耶上曰比之於大國則如親王矣清使曰大君之下有何職上曰大君之下有王子卽庶孽也只稱君號而無大字如大國俊王大君曾無被罪之事而大國則有親王奪爵之罰矣清使三人私議而言曰以本國之法論斷可矣而既無前據以清國之法論之則自有其律矣將何以處之上曰予意則已悉於前唯在諸大人議定耳清使曰貴國之法不可知而清國之法則有等級親王俊王中若或有罪則或有奪爵而罰金者或有只奪其爵而不罰金者或有罰金而不奪爵者抑用何律耶上曰惟在諸大人處之清使曰大君被罪既無前據以大國法言之則似當罰金二千兩矣上曰此處所料謂重於此今聞此律可謂輕矣清使曰此亦吾輩斟酌而定者矣

중金南重과 서장관書狀官 정인경鄭麟卿에게는 각각 5급과 4급의 강등을, 주모자격인 5명에게는 참수斬首형을, 그리고 마부 등 수행자들에게도 곤장 30～40대의 형을 선고하였고 이 같은 판결 내용을 중국에 보고하면서 삼가 결재를 기다린다 하였다.[50] 그리고 5개월 후, "죄수들을 너그러이 처리하라"는 중국 황제의 자문을 받고 나서야 효종은 김추립 등을 감사減死하였다.[51]

청나라의 요구 때문에 어쩔 수 없이 이들에게 형벌을 내리긴 했지만 조선의 입장에서 보면 국가에서 꼭 필요한 염초를 밀수했던 그들을 보고 반드시 죄인이라고만 할 수는 없었을 것이다. 밀수를 했을지언정 그 염초들은 국내로 들여오기만 한다면 어차피 유용하게 쓸 것이기 때문이다. 국가에서 밀수를 장려하거나 종용하지는 않았더라도 밀수해 온 염초들이 군사용으로 쓰였음은 청의 사신에게 밀수한 염초의 용도를 극력 감추려 했던 것에서 짐작해 볼 수 있다. 은장銀匠과 가죽을 삶는 데 쓴다고 진술토록 할 것과 사신에게 줄 뇌물을 준비하는 등 이를 무마하기 위한 대책을 한 나라의 임금이 대신들과 함께 직접 논의할 정도였으니 더 말할 필요가 없을 것이다.[52]

그들에게 죄를 주고 싶어 준 것이 아니라는 것은 효종대왕의 행동에서도 잘 나타난다. 처음 이들 사은사謝恩使 일행이 귀국했을 때 그 공으로 상과 자급資給을 주었는데 밀수 사건이 터지자 홍문관과 사간원, 사헌부 등이 앞 다투어 상을 환수할 것을 주청하였음에도 효종 임금이 이를 따르지 않은 것이다.[53][54] 물론 이틀에 걸쳐 동일한 내용을 반복해서

---

50) 효종실록 18권 효종 8년 丁酉(1657) 4월 2일 갑술
焰焇査覈奏文曰〈中略〉金秋立議擬斬罪〈中略〉崔振南議擬斬罪〈中略〉朴庚仁議擬斬罪〈中略〉河得議擬斬罪〈中略〉金乃泓議擬斬罪金豆里松〈中略〉議擬決棍四十注叱金〈中略〉議擬決棍四十金忠立〈中略〉議擬決棍四十劉義立〈中略〉議擬決棍三十〈中略〉大君李淯〈中略〉議罰銀二千兩〈中略〉金南重議降五級鄭麟卿議降四級恭裁處

51) 비변사등록 효종 8년(1657) 9월 15일
焰硝犯禁人減死啓曰焰硝犯禁罪人金秋立等論斷咨文旣已出來令該曹一依咨內辭意趁卽疏決宜當以此分付何如答曰依啓

52) 효종실록 18권 효종 8년 丁酉(1657) 2월 30일 계묘
癸卯上引見大臣及遠接使許積領議政鄭太和曰近以焰硝犯禁恐有査問之擧今者北使四人出來甚可憂也上曰何至於出送四使耶右議政元斗杓曰自前重其事則如此矣上曰彼人査問時罪人等無亂言者乎太和曰此輩圖免厥罪各自援引者甚多必須且誘且脅以爲善處之地矣積曰非但焰硝一事彼於我國之事無不得聞若歸罪於主管諸臣而重施其罰或如在瀋陽時事則豈不大可憂乎上曰彼若問其用處則何以答之積曰罪人輩亦言用之於銀匠及熟皮時云矣上曰自此善用機關隨事應變可矣上又曰此輩人面獸心喜怒隨於賂物之多少若用重賂俾得周旋於推問時則好矣

53) 효종실록 18권 효종 8년 丁酉(1657) 4월 10일 임오
壬午玉堂上箚曰奉使之臣專對之外糾檢一行使無奸細之冒法亦其職耳去秋謝恩使臣等不能嚴飭防閑以致從人之

주청하자 결국은 상을 환수하기는 했지만[55] 이처럼 벌을 주자는 것도 아니고 다만 상을 환수하자는 청이었는데도 이를 받아들이지 않으려 했던 것을 보면 염초 밀수 행위를 중한 범죄라고 판단하지 않았는지도 모른다.

이처럼 염초 밀수는 발각되었을 경우 참형斬刑도 감수해야 할 만큼 위험한 일이었지만 염초와 유황의 밀수는 현장에서 붙잡히지만 않고 성공만 하면 그 이익이 몇 배나 되는 장사로서 그 후에도 밀수는 계속되었다. 또 한 차례 밀수가 발각된 사건이 일어난 것은 현종 7년(1666)의 일이다. 역시 그때도 청나라에서는 칙사勅使를 파견, 밀수 사건의 전말을 심문했고, 금령을 범한 사람에게는 사죄死罪를 적용하고, 영장領將들에게는 한 등 낮은 법률인 장일백杖一百 유삼천리流三千里를 적용하는 벌을 내렸다. 몸에 종기(瘡疾)가 나서 약으로 쓰려고 한 줌밖에 안 되는 적은 양을 밀수했다고 하였음에도 불구하고 중벌을 면할 수는 없었다.[56] 이때도 현종 임금은 효종 때와 마찬가지로 사신들을 극진히 대접하고 막대한 양의 은銀을 뇌물로 주도록 하였다.[57]

하지만 칙사 일행들은 조선 조정에서 주는 뇌물에만 만족하지 않고 추가로 무리한 요구를 하는 등 그 폐해가 적지 않았다. 중국 사신들은 조선에 들어와 서울로 오는 도중, 길목에 있는 고을의 수령들에게 은銀 등을 과다하게 요구하였는데 수령들은 후환이 두려워 이를 거역하지 못하고 그들의 요구를 모두 들어 주다 보니 결국 그 부담은 백성들의 몫이

犯禁終至於患貽國家辱及君父誤事之失可謂大矣而譴罰不行賞資反加擧措顚倒物情未快〈中略〉使臣書狀等曾授賞加請命改正上不從

54) 효종실록 18권 효종 8년 丁酉(1657) 4월 11일 계미
諫院啓曰回還謝恩使不能嚴飭一行致有從人之犯禁至於辱及君父〈中略〉請使臣以下所受恩賞竝命還收上不從

55) 효종실록 18권 효종 8년 丁酉(1657) 4월 11일 계미
憲府啓曰奉使出疆不辱君命乃是專對之責而上年謝恩使不能檢察使從人冒禁終至誤事貽患是可罪也不可賞也請還收使臣以下恩賞之命累啓而從之

56) 현종실록 12권 현종 7년 丙午(1666) 7월 10일 기축
上詣西宴廳與淸使相揖行茶訖一先進傳使言曰當先査硝黃犯禁人上曰然命捉入犯禁人崔善一于庭一先問曰焰硝乃是禁物何以買爲得無不知爲禁物而買之乎善一對曰迷劣之人果不知爲禁物而所以買來者實緣身有瘡疾爲其藥用耳〈中略〉又問曰焰硝斤數幾何對曰小如一拳矣〈中略〉勅使曰犯禁人則擬以斬罪而領將等則宜論以次律杖一百流三千里也上曰然

57) 현종실록 12권 현종 7년 丙午(1666) 7월 9일 무자
〈前略〉右相許積曰各人所贈宜定其數上曰於三達一千八百兩於巨軍二千兩於一先則五千兩可也致和曰不待朝家分付而義州則贈二千兩平安監司則贈五千兩彼之入京所望必倍之矣

될 수밖에 없었다. 중국 사신들이 무리한 요구를 해올 때 이를 잘 설득하여 그 수량을 감減한 사람에게는 후한 상으로 논하고, 그렇지 못한 경우에는 엄중한 법률로 다스리게 하는 조치를 취할 정도였으니 그들의 요구가 얼마나 무리했었는지 알 수 있다.[58]

유황 밀수 적발

현종 4년(1663)에는 유황을 밀수하다가 적발된 사례도 있다. 그때도 역시 청나라에서는 칙사勅使를 보내 직접 사문査問을 하였고 예외 없이 중형을 내렸다. 유황을 몰래 산 허룡許龍 · 언남彦男 등은 참형斬刑에 처하고, 이익신李翊臣은 그가 데리고 간 사람이 일을 냈으니 혁직革職시킨 뒤 변원邊遠에 충군充軍시켜야 할 것이고, 정사 정유성鄭維城과 부사 이만李曼은 제대로 단속하지 못하였으니 혁직시켜야 할 것이라는 사신의 뜻대로 선고를 하였다.[59]

이듬해인 현종 5년(1664)에도 유황을 밀수하다 발각된 일이 있었는데, 진주사陳奏使 홍명하洪命夏가 귀국하여 보고하기를 일행 중에 금법을 위반하여 2명이 사형을 당하였다고 한다.[60]

이처럼 염초나 유황의 밀수가 적발되면 청나라 칙사勅使의 사문査問을 받곤 했는데 그들을 접대하고 막대한 양의 뇌물을 주는 데 따른 피해가 컸을 뿐 아니라 임금까지도 치욕을 당하게 되자 현종은 이를 철저히 단속하라는 지시를 하였다.[61] 칙사대접勅使待接이라는 용어가 생겨났을 만도 하다.

---

58) 현종실록 12권 현종 7년 丙午(1666) 7월 16일 을미
〈前略〉今勅出來時一路求請倍前〈中略〉積曰〈中略〉爲守令者亦恐其見辱不顧官儲之有無民力之蕩竭盡力應之厥數之漸加職由於此矣佐明曰今後則彼輩求請之物令小通事極力周旋得以減數則論以重賞不然則施以重律可也上曰以此分付於一路

59) 현종실록 7권 현종 4년 癸卯(1663) 11월 9일 계유
〈前略〉一先以使言曰上捉入盜買硫黃者許龍彦男取供又招入梁孝元李翊臣正使鄭維城副使李曼使之坐階上置對〈中略〉一先又以使言白上曰許龍等盜買禁物當斬翊臣則其帶率人生事當革職已身邊遠充軍正副使不能檢飭當革職上許之查畢還宮

60) 현종실록 8권 현종 5년 甲辰(1664) 6월 13일 갑진
陳奏正使洪命夏〈中略〉等自淸還硫黃犯禁人等論以一罪使臣等擬以革職犯禁死者二人

61) 현종실록 12권 현종 7년 丙午(1666) 7월 9일 무자
戊子上引見大臣備局諸臣〈中略〉上謂都承旨金壽興曰柵門搜檢之時硝黃犯禁之類若免現捉其利不啻倍蓰故無所徵艾今後則使臣回來渡江時別加搜檢可也

07_

국산 화약 증산

청나라가 집권을 하고 나서부터 염초 수입이 완전히 중단되자 조선은 염초의 국내 생산을 적극 추진하기 시작하였다. 하지만 단기간에 국내의 생산량을 늘리는 것은 쉬운 일이 아니다. 당시 우리나라 염초법은 생산성이 매우 낮은 방법이었다. 따라서 조선은 상금을 내걸면서 요동 사람 중에 화약을 잘 만드는 사람을 찾는 한편[62] 인조 9년(1631)에는 화약과 화기 생산을 위해 별조청別造廳을 설치하기도 하였으나[63] 화약 부족 현상은 해결되지 않았다. 강원도에서는 속오군束伍軍조차도 화약을 구입하지 못해 연습을 할 수가 없었고 명칭만 포수砲手였지 실제로는 총 쏘는 법도 모르는 군졸들이 대열만 따라다닐 뿐이라고도 하였다.[64]

이 무렵 진주사陳奏使로 명나라에 갔던 정두원鄭斗源이 염초 굽는 법을 배워 왔다. 화약 부족에 시달리던 인조 임금에게는 희소식이 아닐 수 없는 일이다. 이 방법을 전수하면 앞으로는 화약 걱정을 하지 않아도 될 것이라는 희망을 갖고 인조 임금은 이를 널리 전수하도록 하였다.[65]

---

62) 비변사등록 인조 2년(1624) 5월 15일
啓曰十四日晝講特進官李曙所啓中朝之人善造火藥而遼民來西路者甚多其中必有通解其法者求得其人而學習似爲宜當承旨鄭廣成啓曰此意言于備邊司乎敢稟上曰允事傳敎矣我國之雖解煮取焰硝之法而費功多而收效寡出來遼民中必有通解妙法者令平安監司及接伴使等購以重賞多般募得傳習之意下諭宜當敢啓答曰依啓

63) 인조실록 25권 인조 9년 辛未(1631) 8월 6일 정미
丁未軍器寺請設別造廳造成火器煉取火藥上從之

64) 인조실록 28권 인조 11년 癸酉(1633) 12월 3일 신유
辛酉江原監司姜弘重馳啓曰鳥銃爲今日禦敵之長技而束伍軍皆貧窶無以自備火藥又無官給之規徒有砲手之名而實不解操銃只着號逐隊而已〈中略〉咸鏡道例各官月課藥丸分半會錄分半散給以爲鍊習之地上從之

65) 인조실록 인조 11년 癸酉(1633) 10월 8일 정묘

정두원鄭斗源이 진주사陳奏使로 명나라 북경을 다녀온 것이 인조 9년 7월 12일 이었으니[66] 아마 이때에 염초 굽는 방법을 배워 온 것으로 판단된다. 정두원은 당시 북경에 있던 선교사 육약한陸若漢(Johannes Rodriguez)을 만나 친분을 쌓고 화포火砲, 천리경千里鏡, 자명종自鳴鐘 등 서양의 현대적 과학기구와 함께 이마두利瑪竇(마테오 리치)의 『천문서天文書』, 『직방외기職方外記』, 『서양풍속기西洋風俗記』, 『천문도天文圖』, 『홍이포제본紅夷砲題本』 등 서학서西學書를 가지고 귀국하여 국내에 처음으로 서양 과학기술을 소개한 사람이기도 하다. 그가 사신으로 명나라에 드나들던 17세기 초기는 중국을 통하여 서양문물이 우리나라에 전해 오기 시작한 때이다. 일부 내용이나 표현 방법이 다르기는 하나 크게 보면 동일한 내용들을 『조선왕조실록』[6-66] 외에도 『국조보감』,[67] 『성호사설』[68] 및 『대동야승大東野乘』 「속잡록續雜錄」[69]에서도 기록하고 있다.

丁卯慶尙兵使朴瑺馳啓曰新方煮焇之法一一傳習設局於本營道內六官亦令煮取則七月以後正鍊之數多至千餘斤自今諸處煮取不患無藥已煮之焇請令會錄上從之我國初無焰焇貿於中朝而用之鄭斗源奉使北京學得煮法而來仍令傳習以廣其用

66) 인조실록 25권 인조 9년 辛未(1631) 7월 12일 갑신

甲申陳奏使鄭斗源回自帝京獻千里鏡西砲自鳴鍾焰硝花紫木花等物千里鏡者能窺測天文佔敵於百里外云西砲者不用火繩以石擊之而火自發西洋人陸若漢者來中國贈斗源者也自鳴鍾者每十二時其鍾自鳴焰硝花卽煮硝之鹹土紫木花卽木花之色紫者上教曰覓來西砲志在禦敵誠極可嘉特加一資諫院請還收加資之命上從之

67) 국조보감 제35권 인조조 2 인조 9년 辛未(1631)

7월. 진주사(陳奏使) 정두원(鄭斗源)이 명나라 서울에서 돌아와 서양화포(西洋火砲) · 염초화(焰硝花) · 천리경(千里鏡) · 자명종(自鳴鐘) · 자목화(紫木花) 및 각종 도서(圖書) 등을 올렸다. 〈中略〉 화포는 불심지를 쓰지 않고 화석(火石)으로 쳐서 불이 저절로 일어나는 것인데 우리나라 조총(鳥銃) 두 발을 쏠 시간에 4~5발을 쏠 수 있고 빠르고 잽싸기가 귀신같으며 염초화는 바로 염초를 굽는 함토(鹹土)이고〈下略〉

68) 성호사설 제4권 만물문(萬物門) 육약한(陸若漢)

임진년(선조25, 1592) 난리 뒤에 진위사(陳慰使) 정두원(鄭斗源)이 연경(燕京)에 갔을 때 만 났던 서양사람 〈中略〉 그는 또 정두원에게 대포(大砲)를 주어, 우리나라 국왕에게 알리도록 하고 〈中略〉 조총(鳥銃), 약통(藥筒) 등 물건을 주었다. 〈中略〉 조총이란 것은 화승(火繩)을 쓰지 않고도 불이 제대로 일어나게 되는데 쏘는 시간은 우리나라 조총에 비해 두 번 쏠 동안에 네댓 번을 쏠 수 있고 홍이포(紅夷炮)란 것은 포탄 한 개가 말[斗]만큼 커서 80리까지 그 힘이 미칠 수 있다 한다. 〈下略〉

69) 대동야승(大東野乘) 續雜錄 三 신미년 下 인조 9년(1631)

7월 진위사(陳慰使)로 갔던 배신(陪臣) 정두원(鄭斗源)이 경사(京師)로부터 돌아왔다. 선래(先來)의 장계에 "〈中略〉 그리고 조총법(鳥銃法)에 있어서는 화승(火繩)을 사용하지 아니하고 석화(石火)가 자동적으로 일어나니 더욱 극히 기이합니다. 신은 부평(富平)의 아남산(阿南山)에서 화석(火石)이 많이 난다고 들었습니다. 혹 이것을 사용하면 될 듯하니 차차 시험해 보면 알 것입니다. 별패진(別牌陣)의 정효길(鄭孝吉)도 재능이 많은 까닭에 그로 하여금 총 쏘는 법을 익히게 하였습니다. 신이 중원의 해변에서 생산되는 염초(鹽焰)를 보았습니다만 신은 우리나라 바닷가에서도 많이 난다고 들었습니다. 신이 데리고 온 서울 포수 박무길(朴武吉)이 인천(仁川) 바닷가에 이것이 많이 있다고 합니다. 굽는 법으로 말하면 신이 보건대 바로 소금 굽는 법과 같았습니다. 우리나라에는

여기서 정두원이 배워 온 염초법이 과연 어떤 방법이었는가 생각해 볼 필요가 있다. 「속잡록續雜錄」의 기록에서 정두원은 "중원의 해변에서 소금 굽듯 염초를 만든다"[6-69)]라고 하면서 선조 임금이 살아생전 그렇게도 애타게 찾던 해초법海硝法과 유사한 내용을 언급하고 있는데, 정두원이 배워 온 염초법이 혹시 해초법은 아니었을까 검토해 볼 필요가 있기 때문이다. 하지만 불과 4년 뒤 '신전자취염소방新傳煮取焰方'[6-8절)]이라는 염초제조법이 새롭게 등장하면서 정두원의 염초법도 오래가지는 못했던 것으로 보이며 또한 신기술인 신전자취염소방 역시 함토鹹土에서 염초를 추출하는 재래의 방법이었음을 볼 때 정두원의 염초법도 해초법은 아니었다.

「속잡록」에서 "바닷가에서 소금을 굽듯 염초를 구웠다"라고 언급한 기록이 있고 나서 38년 후인 현종 10년(1669) 『승정원일기』에도 일종의 해토법에 대한 기록이 있다.[70)] 화약 부족을 걱정하며 "중국에서는 바닷가 척로斥鹵(염분이 많은 개펄)의 땅에서 흙을 취하여 구워서 염초를 만든다고 하여 조선에서도 소금을 굽던 곳에서 흙을 취하여 백 가지 계책으로 자취煮取해 보았으나 성공하지 못했다"라고 하였다. 그 후 성천부사成川府使 정박鄭樸이 연경에 갔을 때도 마침 청나라 사람에게서 척로에서 흙을 취하여 염초를 구워 내는 방법을 듣긴 했으나, 이처럼 도감都監이 함토를 구하기 어렵게 될 것을 알지 못했던 까닭에 그 방법을 상세히 묻지는 않았다고 하는데 이를 두고 현종 임금은 "한탄스럽구나, 한탄스럽구나!"라고 하며 안타까워하였다.

아마도 이것이 해토법에 대한 조선의 마지막 기록일 것으로 보이는데 역시 해토법을 알아내는 데는 실패하고 말았다는 것이었을 뿐, 조선에서 끝내 해초법이나 해토법이 실용화되었다는 기록은 없다.

화약이 극히 귀하여 적을 방어하는 데 가장 부족하므로 신이 항상 탄식하며 근심스럽게 여겼기 때문에 견본으로 삼기 위하여 또 염초 몇 냥(兩)을 얻어 왔습니다. 〈中略〉 그리고 염초를 굽는 법으로 말하면 중원 사람은 아는 자가 대단히 많습니다. 역관(譯官)으로 하여금 비밀리에 가도(椵島)에 보내 구해 오게 하면 얻을 수 있을 것입니다. 〈下略〉"

70) 승정원일기 현종 10년 庚子(1669) 1월 6일
〈前略〉積曰〈中略〉聞中原之人取土於海邊斥鹵之地煮成焰云前者使之取土於煮鹽之處百計煮取而不成矣上曰中原之煮取斥鹵必有方法矣積曰成川府使鄭樸頃者來見臣偶及焰焇事言渠以書狀官赴燕時適値彼人之煮焰焇者問之則渠言取土於斥鹵煮成焰焇之法而未知都監之難得鹹土故不能詳問其方法爲可恨云上曰可恨可恨〈下略〉

08_

신전자취염소방과 신전자초방 발간

신전자취염소방 발간

정두원의 염초법이 전해진 직후, 드디어 조선에서도 화약제조법이 책으로 발간되었다. 최무선의 화약수련법 이후 실로 250여 년만의 일이다. 1635년 발간된 "**신전자취염소방**新傳煮取焰焇方"이 그것이다. 완풍부원군 이서李曙가 편찬한 『화포식火砲式』이란 병서兵書에 부록 형식으로 수록되어 있는데 이 "신전자취염소방" 서문에는 신전자취염소방의 발간 경위를 설명하고 있고, 본문에는 15개 공정으로 된 염초 제조 방법과 준비물 등을 기록하고 있으며 원료의 배합 비율은 "제약식劑藥式"에 별도로 기록하고 있다(상세 내용은 제8장에서 별도로 다루었다). 숙종 7년(1681)에 중간되었다.[71]

인조반정에서 1등 공신의 반열에 오른 이서李曙는 일찍이 인조 2년(1624)에 "중국 사람들이 화약 제조를 잘 하는데 마침 요동遼東 사람들이 서로西路에 많이 와 있으니 그들 중 화약을 잘 만드는 사람을 찾아 염초법을 배울 것"을 건의한 사실이 있다.[72] 그는 그때부터 이미 화약제조법에 관심을 가지고 있었던 것이다.

그 후 관서關西 출신 성근成根이 명나라의 난민들로부터 염초법을 배우게 되자 이서가 『화포식』을 저술하면서 성근의 염초법을 정리하여 "신전자취염소방"이라 명명하고 『화포

---

71) 숙종실록 12권 숙종 7년 辛酉(1681) 8월 2일 임오
〈前略〉令軍器寺下送善手及火砲式令本營刊頒使之敎習

72) 비변사등록 인조 2년(1624) 5월 15일
启曰十四日晝講特進官李曙所啓中朝之人善造火藥而遼民來西路者甚多其中必有通解其法者求得其人而學習似爲宜當承旨鄭廣成啓曰此意言于備邊司乎敢稟上曰允事傳敎矣

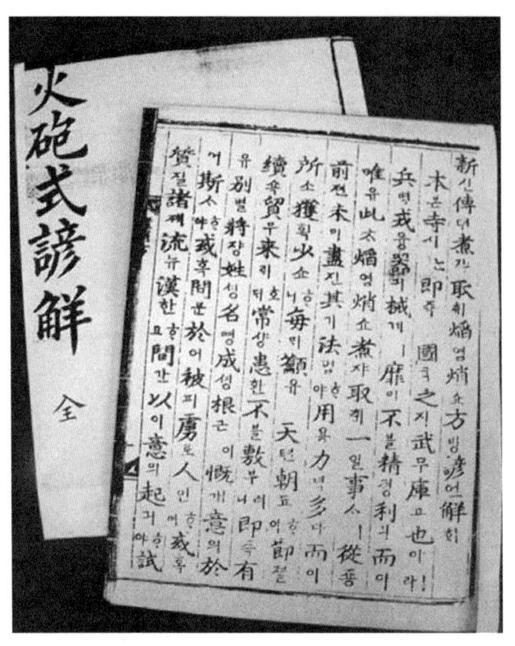
火砲式諺解 全

新傳煮取焰焇方諺解
本寺는卽國之武庫也이라
兵戎器械ㅣ靡不精利而
唯此焰焇煮取一事ㅣ從
前未盡其法야用力多而
所獲少每歎天朝節
續貿來常患不敷卽有
別將姓名成根이慨意於
斯야戎事問於彼虜人戎
發諸流漢間以意起試

『화포식』(신전자취염소방)

식』에 포함시켜 발간한 것이다. 10여 년 전 자신이 임금에게 건의했던 것을 스스로 실천했다고 볼 수 있다. 이때부터 조선에서는 이서의 "신전자취염소방"의 비법을 가지고 화약을 만들어 쓰기 시작했다.

하지만 후술後述할 "신전자초방新傳煮硝方"의 득초법시말得硝法始末에서는 "한세룡韓世龍이 일본의 염초법을 배워 온 뒤로는 성근成根의 염초법을 버리고 세룡世龍의 법을 사용하였다"[73]라고 적고 있다. 상세한 내용은 알 수가 없으나 성근의 염초법 중 불합리한 부분을 한세룡이 들여온 일본의 염초법으로 개량하여 사용했을 것으로 보인다. 한세룡은 당시에 왜어倭語 역관譯官, 즉 일본어 통역으로 종사하면서 사신 일행을 따라 일본을 오가던 사람이었다.

함토鹹土의 고갈枯渴과 화약 부족

이서李曙의 "신전자취염소방新傳煮取焰焇方"이 나오면서 화약의 제조법이 어느 정도 정립은 되었을 것이나 또 다른 문제가 있었으니 그것은 바로 함토鹹土의 부족이었다. 양질의 함토가 충분히 공급되어야만 염초를 만들고 또 화약을 만들 수가 있는 것인데 근본적으로 함토, 즉 원료가 부족하다면 아무리 훌륭한 제조법이 있더라도 무용지물이기 때문이다.

1635년 이서의 "신전자취염소방"이 보급된 지 30여 년 후 현종 10년(1669) 1월, 『승정원일기』에서 함토의 부족 현상을 잘 설명하고 있다.[74] 염초를 굽는 흙은 반드시

---

73) 신전자초방(新傳煮硝方) 득초법시말(得硝法始末)
後有韓世龍者學於倭人比諸成根用力少而所獲多遂棄根而用世龍之法傳

인가人家의 함오醎汚한 땅(소금기가 있는 지저분한 땅)에서 얻는데 수십 년 동안 흙을 채취하여 남은 것이 거의 없고, 또 흙을 취하는 과정에서 군졸들의 작폐作弊(농간을 부림)가 심하자 사람들이 모두 자기 집 마당에 모래를 덮어 놓는 바람에 쓸 만한 흙이 전혀 없어 요사이는 부득이 빈 궁궐 중에서 찾아 취하고 있으나 개성부 유혁연柳赫然의 말을 들으니 개성부의 흙마저도 한두 해를 넘기지 못하고 소진될 것이라 하였다.

이처럼 함토가 부족하여 곤란을 겪고 있을 때 새로운 염초법이 등장하였다. 인가의 함오한 땅에서만 함토를 채취하는 것이 아니라 길가의 흙을 사용하는 방법을 제시한 남구만南九萬의 『신전자초방新傳煮硝方』이 나온 것이다.

신전자초방 발간

『**신전자초방**』은 이서李曙의 "신전자취염소방新傳煮取焰焇方"이 발간되고 나서 60여 년 후인 숙종 24년(1698) 5월 군기시 제조인 남구만南九萬이 건의하여 발간된 책이다. 이 책은 숙종 18년(1692)에 역관 김지남金指南이 부사副使 민취도閔就道를 수행하여 북경에 갔을 때 민취도의 조언에 따라 염초제조법을 구하기 시작하였으며 다 배우지 못하고 돌아온 뒤, 이듬해 숙종 19년(1693)에 두 번째로 중국에 들어가서야 어렵게 배워 온 염초법을 기록한 책이다.

김지남은 귀국 후 자기가 배워 온 기술을 군기시軍器寺 등에 널리 전수시켰는데 그 성과가 매우 크자 군기시 제조인 남구만南九萬이 숙종에 건의하여 『**신전자초방**』을 발간하였다(상세 내용은 제8장에서 별도로 다루었다).

기존에 사용하던 성근成根의 기술보다 김지남이 배워 온 신기술의 우수성에 대해서는 각종 기록에 여러 차례 등장하고 있는데 『정조실록』과 『홍재전서弘齋全書』, 『연려실기술燃藜室記述』 등이 그것이다.[75][76][77][78][79] 이들 기록에서는 한결같이 "그 《자초신방煮硝新方》

---

74) 승정원일기 현종 10년 庚子(1669) 1월 6일
〈前略〉<u>煮焰焇之土必取人家醎汚之地而數十年取土所餘無幾且取土之際軍卒輩不無作弊之事故人皆取沙舖諸庭除以此絶無可用之土頃者探取於空闕中蓋出於不得已也聞柳赫然之言則欲爲煮取於開城府云此亦不過一二年而盡也</u>〈下略〉

75) 홍재전서(弘齋全書) 제13권 서인(序引) 6

은 일년초一年草를 써서 산의 나무가 없어지지 않았고, 큰길에서 흙을 가져오니 인가를 침범하지 않았고, 땔나무를 태워 그 재를 사용하고 또 흙을 3분의 1이나 줄일 수 있는데 예전의 방법보다 공역功役은 매우 적게 들면서도 화약의 생산은 몇 배나 많고 화약의 품질도 폭발력의 강도가 높았으며, 10년 동안 장마를 겪더라도 절대로 습기가 차서 못쓰게 되는 문제가 없다"고 하여 신기술의 우수성을 강조하고 있다.

물론 그러한 기록들은 『신전자초방』의 「득초법시말得硝法始末」에서 김지남金指南이 주장했던 내용을 그대로 옮겨 적은 것에 불과하지만, 같은 시기에 쓰인 것이 아니고 그 기술이 널리 사용되고 난 후에 쓰인 것이라는 점에서 『신전자초방』의 우수성이 오랜 기간에 거쳐 현장에서 입증되었음을 보여 주는 기록이라 하겠다.

익정공주고군려류서(翼靖公奏藁軍旅類叙) 〈군기인(軍器引)〉
〈前略〉昔完豐君李曙因關西人成根之言得煮硝之法編書纂方而及其煮也品猶不烈譯官金指南購新方于燕肆武庫提擧南九萬刊行之其利有三一以用一年之草而山木不濯一以取大路之土而人家不侵一以爇柴用灰而省土三分之二〈下略〉

76) 홍재전서(弘齋全書) 제45권 비답(批答) 4
〈前略〉大抵我國人昧於煮硝之法貿來於中國如弓角一自完豐府院君諸人編書纂方關西人成根覓納法之後雖始略知其制而品猶不精至副使閔就道使譯官金指南購求於燕肆歷屢歲屢送而又至故相南九萬提擧武庫而功效始大著一以用一年草而山木不濯一以取土於大路而人家不侵一以爇柴用其灰而又省土之三分一以是昔年大加稱奬別有賞典於指南卿之此奏卽修明之一端令武庫印頒

77) 정조실록 44권 정조 20년 丙辰(1796) 5월 12일 병진
令武庫印頒《煮硝新方》於中外右議政尹蓍東啓言肅廟戊寅年間故相南九萬建白以譯官金指南北京往來時所得《煮硝新方》令武庫刊布中外比前法功役甚省而得硝幾倍硝品燥猛雖置之地窨而十年經霖絶無潤濕之患土取路上柴爇薪草而仍用其灰省土之三分一此其爲簡便可尙之一端請於華城軍器備置時以此方煮取仍又申飭頒布從之仍令武庫印頒

78) 홍재전서(弘齋全書)제164권 일득록(日得錄)4 문학(文學)4
〈前略〉我國煮硝之法自完豐知取路上土代用品猶不精譯官金指南購求於燕肆功效大著因右議政尹蓍東言又修明之重刊其書名之曰新傳煮硝方此亦爲軍需之重也〈下略〉

79) 연려실기술 별집 제12권 정교전고(政敎典故) 융장군기(戎裝軍器)
〈前略〉 우리나라에는 본래 초약(硝藥, 화약) 제조하는 좋은 방법을 몰라 공을 많이 들여도 소득 수량은 적었다. 그런데 김지남(金指南)이 임신년에 민취도(閔就道)를 따라 북경[燕京]에 가서 화약제조법의 책을 사가지고 돌아와 초석 굽는 방법을 시험하였더니 소득 양이 몇 갑절이나 되었고 또 품질이 정(精)하고 성능이 대단히 강하였다. 남구만(南九萬)이 아뢰어 무고(武庫)로 하여금 이 방법에 의하여 제조하게 하고 지남에게 명을 내리어 그 제조법을 찬술하게 하여 서책을 만들게 하였는데 그 책 이름을 『신전자초방(新傳煮硝方)』이라 하였다.
【《보(補)》: 우리나라의 초석 굽는 법은 완풍부원군(完豐府院君) 때부터 시작되었는데, 처음에는 길 위의 흙을 모아다가 대용(代用)한 까닭에 품질이 순수하지 못하였다. 김지남이 그 제조법의 기록을 북경에서 구입해 온 후로 그 공효(功效)가 크게 나타나 드디어 『신전자초방』의 한 책을 완성하였다. 정조조에 우의정 윤시동(尹蓍東)의 건의로 다시 수정을 가하여 그 책을 중간(重刊)하였다.】〈下略〉

그뿐만이 아니라 이때는 이미 청나라에서도 조선의 화약 제조기술의 우수성을 인정하고 있었던 것으로 보인다. 조선에게 화약합제술을 알려 달라[80]고 했던 사실이 있는데 숙종 45년(1719)의 일이었다. 청나라는 그토록 자기들 기술의 유출은 엄히 단속하면서도 조선에게는 공개적으로 기술을 내놓으라 하고 있었으니, 예나 지금이나 약소국의 입장을 잘 알 수 있는 부분이다.

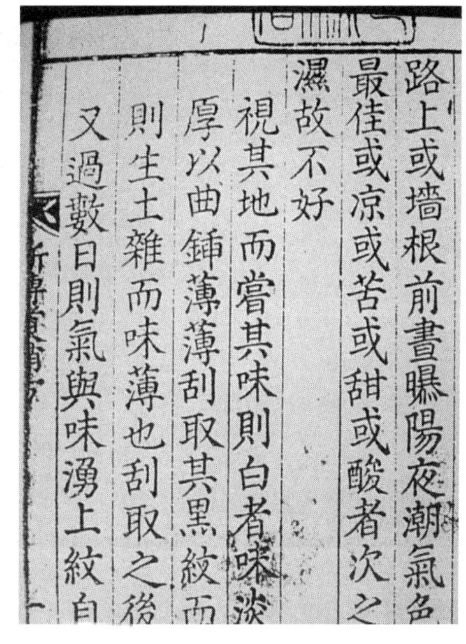
路上或墻根前晝曝陽夜潮氣多
最佳或凉或苦或甜或酸者次之
濕故不好
視其地而嘗其味則白者味淡
厚以曲錚薄薄刮取其黑紋而
則生土雜而味薄也刮取之後
又過數日則氣與味湧上紋自

『신전자초방』

한 가지 특이한 점이라면 중국의 사신이 요구한 것이 염초법이 아니고 화약합제법火藥合劑法이라는 것이다. 당시 중국의 염초焰硝 생산기술은 조선의 염초법에 비해서 한 단계 우수했기 때문에 그들은 염초법에는 관심이 없었고 다만 조선의 화약 조성, 즉 합제법만이 관심사항이었을 수도 있다. 하지만 조선에서는 화약과 염초를 동일시하여 구분 없이 사용하기도 했는데, 염초 자체를 화약과 같은 의미로 사용하면서 염초법焰硝法과 화약법火藥法, 염초장焰硝匠과 화약장火藥匠 등을 동일한 뜻으로 혼용했던 사례가 있다. 따라서 청나라가 조선에게 달라고 했던 화약합제법이라는 것도 염초법부터 시작하여 배합기술에 이르기까지 화약 제조의 전 과정을 뜻하는 것으로 볼 수도 있다. 그렇다면 이때 조선이 중국에 전해 준 것은 아마 『신전자초방』의 기술이었을 것이다.

『신전자초방』은 정조 20년(1796) 5월 우의정 윤시동尹蓍東의 건의로 중간重刊되기도 하는데[81] 처음 책이 발간되고 나서 100년 가까이 지난 뒤에도 동일한 내용으로 중간된 것을 보면 그 기술의 우수성이 오랫동안 인정받고 있었음을 알 수 있다.

---

80) 숙종실록 63권 숙종 45년 己亥(1719) 2월 30일 계유
清使欲得我國火藥合劑之法迎接都監以聞錄出以送

81) 정조실록 44권 정조 20년 丙辰(1796) 5월 12일 병진
令武庫印頒《煮硝方》於中外右議政尹蓍東啓言肅廟戊寅年間故相南九萬建白以譯官金指南北京往來時所得《煮硝新方》令武庫刊布中外〈中略〉請於華城軍器備置時以此方煮取仍又申飭頒布從之仍令武庫印頒

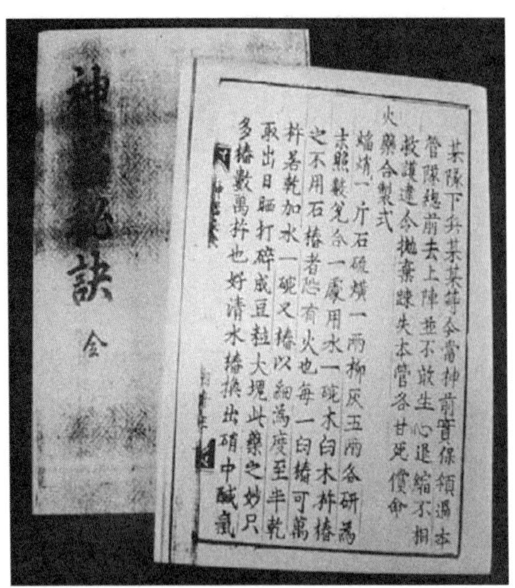
神器秘訣

某隊下兵某某等今當神前實保領遇本
管隊總前去上陣並不敢生心退縮不相
救護違令拋棄踈失本管各甘死償命
火藥合製式
焰焇一斤石硫黃一兩柳灰五兩各研為
末照數兌合一處用水一碗木臼木杵舂
之不用石舂者恐有火也每一臼舂可萬
杵若乾加水一碗又舂以細為度至半乾
取出日晒打碎成豆粒大塊此藥之妙只
多舂數萬杵也好清水舂換出硝中鹹氣

『신기비결』의 화약합제식

한효순의 신기비결

“신전자취염소방”이 발간되기 전 『신기비결神器秘訣』이란 병서兵書가 발간된 적이 있다. 함경도 도순찰사都巡察使 한효순韓孝純이 1603년 지은 책으로 각종 화약병기의 제작과 사용방법에 대한 설명과 여러 병법가兵法家들의 병법론이 수록되어 있다. 대포大砲와 조총鳥銃 부속품 명칭 일부가 한글로 주기된 것이 있어 국어 어휘사의 자료로도 이용되고 있는 책인데 이 책의 내용 중에 ‘화약합제식火藥合製式’이 기록되어 있다. 염소焰焇 1근斤, 석류황石硫黃 1냥兩, 유회柳灰 5냥兩이라 하였으며 우리나라 화약의 조성으로는 최초로 발견되는 기록이다.

09_ 화약의 사조私造

조선에서 화약의 사사로운 제조는 원칙적으로 금지된 행위였다고 보는 것이 옳다. 하지만 중종조에는 방납防納이 실시된 적이 있었고,[5-33] 임진왜란 중이던 선조 임금 시절에도 일부 사조私造가 허용된 일이 있었다.[5-32]

임진왜란 중 화약부족에 시달리던 조선 조정은 화약 조달을 위한 궁여지책으로 중종 임금 시절 염초를 방납防納하거나 개인들로부터 구매했던 일과 중국에서도 공사公私를 막론하고 모두 화약을 제조할 수 있어 가는 곳마다 민간에 포성砲聲이 난다 하니, 이로써 중국에는 사금私禁이 없다는 것을 알 수 있다는 사례를 들어가며 도성 사람들로 하여금 집집마다 염초를 굽게 하였던 것이다. 화약 확보에 다급했던 조선 조정의 이례적인 조치였다.

그러나 대중적으로 사조가 이루어진 것은 숙종시절이었다. 그때는 "신전자취염소방" 등 나름대로 체계적인 염초제조법이 민간에게도 전파되었을 뿐 아니라, 유황도 국산화가 되었고 암암리에 방납도 실시되었기 때문이다.

더구나 임진왜란 때부터는 조총까지도 민간에게 보급되었고 조총을 이용한 사냥이 성행하게 되면서 조총의 사조도 널리 행해지고 있었다. 따라서 조총을 사용하기 위해 필수적으로 필요한 화약의 사조도 점차 대중화되었다고 볼 수 있다. 공식적인 국가 정책은 아니었더라도 조정에서 조총이나 화약이 부족할 때면 민간에서 만든 조총과 화약을 사들이기까지 하였으니 사조는 더욱 성행할 수밖에 없었을 것이다. 이 부분은 제9장 〈조선의 산업용화약〉 편에서 세부적으로 다루기로 한다.

10_

조선 말기 화약의 품질관리

제조기술이 어느 정도 안정화되고 나자 조선에서는 화약의 품질관리에 대해서도 신경을 쓰기 시작한다. 영조 5년(1729) 비변사에서 작성한 "조총화약제조절목鳥銃火藥製造節目"에서는 구체적인 화약 관리 방법을 기술하고 있다.82) 제대로 만들어지지 않은 조총鳥銃들은 발사 시에 간혹 깨지면서 사람을 상하게 하는 일이 있었고, 화약은 연한年限이 차지 않았는데도 곧 흙으로 변하는 등 품질 불량으로 인해 나타나는 문제들이 발생하자 이를 해소하기 위해 조총과 화약 제조법을 절목節目으로 마련한 것이다.

우선 임진왜란 이후 서울의 오군영五軍營과 각도의 감영監營, 병영兵營, 수영水營 등

---

82) 비변사등록 영조 5년(1729년) 5월 25일

司啓辭〈中略〉鳥銃則不善製造間有折裂傷人者火藥則未滿數年便成塵土實爲寒心鳥銃火藥製造之法節目磨鍊以入而各軍門武庫賑廳及諸道監兵使處一體分付之意敢啓答曰知道

【鳥銃火藥製造節目】〈中略〉

- 軍器製造衙門訓練都監禁御營廳守禦廳摠戎廳軍器寺賑恤廳是白齊
- 火藥與鳥銃有異製造匠姓名無可刻標某衙門一字某年號二字合爲三字以陽字鑄成擣砧時印于火藥片上而監製監官邊首匠人等姓名各其衙門隨其所製年月書錄册子中踏印以置次次傳掌如有定限內執則考其姓名而論罪爲白齊〈中略〉
- 火藥製造若依火砲式例三煉焰硝細末硫黃合劑猛擣則雖至累年萬無不猛之理五年內如或不猛則所製匠人百斤以下決棍三十度二百斤以上五十度後竝使渠改備爲白齊
- 諸道各邑月課鳥銃火藥受去後五年之內藥不猛銃破傷丸不容穴則還送于當初所送各該衙門工匠等依節目處置後使之改備下送爲白齊
- 鳥銃火藥如爲執頉則監造監官決棍二十度邊首三十度以懲他人爲白齊,
- 外方各邑銃不堅完藥不猛烈皆由於以輕價貿京肆故也私造私貿之弊若不嚴防則外方軍器漸至無用今此定奪之後或有私造見捉者移送捕廳治之以治監之律其中最甚者自捕廳處置後徒三年定配而此乃嚴法防奸之道若有敢生奸計倣依各衙門之印標而造製者繩以私鑄錢之法爲白齊〈中略〉
- 未盡條件追後磨鍊爲白齊

도처에서 만들던 군기의 제조 아문衙門을 훈련도감, 금위영, 어영청, 수어청, 총융청, 군기시, 진휼청으로 한정하였다.

그러고는 제조소와 제조자의 책임을 명확히 하였다. 조총의 감조변수監造邊首와 타조장인打造匠人 및 찬혈장鑽穴匠의 성명과 아문衙門, 연호年號를 총의 겉면에 새겨 후일 상고해 처치할 수 있도록 하였다. 조총과는 달라 제조한 장인匠人의 성명을 새겨 표시할 수 없는 화약의 경우는 제조한 아문衙門과 제조 일자를 화약 조각(火藥片) 위에 양각으로 찍고 각 아문별로 제조 일자에 따라 감제감관監製監官, 변수邊首, 장인 등의 성명을 책자에 기록, 보관하되 유효 기간 안에 탈頉이 생기면 그 성명을 보고 죄를 논하도록 하였다.

다음에는 화약의 유효 기간과 형벌 기준을 정하였다. 화약은 화포火砲의 식례式例에 의해 제조한다면 비록 여러 해가 된다 하더라도 그 맹렬한 효과가 유지되어야 할 것임에도 5년 안에 혹 맹렬하지 못하다면 이를 만든 장인을 1백 근 이하는 곤장 30도, 2백 근 이상은 50도를 치도록 기준을 정하였다.

보관 중 문제가 생긴 것에 대해서는 당초에 만들어 보낸 아문衙門의 공장工匠에게 도로 보내 절목節目에 의하여 처치한 뒤, 개비改備하여 내려 보내게 하였다. 아울러 조총과 화약에 탈이 생기면 감조감관監造監官은 곤장 20도를, 변수邊首는 30도를 쳐서 다른 사람들에게 경종警鍾이 되도록 하였다.

또한 지방 각 읍의 조총이 견고하지 못하고 화약이 맹렬하지 못한 이유 중의 하나가 헐값으로 사오기 때문이라고 판단하고 사사로이 제조하고 사사로이 사오는 폐단도 엄격히 방지하도록 하였는데 새로 제정된 절목節目이 시행된 후에도 혹 사사로이 제조하다가 적발되는 자가 있으면 포도청으로 보내 죄의 경중에 따라 도徒 3년三年에 정배定配할 수 있는 엄한 형벌 기준을 정하였다.

그뿐만 아니라 간사한 꾀를 내어 각 아문의 인표印標를 위조해서 제조한 자는 '사주전법私鑄錢法'에 의하여 처단한다는 규정까지 만들어 놓았다. '사주전법'이란 화폐 위조범들에 대한 처벌법으로 사형에 처할 수도 있는 강력한 법이었다.

11_

화약의 자급자족

중국 염초 수입이 완전히 중단된 것은 인조 10년(1632) 11월의 일이었다.[6-43, 45] 그 후 조선은 중국에 의존하지 않고 염초를 생산하기 위해 많은 노력을 기울였고 드디어 1635년 "신전자취염소방"이 나오면서 중국 제품의 수입 없이도 100% 자급자족할 수 있는 체계를 갖추게 된 것으로 보인다. 그러나 숙종 24년(1698) 김지남金指南의 『신전자초방新傳煮硝方』을 끝으로 조선 말기까지 더 이상 화약 제조기술 발전의 흔적은 찾아볼 수 없다. 단순히 발전이 없는 정도가 아니고 화약 제조 기능이 축소되기도 한다.

정조 임금 때의 일이다. 본시本寺(軍器寺)에서는 화약을 만들지 않고 각 군문軍門으로 그 기능을 이관하였다. 그뿐만이 아니라 당시 군기시軍器寺 제조提調 이주국李柱國은 본시本寺에서는 화약을 만들지 않고 있으니 아예 삼청동에 있던 화약고마저 폐쇄하자고 하였다.[83]

순조 11년(1811)에는 조총鳥銃·화약火藥 양색兩色의 낭청郎廳 및 각各 소所의 감관監官 4인은 모두 쓸데없는 직제이니, 이 뒤로는 궐원闕員이 생기더라도 대신할 사람을 보충하지 않도록 하였다. 특진관特進官 훈련대장訓鍊大將 이득제李得濟의 건의를 순조 임금이 받아들인 것이다.[84] 또한 헌종 5년(1839)에는 훈국訓局, 금위영禁衛營 및 어영청御營廳의 월과화약

---

83) 정조실록 45권 정조 20년 丙辰(1796) 7월 8일 신해
軍器寺提調李柱國啓言〈中略〉火藥庫之設置於三淸洞者以煮硝備置之故也近來罷本寺煮硝之法而庫舍則依舊自在參軍及員役如前守直所費亦不些則毁之無妨

84) 순조실록 14권 순조 11년 辛未(1811) 3월 7일 을묘
乙卯晝講特進官訓鍊大將李得濟啓言〈中略〉鳥銃火藥兩色郎廳及各所監官四人俱係冗官此後請隨窠勿補其代從之

가미月課火藥價米를 향후 10년 동안 절반으로 감하는 조치를 내리는 등 화약의 생산량 자체를 축소하였다.[85)]

하지만 화약 제조 기능과 월과화약가미를 축소하는 등 화약의 생산을 감축했던 이유는 불명확하다. 아마도 큰 전쟁이 없던 시기였기에 화약의 필요성에 비해 재고가 너무 많다고 느꼈을 가능성이 있다. 당시 화약 재고를 종합적으로 파악할 수는 없지만 각종 화재나 도난 사고 등의 기록에서 부분적으로나마 화약고의 재고 수준을 살펴볼 수는 있는데 당시의 화약고에서 발생했던 사건, 사고를 요약하면 다음과 같다.

1. 영조 4년(1728)　본부本府 화약고 화재, 화약 4,213근 소실燒失[86)]
2. 정조 1년(1777)　무고武庫의 화약火藥 7,000여 근 도난[87)]
3. 순조 7년(1807)　자모산성慈母山城 화약고 화재, 화약 38,407근 소실燒失[88)]
4. 순조 19년(1819)　어영청御營廳 남소영南小營 화약고 화재, 화약 93,280근 소실燒失[89)]
5. 헌종 1년(1835)　충청도 본성本城 화약고 낙뢰落雷, 화약 12,800근 소실燒失[90)]

『만기요람萬機要覽』에서도 당시 각종 군기류 재고를 기록하고 있다. 훈련도감의 화약 재고는 무려 181,380근斤에 달했고,[91)] 총융청摠戎廳에 14,449근 8냥 8돈 4푼,[92)] 어영청御

85) 헌종실록 6권 헌종 5년 己亥(1839) 6월 22일 병술
〈前略〉訓局火藥價米四百石禁衛營火藥價米三百四十石御營廳火藥價米三百四十石已上間年上下者而折半限十年權減〈下略〉

86) 영조실록 15권 영조 4년 戊申(1728) 1월 27일 무인
潭陽府使沈維賢以本府火藥庫今月初一日亥時失火庫舍爲烈焰飄去火藥四千二百十三斤及硫[黃]五斤〈下略〉

87) 정조실록 3권 정조 1년 丁酉(1777) 2월 7일 계묘
召見時任大臣左議政金尙喆以武庫火藥七千餘斤之偸失請前後當該提調罷職從之

88) 순조실록 10권 순조 7년 丁卯(1807) 4월 20일 임진
平安監司李勉兢狀啓慈母山城火藥庫失火被燒火藥三萬八千四百七斤零火繩一萬二千三百五圓

89) 순조실록 22권 순조 19년 己卯(1819) 3월 28일 경신
庚申御營廳以南小營火藥庫失火啓被燒火藥九萬三千二百八十斤零〈下略〉

90) 헌종실록 2권 헌종 1년 乙未(1835) 5월 2일 경신
忠淸兵使李濟和以前月二十七日驟雨雷電大作霎時間本城火藥庫八間爲霹靂壓碎火藥一萬二千八百斤燒散無餘啓

營廳에 92,895근 9냥을93) 비롯해서 금위영禁衛營에도 99,054근 10냥 1전 8푼의94) 재고를 가지고 있는 등 이들 네 기관에서 보관하고 있던 화약 재고만도 40만 근에 이른다. 『만기요람』은 순조 8년(1808) 경에 호조판서 서영보徐榮輔와 부제학 심상규沈象奎가 함께 비국유사당상備局有司堂上으로 있을 때 왕명을 받들어 찬진撰進한 것으로서 1800년대 초의 화약 재고가 상당히 많았음을 보여 준다.

건국 초기부터 항상 화약의 재고 부족으로 어려움을 겪고 있었던 그간의 화약 사정을 감안했을 때 개별 화약고마다 화약의 재고가 수천 근에서 십 수만 근에 이를 정도였다면 당시로서는 대단히 많은 수량이다. 또한 다른 곳의 화약고에도 유사한 수준의 화약이 저장되어 있었다고 보면 조선 후기 화약의 재고는 비교적 넉넉했었다고 볼 수가 있다. 염초뿐만이 아니라 유황硫黃의 자체 생산도(제7장 참조) 원활해졌기 때문에 가능한 일이었다.

하지만 당시 조선은 『신전자초방』의 기술에만 의존, 신기술 개발을 소홀히 하였고 단지 몇 십만 근의 화약 재고에만 만족하는 큰 문제를 안고 있었다. 과거 세종 이후 화약을 소홀히 하고 방심한 끝에 임진왜란을 맞아 힘없이 전 국토를 왜구들에게 유린당했던 과거를 조선은 잊지 말아야만 했다. 불과 몇 십 년 후 조선은 현대식 무기를 탑재한 외국 함선의 공격을 받고 시달림을 당하게 된다.95) 중국에 이어 세계적으로도 몇 손가락 안에 꼽을 정도로 일찍부터 화약과 화약병기를 만들어 썼고, 세계 최초로 해전에서 화포火砲를 사용하였으며, 역시 세계 최초로 신기전神機箭이라는 로켓무기와 철갑선을 만들었다는 우리나라였지만, 신기술 개발에 소홀한 결과 서양의 군함 몇 척에도 쩔쩔매는 수준에 머무르게 되었던 것이다.

---

91) 萬機要覽 軍政編 二 訓鍊都監 軍器
〈前略〉火藥 181,380근, 焰硝 338근, 石硫黃 4,904근, 藥線 1,026사리, 火繩 4,042사리

92) 萬機要覽 軍政編 三 摠戎廳 軍器
〈前略〉火藥 14,449근 8냥 8돈 4푼 〈中略〉 火繩 415대내(臺乃)〈下略〉

93) 萬機要覽 軍政編 三 御營廳 軍器
〈前略〉火藥 92,895근 9냥 〈中略〉 石硫黃 5,155근 2냥 8돈 5푼〈下略〉

94) 萬機要覽 軍政編 三 禁衛營 軍器
〈前略〉火藥 99,054근 10냥 1전 8푼 〈中略〉 藥線 2,813조〈下略〉

95) 병인양요(丙寅洋擾), 신미양요(辛未洋擾), 운요호 사건[雲揚號事件(운양호 사건)]

제 7 장

조선의 유황 수급

01_

조선 전기의 유황 수입 현황

화약의 원료 중 염초焰硝는 그 제조법을 알아내기도 힘들었고 또 알아낸 후에도 그 원료인 함토鹹土 채취 문제로 항상 어려움을 겪고 있던 물질이었다. 하지만 염초를 가지고 화약을 만드는 것은 그다지 어려운 일은 아니었다. 따라서 고려 말부터 조선에 이르기까지 염초라 함은 바로 화약을 일컫는 것이었고 화약이라 함은 염초를 말하는 것으로 간주되어 왔다. 실제로 조선의 기록에서는 염초와 화약을 혼동하여 쓴 사례가 적지 않게 발견되곤 한다.

하지만 조선 후기 유황광硫黃鑛을 개발하기 전까지는 유황도 수입에만 의존하던 매우 귀한 물건 중의 하나였다. 다만 일본이 화약을 만들지 못하던 시기 즉, 조선 전기에는 중국의 염초무역 통제와는 달리 일본은 유황 수출을 통제하지 않았기 때문에 조선의 유황 수급에는 큰 문제가 없었다. 오히려 일본에서는 조선으로 파견하던 사신들을 통해 유황을 공물貢物로 보내오는 등 공사公私 무역의 형태로 대량 수출을 하고 있었다. 따라서 조선에서는 유황만큼은 중국에 의존하지 않아도 되는 원료였다.

세종의 대마도 정벌 등 왜구 평정 이후부터 왜구들의 유황 공물은 절정에 이른다. 『조선왕조실록』에 기록된 것만으로도 세종 즉위년인 1418년 12월 29일부터 세종 10년(1428) 2월 2일까지 약 9년 동안, 일본에서 보내온 유황 공물은 총 80여 차례에 걸쳐 194,560근에 이르며, 수량이 기록되지 않은 것을 포함하면 약 20여만 근에 달했을 것으로 판단된다. 물론 유황은 약용藥用 등 다른 용도로도 소량씩 사용되고는 있었지만, 만약 20만 근 전부를 화약에 쓴다면 엄청남 양의 화약을 만들 수 있는 수량이었다.

세종 10년(1428)부터 유황 공물 기록이 현저하게 줄어든다. 하지만 이는 유황 공물이 줄어든 것이 아니고 단지 공물의 상세 목록에 유황을 기록하지만 않았던 것으로 보아야 한다. 그때는 아직 일본이 자체적으로 화약을 만들던 시기가 아니었기 때문에 의도적으로 유황 수출을 금지할 이유가 없었고, 오히려 일본의 입장에서는 조선과의 무역에서 유황은 매우 유력한 수출 품목으로서 조선으로부터 필요한 물자를 수입하려면 유황의 수출은 필수적이었기 때문이다. 이러한 사실들로 비추어 볼 때 세종 10년 이후 유황 공물 기록이 줄어드는 것은 실록의 편집기준 차이였다고 볼 수 있다.

조선의 사관史官들이 실록을 기록할 때 세종 전기만 해도 유황의 존재는 매우 귀중한 물품 중의 하나로서 공물 내역에 꼬박꼬박 기록했지만, 대규모 공물로 인해 유황의 재고가 충분해지면서부터 일본의 유황 공물은 기록으로까지 남겨야 할 정도의 특별한 사항이 아니었을 것이다. 세종 즉위 후 10년 동안 들어온 유황 20만 근으로 모두 화약을 만든다면 조선시대 화약 조성 중 최초로 발견되는 "신기비결"의 조성(표 8-7)을 적용할 때 430만 근이나 만들 수 있는 엄청난 수량이었으니 이미 유황은 귀한 존재가 아니었다.

이외에도 세종 재위 기간 중 일본이 조선에 공물을 바쳤다는 기록이 60여 차례나 더 있었고 문종부터 성종 말기까지 40여 년간에는 1,000여 회가 넘는 수많은 일본 공물이 있었을 정도로 양국 간 공무역이 활발했음을 볼 때도 유황무역이 단절되었다고 할 수는 없다. 따라서 세종 전기에만 20만 근이 넘게 유황 공물이 들어왔으니 사무역이나 밀무역을 통해서 들어온 것까지 감안하면 조선의 유황은 수요를 충족하고도 남을 양의 재고가 비축되었다고 보아야 한다. 성종 이후 연산군 재위 10여 년간에도 100여 회나 되는 일본의 공물 기록을 『조선왕조실록』에서 찾아볼 수가 있다. 성종 임금 때에 와서는 국내 유황 재고가 23만 7천여 근이나 될 정도로 풍족하였다.[1)]

물론 일부 기록에는 일본 유황의 수입이 줄어들 것을 우려하는 내용도 포함되어 있기는 하다. 하지만 이는 아마도 일시적인 현상이었을 것이다. 오히려 임진왜란 전까지는 유황이 과다하게 수입되고 있던 사실과 이를 통제하고 있던 사실들을 확인할 수가 있기 때문이다.

---

1) 성종실록 75권 성종 8년 丁酉(1477) 1월 28일 정묘

丁卯御經筵講訖知事姜希孟啓曰火藥庫有石硫黃二十三萬七千餘斤焰焇四萬斤然今倭人未有來獻者必有窮盡之時世祖朝忠淸道淸風人進石硫黃用於放火與倭人石硫黃無異但於葡萄火則不可用也待開春遣官率事知藥匠掘采試用何如上曰葡萄火特一時之觀耳其遣人多取來試之

〈표 7-1〉 세종 시절 왜구들의 유황 공물 현황

세종실록		공물을 보내 온 자(특기 사항)	수량(근)
즉위년(1418)	12/29	筑前州 太守, 藏親家	300
1년(1419)	11/25	右武衛原公元臣 및 濃州 太守, 平宗壽	1,060
2년(1420)	11/25	九州 摠管, 源義俊	2,000
	12/ 2	防長豊三州 都護 大內殿 家姪, 多多良滿世	3,500
3년(1421)	6/10	九州 總管, 源義俊(元敬王太后 弔問, 對馬島人 송환 요청)	1,500
	7/5	竺州府 石城縣使, 民部小輔, 平滿景(元敬王太后 弔問)	2,000
	8/3	對馬島 都萬戶 左衛門大郎	500
	8/15	九州 前 摠管 右武衛, 源道鎭(元敬王太后 弔問)	1,000
	10/18	對馬島 都萬戶 左衛門大郎	1,000
	11/6	前 九州 摠管, 源道鎭(사신 파견, 書信 전달)	1,200
		平宗壽(太后 조문)	800
4년(1422)	7/6	筑州府, 平滿景(억류 對馬島人 송환 요청)	1,000
5년(1423)	1/1	九州 摠管, 源義俊(前大王 조문 및 對馬島人 송환 요청)	7,500
	1/12	日向 · 大隅 · 薩摩 세 州의 太守, 源朝臣 久豊	3,000
		일본국 筑州 管事, 平滿景(先考皇帝 조문)	2,000
	1/28	前 九州 摠管, 源道鎭(對馬島人 송환 사례, 寺鍾 요청)	5,000
		駿州 太守, 源省(先考皇帝 조문)	6.000
		肥州 太守, 源昌淸(先考皇帝 조문)	2,000
	2/2	左衛門大郎	2,000
		小早河常嘉	3,000
		源道鎭	1,500
		左衛門大郎(先 考皇帝 조문)	9,000
	2/26	下松浦 志佐 및 一岐州 太守, 源重	2,300
	5/19	九州部 石城, 式部小輔, 源俊臣(源道鎭의 弟)	1,500
	5/25	九州 都元帥, 源義俊	1,000
		筑州府 石城管事, 平滿景	2,500
	6/3	왜인 三味三甫羅	1,000
	6/15	左衛門大郎	2,300
	6/21	平滿景	1,900
		源道鎭	3,000
		源義俊	200
		常嘉	1,000
	7/11	源義俊	5,000
		平滿景(大藏釋典 하사에 대한 답례)	3,500
	9/18	九州 前 摠管, 源道鎭 · 筑州府 石城管事, 平滿景	600
	9/24	筑前州 太守, 藤源滿貞	2,500
		備州 刺史, 砥上大臧氏種	400

		左衛門大郎	1,000
	10/15	九州, 多多良德雄 筑前州 管事, 平滿景	1,000 500
	10/18	九州 源義俊 平常嘉 源昌淸	5,000 5,000 5,000
	10/25	源義俊 平滿景 源省 左衛門大郎	3,000 3,000 10,000 6,000
	10/27	日向・大隅・薩摩州 太守, 修理大夫匠作, 源久豐 源久豐의 아들 源貴久	9,000 5,000
	11/17	源義俊 源朝臣 〈"源義俊과 一岐州, 源重이 보낸 객인이 헌납한 石硫黃 9백 50근은 書契없이 가져온 것"으로 받지 않음〉	5,000 7,000
	11/24	源道鎭 平滿景	5,000 5,000
	12/28	九州 前 都元帥, 源道鎭	12,000
6년(1424)	8/21	九州 作州 刺史, 平常嘉	1,000
7년(1425)	1/6	九州 都元帥, 源義俊(조선 사절 귀국 시)	3,000
	7/15	筑前州 太宰, 宗貞澄	유황
	9/19	源道鎭 宗貞澄	유황 유황
	11/14	平滿景 源昌淸	유황 유황
8년(1426)	1/4	源昌淸 平常嘉	유황 유황
	1/21	愁溫都老, 藤原賴久, 源朝臣貴久 3人	유황
	7/7	對馬島 左衛門大郎(富山浦의 造船 요청)	2,000
	11/1	筑州石城管事, 宗金(圖書 하사에 대한 사례 및 인질로 있는 對馬島 屬臣 平奴田 형제 송환 요청)	1,000 1,000
9년(1427)	1/13	一岐州 知主, 源朝臣重(大般若經 요청) 左衛門大郎 肥前州 松浦, 源臣昌明	2,000 1,000 2,000
	1/19	薩摩州 伊集院寓鎭, 藤原賴久 薩摩州 太守, 源久貴	1,000 3,000
	3/27	左衛門大郎(영해 침입 사죄 및 漁場 확대 승인 요청) 對馬島 宗右馬・彦六・貞盛(교환무역 요청)	1,000 500
10년(1428)	2/2	筑州 石城管事, 平滿景・筑州府 石城縣, 藤宗金 ・一岐州 本居浦, 藤七	유황
		합 계	**194,560**

성종 16년(1485) 공사무역公私貿易의 장단점을 들어가며 사무역의 허용 여부를 논하던 기록을 보면 당시 삼포三浦에서 왜놈(倭奴)들이 팔던 물품은 금金, 은銀, 동銅, 철鐵, 피물皮物, 주홍朱紅, 석류황石硫黃들이 있다고 하였다.2) 사무역을 통해서도 석류황이 수입되고 있던 사실을 알 수가 있다.

그뿐만 아니라 유황 수입 과다로 인한 국가 재정 고갈 때문에 수입을 통제하던 사례도 있다. 중종 20년(1525) 왜인倭人 우실수좌愚室首座가 유황硫黃 2만 9천 근을 가져왔을 때다. 자그마치 그 값이 정포正布 7천 7백여 필에 해당되는 많은 수량이었는데 조선의 유황 재고는 군기시, 경상도, 개성부에 있는 것을 합하면 30만 근이 넘어 정포正布는 부족하고 유황은 많으니 무역하지 말자고 하였다.3)

하지만 수입을 전면 통제할 수만은 없었다. 국가 간의 신의 문제도 있고 또 당시 왜구들의 침입이 자주 일어나고 있는 상황에서 그들의 마음을 달래려는 목적도 있었으므로 수입을 완전히 금지하지는 않았다. 일본의 세견선歲遣船의 수를 줄이는 등 기본적으로는 수입을 억제하면서 국가에서 꼭 필요한 유황에 대해서는 부분적으로 수입을 허락해 주는 등 그때그때 필요에 따라 무역량을 조절한 것이다.

이미 가져온 유황마저도 매입하지 않으려는 조선에게 일본 사신이 "표류한 조선인을 쇄환刷還해 준 공도 있고 가져온 수량도 적으니 값을 올려 모두 사주기를 바란다"며 간청을

---

2) 성종실록 175권 성종 16년 乙巳(1485) 2월 26일 무인

〈前略〉孫舜孝議〈中略〉如三浦則倭奴所賣者金銀銅鐵皮物朱紅石硫黃皆我國功用之物而我國禁物亦不過火藥金銀數物而已〈中略〉李坡議三浦私賣自祖宗朝行之已久至世祖末年恐商賈買賣之際容有冒濫始禁私賣此特小弊耳因此倭人所賣如銅鑞鐵皮物及細瑣雜物竝皆公貿其物於國家不緊而所給之價歲費千萬儲於官家積如丘山銅鑞或致消融皮物日就腐朽終於無用今依祖宗故事許人私買爲便〈中略〉魚世謙議〈中略〉然無知商賈人不畏禁令或挾持禁物或爭利生釁是誠可慮除私貿易許商賈人納價於倭物所在官平受倭物事已有傳敎是則倭船到處依前官給其價而收其物徐待商賈自願納價照該曹文引官自貿給則無犯禁生釁之弊〈中略〉鄭佸議〈中略〉其禁私而官貿者以商賈奸詐之徒買賣之際濫用禁物爭利生釁也若禁私賣則依前官貿移輸花園縣貿易耳不必別立新法許令私貿則從其情願自相買賣可也何必官掌出納哉臣聞花園縣貿易倭物積於無用況互市之法歷代皆有許自貿易爲便〈中略〉傳曰〈中略〉大抵商賈人多詐與倭買賣之際不無爭利生釁之弊且官收倭物以給買人則非徒守令出納有弊買人亦未及時受出〈中略〉今日議得宰相, 承旨等, 亦可議啓

3) 중종실록 중종 54권 20년 乙酉(1525) **7월 8일 을축**

戶曹啓曰倭人愚室首座齎來石硫黃二萬九千斤其直乃正布七千七百三十二匹十一尺六寸六分而禮曹皆以公貿易啓下然而我國會計所錄石硫黃在軍器者二十五萬九千三十四斤在慶尙道者四千七百十七斤在開城府者三萬七千九百四十斤也我國正布則其數有限而石硫黃則多有之今之齎來者則請勿貿易何如傳曰民間亦可私貿易之物則雖不爲公貿可也此物則必無私貿之人彼輩自海外齎來乃復齎歸於事未穩可爲公貿與否更議以啓

하자 국가 체면을 생각하여 마지못해 무역을 허락해 준 적도 있다.[4)]

또 한번은 무역을 하고자 가지고 온 유황을 3분의 1만 사고 돌려보냈더니 왜인들이 화를 내자 역시 국가 체면과 오랑캐를 대하는 도리를 감안해서 다시 3분의 1을 추가로 구입해 주기도 한다.[5)] 이일을 놓고는 조정 내에서도 말이 많았다. 예조禮曹에서는 그들이 화내는 것을 염려하여 무역을 허락한 반면 호조戶曹에서는 과당한 무역이라며 불만을 터트린 것이다. 호조에서는 "금번 왜인倭人들이 무역해 가는 면포가 1천 2~3백 동同이나 되어 이제 남은 것은 단지 5백여 동으로 그들이 화내는 것을 염려하여 쓸데없는 물건을 무역한다면 국가 재정의 고갈이 우려될 뿐만 아니라 석류황石硫黃도 당초에 3분의 1만 무역하려다 3분의 2가 되고 또 중지하였다가 다시 무역해 주니 그 사람들로 하여금 조정의 명령이 한결같지 못함을 알게 한 것은 매우 불가한 일"이라며 예조禮曹의 일 처리를 비난하고 나섰다.[6)]

그 후로도 왜인들의 유황을 수입하는 것에 대해서는 국가 재정상 곤란하다는 우려가 계속 제기되었고,[7)] 심지어 중종 37년(1542)에는 조선으로 가지고 왔던 유황을 다시 돌려보내기도 하였다. 재고가 20만 근이나 되어 1백 년 동안 쓰기에도 넉넉하였기 때문이라 하였다.[8)] 당시에 돌려보낸 유황이 7만 근이나 되었던 것을 보더라도 일본에서 들어오던

---

4) 중종실록 55권 중종 20년 乙酉(1525) 9월 24일 경진
〈前略〉且大內殿愚室示書契曰商物烏梅木六斤之價布一匹似落價失本故不貿而還吾等刷還漂流民物有功且商物數少乞增價盡貿云果漂流人刷還誠爲有功非如曩時泛然來朝之比也且商物數少只烏梅木石硫黃等物而已不貿而還則於國體埋沒請增價貿之何如〈中略〉大內殿使商物以禮曹所啓言于戶曹增價貿之

5) 중종실록 55권 중종 20년 乙酉(1525) 10월 5일 경인
禮曹啓曰石硫黃初欲貿三分之一昨日還之倭人大怒若更發怒然後貿之則國體似傷而且虧待夷之道請貿三分之一傳曰其言于戶曹

6) 중종실록 55권 중종 20년 乙酉(1525) 10월 8일 계사
〈前略〉參贊官李芄曰國儲虛竭非但公債緜布亦然今者倭人所貿去南方緜布一千二三百同而遺在只五百餘同矣戶曹深以爲憂謂不可盡從禮曹則爲其發怒不可不貿若每慮其發怒貿其無用之物則國儲將竭矣石硫黃初欲貿三分之一又改三分之二又中止復貿使彼人知朝廷號令之不一甚不可也〈中略〉上曰此言果當戶曹慮其過貿而禮曹慮其發怒大臣之議亦與禮曹同故不得已貿之

7) 중종실록 62권 중종 23년 戊子(1528) 8월 3일 임인
戶曹啓曰倭人持來別幅付商物當初禮曹欲許公貿故卽移文問于各司足不足之物則他物有餘而唯胡椒弓角硫黃等物似不足故欲加貿之也今禮曹以彼人等所告報府受教皆令公貿若不得已盡從其請而後已則其價木四百三十餘同國儲多費似爲未穩

8) 중종실록 98권 중종 37년 壬寅(1542) 5월 2일 임오
弘文館副提學李浚慶等上箚曰〈中略〉硫黃之數多至二十萬斤今聞國儲硫黃足支百年之用此亦不當貿之物〈中略〉將

유황 양이 상당히 많았던 것을 알 수 있다.[9] 명종 12년(1557)에는 왜구들에 대한 조선의 각종 제한 조치에 대해 왜사들이 10조목을 들어가며 항의를 하자 유황硫黃을 수입해서 위로해 주는 등 일본과의 유황 무역은 계속되었다.[10]

하지만 임진왜란을 앞두고 왜구들이 화약을 생산하고 화약병기를 다루게 되면서 이제는 반대로 왜구들이 유황의 조선 수출을 통제하기 시작한다. 이것은 중국이 조선에 염초 수출을 통제했던 것과는 차원이 다른 것이었다. 중국은 잠재적 위험 요인, 즉 조선의 국방력 증강을 사전에 차단하기 위한 것이었다면 일본의 유황 통제는 전쟁을 앞두고 적국敵國에게 전쟁 물자의 수출을 제한한 것으로서 조선으로는 위기를 느꼈어야만 할 큰 사건으로 보았어야 할 것이다.

此兩物留諸所至郡縣完付使臣之回

9) 중종실록 101권 중종 38년 癸卯(1543) 10월 10일 신사

三公及禮曹同議啓曰安心東堂等將遺在商物硫黃七萬斤館所入置封標而還〈中略〉令鎭將考例接待留置硫黃許令齎還何如依允

10) 명종실록 22권 명종 12년 丁巳(1557) 1월 15일 기사

左贊成安玹議倭書邀以必不可從之事倭使初若無求而今乃顯責十事我若析而言之彼必自當悔謝〈中略〉然押宴時則事體不便使宣慰使條分言之彼猶請於押宴則以片言解之宜矣商物則加貿硫黃等物以慰之可矣

02_

유황 수입 중단

임진왜란 중 유황 재고는 바닥이 났고 조선은 염초뿐만이 아니라 유황마저 중국에서 조달해야만 했으니 임진왜란이 끝나고도 조선의 유황 사정은 좋아질 수가 없었다. 일본에서 여전히 유황 무역을 제한하고 있었기 때문이다. 이를 놓고 인조 임금은 "유황 무역은 그 유래가 이미 오래 것인데 이제 와서 막으니, 더욱 성신誠信한 뜻이 아니다. 전과 같이 무역하도록 힘껏 주선하지 않아서는 안 될 것이다"며 걱정하였다. 인조 14년(1636)의 일이다.[11)]

이미 조선은 명나라로부터는 외면을 당한 상태였고 군신지의君臣之義 관계를 강요하던 청나라로부터는 군사적 압력을 받고 있던, 즉 곧 닥쳐 올 병자호란을 앞두고 있던 시기에 화약의 원료인 유황마저 공급이 끊기고 있었으니 인조 임금으로서는 큰 걱정이 아닐 수 없었다. 조선에서는 이제 염초가 아닌 유황 확보가 더욱 시급한 문제가 되고 말았던 것이다. 병자호란 2일 전, 인조 14년(1636) 12월 7일 명나라에 염초와 유황의 무역을 허락해 줄 것을 요청하면서 "염초는 구워 만들 수도 있지만 유황은 토산土産이 아니어서 천조天祖(명나라)에서 공급해 주지 않으면 구할 수가 없는 것이니 무역을 허락해 달라"고 했던 것에서 그 답답했던 심정이 엿보인다.[6-46)] 염초는 부족한 대로 만들어 쓸 수라도 있지만 유황은 그러지도 못하는 물건이라고 생각하고 있었음을 알 수 있다.

그 후 조선 조정에서는 일본의 유황을 구하기 위해 밀무역까지 추진하기 시작했다. 대표적인 예로 훈련도감訓鍊都監의 제조提調 원두표元斗杓가 역관譯官 김근행金謹行에게 상전賞典을 약속하며 유황을 구해 올 것을 지시하여 김근행이 수년에 걸쳐 5만 근의 유황을 구해 온 사실이 있다.[12)]

---

11) 동사록(東錄) 丙子(1636, 인조 14) 十一月大 十二日壬子
〈前略〉且硝黃通貿其來已久而到今塞之尤非誠信之意不可不極力周旋如前通貿

하지만 일본 유황을 가져오는 일이 쉽지만은 않았다. 원두표가 김근행에게 일본 유황을 가져오도록 한 것이 정확히 언제였는지 확실치는 않으나 훈련도감의 제조로 재직 중이었던 점을 감안하면 효종 4년(1653) 7월부터 효종 7년(1656) 12월 30일 사이였을 것인데[13] 실제로 유황이 들어온 것은 이후 현종 5년(1664)에 이르기까지 무려 10여 년에 걸쳐 여러 번에 나누어서였다. 5만여 근 정도밖에 안 되는 유황을 10여 년에 걸쳐 가져온 것을 보면 과거에 비해 그만큼 일본 유황을 가져오는 일이 어려웠음을 알 수가 있다.

현종 5년 2월 유황 잠매潛賣를 위해 조선에 들어온 왜인들을 조사한 적이 있다. 김근행이 일본에 들어가 왜인들과 유황무역을 약속하고 돌아온 후, 서울의 상인 이응상李應祥이 노비(奴) 무선武善을 시켜 무역해 온 것이라 하였는데 우선 2만 근이 도착하였고 곧 다시 2만 근이 더 들어올 것이라 하였다. 이때 조선 조정에서는 직접 백면(白絲)과 목면木綿으로 값을 치르고 유황을 사들였고[14] 과거 홍희남洪喜男이 유황을 사왔을 때 그의 아들에게는 가자加資하고 희남은 동지同知에 제수했던 예를 들어 이응상李應祥에게도 가설첨지加說僉知로 상까지 주었다.[15]

---

12) 연려실기술 별집 12권 정교전고(政敎典故) 융장군기(戎裝軍器)
원두표(元斗杓)가 훈국(訓局)의 제조(提調)가 되어 왜역 김근행(金謹行)에게 말하기를 "저장해 둔 유황이 거의 없어져서 장차 조련(操鍊)을 폐지하게 되었다. 만일 네가 많은 수량을 얻어 온다면 조정에서 마땅히 벼슬에 봉하는 상전(賞典)을 아끼지 아니할 것이다" 하였더니 근행이 수년 동안 힘껏 꾀하여 5만 근을 얻어 왔다.《통문관지》

13) 훈련도감(訓鍊都監)의 제조(提調)는 정2품이 겸직하던 직책이었다.
따라서 원두표가 김근행에게 일본 유황을 가져오도록 한 것은 그가 정2품 벼슬에 오른 후일 것이다. 원두표가 처음 정2품의 벼슬에 오른 것은 인조 20년(1642) 1월 형조판서로 임명되었을 때였지만(인조 20년(1642) 1월 22일 以元斗杓爲刑曹判書李基祚爲大司諫趙壽益爲司諫) 훈련도감과의 업무 관계를 볼 때 그가 훈련도감 제조를 맡았던 것은 병조판서로 재직 중이던 효종 4년(1653) 7월부터(효종 4년(1653) 7월 21일 甲申以元斗杓爲兵曹判書鄭世規爲工曹判書) 효종 7년(1656) 12월 30일 우의정이 되기 전(효종 7년(1656) 12월 30일 癸卯以元斗杓爲右議政沈之源陞左議政許積爲兵曹判書鄭維城爲戶曹判書權大運爲應教) 3년 반 사이였을 것이다. 따라서 왜역 김근행에게 유황을 구해 오라고 시킨 것은 바로 이 시기(1653. 7～1656. 12)였을 것으로 판단할 수 있다.

14) 현종실록 8권 현종 5년 甲辰(1664) 2월 29일 임술
〈前略〉上又曰昨見都監草記硫黃買來者何許人耶佐明曰京居富商李應祥之奴武善受應祥之指揮牟利於外方者也上曰都監曾有分付之事乎赫然曰左相曾於金謹行之入往使之相約於倭人故倭人作此潛商而二萬斤先爲出來二萬斤又隨後出來而恐我國商賈輩不能接濟預先報知矣〈中略〉上曰硫黃之價以銀給之耶赫然曰此是潛賣之事故倭人必欲得銀以便其藏去而銀非我國之産故或以白絲或以木綿給之矣

15) 현종개수실록 10권 현종 5년 甲辰(1664) 3월 3일 을축
〈前略〉上問斗杓曰訓鍊都監硫黃貿來人將何以賞之斗杓曰前者洪喜男硫黃貿來時其子加資喜男除拜同知今此李應祥則宜以加設僉知賞之也上然之〈下略〉

그 후 몇 달 뒤에는 상인 임지죽林之竹 등도 유황을 무역해 왔다. 석유황石硫黃 1만 1천 3백 근과 함께 장조총長鳥銃, 장검長劍 등을 가져왔는데 이 역시 역관譯官이 일본에 갔을 때 왜인과 은밀히 약속하여 이루어진 것이라 하였는바, 여기서의 역관도 아마 김근행을 칭하는 것으로 판단된다.[16]

이처럼 왜인들이 잠매潛賣를 하러 오는데도 조선에서는 이를 단속하기는 고사하고 오히려 조정이 앞장서서 역관譯官들을 시켜 밀무역을 권장하고, 또 그 값을 국가 재정에서 직접 지급한 것을 보면 이때는 이미 일본 측에서 유황의 사무역을 엄히 금지시키고 있었을 뿐만 아니라 공무역을 통한 유황 수입도 원활하지 않아 유황 재고가 부족했음을 짐작할 수가 있다. 조선 초 공물 형태의 공무역이 활발했을 때는 오히려 과도한 유황 수입에 따른 국가 재정 문제를 들어가며 사무역을 금지시키고 공무역도 그 수량을 제한해 가면서 왜구들을 압박하기도, 회유하기도 하는 수단으로 삼던 것과 비교가 된다.

하지만 그때까지만 해도 일본과의 유황 공무역이 전면 중단된 것은 아니었다. 인조 8년(1630) 공무역에 대한 기록이 있다. 대마도주對馬島主 평의성平義成이 유황을 가지고 와서 인삼, 호피 등과 무역을 하였다는 것이다.[17]

효종 8년(1657)에도 통신사를 통한 공무역이 있었으나 이미 상황은 많이 달라지고 있었다. 왜인들이 유황 수급에 애로를 겪고 있는 조선의 약점을 이용하여 조선을 얕잡아 보려는 기색이 확연히 드러나고 있었던 것이다.

통신사通信使 조형趙珩이 일본에 갔을 때 유황을 사려고 돈을 놓고 돌아온 적이 있다. 그 후 왜인倭人 별차別差 평성우平成友와 귤성신橘成信 등이 서계書契와 유황硫黃을 가지고 왔는데[18] 그들이 가지고 온 서계의 말투와 서식書式이 예전과 달라져 있었다.

---

16) 현종실록 9권 현종 5년 甲辰(1664) 7월 19일 무신
東萊府使安縝密啓倭船乘昏來泊加德鎭商賈林之竹等以白金六千九百餘兩換貿石硫黃一萬一千三百斤黑角長鳥銃長劍等物〈中略〉蓋硫黃兵器上年問慰譯官入島時與倭人密約使之來泊加德以相換貿至是事得成

17) 인조실록 23권 인조 8년 庚午(1630) 10월 13일 무오
對馬島主平義成遣正官平成等獻硫黃等物求良鷹人參虎皮

18) 효종실록 18권 효종 8년 丁酉(1657) 4월 15일 정해
東萊府使元萬石馳啓曰倭人別差平成友橘成信等持書契硫黃以來取見書啓謄本則措語式例與前不同前稱對馬州太守而今稱對馬守前云或呈書或奉書或啓書而今則改以致書前稱參議下有大人二字今無大人字其心誠不可測令李亨男諭以不可捧之意嚴辭峻責則酬酢之間頗有自重之色云禮曹啓曰書契式例大異前日事極可惡以不可收納之意回諭于東萊府使而差送接慰官爲當上從之仍下敎曰今此書契改式誠極叵測大槪彼意以爲硫黃本國所貴重之物

그들이 가지고 온 서계의 말투와 서식書式이 예전과 달라져 있었다. 전에는 대마주태수對馬州太守라 하던 것을 대마수對馬守라 하였고, 또 정서呈書, 봉서奉書 혹은 계서啓書라 하던 것을 치서致書라 고쳤으며, 참의參議 아래 대인大人이란 두 글자를 쓰더니 지금은 대인이란 글자도 빼고 서계書啓를 작성하여 가지고 온 것이다. 이를 본 효종 임금은 "유황이 우리나라에서 귀중하게 여기는 물건이므로 비록 격식에 어긋나는 부분이 있어도 반드시 기쁘고 다행스러운 마음으로 받아들이기에 급급할 것이라 여겨 이 기회를 타서 감히 조선을 시험해 보자 하는 계책을 낸 것이다. 더구나 치서致書의 치致자는 더욱 놀랍고 '귀국 전하가 희색喜色을 보일 것임을 알고 있다'고 한 말 또한 모욕하는 말이니 저들이 비록 성을 내어 유황을 도로 가져간다 하더라도 이런 길은 결단코 열어 줄 수 없다"라고 하였다. 따라서 동래부사 원만석元萬石이 이 같은 서계書啓는 받을 수 없다는 뜻으로 엄히 꾸짖었더니 왜인들이 자못 자중하는 빛이 있었다고 한다.

이런 일이 있고 나서 2년 뒤, 또 한 차례 공무역이 있었다. 차왜差倭 평지우平智友가 서계를 가져왔는데 이때도 왜인들은 2년 전과 같이 서계의 격식을 갖추지 않았음은 물론이고 강호江戶에서 유황硫黃을 캐서 보내니 마땅히 역관을 보내 사례를 하라고까지 하였다.[19] 하지만 조선의 반응이 전과는 달랐다. 서계가 격식을 어겼는데도 불구하고 지난번처럼 크게 꾸짖지 않고 다시 고쳐서 바치도록 하라는 정도였고 오히려 그들의 요구대로 역관譯官을 파견하기로 결정한 것이다. 2년 전과는 사뭇 대조적인 조선의 태도에서 유황이 상당히 아쉬웠음을 알 수 있다. 일본의 사신이 왔다 가고 나서 조선은 실제로 역관 홍희남洪喜男을 보내 유황을 보내 준 것에 대해 사례를 하였다.[20][21] 전 대마도주對馬島主 평의성平義成

雖有違格處必動於喜幸而急於收納乘此機會敢生探試輕重之計有此改式之事若不嚴截拒斥則因此覬覦益滋奸巧將來之弊有不可勝言致書之致字尤極驚駭定知貴國殿下動喜色之言亦是輕侮之語豈不可痛乎硫黃則雖怒而持去無大段利害此路則決不可開也本曹與東萊接慰官皆知此意據理嚴責毋得以撓期於使彼愧自服先是通信使趙珩之行朝廷求貿硫黃留價而還對馬島主自以謂居間周旋妄示自功之色至於書契改其式例顯加輕侮之態矣

19) 효종실록 21권 효종 10년 己亥(1659) 3월 7일 무술
日本差倭平智友持書契而來其一島主義成臨死時遺言封進銀貨也其二江戶出送硫黃宜遣譯官而謝之也其三義眞嗣其父任請改造圖書以送也其四請移倭館于釜山城內也廟堂以爲書契有違格例使之改呈只從送譯官改圖書之請爲宜許之

20) 효종실록 21권 효종 10년 己亥(1659) 4월 7일 정유
丁酉遣譯官洪喜男于對馬島賜弔島主平義眞

21) 현종실록 1권 현종 즉위년 己亥(1659) 6월 2일 신묘

사망에 대한 조문을 겸한 사신이기도 했지만 홍희남의 보고에 따르면 일본에 도착해서 제일 먼저 한 일이 유황에 대한 사례였고 조문은 그 다음에 하였다고 했으니 조문보다 유황 공급에 대한 사례가 우선이었음을 짐작할 수 있다.

현종 2년 드디어 공무역에 의한 일본 유황의 공식적인 수입은 중단되고 만다.[22] "우리나라에도 유황이 생산되는 곳이 있긴 하지만 생산되는 혈穴을 몰라 다른 나라에서 무역하고 있으나 이를 계속하기도 어려울 뿐만 아니라 또한 치욕을 끼치는 일이 많았는데 **요즈음에 와서는 무역해 오는 길마저도 끊겼다**"는 어영대장御營大將의 보고에서 알 수가 있다. 일본으로부터의 유황 유입이 중단되기 시작한 것이다.

『조선왕조실록』에서 조선이 일본에서 유황을 수입한 기록이 마지막으로 발견되는 것은 현종 6년의 일이다. 왜인들이 몰래 유황을 가지고 와서 피봉사皮奉事와 임주부林主簿를 찾는 것을 적발하였는데 그들이 찾던 사람은 이미 왜인들과 유황 밀무역을 하던 피기문皮起門과 임지죽林之竹이라는 상인들로서 조정에서는 이들에게 마지막으로 비밀리에 교역할 것을 허가하면서 이후로는 밀무역(潛商)을 일체 엄금하도록 하였다.[23] 유황의 국내 생산이 어느 정도 활성화되었을 때였다.

중국으로부터의 유황 수입은 청나라의 금무禁貿 정책으로 이미 완전히 단절되었음을 전술한 바 있다. 현종 4년(1663)과 현종 5년(1664) 유황 밀수를 하다가 적발된 자들을 참형으로 다스린 예도 있을 정도로 강력한 단속 하에서 중국으로부터 충분한 양의 유황을 들여온다는 것은 있을 수 없는 일이었다.[6-59, 60] 이런 중에 일본으로부터도 공급이 끊어지고 있었으니 조선이 택할 수 있는 방법은 유황광硫黃鑛을 개발하는 것뿐이었다. 이미 그 이전부터 국내에서도 유황이 발견되었고 또 그를 채취하여 사용해 본 경험도 있었기 때문에 나름대로 자신도 있었을 것이다.

譯官洪喜男自對馬島回來言喜男與新島主義眞相見先行硫黃回謝次行問慰又次行弔慰

22) 현종개수실록 5권 현종 2년 辛丑(1661) 6월 13일 경인
御營大將柳赫然曰我國亦不無産出硫黃之處而不知産穴只貿於他國非徒難繼亦多貽辱之事而近來則貿來之路亦絶〈下略〉

23) 현종개수실록 13권 현종 6년 乙巳(1665) 7월 9일 계사
有倭人密載硫黃一船來泊於龍草島尋皮奉事林主簿慶尙監司任義伯以聞所謂皮奉事林主簿卽商人皮起門林之竹自前與倭人潛貿硫黃者也備局令東萊府及統營分付兩人密與交易而且請自今一切禁斷潛商申飭于東萊府使從之

03_

조선의 유황광 개발

3-1. 조선의 유황광 발견

조선에서 유황 채취에 대한 기록이 처음 등장하는 것은 세종 임금 시절이다.[7-30] 하지만 고려 때부터도 이미 유황이 발견되기는 했었다. 송나라 휘종徽宗 시절 고려에 파견되었던 서긍徐兢(1091~1153)이 귀국 후에 작성한 보고서, 「선화봉사고려도경宣和奉使高麗圖經」에서는 고려에서도 유황이 난다는 사실을 기록하고 있다. 그가 개경을 다녀간 것이 선화宣和 5년(1123)이었으니 인종仁宗 1년(1123) 이전에 이미 고려에서도 유황이 발견되었음을 알 수가 있다.[24]

그보다 훨씬 이전에도 고려는 유황의 존재를 익히 알고는 있었다. 목종穆宗 10년(1007) 제주도에서 화산이 폭발하여 새로운 산이 솟아났을 때의 일이다. "산이 처음 솟아난 지 7일이 지나서야 비로소 구름과 안개가 걷히었는데 이를 바라보면 석류황石硫黃과 같아 사람들이 두려워 감히 가까이 갈 수 없었다"고 하였다. 화산이 솟아 불타는 것을 보고 석류황같다고 한 것을 보면 그 이전에 어디선가 석류황이 타는 것을 보았던 사실이 있었던 것이니 10세기경 고려에서도 이미 유황이 발견되었고 고려인들은 유황의 존재를 알고 있었다고 보아야 할 것이다.[25][26][27]

---

24) 선화봉사고려도경(宣和奉使高麗圖經) 제23권 雜俗二 土產
高麗依山瞰海地瘠而磽〈中略〉又其地宜松而有茯苓山深而產流黃

25) 고려사절요 제2권 穆宗 宣讓大王 정미 10년(1007)
耽羅奏瑞山湧出海中遣大學博士田拱之往視之耽羅人言山之始出也雲霧晦冥地動如雷凡七晝夜始開霽山高可百餘丈周圍可四十餘里無草木煙氣羃其上望之如石硫黃人恐懼不敢近拱之躬至山下圖其形以進

고려 선종宣宗 10년(1093)에는 송나라 사람과 왜인들이 타고 있는 해적선을 나포하고 유황을 압수한 적도 있다. 이 역시 유황이 낯선 물건은 아니었음을 보여 준다.[28] 창왕 원년(1389)년에는 유구국琉球國에서 사신使臣을 보내오면서 방물方物로 유황琉黃을 가져온 일도 있다.[29] 다만 고려 때는 유황의 존재를 알고만 있었지 직접 생산을 하지는 못하고 있었던 것이다. 고려 공민왕 22년(1373)과 23년 명나라에 염초와 함께 유황의 공급을 요청했던 사실이 이를 뒷받침해 준다.[2-23~25]

황을 직접 채취하였다는 기록이 처음으로 전해지는 것은 조선조 세종 때에 들어서이다. 세종 27년(1445) 경상도에서 흙과 돌이 탄 것을 놓고 석류황石硫黃이 나는 것 같으니 관노들을 시켜 캐내어 시험을 하라고 한 기록이 있다.[30]

석 달 뒤에는 경상도 감사가 보고하기를 "영해부寧海府 남쪽 땅이 병진년(1436) 2월부터 불나기 시작하여 임술년(1445) 3월에 이르러 꺼졌는데 금년(1445) 2월 6일에 들불(野火)이 번져 다시 지소地燒가 발하여 낮에는 푸른 연기가 나고 밤에는 불빛이 일며 냄새는 석류황과 같고 비가 내려도 꺼지지 않는다"고 하자 "땅이 타는 곳에는 석류황이 난다 하니, 폐가 없도록 깊이 파보고 아뢰라" 하였다는 기록도 있다.[31]

세조 때에는 채취한 유황을 가지고 화약을 만들어 시험을 해보기도 하였다. 충청도

---

26) 동사강목 제6하 정미년 목종 10년(1007)

27) 세종실록 지리지(地理志) 전라도(全羅道) 제주목(濟州牧)
〈前略〉靈異高麗穆宗五年壬寅六月耽羅山開四孔赤水湧十年丁未有山湧出海中耽羅以聞王遣太學博士田拱之往驗之耽羅人言山之出也雲霧晦【瞑日】地動如雷凡七晝夜始開霽山無草木烟氣羃其上望之如石流黃人不能進拱之躬詣山下圖其形以進〈下略〉

28) 고려사절요 제6권 宣宗思孝大王 계유 10년(1093)
秋七月西海道按察使奏安西都護府轄下延平島巡檢軍捕海船一艘所載宋人十二倭人十九有弓箭刀劍甲螯幷水銀眞珠硫黃法螺等物必是兩國海賊共欲侵我邊鄙者也其兵仗等物請收納官所捕海賊並配嶺外賞其巡捕軍士從之

29) 동사강목 제17상 기사년 後廢王昌 원년 11월(1389)
8월 유구국(琉球國)이 사신(使臣)을 보내와서 조빙(朝聘)하였다. 〈中略〉 방물(方物)로 유황(琉黃) · 소목(蘇木) · 호초(胡椒) · 갑(甲)을 바쳤다.〈下略〉

30) 세종실록 107권 세종 27년 乙丑(1445) 1월 22일 병신
〈前略〉慶尙道亦有民間喧說云土石所焚石硫黃出焉今考《本草》云石硫黃生東海牧羊山谷中〈中略〉地燒處出石硫黃不無疑焉其令人吏官奴十餘人無弊掘取試之

31) 세종실록 108권 세종 27년 乙丑(1445) 4월 12일 을묘
慶尙道監司啓寧海府治南一百二十步許山麓地燒始于丙辰二月至壬戌三月而滅長二百七十尺草木不生今二月初六日野火迎燒地燒復發長八尺廣四尺火焰熾盛晝則靑烟夜則火光臭同石硫黃雖雨不滅堀而視之土皆赤色乃下諭書曰地燒之處石硫黃出焉卿其無弊深掘審視以啓

청풍淸風에서 캔 석류황을 가지고 화약을 제조한 것이다. 시험을 해본 결과, 포도화葡萄火에는 쓸 수가 없다고 하였지만 방화放火에 쓰면 왜인의 석류황과 다름이 없다고 하였다.[32)]

이러한 기록들에도 불구하고 유황의 사용이 실용화되지 못한 것을 보면, 당시는 유황 정제 기술이 없던 때로서 유황이 있다는 사실만을 확인한 정도에 그치고 말았던 것으로 보인다. 또한 전술한 바와 같이 세종조에는 일본으로부터 충분한 수량의 유황이 공물로 들어오고 있었으니 경제적 가치도 없었을 것이다. 그 후 유황광硫黃鑛 개발은 큰 관심을 끌지 못하다가 성종 임금 때에 와서 많은 진전을 보게 된다. 일본 유황의 유입이 감소하고 있을 때였다.

성종 8년(1477) 유황 재고는 비교적 넉넉했음에도 일본 유황의 수입이 줄어드는 것을 걱정하며 유황광을 개발하자는 논의가 있었는데,[7-1)] 세조 때 실시했던 충청도 청풍淸風의 석류황 시험을 상기하면서[7-32)] "화약고에 석류황石硫黃 23만 7천여 근斤과 염초 4만 근이 있기는 하나 이제는 가져와 바치는 왜인이 없으니 반드시 다 없어질 때가 있게 될 것이므로 봄이 되거든 약장藥匠을 시켜 캐어다가 써보자"고 한 것이다.[33)]

봄이 되자 충청도忠淸道 경차관敬差官 임중林重에게 명하여 청풍군의 석류황을 캐오도록 하였고[34)] 석류황 3백 근이 올라오자[35)] 군기감軍器監을 시켜 시험을 해보고는 그 성능이 예전과 같다는 것도 확인을 하였다.[36)] 불과 두 달 사이에 이루어진 성과였다.

이처럼 청풍군 석류황 시험이 성공하자 지사知事 강희맹姜希孟은 "석류황이 산출된 지는 이미 오래 전일 것인데 백성들이 이를 선불리 얘기했다가는 이미 정해져 있는 다른

---

32) 성종실록 75권 성종 8년 丁酉(1477) 1월 28일 정묘
丁卯御經筵講訖知事姜希孟啓曰〈中略〉世祖朝忠淸道淸風人進石硫黃用於放火與倭人石硫黃無異但於葡萄火則不可用也〈下略〉

33) 성종실록 75권 성종 8년 丁酉(1477) 1월 28일 정묘
丁卯御經筵講訖知事姜希孟啓曰火藥庫有石硫黃二十三萬七千餘斤焰焇四萬斤然今倭人未有來獻者必有窮盡之時世祖朝忠淸道淸風人進石硫黃用於放火與倭人石硫黃無異但於葡萄火則不可用也待開春遣官率事知藥匠掘采試用何如上曰葡萄火特一時之觀耳其遣人多取來試之

34) 성종실록 77권 성종 8년 丁酉(1477) 윤2월 3일 신축
〈前略〉令林重又採淸風郡石硫黃以進

35) 성종실록 78권 성종 8년 丁酉(1477) 3월 26일 계사
忠淸道敬差官林重採淸風郡産出石硫黃三百斤以進命軍器監試之

36) 성종실록 79권 성종 8년 丁酉(1477) 4월 2일 기해
己亥上幸慕華館閱武仍試武士騎射觀放炮試淸風郡産出石硫黃與舊藥無異

공물貢物들도 준비하기가 힘겨운 마당에 유황마저 공물로 채택될까 두려워 숨기고 있는지도 모른다"고 생각했다. 이런 점을 생각한 강희맹은 "유황이 산출되는 지역에서는 다른 공물을 감하도록 하고 또 유황을 바치는 자에게 상賞을 주도록 하여 이후로 석류황을 발견하면 즉시 신고할 수 있게 하자"고 건의를 하였고 성종도 속히 논상論賞하라고 지시를 하였다.37) 그리곤 즉시 호조戶曹에 전지傳旨하여 유황을 캔 사노私奴 4명과 군기시 장인匠人, 갑사甲士, 역리驛吏 등에게 각각 면포를 상으로 주었다.38)

위와 같은 조치로 인해 유황 채취가 어느 정도 활성화되었는지 알 수는 없으나, 5개월 뒤인 9월 청풍淸風뿐만 아니라 경주慶州에서도 유황이 발견된 것을 시작으로 성종 12년(1481)까지 곳곳에서 유황이 발견된 것을 보면 이 조치가 효과를 보았던 것으로 판단된다. 더구나 경주와 청풍군에서 채취한 석류황과 일본산 석류황을 비교하여 시험해 본 결과, 세 유황의 품질이 거의 같다고 평가되면서39) 유황 탐사는 본격화되었을 것이다.

이처럼 국산 유황을 채취하여 품질시험까지 거치고 나자 조선에서는 유황 채취를 단속하기 시작했다. 잡인雜人들이 유황을 사사로이 채취하는 것을 우려했기 때문이다. 성종 9년(1478) 2월 경주의 유황 채취를 금지시키고 나서40) 3월에는 충주忠州의 동면東面 덕산리德山里와41) 평안도 의주義州의 유황 채취도 금지시켰다.42)

성종 9년(1478) 7월과 12년(1481) 3월에는 각각 함경도 오진五鎭, 경성鏡城, 길성吉城

---

37) 성종실록 79권 성종 8년 丁酉(1477) 4월 6일 계묘
御晝講講訖知事姜希孟啓曰頃日用淸風石硫黃火藥與舊藥無異臣意其産已久而民恐爲恒貢故不肯言之也此地若多産則蠲減他貢物何如且其來進者若重賞則後有得之者爭來告矣上曰可速論賞

38) 성종실록 79권 성종 8년 丁酉(1477) 4월 8일 을사
傳旨戶曹給私奴栗金今山新良人魯莫生綿布各二十匹軍器寺匠人李彦綿布十匹甲士姜永守驛吏池石綿布各十五匹以賞得石硫黃也

39) 성종실록 84권 성종 8년 丁酉(1477) 9월 27일 신묘
辛卯上幸慕華館觀放火砲以試倭石硫黃慶州淸風石硫黃上謂左右曰三硫黃之品略同矣又試武士騎射擊毬

40) 성종실록 89권 성종 9년 戊戌(1478) 2월 28일 신유
下書慶尙道觀察使尹孝孫曰今進慶州地面産出石硫黃試之皆可用其嚴禁防勿令雜人採取

41) 성종실록 90권 성종 9년 戊戌(1478) 3월 22일 갑신
下書于忠淸道觀察使李陸曰今因忠州鄕吏石每邑吐進告知本州東面德山里老吾谷柴勿谷等二處石硫黃産出將遣人考驗其嚴設禁防

42) 성종실록 90권 성종 9년 戊戌(1478) 3월 22일 갑신
下書于平安道觀察使李坡曰卿所進義州産出綠礬與石硫黃相似將遣人試驗卿姑禁防勿令人採取

지방과[43] 경기도 광주廣州에서도[44] 유황이 발견되었다. 하지만 곳곳에서 캐낸 유황의 품질이 모두 우수한 것은 아니었다. 광주에서 산출된 유황은 시험을 해본 결과 소리만 컸지 화살이 날아가는 것은 전만 못하다고 하였다.[7-44] 그 후 10여 년이지나 성종 22년(1391)이 되도록 유황의 품질 문제는 해결되지 않았다. 석류황石硫黃이 우리나라에서도 생산되긴 하지만 왜토倭土의 소산所產만 못하니 왜인으로부터 사 오자고 하였다.[45]

이는 아마도 유황을 채취하는 방법이나 정제하는 방법의 차이였을 것으로 보인다. 하지만 이때는 임진왜란이 일어나기 1년 반 전으로 곧 유황의 수입이 끊어질 시점이었음을 생각할 때 안타까운 점이 많다. 중국으로부터 그렇게도 염초법을 배워 오려고 노력하던 조선이 왜 유황채취법은 배울 생각을 하지 않았는지 모를 일이다. 유황이란 것이 천연에서 단체單體로 발견되는 점을 감안하면 단순히 정제만하면 되는 것으로서 염초제조법에 비하면 매우 쉬운 일이었을 것인데 말이다.

이미 전술한 바와 같이 명나라에 염초와 유황의 무역을 허락해 줄 것을 요청하면서 "염초는 구워 만들 수도 있지만 유황은 토산土產이 아니어서 천조天祖(명나라)에서 공급해 주지 않으면 구할 수가 없는 것이니 무역을 허락해 달라"고 한 것[6-46]을 보면 순수한 유황덩어리가 나와야만 쓸 수가 있었을 뿐 돌이나 흙 속에 섞여 있는 것은 정제할 기술이 없었던 것이 확연해진다.

명종 시절 왜인들로부터 유황 채취 기술을 배우려고 했던 사례가 있기는 하다. 사로잡은 왜인들을 처형하기 전에 석류황을 캘 줄 아는 자에 대해 좀 더 자세히 조사하기 위해 심문을 한 적이 있었는데 그 후의 성과에 대해서는 확인할 수가 없다.[46] 인조 때도 유황 채취를 시도했던 기록이 있기는 하지만[47] 충주忠州와 청풍淸風 등 이미 성종 시절에 유황이

---

43) 성종실록 94권 성종 9년 戊戌(1478) 7월 23일 임오
下書于永安道點馬別監李世弼曰聞五鎭及鏡城吉城等地面產石硫黃爾其親往採取封進

44) 성종실록 127권 성종 12년 辛丑(1481) 3월 30일 갑진
軍器寺提調啓今採來廣州產出石硫黃春等習放時試驗發聲雖壯矢行差緩於舊藥

45) 성종실록 257권 성종 22년 辛亥(1491) 9월 30일 계묘
領事沈澮啓曰石硫黃雖產我國不如倭土所產請令倭人賫來上曰令禮曹議啓

46) 명종실록 25권 명종 14년 己未(1559) 6월 24일 갑자
甲子備邊司啓曰各道生擒倭人以其情犯觀之則所當殄戮無遺然其中亦有能言其國事可因探驗賊情者有吹鍊銅鐵者解造瀝青者解採石硫黃者鐵匠船匠則不無利益於國家備邊之策請令監司更加究問處置何如傳曰如啓

47) 인조실록 36권 인조 16년 戊寅(1638) 3월 10일 계유

발견되었던 지역에서 다시 한번 시도를 해본 것에 불과할 뿐 실용화할 수 있는 정도는 아니었던 것 같다.

조선에서 채취한 유황이 어느 정도 실용화된 것은 임진왜란 후 중국과 일본으로부터의 유황 공급이 중단되기 직전인 효종조에 이르러서였다. "우리나라는 예로부터 유황이 산출되지 아니하여 왜국倭國과 연경燕京에서 무역해 썼는데, 효종조 때 영남嶺南 사람이 처음으로 캐내어 이때부터 나라 안에서 쓰는 데 부족함을 걱정하지 않게 되었다"고 하였다.[48] 효종 때 영남 사람이 처음으로 캐내었다는 부분이 사실과 다르긴 하지만 이때에 와서 국산 유황이 실용화되고 널리 쓰였다는 사실로 이해하면 될 것이다. 또한 현종 2년에도 우리나라에 유황이 생산되는 곳이 있다고 했던 사실을 보면 그 이전인 효종 때에 이미 유황을 생산하고 있었음을 말해 준다.[49]

3-2. 유황의 자급자족

중국과 일본의 유황 수입이 완전히 중단되는 현종 임금 때에 들어서 조선의 유황광 개발은 본격화되었다. 늦은 감이 있긴 해도 이후 조선 말기까지는 국산 유황으로 자급자족할 수 있는 발판을 마련하게 된 것이다. 현종 2년 수어사守禦使가 호남의 진산군珍山郡에 사람을 보내어 유황을 채취할 때의 일이다. 현종은 다른 곳에서도 유황이 나는 곳은 많았는데 각 군읍郡邑에서는 그로 인한 폐단을 염려하여 갖가지 수단으로 숨기고 있다고 판단하고 향후 생산되는 혈穴을 신고하는 자에게는 묘당廟堂으로 하여금 상을 주고 격려하여 채취하는 길을 넓힐 수 있도록 하였다.[50] 이는 성종 8년 4월에 있었던 조치를[7-38] 다시 한번

癸酉備局以忠州清風境內産石硫黃云故令本道廣加尋問清風地巖石中果有黑土色臭俱如火藥投火卽起青烟比忠州黃色之土尤甚猛烈監司鄭太和馳啓以聞於是遂命訓鍊都監取以煉之

48) 숙종실록 49권 숙종 36년 庚寅(1710) 11월 28일 무오
藥房入診都提調李頤命言我國舊不産硫黃貿用於倭國及燕京矣孝廟朝嶺南人始爲採得自是國中所用不患不足〈下略〉

49) 현종개수실록 5권 현종 2년 辛丑(1661) 6월 13일 경인
御營大將柳赫然曰我國亦不無産出硫黃之處

50) 현종개수실록 5권 현종 2년 辛丑(1661) 6월 13일 경인

강조한 것이라 할 수 있다. 아울러 유황이 발견된 소격서동昭格署洞에는 해조該曹로 하여금 수직守直을 시켜 단속도 하였다.

충청도에서는 이미 유황이 생산되던 세 곳 외에 옥천沃川과 서원西原 두 곳에서도 유황이 발견되었고,[51] 경상도 경주慶州와 청도淸道의 접경 마을에서도 유황석硫黃石이 생산되어 유황광 근처 두 고을의 잡역과 납세를 경감해 주는 등[52] 유황 생산 지역이 날로 확대되었다.

현종 5년 민유중閔維重을 강도어사江都御史로 삼아 강도의 미곡과 군기의 숫자를 점검했을 때 화약이 2만 6천 8백 92근斤, 석류황이 7천 5백 72근, 염초焰硝가 7천 1백 16근이었는데 외부로부터의 수입 없이 자체적으로 생산, 준비했을 것을 감안하면 꽤 많은 양이라고 할 수 있다.[53]

이와 같이 유황 생산을 독려하면서 유황광을 개발한 결과 조선에서는 전국 곳곳에서 유황이 생산되기 시작하였다. 기록으로 확인되는 조선시대의 유황 산출産出 지역은 〈표 7-2〉와 같다. 물론 이 가운데는 단지 발견만 되었을 뿐 그 양이 충분치 않거나 품위品位가 낮아 대량 생산에까지는 이르지 못한 곳도 있었을 것이지만 서울을 비롯하여 함경도, 평안도, 강원도, 충청도, 경상도, 전라도에 이르기까지 전국 각처에서 유황이 생산되고 있었음을 알 수 있다.

〈前略〉御營大將柳赫然曰〈中略〉守禦使今方送人于湖南珍山郡採取此外亦多產出處而郡邑慮其有弊百般掩諱此後則指告產穴者宜令廟堂施賞激勸以廣採取之路也之源曰京中昭格署洞亦產硫黃而守直之規到今廢閣不無竊採之患宜令該曹修築守直上竝從之

51) 현종개수실록 9권 현종 4년 癸卯(1663) 8월 8일 계묘
忠淸兵使李枝遠馳啓以爲道內硫黃產出已得三處而沃川西原

52) 현종실록 18권 현종 11년 庚戌(1670) 1월 3일 신묘
辛卯守禦使金佐明啓曰嶺南左道慶州淸道接境之處多產硫黃石云其近處兩邑山店移屬本廳許令煮黃鐲其雜役輕其納稅則民相效習可傳煉黃之法上許之

53) 현종개수실록 11권 현종 5년 甲辰(1664) 6월 22일 계축
江都御史閔維重還啓江都米穀軍器之數自仁祖朝以後以江都爲保障四五十年之間委輸蓄積大費國力中經丁丑兵燹蕩然爲丘墟其後時事稍定益加料理收聚一以完繕儲蓄爲務〈中略〉火藥二萬六千八百九十二斤石硫黃七千五百七十二斤焰硝七千一百十六斤〈下略〉

〈표 7-2〉 조선의 유황 산출지

유황 산출지	비 고
東海 牧羊山 계곡	세종실록 27년(1445) 1월 22일
慶尙道 寧海府 남쪽	세종실록 27년(1445) 4월 12일
忠淸道 淸風	성종실록 8년(1477) 1월 28일
慶州	성종실록 8년(1477) 9월 27일
忠州 東面 德山里(老吾谷, 柴勿谷)	성종실록 9년(1478) 3월 22일
平安道 義州	성종실록 9년(1478) 3월 22일
永安道 五鎭, 鏡城, 吉城	성종실록 9년(1478) 7월 23일
京畿道 廣州	성종실록 12년(1481) 3월 30일
湖南 珍山郡	현종개수실록 2년(1661) 6월 13일
京中 昭格署洞	현종실록 2년(1661) 6월 13일
尙州, 咸昌	비변사등록 현종 4년(1663) 6월 17일
忠淸道 沃川, 西原	현종실록 4년(1663) 8월 8일
密陽	비변사등록 현종 9년(1668) 4월 19일
嶺南左道 慶州, 淸道 接境	현종실록 11년(1670) 1월 3일
梁山郡	숙종실록 6년(1680) 12월 29일
江原道 三陟	비변사등록 숙종 8년(1682) 5월 3일
昌原	비변사등록 숙종 8년(1682) 7월 4일
江界	비변사등록 숙종 13년(1687) 4월 23일
京畿道 廣州 渡迷津	숙종실록 36년(1710) 11월 28일
原州 · 堤川之境	승정원일기 숙종 38년(1712) 8월 3일
求禮	영조실록 5년(1729) 윤7월 28일
忠原縣 寶蓮山	비변사등록 영조 7년(1731) 12월 10일
慶尙道 安陰縣	영조실록 13년(1737) 2월 14일
東萊	정조실록 18년(1794) 12월 30일
漆原	정조실록 22년(1798) 11월 15일

결국 조선에서도 유황의 자급자족을 실현하게 된 것이다. 따라서 조선 후기에 들어서는 화약의 생산도 원활할 수가 있었는데, "신전자취염소방"이나 『신전자초방』 등 염초법도 많은 발전이 있었고 유황도 국산화를 이루었기 때문에 가능한 일이었다.

현종 9년(1668)경에는 이미 유황의 제련법도 널리 알려져 있었다. 밀양密陽에서 동혈銅穴을 발견하게 되자 이를 제련하고자 하였으나 병사兵使 이집李鏶이 "왕명에 의해 밀양에서는 유황을 채취하고 있기 때문에 일손이 달려 유황을 다 구운 다음에나 할 수 있겠다"고 보고를 하였을 때다. 이 보고를 받은 어영청御營廳에서 **"유황이라면 이제는 도처에서 구어내고 그 방법을 모르는 사람이 없으니 급하지 않을 것 같고** 동철銅鐵은 처음 발견했을 때 빨리 제련하여 그 용법을 넓혀야 할 것 같다"며 유황 굽는 일을 중지하고 동철을 우선 제련해야 한다는 상소를 올린 사실에서 유황 제련법이 널리 알려져 있었음이 확인된다.[54)]

현종 10년(1669) 이미 조선에서는 유황이 충분히 생산되었고 그 조달에 전혀 문제가 없음을 알려주는 또 다른 기록도 있다.[55)] 화약의 부족을 걱정하고 있을 때다. 호조판서 민정중閔鼎重이 말하기를 "각 도道의 화약은 참으로 걱정스럽습니다. 월과화약月課火藥은 비록 사소하나마 저축해 둔 바가 있더라도 시방試放할 때에 모두 써 버립니다. 병사兵使에게 또 전화錢貨가 없으니 무치貿置(구입해서 둠)하는 규례로서 요리料理하여 미리 갖추어 둔 연후에 가히 위급할 때의 쓰임으로 삼을 수 있겠습니다"라고 하자 현종 임금이 **"전자에 석류황石硫黃을 다른 나라에서 무역해서 들여 온 까닭으로 화약을 조달하기가 어려웠으나 지금은 유황도 우리나라에서 생산되는데 어찌 화약을 많이 굽지 않는가?"**라고 하였다. 이어서 좌의정 허적許積이 **"유황은 생산되는 곳이 많아서 부족함을 걱정하지 않습니다만, 염소焰焇(焰硝)가 어려울 따름입니다"**고 하였으니 당시에는 이미 유황이 충분히 공급되고 있었음을 알 수가 있다.

오히려 조선 후기에 들어서는 유황을 채취하기 위해 두었던 유황군硫黃軍의 숫자를 감축하거나 아예 폐지하는 사례도 종종 있었다.[56)57)58)59)60)61)] 물론 대부분이 유황이 고갈되

---

54) 비변사등록 현종 9년(1668) 4월 19일
御營廳啓曰〈中略〉得聞密陽地有銅穴之故及時試吹之意曾已行會于左兵營矣卽見兵使李鏶移牒採來吹鍊則果是銅鐵折以含錫便成豆錫看品次所採數斤上送本廳其品頗好誠爲多幸而其牒有曰石硫黃今方煮取勢難竝擧待硫黃畢煮後採吹云臣等竊念硫黃則今已處處煮取人無不知其方者似爲不急銅鐵則趁此始發之時不可不急急吹鍊以廣其法〈下略〉

55) 승정원일기 현종 10년(1669) 1월 6일
〈前略〉鼎重曰各道火藥誠可慮矣月課火藥雖有些少所儲盡用於試放之時兵使又無錢貨可以貿置之規必須料理豫辦然後可爲緩急之用耳〈中略〉上曰前者石硫黃貿來於他國之故火藥難辦矣今則硫黃産於我國何不多煮耶積曰硫黃則多有産處不患不足而焰焇爲難耳〈下略〉

56) 영조실록 19권 영조 4년 戊申(1728) 8월 1일 기묘
文秀又奏曰當此軍政大變通之時各軍門硫黃軍盡罷然後可以充定軍役矣〈中略〉硫黃所産處外各軍門硫黃軍竝罷之

57) 영조실록 21권 영조 5년 己酉(1729) 1월 23일 무진
戊辰慶尙道觀察使朴文秀上疏言三事〈中略〉三曰驛奴婢請嚴冒錄之律且言各軍門硫黃軍之弊請有硫黃邑則略存額數無硫黃邑則盡汰充軍額批曰令廟堂稟處

어 산출되지 않는 지역의 유황군硫黃軍을 폐지한 것이지만 그렇지 않은 사례도 있는 것을 보면[7-62] 유황이나 화약의 재고가 충분했다고 볼 수 있다. 조선 후기 화약재고가 비교적 넉넉했음은 전술한 바 있다.[6-11절]

하지만 유황군을 폐지하는 것이 그 정도를 지나쳤는지 영조 5년(1729) 무분별한 유황군 폐지의 폐단을 논하면서 "유황이 나지 않는 곳은 혁파하고 유황이 나는 곳은 그대로 두라고 하였더니 유황이 나고 있는 곳까지 구별하지 않고 모두 혁파하였다"는 보고를 받은 임금이 "유황이 나는 곳까지 모군募軍을 모두 혁파한다면 이는 쉰밥으로 인하여 밥 자체를 폐지하는 격이니 유황이 생산되고 있는 경주 · 구례 두 곳의 모군募軍은 혁파하지 말라"는 명을 내리기도 하였다.[62] 또 영조 7년(1731)에는 "보연산寶蓮山의 광맥이 전과 다를 바 없이 풍성하니 전처럼 점포를 만들어 황석黃石을 채취하고 정해진 모군募軍에 결원이 있으면 그 후임을 정해진 숫자만큼 충원해야 한다"는 훈련도감의 상소도 있었다.[63]

---

58) 영조실록 22권 영조 5년 己酉(1729) 4월 8일 임오
備邊司啓摠戎廳以本廳慶尙道硫黃軍三百名請仍存勿罷矣道臣革罷固有所執軍門事勢亦不可不念請折半罷定俾彼此俱便批曰可

59) 영조실록 23권 영조 5년 乙酉(1729) 윤7월 28일 경자
〈前略〉文命又曰硫黃卽軍器中最要之物訓局所用專靠於兩南慶州求禮等邑所産請不産邑則革罷募軍所産邑則仍存募軍

60) 영조실록 43권 영조 13년 丁巳(1737) 2월 14일 임신
慶尙監司閔應洙狀啓〈中略〉安陰縣訓局硫黃軍黃脈已絶特令革罷

61) 정조실록 50권 정조 22년 戊午(1798) 11월 15일 갑술
柒原縣監朴命燮應旨上疏曰〈中略〉惟彼物膳軍硫黃軍名目此乃案外所付者一切革罷〈下略〉

62) 비변사등록 영조 5년 乙酉(1729년) 윤7월 29일
今閏七月二十八日晝講入侍時知事趙文命所啓〈中略〉昨年嶺伯入對時硫黃不産處則革罷産黃處則仍存事定奪而臣亦有所陳白矣兩南道臣不爲區別因不産處減汰之令竝與産黃處一倂革罷都監兩店募軍盡爲罷定無一餘存非但軍門之事可慮亦非當初定奪本意事甚非矣慶州求禮兩處募軍則勿爲革罷依前定給以爲軍需繼用之地事兩南道臣處分付何如上曰此因不得已事也特進官張鵬翼曰臣曾待罪訓局故知其事實矣訓局所用硫黃殆近千斤而難以貿用全賴此兩處所出以爲需用之地此則決不可廢矣上曰若於硫黃所産處竝罷募軍則便是因噎而廢食依所達分付可也〈下略〉

63) 비변사등록 영조 7년 丁亥(1731) 12월 10일
訓鍊都監啓曰頃因忠原縣監鄭益河上疏備局覆啓內〈中略〉則寶蓮山黃脈之豐盛如前無異云旣是産黃處則其在虞緩急重軍物之道決非革罷之地依前設店採黃以納而朝家以分軍五十名旣已定給則本官之奪定他役極爲不當分軍有闕之代準數充定後他役勿侵事已爲稟議於廟堂依此擧行之意分付本道本官何如答曰允

04_

조선의 유황채취법

유황은 단체單體 상태로 암석 중에 포함되어 있는 광물이다. 이 자연황自然黃을 함유하는 광석으로부터 유황을 얻는 방법은 먼저 유황광석을 채취한 뒤 그 순도를 높이는, 즉 채취와 정제 과정으로 이루어진다. 그렇다면 조선에서는 어떤 방법으로 유황을 채취했을까?

현대의 유황 채취 방법으로는 대표적인 것으로 프레쉬Frasch법이 있다. 1891년 미국의 프레쉬가 개발한 방법으로서 세계 유황 채취량의 대부분이 이 방법으로 채취된다고 한다. 이는 수증기를 고온으로 가열, 지하의 광상鑛床으로 불어 넣어 유황을 녹여가지고 채취하는 방법이다. 유황의 녹는점이 사방정계는 112.8℃, 단사정계는 119.0℃임을 감안, 그 이상의 온도로 유황을 용융시킨 다음 뜨거운 압축공기로 밀어 올린 후 냉각, 고형화固形化하는 것이다. 하지만 조선시대에 이 같은 방법이 사용되었을 리는 만무하고 당시 유황을 채취한다는 것은 지표면에서 발견되는 유황을 걷어내는 정도였을 것이다. 즉, 흙과 모래, 돌 등과 함께 섞여 있는 유황을 긁어모으거나 인력으로 가능한 정도까지 파내는 것이 유황 채취 과정의 전부라고 보아야 한다. 따라서 유황의 채취 과정보다는 유황의 순도를 높이는 정제 과정이 당시로서는 더욱 중요한 일이었을 것인바, 이 정제 과정을 살펴보는 것이 중요하다. 따라서 다시 현대의 유황 정제 방법을 먼저 살펴보기로 한다.

현재 유황을 정제하는 방법으로는 여러 가지가 있는데 대표적인 것으로 증기정련법蒸氣精錬法과 소취법燒取法이라고 부르는 건류법乾溜法이 있다. 우선 증기정련법은 황의 온도보다 다소 높은 온도의 수증기로 황을 용융시켜 정제하는 방법으로서 이것은 지하의 유황 채취법인 프레쉬법과 그 원리가 같은 것인바, 논외論外로 하고 당시로서 응용 가능했을 법한 건류법인 소취법을 검토해 보겠다.

소취법燒取法은 광석을 고온으로 가열하여 유황을 승화昇華시킨 다음, 승화된 유황을 포집하여 냉각, 액화液化, 고형화固形化하는 방법으로 연료 소모가 많고 수율收率도 떨어지는 단점은 있지만 순도가 높은 유황을 얻을 수 있을 뿐 아니라 특히 조작이 비교적 간단하다는 장점을 감안해 볼 때 조선조에도 사용되었을 확률이 가장 높은 방법이라고 할 수 있다. 위의 방법 이외에도 두 가지 이상의 휘발성분을 함유하는 혼합물을 각 물질의 끓는점이 다른 것을 이용하여 각성분 물질로 분리하는 방법, 즉 분별증류법分別蒸溜法도 있기는 하다. 유황의 경우 이황화탄소(CS_2)와 같은 용제로 추출한 다음 이를 증류蒸溜, 유황을 분리할 수도 있는데 이는 조선조의 유황 정제 방법으로 가정해 볼 수 있는 기술은 더더욱 아니다.

그렇다면 과연 소취법이 조선조에 유황 정제법으로 사용되었을까? 전술한 대로 조선에서는 처음에는 유황을 발견하고도 채취법을 몰라 이를 실용화하지 못하고 있었다. 여기서 채취법이라 함은 캐낸다는 뜻의 채취법이 아니라 정제 방법으로 보아야 하는데, 유황을 발견했다고 했으니 채취는 이미 할 수 있는 것이고, 정제 방법을 몰랐던 것이기 때문이다. 따라서 유황이 채취되면서부터 당연히 조선에서도 유황의 정제 방법을 알아내려는 시도를 하였을 것이다.

조선에서의 유황 정제법에 대한 기록으로는 간략하긴 하지만 남구만南九萬의 『약천집藥泉集』「영남잡록嶺南雜錄」 편에서 찾아볼 수 있다.[64] 『성호사설星湖僿說』「만물문萬物門」에서도 『약천집』을 인용하여 동일한 내용을 적고 있다.[65]

『약천집』은 남구만의 시문집으로 1723년 후손들이 발간하였는데 그중 「영남잡록」은 현종 3년(1652) 남구만이 암행어사暗行御史가 되어 경상도 일대를 방문했을 때 쓴 것이다. 현종 3년(1652)은 바로 조선에서 유황의 채취가 한창 시작되던 시기였다. 우리가 익히 알고 있는 "동창이 밝았느냐 노고지리 우지진다…(東方明否已鳴飯牛兒胡爲眠在房山外有田壟畝闊今猶不起何時耕)" 운운하는 그의 한글 시조時調가 한문으로 번역되어 『약천집』에 수록되어 있다. 또 남구만은 군기시 제조로 재직하고 있을 때 숙종에 건의하여 "신전자초방新傳煮硝

64) 약천집(藥泉集) 第二十九 雜著 嶺南雜錄
壬寅二月十八日到玄風〈中略〉到晉州〈中略〉到安東〈中略〉丁生又云我國所産石硫黃雜於沙土不能用若與牛猪等肉脂交合鎔化則可以去滓〈中略〉到榮川〈中略〉到義城

65) 성호사설 제4권 만물문(萬物門) 유황 · 지상(硫黃 · 地霜)

方"을 발간한 사람이기도 하다.

남구만은 이 『약천집』에서 유황 정제 방법에 대해 "**우리나라의 유황은 모래와 흙이 섞여 있어 쓸 수가 없으나, 소나 돼지 따위의 기름과 섞어 녹이면 찌꺼기를 제거할 수 있다**"고 설명하고 있다. 즉, 소나 돼지의 기름과 함께 녹여 모래나 흙으로부터 유황이 분리되는 원리를 이용한 일종의 기름부유선광법浮遊選鑛法이라 할 수 있다. 하지만 화약을 만들어 쓸 수 있을 정도로 대량의 유황을, 즉 수천, 수만 근씩이나 되는 유황을 소, 돼지 등 동물의 기름만을 가지고 정제한다는 것은 불가능한 일이다. 단지 의약용 등 개인들이 필요할 때마다 소량씩 유황을 정제하기 위해 사용하던 방법이었다고 판단된다.

따라서 처음 조선의 화약용 유황은 품위品位가 높은 유황광석이 그대로 사용되었을 것이다. 즉, 채취한 유황광에서 모래나 돌, 흙 등을 최대한 골라내는 정도가 정제 과정의 전부였다고 판단된다. 유황은 채취 후 정제 외에는 특별한 가공이 불필요한 것임에도 불구하고 종종 일본산과 비교하여 품질이 좋지 못했다고 한 것을 보더라도 처음 유황을 발견했던 조선에서는 원광原鑛을 그대로 사용했음을 짐작할 수가 있다. 정제만 한다면 세계 어느 곳에서 채취되는 유황도 동일한 것인데 정제를 제대로 하지 못했으니 당연히 품질이 불균일할 수밖에 없었고 따라서 산출되는 지방마다 품질이 서로 다르다고 했던 것이다.

결국 조선은 일본의 유황 정제 방법을 배워 오게 된다. 조선이 일본으로부터 "유황 만드는 법"을 배워 가지고 온 것은 기해년己亥年, 역관譯官으로 문위사問慰使 일행을 수행했던 홍희남洪喜男에 의해서였다.[66]

여기서 기해년이라 함은 홍희남이 문위사 일행으로 전 대마도주對馬島主 평의성平義成 사망에 대한 조문 사절로 일본에 들어갔던 때를 말하는 것이니 남구만에 의해 "기름부유선광법"이 소개되고 7년이 지난 현종 즉위년(1659)의 일이다.[67][68]

---

66) 연려실기술 별집 12권 政教典故 戎裝軍器
왜역(倭譯) 홍희남(洪喜男)이 기해년에 문위사(問慰使)를 수행하여 일본에 가서 유황 만드는 법을 배우고 돌아와 우리나라에 전포(傳布)하였다.

67) 효종실록 21권 효종 10년 己亥(1659) 4월 7일 정유
丁酉遣譯官洪喜男于對馬島賜弔島主平義眞

68) 현종실록 1권 현종 즉위년 己亥(1659) 6월 2일 신묘

옛날 일본에서는 유황을 정제할 때 "유황광석을 쇠가마鐵釜에 넣고 건류乾溜하였다"거나[69] "유화철硫化鐵을 호壺에 넣고 끓여 호벽壺壁에 승화昇華한 유황을 채취하였다"고 한다.[70] 즉 소취법燒取法을 사용하고 있었다. 따라서 조선이 일본에서 배워 온 방법은 바로 소취법이었을 것인바, 조선의 유황 정제법도 소취법이었다고 보아야 할 것이다.

그 후 조선에서 유황을 정제하는 방법으로 소취법燒取法을 사용하고 있었음을 보여주는 기록이 곳곳에서 발견되기 시작한다. 현종 9년(1668) 밀양密陽에서 유황을 채취할 때 "**구워 만든다**(煮取)"고 하였고[71] 현종 11년(1670) 경주慶州와 청도淸道의 접경에서 유황석硫黃石이 생산되었을 때도 "**유황을 굽는다**(煮黃)"고 하였다.[72] 또한 숙종 13년(1687)년 강계江界 지방에서 석류황石琉黃이 발견되었을 때는 "품질이 상당히 우수하여 '**굽지 않아도**' 화약을 만들 수가 있고 지금 쓰는 화약보다 못하지 않으니 많은 수량을 채취하면 참으로 편리하겠다"고 한 것에서도 유황은 '**구워 만드는 것**'이었음을 알 수가 있고,[73] 영조 5년(1729) 유황군硫黃軍 혁파를 논하는 과정에서도 군병을 모집하여 "**유황을 구웠다**"고 하는 등[74] 소취법으로 유황을 정제하고 있었음을 알 수가 있다.

당시는 중국도 소취법을 사용하고 있었다. 『천공개물天工開物』에 상세한 설명과 함께 그림으로 소개되어 있는데, 그 명칭을 《소취유황도燒取硫黃圖》라 하였다.

유황광을 석탄으로 감싸고 그 바깥에 흙을 쌓아서 노爐를 축조한 후 불을 붙이면

譯官洪喜男自對馬島回來言喜男與新島主義眞相見先行硫黃回謝次行問慰又次行弔慰

69) 사꾸라이 히로무 著(김희준 譯)『元素 111の 新知識』

70) 川繁太郎 著『古文獻に顯はれたる朝鮮鑛山物』48頁 石硫黃 條
(홍이섭 저, 『조선과학사』, 정음사 1946) 재인용

71) 비변사등록 현종 9년(1668) 4월 19일
御營廳启曰〈中略〉石硫黃今方煮取勢難竝擧待硫黃畢煮後採吹云臣等竊念硫黃則今已處處煮取人

72) 현종실록 18권 현종 11년 庚戌(1670) 1월 3일 신묘
辛卯守禦使金佐明启曰嶺南左道慶州淸道接境之處多産硫黃石云其近處兩邑山店移屬本廳許令煮黃蠲其雜役輕其納稅則民相效習可傳煉黃之法上許之

73) 비변사등록 숙종 13년(1687) 4월 23일
〈前略〉兵曹判書李師命所啓頃見江界府使李孝源報禁衛營文狀則以爲本府新土石硫黃品亦頗好若得沿邊穀數百石則可以募軍多數掘取云果如所報則不但有益於軍需其在本道必多蒙利之事矣此物名爲烏黃不待煮取可以合築故合劑試用則不下於行用火藥多數採取實爲便好〈下略〉

74) 비변사등록 영조 5년(1729년) 윤7월 29일
〈前略〉晝講入侍時知事趙文命所啓硫黃卽軍器中最要之物而初非我國所産始得硫黃脈於慶州募軍煮取之後求禮繼而設店都監一年劑藥之黃〈下略〉

『천공개물』, 소취유황도(燒取硫黃圖)

노爐 위에 미리 뚫어 놓은 구멍으로 황금색의 유황 증기가 나오는데 그 구멍 위에 사발을 엎어 놓고 응축되는 유황 증기를 포집, 액체 유황을 받아낸 다음, 그것을 냉각시켜 고체 유황을 만드는 방법이다.[75] 방법상 차이는 있지만 불을 때어 유황 증기를 포집하는 일본의 유황 정제법과 기본원리는 동일한 소취법이었다. 따라서 조선의 유황 소취법이 반드시 일본에서 들어온 것이라고 단정할 수만도 없다. 중국에서 들어왔을 수도 있기 때문이다. 하지만 이 같은 소취법 기술이 어디서 들어왔던 간에 조선 말기까지의 화약 사정이 과거보다 여유 있었던 것(6-11절)을 보면 조선에서는 유황의 소취법을 잘 적용하고 있었던 것으로 보인다.

---

75) 천공개물(天工開物) 권11 번석(燔石) 유황(硫黃)
凡燒硫黃石與煤礦石同形掘取其石用煤炭餠包裹叢架外築土作爐炭與石皆載千斤於內爐上用燒硫舊渣罨蓋中頂降起透一圓孔其中火力到時孔內透出黃焰金光先教陶家燒一鉢盂其盂當中降起邊弦捲成魚袋樣覆於孔上石精感受火神火出黃光飛走遇盂掩住不能上飛則火成液汁靠着盂底其液流入弦袋之中其弦又透小眼流入冷道灰槽小池則凝結而成硫黃矣

제 8 장

현대과학으로 살펴본 조선의 화약

01_

조선의 화약 제조방법

조선시대의 화약을 현대의 과학 지식으로 분석해 보려면 먼저 조선의 화약제조법을 알아야 한다. 하지만 우리나라 최초의 화약제조법인 최무선의『화약수련법』은 전해지지 않고, 그 후 "신전자취염소방"이 발간되기까지 약 250여 년 동안에도 정확한 조선의 화약 제조방법은 알 수가 없다. 그러나 간략한 내용들이긴 하지만『조선왕조실록』등에서 화약의 제조방법들이 종종 등장하고는 있는바, 이들을 종합해서 현대의 과학상식으로 분석해 보기로 한다.

조선의 화약은 흑색화약 한 가지뿐이다. 그중 구체적으로 전해지고 있는 신전자취염소방과 신전자초방을(6-8절) 비교해 본 뒤, 이를 종합하여 현대의 흑색화약 제조법과 비교해 보았다. 현대의 흑색화약 제조법은 "주식회사 한화"에서 수년 전까지 생산하던 흑색화약의 제조공정을 요약하였다.

1-1. 신전자취염소방과 신전자초방

오늘날의 관점에서 본다면 신전자취염소방과 신전자초방 모두 비과학적인 부분이 꽤 많이 포함되어 있다. 어떤 부분에서는 염초(질산칼륨)를 만드는데 오히려 역효과가 날 만한 과정까지도 포함하고 있다. 하지만 각색하지 않고 원문에 충실하려고 하였다.

〈표 8-1〉 화포식(新傳煮取焰焇方)과 新傳煮硝方 요약 비교

火砲式(製藥式 및 新傳煮取焰焇方)		新傳煮硝方	
取土	오래된 집 안, 부뚜막, 마루 밑, 담장 밑, 구들 밑의 흙을 굽은 삽(曲)으로 겉만 살살 긁어 취한다. 짜거나 시거나 달거나 매운 맛이 나는 것이 좋다.	取土	길 위나 담장 밑의 흙을 굽은 삽(曲)으로 겉만 얇게 긁어 쓴다. 매운 것이 가장 좋고 쓰거나 달거나 신 것은 그 다음이요, 오직 짠 것은 쓰지 않는다.
和合	위의 흙에 오줌과 그을음, 잡재(雜灰)를 섞는다.	-	-
蒸白	말린 말똥으로 위 흙을 덮고 불로 태워 더운 열과 김으로 찐다. 4~5개월 이상, 오랠수록 좋다.	-	-
土	쓰고 난 찌꺼기 흙에 새 흙과 오줌, 말똥, 재[灰]를 다시 질게 이겨 비를 맞히지 말고 3년을 기다려 사용한다. 새 흙보다 좋다.	-	-
作灰	海紅灰, 수숫대가 좋다. 바닷물이 닿는 곳에 묻고 40일 정도 지난 후에 말려서 그 재를 써도 좋다. 솔밑의 재도 써라.	取灰	다북쑥, 벼, 기장, 피, 조, 콩깍지, 팥깍지, 수숫대(물 달일 때 재 만들 재료로 불을 때어 동시에 재를 얻는다)
交合	말똥 2말을 구유(槽) 안에 펴고 함토 10말을 위에 펴고 海紅灰 4말과 雜灰 4말을 섞어 위에 펴고 함토 20말을 그 위에 편다.	載土	흙 4말, 재 4말을 섞는다. 바닥에 구멍이 뚫린 독에 대발을 깔고 위의 버무린 흙을 반만 넣고 다진 후 나머지 반을 넣는다.
載水	앙금물(水)을 끓여 구유(槽)에 붇는다. 마지막에 새물을 부어 내린 것은 다음 번 앙금물로 쓴다.	篩水	흙 위에 물을 부어 내린다. 끓여 쓰면 좋다. 끝물(末水)은 다음날 쓴다.
起火	여섯 가마의 물이 두 가마로 졸거든 불을 멈춘다. 너무 졸이면 初煉할 때 염초는 적고 소금이 많아진다.	熬水	매우 끓인 뒤 천천히 약한 불로(慢火)로 고아 반으로 졸인 후 윗물을 다른 용기에 옮겨 바닥에 가라앉은 찌꺼기를 제거하고 다시 달인다. 그릇에 조금 떠 찬물에 식혀 염초발이 생기는지 살피고 불을 끈다. 여러 그릇에 나누어 담고 하룻밤을 지낸 뒤 윗물을 따라 내면 고슴도치 털 같은 모초(毛硝)가 생긴다.
初煉	밑 물 6통을 두 가마에 나누어 붓고 불을 때어 달인다. 놋주걱(鍮勺)으로 조금 떠 식힐 때 가장자리부터 굳으면 불을 멈춘다. 체 모양의 국자로 바닥에 가라앉은 소금과 위에 뜬 성애를 건져내고 새 물로 염초를 씻는다.		
再鍊	초련(初煉) 염소(焰焇)를 물에 녹여 끓이고 부레풀(魚膠) 3냥을 넣어 더러운 것을 걸어 내고 식혀 재결정한다.	再煉	모초(毛硝)를 물에 넣고 녹인 후 아교물을 조금 넣고 끓여 더러운 것을 걸어 내고 식혀 재결정한다.
三煉	재련(再煉)에서 양질의 염소(焰焇)를 얻지 못하면 삼련(三煉)한다.	三煉	재련에서 양질의 염초를 얻지 못하면 삼련(三煉)한다.

摠式	한 달에 합토 600섬, 해홍재와 잡재 각각 80섬, 소목 30자루, 장인 3명, 역군 7명으로 1,000근 이상 생산이 가능하다.		(熬水) 흙과 재를 합하여 2백 말(斗)과 물 40통에 풋나무 20동을 쓰면 염초 6 ~70근을 얻는다.
劑藥式	1. 화약 : 유황 10냥, 柳灰 2근 8냥, 斑猫 4돈 5푼, 염소 10근 2. 왜약 : 염소 1근 2돈, 유황 2냥 5돈, 유회 2냥 5돈 3. 석류화전약 : 염소 1근 14냥, 유황 14냥, 화약 6냥 4. 명화약 : 염소 3근 11냥, 유황 2근 6냥, 유회 3냥 5. 분통약 : 화약 43근 12냥, 유황 1근 9냥, 水鐵 12근 8냥, 正鐵 4근 11냥	火藥合製	정초(精硝) 1근, 버드나무 재(柳灰) 3냥, 유황 1냥 4돈을 가루로 만들어 가늘게 쳐서 쌀뜨물로 반죽하여 찧는다. 더욱 찧을수록 더욱 좋다. 찧을 적에 축나는 기운이 있어야 좋으니 만일 찧어서 축나는 기운이 없거든 물을 좀 뿌리며 자주 뒤집어 마르지 않도록 한다.
-	-	得硝法始末	1. 10년이 지나도 습이 차지 않고, 2. 길 위의 흙을 써 민가를 침범하지 않고, 3. 땔감으로 쓴 재를 사용하고, 4. 흙의 양을 1/3로 줄였고, 5. 일년생 풀을 사용하여 목재의 소비를 줄였고, 6. 공역(功役)을 줄이고도 염초 생산량은 몇 배로 늘었으며, 7. 염초의 품질은 전보다 맹렬하였다.

〈주〉 각 공정에 대한 상세한 해석은 다음을 참고하였다.

1. 韓國科學私學會 編,《韓國科學古典叢書》"新傳煮硝方 · 戎垣必備"(1986)
2. 최두환 譯註解, 『火砲式諺解』(海軍士官學校, 1997)
3. 정재영 외, 『정조대의 한글문헌』(문헌과 해석사, 2000)
4. 채연석 · 강사임 共著, 『우리의 로켓과 火藥武器』(韓國科學文化財團, 1998)

1-2. 조선과 현대의 화약 제조공정 비교

조선의 화약 제조방법을 현대과학으로 풀어보기 위해 우선 조선과 현대의 제조공정을 비교해 보았다. 조선시대나 현재나 흑색화약의 제조공정은 대동소이하다. 기본적으로 염초(질산칼륨, KNO_3)와 유황, 그리고 목탄木炭(숯)을 혼합하는 것으로 어떻게 보면 매우 간단한 공정이다. 다만 두 시대의 큰 차이점 중 하나는 조선에서는 화약 제조공정의 첫 단계로 원료 제조공정인 염초 제조공정을 포함하는 것이고 현대에 와서는 포함시키지 않는다는 것이다. 현재는 염초나 유황등 주요 원료들이 별도의 공장에서 대량으로 제조되기 때문에

〈표 8-2〉 조선시대와 현대의 흑색화약 제조공정 비교

<table>
<tr><th colspan="3">조선의 화약 제조공정</th><th colspan="4">현대의 흑색화약 제조공정</th></tr>
<tr><td>(염초제조)

함토+잿물
↓
염초 추출
↓
재결정</td><td>(유황제조)

유황채취
↓
정 제</td><td>(목탄제조)

숯 굽기
(炭化)</td><td colspan="2">-</td><td colspan="2">(목탄제조)

목재세척(木材洗滌)
↓
탄화(炭化)
↓
방냉(放冷)</td></tr>
<tr><td>염 초</td><td>유 황</td><td>목탄(숯)</td><td>질산칼륨</td><td>유 황</td><td colspan="2">목탄(숯)</td></tr>
<tr><td colspan="3">원료 갈기[마조(磨造)] → 사분(篩粉)</td><td colspan="4">분쇄 → 사분(篩粉, Sieving)</td></tr>
<tr><td colspan="3" rowspan="2">합제(合製)[배합(配合)]
↓
화약 찧기[도침(搗砧)]
↓
건조(乾燥)</td><td colspan="4">2미혼화(二味混和) → 3미혼화 → 사분(篩粉)</td></tr>
<tr><td colspan="2">압마(壓磨) →
압착(壓搾) →
파쇄 → 사분 →
건조 → 광택</td><td>구상조립
(球狀造粒)
↓
건조(乾燥)
↓
광택(光澤)</td><td>-</td></tr>
<tr><td colspan="3">화약(흑색화약)</td><td colspan="2">입상화약</td><td>구상화약</td><td>분상화약</td></tr>
</table>

굳이 이를 화약 제조공정에 포함시키지 않기 때문이다.

위의 〈표 8-2〉에서와 같이 조선의 화약 제조공정은 염초를 비롯한 **원료 제조공정**과 그 이후의 **화약 합제공정**으로 대별되고 있음을 알 수가 있다. 보다 구체적으로 기술記述하려면 각각의 세부공정별로 상세하게 비교해 보아야겠지만 본서本書는 화약 제조기술을 다루는 기술서技術書가 아닌 만큼 조선의 화약 제조기술을 검토할 수 있는 수준에서 요약, 정리하였다.

조선의 화약 제조공정은 "신전자취염소방" 및 『신전자초방』과 각종 기록에 등장하는 단편적인 내용들을 취합, 정리하였다. 조선의 모든 화약제조법을 조목조목 비교한 것은 아니지만 서로 기본원리는 유사한 방법들을 사용하고 있었던 점을 감안하면 상기 〈표 8-2〉로도 충분히 조선의 화약법을 대표할 수 있다고 본다.

다만 매우 중요한 원료임에도 숯(木炭)에 대해서는 아쉽게도 제조방법에 대한 기록이

없다. 다만 조선시대에는 숯이 염초나 유황보다는 상대적으로 매우 쉬운 것이었던바, 양질良質의 숯을 사용하였다고 가정하고 추가 언급은 생략하였다. 유황의 채취와 정제는 제7장에서 이미 언급하였고 따라서 최무선의 화약수련법 이후 신전자초방에 이르기까지 조선의 화약 제조공정 중 핵심이라 할 수 있는 염초제조법, 즉 함토법鹹土法을 중심으로 검토하였다.

02_

조선의 염초제조법

2-1. 조선 염초제조법의 변천

우리나라의 화약제조법은 최무선의 화약수련법 이후, 염초제조법을 중심으로 변화를 거쳐 가며 그 호칭呼稱을 달리하던 여러 가지가 있었다. 다만 신전자취염소방이나 신전자초방과 같이 그 내용이 구체적으로 전해지지 않을 따름이다. 각종 기록에 등장하는 조선의 염초제조법을 시대 순으로 요약, 정리해 보면 〈표 8-3〉과 같다. 각각의 기록에서 언급하고 있는 염초제조법을 구분하기 위해 별도의 명칭이 없는 경우는 편의상 필자가 그 제조법의 이름을 붙였으며 필자가 임의로 붙인 명칭에는 이를 구분하기 위해 ( )로 표시하였다.

〈표 8-3〉을 보면 조선에서는 최무선의 화약수련법 이후 300여 년간 화약제조법, 즉 염초제조법의 꾸준한 개량이 시도되어 왔으며 숙종 24년(1398) 『신전자초방』이 발간되면서 그 기술이 완성되었음을 알 수 있다. 또한 조선 500년간 새로운 염초법이 등장했던 시기는 주로 선조와 인조 임금 시절이었던 것도 알 수가 있다. 임진왜란을 겪던 선조 임금 시절과 병자호란과 함께 청나라로부터 염초 수입이 전면 금지되었던 인조 임금 시절, 즉 국가적 위기를 겪으며 화약의 중요성이 부각되었던 시기에 염초법에 대한 관심이 커졌던 것이라 할 수 있다.

하지만 여러 가지 염초제조법이 있었던 것 같기는 해도 크게 보면 두 가지로 요약할 수가 있는데, 첫째는 흙(함토鹹土)에서 염초를 추출하는 **함토법**鹹土法이고 두 번째는 바닷물에서 추출하는 **해초법**海硝法이다. 임몽의 해토법海土法은 단순히 바닷가의 함토를 사용하는 것으로서 기존 함토법의 일종이었음은 이미 전술한 바 있다.[5-2절]

〈표 8-3〉 시대별 조선의 염초제조법

화약제조법	근 거(조선왕조실록 외)	특 징
1. 火藥修鍊法	태조 4년(1395) 4월 19일[2-42] 崔茂宣卒記외 다수	함토법(醎土法)의 元祖
2. 鄕焰硝法	세종 16년(1434) 7월2일[3-22]	최무선의 화약수련법과 유사할 것으로 추정
3. 唐焰硝法	상 동	향염초보다 생산성 갑절
4. (世宗 焰硝法)	세종 27년(1445) 5월9일[3-20]	당염초보다 생산성 갑절
5. (倭硝法)	선조 26년(1593) 2월10일[(5-2절)]	왜인에게 포로가 되었던 조선인이나 왜인 포로들부터 전습
6. 海水煮取焰硝法 (海硝法)	선조 26년(1593)[(5-2절)]	바닷물을 졸여 소금 달이듯 제조
7. (표헌 염초법)	선조 26년(1593) 3월27일[5-19]	확인 불가
8. (中原焰硝法)	선조 26년(1593) 10월22일[1]	3번 졸이고 5번 식힘
9. (朝鮮焰硝法)	상 동	4번 졸이고 2번 식힘
10. (임몽 海土法)	선조 28년(1595) 5월25일[5-17]	바닷가 함토 사용
11. (정두원 염초법) 新方煮法	인조 11년(1633) 10월8일[6-65]	확인 불가
12. 火砲式 新傳煮取焰焇方	인조 13년(1635) 8월[6-71]	함토를 별도로 제조하여 사용
13. (한세룡 염초법)	신전자초방 득초법시말[6-73]	확인 불가
14. 新傳煮硝方	숙종 24년(1698) 5월[6-75~79]	민가의 함토 외에 길바닥 흙 사용

2-2. 함토법이란?

『조선왕조실록』에서는 염초를 추출하던 흙을 의미하는 용어로 염토焰土와 염토鹽土, 또는 함토醎土와 함토鹹土라는 단어가 혼용되고 있다. 염초를 굽기 위한 흙을 뜻하여 염토焰土라고 한 것이고, 또 그 맛이 짠 것이었기 때문에 염토鹽土나 함토醎土, 鹹土라 한 것이다. 본 장에서는 함토醎土로 통일하여 쓰기로 하였는데, 이 함토로 염초를 만드는 방법이 함토

1) 선조실록 43권 선조 26년 癸巳(1593) 10월 22일 임인
壬寅上御便殿謂大臣等曰倭賊如彼屯據何以爲之〈中略〉上曰如欲禦倭非火砲不可而火藥難措中原則以海水煮取矣前在定州時試令煮取能煮者令陞授堂上掛榜知會而未有能煮者何以則能使火藥足用乎成龍曰火藥極易中原法則燥三歇五我國則燥四歇二休日例令伐木煮焰如此則火藥自爾多矣且江華多有牧子而別無所幹令監牧官率領煮取爲當〈下略〉

법鹹土法이다. 함토법을 한마디로 요약하면 "함토鹹土에 포함되어 있는 질산이온(NO_3^-)을 재灰에서 추출한 칼륨이온(K^+)과 반응시켜 염초(KNO_3)를 만든 후 정제하는 방법"(8-3-1절)으로 비교적 간단한 편이다.

이처럼 단순한 방법임에도 불구하고 조선에서는 왜 이렇게 여러 가지 함토법이 등장한 것일까? 여러 가지 사유가 있었겠지만 매번 생산량이 달랐던 것이 가장 큰 이유라고 생각된다. 함토에서 채취하는 염초의 생산을 늘리려면 함토 중의 염초(실제로는 염초가 아니고 질산이온임) 함량이 높아야 하고 정제시의 수율이 높아야 하는 것이 관건인바, "**함토의 선별방법**"과 "**추출 및 정제방법**"들을 조금씩 달리해 보는 과정에서 여러 방법들이 생겨난 것이다.

우선 **함토 선별방법**을 살펴보면, 이는 특별한 기술은 아니었다. 어느 흙에서 좀 더 많은 염초를 생산해 낼 수 있는지는 일일이 흙의 성분을 분석해 보아야만 알 수 있을 것인데 조선에서는 경험에만 의존했을 뿐 이 같은 과학적 기술을 적용한 것은 아니다. 따라서 우연히 특정지역에서 채취한 함토에서 다량의 염초를 생산했다고 해서 다른 곳에서도 동일한 조건의 흙을 찾아 동일한 성과를 내는 것은 현실적으로 불가능하다. 또한 한번 취토取土를 한 곳에서는 수년 아니면 수십 년 후에나 다시 취토를 할 수가 있었으니, 매번 동일한 효과를 재현한다는 것은 불가능한 일일 뿐이다. 이와 같은 내용을 알지 못했던 조선에서는 우연히 특정 지역에서 채취한 함토가 다른 함토보다 염초 생산량이 많으면 이를 생산기술의 차이로 인식하고 새로운 기술이라고 오인했을 수 있다. 함토마다 염초(질산이온)의 함량이 다르다 보니 재현성은 떨어질 수밖에 없었고 따라서 조선에서는 늘 새로운 기술을 찾으려는 시도를 했던 것이다.

다음으로 **추출과 정제방법**을 살펴보면 이 역시 상당한 수준의 과학적 지식이 요구되는 과정임에도 조선시대에는 주로 "시행착오법"에 의존하였을 것인바, 매번 새로운 기술로 오인할 수 있는 부분이다.

상기의 두 과정이 투입된 함토량 대비 염초의 생산량에 관계되는 부분이라면 조선시대에 또 하나의 이슈가 되었던 부분으로는 연료燃料 사용량이 있었다. 즉 추출한 염초용액을 농축, 정제하기 위해 필요한 땔감의 사용량도 당시에는 많은 부담이 가던 부분이다. 신전자초방의 득초법시말得硝法始末에서는 땔감으로 한번 쓴 재를 잿물 만드는데 다시 사용한다거나 땔감 자체를 일년생 풀을 사용하여 목재 소비를 줄임으로써 "산이 민둥산이 되는 것을 방지한다"고 하면서 목재의 절약 측면을 강조했던 것을 보면 염초를 만드는 데 사용되던 연료燃料가 부담이 되었음을 알 수가 있다.

또한 선조 26년의 중원中原 염초법과 조선 염초법의 차이에서도 조선의 염초법이 땔감을 더 소비했음을 알 수 있다.〈표 8-3〉 중국의 방법은 세 차례 졸여서 다섯 차례 식히는데 반하여 우리나라에서는 네 차례 졸여서 두 차례 식힌다면서 쉬는 날이면 으레 나무를 베어 염초를 굽게 한다고 하였으니 졸이는 횟수가 많았던 조선의 염초제조법이 땔감을 더 많이 소비했을 것임은 당연하다. 염초의 정제에 대해서는 〈8-4-3절〉에서 상세히 다루기로 한다.

2-3. 해초법

선조 임금 시절 중국의 해초법을 구하기 위해 수년 동안에 걸쳐 여러 가지로 노력했던 사실은 이미 전술前述한 바 있으며,(5-2절 참조) 여러 가지 정황을 들어 해초법 자체의 존재 여부에 의문을 가진 바 있는데 좀 더 구체적으로 검토해 보고자 한다.

『선조실록』에 따르면 "바닷물을 달여 염초를 굽는다"는 것이 해초법海硝法의 요지였다. 즉 해초법은 "바닷물에서 염초를 추출한다"는 것인데 그렇다면 우선 해수海水의 성분을 살펴보지 않을 수 없다. 바닷물 중의 염분 농도는 3.3~3.7%나 되지만 그 안에 존재하는 원소 수가 50여 개나 되어 대개의 농도는 극히 낮다. 그중 50ppm 이상 존재하는 원소들을 살펴보면 〈표 8-4〉와 같다.[2]

〈표 8-4〉 바닷물 중 50ppm 이상 함유된 이온 성분

단위 종류	Cl^-	Na^+	SO_4^{2-}	Mg^{2+}	Ca^{2+}	K^+	CO_2	Br^+
g/Kg	19.35	10.76	2.71	1.29	0.412	0.40	0.106	0.067

〈주〉 CO_2는 HCO_3^-와 CO_3^{2-}로 해수에 존재한다.

2) 김홍두 외, 『화학과 현대생활』(대광서림, 2006)

결국 우리는 상기 〈표 8-4〉에서 선조 임금이 찾아 헤매던 해초법海硝法은 존재할 수 없었던 것임을 알 수가 있다. 바닷물 중에 칼륨이온(K^+)이 있긴 하지만 미량일 뿐이고 더구나 이는 질산칼륨이 아니라 황산칼륨(K_2SO_4)으로 존재하기 때문이다.

여기서 한 가지 엉뚱한 억측을 해보자. 중국과 우리나라 바닷물의 성분 차이는 없는 것인가? 염분에 영향을 주는 요인은 강물(淡水)의 유입, 증발, 강수 등으로 주로 그 지역의 증발량, 강수량에 큰 영향을 받는다. 특히 해수면海水面, 즉 표층의 염분농도는 증발량과 강수량에 의해 크게 변화한다. 따라서 중국과 우리나라 해안의 바닷물은 차이가 날 수 있다.

하지만 이는 염류의 총농도에 차이가 있을 뿐이지 성분 자체가 차이가 나는 것은 아니다. 해수 중의 염분비율은 세계 어느 곳에서나 일정하다. 이를 "염분비 일정의 법칙(Law of the regular salinity ratio)"이라 한다. 각 해역의 염분농도(g/kg, ‰)는 조금씩 다르지만 바닷물에 들어 있는 각 성분의 비율만은 일정하다는 법칙인데 이는 전 세계의 바닷물이 골고루 잘 섞이고 있다는 것을 뜻하기도 한다. 결국 명나라 바닷물이나 조선의 바닷물이나 물속에 염초(질산칼륨)가 없으니 바닷물을 달여 염초를 얻는 것은 과학적으로 불가능한 일임을 알 수 있다.

그렇다면 어떤 이유에서 조선에서는 가능하지도 않은 해초법, 즉 바닷물로 염초를 만드는 법을 찾아 헤매고 있었을까? 결론적으로 말하면 조선인들은 "바닷물을 달여 소금을 만들 듯" 염초를 굽는다는 것을 "바닷물로" 염초를 굽는다고 오인하고 있었을 뿐이다. 염초용액에서 염초를 정제해 내려면 농축을 해야만 한다.(8-4-3절) 이는 가마솥에 용액을 넣고 불을 때어 졸이는 것으로 소금을 만드는 과정과 동일하다. 조선뿐 아니라 중국도 마찬가지였다.

『천공개물天工開物』[3]에서는 중국의 소금 제조방법을 다음의 그림과 같이 그림으로 소개하고 있다. 이와 유사한 방법으로 염초를 만들던 조선 사람들이 "바닷물로 염초를 굽는 것"이라 착각하였을 것이다. 인조 9년 진주사陳奏使로 명明나라에 갔던 정두원이 **염초화**焰硝花를 가지고 와서 "굽는 법으로 말하면 **소금 굽는 법과 같았다**"고 얘기했던 『속잡

3) 천공개물(天工開物) : 명나라 말기 학자 송응성(宋應星, 1587~1648?)이 지은 경험론적 산업 기술서. 중국 최초의 고대 백과전서라고 할 수 있다. 1637년 간행되었으며 3권으로 되어 있다.

록』의 기록[6-69]이 이를 뒷받침해 준다. 바닷물로 염초를 만든다고는 하지만 단지 굽는 방법이 소금 굽는 방법과 같았을 뿐이었다.

바닷물을 달여 소금을 만드는 광경(天工開物)

하지만 조선의 염초 제조공정 중에는 함토를 잿물과 반응시키는 공정이 있었다.(8-4-2절) 단순히 바닷물을 달여 소금을 굽는 것과는 차이가 있다. 그럼에도 조선인들이 소금 굽는 것과 염초 굽는 것을 착각한 이유는 무엇일까? 혹시 중국에는 조선과는 다른, 즉 조선인들이 오인할 만한 염초제조법이 있었던 것은 아니었을까 생각해 볼 수 있는데 이 역시 『천공개물』에서 확인이 가능하다.

『천공개물』의 초석 제조방법[4]을 보면 "초석은 대지大地 아래에서 생성되며 물기가 증발하면 땅 위로 나타난다", "장강長江과 회하淮河 이북지방에서는 중추中秋의 절이 지나면 격일로 집 안에서 땅을 쓸어 조잡한 초석을 채취하여 이것을 달여 순화시킨다", "땅이나 담을 긁어 쓸어 모아 채취한 조잡한 초석을 항아리에 넣어 하룻밤 물에 담가 둔 다음, 물위의 찌꺼기를 건져 내고 다시 가마에 넣어 달여서 하룻밤을 두면 초석의 결정이 생성된다"라고 하는 등 잿물을 사용하지 않는 초석제조법을 소개하고 있다. 어떤 과정을 거쳤든 이미 흙 속에 만들어져 있는 초석을 채취하여 달이기만(재결정) 했던 제조법이 있었음을 알 수 있다.

참고로 정두원이 가져온 염초화를 좀 더 상세히 검토해 보면 여기서도 역시 이 같은 사실을 짐작할 수 있다. 정두원은 염초화를 가져오면서 **염초화는 염초를 굽는 함토鹹土**[6-66,

4) 천공개물(天工開物), 가병 권15 소석(佳兵 卷十五 消石)
〈前略〉消質與鹽同母大地之下潮氣蒸成現於地面〈中略〉長淮以北節過中秋卽居室之中隔日掃地可取少許以供煎煉〈中略〉凡硝刮掃取時(牆中亦或迸出)入缸內水浸一宿穢雜之物浮於面上掠取去時然後入釜 注水煎煉 消化水乾 傾於器內 經過一宿卽結成消〈下略〉

67)라 하였고 또 "**소금 굽는 법과 같았다**"고 하였다. 다시 말하면 "**염초화로 소금을 굽듯 염초를 구웠다**"는 것을 알 수 있는데 그렇다면 이 염초화는 과연 무엇이었을까?

우선 함토라고 설명은 하면서도 굳이 염초에 꽃 화花 자를 붙여 염초·화花라는 새로운 명칭을 사용했던 점에 주목이 간다. 그 생긴 모양이나 색깔이 꽃을 연상케 했을 것으로 짐작되는 이름이다. 허준許浚은 『동의보감東醫寶鑑』에서 상처를 지혈止血하거나 해산한 부인의 혈훈血暈과 어혈瘀血을 치료하는 데 쓰던 화예석花蘂石을 설명하면서 "**일명 화유석花乳石이라고도 하는데 누런 '돌' 가운데 연한 흰 점이 있기 때문에 '화花'란 이름을 붙인 것이다**"라고 하였다.[5)]

따라서 우리는 염초화焰硝花라는 함토는 염초(초석)를 다량 포함하고 있는 '**염초덩어리**'였을 것으로 짐작해 볼 수가 있다. 다량의 질산칼륨을 포함한 '염초덩어리'라면 빛은 희고 반짝거리는 광채도 있었을 것이고 허준이 얘기한 화예석花蘂石처럼 아마 꽃 같은 느낌이 들었기 때문에 그 이름에 "**화**花"라는 글자를 붙였을지도 모르기 때문이다.

그렇다면 정두원이 가져온 염초화란 바로 염초를 다량 포함하고 있던 '염초덩어리'였다고 해야 하는데 이를 뒷받침해 주는 기록 역시 『천공개물』에서 찾아볼 수가 있다. 『천공개물』에 의하면 당시 중국에서는 지역별로 세 종류의 소消가 생산되고 있었는데 각 산출지마다 그 이름을 천소川消, 염소鹽消, 토소土消로 구분하고 있다.[6)] 여기서 소消는 초硝를 뜻하는 말로서 초석硝石은 물에 넣으면 곧 녹아 없어지기 때문에 옛날에는 이를 소석消石이라 하였다고 한다.[7)]

이 세 가지 염초를 비교해 보면 첫째 "出蜀中者曰川消"에서 '천소川消'는 초석이 아니라 망초芒硝(Na_2SO_4)였을 가능성이 크다. '촉蜀'은 현재의 사천성四川省 지방으로 오늘날까지도 중국 최대의 망초 매장 지역일 뿐 아니라 옛날에는 초석과 망초를 혼동했던 사실도 있고, 또 망초는 강江이나 호수湖水 등 물(川)에서도 산출되는 것이기 때문이다.

---

5) 東醫寶鑑 湯液篇 石部
花蘂石 : 主金瘡止血 又療産婦血暈瘀血 一名花乳石體堅重 色如硫黃 於黃石中間 有淡白點 以此得花之名〈下略〉

6) 천공개물(天工開物) 가병 권15 소석(佳兵 卷十五 消石)
凡消三所最多出蜀中者曰川消生山西者俗呼鹽消生山東者俗呼土消

7) 천공개물(天工開物) 가병 권15 소석(佳兵 卷十五 消石)
〈前略〉以其入水卽鎔 故名曰消〈下略〉

두 번째로 "生山西者俗呼鹽消"의 '염소鹽消'는 조선과 동일한 방법, 즉 함토를 잿물과 반응시켜 농축한 염초로 판단된다. 이는 맛이 짜다 하여 함토鹹土를 염토鹽土라고도 했던 것에서 유추해 볼 수 있다.

다만 마지막 "生山東者俗呼**土消**"의 '토소土消'가 의문이다. 땅에서 채취한 것은 분명한데 굳이 산서山西 지방의 염소鹽消와 구분해서 토소라 했을까? 여기서 필자는 한 가지 가정을 해보았다. 전술한 대로 중국에서 생산되던 세 가지 염초 중 천소川消나 염소鹽消는 염초화, 즉 **염초덩어리**는 아니다. 그런데 "**염초를 굽는 함토**鹹土"였다는 염초화를 가져온 곳은 분명 중국이다. 그렇다면 결국 셋 중 나머지 하나인 **토소**를 정두원이 가져온 염초화, 즉 초석을 다량 함유한 **염초덩어리**였다고 가정해 볼 수 있는 것이다. 땅에서 긁어모은 염초[8-4]였을 것이다. 더구나 토소가 생산되던 곳과 바닷물로 염초를 굽는다고 오인했던 곳이 모두 **산동**山東**지방**[8]으로서 같은 지역이었다는 점도 눈여겨볼 만하다.

결국 "중원中原의 바닷가에서[6-69] 토소(焰硝花)를 물에 녹여 달이는 것"을 본 조선인들이 "바닷물로 염초를 만든다"고 오인할 수도 있었을 것이다. 어찌되었건 선조 임금은 헛된 정보를 가지고, 이 세상에 있지도 않는 해초법海硝法을 찾아 그렇게 여러 해 동안 고생만 한 셈이다.

---

8) 선조실록 47권 선조 27년 甲午(1594) 1월 8일 정해

〈前略〉且焰硝煮取之法竝請詳悉書示且聞山東地方以海水煮取云幷詳問其法書啓

03_

함토법의 과학적 이해

3-1. 염초 제조 원리

함토에서 염초를 만들어 내는 것은 그 방법을 논하기 전에 먼저 염초가 만들어지는 기본적인 원리를 살펴보아야 한다. 염초(KNO_3, 질산칼륨)는 다음과 같이 질산(HNO_3)과 수산화칼륨(KOH)의 반응에 의해 얻어진다.

$$HNO_3 + KOH \rightarrow KNO_3 + H_2O$$

그러나 후술하겠지만(8-3-2절) 현실적으로 토양 중의 질산이온은 질산으로 존재하는 것보다는 질산암모늄(초안, NH_4NO_3)으로 존재한다고 보아야 한다. 따라서 염초는 질산암모늄(NH_4NO_3)이 수산화칼륨(KOH)과 반응하여 만들어지는 것이다.

$$HNO_3 + NH_3 \rightarrow NH_4NO_3$$

$$NH_4NO_3 + KOH \rightarrow KNO_3 + NH_4OH$$

여기서 수산화칼륨(KOH)은 식물을 태운 재(灰)를 물로 우려낸 잿물로부터 얻을 수가 있는데 〈**8-4-1절**〉에서 다시 논하기로 하고, 암모니아(NH_3)와 질산(HNO_3)을 먼저 검토해 보자.

우선은 함토鹹土, 즉 토양 속에 질산(HNO_3)이나 또는 암모니아(NH_3)가 존재하는 것을 전제로 해야만 이후의 모든 설명이 가능해질 것이다. 따라서 과연 이것들이 어떻게 만들어졌으며 또 어떻게 흙 속에 포함되어 있었는지를 알아보기로 한다. 암모니아와 질산을 만드는 방법에는 다음과 같은 여러 가지가 있다.

현대의 암모니아 및 질산 제조법

1) 그리스하임법

$2NaNO_3 + H_2SO_4 \rightarrow 2HNO_3 + Na_2SO_4$

2) 질소고정법(하버법)

$N_2 + 3H_2 \rightarrow 2NH_3$

3) 암모니아 산화법(오스트발트법)

$4NH_3 + 5O_2 \rightarrow 4NO + 6H_2O$

$2NO + O_2 \rightarrow 2NO_2$

$3NO_2 + H_2O \rightarrow 2HNO_3 + NO$

4) 전호식電弧式 질산제조법

$N_2 + O_2 \rightarrow 2NO$

$2NO + O_2 \rightarrow 2NO_2$

$3NO_2 + H_2O \rightarrow 2HNO_3 + NO$

하지만 상기의 네 가지 방법 모두가 자연상태에서 손쉽게 이루어질 수는 없는 반응들이다. 칠레초석과 황산을 반응시켜 질산을 얻는 그리스하임법은 당연히 조선시대에서 검토할 대상이 아니고, 질소고정법이나 암모니아 산화법의 경우도 고온, 고압 하에서 촉매를 사용하는 매우 어려운 공정이다. 전호식電弧式 질산제조법 또한 공기 중에서 방전을 시켜 질소와 산소를 결합시킨 후 물에 흡수시켜서 질산을 만드는 방법으로서 다량의 전력을 필요로 하는 등 이미 현재에도 사용되지 않는 방법이다. 결국 조선시대에서는 상기의 네 가지 방법 모두가 불가능한 것들이다.

3-2. 함토 속의 질산이온은 어떻게 만들어졌나?

현대의 질산제조법 적용이 불가능했던 조선시대에는 자연自然에 존재하는 질소화합물을 가지고 염초를 제조할 수밖에 없었다. 즉 함토 속의 질산이온을 이용해야만 했다. 그렇다면 질소화합물, 즉 질산이나 초안이 어떻게 흙(鹹土) 속에 존재할 수가 있었을까? 이 점에 대해서는 질소고정窒素固定과 질소동화작용窒素同化作用, 그리고 질소순환窒素循環 등을 살펴보고 또한 질산화窒酸化가 되는 과정을 알아봄으로써 확인할 수 있다.

질소는 1772년 영국의 화학자 러더퍼드Daniel Rutherford가 발견한 홑원소물질로서, 2원자 분자(N_2)의 반응성이 매우 낮은 기체이며 공기 중의 최다 성분으로 부피의 78.1%, 중량의 75.5%를 차지한다. 독일에서는 스티켄Sticken(질식시키다)과 스토프Stoff(물질)라는 단어를 조합하여 스티크스토프Stickstoff라 하는데, '질식시키는 물질'이라는 뜻의 독일어를 직역하여 일본에서 질소窒素라는 한자어로 사용하기 시작하였다.[11-31)]

지구상에 살고 있는 각종 생명체에게 질소는 필수원소 중 하나다. 피나 근육의 성분인 단백질과 체내의 화학반응을 촉진하는 효소들이 질소원자를 포함한 아미노산으로 구성되어 있고 아미노산의 아미노기($-NH_2$)가 질소원자를 포함하고 있기 때문이다. 보통은 단백질 식품이나 질소비료를 통해 섭취하게 되며 몸무게 70Kg인 성인 몸에는 약 1.8Kg 정도 들어 있다고 한다.

하지만 질소(N_2)는 화학적으로 매우 안정된 물질이기 때문에 대부분의 동식물들은 공기 중의 질소기체를 직접 사용하지 못하고 암모늄염 형태로 섭취하게 된다. 그렇다면 이 같은 암모늄염이 어떻게 만들어졌느냐가 다시 문제가 되는데 이는 질소고정으로 설명할 수가 있다.

질소고정

세균들 중에는 공기 중의 질소를 암모니아(NH_3)로 환원시킬 수 있는 능력을 가진 것이 있다. 공생유리질소고정균 또는 근류균根瘤菌이라고도 하는 '뿌리혹박테리아Leguminous Bacteria'가 대표적이다. 이것은 고등식물과 공생하며 공기 중의 질소를 고정시키는 세균으로서 특히 뿌리에 기생하는 것을 뿌리혹박테리아라고 한다. 주로 콩과식물의 뿌리혹 속에서 사는 뿌리혹박테리아들은 콩과식물에 질소화합물을 공급하고 콩과식물로부터는 탄소와 그 밖에 자신들의 증식에 필요한 영양분을 공급받아 가며 공생한다.

질소동화작용

뿌리혹박테리아와 같은 공생유리질소고정균이 식물체에 공급하는 질소화합물은 암모늄이온(NH_4^+) 형태의 화합물이다. 식물이 암모늄이온 형태로 공급받은 질소화합물과 스스로 광합성을 하여 만든 탄수화물을 결합시켜 단백질이나 유기질소화합물을 합성하는 과정을 질소동화작용이라 한다. 뿌리혹박테리아가 없는 식물들은 1차적으로 질소고정과 동화작용을 거친 식물들을 통해 2차적으로 토양에서 질소화합물을 흡수, 다시 단백질을 합성하는 질소동화작용을 하게 되고 동물들은 이들 식물을 섭취함으로써 질소를 공급받게 된다.

질소 순환

동물이나 식물은 사후死後에 다시 토양으로 돌아가 또 다른 미생물들에 의해 분해가 되어 다른 식물들에게 질소화합물을 공급하는 비료 역할을 하고 일부는 질소 가스나 암모니아로 되돌아가는 과정을 반복하게 되는데 이러한 순환과정을 두고 질소 순환이라고 한다.

특히 동물들은 살아가는 동안에도 배설물을 통해 질소화합물을 다량 배출한다. 그것이 바로 체내에서 단백질이 분해되면서 생긴 요소尿素인데 요소라는 이름에서와 같이 사람들은 오줌을 통해 하루에 약 30g 정도의 요소를 배출한다고 한다. 적지 않은 양이다. 이렇게 배출된 요소(Urea)는 유리아제Urease라는 효소에 의해 가수분해가 되어 암모니아로 되돌아간다. 재래식 화장실에서 흔히 암모니아 가스 냄새가 나는 이유이기도 하다.

비슷한 예로 삭힌(발효시킨) 홍어洪魚가 있다. 홍어는 체성분 중에 요소를 많이 포함하고 있기 때문에 이를 발효시키면 요소가 분해되어 암모니아가 듬뿍 만들어지는데 발효된 홍어찜을 먹을 때 우리 코를 강하게 자극하는 것이 바로 이 암모니아이다. 요소가 분해되어 암모니아가 발생하는 과정은 다음과 같다.

$$CO(NH_2)_2 + H_2O \rightarrow 2NH_3 + CO_2$$

이처럼 공기질소 → 토양미생물 → 식물 → 동물 → 토양(또는 대기) → 식물을 거치는 과정을 반복 순환하면서 질소화합물들이 토양 속에 축적되는 것이다.

질산화Nitrification

자연계에서 질소화합물(암모니아)이 만들어지는 것은 확인이 되었지만 아직 질산이온은 만들어지지 않았다. 계속해서 자연계 내에서 질산이 만들어지는 과정을 알아보기로 하자.

자연계에는 유리질소를 고정하여 식물에 공급해 주는 균菌만 있는 것이 아니라 그들이 만들어 놓은 암모늄이온을 산화, 질산화Nitrification시켜 질산이온을 만들어 주는 아질산균亞窒酸菌(Nitrite Bacteria)과 질산균窒酸菌(Nitrate Bacteria)도 있는데, 이들이 질산이온을 만들어 주고 있는 것이다. 이들 세균에 의한 질산화는 먼저 아질산균이 암모니아(NH_3)를 아질산(NO_2^-)으로 산화시키면 다시 질산균이 아질산을 질산(NO_3^-)으로 산화시키는 2단계로 진행된다.

$$2NH_4^+ + 3O_2 \rightarrow 2NO_2^- + 2H_2O + 4H^+$$
$$2NO_2^- + O_2 \rightarrow 2NO_3^-$$

이러한 질산화 미생물들은 토양 중에 여러 종류가 존재한다. 현대에 와서는 이 같은 미생물들을 인공적으로 대량 배양하여 암모니아성 폐수처리에 응용하고 있을 정도로 상당히 많은 연구가 진행되어 있다. 특히 아길리스N. Agilis와 유로파에아N. Europaea는 폐수처리 과정 중에 가장 쉽게 발견되는 것들로서 각각 암모니아 산화반응과 아질산 산화반응의 대표 미생물들이라 한다. 이러한 미생물들에 의해 토양 중에서는 계속해서 암모니아가 산화되어 질산이온이 생성되고 있는 것이다.

천둥 번개와 질소산화물

근류균의 질소고정에 의한 방법 외에도 자연계에서 질소화합물이 만들어지는 과정이 한 가지 더 있다. 바로 천둥 번개가 그것이다. 번개에 의한 방전으로 공기 중의 질소가 산화되어 비와 함께 지상으로 떨어지고 질소화합물이 되어 식물체에 흡수되는 것이다. 전호식電弧式 질산제조법과 유사한 원리라고 할 수 있다. 따라서 여름에 천둥이 많이 치면 가을에 풍년이 든다는 말이 전혀 근거가 없는 것은 아니다. 최근 기상청의 발표에 따르면 우리나라에서만 1년에 약 100만 번 정도의 번개가 발생한다고 한다. 이 같은 번개현상으로 얼마나 많은 양의 질소화합물이 만들어지고 있는지 모르겠지만 대기 중에서도 계속해서 질소화합물을 만들어 지상에 공급하고 있는 것이다.

산성비와 질산

산성비도 토양에 질산이온을 공급하는 요인 중의 하나이다. 순수한 물은 중성으로 pH가 7이지만 빗물의 pH가 5.6 미만이 되면 산성비라고 하는데 산성비의 원인 물질로는 황산화물과 질소산화물이 대표적이다. 이들 물질이 대기 중에서 이동, 확산하면서 화학적 변환을 일으켜 황산, 질산이 되어 빗물에 흡수됨으로써 산성비가 되는 것이다. 오염원으로부터 대기 중에 방출된 NO, NO_2들이 산화하여 NO_3가 생성되는 과정은 다음과 같다.

$$NO + O \rightarrow NO_2$$
$$NO + O_3 \rightarrow NO_2 + O_2$$
$$2NO_2 + H_2O \rightarrow HNO_3 + HNO_2$$
$$3HNO_2 \rightarrow HNO_3 + 2NO + H_2O$$
$$3NO_2 + H_2O \rightarrow 2HNO_3 + NO$$

화석연료의 연소가 주요 발생원發生源인 질소산화물은 황산화물과 함께 비의 pH를 저하시켜 산성비를 만드는 주된 성분으로서 최근에는 자동차 등에 의한 가솔린 사용의 급증으로 질소산화물의 배출이 늘어나고 있는 추세여서 커다란 문제가 되고 있다.

물론 조선시대에는 오늘날과 같은 질소산화물에 의한 극심한 대기오염은 없었다. 하지만 현재처럼 산성비를 우려할 정도는 아니더라도 소량씩은 빗속에 섞여 토양으로 공급되었다고 보아야 한다. 질소산화물에 의한 대기오염이 점점 심각해지고 있는 요즈음의 토양은 조선시대와 비교하면 염초 추출을 위한 함토로서는 더욱 훌륭한(?) 흙일 것이다.

3-3. 함토 채취

토양 중에 자연적으로 질소화합물이 계속 공급되고 있음은 충분히 살펴보았다. 자연생태계에서 질산과 암모늄이온이 생기는 것을 확인했으니 토양 중에 질산암모늄(초안, NH_4NO_3) 도 존재하는 것은 당연한 일이다.

$$HNO_3 + NH_3 \rightarrow NH_4NO_3$$

$$HNO_3 + NH_4OH \rightarrow NH_4NO_3 + H_2O$$

그렇다면 함토는 어디서 어떻게 채취해야 할 것인지를 살펴보기로 하자. 당연히 질소화합물이 많이 포함되어 있는 곳이어야 할 것인데 그 장소를 선택하는 방법이 관건이다. 조선조 염초제조에 적합한 함토는 다음과 같은 흙이었다.

"신전자취염소방"에서는 오래된 집안(年久家屋內)의 흙, 부뚜막(竈陘) 혹은 마루 밑(抹樓下)이나 바람벽 밑(檣壁底), 헌 구들 밑(破突底)의 흙을 살살 긁어모으고 깊이 파지 말 것이며 맛을 보아 짜거나 시거나 혹 달거나 매운 것이 좋다고 하였다. 초안이 포함된 흙을 가려내는 방법이다.〈표 8-1〉 『신전자초방』에서는 담장 밑의 흙과 함께 길 위의 흙도 채취할 수가 있다고 하였다. 임몽의 해토법海土法에서는 명확하게 **사람과 말(馬)이 밟고 다닌 지역의 흙**이라야 한다고 했고,[9] 『광해군일기』에서도 함토鹹土는 사람이 살지 않는 산과

9) 선조실록 63권 선조 28년 乙未(1595) 5월 25일

〈前略〉<u>所取海土必於鹽場人馬踏行處取之如就海邊多木之地多數煮取則可以省力而得大利</u>〈下略〉

들에서 나오는 것이 아니라 반드시 **오래된 집과 사람들의 왕래가 빈번한 곳에서 취하여야만** 쓸 수가 있다고 하였다.[10)]

한마디로 함토란 민가 부근의 흙으로서 수시로 파헤쳐지거나 새로운 흙으로 복토覆土되지 않은, 즉 훼손되지 않고 오래 묵은 흙이다. 즉 인간의 생활 주변에서 질소화합물을 포함하는 각종 가축들과 사람들의 배설물이나 식물성 퇴비의 잔류물 등이 오랜 시일에 걸쳐 미생물들에 의해 분해되어 질산이온과 암모늄이온이 충분히 축적되고 농축된 흙이었던 것이다. 어떻게 이런 흙에서 염초를 추출할 생각을 했는지는 자료가 없어 알 수 없지만 선조들은 매우 훌륭한 과학적 경험을 가지고 화약을 생산하고 있었다.

---

10) 광해군일기(태백산본) 93권 광해군 7년 乙卯(1615) 8월 17일 신묘
훈련도감이 아뢰기를, "적을 막는 데 쓰이는 것으로는 화약(火藥)보다 더 중요한 것이 없습니다. 그런데 그것을 만드는데 있어서는 함토(醎土)가 꼭 필요한데 함토는 사람이 살지 않는 산과 들에서 나오는 것이 아니라 반드시 오래된 집과 사람의 왕래가 빈번한 곳에서 취해야만 쓸 수가 있습니다.

04_

염초 추출과 정제

염초는 함토 속의 질산이온이 수산화칼륨과 반응하여 만들어진다. 함토 속의 질산이온은 이미 확인하였으니 이제 수산화칼륨(KOH)을 살펴보아야 하는데, 결론적으로 수산화칼륨은 잿물의 주성분인바, 먼저 잿물에 대해 알아보는 것이 순서일 것이다.

4-1. 잿물(灰水)이란?

우선 칼륨(K)이라고 부르는 원소에 대해 알아보기로 한다. 칼륨은 화합물로서는 아주 오래 전부터 사용되던 물질이지만 홑원소물질로 단리單離해 낸 것은 1807년 영국의 데이비가 수산화칼륨(KOH)을 전기분해한 것이 처음이다. 데이비는 이를 포타슘Potassium이라 명명하였다. 'Potash'라는 단어에 금속원소의 명칭에 붙이는 어미語尾, 'ium'을 붙여 만든 것인데 'Potash'는 또 'Pot'와 'Ash'의 합성어다. 항아리에 담겨 있는 재(灰)를 뜻하는 것으로서 이러한 어원語原을 볼 때 먼 옛날부터 칼륨(K)은 재로부터 얻었음을 알 수 있다. 즉, 잿물(灰水)로부터 칼륨(K)을 단체單體로 분리했기 때문에 이를 "Pot+Ash"라고 했던 것이다.

칼륨(K)은 지각 표층부에 규산염으로 널리 분포되어 있는 원소다. 1798년 동물 몸속에도 존재하는 것이 발견되었는데 몸무게 70Kg인 성인에게 약 140g의 칼륨이 존재하며 보통 사람들은 매일 음식물로부터 1.4～1.7g의 칼륨을 섭취한다고 한다. 또한 식물체 내에도 칼륨이온은 다량으로 존재하고 있다. 칼륨(K)은 식물체 내에서 뿌리와 줄기의 발육을 촉진시키는 역할을 한다. 결핍되면 생장에 지장을 받게 되는 중요한 원소이다. 이외에도 식물체 내에는 기본적으로 식물에게 필요한 필수 원소로서 C, H, O, N, K, Ca, Mg, Fe, Na 등 여러 원소가 있으며 식물들마다 그 구성원소의 함량이 각각 다르게 분포되어 있다. 따라서 식물을 태우고 나면 완전연소를 가정했을 때 유기물의 구성 성분인 C, H, O, N 등은 이산화탄소, 산화질소, 수증기의 형태로 기체가 되어 공기 중으로 날아가고, 남은 재 속에는 Ca, Mg, Fe, Na 등이 K_2O, CaO와 같은 산화물 형태로 남게 된다.

그렇다면 잿물이란 무엇인가? 식물이 완전연소를 하게 되면 칼륨(K)은 타고난 재 속에서 산화칼륨(K_2O)의 형태로 존재하게 되는데 이것을 물로 우려낸 것이 바로 잿물이다. 산화칼륨(K_2O)이 물에 녹으면 수산화칼륨(KOH)이 되어 알칼리성을 띠게 되는데, 이 원리를 이용하여 예전에는 잿물로 빨래도 하였다.

$$K_2O + H_2O \rightarrow 2KOH$$

식물을 태우고 남은 재(灰)에 포함된 산화칼륨(K_2O)의 양은 식물들마다 다르다. 몇 가지 예를 들면 **〈표 8-5〉**와 같다.[11] 『신전자초방』에서 재를 만들 때 볏짚이나 콩깍지가 좋다고 한 것이 입증되는 자료이기도 하다.〈표 8-1〉

〈표 8-5〉 식물 재(灰) 속의 산화칼륨 함량

재의 종류	콩깍지 재	왕겨 재	소나무 재	볏짚 재	참나무 재
K_2O 함량	4.90	1.86	2.52	5.37	2.07

4-2. 잿물과 함토의 반응

잿물과 함토鹹土를 반응시켜 보는 것은 너무나 간단하다. 질산(HNO_3)과 수산화칼륨(KOH),

11) 이병하, 『나만의 유약만들기』(도서출판 예경, 2004)

또는 질산암모늄(NH_4NO_3)과 수산화칼륨을 반응시키면 질산칼륨(KNO_3)이 만들어지는 간단한 공식임을 알 수가 있다.

$$HNO_3 + KOH \rightarrow KNO_3 + H_2O$$

$$NH_4NO_3 + KOH \rightarrow KNO_3 + NH_4OH$$

물론 100% 상기 반응식대로만 될 리는 만무하다. 왜냐하면 잿물과 함토 두 가지 모두가 각각 순수한 수산화칼륨이나 질산 또는 질산암모늄만으로 구성된 것은 아니기 때문이다. 많은 불순물들이 서로 반응하여 다양한 물질들이 생성된다거나 미반응 물질들이 남을 수도 있을 것이고 결국에는 그들 불순물로 인해 최종 만들어지는 화약제품의 성능에도 영향을 미칠 것이다.

또한 자연상태에서 채취한 함토 중에 얼마나 많은 양의 질산이온(NO_3^-)이 존재했을지도 의문이다. 생각보다 그리 흡족할 만한 양이 들어 있지는 않다고 보아야 한다. 만약 함토마다 많은 양이 들어 있었다면 조선의 화약 수급이 그렇게까지 어렵지는 않았을 것이다.

4-3. 염초의 정제

전술한 바와 같이 현재 구체적으로 전해지는 조선의 화약제조법은 "신전자취염소방"과 "신전자초방" 있는데, 두 방법 모두 염초의 정제법은 재결정 방법으로서 기본적인 원리는 유사하다고 볼 수 있다. 따라서 기본적인 원리를 살펴본 다음 구체적으로 두 방법의 차이점을 분석해 보기로 하자.

전술한 대로 조선의 염초법은 함토 중에 섞여 있는 질산암모늄을 잿물 중의 수산화칼륨으로 반응시킨 다음 그 용액 안에서 만들어진 질산칼륨(KNO_3)을 재결정해 내는 것이 그 요점이다. 단순하고 간단한 방법이긴 했지만 2개 이상의 물질이 섞여 있을 경우에는 각각의 용해도 차를 이용하여 분리해 내야 하기 때문에 무조건 단순한 방법이라고만 할 수도 없다. 함토를 잿물로 우려낸 Crude 질산칼륨 용액 중에 어떤 불순물들이 포함되어 있느냐에 따라 정제가 쉬울 수도, 어려울 수도 있을 것이기 때문이다.

그러면 함토에서 잿물로 추출한 염초용액에는 질산칼륨 외에 어떤 것들이 들어 있을까? 가장 먼저 생각해 볼 수 있는 것은 '미반응된 질산암모늄(NH_4NO_3)'을 들 수 있다. 또한 인간과 가축의 생활 주변에서 흙을 채취했으니 '소금(NaCl)'은 당연히 포함되어 있을 수밖에 없고 어쩌면 '질산나트륨($NaNO_3$)'도 소량일지언정 포함되었을 수도 있다.

여기서 또 한 가지 의문이 생긴다. 과연 조선시대에 이 여러 가지 물질이 섞여 있는 혼합용액에서 질산칼륨만을 정제해 낼 수가 있었을까 하는 점이다. 원칙적으로는 아마도 힘들었을 것이다. 각 물질들마다 물에 대한 용해도가 서로 다르다는 특성을 이용하는 분별결정分別結晶(Fractional Crystallization) 방법을 써야 하는데 그 당시에는 이와 같은 사실들, 즉 어떤 것들이 섞여 있는지와 또 그들을 분리해 내는 원리도 알지 못했을 것이기 때문이다. 분별정출分別晶出이라고도 하는 이 방법은 용해와 석출을 되풀이시켜 순도가 높은 결정을 얻는 방법으로서 혼합용액의 성분 물질이 온도나 압력 등 외부의 변화에 따라 용해도 차이에 의해 석출되는 현상을 이용하는 것이다.

하지만 우리 선조들은 정확히 이들을 분리해 낼 수가 있었다. 현대의 과학적 지식 없이 어떻게 선조들이 이를 분리해 내었는지 살펴보겠다. 우선 추출한 용액 중에 녹아 있을 것으로 추정되는 질산칼륨(KNO_3), 질산암모늄(NH_4NO_3), 질산나트륨($NaNO_3$) 및 소금(NaCl)의 물에 대한 용해도는 어떻게 다른지 살펴보았다.[12)]

〈표 8-6〉 KNO_3, NH_4NO_3, $NaNO_3$, NaCl의 용해도

온도(℃)	0	20	30	50	70	100
KNO_3	13.3	31.6	45.8	85.5	138	246
NH_4NO_3	118.3	192	241.8	344.0	499.0	871.0
$NaNO_3$	73	88	96	114	148(at 80℃)	180
NaCl	35.7	36.0	36.3	37.0	37.8	39.8

12) *Perry's Chemical engineers' handbook*, 6th edition(1984)

〈표 8-6〉에서 알 수 있듯이 상온(20℃)에서는 우연히도 이들 네 물질 중 우리가 얻고자 하는 질산칼륨(KNO_3)의 용해도가 가장 작은 것을 확인할 수가 있다. 즉, 상온에서 질산암모늄(NH_4NO_3)과 질산나트륨($NaNO_3$), 그리고 소금($NaCl$)이 염초(KNO_3)에 비해 용해도가 크다. 따라서 〈표 8-6〉과 같은 과학적 데이터가 없었던 당시에도 이들을 분리해 내는 데 별 어려움이 없었던 것이다.

용액 중의 각 성분들의 절대함량은 알 수가 없지만 농도의 순서를 나름대로 추정해 본다면 염초(KNO_3) 〉 소금($NaCl$) 〉 질산암모늄(NH_4NO_3) 〉 질산나트륨($NaNO_3$) 순이었을 것으로 생각된다. 질산암모늄(NH_4NO_3)과 질산나트륨($NaNO_3$)은 물론 소량이었을 것이며 그 순서가 뒤바뀐다고 해도 정제 과정에서 크게 문제가 될 바는 아니다. 다만 소금의 경우는 인간과 가축들이 반드시 섭취하여야 하는 물질로서 배설물이나 각종 음식쓰레기로부터 다량 배출되는 것이니 꽤 많은 양이 포함되어 있었을 것이다. 오히려 어떤 흙에서는 염초보다 많았을 수도 있다.

특히 신전자취염소방의 경우가 신전자초방보다 소금의 함량이 더 높았을 것으로 추측할 수 있는데 신전자취염소방에서는 함토鹹土를 취토取土할 때 **짠 흙도 가리지 않고 선호**했던 반면에 신전자초방에서는 **단지 짜기만 한 흙은 소금만 많이 나오니** 피하라고 했기 때문이다. 어찌 되었건 두 가지 방법 모두가 이들 혼합용액에서 염초를 분리해 내는 과정은 매우 과학적인 방법을 사용하고 있었다.

우선 "**신전자취염소방**"을 살펴보기로 한다. 신전자취염소방에서는 처음 Crude 염초 용액을 졸일 때 6가마(釜)를 2가마로 즉, 그 부피가 1/3이 되도록 농축을 하였다.〈표 8-1〉 여기서 우리는 당시 사람들이 용액을 농축하기 위해서는 가마의 온도를 상온(약 20℃)에서 100℃부근까지 가열했다고 가정해 볼 수 있는데 이때 염초(KNO_3)는 용해도가 31.6에서 246으로 7.8배가 커지고, 질산암모늄(NH_4NO_3)은 192에서 871로 4.5배가 되므로 부피가 1/3로 감소하더라도 용해도가 3배 이상 커지기 때문에 농축 과정에서 염초(KNO_3)나 질산암모늄(NH_4NO_3)이 석출이 되는 문제는 발생하지 않았음을 알 수 있다.

다만 질산나트륨($NaNO_3$)은 용해도가 2배밖에 안 커지고, 소금은 용해도 변화가 거의 없기 때문에 부피가 1/3로 줄어드는 농축 과정에서(최초 농도가 얼마였느냐에 따라 다르지만) 그것들은 이미 결정結晶이 석출될 가능성이 있다. 따라서 1/3로 농축을 끝내고 나면 가마

밑에는 소금과 질산나트륨의 결정이 가라앉을 수 있는데 신전자취염소방에서는 실제로 가라앉은 소금을 먼저 건져내는 과정을 거치고 있다. 그런 다음 냉각 과정을 거쳐 질산암모늄, 소금, 질산나트륨 등보다 용해도가 작은 염초가 결정화하면 윗물을 따라 버리고 염초 결정을 취하는 방법을 쓰고 있다.

다음은 "**신전자초방**"의 재결정 방법이다.〈표 8-1〉 여기서는 신전자취염소방과는 조금 다른 방법을 쓰고 있다. 전술한 바와 같이 취토取土 시에 **짜기만 한 흙은 취하지 않음**으로써 근본적으로 소금의 함량이 낮은 흙을 사용하기도 했지만 농축 과정에서 소금이 석출되지 않도록 그 농축 정도를 조절하는 것이었다. 신전자취염소방에서는 Crude 염초용액을 1/3로 농축을 하는 데 반해 신전자초방에서는 1/2만 농축하는 것을 기본으로 하고 만약 이때도 소금이 석출된다면 다시 물로 희석 후, 재농축함으로써 적어도 농축 과정에서는 소금이 석출되지 않는 방법을 사용하였다. 소금이 석출되지 않을 정도로 농축한 다음에 냉각을 시켜 상온에서 소금보다 용해도가 낮은 염초를 먼저 결정화시켜 취한 것이다.

이처럼 신전자취염소방과 신전자초방의 재결정 방법이 어느 정도 차이는 있으나, 두 가지 방법 모두가 소금의 분리에 대해서는 엄격히 관리하고 있다. 즉 "농축이 적당히 되었는지를 확인하여 과농축이 되지 않도록 세심한 주의를 기울여야 한다"고 하였는데 과농축이 되면 용해도가 낮은 소금이 염초에 포함될 수가 있기 때문이다. 그 종말점(End Point)을 찾는 방법까지도 구체적으로 기술하고 있다.〈표 8-1〉

(1) 신전자취염소방

- 기화起火공정 : 첫 농축공정이다. 놋주걱(鍮勺)으로 조금 떠서 끈적끈적하게 물방울지면 불을 끈다. 만약 너무 달여졌으면 물을 더 부어라. 그렇지 않으면 초련初煉할 때 소금은 많고 염초는 적으며 화약의 힘도 약해지니 조심해야 한다.
- 초련初煉(애벌졸이기) : 놋주걱(鍮勺)으로 조금 떠서 식혀서 가장자리부터 엉겨 굳어지면 불을 멈춘다. 가마 밑에 가라앉은 소금과 물위에 뜬 성애를 건져낸다.

(2) 신전자초방

- 오수熬水 : 그릇에 조금 떠 식혀 보아 염초발이 서거든 불을 그친다. 불을 그칠 때는

잘 살펴야 하며 지나치게 달이면 염초가 되지 않으니 이때는 물을 더 붓고 다시 달인다.

• 재련再煉 : 혹 너무 끓이면 소금이 되니 가장 주의해서 살펴야 한다.

소금을 철저한 관리해야 하는 것은 당연하다. 소금은 화약 성능을 저하시키는 주요인이기 때문이다. 현대의 화약에서는 필요에 따라 감열소염제減熱消炎劑로 소금을 사용하기도 하지만 소금을 첨가하면 화약의 위력이 저하되는 것은 기본이다.

이처럼 두 가지 방법 모두 소금을 제거하는 것은 철저히 관리하였지만 질산암모늄(NH_4NO_3)이나 질산나트륨($NaNO_3$)에 대해서는 특별한 언급이 없다. 그러한 물질의 존재 자체를 확인하지 못하던 시절이었으니 당연한 일이다. 다만 이 두 가지 물질은 현재까지도 화약의 주원료로 사용되는 것들로서 만약 소량 섞인다 해도 화약의 기능상 특별히 문제가 되지 않는다는 점이 당시로서는 다행한 일이었다고 할 수 있다. 이 외에도 암모니아로 분해되기 전의 요소($CO(NH_2)_2$, Uera)가 염초의 불순물로 남아 있을 수도 있는데 만약 요소가 남아 있었다면 질산이온과 반응하여 질산요소(Uera Nitrate, $CO(NH_2)_2 \cdot NO_3$)도 미량이지만 섞여 있을 가능성도 추정해 볼 수 있을 것이다. 하지만 섞여 있다고 해도 극미량이었을 것이고 또한 이것들 역시 화약의 원료로 사용되는 물질로서 크게 문제될 바는 아니다.

05_

조선의 화약합제合劑법

이제 염초도 만들어졌고 유황도〈제7장 참조〉 이미 준비가 되었다. 화약 합제(배합)공정을 검토할 차례다. 편의상 염초를 함토鹹土로부터 추출, 정제한 이후의 공정을 화약 합제(배합)공정으로 분류한 바 있다.〈표 8-2〉

하지만 이 공정은 신전자취염소방과 신전자초방에는 상세한 내용이 포함되어 있지 않다. 따라서 조선의 화약 합제공정을 구체적으로 확인하기는 어렵지만 단편적이나마 간간이 발견되는 내용들을 종합하여 알아보기로 한다. 우선 조선시대에 만들었던 화약의 종류에는 어떤 것이 있었는지 먼저 살펴본 다음에 세부공정을 검토해 보았다.

5-1. 조선의 화약 종류

현대와 조선의 흑색화약 제조공정은 이미 비교해 보았다.〈표 8-2〉 현대의 흑색화약은 분상화약粉狀火藥과 입상화약粒狀火藥, 구상화약球狀火藥 등 여러 가지 종류가 있으나 조선시대에는 명확한 기록이 없다. 다만 오늘날의 상식으로 판단해 본다면 조선시대의 화약제조법은 입상화약粒狀火藥을 만들기 위한 방법이었다고 볼 수 있다.

당시의 제조공정에 "화약 찧기"가 있는데 이는 습상濕狀의 화약을 절구에 넣고 찧는 것으로서 혼화도를 좋게 하고 입자를 곱게 하는 과정일 수도 있지만 화약의 밀도를 높이는 것도 중요한 목적이었다. 즉, 오늘날의 원료 분쇄 및 혼화 공정과 입상화약을 만들기 위해 화약의 밀도를 높여 주는 목적으로 실시하는 압마壓磨공정을 "**화약을 찧는**" 한 가지

공정으로 동시에 실시했던 것이다. 이를 두고 신전자초방에서는 "많이 찧을수록 더욱 좋다(越搗越好)"고 하였으니 그 밀도를 높이기 위한 것이었음이 확실시된다. 따라서 다 찧은 후에 이를 건조하면 입상화약의 성질을 갖게 될 것이다. 결국 조선의 화약은 그 제조공정이나 사용 용도를 볼 때 오늘날의 입상화약粒狀火藥과 같은 추진제로서의 화약을 추구한 것이었다.

"화약 찧기" 공정을 통해 다 찧어진(壓磨) 축축한 화약은 반드시 건조 과정을 거쳐야 한다. 아마도 적당히 얇게 펴서 햇볕에 널어 말리는 방법이었을 것으로 판단되는데 축축한 상태로 찧어진 화약은 건조가 되면서 다시 덩어리가 질 수밖에 없다. 따라서 건조하는 동안 화약이 덩어리진 채로 굳지 않도록 부숴 주는 작업도 필요했을 것이다. 단단하게 덩어리진 화약을 화약병기에 사용할 수는 없기 때문이다. 결국 덩어리를 부수는 과정에서는 필연적으로 가루가 생길 수밖에 없다.

하지만 건조 후에 사분篩粉(Sieving, Screening), 즉 화약가루를 걸러 내는 공정은 발견되지 않는다. 따라서 조선의 화약은 완전한 입상화약이라기보다는 상당량의 분상화약粉狀火藥이 뒤섞인 입상화약粒狀火藥이었음을 알 수 있다.

5-2. 원료 분쇄

흑색화약의 제조 과정에서 원료의 입도는 매우 중요하다. 원료를 미세하게 분쇄하여야만 혼화도가 향상되고 연소 속도도 증대하는 등 화약이 제 성능을 발휘할 수 있기 때문이다. 신전자초방에서는 이러한 원료의 분쇄 과정에 대해 화약 합제공정 첫 머리에서 "**가루로 만들어 가늘게 쳐서** 한 그릇에 담고"라는 정도로 간단히 기술하고 있다. 따라서 얼마나 곱게 분쇄를 하였는지 알 수는 없다. 다만 분쇄가 좀 부족했더라도 세 가지 원료를 넣고 찧는 과정에서 2차적으로 충분한 분쇄가 되었을 것으로 추측할 수는 있다.

화약 제조 과정을 설명하기 위한 기록은 아니었지만 분쇄공정이 화약 제조공정 중에서 매우 중요한 공정이었음을 나타내 주는 기록이 있다. 세종 임금 시절 군기감의 공장工匠 중에 화약을 제조하던 장인匠人들은 약장藥匠, 마조장磨造匠, 염초장焰硝匠 및 취토장取土匠

으로 구분되어 있었다.[13] 이와 같은 장인들의 명칭을 볼 때 조선의 화약 제조공정은 취토, 염초 제조, 마조 및 화약 합제공정으로 구분되어 있었음을 알 수 있는데 여기서 마조磨造공정이 바로 원료를 갈아서 분쇄한 것으로 추정되는 공정이다. 화약 제조공정 중에 마조공정을 분리하여 별도의 장인까지 두고 있었던 것은 조선에서도 원료의 분쇄과정을 매우 중요시했던 증거라 할 수 있을 것이다.

5-3. 화약 합제合製 및 찧기

분쇄된 원료들을 혼합하는 공정이다. 이 부분은 〈8-5-1절〉을 참고하면 될 것이다. 다만 화약 찧기에서 한 가지 더 고려해야 할 것이 있는데 바로 안전이다. 세 가지 원료를 넣고 찧어 가며 혼화하는 과정은 화약을 만드는 과정 중에서도 가장 위험한 공정으로서 대형 사고가 우려되는 부분이기 때문이다. 따라서 조선에서는 화약을 찧을 때 가습加濕을 하면서, 즉 물을 뿌려 가며 혼화를 하였는데 신전자초방에서는 **화약을 찧을 때는** 자주 뒤집어서 **마르지 않도록 해야 한다**고 주의사항까지 일러두고 있다. 현재의 압마壓磨공정에서 실시하고 있는 것과 동일한 원리이다.

---

13) 세종실록 64권 세종 16년 甲寅(1434) 6월 11일 병진
兵曹與軍器監提調議工匠激勵及加數條件以啓〈中略〉藥匠二十二加十磨造匠五加五焰硝匠三十五仍取土匠三十五仍〈中略〉從之

06_

조선의 화약 조성별 성능 비교

조선시대에도 화약의 합제 조성은 여러 가지가 있었다. 조선의 조성뿐만 아니라 명나라(明火藥)나 일본의 조성(倭藥)까지도 알고 있었고 특히 이서李曙의 화포식에서는 화약병기별로 각기 다른 조성의 화약(石流火箭藥, 噴筒藥)을 사용하고 있었음도 알 수가 있다.

〈표 8-7〉 조선의 화약합제 조성표 (단위 : %)

성 분	신기비결 (6-8절)	화포식언해 제약식(劑藥式)[14]					신전자초방
		火藥	倭藥	明火藥	石流火箭藥	噴筒藥	
염 초	72.7	76.1	78.2	60.0	66.0	53.2	78.0
유 황	4.6	4.7	10.9	38.0	33.5	15.7	15.0
숯	22.7	18.9	10.9	2.0	0.5	3.2	7.0
斑 猫	-	0.3	-	-	0.02	0.4	-
水 鐵	-	-	-	-	-	20.0	-
正 鐵	-	-	-	-	-	7.5	-
계	100	100	100	100	100	100	100

14) 채연석 · 강사임, 『우리의 로켓과 火藥武器』(韓國科學文化財團, 1998)

〈표 8-8〉 현대 화약과 조선화약의 조성 비교 (단위 : %)

종별 성분	현대의 화약		조선시대의 화약						
	추진제용 화약(I)	도화선용 화약(II)	신기 비결	화포식언해 제약식					신전자 초방
				화약	왜약	명화약	석류화전약	분통약	
KNO_3	74.0	60.0	72.7	76.1	78.2	60.0	66.0	73.4	78.0
S	10.4	25.0	4.6	4.7	10.9	38.0	33.5	21.6	15.0
C	15.6	15.0	22.7	19.2	10.9	2.0	0.5	5.0	7.0
계	100	100	100	100	100	100	100	100	100

이들 각각의 조성별로 최근까지 우리나라에서 만들던 흑색화약과 비교하여 그 성능을 비교해 보기로 하자. 그러기 위해 편의상 위의 조성들을 일부 조정해 볼 필요가 있다. 우선 반묘斑猫(곤충의 일종)는 가연제可燃劑로 분류할 수가 있으니 숯(炭素)에 포함시키고, 분통약噴筒藥에서 사용하던 수철水鐵(무쇠)과 정철正鐵(시우쇠[熟鐵])은 직접적인 화약조성이 아닌바, 이들(鐵)을 제외하고 조성을 재구성하였다.

현대의 화약은 여러 가지 종류가 있으나 대표적인 것 두 가지만 비교해 보았는데 **〈표 8-8〉**에서 볼 수 있듯이 조선의 화약조성과 현대의 조성은 많은 차이가 있는 것을 알 수 있다. 따라서 그 성능 또한 현격한 차이가 있을 수밖에 없다. 다만 왜약倭藥의 경우만이 현대 화약(I)과 가장 유사하다.

화약이란 것은 용도에 따라 그 성능을 다르게 만들어야 하는 것으로서 용도를 생각하지 않고는 어느 것이 좋고 나쁘다고 할 수는 없다. 하지만 조선시대 화약의 가장 큰 용도가 추진적 용도였음을 감안하면 현재의 추진제와 조성이 가장 유사했던 왜약倭藥이 당시로서는 가장 훌륭한 화약이었다고 할 수 있다. 일본의 화약 제조 실력이 조선과 명나라보다 한 수 위였다고 생각해 볼 수 있는 부분이다. 또한 명나라보다는 그래도 조선의 조성이 더 우수한 것으로 나타나고 있는데 청나라에서 조선에게 화약합제법을 알려 달라[6-80]고 했던 이유가 여기에 있었는지도 모른다.

이들 화약의 에너지(Kcal/Kg)를 이론적인 방법으로 비교해 보았다.

〈표 8-9〉 현대 화약과 조선시대 화약의 에너지 비교

<table>
<tr><th rowspan="3">종별
단위</th><th colspan="2">현대 화약</th><th colspan="7">조선시대의 화약</th></tr>
<tr><th rowspan="2">화약
(I)</th><th rowspan="2">화약
(II)</th><th rowspan="2">신기
비결</th><th colspan="5">화포식언해 제약식</th><th rowspan="2">신전자
초방</th></tr>
<tr><th>화약</th><th>왜약</th><th>명화약</th><th>석류화전약</th><th>분통약</th></tr>
<tr><td>에너지
(Kcal/Kg)</td><td>580</td><td>497</td><td>425</td><td>442</td><td>517</td><td>330</td><td>276</td><td>364</td><td>393</td></tr>
</table>

〈주〉 상기 자료는 다음 조건으로 계산한 이론치이다.

1) 흑색화약 연소반응식(Settbacher식)

$2KNO_3 + S + 3C \rightarrow K_2S + 3CO_2 + N_2$

2) O_2 Balance "Zero"일 때의 표준조성 이론에너지 → 620Kcal/Kg

$KNO_3 : S : C = 74.8 : 11.9 : 13.3$

*Heat of formation(Kcal/mol)

KNO_3(-118.08), K_2S(-121.5), CO_2(-94.05)

역시 이론적인 에너지가 크고 작다는 것만 가지고 화약의 성능을 비교할 수는 없다. 화약의 성능을 가늠하는 기준으로는 에너지 외에도 폭발(연소) 속도를 비롯한 다른 요인들도 있기 때문이다. 따라서 동일한 조성의 흑색화약을 가지고도 입도粒度나 비중比重을 달리해 가며 다양한 성능의 제품을 생산할 수가 있는 것이다.

하지만 다른 요인들이 모두 동일하다고 가정했을 때는 이론적인 에너지 계산 수치만을 보고서도 적어도 그 조성이 적절하게 구성되었는지 정도는 판단해 볼 수가 있는데 이처럼 이론 에너지만을 비교해 볼 때도 왜약倭藥(일본의 화약)의 조성이 현대의 추진제와 매우 유사했으며 따라서 가장 우수했다는 것을 짐작할 수 있다.

마지막으로 흑색화약의 성능을 결정짓는 중요한 요소 중의 하나에는 RQ값(Relative Quickness)이라는 것이 있다. 이것은 실제로 각각의 조성별로 화약을 만든 다음, 기준 시료와 비교 시험을 해야만 알 수 있는데 CBT(Closed Bomb Test)를 통해 기준 시료의 Absolute Quickness($\Delta p/\Delta t$)를 구하고 이를 100으로 해서 비교하고자 하는 시료의 RQ를 퍼센트(%)로 구하는 방법이다.

최근까지 국내에서 생산되던 추진제용 입상화약을 100%로 했을 때, 도화선용 흑색화약과 구상 흑색화약의 RQ값은 각각 약 30~40%와 약 50~60% 정도였다.[15] 따라서 앞서 언급한 것처럼 조선의 화약은 추진제로 쓰이던 입상화약의 일종이었으나 순수한

입상화약이 아니고 분상화약이 섞인 상태였음을 감안해 본다면 조선의 화약은 RQ값이 요즘의 입상(100%)과 분상(30~40%)의 중간, 즉 60~70% 정도였을 것이지만 입상의 형태가 현대의 화약처럼 완전하게 조립造粒되지 않았을 것을 고려하면 그 이하였다고 보아야 한다.

또한 이론에너지도 현재 화약의 70~80% 수준이었고 당시에 사용했던 원료의 순도, 혼화도, 입도 등 다른 여러 조건들도 현재보다는 열악했을 것을 가정해 본다면 조선시대 추진제로 쓰이던 흑색화약은 최근까지 도화선 원료로 사용되던 현대의 분상화약 수준 이하였을 것으로 추정된다.

---

15) 1990년대 (주)한화 자체 생산 제품의 시험값

07_

신전자초방의 우수성

많은 사람이 신전자초방은 매우 우수한 조선의 화약제조법이었다고 말한다. 조선 후기 내내 신전자초방이 사용되었다는 사실 역시 이의 우수성을 증명한다 하겠다. 그렇다면 어떤 점에서 이것을 우수하다고 했는지 살펴보기로 하자.

신전자초방의 우수성 여부는 직전에 발간되었던 화포식에 포함되어 있는 제약식과 신전자취염소방을 비교 대상으로 하였다. 다만 모든 공정을 비교하는 것은 문제가 있다. 왜냐하면 일부 공정 중에는 비과학적인 부분도 있을 뿐만 아니라 실험을 통해서 규명해야 할 부분도 있기 때문이다. 따라서 이 책에서는 신전자초방에서 스스로 **전前의 방법보다 우수하다고 주장하고 있는 부분**에 대해 사실 여부를 확인하는 것으로 한정하여 검토하였다. 신전자초방이 스스로 우수하다고 주장했던 내용들은 다음과 같다.

1. 길 위의 흙을 사용하였다. 따라서 사람이 사는 집에 들어가 집 안팎을 파지 않아도 된다. (길 위의 함토 사용)
2. 흙의 양을 1/3로 줄였다. (수율 향상)
3. 염초의 정밀도가 전보다 좋아졌다. (품질 향상)
4. 내습성耐濕性이 우수하다. 날이 궂으면 습기가 차서 못쓰게 되어 다시 찧어서 사용하던 것이 움을 파고 10년을 두어도 습기가 차지 않는다. (품질 향상)
5. 일년생 풀을 사용하여 목재의 소비를 줄였다. (생산성 향상)
6. 공역功役을 줄이고도 염초 생산량은 몇 배로 늘었다. (생산성 향상)

이를 다시 요약해 보면 **첫째** 길 위의 함토 사용, **둘째** 품질 향상, **셋째** 생산성 향상, **넷째** 수율 향상(생산량 증가)으로 나누어 볼 수 있는데, 이 네 부분을 각각 상세히 검토해 보자.

7-1. 길 위의 함토 사용

신전자초방에서 가장 큰 장점은 길 위의 흙을 사용했다는 점이다. 사람들이 살고 있는 집 안팎의 흙을 사용하던 것에 비하면 대단히 획기적인 일이었다. 집 안에서 함토를 채취하는 것은 그 수량에도 한계가 있지만 자기가 사는 집을 파헤치는 것에 따른 민원이 끊이지 않았던 사항인 만큼 길에서 채취해 쓰도록 한 것은 그야말로 엄청나게 유리한 것이기 때문이다.

그렇다면 왜 수백 년의 세월이 흐르는 동안 쓸 수가 없었던 길 위의 흙을 신전자초방에서는 쓸 수가 있었던 것일까? 특별히 채취한 흙을 가공하는 것도 아니었는데 말이다. 역설적으로 말하면 그것은 바로 수백 년 동안 쓰지 않고 있었던 흙이기 때문에 쓸 수 있었던 것이다.

함토는 인간들의 생활 주변에서 오래 묵은 흙이어야만 하는 것이 대전제였다. 묵은 흙일수록 인간과 동물, 그리고 각종 식물들로 인해 충분히 오염(?)이 될 수가 있기 때문이다. 즉, 질산암모늄 등 질소화합물이 넉넉히 축적되고 농축될 시간이 필요했던 것이다. 그렇기 때문에 처음에는 오래 묵지 않은, 즉 오염이 덜 된 길바닥의 흙은 사용할 수가 없었는데, 이를 사용하지 않고 있는 사이에 수백 년의 세월이 흐르면서 인구가 증가했고 더불어 가축의 수효도 늘어나면서 길마다 인마人馬의 통행량도 증가하였다. 당연히 길 위의 흙도 충분히 오염될 시간을 갖게 된 것이다. 과학적인 분석 결과를 통해 함토를 선별한 것이 아니었던 만큼 길 위의 흙은 사용할 수가 없다고 했던 오랜 관례에 따라 인가人家 근처의 흙만을 사용하고 있던 중에 신전자초방에서 처음으로 길 위의 흙도 사용할 수 있음을 새롭게 제시한 것이다.

민가의 흙이라 해도 한 번 파내고 나면 그 빛이 검게 변할 정도로 다시 오염이 되어야만 재취토再取土를 할 수가 있었다. 아마도 빨라야 수년에서 수십 년 이상의 시간이 필요했을 것이다. 그런데 수백 년 동안이나 파헤쳐지지 않고 있던 전국의 모든 도로들은 충분히 오염되기를 기다린 것과 같은 효과가 있었던 것이다. 결국 질소화합물이 수백 년 동안 축적되어 충분히 농축되었다고 생각하면 과거의 함토보다 질소화합물의 함량도 높았을 것이고 동일한 수량의 함토에서 추출하는 염초의 양은 당연히 증가할 수밖에 없다. 그렇기 때문에 함토를 전보다 1/3로 줄일 수가 있었다고 본다.

하지만 어떻게 길 위의 흙을 사용할 생각을 했는지에 대해서 신전자초방에서는 언급이 없다. 따라서 함토 채취에 따른 문제점을 고심하던 중, 우연히 길 위의 흙을 사용해 보았더니 꽤 쓸 만하다고 판단하고 반복해서 시험을 했을 것으로 생각해 볼 수 있다. 우연이었겠지만 당시로서는 매우 유용한 발견이었다.

7-2. 품질 향상

신전자초방의 두 번째 장점은 품질이 전보다 우수했다는 점이다. 당시 품질을 평가하던 기준으로는 화약의 힘이 좋아야 한다는 점과 내습성이 좋아야 한다는 두 가지가 있었는데 이 두 가지를 만족하려면 염초(질산칼륨)의 순도가 높아야만 한다. 다시 말하면 불순물을 제거하기 위한 분별결정이 완벽하게 이루어져야 하는데 이 부분을 검토해 보기로 하자. 신전자초방이 신전자취염소방보다 염초의 순도가 높았었는지를 검토해 보는 것이다.

우선 신전자취염소방의 경우 염초 중에 절대로 포함되어서는 안 되는 소금의 함량이 신전자초방보다 월등히 높았다고 본다. 이는 〈8-4-3절〉에서 이미 언급했듯이 신전자취염소방에서는 함토醎土를 취토取土할 때 짠 흙도 가리지 않고 선호했던 반면 신전자초방에서는 "단지 짜기만 한 흙은 소금만 많이 나오니 피하라"고 했던 사실에서 알 수가 있다. 더구나 신전자취염소방에서는 재를 만들 풀을 밀물 때 바닷물이 이르는 곳에 40일 정도 묻어 두었다가 이를 말려 태워 재를 만들어 써도 좋다고 했으니 이 또한 소금의 함량이 높아질 수밖에 없는 또 하나의 원인이 되었을 것이다. 기본적으로 신전자취염소방의 Crude 염초용액이 애초부터 소금의 함량이 높았으니 완제품 염초에서도 이러한 영향을 받았다고 볼 수 있는 것이다.

다음은 정제 방법인데 이 역시 〈8-4-3절〉에서 언급했듯이 신전자취염소방은 최초에 용액을 1/2로 졸여 재결정을 했고 신전자초방은 1/3로 졸여서 재결정을 했다. 따라서 결정화를 위해 농축시킨 Crude 용액의 불순물 농도는 신전자취염소방이 높았던 것이다. 이를 냉각했을 때 결정화된 염초 중에는 소금이나 질산암모늄을 비롯해서 소량일지언정 질산나트륨, 요소 등의 불순물이 더 많이 포함될 수밖에 없는 것은 당연한 일이다. 결국 최종 완제품의 순도는 신전자초방으로 만든 염초가 신전자취염소방으로 만든 염초보다 높을 수밖에 없다.

또한 우연의 일치였지만 불순물로 가정되어지는 소금이나 질산암모늄, 질산나트륨, 요소들은 모두 염초보다 상온에서 용해도가 큰 것에서 알 수 있듯이 흡습성도 크다. 따라서 장기 저장 중의 흡습에 의한 경시 변화도 이러한 불순물이 적었던 신전자초방의 염초가 우수할 수밖에 없다.

다만 "땅에 움을 파고 10년을 두어도 습기가 차는 근심이 없었다"라고 한 것에는 과장된 측면이 있다. 현실적으로 10년씩이나 흡습을 하지 않는다고 할 수도 없는 것이지만 10년이라는 시간을 두고 경시성 시험을 해보았을 것인지도 의문이 가기 때문이다. 과거보다는 흡습성이 좋아졌다는 정도로만 이해하는 것이 옳을 것이다. 어찌 되었건 신전자초방이 염초의 순도나 흡습성 측면에서 과거의 염초법보다는 개선이 된 것은 사실이었다.

7-3. 생산성 향상

셋 번째, 생산성 향상이다. 이는 단순한 작은 아이디어를 통해 가능해졌다. 잿물을 받기 위한 재를 만들기 위해서는 재료(풀, 나무)를 태워야 하는데, 신전자초방에서는 별도로 재를 만들지 않고 Crude 염초용액을 농축할 때 이 재료(풀)들을 가지고 연료(땔감)로 사용한 다음 그 재를 이용하여 잿물을 받았던 것이다.

길게 설명하지 않아도 일석이조의 효과였음을 알 것이다. 과거처럼 불을 때기 위해 산에서 별도로 나무(장작)를 베어 오는 공역은 당연히 생략할 수가 있었다. 이 점을 두고 신전자초방에서는 "산이 민둥산이 되는 것을 방지한다"라고 하면서 목재의 절약 측면도 강조하고 있다. 목재의 소비도 절감하고 공역功役도 줄였으니 생산 비용이 절감되어 생산성이 향상된 것이다. 신전자취염소방에서도 가마솥 밑의 재를 쓰라고는 하였지만 신전자초방에서와 같이 의도적으로 재의 원료를 땔감으로 쓴 것과는 차이가 있다.

7-4. 수율 향상(생산량 증가)

마지막으로 전보다 생산량이 몇 배나 늘었다고 한 부분이다. 이 점은 투입한 원재료 대비, 생산량을 비교하여 판단해 보아야 한다.

신전자취염소방과 신전자초방, 두 방법의 원재료 투입 대비 염초 생산량을 비교해 보면 〈표 8-10〉과 같다. 우선 부피를 기준으로 신전자취염소방에서는 흙과 재가 약 5 : 3으로 투입되었고 신전자초방에서는 5 : 5였던 것만 보더라도 신전자취염소방이 함토를 더 많이 사용했음을 알 수가 있다. 염초 100근 생산을 기준으로 했을 때 재는 160근과 153.8근을 사용하여 별 차이가 없지만 함토 사용량은 큰 차이가 있다. 신전자취염소방에서는 600말을 사용하는 데 반하여, 신전자초방에서는 153.8말밖에 사용하지 않는다. 신전자초방이 3.9배나 생산 효율이 좋았던 것이다. 신전자취염소방에서 함토와 함께 사용했던 오줌과 말똥의 양까지 포함하면 적어도 4~5배 이상으로 수율이 좋았음을 알 수 있다. 이로써 전보다 생산량이 몇 배나 늘었다고 한 것은 간단히 입증된다.

〈표 8-10〉 신전자취염소방과 신전자초방의 원단위

제조법 / 원료	신전자취염소방		신전자초방	
	투입 원료량	염초 100으로 환산	투입 원료량	염초 100으로 환산
함토(鹹土)	600섬(6,000말)	600	100말	153.8
재(灰)	160섬(1,600말)	160	100말	153.8
오줌	확인 불가	-	미사용	0.0
말똥	확인 불가	-	미사용	0.0
염초 생산량	1,000근	100	6~70근(65근)	100

그렇다면 신전자초방에서 과연 함토鹹土 100말, 재 100말을 사용해서 실제로 염초 60~70근(65근)을 생산할 수 있었는지 알아보자. 이는 함토와 재, 각각을 기준으로 생각해 보아야 하는데 **〈표 8-10〉** 중 신전자초방의 원단위를 무게로 환산하면 다음과 같다.

〈표 8-11〉 신전자초방 원단위 환산표

항 목	투입량	무게 환산	비 고
함토(鹹土)	100말	3,240Kg	1말 = 18 *l* , 100말 = 1,800 *l* , 비중 1.8
재(灰)	100말	388.8Kg	상동, 비중 0.216
염초 생산량	6~70(65)근	39Kg	1근 = 600g

〈주〉 1. 염초 생산량 6~70근은 65근으로 평균하였음.
2. 흙의 비중 : **1.8**(자연상태의 모래질 흙의 비중 1.7~1.9의 중간값 적용)
〈『건설공사 표준품셈』, 2005년 1월 10일 대한건설협회 발행〉
3. 재의 비중 : **0.216**(마른 볏짚을 흰색이 나도록 충분히 태운 후, 그 재를 잘게 부수어 가루로 만들고, 1,000ml 메스실린더로 무게를 측정. 2007. 12. 4 필자의 실험값임)

측정 횟수	1	2	3	4	5	평균	전체 평균
다졌을 경우	0.256	0.266	0.270	0.261	0.259	0.262	0.216
다지지 않았을 경우	0.169	0.166	0.170	0.170	0.168	0.169	

함토와 재(灰)의 종류, 용기에 담을 때의 다짐 정도, 함수含水상태 등에 따라 부피를 무게로 환산하는 과정에서 두 자리 숫자 이상의 오차가 발생할 수도 있다고 본다. 특히 재의 경우는 그 연소 상태(연소 정도)에 따라, 또 용기에 담을 때의 다짐 정도에 따라 큰 차이가 날 것이다. 따라서 재의 비중에 대한 상기의 숫자는 필자의 1회성 실험결과일 뿐으로 절대 숫자에 연연하기보다는 하나의 예를 들어 보는 정도로 생각하는 것이 좋겠다.

상기 **〈표 8-11〉**에 따르면 염초(KNO_3) **39Kg**을 생산하기 위해서는 함토 **3,240Kg**과 재 **388.8Kg**이 필요했음을 알 수 있다. 염초 **39Kg** 생산을 기준하여 이를 화학반응식으로 표현하면 다음과 같다.

$$2NH_4NO_3 + K_2O + H_2O \rightarrow 2KNO_3 + 2NH_4OH$$

	$2NH_4NO_3$	K_2O	H_2O	$2KNO_3$	$2NH_4OH$
실투입량	함토(3,240Kg)	재(388.8Kg)			
분 자 량	80×2	94	18	101×2	35×2
환 산	30.89Kg	18~15Kg	3.47Kg	39Kg	13.51Kg

즉, 함토 3,240Kg에는 질산암모늄이 30.89Kg, 재 388.8Kg에는 산화칼륨(K_2O)이 18~15Kg 포함되어 있어야 한다. 물론 이 숫자가 이상적이긴 하지만, 적어도 둘 중 하나는 그만큼이 포함되어 있어야 하고, 나머지 하나는 같거나 그 이상이어야 문제가 없다. 다만 두 가지가 모두 그 이상 포함되어 있는 경우는 염초 생산량도 그에 비례하여 늘어날 것이므로 고려할 필요가 없다. 따라서 함토 중의 질산암모늄은 0.95%(= 30.89 ÷ 3,240), 재 속의 산화칼륨은 4.67%(= 18 - 15 ÷ 388.8) 이상 존재해야만 한다.

하지만 여기서 조선시대에 사용했던 함토 중의 질산암모늄의 함량까지 추정해 보는 것은 불가능한 노릇이다. 따라서 현재나 그때나 크게 다를 것이 없다고 보이는 재 속의 질산칼륨 함량 하나만을 통해 검토해 보았다. 신전자초방에서 염초 65근(39Kg)을 생산하기 위한 재(灰) 100말(388.8Kg) 속에는 산화칼륨(K_2O)이 최소한 **4.67%** 이상이 포함되어 있어야 함은 확인되었으나 재를 만드는 데 사용된 풀이나 나무의 종류에 따라 차이가 있는바, 어느 것을 기준으로 하느냐에 따라 달라질 수밖에 없다. 따라서 신전자초방에서 재를 만드는 원료로는 콩깍지와 볏짚이 좋다〈표 8-1〉고 한 점을 감안하여 콩깍지 재와 볏짚 재를 가지고 비교해 보았다.

콩깍지 재에는 4.90%, 볏짚 재에는 5.37% 정도의 산화칼륨(K_2O)이 들어 있다고〈표 8-5〉하였다. 하지만 이는 완전연소를 가정한 것인 만큼 실제 재 속에는 그보다는 좀 더 적은 양이 들어 있다고 보아야 한다. 따라서 "염초 65근(39Kg) 생산에 필요한 재 100말(388.8Kg) 속에 최소한으로 포함되어 있어야 할 산화칼륨(K_2O) **4.67%**"라는 숫자와 "이론적으로 콩깍지 재와 볏짚 속에 들어 있는 산화칼륨(K_2O) **4.90%와 5.37%**"는 충분히 비교될 수 있는 수치라고 볼 수 있다. 당시에는 수많은 시행착오를 거쳐 경험적으로 알아낸 원료 사용량이었겠지만 결과적으로는 매우 과학적인 자료였음을 알 수가 있다.

이로서 신전자초방의 원단위, 즉 재 100말로 염초 6~70근(≒65근)을 생산했다는 사실은 과학적으로 입증된 셈이다. 이는 신전자취염소방에서 재 1,600말로 염초 1,000근을 생산하던 것과도 정확하게 일치한다. 결론적으로, 생산효율 측면에서 볼 때 재를 기준으로 하면 두 방법이 유사하지만 함토 사용량을 기준할 때는 신전자초방이 월등히 우수한 방법이었다.

08_
신전자취염소방의 함토제조법 재조명

여기서 신전자초방이 "전前의 방법"이라며 비교하던 신전자취염소방의 취토법取土法을 다시 한 번 검토해 보지 않을 수 없다. 신전자취염소방에는 신전자초방처럼 단순히 채취한 흙(醎土)을 그대로 사용한 것이 아니고 함토를 가공하던 공정이 포함되어 있기 때문이다. 즉 신전자취염소방에서는 신전자초방에 없는 화합和合, 증백蒸白, 제토滯土라는 공정을 별도로 두고 함토를 가공하여 사용하고 있다.

1. 화합和合 : 위의 흙에 오줌과 그을음, 잡재(雜灰)를 섞는다.
2. 증백蒸白 : 말린 말똥으로 위 흙을 덮고 불로 태워 더운 열과 김으로 찐다.
   4~5개월 이상 오랠수록 좋다
3. 제토滯土 : 쓰고 난 흙에 새 흙과 오줌, 말똥, 잡재(雜灰)를 다시 질게 이겨
   비를 맞히지 말고 3년을 기다려 사용한다. 새 흙보다 좋다.

한마디로 말하면 순수한 함토만을 사용하지 않고 함토에 오줌을 섞어 숙성시킴으로써 질산암모늄을 만들던 공정이라고 볼 수가 있다. 즉 질산암모늄을 자연상태의 흙에서 단순히 채취만 한 것이 아니라 인공적으로 만들어 쓰고 있었던 것이다.

오줌(요소)의 가수분해로 생기는 암모니아가 흙 속에 들어 있는 질산화 박테리아에 의해 질산화되고 다시 암모니아와 반응, 질산암모늄이 만들어지는 공정을 활용한 것이다.(8-3-2절) 말린 말똥을 덮어 불을 지핌으로써 적당한 온도도 유지되었을 것이니 박테리아의 활동은 보다 왕성했을 것이고, 또한 4~5개월 정도의 기간이라면 요소의 가수분해나

암모니아의 질산화에 필요한 시간으로는 충분했을 것이다.

더구나 쓰고 난 흙을 다시 사용한다는 것은 당시의 함토법으로서는 도저히 용납되지 않는 방법이었지만 신전자취염소방에서는 오줌과 말똥을 다시 질게 이겨 3년을 기다리면 사용이 가능하다고 했다. 역시 질산암모늄이 생성되기를 기다린 것이다. 더구나 새 흙보다 좋다고 한 것을 보면 그 방법으로도 질산암모늄이 상당히 많이 만들어졌음을 알 수 있다.

만약 이러한 신전자취염소방의 화합和合, 증백蒸白, 제토滯土 공정에 대한 좀 더 치밀한 검토와 반복적인 실험을 실시해 보았더라면 그때도 과연 신전자취염소방이 신전자초방에 밀려 사라지고 말았을지 의문이 간다. 현재의 과학적인 방법으로 접근해 본다면 오히려 신전자취염소방이, 적어도 함토 채취, 즉 함토 가공에서 만큼은 더 우수한 방법이었기 때문이다.

그렇다면 이처럼 인위적으로 함토鹹土를 만들어 썼음에도 불구하고 왜 신전자초방보다 신전자취염소방의 함토 기준 수율이 낮았을까? 그 원인으로 크게 세 가지 정도를 가정하고, 각각의 가능성을 검토해 보았다.

첫 번째는 재(灰)의 사용량이 너무 적었다고 보는 것이다. 즉, 수산화칼륨의 양이 너무 적어 함토 중의 질산암모늄(NH_4NO_3)이 모두 염초로 반응하지 못했을 수 있다는 가정이다. 하지만 의도한 것보다 생산량이 적었을 경우 재의 사용량을 추가해 보는 시험을 하지 않았을 리가 없다. 매우 간단한 논리이기 때문이다. 따라서 이 부분은 당시의 수율 저하의 원인으로는 적합하지 않다고 본다.

두 번째로 생각해 볼 수 있는 것은 오줌과 말똥을 섞어 인위적으로 제조한 함토가 질산암모늄으로 충분히 반응하지 않았을 경우를 들 수가 있다. 가능성이 있다고 본다. 하지만 새 흙을 사용할 경우 4~5개월간을 숙성하였고(蒸白), 한 번 쓰고 난 흙을 다시 쓸 때는 3년씩이나 숙성했던(滯土) 점을 감안하면 숙성 기간 중 보관에 특별한 문제가 없는 한 그 가능성은 매우 낮다고 보인다. 더구나 "비를 맞히지 말아야 한다"는 보관 중의 주의사항까지 기록하고 있는 점을 볼 때 특별한 문제는 없었다고 보이기 때문이다. 따라서 이 부분 역시 당시의 수율 저하 원인은 아니었을 것이다.

세 번째 원인으로는 흙과 오줌, 말똥을 섞는 비율이 문제였을 가능성이다. 즉 흙의 양에 비해 오줌과 말똥의 양이 너무 적었을 수가 있다. 불필요하게 많은 흙을 사용함으로써 전체 함토의 양은 늘었어도 상대적으로 오줌과 말똥이 부족하다면 그 안에 들어 있는 요소(Urea)가 전부 가수분해되어 암모니아가 되고, 질산화 과정을 거쳤더라도 사용된 함토에 비해 만들어지는 질산암모늄 양이 적기 때문에 함토 기준 염초 생산 수율은 당연히 떨어질 수밖에 없다. 신전자취염소방에서 흙과 재의 투입량은 수치화하고 있으면서도 오줌과 말똥의 양은 구체적으로 명시하지 않은 것을 볼 때 충분히 가능성이 있는 부분이다. 적당량 섞었을 가능성이 높다.

이상의 세 가지 경우를 놓고 검토해 볼 때 신전자취염소방은 흙과 오줌, 말똥의 배합 비율에서 문제가 있었을 가능성이 가장 높다고 본다. 당시는 요소(Urea)가 분해하여 암모니아가 된다는 과정을 알지 못했던 시절로서 그 중요성이 당연히 배제되었던 것이다. 신전자취염소방에서는 왜 오줌을 사용해야 하는지에 대해 전혀 언급이 없다. 다만 오랜 세월 동안 인가人家 주변에 있는 인마人馬의 내왕이 많은 곳에서 함토를 채취하면서 그 함토들이 가축이나 사람들의 배설물로 오염되어 있다는 것에서 착안했을 것으로 보인다. 당시로서는 획기적인 발견이라고 할 수 있다. 발명이라고 해도 좋을 것이다.

하지만 사람들은 흙에 섞는 오줌이나 말똥의 양이 많아질수록 질척해지는 함토를 취급하는 것에 대해 매우 불편하게 생각했을 것이다. 특히 인간의 배설물인 오줌을 다량으로 취급하는 것은 그때나 지금이나 대체적으로 꺼려할 수밖에 없는 일이다. 따라서 너무 질어지지 않을 정도로 적당히 섞고 말았을 가능성이 있다. 만약 함토가 좀 질어져서 취급하기는 불편했더라도 오줌이나 말똥의 사용량을 증가시켜 보는 등 질산암모늄을 만들어 쓰고자 했던 신전자취염소방을 좀 더 발전시켰더라면 우리나라의 화약, 나아가서 화학적 지식까지도 진일보할 기회가 되었을지도 모른다.

제 9 장

조선시대의 산업용화약

화약의 용도를 군사용軍事用과 비군사용非軍事用으로 크게 구분하고 그중 비군사용非軍事用 화약, 즉 민수용民需用 화약을 산업용화약이라 함은 전술한 바 있다.

현대 산업용화약의 주 용도는 각종 토목건설 현장이나 광산 등에서 암석을 발파하는 것이라 할 수 있다. 하지만 조선시대의 화약은 흑색화약 한 가지로서 암석 발파에 적합한 화약도 아니었을뿐더러 안전하게 원격 발파를 할 수 있는 뇌관도 없었던 시절로서 발파라는 개념은 상상도 하지 못했을 것이다. 화약의 발달이 비교적 빨랐던 유럽에서도 흑색화약이 암석 발파에 사용되기 시작한 것은 17세기에 들어서였고 19세기 후반 노벨에 의해 다이너마이트와 공업뇌관이 발명되면서부터 본격적으로 발파기술이 발달하고 또 보급되었을 뿐이다.

조선의 경우 암석 발파가 시작된 것은 구한말 서구 문명과 함께 다이너마이트가 수입되고 난 이후였다. 이전까지 조선시대의 산업용화약이라고 할 수 있었던 것은 고작 불꽃놀이와 조총鳥銃을 이용한 사냥이 있었지만 그마저도 불꽃놀이는 군사훈련의 목적이 가미되어 있었고, 조총 역시 본래의 목적은 군사용으로서 사냥은 비정상적인 밀엽密獵일 뿐이었다.

따라서 조선시대의 산업용화약을 논하는 것은 특별한 의미가 없어 보이기도 한다. 하지만 앞에서 이미 기술하였듯이 조선시대에는 화약 제조공정 중에서 가장 어렵고, 중요한 부분이던 염초焰硝 그 자체를 바로 화약으로 인식하고 있었던바, 이 책에서도 이를 확대 해석하여 염초까지도 화약의 범주에 포함시켜 조선의 산업용화약 사용 실태를 검토해 보았다.

01_

불꽃놀이와 화약

조선 전기 불꽃놀이는 화약병기와 함께 화약을 꽤 많이 소비하던 분야였다. 또한 기술적으로는 많은 발전이 있어 왔지만 고려 말부터 오늘날에 이르기까지 600년이 넘도록 지속적으로 동일한 흑색화약을 사용하는 분야이기도 하며 일반 대중들에게도 가장 낯설지 않은 화약의 용도라 할 수 있다.

조선 최초의 불꽃놀이는 건국 후 처음 맞는 새해 첫 날, 태조 이성계가 신하들에게 신년을 축하하는 잔치를 베풀었을 때 잔치의 흥을 더하기 위한 여흥餘興으로 실시되었다. 그 후 조선에서는 단순히 보고 즐기기 위한 목적 외에도 귀신을 쫓는 무속적巫俗的 행사 때나 군사를 조련하는 하나의 훈련 과정으로도 불꽃놀이를 하였다. 외국 사신 접대를 위해서도 불꽃놀이를 하였으며 군사력, 즉 화약병기의 위력을 과시하는 방편으로 활용하기도 하였다.

하지만 군사용 화약이 절대적으로 부족했던 조선으로서는 불꽃놀이를 계속할 형편이 못 되었다. 16세기 중반에 들어 조선의 불꽃놀이는 완전히 자취를 감추고야 말았고, 화약을 사용하지 않는 단순한 불놀이 정도만이 맥을 잇고 있었다. 불꽃놀이에 대한 부분은 제16장에서 별도로 다루었다.

02_

사냥과 화약

2-1. 조선의 사냥 풍습

사냥은 현재에 와서도 고급 스포츠 중의 하나이지만 조선조에서도 말을 달리며 활을 쏘아 짐승을 잡는 것은 매우 흥겨운 일이었고 사내들의 용맹과 무예 실력을 상징하는 것이기도 하였다. 따라서 조선조 초기부터 임금들이 사냥을 하는 일이 잦았는데 태조 때부터 시작된 임금들의 사냥은 세조 때 절정에 이르렀고, 그중 유독 사냥을 좋아한 임금은 태종이었다.

하지만 사냥을 하는 것이 단순한 놀이만은 아니었다. 말을 타고 활을 쏘는 등 무예 연마 과정의 하나였을 뿐 아니라 대규모 군사들을 동원하여 진을 짜고 짐승몰이를 하면서 진법陣法을 연습하는 가상의 전술훈련이기도 하였고 또한 잡은 짐승을 종묘에 바치는 일종의 의식이기도 하였다.

이러한 사냥에는 폐단도 많았다. 말을 타고 들판을 달려 애써 농사지은 곡식을 짓밟는다거나, 바쁜 농사철에 백성들을 몰이꾼으로 동원하여 민원이 빈발하였으며 비용 또한 큰 부담이 되었다. 임금이 사냥에 몰두한 나머지 경연과 정사를 등한시하는 일도 큰 걱정거리였다. 건국 초, 국가 기강 확립을 위한 사헌부의 상소에서는 "사냥은 사람의 천성(人性)을 해치고 정욕(人情)을 방탕하게 하니 삼가야 하는 일"[1]로 규정하기도 하였다.

사냥에 몰두하는 것을 여색女色에 빠지는 것과 동일시할 정도였다. 임금들의 생전의

1) 태조실록 1권 태조 1년 壬申(1392) 7월 20일 기해
司憲府又上疏曰〈中略〉謹條合行事宜詳列于後伏惟殿下採擇施行以興一代之規模以爲萬世之準則〈中略〉六曰戒逸欲〈中略〉遊畋弋獵之娛〈中略〉皆足以伐人性而蕩人情固不可不愼也〈下略〉

인덕을 평가하는 내용 중의 하나로 "여색女色과 사냥의 즐거움을 추구하지 않았다"는 것을 강조하고 있었으니 사냥으로 인한 폐단이 얼마나 컸었는지를 잘 알 수가 있다. 『선조실록』에 수록되어 있는 지문誌文에서 선조 임금을 평가하기를 "성품이 본래 간략하여 성색聲色과 사냥을 즐기는 것을 한 번도 마음에 두지 않았다"고 한 것이 좋은 예라 할 수 있다.[2] 그 외에도 현종대왕 행장行狀, 숙종대왕 행장行狀, 경종대왕 시책문諡册文, 정조대왕 시장諡狀에도 "성색聲色을 멀리하고 사냥도 좋아하지 않았다"면서 선왕先王을 칭송하는 내용들이 들어 있다.

이처럼 임금들의 사냥에는 문제가 많았는데 그렇다면 이렇게 문제가 많은 임금들의 사냥은 왜 시작하게 되었을까? 『조선왕조실록』에서는 다음과 같이 기록하고 있다. 태조 7년(1398) 경연經筵에서 임금이 '황녕荒寧'의 뜻을 유관柳觀에게 물으니 답하기를 "여색女色에 미치고(色荒) 사냥에 미치는 것(禽荒)으로서, 미친다(荒)는 것은 군주가 마땅히 경계해야 될 바이나, '사냥이라 해서 반드시 할 수 없다'는 것은 아니고 봄에 사냥하고(春蒐), 여름에 사냥하고(夏苗), 가을에 사냥하고(秋獮), 겨울에 사냥을 하되(冬狩) 이는 다만 종묘宗廟에 바치기 위해서 해야 하는 것이지 사냥을 즐기기 위해 해서는 안 된다"[3]고 하였다. 『정종실록』에서도 "사냥(遊畋, 遊獵)은 인군人君이 크게 경계해야 할 일로서 그 방도方道가 있으니 1년에 세 번 사냥하되, 첫째는 간두乾豆를 위한 것이요, 둘째는 빈객賓客을 위한 것이요, 셋째는 임금의 푸줏간(庖)을 채우기 위한 것으로서 반유般遊하지 말고, 위로는 종묘宗廟를 위하고 아래로는 백성의 생업을 도와 탐락耽樂을 따르지 말아야 한다"[4]고 하였다. 임금이라고 해서 무조건 사냥을 하지 말라는 것은 아니고 허용된 제도 내에서, 목적에 맞는 사냥을 하되 과다한 사냥은 하지 않아야 한다는 것이 당시의 원칙이었던 것이다.

---

2) 선조실록 지문(誌文)
〈前略〉性素簡約不喜紛華聲色游畋之娛逸豫侈靡之樂無一掛心

3) 태조실록 15권 태조 7년 戊寅(1398) 12월 17일 기미
〈前略〉是日上坐經筵因講問荒寧之義於柳觀觀對曰古人云色荒禽荒夫荒者人君所當戒也上曰然則田狩之事必不爲乎觀對曰春蒐夏苗秋獮冬狩古之制也但爲宗廟之供非好田弋耳〈中略〉上然之

4) 정종실록 2권 정종 1년 己卯(1399) 10월 8일 갑진
簽書中樞院事權近上書陳時政六事〈中略〉四曰戒遊畋遊畋之樂雖人君之大戒然亦有其道焉古之人君非不遊畋也《禮記》曰國君無事歲三畋一爲乾豆二爲賓客三爲充君之庖〈中略〉願殿下戒遊畋不敢般遊苟或爲之則必上爲宗廟下補民業而無耽樂之從〈下略〉

사냥이 임금들의 전유물만은 아니었다. 응패鷹牌를 발급받으면 합법적으로 사냥을 할 수가 있었다. 다만 일반인들은 허가를 받는 것이 매우 어려웠기 때문에 밀렵密獵을 할 수밖에 없었을 것이다. 반복해서 밀렵 금지 조치가 취해지고 있었던 것을 보면5)6)7)8)9)10)11)12) 국가의 단속에도 불구하고 일반 백성들의 밀렵 행위가 암암리에 실시되고 있었음을 짐작할 수가 있다.

세조 때에 이르러 임금의 사냥 행차는 절정에 달했으나 세조의 뒤를 이은 예종 이후, 임금들의 사냥 행적이 대폭 줄어들었고 조선 말기까지는 민원이 있을 정도의 사냥은 없었던 것으로 보인다.

2-2. 조총鳥銃의 보급

임진왜란 후 임금들의 대규모 사냥이 주춤해질 때쯤 개인들의 밀렵 행위가 기승을 부리기 시작하였다. 이는 조총이 보급되면서 활이나 매(鷹)를 이용하는 것보다 사냥이 훨씬 용이해

---

5) 정종실록 2권 정종 1년 己卯(1399) 11월 1일 정묘
命作鷹牌其無牌而擅放者令憲司糾理
[註] 응패(鷹牌) : 매사냥을 할 수 있는 왕패(王牌). 일종의 허가증으로 공신(功臣) 등 특별한 신분의 사람에 한하였음.

6) 태종실록 2권 태종 1년 辛巳(1401) 7월 4일 신묘
命司憲府禁無牌鷹及鷹人盜殺雞犬

7) 태종실록 6권 태종 3년 癸未(1403) 8월 3일 무신
戊申禁私鷹

8) 태종실록 9권 태종 5년 乙酉(1405) 3월 20일 을묘
兵曹請禁摠制及節制使率禁軍行私獵允之

9) 태종실록 9권 태종 5년 乙酉(1405) 5월 29일 계해
司諫院上疏請禁掌兵官私獵

10) 태종실록 15권 태종 8년 戊子(1408) 3월 24일 계유
申明無牌鷹子之禁

11) 태종실록 22권 태종 11년 辛卯(1411) 11월 26일 계미
癸未命收摠制郭承祐職牒外方付處義興府上言摠制郭承祐不畏教旨私率禁兵鄭義等九人累日畋于城外義等亦無本府之令聽從承祐以行竝下攸司科罪命并義等外方付處

12) 태종실록 32권 태종 16년(1416 병신) 7월 5일 갑오
收鷹牌以其因放鷹多傷田穀也

졌기 때문이다. 군사용 외에 사냥에도 조총, 즉 화약이 사용되기 시작한 것이다. 조총은 원래 사냥용이 아니라 전쟁용 무기였다. 하지만 다소 억지스러운 면이 있기는 해도 전쟁이 아닌 용도 즉, 사냥에도 사용되었던 점을 감안하여 조총을 이용한 사냥을 산업용화약의 범주에 포함시켜 보기로 한다.

조총鳥銃이 조선에 보급된 것은 임진왜란 때였는데 우선 조선에서 조총이 보급되는 과정을 살펴보면 다음과 같다. 처음 왜구로부터 노획한 조총을 사용하기 시작했던 조선이 조총 사용법을 어느 정도 터득한 것은 임진왜란이 발발하고 1년 정도가 지났을 때였다.[13)]

이어서 조선에서는 조총을 자체적으로 생산하려는 시도를 하였다. 선조 26년(1593) 생포한 왜인포로들 중에 조총제조법을 알고 있는 자들을 철鐵이 생산되는 고을로 데리고 가서 조총을 만들 것을 군기시에 검토하라 하였고 군기시에서는 이들을 영변으로 보내 철을 채취하고 조총을 만들도록 조치를 한 것이다.[14)][15)]

이러한 조치만으로 적절한 품질 수준의 조총이 만들어졌는지는 알 수 없지만 과거시험에 조총으로 시취試取하는 것을 포함시키는 규정이 만들어진 것을 보면 조총이 꽤 많이 보급되었던 것만은 확실하다.[16)][17)]

하지만 처음 조선은 왜구들로부터 노획한 조총을 중국군에게 갖다 바치고 있었다. 비변사에서 "각진各陣에서 얻은 조총은 태반이 중국군에게 보내지고 있는데 이제부터는 전진戰陣에서 얻은 조총은 함부로 허비하지 말고 낱낱이 거둬들여 각 진의 군사가 배워 익힐 수 있도록 할 것"[18)]을 건의했던 기록에서 확인되는 내용이다. 그뿐만 아니라 왜구들

---

13) 선조실록 36권 선조 26년 癸巳(1593) 3월 11일 병인
上教曰鳥銃之制則已爲傳習矣焰硝煮取之法未能傳習

14) 선조실록 39권 선조 26년 癸巳(1593) 6월 16일 기해
上教政院曰前有生擒倭二名一名煮取焰硝一名造作鳥銃煮焰焇者送于寧邊保授官人自秋爲始焰硝多數煮取造爲鳥銃者送于産鐵某邑亦令保授官人鳥銃多數造作事

15) 선조실록 39권 선조 26년 癸巳(1593) 6월 16일 기해
軍器寺啓曰降倭二名造出焰硝鳥銃之制而率行於大駕所到之處似爲不便送于寧邊似合事宜寧邊元戎所駐之地凡百軍物造出不難軍官及官人保授自秋爲始煮焰優備取鐵造銃極爲便當

16) 선조실록 43권 선조 26년 癸巳(1593) 10월 22일 임인
完城君李憲國曰〈前略〉且科擧亦以鳥銃試取爲當上曰予已思之矣木箭不緊以鳥銃代試如何成龍等曰上教允當

17) 선조실록 46권 선조 26년 癸巳(1593) 12월 23일 임신
備邊司啓曰京城設科取人事已爲允下前日筵中自上教以除木箭以鳥銃試取若是則四方聞風必爲興起今此科擧以此爲規爲當上從之

의 조총을 많이 노획한 장수에게는 포상을 하고[19] 손재주가 있어 조총을 잘 만들 수 있는 자를 천거하라는[20] 조치를 취하는 등 조총 확보에 많은 노력을 기울였다.

선조 26년 6월 왜인 포로를 시켜 조총을 만들도록 한 지 1년도 안 되어 조선의 조총 기술은 상당한 진전이 있었고 이미 '화기도감火器都監'에서는 조총 제조기술을 터득하고 있었다. 하지만 서울의 장인들과는 달리 지방의 장인들은 아직 조총 제조기술이 부족했던 것으로 보인다. 서울에서 솜씨 있는 철장鐵匠들을 뽑아 도감都監에서 기술을 가르친 뒤에 황해도와 충청도의 바닷가 각 고을의 탄炭과 철鐵이 넉넉히 있는 곳으로 보내 도회都會를 설치, 조총을 만들도록 했던 것에서 알 수가 있다.[21] 그 외에 황해도 관찰사觀察使 정광적鄭光績이 "조총鳥銃 쏘기를 시험하는 일도 반드시 기구가 정밀해야만 평시에는 군졸들을 훈련시키고 전시에는 적을 제거할 수 있는 것인데, 본도에서 만든 조총은 겨우 모양만 이루고 그 제도는 잃었고 조총 쏘는 연습을 할 수 없으니 훈련도감으로 하여금 경장인京匠人 중에서 조총을 잘 만드는 자를 급히 내려 보내어 무기를 만들어 전쟁에 대비하도록 해달라"고[22]했던 사실도 지방의 장인들은 조총 제조기술이 서툴렀음을 알려 준다.

그 후 2년 뒤쯤에는 조선의 조총 제조기술이 전반적으로 안정화되고 나름대로 본궤도에 이르렀던 것으로 보인다. 조총을 만들 줄 아는 왜인이 항복을 해왔을 때 이를 서울로

---

18) 선조실록 48권 선조 27년 甲午(1594) 2월 20일 기사
邊備司啓曰前日各陣所得鳥銃皆送於元帥處太半爲應索天兵之資今後戰陣所得鳥銃無得濫費一一牧拾各陣軍士逐日學習

19) 선조실록 50권 선조 27년 甲午(1594) 4월 23일 신미
傳于政院曰慶尙右水使元均前後累上兵器今又送大小鳥銃至於七十餘柄因此亦可見其戰功至爲可嘉其賚持上來人元士雄除職

20) 선조실록 55권 선조 27년 甲午(1594) 9월 18일 계사
有或巧性能造搶刀鳥銃煮取焰焇者使之各薦所知而如有遺漏不現者許令自擧何如上從之

21) 선조실록 49권 선조 27년 甲午(1594) 3월 1일 기묘
〈前略〉且交戰之際鳥銃最爲利器近日都監所用鳥銃皆收拾倭物其數不多而往往破毁日至耗少雖欲分教四方之人若無利器何以成效若擇取京中善手鐵匠五六人來習於都監藝成之後分送於黃海忠淸沿海各官炭鐵有裕處設爲都會連續打造因使精巧勤幹曉解鳥銃之人爲守令專掌其事責其成效則鳥銃之用其路日廣而人無不習此等條件皆係今日急務請別爲事目廣布中外刻日施行上從之

22) 선조실록 60권 선조 28년 乙未(1595) 2월 13일 병진
黃海道觀察使鄭光績啓曰〈前略〉且鳥銃試放必器具精緻火藥優備然後平時庶可鍊卒臨戰足以制敵竊聞本道所造僅成形體而失其制度火藥則遺在絶乏不得習放云請令都監京匠人中能煮焰焇善造鳥銃者各數人急急下送除治戎器以備戰用何如傳曰依啓〈下略〉

조선 중기의 조총(자료 : 용산전쟁기념관)

올라오게 하여 조총을 만들게 하려고 하자 선조 임금이 "우리 공장工匠들도 잘 만드니 올라올 필요가 없다"고 하였다.[23] 선조 임금은 이즈음 조총 기술에 대해 자신을 가지고 있었던 것이다. 정유재란이 발발하기 두 달 전의 일이다.

하지만 이 같은 선조 임금의 자신감과는 달리 조선의 조총 제조기술은 임진왜란이 끝난 뒤까지도 완전치 못했던 것을 알려 주는 기록도 있다. "우리도 잘 만든다"[9-23]고 했던 선조 임금이 10년 뒤에는 다시 "적을 막는 병기로는 왜倭의 조총만한 것이 없다. 우리나라가 대략 만드는 법을 배워 만들기는 하였으나 모두 쓸 수 없었다"라고 하였으니[24] 임진왜란 후까지도 조선의 조총 기술은 허점이 있었던 것을 알 수가 있다.

한 가지 특이한 사항이 있다. 임진왜란 중 왜인들로부터 조총을 구입하려는 시도가 있었던 것이다.[25] 선조 28년(1595) 7월 1차 임진왜란이 끝나고 정유재란이 있기 전의 휴전 기간이긴 했지만 적으로부터 무기 구입을 시도했다는 것은 특이한 사항이 아닐 수 없다. 기밀이 왜적에게 누설되었을 경우 등을 우려하여 실제로 조총을 수입하지는 않았지만, 구입을 시도했다는 것은 판매를 하려고 했던 사람도 있었다는 것인데 아마도 사사로이 이득을 취하기 위한 몇몇 왜인들이 조선에 조총을 밀수출하려고 했던 것으로 보인다. 일본의 입장에서 본다면 전쟁 중에 조총을 밀수출하려고 했던 자들은 역적逆賊 중의 역적일 것인데 오늘날이나 그때나 그런 부류의 인간들은 있는 것 같다.

---

23) 선조실록 84권 선조 30년 丁酉(1597) 1월 16일 정미
〈前略〉斗壽曰應瑞之降倭善鍊鳥銃云須上來造作可也上曰不必上來我國工匠亦善爲之

24) 선조실록 207권 선조 40년 丁未(1607) 1월 4일 무진
〈前略〉且禦敵之器莫如倭之鳥銃我國雖粗爲學得造成皆不可用〈下略〉

25) 선조실록 65권 선조 28년 乙未(1595) 7월 14일 을유
〈前略〉尹覃茂進曰因黃愼狀啓送銀兩倭鳥銃貿送事方爲下書而小臣愚意何必貿此銃然後以討此賊乎深以爲未安機事或漏洩於彼賊則亦所難處矣上曰不必强爲之觀勢爲之可矣

2-3. 일본산 조총의 수입

임진왜란(정유재란)이 끝나고 8년이 지난 뒤 조선은 다시 일본으로부터 조총 수입을 시도한다. 선조 40년(1607) 회답쇄환사回答刷還使를 일본에 보내 포로로 끌려간 조선인들의 쇄환刷還을 시도하면서 그 편에 조총을 수입해 오도록 지시를 하였다.[26)]

임진왜란으로 조총의 효용성을 크게 인식한 조선에서 조총은 개인화기로서 가장 중요한 위치를 차지하게 되었고 선조 임금의 뒤를 이은 광해군에서 시작하여 인조, 효종 임금에 이르기까지 조총의 확보를 위한 일들은 계속되었다.

크게 보면 조총의 확보 방법으로는 자체 제작과 수입으로 나누어 볼 수 있는데 광해군 시절에는 주로 자체 제작에 많은 노력을 하고 있었다. 광해군 2년(1610) 1월 광해군은 군기시와 훈련도감에게 각종 군기를 많이 만들도록 하면서 "조총은 일과로 정해 만들어 비치함으로써 위급할 때 사용할 수 있게 하라"고[27)] 하였다. 그 후에도 광해군 6년(1614) 7월 화기도감火器都監에서 각종 화기 제작용 재료를 마련할 것을 건의하면서 "변란을 겪은 이후로 각종 화기가 모조리 산실散失되었고, 그 후로 도감을 설치하여 조총 등을 제작하였으나 수량이 풍부하지 못해 이미 비축된 여분이 없으니 꼭 필요한 재료들을 반드시 넉넉하게 준비하도록 하자"고[28)] 하였으며 또한 광해군 7년(1615) 11월과 13년(1621) 9월에는 조총 제작에 필요한 철鐵이 부족하자 군기시에 저장된 정철正鐵 2천 근을 우선 끌어다 쓰고, 추후 상환토록 한다거나[29)] 군사들을 동원하여 철을 생산토록 하는 조치들이 있었다.[30)]

인조 임금 때에 들어서자 광해군 시절부터 자체 제작에 치중하던 조총을 일본으로부터 수입할 것을 시도한다. 인조 2년(1624) 회답사回答使로 일본에 가는 사신 편에 수천 자루의 조총을 사 오도록 하였다.[31)] 하지만 정립鄭岦·강홍중姜弘重·신계영辛啓榮 등이

---

26) 선조실록 207권 선조 40년 丁未(1607) 1월 4일 무진
以備忘記傳于政院曰〈前略〉若於今次回答使之行也令該曹量給價物鳥銃隨便多數貿來敵國之兵器雖滿船而歸固無所妨亦一利也幷議施行言于備邊司

27) 광해군일기 24권 광해 2년(1610) 1월 13일(정족산본)

28) 광해군일기 80권 광해 6년(1614) 7월 21일(태백산본)

29) 광해군일기 97권 광해 7년(1615) 11월 19일(태백산본)

30) 광해군일기 169권 광해 13년(1621) 9월 14일(태백산본)

31) 인조실록 5권 인조 2년 甲子(1624) 4월 24일 정미

회답사가 되어 일본으로 출발하기 전에 아뢰기를 "처음 일본에 사신을 보내면서 버젓이 재화를 가져가 무역의 길을 열게 하면, 섬나라 오랑캐(島夷)에게 깔보이고 나라의 체모를 손상시킬 듯하다"며 반대하여 실제 조총 수입이 이루어지지는 않았다.[32)]

그렇다고 일본산 조총 수입을 완전히 포기한 것은 아니었다. 3년 뒤인 인조 5년(1627) 5월 또다시 일본 조총 수입을 추진하였다. 1만 명의 포수를 뽑아 별포군別砲軍을 조직하였으나 조총이 부족하여 군사훈련을 제대로 할 수가 없게 되자 하삼도下三道의 전결田結에서 나오는 수세收稅를 가지고 1천 1백여 자루의 조총 무역을 시도하였던 것이다.[33)]

6개월 뒤 일본산 조총이 들어오기 시작하였다. 대마도주對馬島主와 평조흥平調興 등이 조총과 초황硝黃을 가져왔는데 동래東萊에 보유하고 있는 목면木綿이 부족하여 값을 치를 수 없게 되자 "만약 제때에 값을 치러 보내지 않으면 그들을 설득해서 가져오게 한 의미가 없으니 전라도에서 가져온 목면으로 조총 대금을 지급하자"고 한 기록에서 조총이 수입되었음을 알 수가 있다.[34)] 하지만 그 내용을 보면 왜인들이 가지고 온 조총은 그들의 뜻이 아니라 조선에서 그들을 잘 설득하여 가지고 온 것을 알 수 있는바, 조총의 수입이 원활한 일은 아니었음도 짐작할 수 있다.

丁未備邊司啓曰〈中略〉今此日本回答使之行令戶曹備送花絲紬數千匹貿得數千柄鳥銃分給畿兵教鍊成就〈中略〉上曰依爲之

32) 인조실록 6권 인조 2년 甲子(1624) 5월 11일 갑자
〈前略〉遣鄭岦姜弘重辛啓榮回答于日本等岦將行啓曰〈中略〉且因備局公事以花絲紬數千匹令貿鳥銃環刀以來當此聖明之時初遣使价公然帶貨開此貿易之路則竊恐受侮島夷虧損國體答曰依啓

33) 인조실록 16권 인조 5년 丁卯(1627) 5월 1일 병인
金瑬啓曰儒臣之請置滿萬砲手者極有所見兩南各三千五百名忠淸道二千五百名江原道五百名勿論軍役及內奴公私賤極擇精壯有膽勇者以充厥數稱以別砲常加鍊習且復其戶役以示優厚之意調發之際守令親自點揀監兵使時行閱試若無鳥銃徒爲有名無實之歸儒臣之請全用稅銀貿得者意亦有在而所得零星何能遍給萬手乎下三道見用田結不下三十萬結以二百結貿一柄則一結所費不過七升之米而所得幾至千百餘柄亦可添其萬一請令廟堂議處答曰依啓銃藥未備之前揀擇砲手非但有名無實不無貽弊之患 措備鳥銃後抄定可也〈下略〉

34) 인조실록 17권 인조 5년 丁卯(1627) 11월 1일 갑자
備局啓曰對馬島主及平調興等所送鳥銃硝黃今當給價而東萊木綿數少旣不得充給於公貿易之價今此鳥銃硝黃之價必不下百同若不趁時給送則殊無開諭來賣之意今見全羅兵使牒報則以鳥銃貿易事輸送逃軍贖木一百二十同于釜山云此是兵器貿易之資請以此木綿依該曹折價給送以其餘留爲畢貿之地上從之

2-4. 화약과 조총의 사조私造

인조 임금 시절 일본산 조총 수입을 추진하면서 한편으로는 국산 조총의 제작에도 힘을 쓰고 있었다. 인조 3년(1625)에는 특진관特進官 이서李曙의 건의로 조총 1천 자루를 특별히 만들었고[35] 인조 6년(1628)에도 조총 1,669자루를 만든 일이 있었다.[36]

하지만 조총이 국산화되면서 문제가 발생하기 시작했다. 처음에는 군사용으로 국가에서만 제조하던 조총이 화약과 함께 민간에 의해서도 제조되기 시작한 것이다. 심지어 조정에서는 국가에서 필요한 조총이 부족할 때면 도감都監을 통해 민간에서 사들이기도 하였다. "최근 시장에서 사들인 조총이 겨우 200여 자루밖에 되지 않으니 쌀을 마련하여 더 사들이자"고 논의를 했던 기록에서 알 수가 있으며,[37] 민간에서 사조私造된 조총도 국가에서 사들일 정도로 그 품질이 우수했던 것으로 보인다.

효종과 숙종 대에 이르러서는 조총이 대량으로 사조되었는데 조총보다는 화약의 사조가 먼저 시작되었다. 물론 중종 시절에도 화약의 방납이 있었고 임진왜란 중에도 일시적으로 화약의 사조를 허용한 적이 있기도 했지만[38] 효종 5년(1654)에 들어서는 사조된 화약을 국가에서 사들일 정도로 화약에 대한 사조를 허용 내지는 묵인하고 있었다. 비변사 등록의 기록에 따르면 "영남 사람들이 화약을 많이 만들어 사사로이 서로 매매한다고 하니, 통영統營에 있는 곡식 중에 운반해 오기가 어려운 산군山郡에 보관된 회부곡물會付穀物 1만 석은 가져오지 말고 현지에서 화약을 사는 데 쓰도록 하였다"고[39] 했는바, 국가에

---

35) 인조실록 9권 인조 3년 을축(1625) 8월 3일 기묘
己卯上朝講《孟子》于資政殿特進官李曙曰別造軍器三穴銃一千鳥銃一千分給畿內軍兵其餘則藏置於南漢山城何如上從之

36) 인조실록 19권 인조 6년 戊辰(1628) 11월 17일 갑술
訓鍊都監大將申景禛言郎廳徐弼文監造鳥銃一千六百六十九柄槍一千三百七十柄上命該曹論賞

37) 인조실록 5권 인조 2년 甲子(1624) 4월 25일 무신
〈前略〉特進官李曙曰都監軍器經亂之後蕩然一空近來市上所貿僅二百餘柄鳥銃若得米斛及今加貿則可以優數辦得上曰令該曹給米以貿可矣

38) 선조실록 43권 선조 26년 癸巳(1593) 10월 22일 임인
完城君李憲國曰中宗朝有焰硝防納且給價募聚矣今則國儲已竭貿易極難令城中之人家家煮取可也且科擧亦以鳥銃試取爲當上曰予已思之矣木箭不緊以鳥銃代試如何成龍等曰上教允當

39) 비변사등록 효종 5년(1654) 11월 25일
守御廳火藥措備統營會付穀物啓曰今月二十三日引見時戶曹判書李時昉所啓守禦廳所儲火藥甚少必須預爲措備

서 사서 쓸 정도로 화약이 대량으로 사조되고 있었음을 알 수 있다.

이처럼 화약의 사조가 성행하면서 화약뿐만 아니라 조총까지도 민간인들에 의해 대량으로 제조되었는데 숙종 10년(1684) 화약과 조총의 방납을 금지하는 조치가 취해진 사실로 확인되는 부분이다. 효종 5년 영남지방에서 사조한 화약을 사들이기 시작한 지 30년 후, 숙종 때에 이르러서는 방납까지 받을 정도로 공식화되었다가 여러 가지 문제점이 발생하자 화약의 방납을 금하면서 조총의 방납도 함께 금지시킨 것이다.

그 내용을 보면 "근래에 도하都下의 부민富民들이 영남 사상私商의 염초를 구해다가 다시 달구지도 않고 정밀하게 찧지도 않고서 오로지 비용 절감에만 신경을 쓰고 있고, 조총도 항간巷間의 도처에서 사사로이 제조하여 그들이 관아에 방납防納할 물량으로 삼고 있으니 놀라움이 이보다 더 심할 수가 없다. 지난날 외방外方 각 읍에서 월과月課로 바친 조총과 화약이 정밀하지 못했던 것이 이로 인한 것인바, 무릇 군기軍器라는 것은 매우 중요한 물건으로서 부민富民들이 곳곳에서 사사로이 제조하여 방납하고 이익만을 취하게 할 수는 없는 것이니 앞으로는 이를 엄금하여 군기가 정밀하지 못한 폐단이 없게 하자"고[40] 하였다.

하지만 이때 화약과 조총의 사조를 금지했던 이유가 불량품을 만들어 방납을 함으로써 개인들이 이윤만을 취하려는 폐단을 없애자는 것이 주요 내용이었던바, 이 같은 당시의 사조 금지 조치에 대해서는 아쉽다는 생각이 든다. 허용許容한 것이든, 아니면 묵인默認한 것이든 이미 시행되고 있던 사조를 무조건 금지할 것이 아니라 방납 제품의 품질 관리를 강화하고 제조 과정이나 유통 과정을 감독함으로써 불량품을 없애려고 노력했다면 우리나라의 화약과 무기 제조기술이 좀 더 발전하지 않았을까 하는 생각이 들기 때문이다.

화약과 조총 외의 다른 공물이나 방납품들도 품질은 각양각색이었을 것이지만 품질이 조악하다고 해서 방납을 금지시킨 적은 없다. 방납이란 국가에서 필요로 하는 물자

然後可爲臨急之用臣聞李元老之言則嶺南之人多造火藥私相賣買若除出統營穀石之在山郡來易輸致者從便換貿則似好矣上曰依爲之石數令廟堂參酌定給事傳敎矣嶺南山郡所儲統營會付穀物限一萬石除出以備守禦廳大藥貿用之資似當此意分付統臣何如答曰依啓

40) 비변사등록 숙종 10년(1684) 2월 14일
鳥銃私造統營閑山島分防便否知事申汝哲所啓〈中略〉而近來都下富民等覓得嶺南私商之焰硝不爲再鍊亦不熟搗專以省切爲務至於鳥銃閭巷間處處私造以爲渠輩防納於衙門之資事之驚駭莫此爲甚〈中略〉凡諸軍器何等重物而豈可使富民輩處處私造以爲防納取利之資乎此後嚴加痛禁俾無軍器不精之患何如上曰一切痛禁可也〈下略〉

조달을 위한 제도였기 때문이다. 만약 화약과 조총도 이와 같은 관점으로 생각하여 품질이 나쁘다고 방납을 금지시킬 것이 아니라 우수한 품질의 제품을 만들 수 있도록 유도하였다면 이익을 추구하려는 인간의 본성상 다투어 품질 개선이나 생산성 향상 등을 위한 기술개발에 많은 노력을 했을 터이니 지금에 와서 생각해도 아쉬운 점이라 할 수 있다.

2-5. 조총 보급 확대와 밀렵密獵의 성행

숙종 10년(1684) 조총의 사조私造 금지 조치를 내리긴 하였으나[9-40] 이미 그 이전부터 "조선에는 조총의 재고가 너무 많다"는 얘기가 나올 정도로 대량으로 만들어지고 있었다. 숙종 8년(1682)에는 화약은 발사 시험을 위해서 계속 소비가 되는 것으로서 더 만들어야 하지만 조총은 현재 보유하고 있는 재고만으로도 충분하다고 하면서 조총 제조에 필요한 월과가미月課價米를 1년간 받지 않고 다른 곳에 전용하기도 했다.[41]

당시에 조총을 얼마나 보유하고 있었는지 정확히 알 수는 없다. 하지만 인조 5년(1627) 17,180정이던[42] 조총이 인조 19년(1641)에는 이미 50,000정이나 비축되고 있었는데[43] 그로부터 40년이나 지났으니 아마 그 몇 배가 되었을지도 모를 일이다.

이처럼 국가에 조총 재고가 넘치고 화약과 조총의 사조私造까지 성행하면서 이 화약과 조총들이 밀렵密獵꾼들의 손으로 넘어가는 것은 당연한 일이었을 것이다. 따라서 활이나 그물, 매를 이용하던 사냥에 조총을 이용한 방법이 보급되면서 결국은 이에 따른 여러 문제점이 대두되기 시작하였다. 당시로서는 매우 심각한 일이 아닐 수 없었다. 예나 지금이

---

41) 비변사등록 숙종 8년(1682) 8월 21일
〈前略〉今八月二十日晝講入侍時特進官閔維重所啓〈中略〉鳥銃則每年備上其數已多雖闕一年月課自無不足之慮取用其價米少無不可鉛丸火藥則各邑留儲之外亦有春秋試放所用此則不當停廢〈下略〉

42) 인조실록 16권 인조 5년 丁卯(1627) 5월 1일 병인
備局回啓曰禦敵之器莫利於鳥銃本司亦已料理且査兩西外六道會計則時存之數一萬七千一百八十柄雖曰不中於用而其中亦豈無可用者乎

43) 비변사등록 인조 19년(1641) 6월 3일
束伍軍八道所儲鳥銃辛巳五月十七日忠淸兵使申景珍引見時申景珍所啓我國束伍軍共十一萬名而八道所儲鳥銃亦備五萬云〈下略〉

나 총기류는 그 제조나 소지, 사용 과정에 단속과 인허가가 필수적으로 요구되는 물품임을 반증하는 결과이기도 하다.

심지어는 관에서 보유하고 있는 조총을 민간에게 팔아먹는 일까지도 발생하였다. 당시 훈련도감에서는 조총을 만들어 각 읍에 보내고 그 값을 정하여, 월과미月課米를 징수하였다. 그런데 문제는 조총 재고가 충분한 고을에도 조총을 내려보내는 데 있었다. 즉 조총을 강매한 것이다. 감히 도감의 명령을 어길 수는 없고 새 총을 받아 올 월과미가 부족한 고을에서는 이미 보유 중인 조총을 팔아서 가미價米를 준비, 도감에 납부하는 일까지 발생하였다.[44]

관아에서 팔아넘기는 그 조총들은 민간으로 흘러 들어갔을 것이고 민간에서 조총을 사용할 곳은 사냥밖에 없었으니 밀렵이 점점 더 성행할 수밖에 없었을 것이다. 현종 때에 이르러 조총을 이용한 밀렵 행위는 한층 더 기승을 부렸고 국가적인 문제가 될 지경에까지 이르고 만다. 전라감사의 상소를 보면 "조총이 퍼져 사용된 후로는 짐승들이 남은 것이 없어 납육臘肉을 진상할 짐승도 잡기 힘들 정도로 산이나 바다의 짐승이 남은 것이 없다"고[45] 하였으니 그 실상이 어떠했는지 짐작이 간다.

밀렵의 폐단은 국내에만 국한된 것이 아니었다. 북쪽 변경지역에서는 조선의 포수砲手들이 조총을 가지고 청나라 국경을 넘어가 밀렵을 하다가 적발되는 일까지 발생하였다. "북변北邊에 사건이 발생하는 것은 대부분 삼蔘과 사냥 때문으로 지난번 동평위東平尉 정재륜鄭載崙의 가노家奴가 국경을 넘어 사냥한 일에 대해 이제 막 처벌되었는데, 또다시 익평益平·동평東平 두 궁의 궁노와 포수 4명이 삼수갑산 등지에 들어가 사냥을 하여 피물皮物을 가지고 몰래 돌아오다가 발각되어 체포되었다"는[46] 보고가 있었다.

---

44) 현종실록 15권 현종 9년 戊申(1668) 8월 10일 병자
〈前略〉又啓訓鍊都監打造鳥銃分送于各邑勒定其價使以月課米上送各邑雖或已備鳥銃而不敢違都監之令至於還賣已備之銃備價米納于都監而本米不足以充其價故各邑拮据添價各邑之弊民生之怨不可勝言都監大將之不顧國體不念民弊莫甚於此請從重推考鳥銃抑賣之擧亦令停罷上不從

45) 현종개수실록 23권 현종 11년 庚戌(1670) 11월 10일 계해
全羅監司吳始壽上疏以被斥於臺諫辭職且極陳進上臘肉之弊曰通一道最鉅之役無過於臘肉進御以一邑之力獵一首之獸宜若無難而一自鳥銃通行之後山林淵藪海中島嶼禽獸無遺育〈下略〉

46) 현종실록 3권 현종 7년 丙午(1666) 12월 5일 신해
執義李翊掌令金澄等啓北邊生事率由於蔘與獵耳頃者東平尉鄭載崙家奴以越境畋獵纔已定罪矣今聞益平東平兩宮奴砲手四人入獵三甲等地多載皮物間路潛歸爲監司所譏捕方被囚於安邊〈下略〉

숙종 11년(1685) 국경을 넘어가(越境) 총을 쏘다 잡혀 온 자들에 대해 사형을 시킬 것인지 정배定配를 보낼 것인지를 의논하다가 결론을 내리지 못하고 청나라에 간 진주사陳奏使가 돌아오기를 기다리기로 한 기록도 있다.[47] 조선으로서는 매우 난처한 일이었을 것이다.

급기야 월경越境하여 단순히 밀렵만 하고 오는 것이 아니라, 조총으로 무장을 하고 강도짓을 자행하는 자들이 생기기도 하였다. 숙종 16년(1690) 함경도 백성 10여 명이 후춘厚春에 몰래 들어가 청인淸人을 포살砲殺하고, 그들이 캔 인삼人蔘을 빼앗아 온 사건이 일어난 것이다. 이때도 조선에서는 그들을 잡아 놓고 사칙査勅이 오기를 기다리고 있었다.[48]

이처럼 조총을 사사로이 가지고 있는 것에 문제가 생기자 조선에서는 민간民間의 조총을 거두어 관부官府에 보관하고 함부로 사용할 수 없게 하는 조치를 내리게 된다. 이러한 조치가 내려진 시기는 정확히 알 수 없지만 숙종 21년(1695)에 그러한 조치를 완화하자는 내용의 논의가 있었던 것을 보면 그 이전에 이미 이런 조치가 내려졌던 것을 알 수 있다. "북로北路의 군병들에게 조총鳥銃 사용을 허락할 것을 청하였으나, 임금이 따르지 않았다"는 기록이다. "북로에 범월犯越의 우환이 잦아 민간의 조총을 관부官府에 거두어 두고 사용을 금지하자 연소年少한 군병 중에는 간혹 조총이 어떠한 물건인지 알지 못하는 자가 있을 정도이니 민간의 사용을 허가하여 매 3일마다 점명點名할 때 총을 가지고 모이게 한다면 무기를 정비하여 환란에 대비하는 방도를 둘 다 달성할 수 있을 것"이라 청하였으나 숙종은 끝내 따르지 않았다.[49] 국경을 지키는 병사들에게조차 무기를 지급하지 않았던 것을 보면 당시 월경越境을 통한 범죄 행위가 얼마나 극심했으며 사건이 발생할

---

47) 숙종실록 16권 숙종 11년 乙丑(1685) 12월 18일 갑진
〈前略〉領議政金壽恒以胡差未勘罪人事進稟曰放砲助戰者固當殺之雖不放砲而魚淵[領將之稱]十名亦當殺矣上曰犯越者盡殺過重定配于南邊魚淵亦欲貸死大臣之意如何壽恒及右議政鄭載嵩以爲不可貸死左議政南九萬以爲貸其罪輕者數三人亦無所害上命姑爲仍囚以待陳奏使之回〈下略〉

48) 숙종실록 22권 숙종 16년 庚午(1690) 9월 11일 무술
咸鏡道民十餘名潛入厚春砲殺淸人奪其所採人蔘他胡覺之追至慶源府告其狀北兵使李相勛以聞上命備局行會本道譏捕犯越各人以待前頭査勅之來

49) 숙종실록 28권 숙종 21년 乙亥(1695) 6월 5일 을미
〈前略〉武臣李弘述請許北路軍兵用鳥銃上不從蓋我國以鳥銃爲長技而北路頻有犯越之患故民間鳥銃收置官府使不得取用年少軍兵或有不知鳥銃爲何物者至是弘述請許民取用每三日點名時使之持銃來會則詰戎備患之道兩得矣上難之後權是經閔鎭厚等皆從北路歸以此爲請而竟不從

때마다 매번 청나라에게 꽤 많은 시달림을 받고 있었음을 짐작해 볼 수가 있다.

하지만 이 민간 조총의 회수는 전국적인 조치는 아니었고 단지 범월犯越의 우려가 있는 지역에 국한하여 내려진 조치였을 뿐 그 외의 지역에서까지 조총 사냥이 금지된 것은 아니었다. 물론 북방지역에서의 조총 회수 목적도 사냥을 금지하기 위한 것이 아니라 청나라와의 국경 분쟁을 예방하자는 것이 주목적이었다. 따라서 육진六鎭 지역의 국방의 허술함을 우려하여 영조 8년(1732) 3월, 일시적으로 군사들의 사격 연습에 한하여 조총 사용을 허용한 적이 있기는 했다.[50]

정조 14년(1790)에도 조총 지급에 대한 논의가 있었다. 몇 개월에 걸친 논의 끝에 "지금 조총을 지급해 준다면, 어리석은 백성들은 금령이 해제된 줄로 알고 몰래 강을 건너 말썽을 일으킬 것이니, 막기가 필시 어려울 것이다. 조총이 사냥에는 제격이지만 사람을 죽이는 변고가 일어날 것을 우려하여 여러 해 동안 금지해 오던 것인바, 사적으로 쏘게 하는 것을 가벼이 논의할 수 없는 일이다. 모두 예전대로 그냥 두는 것이 좋을 듯하다"라고[51] 결론을 내렸는데 이를 보더라도 조총 회수는 사냥 금지가 아니라 청나라와의 국경 분쟁을 예방하자는 것이 주목적이었던 것임을 알 수가 있다.

현종 11년(1670) 조총 보급으로 사냥이 성행하여 짐승이 귀해지자 "임금께 진상할 것조차도 못 잡겠다"라고 전라감사 오시수吳始壽가 상소했을 때[9-45] 현종 임금이 그 대책으로 사냥을 금지시키는 것이 아니라 오히려 "진상하는 납육臘肉의 양을 줄이라"고 지시를 했던 것을 보면 이미 이때부터는 조총을 이용한 사냥을 무조건 규제만 한 것이 아니라 어느 정도 인정하고 있었을 것으로 보인다.[52]

그뿐만이 아니라 영조 40년 함경도 감시어사監市御史 홍낙인洪樂仁이 민폐民弊에 대해

---

50) 영조실록 31권 영조 8년 壬子(1732) 3월 25일 임오
上引見大臣備堂命北關六鎭官庫鳥銃每月二三次出給入番軍試放練習後兵使守令親監收藏以防奸弊從訓鍊大將張鵬翼之言也蓋六鎭民因獵犯越故曾有鳥銃練習之禁而戎政因此轉益踈虞至是北兵使韓範錫狀啓而鵬翼爲之申請上許之

51) 정조실록 29권 정조 14년(1790 경술) 2월 16일 정묘
〈前略〉今若給銃則愚氓認以弛禁潛越作梗防亡民必難〈中略〉而銃之爲技最便行獵殺越之變尤所可慮多年設禁之餘私放則不可輕議〈中略〉竝仍舊貫爲便從之

52) 현종실록 18권 현종 11년 庚戌(1670) 11월 10일 계해
全羅監司吳始壽上疏極陳臘肉進上大爲民弊之狀上優批答之因下敎曰今觀吳始壽疏臘肉進上爲一道巨弊云心甚惻然今年臘肉兩大妃殿外姑勿封進可也

복명을 했을 때 영조 임금의 하교 내용을 보면 조총의 금령禁令 때문에 백성들이 사냥을 하지 못하여 생계에 지장을 받고 있는 것을 안타까워하기까지 했으니 이때쯤에는 조총을 이용한 사냥이 이미 백성들의 호구지책의 하나가 될 정도로 보편화되었다는 것도 알 수 있다. 당시 영조 임금은 "총을 금함에 있어서 변금邊禁을 엄히 하는 일은 사람에게 있는 것이지 총에 있는 것이 아니다. 총을 금한 것도 부족하여 어망魚網까지 금했다고 하는데, 아! 북쪽 백성들은 산에서 사냥도 못하고 물에서 고기도 잡지 못하게 하니 사냥도 못하고 고기도 잡지 못하게 한다면 어떻게 살아갈 것인가? 금령을 풀어 주도록 하라"고 하였다.[53)]

조선 말기에 들어 화약을 도둑맞은 기록도 여러 번 등장한다. 서산瑞山의 관노官奴가 본군本郡의 화약 2백 80괴塊를 훔쳐 낸 것을 시작으로[54)] 충정도 목천현木川縣에서도 화약 2백 근을 도둑맞았고,[55)] 선산善山에서는 연환鉛丸 6만 개를,[56)] 무고武庫에서는 화약 7천여 근을 도둑맞았다.[57)] 심지어 훈국訓局의 창고를 관리하던 자도 화약을 훔쳐 몰래 팔아먹는 일도 있었고,[58)] 금위영禁衛營과[59)] 귀성부龜城府[60)]에서도 화약을 도둑맞는 일이 발생했다.

순조 14년(1814) 경에는 화약과 조총을 들어내 놓고 매매를 하기까지 하였다. 화약·탄환·총·칼 등을 가게에 벌여 놓고 마음대로 팔고 있으며, 심지어 계契까지 만들어 도매都賣하는 일도 있었다.[61)] 이처럼 화약을 훔쳐 가고 또 개인들 간의 매매가 있었다는 것은

---

53) 영조실록 103권 영조 40년 甲申(1764) 3월 3일 갑인
〈前略〉至於禁銃邊禁之嚴在人也不在銃也禁銃之不足幷與漁網而禁之云嗟北之民山不能獵水不能漁不獵不漁何以爲生況藏銃於家使朔方健兒不習武技亦非計之得也其令除其禁〈下略〉

54) 영조실록 81권 영조 30년 甲戌(1754) 5월 14일 임진
兵曹判書李昌誼曰瑞山官奴聖眞偸賣本郡火藥二百八十塊至有本道狀啓〈下略〉

55) 영조실록 82권 영조 30년 甲戌(1754) 12월 12일 병진
有盜偸忠淸道木川縣火藥二百斤

56) 영조실록 83권 영조 31년 乙亥(1755) 1월 14일 무자
〈前略〉善山六萬箇鉛丸之見偸豈不大可怪也

57) 정조실록 3권 정조 1년 丁酉(1777) 2월 7일 계묘
召見時任大臣左議政金尙喆以武庫火藥七千餘斤之偸失請前後當該提調罷職從之

58) 정조실록 35권 정조 16년 壬子(1792) 9월 5일 신축
罷訓鍊大將徐有大職舊法民間不得以火藥私相賣買至是訓局管庫者偸火藥潛賣之又以火繩延於庫隙而爇其端將焚庫以掩跡發覺命施犯者一律有大亦坐罷

59) 헌종실록 4권 헌종 3년 丁酉(1837) 8월 19일 갑자
甲子禁衛營 以火藥偸竊罪人林昌赫梟首警衆啓

60) 헌종실록 7권 헌종 6년 庚子(1840) 7월 15일 계묘
癸卯平安監司金蘭淳以龜城府火藥偸出罪人邊海寬梟首警衆啓

어딘가에 쓸 곳이 있었다는 것이다. 당시 화약의 용도가 군사용 외에는 조총과 불꽃놀이 정도가 있다고 보았을 때 불꽃놀이는 그 특성상 암암리에 할 수 없는 것임을 감안하면 대부분 사냥용으로 사용되었을 가능성이 매우 크다. 화약뿐 아니라 연환鉛丸까지도 함께 도둑을 맞은 것을 보면 사냥용임이 더욱 확실해진다.

그 후 100여 년이 지난 뒤 고종 20년(1883) 일본과 맺었던 일본인의 조선 내 통행에 관한 조약인 한행이정약조閒行里程約條 제4조에서는 일본인들에게 총을 사용한 사냥을 허가하였고,[62] 또한 고종 40년(1903)에는 러시아가 산림보호를 구실로 수많은 군사들을 압록강鴨綠江 건너 용포龍浦에 주둔시키고 조선 영내를 무단으로 출입하기에 이르자 사냥을 업으로 하던 산포수山砲手들을 모집하여 파수를 서는 부대를 편성하기도 하였다.[63] 이와 같이 일본인들에게 사냥을 자유롭게 허가한 것을 보면 조선인들도 비교적 사냥이 자유스러웠음을 알 수 있고, 산포수를 모집하여 군부대를 편성할 수 있는 정도라면 포수의 수효도 제법 많았다는 반증이며 그 사격 솜씨노 우수했었음을 나타내고 있는 것으로서 1700년대 이후 조선 후기 약 200년간은 비교적 조선 내에서의 사냥은 자유스러웠고 또 성행했음을 짐작할 수 있다. 따라서 조총의 사용이 불법이긴 했지만 조선조에서의 비군사용의 화약 사용으로는 가장 성행했던 분야로 사냥을 꼽을 수가 있는 것이다.

1904년 12월 20일 독일무역회사인 세창양행世昌洋行이[64] 엽용화약獵用火藥 220통桶을 수입했던 기록이 있고,〈표 11-1〉 일제 강점기에 들어선 후 순종 7년(1914)에는 상금을 걸고 사냥 대회를 개최하는 등 사냥은 하나의 스포츠로 자리 잡아 가기 시작하였다.[65]

---

61) 순조실록 17권 순조 14년 甲戌(1814) 2월 10일 임인
壬寅次對領議政金載瓚啓言〈前略〉三軍門牒報以爲弓箭外軍器無得私造私賣法禁至嚴而近來藥丸銃刀列肆爛賣甚至作契都賈若不嚴斷後弊難言自今申明舊典嚴立科條爲辭矣

62) 고종실록 20권 고종 20년 癸未(1883) 6월 22일 경오
議訂朝鮮國閒行里程約條閒行里程約條〈中略〉第四條此里程內聽日本人隨意放銃打獵但接近人家之處及朝鮮政府制禁處所不可放銃〈下略〉

63) 고종실록 43권 고종 40년 癸卯(1903) 7월 22일 양력
〈前略〉招募山砲把守編隊其措置方略一依舊制而參酌磨鍊令各該郡統轄之

64) 1883년 독일 마이어상사가 제물포에 설립한 무역상사. 강원도 금성의 당현금광을 운영하였고 독립운동가들이 이용하던 인천-상하이-홍콩에 이르는 정기노선도 운행하였다.

65) 순종실록부록 5권 순종 7년 甲寅(1914) 11월 7일 양력
特賜獵友競技會賞金五十圓該會進獻所獵鶉雉也

03_
산업용으로의 염초 사용

3-1. 유리구슬과 염초

조선왕조 시절 염초는 주로 화약제조를 위해 사용된 것이 대부분이지만 사적私的으로 사용된 곳도 있었으니 그중의 하나가 바로 보석을 굽는 데 사용된 것이다. 당시에 보석이라 하면 오늘날의 유리 종류를 말하는 것으로서 채옥彩玉, 청백색 구슬(靑白色 珠), 청주靑珠, 수정水精, 구슬(珠), 주옥珠玉 등 그 명칭은 달랐지만 유리를 나타내는 동일한 것이었다. 조선시대에 유리를 굽는 데 염초를 사용했다는 사실은 『조선왕조실록』 여러 곳에서 "염초로 구슬을 번조燔造하는 것은 국가에서 쓰는 것을 제외하고는 유리 굽는 것 자체를 금한다"라는 기록에서 알 수가 있다.

물론 처음부터 유리 굽는 것 자체를 범죄 행위로 규정하지는 않았겠지만 당시는 유리 굽는 것을 허용하게 되면 염초의 도용盜用, 사용私用, 전용轉用이나 사조私造를 통한 밀매매密賣買 등을 막기가 어렵다고 판단했기 때문에 그러한 불법 행위의 근본 원인인 유리 굽는 일 자체를 금했던 것이다. 다음은 세종 시절 사적인 유리구슬(보석) 제조를 금했던 사례들이다.

1. 세종 5년 癸卯(1423) 5월 22일 신축

염초는 군국軍國에서 비밀히 쓰는 중요한 물건인데 이제 공인工人들이 채옥彩玉을 구워서 만드는 까닭에 은밀히 사용私用하는 자가 많으니 이제부터는 군기감軍器監에서 합약合藥할 때나 또는 국가에서 사용할 채옥彩玉을 구워 만드는 외에는 외인外人이 사용하지 못하게 하고, 이를 어기는 자는 사염률私鹽律에 의하여 논죄하라.(焰焇軍國秘用重物今工人因彩玉燔造隱密私用者頗多自今軍器監合藥及國用彩玉燔造外外人毋得私用者以私鹽律論)

2. 세종 14년(1432 임자) 12월 20일 을사

모리謀利하는 무리들이 청백색 구슬(青白色珠)을 구워 만드는 데 염초를 전용專用하므로 사사로이 구워 가지는 자가 있을까 염려되고 또 유후사留後司의 사람들이 구워서 만들기를 가장 많이 하는데 군기시의 권지직장權知直長 김성미金成美가 이에 대한 사실을 자세히 알고 있으니 이 자를 보내어 범인들을 잡아다가 국문鞫問하라.(中樞院副使崔海山啓謀利之道燔造青白色珠專用焰焇恐有私自煮取者且留後司人燔造最多軍器權知直長金成美詳知之願遣此人捕鞫之京中則令刑曹捕之卽遣成美于留後司仍傳旨留後司及刑曹)

3. 세종 15년(1433 계축) 11월 22일 신축

화포火炮를 제조하게 된 뒤로 염초焰硝 구울 흙을 거의 다 파내 버렸기 때문에 장래가 염려되어 이미 염초로 청주青珠나 수정水精따위를 구어 만드는 것을 금지하였으나 중앙과 지방의 공인工人이나 상인商人들이 이득利得을 취하기에만 힘쓰고 금령禁令은 두려워하지 않아서, 사사로이 염초를 굽고 암암리에 번조燔造하여 비밀히 매매하고 있어 그 폐해가 전일과 마찬가지이며, 간악하기가 더할 수 없으니 금후로는 염초로 여러 가지 구슬을 번조燔造하는 것은 국가에서 쓰는 것을 제외하고는 엄하게 금지하여, 염초를 사용私用하는 폐단을 끊게 하라.(兵曹啓自設火砲焰焇之土掘取殆盡將來可慮故已禁焰焇燔造青珠水精然京外工商務要取利不畏禁令私煮焰硝暗中燔造隱密買賣其弊如前姦惡莫甚今後焰硝燔造雜珠除國用外嚴加痛禁以斷私用焰硝之弊從之)

세종 29년에는 염초로 구슬을 만들어 매매하는 자에 대한 형벌 기준을 정하기도 하였다. "구워 만든 자는 곤장 1백과 3천리 귀양"에 처하고 "구워 만든 물건을 사서 가진 자는 곤장 80"에 처하는 등 군기軍器를 사사로이 만들거나 소지한 자에 준하는 엄한 형벌을 내리도록 하였다.[66)]

문종이 즉위한 후 대자암大慈庵을 증축하는 등 불사佛事를 일으키자 그곳에 소요되는 채옥彩玉을 굽는 데 군사 물자인 염초를 낭비하는 것을 우려하며 사헌부에서는 불사의 중지를 상소하기도 한다.[67][68]

하지만 세종조에 사사로운 유리 번조燔造에 대한 엄한 형벌 기준을 만든 후, 12년이 지난 세조 5년 유리금령을 없애라는 명이 내려진다. 어떤 이유로 또 어느 범위까지인지 모르겠지만 유리의 번조를 허용하였다.[69] 여러 해석이 가능하겠지만 문종 시절 국가사업에 필요한 유리조차 염초의 낭비라고 판단하던 의견이 있었던 점을 보면, 유리라는 것은 단지 사치품의 하나로서 국가에서 필요로 하는 유리의 번조까지도 완전히 억제하였다가 세조 때에 이르러 국가에서 쓸 유리에 대해서만 금령을 해제하였던 것으로 추정된다. 왜냐하면 그때까지만 해도 염초의 사조私造나 매매는 허용되지 않던 시절이기 때문에 개인들에게까지 유리 굽는 것을 허용했다고 볼 수는 없기 때문이다. 또한 유리를 굽는 데 들어가는 염초는 매우 소량이어서 국가에서 쓸 유리를 굽는 것까지 금할 필요는 없다고 판단했을 것이다. 다만 소량씩 사용되는 것임에도 개인들에게는 국가에서 통제를 할 수밖에 없었던 것은 그 사용량의 많고 적음보다는 유리를 굽기 위해 염초를 사사로이 굽거나 밀매를 하는 것이 더 큰 문제였기 때문이다.

여기서 한가지 궁금한 것이 있다. 물론 중국에서 시작된 말이지만 질산칼륨을 왜 염초焰硝라 했을까 하는 것이다. 우선 염焰 자는 그 뜻이 '불꽃 염焰'이다.[70] 또 초硝는 명사名詞로 사용될 경우 현재의 중국어에서도 초석硝石을 뜻하고 있다.[71] 따라서 염초라는 것은 "불꽃을 내며 타는 초석"이라는 뜻이었음은 이론의 여지가 없을 것이다. 허준許浚은

---

66) 세종실록 116권 세종 29년 丁卯(1447) 4월 8일 기해
〈前略〉今後一應焰硝燔造之物買得者雖至數件依私有軍器一件例杖八十私燔造者雖至一度依私造軍器者加等例杖一百流三千里以嚴禁約從之

67) 문종실록 1권 문종 즉위년 庚午(1450) 3월 1일 을사
司憲府大司憲李承孫等上言曰〈中略〉焰硝本爲兵器而用之於燔珠〈下略〉

68) 문종실록 1권 문종 즉위년 庚午(1450) 3월 5일 기유
成均生員卓中等上書曰〈中略〉夫彩玉必以焰硝燔之焰硝將用於火炮而禦敵也〈中略〉肆我大行大王灼知其弊禁燔彩玉誠美意也今殿下不念先君之志輕費焰硝之重如有不虞之變則將何以應之〈下略〉

69) 세조실록 17권 세조 5년 己卯(1459) 7월 28일 정미
命除燔造珠玉之禁前此以盜用焰焇禁之

70) 漢韓大字典(李相殷 監修, 民衆書林, 1994)

71) NAVER 중국어사전(고려대학교 민족문화연구원, "中韓辭典", 2004)
硝〔명사〕초석(硝石)

『동의보감』에서 "태우면 불꽃이 일어나 연기가 나는 불이 일어나기 때문에 염초라 한다"라고 이를 명확히 설명하고 있다.[72]

다음은 초硝의 뜻이 **"유리 만드는 돌 초硝"**라는 것에 주목해 볼 필요가 있다.[73] 먼 옛날 중국에서 처음 '이것'을 발견하고 나서 '이것'이 돌(石)의 일종이라 하여 '돌 석石' 자에 '닮을 초肖' 자를[74] 합해 초硝라고 쓰기 시작했고, 또 처음에 '이것'은 유리를 만드는 데 쓰는 돌이었기 때문에 그 뜻은 "유리 만드는 돌 초硝"라 했을 것이다. '초석', 즉 '염초'는 화약이나 의약용으로 사용되기 이전에 유리 만드는 것에서부터 사용했던 것이다.

그런데 조선의 각종 기록에서는 염초뿐 아니라 **염소**焰焇라는 단어를 혼용하여 쓰고 있다. 오늘날에 와서는 이를 두고 염소는 염초의 오기誤記라고도 한다. 하지만『조선왕조실록』을 비롯한 각종 고문헌들에서는 한두 곳도 아니고 셀 수 없이 많은 곳에서 염소라는 말을 사용하고 있는 점을 볼 때 단순히 오기라고만 할 수는 없다고 본다. 염소가 단순한 오기가 아니라 염초와 동일한 뜻으로 사용되던 단어였나고 추정해 볼 수 있는 것으로 다음 두 가지를 생각해 보았다.

첫째 '소焇'라는 글자는 '녹인다'라는[75] 뜻이 있다. 그런데 염초의 기능 중에는 매융제媒融劑, 즉 어떤 물질을 잘 녹여 주는 기능이 있다. 다소 억지스럽다고 생각할 수도 있겠지만 '硝(유리 만드는 돌 초)', 즉 염초가 유리를 구울 때 유리의 융점融點(녹는점)을 낮추는 목적, 다시 말하면 유리를 잘 녹여 주는 용도로 사용되었기 때문에 이러한 매융제의 역할을 생각하여 '녹인다'는 뜻의 '녹일 소焇'를 사용, 염소焰焇라고도 부르지 않았나 생각해 보는 것이다.

두 번째로 옛날 중국에서는 초석硝石을 **소석**消石이라고도 하였는데 이는 물에 넣으면 녹아 사라지는 것이기 때문이라 하였다.[76][77] 따라서 고대 중국에서 "물에 녹아 사라진다"

---

72) 東醫寶鑑 湯液篇 卷三 石部
焰硝 :〈前略〉惟能發煙火 燒之成焰 能發煙火 故又曰焰硝〈下略〉

73) 漢韓大字典(李相殷 監修, 民衆書林, 1994)
東亞玉篇(柳正基 監修, 圖書出版 東亞圖書, 1891)

74) 漢韓大字典(李相殷 監修, 民衆書林, 1994)

75) 동아옥편(柳正基 監修, 1981, 도서출판 東亞圖書 발행)

76) 천공개물(天工開物) 가병 제15 소석(佳兵 第十五 消石)
〈前略〉以其入水卽鎔 故名曰消〈下略〉

는 의미로 소석消石이라 했듯이 우리나라에서도 '녹일 소焇'를 사용하여 '염소焰焇'라는 말도 함께 사용했을 수도 있다. 또한 '硝(초)'의 옛 발음이 '소'였다는[9-75)] 점도 이 두 글자를 혼용하게 했을 법하다.

3-2. 청기와 제조와 염초

조선에서는 염초를 청기와 굽는 데도 다량으로 사용하였다. 청기와는 고려 때부터 사용되었는데 『고려사절요』의 "의종 11년(1157) 양이정養怡亭의 지붕을 청자靑瓷로 덮었다"는[78)] 기록에서 청자로 구운 기와, 즉 청기와를 사용했음을 알 수가 있다. 『신증동국여지승람』에서도 『고려사절요』와 동일한 내용을 적고 있다.[79)]

하지만 이때는 염초를 사용하여 청기와를 굽지는 않았을 것이다. 당시에는 고려에 염초가 보급되지 않던 시기였기 때문이다. 청기와를 굽는 데 들어가는 염초(질산칼륨)는 융점이 낮아서 기와를 구울 때, 기와 표면에 바른 유약을 쉽게 녹여 줌으로써 유약을 고루 퍼지게 하여 표면을 매끄럽게 하고 반들반들 광택이 나게 해주는 물질이다. 유리 굽는 원리와 동일하다. 따라서 주재료가 아니고 일종의 첨가제로서 효과가 동일한 어떤 물질이 있다면 그것으로도 대체하여 사용할 수가 있을 것인데, 기록에 따르면 염초가 있기 전이었던 고려시대에는 **황단**黃丹이라는 천연재료를 사용하였던 것으로 보인다. 요즘은 안료, 도료, 납유리 따위의 원료로 광명단光明丹이 사용되는데 화학식으로는 Pb_3O_4이다. 광명단이라는 이름이 광택을 내는 데 사용하는 물질임을 알려준다. 한의학에서는

---

77) NAVER 중국어사전(고려대학교 민족문화연구원, 『中韓辭典』, 2004)
消〔동사〕사라지다. 녹다. 없어지다.

78) 고려사절요 제11권 의종 장효대왕(毅宗莊孝大王) 11년(1157 정축)
夏四月闕東離宮成〈中略〉又毁民家五十餘區作大平亭命太子書額旁植名花異果奇麗珍玩之物布列左右亭南鑿池作觀瀾亭其北構養怡亭蓋以青瓷〈下略〉

79) 신증동국여지승람 제5권 개성부 하(開城府下)
〈前略〉 태평정(太平亭) : 의종이 대궐 동쪽에 민가 50여 구(區)를 헐고 이 정자를 짓고 나서 태자에게 명하여 편액(扁額)을 쓰게 하였다. 곁에는 좋은 꽃과 이상한 과일나무를 심고 진기한 물건들을 좌우에 포열하고, 정자 남쪽에는 못을 파고 그 안에 관란정(觀瀾亭)을 짓고 북쪽에는 양이정(養怡亭)을 지어 모두 청기와로 덮었다.
〈下略〉

연단鉛丹이라고도 부르며[80] 화농성 피부질환과 화상에 사용하고 있다. 열독熱毒을 없애고 새 살을 돋게 하는 효과가 있다고 하였다.

황단을 사용하여 청기와를 구웠다는 사실은 『고려사』에서 확인해 주고 있다. "승려 육연六然을 강화에 파견하여 유리기와를 구워 내게 하였다. 하지만 유리기와를 구울 때 황단黃丹을 많이 써야 하는 까닭에 광주廣州 의안義安의 흙을 가져다가 구워서 만들었는데 그 품질이나 색채가 남상南商(중국 남방의 상인)들이 파는 것보다도 우수하였다"고[81] 하였다. 여기서 얘기하는 유리기와가 청색을 띠는 청기와였는지는 알 수 없지만 색깔은 비록 다르더라도 구워서 만든다는 점에서는 동일한 것인바, 청기와를 구울 때도 황단을 사용했다고 볼 수가 있는 것이다.

또한 고려 때에는 황단장黃丹匠이라는 장인까지 따로 두고 있었다.[82] 아마도 그들은 황단을 채취하고 또 사용하는 기술을 가지고 있는 장인들이었을 것으로 보이며 이런 사실로 보아 황단을 대량으로 사용하였음을 짐작케 해준다.

고려 때[원나라 때]에 황단을 청기와 굽는 데 사용하였다는 사실은 이덕무(1741~1793)의 『청장관전서青莊館全書』「아정유고雅亭遺稿」에 수록된 "협주기峽舟記"에서도 확인할 수 있다. 황단이란 것은 검단산黔丹山 부근 봉안역奉安驛에서 나는 것이며 청기와의 광택을 내는 물질이라고 설명하고 있다.[83] 아정雅亭은 이덕무의 호號이고 청장관青莊館은 자호自號이다. 『고려사』에서 얘기하는 경기도 광주 의안義安이라는[9-81] 지역이 어느 곳이었는지는 확실치 않으나 『청장관전서』에서 봉안역奉安驛이 검단산 인근, 즉 현재의 광주廣州 지역을 나타내고 있고, 또 원나라 시절 관원을 두고 채취하였다는 것도 『고려사』에 황단장黃丹匠이

---

80) 향약구급방(鄕藥救急方) 방중향약목초부(方中鄕藥目草)
황단 〈맛은 맵고 약간 차다. 일명 연단 또는 연이다〉(黃丹〈味辛微寒一名鉛丹又名鉛〉)

81) 고려사 권28 세가 충렬왕 3년(丁丑,1277) 5월 임진
五月壬辰遣僧六然于江華燔琉璃瓦其法多用黃丹乃取廣州義安土燒作之品色愈於南商所賣者

82) 고려사 식화 1 녹과전
諸衙門工匠別賜〈中略〉中尙署〈中略〉米十石黃丹匠校尉一梳匠行首校尉一磨匠行首校尉一

83) 青莊館全書 간본 아정유고(雅亭遺稿) 3권 협주기(峽舟記)
병신년(영조 52, 1776) 3월 25일, 학생 정사원(鄭士元)·동자(童子) 정경삼(鄭慶參)과 함께 〈前略〉 27일, 간간이 비가 내리다 바람이 불다 하였다. 검단산(黔丹山)에서부터 비로소 협(峽)의 기운이 있었다. 봉안역(奉安驛)에서는 황단(黃丹)이 생산된다. 원나라 때에는 관원을 두어 채취하였다. 청기와를 굽는 데 이 황단을 넣어 약칠을 하면 기와 빛깔이 반질반질 빛난다.

있었다는 것과 일치하는 점을 고려할 때 봉안奉安과 의안義安은 동일한 지역이거나 이웃해 있는 지역이 아니었을까 생각된다. 『신증동국여지승람』「광주목廣州牧」에서[84] 검단산黔丹山은 주 동쪽 7리에 있고 봉안역奉安驛은 주 동쪽 30리에 있다고 하였다. 지금은 남양주시 조안면 능내리의 봉안마을과 6번 국도에 있는 봉안터널 등에서 아직 그 이름이 전해지고 있다.

고려시대부터 사용되기 시작한 청기와는 조선조에 들어서도 계속 사용되었다. 하지만 청기와는 그 제조방법이 가마에서 자기瓷器를 굽는 것과 동일한 것이어서 지붕을 덮을 정도의 청기와를 생산하려면 많은 비용과 인력, 시간이 소요되는 물품이었다. 세종 15년(1433) 근정전의 추녀머리가 무너져 보수를 하려고 할 때 세종 임금이 "**청기와를 구워 만들자면 그 비용이 매우 많이 드니** 아련와牙鍊瓦를 사용하라"고[85] 전교를 한 것을 보면 알 수가 있다.

그 후 세종 20년에 근정전을 비롯하여 대대적인 궁궐 보수 공사가 있었는데 『조선왕조실록』에서는 이때 처음으로 염초를 사용하여 청기와를 구웠다는 사실이 확인된다. "**청기와를 굽는 데 소용되는 염초**는 군수물자이며 굽기도 어려우니 외빈을 맞이하는 근정전은 청기와를 고쳐 화려하게 꾸미더라도 침전寢殿이나 다른 궁전의 기와는 고치지 말자"는[86] 상소가 있었다. 하지만 이때는 지난번과는 달리 세종 임금이 이를 윤허하지 않았다. 아마도 당시의 임금들은 청기와의 화려함을 상당히 선호했었고 또 그것은 바로 임금과 왕실의 위엄을 과시하기도 하였기 때문으로 생각된다.

세조 때에 이르러 청기와는 다시 대량으로 생산되어 사찰과 궁전 건축 등에 사용된다. 세조 임금은 팔만대장경을 수십 부씩 대량으로 찍어 내는 등 불교를 숭배하던 임금이었는데 서울에 원각사를 건축할 때의 일이다. 원각사 법당의 지붕에 사용된 청기와가 무려

---

84) 신증동국여지승람 제6권 경기(京畿) 광주목(廣州牧)
【산천】 검단산(黔丹山) 주 동쪽 7리에 있는데 진산(鎭山)이다.
【역원】 봉안역(奉安驛) 주 동쪽 30리에 있다.

85) 세종실록 61권 세종 15년 癸丑(1433) 7월 12일 계해
〈前略〉勤政殿鷲頭因雨而頹當使改蓋然燔造靑瓦則其費甚多欲燔牙鍊瓦以蓋之〈下略〉

86) 세종실록 81권 세종 20년 戊午(1438) 4월 15일 무진
〈前略〉且靑瓦勞費不貲而以焰焇爲之焰硝乃軍務所需而煮之甚難臣竊意此亦不必爲之事上默然

8만 장이나 되었다.[87] 자기瓷器를 굽듯 생산해야 하는 점을 생각하면 청기와 8만 장을 만들기 위해서는 얼마나 많은 비용과 노력이 들었을지 상상이 된다.

그 후 연산군 때에도 청기와는 많이 사용되었지만 이때는 사찰에서의 사용은 금지되었고 주로 궁궐에서만 사용되었다. 사찰에서의 사용은 금지만 한 것이 아니라 오히려 세조 때에 건축된 원각사의 청기와를 철거하자는 상소도 있었다.[88] 하지만 이는 불교를 탄압하기 위한 조치의 일환이었을 뿐 궁궐을 짓는 데는 계속해서 청기와를 사용하고 있었다. 다음은 연산군 11년과 12년 궁궐을 지을 때 청기와를 사용하던 기록들이다.

1. 연산군 11년(1505 을축) 11월 6일 정해

인양전仁陽殿과 대비 이어소移御所를 한꺼번에 지을 것이니, 속히 다 조성造成하여 청기와로 이도록 하라. (傳曰仁陽殿與大妃移御所一時竝擧其速畢造成蓋以青瓦)

2. 연산군 11년(1505 을축) 11월 6일 정해

인정전仁政殿과 선정전宣政殿은 모두 청기와로 이어야 한다. 사찰도 청기와를 이은 것이 많은데, 하물며 왕의 정전正殿이랴. 그러나 청기와를 갑자기 마련하기 어려우니 금년부터 해마다 구워 만들어 정전만은 으레 청기와로 이도록 하라. (傳曰仁政宣政殿皆當蓋以青瓦寺刹蓋青瓦者亦多況王者正殿乎然青瓦不可卒辦自今逐年燔造凡正殿例蓋青瓦)

3. 연산군 12년(1506 병인) 1월 17일 정유

대비 이어소移御所와 인양전仁陽殿을 이을 청기와를 많이 구워 만들게 하라. (傳曰大妃移御所及仁陽殿所蓋青瓦多數燔造)

연산군 이전 예종 때에도 청기와를 생산한 기록이 있는데 예종과 연산군 시절의

---

87) 세조실록 33권 세조 10년 甲申(1464) 6월 12일 갑오
召瓦窯提調仁山君洪允成<u>議圓覺寺法堂所蓋青瓦凡八萬張燔造所入甚鉅</u>

88) 연산군일기 14권 연산군 2년 丙辰(1496) 4월 23일 경자
〈前略〉世謙曰圓覺寺世祖所設不可遽革<u>然青瓦乃闕內正殿所用豈可用之於寺刹乎請撤去</u>且福世菴臨壓大內此亦在所當革<u>欲衰佛氏之教當先自國都始</u>照剌赤事猶不聽納則人誰信殿下不崇佛教乎〈下略〉

기록에서는 청기와의 원료에 대해서도 확인이 가능하다. 이 기록들에서 당시에는 연철鉛鐵이나 연은鍊銀 찌꺼기를 가지고 청기와를 굽고 있었다는 사실을 알 수 있다. "청기와에 쓰는 연철을 금성현金城縣에서 채취하여 보냈다"는[89] 기록과 "단천端川에서 바친 납鍊은 은銀을 제련하고 남은, 즉 연은鍊銀 찌꺼기(Slug)로서 청기와 제조에 사용하였다"고[90] 한 것이 그것이다.

연철과 연은 찌꺼기, 그리고 염초가 청기와 제조에 사용된다는 기록을 가지고 당시의 청기와 제조공정을 검토해 보면 다음과 같다. 도자기와 마찬가지로 청기와의 기본 원료는 찰흙이다. 입자가 고운 찰흙을 빚어 기와를 만든 다음 유약釉藥을 발라 고온의 가마에서 구워 내는 것이 청기와를 만드는 기본 공정이다. 이때 기와에 바르는 유약釉藥에 연은 찌꺼기(Sulg)를 넣는 것이다. 은을 제련하고 남은 찌꺼기에는 연鉛과 아연亞鉛 등이 남아 있는데 이것들이 고온에서 구워지면서 청기와의 푸른색을 내었던 것이라 한다. 하지만 청기와는 푸른색을 내면서도 그 표면이 매끄럽고 광택이 있어야 하는데 이때 쓰이는 것이 바로 염초였다. 염초 즉, 질산칼륨은 유약의 융점을 낮추는 매융제媒融劑 역할과 함께 유약 중의 여러 성분이 골고루 잘 섞이게 하는 역할도 해준다. 이로서 청기와 속으로 물도 스며들지 않게 하고 또 청기와 표면을 매끄럽고 반짝반짝 광택이 나게 하여 아름답게 해주는 것이다.

예로부터 옹기甕器를 구울 때도 전통적인 방법으로 '약토잿물'을 사용하였다. 물론 현재도 잿물을 이용해서 옹기를 굽는 곳이 남아 있다. 이 '약토잿물'은 썩은 유기물들이 섞여 있는 흙〔藥土(腐葉土 + 黃土)〕과 잿물(灰水)을 섞어 만드는 것으로서 정제하기 전의 Crude 염초용액이라고 할 수 있다.(8-4-2절) 그 후 언제부터인가 옹기의 광택제로 광명단(Pb_3O_4)을 쓰기 시작했는데 납 성분의 인체 유해성 때문에 많은 논란이 일기도 했다. 이 광명단은 적색 분말로서 가열하면 흑색으로 변하며 유약을 바른 옹기의 표면을 매끄럽고 광택이 나게 하는 매융제 역할을 하기는 하지만 독성이 있어 인체에 해롭기 때문에 사용이

89) 예종실록 1권 예종 즉위년 戊子(1468) 9월 11일 정묘
承政院奉旨馳書于江原道觀察使金瓘曰青瓦所需金城縣鉛鐵只進所得勿令更採

90) 연산군일기 63권 연산군 12년 丙寅(1506) 8월 3일 경술
命端川所進鉛六千九百斤鍊銀後以滓鉛燔造青瓦

금지되고 있다.

연산군 이후 임진왜란이 끝날 때까지 청기와를 제조했다는 기록이 없다가 광해군 시절 각종 궁궐宮闕을 건축하면서 또다시 대량의 청기와 생산이 추진되었다. 당시는 명나라와 후금 사이에서 중립 외교 노선을 펴던 시기로서 중국으로부터의 염초 수입이 원활하지 않아 군사용에 쓰기에도 부족하던 염초 부족 현상을 청기와 생산으로 인해 더욱 심화시키기도 할 정도였다. 광해군 원년에는 선조 때부터 시작한 창덕궁을 준공하였고, 1619년에는 경덕궁慶德宮을, 1621년에는 인경궁仁慶宮을 중건하는 등 청기와용으로 염초를 대량으로 소비하였기 때문이다.

『조선왕조실록』에서는 당시에 얼마나 많은 양의 염초가 청기와 제조에 소비되었는지 자세히 기록하고 있다. 광해군 9년(1617)에만도 6천 근의 염초가 청기와 제조에 투입되었고[91] 광해군 10년에는 아직도 3만 근의 염초가 더 필요하다고 하였다.[92]

이처럼 부족한 염초는 대부분을 명나라로부터 수입하였는데, 후금의 요동 지방 점령 후 명나라와의 무역길이 막히자 염초 가격이 급등하여 많은 돈을 주고도 충분한 양을 구할 수가 없었다.(6-2~4절) 그러나 광해군은 청기와 굽는 일을 중지하지 않았다.

1. 광해군 9년(1617 정사) 6월 27일 경신

청기와 30눌訥에 들어가는 것에 대해서는, 안에서 내려준 염초 2백 근을 쓰는 외에, 부족한 숫자는 무역해 오면 자연 이를 옮겨 써서 구워 낼 수가 있으니 청기와를 굽기 위해 무역해 오는 물품은 넉넉하게 사오게 하라. (營建都監啓曰曾因聖教青瓦三十訥所入則內下焰硝二百斤外不足數則貿易〈中略〉傳曰依啓凡青瓦燔造所入貿易之物着令優數貿來)

---

91) 광해군일기 121권 광해군 9년 丁巳(1617) 11월 9일 경오
營建都監啓曰〈中略〉所用焰硝六千斤內三千斤則曾因傳教已貿於冬至使臣之行一千斤則義州府尹處一千斤則釜山收稅官處自都監貿來之意入啓蒙允已爲行會其餘未準數亦有都監今年用餘若干斤可以支用此外不必更貿後年所用則更觀明年事勢徐當處之爲當〈下略〉

92) 광해군일기 126권 광해군 10년 戊午(1618) 4월 10일 기해
營建都監啓曰〈中略〉青瓦之費有難勝言若造二百訥則當用三萬斤焰硝他物稱是

2. 광해군 11년(1619 기미) 1월 8일 임진

성절사聖節使 당상 역관 방의남方義男이 청기와 굽는 법을 배워 오고 목면 5동同을 가지고 염초 1천 5백 근을 사가지고 왔으니 그 염초를 가지고 속히 청기와를 굽도록 하고 의남에게 가자하라. (以秘密傳于營建都監曰聖節使堂上譯官方義男青黃瓦燔造法學習以來云詳問于義男以造而貿來兩色入之且貿來焰硝亦速捧用都監回啓曰義男所授木綿五同而今此所納焰硝一千五百斤已盡來納以前日他譯官所貿之價較之則其數三倍矣傳曰知道以此焰硝急急燔造青瓦而義男貿來之數三倍於他譯官加資)

3. 광해군 12년(1620 경신) 3월 21일 기해

청기와 굽는 일을 지금 막 시작했으나 염초가 떨어져서 청기와 만드는 일을 우선 정지하고 역관 최흘崔屹이 올려 보낼 것과 본소에서 따로 준비하기를 기다린 뒤 일을 시작하겠다고 하나 청기와 만드는 일은 정지할 수 없으니 그대로 만들도록 하라. (營建都監啓曰本所青瓦燔造時方起役而所用焰硝遺儲乏小青瓦之役近姑停止待譯官崔屹上送焰硝及本所別樣措備然後卽爲始役宜當答曰青瓦之役何可停止乎仍爲燔造)

4. 광해군 13년(1621 신유) 9월 17일 을묘

청와青瓦를 만드는 데 쓰이는 염초焰硝를 오직 무역에 의존하였는데, 요동의 길이 막히자 "가격이 너무 뛰어올랐을 뿐 아니라" 아무리 많은 돈을 가지고도 구할 곳이 없는데 이번 김순金純의 말에 따르면 누군가가 시험 삼아 구워 만들었다고 하니 염초를 구워 보내라고 사목 가운데에 첨가해 넣으라. (營建都監啓曰青瓦所用焰硝煮送一款專靠於貿易而遼路阻絶雖持重價有處絶無極爲悶慮今聞調度使金純之言則某條試爲煮取云焰硝煮送一款請添入於事目中傳曰允)

5. 광해군 14년(1622 임술) 4월 16일 신사

청와青瓦에 들어가는 염초焰硝를 구워 보낼 일로 김순金純과 장원張遠 등이 사목事目을 가지고 내려갔는데, 내려간 지 얼마 안 되었고 또 새로 설치한 국局도 아직 구워 오지 못하여 본소本所 재고가 고갈되어 역사를 정지해야 할 형편인데 염초가 있는 곳을 수소문하여 어렵게 한두 군데를 찾아냈으나 가격이 갑절이나 비싸 무명 3동同으로 겨우 1백 근을 사왔으나 서너 동만 더 얻으면 3백 근을 사올 수 있을 것이니 포물소布物所의 목면 3동을 옮겨다 쓰도록 하라. (新闕營建都監啓曰靑瓦所用焰硝金純及張遠等句管煮送事持事目下去而或以未付職下去未久或以新設之局未及煮取本所見儲之絶將爲停役極爲悶迫焰硝有處廣加見聞艱得一二處而價本倍重本數各樣撙節用餘木端只有三同而所貿僅滿百斤靑藥煮造役多而功少若加得數三同之木則可貿三百斤請布物所布綿三同移用傳曰允)

물론 청기와를 굽는 데는 염초만 부족했던 것이 아니었다. 두 궁궐을 짓는 데 들어가는 물자가 너무 많아 국가 재정이 궁핍해지기에 이를 정도였다. 이를 만류하는 상소도 있었으나 광해군은 듣지 않고 계속해서 궁의 재건을 추진하였다. 당시 영건도감營建都監의 상소를 보면 그 폐해가 얼마나 컸었는지 짐작이 간다.93)

---

93) 광해군일기 126권 광해군 10년 戊午(1618) 4월 10일 기해
영건도감이 아뢰기를, "두 궁궐 공사를 지난해에 시작하였는데 신들이 이 일을 맡고 보니 미혹되기만 할 뿐 이렇게까지 공사 규모가 엄청나고 마무리가 어렵게 될 줄은 정말 생각도 못 하였습니다. 나라에서 공사를 벌일 때에는 어쩔 수 없이 백성의 힘을 의지해서 마련해야 하는데 공사의 규모가 커지면 거기에 드는 비용 역시 커지기 마련입니다. 그런데 오늘날 백성들의 힘을 가지고 감당케 하는 것은 마치 난장이에게 산을 짊어지게 하고, 정위(精衛)에게〈註〉 바다를 메우게 하는 것과 같다고 하겠습니다. 공사를 시작한 뒤로 이미 사용한 면포(綿布)가 3천 2백 40여 동(同)이고 미곡이 3만 4천 4백여 섬입니다. 앞으로의 공사에 미곡 6, 7만 섬과 면포 수천 동을 쓰지 않으면 결코 이 일을 끝낼 수 없을 것입니다. 그런데 또 '장차 법궁(法宮)을 경영하려 한다'는 분부를 내리셨으니 그렇다면 또 앞으로 미곡 10만 섬과 면포 수천 동을 더 마련해야만 용도를 잇댈 수 있게 될 것입니다. 그리고 청기와에 드는 비용 역시 이루 말하기가 어려울 정도입니다. 만약 2백 눌(訥)을 만든다면 3만 근(斤)의 염초(焰硝)를 써야 되는데 다른 물건도 이에 비례합니다. 집집마다 찾아다니며 백성들을 설득할 수는 없습니다. 그리고 공사(公私) 간에 저축이 별도로 마련되어 있는지의 여부는 차치하고라도 모두가 하늘에서 떨어지거나 땅에서 솟는 것이 아니라 백성의 피와 땀에서 나오는 것인데 조그마한 우리나라에서 이토록 엄청난 비용을 내놓도록 한다면 백성이 어찌 곤궁해지지 않을 수 있으며 재물이 어찌 고갈되지 않을 수 있겠습니까. 춥거나 덥기만 해도 백성들은 원망하는 법입니다. 원하건대 성상께서 빠짐없이 헤아리시어 앞으로 결말을 지을 수 있을지의 여부를 미리 조용히 살펴보신 뒤 조속히 대책을 강구해 주시면 그런 다행이 없겠습니다. 어리석음을 무릅쓰고 진달하여 여쭙니다" 하니 전교하기를 "알았다. 내가 아무리 좋지 못한 사람이라 하더라도 이런 때에 법궁을 어떻게 함부로 지을 수 있겠는가. 청기와의 경우도 어찌 꼭 1년에 2백 눌을 다 만들어야 하겠는가. 10여 년을 기한으로 잡으면 편의에 따라 알아서 구워 만들 수 있을 것이다. 또 비록 법궁이라 하더라도 어찌 모두 청기와로 덮을 수 있겠는가. 하지만 두 궁궐의 공사는 실로 부득이해서 시작한 것이니 일단 착공한 이상 편의에 따라 잘 만들도록 해야 할 것이다. 장인과 역군들을 감독하여 세월만 보내지 말고 속히 공사를 끝내도록 하라" 하였다.
(營建都監啓曰兩闕之役始於上年而臣等當局而迷實不料役事之浩大與末梢收功之難至於此極也〈中略〉而但國有興作不得不倚辦於民力役鉅則勞費亦鉅今此兩闕之建實是無前大役以今日民力當之如焦僥之負山精衛之塡海〈中略〉始役後已用綿布三千二百四十餘同米穀三萬四千四百餘石〈中略〉非用米六七萬石布數千同決不能斷此役也〈中略〉然則又將加備十萬石數千同而後可以繼用也〈中略〉靑瓦之費有難勝言若造二百訥則當用三萬斤焰硝他物稱是〈中略〉難以家喩戶說毋論公私蓄積別措與否非天降地湧皆出於民生膏血以我國褊小而出費之數若是其太多

하지만 이 같은 상소에도 불구하고 광해군은 "두 궁궐 외에 추가로 짓기로 한 법궁法宮은 청기와를 쓰지 않으면 될 것이고, 두 궁궐의 공사는 부득이해서 시작한 것이니 일단 착공한 이상 편의에 따라 잘 만들도록 하되 염초가 부족하면 10년이 걸려서라도 마무리하라"고 하였다.

이처럼 청기와를 좋아한 광해군이었지만 과연 광해군 시절에 제대로 된 청기와를 구웠는지는 불확실하다. 이를 제대로 만들 줄 아는 장인도 없었고 여러 해를 두고 독려하여 만든 청기와는 불량품이 속출했다. 임진왜란을 거치면서 청기와 굽는 방법 자체를 아는 사람이 없어졌고 겨우 어려서 보고 들은 지식을 가지고 기와를 굽던 박용수라는 유일한 기술자마저도 죽고 나자 새로 배운 사람들은 더욱 그 방법에 익숙하지 못해 허다한 재물을 허비하면서 겨우 모양만을 갖추기 급급하였다. 그나마 만들어 놓은 청기와는 푸른색이 벗겨지고 붉은색으로 변하는 등 문제가 발생한 것이다.

청기와에 문제가 생기자 영건도감은 번와소燔瓦所의 낭청과 감역관을 추고推考하고, 청와를 굽는 편수장인編首匠人을 가두어 죄를 다스리자고 하였지만 광해군은 이들에게 죄를 묻지 않았다. 아마도 계속해서 청기와를 구울 욕심이었을 것이다. 내년 봄에 다시 구우라고만 하였는데 이미 제대로 된 장인이 별로 없는 마당에 그들마저 벌하고 나면 그나마도 청기와를 구울 장인이 없었기 때문일 것으로 판단된다.94)

하지만 이때는 이미 조선인들이 청자보다 백자를 선호하면서 고려청자에서 시작한 청자가 점차 분청자粉靑瓷로 변해 가고 있던 시기였고 또 임진왜란을 거치면서 많은 가마들

則民安得不困財安得不竭祁寒暑雨小民尙且怨咨〈中略〉唯願聖明備盡商量前頭可以結末與否先幾默察早爲之圖不勝幸甚〈中略〉冒昧陳稟傳曰知道予雖不淑此時法宮豈可輕造乎〈中略〉至如靑瓦何必一年盡造二百訥乎限以十餘年則自當隨便燔造矣雖法宮豈可盡蓋以靑瓦乎〈中略〉大槪兩闕之役實出於不得已也旣始之事隨便善造〈中略〉唯當檢督匠役勿爲玩愒從速畢役)

[註] 정위(精衛)에게 바다를 메우게 하는 것 : 불가능한 일이라는 뜻. 여름을 맡았다는 신(神) 염제(炎帝)의 딸이 동해에 빠져 죽어 정위라는 새가 된 뒤 늘 서산(西山)에서 나무와 돌을 물어다 동해에 빠뜨리면서 바다를 메우려 했다는 전설이 있음.『산해경(山海經)』, 북산경(北山經).

94) 광해군일기 134권 광해군 10년 戊午(1618) 11월 4일 기축

營建都監啓弘政光政兩殿所蓋靑瓦及雜像有剝落處靑黃瓦燔造之法經亂之後失其眞方頃日惟一朴龍守掇拾兒時聞見而製造猶不得其法自龍守死後新學之人尤不諳熟徒費許多材料僅得成形及此寒冱之日雨雪沾濕則乃有脫落靑色之患若此不已深恐終至於盡變爲赤而無靑色矣深可憂慮此雖非郎廳造官等不愼監造之罪而係是生事於殿閣蓋覆體面重大請燔瓦所郎廳監役竝爲推考靑瓦編首匠人囚禁治罪爲當傳曰迎恩門關王廟皆以靑瓦燔造蓋覆別無脫落變赤之事今此新宮鷲頭龍頭雜像盡爲脫落變赤極爲可怪待明春改造蓋覆而今姑勿爲推考囚禁

도 파괴되었을 뿐 아니라 사기장沙器匠들은 왜구들에게 납치되어 분청자마저도 소멸되기 시작한 시점이었다. 따라서 광해군의 청기와에 대한 욕심에도 불구하고 양질의 청기와를 생산하는 데는 실패하였는지도 모른다. 이와 같은 이유에서였는지는 알 수 없지만 광해군 13년(1621)에는 염초뿐만이 아니라 청기와 자체를 수입하기도 한다.95)

이렇게 청기와를 굽는 데 염초를 비롯한 국고 물자를 대량으로 소비한 것을 두고 후일 『광해군일기』를 편찬하던 사관史官들은 "책임을 맡고 있는 자들이 이런 폐단을 진달하여 만분의 일이나마 폐단을 구제하지 않았으니, 애석하도다"라고 논하며 이를 비판하기도 하였다.96)

3-3. 의약품과 염초

염초焰硝가 화약 제조용 이외에 사용되던 곳이 더 있었으니 바로 의약용이다. 『조선왕조실록』의 기록을 보면 염초를 약용藥用으로 사용하였다는 기록들이 발견되는데 우선 그 첫 번째로 염초를 역질疫疾 치료에 사용하였다는 기록이 있다. 수많은 사람이 역질에 걸려 자리에 누워 신음하고 있으나 여염閭閻 사람들은 약이 없어 죽어 가고 있을 때 "염초가 염병(瘟病)에 좋다"고 했던 것이 그것이다.97)

두 번째로는 피부병 치료제로 썼다는 기록도 있는데 청나라에서 염초를 밀수입하다

---

95) 광해군일기 166권 광해군 13년 辛酉(1621) 6월 25일 을미
營建都監啓曰燔瓦所青瓦所用上品焰硝貿易木十同且私瓦貿易價木六十同出給矣傳曰依啓

96) 광해군일기(태백산본) 116권 광해군 9년 丁巳(1617) 6월 27일 경신
〈사신은 논한다. 제대로 이지도 않은 띠풀집과 세 층의 계단을 흙으로 쌓은 집에 거처하였는데도 아주 먼 옛날부터 다스림에 대해 말할 때면 반드시 요순(堯舜)을 칭한다. 그리고 하대(夏代) 말기로 내려와 곤오(昆吾)가 기와를 구운 것에 대해서 검소한 덕을 숭상하는 임금이 이미 사치스럽다고 하였다. 그런데 어찌 반드시 만 리 바깥에서 회회청(回回青)을 사와서 정전(正殿)의 기와를 문채 나게 한 다음에야 서울을 우뚝하게 할 수 있는 것이겠는가. 더구나 지금 적당한 시기가 아닌데 크게 토목공사를 벌여서 국가의 재정이 탕갈되었는데 이겠는가. 그런데도 도감을 맡고 있는 자들은 매번 사치스럽고 크게 하기만을 일삼으면서 일찍이 한 사람도 한 마디 말을 하여 폐단에 대해 진달해서 만분의 일이나마 폐단을 구제하지 않으니, 애석하도다.〉

97) 선조실록 52권 광해 27년 甲午(1594) 6월 18일 乙丑
〈前略〉今年大小人疫莫不臥痛〈中略〉閭閻之人不得服藥故多死云〈中略〉焰消似好於瘟病矣〈下略〉

가 적발되고 나서 청나라의 칙사勅使가 사문査問할 때 밀매한 염초의 용도를 자백한 내용인데 몸에 창질瘡疾이 나서 약으로 쓰려고 밀수를 했다고 하였다.[6-56]

『조선왕조실록』의 기록만으로는 실제로 염초가 약재藥材로 사용되던 것인지 여부를 확인할 수 없지만 중국 사신들도 염초의 용도에 대해서는 잘 알고 있었을 것이라고 본다면 근거 없는 거짓말을 하지는 않았을 것이다. 변명을 하더라도 납득이 가는 변명을 했을 것이다. 또한 밀수한 양이 한 주먹 정도밖에 되지 않는 적은 양이었던 것을 보면 화약이나 다른 용도에 사용하기에는 너무 적은 양으로서 실제로 염초를 약藥으로 쓰려고 했던 것으로 보인다.

명나라 때 이시진李時珍(1518~1593)이 쓴 『본초강목本草綱目』에서도 "화약은 **창선**瘡鮮과 살충에 주효하며 습기와 **온역**溫疫을 제거한다" 하였다. 화약을 사용했다는 것에는 의문이 가지만 염초를 화약과 동일시하던 시기였던 만큼 염초를 종기(瘡疾) 치료에 사용했다고 볼 수는 있다.

동의보감과 염초

『조선왕조실록』에서는 간단한 기록만 발견되지만 각종 의학서들에서는 이 같은 염초의 약용藥用에 대해 상세히 확인할 수가 있다. 우선 우리나라 고대 의학서의 대표라 할 수 있는 『동의보감東醫寶鑑』에서 염초를 약용으로 사용한 사례를 살펴보았다. 대표적인 것으로 『동의보감』「내경편內徑篇」에 대소변을 누지 못할 때(大小便不通)의 치료법, 즉 도변법道便法 단방單方으로 염초焰硝를 사용하는 처방이 수록되어 있다.[98]

이외에 『동의보감』에서는 무려 30여 곳에서 각종 약제나 질병에 염초를 사용하고 있다. 『동의보감』 중에 염초를 사용했던 사례들을 약제나 병증病症별로 요약, 정리해 보면 다음과 같다.

98) 동의보감 내경편 도변법 단방(東醫寶鑑 內徑篇 道便法 單方)
〈前略〉 단방에는 모두 70가지가 있다. 〈中略〉 염초는 관격(關格)이 되어 대소변이 나오지 않는 것을 치료한다. 꿀 1종지와 염초 2전을 끓인 물 1종지에 타서 빈속에 먹는다.(〈前略〉單方 : 凡七十種〈中略〉焰硝 : 治關格大小便不通蜜一鍾硝二錢白湯一鍾空心調服卽通〈下略〉)

1. 동의보감東醫寶鑑 내경편內徑篇

- 신神 : 주사고朱砂膏, 청심곤담환淸心滾痰丸
- 담음淡飮 : 청화활담환淸火豁痰丸, 죽력달담환竹瀝達痰丸, 곤담환滾痰丸
- 대변大便 : 대소변불통大小便不通

2. 동의보감東醫寶鑑 외형편外形篇

- 구설口舌 : 중설重舌, 구창口瘡
- 아치牙齒 : 웅황정통고雄黃定痛膏
- 인후咽喉 : 취후산吹喉散, 치후비治喉痹, 금쇄시金鎖匙, 용뇌파독산龍腦破毒散
- 피皮 : 주일절진主一切疹
- 전음前陰 : 회춘산回春散
- 후음後陰 : 취루농법取漏膿法, 독호산獨虎散, 세치법洗痔法, 각독탕却毒湯

3. 동의보감東醫寶鑑 잡병편雜病篇

- 구급救急 : 유황산硫黃散
- 잡방雜方 : 취선향聚仙香, 운모고雲母膏, 조황단법造黃丹法
- 부인婦人 : 소아태독小兒胎毒, 치사태불하治死胎不下
- 소아小兒 : 탈명산奪命散, 빙황산氷黃散, 우황산牛黃散, 화단독火丹毒,
  보유화풍단保幼化風丹, 서각화독단犀角化毒丹, 초담고硝膽膏

4. 동의보감東醫寶鑑 탕액편湯液篇

- 석부石部 : 치일절담화治一切痰火, 청몽석靑礞石

특히『조선왕조실록』에서 언급했던 창질瘡疾을 비롯해서 각종 피부병 치료제로 염초가 사용되던 사례만을 발췌해 보면 다음과 같다.

외형편外形篇 피皮

• 망초芒硝 : 일체의 반진을 치료한다. 물에 달여 바른다. 염초도 좋다.
(主一切疹水煮塗之焰硝亦可)

잡병편雜病篇 잡방雜方

• 운모고雲母膏 : 운모, 염초, 감초 각 4냥 〈中略〉 여러 가지 옹저癰疽와 창종瘡腫에 붙이거나 먹으면 신기하게 효험을 본다. (雲母焰硝甘草各四兩〈中略〉凡癰疽瘡腫外貼內服神效)

잡병편雜病篇 소아小兒

• 우황산牛黃散 : 여러 가지 헌데 〈中略〉 우황, 편뇌 〈中略〉 염초 한 돈 반, 위의 약들을 가루 내어 매번 조금씩 뿌려 준다. (諸瘡〈中略〉牛黃片腦〈中略〉焰硝一錢半右末每少許糝之)
• 초담고硝膽膏 : 여러 가지 헌데 〈中略〉 망초를 가루 내어 저담즙으로 개어 바른다. 망초가 없으면 염초도 괜찮다. (諸瘡〈中略〉芒硝爲末調猪膽汁塗之無芒硝則焰硝亦可)
• 서각화독단犀角化毒丹 : 두창痘瘡의 여독이 풀리지 않아 〈中略〉 길경 한 냥 〈中略〉 염초 〈中略〉 3돈 〈中略〉 위의 약들을 가루 내어 〈下略〉
(治痘疹餘毒未解〈中略〉桔梗一兩〈中略〉焰硝〈中略〉三錢〈中略〉右爲末〈下略〉)

『동의보감』 외에도 염초를 약용으로 처방하던 한의학 서적들은 많다. 대표적인 것으로 『의림촬요醫林撮要』를 들 수가 있다. 이 책은 중국과 한국을 망라하여 역대 한의학자들의 전기를 연대별로 수록한 책으로 『동의보감』의 원류라고도 할 수 있다. 명종 때 허준의 선배격인 정경선鄭敬先이 편찬하고 양예수楊禮壽가 교정한 것으로 현재 남아 있는 것은 선조 초에 박세거朴世擧와 손사명孫士銘이 보정하여 간행한 것이다. 그중 염초가 약재藥材로 사용되고 있는 것들이 수십 가지에 이르는데 죽력달담환竹瀝達痰丸, 초담고硝膽膏, 곤담환滾痰丸, 취선향聚仙香, 운모고雲母膏 등 『동의보감』과 일치되는 것이 많다. 이외에도 『의문보감醫門寶鑑』, 『금궤비방金匱秘方』 등 여러 의학서에서도 염초를 약용으로 사용한 사례가 있으나 생략하기로 한다.

최근에는 북한의 동의東醫 부문 의료인들이 지난 50여 년 동안의 진료 과정에서 얻은 자료를 수집, 편찬한 『동의치료경험집성東醫治療經驗集成』에서도 초석硝石과 활석滑石으로 초석산硝石散을 만들어 요도결석尿道結石의 치료제로 사용한다고 하였다.

3-4. 기타 염초의 용도 - 은장銀匠과 숙피熟皮

염초를 은장銀匠이나 가죽을 삶는 데(熟皮) 사용하였다는 기록도 있다. 염초 밀수가 적발되고 청나라 칙사勅使가 사문查問하는 과정에서 나온 얘기로서 효종 8년(1657)의 일이다.[6-52] 그렇다면 정말 은장과 가죽을 삶는 데 염초를 사용했을까? 이 또한 터무니없는 말은 아니었을 것이다. 앞서 염초를 약용으로 쓸 것이라고 했을 때처럼 만약 쓰지도 않는 곳에 쓸 것이라고 거짓을 고하다 들통이 나면 죄가 더 커질 것이라는 것은 누구나 생각할 수 있는 일이기 때문이다.

우선 은장에 염초를 썼는지 살펴보기로 한다. 당시 은장의 정확한 뜻이 무엇인지 알 수 없지만 옛날 은銀을 정제할 때 초석을 사용했다는 사실이 『천공개물天工開物』에[99] 나와 있는 점을 보면 은장이란 은을 제련하는 공정을 지칭했던 것으로 짐작해 볼 수 있다. 현재도 초석을 사용하는 은 제련법이 소개되고 있다.[100]

두 번째로 가죽을 삶는 데 쓰였는지를 알아보자. 동물의 가죽은 단백질덩어리로서 고화가 되면 뻣뻣해지기 때문에 사용할 수가 없다. 따라서 이를 가공하는 과정이 필요하다. 일반적으로 동물로부터 벗긴 가죽은 '피皮'라고 하고, 이 가죽의 털을 제거하고 방부防腐처리를 해서 구두나 가방 등으로 이용할 수 있도록 가공한 가죽을 '혁革'이라 하는데 이 가공 공정을 무두질이라 한다. 오늘날 무두질 방법에는 여러 가지가 있으나, 가장 일반적으로 사용되고 있는 것은 탄닌Tannin을 사용하는 탄닌 무두질과 크롬 화합물이 주성분인

---

99) 天工開物 卷14 五金 銀
〈前略〉去疪僞而造精純 高爐火中 坩鍋足煉 撤硝少許 而銅 鉛盡滞鍋底 名曰銀銹〈下略〉

100) 발명특허
출 원 번 호 : 10-1988-0010533(1988. 8. 19)
발명의 명칭 : 티탄, 크롬, 철 등을 함유한 혼합 금은 광석으로부터 금은 제련법
대표 청구항 : 〈前略〉 광석분을 1000으로 할 때 〈中略〉 초석 30-50 〈中略〉의 배합비로 원료를 배합하는 제2공정, 〈下略〉

용액을 사용하는 크롬 무두질을 들 수가 있다.

하지만 조선시대에 사용하던 무두질 방법은 아니었고 대신에 염초를 사용하는 무두질 방법이 있었는지 살펴보아야 할 것이나, 그 분야의 비전문가인 필자로서는 한계가 있다. 다만 필자는 앞의 〈9-3-1절〉에서 초硝라는 글자의 뜻이 현재의 중국어에서 명사名詞로서는 초석硝石을 의미하고 또 그 글자의 뜻이 "유리 만드는 초硝"라는 것에서 처음에는 유리를 구울 때 염초를 사용했을 것이라 한 바 있다. 그런데 '초硝'는 명사가 아닌 동사動詞로 사용할 경우, 현재의 중국어에서도 **"가죽을 무두질을 하다"**라는[101] 뜻으로 쓰이고 있다. 따라서 이 한 가지만을 보더라도 과거에는 염초로 무두질을 하였다는 것을 짐작해 볼 수 있다.

실제로 조선에서는 염초를 가죽가공에 사용하고 있었던 사실을 알려주는 기록도 있다. 허준은『동의보감』에서 **"지상地霜을 재련再煉하지 않은 것을 박초朴硝라고 하는데 소나 말의 생가죽을 삶는 데(熟生牛馬皮) 사용하며 따라서 피초皮硝라고도 한다"**라고 하였다.[102] 가죽을 삶는 데 염초가 쓰였음은 의심할 필요가 없다고 본다.

---

101) NAVER 중국어사전(고려대학교 민족문화연구원, "中韓辭典", 2004)
硝〔동사〕가죽을 무두질하다.

102) 東醫寶鑑 湯液篇 石部
朴硝 : 〈前略〉一名硝石朴 掃得地霜 一煎而成 未經再煉 故曰朴硝〈中略〉可以熟生牛馬皮 故亦曰皮硝〈下略〉

04_

조선시대의 화약 발파

조선에서 산업용으로서 화약을 이용한 암석 발파 기록은 없다. 단 한차례 성곽을 부수기 위한 화약 발파가 있을 뿐이다. 순조 11년(1811) 12월 18일 홍경래가 난亂을[103)][104)] 일으켰을 때 이를 진압하기 위한 과정에서 있었던 일이다.

넓은 의미에서 조선시대 최초의 농민봉기라고 할 수 있던 홍경래의 난은 평안도 일대에서 시작되었는데 불과 며칠 사이에 정주성定州城을 비롯하여 여러 고을을 점령하며 기세를 올리기도 하였으나 12월 29일, 전열을 정비한 관군과의 전투에서 패한 뒤 정주성定州城으로 퇴각해 들어가 장기간 농성籠城을 시작하였다.

그 후 정주성의 봉기군蜂起軍은 관군官軍에 맞서 전투를 계속하면서 성을 지켰으나, 순조 12년(1812) 4월 19일 땅굴을 파 들어가 성을 파괴한 관군에 의해 진압되고야 말았다. 2,983명이 체포되어 여자와 소년을 제외한 1,917명 전원이 일시에 처형되었고, 지도자들은 전사하거나 서울로 압송되어 참수되었는데 이때 관군이 성을 공격하면서 화약을 사용하여 성벽을 파괴하였다고 한다.

4월 3일 북성北城 밑을 파기 시작해서 16일 동안에 걸쳐 땅굴을 만든 다음, 4월

---

103) 순조실록 14권 순조 11년 辛未(1811) 12월 20일 갑자
平安兵使李海愚密啓今十八日四更後營下民人忽然波動塡街出城日出後稍安繼有博川郡守任聖皐私書送校言捉得邑民康麟査問則招言嘉山出身李禧著以淸北富民數年前移居於大定江邊多福洞深僻處以採金之利招募人丁故至其處則數多軍兵衣黑戴靑而有槍劍旗幟之屬又有馬匹屯聚云當日營校得博川校所持賊牒二張而來言賊徒已犯嘉山邑云監司李晩秀啓語亦同

104) 국조보감 제78권 순조조 3, 11년(辛未, 1811)
12월 관서의 토적(土賊) 홍경래(洪景來)가 패거리를 모아 가산군(嘉山郡)을 겁탈하였는데 그 와중에 군수 정시(鄭蓍)가 죽임을 당하였다. 〈下略〉

18일 화약 수천 근을 땅굴에 넣고 19일 새벽 불을 붙여 화약을 폭발시켰는데 이 폭발로 인해 체성體城 10여 간이 대석臺石 · 포루鋪樓와 함께 산산조각으로 부서져 내렸으며 북성北城에 매복하고 있던 봉기군蜂起軍들은 깔려 죽거나 모두 흩어져 달아났다고 하였다.[105][106]

이를 두고 발파라고 할 것인가는 생각해 볼 여지가 있긴 하지만 당시에는 발파라는 용어를 사용하지 않을 때이고, 또 그 용도가 산업용이 아니었을 뿐 분명한 화약발파였다고 할 수 있다. 발파란 "대상물 속에 구멍을 뚫어 폭약을 재어 넣고 폭파시키는 것"이라는 사전적 의미만으로도 발파로 규정지을 수밖에 없다.

그렇다면 정주성을 폭파한 것 외에는 화약을 이용한 발파가 전혀 없었을까? 즉 정주성 발파가 조선 최초 발파였을까? 이에 대한 확증은 없지만 정주성定州城을 화약으로 파괴하던 당시의 기록을 살펴볼 때 그것이 최초였을 것으로 짐작해 볼 수가 있다.

우선 중군中軍 유효원柳孝源은 정주성 함락 결과를 치보馳報하면서 "성을 공격하는 방법으로는 거인距闉(성을 오를 때 쓰는 도구)을 이용하여 병사들이 성벽을 기어오르는 것과 성벽 밑에 땅굴을 파고 침투하는 것이 기본적인 방법인데(距闉與掘土爲攻城之要法) 이번 정주성을 공격할 때는 땅굴을 파고 그 속에 화약을 넣고 터트리는 방법을 사용하였다"[9-105]는 내용으로 보고하고 있다. 즉 정주성 폭파가 화약을 이용한 최초의 발파였음을 설명하고 있는 것이다. 만약 과거에도 유사한 일이 있었다면 그 공격 방법을 설명하는 데 이런 화법을 쓰지는 않았을 것이기 때문이다.

그뿐만 아니라 같은 날짜의 『순조실록』에서 정주성定州城을 화약으로 파괴한 일을 두고 **파성사적**破城事蹟이란 제목 아래 성을 폭파한 일에 대한 공적功績을 다음과 같이 상세

---

105) 순조실록 15권 순조 12년 壬申(1812) 4월 21일 계해

巡撫營啓言臣營中軍柳孝源馳報以爲<u>距闉與掘土爲攻城之要法自本月初三日爲始築闉於東城掘土於北城至十八日告訖</u>爲先團束各將領暗令進陣於城外四面<u>當日四更藏藥數千斤於地道從傍穴燃火少頃火發勢迅聲震體城十餘間幷與臺石舖樓片片崩碎北城埋伏之賊盡爲壓死列堞守直之卒亦皆奔潰</u>〈下略〉

106) 국조보감 제78권 순조조 3, 12년(壬申, 1812)

4월 신유일(19일) 대군(大軍)이 정주성을 수복하였다. 유효원(柳孝源)이 장수들에게 계책을 지시하여 동성(東城)에 거인(距闉)을 쌓아 가리고 <u>북성(北城)에 땅을 파서 지하도를 만들어 화약을 묻어 두었다가 옆의 구멍으로부터 불을 붙이게 하였다. 잠시 후 화약이 폭발하면서 성이 무너지자 성첩의 적이 모두 깔려 죽고 남은 자들은 모두 달아났다.</u> 대진(大陣)이 군대를 정비하여 성에 들어가서 사방으로 포위한 채 수색하였는데, 홍경래(洪景來)는 탄환에 맞아 죽었으므로 참수하여 상자에 담아 올려 보내고 그 밖에 적 우두머리 가운데 생포된 자는 모두 함거(檻車)에 실어 올려 보냈다.

한 기록으로 서술한 것을 보더라도 당시로서는 매우 획기적인 일이었고 또 새로운 공격방법이었음을 알 수가 있는바, 역시 최초의 발파였다는 것을 입증하는 증거가 될 것이다.

【破城事蹟(성을 깨뜨릴 때의 사적)】

땅파기는 3일부터 시작했다. 역사役事를 시작할 때 군졸 3백 명을 6번으로 나누고 윤번으로 부역赴役하여 사흘을 일하게 하였다. 처음에는 운산雲山의 연군鉛軍을 썼는데 모두 11명이었고 땅을 판 곳에서 성 아래까지는 1백 6, 70보쯤 되었다. 처음 땅을 팔 때는 10보 간격으로 끊어 7군데를 팠는데 구덩이의 높이는 포백척布帛尺으로 2자 5촌寸이었으며, 너비도 또한 그와 같았다. 먼저 빈 섬으로 흙을 담아 축장築障을 만들어 화살과 탄환을 피하였으며, 만약 파는 것이 축장을 지나치면 방패로 그 등을 보호하고, 축장을 향해 걸어 나가 옮겨 쌓았다. 그리고 또 다시 축장의 뒤에서 흙을 팠는데 이미 팠으면 횡목橫木을 그 가운데 가로질러 빈 섬으로 그 위를 덮고 또 흙을 그 빈 섬 위에 덮어 적들이 알지 못하게 하였다. 그 앞 30보에서 언덕이 끝나고 구덩이가 되었으므로 북쪽에서 서쪽으로, 서쪽에서 다시 남쪽으로 또 그 앞 60보에서는 사방 1자 8촌의 크기로 파서 북장대北將臺 아래까지 이르게 하였다. 그런데 역부役夫들이 땅 속으로 다녀 방향을 알지 못하였으므로 그 위를 둘레가 7촌이 되게 파서 땅 밖까지 이르도록 하고는 그 안으로 깃발을 세워 그 방향을 알 수 있게 하였다. 성 아래에까지 이르러서는 판 것이 길이가 3자, 너비가 3자 5촌, 높이가 2자 5촌이었다. 역사를 시작한 것이 18일에 끝났으니 무릇 16일이 되었다. 사용한 화약은 1천 7백 11근, 연지燃紙를 싼 것이 또 90근으로 도합 1천 8백 근이었다. 18일 밤에 먼저 상床과 소목燒木과 빈 섬으로 굴 안에 깔고 화약을 가운데 쌓았다. 또 종이로 화약을 싸되 둘레는 손가락 하나 정도, 길이는 세 발쯤으로 하여 죽통竹筒 안에 넣었다. 죽통은 둘레가 지팡이로 삼을 만하였는데, 그 반을 쪼개어 안에 있는 막힌 마디를 긁어내고 다시 하나의 조각으로 합쳐 땅속으로 넣은 다음 진흙으로 그 구멍을 막았다. 그리고는 잘 마르고 썩은 화승火繩을 가져다 큰 엄지손가락처럼 다시 겹쳐 끈을 만들어 그 죽통 끝에다 매달았다. 19일 동이 틀 때에 불을 붙이니, 일시에 성이 무너졌다.[107)]

굳이 발파라고는 하였지만 요즘의 암석 발파는 분명 아니다. 전란 중에 성곽을 무너뜨리기 위한 발파였고 또한 흑색화약을 이용했던 1회성에 그친 것으로서 크게 가치를 부여하기에는 부족한 점도 많다. 하지만 조선시대에 화약을 이용하여 발파를 했던 유일한 기록이며 나름대로 상세히 전해지는 기록으로서 참고할 가치는 있다고 본다.

아쉬운 점이라면 이처럼 일찍이 화약 발파에 대한 좋은 경험을 했음에도 불구하고 더 이상 이를 활용하지 못하고 지나쳐 버렸다는 것이다. 당시 유럽에는 이미 흑색화약을 이용한 발파기술이 보급되어 있을 때였고 또한 조선에도 서양의 신문물이 전해 오기 시작하던 시절이었다. 만약 그때의 경험을 바탕으로 해서 좀 더 적극적인 사고를 가지고 암석 발파에 화약을 이용해 볼 생각을 했더라면 어쩌면 우리나라 화약 발파의 역사를 100년 가까이 앞당길 수 있었을지도 모른다.

---

107) 순조실록 15권 순조 12년 壬申(1812) 4월 21일 계해

【破城事蹟】

掘地自初三日爲始始役則用軍卒三百名分六番〔輪〕次赴役役三日始用雲山鉛軍凡十一名而自開掘處至城下可爲百六七步許始掘也間十步〔斷鑿〕爲七所壙高量以布帛尺爲二尺五寸廣亦如之先以空石盛土作爲築障以避〔矢〕丸而若掘過築障之前則以防牌護其背回身向〔築〕障進步移築又復掘土於築障之後既掘則橫木其中以〔空〕石舖其上〔又〕次〔以〕土覆〔空〕石之上使賊不得知其前三十步〔盡,而〕阜墩爲〔坎陷〕故自北而西自西而復南又其前六十步壙四面爲一尺八寸當掘至北將臺下而役人由地中行不知所向鑿其上面圍七寸達於地外建旗於其中以識其方反進到城下則所掘長爲三尺廣爲三尺五寸高爲二尺五寸自始役至十八日訖功凡爲十六日所用火藥爲一千七百一十斤燃紙所包又爲九十斤合一千八百斤十八〔日〕夜先以床與燒木與空石鋪置壙中積火藥於其上又以紙裹藥圍一指長可三把納于竹中竹圍可爲杖剖其半腹刮去〔隔〕節復合爲一片納于地中後以泥土塞其穴取火繩之乾且朽者更爲疊繚如大拇指懸于其竹端至十九〔日〕開東時以火燃之踰一時城乃壞

제 1 0 장

조선의 화약 관련 법률과 관제

01_

조선의 화약 단속 법률

화약은 위험한 물건이기도 하였지만 매우 중요한 군기軍器의 하나로서 조선조 내내 엄한 단속의 대상이었다. 대외적으로 외적의 침입에 대비해야 하는 것은 물론이고 대내적으로는 강력한 왕권을 유지하기 위해서도 화약은 국가가 독점할 필요가 있었기 때문이다. 하지만 조선이 법률에 "화약"을 명시하고 단속한 것은 정조 9년(1785) 『대전통편大典通編』이 편찬된 이후였다. 그 이전에는 화약의 주원료인 염초焰硝를 군기류軍器類의 일종으로 분류하여 이를 단속함으로써 간접적으로 화약의 제조, 유통, 사용 등을 단속하였으며, 화약과 관련된 중한 범죄 행위가 발생하면 사안에 따라 논의를 거쳐 형량을 결정하는 것이 일반적이었다.

1-1. 조선 법률의 변천

먼저 조선의 법률 변천과정을 간략히 살펴보고 나서 각각의 화약 단속 내용에 대한 세부 내용을 검토해 보기로 한다.

삼국시대에 이미 율령律令이 있었다는 사실은 『삼국사기』 등을 통해 확인되고 있다. 하지만 법전 형식으로 편찬된 것은 고려시대였다. 고려 말 우왕 시절(1374~1388년), 『주관육익周官六翼』이라는 관례집慣例集이 만들어졌고 공양왕恭讓王 4년(1392) 정몽주鄭夢周가 원나라 법규인 '지상예격至上例格'과 명나라의 '대명률大明律'을[1] 참작, '신정률新定律'을 만들었으나 지금은 모두 전하지 않는다.

조선 건국 초, 대명률大明律을 이해하기 쉽도록 이두를 섞어 고쳐 쓴 『대명률직해大明律直解』가 출간되었다. 고려 우왕 14년(1388) 9월 전법사典法司에서 대명률의 준용準用을 건의하였고, 조선 태조 즉위 시에 그 준용準用이 결정되어 태조 4년 이두로 직해直解하여 인출印出, 반포한 것이다. 그 후 대명률은 조선 형사법刑事法의 하나가 되었고 세조, 성종 연간年間에 제정, 공포되는 『경국대전經國大典』「형전刑典」과 함께 구한말 광무 9년(1905) '형법대전刑法大全'이 제정 · 시행될 때까지 그 효력을 지속하였다.

조선조에 들어 정도전鄭道傳이 『조선경국전朝鮮經國典』을 찬집撰集한 바도 있으나, 국가에서 정식으로 편찬한 것은 태조 6년(1397) 12월 26일 반포頒布된 『경제육전經濟六典』으로서 이른바 "조종성헌祖宗成憲"이라는 조선 최초의 성문법이다.

세조 즉위와 함께 『경제육전』 이후의 교지敎旨, 판지判旨, 조례條例 등을 포함하는 새로운 성문법전을 만들기 시작하여 세조 6년(1460) 호전戶典을 먼저 만들고 『**경국대전**經國大典』이라 하였다. 그 후 6전典이 완성되고, 수차례의 개정을 거쳐 성종 15년(1484) 12월 최종 감교監校를 마친 대전大典이 인쇄 · 반포되었는데 이를 『을사대전乙巳大典』이라 한다. 현존하는 『경국대전』이란 바로 이 『을사대전』을 말한다.

『경국대전』 이후, 각종 수교受敎들을 정리할 필요가 생기게 되자 성종 23년(1492) 「대전속록大典續錄」을 시작으로 1543년 「대전후속록大典後續錄」, 1576년 「각사수교各司受敎」, 1698년 「수교집록受敎輯錄」, 1706년 「전록통고典錄通考」, 1743년 「신보수교집록新補受敎輯錄」 등이 발간되었고, 영조 20년(1744) 이들을 종합하여 『**속대전**續大典』이 편찬되었으니 바로 이것이 『경국대전』의 속전續典이다.

정조 9년(1785) 『경국대전』과 『속대전』을 한데 모으고 다시 『속대전』 이후의 수교受敎와 조례를 보찬補纂하여 『**대전통편**大典通編』이 편찬되었는데, 조선 초의 『경국대전』을 잇는 제2의 조선왕조 법전 정리 작업이었다.

고종 2년(1865) 『대전통편』 이후 약 80년간의 수교, 조례 및 교지敎旨 등을 정리한 『**대전회통**大典會通』이 편찬되었다. 『대전통편』 간행 이후 국내외의 정세가 크게 변동되고

1) 대명률(大明律) : 중국 명나라 법률. 주원장(朱元璋)이 칭제(稱帝)하기 전인 오왕(吳王) 원년(1367) 12월 처음 반포되었는데 당률(唐律)을 본떠 만든 것으로서 오늘날 전해지는 대명률은 홍무(洪武) 30년(1397)에 개정, 반포된 것이다.

정치 · 경제 · 사회 전반의 개혁이 요구되는 시점에서 그 전제가 되는 법령의 정비가 필요해지자 출판한 것이 바로 『대전회통』으로서 조선왕조의 마지막 법전이다.

1-2. 조선 법률의 화약 단속 조항

경제육전經濟六典과 대명률大明律

『경제육전』에는 화약 단속 조항이 없었던 것으로 판단된다. 조선 최초의 성문법인 『경제육전』은 그 원형이 전해지지 않긴 하지만 『조선왕조실록』 여기저기에 적지 않게 실려 있는 개별 조문들 속에서도 화약 단속 조항은 발견되지 않는다. 또한 조선 초기 화약을 단속할 때 명나라 법률인 '대명률大明律'을 적용하던 사례들이 발견되는 것을 볼 때도 『경제육전』에는 화약 단속 조항이 없었음을 알 수 있다.

화약과 관련된 범죄자들에게 대명률을 적용했던 사례로는 세종 시절 염초焰硝로 구슬을 구워 매매하는 것을 엄히 금지하고 있음에도 여전히 근절되지 않고 있을 때 대명률의 "인마人馬와 갑옷 · 방패 · 화통火筒 · 화포 · 기둑旗纛 · 호대號帶 따위의 금지에 해당하는 군기軍器를 사사로이 가진 자의 처벌 규정"을 적용한 것을 들 수 있다.

병조兵曹에서 '**대명률**大明律'을 인용하여 "무엇이든지 염초焰硝로 구워 만든 물건을 사서 가진 자는 **군기軍器를 사사로이 가진 자의 예에 따라** 곤장 80에 처하고, 사사로이 구워 만든 자는 비록 한 번만 하였더라도 **군기軍器를 사사로이 만든 자에게 가등加等하는 예에 따라** 곤장 1백과 3천 리 귀양에 처하게 하여 금지규약을 엄하게 할 것"을 건의했을 때 세종 임금이 "아뢴 대로 염초의 금법禁法을 정하니 집집마다 이르고 깨우쳐서 법을 범함이 없게 하라"고 윤허했던 것에서 조선 건국 초기의 화약 단속을 위한 법은 대명률이었음을 알 수 있다.[2)]

---

2) 세종실록 116권 세종 29년 丁卯(1447) 4월 8일 기해

己亥議政府據兵曹呈啓以焰硝燔造珠玉買賣者已於正統八年受教痛禁然利重罰輕故似前燔造買賣軍國重物公然私用甚爲不可謹按《大明律》私有人馬甲防牌火筒火砲旗纛號帶之類應禁軍器者一件杖八十私造者加一等罪止杖一百

경국대전經國大典

『경국대전』「형전刑典」 "금제禁制"에서 **잠매금물자潛賣禁物者**에 대한 처벌 규정을 정하면서 염초를 금물禁物로 지정, 그 유통을 단속할 수 있는 근거를 마련하였다. 이것이 바로 조선 최초의 염초 단속 조항이다.[3)]

그 내용을 보면 "금물禁物로 지정된 것을 몰래 판 자는 장일백杖一百 도삼년徒三年에 처하고 그중 죄질이 무거운 자는 교수絞首한다"고 되어 있는데 염초 잠매자潛賣者를 군기류와 함께 죄질이 무거운 자로 분류하여 교수형에 처하는 엄한 규정을 적용한 것이다. 경국대전에서는 금물로서 활세포闊細布 · 채문석綵紋席 · 후지厚紙 · 초피貂皮 · 토표피土豹皮 · 해달피 등과 철 · 우마牛馬 · 금은 · 보석 · 주옥 · 염초 · 군기軍器 등을 규정하고 있는데, 여기서 염초는 그 자체뿐만이 아니라 화약까지를 포함한 것이라고 볼 수도 있다.

하지만 이 법조문만 가지고 죄를 묻기에는 허술한 부분이 너무 많았다. 따라서 금물조禁物條를 적용하기가 애매한 경우가 발생하면 그때마다 논의를 거쳐 죄인들의 형량을 정해야만 했다. 예를 들면 "몰래 파는 금지품 가운데는 활과 화살이 가장 중요한데 『경국대전』 잠매금물조潛賣禁物條에 활이나 화살은 들지 않았으니, 이제부터 활이나 화살을 몰래 파는 사람은, 금지된 물품 중에서도 중요한 물품을 판 죄로서 논죄토록 하자"는 논의가 있었으며,[4)] 또 다른 예로는 장효례張孝禮라는 자가 중국에 가서 팔려고 금물인 은전銀錢을 가지고 가다가 발각된 사건인데 『경국대전』에는 "금물을 몰래 **판 자** 가운데 중한 자는 교수형에 처한다"라고만 되어 있어 "몰래 **가져간 자**에 대한 치죄治罪의 조문은 없다"라는 해석이 등장한 것이다. "가져는 갔지만 아직 팔지는 못했는데 몰래 판 죄로 논하는 것은 너무

流三千里今後一應焰硝燔造之物買得者雖至數件依私有軍器一件例杖八十私燔造者雖至一度依私造軍器者加等例杖一百流三千里以嚴禁約從之仍諭諸道監司以政府之啓申明焰硝之禁尙慮愚民未知此法干犯重典予甚憐焉其令州縣守令及里正長家諭戶曉無使犯法

3) 경국대전(經國大典) 권5 刑典 禁制
潛賣禁物者闊細布綵紋席厚紙貂皮土豹皮海獺皮之類兩界浦所及客館賣者亦禁下同杖一百徒三年重者鐵物牛馬金銀珠玉寶石焰焇軍器之類絞附屬者並減一等

4) 중종실록 89권 중종 34년 己亥(1539) 1월 24일 계사
癸巳政府禮曹同議啓曰〈中略〉且潛賣禁物內弓矢最重而《大典》潛賣禁物條註者如牛馬焰硝珠玉之類而不及弓矢焉若商賈之輩唯利是貪賣與倭奴致使學射則果非細慮自今潛賣弓矢犯人以潛賣禁物重者論斷似當〈中略〉傳曰知道

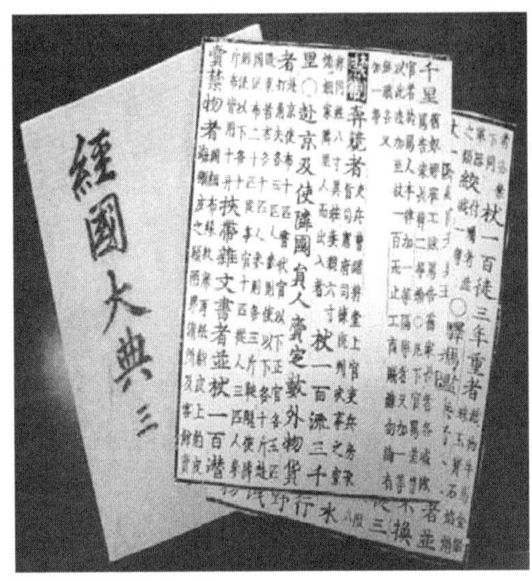

경국대전(經國大典) 刑典 禁制 潛賣禁物 조항

지나치다"는 주장과 "미수未遂에 그쳤다고는 해도 용서해 줄 수 없다"는 상반된 주장이 제기되는 등 혼란을 일으키기도 하였다.[5)]

동일한 조항을 적용해야 하는 화약의 경우도 예외는 아니었다. 영조 5년(1729) 4월 사사로이 화약을 만든 자〔私製者〕를 두고 "사주전私鑄錢의 율을 적용하자"는 상소에 영조 임금이 "사주전은 너무 심하니 사변徙邊(변방으로 이주시킴)의 율을 적용하라"고[6)] 하였다가, 처벌이 너무 약하다는 재상소에 영조 임금은 다시 "그 가운데 심한 자는 사주전私鑄錢의 예에 의하여 율을 적용하되 그 나머지의 경우는 포도청에서 도둑 다스리는 벌을 시행하라"고[7)] 하였다. 이처럼 18세기 초까지도 화약 사제자私製者에 대한 처벌 법규는 명확하게 마련되지 않고 있었다.

법률의 허술함으로 인한 혼란은 조선 건국 후 300년이 훨씬 지난 영조 때까지도 계속되었다. 화약을 사조私造하는 자들에 대한 처벌 규정도 없어서 「사주전私鑄錢 및 사조

---

5) 중종실록 94권 중종 36년 辛丑(1541) 1월 8일 을미

傳于政院曰張孝禮事不可不議其速收議尹殷輔議張孝禮事前此屢收廷議皆以爲《大典》內潛賣禁物重者絞而無潛賫者治罪之文孝禮挾持禁物事未施而當以潛賣似爲過重具由議啓稟自聖斷只令流配及今聞之李養根潛賫銀兩已至北京販鬻之所被人捕告其潛相買賣在所不問若以爲養根被告在銀兩買賫之前而擬爲事未施行有所容貸則《大典》禁制之法無時可行依律處之似當養根若置重典則同犯潛賫者恐難獨全傳曰當依領相議招兩司言之

6) 비변사등록 영조 5년(1729년) 4월 30일

今四月二十日大臣備局堂上引見入侍時訓鍊大將李森所啓火藥不謹製造者嚴明論罪之意小臣纔已仰達此則當以節目啓下而至於私鑄者亦依私鑄錢例嚴立科條痛加禁斷似宜矣上曰與私鑄錢一體論罪則無已過乎用徙邊之律則何如〈下略〉

7) 비변사등록 영조 5년(1729년) 5월 8일

今五月初六日晝講入侍時特進官李森所啓臣以火藥私製者依私鑄錢例嚴立科條痛加禁斷事有所仰達而聖教中以爲與私鑄錢一體論罪似爲太過使之施以徙邊之律矣此事自廟堂將爲節目啓下而諸議皆以爲徙邊之律太不襯着若依私鑄錢例用律則似爲得宜云矣未知何以爲之敢此更稟上曰其中甚者依私鑄錢例用律而其餘則自捕廳施以治盜之罪可也

역률私造曆律」, 즉 사사로이 위조화폐를 만들거나 책력冊曆을 만들었을 때의 형벌을 적용하여 모두 사형에 처한다는 식으로 유사한 조항을 적용해 가며 매번 별도의 형량을 정해야만 했다.[8] 이처럼 19세기 초까지도 화약 사제자 처벌 법규는 명확하게 마련되지 않고 있었다.

하지만『경국대전』과는 별도로 화약 사제私製에 대한 단속 규정이 제정된 적이 있었는데 영조 5년(1729) 5월에 제정된『조총화약제조절목鳥銃火藥製造節目』[6-82]이 그것이다.『경국대전』을 모법母法으로 본다면 시행령이나 시행규칙이라고 할 수도 있을 것이다.

속대전續大典

『속대전』의「병전兵典」"군기軍器"조항에 **군기의 절도**에 대한 처벌 규정이 신설되었다. "군기軍器를 훔친 자는 계품啓稟하여 효시梟示한다"고 하였고, 소주小註에 "활 30장張, 조총 3병柄 이하는 사형死刑을 감면하여 정배定配한다"고[9] 했던 규정이 그것이다.

하지만 여기서도 화약은 거론되지 않았다. 영조 30년(1754) 5월 서산瑞山의 관노官奴 성진聖眞이 화약 2백 80괴塊를 훔쳐 팔았을 때 병조판서 이창의李昌誼가 "법규에는 조항이 없으니 임금의 결정에 따를 수밖에 없다"고[10] 했던 것도 법에 화약이 포함되지 않았기 때문이다.

대전통편大典通編과 대청회전大淸會典

『대전통편大典通編』은 **우리나라 최초로 '화약'에 대한 단속을 명문화한 법**이다. 이전에는 화약을

---

8) 순조실록 17권 순조 14년 甲戌(1814) 2월 10일 임인
壬寅次對領議政金載瓚啓言〈中略〉三軍門牒報以爲弓箭外軍器無得私造私賣法禁至嚴而近來藥丸銃刀列肆爛賣甚至作契都賈若不嚴斷後弊難言自今申明舊典嚴立科條爲辭〈中略〉私造與都賈者依私鑄錢私造曆律斷以大辟私相賣買之類幷限死嚴刑極邊勿限年遠配〈中略〉從之

9) 續大典 兵典 軍器
〈前略〉軍器偸取者本曹啓稟梟示捕捉者論賞(弓子三十張鳥銃三柄以下者死推三次減死定配監色從輕重科罪)〈下略〉

10) 영조실록 81권 영조 30년 甲戌(1754) 5월 14일 임진
〈前略〉瑞山官奴聖眞偸賣本郡火藥二百八十塊至有本道狀啓《續典》云軍器偸出者啓稟梟示而小註曰弓子三十張鳥銃三柄以下減死定配火藥鉛丸則無所擧論惟在上裁上曰特施減死之律〈下略〉

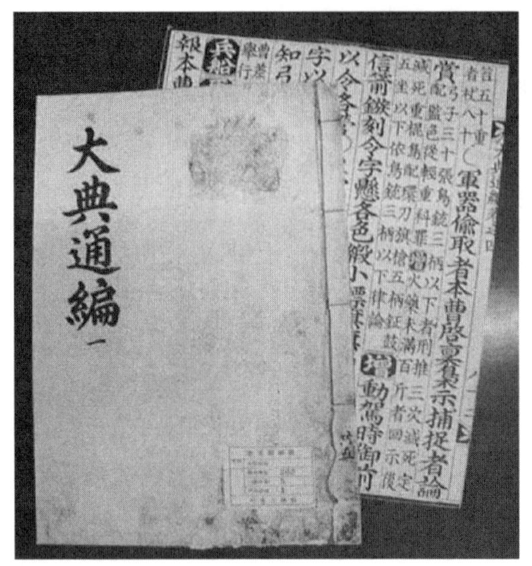

대전통편(大典通編) 兵典 軍器 조항

군기軍器나 염초를 단속하는 과정의 하나로 취급하였지만『대전통편』을 새로 발간하면서 '화약'이라는 단어를 구체적으로 명시하였다.

「병전兵典」"군기軍器" 조항에서 "훔친 화약火藥이 100근斤 미만인 경우에는 회시回示(조리돌리기)한 후에 사형을 감형하여 엄중히 곤장을 치고 섬으로 유배流配한다"고 하였으니 훔친 것이 100근이 넘으면 계품啓稟 후, 효시梟示도 할 수 있도록 한 것이다. 이전의 법률에 추가하였다는 뜻으로 **增**이라 적은 다음 그 내용을 삽입하였다.[11]「형전刑典」"금제禁制"의 잠매금물조潛賣禁物條는『경국대전』과 동일한 내용으로 유지되고 있다.[12]

『대전통편』에서는 또 하나의 화약 관련 조항의 변화가 있었다. 이제까지는 염초焰硝를 잠매금물潛賣禁物로만 단속하였는데 처음으로 그 사용에 대한 금지 조항을 신설한 것이다. 「형전刑典」"금제禁制"의 "염초焰硝를 사용하는 자는 장杖 80에 처한다"라는[13] 조항이 그것이다.

당시는 명나라가 멸망하고 청나라가 집권하고 있던 시기로서 청나라의 법전인『대청회전大淸會典』을[14] 적용하던 사례도 발견된다. 정조 11년(1787) 비변사에서 사행使行 중의

---

11) 大典通編 兵典 軍器
軍器偸取者本曹啓稟梟示捕捉者論賞弓子三十張鳥銃三柄以下者刑推三次減死定配監色從輕重科罪**《增》**火藥未滿百斤者回示後減死重棍島配環刀旗槍五柄鉦鼓五坐以下依鳥銃三柄以下律論

12) 大典通編(經國大典) 刑典 禁制
潛賣禁物者闊細布綵紋席厚紙貂皮土豹皮海獺皮之類兩界浦所及客館賣者亦禁下同杖一百徒三年重者鐵物牛馬金銀珠玉寶石焰硝軍器之類紋附屬者並減一等

13) 大典通編 刑典 禁制
〈前略〉用焰硝者〈中略〉杖八十〈下略〉

14) 대청회전(大淸會典) : 중국 청(淸)나라 행정의 기본 법규로 5회에 걸쳐 편찬되었다. 강희회전(康熙會典) 162권(1690), 옹정회전(雍正會典) 250권(1732), 건륭회전(乾隆會典) 100권(1764), 가경회전(嘉慶會典) 80권

불법행위를 근절하기 위해 청나라로 가는 사신들의 사행재거사목使行齎去事目을 만들었는데 이때 『대전통편』과 함께 『대청회전』을 적용하였다. "공문公文 외에 몰래 염초를 비롯한 금물禁物을 사오는 자"에게는 『대전통편』을 적용하고 "유황을 사오는 자"에게는 『대청회전』을 적용, 장일백杖一百, 유삼천리流三千里에 처하자는[15] 것이었는데 『대전통편』에는 염초만 금물로 규정하였을 뿐 유황에 대한 조항이 없어 청나라 법인 『대청회전』을 적용한 것이다.

대전회통大典會通

『대전회통』에는 화약 단속 조항 한 가지가 더 추가되었는데 바로 화약의 절도뿐만이 아니라 사사로운 제조와 매매를 금하는 내용이다. 『속대전』의 「병전兵典」 "군기軍器" 조항에서는 군기의 종류에 화약이 포함되지 않았던 것을 『대전통편』에서 군기의 종류에 화약을 명시하여 포함시키기는 했으나 이는 모두 군기 절도를 금하는 내용일 뿐이었다. 그러나 『**대전회통**』에 와서 군기軍器를 사사로이 제조한 자는 극형(一律)으로 처단한다는 조항을 신설하면서, **화약의 불법 제조나 매매를 한자**(火藥私製賣買者)도 엄히 처벌토록 하였다.[16] 조선 왕조 말기 『대전회통』이 편찬되면서 드디어 화약에 대한 제조와 매매를 단속할 수 있는 명확한 법이 만들어진 것이다.

(1818), 광서회전(光緖會典) 100권(1899) 등이 있으며, 행정의 연혁(沿革)을 이루는 정사(政事) · 고사(故事) 등 여러 사례를 본문 또는 부록에 수록하였다.

15) 정조실록 24권 정조 11년 丁未(1787) 10월 10일 갑진
甲辰備邊司進使行齎去事目〈中略〉公文外潛賣禁物【闊細布綵文席厚紙豹皮土豹皮海獺皮水獺皮之類】杖一百徒三年重者【金鐵牛馬珠玉寶石焰硝軍器之類】用一律【《大典通編 原典》水獺皮壬寅禁條】〈中略〉玄黃紫皀大花西番蓮緞器皿牛角硫黃馬匹等物私自買來者杖一百流三千里【《大淸會典》】

16) 大典會通 兵典 軍器
軍器偸取者本曹啓稟梟示捕捉者論賞弓子三十張鳥銃三柄以下者刑推三次減死定配監色從輕重科罪《**增**》火藥未滿百斤者回示後減死重木島配環刀旗槍五柄鉦鼓五坐以下依鳥銃三柄以下律論《**補**》軍器私造與都庫者斷以一律私相賣買者限死嚴刑極邊勿限年遠配物件屬公火藥私製賣買者依律重繩

1-3. 각국各國 조약條約

그 후 1800년대 말 조선은 외국에 문호를 개방하며 수호통상조약을 맺게 되고 각 나라들과의 조약 내용에 화약의 수입과 매매에 대한 조항을 명시함으로써 비록 외국인에 한정한 것이긴 했어도 민간인이 화약을 사용할 수 있는 근거를 마련하였다. 정부의 허가를 받으면 화약의 수입과 판매가 가능해진 것이다.

그 첫 번째가 1882년 조선이 외국과 맺었던 최초의 수호조약인 **조미수호조약**朝美修好條約인데 조선 관원의 수입 허가를 받아 화약을 반입할 수 있는 조항이 포함되어 있다.[17] 모든 대포 · 창 · 검 · 화약 · 탄환 등 일체의 군기軍器는 조선 관원이 자체 구입하거나 혹 미국 사람이 조선 관원의 구매 승인을 받아야 비로소 입항(進口)할 수 있다는 내용이었다.

혹자는 이 조항을 두고 "화약 및 무기류의 수입을 금하는 조치였다"라고 평가하기도 하지만 당시 내국인들에게는 화약의 수입을 허가해 줄 수 있는 법규가 없던 때였음을 감안하면 금하는 조치가 아니라 화약의 수입을 허가할 수 있도록 완화한 조치라고 보는 것이 옳을 것이다. 이는 후에 맺어지는 일본과의 조약 내용에서 "금지를 위한 조항인지" 아니면 "허가를 해주기 위한 조건을 명시한 것인지"가 보다 확실해진다.

1883년 일본과는 **조일통상장정**朝日通商章程과 **한행이정약조**閒行里程約條를 동시에 체결하였는데 조미朝美조약과는 달리 수입 허가 조항은 없고 허가받은 조선인들에게만 판매할 수 있다는 조항으로 변해 있었다. 크고 작은 함포, 각종 탄알, 화약, 뇌분雷粉, 기타 일체의 군기軍器는 조선 정부 혹은 조선 정부에서 군기 구매를 허가한 조선 사람을 제외한 다른 조선 인민에게 파는 것을 허가하지 않으며 비밀리에 파는 자가 있을 때에는 화물을 몰수한다는[18] 것이었는데 수입은 자유이고 판매만을 제한한 것으로서 이해할 수 없는 내용이다.

---

17) 고종실록 19권 고종 19년 壬午(1882) 4월 6일 신유
〈조미조약(朝美條約)〉
第九款凡砲位鎗刀火藥鉛丸一切軍器應由朝鮮官自行採辦或美國人奉朝鮮官准買明文方准進口如有私販查貨入官仍分別懲罰

18) 고종실록 20권 고종 20년 癸未(1883) 6월 22일 경오
〈조일통상장정(朝日通商章程)〉
第三十八款大小艙砲各種彈子火藥雷粉其他一切軍器除朝鮮政府或經朝鮮政府准買軍器朝鮮人外不准賣給朝鮮人民如有密行售賣者將貨入官

후일 일본인들이 허가를 받지 않고 화약을 가지고 왔을 때 입항을 불허하자 일본공사가 이 조항을 가지고 조선인에게 팔지만 않으면 될 일인데 왜 수입 자체를 불허하느냐고 항의를 했던 사례도 있다. 크게 잘못된 조약 내용이라 할 수밖에 없다. 한발 더 나아가 한행이정약조閒行里程約條에서는 일본인들에게 인가에 접근한 곳이거나 조선 정부가 금지하는 곳이 아니면 마음대로(隨意) 총銃을 가지고 다니며 사냥을 할 수 있도록 허락하고 있다.[19]

그 후 1888년 러시아와 맺었던 **조아육로통상장정**朝俄陸路通商章程을 보면 약간 다른 부분이 나타난다. 어떤 이유에서였는지 일본이나 미국과는 달리 "초硝화약, 면綿화약, 열裂화약 및 다이너마이트와 같은 화기火器, 군물軍物과 폭발하는 각종 화약은 모두 운반해 들일 수 없다"라고 못 박아 놓은 것이다. 당연히 허가에 대한 조건도 없다. 하지만 조선을 여행하는 러시아인들은 여행증명서에 기재한 후, 호신용으로 조총이나 권총을 1인당 1정씩 소지할 수가 있도록 한 것은 특이한 점이었다.[20]

요즘도 한반도 주변은 4대 강국이 둘러싸고 각각 자국의 안보와 세계 평화를 명분으로 각축을 벌이고 있다. 청나라가 중국으로 이름만 바뀌었을 뿐 100년 전 "미 · 일 · 청 · 러"나, 지금의 "미 · 일 · 중 · 러"나 다를 바가 없다.

이 네 나라 가운데 가장 늦게 조선과 통상조약을 맺은 것은 고종 26년(1889) **한청통상조약**韓淸通商條約을 체결했던 청나라였다.[21] 한청통상조약에서는 초硝화약, 면綿화약, 열烈화약 및 기타 폭발하는 각종 화약 등을 양국 관원을 거쳐 구입할 수 있다고 하면서 수입허가는 물론, 입항하고자 하는 나라에서 발급한 판매허가증만 가지고 있어도 입항을 허가

---

19) 고종실록 20권 고종 20년 癸未(1883) 6월 22일 경오
〈한행이정약조(閒行里程約條)〉
第四條 此里程內 聽日本人隨意放銃打獵但接近人家之處及朝鮮政府制禁處所不可放銃

20) 고종실록 25권 고종 25년 戊子(1888) 7월 13일 계해
〈조아육로통상장정(朝俄陸路通商章程)〉
第五款 二 凡例禁之物〈中略〉硝火藥綿花藥裂火藥外國名代納麥得及別項自行轟裂各藥均不準運入如違此例卽將所運違禁之物全罰入官〈中略〉【俄國人在朝鮮游歷者每人準帶鳥槍或手槍一桿護身惟應在所待執照載明】

21) 고종실록 39권 고종 36년 己亥(1899) 9월 11일 양력
〈한청통상조약(韓淸通商條約)〉
第九款一〈中略〉硝火藥棉花藥烈火藥及他轟烈各藥等應由兩國官員自行採辦或商人領有進口之國官員准買明文方許進口如有私販運售者查拿入官按原價加倍施罰

한다고도 하는 등 다른 조약보다도 좀 더 화약류 수입 여건을 완화한 듯하다. 하지만 그때까지도 국내법은 불비不備하여 정작 조선 사람들에게는 화약의 수입은 물론 사용도 허용되지 않고 있었으니 모순된 일이 아닐 수 없다.

이처럼 여러 나라들과 통상조약을 맺으면서 나름대로 화약의 수입, 판매 조건을 위반할 경우에 대한 **처벌 규정**도 조약 내용에 포함시켜 놓기도 하였다. 하지만 그 내용을 보면 허술하기 짝이 없다. 일본과는 "비밀리에 화약을 파는 자가 있을 경우는 이를 몰수한다"라고 하였고[10-18] 청나라와는 "몰수沒收하고 원가를 따져 배로 벌금을 물린다"라고 하였으며[10-21] 미국과 러시아와의 조약에서는 "몰수沒收하고 처벌한다"라는 막연한 조항만이 포함되어 있을 뿐이다.[10-17, 20]

자국민自國民들에게는 『대전회통』의 형벌 규정을 적용하여 사형까지도 집행할 수 있는 강력한 법을 적용하고 있었는데 반하여 외국인들에게만은 겨우 '몰수沒收'나 '벌금' 정도로만 처벌하도록 했으니 이 역시 너무도 형평에 어긋나는 규정이라 할 수 있다. 이처럼 외국과의 통상수호조약을 맺고 난 이후 늦었지만 조선에서도 화약의 소지와 유통에 대한 새로운 단속 근거가 마련된다.

1-4. 총포 · 화약류 단속법 제정

고종 32년(1895)년 3월 10일과 5월 3일 고종 임금의 훈시訓示와 칙령勅令을 통해 개인이 소지하고 있는 군물軍物과 총포, 도검, 화약, 탄환 등을 일제히 회수하는가 하면[22] "군기軍器, 즉 뇌관과 화약을 사용하는 전투용 총포 등의 관사管査에 대한 건"을 반포頒布하였다.[23]

---

22) 고종실록 33권 고종 32년 乙未(1895) 3月 10日 신사
內務衙門에서 各道에 다음의 訓示를 하다.〈中略〉
第六十六條 各里에 在한 軍物과 銃刀 鉛丸 火藥을 一一이 收納하여 혹 遺漏함이 없게 하되 軍門職과 官砲手와 군뢰(軍牢: 헌병) 이외에 掩置하는 者가 有하면 現하는 대로 重贖할 것.

23) 고종시대사 3집 고종 32년 乙未(1895) 윤5월 3일 계묘
勅令 第110號 軍器 等의 管査에 關한 件을 裁可하여 頒布하였는데 그 內容은 다음과 같다.
1. 本令에 軍器라 稱하는 것은 雷管과 火藥을 合用하는 戰鬪用 銃砲와 刀槍을 말함.
2. 軍器는 職務上에 必要한 것 外에는 携帶 或은 運搬을 禁함. 營業을 爲하여 運搬을 要하는 때는 當該 地方 官廳(漢

1895년의 칙령勅令 110호는 화약보다는 군용 총포에 관한사항을 규정하는 것이 주목적이었다. 하지만 호신단총護身短銃 · 엽총獵銃 · 호신도護身刀 · 칙도飭刀 · 장杖 등 비군사용 총포 · 도검에 대해서도 규정하고 있으며 소지허가, 운반허가, 양도 · 양수에 대한 내용 등을 구체적으로 적시한 것으로서 현행 "총포 · 도검 · 화약류 등 단속법"의 효시가 되었던 칙령勅令이라고 할 수 있다.

그 후 10여 년이 지난 후에 드디어 우리나라 최초로 화약과 관련된 근대적인 법령이 제정된다. 1905년 일본과 을사보호조약을 맺고 나서 2년이 지난 뒤 "**총포 및 화약류 단속법(銃砲 及 火藥類團束法)**"을 제정, 반포頒布한 것인데, 순종 즉위년(1907) 9월의 일이다.[24][25]

城에 있어서는 警務廳)의 許可를 얻어 運搬할 수 있있음. 但 必要한 包裝을 하여야 함.

3. 軍器는 私藏하는 것을 禁함.
4. 軍器를 私藏한 者가 있을 때에는 當該地方官廳(漢城에 있어서는 警務廳)에 卽時 納入케 함. 但 他人에게서 購得하여 그 確證이 있는 者는 時價를 支給함.
5. 軍器가 아니더라도 護身短銃 · 獵銃 · 護身刀 · 飭刀 · 杖等을 購得하거나 讓受한 確證이 없는 者는 當該地方官廳에 報告하여 證明을 받아야 함.
6. 此 規程에 違背한 者가 있을 때 警察官은 卽時 그 物件을 沒收할 수 있음.
7. 此 規程에 依하지 않고 軍器와 第5條에 揭한 物件을 藏置한 者가 있다고 認定되면 警察官은 隨時로 臨檢할 수 있음. 但 이때에는 主任者의 證明을 携帶하고 確實한 立會人을 帶同하여야 함.
8. 本令은 頒布日로부터 施行함.

24) 순종실록 1권 순종 즉위년 丁未(1907) 9월 3일 양력
法律 第五號 銃砲 及 火藥類團束法 裁可頒布

25) 大韓帝國 官報 第三千八百六十四號 (隆熙 元年 九月 六日 金曜)
內閣 法制局 官報課
第一條 銃砲 及 火藥類販賣營業을 行코 者 觀察使(漢城內에 在야 警視總監 以下 亦同)의 許可 受이 可홈. 銃砲火藥類 製造코 者도 亦同홈.
第二條 銃砲火藥類 授受거나 或 運搬코 時 警察官署의 許可 受이 可홈.
第三條 銃砲火藥類 警察官署의 認可 受치 아니면 此 所有을 不得홈.
第四條 內部大臣은 安寧秩序 持保기 爲야 必要로 認時 期間 及 地域을 限야 銃砲火藥類의 授受 運搬 携帶 又 所有 制限거나 或은 禁止을 得홈.
第五條 火藥類 警務官署의 檢査 受 倉庫가 아니면 此 貯藏을 不得홈. 警察官은 何時든지 火藥庫에 臨檢고 必要로 認時 此 改繕을 命며 又 火藥類의 貯藏을 停止 或 禁止고 其火藥類 領置을 得홈.
第六條 銃砲火藥類 私自貯藏 嫌疑가 有時 及 其他警察官이 必要로 認時 何時든지 其 家宅에 臨檢거나 又 銃砲火藥類 領置을 得홈.
第七條 觀察使나 警視摠監은 必要로 認時 銃砲製造者 銃砲商 又 火藥商의 許可 消을 得홈.
第八條 第一條 乃至 第五條 及 第七條에 違背 者 禁獄笞刑 又 五十以下의 罰金의 處고 銃砲火藥類 沒收홈.
第九條 銃砲製造者 銃砲商 及 火藥商의 定員 及 火藥類斗貯藏 分量은 內部大臣이 定홈.
第十條 第四條 及 第六條의 規定은 刀劍槍戈類에도 亦此 準用홈.
附 則

하지만 이때는 이미 대한제국이 일본의 영향력 아래로 들어가고 난 후로서 "단속법"이라는 법 이름 그대로 순전히 단속만을 위한 법이었으며, 더구나 이는 일본의 요구에 의해 만들어진 법이었다.26) 당시 일본으로서는 "을사늑약"의 무효를 주장하며 민족의 독립을 위해 투쟁하던 항일투사들의 화약 사용을 단속할 수 있는 법규가 필요했을 것이다.

법령을 공포하기 전 대한제국 내각에서는 법령의 초안草案을 일제 통감부統監部에 보내어 승인을 요청하였다.27) 그리고 5일 뒤 통감대리統監代理는 내각총리대신內閣總理大臣 이완용李完用 앞으로 "총포 및 화약류 단속법" 법률안을 승인한다는 공문을 보내 왔다.28) 이 법의 제정을 일본이 주도하고 있었음을 알 수 있다.

당시의 일제 통감부 문서에서는 이렇게 만들어진 법 전문全文을 일어로 번역해 놓은 것이 발견된다.29) 이미 조선에 군대와 경찰을 주둔시키고 있던 일제가 이 법을 가지고

第十一條　本法은 頒布日로부터 施行홈.

隆熙元年 九月三日 御押 御璽 奉勅
內閣總理大臣勳二等 李完用　內部大臣 任善準
軍部大臣陸軍副將勳三等 李秉武　法部大臣 趙重應

26) 고종시대사 6집 고종(光武 11) 44년 丁未(1907) 9月 3日(火)
法律 第5號 銃砲 及火 藥類團束法을 頒布하다. 日本人의 要求에 의한 것이다.

27) 統別法律關係往復文
照會秘 第64號(1907年 8月 23日)
발신자　內閣總理大臣 李完用
수신자　統監代理 韓國駐箚軍司令官 男爵 長谷川好道
내　용 〈요약〉 銃砲及火藥類團束法에 관한 法律案을 승인해 주기 바람.

28) 統別法律關係往復文
機密統發 第194號(1907年 8月 28日)
발신자　統監代理 韓國駐箚軍司令官 男爵 長谷川好道
수신자　內閣總理大臣 李完用
내　용 〈요약〉 銃砲及火藥類團束法에 관한 法律案을 승인함.

29) 통감부문서
〈銃砲及火藥類取締法〉
第一條　銃砲商及火藥商ノ營業ヲ爲サムトスル者ハ觀察使(漢城府ニ在リテハ警視總監以下同シ)ノ許可ヲ受クヘシ銃砲火藥ノ製造ヲ爲サムトスル者亦同シ
第二條　銃砲火藥類ヲ授受シ又ハ運搬セムトスルトキハ警察官署ノ許可ヲ受クヘシ
第三條　銃砲火藥類ハ警察官署ノ認可ヲ受クルニ非サレハ之ヲ所有スルコトヲ得ス
第四條　內部大臣ハ安寧 秩序ヲ保持スル爲メ必要アリト認ムルトキハ期間及地域ヲ限リ銃砲火藥類ノ授受運搬及携帶又ハ所有ヲ制限シ若ハ禁止スルコトヲ得
第五條　火藥類ハ 警察官ノ檢査ヲ受ケタル倉庫ニ非サレハ之ヲ貯藏スルコトヲ得ス警察官ハ隨時　火藥庫ニ臨檢シ必要アリト認ムルトキハ之カ改繕ヲ命シ又ハ火藥類ノ貯藏ヲ停止シ若ハ禁止シ其ノ火藥類ヲ領置スル

조선인들을 단속할 때 편리하게 사용하고자 하는 목적이었을 것이며, 아마도 일제 통감부로서는 이 법이 제정되도록 추진했던 것 자체가 하나의 커다란 업적이었을 것으로 생각된다.

이 법령은 1910년 한일합방이 되고 1912년 조선총독부가 제정 · 반포한 "총포화약 취체령取締令"으로 대체되면서 폐지되었다. 비록 일제의 요청에 의해 만들어졌다가 5년 만에 사라진 법이었지만 일본식 표기인 '취체取締'가 아니고, '단속團束'이라는 우리 용어로 만들어졌던 첫 번째 법이라는 점에서 색다른 감회를 느끼게 한다. 그때까지는 아직 한일합방이 되기 전이었기 때문에 내용이야 일본의 의도대로 만들진 것이라 하더라도 최소한 '법명法名'만큼은 우리말이 사용된 것이기 때문이다.

해방 후 대한민국 정부가 수립되고 1962년에 "단속법"이라는 용어로 다시 제정 · 공포公布된 현행 "총포 · 도검 · 화약류 등 단속법"이 나오기까지 50년간 우리는 "단속법團束法"이 아닌, "취체법取締法" 아래서 화약을 취급해야만 했다.

1-5. 작약고개정장정 제정

"총포 · 화약류 단속법(銃砲 · 火藥類團束法)"이 제정되기 6년 전인 1901년(光武 5) 4월, "**작약고개정장정**炸藥庫改定章程"이 제정되기도 하였다. 1800년대 말부터 각종 광산과 토목공사에 필요한 산업용화약이 유럽 각국으로부터 수입되기 시작하면서 이들 화약을 저장할 화약고가 필요했기 때문이다.

이 "작약고개정장정"은 외국인이 개항장開港場에 화약고를 설치하여 운영하는 절차에

コトヲ得

第六條　銃砲 火藥類ヲ私ニ 貯藏シタルノ疑ロロロロ 警察官ニ於テ必要アリト認ムルトキハ隨時其ノ家宅ニ臨檢シ又ハ銃砲 火藥類ヲ領置スルコトヲ得

第七條　觀察使ハ必要アリト認ムルトキハ銃砲製造者 銃砲商又ハ火藥商ノ許可ヲ取消スコトヲ得

第八條　第一條乃至 第五條及第七候ニ違背シタル者ハ徒刑苔刑又ハ五十圓以下ノ罰金ニ處シ銃砲火藥類ハ之ヲ沒收ス

第九條　銃砲火藥商ノ定員及火藥類ノ貯藏分量ハ內部大臣之ヲ定ム

第十條　第四條及第六條ノ規定ハ戎器ニロシ之ヲ準用ス

第十一條　本法ハ頒布ノ日ヨリ施行ス

대한 규정을 기록한 "장정章程"으로서 화약고의 건조建造·방범·저장뿐만 아니라 수입과 매매 등에 관한 사항까지 규정하고 있다. 한漢·영문英文 대역對譯으로 작성되었는데 영문 제목은 "DYNAMITE MAGAZINES, GENERAL REGULATIONS"라 하였다.

조선인을 위한 것이 아니고 외국인들만을 대상으로 했던 '장정'이긴 했어도 순수하게 '산업용화약'에만 적용되던 규정으로는 우리나라 최초의 것이라 할 수 있다. 9개조로 작성되었던 "작약고개정장정" 전문을 요약해 보았다.

炸藥庫改定章程[주요 내용 요약]

제1조 화약고 건축허가에 관한 사항

이 조약에 참여한 국가의 사람이 화약고를 지어 다이너마이트 등 화약을 보관하고자 할 때에는 반드시 자국自國의 영사관과 공사관을 통하여 대한제국 정부의 허가를 받아야 한다.

제2조 화약고의 위치 결정에 관한 사항

해당 지역의 감리監理와 해관세무사海關稅務司의 인가를 받아야 하며. 자국 조세지租界地에서 10리 이내의 지역이나 조세지가 없는 경우는 해관海關에서 10리 이내의 지역에 창고 위치를 정하도록 한다.

제3조 화약고 구조 및 보안에 관한 사항

화약고는 6척尺 높이로 벽을 쌓고 출입문을 설치하며, 경비원(看守人)을 두어 경계를 하고 경비원이 거주할 수 있는 건물(小屋)을 설치한다.

제4조 화약고 관리에 관한 사항

화약고 열쇠는 서로 다른 2개를 만들어 하나는 화약고 주인이나 관리인이, 다른 하나는 해관세무사가 보관하여 화약고 소유주 단독으로 화약고에 출입할 수 없도록 한다.

제5조 화약고 관리에 관한 사항

화약고는 다이너마이트 등 화약을 입고入庫, 출고出庫하고자 하는 경우에만 열 수 있으며, 화약고를 열고자 할 때는 24시간 전에 세관(海關)에 신고하여 세관원(海關員)

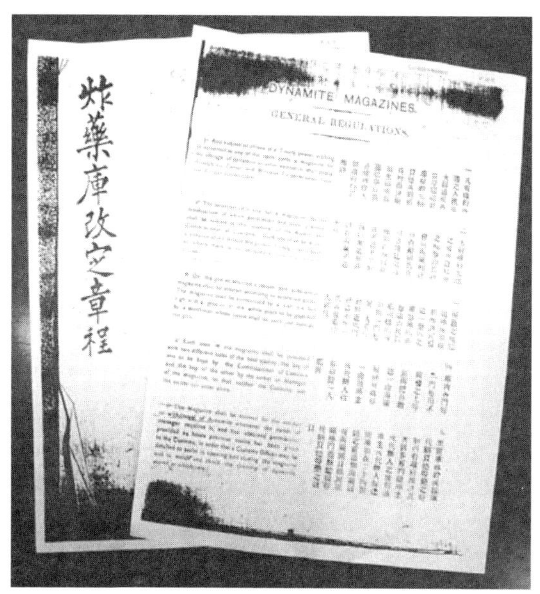

炸藥庫改定章程

DYNAMITE MAGAZINES.

GENERAL REGULATIONS.

작약고개정장정(Dynamite Magazines, General Regulations)

입회하에 열도록 하고, 해관원은 입고 · 출고 수량 등을 점검하여야 한다.

제6조　화약 수입 및 보관에 관한 사항

다이너마이트 등 화약을 수입하여 보관하고자 할 때에는 반드시 자국自國의 영사관과 공사관을 통하여 대한제국 정부에 허가를 신청, 승인을 받아야 하며, 신청서에는 수입 화약류의 수량, 선적한 배의 이름, 도착 예정일 등을 기재하여야 하고 동시에 해관海關에도 1부를 제출하여야 한다.

제7조　다른 외국인의 화약을 보관하는 경우에 대한 사항

대한제국 정부의 승인을 받은 경우, 다른 외국인 소유의 화약류를 수입, 보관할 수 있다.

제8조　화약류 출고에 관한 사항

제6조와 동일한 절차를 거쳐 대한제국 정부의 승인을 받아야 한다.

제9조　화약류 판매에 관한 사항

화약류는 한국인이나 외국인을 막론하고 대한제국 정부로부터 화약류 구입 승인을 받은 사람에게만 판매할 수 있다.

02_

조선의 화약 제조 기관

2-1. 군기시軍器寺

조선 500년간 화약과 병기를 만들던 관청은 "**군기시軍器寺**"였다. 태조 1년 군기감軍器監으로 설치되었으나, 세조 12년 군기시로 개칭되었다. 하지만 이는 고려의 관제를 그대로 답습한 것에 불과하였는바, 군기시의 유래를 알아보려면 고려의 역사부터 살펴보아야 한다.

고려의 군기시 유래

군기시가 언제 처음 설치되었는지는 불확실하지만 고려 때의 **최초 이름은 군기감**이었으며 목종穆宗(998~1009) 때부터 존재했다〔穆宗朝有軍器監〕는 기록이 있다.[30] 물론 이때는 화약 병기가 없던 시절이었으니 화약 제조 기관은 아니었고 단지 재래식 병기를 만들던 곳〔掌營造兵器〕이었다.

고려 충렬왕忠烈王 24년(1308) 군기감의 판사를 없애고 주부 2명을 감축하는 등 인원을 줄여 나가더니, 동왕 34년(1318) 군기감을 폐지하여 민부民部에 합해 버리고 마는데

30) 고려사 권76, 志30, 百官 1
軍器寺掌營造兵器穆宗朝有軍器監監少監丞注簿文宗定判事秩從三品監一人正四品少監一人從五品丞二人正七品注簿四人正八品忠烈王二十四年忠宣革判事省注簿二人三十四年忠宣併於民部恭愍王五年復置軍器監判事正三品監從三品少監從四品丞從五品注簿從六品十一年加置錄事正八品後改軍器寺恭愍王元年趙浚建議軍器寺務劇員少以重房上大將軍郎別將兼判事以下官吏屬文宗置監史八人記官四人算士二人

고려의 군사력을 약화시키기 위한 당시 고려를 지배하던 원나라의 간섭이 있었는지도 모른다. 군기감軍器監이 폐지되고 50여 년이 지난 공민왕恭愍王 5년(1356) 다시 군기감을 복구하였고 후에 이름을 **군기시軍器寺로 개칭**하였다. 『고려사』「식화食貨」 편에도 군기감에 대한 기록이 있다.[31]

그 후 공민왕은 군기시와는 별도로 무기 제조 기관인 방어도감防禦都監도 설치하여 무기 제조를 담당토록 하였는데[32] 당시는 왜구의 침략이 극심하던 때로서 무기의 수요가 크게 늘었기 때문에 별도의 도감都監을 설치했던 것으로 보인다.

드디어 우왕 3년(1377) 판사判事 최무선崔茂宣에 의해 화약 제조 기관인 **화통도감**火熥都監이 설치되기에 이른다. 목종穆宗(998~1009) 때에 최초로 군기감軍器監이라는 무기 제조 기관이 설치된 지 약 400여 년 만에 재래식 무기를 만드는 방어도감과 화약무기를 만드는 화통도감으로 분리되어 전문적인 체계를 잡아가기 시작한 것이다. 하지만 화통도감은 설치 10여 년만인 창왕 원년(1388) 방어도감과 함께 폐지되고 그 기능이 군기시로 흡수되었다.[33]

이때부터 군기시가 화약과 화약무기의 제조를 담당하기 시작하였고, 그 후 부분적인 조직 개편은 있었지만 큰 틀은 유지하면서 고려 목종 시절부터 조선 말까지 왕조를 바꾸어 가며 약 900년 가까이 지속되었던 아마 우리 역사상 가장 오랫동안 동일한 기능을 수행하며 존재했던 국가기관 중의 하나였을 것으로 보인다.

조선의 군기감과 군기시

조선조에 들어서 태조 1년(1392) 문무백관文武百官의 관제官制를 정하면서 **군기감**軍器監을 새로 설치하였다. 하지만 이는 고려조의 군기시를 명칭만 바꾼 것이었다. 이 당시 군기감은 병기兵器·기치旗幟·융장戎仗·집물什物 등의 일을 관장하는 것이 주요 업무였다. 이때

---

31) 고려사 권78, 志32, 食貨1

32) 고려사 권81, 志35, 兵1 辛禑 元年 二月
<u>防禦都監</u>月課支用量宣加給以行勸督

33) 고려사 卷77, 志31, 百官2
<u>火熥都監辛禑三年判事崔茂宣建議置之辛昌罷屬軍器寺</u>

새롭게 편성된 군기감에는 2명의 판사判事를 두었는데 6조六曹와 동격의 독립기관인 정3품正3品 아문衙門이었다.[34]

그 뒤로도 군기감은 두 차례에 걸쳐 조직 구성이 변하게 된다. 태종 5년(1405) 6조의 직무분담職務分擔과 소속아문所屬衙門을 상정詳定하면서 독립 기관이던 군기감이 병조兵曹의 속아문屬衙門으로 재편되었고,[35] 다시 세조 12년(1466) 관제 변경 시 군기감은 **군기시**로 그 호칭이 바뀌었다.[36] 요즘도 정권이 바뀌면 각 부처의 업무분장이나 명칭을 바꾸는 것과 유사하다고 볼 수 있다.

태종 5년(1405) 10월 한양漢陽 천도遷都와 함께 군기감도 한양의 서부西部 황화방皇華房으로 이전되고, 태종 9년(1409) 대대적으로 시설이 확충된다. 그때 군기감 안에 설치되었던 시설로는 야로소冶爐所 · 조갑소造甲所 · 대고臺庫 · 제조고提調庫 · 장인거소匠人居所 등이 있었는데 태종17년(1417) "**화약감조청**火藥監造廳"과 궁전소弓箭所가 완공되면서 군기감은 무기 제조 관아로의 면모를 갖추게 되었다.[37][38]

---

34) 태조실록 1권 태조 1년 壬申(1392) 7월 28일 정미
定文武百官之制〈中略〉軍資監掌軍旅糧餉之事判事二正三品監二從三品少監二從四品丞一兼丞一從五品注簿三兼注簿一從六品直長二從七品錄事二正八品軍器監掌兵器旗幟戎仗什物等事司水監掌營修戰艦監督轉輸等事自判事至錄事俱倣軍資監例〈下略〉

35) 태종실록 9권 태종 5년 乙酉(1405) 3월 1일 병신
禮曹詳定六曹分職及所屬以聞〈中略〉兵曹所屬中軍左軍右軍十司訓鍊觀司僕寺軍器監義勇巡禁司忠順扈衛司別侍衛鷹揚衛引駕房各殿行首牽龍〈下略〉

36) 세조실록 38권 세조 12년 丙戌(1466) 1월 15일 무오
〈前略〉時更定官制〈中略〉軍器監改稱軍器寺革直長錄事各一增置判官主簿副奉事參奉各一〈下略〉

37) 신증동국여지승람(新增東國輿地勝覽) 제2권 京都下
군기시(軍器寺)는 서부 황화방(皇華坊)에 있는데 병기제조(兵器製造)를 관장한다. 화약고(火藥庫)는 소격서동(昭格署洞)에 있고, 자문감(紫門監)은 궐내에 있다. 정 · 부정이 각 1명, 첨정 · 판관 · 별좌 · 별제 · 주부가 각 2명, 직장 · 봉사 · 부봉사 · 참봉이 각 1명이다. 정이오(鄭以吾)가 지은 화약고기(火藥庫記)문에 "〈中略〉 도읍을 옮기던 초기에 본감(本監)의 청사가 비좁고 누추하였으나, 다시 수리하지 못하였는데 기축년에 이르러 별감 이도(李韜)와 같이 겸판사 면성군(沔城君) 한규(韓珪)에게 보고하여 임금께 아뢰게 하여 먼저 무고(武庫)를 자문(紫門) 안에 세워서 각 도에서 바친 무기를 오는 대로 받아서 보관하고, 다음에는 본감을 수리하고 정유년에는 화약 제조를 감독하는 청사가 비로소 준공되었다. 〈中略〉 지금 상고하건대 본감의 구조가 대청(大廳) · 야로소(冶爐所) · 조갑소(造甲所) · 대고(臺庫) · 제조고(提調庫) 등과 여러 공장(工匠)들이 거처할 행랑방을 합하여 82칸이다. 최 군은 생각하기를 '이만하면 본감은 거의 완성되었다고 하겠으나 아직 화약감조청(火藥監造廳)이 구비되지 않았다' 하고 금년 정유년 봄에 또 제조 이종무(李從茂) 공에게 고하여 임금께 구체적으로 아뢰게 하였더니 마침내 공조(工曹)에 명하여 개성에 있는 예빈시(禮賓寺) 건물을 철거하고, 그 재목과 기와를 가져다가 짓게 하되, 공무의 여가로 감독하기를 게을리 하지 않아 단청을 칠하여 두어 달 만에 준공하고 남은 재목으로 궁전소(弓箭所) 등 15칸을 지었으니 모두 최 군의 계획과 지휘에 의한 것이다. 〈下略〉"

여기서 한 가지 특이한 점은 다른 시설들은 모두 "소所"나 "고庫"라고 칭하면서 유독 화약감조청火藥監造廳만은 "청廳"이라 했다는 점이다. 그것은 아마 화약감조청이 다른 시설들보다 규모도 비교적 크고 또 업무의 양과 중요성 등에서도 차이가 있었기 때문이라고 보인다.

태종과 세종조를 거치는 동안 화약과 무기의 제조량이 증가하면서 군기감 역시 점점 그 규모가 커지게 된다. 군기감 내에서는 이를 모두 감당하기 어려울 정도여서 요즘으로 말하면 군기감의 분소分所 즉, 분감分監 성격의 시설들이 설치되기 시작하였다. 대궐 내 자문紫門 안에 **자문감紫門監**이라는 별도의 군기감이 설치되었는데[10-37]이는 자문군기감紫門軍器監을 줄여서 부른 것으로서 자문감이 설치되고 나서부터는 기존의 군기감은 본감本監이라 불리기 시작했다. 이미 한양 천도遷都 이전부터 있었던 개성의 군기감도 분감의 역할을 하고 있었다.[39]

그뿐만이 아니라 세종 17년(1435) 2월에는 소격전동昭格殿洞에 화약고도 추가로 지었고[40] 이어서 세종 22년(1440)에는 화약고 옆에 제약청도 실치하있나.[41] **세약정劑藥廳**은 본감에 있는 화약감조청의 "분청分廳"으로 볼 수가 있다.

군기감[군기시]의 조직과 업무분장

군기감의 관리를 맡은 관원官員의 구성은 태조가 고려의 조직을 계승하여 처음 편제할 때부터 세조때 군기시로 이름이 바뀔 때까지 몇 차례 변동이 있긴 했으나 큰 변화 없이

38) 정이오 "郊隱文集" 권2 畿內 군기시 火藥庫記

39) 세종실록 64권 세종 16년 甲寅(1434) 6월 11일 병진
〈前略〉諸色匠人多居留後司令分監匠人擧人定屬差遣本監祿官酌定月課造作傳授於留後司載諸會計〈下略〉
[註] 유후사(留後司) : 조선 초기, 개성(開城)을 통치하기 위하여 둔 관아. 한양으로 천도 후 그 뒤처리를 위하여 두었는데 뒤에 개성부로 고쳤다.

40) 세종실록 67권 세종 17년 乙卯(1435) 2월 6일 무신
命造火藥庫于昭格殿洞備火災也

41) 세종실록 88권 세종 22년 庚申(1440) 2월 27일 경자
昭格殿提擧禮賓寺尹李賀上言昭格殿醮祀上帝之所固當肅淸寂寥不可汚穢而喧擾也軍器監於醮殿之東百步之內既造藥庫今者又欲造劑藥廳於藥庫之西臣心以爲不可也伏望上裁施行下議政府議之僉議啓醮殿八十步外擇可營之地營造劑藥廳便從之

군기시 터: 서울 중구 태평로 1가 25 한국프레스센터 정원에 위치함.

유지되고 있었다. 정3품의 판사判事를 책임자로 하여 정8품 녹사錄事까지 9단계로 구성되었다가[42] 세조 때에 다소 큰 변화가 있었는데 판사는 '정正' 즉, 군기정軍器正으로, 종3품의 '감監'은 군기부정軍器副正으로 바꾸었고, 정8품 녹사 밑에 종8품, 정9품, 종9품의 봉사奉事, 부봉사副奉事, 참봉參奉 3명을 추가하는 등 14단계로 확대되었다.[43]

최무선의 아들 최해산이 태종 1년(1401) 처음 특채되면서 받았던 종6품 군기주부軍器注簿라는 직책은 당시 정3품부터 정8품까지 판사判事, 감監, 소감少監, 승丞, 겸승兼丞, 주부注簿, 겸주부兼注簿, 직장直長, 녹사錄事 등 9단계로 구성된 직제[10-42] 중 6번째 직책이었다. 후에 최해산은 태종 말년에 군기감 부정副正을 지내다가 세종조에 들어 군기감 제1인자인 군기판사軍器判事에까지 올랐다.

군기감에는 이 같은 관원들 외에 장인匠人들도 많이 있었는데 직접 생산 활동을 하는

---

42) 태조실록 1권 태조 1년 壬申(1392) 7월 28일 정미
定文武百官之制〈中略〉軍資監掌軍旅糧餉之事判事二正三品監二從三品少監二從四品丞一兼丞一從五品注簿三兼注簿一從六品直長二從七品錄事二正八品軍器監掌兵器旗幟戎仗什物等事司水監掌營修戰艦監督轉輸等事自判事至錄事俱倣軍資監例

43) 세조실록 38권 세조 12년 丙戌(1466) 1월 15일 무오
〈前略〉時更定官制〈中略〉奉常寺判事改爲正尹爲副正少尹爲僉正注簿爲主簿錄事爲奉事革直長錄事各一增置副奉事參奉各一九品官皆稱參奉諸陵殿直同凡改判事正副正少尹主簿錄事他司同〈中略〉軍器監改稱軍器寺革直長錄事各一增置判官主簿副奉事參奉各一司宰監增置參奉一〈下略〉

사람들이다. 이들 군기감의 장인들은 타소他所에 비해 매우 힘든 일을 맡아 하고 있었다. 무기와 화약을 만드는 일도 힘든 일이었지만 대궐내의 각종 잡역까지도 도맡아 했기 때문이다. 일이 힘들자 군기감의 장인들은 빠져나갈 궁리만 하거나 심지어는 도망을 가기도 하여 군기감의 인원 확보에 많은 문제가 발생하기도 하였다. 결국에는 7, 8백 명이나 하던 장인의 수가 3백여 명으로 줄어들게 되자, 병조와 군기감에서 "장인의 정원을 늘리고 또 장인들에게는 고유 업무 외의 잡역을 줄여야 한다"라는44) 상소를 하는데, 이 기록에서 세종 시절 군기감 장인들의 분류와 숫자를 확인할 수가 있다.

당시의 상소 내용에서 군기감 장인들은 업무에 따라 30가지 분야로 구분되고 있었음을 알 수 있는데, 장인들은 각기 담당하고 있는 무기의 이름이나 제조 공정의 특징을 나타내는 명칭으로 불렸다. 예를 들어 '궁장弓匠'은 활을 만드는 장인이고, '노야장爐冶匠'은 각종 쇠붙이를 녹여 야금冶金을 하던 장인이라는 것을 쉽게 짐작할 수가 있다.

화약을 만드는 장인은 공정별로 좀 더 세부적으로 분류되었다. 약장藥匠은 22명에서 32명으로, 마조장磨造匠은 5명에서 10명으로 승원하고, 염초장焰硝匠과 취토장取土匠은 각각 35명을 그대로 유지한다10-44)는 『세종실록』의 내용에서 알 수 있듯이 **약장**, **마조장**, **염초장**, **취토장** 등 4개 부분으로 나뉘어 화약 제조를 담당하고 있었다. 이 네 종류의 장인들이 화약 제조에 종사했다는 것은 앞서 얘기했듯이 그 이름에서 알 수가 있는데 다만 마조장에 대해서는 약간의 설명이 필요해 보인다. 왜냐 하면 마조장이라는 이름만으로는 화약 제조공정이라고 하기가 애매하기 때문이다. 하지만 상소문에서는 화약장, 마조장, 염초장, 취토장을 나란히 적고 있는데 그 순서가 당시의 화약 제조 공정, 즉 염토 채취(취토장) → 염초 자취(염초장) → 원료 분쇄(마조장)→ 원료 혼합(화약장) 공정과 일치하는 것을 볼 때 마조장이란 염초와 유황, 숯을 혼합하기 전에 이 원료들을 맷돌로 갈아 곱게 분쇄하는 공정을 담당하던 장인을 뜻하던 것이 확실하다.

이처럼 공정별로 별도의 장인들이 있었음이 확인되고는 있지만 실제로는 이들을

---

44) 세종실록 64권 세종 16년 甲寅(1434) 6월 11일 병진
兵曹與軍器監提調議工匠激勵及加數條件以啓一前此本監匠人七八百餘名今不過三百餘名〈中略〉諸處他役及結造機械之時勿論出入番苦役尤甚故其中才熟富强者投屬歇處新屬者亦皆窺免〈中略〉一本監助役奴子非他各司奴子之例專爲軍器造作也闕內各差備及諸處雜役定送猥多其弊甚大依己亥年已前例勿定他役〈中略〉藥匠二十二加十磨造匠五加五焰硝匠三十五仍取土匠三十五仍〈下略〉從之

구분하지 않고 '약장', '화약장' 또는 '염초장'이라는 명칭으로 통칭하여 부르기도 했다. 심지어는 화약병기를 만드는 장인들과도 구분하지 않고 혼용하는 경우도 많았다. 화약장과 화포장火砲匠이라는 명칭이 확연히 구분되는 기록도 있기는 하지만[45] 화약장들이라고 해서 단순히 화약만 만드는 일에만 종사하지는 않았다. 무기 제조에도 투입되었을 뿐 아니라 유사시는 전선에 배치되어 군사들을 훈련시키기도 하고 더 나아가 직접 군사로 출병, 전투에 참여하기도 하였다. 화약병기를 다루는 기술이 다른 군사들보다 우수했기 때문이었다고 생각된다. 따라서 화약장이라 하면 화약을 만드는 일에서부터 무기 제조 및 훈련을 담당하는 장인들까지 포함하는 뜻으로도 쓰였던 것이다.

화약장들에게는 잡역이나 군역에 동원된 것 말고도 중요한 업무가 한 가지 더 있었다. 불꽃놀이를 담당한 것이다.[46] 불꽃놀이를 주관하는 것 자체가 군기감의 중요한 일 중의 하나였으니〈표 16-1〉 당연히 화약장이 동원될 수밖에 없었다.

조선 건국 초기 약간의 조직 변화가 있긴 했으나 군기시는『경국대전經國大典』에서 그 편제가 법제화되었고 고종 21년(1884) 기기국機器局으로 업무를 이관하고 폐지될 때까지 조선조의 화약 제조를 담당하던 국가기관으로서 큰 변화 없이 유지되었다.

2-2. 사표국과 별조청別造廳

세종 시절에 설치되었던 **사표국**司豹局도 화약 제조와 관련이 있는 곳 중의 하나였다.[3-20, 21] 이는 세종 27년(1445) 대궐의 내사복시內司僕寺 남쪽 편에 비밀리에 설치했던 염초를 굽던 기관의 이름이었는데 후에 세조 때에 폐지되었다. 임진왜란 후 인조 9년(1631)에는 군기시 내에 **별조청**別造廳을 두고 화기와 화약을 만들기도 했지만 그 역할이나 업적 등 자세한 기록은 전해지지 않는다.[47]

---

45) 세종실록 109권 세종 27년 乙丑(1445) 8월 26일 정묘
丁卯傳旨兵曹今後火砲合藥令宦官掌之火藥匠改稱火砲匠止令制造火砲

46) 세종실록 64권 세종 16년 甲寅(1434) 6월 11일 병진
兵曹與軍器監提調議工匠激勵及加數條件以啓各有日役而無時綵棚儺禮專掌爲之

47) 인조실록 25권 인조 9년 辛未(1631) 8월 6일 정미

2-3. 군영문軍營門의 화약 제조

250여 년간 군기시軍器寺 체제로 유지되던 조선의 화약과 무기 제조에 관련된 정부 조직 체계는 임진왜란을 겪으면서 변화를 맞게 된다. 군기시라는 공식적인 병기 제조 기관이 있었지만 이와는 별도로 각 군영軍營(군부대)에서도 화약 제조소를 차려 놓고 화약을 만들기 시작한 것이다.

오군영五軍營과 속오군束伍軍 설치

임진왜란 중 조선은 국방을 강화하기 위해 군사 조직을 재정비하게 되는데 서울에는 "**훈련도감**訓鍊都監"을 설치하고 각 지방별로는 "**속오군**束伍軍"을 편성한 것이 시초라 할 수 있다. 훈련도감은 '훈국訓局'이라 부르기도 하였는데 임진왜란이 일어나면서 이전의 오위제五衛制가 붕괴되고 새로운 군사 조직의 필요성이 대두되자 선조 27년(1594) 명나라 척계광戚繼光의 『기효신서紀效新書』를 참고로 하여 명나라 군대 절강병浙江兵의 훈련법을 습득하기 위해 조직되었다.

속오군은 1594년(선조 27) 황해도 지역에서부터 시작되어 지방 방어 체제인 진관체제가 재정비되면서 전국적으로 편성되었는데 이 역시 『기효신서』의 속오법束伍法에 따라 조직되었다. 이어서 전쟁이 끝난 후에는 총융청摠戎廳, 수어청守禦廳, 어영청御營廳, 금위영禁衛營 등 여러 군문軍門들도 설치되었다. 이들을 훈련도감과 함께 **오군영**五軍營 또는 **오군문**五軍門이라고 한다. 이 서울과 지방의 군대들은 『기효신서』의 삼수기법三手技法에 따라 포수砲手·사수射手·살수殺手의 삼수병三手兵으로 편성되었다. 포수는 조총병鳥銃兵, 사수는 궁병弓兵, 살수는 창검병槍劍兵을 말하는 것으로서 과거와 다른 점은 조총병이 새롭게 편성된 것이라 할 수 있다. 임진왜란은 조총이라는 신무기와 새로운 전술이 등장한 전쟁이었다. 따라서 당시 조선은 일본군의 침략에 맞서기 위해 포수를 양성하여야 했고 전국에 걸쳐 군사 조직을 재편하였던 것이다.

丁未軍器寺請設別造廳造成火器煉取火藥上從之

오군영五軍營과 지방 감영監營의 화약 제조

오군영과 속오군 내에 포수砲手 부대가 편성되기는 하였으나 포수들에게 지급할 조총과 화약, 연환鉛丸을 확보하는 데에는 문제가 있었다. 그 첫 번째 문제는 바로 재정 문제였다. 재정이 부족했던 중앙 정부에서는 각 지방의 속오군들에게 지급해야 할 조총, 화약, 연환을 해당 읍邑들로 하여금 매월 일정량씩 만들어 바치도록 하는 소위 "**각읍월과총약환법**各邑月課銃藥丸法"을 실시해야만 했다. 결국은 서울의 오군영五軍營과 각도의 감영監營, 병영兵營, 수영水營들도 스스로 재원을 마련하여 화약과 조총 등을 생산할 수밖에 없었는데 이 모든 부담은 다시 고스란히 백성들에게 돌아가고 있었다.

또 다른 문제는 재정 문제뿐만이 아니라 화약을 만들어 바쳐야 할 각 읍들이 원료 확보와 제조기술 등에도 한계가 있어 할당된 양을 제대로 생산을 할 수 없었다는 점이다. 화약을 만들지 못한 읍들은 오군영이나 지방의 감영, 병영, 수영에서 화약을 구입하여 속오군에 납품할 수밖에 없었다. 따라서 오군영과 각도의 감영 등에서는 자체 소요량의 화약뿐만이 아니라 각 읍에 판매할 수량까지도 만들어야 했으므로 각각 병영 내에 화약 제조소를 운영했던 것이다. 그 후 영조 5년 훈련도감 등 몇몇 중앙관청에서만 만드는 것으로 변경하였다가[8-82] 고종 시절 다시 "염초와 화약을 각 군영과 고을에서 만드는 것은 편리한 제도"라며[48] 옛 제도를 부활시켰다.

훈련도감의 화약 제조

본서에서는 훈련도감을 예로 하여 오군영들의 화약 제조 실태를 검토해 보았다. 훈련도감은 선조 27년(1594) 설치한 직후부터 그 안에 화약 제조를 담당하는 **화약색**火藥色뿐만 아니라 별도로 염초 생산을 담당하는 **염초색**焰硝色까지 두고 있었다.[49]

화약을 제조하던 곳은 훈련도감 내에 **하도감**下都監이라 부르던 곳이었는데[50] 하도감

---

48) 고종실록 4권 고종 4년 丁卯(1867) 1월 21일 병자
〈前略〉煮硝製藥之自各其營邑磨勘於本府者亦合便宜〈下略〉

49) 萬機要覽 軍政編二 訓鍊都監 員額

은 무려 390칸이나 되는 건물이었고 마전교馬廛橋 옆에 있던 **염초청**焰硝廳도 211칸으로서 10여 개가 넘는 건물들 중에서 가장 큰 규모였다.[51]

훈련도감에서 화약을 생산하던 공정은 조선 초기부터 내려오던 함토鹹土를 채취하고 토목吐木을 운반하여 염초를 달인 다음 원료들을 배합, 화약을 제조하는 방법으로서 '신전자초방'의 방법이었다.[52] 이 같은 사실은 당시 화약을 제조하던 장인, 즉 군졸들을 공정별로 세분화하여 호칭하고 있는 것에서 확인할 수가 있다.

당시 공정별로 구분되었던 장인들은 **취토군**取土軍, **부토군**負土軍, **급수군**汲水軍, **연화군**燃火軍, **토목군**吐木軍, **예초군**刈草軍, **유회군**柳灰軍, **도침군**搗砧軍 등이 있었다.[53][54][55][56] 취토군은 함토를 채취하는 업무를 담당하던 군졸들이었고, 부토군은 함토를 운반하는 군졸을, 급수은 염초를 굽기 위한 물을 받던 군졸을 말하며, 염초 자초煮硝 시 불을 때던 연화군, 땔감을 조달하던 토목군과 예초군 및 유회柳灰를 조달하던 유회군을 구분하였고, 마지막 공정인 염초, 유황, 유회를 배합하여 찧는 작업을 담당하는 군졸은 도침군이라 불렀던 것에서 그 작업공정을 알 수가 있다.

당시 훈련도감 화약색火藥色의 생산 규모는 연간 염초 1,500근, 화약 1,700근을 생산하는 수준이었다.[57]

---

50) 순조실록 14권 순조 11년 辛未(1811) 3월 7일 을묘
乙卯晝講特進官訓鍊大將李得濟啓言生財不如省費本局之下都監郎工匠立役之所而逐朔下其數不些便是尾閭鳥銃火藥兩色郎廳及各所監官四人俱係冗官此後請隨窠勿補其代從之

51) 萬機要覽 軍政編二 訓鍊都監 공해(公廨)
북영 235칸, 군향색 112칸, 남영 32칸, 광지영 15칸, 신영 197칸 반, 하도감 훈련원 동쪽 390칸, 염초청 마전교(馬廛橋) 옆에 211칸, 북일영 16칸, 서영 9칸, 약방 25칸, 직방 4개소는 각각 16칸, 10칸 반, 8칸, 양어소(養魚所)는 보제원(普濟院)에 있다.

52) 승정원일기 숙종 43년 2월 1일(병술) 1717년
〈前略〉三南間年歸本廳月課火藥六千九百餘斤曾前則自本廳措備而掘鹹土運吐木煮焰焇搗火藥之際不但民弊之特甚外方之人〈下略〉

53) 승정원일기 현종 10년(1669) 1월 6일

54) 승정원일기 숙종 28년(1702) 2월 13일

55) 승정원일기 효종 즉위년(1649) 9월 6일

56) 승정원일기 숙종 14년(1688) 4월 3일

57) 萬機要覽 軍政編二 訓鍊都監 財用
〈前略〉 화약색(火藥色) : 〈中略〉 염초 1,500근 가량 〈中略〉 화약 1,700근 가량 〈下略〉

번사창(飜沙廠): 서울시 유형문화제 제51호

2-4. 기기국機器局 설치와 군기시 폐지

고종 20년(1883) 5월 **기기국**機器局이 설치되고,58) 6월에는 총융청摠戎廳의 월과계月課契와 군기시軍器寺의 공납貢納을 기기국으로 이속移屬시켰다.59)

이어서 고종 21년(1884)에는 비록 성공적이지는 못했지만 김윤식의 인솔 하에 유학을 갔던 영선사 일행이 천진天津에 있는 청나라의 기기국에서 교육을 받고 귀국하여 청나라로부터 가져온 과학기술서적들과 각종 기계들을 가지고 기기국 내에 무기와 화약을 생산하는 **기기창**機器廠을 설치하게 된다.60) 기기국 내의 기기창이 준공되고 나자 그해 10월 드디어 고려 목종穆宗부터 시작하여 900여 년, 조선조에 들어서만도 500년간 유지되던 군기시軍器

58) 고종실록 20권 고종 20년 癸未(1883) 5월 23일 임인
命置機器局因軍國衙門啓請也以朴定陽金允植尹泰駿李祖淵爲總辦白樂倫安鼎玉金明均具德喜爲幇辦

59) 고종실록 20권 고종 20년 癸未(1883) 6월 5일 계축
統理軍國事務衙門啓機器局既已設始矣一應需費不可無措辦各司各貢減省條量宜劃付總戎廳月課契軍器寺元貢亦爲移屬該局何如允之

60) 승정원일기 고종 21년 甲申(1884) 6월 7일 기묘
이정래가 기기국(機器局)의 말로 아뢰기를 "본국의 기기창(機器廠), 번사창(飜沙廠), 목양창(木樣廠), 숙철창(熟鐵廠) 등의 역사가 지금 이미 준공되었습니다. 감히 아뢲니다" 하니, 알았다고 전교하였다.

寺는 기기국으로 흡수되었고 군기시 즉, 군기감의 역사는 끝나게 된다.[61]

군기시를 흡수한 기기국은 화약과 무기류의 생산을 관장하던 기관으로서 산하에 기기창機器廠, 번사창飜沙廠, 목양창木樣廠, 숙철창熟鐵廠 등을 두고 운영하였다. 이것들은 우리나라 최초의 근대식 무기 제조 공장이면서 정부에서 운영하던 근대식 관영공장官營工場이라고 할 수 있다. 서울특별시 종로구 삼청동 28-1번지 금융연수원 부지 내에 번사창飜沙廠 건물이 남아 있다. 1982년 12월 17일 서울시 유형문화재 제51호로 지정되었다. 1984년 건물 보수공사를 할 때 상량문上樑文이 발견되었는데, 이에 따르면 1884년(고종 21) 6월 9일 건축되었음을 알 수 있다.

2-5. 군기창軍器廠 관제 반포

고종 41년(1904) 7월 6일 칙령勅令 제17호로 군부관제를 개정하면서 같은 날 칙령 제18호에 의거 군기창軍器廠 관제官制도 동시에 재가裁可, 반포頒布하였다.[62] 그리고 8개월 뒤인 이듬해 고종 42년(1905) 3월 1일 군기창 관제를 개정하였는데 "군기창은 육군에서 필요로 하는 병기와 탄약의 생산을 담당하며 경성京城에 두고 그 안에 총포탄환 제조소, **화약 제조소**를 배치한다"라는 내용을 포함하고 있다.[63]

이때 개정된 군기창 관제에서는 그 조직도 크게 바뀌고 있다. 당초에 제리提理, 부관副官, 주계主計, 주사主事, 기사技師, 기수技手로 구성되어 있던 것이 창장廠長, 부관副官, 군의軍醫, 군사軍司, 주사主事, 제조소장製造所長, 기사技師, 기수技手 등 명칭부터 대폭 변경된

---

61) 승정원일기 고종 21년 甲申(1884) 8월 27일 무술
전교하기를 "기기국(機器局)이 이미 창설되었으니 군기시를 본국으로 옮겨 붙이고 모든 융기(戎機) 등속을 전적으로 맡아 제조케 하라" 하였다.

62) 고종실록 44권 고종 41년 甲辰(1904) 7월 6일 양력
六日勅令第十七號 軍部官制改正件〈中略〉第十八號 軍器廠官制【提理一人副官一人主計一人主事二人技師五人技手七人】竝裁可頒布

63) 고종실록 45권 고종 42년 乙巳(1905) 3월 1일 양력
勅令 第二十六號軍器廠官制裁可頒布【軍器廠屬軍部大臣管轄陸軍需要之兵器彈藥器具材料製造修理軍器廠置于京城廠內配置銃砲彈丸製造所火藥製造所職員廠長一人砲兵副參領副官一人砲兵正副尉一二等軍醫一人一二等軍司一人主事三人判任製造所長二人砲兵參領正尉或技師技師二人奏任技手六人判任】

것을 볼 수 있다. 오늘날에도 우리가 흔히 쓰고 있는 낯익은 용어들이 등장한다. 단지 일본의 영향을 받은 호칭이 아니라 일본의 요구대로 짜였을 것으로 보이는, 일본 냄새가 물씬 풍기는 호칭들이다. 어찌 되었건 이미 일본이라는 외세에 눌려 있던 조선에서 군기창이 그 기능을 제대로 수행하기를 기대할 수 없는 일이었고 역사적으로 볼 때 아쉬움만 남을 뿐, 큰 의미를 부여할 정도의 업무를 추진하지는 못한 관청이었다.

이보다 앞서 고종 13년(1876)에는 **무위소**武衛所에서 근대식 화약무기였을 것으로 보이는 자기황칠연총自起礦七連銃이라는 병기를 생산하기도 하였다.[64] 무위소는 고종 10년(1874) 6월 20일 궁정 수비 강화를 위해 파수군把守軍의 칭호를 바꾸어 창설한 기구였는데[65] 궁궐 수비 기관에서 화약무기를 만들었다는 점이 특이하다.

하지만 무위소는 그 책임자인 무위도통사武衛都統使가 금위영禁衛營, 어영청御營廳, 훈련도감의 제조提調를 겸하면서 용호영龍虎營과 총융청摠戎廳까지 통솔하던 실질적인 한성부漢城府의 치안 책임 기관이었으며, 1879년에는 북한산성에 있던 경리청經理廳과 북한산성 관장管將 이하 모든 관원까지 소속시킴으로써 방위 업무도 담당하던 막강한 기구로서 그 업무 분야가 상당히 넓었던 기관이었다. 또한 당시는 기기국機器局과 기기창機器廠이 설치되기 전인 군기시軍器寺 시절로서 군기시가 아직 현대식 화약무기 생산에 관여할 정도로 지식이 충분치 못했다고 본다면 서양 무기를 먼저 접하고 있던 무위소武衛所에서 신식 화약병기를 만드는 것도 가능했으리라 여겨진다.

64) 고종실록 13권 고종 13년 丙子(1876) 8월 21일 기유
二十一日武衛所軍器造成時監董提調以下施賞有差【自起礦七連銃水車新造】

65) 고종실록 11권 고종 11년 甲戌(1874) 6월 20일 신묘
教曰把守軍稱號以武衛所爲之令訓將仍爲句檢

03_

경찰제도 도입과 화약 사무事務 관장

1894년 조선 정부는 우리나라 최초의 근대식 경찰제도인 **경무청**警務廳을 신설하였다. 일본의 관제를 모방한 것이긴 하지만 새롭게 "**총포**銃砲 · **화약**火藥 · **도검**刀劍"에 관한 사항을 담당할 정부조직이 신설된 것이다. 고종 31년(1894) 7월 14일 기존의 좌左 · 우右 포도청捕盜廳을 통합하여 경무청을 설치하고 내무아문에 부속시켜 한성부 내의 경찰 사무 일체를 관장케 하였다. 직제는 경무사警務使와 부관副官 각각 1인씩에 경무관警務官, 서기書記, 총순摠巡, 순검巡檢 약간 명씩을 두었다.[66] 경무청이 신설되면서 화약과 관련된 업무는 경무청 내의 총무국에서 맡게 되는데 "**총포 · 화약 · 발화물**發火物 · **도검에 관계되는 사무일체**事務一切"를 담당토록 하는 매우 포괄적 내용으로 화약 관련 단속업무를 시작하였다.

그 후 경무청 관제는 몇 차례의 개편이 있었다. 처음 경무청이 설치되고 난 다음해 4월 직제를 개편하였고,[67] 1898년에는 지방경무장정地方警務章程을 발포發布하였다.[68]

---

66) 고종실록 32권 고종 31년 甲午(1894) 7月 14日(戊子)
軍國機務處進議案及會計審查局職掌文官授任式警務廳官制職掌各府各衙門通行規則議案〈中略〉
〈警務廳官制職掌〉
一左右捕廳合設警務廳隸屬內務衙門掌漢城府五部字內一切警察事務
一警務使一員副管一員警務官幾員書記官幾員總巡幾員巡檢幾員
一總務局副管主之警務官幾員襄助左開事務〈中略〉銃砲火藥發火物刀劍〈中略〉其他板印等警察事務〈下略〉

67) 고종실록 33권 고종 32년 乙未(1895) 4월 29일 경오
칙령(勅令)제85호 경무청관제(警務廳官制)를 재가(裁可), 반포(頒布)하다.
제12조 경무청에 총무국(警務廳)을 두는데 주관하는 사무는 아래와 같다. 〈中略〉
9. 총포(銃砲), 화약, 도검(刀劍) 등의 관사(管查)에 관한 사항이다.

68) 고종시대사 1898년(戊戌) 7月 28日(木)
內部令 第15號 地方警務章程을 發布하다. 〈中略〉
第2款 處務規則 〈中略〉

이때까지 경무청은 내부內部에 부속되어 내부대신의 지휘를 받았으나, 광무 4년(1900) 6월 12일 칙령 제20호에 의거 부部로 승격되면서 **경부警部**가 되었고[69)70)71)] 이때부터 경부警部의 관할지역은 한성부에서 전국으로 확대되었다. 하지만 조직이나 호칭, 규모 등이 바뀐 것이었을 뿐 "**총포銃砲·화약·도검刀劍 등의 관사管査에 관한 사항은 경부警部 경무과警務課에서 주관한다**"라는 화약과 관련된 내용은 변함이 없다.

그 후 경부警部는 다시 **경무청警務廳**으로 환원되었다. 그 이유는 경찰 업무를 확대하기 위해 경부를 신설하였음에도 실효는 없고 폐단만 더욱 늘어났기 때문이라 하였다.[72)] 정확하게 언제쯤 환원되었는지는 불확실하지만 1905년(고종 42, 광무 9년) 2월 26일 칙령 제16호로 경무청관제를 반포하면서 "광무 6년(1902) 칙령 제3호의 경무청관제는 폐지한다" 하였으니,[73)] 1902년에 경부가 폐지된 것을 알 수 있다. 또한 1902년 반포된 칙령을 보면 칙령 제2호는 2월 11일에,[74)] 제4호는 4월 3일에[75)] 반포되었던 것으로 볼 때 칙령

第15條 統計人民保護하는 事項은 行政司法警察과 衛生事件으로 爲 要하되 大는 如左하는 事. 〈中略〉 1. 銃砲火藥刀劍 等을 管査하며 鴉片烟 等物을 痛禁하는 事.

69) 고종실록 40권 고종 37년 庚子(1900) 6월 12일 양력
勅令 第二十號 警部官制裁可頒布【警部管理國內一切警察事務統轄漢城及各地方開港場警務與監獄署監督警察官吏事大臣一人協辦一人勅任局長警務庶務二人勅任或奏任警務官十五人奏任主事八人總巡四十人判任監獄署長一人奏任看守長二人主事二人判任此下省略】

70) 고종시대사 1900년(庚子) 光武 4年 6月 12日(火)
勅令 第20號로 警部官制를 裁可頒布하다 〈中略〉
第19條 警務課에서는 左開 事務를 掌할 事. 〈中略〉
12. 銃砲 火藥 刀劍 等 管査에 關한 事項〈中略〉
第46條 本令은 頒布日로부터 施行할 事.

71) 고종시대사 5집 1900년(庚子) 光武 4年 10月 13日(土)
警部分課規程을 頒布하다. 그 內容은 다음과 같다 〈中略〉
第5條 警務課에서는 左開 事務를 掌할 事. 〈中略〉
10. 銃砲 火藥 刀劒 等 管査에 關한 事項〈下略〉

72) 승정원일기 고종 38년 辛丑(1901) 光武 5년 1월 25일(양력 3월 15일)
조령을 내리기를, "경부(警部)를 신설한 것은 그 사무를 확대하기 위해서였는데 아직도 실효는 없고 폐단만 더욱 늘어나 철회하지 않을 수 없는 상황이 되었다. 지금부터 관제(官制)는 한결같이 전에 경무청(警務廳)을 신설할 때 시행하려고 제정한 장정(章程)에 의거하고 정부로 하여금 잘 상의해서 바로잡게 하라" 하였다.

73) 고종실록 45권 고종 42년 乙巳(1905) 光武 9년 2월 26일 양력
勅令第十六號警務廳官制裁可頒布【警務廳屬于內部管轄管掌漢城內警察消防事務總轄漢城各警務署及監獄署〈中略〉光武六年勅令第三號警務廳官制廢止】

74) 고종실록 42권 고종 39년 壬寅(1902, 光武6년) 2월 11일 양력
勅令 第二號 津監理署以吉州監理署改正件裁可頒布

제3호에 의해 경부가 폐지되고 경무청으로 환원된 시점은 1902년 2월 11일~4월 3일 사이였음을 알 수 있다.

이렇게 경부에서 환원된 경무청은 다시 광무 11년 7월 27일 **경시청**警視廳으로 개칭함과 동시에 경무사警務使를 경시총감警視總監으로, 경무관警務官을 경시警視로 개칭하고, 경시총감 밑에 경시부감警視副監을 두는 등 본격적으로 일본 경찰화하기 시작하였다.[76]

경찰 업무와 화약과의 관계는 경무청 신설 때부터 시작, 오늘에 이르기까지 특별한 관계를 갖고 있다. 현재도 산업용화약에 대해서는 제조허가, 판매허가, 양도양수허가, 사용허가, 운반 신고, 화약고 설치허가 등 모든 인허가권을 경찰청에서 가지고 있다. 그뿐 아니라 제조 및 관리보안책임자면허 발급까지도 관장하는 등 산업용화약이라는 산업 분야를 일반 행정 업무에서 기술적 사항까지 총망라하여 경찰청에서 담당하고 있는데, 이 같은 관행이 시작된 것이 바로 경무청 관제가 반포되던 1894년의 일이다. 경무청 신설 당시 화약 관련 업무분장을 "**총포 · 화약 · 발화물 · 도검에 관계되는 사무일체**"라고 규정하는 등 산업용화약은 경찰관서에 장악될 수밖에 없는 매우 포괄적인 내용의 법규와 관제官制 밑에서 일제 36년을 거친 오늘날까지 100년이 넘게 유지되고 있는 것이다.

75) 고종실록 42권 고종 39년 壬寅(1902, 光武 6년) 4월 3일 양력
三日 勅令 第四號 勅奏任官捐俸例繼續施行件裁可頒布

76) 순종실록 1권 순종 즉위년 丁未(1907) 7월 27일 양력
勅令 第一號 警務廳官制中【警務廳은 警視廳으로警務使는 警視總監으로 警務官은 警視로 警視總監次에 警視副監을 添入】第二號 地方官官制 中【觀察使次에 事務官 一人을 添入하고 警務官은 警視로 改稱】改正件 竝裁可頒布

제 IV 부

근 · 현대의 화약과 불꽃놀이의 역사

염초 증산정책의 결과였는지 고종 시절 화약은 상당한 양이 비축되고 있었다. 북한산성 화약고 화재로 7,597근의 화약이 소실되었고 친군위영親軍衛營 탕춘신영蕩春新營 화약고에서는 무려 8만 근이, 또 부산의 동래 수영水營 화약고에서도 13,383근의 화약이 화재로 소실되는 등 당시의 화약고 사고事故 내용을 살펴보면 그 재고가 상당히 많았던 것을 확인할 수 있다. 상당량의 재고를 확보하면서 화약을 중요시하고는 있었지만 당시에 사용하던 화약은 고려 말부터 시작해서 500년이 넘도록 전래되어 오던 재래식 화약, 즉 흑색화약 한 가지뿐이었으며, 신전자초방 이후로 뚜렷한 기술 변화 없이 답보 상태가 계속되고 있는 중이었다. 하지만 조선이 개화기에 접어들어 서양의 신문물과 함께 다양한 종류의 폭약과 화공품들이 들어오면서 본격적인 암석 발파가 시작되는 등 변화가 일어난다.

제 11 장

우리나라 근대 화약의 역사

조선 후기에 들어 화약을 자급자족하면서(6-11절) 화약의 생산과 재고는 비교적 넉넉하였다고 보이지만6-86~94) 고종 시대에 들어 과거와는 달리 화약을 좀 더 중요시했던 기록들이 발견된다.

고종 4년 좌참찬左參贊 신관호申觀浩는 군사 문제에 대한 6가지 조목의 상소문에서 그 첫 번째 조목으로 군사조련과 화약의 비축을 주장하였다. "현재 적을 무찌르는 도구로는 화기火器가 중요하니, 화약을 많이 만들어서 넉넉하게 비축해 두지 않을 수 없는데 무릇 걱정이 없을 때 응당 대비책을 염두에 두고 있어야 하는바, 현재 변방의 걱정이 헤아릴 수가 없는 상황에서 비용이 들더라도 대비책을 세워야만 한다"고 하면서 "화약을 많이 만들어서 넉넉하게 비축해 두고자 하더라도 화약을 만드는 데에는 본래 알맞은 절기가 있는 것이니, 때를 놓치지 말고 자초신방煮硝新方을 인출印出, 열읍列邑에 나누어 보내어 그들로 하여금 스스로 만들게 한다면 모두 다 넉넉하게 비축할 수 있고 정밀하게 만들 수 있을 것"이라는 건의를 한 것이다.[1)]

신관호의 상소를 검토한 의정부議政府에서는 "염초를 굽고 화약을 만드는 것을 각기 그 군영과 고을에서 자체로 하도록 하는 것은 또한 편리한 제도이니, 각 도의 도신道臣과 수신帥臣으로 하여금 그 숫자를 나누어 배정하여 영원히 연례年例로 만들게 하고, 마감할 때에는 각기 몇 근씩을 모두 모아서 본 감영에 올려 보내게 하여 물품을 보고 우열을 살필 수 있도록 한다"고[2)] 결정을 하였다. 전조와는 달리 화약에 대해 보다 적극적인 생각을 하고 있었음을 알 수가 있다.

그뿐만 아니라 과거 정조 20년(1796) 7월에 폐지했던 군기시軍器寺 본시本寺의 염초

---

1) 고종실록 4권 고종 4년 丁卯(1867) 1월 16일 신미
〈前略〉見今鏖敵之具火器爲要火藥不可不多製優儲而製藥自有節候非立冬後雨水前不能成硝非立夏前不能搗砧成藥苟失其時雖有資無及矣今宜印出煮硝新方分送列邑使之自製則皆可優蓄而製精夫當無虞之日當以桑土在念見今番憂有不可測者豈可憚費畏擾而不爲也〈下略〉

2) 고종실록 4권 고종 4년 丁卯(1867) 1월 21일 병자
議政府啓訓鍊大將申觀浩疏陳諸條兵事有旨令廟堂爛加商確別單稟處矣〈中略〉煮硝製藥之自各其營邑磨勘於本府者亦合便宜令各道道帥臣分定其數永作年例而磨勘時各以幾斤都聚上送于本營以爲看品優劣之地〈下略〉

제조 업무도[6-83] 다시 환원하였던 것으로 보인다. 고종 20년(1883) 3월 10일 경희궁慶熙宮의 염초 굽는 곳〔煮硝所〕에서 화재가 발생하여 30명이 사망하고 4명이 부상을 당하는 대형사고가 발생하였는데[3][4] 경희궁 자초소煮硝所에서 화재가 발생했다는 것에서 우리는 본시本寺의 염초 제조 업무가 환원되었음을 알 수 있고, 또 이렇게 큰 사고가 발생했다는 것에서는 그 생산규모도 꽤 컸음을 짐작할 수 있다.

이 같은 염초 증산정책의 결과였는지 고종 시절 화약은 상당한 양이 비축되고 있었다. 북한산성 화약고 화재로 7,597근의 화약이 소실되었고[5] 친군위영親軍衛營 탕춘신영蕩春新營 화약고에서는 무려 8만 근이,[6] 또 부산의 동래 수영水營 화약고에서도 13,383근의 화약이 화재로 소실되는 등[7] 당시의 화약고 사고事故 내용을 살펴보면 그 재고가 상당히 많았던 것을 확인할 수 있다.

---

3) 고종실록 20권 고종 20년 癸未(1883) 3월 10일 경인
初十日兵曹以 "慶熙宮煮硝所失火" 启

4) 고종실록 20권 고종 20년 癸未(1883) 3월 14일 갑오
賑恤廳以煮硝所失火人命被死民家延燒依漢城府區別成册救療次四名各錢五兩埋瘗次三十名中二十七名各錢七兩木布各一疋看役等三名各錢二十兩布木各一疋結構五十五戶各錢七兩式發遣本廳郎廳眼同該府官員一一頒給之意启

5) 고종시대사 1877년(丁丑) 1月 4日 庚申
摠戎廳, 지난 12月 29日의 北漢山城 訓倉火藥東庫의 失火로 所儲 火藥 7,597片이 燒燼되었음을 啓聞하다. 〈下略〉

6) 고종시대사 1889년(己丑) 4月 21日 丙申
高宗 26年 4月21日(丙申) 親軍衛營 蕩春新營 火藥庫 失火로 摠禦營 火藥 80,000餘斤이 燒燼되고 〈下略〉

7) 고종시대사 1890년(庚寅) 1月 29日 庚午
慶尙道觀察使 金明鎭이 狀啓하여 東萊 水營 火藥庫가 失火하여 火藥 13,383斤 8兩重이〈中 略〉燒蕩되었다. 〈下略〉

01_

새로운 화약제조기술 도입 시도

고종 시절, 상당량의 재고를 확보하면서 화약을 중요시하고는 있었지만 당시에 사용하던 화약은 고려 말부터 시작해서 500년이 넘도록 전래되어 오던 재래식 화약, 즉 흑색화약 한 가지뿐이었으며, 신전자초방 이후로 뚜렷한 기술 변화 없이 답보 상태가 계속되고 있는 중이었다. 하지만 조선이 개화기에 접어들어 서양의 신문물과 함께 다양한 종류의 폭약과 화공품들이 들어오면서 본격적인 암석 발파가 시작되는 등 변화가 일어난다. 필자는 이 시기를 우리나라 산업용화약의 근대기近代期로 분류하기로 하였다.

자기황自起磺 개발 추진

고종 13년(1876) 4월 **자기황**自起磺이라고 하는 새로운 화약 개발에 관심을 가지기 시작하였다. 전년도에 발생했던 운양호雲揚號 사건을 빌미로 일본과 강압적으로 맺어졌던 조일수호조약朝日修好通商條約, 즉 병자수호조약丙子修好條約이 체결되고 나서 2달쯤 되었을 때다. 강화도에서 병자수호조약을 맺을 당시 강화유수江華留守였던 충청감사 조병식과 고종 임금과의 대화에서 자기황이 처음 등장하는데 조약 체결 당시 일본 사신들이 다음에 조선에 올 때 자기황 만드는 것을 가르쳐 주기로 약속했다는 것이다.8)

---

8) 승정원일기 고종 13년 丙子(1876) 4월 15일 병자
상이 함원전에 나아갔다. 충청감사가 입시하였다. 〈中略〉 상이 이르기를, "왜사가 6개월이면, 심도에 도착할 것이라고 하던가?" 하니, 조병식이 아뢰기를, "저들의 말로는 심도와 경성 사이에 도착할 예정이라고 하였으나, 아마 심도에 도착할 것입니다" 하였다. 상이 이르기를 <u>그때 저들이 기계의 제작을 지도해 주겠다고 하지 않던가?</u>" 하니 조병식이 아뢰기를 "회선포(回旋砲)와 <u>자기황(自起磺)을 만약 배우겠다면 지도해주겠다고 하였습니다</u>" 하였다. 〈下略〉

그로부터 두 달 뒤 일본을 다녀온 수신사 김기수金綺秀를 접견하는 자리에서도 고종 임금은 "자기황을 보고 왔느냐?"고 질문을 한다. 고종 임금의 자기황에 대한 궁금증과 그것을 만들고 싶어했던 욕심을 엿볼 수 있는 부분이다.[9)]

그러던 중에도 내부적으로는 자기황의 개발을 꾸준히 시도했던 것으로 보인다. 단지 자기황을 사용하는 총銃만을 만든 것인지 아니면 자기황까지 만들었는지는 불분명하지만 그해 8월 무위소武衛所에서 **자기황칠연총**自起磺七連銃이라는 무기 제조에 성공하였다는 기록도 있다.[10-64)] 자기황이 어떤 화약이었는지를 정확히 설명하기에는 자료가 부족하다. 하지만 당시의 자기황은 크게 세 가지 뜻으로 쓰였던 것으로 볼 수가 있다.

첫째, 자기황은 일종의 뇌관을 뜻하는 것이었다. 1890년대 말 암석 발파용으로 화약을 수입할 때 뇌관을 자기황이라고 부르고 있는 것에서 알 수가 있다.[〈표 11-2〉]

둘째, 민간인들 사이에서는 성냥을 보고도 자기황이라고 하였다. 이 점은『매천야록梅泉野錄』에서 명확히 기록하고 있다. 1880년대쯤에 석유를 사용하기 시작하면서 양수화통洋燧火筒이라고 부르던 성냥이 유행하였는데 이를 두고 민간에서는 자기황이라고도 하였다는 것이다.[10)]

셋째, 자기황은 기폭약起爆藥이라는 일반적인 뜻으로도 사용되었다. 가벼운 마찰이나 충격에 의해서도 폭발하는, 즉 "스스로 기폭되는 황"이라는 일반적인 뜻에서 자기황이라 했을 것이다. 이는 자기황을 이용한 "밀렵 행위"에서 나타난다. 떡이나 엿 등 짐승들이 좋아하는 음식물에 자기황을 섞어 놓으면 먹이로 착각한 짐승들이 이것을 깨물 때 자기황이 폭발되도록 하는 방법이었는데 이는 자기황이 아주 작은 충격에도 폭발되는 기폭약 종류라야만 가능한 일이다.

하지만 정확히 어떤 종류의 기폭약을 사용했는지는 불확실하다. 다만 성냥을 보고 자기황이라고 했던 것과 민간인들이 쉽게 구했던 것을 보면 이때 사용하던 화약은 오늘날

---

9) 수신사일기(修信使日記) 1권 고종 13년 丙子(1876) 6월 1일
修信使의 復命 : 修信使金綺秀入侍筵說〈中略〉上曰 其所謂自起磺見否使曰未得見之而縱或見之不可卒乍學得故初不問之矣〈下略〉

10) 매천야록(梅泉野錄) 권지1 上 甲午(1894) 以前
〈前略〉是歲因洋俗用石炭石油洋火柴〈中略〉我國自庚辰(高宗十七年)後始用〈中略〉洋燧火筒亦隨石油而盛行民間謂之自起黃

의 기폭약이라기보다는 성냥(성냥골)의 원료를 사용했을 것으로 생각된다. 이러한 밀렵은 조선시대 말에 시작되어 일제 강점기에 성행하였고 해방 후까지도 종종 행해지고 있었다.[12-98~103)]

구한말에서 일제 강점기에 이르기까지 각종 기록에서는 자기황을 두고 "자기황自起黃, 자기광(自起礦, 自記礦, 自記鑛)" 등 서로 다른 한자말을 혼용하고 있으나, 본서에서는 편의상 "자기황(自起磺)으로 통일하였다.

영선사領選使 파견

개화정책을 펴던 조선에서는 자기황 외에도 새로운 화약 제조 기술 도입에 대한 몇 차례의 시도가 있었다. 중국에 **영선사**領選使를 파견한 것이 대표적이라 할 수 있다. 이때의 영선사는 조선이 개항을 단행한 뒤 최초로 청나라에 파견한 **유학생 인솔사행**引率使行을 말하는데 고종 18년 청나라 무기 제조법을 배우고 또 신식무기의 수입을 위해 영선사 김윤식金允植이 9월 26일 유학생을 이끌고 출발하였다. 이는 고종 17년 청나라 예부禮部에 "천진天津에 있는 기기창에서 무기 제조 기술을 배울 수 있도록 해달라"는 자문咨文과 함께 부사직副司直 변원규卞元圭를 파견하였을 때 변원규가 9월 16일 천에 가서 기기국機器局·제조국製造局·군기소軍機所 및 서고西沽의 화기와 화약을 쌓아 둔 각 창고들을 견학하고, 이어 22일에 이홍장李鴻章을 회견하여 무기 제조술과 군사훈련을 배우는 장정章程을 상의하고 돌아옴으로써 이루어진 것이었다.[11)]

이들 유학생은 학도學徒와 공장工匠으로 구분하여 학도들은 주로 이론적인 분야를, 공장들은 실험적인 분야를 교육받았다. 주요 학습내용은 **화약·탄약의 제조법**을 비롯하여 전기, 화학, 제도製圖, 제련, 기초기계학 및 외국어였다. 그러나 신병 등의 이유로 중도에

11) 고종실록 17권 고종 17년 庚辰(1880) 7월 9일 을해
初九日以講究武備事咨請北京禮部咨文曰〈中略〉一國輿論咸以爲上國器械精利以威天下天津廠等處寔四方巧工之所會各國神技之攸萃也亟宜選送明幹人員情願學造器械爲今急務〈中略〉仰冀曲察導達特降隆旨俾小邦匠工學造於津廠〈中略〉專差副司直卞元圭齎咨前往合行移咨請照驗轉奏施行須至咨者【齎咨官卞元圭以九月十六日抵天津見機器局製造局軍機所及西沽儲備火器火藥各庫旋於二十二日會見李鴻章商議來津學習製器練兵分條朝鮮來學製造操練章程】

귀국하는 유학생이 발생하는 등 학습이 성공적이지는 못했고, 조선 조정의 재정 부족 역시 유학생 파견을 지속시킬 수 없는 중요한 문제로 대두되었다. 결국은 아쉽게도 이듬해 5월 말, 본국에서 임오군란이 발생한 후, 유학생들이 조기에 철수되고야 말았다.

하지만 비록 이 영선사행이 그 목적을 충분히 달성하지 못했다고는 하나 1884년 삼청동 북창北倉에 기기창機器廠을 설립하는[10-60] 계기가 되기는 하였다. 이들이 귀국하고 나서 1883년(고종 20) 종사관從事官 김명균金明均이 데리고 온 톈진天津 공장工匠 4명과 함께 청나라로부터 조총기기造銃機器 · 내찬혈기內鑽穴機 · 세포기細砲機 · 제약기製藥機 등을 구입, 우리나라 최초로 신식무기와 화약 제조를 위한 기기창을 설립한 것이다.

그러나 이들 공장에서 생산하던 무기의 종류나 수량 등은 확인할 길이 없다. 기기창機器廠에서 만든 무기가 실전에 배치되는 등 성과를 보지 못했던 것이다. 당시는 영국의 엔필드Enfield 소총, 일본의 무라다村田 연발소총, 러시아의 베르단Berdan 소총을 비롯하여 독일제 권총인 육혈포六穴砲까지 모든 무기들은 외국에서 수입하여 쓰고 있었을 뿐이고 기기창에서는 주로 외제 무기의 수리를 담당하고 있었다 한다.

그렇다면 기기창은 왜 "국산총國産銃"을 만들지 못했던 것일까? 19세기 말 중국과 일본이 이미 마우저Mauser 총과 무라다총村田銃이라는 휴대용 화기를 생산하고 있던 점을 감안하면 구한말 조선의 집권자들도 충분히 국산총 생산의 필요성을 인식하고는 있었을 것이다. 하지만 당시 집권자들이 국산 무기 개발을 위한 장기 전략을 수립하기보다는 완제품 도입이라는 안일한 사고에 젖어 있어 기기창의 설립 목적을 제대로 살리지 못했을 것으로 판단된다. 게다가 서서히 대한제국에 영향력을 키워 가고 있던 일제의 방해도 한 몫 했을 것이다.

신사유람단紳士遊覽團 파견

중국으로의 영선사행이 있기 직전 고종 18년(1881) 4월 고종 임금은 일본의 신문물을 돌아보기 위해 **신사유람단**紳士遊覽團을 파견하였다. 당시 일본은 1868년 메이지유신明治維新을 단행하고 서양 문물을 도입하면서 일대 개혁을 추진, 강대국으로 발돋움하고 있던 때로써 고종 임금으로서는 이러한 일본의 정세를 파악하고 세계정세도 관측하면서 개화라는 당면 과제 해결을 모색할 필요가 있었기 때문이다. 이 신사유람단은 각 전문 분야별로 12개 반으로 조직되었는데 고종 18년(1881) 4월 10일부터 윤7월 2일까지 약 4개월에 걸쳐 일본에 체류하면서 일본의 여러 문물을 고루 조사하고 귀국하였다. 이들은 내무성, 외무성, 대장성, 문부성, 공부성, 사법성, 농상무성, 육군, 세관 등 여러 관서를 돌아보면서 포병공창을 비롯한 **화약 제조소**에 대해서도 견학을 하고 왔는데 중국에 파견되었던 유학생들과는 성격이 다르지만 대한제국의 일본 신문물에 대한 견학 목적은 달성된 것으로 볼 수 있다.

유학생 파견과 화약 제조기계 도입

1889년 기기국機器局에서는 재능 있는 소년 4명을 뽑아 화약 제조법을 학습시키고자 일본으로 유학을 보내기도 하였다.[12] 2년 뒤 화약 제조 과정을 졸업하고 귀국하면서 화약 2상자를 가지고 돌아왔는데 당시 일본은 흑색화약만을 생산하고 있던 점을 감안하면 흑색화약이었을 것으로 추정해 볼 뿐, 그들이 일본에서 어떤 내용들을 학습하고 돌아왔는지는 확인하지 못하였다.[13]

10여 일 후에도 유사한 기록이 있다. 하지만 기기국에서 화약 제조를 위한 제약기계 57건과 함께 화약 2상자를 수입하였다고만[14] 했을 뿐 여기서도 역시 상세한 내용은 알

---

12) 각사등록 근대편(국사편찬위원회)

발송일 己丑二月二十六日(1889년)

발송자 機器局來文

本局製藥 卽時急軍需之不容暫緩 故另擇年少才藝之 金有植 安大亨 河正龍 金致寬 等 四人 爲其學習 入送日本而 卒業間駐接收護之節 必自貴衙門措 辭札飭於我國公使 然後可以照行 故如是文移爲去乎事 機器局來文 己丑二月二十六日

13) 각사등록 근대편(국사편찬위원회)

발송일 光緖十七年正月十一日(1891년)

발송자 督辦統理交涉通商事務 閔

수신자 署理總稅務司 史

督辦統理交涉通商事務 閔 爲關飭事 照得現據壯衛使 韓 函稱 機器局 製藥學徒 金有植 安大亨等四人 前往日本學習製藥方法現已卒業回國 購貿火藥 二箱搭付海龍丸 現到仁港 請飭海關免稅等語據此關飭 仰貴署總稅務司查照 轉飭仁川稅務司 將該火藥二箱 特準免稅進口可也 須至關者 右關 督辦統理交涉通商事務 閔 署理總稅務司 史 光緖十七年正月十一日

14) 각사등록 근대편(국사편찬위원회)

수가 없다. 다만 새로운 화약 개발을 위한 나름대로의 노력이 꾸준히 진행되고 있었던 것만을 짐작해 볼 뿐이다.

을사늑약이 있기 전, 대한제국의 화약 제조에 대한 마지막 기록으로는 고종 42년(1905) 3월 1일 칙령勅令 제26호로 군기창軍器倉 관제官制를 발표한 것이라 할 수 있다. 고종 41년(1904) 7월 칙령 제18호로 육군에서 필요로 하는 병기와 탄약의 생산을 담당하는 군기창 관제를 반포하였다가 다시 이를 개정한 것인데 군기창은 군부대신에 소속하고 육군에 필요한 병기, 탄약, 기구, 재료, 제조, 수리를 관할하며 군기창은 경성京城에 두고 그 군기창 내에 **화약 제조소**를 배치한다는 내용이었다.[15] 그해 11월 18일 을사늑약이 맺어지기 10개월 전의 일이다.

하지만 이미 때늦은 일이었을 뿐이다. 대한제국이 일제의 손에 넘어가고 나서 1956년 한국화약주식회사에 의해 인천의 화약공장에서 "세이프티마이트Saftymite"라는 산업용 폭약이 만들어질 때까지 50여 년간 우리나라 화약 제조의 역사는 완전히 단절되고야 말았다.

발송일 光緒十七年正月二十三日(1891년)

발송자 督辦統理交涉通商事務 閔

수신자 署理總稅務司 史

督辦統理交涉通商事務 閔 爲關飭事 照得現準機器局摠辦 韓 函開 本局需用 製藥器械 五十七件暨火藥兩箱 現已搭到仁關 特派本局委員 朴熙鎭 前往卸運 請飭海關 準免卸交等語 據此關飭 仰貴署總稅務司查照 轉飭仁川稅務司將該製藥器械五十七件暨 火藥 兩箱 特準免稅 卸付該委員 以便運進 可也 須至 關者 督辦統理交涉通商事務 閔 署理 總稅務司 史 光緒十七年正月二十三日

15) 고종실록 45권 고종 42년 乙巳(1905) 3월 1일 양력
勅令第二十六號軍器廠官制裁可頒布【軍器廠屬軍部大臣管轄陸軍需要之兵器彈藥器具材料製造修理軍器廠置于京城廠內配置銃砲彈丸製造所火藥製造所】

02_

산업용화약의 태동

우리나라 최초의 화약 발파

우리나라의 산업용화약은 제조에서부터 출발한 것이 아니고 외국 제품이 수입되면서 시작되었다. 하지만 누가, 언제, 어디서 최초로 발파 작업을 했는지는 명확히 확인할 수가 없다. 다만 1894년 창원에서 화약 발파 작업이 실시되고 있었음을 보여 주는 기록이 있기는 하다. 본격적인 상업 발파는 아니었고 시험적인 소규모 발파였을 것으로 여겨지는 기록이다. 1894년 일본인들이 경상남도 창원에서 금광金鑛 시굴試掘을 위해 보관하고 있던 화약을 탈취당하는 사건이 발생하였다. 당시 부산의 일본 총영사관總領事館 사무대리事務代理 영롱구길永瀧久吉이 경성京城에 있는 특명特命 전권공사全權公使 대조규개大鳥圭介에게 보낸 공문의 내용을 요약해 보면 다음과 같다.

내용인즉, 일본의 장기현長崎縣 사람인 마목건삼馬木健三이 금광金鑛 시굴試掘을 위하여 창원부昌原府 용담龍潭이라는 곳에 가 있었는데 1894년 6월 30일 오후 7시경 군마현群馬縣 사람인 전 육군대위 전중차랑田中次郎 등이 찾아와 마목건삼에게 광산용으로 비축한 화약을 나눠 달라고 하는 것을 거절하자 그들은 마목건삼과 그 아들을 마승麻繩으로 묶고 **화약 2관**罐(약 10근), **다이너마이트 2함**函(약 120발), **뇌관**雷管 **약 130~140발**, **도화선 5파**把를 탈취해 갔다고 하였다.16)

16) 주한일본공사관기록
  문서제목 〈馬木 父子가 鑛山用火藥을 田中等에게 탈취당한 件〉
  문서번호 親展ノ一

어떤 경로로 얼마나 되는 화약이 수입되어 사용되었는지 알 수는 없고 아마도 시험적으로 일본인들이 가지고 들어왔을 것으로 추정해 볼 뿐이지만 그 당시에 이미 흑색화약뿐만 아니라 다이너마이트를 사용한 발파도 시행되고 있었음이 확인되는 기록이다.

우리나라의 공식적인 기록은 해관海館(현재의 稅關) 기록에서 발견되는데 구한말 외부外部나 해관의 공식 기록들을 토대로 우리나라에 산업용화약이 보급되던 상황을 살펴보기로 한다.

19세기 말 일본과 유럽 각국들은 앞 다투어 우리나라에서의 각종 이권을 차지하려고 혈안이 되어 있었는데 화약 발파와 관련된 대표적인 것으로는 철도 부설과 광산 개발을 들 수가 있다. 1882년 미국과 체결했던 조미수호조약朝美修好條約을 시작으로 외국 각국과 차례로 맺어졌던 통상조약에 의해 외국인들의 조선 진출이 활발해지면서 화약의 수입과 사용이 확대되기 시작하였다. 그들이 수입한 화약의 주요 소비처로는 미국의 경인철도부설공사, 운산금광, 동양합자금광회사 및 한성전기회사와 영국의 은산금광, 독일의 당현금광, 일본의 경부철도와 경인철도 부설공사, 직산금광 등 열강들이 대한제국 정부로부터 따낸 각종 공사나 광산 현장이 대부분이었다.

암석 발파를 목적으로 산업용화약을 최초로 수입 허가 신청을 한 것은 1896년 1월 15일의 일이다. 미국공사美國公使가 대한제국 외부外部에 폭발료爆發料(爆料) 10톤과 폭관爆管의 수입 허가를 신청하였는데 그 용도는 운산금광雲山金鑛 채광용과 경인철도 부설공사

발송일 明治二十七年七月七日(1894. 7. 7)

발송자 在釜山 總領事館 事務代理 永瀧久吉

수신자 在京城 特命全權公使 大鳥圭介

親展ノ一

長崎縣 平民 馬木健三ハ此程 昌原府 龍潭ノ 金鑛試堀ノ爲メ長男辰次郎ト共ニ同處ニ赴キ居リシ處 去六月三十日午後七時頃 群馬縣人 元陸軍大尉 田中次郎 福岡縣人 大原義剛 石川縣人 吉倉睡聖 弁ニ 鈴木某外 八名ハ荷物運搬ノ爲メ雇入レタル韓人二名ヲ伴ヒ同處ニ至リ馬木ニ面談〈中略〉馬木父子ヲ 痲繩ニテ 縛シ倉庫番人奥田友太郎ヲシテ鍵ヲ出サシメ直チニ火藥庫ノ鍵ヲ開キ且ツ他ノ倉庫ノ鎖ヲ破壞シテ火藥二罐(凡ソ十斤) ダイナマイト二函(凡ソ百二十發)雷管 凡ソ百三四十發 導火五把ト外ニ各所ノ鍵凡ソ十個計リヲ奪取シ同夜十二時過キ龍潭ヲ發シ全羅道ニ赴クト稱シ咸安ニ向ケ出發セリ〈中略〉以上ハ去三日馬木辰次郎ガ當館ニ申報スル所ノ要領ナリ

〈下略〉

明治二十七年七月七日

在釜山 總領事館 事務代理 永瀧久吉 印

在京城 特命全權公使 大鳥圭介 殿

용이었다.[17] 운산광산은 평북 운산군 북진읍에 있던 금광으로 1896년 미국인 모스James R. Morse가 대한제국 황실로부터 25년간의 채굴권을 얻어 금을 캐기 시작한 광산이다. 그는 운산금광 채굴권과 함께 경인철도 부설권도 얻어 착공하였으나 후에 자금난에 봉착하자 경인철도 부설권을 일본에 양도하였다.

미국공사의 수입 허가 신청 내역에서 조선조 내내 염초, 또는 화약으로만 호칭되던 화약용어가 처음으로 폭발료爆發料, 폭료爆料, 폭관爆管이라는 새로운 단어로 바뀌어 등장한다. 폭발료와 폭료는 다이너마이트를, 폭관爆管은 뇌관을 말하는 것이었다. 이때가 우리나라 최초로 공식적인 산업용 암석 발파가 시작된 시점이라 할 수 있다.

도로 개설을 위한 발파로는 1898년 5월 일본공사日本公使가 인천의 일본인 거류지 내에서 도로 개설 공사를 위해 화약환火藥丸 1,000방磅(파운드)을 수입하여 발파를 한 것이 최초였다.[18] 여기서 화약환이란 오늘날의 구상흑색화약球狀黑色火藥을 일컬었을 것으로 보이는데 그때까지는 일본도 다이너마이트를 생산하지 않았기 때문에 흑색화약으로 발파를 하였을 것이다.

---

17) 각사등록 근대편(국사편찬위원회)

제　목 경인철도와 운산금광회사용 폭발약 10톤 반입 요청

발송일 光武元年十一月十五日(1896년 1월 15일)

발송자 趙秉式 頓

敬啓者 現接美公使照開 按本大臣本年十月二十三日第十五號公文 以京仁鐵道及雲山金礦會社所需爆發料八톤進口之事 照請貴部允準在案 玆據濟物浦該社看事員接到該社札內開 已將前言爆料八톤又加二톤共十톤裝載出帆等由 本大臣據此 想該物數日內可到 是以煩此照會 務望貴大臣飭行海關稅司 將該 十톤爆料及爆管等物 俾得順便進口爲荷等因 準此函佈 尙望照亮轉飭仁稅司 將該爆料 特準卸下爲是 耑此仍 頌台安　趙秉式 頓

光武元年十一月十五日 光武 年 月 日 起案

18) 각사등록 근대편(국사편찬위원회)

제　목 일본 거류지의 도로개척을 위해 수입하는 화약의 무세통관(無稅通關) 요청

발송일 光武二年五月十一日(1898년 5월 11일)

발송자 趙秉稷 頓

결재자 主任 通商 局長 課長大臣 協辦

敬啓者 昨接日本公使加藤照會內開 現據各國居留地會會頭 日本一等領事久水三郎 申請於本港居留地 巖石叢積道路開鑿必要 使用火藥丸一千磅 自五月中旬 作第一回每回二百磅式 輸入計料 許可及無稅通關之事 照會該處 等因 準此査 不惟 本港公共資用 供其發達 胚胎用途 依該會頭申請 許可其輸入及無稅通關爲要等因準査火藥各種係是違禁 極涉審愼 但此次運進公共所需 理宜特準 玆庸函佈 尙祈照諒 轉飭該港稅司 將該 火藥 每回二百磅 共計一千磅 隨到準許 俾便資用可也 耑此順 頌大安

趙秉稷 頓　光武二年五月十一日 起案

물론 운산금광과 경인철도 부설공사가 시작되기 전 1882년에 체결된 "조미수호조역朝美修好條約"과 기타 각국과의 통상조약에는 화약류의 수입에 대한 조항이 포함되어 있었다.(10-1-3절) 따라서 허가를 받으면 화약을 수입할 수가 있었기 때문에 경인철도나 운산광산雲山礦山 이전에 좀 더 일찍 화약이 수입되고 '화약 발파 작업'이 실시되었을 수도 있다. 하지만 경인철도나 운산금광 이전에는 구체적인 발파 기록이 없을 뿐만 아니라 있었다 하더라도 시험적인 소규모 발파 정도였을 것으로 판단되는바, 공식적으로는 경인철도와 운산금광, 이 두 개의 현장을 우리나라 최초의 '화약 발파' 장소였다고 해도 크게 무리는 없다고 본다.

우리나라 최초의 화약상火藥商과 화약고

처음에는 경인철도회사나 운산금광과 같은 실수요자가 직접 화약을 수입하여 사용하였다. 그 후 판매용으로 화약이 수입되기 시작한 것은 1899년 9월 세창양행世昌洋行(9-64)이라는 무역상사에 의해서였다. 세창양행은 고종 20년(1883) 독일 함부르크 시에 본사를 둔 마이어 상사(E. Meyer & Co.)가 인천 제물포에 설립한 무역회사로서 후에 강원도 금성의 당현금광 채굴권을 획득하기도 하는데 인천에 화약고를 짓고 화약을 수입, 영업을 시작한 **우리나라 최초의 화약상**이라 할 수 있다.

세창양행이 화약고를 건립했던 곳은 인천의 옹암瓮巖 부근으로서 포구와는 가깝고 민가와는 멀리 떨어진〔近浦遠村〕 장소라고 하였다.[19] 이곳은 옹기甕器 형태의 바위가 바다를 향해 돌출되어 있던 곳으로 '독배부리'라고도 하였는데 화약고가 지어졌던 자리는 현재

19) 각사등록 근대편 總關去函(국사편찬위원회)

발송일 光武三年二月十六日(1899년 2월 16일)

발송자 朴齊純 頓

敬啓者 案照德商世昌洋行礦用炸藥庫起造一事 前準貴函 附有議定章程七條 該庫地圖一紙 均經閱悉 查該章程各節 俱屬妥善 並無異見 惟此等最險之物 若不設法防範 恐致意外之虞 所有第七條句語 添入若干 尤昭審愼 仍 將該章 照會德領事 轉飭該洋行 率循無悞 并發訓仁川監理 驗勘該庫基址 旋準該監理報稱 本港租界南瓮巖一處近浦遠村 可以屯儲烈火藥 向商稅司洎世昌行 議作建庫之地等情前來 據此添附該約章 相應函佈 尙祈照諒 札行仁海關稅務司照辦可也 卽頌升祉不一　　添附議定炸藥進出章程一紙

朴齊純 頓 光武三年二月十六日 起案 總海關

의 인천광역시 연수구 옥련동 604번지와 604-1, 2번지 일대의 송도유원지 부근이었음을 이종근李鐘根[11-26]의 증언으로 확인할 수 있었다. 후일 한일합방이 되고 일제에 의해 "총포화약취체령"이 만들어지고 나서 조선총독부로부터도 다시 화약 판매업과 화약류 저장소 설치 허가를 받았는데 그때는 주소지가 인천 옹암에서 경기도 부천군 문학면 옥련리로 변경되어 있는 것을 볼 수 있다.[12-84] 현재 '독배부리' 일대의 바다를 매립한 곳에 옹암사거리가 있는데 그 사거리 동쪽 언덕 위가 화약고가 있던 자리다. 1971년 8월 23일 12시 30분경 실미도를 탈출한 684부대원들이 상륙했던 곳이기도 하다.

요즘도 화약고를 신축하려면 토지 소유주나 인근 주민들의 민원으로 인해 어려움이 많지만 당시에도 유사한 일들이 있었다. 화약고 예정지에 분묘墳墓를 가지고 있는 토지 소유주가 토지 매각을 거부하여 이를 설득하는 과정도 있었고,[20][21] 근거도 없이 화약고 부지에 수백 년 된 자신의 방조傍祖 묘墓가 있다고 주장하는 자가 나타나기도 하였다.[11-21]

이 화약고가 언제쯤 완공되었는지는 불확실하다. 하지만 1899년 9월 20일 독일공사가 열화약烈火藥, 자기황自起黃 및 화승火繩 129궤櫃를 반입하고자 허가를 신청하였고[22]

---

20) 근대정부기록(국사편찬위원회)

발신처 仁川監理 徐相喬

수신처 議政府贊政外部大臣 朴齊純

발신일 1898년 11월 14일

外部 제80호 訓令에서 "德領事 照會에 '世昌洋行 稟稱에 벅노불 烈火藥會社 代派人이 濟物浦에 烈火藥 창고를 建造하고자 하여 이미 海關稅務司 솨머쓰와 酌商하였다'고 하니 准入해 달라고 함. 德海館에서는 異議가 없다고 하나 軍器類 중 炸藥은 위험한 것이므로 尋常販賣할 수 없다는 것이 各約 제6등 違禁貨物에 분명하므로 문제가 없을런지, 창고로 마땅한 곳은 있는지 諸般形便을 稅司와 爛商하여 보고하라"고 함. 稅司도 異議가 없다고 하고 地段을 알아보니 租界남쪽 한 구석에 甕岩이라는 곳이 마을과는 멀리 떨어진 바닷가로서 적당하긴 하나 그곳에 李秉錫의 墳墓가 있어 팔지 않으려고 하고 있는데 稅司와 世昌에서는 달마다 定貰해서라도 期圖 備用하게 해야 함. 지령 제81호 該庫定址와 李民塚墓 사이의 거리가 얼마이며 달마다 定貰하면 받아들일런지 다시 보고할 것.(1898년 11월 17일)

21) 근대정부기록(국사편찬위원회)

발신처 仁川監理 徐相喬

수신처 議政府贊政外部大臣 朴齊純

발신일 1898년 12월 15일

甕岩에 德國人 世昌洋行의 烈火藥庫를 建築하는 일에 대한 제57호 指令에서 "該庫定址와 李民塚墓 사이의 거리가 얼마며, 달마다 定貰하면 받아들일런지 다시 보고하라"고 하여 그 李秉錫에게 다시 曉喩하니 마지못해 허락하였기에 넓이를 재보니 길이가 150步, 넓이가 60步이기에 定價 650元으로 하였음. 그런데 갑자기 島洞에 사는 李善浩라는 자가 나타나 수백 년이나 된 자신의 傍祖 墓가 있다고 주장하는데 근거가 없다 함. 지령 제86호 보고에 따라 德公館에 轉照하겠음.(1898년 12월 20일)

《독립신문》에서는 9월 23일 이 사실을 기사화하면서 화약고에 보관할 것이라 했던 것을 보면[23] 1899년 9월경 완공되었을 것으로 보인다.

훗날 1907년 이 화약고는 세창양행의 동업자 겸 조선 내 책임자였던 독일인 칼 왈터Carl Walter가[24] 인수하였다 한다. 1914년 8월 일본의 대독對獨 선전포고와 함께 세창양행은 폐쇄되었고[25] 이후 일본 정부의 독일인 소유 재산에 대한 강제매각 조치 와중에 이 화약고도 일시적으로 운영이 중단되었을 것으로 보인다. 1919년 칼 왈터가 설립한 〈합명회사カール ウヲルター〉가 이를 운영하면서 화약고를 증축하였다고 하는데 1929년경 칼 왈터가 독일로 돌아간 뒤 우에노上野라는 일본인 등이 운영하다가 제2차 세계대전 발발 2년 전 폐쇄되었고, 6 · 25 전쟁 중 인천상륙작전 때 소실되었다 한다. 이상은 역시 이종근李鐘根의 증언으로 확인한 사항이다.[26] 해방 후 이 화약고가 있던 자리 인근에 대한화약상사라는 화약 판매상이 화약고를 짓고 1990년대 말까지 영업을 하다가 주변이 시가지화市街地化되면서 폐쇄되기도 하였다.

이상으로 우리나라에서 산업용화약이 발파용으로 사용되었던 최초의 내역을 정리해

---

22) 각사등록 근대편(국사편찬위원회)

제 목 세창양행 열화약 등 129상자의 반입 요청

발송일 光武三年九月二十日(1899년 09월 20일)

발송자 朴齊純 頓

敬啓者 刻接德署領事 賴思德照開 濟物浦世昌洋行稟稱 本行將 烈火藥 一百二十櫃 自起磺三櫃及火繩六櫃明日到泊濟物浦矣 依烈火藥庫章程第五條 請大韓外部 轉飭海關 準聽卸下入庫等情 據此照請貴大臣 卽將轉飭該港海關爲要等 因準此相應函致 貴總稅務司査照 電飭仁川稅司 將該烈火藥等三種 共計一百二十九櫃發給準單 俾便卸下至掌管開庫存記各節 一遵炸藥進出章程 辦理 以昭 審愼可也 此佈順頌日祺

朴齊純 頓 光武三年九月二十日 起案 總海關

23) 독립신문 1899년 9월 23일 3면(잡보/외방통신)

기사제목 : 『덕관죠회』

대한에 쥬차한 덕국 공사관에서 화약 130궤와 화승 6궤를 인천항으로 실어 왓난대 인천항 해관에 뎐선으로 신칙하야 화약창에 유치케 하여 달나나고 덕관에서 외부로 죠회하엿다더라.

24) 국사편찬위원회 《개항 100년 연표》

1884년 5월 칼 월터, 世昌洋行의 지점설치 위해 인천 도착.

25) 『한독수교 100년사』

1914년 8월 3일 일본의 대독(對獨) 선전포고로 서울의 총영사관 및 인천의 세창양행 폐쇄.

26) 이종근(李鐘根) : 1942년 8월 11일생. 대한예수교장로회 소속 목사였으며 독일인 칼 왈터(Carl Walter)가 한국 체류 시, 그의 양녀(養女)였던 고점녀(高点女, 1915. 1~1971. 4)의 아들로 현재도 화약고가 있던 곳에(인천시 연수구 옥련동 산2-1번지) 거주하고 있다.

보면 다음과 같다. 단, 정확한 일자를 확인할 수는 없다. 모든 기록이 허가신청 기준의 공문公文들로서 실제 실행일자는 확인이 곤란하기 때문이다. 따라서 신청 내용이 원안대로 허가되고 또 실행되었다고 가정하였다.

1. 최초의 화약 수입 및 발파 : 1896년 1월

1) 수입 신청자 : 미국공사美國公使

2) 용도 : 경인철도 부설공사 및 운산금광 채광용

3) 수입 품목 및 수량 : 폭발료爆發料 10톤

4) 수입 항구 : 인천항

2. 최초의 도로 개설 발파 : 1898년 5월

1) 수입 신청자 : 일본공사日本公使

2) 용도 : 인천 일본인 거류지 내의 도로 개설

3) 수입 품목 및 수량 : 화약환火藥丸 1,000방磅(파운드)

4) 수입 항구 : 인천항

3. 최초의 화약상 : 세창양행

1) 화약 수입일 : 1898년 10월

2) 수입 품목 및 수량

- 열화약烈火藥(다이나마이트) 120궤櫃
- 자기황自起黃(뇌관) 3궤櫃
- 화승火繩(도화선) 6궤櫃

3) 수입 항구 : 인천항

4. 최초의 영업용 화약고

1) 설립자 : 세창양행

2) 설립 시기 : 1899년

3) 장소 : 인천 옹암甕巖(현 연수구 옥련동 604번지 일대)

4) 규모 : 1914년 6월 22일자 조선총독부 허가 참조[12-84)]

- 연와조煉瓦造 6동, 석조石造 1동(폭약고 4동, 유연화약고 2동, 화공품고 1동)
- 최대 저장량(폭약爆藥 : 각 5,000관貫, 유연화약有煙火藥 : 각 3,000관貫, 공업뇌관工業雷管 : 30,000개)

독일계 무역상 세창양행은 우리나라 최초의 화약 판매상으로 최초로 판매용 화약고도 설치하였지만 1884년 말 인천에 우리나라 최초의 서양식 주택인 세창양행 사택을 짓기도 하였고 1888년 2월 22일자 《한성주보》(한성순보후신) 제4호에 "덕상세창양행고백德商世昌洋行告白"이라는 제목으로 우리나라 최초의 신문 광고를 게재했던 회사이기도 하다. 덕상德商이란 당시에 도이칠란트(독일)를 덕국德國이라 했으니 덕국상회德國商會나 덕국상사德國商社를 줄인 말로 보면 될 것이다.

03_

외국인들의 화약 수입 독점

세창양행이 처음 화약을 수입하여 판매를 시작하고 나서 미국, 영국 등 다른 나라의 무역상들도 속속 화약을 수입하기 시작하였다. 미국계의 타운선상사陀雲仙商社(Messers Townsend & Co.), 대창양행大昌洋行, 순신창행順信昌行, 영국계의 함릉가양행咸陵加洋行(Homeringer & Co.), 노벨작약회사Nobel炸約會社 등이 화약을 수입 판매하던 대표적인 회사들이다. 이들 중 미국계의 타운선상사와27) 영국계의 노벨작약회사는28) 인천 율도栗島(밤섬)에 화약고를 설치하여 운영하였는데 노벨작약회사와 세창양행은 일제 강점기에 들어서도 영업을 계속하였다.[12-83, 84)]

이와 같이 외국계 화약 수입상들이 생겨나게 된 것은 당시에 그들이 산업용화약을

---

27) 근대정부기록(국사편찬위원회)
仁川港案 訓令 第30號(1906年 5月 18日)
발신자 議政府參政大臣 朴齊純
수신자 仁川監理 徐丙珪
내 용
駐京日本統監府 來文內 "인천항에 거류하는 일본인 奧田貞次郎이 밤삼島에 있는 미국인 타운센도 소유 폭발화약 貯藏 現用 창고를 分借하고 한국 정부의 다이나마이도 창고규칙에 의하여 관리하고자 할 뜻으로 청원하여 허가하였다"고 하니 稅關長과 會同審査하라.

28) 근대정부기록(국사편찬위원회)
總關去函(1901年 9月 5日)
발신자 議政府贊政 外部大臣 朴齊純
수신자 總海關
내 용
"雲山美國金會社 合同所載條款에 의거 日本大坂商船會社로 필요한 爆藥을 들여오고 仁川港 노불火藥會社庫舍에 貯置한 火藥과 爆發彈, 引火藥管은 직접 鎭南浦로 운송하고자 하는데 상선회사에서 發出 명령이 있어야 한다 하니 허락해 달라"는 美公使 安連의 照會가 있었는데 貴總稅務司는 仁川稅司에게 轉行해 分別辦理하라.

생산하던 나라의 무역상이기도 했지만 우리나라 화약의 주요 소비처였던 광산이나 철도개설 등이 모두 그들 나라의 자본으로 개발되고 있었기 때문이다. 구한말 열강列强들에게 넘어갔던 조선의 개발이권들 중에서 화약과 관련이 있던 것들은 다음과 같다.

1. **일본** : 경부철도 부설권(1898), 평양탄광 석탄전매권(1898), 경인철도 부설권(1897), 직산금광 채굴권(1900), 송화금광 채굴권(1897), 경원철도 부설권(1904)
2. **미국** : 평북 운산금광 채굴권(1895), 경인철도 부설권(1896), 서울 전기 · 수도 시설권(1896), 서울 전차 부설권(1897), 갑산광산 채굴권(1896)
3. **러시아** : 함북 경원 · 종성금광 채굴권(1895), 월미도 저탄소 설치권(1896), 부산 절영도 저탄소 설치권(1897), 경성광산 채굴권(1896)
4. **프랑스** : 경의철도 부설권(1896), 평북 창성금광 채굴권(1901), 평양 무연탄광산 채굴권(1903)
5. **영국** : 평남 은산금광 채굴권(1898)
6. **독일** : 강원도 금성 당현금광 채굴권(1896)

이처럼 각종 이권을 외국인이 모두 독차지하게 되면서 자연스럽게 화약의 수입과 판매를 비롯하여 관련 발파 산업도 외국인 손으로 넘어갈 수밖에 없었던 것이다. 1899년 12월 한국에 나와 있던 일본공사가 본국의 외무대신 아오끼靑木에게 기밀문서로 보냈던 「韓國에서의 채광사업採鑛事業」에 대한 보고 내용을 보면[29] 당시 열강들의 광산 채굴권 확보 경쟁 상황을 짐작해 볼 수 있다. 당시의 시대적 상황을 이해하기 위해 번역본 일부를 소개한다.

---

29) 주한일본공사관기록(국사편찬위원회)

제　목 「韓國에서의 採鑛事業」

문서번호 機密第121號　　**발 송 일** 1899년 12월 19일

발 송 자 林 公使　　**수 신 자** 靑木 外務大臣

「韓國에서의 採鑛事業」

근래 歐美人이 韓國에서 각처의 광산 채굴권을 취득하여 이권 확장에 열중하고 있으므로 이 추세대로 방임하고 구제할 방도를 강구하지 않는다면 한국에서 거의 모든 유리한 사업은 그들이 점유하고 우리나라 사람은 손댈 여지가 없게 될 것입니다. 지금은 이미 시기가 늦은 감이 있지만 하다못해 작년 가을 한국 정부와 英國상인 사이에 체결된 採鑛豫約의 例를 본받아 우리나라와 한국 사이에 하나의 예약을 체결하도록 시기를 보아 한국 측과 교섭을 시작하라는 지난 달 22일자 기밀 제호로 훈시하신 말씀 잘 알았습니다. 그러나 그와 같은 예약을 체결하는 일은 本使가 부임한 뒤 바로 생각해 보았으나 심사숙고한 끝에 오히려 득책이 아니라고 보아 결국 稟議하지 않았던 것입니다. 그 이유는 다음과 같습니다.

첫째, 시기가 너무 늦었다는 것입니다. 日淸戰爭 때는 물론이고 1895년 美國이 雲山의, 1895년에 러시아가 慶源과 鐘城의 채굴권을 획득했을 때는 그만 두고라도 하다못해 1896년 독일이 金城 堂峴의 채굴권을 획득하던 즈음이라면 또 모르겠지만 그보다도 2년이나 지난 오늘날에 와서 겨우 빈축을 사고 있는 영국의 예를 본떠 예약체결 따위의 제의를 한다는 것은 아무래도 시대에 뒤떨어진 일로 오히려 남의 비웃음을 자아내는데 불과할 것으로 생각됩니다. 〈中略〉

둘째, 예약 같은 것으로는 겨우 광산 한 군데를 획득하는 데 그칠 것이라는 점입니다. 구미 각국과 같이 특허 받은 상인 외에는 거의 한 사람도 거류하는 상인이 없는 나라에서는 한 군데 광산이면 충분하겠지만 2만 명 내외의 거류민이 있고 모든 관계에서 列國과는 사정이 다른 우리나라의 경우에는 도저히 이로써 만족할 수는 없습니다. 다른 나라가 1군데를 획득하면 우리는 2군데나 3군데를 얻어야 비로소 그들과 균형을 이룰 수 있을 것입니다. 〈中略〉

셋째, 예약으로는 좋은 광산을 얻기 어렵다는 점입니다. 왜냐하면 한국에서 종전부터 가장 저명한 광산은 帝室재산으로 만들었고 이 명목으로 외국인의 채굴을 거절했기 때문입니다. 영 · 독 양국의 상인이 예약을 체결했을 때도 吉州 이하 7개소의 宮內府 소속 광산은 제외한다고 되어 있었습니다. 그런데 작년 겨울 別紙에 기재한 대로 다시 30개소의 광산을 農商工部에서 궁내부 관할로 옮기고, 올 봄 또다시 黃海 · 平安 · 咸鏡의 3도에 있는 광산을 모두 궁내부로 이관했다고 하니 금후 예약을 체결하려면 한국 정부는 궁내부 소속의 광산을 모두 예외로 할 것을 주장할 것이 틀림없고, 이들을 제외하면 그밖에는 거의 보잘 것 없는 것들뿐입니다. 〈下略〉

1900년대에 이르기까지 우리나라 화약 소비의 대부분을 차지하고 있던 곳은 바로 각종 광산들이었다. 그 광산들은 자원이 부족한 우리나라가 그나마 가지고 있는 유일한 지하자원들이다. 이런 광산의 채굴권이 하나둘씩 열강들의 손에 넘어가면서 그들의 손에 의해 겨우 우리나라 산업용화약이 태동되었던 것을 생각하면 600여 년 전 스스로 화약을 만들어 왜구들을 소탕했던 최무선에게 죄송스러운 마음이 들기도 한다.

04_
화약류 수입 현황

다음의 〈표 11-1〉은 1800년대 말부터 1905년까지의 화약류 수입 현황을 발췌한 자료이다. 당시의 시대상황을 짐작할 수 있는 좋은 단서라고 생각되어 문서상에 나와 있는 용어를 원문原文대로 표기해 보았다.30) 하지만 이는 외국 공관들이 수입 허가를 신청했던 내용들인바, 실제 수입 실적과는 다소의 차이가 있을 수도 있다. 다만 수입을 불허했다는 자료가 발견되지 않은 것을 감안하면 대부분이 허가 신청한 원안原案대로 허가되고 또 수입되었다고 판단된다.

〈표 11-1〉 구한말 화약류 수입 현황

수입신청 연 월 일		수입 신청자 또는 용도	수입 신청 화약류		
			품 명	수 량	미터법 환산
1896	1. 15	京仁鐵道 雲山金鑛	爆發料(爆料)-Dynamite	10톤	10,000Kg
			爆管-뇌관	未詳	未詳
	9. 16	京仁鐵道	爆發藥 3種-Dynamite外	3,500磅	1,125Kg
	9. 17	美金鑛社	爆發料(爆發藥)	2,000磅	900Kg
98	5. 11	道路開鑿	火藥丸-흑색화약	1,000磅	450Kg
	6. 10	美金鑛社	爆發藥	10톤	10,000Kg
1899	1. 27	陀雲山 (美金鑛會社)	爆發藥(每包50磅)	900包	20,250Kg
			爆發藥(每包1萬磅)-뇌관	25包	250,000발
			火管-도화선	55桶	412,500m
	9. 14	美金鑛社	導火管-도화선	70筒	525,000m
	9. 20	世昌洋行	裂火藥-Dynamite	120櫃	2,700Kg

30) 總關去函, 국사편찬위원회 각사등록 근대편

			自起礦-뇌관	3櫃	30,000발
			火繩-도화선	6櫃	45,000m
1900	1. 9	雲山金鑛	引火藥管-도화선	20箱	150,000m
	1. 18	世昌洋行	裂火藥-Dynamite	43櫃	9,675Kg
	1. 23	雲山 美金礦社	爆發藥(每包50磅)	1,350箱	937,500m
			爆發彈(每包1阡彈)-뇌관	30箱	5,062.5
			導火藥管(每圈25尺)	125圈	72,000발
	2. 24	世昌洋行	炸藥-Dynamite	225	5,062.5
			自起礦	72,000個	72,000발
	8. 7	務安港 海壁 · 道路	火藥-흑색화약	1,679斤	755.6Kg
			火線(洋尺計)-도화선	20,000尺	20,000m
	9. 17	世昌洋行	爆發젤리틴-Blasting Gelatine	500櫃	11,250Kg
			따이노마잇-Dynamite	100櫃	2,250Kg
			自起礦	12櫃	120,000발
	9. 17	漢城電氣會社	炸藥(每箱 50磅)	10箱	225Kg
			引火管(225)	1箱	5,625m
	9. 19	世昌洋行 (殷山金礦)	幾拉敦-Dynamite	500箱	11,250Kg
			放炸藥機器-뇌관	20,000個	20,000발
			火藥管	5,000把	125,000m
	10. 30	陀雲仙商會 (雲山金鑛)	爆藥(每箱 50磅)	1,360箱	30,600Kg
			爆發彈(每箱1萬個)	30箱	300,000발
			導火管	105圈	787,500m
1901	1. 4	栗島노블灼藥 (美金鑛採鑛用)	爆發藥(每箱 50磅)	64箱	1,440Kg
			爆發彈(每箱 1萬個)	2箱	20,000발
			引火藥管(每箱 3百櫃 每櫃 25尺)	16箱	80,000m
	1. 8	陀雲仙 (美金鑛會社)	爆發藥(每箱 50磅)	20箱	450Kg
			爆發彈(每箱 1萬個)	1箱	10,000발
			引火藥管 (每箱 3百櫃 每櫃 25尺)	84箱	630,000m
	1. 15	京釜鐵道	火藥-흑색화약	9,500Kg	9,500Kg
			爆發藥	3,000Kg	3,000Kg
			雷管	50,000發	50,000발
			導火	18,000米突	18,000m
	6. 26	雲山金鑛	爆發彈(200,000個)	20箱	200,000발
	9. 5	노블炸藥 雲山金礦	爆藥(27,500磅)	550箱	12,375Kg
			爆發彈(250,000個)	25箱	250,000발

연도	월일	수입처	품목	수량	환산
	9. 14	雲山金鑛 (新製品 試驗)	新發明炸藥겔릭나잇(每箱 50磅)	20箱	450Kg
			第6號爆發彈(1萬個)	1箱	10,000발
	9. 18	堂峴金礦	火藥	2匱	45Kg
			ᄺ나이노마잇-Dynamite	200樻	4,500Kg
			겔릭나잇-Dynamite	98匱	2,205Kg
			自起礦	5匱	50,000발
	9. 26	稷山金鑛	爆發藥(內在火藥 50封度)	5函	112.5Kg
			雷管	2,500發	2,500발
			導火	1函	7,500m
	10. 21	雲山金鑛	火藥管(每箱 300櫃,每櫃 25尺)	100箱	750,000m
	12. 23	世昌洋行	炸藥	700櫃	15,750Kg
			自起礦	18櫃	180,000발
			引火繩	32櫃	240,000m
1902	1. 14	沈沒 日本汽船引揚	爆發藥	1,250斤	562.5Kg
			雷管	2,000發	2,000발
	1. 15	京釜鐵道	火藥(10貫680目入)	50箱	2,000Kg
			雷管	30,000發	30,000발
			導火線	50,000尺	50,000m
	8. 4	京釜鐵道 (龜浦-印天山 間工事)	火藥(12만Kg)	3,000箱	120,000Kg
			爆發藥(22,680Kg)	1,000箱	22,680Kg
			雷管	700,000發	70,000발
			導火線(1,515,150美突)	470箱	1,515,150m
	8. 14	咸陵加 洋行 (殷山英礦)	爆膠(各50斤)-Blasting Gelatine	450箱	10,125Kg
			膠(各50斤)-Dynamite	220箱	4,950Kg
			第6號爆藥(每箱1萬個)	10箱	100,000발
			第4號赤引火桶 (每桶各300圈長24尺)	50桶	360,000m
1903	1. 20	京釜鐵道 (釜山方面工事)	火藥 (2萬 歧路久覽)	500函	20,000Kg
			爆發藥(33,705歧路久覽)	1,500函	33,705Kg
			雷管	735,000發	735,000발
			導火線(757,575米突)	500函	757,575m
	6. 4	京釜鐵道工事	鑛山用火藥(十貫目入)	1,000函	
			爆發藥(50磅)	500函	
			發火管	1,000,000發	1,000,000발
			導火線	2,000,000呎	2,000,000m
	6. 8	咸陵加洋行 (殷山金礦)	炸藥(每櫃 50磅式)	800櫃	18,000Kg
			第6號雷管(每櫃 1萬箇式)	26櫃	260,000발
	7. 2	世昌洋行	引火繩	10櫃	75,000m

	7. 8	埋築用 巖石採取	火藥(卽 53貫 330目)	50箱	200Kg
			爆發藥(卽1萬本)	20箱	450Kg
			雷管	15,000發	15,000발
			導火線(卽10萬尺)	20箱	100,000m
	7. 10	雲山金礦	爆發藥(每箱50磅)	1,000箱	22,500Kg
			爆發彈(每箱1萬介)	20箱	200,000발
	7. 22	京釜鐵道	ㅆ ㅏ이나마이도-Dynamite	400箱	9,000Kg
			雷管	100,000發	100,000발
			藥火線	240,000呎	240,000m
	8. 27	雲山金礦	爆發藥(每箱 50磅)	2,000箱	45,000Kg
			爆發彈(每箱 1萬塊)	40箱	400,000발
			引火藥管(每箱 300)	60箱	450,000m
1904	3. 15	京釜鐵道	火藥(20,000Kg)	500函	20,000Kg
			다이나마이트(22,470Kg)	1,000函	22,470Kg
			雷管	26,500發	26,500발
			導火線(757,775米突)	500函	757,775m
	4. 19	京釜鐵道 (京城方面工事)	鑛山用火藥(10貫目入)	1,000函	37,500Kg
			다이나마이도(50磅入)	500函	11,250Kg
			導火管-뇌관	1,000,000發	1,000,000발
			導火線	2,000,000呎	2,000,000m
	5. 23	東洋合資 金礦會社	爆發藥	1,200箱	27,000Kg
			爆發彈	15箱	15,000발
	7. 18	世昌洋行	爆發藥(雷管 萬箇式)-뇌관	30櫃	300,000발
	7. 21	美商담	炸藥(每箱 50磅)	500箱	11,250Kg
			第3號雷管(每箱 1萬塊)	25箱	250,000발
	7. 21	京義鐵道	火藥(一箱 10貫 680兩入)	1,000箱	40,000Kg
			導火線	1,000,000尺	1,000,000m
	8. 8	東洋合資 金礦會社	爆發藥	800箱	18,000Kg
			爆發彈	35箱	350,000발
	10. 1	京釜鐵道	다이나마이도(50磅入)	300函	6,750Kg
	10. 6	東洋合資 金礦會社	爆發藥(每箱 50磅)	400箱	9,000Kg
			爆發彈(每箱 萬個)	20箱	200,000발
	12. 20	世昌洋行	爆發藥(每櫃 英50箇入)	750櫃	16,875Kg
			雷管(每櫃 一萬箇入)	40櫃	400,000발
			獵用火藥(每桶 英25箇入)	220桶	2,475Kg
	2. 9	京釜鐵道	火藥(10貫600目入)	500函	20,000Kg
			다이나마이트(50磅入)	800函	18,000Kg

			雷管	2,000,000發	2,000,000발
			導火線	4,000,000呎	4,000,000m
	2. 11	世昌洋行	火繩(入25萬)	50櫃	250,000m
	3. 21	美商담순	炸藥(每箱 50磅)	500箱	11,250Kg
1			雷管(每箱 萬塊)	25箱	250,000발
9	6. 10	美商담	炸藥(每箱 50磅)	1,000箱	22,500Kg
0			雷管(每箱 1萬塊)	60箱	600,000발
5	6. 16	載寧郡 鐵鑛所	ダイナマイト(1箱 50磅入)	150箱	3,375Kg
			雷管	75,000發	75,000발
			導火繩	150,000尺	150,000m
	7. 28	東洋合資 金礦會社	爆發藥(每箱 50磅)	1,000箱	22,500Kg
			彈子(每箱 1萬塊) : 뇌관	15箱	150,000발
	7. 29	美商	炸藥(每箱 50磅)	1,000箱	22,500Kg
	8. 28	東洋金礦	爆發藥(合 2,500磅)	25箱	563Kg

〈주〉 단위 환산

1. 구한말에는 서양의 미터법을 표현하는 방법이 통일되어 있지 않았다. 즉 영어발음을 한자로 표기하는 방법과 조선의 단위 앞에 "英" 자를 붙이는 방법을 사용하였는데 한자 표기를 할 때는 유사한 발음의 여러 한자를 혼용하기도 하였다.
2. 단위 표기 방법

1) 중량 단위

Ton : 돈(頓),

Pound : 방(磅), 봉도(封度), 근(斤), 영50개(英50箇)

Kg : 기로구람(岐路久覽)

2) 길이 단위

m(미터) : 척(尺, 呎), 양척(洋尺), 미돌(米突, 美突)

3) 수량 단위

個 또는 發 : 개(箇, 個, 介), 발(發), 괴(塊), 방(磅)

Box(상자) : 상(箱), 궤(櫃, 匱, 樻), 함(函), 통(桶, 筒), 포(包)

4) 포장 단위

폭약류 : 1상자 당 50Pound(22.5Kg)

뇌관류 : 1상자 당 10,000발

도화선 : 1상자 당 300타래(圈, 櫃, 箍, 把), 每 타래 당 25m(尺, 呎)

1905년 8월 28일을 마지막으로 대한제국 해관海館자료에서 화약류에 대한 수입 허가 관련 기록이 사라진다. 대한제국이 일제와 을사늑약을 체결하면서 외교권을 박탈당하기 직전으로서 이후는 일제가 설치했던 통감부統監府에서 수입 허가 업무를 취급했을 것이다.

05_

구한말 산업용화약의 명칭 변화

구한말 외국제품의 수입과 함께 화약의 명칭도 많은 변화를 가져오게 된다. 당시 화약을 가리키던 용어로는 고려 때부터 사용되던 '염초焰硝'와 '화약火藥'이 있었고, 화약을 사용하여 만든 화공품火工品으로 일종의 도화선導火線을 가리키는 '화승火繩'또는 '약선藥線'이 사용되고 있었다. 하지만 구한말 외국으로부터 화약이 수입될 때쯤에는 이 몇 가지 용어만을 가지고 다양한 화약을 통칭할 수는 없었나. 따라서 여러 가시 화약 용어들이 등장하세 되는데 명확한 명명기준이 없다 보니 동일한 화약을 가지고도 몇 개의 명칭이 사용되었는가 하면 서로 다른 화약을 두고도 동일한 이름으로 부르기도 하는 등 모든 공문서마다 화약의 명칭이 통일되어 있지 않은 것을 볼 수 있다. 당시 조선의 관원들로서는 수입 화약류들의 영문 이름이 생소하기만 했을 것이고 또 이것들을 한자어로 번역하는 데도 어려움이 있었을 것이다. 따라서 화약의 특성을 나타낼 수 있는 뜻의 한자를 찾아 이름을 만들다 보니 여러 가지 명칭이 생길 수밖에 없었던 것이다.

특이한 것으로 발음되는 대로 영어 원음을 비슷하게 옮겨 적는 방법을 사용하기도 하였는데 유사한 발음의 한자를 조합하여 표기한 것을 읽다 보면 절로 웃음이 나오기도 하고, 한편으로는 외국 발음까지도 원음에 가깝게 표현할 수 있는 훈민정음의 우수성을 다시 한번 돌이켜 보게 된다.

대표적인 것 몇 가지를 예로 들어 보면 우선 **한자의 뜻**을 가지고 표기한 것들이 있다. 다이너마이트(Gelatine Dynamite)를 교膠라고 하였는데 이는 교질膠質 다이너마이트를 생각해 볼 수 있다. 또한 블라스팅 젤라틴Blasting Gelatine은 폭교爆膠라고 했다. 다음에 **한자의 발음**을 가지고 영어의 원음原音을 표기한 것도 있는데 미, 영, 독, 이탈리아와의 통상조약에서는 다이너마이트를 代納買德(대납매덕)이라 하였고 러시아와의 조약에서는 代納麥得(대납맥득), 그리고 프랑스, 벨기에 덴마크와의 수호통상조약을 체결할 때는 地納米德(지납미덕)이라 하기도 했다. 젤라틴 다이너마이트를 幾拉敦炸藥(기랍돈작약)으로 한 것과 블라스팅 젤라틴을 爆發젤리틴이라 한 것은 **발음**과 **뜻**을 **혼용**한 대표적 사례라 할 수 있다.

당시에 우리나라에 들어왔던 화약의 종류들은 주로 다이너마이트, 흑색화약, 도화선, 뇌관 등이었는데 각종 문서에 나와 있는 당시 화약의 명칭을 정리해 보면 다음의 **〈표 11-2〉**와 같이 짝지어 볼 수가 있다. 시간이 흐르면서 요즘에 우리가 쓰는 용어와 유사한 명칭이 발견되는 것은 바로 일본의 영향 때문이었다.

특이한 것으로는 1904년 4월 19일 일본공사가 수입 신청한 품목 중에 광산용 화약이 있었다. 수년 동안 '화약'으로만 표기하다가 특별히 '광산용 화약'이라고 한 것을 보면 이는 구상흑색화약球狀黑色火藥이었을 것으로 판단된다. 왜냐하면 최근까지도 구상흑색화약을 광산용 화약이라 부르기도 하였지만 당시 용도가 암석 발파였던 점을 감안할 때 분상화약은 아니었을 것이기 때문이다. 같은 해 7월 21일에는 영국공사英國公使가 미국계 무역상 담슌상회Tounsent商會를 통해 제3호 뇌관도 수입하였고 12월 20일 세창양행世昌洋行은 엽용화약獵用火藥도 수입하였다. 이처럼 1900년대 초에 이미 우리나라에는 현재 우리가 사용하고 있는 대부분의 산업용화약이 종류별로 고루 수입되어 사용되고 있었다.

〈표 11-2〉 구한말 화약 명칭의 변화

年道	種類別 火藥類의 名稱 變遷					備　考
	Blasting Gelatine	Dynamite	黑色火藥	雷管	導火線	
1882		裂火藥 (英名 代納買德)	硝火藥			韓美修好條約 稅則
1883						韓獨修好條約 稅則
						韓英修好條約 稅則
1884						韓伊修好條約 稅則
1886		裂火藥 (法名 地納米德)	硝火藥			韓佛修好條約 稅則
1888		裂火藥 (外國名 代納麥得)	硝火藥			朝俄陸路通商章程
1892		裂火藥				韓墺修好通商條約
1895				雷管		大韓帝國勅令110號
1896		爆發料 爆發藥		爆管		美公使 輸入申請

		대나마이트				獨立新聞(9.22)
1898			火藥丸			日領事 輸入申請
1899		爆發藥 裂火藥		火管 自起礦	火繩	美公使 輸入申請 德領事 輸入申請
		裂火藥				韓清通商條約
1900		爆發藥 炸藥		引火藥管 爆發彈 引火管	導火藥管	美公使 輸入申請
	爆發 젤릐틴	炸藥, 烈火藥, ᄯᅡ이노마잇		自起礦		德領事 輸入申請
			火藥		火繩	日公使 輸入申請
		幾拉敦		炸藥機器	火藥管	英公使 輸入申請
		代納買德				城津監理報牒
1901		爆發藥 爆藥		爆發彈 第6號 爆發彈	引火藥管	美公使 輸入申請
		裂火藥 (法名 地納米德)	硝火藥			韓白修好條約 稅則
		爆發藥	火藥	雷管	導火	日公使 輸入申請
		幾拉敦		炸藥機器		英公使 輸入申請
		ᄯᅡ이노마잇 炸藥 代納買德		自起礦	引火繩	德領事 輸入申請 炸藥庫改定章程
1902		爆發藥	火藥	雷管	導火線	日公使 輸入申請
	爆膠	膠 炸藥		第6號 爆藥 第6號 雷管		英公使 輸入申請
		裂火藥 (法名 地納米德)	硝火藥			韓丁修好條約 稅則
1903		爆發藥	火藥	雷管	導火線	日公使 輸入申請
		ᄯᅡ이노마이도			藥火線	
	爆發藥		爆發彈	引火藥管		美公使 輸入申請
1904		다이나마이도	火藥 鑛山用火藥	雷管 導火管	導火線	日公使 輸入申請
		爆發藥		爆發彈		美公使 輸入申請
		炸藥		第3號 雷管		英公使 輸入申請
		爆發藥		雷管		德公使 輸入申請
1905		다이나마이트	火藥	雷管	導火線	日公使 輸入申請
		炸藥		雷管		英公使 輸入申請
		爆發藥		彈子		美公使 輸入申請

〈주〉 1. 韓美條約 : 아메리카(亞墨利加, 亞美里加, 美理哥, 美利堅, 彌利堅, 美國)
2. 韓獨條約 : 도이칠란트(獨逸, 德國)　3. 韓英條約 : 잉글랜드(英吉利, 英格蘭, 英格蘭國, 英國)
4. 韓伊條約 : 이탈리아(伊太利亞, 伊太利, 意大利)　5. 韓佛條約 : 프랑스(佛蘭西, 法朗西, 法國)
6. 朝我條約 : 러시아(俄羅斯, 俄國, 露西亞, 露國)
7. 韓墺條約 : 오스트리아(墺地利) *헝가리(匈牙利)와의 공동 조약임.
8. 韓白條約 : 벨기에(白耳義)　9. 韓丁條約 : 덴마크(丁抹, 丹麥, 丹國)

1894년 일본공사관의 기록에서 다이너마이트(ダイナマイト), 뇌관, 도화導火라는 명칭을 사용하고 있었음은 전술한 바 있다.[11-16] 일본에서는 이미 그때부터 나름대로 화약류들의 명칭이 정립되어 있었음을 알 수가 있는데, 우리나라 공문서에서는 1895년 뇌관이라는 용어가 처음 등장하고 1896년에 "대나마이트"라 하여 Dynamite를 한글로 표기한 명칭이 《독립신문》 기사에서 사용되었으며 도화선이라는 용어는 1901년도에 들어서서 사용되기 시작하였다. 그것들은 모두 1905년 을사늑약乙巳勒約과 함께 일본식 용어로 통일되어 그대로 굳어졌고 오늘날까지 사용되고 있다. 열화약裂火藥, 자기황自起磺, 화승火繩 또는 인화선引火線 등 우리가 만들어 사용하던 고유의 명칭은 완전히 없어지고야 만 것이다.

이상의 자료를 토대로 품종별 화약류의 명칭 변화 과정을 요약해 보면 다음과 같다. 물론 명확하게 연대별로 변천 과정이 구분되었던 것은 아니고 거의 동시대에 혼용混用되던 용어들이다.

1. 다이너마이트

   裂火藥(代納買德, 地納米德, 代納麥得) - 爆發料 - 대나마이트- 爆發藥 - 炸藥 - 幾拉敦 - 膠 -ᄣᅡ이노마잇 - **다이너마이트**

2. 球狀黑色火藥

   硝火藥 - 火藥 - 火藥丸 - 鑛山用火藥 - **球狀黑色火藥**

3. 雷管

   爆管 - 火管 - 自起磺 - 引火藥管 - 爆發彈 - 引火管 - 炸藥機器 - 導火管 - 彈子 - **雷管**

4. 導火線

   火繩 - 導火藥管 - 火藥管 - 引火藥管 - 導火 - 引火繩 - 藥火線 - **導火線**

일제로부터 해방이 되고 나서 우리나라에서는 일제의 잔재라 하여 꾸준히 일본식 용어들을 우리말로 바꾸는 작업을 하고 있다. 그중에는 화약과 관련된 용어들도 상당수 포함되어 있는데 대표적인 것으로 초硝를 질窒로 바꾼 것을 들 수가 있다. **초산**硝酸을 **질산**窒酸으로 고침에 따라 초산에스텔, 초산칼륨 등이 질산에스텔, 질산칼륨 등으로 바뀌게 되었고 총단법도 1995년 12월 6일 법 개정 시 "초산硝酸·실포 등 일본식 용어를 질산窒酸·실탄 등으로 변경한다"며 용어들을 변경하였다.〈표 15-2〉

하지만 이것은 크게 잘못된 것이다. 원래대로 초硝를 사용해야 한다. 질窒이라는 말은 질소窒素(N_2)에서 따온 것으로서 이것이 진짜 일본식 용어이기 때문이다. 독일에서는 니트로겐Nitrogen(N_2)을 스티켄Sticken(질식시키다)과 스토프Stoff(물질)를 조합하여 스티크스토프Stickstoff라 한다. 일본인들이 스티크스토프의 뜻을 직역直譯하여 질소窒素라고 했던 것이 바로 질窒이라는 용어가 생긴 근원이다.[31] 초硝라는 단어는 고대 중국으로부터 시작되어 우리나라도 고려 때부터 염초焰硝, 초석硝石 등에 수백 년을 사용한 용어이고 중국에서는 당연히 현재까지도 질窒이 아닌 초硝를 계속 사용하고 있다.

우리나라에서도 아직 초안硝安과 초석硝石은 질안窒安, 질석窒石이라 하지 않고 초硝라는 글자를 그대로 쓰고 있으며 총단법에서도 초안폭약硝安爆藥, 초유폭약硝油爆藥을 질안폭약窒安爆藥, 질유폭약窒油爆藥이라 하지는 않는다. 이제라도 다시 질산窒酸을 초산硝酸으로 바꾸는 것이 일제식 용어를 우리말화하는 것이다. 초硝는 일본어가 아니니. 엄밀히 말하면 초라는 용어 자체도 중국에서 유래한 것으로 우리말은 아니라고 할 수 있겠지만 이는 이미 수백 년을 두고 우리말화된 용어이다.

도화선은 화승火繩이나 인화선引火線으로, 뇌관은 폭관爆管이나 화관火管으로, 또 흑색화약은 초화약硝火藥으로 고쳐 볼 수가 있을 것이고 다이너마이트도 열화약裂火藥이라는 훌륭한 우리말이 있었다.

아주 오래 전의 일로 기억된다. 강원도 산골 어느 광산촌에서는 다이너마이트를 '**꽝떡**'이라 하였고, 또 도화선은 '**꽝심지**'라 부르기도 하였다. 그뿐만 아니라 최근까지도 발파 현장 작업자들 중에는 다이너마이트를 '**떡**'이라고 하는 사람들도 있다. 구한말 폭교爆膠라고 하던 젤라틴 다이너마이트를 순 우리말로 해본다면 '꽝떡'도 맞는 말이긴 하다. 따라서 화승火繩, 약선藥線이라고 하던 도화선을 '꽝심지'라 했던 것도 크게 잘못된 것만은 아닐 것이다. 그렇다면 폭관爆管이나 화관火管이라 하던 뇌관雷管은 순 우리말로 한다면 어떻게 불렀을까? 아마 '꽝통'이라고 했을지도 모른다.

---

31) 사꾸라이 히로무著(김희준 譯), 『元素 111の 新知識』

06_

구한말 산업용화약 수요 현황

구한말 산업용화약의 수요 현황에 대한 공식적인 통계자료는 찾아볼 수가 없다. 을사늑약 후 일제 통감부가 작성한 구한말 통계자료에서 병기와 탄약 등의 수입 실적을 확인할 수는 있지만 산업용화약은 포함되지 않았을 것으로 보이며, 그마저도 상세한 품목이나 수량도 기재되어 있지 않고, 금액만이 기록되어 있다.〈표 11-3〉32)

〈표 11-3〉 병기, 군복 및 탄약 수입 가액

연 도	1902년	1903년	1904년	1905년	1906년
수입금액(円)	93,620	65,579	59,688	24,997	74,799

1905년까지 매년 군수물자 수입이 줄어들다가 1906년 갑자기 급증하는 것을 볼 수 있다. 하지만 1906년은 1년 전 일본과 "을사늑약"을 체결하고 나서 일본 군대와 경찰이 조선에 진주하고 있을 때였다. 더구나 다음 해인 1907년은 고종 임금이 을사늑약의 무효를 호소하기 위해 이상설李相卨, 이위종李瑋鍾, 이준李儁 등을 제2차 만국평화회의萬國平和會議(The 2nd International Peace Conference)에 밀사密使로 파견했던 이른바 헤이그 밀사사건이 빌미가 되어, 일본의 강요에 의해 7월 31일 군대를 해산해야만 했던 때였다. 군사물자의 수입이 줄었거나 늘었거나 이미 조선으로서는 의미 없는 숫자일 뿐이다. 어쩌면 조선

32) 統監府 統計年報 統監官房文書課 1907, 〈輸入重要物品數量及價額〉

군대용이 아니고 조선에 진주해 있던 일본군이 사용하기 위해 수입했던 군수물자였는지도 모른다.

이처럼 산업용화약의 수요에 대한 공식적인 통계기록은 없다. 따라서 구한말의 산업용화약 수요는 그동안 각국 영사, 공사들이 수입 허가를 신청했던 자료들, 즉 해관문서를 토대로 추정해 볼 수밖에 없었다. **〈표 11-4〉**는 **〈표 11-1〉**의 화약류 수입 신청 내용을 집계한 것이다. 대략적인 구한말 산업용 폭약의 수요 현황이라고 해도 크게 다르지는 않을 것이라 생각된다.

〈표 11-4〉 구한말 연도별 폭약·화약 수요 현황

품종 / 연도	화 약 류(Kg)			뇌관류(발)	도화선(m)
	폭 약	화 약	소 계		
1896년	12,025.0	-	12,025	未詳	未詳
1897년	-	-	-	-	-
1898년	10,000.0	450.0	10,450.0	未詳	未詳
1899년	22,950.0	-	-	280,000	982,500
1900년	100,687.5	755.6	101,443.1	812,000	2,025,625
1901년	40,282.5	9,545.0	49,827.5	772,500	1,725,500
1902년	38,317.5	122,000.0	160,317.5	202,000	1,925,150
1903년	139,905.0	23,950.0	163,855.0	2,740,000	3,622,575
1904년	122,595.0	97,500.0	220,095.0	2,541,500	3,757,775
1905년	198,188.0	20,000.0	218,188.0	3,075,000	4,400,000

〈표 11-1〉의 화약 수입 신청 내용 중 흑색화약의 경우는 1901년 9월 18일 독일영사가 수입 신청한 당현금광堂峴金礦용 화약류 중에 포함되었던 2상자(櫃)를 제외하면 모두 일본인들이 수입한 것들이다. 그 당시는 아직 일본도 다이너마이트를 생산하지 못하던 시기로서 주로 자국自國에서 생산하던 흑색화약을 가져와 암석 발파에 사용하였다고 볼 수 있다.

07_

일본의 산업용화약 생산 연혁

대한제국을 합병하고 36년간 우리나라를 강점强占하는 동안 일제日帝가 우리나라 산업용화약사火藥史에 끼친 영향은 대단히 크다. 따라서 일제 강점기의 화약사를 살펴보기 전에 참고로 일본의 산업용화약 생산 연혁을 간추려 보았다.

일본은 1848년 도진제빈島津齊彬이 흑색화약 공장을 건설하고 나서, 1856년 흑색화약을 처음으로 채광 발파에 사용하였다. 1860년대에 영국인과 프랑스인으로부터 발파기술을 배웠고, 일본 육군이 1870년과 1871년 각각 뇌관과 도화선을 생산하였다. 1876년 판교板橋화약제조소, 1882년 암비岩鼻화약제조소 등을 건설하였으나 모두 육군에서 운영하던 군용공장이었다.

판교화약제조소가 화약을 민간에게 불하하기 시작한 것은 1886년이다. 또한 다이너마이트는 1879년 영국에서 규조토 다이너마이트를 수입하여 봉판산逢坂山 터널 발파에 사용한 것이 최초였고, 1880년 별자광산別子鑛山, 족미광산足尾鑛山 등에서 채광 발파에도 사용하기 시작하였다. 암비화약제조소가 다이너마이트를 처음 제조한 것은 1905년이었고 1913년 우치宇治화약제조소는 초안폭약을 제조하였다.

민간에게 화약 제조를 허가하기 시작한 것은 1916년이 되어서였다. 민간에 허가가 시작되자마자 가장 먼저 다이너마이트를 생산하기 시작한 것은 1916년 일본화약이었고, 1919년에는 제국화약공업帝國火藥工業(武豊)이 다이너마이트를, 그리고 1920년 천야淺野카릿트(保土谷)는 카릿트 폭약을 제조하였다.

일제 강점기 조선에 조선질소화약(주)를 설립하고 제일 먼저 다이너마이트를 생산했던 일본질소화약(주)는(12-2-1절) 1931년부터 다이너마이트를 생산하였다.

제 1 2 장

일제 강점기 산업용화약

01_
일제 강점기 화약 수요 현황

일제 강점기 화약과 관련된 자료는 매우 부족하다. 그중에서도 특히 일제 강점기 말기인 1943년~1945년 중의 자료는 전무한 실정이다. 따라서 일제 강점기 화약 역사는 몇 안 되지만 아직 남아 있는 '조선총독부문서'들 중에 소화 14년(1939)~소화 17년(1942)의 『화약관계철火藥關係綴』과 『화약고대장火藥庫臺帳』, 『화약류취급주임면장대장火藥類取扱主任免狀臺帳』을 비롯하여 『조선총독부관보朝鮮總督府官報』 및 당시의 신문기사, 연감年鑑류 등을 토대로 정리해 볼 수밖에 없었다.

1-1. 일제 강점기 화약고 현황

화약고 설치 허가 현황

일제 36년간 화약산업의 개략적인 추세를 짐작할 수 있는 자료로는 각 도별 화약고 설치 허가 현황을 상세히 기록하고 있는 『화약고대장火藥庫臺帳』〈표 12-1〉1)이 있다. 이를 요약하여 일제 강점기의 화약고 설치 허가 현황을 정리해 보았다.

일제 강점기 조선총독부가 최초로 화약고 설치 허가증을 발급한 것은 1911년의 일이다.〈표 12-1〉 충청남도에 1개소, 함경남도에 2개소가 허가되었는데 모두 영업용 화약고

1) 조선총독부문서, 대정 원년~소화 15년간 "火藥庫臺帳", 경철청 경무국

였다.

이들 화약고가 설치되기 전까지 일본인들은 화약을 수입할 때 구한말 대한제국이 허가했던 인천 율도栗島의 타운선陀雲仙상사와 노벨작약炸藥회사 화약고를 비롯해서 옹암甕巖의 세창양행 화약고를 활용하고 있었다. 1906년 인천에 거주하던 오전정차랑奧田貞次郎이라는 한 일본인은 대한제국 정부로부터 율도의 타운선상사 화약고를 원 소유주(미국인 Townsend)와 함께 공동으로 사용할 수 있는 분차分借 허가를 받기도 하였다.(11-27)

1911년 3개소의 화약고가 처음 허가되고 나서 1912년 4개소의 화약고가 추가로 허가되었고 1913년부터 1917년까지는 매년 10여개 이상의 화약고가 신규로 허가되어 1917년 말 조선의 화약고 허가 건수는 64건에 달했으며, 그중 영업용이 38건이나 되었다. 이처럼 일제 초기 화약고 숫자가 증가한 것은 1915년 "조선광업령" 제정을 전후하여 일제가 광업자원 침탈을 노골화하면서 화약의 수요가 증가하였기 때문으로 판단된다.

1918년부터 1930년까지 23년간에도 화약고 허가 건수는 꾸준히 늘어나고 있었지만 연평균 3~4건으로 급격한 증가는 없었다. 하지만 1931년부터 화약고 허가 건수가 급격히 증가한다. 후술하겠지만 만주사변을 시작으로 중일전쟁, 제2차 세계대전에 이르는 전쟁기간 동안 일제의 한반도 지하자원 수탈이 절정에 달하면서 화약 수요가 급증했기 때문이다.(12-1-4절)

1931년부터 1940년까지 10년 동안 허가된 화약고는 무려 358개로써 1940년 말 현재 495개소(영업용 126개소)에 달하였다. 매년 30개소 이상씩의 화약고가 허가된 것이다. 1935년과 1937년에는 각각 52개소와 54개소의 화약고가 무더기로 허가되기도 하였다. 〈표 12-1〉

끊임없이 침략전쟁을 치르면서 군수품 수입 비용 조달에 혈안이 되어 있던 일제가 1937년 "조선산금령朝鮮産金令"을, 그리고 1939년에는 "조선중요광물증산령"을 연이어 공포하면서 산금장려産金奬勵에 전력을 다할 때였다. 이는 조선의 급격한 화약 수요 증가로 이어졌고 그에 따라 화약고 숫자 역시 큰 폭으로 증가할 수밖에 없었던 것이다.

〈표 12-1〉 일제 강점기 각 도별 화약고 설치 허가 건수

연도별	지역별	경기	충북	충남	전북	전남	경북
1911	명치 44			1(1)			
1912	명치 45	1(1)					
1913	대정 2	2(1)			1(1)	1(1)	1(1)
1914	대정 3	1(1)			1(1)	1(1)	1(1)
1915	대정 4				1(1)	2(2)	
1916	대정 5		3(2)	1(1)			
1917	대정 6	1(1)				1(1)	3
1918	대정 7			1(1)			
1919	대정 8			1(1)			
1920	대정 9						
1921	대정 10	1(1)				2(1)	
1922	대정 11					1(1)	
1923	대정 12					1	
1924	대정 13	1		1	1(1)		
1925	대정 14	2		1			1
1926	대정 15					2	
1927	소화 2						
1928	소화 3			1		1	
1929	소화 4						
1930	소화 5		1(1)				
1931	소화 6			4		2	1
1932	소화 7		4	1	1(1)		
1933	소화 8	1	2	6	1	1	1
1934	소화 9	1(1)	3	2(1)	1(1)	1(1)	1
1935	소화 10	2(2)	3	2(1)	5(3)	2	6(4)
1936	소화 11	4(2)	1	4(1)			1(1)
1937	소화 12	3(2)	7(2)	3		4	3(1)
1938	소화 13		2	2	1	4(2)	
1939	소화 14	1(1)	3		1	3(1)	2(1)
1940	소화 15			1		1(1)	
합 계		21(13)	29(5)	32(7)	14(9)	30(12)	21(9)

〈주〉

1. 연도별 화약고 설치 허가 건수임. 동일 장소에 품목별로 별도 허가를 받은 경우와 증설 허가 및 주소·소유자 변경 등 기재사항 변경 허가의 경우는 동일 허가로 간주하여 허가 건수에서 제외하였음.
2. "( )" 안은 화약류판매업용 화약고 숫자임.
3. 제조업체의 화약고는 공장 내의 화약고는 제외하고, 공장 밖의 판매용만 포함.

경남	강원	함북	함남	평북	평남	황해	합 계
			1(1)				2(2)
2(2)					1(1)		4(4)
3(3)			1		2(2)	2	13(9)
1	1(1)	1(1)		3(1)			10(7)
1(1)				1	2(2)	2	9(6)
			1	3(1)	2	2(1)	12(5)
1(1)			1		4(2)	3	14(5)
						1(1)	2(2)
		2(1)	1(1)			2	6(3)
							-
							3(2)
		1	2(1)	1	1(1)		6(3)
	1(1)				3		5(1)
1(1)	1(1)					3(2)	8(5)
					1	1(1)	6(1)
			1(1)	1		1	5(1)
1(1)		1(1)	1	1	3		7(2)
		1	1(1)	1	2	3	10(1)
1(1)	1	1	1(1)	1	1	1	7(2)
1(1)	1	1(1)		2	1	1	8(3)
1		2	5	3(1)	6	5	29(1)
1(1)	7	1	7	4(2)	5(1)	1	32(5)
	4	1	4(2)	5(1)		5	31(3)
4	8(3)	2(1)	3	6(1)	1	4	37(9)
2	10(1)	4	4(1)	4(1)	5(1)	3(1)	52(15)
2(1)	5	3	2(2)	4(1)		2	28(8)
6(1)	6(1)	3	6	6	3	4	54(7)
2	4(1)	3(1)	9	3	3	6	39(4)
1	1	2(1)	7(2)	5	9(2)	3	38(8)
1	2	3	3	2	3	2(1)	18(2)
32(14)	**52(9)**	**32(7)**	**61(13)**	**56(9)**	**58(12)**	**57(7)**	**495(126)**

4. 화약고 설치 허가일 기준으로서 허가 후, 폐쇄 여부는 감안하지 않았기에, 실제 운영되던 화약고 숫자와는 상이할 수 있음.
5. 서울, 부산, 제주도는 각각 당시 행정구역인 경기, 경남, 전남에 포함됨.

화약류 창고 및 가저장소 설치 허가 현황

화약고 설치 현황 외에도 일제 강점기 화약 사용 장소가 상당히 많았을 것으로 추정해 볼 수 있는 자료가 있다. 당시에 화약류를 저장하던 곳은 화약고만이 아니었다. 영구적인 시설로서의 화약고뿐 아니라 일시적인 토목공사나 광업용으로 사용기간을 정하여 허가했던 화약 저장 시설들이 있었다. '화약류火藥類 창고倉庫 및 화약류火藥類 가저장소假貯藏所'라는 명칭의 화약 저장 시설이 그것인데 1913년부터 1942년 중에 허가되었던 허가 건수를 보면 다음과 같다.〈표 12-2〉[2][3]

〈표 12-2〉 각 도별 화약류 창고 및 가저장소 수

도 별	경기	충남	충북	강원	전남	전북	경남
가저장소	未詳	未詳	未詳	385	未詳	未詳	未詳
화약창고	59	35	130	19	5	21	96

도 별	경북	함남	함북	평남	평북	황해	합계
가저장소	未詳	371	86	233	165	217	1,457
화약창고	27	30	21	21	29	19	512

1911년부터 1940년 사이에 허가되었던 화약고 495개소와는 비교할 수도 없는 대단히 많은 숫자다. 특히 화약류 가저장소의 경우 전국 13개 도道 중에서 숫자가 확인되는 6개 도道에서만도 1,457건이 허가되었으니 전국적으로 대략 3,000개쯤이 허가되었다고 가정해 볼 수 있다.

이는 연평균 100개 이상씩 허가가 되었다는 것으로, 즉 자가自家 저장소를 가지고 운영하던 발파 장소가 연평균 100곳 이상씩 신규로 생겨났다는 것을 의미한다. 또한 기존 495개소의 화약고 중에는 판매상(영업용) 화약고만 해도 126개소에 이르고 있었다.〈표 12-1〉

2) 조선총독부문서, 대정 2년~소화 17년 화약류가저장소대장, 경찰청 경무국

3) 조선총독부문서, 대정 2년~소화 17년 화약류창고대장, 경찰청 경무국

따라서 126개소의 판매상에서 화약을 구입하여 사용하던 발파 장소들도 상당수가 있었을 것인데 화약류 창고와 화약류 가저장소가 수천 개나 되었으니 일제 강점기 말 발파 현장 숫자는 엄청나게 많았다고 보아야 할 것이다.

1-2. 일제 초기의 화약 수요

일제 초기의 상세한 화약 수요량은 찾아볼 수가 없지만 당시는 화약을 수입에만 의존하던 때였고, 대부분 다이너마이트를 사용하고 있던 시절이었음을 감안하면 1917년 발간된 『조선경제연감朝鮮經濟年鑑』의 다이너마이트 수입 실적으로도 개략적인 화약 수요를 확인할 수는 있다.〈표 12-3〉[4]

〈표 12-3〉 일제 초기 다이너마이트 수입 실적

수입 국가별		1912년	1913년	1914년	1915년	1916년
英吉利	수량(톤)	173.3	217.1	261.2	194.4	89.4
	금액(千円)	121.5	153.5	184.5	145.2	66.4
獨逸	수량(톤)	78.2	98.6	62.1	2.0	-
	금액(千円)	48.9	63.0	39.0	1.7	-
北米合衆國	수량(톤)	-	0.3	0.02	-	278.3
	금액(千円)	-	0.2	0.02	-	199.5
內地(日本)	수량(톤)	1.1	-	-	28.2	93.9
	금액(千円)	0.9	-	-	22.9	102.9
合計	수량(톤)	252.6	316.0	323.3	224.6	461.7
	금액(千円)	171.2	216.7	223.5	168.8	368.8

4) 大正 6年 朝鮮經濟年鑑, 京城商業會議所編纂, 1917年 11月

앞의 〈표 12-3〉은 뇌관 등 화공품에 대한 기록은 없고 다이너마이트 한 가지에 대한 수입 실적이지만 특별히 다른 폭약들을 사용하지 않던 시절임을 감안하면 국내의 폭약류 수요 현황과 거의 일치한다고 보아야 한다.

당시 조선이 화약을 수입해 오던 나라는 영국(英吉利), 미국(北米合衆國), 독일 등이었는데 1915년 독일 제품 수입이 중단되는 것을 볼 수가 있다. 이는 1914년 제1차 세계대전 발발과 함께 일본이 독일과 국교를 단절하였기 때문이다. 그리고 1916년 화약 수요가 급증한 것은 1915년 "조선광업령" 제정으로 광산 개발이 활발해졌기 때문이었을 것이다.

5개년 간 국가별 수입 단가를 보면〈표 12-4〉 영국, 독일, 미국의 경우 대략 625~740엔/톤 정도로 큰 기복 없이 유지되고 있는데 1914년 미국산 다이너마이트가 1,166.7엔으로 고가였던 점이 특이하다. 하지만 당시 수입 물량이 18Kg에 불과하였는데 이는 정상적인 가격이라 할 수는 없을 것이다. 오히려 1915년 일본으로부터 처음 수입되기 시작한 다이너마이트 가격이 1년 후인 1916년, 전년보다 무려 35%나 인상되어 미국산 제품보다 53%나 고가로 수입되었음을 볼 수 있다. 일본이 처음 민수용 다이너마이트를 생산하기 시작한 것이 1916년이었으니 생산 초기 원가가 높았거나 아니면 수입상들이 폭리를 취했기 때문인지도 모르는 일이다.

〈표 12-4〉 일제 초기 다이너마이트 수입 단가 비교

수입 국가별		1912년	1913년	1914년	1915년	1916년
英吉利	단가(円)	701.1	707.0	706.4	746.9	742.7
	전년비(%)	-	100.9	99.9	105.7	99.4
獨 逸	단가(円)	625.3	638.9	628.0	834.1	-
	전년비(%)	-	102.1	98.3	132.8	-
北 米 合衆國	단가(円)	-	648.3	1,166.7	-	716.9
	전년비(%)	-	-	-	-	-
內 地 (日 本)	단가(円)	733.3	-	-	812.1	1,095.8
	전년비(%)	-	-	-	-	134.9

1-3. 일제 중기의 화약 수요

일제 강점기 중기의 경우도 1930년대 말 조선에 화약 제조 공장이 설립되기 전까지는 화약 수요 현황을 알아볼 수 있는 자료가 부족하다. 다만 각종 신문에서 화약의 수요 증가와 공급 부족 등을 여러 차례 보도하고 있었던 사실을 통해서 화약의 수요가 꾸준히 증가하고 있었음을 추측해 볼 수는 있다.[5)6)7)8)] 일제 강점기 중반의 화약 수요를 짐작해 볼 수 있는 자료들을 요약, 정리해 보면 〈표 12-5〉와 같다. 조선총독부의 공식문서로 화약류 소비량이 확인되는 것은 1928년도부터이다.

5) 동아일보 1924. 8. 23

火藥類輸移入額

大正 12년 中 朝鮮에 輸移入한 火藥類는 次와 如한바 大體로 日本品과 外國品이 伯仲하더라.

爆藥		有煙火藥		導火線		工業雷管	
日	外	日	外	日	外	日	外
426千斤	276千斤	109千斤	130千斤	43	46	-	-
(253千圓)	(65千圓)	(66千圓)	(84千圓)	35	38	39	19

6) 동아일보 1927. 1. 19

騷然한 朝鮮과 銃砲火藥의 在庫品, 最近 一年間 當局의 許可品 : 폭탄권총의 세례를 종종 밧는 조선 내디의 화약폭약 등의 조사표를 보면 〈中略〉 최근 1년간에 당국의 허가한 수량을 보면 〈下略〉

火　　藥	讓渡許可	46,485貫294	讓受許可	79,307貫404
	輸移出許可	18,362貫100	輸移入許可	69貫300
爆　　藥	讓渡許可	83,529貫613	讓受許可	229,807貫422
	輸移出許可	9,556貫300	輸移入許可	62,120貫125
火工品(實砲)	讓渡許可	735貫947	讓受許可	2,592貫904
	輸移出許可	42貫281	輸移入許可	404貫246

7) 조선중앙일보 1934. 7. 10

昨年中의 火藥犧牲, 死傷者 190餘,

火藥消費量은 40萬餘貫, 安全取締策 如何

최근 조선 안에는 광산열(鑛山熱)이 비상히 발흥하고 또 토목(土木)사업이 증가하고 잇슴을 따라 폭약(爆藥)의 사용량이 해마다 늘어 가고 잇다. 그리하야 작년 중 전조선의 폭약류 사용소비는 실로 40만6천4백4십3관(貫)으로 전년도 소비량 28만7천5백2십9관에 비하여 11만8천9백4관이 증가하얏다.

8) 조선총독부문서 소화 1년(1936) 신축공사관계서류철, 경무국 발파연구소

〈火藥試驗及發破硏究施設 設置事由〉

火藥類消費數量累年比較表, 소화 11년 3월 10일 調

〈표 12-5〉 1923년~1932년간 화약류 수요 현황

연도 / 품목	1923	1926		1928	1929	1930	1931	1932
폭 약(톤)	421.2	313.2	861.8	741.7	638.3	837.5	651.5	1,078.3
화 약(톤)	143.4	174.3	297.4	104.1	79.6	92.4	83.4	89.8
뇌 관(만발)	未詳	2.8톤	9.7톤	757	834	927	781	1,165
도화선(만m)	未詳	未詳	未詳	2,290	1,772	2,378	1,781	3,357
금 액	599천圓	未詳	未詳	未詳	未詳	未詳	未詳	未詳
비 고	輸移入量	讓渡 許可量	讓受 許可量	연간 소비 수량				
	12-5)	12-6)		12-7, 8)				

그 외에 한 가지 특이한 자료가 발견된다. 1923년 부산수상경찰서釜山水上警察署에서 허가했던 화약류 이입출移入出[9] 건수를 보면 이입移入이 1,538건, 이출移出이 8,217건이라 하였다.[10] 그런데 여기서 이상한 점은 이출건수移出件數가 이입건수移入件數보다 월등히 많다는 점이다. 화약류뿐만 아니라 총포류도 이출량移出量이 2배 이상 많다.

당시는 조선 내에서 화약류가 생산되지 않던 시절이다. 따라서 이출이 이입보다 많다는 것은 이해하기 어려운 부분이다. 화약류를 조선으로 수입한 다음, 다시 일본으로 가져갔다면 혹시 모를 일이지만 근거 없는 일이다. 총포의 경우는 이를 휴대한 사람들의 왕래가 빈번했었다고 해석해 볼 수도 있겠으나 화약류의 경우는 설명할 근거가 부족하다. 암석 발파용의 폭약류나 화공품은 분명 아니었을 것이다.

9) 일제 강점기 일본과 조선을 내지(內地)와 외지(外地)로 불렀고 내외지(內外地) 간 거래는 이입(移入), 이출(移出)이라 하였으며 그 외의 외국과의 무역을 수입, 수출이라 하였다.

10) 동아일보 1924. 2. 6

種 類	移入	移出	計
銃 砲	571	1,355	1,926
刀 劍	3	4	7
火藥類	1,538	8,217	9,755

銃砲火藥移入, 昨年中釜山經由統計 : 昨年中 釜山水上警察署에서 取扱한 銃砲 及 火藥移入移出된 許可件數를 見한즉 左와 如하얏다더라

1-4. 일제 말기 화약 수요의 급증

일제 말기에 들어 조선의 화약 수요는 급증하게 된다. 일제가 조선에서의 자원 수탈을 위해 각종 광물을 대량으로 생산했기 때문이다. 일제는 1931년 9월 그들 스스로는 만주사변滿洲事變이라고 부르던 만주전쟁을 일으켜 중국 동북지방을 군사적으로 제패하고 이 지역에 '만주국'을 세워 그들의 식민지로 만든 후, 이어서 1937년 7월 지나사변支那事變, 즉 중일전쟁을 일으켜 중국을 침략하였다. 그 뒤 일제는 대동아공영권大東亞共榮圈이라는 슬로건을 앞세우며 '대동아 신질서 건설'을 명분으로 아시아 각국을 침략하였다. 진주만 공습과 말레이 반도 인근 해역에서의 영국 해군 격퇴를 통해 제해권을 잡고 필리핀과 말레이 반도에 상륙하여 마닐라, 싱가포르를 점령하고 수마트라 섬과 자바 섬에도 상륙하였다. 그리고는 미얀마를 침공, 양곤까지도 함락하는 등 동남아 각국을 침공하였다.

이처럼 계속된 전쟁을 치르는 동안 일제는 막대한 전쟁 물자가 필요할 수밖에 없었고, 이를 위해 그들은 우리나라를 병참기지화하면서 군수품 조달을 위한 자원개발에 주력하기 시작하였다. 그중 가장 핵심 부분은 광업정책에 있었다.

이를테면 일제는 1932년 적극적으로 산금장려産金奬勵를 시작하더니 1937년에는 군수품 수입을 위해 산금 5개년계획을 수립하는 한편 같은 해 "조선산금령朝鮮産金令"을 공포하였다. 또 1939년에는 "조선중요광물증산령"을 공포하며 거액에 달하는 예산을 추가 편성하고, 채광 장려금, 착암시설 보조금, 금광 공동시설 보조금 등을 지불하는 동시에 도로 개수, 송전시설 확충 등 산금 장려에 전력을 다하였다. 일제의 이와 같은 광업정책으로 인해 식민지 조선의 구석구석에서는 광산 열기가 절정으로 치닫기 시작하였고, 화약의 수요는 급격하게 수직 상승하게 될 수밖에 없었다.〈표 12-6〉[11][12]

---

11) 조선총독부문서, 소화 14~16년 以前 화약관계서류철, 物資調整 第二課
〈最近 5個年間 工業用火藥, 爆藥消費量 比較表〉
〈火藥類 需給 對照表〉
〈鮮內 火藥類 需給狀況 調查表〉

12) 조선총독부문서, 소화 17년(1942) 화약관계서류철, 物資調整 第二課
〈昭和17年度 火藥類 需給對照表〉

〈표 12-6〉 일제 말기 화약류 소비 현황

품목 / 연도	폭약		화약		뇌관		도화선		비고
	톤	%	톤	%	만발	%	만m	%	
1933	1,524	141	96	107	1,467	-	1,272	-	
1934	2,104	138	80	116	1,975	135	1,533	121	
1935	2,702	128	76	104	2,743	139	2,448	160	* 1939년도 화약 소비량은 전년 대비 40% 증가를 예상했던 추정치로서 1940년도 이후의 화약 소비량을 감안해 보면 실제로는 그 이하였을 것으로 보인다.
1936	3,896	143	105	138	3,342	122	3,167	130	
1937	4,969	128	100	104	3,963	119	4,588	145	
1938	(폭약, 화약) 7,868, 155%				5,716	144	-	-	
1939	(폭약, 화약) 11,015, 140%				-	-	-	-	
1940	9,099	-	234	-	6,470	-	6,075	-	
1941	9,881	109	157	67	6,470	100	4,521	74	
1942	10,417	105	520	331	6,600	102	6,400	142	

당시 화약은 광업 분야뿐만 아니라 토목공사에도 상당량이 사용되고 있기는 하였지만 화약 사용량의 증가는 광업 분야가 단연 압도적이었다. 1939년 조선총독부 물자조정 제2과에서 분석한 분야별 폭약류 사용량과 연도별 증감 추세를 보면 **〈표 12-7〉**[13]과 같다.

〈표 12-7〉 분야별 폭약류 소비량 증감 현황 (단위 : 톤)

연도별		1934	1935	1936	1937	비고
폭약류소비량	광업 분야	1,239	1,992	2,979	3,788	☆ 광업 분야 점유율 1934 : 58.9% 1935 : 73.7% 1936 : 76.5% 1937 : 76.2%
	증감(%)	-	160.8	149.5	127.2	
	토목기타	865	710	916	1,181	
	증감(%)	-	82.1	129.0	129.0	
	합 계	2,104	2,702	3,895	4,969	
	증감(%)	-	128.4	144.2	127.6	

13) 조선총독부문서, 소화 14~16년 以前 화약관계서류철, 物資調整 第二課 〈最近 5個年間 工業用火藥類消費數量表〉

물론 증가율에서도 광업 분야가 타 분야를 앞서고 있지만 그보다는 광업 분야가 화약 소비량의 70% 이상을 점유하고 있었던 점과 광업 분야의 연도별 증가 수량에 주목이 간다. 1936년과 1937년도에는 매년 1,000톤씩이나 증가하고 있다. 이 같은 화약 수요는 전국 각 도에 걸쳐 고루 분포되어 있었지만 상대적으로 광산자원이 풍부했던 북한지역에서 60% 정도가 소비되고 있었는데 평북, 함남, 황해 3도가 한반도 전체 수요의 45%를 차지하고 있었다.〈표 12-8〉14)

〈표 12-8〉 1937년 지역별 산업용화약류 소비량

도별	품목별	화 약 폭 약(Kg)				뇌 관 (천발)	도화선 (천m)
		화 약	폭 약	합 계	점유율(%)		
남한	경 기	50,647	325,627	376,274	7.4	2,905	2,197
	충 북	508	174,222	174730	3.4	1,990	1,176
	충 남	615	222,091	222,706	4.4	2,993	2,049
	전 북	6,163	135,287	141,450	2.8	1,717	1,508
	전 남	16,584	165,666	182,225	3.6	1,403	1,440
	경 북	11,864	275,163	287,027	5.7	2,384	2,001
	경 남	8,427	150,799	159,226	3.1	1,500	1,145
	강 원	480	504,595	505,075	10.0	3,819	4,342
	계	95,288	1,953,450	2,048,738	40.4	18,711	15,858
북한	평 남	3,071	341,246	344,317	6.8	3,334	2,908
	평 북	591	841,440	842,031	16.6	6380	4,419
	함 남	201	893,402	893,603	17.6	6,465	16,109
	함 북	98	384,097	384,195	7.6	2,170	4,819
	황 해	1,023	552,509	553,532	10.9	2,572	1,759
	계	4,984	3,012,694	3,017,678	59.6	20,921	30,014
합 계		100,272	4,966,144	5,066,416	100	39,632	45,872

14) 조선총독부문서, 소화 14~16년 以前 화약관계서류철, 物資調整 第二課 〈昭和12(1937)年中 工業用火藥類 消費數量〉

이처럼 화약 수요가 늘어나면서 화약류 저장소 숫자도 급격히 증가하게 된다. 물론 화약고와 함께 화약류火藥類 창고倉庫와 화약류火藥類 가저장소假貯藏所도 함께 증가하는 것은 필연적이다. 특히 1937년 화약류 가저장소가 2,500개가 넘었던 것을 보면 그만큼 화약을 사용하던 발파 장소가 많았다고 보아야 하는데, 1937년 말 화약 발파 장소가 적게는 4,000여 곳, 많게는 5,000곳도 넘었을 것으로 확인되는 자료이다.〈표 12-9〉[15]

〈표 12-9〉 연도별 화약류 저장소 현황

연 도 별	1933	1934	1935	1936	1937
화 약 고	270	309	367	384	453
창 고	232	280	319	324	342
가저장소	645	1,336	1,773	2,074	2,541
합 계	1,147	1,825	2,459	2,782	3,336
증가율(%)	-	59.1	34.5	13.1	20.0

여기서 한 가지 독자들에게 양해를 구할 점이 있다. 본 장에서 도표로 제시한 각종 데이터들은 조선총독부문서나 신문기사에서 발췌한 것들인데 자료마다 약간씩 상이했다. 하지만 화약의 역사를 살펴보고자 하는 목적을 감안했을 때 전체 흐름에는 크게 영향을 주지 않는 정도여서 가공하지 않고 원문에 충실하고자 하였으나, 합계가 잘못 계산된 것, 반올림 과정의 오차 또는 명확하게 오타라고 판단되는 것 등은 필자가 숙고하여 정정하였다.

1-5. 화약류 수이입輸移入 현황

일제 강점기 내내 화약의 수요는 증가하고 있었지만 조선 내에서는 화약이 생산되지 않았으므로 일본으로부터 가져오거나(移入), 수입輸入에 의해 공급될 수밖에 없었다. 하지

15) 조선총독부문서, 소화 14~16년 以前 화약관계서류철, 物資調整 第二課 〈最近5個年間火藥類貯藏所數比較表〉

만 외국으로부터의 수입은 일부 폭약들뿐이었고 일본에서 가져오던 이입移入이 대부분이었다.

당시의 수이입輸移入 현황을 살펴보면 **〈표 12-10〉**[16]과 같다. 1936년을 정점으로 폭약과 도화선의 수이입 물량이 감소하는 것을 볼 수 있는데 이는 조선에서의 화약 수요가 감소하였기 때문이 아니라 흥남興南에 화약공장을 설립한 '조선질소화약주식회사'가 1937년 10월부터 다이너마이트와 도화선 생산을 시작했기 때문일 뿐[12-20] 화약 수요는 계속 증가하는 중이었다.

〈표 12-10〉 화약류 수이입 현황 (단위 : 톤, 만m)

연도별		1933	1934	1935	1936	1937	1938
화약	移 入	182.9	373.1	170.7	174.5	204.2	649.3
	輸 入	-	0.7	-	-	-	-
	計	182.9	373.8	170.7	174.5	204.2	649.3
폭약	移 入	1,164.5	2,514.8	2,632.0	3,359.2	2,746.4	2,965.9
	輸 入	466.1	264.7	165.6	268.7	313.5	597.3
	計	1,630.6	2,779.5	2,797.6	3,627.9	3,059.9	3,563.2
도화선	移 入	774.1	1,050.4	1,270.7	1,439.1	1,486.8	1,386.5
	輸 入	-	-	-	-	-	-
	計	774.1	1,050.4	1,270.7	1,439.1	1,486.8	1,386.5

16) 조선총독부문서, 소화 14~16년 以前 화약관계서류철, 物資調整 第二課 〈爆發藥輸移入調書〉

02_

화약 제조공장의 설립과 화약 생산

1930년대에 들어 화약 소비가 급격히 증가하면서 일본으로부터의 이입移入이나 수입만으로 충당하기에는 너무 많은 양이 되고 말았다. 따라서 일제는 그동안 조선 내에서 공업용 화약 제조를 금지하던 조치를 해제하고 화약공장 설치를 추진하였다. 이때는 세계적 공황으로 인한 경제적 어려움을 겪고 있던 때로서 일본 본국의 재벌들이 식민지였던 조선의 저임금으로 이를 극복하기 위해 앞 다투어 조선 진출을 시도하던 시기였기도 하다.

2-1. 화약공장의 설립

조선질소화약주식회사

맨 처음 조선에 화약공장 설립을 추진한 것은 이미 조선에 진출해 있던 조선질소비료주식회사朝鮮窒素肥料株式會社였다. 일본질소비료주식회사日本窒素肥料株式會社가 출자하여 흥남에서 질산窒酸과 초안비료硝安肥料를 만들고 있던 조선질소비료주식회사는 다이너마이트의 원료인 질산과 초안을 가지고 있었기 때문에 손쉽게 화약제조업에 진출할 수가 있었을 것이다.

조선질소비료주식회사가 화약공장 설립을 추진하기 시작한 것은 1934년 가을이다. 흥남에 있는 기존의 조선질소공장朝鮮窒素工場 인근에 화약공장을 설치하여 조선 내의 화약 자급자족을 꾀하는 동시에 일본 내지內地로의 이출移出을 위해 1935년 4월 24일

건설공사가 진행 중인 조선질소화약(주) 흥남 화약공장 전경

화약류 제조 및 판매를 목적으로 하는 조선질소화약주식회사朝鮮窒素火藥株式會社를 설립하였다.[17)18)19)]

그 후 조선질소화약주식회사는 공장 건설을 마치고 1937년 10월 생산에 착수하여 그 해에 다이너마이트 51톤과 도화선 3,576,000m를 첫 생산하였고 1939년도에는 공업뇌관도 생산을 개시하여 첫해에만도 23,388,750발이나 생산하는 등 조선에서도 본격적으로 화약 생산이 시작되었다.[20)]

이처럼 대규모 공장들이 들어서는 것을 두고 당시 언론에서는 누구의 발전이든 간에

---

17) 동아일보 1934. 9. 19
〈日窒系의 火藥會社新設, 興南에 工場設置〉
日窒系의 日窒火藥會社에서는 興南朝窒工場隣接地에 工場基地를 買收중인데 이것이 完工되는 時에 同地에서 火藥工場을 設置하고 一般火藥의 製造를 開始하야 朝鮮內의 火藥의 自給自足을 꾀하는 同時에 日本內地의 移出도 꾀하기로 되엇다.

18) 동아일보 1935. 4. 11
〈火藥工場設置〉
朝窒의 本宮火藥工場은 目下總督府에 火藥製造의 認可申請중이며 同認可가 오는 대로 傍系列會社를 新設하기로 目下設立 準備中인데 新會社는 資本金 百萬圓 全額拂込入의 朝窒火藥株式會社로 하고 重役은 朝窒, 日窒火藥會社 重役中에서 선정하기로 되엇다.

19) 中村資良,《朝鮮銀行會社組合要錄》(1937년판), 東亞經濟時報社
회사명 : 朝鮮窒素火藥(株) **설립일** : 1935. 4. 24 **대표자** : 野口遵
목 적 : 화약류의 제조 및 매매, 공업용 硝化棉 제조 및 매매 〈下略〉
자본금 : 1,000,000 **본점주소** : 함경남도 함주군 흥남읍 운성리 300
주 식 : (주식수) 20000, (주주수) 12, 日本窒素肥料(18,900)

20) 조선총독부문서, 소화 14~16년 以前 화약관계서류철, 物資調整 第二課
〈鮮內 火藥類 需給狀況 調査表〉〈火藥類生産額調表〉

함흥咸興 지역이 '공업함흥工業咸興'으로 약진躍進하는 것이라고 긍정정적인 보도를 하기도 하였다.21)

조선화약제조주식회사

1937년도에는 일본화약주식회사 계열의 조선화약제조주식회사가 황해도 해주海州에 화약공장 건설을 착수하여22)23) 1938년 11월에 준공을 하였다.24)

천야淺野카릿트제조(주)와 동경화약공업주식회사

1937년에는 황해도 봉산에 천야淺野카릿트라는 회사가 카릿트 폭약 제조 허가를 받고 공장을 건설하였으며, 동경화약공업주식회사에서도 평양에 화약공장 건설을 추진하기로 하고 조선총독부에 공장 설치 인가신청을 하였다.25)26)

---

21) 조선중앙일보 1935. 1. 30
누구의 發展이던간『工業咸興』躍進,
大豆工場의 新設을 뒤이어, 火藥工場도 設置할 터 〈下略〉

22) 동아일보 1937. 6. 20
朝鮮火藥工場進出로 四十餘戶生途 絶望, 海州郡下 小作民不安
【海州】 세멘트공장이 설치되엿고 이여서 방금 화약(火藥)공장을 설치준비 중에 잇으므로 해주(海州)는 또한 공업지대로 발전 전도가 유망하다고 볼 수 잇으나 금번 화약공장 설치에 따라 이에 희생을 당하고 울고 잇는 40여 호의 소작농(小作農)이 잇다. 조선화약공장(朝鮮火藥工場)의 위치를 해주읍 서편되는 서석면 율동리(西席面 栗洞里)에 67만 평을 점거하기로 하고 토지 매수도 거의 다된 모양인데 이 지구 내에 "누룽지동" 40여 호는 예로부터 이 땅에서 온전히 소작농으로 근근히 생활하든바 졸지에 경작(耕作)하든 전답은 물론 거주가옥(居住家屋)까지 철훼를 당하게 되여 속수무책의 참담한 처지에 잇다고 한다.

23) 동아일보 1937. 6. 26
〈朝鮮火藥 海州에 工場建設, 第一期工費 八十萬圓〉
日火系의 朝鮮火藥에서는 海州工場의 建設에 着手하게 되어 來7月上旬 入札에 附하기로 되엿다. 工場敷地는 30萬坪으로 第一期 計劃은 日10톤의 豫定, 繼續하야 第二期의 擴張에 入할터인데 第一期의 工費 約80萬圓이다.

24) 동아일보 1938. 11. 12
〈朝鮮火藥海州工場竣工〉
日本火藥系의 朝鮮火藥은 海州工場의 建設을 急히하고 잇더니 第1期工事가 竣工하엿다. 操業開始는 15日의 豫定으로 能力은 10萬톤이다.

25) 동아일보 1937. 9. 7
東京資閥이 進出, 平壤에 火藥工業, 近近總督에 認可提出

조선유지주식회사

조선화약 해주공장이 준공되고 이듬해인 1939년에는 일본유지주식회사가 투자한 조선유지주식회사가 부천시 남동면(현 인천시 남동구 고잔동)에 화약공장 건설을 계획하고 9월 28일 기공식을 거행하였다.[27)28)]

조선유지가 정확히 언제 공장을 준공했는지 불확실하지만 공장 내의 화약고를 준공하고 사용인가를 받은 것이 소화 15년(1940) 12월 2일이었으며[29)] 그 무렵 생산 공장도 부분적으로 가동했다고 한 점으로 미루어 1940년 12월경 준공했을 것으로 판단된다.

【平壤】 평양에는 최근 일본 내지로부터 대자벌(大資閥)의 각종 공장이 진출하고 잇는바 이번에는 동경화약공업회사(東京火藥工業會社)에서 평양에 진출하고저 방금 준비 중에 잇다 한다. 朝鮮에는 이미 일질계(日窒系) 조선화약(朝鮮火藥)회사가 잇는터로 동사 진출설은 화약공업계(火藥工業系)에 一대 센세이슌을 일으키고 잇으나 동회사에서는 동사전무(同社 專務)의 명의로서 總督府에 공장설치 인가신청을 근근행하고 평양에 공장을 두어 뇌관(雷管), 도화선(導火線), 흑색화약(黑色火藥) 기타 화공품을 제작할 모양이라 한다.

26) 동아일보 1937. 9. 8. 일대
東京火藥도 朝鮮에 進出計劃, 總督府에 新設申請中
日窒系의 朝窒火藥에 對抗하야 日本火藥에서는 傍系事業으로서 目下 海州에 工場을 建設中인데 다시 最近 東京火藥系에서 朝鮮工場 進出計劃을 樹立하야 右에 관하야 總督府와 折衝을 거듭하고 잇다. 東京火藥에서도 右 兩社와 同樣 朝鮮에 新會社를 設立할 計劃을 總督府에 同社 阿部專務의 名義로 工場新設을 申請中이다. 鑛業의 一大生産擴充時代를 마지하야 火工品, 雷管, 다이나마이트의 消費는 激增을 豫測케 하는데 三社三色의 工場計劃은 主目된다.

27) 동아일보 1939. 8. 5
朝油가 仁川에 火藥工場建設
日本油脂系의 朝鮮油脂는 일즉이 硬化油製造로부터 一貫하는 다이나마이트 火藥製造의 準備를 進行中인데 드디어 仁川 郊外 南洞面에서 建設敷地 60萬坪을 買收 工場의 建設에 着手하기로 되엇다. 同社서는 原料關係는 모두 自社系에서 自給이 可能한 만큼 期待된다. 그리고 朝鮮의 火藥工場은 興南과 海州인바 右工場出現으로 自給도 勿論輸移出力을 相當히 할 것으로 보인다.

28) 동아일보 1939. 9. 30
朝鮮製油 仁川火藥工場 五百萬圓으로 着工, 卄八日 起工式 盛大擧行
【仁川】 3억원(億圓)이란 공대한 자본을 투하하야 부천군(富川郡) 남동면(南洞面)에 건설될 일산계(日産系) 조선제유주식회사(朝鮮製油株式會社) 화약공장(火藥工場)은 그 제1기 사업으로서의 부지 50만평에다 공사비 5백만원을 투하하는 방대한 공사를 착수키로 되여 작 28일 오후 1시부터 2백 재민 참집리 성대한 기공식을 거행하엿다 한다.

29) 조선총독부문서, 대정 원년~소화 15년간 火藥庫臺帳, 경철청 경무국
허가일 : 소화 15년(1940) 6월 21일 사용허가일 : 소화 15년 12월 2일
저장소 주소 : 仁川府 日向町(현 인천시 남동구 고잔동)
저장소 규모 : 煉瓦造스레이트 7동(폭약 3만貫, 공업뇌관 150만발)

하지만 동경화약주식회사가 추진하던 평양의 화약공장 설립계획은 1937년 9월 8일의 동아일보 기사[12-26] 이후에 별다른 자료가 발견되지 않으며 어떤 이유였는지 무산되었고 조선에는 조선질소화약주식회사, 조선화약제조주식회사, 조선유지주식회사 및 조선천야淺野카릿트주식회사 등 4개의 화약공장이 설립되어 화약을 생산하기 시작하였다.

인천 화약공장

조선유지가 인천에 화약공장을 건설하게 된 과정에는 다음과 같은 일화가 있다. 처음에 조선유지는 인천이 아니라 천야카릿트 공장과 인접한 황해도 봉산에 공장 설치를 계획하여 인가를 받아 놓고 있었다. 아마도 당시에는 사업인가를 먼저 받은 다음에 공장 부지를 확정하는 순서로 그 인허가 절차를 진행하였던 것으로 보인다.

이와 같은 사실은 1939년 4월 30일 현재, 4개 화약회사의 화약제조 허가사항을 요약한 조선총독부문서에서 확인할 수 있는데[표 12-11][30] 조선유지의 경우, 황해도黃海道 봉산군鳳山郡 문정면文井面에 허가를 해주었음에도 비고란에는 **목하目下 부지 선정 등 준비 중으로 공장 설치 장소는 변경될 것으로 보인다**고 명시하고 있다. 우선 사업인가를 받아 놓고 공장 부지는 추후 결정한 것임을 알 수 있다.

만약 당시에 조선유지가 원래 계획대로 황해도에 공장을 설치했다면, 해방 후 남한의 화약공장 설립이 상당기간 지연되었을지도 모른다. 그렇다면 왜 조선유지는 황해도에 제조 허가를 받아 놓고 인천(당시 부천군 남동면 고잔리)으로 장소를 변경하였을까? 여기에는 다음과 같은 사연이 있었다.

일본유지가 조선 진출을 계획하고 황해도에 공장 건설을 추진하고 있을 때 당시 인천부윤仁川府尹(일본인)이 인천 지역으로 공장을 유치하기 위해 일본유지 관계자들을 만나 설득을 하였기 때문이었다고 한다. 하지만 인천부윤이 어렵게 일본유지 관계자들을 설득은 하였으나 자신의 관할지역인 인천 지역 내에서는 화약공장에 적합한 부지를 찾을 수가 없었다.

30) 조선총독부문서, 소화 14~16년 以前 화약관계서류철, 物資調整 第二課 〈화약류생산상황표〉(昭和14年 四月三十日現在)

〈표 12-11〉 1939년 4월 현재 화약류 제조 허가 현황

項目 \ 業體名		朝鮮窒素 火藥(株)	朝鮮火藥 製造(株)	朝鮮淺野 카릿트(株)	朝鮮油脂 株式會社
공장 소재지		咸南 咸州郡 興南面	黃海道 碧城郡 西席面	黃海道 鳳山郡 文井面	黃海道 鳳山郡 文井面
허가 연월일		1934. 12. 21	1936. 8. 5	1937. 10. 12.	1938. 12. 12
품목별 일일 생산량	다이너마이트	58톤(20톤)	30톤(10톤)	-	10톤(-)
	초안폭약	2톤(2톤)	-	-	-
	카릿트	5톤(-)	-	5톤(5톤)	-
	○○○○○○	2톤(2톤)	-	-	-
	흑색광산화약	2톤(2톤)	1톤(-)	-	-
	도화선용 흑색화약	-	0.5톤(-)	-	-
	공업용뇌관	200천 발(-)	100천 발(-)	-	100천 발(-)
	전기뇌관	-	5천 발(-)	-	-
	완연도화선	22.5만m (10만m)	7만m(-)	-	-

〈주〉 1. "(　)" 안은 1939년 4월 현재 일일 생산량임.
2. 조선질소화약 : 다이너마이트 30톤 설비 추가 완성예정임.
3. 조선유지 : 目下 敷地選定等 準備中으로 공장 설치 장소는 변경될 것으로 보임.

그 이유는 당시 인천 지역, 즉 인천부仁川府가 1914년에 있었던 행정구역 개편과 함께 제물포를 중심으로 한 인천항 일원으로 관할지역이 대폭 축소되어 있었기 때문이었다. 결국 인천부윤은 인천과 경계를 접하고 있던 당시 부천군 남동면 고잔리 일대의 바닷가를 화약공장 터로 추천하였고 일본유지가 이를 받아들임으로써 공장 설치장소가 황해도 봉산군으로부터 부천군 남동면으로 변경되었던 것이다. 그 후 1940년 4월, 부천군 관할이던 문학면, 남동면 등 4개면이 인천부로 편입되면서 조선유지 부천군 남동면 화약공장이 오늘날 인천 화약공장의 시발이 될 수가 있었던 것이다.

한 가지 재미있는 사실은 당시 한국인이었던 부천군수는 자기와 의논도 없이 인천부윤 마음대로 자기 관할인 부천군에 화약공장을 유치했다는 사실을 뒤늦게 알고 이는 본인이 한국인이라 무시를 당한 것이라 판단, 조선유지가 공장 부지를 매수할 때 주민들을 부추겨 훼방을 놓았고 그로 인해 일본유지는 공장 부지를 매입하는 과정에서 많은 애로를 겪었다고 한다. 이상은 오재의吳在宜[31]의 증언으로 확인한 내용이다.

4개 화약공장의 가동과 화약 생산

1940년 말부터 조선유지 인천 화약공장이 생산을 시작하면서 조선에서는 4개의 화약공장이 모두 가동되었고 각종 산업용화약이 대량으로 생산되었다. 1942년도 상반기(4월~9월) 각 업체별 생산 현황은 <표 12-12>[32]와 같다.

하반기에도 유사한 수준의 화약을 생산하였다고 가정하고 연간 생산량을 추정해 보면 대략 폭약류가 14,000여 톤, 뇌관이 7,000여만 발, 도화선이 6,600여만 미터에 이르렀을 것으로 판단되는데 폭약 14,000톤이라는 숫자는 해방 후 25년이나 지난 1975년의 대한민국 폭약류 소비량과 맞먹는 엄청난 양이다.

<표 12-12> 1942년 상반기(4~9월) 업체별 화약 생산 현황

업체별	반기별	폭 약 류				뇌관 (만발)	緩燃 도화선 (千m)	黑色 獵火藥 (톤)	黑色鑛山火藥 (톤)
		Dynamite (톤)	카릿트 (톤)	초안폭약 (톤)	폭약계 (톤)				
朝窒	1/4	1,951.8	-	155.0	2,106.8	778	11,099	2.0	12.6
	2/4	2,024.5	-	184.0	2,208.5	835	10,998	0.2	-
	소계	3,976.3	-	339.0	4,315.3	1,613	22,097	2.2	12.6
朝火	1/4	741.0	-	-	741.0	458	5,212	-	-
	2/4	696.9	-	-	696.9	512	5,848	-	-
	소계	1,437.9	-	-	1,437.9	970	11,060	-	-
朝油	1/4	338.6	-	-	338.6	519	-	-	-
	2/4	302.4	-	-	302.4	667	-	-	-
	소계	641.0	-	-	641.0	1,186	-	-	-
淺野	1/4	-	395.8	-	395.8	-	-	-	-
	2/4	-	495.3	-	495.3	-	-	-	-
	소계	-	891.1	-	891.1	-	-	-	-
合計	1/4	3,031.4	395.8	155.0	3,582.2	1,755	16,311	2.0	12.6
	2/4	3,023.8	495.3	184.0	3,703.1	2,021	16,846	0.2	-
	합계	6,055.2	891.1	339.0	7,285.3	3,776	33,157	2.2	12.6

31) 오재의(吳在宜, 1923. 12. 1~2005. 1. 3)
오재의(吳在宜)는 남동면 고잔리에서 태어나 해방 후 조선유지 인천공장이 국방부 조병창으로 운영될 당시 조병창에 입사하여 인천공장에서 근무하였다. 1955년 한국화약주식회사(현 주식회사 한화)가 인천공장을 인수하자 다시 한국화약(주)에 입사하였고 1980년대 초까지 근무하면서 인천공장 총무부장을 역임하였다.

32) 조선총독부문서, 소화 17년(1942) 화약관계서류철, 物資調整 第二課
〈昭和17年度 上半期火藥類生産狀況表〉

2-2. 화약 수급 통제와 수이출

공업용 화약류 배급 통제 실시

일본의 침략전쟁은 더욱 확대되었고 군수물자 조달에 혈안이 되어 있던 일제는 드디어 화약류의 수급까지도 조선총독부에서 직접 통제하기 시작하였다. 조선총독부의 화약 수급 통제는 1939년 '화약위원회'를 설치하면서 시작되었다.[33)]

소화14년(1939) 8월 조선총독부 자원과資源課에서 작성한 '조선총독부화약위원회' 규정을 바탕으로 '화약류 수급조정 대책위원회' 요강을 제정, '화약위원회'를 조직하여 화약의 수급을 조정한 것이다.[34)] 화약위원회火藥委員會는 총독부 기획부장企劃部長을 회장으로 하고 총독부 내의 관계 고등관과 육·해군 관계자 및 민간의 학술 경험이 있는 사람들을 위원으로 하였으며, 화약류의 수요 조사에서부터 생산, 배급까지 전반적인 통제 방침을 결정하는 등 수급조정需給調整에 관한 조사, 심의 기능을 수행토록 하였는데[35)]

---

33) 동아일보 1939. 8. 20

火藥類需給을 根本的으로 調整

最近 火藥類의 需給關係는 漸次 隔迫를 告하고 있는데 이의 需給調整은 生産力擴充의 見地에서 緊要하므로 右需給關係의 根本的 調整을 圖코자 總督府에서는 官民 關係를 網羅한 火藥對策委員會를 常置하기로 되어 18日 午後 2時부터 總督府 第2會議室에서 資源, 殖産, 警務의 關係者가 參席하야 이의 委員會創設에 關한 具體的協議를 하기로 決定되엇다.

34) 조선총독부문서 소화 14~16년 以前 화약관계서류철, 物資調整 第二課

〈火藥類需給調整對策委員會 要綱〉 요약 발췌

1. 委員長 : 朝鮮總督府 企劃部長
2. 委　員 : 資源課長, 商工課長, 鑛山課長, 産金課長, 土木課長, 理財課長, 陸海軍將校, 經理課長(鐵道局), 電氣課長(遞信局)
3. 調査審議事項
   1) 火藥類 需要調査 2) 火藥類 生産計劃 樹立 3) 火藥類 生産材料 確保
   4) 火藥類 生産施設 建資材確保 5) 火藥類 輸移入計劃 樹立 6) 火藥類 配給調整

35) 동아일보 1939. 12. 1

火藥類의 需給調整, 時局下에 緊急치 안흔 곳에는 制限, 火藥委員會 設置

광공업(鑛工業) 등 각 산업부문의 생산력(生産力)을 확충하고 또 철도, 도로 등 각종 공사 등에 화약류(火藥類)의 사용이 격증되는 일방에 화약류는 용도가 만흘뿐 아니라 그 물품 자체가 특수한 만치 그 수요와 배급을 신중히 할 필요가 잇는데 금번 총독부에서 화약위원회(火藥委員會)를 설치하고서 화약류의 수급조정(需給調整)에 관한 조사심의를 하게 되엇다. 이 위원회는 기획부장(企劃部長)이 회장이 되고 총독부내의 관계 고등관과 민간의 학술 경험 잇는 사람을 위원으로 망라하였는데 앞으로 조선 내에서 사용하는 화약류에 대한 전반적인 통제방침을 이

동년 11월 30일 사무관 5명, 기사技師 2명, 육군 중좌中佐, 해군 중좌中佐 각 1명씩 9명을 화약위원회 위원으로 임명하고 업무를 개시하였다.[36]

그 후 일제의 화약 수급 통제는 더욱 강화되었다. 물론 조선에 국한된 것만은 아니었고 일본 본토 내에서도 동일한 통제를 하였는데 화약의 배급제도를 실시한 것이다. 1941년 10월 일본 척무성拓務省의 조선부장朝鮮部長은 "工業用火藥類ノ配給ニ關スル件"이라는 제목으로 상공성商工省 화학국化學局에서 작성한 공업용화약류工業用火藥類 배급통제요령配給統制要領을 조선총독부 기획부장에게 내려 보내 1941년 3/4분기부터 실시하도록 하였다.[37]

'공업용화약류 배급통제요령'은 총 22개의 조문條文으로 만들어졌는데 교질膠質 다이너마이트, 초안硝安 다이너마이트를 비롯하여 초안폭약, 암몬폭약, 카릿트, 흑색광산화약, 공업뇌관, 전기뇌관, 단발段發 전기뇌관, 완연緩燃 도화선, 전기도화선 및 도폭선 등 모든 산업용화약을 통제 대상에 포함시키고 있었다.

조선에서 화약을 통제하기 수년 전, 일제가 만주사변滿洲事變을 통해 세웠던 만주국滿洲國 내에서는 만주광산화약주식회사滿洲鑛山火藥株式會社라는 화약회사 자체를 조병소造兵所에서 인수했던 사실도 있었는데[38] 이 역시 화약을 통제하기 위한 목적이었다고 한다.

화약위원회에서 결정하고 화약류가 절대 필요한 곳에는 그 수요를 원활하도록 배급하며 또 시국하에 잇어서 그다지 필요치 안흔 곳에는 더욱 제한하야 화약류의 통제를 강화하기로 되엇다 한다.

36) 조선총독부관보 제3870호(소화 14년 12월 13일)

37) 조선총독부문서

殖商 第1346號	**昭和** 16(1941)年 10月14日
發信 拓務省 朝鮮部長	**受信** 朝鮮總督府 企劃部長

題目 工業用火藥類ノ配給ニ關スル件 〈下略〉

38) 조선중앙일보 1935. 9. 15

滿洲國政府에서도 火藥統制를 斷行, 于先 鑛山火藥會社를 買收

【安東縣】 만주국 화약(火藥) 통제(統制)의 첫거름으로 안동현 륙도구(六道溝)에 잇는 만주광산화약주식회사(滿洲鑛山火藥株式會社)를 봉천조병소(奉天造兵所)에서 매수합병하기로 쌍방이 그동안 타협중이든바 이번에 그의 실현을 보게 되어 지난 11일에 쌍방 대표자가 회견하고가 계약(假契約)을 작성하얏는데 만주광산화약회사의 건물 공장시설(工場施設)과 제반 차지권(借地權)을 41만 8천원으로 매수가격을 결정하얏슴으로 오는 18일 오후 1시부터 동사는 최후의 주주총회를 소집하고 완전히 그 자최를 감추게 되엇다 한다.

공업용 화약류 수이출輸移出

'공업용화약류 배급통제요령'을 만들어 화약의 수급을 통제하기 시작한 일제는 매분기별로 사용처별, 품종별 화약 사용 예정량을 제출받아 이를 사정査定한 후, 화약류 배당 계획을 작성하는 방법으로 통제를 하였다. 일례로 1942년 6월 9일 기획원企劃院 제2부장이 조선총독부 기획부장에게 문서로 내려 보낸「소화 17年度 제2/4半期 火藥類配當表」를 보면 다음과 같은 내용으로 구성되어 있었다. 비밀로 분류되었던 문서로서【極秘】라는 도장이 문서 상단에 선명하게 찍혀 있다.[39)]

다음의 문서(436쪽)에서 보듯이 조선에서 만들어진 화약은 대만, 만주, 몽고를 비롯하여 주로 중국의 중북부中北部로 보내지고 있었고, 중국 남부나 동남아시아에는 일본〔內地〕에서 직접 공급하고 있었음을 알 수 있다.

이처럼 조선에서 생산된 화약이 조선 밖으로 공급되기 시작한 것은 1937년 조선에서 다이너마이트가 생산되기 시작하고 이듬해인 1938년부터였다. 1938년도에 첫 수출된 다이너마이트만도 1,054.6톤이나 되었다.[40)]

그 후 1940년부터 1942년까지 3년간 조선에서 생산된 화약류 수이출輸移出 현황을 보면 다이너마이트의 경우 총 38,267톤을 생산하여 26,659톤을 조선 내에서 소비하고, 나머지는 내지內地, 즉 일본으로의 이출移出 1,475톤, 만주 수출 5,553톤 등 일본과 만주를 비롯하여 중국 중북부(北支那, 中支那), 몽강蒙疆, 대만臺灣 등 여러 곳으로 수출되고 있었다.〈표 12-13〉[41)]

하지만 이처럼 많은 양의 화약을 수이출할 수 있었던 것이 조선의 화약 생산이 충분해서는 아니었다. 조선도 화약의 공급은 부족하였지만 총독부에서 강제로 할당해 주는 물량대로 배정할 수밖에 없었기 때문이다.

---

39) 조선총독부문서, 소화17년(1942) 화약관계서류철, 物資調整 第二課

40) 조선총독부문서, 소화 14~16년 以前 화약관계서류철, 物資調整 第二課 〈爆發藥輸移出調書〉

41) 조선총독부문서, 소화 17년(1942) 화약관계서류철 物資調整 第二課 〈火藥類 需給 對照表〉

문서번호 企劃院二發 第90號(昭和17年 6月 9日)

발　　신 企劃院第2部長

수　　신 朝鮮總督府 企劃部長

제　　목 昭和17年度 第2' 4半期 火藥類配當計劃及實績調査ニ關スル件

〈첨부〉 昭和17年度 第2' 4半期 火藥類配當表

〈I 表〉 第2' 4半期 製造豫定表(요약)

地域 / 品目	內 地	朝 鮮	滿 洲	北 支	蒙彊〈注〉	합 계
爆藥類(箱子)	367,350	188,500	92,981	-	-	648,831
導火線(천m)	34,760	15,300	3,720	-	-	53,780
雷管類(万發)	6,135	1,820	1,169	-	-	9,124

〈II 表〉 第2/4半期 配當表(요약)

("■" 印ハ朝鮮製品ナリ)

品種 / 地域		爆藥・火藥(箱子)		緩燃導火線(千m)	工業・電氣雷管(万發)
內地	海　軍		45,417	세부내용 생략	
	官　需		2,883		
內地	石炭 統制會		120,834	세부내용 생략	
	鑛山 統制會		105,580		
	시멘트統制會		4,300		
	小　計		320,014	23,330	3,667
朝　鮮		■ 112,000		■ 15,300	■ 1,870
臺　灣		■ 7,750	13,100	세부내용 생략	
滿　洲		■ 112,000	3,000		
蒙　彊		■ 7,750	3,000		
北　支		■ 20,200	500		
中　支		■ 4,500	3,600		
※기타지역(南支, 海南島, 比島, 南方 外) : 세부 내용 생략(전량 일본생산품 할당)					
內地品計		365,014		32,850	5,009
朝鮮品計		■ 184,850		■ 15,300	-

〈주〉 蒙彊(몽강) : 몽강연합자치위원회(1939년~1950년)

제2차 세계대전 중 일제가 내몽고에 건설한 괴뢰정권, 약칭 몽강정부라 함.

〈표 12-13〉 1940~1942년간 화약류 수급 현황

年度	區分	供給(톤, 萬m, 萬發)				需要 及 消化(톤, 萬m, 萬發)					
		鮮産	移入	輸入	計	鮮內需要	內地移出	滿洲輸出	支那輸出	其他輸出	計
1940	Dynamite	10,574			10,574	8,592	933	1,787			11.333
	카릿트	891			891	384	26	76			558
	초안폭약	485	32		517	123			15		138
	흑색화약	374	103		477	234	175	68			477
	도화선	4,426	1,888		6,314	6,075		703	56		6,834
	뇌관	116	6,522	300	6,938	6,470		733	74		7,277
1941	Dynamite	10,693			10,693	8,600	542	1,070			10,552
	카릿트	1,500			1,500	831	242	89		266	1,500
	초안폭약	617			617	450			167		617
	흑색화약	400	40		440	157	225	40			422
	도화선	5,669	890		6,559	4,521	190	1,170	104	514	6,499
	뇌관	3,065	5,424		8,489	6,470		1,336	393	290	8,489
1942	Dynamite	17,000			17,000	9,467		2.696		2,096	17,000
	카릿트	2,621			2,621	900		269		972	2,621
	초안폭약	82			82	50			32		82
	흑색화약	1,176			1,176	520	602	54			1,176
	도화선	9,960	1,990		11,950	6,400		2,200	3,010	340	11.950
	뇌관	9,822	2,188		12,010	6,600		3,100	3,010	300	12,010

조선 내의 화약 통제

일제는 지역별 수급 물량만을 통제한 것이 아니었다. 조선 내에서의 공급 물량에 대해서는 수요처별로 더욱 세세하게 통제를 하였다. 조선광업회나 조선토목건축협회와 같은 관련 단체들을 통해 업종별로 필요한 화약 수요량을 조사한 다음, 이를 적절히 안배하여 배정하였는데 업종별, 품종별로 세밀하게 수급량을 조정한 것을 보더라도 당시 화약 공급이 상당히 부족했음을 알 수가 있다.〈표 12-14〉[42]

42) 조선총독부문서, 소화 17년 화약관계서류철, 物資調整 第二課
〈昭和17年度 第2' 4半期 火藥類需給量對査定表〉

〈표 12-14〉 1942년 2/4분기 조선 내 화약류 사정표

수요처별 \ 품목별				爆藥類(箱子) Dynamite	카릿트	硝爆	合計	工業雷管(箱子)	電氣雷管(個)	導火線(箱子)	其他
鑛業用	金屬鑛	金鑛	要求	64,476	4,532	90	69,098	1,095	4,000	9,943	전기도화선·도폭선·흑색화약 생략
			査定	43,840	2,540	0	46,380	670	4,000	6,500	
		鐵鑛	要求	7,614	4,980	-	12,594	120	3,000	1,222	
			査定	6,700	4,630	-	11,330	120	3,000	1,200	
		其他	要求	14,126	840	15	14,981	260	100,750	2,284	
			査定	9,888	600	0	10,488	147	100,750	1,470	
		計	要求	86,216	10,352	105	96,673	1,475	107,750	13,450	
			査定	60,428	7,770	0	68,198	937	107,750	9,560	
	炭鑛		要求	10,995	-	6,224	17,219	204	395,500	1,988	
			査定	8,686	-	4,900	15,586	191	-	1,910	
	其他		세부내용 생략								
	合計		要求	99,318	11,372	7,489	118,179	1,725	545,250	15,919	
			査定	70,546	8,495	5,825	84,866	1,163	544,932	11,820	
土木用(내용 생략)			要求	35,351	4,857	1,393	41,581	450	215,068	4,492	
			査定	24,454	3,505	1,175	29,134	355	215,068	3,480	
總計			要求	134,669	16,209	8,882	159,760	2,173	760,318	20,411	
			査定	95,000	12,000	7,000	114,000	1,590	760,000	15,300	

2-3. 조선화약공판(주) 설립

화약의 수급을 통제하면서 배급제도를 실시해 오던 일제는 1941년 **조선화약공판주식회사**朝鮮火藥共販株式會社를 설립하여 생산과 공급의 할당 등 배급업무를 담당토록 하였다.[43]

43) 朝鮮銀行會社組合要錄(1942년판)

회사명 : 朝鮮火藥共販(株) **설립일** : 1941. 12. 6

업 종 : 상업 **대표자** : 宮本正治

목 적 : 화약류의 매입판매 및 수이출입 및 그에 관련한 사업

자본금 : 2,000,000 **본점주소** : 경성부 남대문통 5정목 28

중 역 : (상무이사) 大島隆吉, 木村泰介, 杉本勤, (이사) 吉田政五郎, 河野彌平, 上野行藏, 松室信夫, (감사) 岩谷二郎, (총무부장) 大島隆吉, (영업부장) 杉本勤, (경리부장) 木村泰介

주 식 : (주식수) 40,000 (주주수) 16

대주주 : 朝鮮室素火藥(9700), 朝鮮火藥製造(9800), 朝鮮油脂(9700), 朝鮮淺野카알릿, 朝鮮火藥統砲(각4400)

이는 이미 일본에 있던 일본화약공판주식회사의 시스템을 적용하여 만든 회사였다.

조선화약공판 설립에는 16명의 주주가 참여하였는데, 그중 조선 내 4개 화약제조회사와 조선화약총포라는 판매회사 등 5개 회사가 86.4%에 이르는 대부분의 지분을 출자하였다. 업종은 상업으로 하였고 화약류의 매입판매 및 수이출입輸移出入을 주된 목적이라 하였지만 실질적으로는 조선의 화약 수급을 조정, 배급하기 위한 회사였다.

화약의 수급을 조정, 통제하는 방법은 우선 각 제조회사에 품목별로 생산량을 할당하고 나서 생산된 화약을 전량 구매한 후, 정해진 공급계획에 따라 분배하는 것이었다. '공업용화약류工業用火藥類 배급통제요령配給統制要領'에 의거 기획원企劃院에서 매분기별로 수급需給을 사정査定하여 화약류 배당계획을 통보하면〈표12-14〉 총독부 감독 하에 조선화약공판이 이를 가지고 각 제조회사별로 생산량을 할당하는 등 실무를 담당하였다.

조선화약공판을 설립할 때 4개의 제조회사와 함께 대주주로서 공동으로 출자에 참여했던 조선화약총포(주)는 당시 조선 내에서는 가장 큰 규모의 화약류 판매회사로 전국에 걸쳐 화약고를 설치, 운영하고 있었는데 조선화약공판 설립과 함께 그들 화약고는 모두 조선화약공판에 흡수되었다. 현물투자를 했던 것으로 보인다. 당시 조선화약총포(주)는 전국에 15개소의 화약고를 운영하고 있었는데 남한지역에 있던 조선화약총포(주)의 주요 화약고 현황은 다음 〈표 12-15〉와[44] 같다.

〈표 12-15〉 조선화약총포(주) 화약고 현황(남한지역)

허가일	화약고 위치	화약고 규모(저장량)	
1934. 9. 21	경기 고양군 은평면 홍제내리 산33	2동	폭약 4,530관 뇌관 54만 개, 총용뇌관 150만 개
1935. 5. 27	전북 전주군 伊東面 麟后里 산219번지	2동	폭약 4,452貫, 유연화약 588貫 공업뇌관 120만 발, 엽용뇌관 300만 발
1937. 1. 11	충북 제천군 제천면 장락리 산48-49	2동	폭약 2,400貫, 유연화약 96貫 공업뇌관 28만 발, 엽용뇌관 20만발
1937. 5. 31	경남 동래군 사하면 槐亭里 산22번지	3동	폭약 4,452관, 흑색화약 588貫 공업뇌관 120만 발, 엽용뇌관 300만 발
1937. 9. 14	경기 부천군 문학면 간석리 산83번지	3동	폭약 8,904관, 유연화약 1,176관 공업뇌관 300만 발, 엽용뇌관 300만 발

44) 조선총독부문서, 대정 원년~소화 15년간 火藥庫臺帳, 경찰청 경무국

이들 화약고는 훗날 다시 한국화약주식회사가 조선화약공판을 인수하면서[13-3-2절] 승계되어 한국화약(주)의 지방영업소〔지점〕가 되었고 일부는 10여 년 전까지도 운영되었으나 현재는 모두 폐쇄되어 없어졌다. 아직도 필자에게는 낯설지 않은 주소들이다.

2-4. 원료 부족과 화약 생산 감축

일제가 아무리 화약 소비를 통제하고자 하더라도 생산량 자체가 계획을 달성하지 못한다면 의미가 없을 것이다. 그런데 바로 조선에 있던 화약 제조 회사들이 할당된 생산량도 제대로 소화하지 못하고 있었다. 1942년 조선화약공판주식회사에서 작성하여 총독부에 제출했던 자료에서는 당시의 화약 부족 상황을 잘 나타내고 있다. 뇌관이나 도화선 등 화공품은 할당량을 소화하였지만 다이너마이트, 초안폭약 등 폭약류는 할당된 생산량을 채우지 못하고 있는 것이다.〈표 12-16〉[45]

〈표 12-16〉 1942년 2/4분기 업체별 생산계획 대비 실적

회사	구 분	폭 약(箱子)				공업뇌관 (箱子)	도화선 (箱子)
		Dynamite	카릿트	초 폭	합 계		
朝窒	製造豫定	96,100	7,400	9,500	112,000	1,020	11,000
	製造實績	89,977	0	8,178	98,155	835	10,998
	過 不 足	▲8,123	▲7,400	▲1,322	▲13,845	▲185	-2
	對備(%)	95	0	86	87	81	99
朝火	製造豫定	37,400	-	-	37,400	430	4,300
	製造實績	30,975	-	-	30,975	519	5,848
	過 不 足	▲6,425	-	-	▲6,425	89	1,548
	對備(%)	82	-	-	82	120	156
朝油	製造豫定	18,700	-	-	18,700	370	-
	製造實績	13,439	-	-	13,439	667	-
	過 不 足	▲5,261	-	-	▲5,261	297	-
	對備(%)	71	-	-	71	180	-

45) 조선총독부문서, 소화 17년(1942) 화약관계서류철 物資調整 第2課
〈昭和17年度第2'4半期鮮內各社別製造實績對製造豫定過不足表〉 朝鮮火藥共販株式會社

淺野	製造豫定	-	18,700	-	18,700	-	-
	製造實績	-	22,014	-	22,014	-	-
	過 不 足	-	3,314	-	3,314	-	-
	對備(%)	-	115	-	115	-	-
合計	製造豫定	152,200	26,100	9,500	187,800	1,820	15,300
	製造實績	134,391	22,014	8,178	164,583	2,021	16,846
	過 不 足	▲17,809	▲4,086	▲1,322	▲23,217	201	1,546
	對備(%)	88	84	85	87	111	110

이처럼 화약 생산이 부족했던 주원인은 원재료의 부족이었다. 화약 생산 능력은 갖추고 있었지만 원료가 부족하여 정상적인 생산을 할 수가 없었다. 상기 **〈표 12-16〉**에서 보듯이 공업뇌관이나 완연도화선 등은 계획을 초과하여 생산했으나 다이너마이트를 비롯한 폭약들이 할당된 생산목표를 채우지 못하고 있었는데 이는 원료 중에서도 특히 질산이 부족하였기 때문이다. 따라서 질산을 기초로 생산해야 하는 화약의 주원료, 즉 니트로글리세린과 초안을 생산할 수가 없었던 것이다. 당시 각 화약회사별 농질산濃窒酸 과부족 현황을 보면 **〈표 12-17〉**과[46] 같다.

〈표 12-17〉 연도별 농질산(濃窒酸) 과부족 현황 (단위 : 톤)

業體別	구분	1939년	1940년	1941년	1942년
朝鮮窒素火藥(株)	所要	4,850	7,750	9,770	11,800
	不足	0	0	0	0
朝鮮火藥製造(株)	所要	1,928	3,864	5,764	5,764
	不足	▲1,388	▲3,864	▲5,764	▲5,764
朝鮮油脂(株)	所要	631	2,362	3,543	4,824
	不足	▲631	▲2,362	▲3,543	▲4,824
朝鮮淺野카릿트(株)	所要	50	50	50	50
	不足	0	0	0	0
合 計	所要	7,459	14,026	19,127	22,438
	不足	▲2,019	▲6,226	▲9,307	▲10,588

46) 조선총독부문서, 소화 17년(1942) 화약관계서류철 物資調整 第2課 〈濃硝酸需要狀況調表〉

조선질소화약은 모기업인 조선질소비료주식회사에서 질산과 초안을 만들고 있었고 또 천야淺野카릿트는 고작 연간 50톤밖에 필요하지가 않았으므로 문제가 없었으나, 조선화약과 조선유지가 문제였다. 특히 조선유지는 공장을 건설하고 처음 생산을 준비하는 과정에서부터 이 같은 원료 부족 현상을 맞았으니 더욱 곤란했을 것으로 보인다.

당시 질산이 절대적으로 부족했던 이유는 군수용 화약 생산에 대량으로 사용되고 있었기 때문이다. 1944년 말 전쟁이 막바지에 치닫고 있을 즈음 일제는 군수회사법軍需會社法을 제정, 시행하면서 1차로 55개의 회사를 선정, 군수회사軍需會社로 지정하였는데 조선질소화약주식회사도 그 55개 회사 중의 하나에 포함되어 있었다.[47]

산업용화약 생산보다는 군용 화약류 생산이 우선이었던 것이다. 이 같은 질산 부족 현상은 산업용화약은 물론 농업용 비료의 생산마저도 감축시킬 수밖에 없었고 결국은 농업 생산물마저 고갈枯渴되기에 이르렀다. 이러한 당시의 상황은 해방 직후 미 국무성에서 파견되어 한국에 와 있던 경제학자 번스 박사(하지 장군의 경제고문 및 미소공동위원회 미국대표위원 역임)의 「조선 경제의 당면 과제」라는 논문에 잘 나타나 있다. 번스 박사는 일찍이 함흥에서 농민조합운동을 하기도 하였으며 그 후 모교인 위스콘신 대학에서 경제학을 강의하다가 한국으로 온 사람이라 한다.

그는 논문에서 해방 후 조선 경제의 현 난국의 원인으로 1) 전쟁 중에 일본이 감행했던 각종 자원의 착취, 2) 미곡米穀, 금속金屬, 어유魚油 등 원료생산에만 중점을 두고 각종 일용품까지도 일본에서 가져오던 조선의 쇠퇴한 공업 기반, 3) 일제 패망 직전 대량으로 유통시킨 화폐로 인한 물가 고등高騰과 가격통제 붕괴 등을 열거하면서 4) **질산공장의 화약공장 전환**에 따른 비료 부족으로 농업 생산물이 고갈된 것도 하나의 이유로 들고 있었다.[48] 여기서 화약공장이란 군수용 화약공장을 말하는 것이다.

---

47) 매일신보 1944. 12. 8
軍需會社法 施行에 따라 1944. 12. 7. 다음과 같이 第1回 軍需會社 55社가 지정되다. 〈中略〉 朝鮮窒素火藥會社 등

48) 동아일보 1946. 9. 17
번스, 조선 경제의 당면 과제에 대한 논문 발표 〈中略〉 1) 현난국의 원인 〈中略〉 마지막에는 窒素工場이 화약공장으로 전환하였기 때문에 비료가 부족해졌다. 〈下略〉

03_

일제 강점기 발파기술 보급

3-1. 화약 발파 정규교육 실시

우리나라에서 화약 발파에 대한 공식교육의 시작은 광산기술자를 양성하기 위해 1916년 설립된 '경성공업전문학교'에 1917년 "**광산과**鑛山課"가 신설된 것이라 할 수 있다. 당시 산업용화약의 주요 소비처는 바로 각종 광산들이었기 때문에 광산과에서는 재광을 위한 발파학 등 산업용화약 관련 학문을 교과목으로 채택하고 있었다. 따라서 이때의 광산과 설치가 바로 화약에 대한 정규교육의 시작이라고 볼 수가 있는 것이다. 그 후 1939년 경성공업전문학교의 광산학과를 분리, 독립시켜 **경성광산전문학교**를 신설하였다. 광산학과 함께 화약 발파 분야의 교육도 좀 더 전문화되었다고 볼 수 있다. 일제가 전쟁을 치르면서 군수물자 조달을 위한 자원 침탈을 목적으로 광산 개발에 주력하고 있던 시기였다.

1941년에는 한반도를 중국 대륙 침략을 위한 병참기지로 활용하기 위해 일제가 흥남興南 등을 중심으로 중화학공장 건설에 나서면서, 이에 필요한 기술을 뒷받침해 주기 위해 법문학부와 의학부로만 구성되어 있던 경성제국대학에 새로이 이공학부를 설치하고, 물리 · 화학 · 토목 · 기계 · 전기 · 응용화학과와 함께 **광산야금학과**鑛山冶金學科를 개설하였다. 해방 후 1946년 국립서울대학교 설치령이 공포되면서 경성대학 이공학부의 공학계열과 경성공업전문학교 및 경성광산전문학교 등을 통폐합, 서울대학교 공과대학이 발족되었고 **채광학과**와 야금학과가 설치되었다가 1948년 야금학과는 금속공학과로, 1955년 채광학과는 **광산공학과**로 개편이 되었다. 그 후 광산공학과는 다시 **자원공학과**로 개편되었다가 토목공학과(토목공학전공, 도시공학전공)와 함께 **도시자원토목공학과** 군群에 편입되었다.

이처럼 광산과는 1917년 시작되어 화약 발파를 교육하던 유일한 학과였는데 최근 국내 대학의 자원공학과 학과 소개 내용을 보면 '광산업鑛山業'이 퇴조한 오늘날까지도 대학교에서 화약 관련 교육을 실시하는 주요 학과임을 알 수가 있다.

"자원공학은 지구의 물리화학적의 특성 규명, 국토개발을 위한 발파, 지하자원 개발 및 수질과 토양 오염 방지 등의 이론과 기술에 대해 연구, 개발하는 현대 문명사회의 필수 불가결한 학문으로 주요 학문 분야로는 1) 지질 구조와 암석 특성 규명 2) **도로와 터널 건설을 위한 암반 발파** 3) 광물, 석유, 지하수 등의 **지하자원의 탐사와 개발** 4) 대체에너지 개발 5) **발파로 인한 진동, 소음 피해 방지** 6) 자연환경 보전을 위한 수질과 토양 오염 방지 분야 7) 환경영향평가 등이 있고, 졸업 후의 진로로는 국공립기관, 연구소(지하자원 개발, 국토 개발, **터널과 도로 건설**, 지하수, 석유 개발, 환경영향평가 관련 정부기관과 공사 및 연구소)와 민간기업(**종합건설**, **화약 발파**, 지질 조사, 지하수 개발 관련 엔지니어링 회사) 등이 있으며, 관련 자격증으로는 기술사(**화약류관리기술사**, 지하자원개발기술사, 지질 및 지반기술사, 탐사기술사, 공해방지기술사), 기사 및 산업기사(**화약류관리기사**, 응용지질기사, 광산보안기사, 지하수기사, 공해방지기사, 토목기사, 환경기사), 기타 중등교사자격증이 있다."[49]

3-2. 화약시험실과 발파연구소 설립

일제 말 경무국警務局 산하에 화약 제조 및 사용상의 과학적, 경제적 요소를 연구하고 취체取締를 담당할 "**화약시험실**火藥試驗室"과 광산鑛山, 토목사업土木事業 등의 지도연구指導研究를 담당할 "**발파연구소**發破研究所"가 설립되었다.[50][51]

49) 상지대학교(http://www.sangji.ac.kr) 건설공학군 자원공학과 소개(2007년)

50) 조선중앙일보 1936. 5. 23
發破연구소 신설을 계획

51) 동아일보 1936. 6. 7
〈火藥試驗室과 發破硏究所新設, 產業開發에 應用〉
朝鮮產業開發의 最先鋒인 火藥類의 硏究, 取締에 萬全을 期하야 警務局에서는 今年度에「火藥試驗室」及「發破硏

이들 두 기관을 설립하게 된 가장 큰 목적은 사고 예방 차원에서 화약 제조공장과 발파 현장의 단속을 강화하기 위한 전문성 확보와 화약 지식의 보급이었다. 소화 6~8년 3년 동안 일본에서는 4번의 대형 화약공장 폭발 사고(그중 1건은 일본계의 만주 봉천화약공장)가 있었다. 또한 소화 10년(1935) 6월 13일에는 독일에서도 대폭발 사고가 발생하였다. 독일 공장은 당시 자타가 공인하는 최신식 공장이었음에도 불구하고 공장은 물론 인근 마을까지 괴멸壞滅되고 420여 명이 사망하는 대형 사고를 일으켰다고 한다.[52]

연이은 폭발 사고로 인해 화약공장은 그 위험율危險率이 매우 크다고 인식되었고 사고 방지 차원에서 제조공장에 대한 엄중한 단속의 필요성이 대두되었다. 그러던 중에 마침 조선질소화약이 흥남공장을 준공하고 화약생산을 시작하자 조선 내에도 제조공장의 사고 예방을 위해 제품과 반제품 및 원료들까지도 그 성분과 성능에 대한 정밀한 시험이 필요하다고 판단, 단속을 강화하기 위해 '화약시험실'을 설치하게 된 것이다.

제조공장뿐만이 아니라 화약을 사용하는 발파 현장에서의 각종 발파 사고는 더욱 빈발하고 있었다. 특히 조선에서는 일본과 비교할 때 화약 소비량은 적은데도 사고는 더 많이 발생하고 있었다. 그동안 조선 내에서의 화약 행정은, 광업과 기타 사업의 발흥勃興으로 화약류의 소비가 증가하고 있었음에도 화약 지식의 보급이나 발파 지도 등에 대해서는 상당히 소극적이었다. 결국 화약 재해 발생 건수는 매년 증가할 수밖에 없었고 따라서 화약 시험과 발파 연구를 담당할 기관을 설치하여 화약 제조에 대한 철저한 단속과 함께 발파 안전에 전력을 경주傾注해야 할 필요가 제기되면서 '화약시험실'과 '발파연구소'가 설립된 것이다.

당시 조선총독부의 집계에 따르면 조선 내에서의 화약 재해 발생 건수가 매년 증가하고 있었는데,〈표 12-18〉[53] 이를 일본과 비교해 보면 소화 5년(1930)과 소화 8년(1933) 조선의

究所」를 新設키로하고

1. 火藥試驗室은 總督府 構內 北方內庭에 建築하고 火藥製造及使用上의 科學的 經濟的 要素를 硏究하고 取締에 當함.
2. 發破硏究所는 場所는 未定인데 大體 北漢山隣近으로 鑿岩機 4~5臺를 掘하되 爆藥에 依한 坑道掘鑿 山嶽切開 等을 主로 鑛山土木事業等의 指導硏究에 當케할터이다.

52) 조선총독부문서, 소화 11년 신축공사관계 서류철, 경무국 발파연구소 〈設置事由 및 趣旨〉

53) 조선총독부문서, 소화 11년 신축공사관계 서류철, 경무국 발파연구소

사고 발생 건수는 화약 소비량을 감안하였을 때 일본의 2~3배에 달하고 있을 정도였다.〈표 12-19〉54)

〈표 12-18〉 연도별 화약 폭발 사고 증감 및 피해 상황

연 도 별	사고 건수	사 망	부 상
소화 3년(1928)	131건	31명	130명
소화 4년(1929)	72	14	86
소화 5년(1930)	61	13	68
소화 6년(1931)	45	15	50
소화 7년(1932)	68	22	76
소화 8년(1933)	124	38	169
소화 9년(1934)	190	66	346
소화 10년(1935)	185	59	232

〈표 12-19〉 조선, 일본 간 폭약류 소비량 대비 사고 건수 비교

연 도 별	구 분	사고 건수	폭약 소비량	폭약 1,000톤당 사고 건수
소화 5년 (1930)	조 선	61	3,239.1톤	18.833
	일 본	218	22,987.1톤	9.484
소화 8년 (1933)	조 선	124	4,413.4톤	28.099
	일 본	475	49,373.6톤	9.621

화약시험실과 발파연구소 설치에 필요한 초기 소요자금은 수익자 부담 원칙을 적용하여 제조업체와 화약 소비자 단체들에게 기부를 받기로 하였다. 당초 기부 예상금액을 30,000원으로 책정하고 모금을 시작하였으나 최종 마감된 기부금액은 58,000원을 상회하였다. 조선광업회와 조선질소화약주식회사는 각각 20,000원과 10,000원이라는 거금을 기부하였다.55)

〈별표 제3호〉 火藥類爆發事故件數累年比較

54) 조선총독부문서, 소화 11년 신축공사관계 서류철, 경무국 발파연구소

〈별표 제4호〉 內地・朝鮮 火藥爆藥消費數量ニ對スル事故件數ノ割合

발파연구소는 경성부 홍제정弘濟町 산1번지 일대의 국유림 12,000평 부지에 설치되어 1936년 말부터 발파 작업에 착수, 폭약의 성능 시험과 발파기술 연구를 시작하였다.[56] 화약시험실은 총독부 구내에 신축되었는데 성능시험실, 분석실, 화약 창고, 위험물 저장실 및 사무실 등으로 구성된 연면적 100평 3합 5작(1층 95평 3합合 5작勺, 지하실 5평)의 건물, 3개 동으로 되어 있었다.[57]

그 후 두 기관의 상세한 활동 내역은 알 수 없으나 당시에 설치했던 시험기기 설비 내역을 보면 현재와 비교해도 손색이 없을 정도로 다양한 시험을 할 수 있는 시설을 갖추고 있었음을 알 수 있다. 주요 시험기구로는 각종 성분분석에 필요한 시험기기 52종이 망라되어 있었고, 보유하고 있던 시약試藥 종류들만 해도 190여 종에 달하였다. 또한 화약 성능 시험기로는 폭력시험기爆力試驗器, 타격감도시험기打擊感度試驗器, 안정도시험기安定度試驗器, 폭압시험기爆壓試驗器, 폭속시험기爆速試驗器, 폭염시험기爆焰試驗器, 발화점시험기發火點試驗器, 탄갱갱도시험기炭坑坑道試驗器 등을 두루 갖추고 있었다.[58]

---

55) 조선총독부문서, 소화 11년 신축공사관계 서류철, 경무국 발파연구소
〈기부자별 기부액〉
1. 조선광업회 : 20,000원, 2. 조선질소화약 : 10,000원, 3. 조선토목건축협회 : 4,000원
4. 조선화약제조 : 2,000원, 5. 三菱鑛業株式會社 : 1,500원, 6. 동경화약공업 : 1,500원
7. 일본화약제조 : 3,000원, 8. 淺野카릿트 : 500원, 9. 全鮮화약상연합조합 : 950원
10. 조선화약총포 : 500원, 11. 기타 15개 회사(각 500～1,000원)

56) 조선중앙일보 1936. 7. 3
폭약발파연구소, 홍제정으로 기지결정, 국유임야 1만 2천여 평 사용, 폭팔물의 성능연구

57) 조선총독부문서, 소화 11년 신축공사관계 서류철, 경무국 발파연구소
〈火藥試驗室 圖面〉

58) 조선총독부문서, 소화 11년 신축공사관계서류철, 경무국 발파연구소
〈火藥試驗用器具 明細書〉〈藥品 明細書〉〈火藥類 性能試驗器〉

3-3. 발파 기술자 양성

발파기술원양성소 설립

일제 강점기에는 학교 교육 외에도 발파기술자發破技術者를 양성하기 위한 별도의 교육기관도 있었다. 1940년에 설치된 '**발파기술원양성소**'가 그것이다. 이는 발파연구소研究所를 설치하고 난 뒤, 각종 화약의 성능시험을 실시하고 또 발파 기술 연구결과를 본격적으로 보급하기 위해 1940년 7월 19일 총독부에서 발파기술원양성소 규정을[59][60][61] 공포하면서 설립된 것으로 발파 기술자 전문교육을 위한 유일한 교육기관이었다.

교육기간은 6개월이었고 교과목은 기초과학, 발파 및 착암법 등 이론교육과 실습으로 구성되어 있었다. 매 과목별로 교육의 취지와 교수요항教授要項까지 규정한 지침을 마련하여 교육을 실시하였는데 제1기~제3기의 교육 과정을 보면 교과목과 교육시간이 약간씩 다른 것을 볼 수가 있다.〈표 12-20〉[62][63][64]

59) 국사편찬위원회 근대사 연표(1940년 7월 19일)
朝鮮總督府發破技術員養成所規程 공포시행

60) 동아일보 1940. 5. 5
〈多多益善의 教育機關, 火藥의 發破術, 總督府서 技術者 養成所를 設立〉
경무국에서는 광업기술의 보급에는 첫째 발파(發破) 작업에 대한 기술의 일반화에 잇고 토목방면에도 이 기술자는 요망되므로 현재 홍제정(弘濟町)에다 이미 총독부 발파연구소(研究所)를 두어서 각종 화약의 성능을 조사실험하고 이 방면의 연구가 진행중인데 이번에는 드디어 본격적으로 이 기술을 보급시키자고 이번에 총독부 직속으로 발파기술원양성소(發破技術員養成所)를 세우기로 방침을 정하고 금년도 예산 1만 8천원이 통과되엇고 그 관제(官制)의 부령이 발령되는 대로 직시 생도모집을 하게 되엇다. 중등학교, 실업학교 졸업생을 6개월간 양성하야 매년 2회씩 양성하여 낸 터인데 정원은 40명 내지 50명으로 하야 여기에서 수업한 자는 발파 기술의 중요한 역할을 담당케 할 터이라 한다.

61) 경무휘보 1940. 9. 1(제413호)
發破技術員養成所設置に就て(경무국발파기술원양성소)

62) 조선총독부문서, 소화 15년 발파기술원양성소 관계서류철
〈발파기술원양성소 교양 요강에 관한 건〉 소화 15년(1940) 9월 30일

63) 조선총독부문서, 소화 16년 제2기 발파기술원양성 관계서류
〈발파기술원양성소 제2기 수업시간표〉

64) 조선총독부문서, 소화 17년 발파기술원양성소 관계서류철
〈제3기 발파기술원양성소 입소생 모집에 관한 건, 별첨 教養計劃〉

〈표 12-20〉 발파기술원양성소 학과목별 교육시간

제 1 기		제 2 기		제 3 기	
교과목	시간	교과목	시간	교과목	시간
訓育	5	訓育	1	訓育	3
科外 講話	10	-	-	科外 講話	3
火藥學	50	火藥學	54	火藥學	70
		火藥分析法	17		
發破法(理論)	40	發破學	41	發破法	60
發破法(應用)	40	發破法	35		
法令	35	法令	19	法令	20
物理	60	力學	34	物理	30
化學	40	理論化學	33	化學	50
		無機有機化學	22		
電氣學	30	電氣學	37	電氣學	20
地質岩石學	30	地質岩石學	36	地質岩石學	30
鑿岩法	40	鑿岩法	26	鑿岩法	25
-	-	數學	5	-	-
實習實驗	367	發破實習	510	實習實驗	517
合　計	**747**	**合　計**	**870**	**合　計**	**828**

제1기 교육은 1940년 10월 2일 시작되었다. 양성소 입소자격은

1) 16세 이상 31세 이하자로서 신체 건강한 남자,

2) 중학교, 실업학교 또는 동등 이상학교 졸업자로서 재학 중 화학 관련 과목을 이수한 자,

3) 육군 공과工科학교 졸업자 중 화공술火攻術 전수자 또는 육해군에서 화약류 취체능력이 있다는 증명서를 받은 자,

4) 을종 화약류취급면장 보유자,

5) 기타 양성소 소장所長이 인정하는 자 등으로 제한하였다.[65]

65) 조선총독부문서, 소화 16년 발파기술원양성소 관계서류철 〈발파기술원양성소 제2회 입소생 모집에 관한 건, 응모자격〉

입소생에게는 매월 20원의 수당을 지급하였고 교육 수료 후, 졸업증서를 받게 되면 무시험으로 갑종 화약류 취급주임면장이 발급되는 특전이 부여되었다. 하지만 입소 전형銓衡시험에서부터 졸업까지의 과정이 그렇게 쉽지만은 않았던 것으로 보인다. 제1기의 경우 총 입소 응모자 40명 중 15명만이 입소하였고 제2기 입소자는 15명 중 4명이 중도에 탈락하였으며 수료자 11명 중에서도 졸업증서를 받고 갑종 화약류취급주임면장을 받은 사람은 4명뿐이었다.66)

졸업 자격이 전 과목 평균 60점을 넘어야 했는데 제2기 수료자 11명의 성적은 최고점이 64.2점으로 겨우 4명만이 60점을 넘었고 나머지는 44.4점에서 56.2점에 불과했기 때문이다. 하지만 3기에는 최하위가 60점, 최고는 85점으로 수료자 14명 전원이 졸업을 하기도 하였다.67)68)69)

〈표 12-21〉 발파기술원양성소 입소·졸업생 현황

기수별	입소일	졸업일	응모	입소	수료	졸업	낙제
제1기	1940. 10. 1	-	40명	15명	-	-	-
제2기	1941. 7. 1	1941. 12. 31	-	15명	11명	4명	7명
제3기	1942. 5. 1	1942. 10. 31	-	16명	14명	14명	0

66) 조선총독부문서, 소화16년 제2기 발파기술원양성 관계서류
〈갑종 화약류취급면장 下付申請에 관한 건〉

67) 조선총독부문서, 소화 15년 발파기술원양성소 관계서류철
〈발파기술원양성소 입소생 모집에 관한 건〉
〈발파기술원 입소희망자 명부〉

68) 조선총독부문서, 소화 16년 제2기 발파기술원양성 관계서류철
〈발파기술원양성소 제2회 입소생 모집에 관한 건〉
〈발파기술원양성소 졸업증서 수여에 관한 건〉

69) 조선총독부문서, 소화 17년 발파기술원양성소 관계서류철
〈제3기 발파기술원양성소 입소생 모집에 관한 건〉
〈발파기술원양성소 제3기생 졸업식 거행에 관한 건〉

화약취체기술원火藥取締技術員 양성교육

발파기술원양성소 입소자 중에는 경찰관들이 상당수 포함되어 있었다. 경무국에서 경찰서의 화약업무 담당 경찰관들을 교육생으로 파견시켰기 때문인데 당시 경무국에서는 급증하는 화약 관련 업무에 비해 이를 담당할 전문 인력이 부족하자 발파기술원양성소를 이용, 경찰관들을 교육시키려 하였던 것이다. 교육기간 중 월 20원의 수당 지급, 체재비 월 25원, 왕복여비 실비 지급 등과 함께 교육 수료 후에는 도道 기수技手로 배치한다는 대우待遇에 관한 조건까지 내걸면서 경찰관 중에서 교육 희망자를 모집하였다.[70]

이에 따라 제1기 입소생 15명 중에는 4명이, 제3기 입소생 16명 중에는 6명의 경찰관이 포함되어 있었으니[71][72] 일반인들이 지원하여 입소할 수 있는 인원은 매우 제한적이었다고 볼 수 있다. 따라서 3회에 걸친 양성소 교육이 실질적으로 산업현장에 큰 도움은 되지 못했을 것으로 보이며 제3기 졸업식이 1942년 10월 30일 실시되고 난 뒤 그 후의 기록은 발견되지 않는다. 따라서 이 '발파기술원양성소'가 언제까지 운영되었는지는 확인할 수가 없다.

돌이켜 보면 이 '발파기술원양성소'는 교육 취지나 교육 과정 등을 감안할 때 매우 훌륭한 제도였다고 생각된다. 아직도 우리나라에는 산업용화약 분야의 실용적 연구를 담당하는 연구기관이나 기술 보급을 위한 교육기관이 부족한 편이다. 이제라도 일제 강점기의 '발파연구소'나 '발파기술원양성소'와 같은 연구, 교육제도를 복원한다면 발파 안전성과 경제성 향상, 기술인력 양성에 큰 도움이 될 것이라고 생각한다.

---

70) 조선총독부문서, 소화 15년 발파기술원양성소 관계서류철 〈화약류취체기술원 양성에 관한 건〉

71) 조선총독부문서, 소화 15년 발파기술원양성소 관계서류철 〈발파기술원양성소 입소생 모집에 관한 건〉

72) 조선총독부문서, 소화 17년 발파기술원양성소 관계서류철 〈제3기 발파기술원양성소 입소생 모집에 관한 건〉

발파 강습회 실시

'발파기술원양성소' 외에도 경무국이나 화약협회조선지부, 발파연구소 등에서는 수시로 발파 강습회도 개최하였다. 화약 기술자 양성과 발파기술의 보급, 지도 및 경제적 능률 증진을 목적으로 하던 **기술 강습회**와 발파 사고 방지를 위한 **안전 강습회**들이 그것이다.[73][74][75] 그 밖에 화약 단속을 담당하는 경찰들의 전문성을 높이려는 경찰관들만을 위한 화약 강습회도 있었는데[76] 이는 경찰관서에서 현재 화약 관련 업무를 담당하고 있거나 향후 담당 예정자들을 대상으로 하는 강습회였다.

3-4. 화약류 취급 주임제도

화약류 취급 주임과 화약 출납 주임제도 도입

화약류취급 주임제도는 1912년 10월 14일 총포화약류취체령 시행규칙이 제정되면서부터

---

73) 동아일보 1938. 2. 5
産金奬勵에 對備 火藥, 發破講習會
大大的 産金奬勵에 編하야 警務局 發破研究所는 1月부터 2週間 民間鑛業會社의 要望에 基해서 火藥及發破講習會를 開催, 300名에 達하는 技術員을 養成하엿다. 또 昨3日부터는 化學的 方面의 技術員의 講習會를 開催, 受講者 30名에 達하야 警務局 安藤技師以下의 指導下에 産金奬勵의 先驅者 養成에 大活躍을 繼續하고 잇는바 警務局은 更히 3月 15日부터 2週間 各道 警察部로부터 取締官 40名을 招集, 火藥及發破의 講習會를 開하기로 되엇다.이 前後3回의 講習으로 크게 展開될 産金奬勵의 前衛가 整備된터이다.

74) 동아일보 1939. 6. 26
倍增한 火藥事故 擔當者들에게 講習實施等, 警務局 防止策講究

75) 동아일보 1940. 6. 19
發破法講演會 來卄四, 五兩日開催
今春 創立된 火藥協會 朝鮮支部서는 半島에 잇어서의 發破法의 普及指導及經濟的能率增進强化를 期하고 그 第一回 事業으로 來 24, 5 兩日 京城府民에서 發破法 大講演會를 開催하기로 되엇다. 同 講演會는 第1日(24日) 午前 9時부터 午後 4時까지 第2日 午前 9時부터 正午까지 警務局 安藤技師 其他 講師의 講演, 實驗 座談會等을 開催하고 全鮮의 火藥業者及從業員 約500名이 受講할터로 成果를 期待中이다.

76) 조선총독부문서 소화 15~소화 16년 경찰관교양관계철, 경무과
〈화약강습실시에 관한 건〉

처음 시작되었다. 화약류 판매업자들과 연간 1,000관貫 이상의 화약이나 500관貫 이상의 폭약을 사용하는 자는 경무부장警務部長의 인가를 받은 자를 **'화약류취급 주임'**으로 선임토록 한 것이 그 시초인데 처음에는 특별한 자격기준을 명시하지는 않았고 다만 경무부장이 부적당하다고 인정되면 변경을 명할 수 있는 정도였다.77)

역시 특별한 자격 요건은 없었지만 **'화약 출납 주임'**을 별도로 두어 화약류의 출납出納과 관리를 담당토록 하고 그 인적 사항을 관할 경찰서장에게 제출하도록 하는 제도도 있었다.78)

갑종, 을종 화약류취급주임면장 제도 실시

이 같은 제도는 10여년이상 유지되다가 1924년 시행규칙이 개정되면서 "갑종, 을종 화약류취급주임면장"을 소지한 자로 화약주임을 임명하도록 변경되었다. **'화약류취급주임면장'** 제도가 처음으로 실시된 것이다.79)

선임 기준은 연간 2,500관貫 이상의 폭약(화약 5,000관)을 취급 시에는 '갑종甲種'을, 2,500관 미만 취급 시에는 '을종乙種'을 선임토록 하였으며, 선발 방법은 일정한 자격 요건을 갖춘 자가 '면장免狀' 발급 신청을 하면 도지사道知事가 전형銓衡을 통해 면장을 교부하도록 하였는데 각각의 면장 신청 자격 요건은 다음과 같다.

〈갑종 화약류취급주임면장 신청 자격〉

- 수업연한 2년 이상의 고등소학교 졸업 정도를 입학자격으로 하는 실업학교나 동등 이상의 학교 또는 조선총독이 지정하는 학교에서 화약류에 관한 학과를 수강하고 5개월 이상 직접 화약류의 취급에 관여한 이력이 있는 자

---

77) 朝鮮總督府 官報 第62號(大正元年 10月 14日) 朝鮮總督府令 第25號
〈銃砲火薬類取締令 施行規則 第20條〉

78) 朝鮮總督府 官報 第62號(大正元年 10月 14日) 警務總監部令 第4號
〈銃砲火薬類取締令 施行細則 第27條〉

79) 朝鮮總督府 官報 第3613號(大正13年 8月 28日) 警務總監部令 第46號
〈銃砲火薬類取締令 施行規則 第47條, 第48條, 第49條〉

- 육군 공과학교에서 화공술火工術을 전수專修받은 자 또는 육군이나 해군에서 화약류 취급을 위한 충분한 기능이 있다고 증명서를 받은 자
- 총포화약류취체법 시행규칙 제4조 규정에 의해 갑종 화약류취급면장을 받은 자

〈을종 화약류취급주임면장 신청 자격〉

- 5개월 이상 직접 화약류의 취급에 관여한 이력이 있는 자

"갑, 을종 화약류취급주임면장 제도"가 실시되고 나서 화약류취급주임면장이 다량으로 발급되었다. 소화 8년(1933)부터 소화 15년(1940)까지 8년간 면허를 취득한 화약류취급주임만도 총 1,298명에 달하고 있다. 그중 갑종甲種과 을종乙種이 각각 346명과 943명으로써 오늘날의 1급 및 2급 화약류관리보안책임자 면허라고 할 수 있다. 1940년 현재, 거주지를 기준할 때 각 도별 화약류취급주임면장 소지자 현황은 다음 **〈표 12-22〉**와[80] 같다.

〈표 12-22〉 각 도별 화약취급 주임 현황 (단위 : 명)

도별 / 종별	경기	충남	충북	강원	전남	전북	경남	경북	함남	함북	평남	평북	황해	합 계
갑 종	35	13	10	36	14	13	13	15	45	23	51	48	30	**346**
을 종	80	49	71	105	26	50	43	61	177	47	84	98	52	**943**
인원수	115	62	81	141	40	63	56	76	222	70	135	146	82	**1,289**

조선인 최초 화약류 취급 주임

당시의 기록을 보면 우리나라 사람으로서 화약취급주임면허 발급 일자가 가장 빨랐던 사람은 함경남도 풍산군에 거주하던 을종 면허 취득자인 **김규진**金奎鎭이라는 사람이었다. 김규진이 **한국인 제1호 화약주임**인 셈이다. **갑종 면허 최초 취득자**는 경남 거창군에 거주하던

80) 조선총독부문서, 소화 8~소화 15년간 화약류취급주임면장 대장

안명철安明哲이었다.[12-80]

◆ **한국인 최초 을종 화약류 취급 주임**

취득일자 : 昭和 8年(1933) 5月 9日(免狀番號 咸南保安 第49號)

성　　명 : 金 奎 鎭

생년월일 : 明治 37年(1901) 9月 5日

본　　적 : 咸鏡南道 咸州郡 連浦面 興成里 103

주　　소 : 咸鏡南道 豊山郡 安水面 水上里

주요경력 : 昭和 6年(1931) 11月 1日부터 豊山郡 安水面 水上里 渕坪金鑛에서 火藥類 取扱業務에 從事

◆ **한국인 최초 갑종 화약류 취급 주임**

취득일자 : 昭和 9年(1934) 3月 3日(免狀番號 慶南保安 第9號)

성　　명 : 安 明 哲

생년월일 : 明治 37年(1901) 7月 17日

본　　적 : 京城府 玉仁洞 66

주　　소 : 慶尙南道 居昌郡 南下面 大也里

주요경력 : 1) 昭和 6年(1931) 3月 京城高等工業學校鑛山學科卒業

2) 昭和 6年(1931) 4月 日東鑛業株式會社 就業

3) 慶尙南道 居昌郡 南下面 大也里 居昌鑛山株式會社 火藥類 出納主任으로 勤務

04_
일본인들의 화약산업 독점

일제 강점기에는 화약산업뿐만 아니라 대부분의 중요 산업 분야들을 일본인들이 차지하고 있었지만 특히 화약산업에서는 일본인의 독점이 절대적이었다고 할 수 있다. 우선 4개의 제조공장은 당연히 일본인들의 회사였다. 물론 당시에 우리나라 사람들은 현대식 화약을 제조할 능력이 없었기 때문에 이는 어쩔 수 없는 일이었다고 본다. 하지만 제조뿐만이 아니라 화약의 수입, 판매 등 유통 분야마저도 완전히 일본인들이 독차지하고 있었다.

조선총독부가 1911년부터 1940년까지 30년간 허가했던 화약상이 126개소나 되었음에도 불구하고 한국인이 허가를 받았던 곳은 단 2개소뿐이었다.[81)82)]

1) 허가 번호 제7072호
허가 일자 소화 10년(1935) 9월 23일
용　　도 火藥商
사용인가일 폭약고 : 소화 11년(1936) 2월 7일,
기　타 : 소화 11년 5월 5일
허 가 자 성　명 : **方義錫**, 생년월일 : 명치 28년(1894) 10월 19일
본적 및 현주소 : 함경남도 北靑郡 北靑邑 西里 202

81) 조선총독부문서, 대정 원년~소화 15년간 火藥庫臺帳, 경철청 경무국 허가번호 제7072호

82) 조선총독부문서, 대정 원년~소화 15년간 火藥庫臺帳, 경철청 경무국 허가번호 제6844호

화약고주소　　함경남도 北青郡 北青邑 北里 269

저장소규모　　철근콘크리크建 3棟(폭약고, 유연화약고, 화공품고)

저장 능력　　爆藥 : 990貫, 有煙火藥 : 300貫,

工業雷管 : 100,000發, 銃用雷管 : 200,000發

看守 방법　　화약고의 西北方 20間 地點에 看守所를 설치,

看守人이 滞住

특수 사항　　導火線庫 : 木造 鐵板張 鐵板葺, 저장수량 36,000米

2) 허가 번호　　제6844호

허가 일자　　소화15년(1940) 9월 2일

용 도　　火藥商

허 가 자　　성명 : 西鮮火藥合資會社 **元仁洙**

주소 : 黃海道 谷山郡 谷山面 陵洞里 21

화약고주소　　黃海道 谷山郡 谷山面 長里 43

저장소규모　　煉瓦造 2棟

저장 능력　　爆藥 : 1,680貫, 工業雷管 : 90,000發,

緩煙導火線 : 12,000m

율도栗島의 영국계 화약 수입 판매상인 노벨작약灼藥회사와[83] 옹암甕巖의 독일계 세창양행 화약고를[84] 포함해도 비일본인이 운영하던 화약고는 4개소에 불과했다. 율도와 옹암의 화약고는 당초 대한제국 정부로부터 허가를 받았던 화약고로서[11-27, 28] 일제 강점기에 들어 조선총독부로부터 재허가를 받아 영업을 하고 있었는데 행정구역 변경으로 주소지가 인천이 아닌 경기도 부천군 서곶면西串面 율도와 경기도 부천군 문학면 옥련리로

83) 조선총독부문서, 대정 원년~소화 15년간 火藥庫臺帳, 경철청 경무국 허가번호 제2380호

84) 조선총독부문서, 대정 원년~소화 15년간 火藥庫臺帳, 경철청 경무국 허가번호 제4178호

각각 변경되어 있음을 볼 수 있다.

1) 허가 번호　제2380호
허가 일자　대정 元年(1912) 12월 16일
용　　도　火藥類 販賣業
사용인가일　대정 元年(1912) 12월 16일
허 가 자　성　　명 : ウイリアム マッコンネル
생년월일 : 西曆 1876년(명치 9) 7월 5일
본　　적 : 英格蘭 エデンバ
현 주 소 : 京城府 山手町 三丁目 7番地
화약고주소　경기 부천군 서곶면 율도
저장소규모　철근콘크리크建 2棟
저장 능력　爆藥 : 5,000貫, 工業雷管 : 900,000發,
看守 방법　保稅倉庫 稅關官吏 駐在 看守
看守所 : 土堤 入口로부터 약 6間 地點 稅關官吏의 住宅 一部에 常住

2) 허가 번호　제4178호
허가 일자　대정 3년(1914) 6월 22일
용　　도　火藥類 販賣業
허 가 자　성　　명 : パウル シ—ル バウム
생년월일 : 西曆 1874년(명치 7) 生
본　　적 : 獨逸國 함부르크市
현 주 소 : 仁川府 松峴町 3丁目
화약고주소　경기도 부천군 文鶴面 玉蓮里
저장소규모　煉瓦造 6동, 石造 1동(폭약고 4, 유연화약고 2, 화공품고 1)
저장 능력　爆藥 : 각 5,000貫(後에 3,850관으로 변경)

有煙火藥 : 각 3,000貫

工業雷管 : 30,000개(後에 600,000개로 변경)

看守 방법 看守所 : 저장소 입구에 看守人 常住 家屋 설치

당시 함경남도 북청군의 조선인 화약고는(12-81) 1899년 세창양행의 인천 옹암甕巖 화약고 이후 36년 만에 설립된 조선인 최초의 영업용 화약고였다. 따라서 **방의석**方義錫은 **한국인 최초의 화약판매상**인 셈이다. 하지만 최대 저장량이 겨우 폭약 990관(165상자), 공업 뇌관 100,000발(10상자)로서 당시 화약상 화약고로는 그 규모가 매우 작았던 소규모 영세상에 불과했을 뿐이다.

이처럼 화약의 수입과 판매업을 독차지한 일본인들은 화약 공급이 부족한 틈을 타 막대한 수익을 올리고 있었다. 그중 1941년 조선화약공판주식회사를 설립할 때 대주주로 참여했던 조선화약총포주식회사가(12-2-3절) 가장 대표적인 회사라고 할 수 있다. 1936년 조선화약총포(주)는 50%라는 고율의 주주배당을 실시할 정도였고[85] 1939년도에도 동종업계(상업) 회사 중에서 60%가 넘는 최고의 수익률을 기록하면서 역시 30%라는 업계 최고의 배당을 실시하는 기록을 남기기도 하였다.[86]

이러한 실적을 바탕으로 4개의 화약제조회사와 함께 화약판매상으로서는 유일하게

85) 동아일보 1936. 6. 23

〈五割配當! 銃砲火藥 會社가〉

高率配當制說까지 나오는 統制經濟時代의 今日朝鮮에는 珍奇한 五割配當이라는 高率株主配當을 할 勇敢한 會社가 잇다. 朝鮮銃砲會社(資本金 百萬圓)에서는 本期末이 創立15周年에 相當하는데 最近 鑛山景氣와 土木工事界의 活況에 依하야 〈中略〉 다음과 같은 決算을 보엿다.

合 計	法定積立金	別途積立金	役員賞與金	配當金	後期移越金
94,525	2,400	10,000	6,000	175,000	13,625

86) 동아일보 1939. 9. 16

全朝鮮 會社利益率 平均二割 一分의 成績, 首位는 고무工業의 五割 〈本文 省略〉

利益 配當率 最高社, 利益率 福德無盡의 十八割三分, 配當率 朝鮮火藥銃砲의 三割

업종별 이익률 최고 회사 〈中略〉

商　　業 朝鮮火藥銃砲株式會社 6割4分1厘6毛,

化學工業 朝鮮窒素火藥株式會社 3割4分4厘9毛

업종별 배당률 최고 회사

商　　業 朝鮮火藥銃砲株式會社 3割

조선화약공판주식회사 설립에 대주주로 참여했던 것이다. 물론 판매업자뿐 아니라 제조업체도 큰 수익을 내고 있었는데 조선질소화약주식회사도 조선 내의 화학공업업체 중 34.49%라는 최고의 수익률을 기록하였다.[12-86)]

조선화약총포주식회사 외에 조선화약공판주식회사 설립에 참여했던 또 다른 유력한 화약 판매상 중의 하나로는 소화화약주식회사昭和火藥株式會社라는 회사도 있었다. 이들 두 회사가 조선에서 판매한 폭약·화약은 1937년도 조선 전체 소비량의 35%를 상회할 정도였다.[〈표 12-23〉87)] 1937년을 정점으로 조선 내에서의 판매 점유율이 점차 감소하였는데 이는 조선에서도 화약공장이 가동되면서 제조회사들이 직판을 하였기 때문이다.

〈표 12-23〉 조선화약총포 및 소화화약 연도별 폭약·화약 판매 수량 (단위 : 톤)

연 도 별	조선화약총포	소화화약	합 계	폭약소비량	점유율(%)
소화 11년(1936)	1,416.0	83.8	1,499.8	4,001.0	37.5
소화 12년(1937)	1,611.2	202.3	1,813.5	5,069.0	35.8
소화 13년(1938)	2,309.3	310.1	2,619.4	7,868.0	20.6

〈주〉 소화 13년(1938) 판매 수량은 상반기 실적과 하반기 예상수량의 합계치임.

그뿐만이 아니다. 일본인들은 화약류 제조와 유통업을 완전히 장악했을 뿐 아니라 발파 현장에서도 한국인들은 도외시되었고 발파 기술자들, 즉 화약류 취급 주임마저도 대부분이 일본인들 차지였다. 1940년도 화약류취급주임면장 보유자 현황이 이러한 사실이 잘 나타내 주고 있다.[〈표 12-24〉88)] 총 1,289명의 화약류취급주임면장 보유자 가운데 한국인은 365명뿐이었고 일본인들이 70%를 넘게 차지하고 있는 것이다. 특히 한국인으로서 갑종 화약류취급면장 취득자는 전체 346명 중 겨우 19명에 불과하였다.

87) 조선총독부문서, 소화 14～16년 以前 화약관계서류철, 물자조정 제2과
〈火藥爆藥類 販賣數量 調査ノ件 : 昭和火藥株式會社〉
〈火藥類 販賣實績 及 見數量 調査ノ件 : 朝鮮火藥銃砲株式會社〉

88) 조선총독부문서, 소화 8～소화 15년간 화약류취급주임면장 대장

〈표 12-24〉 종별, 국적별 화약류 취급 주임 현황 (단위 : 명)

국적별 \ 도별		경기	충남	충북	강원	전남	전북	경남	경북	함남	함북	평남	평북	황해	합계
日人	甲	34	13	10	33	14	13	12	14	41	23	48	43	29	327
	乙	44	31	47	72	24	33	32	41	78	41	66	49	39	597
	계	78	44	57	105	38	46	44	55	119	64	114	92	68	**924**
韓人	甲	1	-	-	3	-	-	1	1	3	-	3	5	1	19
	乙	36	18	24	33	2	17	11	20	99	6	18	49	13	346
	계	37	18	24	36	2	17	12	21	103	6	21	54	14	**365**
合計	甲	35	13	10	36	14	13	13	15	45	23	51	48	30	346
	乙	80	49	71	105	26	50	43	61	177	47	84	98	52	943
	계	115	62	81	141	40	63	56	76	222	70	135	146	82	**1,289**

〈주〉 한국인과 일본인을 구분하는 과정에서는 창씨개명으로 인해 국적이 불명확한 사람들이 일부 있었다. 따라서 각 도별 분류에서는 거주지를 기준하였으나 국적(國籍) 구분은 본적지를 기준으로 분류하였다.

05_
화약 관련 법규

총포화약류취체령 공포

순종 즉위년(광무 1년, 1907) 9월 3일 대한제국 법률 제5호로 공포되었던 총포 및 화약류단속법銃砲及火藥類團束法은 1912년 8월 21일 조선총독부 제령制令[89] 제3호로 공포된 "**총포화약류취체령**銃砲火藥類取締令"이 시행되면서 폐지되었다. 화약을 단속하기 위한 일제 강점기 첫 법령이 시행된 것이다. 전문 22조와 부칙으로 구성되어 있었다.[90]

〔**총포화약류취체령**〕(제정 1912. 8. 21 조선총독부제령 3호)

제1조 ① 군용총포를 제조 또는 개조하지 못한다.

② 비군용총포의 제조 또는 개조는 총포제조업자 또는 행정관청의 허가를 받은 자가 아니면 하지 못한다.

제2조 ③ 화약류를 제조하지 못한다.

② 화약류의 변형 또는 수선은 행정관청의 허가를 받은 자가 아니면 하지 못한다.

제3조~제5조 총포·화약류의 수출입, 양도, 양수에 관한 사항

제6조 ① 비군용총포의 제조, 판매 또는 화약류의 판매업을 경영하고자 하는 자는 행정관청의 허가를 받아야 한다. 〈이하 생략〉

제7조 총포·화약류는 행상하거거나 시장 또는 노점 기타 옥외에서 판매하지 못한다.

89) 제령(制令) : 조선 총독이 법률에 대신하여 발포하던 명령

90) 朝鮮總督府 官報 第19號(大正 元年 8月 21日)

제8조~제11조　총포-화약류의 단속에 관한 사항

제12조　다음 각 호의 사항에 관하여 필요한 규정은 조선총독이 정한다.

1. 이 영의 적용을 받는 총포-화약류의 범위
2. 총포·화약류의 거래·수수·사용·운반·저장 및 기타의 취급
3. 총포·화약류의 취급자에 관한 사항
4. 총포·화약류의 작업장 및 저장소에 관한 사항
5. 화약류를 필요로 하는 공사 또는 공업에 관한 사항

제13조　① 이 영 또는 이 영에 의한 명령의 전부 또는 일부는 조선총독이 정하는 바에 따라 총포·화약류가 아닌 다른 병기 또는 폭발성 물품에 관하여 준용할 수 있다.

② 이 영의 일부를 적용할 필요가 없다고 인정되는 총포·화약류에 관하여 조선총독은 특별규정을 만들 수 있다.

제14조~제22조　〈省略〉 허가 취소, 정지, 제한 및 처벌에 관한 사항

부　칙　① 이 영의 시행기일은 조선총독이 정한다. 〈이하 생략〉

총포에 대한 제조허가사항은 포함되어 있으나 화약류에 대해서는 단순히 변형, 수리를 위한 허가사항만 규정하였을 뿐, 제2조에서 "**화약류는 제조할 수 없다**"라고 하여 원천적으로 제조 행위 자체를 금하고 있다.

두 달 뒤인 1912년 10월 14일에는 조선총독부령 제25호로 전문 59조로 구성된 **총포화약류취체령시행규칙**銃砲火藥類取締令施行規則을, 그리고 같은 날짜에 경무총감부령 제4호로 전문 55조와 부칙으로 된 **총포화약류취체령시행세칙**銃砲火藥類取締令施行細則을 동시에 공포하였다.[91)]

군용軍用과 비군용非軍用 총포 및 화약 모두를 그 취체取締 대상으로 하였고, 제조, 변형, 수리, 판매, 저장, 양도·양수, 소지, 운반, 취급, 소비, 폐기, 수출입 등을 고루 규정하고 있다. 제1조와 제2조에서는 다음과 같이 취체 대상 총포화약류를 규정하고 있었

91) 朝鮮總督府 官報 第62號(大正 元年 10月 14日)

朝鮮總督府官報

第十九號

大正元年八月二十一日

朝鮮總督府官房總務局印刷所

○制令

조선총독부 관보 제19호(1912. 8. 12)

는데 당시 사용되던 화약류의 종류를 알 수 있는 자료라 할 수 있다.

1. **총　포** : 군용 및 비군용 총포
2. **화　약** : 초산염硝酸鹽류를 주로 한 유연화약, 순초화섬유소純硝化纖維素를 주로 한 무연화약
3. **폭　약** : 뇌산염雷酸鹽(雷汞類)과 기타 기폭약, 니트로글리세린 및 그를 주로 한 폭발약(다이너마이트류), 초산硝酸 암모니아 및 염산염鹽酸鹽을 주로 한 폭발약 또는 폭발의 용도에 사용되는 면화약棉火藥, 방향계열芳香系列의 초화물硝化物 및 그를 주로 한 혼화물류(니트로벤젠, 니트로나프탈린, 니트로톨루올, 피크린산 및 피크린산을 주로 한 혼화물)
4. **화공품** : 실포, 공포, 약통藥筒, 약포藥包, 탄약통彈藥筒, 폭약이나 화약을 장진한 탄환彈丸이나 수뢰水雷, 뇌관雷管, 신관信管, 폭관爆管, 문관門管, 완연도화선, 속연도

화선 및 연화煙火, 기타 화약·폭약을 사용한 화공품. 단, 완구연화玩具煙火는 제외.

이 법이 공포된 지 벌써 90년 가까운 세월이 흘렀다. 하지만 당시의 화약 종류나 각종 법 조항들을 보면 현재 우리가 사용하고 있는 현행 "총포·도검·화약류 등 단속법"과 일치하는 것들이 상당부분에 이른다. 용어들은 거의 일치한다고 해도 과언이 아니다. 특히 1924년 8월 28일 전면 개정된 시행규칙施行規則을[92] 보면 곳곳에서 1960년대에 제정된 우리나라의 "총단법"과도 혼동을 일으킬 정도이다.

시행규칙 개정

일제는 1924년 8월 28일 총포화약취체령銃砲火藥取締令 시행규칙施行規則을 전문 제104조와 부칙 6개 조문으로 전면 개정, 공포하여 10월 1일부터 시행하였다.[12-92]

개정된 시행규칙에 포함되었던 주요 내용들을 간략히 요약해 보면 다음과 같다.

제1장 총포(제1~22조)

군용 및 비군용非軍用 총포에 관한 규정

제2장 화약류

제1절 총칙(제23~25조)

화약의 정의

제2절 변형수리(제26~29조)

변형·수리 허가 및 화약류 작업소 시설 기준에 관한 규정

제3절 수이출입 및 판매(제30~40조)

화약류 수이출입輸移出入 및 판매업 허가에 관한 규정

제4절 양도 및 양수(제41~46조)

92) 朝鮮總督府 官報 第3613號(大正 13年 8月 28日) 朝鮮總督府令 第46號

화약류 양도·양수 허가에 관한 규정

제5절 취급, 운반, 소비 및 사용(제47~63조)

갑종, 을종 화약류취급면장 소지자 선임에 관한 규정

운반신고, 소지 허가, 사용허가, 폐기에 관한 규정

화약 운반방법에 관한 규정(화약의 차량수송 최초 적용)

제6절 저장(제64조~78조)

저장소 설치 허가에 관한 규정

화약류저장소의 종류(화약고, 화약창고, 화약류가저장소)

최대 저장량, 보안거리에 관한 규정

화약류 저장소 시설기준에 관한 규정

저장방법에 관한 규정(혼적 금지, 적재 방법 등)

제7절 시험(제79~94조)

안정도 시험에 관한 규정

제3장 잡칙(제95~101조)

제4장 벌칙(제102~104조)

부 칙 (제105~110조)　　　부 록 양식(제1호~제21호)

시행규칙을 개정하게 된 주된 목적은 시행규칙과 시행세칙施行細則으로 양립되어 있는 것을 시행규칙으로 대부분 통합함으로써 그 법체계를 단순화하여 취체자取締者나 피취체자被取締者 모두에게 불편함을 없애자는 것이었다.[93] 당시 개정 내용 중에 특기할 만한 것은 이때 처음으로 운송의 편익을 감안하여 **차량을 이용한 화약 운송**을 허용하였다는 것인데 당시 화물운반용 차량이 상당수 보급되었음을 짐작해 볼 수가 있다.

총포화약류취체령 외에도 일제 강점기에 제정된 법령 중에는 화약과 관련이 있던 것들이 다수 있는데 당시에 시행되던 주요 법령들은 다음과 같다.

93) 동아일보 1924. 7. 9
銃·火藥取締令 改正案審議決定, 9月 1日 實施 內定

1. 총포화약류취체에 관한 명령취급수속銃砲火藥類取締ニ關スル命令取扱手續

2. 화약류선박수송 및 저장규칙火藥類船舶輸送及貯藏規則

3. 조선광업령朝鮮鑛業令

4. 경비선취급규정警備船取扱規程

5. 군수회사법軍需會社法

6. 연화취체규칙煙火取締規則

7. 폭약제조취체규칙爆藥製造取締規則

8. 보통화약류제조취체규칙普通火藥類製造取締規則

보통화약류제조취체규칙 및 산업용화약 제조 허용

일제가 원천적으로 금지되어 있던 화약 제조를 허용한 것은 1932년 7월 16일 "**폭약제조취체규칙**爆藥製造取締規則"을 제정하고 나서였다.[94] 조선 내에서도 화약류의 제조를 허용한 것이다. 하지만 이때 제정된 폭약제조취체규칙爆藥製造取締規則은 산업용화약이 아닌 군용화약류의 제조만을 허용한 것이었는데, 즉 "**無煙火藥을 原料로 한** 爆藥" 제조를 조선총독이 허가할 수 있도록 한 것으로 전문 10개조로 된 간략한 법이었다. 1931년 9월 만주전쟁滿洲戰爭을 시작한 이래 군수물자 조달에 혈안이 되어 있던 일제가 조선 내에서 군용화약류까지 조달하고자 했던 것이다.

이처럼 군용화약의 제조를 허용하고 나서 2년이 지난 1933년 9월 10일 조선총독부는 폭약제조취체규칙을 개정하여 제조품목에 **다이너마이트와 초안폭약을 추가**하였다.[95] 드디어 조선 안에서도 산업용화약류의 제조가 가능하게 된 것이다. 이 법이 시행되자 1934년 조선질소비료주식회사는 산업용화약 생산을 추진하기 시작, 1935년 4월 24일 조선질소화약주식회사를 설립하고 흥남에 화약공장을 건설하였다.[12-17~19]

하지만 아직도 조선에서 제조가 허용되던 산업용화약은 다이너마이트와 초안폭약硝安爆藥 단 두 가지뿐이었다. 모든 품목의 산업용화약류의 제조가 가능하게 된 것은 다시

94) 朝鮮總督府 官報 第1657號(昭和 7年 7月 16日) 朝鮮總督府令 第65號

95) 朝鮮總督府 官報 第2302號(昭和 9年 9月 10日) 朝鮮總督府令 第90號

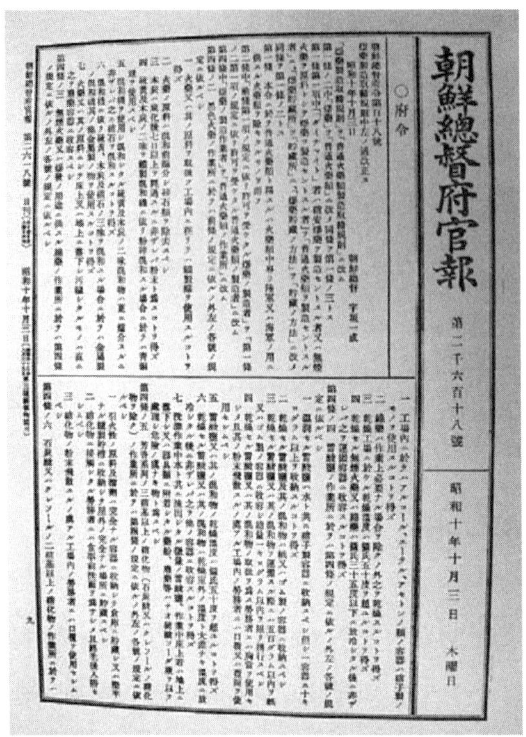

朝鮮總督府官報　第二千六百十八號　昭和十年十月三日　木曜日

○府令

조선총독부 관보 제2618호(1936. 10. 3)

그로부터 2년 뒤인 1935년 10월 3일 "폭약제조취체규칙"을 "**보통화약류제조취체규칙**普通火藥類製造取締規則"으로96) 개칭하고, 모든 보통화약류를 취체 대상에 포함시킨 후였다. 여기서 '보통화약류'란 "화약류 중에서 군용화약을 제외한 화약"으로서, 바로 산업용화약을 일컫는 말이다.

조선에서 산업용화약을 처음 생산하기 시작했던 조선질소화약주식회사가 1937년 다이너마이트와 초안폭약을 먼저 생산하고 나서 2년이나 지난 1939년이 되어서야 뇌관과 도화선 등 화공품을 만들었던 것도,[12-20] "폭약제조취체규칙"과 "보통화약류제조취체규칙"으로 두 번에 걸친 법 개정을 통해 단계적으로 제조품목이 허용되었기 때문이었다.

96) 朝鮮總督府 官報 第2618號(昭和 10年 10月3日) 朝鮮總督府令 第118號

일제 강점기 '자기황自起礦'이라는 폭약을 이용하는 밀렵이 성행하였다. 자기황을 짐승들이 좋아하는 엿이나 떡으로 싸서 밤톨만 한 크기로 만든 다음 야간에 짐승이 다닐 만한 곳에 놓아두는 방법이다. 짐승들이 먹이인 줄 알고 이것을 깨물면 큰 폭음과 함께 턱과 입이 부서지며 즉사하는 잔인한 방법이다.

하지만 밤새 짐승이 먹지 않은 것은 이튿날 새벽같이 회수하여야 하는데 여러 장소에 놓아두다 보면 일일이 기억을 못할 수도 있다. 결국 이곳을 지나다니던 사람들, 특히 어린아이들이 떡이나 엿으로 오인하고 주워 먹다가 참변을 당한다거나 취급부주의로 인한 사고가 빈발하곤 했다.[97][98]

당시 여우 목도리가 유행하면서 주로 여우를 잡기 위해 자기황을 사용하였는데 이 같은 사고가 빈발하자 총독부 경무국에서는 엄중한 단속을 하였다. 당시의 신문기사들을 보면 자기황으로 인한 사고가 상당히 많았음을 알 수가 있다.[99][100] 1922년에서 1937년 사이 동아일보, 조선중앙일보, 중외일보에서만도 자기황 폭발사고 기사가 62건이나 발견된다.

여우 잡이에 사용하던 자기황이 어떤 화약인지는 정확하지 않다. 다만 구한말 성냥을 보고 자기황이라고 했던 사실과[11-10] 일반인들도 손쉽게 만들어 사용했던 것을[101][102] 보면 아마도 황黃・송진(松脂) 등 가연제可燃劑와 염소산칼륨 등의 산화제를 혼합하여 만들던 성냥(성냥골)의 원료였을 것으로 짐작된다.

97) 동아일보 1924. 2. 2
自起黃을 떡으로 알고 두 아해가 다투어 먹다가 한 아해는 턱이 떠러젓다.

98) 동아일보 1930. 2. 22
自起黃爆發慘死, 짐승잡으려다 저 죽어(高敞)

99) 동아일보 1935. 3. 9
여호 잡는 自起黃 엿에 被害 每日 2, 3件, 여호목도리 全盛時代의 事故

100) 동아일보 1936. 2. 25
爆發藥 自起黃 嚴締를 指令, 各地에 慘變 續出로

101) 동아일보 1931. 3. 31
自起黃 密造中 暴發, 危篤의 重傷(星州)

102) 동아일보 1937. 10. 31
자기황 만들다 夫婦가 重傷, 東萊郡에 생긴 慘事

제 13 장

대한민국 정부 수립과 화약 국산화

01_

8 · 15 해방과 화약 생산 시도

고려 말 최무선崔茂宣에 의해 화약이 국산화되고 나서 550년 이상 지속되던 우리나라 화약산업은 일제 강점기 일본인들이 제조와 판매를 독차지하게 되면서 그 역사가 완전히 단절되고야 말았다. 그러곤 해방과 함께 일본인들이 철수를 하고 나자 일본인들이 독점하고 있던 화약산업, 특히 제조 분야의 경우는 완전한 불모지나 다름없는 상태가 되고 말았다. 더구나 남북 분단과 미군정 실시, 연이은 6 · 25 전쟁 등의 혼란 속에서 화약산업은 점점 더 황폐화되고 있었다. 이런 와중에서도 일부 뜻이 있는 사람들에 의해 화약을 만들려는 시도가 있었는데 필자는 이를 최무선에 이은 '**제2의 화약 국산화**'라 부르기로 하였다.

1945년 8월 15일 일제로부터 해방이 되고 난 후 황무지가 되다시피 했던 우리나라의 화약산업은 남과 북이 38선으로 갈리면서 남한 쪽이 더욱 큰 타격을 받게 되었다. 일본인들이 세웠던 화약 제조회사 4곳 중 3곳은 북한 지역에 있었고 남한에는 일본유지주식회사가 출자하여 건설했던 조선유지주식회사 인천 화약공장 단 한 곳밖에 없었기 때문이다. 더욱이 이 인천 화약공장은 일제 말기 가장 늦게 건설이 시작되었던 공장으로서 해방 전 부분적으로 가동을 하긴 했으나 완전한 건설이 끝난 상태도 아니었고, 일본인들이 철수를 하고 난 후 국내에는 이 공장을 가동시킬 기술자도 없던 상태였다. 또한 국가에 귀속된 인천 화약공장은 미 군정청의 관리를 받으면서 주인도 없는 상태였으니 이를 복구하여 정상 가동시킨다는 것은 더욱 요원한 일일 수밖에 없었다. 게다가 해방 후 일대 혼란을 겪고 있던 당시에 화약공장을 복구한다는 것 자체가 그리 쉬운 일은 아니었다.

그런 중에도 일제 강점기부터 화약과 관련된 일을 하던 몇몇 화약에 대한 지식이 있는 사람들이 화약 생산에 관심을 가지고는 있었다. 1945년 11월 30일 해방이 된 지

3개월여가 지났을 때 인천 화약공장의 복구와 화약생산을 검토하기 위해 조선산업건설협회 부위원장 최두선崔斗先과 동 협회위원 최진관崔鎭觀 등이 시설 견학차 공장을 방문하였다. 하지만 이들 일행은 공장을 둘러보던 중 대규모의 폭발 사고를 당하여 사망하고 말았다. 최두선과 최진관을 비롯하여 공장자치위원회를 구성, 공장을 지키고 있던 조선인 종업원 12명이 현장에서 사망하고 6명이 부상을 당하는 큰 사고였다. 사고 원인을 조사한 결과, 철수하던 일본인들이 미리 장치해 놓은 폭약이 터진 것으로 판명되었다고 당시 언론에서는 보도를 하고 있다.[1)]

물론 이것이 사실이라면 일인들은 마지막 퇴각 순간까지도 극악무도極惡無道한 짓을 저지르며 최후의 발악을 했다고 볼 수도 있다. 하지만 후에 이 공장을 인수한 한국화약주식회사 관계자를 통해 필자가 확인한 바로는 이들 일행이 화성化成공실이라 부르던 뇌홍雷汞제조공실에 들어갈 때 '쇠징'이 박힌 구두를 신고 들어갔다가 공실 바닥에 흩어져 있던 건조된 기폭약起爆藥, 즉 뇌홍과 구두의 마찰로 인해 폭발했던 것이라고 전해 들었다. 화약에 대한 무지無知에서 비롯된 것으로서 예방이 가능했던 안전사고라 볼 수 있다. 장기간 방치해 두었던 뇌홍공실에 들어가면서 적어도 바닥에 물을 뿌린다든가 고무신을 착용하는 등 마찰을 예방할 수 있는 최소한의 안전수칙도 지키지 않았던 것이다.

그 후 1946년 1월 15일에는 일제 강점기 동안 일본인들에 의해 주도되던 화약을 우리 손으로 생산해 보겠다는 준비작업으로 김봉수金鳳洙와[2)] 김재한金在漢 외 네 사람이 발기하여 1월 19일 조선화약협회朝鮮火藥協會를 창설하기도 했다.[3)4)] 하지만 조선화약협

---

1) 동아일보 1945. 12. 9
朝鮮油脂仁川火藥工場, 일인의 장치로 폭발
11월 30일 朝鮮油脂 仁川火藥工場이 폭발하였다. 이로 말미암아 공장은 대부분 불타 버렸을 뿐 아니라 동 공장 시험실에 들어갔던 조선산업건설협회 부위원장 崔斗先과 동협회 위원 崔鎭觀이 무참히도 건국 산업전선에서 순직하였다. 이 사건으로 말미암아 종업원 중 직사 12명 부상 6명을 냈다. 원인은 퇴거한 일본인들이 미리 장치하여 두었던 폭발약이 폭발된 것으로 판정되었다.

2) 김봉수(金鳳洙) : 와세다대학을 졸업하고 조선화약총포(주)에 근무 중, 조선화약공판(주)에 입사하여 총무부 계장으로 근무하다가 해방 후 정계에 투신한 지식인이었다. 조선화약공판(주)의 관리인을 역임하였고 6 · 26 때 납북, 행방불명되었다.

3) 서울신문 1946. 1. 15
전시뿐 아니라 평상시도 각 방면으로 그 수요가 많은 화약은 조선사람 손으로 생산된 일이 없다고 해도 과언이 아니었다. 그런데 이번에 金在漢과 金鳳洙 외 네 사람의 발기로 朝鮮火藥 協會를 창설하여 화약의 생산 소비 등 일체를 우리 손으로 취급할 수 있도록 준비 중이던바 오는 19일 정식으로 회의 발족을 보게 되었다 한다.

회朝鮮火藥協會의 활동상황이나 업무 추진실적 등에 대해서는 확인하지 못하였다.

무궁화 2호 생산

해방이 되고 나서 어수선한 분위기 가운데 인천 화약공장에서 화약을 만들었던 사실이 있다. 일본인들이 철수하고 나서 조선유지(주) 인천공장의 관리인으로 회사 운영을 맡고 있던 문두호文斗昊 일행이 1947년 5월 화약을 만들었다는 것이다.[5)]

그때까지 공장에 남아 있던 기술자들이 부분적이나마 공장을 가동해 보려는 시도였을 것이다. 5월 시험생산을 끝낸 후 10월부터 양산을 시작하여 월 20톤씩을 생산하였다 한다.[6)]

당시 만들었던 화약은 '무궁화 2호'라는 이름으로 판매되었다. 무궁화 2호가 어떤 화약이었는지는 확인되지 않고 있지만 몇 가지 정황을 놓고 추정해 보면 다음과 같다.

우선 무궁화 2호가 다이너마이트의 일종이었을 가능성이다. 일제 강점기 조선유지 인천공장에서 만들었던 폭약은 다이너마이트 한 가지뿐이었다. 또한 당시에 일본인들은 다이너마이트에 '사쿠라(櫻, 벚꽃) 다이너마이트'를 비롯하여 '마쓰(松)', '시로우메(白梅)', '기리(桐)' 등 꽃이나 나무 이름을 붙여 쓰고 있었다. 따라서 다이너마이트를 만들고 그 이름에 우리나라 국화國花인 무궁화를 붙여 '무궁화 2호'라고 했을 가능성을 생각해 보았다.

---

4) 국사편찬위원회 시대별연표
1946년 1월 19일 朝鮮火藥協會 창설

5) 동아일보 1947. 5. 23
〈外國製보다 優秀한 火藥發明에 凱歌〉
조선의 화약공업은 해방 후 군정청 방침과 아울러 기술, 원료 등 부족으로 정체상태에 빠졌든바, 우리 과학자들의 꾸준한 양심적인 기업가의 후원으로 마침내 조선에서 생산하는 원재료를 가지고 조선 사람의 손으로 일본제에 못지않은 화약 제조에 성공하였다 한다. 즉, 조선유지(朝鮮油脂)회사 사장 문두호(文斗昊) 씨는 거액의 사재를 들여 동 회사의 기사 하준일(河準一) 씨와 화약 제조에 노력 중이든바, 우수한 화약 제조에 성공하여 그 성능을 경무부 화약연구소에서 시험한 결과 동제품은 일본제품 이상의 우수한 화약인 것이 증명되어 조선 화약공업계에 개가를 올렸다.

6) 조선경제연보, 조선은행조사부, 1948
〈火藥工業〉 金及一般鑛山의 開發과 土木事業의 振興에 順應하여 火藥 需要가 增大될 것이나 現在 南朝鮮에는 仁川 火藥工場이 있을 뿐이다. 該工場은 1947年 10月 後에 操業하여 무궁화 제2호를 月産 20톤 生産하고 있으나 그 價格은 外國品에 비하여 約 10倍나 된다. 그의 生産能力은 月産 50톤이다.

하지만 다이너마이트는 니트로글리세린을 사용하여 만드는 폭약으로서 당시에 인천 화약공장에서 니트로글리세린을 생산했다고 보기에는 문제가 많다. 일본인 기술자들이 철수하고 나서 우리나라에는 특히 남한에는 니트로글리세린을 생산할 수 있는 기술자가 없었기 때문이다. 따라서 다이너마이트는 아니었을 것이다.

'무궁화 2호'가 다이너마이트가 아니라면 두 번째로는 '초안폭약'이었을 가능성이다. '초안폭약'은 일제 강점기 함흥에 있던 조선질소화약주식회사가 생산하던 폭약으로서 니트로글리세린을 사용하지 않고 생산하던 폭약이며, 제조공정이 비교적 손쉬웠던, 즉 분상粉狀(가루 상태)의 원료들을 혼화混和(Mixing)하여 포장만 하면 되는 폭약이다. 1955년 한국화약주식회사가 인천 화약공장을 인수하고 나서 다이너마이트에 앞서 1단계로 생산을 시작한 것도 '초안폭약'이었는데(13-4-1~4절) 역시 생산이 간단했기 때문이었다. 따라서 '무궁화 2호' 폭약은 '초안폭약'의 일종이었다고 보는 것이 신빙성이 높다.

하지만 당시 생산했던 무궁화 2호는 외국산 수입품보다 가격이 10배나 고가였을 뿐만 아니라[13-6] 원재료의 수급 문제 등도 있었을 것을 감안해 볼 때 일시적 생산에 그쳤을 것으로 판단된다.

이처럼 해방 후 몇몇 사람의 화약생산 시도가 있었지만 완전한 성공에는 이르지 못하고 있던 중에 인천의 화약공장은 국방부로 소속이 바뀌어 조병창으로 사용되다가 6 · 25 발발과 함께 완전히 황폐해지고야 말았다. 인민군의 진입과 함께 국군이 퇴각하면서 공장에 있던 일부 시설과 자재들 이 배에 실려 제주도로 피난길을 떠났지만 후일 종전이 되고 나서 피난 갔던 물건들이 다시 돌아왔다는 기록은 찾아볼 수가 없다. 오히려 피난을 가지 않았더라면 더 좋았을지도 모른다는 생각이 들기도 한다. 결국 6 · 25를 거치면서 우리 손으로 화약을 생산한다는 것은 더욱 요원한 일이 되고야 말았던 것이다.

02_
대한민국 정부의 화약공장 복구 추진

2-1. 제1차 인천 화약공장 복구 시도와 실패

한국전쟁 이후, 국가 재건과 경제 부흥을 위해 화약의 필요성을 절감한 정부에서는 화약의 국산화를 위한 각종 조치를 취하기 시작하였다. 당시 정부는 미국으로부터 달러를 원조받고 있는 형편이었던바, 전량 수입에 의존하고 있던 화약을 국산화하는 것은 외화를 절감함은 물론이고 또한 국가 재건을 위해서도 매우 시급한 과제였다. 1953년 10월 16일 경무대 관저에서 열린 제80회 국무회의에서 이승만 대통령은 상공부장관 안동혁安東赫에게 화약의 국산화를 추진하라고 지시를 하였다.[7)]

대통령 지시 후 2주일 만인 10월 30일 상공부장관 안동혁은 제82회 국무회의에 "〈구〉 조선유지주식회사 인천 화약공장의 복구운영에 관한 건"을 제안, 상정하였고 국무회의에서는 상공부의 원안대로 가결하였다. 화약 국산화를 위해 대한민국 정부가 취했던 최초의 조치였다.

"〈구〉 조선유지주식회사 인천 화약공장은 해방 직후부터 운영자금 난으로 본격적인 운영을 보지 못하고 있다가 6·25 발발 직전 군방부 조병창으로 사용하는 동시에 민수용 다이너마이트 생산도 겸하는 조건으로 상공부에서 국방부로 소관사무가 이양되었다. 그러나 6·25 사변으로 인해 그 실현을 보지 못하고 있는데 국가 재건 즉, 전후戰後 복구를 위한 화약 사정이 긴급해진바, 인천 화약공장을 상공부에서 재이양받아 민수용 다이너마

7) 1953년 10월 16일 제80회 국무회의록
대통령 유시(諭示) : 화약과 다이너마이트도 제조토록 유의 추진하라.

이트를 생산코자 한다"는 것이었다. 당시 국무회의에서 의결된 내용을 보면 다음과 같다.[8]

〈구 조선유지주식회사 인천 화약공장의 복구 운영에 관한 건〉

1. **제안 이유** : 국내 유일의 다이너마이트 생산시설을 보유하고 있는 조선유지주식회사 인천 화약공장은 해방 직후부터 운영자금 난으로 본격적인 운영을 하지 못하였다가 6·25 사변 직전에 해該 공장을 군 조병창으로 사용하는 동시에 민수용 다이너마이트 생산도 겸한다는 조건부로 당부에서 국방부에 그 소관을 이양한 바 있으나 6·25 사변으로 인하여 그 실현을 보지 못하고 현재에 이르렀음에 제반 복구개발용 화약 사정이 긴급한 현하現下 당부로서는 국방부 합의하에 해該 공장을 상공부로 재이양하여 민수용 다이너마이트를 생산코자 계획 중인바, 이양 직후 관리인(미정)을 임명하여 구체적 공장 복구 및 운영계획을 수립 추진할 것이나 우선 시설보수비, 건물보수비, 운영자금이 막대히 필요함에도 불구하고 본격적인 제품 산출產出까지는 약 18개월 이상의 운영준비기간이 필요할 것이며 제반 유지경비를 포함한 복구자금 조치가 선결문제일 것이며 해該 공장은 귀속 사업체임으로 국책적國策的인 화약생산을 위해 특별자금 조치가 필요함.
2. **의결 사항** : 〈구〉 조선유지주식회사 인천 화약공장을 상공부로 이관하여 다이너마이트 생산계획을 추진하되 해該 공장의 복구 운영에 필요한 환화 자금 45,179,770환을 특별계정 자금으로 장기 융자한다.
   1) 복구공사기한 : 18개월 〈상세 내용 생략〉
   2) 자금계획 〈상세 내용 생략〉

      美貨 732,978불, 圜貨 45,179,770환

      * 소요 弗貨 조치로는 우선 1954년도 FOA計定에 400,000弗을 계정하고 있음.
   3) 복구 후의 생산능력 및 수급계획표(연간)

품 명	복구 후 생산능력	생산 계획량	수요량
다이너마이트	2,100톤	1,000톤	1,000톤

8) 1953년 10월 30일 제82회 국무회의록

공장 복구에 필요한 원화圓貨 자금 45,179,770원은 특별계정자금으로 장기 융자하는 것으로 하고 외화 자금 732,978달러는 우선 1954년도 FOA[9] 계정에 400,000달러를 책정키로 하였으며, 복구공사 기간은 약 18개월로 예상하였고 복구 후의 생산능력은 당시 연간 약 1,000톤 규모였던 국내 수요의 두 배가 넘는 연산 2,100톤의 규모로 공장을 복구한다는 내용을 포함하고 있었다.

하지만 상공부의 이러한 계획은 실패로 돌아가고 말았다. 상공부의 계획 자체가 졸속으로 수립되었음이 1년 뒤에 밝혀지는데 국무회의 의결까지 거쳤던 당초의 공장 복구 계획을 상공부 스스로가 문제점이 있다며 번복한 것이다.

1953년도에 수립했던 복구 계획은 상공부에서 만들어진 것이 아니었으며 인천 화약 공장을 민간 화약공장으로 전환, 불하할 계획 하에 당시 대한광업회 이사장직을 맡고 있던 정완규鄭完圭에게 의뢰하여 만든 것이라 한다. 국무회의 보고서에는 "국방부로부터 공장을 이양받으면 관리인(**미정**)을 임명하여 구체적인 공장 복구 및 운영 계획을 수립 추진할 것"이라고 하였지만 실제로는 이미 대한광업회 이사장 정완규에게 공장을 넘겨줄 계산을 하고 있었던 것으로 보인다. 이는 이후에 상공부가 정완규에게 취했던 행동들을 보면 짐작해 볼 수 있는데 경쟁자 없이 일사천리로 대한광업회 이사장 정완규에게 인천 화약공장을 넘겨준 것이다.

정완규는 옥방광업주식회사玉房鑛業株式會社를[10] 운영하고 있었으며 일찍이 상공부 장관의 자문기관인 상공위원회 광무분과위원으로 활동하기도 하는 등[11] 상공부와는 밀접한 관계가 있던 사람이었다.

공장 복구 계획이 국무회의를 통과하자 상공부에서는 정완규에게 별도의 회사를 설립하도록 시켰고 상공부의 말에 따라 정완규는 서울시 종로구 견지동 32번지에 '한국화약**공업**주식회사'를 설립,[12] 대표이사직을 맡았다. 이때는 이미 1952년 '한국화약주식회사'

---

9) FOA(Foreign Operation Administration, 대외활동본부) : 미국의 대외 원조계획을 관할하던 행정기관. 1953년에 MSA(Mutual Security Agency, 상호안전보장본부)의 후신(後身)으로 발족하였으나, 1955년 폐지되고 사무는 국무성에 인계됨.

10) 국사편찬위원회 한국 근현대회사조합 자료(해방 이후 회사자료)
〈全國主要企業體名鑑, 1956년판〉

11) 연합신문 1950. 1. 22

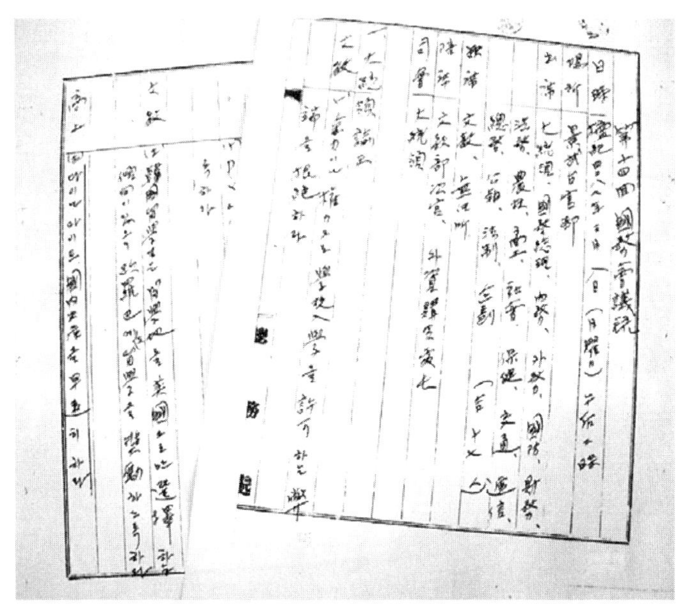

1954년 3월 8일 제14회 국무회의록

가 설립되어 조선화약공판주식회사를 인수하고 영업을 하고 있던 중으로서(13-3-2절) 회사 명칭에 '**공업**工業'을 추가할 수밖에 없었을 것이다.

이어서 1954년 3월 8일 제14회 국무회의에서 "다이나마이트 국내 생산을 조속히 하라"는 대통령의 지시와13) 함께 4월 15일 서둘러 인천 화약공장을 국방부로부터 이관받은 상공부는 관재청에 임대차계약인賃貸借契約人으로 '한국화약**공업**주식회사'를 단독으로 추천하여 그해 7월 인천 화약공장에 대한 임대차계약을 성립시켰고, '한국화약**공업**주식회사'는 화약공장 복구를 준비하기 시작했다.

하지만 '한국화약**공업**주식회사'는 인천 화약공장 인수를 위해 급조된 회사로서 자력으로는 공장 복구가 불가능한 회사였다. 따라서 미국 업체에게 복구공사를 맡길 것을 계획하고 견적을 요청하였는데 미국 측에서는 최소 생산규모(연산 4,500톤)의 다이너마이트 공장 건설에만 190만 불이 소요된다는 견적을 보내 왔다. 이는 당초 투자계획을 몇 배나

---

12) 국사편찬위원회 한국 근현대회사조합 자료(해방 이후 회사자료)
〈全國主要企業體名鑑, 1956년판〉

13) 1954년 3월 8일 제14회 국무회의록

초과하는 거액이었고 공장 규모도 당시 국내 다이너마이트 수요를 수배나 초과하는 과잉 투자로 판단되는 수준이었다.

그뿐만이 아니라 당초의 계획에는 또 다른 문제점들을 가지고 있었다. '다이너마이트' 공장 복구 계획만 세웠을 뿐 뇌관공장 복구는 포함하지도 않았던 것이다. 화약공장을 복구한다면서 폭약만 생각하고 뇌관을 빼놓았다는 것 자체만 보아도 당초 계획이 비전문가들에 의해서 작성되었다는 것을 알 수가 있다. 계획했던 FOA 자금 확보도 쉽지 않았다. 1954년도 자금을 집행하려고 했지만 FOA 당국이 끝내 이 계획을 승인하지 않았기 때문이다.

2-2. 제2차 복구 계획과 대통령 부결

화약이 없이는 각종 광산을 정상 가동한다거나 국토 재건 사업을 원활하게 진행할 수는 없는 일이다. 화약공장 건설이 늦어짐에 따라 정부에서는 당시로서는 막대한 양이라 할 수 있던 외화를 계속해서 다이너마이트 수입에 지출할 수밖에 없었다.[14]

시작부터 부실하게 만들어졌던 공장 복구 계획으로 인해 상공부에서는 국무회의에서 대통령 재가까지 받아 놓은 계획을 가지고 1년이 다 되도록 시간만 낭비하고 말았고 결국은 일본 쪽으로 방향을 선회하기에 이르렀다. 일본 측에서는 현재의 공장을 대규모로 개조할 필요 없이 보수자재만 도입해도 공장을 완전 복구할 수 있고 소요 외화 자금은 607,912불이면 된다고 하였을 뿐만 아니라 공사기간도 미국이 제시한 18개월보다 6개월이나 단축할 수 있다는 회신을 보내 왔다.

1954년 9월 8일 상공부는 이러한 내용을 포함, 일본에서 시설을 도입하되 외화 607,912불은 정부 보유불을 집행하고 환화 338,733,000환은 한국산업은행에서 융자토록 하여 연산 다이너마이트 900톤, 뇌관 900만 발 생산규모의 공장으로 복구한다는 수정계획

---

14) 1954년 5월 7일 제26회 국무회의록
〈의결사항〉 다이너마이트 수입의 건
정부불 19만 2천불 및 FOA자금 50만불로 수입키로 하다.

을 수립, 1년 만에 다시 한번 국무회의에 상정을 하였다.[15)]

하지만 이번에는 상공부의 안이 상정만 되었을 뿐 가부 결론은 내려지지가 않았다. 당일 국무회의는 경무대景武臺가 아닌 중앙청에서 국무총리 주재로 진행되었는데 아마도 대통령이 참석하지 않은 국무회의였기 때문에 중요 의결사항에 대해 결론을 내리지 못하고 보류하였던 것으로 보인다.

5일 뒤인 9월 13일 제45회 국무회의에서 이승만 대통령은 "화약 제조는 국방부 관할 하에 두라"고 지시를 한다.[16)] 불과 5개월 전 화약공장의 관할권을 국방부에서 상공부로 이관시켰는데 다시 "국방부가 관할하라"고 한 것이다. 하지만 이는 1년여를 두고도 갈팡질팡하는 상공부의 업무 처리에 대한 이승만 대통령의 불만의 표시였다고 생각된다. 왜냐하면 10월 8일 제52회 국무회의에서 대통령이 다시 "**인천 화약공장은 상공부에서 주관하되, 공장 복구 계획은 다시 연구하여 계획을 재수립하여 보고하라**"는 지시를 하였기 때문이다.[17)] 어찌 되었건 이승만 대통령은 상공부가 상정한 제2차 화약공장 복구 계획을 "다시 연구하라"며 부결시키고 만 것이다.

결국 기술 부족과 자금난 등으로 인해 도저히 공장 재건을 더 이상 진행할 수가 없다고 판단한 한국화약**공업**주식회사에서는 1955년 1월 20일 상공부에 인천 화약공장 임대차 계약을 반환返還하고야 말았다.[18)]

1953년 처음 공장 복구 계획을 수립할 당시 옥방玉房광업주식회사의 정완규鄭完圭는 대한중석주식회사(사장 안봉익)와 대명大明광업주식회사(사장 정명선)에게 공동사업을 제의하여 간단한 현지조사를 마치고 정부에 보고서를 제출한 것이라 한다. 하지만 대한중석은 중도에 참여를 포기하였고 대명광업도 옥방광업과 상호 마찰이 있었으며, 1년여를 두고도 복구 계획조차 확정하지 못하고 우왕좌왕하는 과정에서 화약 국산화는 흐지부지되고야

---

15) 1954년 9월 8일 제44회 국무회의록(사회 국무총리)
인천 화약공장 시설복구에 관한 건

16) 1954년 9월 13일 제45회 국무회의록(사회 대통령)

17) 1954년 10월 8일 제52회 국무회의록(사회 대통령)

18) 동아일보 1955. 1. 28
韓國火藥工業株式會社에서는 昨年7月 仁川火藥工場을 賃貸하여 其間 再建計劃을 推進 중에 있었으나 技術 및 資本難으로 因하여 到底히 工場再建을 擔當할 수 없다고 지난 20日 商工部에 返還하여 옴으로써 鑛山用 火藥生産이 時急을 要하는 이때 적지 않은 打擊을 주게 되었다고 한다. 〈下略〉

말았다. 화약이란 것이 자본력만 있다고 해서 누구나 생산할 수 있는 제품은 아니었다. 결국 일찍 화약업계에 투신하여 화약을 가장 잘 알고 있으며 화약산업에 대한 열정과 사명감이 있었던 현암玄岩 김종희金鍾喜[13-20]가 1955년 10월 26일 공장을 불하받고 나서야 화약 국산화는 성공하게 된다.

외화 부족과 화약 사정 악화

2년이 다되도록 공장 복구 계획이 지지부진하고 있는 사이 국내의 화약 사정은 급속도로 악화되어 있었다. 화약의 수요는 늘어만 가는데 화약을 수입할 외화가 부족했기 때문이다. 특히 당시로서는 국내 유일의 에너지원이었던 석탄 생산이 가장 큰 문제였다. 급기야는 대한석탄공사 총재 구용서具鎔書는 국무총리실에 화약 수급에 대해 진정서를 냈고 상공부에서도 이 문제에 대한 보고서를 작성하였다. 화약을 계속 확보하려 해도 외화 부족으로 수입을 하지 못해 현재 국내의 화약 재고가 떨어져 중대위기에 봉착하였는바, 급히 화약류가 수입되도록 특별조치를 해달라는 즉, 광산용 화약 수급이 위급危急에 처했다는 것이 그 요지였다. 1954년 4월 9일 국무총리실에서 재무부장관에게 민원 내용을 이첩移牒하면서 검토하라고 지시했던 공문서公文書에서 이 같은 사실을 확인할 수 있다.[19]

19) 국무총리실 국총비(國總秘) 제136호, 421호(1954. 4. 9)

03_

한국화약주식회사 설립

3-1. 조선화약공판(주)와 화약 수입

1942년 1월 조선화약공판주식회사朝鮮火藥共販株式會社(12-2-3)에 입사한 젊은 청년 한사람이 있었으니 그가 바로 해방 후 조선화약공판주식회사를 인수하고 한국화약주식회사를 설립하게 되는 한국화약그룹(현 한화그룹)의 창업자 현암玄岩 김종희金鍾喜였다.[20]

조선화약공판에 입사한 현암 김종희는 구매부서와 생산관리부서 등에서 근무하면서 화약에 대한 지식을 쌓아가고 있었다. 그러던 중 1945년 일본이 패망하고 일인들이 철수를 준비하고 있을 때였다. 갖가지 정당, 사회단체가 난립하는 가운데 각 직장별로는 자치위원회가 결성되기 시작했는데 9월12일 조선화약공판주식회사에 근무하던 조선인들도 '자치위원회'를 결성하고, 김종희를 위원장으로 추대하였다. 하지만 곧 철수를 앞둔 일본인 경영자들이 9월 22일 중역 회의를 열어 김종희를 지배인으로 임명하였고, 이로써 김종희는 자치위원장이라는 임의의 직책이 아닌, 법적 효력이 있는 상법商法상 지배인으로 취임, 조선화약공판주식회사의 경영책임을 맡게 되었다.

중책을 맡긴 하였으나 회사 운영에는 문제가 많았다. 직원들의 9월 월급도 지불하지 못하고 있는 중에 10월 25일 월급날은 다시 돌아오고 있었고 처음 20명이 넘던 조선인

---

20) 김종희(1922. 11. 22～1981. 7. 23) : 한국화약그룹(현 한화그룹)의 창업자로 한국화약주식회사, 한국베어링, 골든벨상사, 한국화성, 백암문화재단, 경인에너지, 대일유업, 태평양건설, 김포요업, 서울프라자호텔, 제일증권 등을 설립하였다. 전국경제인연합회 부회장, 주한 그리스총영사, 천안북일학원 이사장을 역임하였으며 1972년 그리스 금성십자대훈장(金星十字大勳章)을 받았고 1981년 금탑산업훈장이 추서되었다. 충남 천안 출생으로 호는 현암(玄岩)이다.

현암 김종희.

직원들은 6명만 남고 모두 회사를 떠나 버렸다. 이런 위기 속에서 김종희는 홍제동 화약고와〈표 12-15〉 녹번동 화약고에[21] 보관하고 있던 다이너마이트 3.7톤, 흑색화약 0.4톤, 도화선 49,000미터라도 우선 미군에게 납품해 보고자 미군사령부를 찾아갔다. 미군과의 인연이 시작되는 계기가 된 것이다. 우여곡절 끝에 화약 납품 계약을 성사시켰고, 화약 대금으로 당시 1만 원을 선불로 받아 밀린 종업원들의 급료를 지불하면서 이를 계기로 회사는 조금씩 정상적으로 운영되기 시작했다. 11월 중순 홍제동의 다이너마이트를 출고하기 시작해서 12월에는 녹번동 화약고의 다이너마이트도 출고하기 시작했다. 하지만 당초부터 얼마 되지 않던 화약 재고는 다이너마이트 0.9톤, 흑색화약 0.1톤, 도화선 41,000미터로 바닥이 들어나고 있었다. 조선유지의 인천공장 사정을 확인해 보았으나 변변한 기술자도 없을 뿐더러 11월 30일 발생한 뇌홍雷汞공실 폭발 사고 등으로[13-1] 단기 내에 재가동하기도 어려운 형편이었다.

그러던 중 1946년 4월 23일 군정법령 제73호가 공포되었다. 이는 군정법령 제33호에 의해 형식상 공업국에서 관리하던 일본인 소유 재산들의 관리방법을 구체화한 것인데 "모든 산업시설은 미 군정청이 파견하는 고문관 감독하에 공업국이 임명하는 조선인 관리인으로 하여금 운영을 전담케 한다"는 것이었다. 그 포고령에 따라 김종희는 4월 말에 조선화약공판주식회사 관리인으로 임명이 되었다. 이미 철수하고 없는 일본인이 임명한 지배인에서 미군정이 임명한 명실상부한 회사의 책임자가 된 것이다.

관리인이 된 김종희는 1946년 7월 미군이 군수용 화약을 들여오자 그 일부를 민수용으로 전용해 가면서 민수용 화약의 도입을 추진하였다. 민수용 화약이 우리나라에 처음 들어온 것은 8월 초순이었다. GARIOA[22] 원조로 미제 다이너마이트 2천 5백 상자, 56톤

---

21) 녹번동 화약고 : 1935년 소화화약이〈표 12-23〉 설치한 화약고. 조선화약공판이 설립될 때 조선화약공판 소유가 되었다가 해방 후 한국화약이 조선화약공판을 인수하면서 한국화약에 승계되었다.

22) 점령지역행정구호원조(Government And Relief In Occupied Area)

이 반입되었다. 1946년 7월 일본인이 만들어 놓았던 화약 재고는 완전히 소진되었고 미국의 원조 물품이 들어오기 시작함으로써 일제 36년의 잔재에서 벗어나 미국산 다이너마이트가 우리나라 산업용화약의 명맥을 유지하는 순간이었다.

하지만 1947년 4월 현암 김종희는 조선화약공판 관리인 자리를 김봉수金鳳洙[13-2]에게 넘겨줄 수밖에 없었다. 1947년 3월 15일 미 군정청이 법령 제135호로 인사행정권을 민정장관에게 이양한 후 관재국에서 각 귀속 기업체의 관리인을 새로 임명할 때 현암의 관리인 자격에 문제가 생겼기 때문이다. 관재국이 귀속기업체 관리인 자격을 "동일업계 7년 이상 경력자"로 규정하였으나 현암은 아직 5년 3개월밖에 되지 않았다. 결국 현암은 조선화약공판주식회사 입사 선배였던 김봉수를 찾아가 관리인이 되어 줄 것을 부탁, 그에게 관리인 자리를 넘겨준 것이다. 하지만 김봉수는 이미 정계에 발을 들여놓은 상태로서 관리인이 된 후도 회사에는 거의 나오는 일이 없었고 회사는 여전히 현암의 책임하에 운영되고 있었다.

1948년 8월 15일 대한민국정부가 수립되고 미군정이 폐막되었다. 그동안 화약 수요도 차츰 늘어나 1948년 조선화약공판에서 판매한 화약은 100여 톤에 달했다. 하지만 북한의 단전斷電으로 화력발전용 연탄 수요는 급증하고 있는데 미국의 원조에만 매달릴 수는 없다고 생각한 현암은 국방부 산하의 조병창으로 운영되던 인천 화약공장을 민수용 화약공장으로 회복할 것을 추진하기도 하였다. 비록 실현되지는 못하였으나 현암은 국방당국에 진정서를 제출하기도 하고 한편으로는 미군사령부에 활발한 막후 활동을 펼치기도 하는 등 많은 노력을 기울였다고 한다.

1949년 상반기 화약 수요는 90톤에 달했고 1948년 하반기 60톤과 비교할 때 이런 추세라면 1950년도에는 200톤의 수요가 예상되기도 하였다. 하지만 자금이 문제였다. 그동안 GARIOA 원조로 들여오던 화약은 미군정 종식과 함께 ECA[23] 원조 자금을 사용하고 있었는데 재무부에서 자금 부족을 이유로 100톤 분량의 자금만 배정한 것이다. 어쩔

미군정 시절 미국의 원조는 GARIOA 원조로부터 시작되었는데 제2차 세계대전 종전 후 독일, 이탈리아, 일본에 점령되었던 지역에 대한 구호적 성격의 원조였다.

23) ECA(Economic Co-operation Adminstration)
미국의 대외원조기구. 제2차 세계대전 이후 미국을 주축으로 하는 세계 경제 체제의 확립을 위한 '마셜 플랜'의 일환으로 1948년 성립한 경제협력법(Economic Co-operation Act)에 의거, ECA 원조를 담당하였다.

수 없이 현암은 미국 군사고문단 협조를 얻어 군수용 화약 50톤을 대여하여 산업용으로 출하하면서 1950년 5월 가까스로 225톤의 화약을 들여왔고 화약 공급 중단 사태를 막을 수가 있었다.

현암의 노력에 의해 몇 차례의 위기를 넘기며 유지되던 우리나라 화약산업 은 6 · 25 전쟁 발발로 인해 또 한번의 위기를 맞게 된다. 인천항을 통해 수입한 화약을 전국으로 공급하는 기지 역할을 하던 율도栗島와[24] 홍제동, 녹번동의 화약고를 버리고 피난을 떠날 수밖에 없었기 때문이다.

하지만 부산으로 피난을 가서도 현암은 조선화약공판 본사를 부산영업소로 이전하는 등 업무를 계속하였고 결국 현암은 1951년 2월 7일 피난지인 부산에서 다시 '조선화약공판(주)'의 관리인으로 재임명이 되었다. 관리인이던 김봉수가 행방불명(납북)되어 나타나지 않았기 때문이었다. 다시 관리인이 된 현암이 제일 먼저 추진한 것은 바로 미8군과의 '화약관리용역' 계약이었다. 조선화약공판이 화약 업무를 계속할 수 있는 기반을 마련한 것이다.

현암의 이 '화약관리용역' 사업이 아니었다면 아마도 당시 우리나라 화약업계는 큰 위기에 처했을 것이다. 전쟁 중인 피난정부에게 산업용화약의 수입을 기대한다는 것은 현실적으로 불가능한 일이었기 때문이다. 하지만 조선화약화약공판주식회사가 미8군의 화약을 관리하게 되면서 미군을 통해 민수용화약을 별도로 도입, 전란 중에도 각종 광산 등에 화약을 공급할 수가 있었던 것이다.

3-2. 한국화약주식회사 설립과 조선화약공판주식회사 인수

부산 피난 중에 '조선화약공판주식회사'의 매각 입찰이 공고되었다. 1949년 12월 "귀속재

24) 율도(栗島) 화약고 : 구한말 영국인이 설치한 화약고(**11-28, 12-84**). 일제 강점기 조선화약공판 소유가 되었다가 한국화약이 조선화약공판 인수 후 한국화약에 승계되었다. 한국전쟁이 끝난 뒤에도 운영되다가 폐쇄되었고, 후에 이 일대에 경인에너지(현 인천정유) 정유공장이 건설되었다.

산처리법"이 제정되고, 6 · 25 직전 6월 22일 1차 귀속재산 매각 입찰이 시행된 후 피난지인 부산에서도 매각 작업은 계속되고 있었는데 정부에서 '조선화약공판주식회사'를 매각하기로 결정한 것이다.

화약공판의 관리인이던 현암은 회사를 불하받기로 계획을 세웠고 1952년 6월 12일 '조선화약공판주식회사' 매각 입찰에 단독으로 응찰, 2,345,680,000환에 낙찰을 보게 된다. 그리곤 드디어 1952년 10월 9일 피난지 부산에서 현암은 '한국화약주식회사'를 설립하였다. 6월 12일 낙찰받은 조선화약공판 인수를 위한 새로운 회사법인이 필요했기 때문이었다. '한국화약주식회사'는 자본금 5억 원, 발기인 김종희 외 6명, 발행 주식 1만 주로 설립된 회사였다. 1941년 12월 6일 일제에 의해 설립되었던 '조선화약공판주식회사'는 역사 속으로 사라지고 한국화약주식회사, 즉 오늘날의 '주식회사 한화'가 본격적으로 화약사업을 개시하게 된 것이다.

조선화약공판 인수와 한국화약 설립 등 사업기반을 닦고 나서 현암은 1953년 1월 그의 형인 김종철金鍾鐵을 일본에 보내 일본유지의 마쓰무로松室信大를[25] 만나 보도록 하였다. 화약 수입을 타진하기 위해서였다.

하지만 그때는 일본유지에서도 화약을 생산하지 못하던 때였다. 태평양 전쟁 기간 중 군용화약을 제조했던 이력으로 인해 미 점령군사령부에 의해 화약 제조 시설은 철거를 당했고 그 뒤 1949년 7월 산업용화약의 제조가 허용되긴 하였으나 아직 생산 재개조차 못하고 있었다 한다. 대신에 그는 김종철에게 오카니시쇼지岡西商社를 소개해 주었고, 김종철은 오카니시쇼지로부터 화약을 수입할 수 있도록 해주겠다는 약속을 받아낼 수가 있었다. 그 결과 2월 중순 한국화약은 최초로 수입 신용장을 개설하였고 4월초 부산항에 화약이 도착하였다. 당시는 정전회담이 진행되는 것과 함께 평화 무드가 무르익으면서 화약 수요가 급증하던 시기로서 한국화약 화약고의 재고가 바닥을 드러내고 있을 때였다. 그때 들여온 화약은 다이너마이트 40톤, 과염소산폭약 10톤, 공업용뇌관 20만 개, 도화선 30,000미터로 총 도입금액은 29,958불이었다.

25) 마쓰무로(松室信夫) : 조선유지 인천 화약공장 공장장을 역임하고 조선화약공판주식회사 취체역으로 근무하다가 패전 후 일본으로 돌아가 일본유지주식회사에 복직, 상무 취체역으로 승진해 화약사업을 관장하였다.

04_

제2의 화약 국산화 성공

4-1. 한국화약 화약 제조 허가 신청

1953년 7월 27일 휴전협정이 체결되고 전쟁은 막을 내렸다. 8월 21일 서울로 올라온 현암은 화약의 국산화를 구상하기 시작했다. 하지만 화약공판에서 근무하면서 국내 4대 화약공장을 모두 다녀 본 경험이 있는 그로서는 화약공장의 제조시설이 얼마나 방대한지, 그리고 결코 하루아침에 이룰 수가 있는 사업이 아니란 것을 잘 알고 있었다.

일본의 화약산업 현황을 파악해 보는 것이 좋겠다고 판단한 현암은 즉시 일본으로 건너갔다. 그는 일본유지의 마쓰무로[13-25] 상무를 통해 조선화약공판의 중역이던[12-43] 일본 카릿트의 요시다吉田政五朗 전무와 일본화약의 우에노上野行藏 상무, 그리고 아사히가세이旭化成의 스즈끼杉木勤 취체역을 만날 수 있었으며, 각 사의 화약공장도 둘러보았다. 그가 돌아본 일본의 화약공장들은 한국에 있던 공장과는 비교할 수 없을 만큼 거창했다.

이때의 일본 방문에서 현암은 한국의 화약 국산화 방향을 설정할 수가 있었다. 먼저 비교적 제조공정이 간단한 초안폭약硝安爆藥을 생산하는 것이 바람직하다는 판단을 한 것이다.

이러한 국산화 노력과는 별도로 급증하고 있는 국내 수요를 충족시키기 위해서는 화약 수입도 게을리 할 수는 없는 일이다. 12월 12일 너무 많은 양이 아니냐며 반대하는 주위의 만류에도 불구하고 현암은 화약 500톤에 대한 신용장을 개설하여 국내 수요에 대비하기도 하였다.

1954년 2월 현암은 1년 안에 초안폭약공장을 건설한다는 목표 아래 초안폭약에 대한 기술 검토를 시작했다. 이때는 이미 이승만 대통령에게 화약의 국산화를 추진하라는 지시를 받은 상공부장관이 "〈구〉 조선유지(주) 인천 화약공장의 복구 운영에 관한 건"을 국무회의에서 통과시키고 '한국화약**공업**주식회사'의 정완규에게 인천 화약공장에 대한 임대차계약을 추진하고 있던 시기였다.[13-12, 13] 그 후 인천공장을 임차한 '한국화약**공업**주식회사'의 화약공장 복구 계획이 시행착오를 겪고 있을 때인 1954년 8월 14일 '한국화약주식회사'는 화약고로 사용하고 있던 인천시 간석동 일대(현 인천시청 서북쪽 현대홈타운아파트, 구 송림아파트 부지) 25,380평 부지에〈표 12-15〉 화약공장 건설 계획을 수립하여 상공부에 허가를 신청하였다.[26]

당시 한국화약의 공장 건설 계획을 보면 생산 규모는 '카-릿트' 월 30~50톤, '도화선' 월 30~40만 미터였으며 투자 규모는 외화 260,000불, 내화 208,249,900환이었는데 시설자금의 절반 정도인 101,256,000환에 대해서는 정부의 장기융자를 희망하고 나머지는 자기 자금으로 부담한다는 조건이었다. 또한 동 계획서에서는 공장 가동 예정을 1955년 4월로 삼았고 생산하고자 하는 '카-릿드' 폭약은 종래의 단점이었던 발파 시 발생하는 유독가스 문제도 해결할 수 있다고 하였다.

4-2. 한국화약 화약 제조 허가 취득

한국화약의 계획서를 접수하고 한 달 뒤 상공부에서는 긍정적인 검토결과를 내놓았다. "현재의 다이너마이트 생산 계획(한국화약공업)으로도 국내 수요를 충족시킬 수는 있으나, 본 계획(한국화약)은 정부 자금으로 추진하는 한국화약**공업**과는 달리 자기 자본으로 추진하고자 하는 것이며, 만들고자 하는 화약이 다이너마이트와는 다른 신종新種 화약으로서 화약의 사용 분야를 새로이 개척할 수도 있는바, 국가 경제발전에 도움이 될 것으로 사료된다"라는 내용으로 '허가를 하는 것이 타당하다'는 취지의 설명을 달아 국무회의에 상정키로 한 것이다.

---

26) 1954년 9월 8일 제44회 국무회의록(사회 국무총리)

'한국화약주식회사'의 이 계획서는 '한국화약**공업**주식회사'의 인천 화약공장 복구에 대한 제2차 변경계획과[13-15] 함께 동일한 보고서에 작성되어 국무회의에 상정되었다. 하지만 이 계획은 그날 대통령의 승인을 받지는 못하였다. '한국화약**공업**주식회사'에서 재수립한 인천공장 복구 계획 변경 안에 대해 "인천 화약공장 복구 계획은 다시 연구하여 계획을 재수립, 보고하라"는 10월 8일의 대통령 지시[13-17]와 함께 한국화약주식회사의 화약공장 신설 계획도 묻혀 지나가고 말았다.

'한국화약**공업**주식회사'의 인천공장 복구 변경 계획이 대통령의 질타와 함께 부결되면서 같은 보고서에 포함되어 있던 '한국화약주식회사'의 화약 제조 허가 신청 건은 허가 여부에 대한 논의조차 못 해 보고 자동으로 보류되었던 것이다. 그 후 우여곡절을 겪은 끝에 정부는 한국화약이 허가를 신청한 지 4개월이나 지난 1954년 12월 11일, 한국화약에 대해 화약 제조를 허가하였다.[27] 하지만 당초 허가신청 시의 사업계획대로 공장 건설을 추진할 수 없었다. 이미 토목공사가 불가능한 겨울이 닥쳤고 모든 공사는 다음해로 넘어갈 수밖에 없었다.

4-3. 한국화약주식회사의 인천 화약공장 인수

그 사이 상공부장관은 안동혁安東赫이 물러나고 1954년 6월 30일 박희현朴熙賢으로 바뀌었다가 다시 1개월 만인 1954년 7월 5일 강성태姜聲郃 장관이 취임을 하였다. 인천 화약공장을 임차했던 '한국화약**공업**주식회사'가 임차한 지 1년도 안 되어 공장 복구를 포기하고 1955년 1월 계약을 반납함으로써[13-18] 공장 복구는 중단되었고 어느덧 반년이 다 지나가고 있을 때였다.

어느 날 현암은 상공부장관 강성태에게 인천공장의 복구 계획을 제출해 보라는 제의를 받게 된다. 당시 강성태 장관은 지지부진한 화약공장 복구에 대해 대통령으로부터 질책을 받고 있던 중이었다고 한다. 강성태 장관은 공장 임대차계약을 반납한 '한국화약**공**

27) 주식회사 한화 인천공장, 화약류제조업 허가증(최초 허가일 : 1954. 12. 11)

업주식회사'의 정완규에게도 다시 한번 구체적인 복구 계획을 재수립하여 제출토록 의뢰해 놓은 상태였으나 업무의 신속, 정확한 추진을 위해 경쟁회사로 '한국화약주식회사'를 선택, 김종희에게도 복구 계획을 제출해 보도록 의뢰한 것이다.

따라서 한국화약은 이미 인천시 간석동에 초안폭약과 도화선, 공업뇌관의 제조 허가를 받고 추진하던 화약공장 건설 계획을[13-26, 27] 중단할 수밖에 없었다. 조선유지 인천공장 복구에 참여하게 된다면 인접한 지역에 굳이 두 개의 공장을 건설할 필요가 없는 것이기 때문이다.

현암은 간석동의 초안폭약공장 건설 계획을 중단하고 인천공장 복구 계획 수립에 착수했다. 현암은 기존에 상공부가 추진하던 미국이나 일본으로부터 설비와 기술을 도입하는 방식의 한국화약**공업**주식회사의 복구 계획과는 달리 자체기술로 공장을 복구할 계획을 세웠다.

하지만 새로운 공장을 건설하는 것이 아니고 기존의 공장을 복구하려면 공장 건설 당시의 설계도가 있어야만 가능한 일이다. 더구나 일본인들이 완전히 준공도 하지 못하고 철수한 후, 벌써 10년이나 지났고 그 사이 공장은 폐허가 되어 있었기 때문에 설계도는 반드시 있어야만 했으나 일본인들이 철수하면서 모든 설계도를 일본으로 가져간 뒤였기 때문에 어찌 보면 불가능한 일일 수도 있었다.

혹시 일본에 가면 설계도가 보관되어 있을지 모른다는 생각에 현암은 건설 당시의 설계도면을 입수하기 위해 다시 한번 일본으로 건너갔다. 먼저 일본유지를 방문해 보았으나 설계도는 보관되어 있지 않았고 인천공장 건설 당시 주축이 되었던 사람들을 수소문해 보았으나 모두 은퇴했거나 이미 사망한 사람도 있었다.

하지만 현암은 포기하지 않고 다방면으로 수소문 끝에 인천공장 설계도면이 동경제국대학東京帝國大學에 보관되어 있다는 사실을 알아냈고 결국 동경제국대학에서 도면을 찾아 귀국할 수 있었다.

어렵게 도면을 찾아내긴 하였으나 시방서示方書가 없었다. 서울로 돌아온 현암은 서울대학교의 박원희 교수를 찾아가 복구 계획을 부탁하였고, 박원희 교수가 이끄는 복구 계획팀은 복구보다는 새로 건설하는 것이 비용이나 시간 면에서 유리할 것이라는 결론을 내렸다.

하지만 현암의 생각은 달랐다. 1953년 처음 화약공장 건설을 계획할 당시부터 생각하고 있었을 뿐 아니라 이미 제조 허가까지 받아 놓았던, 즉 비교적 제조공정이 단순한 초안폭약과 공업뇌관, 도화선 공장을 먼저 복구하는 방안으로 제1차 복구 계획을 추진하기로 복구계획팀과 다시 협의를 하였다.

공사 기간은 1955년 9월 15일부터 1956년 1월 말까지로 잡고 공사 비용은 5,158만 환, 초안폭약 혼화공실과 전약공실은 신축하고 뇌관공실과 도화선공실은 기존 시설을 보완한다는 내용이었다. 그리곤 드디어 7월 31일 설계도를 포함, 400쪽에 이르는 방대한 분량의 복구계획서를 상공부에 제출하였다. 같은 날 제출된 '한국화약**공업**주식회사'의 설계도면 한 장도 없이 작성된 20쪽짜리 계획서와는 비교도 되지 않았으며 전문가들의 검토조차 필요 없을 정도였다.

불과 열흘 뒤인 8월 10일 상공부에서는 대통령의 재가를 받고 귀속재산처리법 제24조의 규정에 의거 '한국화약주식회사'와 인천 화약공장 임대차계약을 체결하였다. 또한 계약과 동시에 '한국화약주식회사'는 같은 날짜로 복구공사비 5,158만 환에 대한 국고지원을 재무부에 신청하였다.

그러나 8월 10일 재무부에 신청한 공장 복구비는 한 달이 넘도록 감감 무소식이었다. 인천 화약공장은 정부 소유의 귀속재산이었던 만큼 복구비는 당연히 정부에서 부담해야 하는 것으로서 대통령도 전액 국고에서 보조할 것을 지시했지만, 5천여만 환을 지출할 예산항목이 없었던 재무부로서도 어려움이 있었기 때문이다. 현암은 기다리고만 있을 수가 없었다. 초대 공장장으로 초빙해 온 진태두陳泰斗와 공무과장 이우희李雨希를 비롯한 기술요원들로 복구공사팀을 조직, 9월 15일 인천공장으로 내려 보냈다.

상공부장관 강성태姜聲部는 국고 지원이 늦어지고 있음에도 자비自費를 들여가며 복구를 시작하고 있던 현암의 조치에 크게 만족을 표하면서 공장 복구비는 차기년도 상공부 예산에 편성하기로 재무부와 협의를 했으니, 우선은 융자를 알선해 주겠다는 약속까지 하였다. 그런데 다음 날인 1955년 9월 18일 돌연 상공부장관이 경질되고 말았다. 강성태 장관이 물러나고 김일환金一煥 전 국방차관이 상공부장관으로 임명된 것이다. 새로 취임한 신임 상공부장관이 공장 복구에 관해 전임 장관처럼 열의를 가질지 걱정되는 순간이었다. 하지만 취임 일주일쯤 되었을 때 김일환 상공부장관은 오히려 현암에게 인천공장을 매수할

1950년대 말 인천 화약공장(좌측 위가 산처리공실, 우측 큰 건물이 보일러실이다.)

것을 제안하게 된다. 공장 복구비를 정부예산으로 지원하는 것 자체도 간단한 일이 아니고 예산 집행 과정도 까다로울 뿐만 아니라 단번에 복구공사가 끝난다면 모르지만 지속적으로 복구를 해나 가자면 정부예산으로는 소기의 목적 달성에 어려움이 있을 것이라는 이유에서였다.

김 장관은 취임 후 업무보고를 받고 나서 화약 국산화를 조기에 실현시키기 위해서는 인천공장을 매각, 민간기업으로 전환시키고 국고 지출이 아닌 산업금융으로 지원하는 것이 좋겠다는 방침을 이미 세워놓고 있었다 한다. 물론 그 이전, 즉 '한국화약**공업**주식회사'의 정완규가 인천 화약공장을 임차할 때의 조건 중에도 "2년 내에 공장을 완전히 복구하고 화약을 생산하게 되면 상공부가 인천공장을 불하한다"는 내용이 포함되어 있긴 했었다. 어찌 되었건 이는 한국화약으로서도 반대할 이유가 없는 일이었다.

그 무렵 10월 10일 1단계 복구비 5,158만 환이 대출되었고, 16일 뒤인 10월 26일 '한국화약주식회사'와 '관재청' 사이에 '인천 화약공장 매매계약'이 체결되었다. 계약금액은 7,500만 환이었다. 건물과 기계설비가 4,300만 환, 405,425평의 공장부지가 2,200만 환으로 15년 분할상환 조건이었다.

4-4. 인천 화약공장 복구와 초안폭약 생산

이미 시작하고 있던 1단계 복구 작업은 한국화약의 공장 인수와 함께 급진전되었다. 1955년 12월 24일 당초 1단계 복구공사 시한인 1956년 1월 30일을 한 달 이상 앞당겨 드디어 인천공장 보일러공실에서 화입식火入式이 시작되고 굴뚝에서는 검은 연기가 하늘로 치솟았다. 뒤이어 1956년 1월에는 초안폭약의 시험생산이 시작되었다. 그야말로 최단 기간에 공장 복구를 마치고 국산 화약 생산 준비를 완료한 것이다.

하지만 공장은 복구를 했어도 또 다른 문제가 있었으니 그것은 원료를 확보하는 일이었다. 당시 초안폭약의 주원료로 쓰이는 초안(질산암모늄)은 전량 수입에 의존할 수밖에 없었는데 처음 한국화약에서는 대만산 초안을 수입하여 사용할 계획을 세우고 있었지만 대만산 초안의 품질에 문제가 있었다. 대만산 초안으로 만든 초안폭약으로 시험발파를 실시해 보았더니 만족할 만한 결과가 나오지 않았던 것이다. 일본산 초안의 수입이 필요하다고 판단되었으나, 1955년 8월 17일 내려진 대일교역금지對日交易禁止 조치로 인해 일본 제품은 수입 자체가 불가능한 형편이었다.

하지만 이 문제는 그 무렵 5월에 실시될 대통령 선거를 코앞에 두고 더 이상 국내 경제를 위축시킬 수 없었던 정부가 대일교역을 허용하면서 해결되었다. 일본산 초안을 수입하면서 드디어 '한국화약주식회사'는 1956년 4월 도화선, 공업뇌관과 함께 세이프티마이트Safetymite라고 명명한 초안폭약을 생산, 전국의 광산으로 공급하기 시작하였다.

옆의 사진들은 1956년도에 한국화약 인천공장에서 최초로 초안폭약과 도화선을 생산할 당시의 사진들이다. 저고리 위에 작업복을 입고 있는 여종업원 복장이 이채롭다. 아직 생존해 있을지도 모르는 사진 속의 주인공들을 만나 보고 싶다.

우리나라 현대화약사의 새로운 장章이 열리는 순간이었다. 당시 대한민국정부 공보실에서 제작한 홍보영화에서는 한국화약이 화약을 국산화한 것을 두고 "**이것이 국산품이 아니라 이것도 국산품**"이라면서 수입에만 의존하던 화약이 국산화가 되었음을 강조하고 있었다.[28]

28) 국가기록원 시청각 기록물 1956년 공보실 제작,

01 1956년 한국화약 인천공장 정문 / **02** 1956년 초안폭약 혼화공실 / **03 04** 1956년 초안폭약 전약(塡藥) 작업 광경
05 06 1956년 도화선 함약(含藥) 작업 광경 / **07** 도화선 원료가공 공정(卷絲) / **08** 도화선 포장 작업 광경

대한의 새살림 제1집(우리의 공업篇) 녹취錄取

〈前略〉 물건을 사고파는 카운터 너머로 국산품이라고 하는 말을 많이 듣게 되었습니다. 국산품이라는 말의 뜻은 언제나 마찬가지겠지만 많은 사람들의 말씨는 달라집니다. 최근에 개관된 상공장려관에는 우리 공업이 생산한 많은 공산품들이 진열되어 있습니다. 이것이 국산품이 아니라 이것도 국산품입니다. 〈中略〉 인천에 자리 잡고 있는 한국화약에서는 1차 복구공사를 마치고 년산 600톤의 세이프티마이트와 뇌관, 도화선을 생산하고 있습니다. 위험물인 화약제품을 생산하고 있는 이 공장의 종업원들은 세심한 주의와 세련된 기술로써 생산에 노력하고 있습니다. 그리고 폭발물에 사용하는 도화선은 특수한 재료와 기술로서 생산되고 있으며, 지금 진행 중인 2기 공사가 완료되면 연 1,000톤의 다이너마이트를 생산해서 민수화약의 수요를 충족할 수 있게 되는 것입니다. 〈下略〉

이즈음 한국화약주식회사 외에 대구에 있는 한 중소기업에서도 화약 제조를 시도하고 있었다. 1954년에 설립된 '동양화약주식회사'가 초안폭약의 생산을 추진한 것이다. 다음은 당시 상공부에서 직원들을 현지에 출장 보내 실태를 파악했던 출장결과 복명서復命書이다.[29]

하지만 생산시설 자체도 빈약했고 생산품목도 초안폭약 한 가지뿐이었으며 이마저도 공장 가동 시작과 함께 경영난에 봉착하면서 정상 가동에는 실패하고 말았다. 이 공장의 가장 큰 문제는 운영 자금 난이었다고 볼 수 있지만 뇌관과 도화선이 생산되지 않던 우리나라에서 초안폭약 하나만을 가지고 화약사업을 시작하려 했던 것 역시 근본적인 문제였다고 할 수 있다.

---

29) 상공 第2637호(1954년 6월 14일)

수 신 : 국무총리 각하
발 신 : 상공부장관 안 동 혁
제 목 : 동양화약주식회사 실태조사 서사본書寫本 송부의 건
첨 부 : 동양화약(주) 실태조사차 출장결과 복명서(내용 요약)

〈출장자〉 工業局化學課 技士 高潤惠, 鑛務局鑛政課 主事 石在德
〈출장기간〉 6월 4일~6월 8일

(1) 소재지 : 대구시 山格洞 497번지 (2) 대지 : 599평
(3) 설립자 : 孫昌翼 외 6인이 發起, 법인체 설립 추진 중
(4) 자본금 : 1,400만
(5) 건 평 : 50평(硝化 · 보일러 · 건조실 13평, 창고 · 사무실 19평, 혼화 · 포장실 18평)
(6) 생산능력 : 초안폭약(∅20,32mm) 1.5톤/일
(7) 종업원수 : 23명
(8) 건설비용 : 300만(현재 100만 투입)
(9) 제조공정
 ○ 硝酸 + 硫酸 → 混酸 + 나프탈린 → 디니트로나프탈린 → 세척 → 건조
 ○ 디니트로나프탈린 + 초안 + 木分(澱粉) + 공업鹽 → 혼화 → 전약 → 포장
 (7~9%) (69~71%) (1~2%) (19~21%)
(10) 試作品 성능시험 결과(순폭시험) : 6호 뇌관 기폭 시 순폭잔량 4.5~7.5糎
 → 원칙적으로 8호 뇌관을 사용하여야 하나 뇌관이 없어 6호 뇌관을 사용했고 降雨로 인하여 지면의 습도가 높아 시험조건이 불량하였음.
(11) 기술자 현황 : 종업원의 대부분이 북한 홍남 화약공장 근무 경력자들로서 1951년 1월 南下하였으며 화약 제조 경험과 기술이 풍부함.
(12) 기타 : 기계제작은 완성단계로서 현재 설치중이며 내무부에 화약 제조 관련 인허가도 함께 진행 중으로 6월 말경 생산개시 예정임.

그 후 대구의 신명학원재단에서 인수하여 정상화를 시도하였으나 끝내 정상 가동에는 실패하였고[30] 더 이상 공장의 운영이 불가능해지자 1958년 봄 모든 시설을 한국화약

30) 동아일보 1956. 11. 2.
 제목 基幹産業 現地報告

주식회사에 매각하고야 말았다.

4-5. 다이너마이트 생산

1956년 4월 초안폭약과 도화선, 뇌관 등을 생산하기 시작하면서 화약의 국산화를 이루었다고는 하지만 1957년 11월의 니트로글리세린Nitroglyceline 생산이야말로 명실상부한 화약의 국산화라 할 수 있다.

이는 수입한 염초로 흑색화약을 만들어 쓰던 고려 말, 최무선이 염초焰硝를 국산화하여 화약을 만들었던 것과(2-3-2절) 비교해 볼 수도 있다. 하지만 염초는 수입해서 사용할 수도 있는 물질인 반면, 니트로글리세린은 그 위험성 때문에 수입 자체가 어려운 물질이라는 점을 감안해 볼 때 이는 염초제조법 개발 이상의 사건인 셈이라 할 수 있다. 1847년 이탈리아에서 니트로글리세린이 처음 발명되고 난 뒤에도 그 위험성 때문에 한동안 사람들의 관심을 끌지 못하다가 후에 노벨에 의해 다이너마이트가 만들어지면서 널리 사용되기 시작했던 것에서 알 수 있듯이 니트로글리세린은 사용뿐만이 아니라 제조에 있어서도

부제 過大한 建設費로 生産코스트 高騰(問題는 建設 後에 있는 듯)

〈東洋火藥 工場偏〉

화약 생산 공장이라고 해서 광대한 지역에 걸쳐 복잡한 시설이 적지 않으리라고 예상하고 있던 기자는 총평수 1천 2백 평에 규모도 적고 빈약하기 짝이 없는 목조 건물 2, 3개밖에 없는 대구시 소재 동양화약 공장을 보고 놀라지 않을 수 없었다. 대구 신명재단을 경제적 뒷받침으로 하고 있는 이 공장은 1954년 12월 9일 총자본 6천 6백만 원을 가지고 건설에 착수하여 55년 6월 하순경부터 월간 25톤 정도의 제품을 출하하고 있는 초안화약 공장인 것이다. 동 공장은 규모는 적으나마 왜정 당시 흥남질소에 있던 우수한 기술자의 지도로「가-릿트」화약보다 폭발 시에 자극이 덜하다는 초안화약을 생산하여「다이나마이트」를 제조해서 대한중석 상동광산에 공급하고 있다 한다. 톤당 약 33만 원 한다는 동「다이나마이트」의 제조로 공장운영은 계속하고 있다. 하나 이 공장의 특수성에 비추어 자본회전이 늦어 효율적인 자본사용을 할 수 없다 하더라도 우리나라의 둘밖에 없는 공장이며 앞으로 자연 수요가 증가할 것이 확실한 지금에 와서도 그 시설 배치의 합리화와 시설 자체의 근대화를 게을리 하고 있는 점은 산업부흥의 일익을 담당하고 있는 기업으로서 방관되어서는 안 될 것이다. 그러나 여기서도 역시 이러한 정도의 소규모 공장이 지니고 있는 공통적인 재정면의 애로를 호소하고 있다. 우선 주관 당국에서 소요 자금의 융자 추천을 받았다 하더라도 원료를 담보로 하겠다는 은행 측 요구는 공장 운영에 지장을 주고 있으며 특히 이 공장과 같은 경우 원료 취급에 있어 위험성이 수반되어 담보로 제공할 용의가 있어도 화약 관계법규에 저촉됨으로서 융자를 포기할 수밖에 없다는 것이다. 또한 이 문제는 중소기업 육성에 있어 무시할 수 없는 애로가 되어 있는 것이다. 그 외에도 화약제품 수입에는 면세가 되어도 화약의 생산 원료를 수입할 때에는 과세되고 있다니 이러한 모순된 조치가 과연 생산기업체를 보호 육성하고 있다는 현 주관 당국의 올바른 시책인지는 검토를 요하고 있다.

매우 위험한 것으로서 함부로 취급할 수 없는 물질이기 때문이다.

초안폭약과 도화선, 뇌관의 국산화를 마친 현암은 다이너마이트 생산을 준비하면서 1956년 8월 11일 또 한 사람의 기술자를 채용했다. 연희전문학교 화학과와 일본군 공병학교를 졸업하고 조선화학비료공장에서 생산부장을 지낸 신현기를 제조과장으로 영입한 것이다. 그에게 맡겨진 임무는 초안폭약의 품종 다양화와 품질 향상 및 제2차 복구공사가 끝나는 1958년 1월 말까지 다이너마이트를 생산해 내는 것이었다.

신현기는 10여 년간 가동이 중단된 채 폐허처럼 변해 있던 초화공실을 복구하기 시작했다. 그리고 한편으로는 초화작업 경험이 있는 사람들을 찾아내어 고액의 임금을 주고 채용했다. 과거 조선유지 시절 초화공실 근무 경험이 있는 이성구, 유영수, 이종현이 그들이다. 여기서 초화硝化란[1-7] 니트로글리세린 합성작업을 말한다.

니트로글리세린과 다이너마이트 생산

1957년 1월 대만에서 보일러용 석탄이 들어왔고, 2월 일본에서는 황산과 질산이 속속 도착하였다. 초화작업을 위한 모든 준비가 완료되었다.

수십 번에 걸친 모의시험을 끝내고 한국화약 인천공장에서 처음 초화작업을 시험하던 날의 일이다. 1957년 5월 29일 오전 11시 정각, 작업시작을 알리는 신호가 왔다. 초화공실 토제土堤 위로 빨간 깃발이 올라온 것이다. 당시 초화작업 중에는 공실 위에 빨간 깃발을 걸어 외부인의 접근을 통제하다가 작업이 안전하게 종료되면 깃발을 내리곤 했다. 12시경이면 초화작업이 끝날 시간이었다. 하지만 12시가 지나 오후 1시가 되도록 빨간 깃발은 내려가지 않고 바람에 펄럭이고 있었다. 작업 종료 예정시간이 1시간이나 지났는데도 아무런 소식이 없자 기다리던 사람들은 초조해지기 시작했다. 초화작업이 실패했을 것이라는 우려가 나오기 시작했을 무렵인 1시 30분, 드디어 초화공실 꼭대기에서 붉은 깃발이 내려가고 있었다. 먼발치에서 손에 땀을 쥐고 깃발만 바라보며 기다리던 사람들은 일제히 환호성과 함께 만세를 부르기 시작했다.

우리나라에서도 다이너마이트 생산 가능성이 확인된 역사적인 순간이었다. 이후 반복된 시험과 보완 과정을 거쳐 1957년 11월, 한국화약 인천공장은 니트로글리세린의 양산체제를 갖추게 된다.

하지만 모든 것이 순조로운 것만은 아니었다. 1956년 1차로 생산 개시한 초안폭약과 도화선 등은 국내 수요를 충족하기에 생산량이 턱없이 부족했다. 또한 어렵게 니트로글리세린 시험 생산에 성공하긴 하였으나 다이너마이트 생산은 여러 가지 사유로 계획보다 지연되고 있었으며 특히 도화선은 품질에도 문제가 있었다. 발파 작업 중 연소 중단 현상이 발생하여 뇌관의 불발 원인이 되고 있었던 것이다. 그뿐만이 아니라 모든 원료를 수입하여 사용할 수밖에 없었고 처음 가동을 시작한 공장은 생산성에도 문제가 있었으니 당연히 생산 비용도 수입품에 비해 비쌀 수밖에 없는 것도 커다란 문제점이 되었다. 당시 화약의 주主 소비처였던 정부나 각종 광산 등에서는 계속해서 외국 제품을 수입하여 사용하였고 언론에서는 이 같은 문제점을 들어 정부당국의 화약 국산화 시책과 함께 한국화약을 비판하고 나서기도 했다.[31]

이승만 대통령이이 신문기사를 보았는지 다음날 국무회의에서 대통령은 아까운 외화를 다이너마이트 수입에 허비하는 것은 불가한 처사라며 다이너마이트 국산화에 정부가 좀 더 적극적으로 지원할 것을 주문하기도 하였다.[32] 당시에는 ICA[33] 기금으로 화약을 수입하여 사용하고 있었다.

하지만 이와 같은 문제점들은 한국화약이 인천공장의 제2단계 복구공사를 완료하면서 완전히 해소되었다. 니트로글리세린Nitroglyceline의 합성에 성공을 하고 나서 곧바로 다이너마이트 개발이 시작되었다. 1958년 1월 28일 제8회 국무회의에서 상공부는 "다이너마이트 생산공장 건설상황"을 보고하였는데 상세한 내용은 확인할 수 없었지만 아마도 한국화약의 니트로글리세린 시험생산이 성공한 것과 조만간 다이너마이트가 생산될 수 있음을 보고하였을 것으로 보인다.[34]

---

31) 동아일보 1957. 8. 5

32) 1957년 8월 6일 제75회 국무회의록
〈대통령 유시(諭示)〉 ICA불로 다이너마이트를 수입한다는데 전부터 우리 기술자가 만들 수 있는 것을 그 설비를 아니하여 주고 외국산을 쓰게 하는 것은 불가한 처사이다.

33) ICA(International Cooperation Agency)
국제협조처(國際協助處) : 미국 국무부의 한 기관으로, 군사 원조 외의 모든 대외 원조를 관할하던 곳. 1961년에 국제개발처에 흡수되었다.

34) 1958년 1월 28일 제8회 국무회의록

1959년 이승만 대통령, 한국화약 인천공장 방문

드디어 1958년 3월 모든 준비를 마친 한국화약주식회사에서는 시험 생산을 거처 그 해 6월부터 본격적인 상업 생산을 시작, 산업용화약의 국산화에 종지부를 찍고야 만다. 당시 신문에서는 이 사실을 보도하면서 한국화약**공업**주식회사가 다이너마이트를 생산할 계획이라 하였는데 '한국화약주식회사'와 '한국화약**공업**주식회사'를 혼동하고 있는 것을 볼 수 있다.[35] 이처럼 정부의 관심과 현암 김종희의 열정, 그리고 한국화약 기술진이 흘린 땀의 대가로 조선유지 인천 화약공장은 한국화약주식회사 인천 화약공장으로 거듭 태어나면서 완벽하게 복구되고 있었다.

1958년 한국화약에서 다이너마이트 생산에 성공을 하고 난 후, 이듬해인 1959년 이승만 대통령은 한국화약주식회사 인천 화약공장을 직접 방문하여 시설을 둘러보고 격려를 하였다. 당시로서는 다이너마이트의 국산화가 커다란 관심사였을 뿐 아니라 국가적인 업적이었음을 알 수가 있다.

---

35) 조선일보 1958. 4. 22
〈다이나마이트 來月부터 生産〉
韓國火藥工業株式會社에서는 同社의「다이나마이트」生産施設이 前月末에 竣工되었다고 商工部에 報告하였으며 來月부터 생산, 판매할 계획이며 販賣價格은 箱子當一萬五千圓(噸當六十六萬圓)으로 策定되었다.

제 872 호

화약류 제조업 허가증

본 적 충남 천안군 [illegible] 84
주 소 서울특별시 종로구 가회동 1-11
주민등록번호 110118-102755
성 명 김 종 희 1922. 9. 24생

총포. 화약류 단속법 제5조의 규정에 의하여 화약류 제조업을 허가함

1. 제조소 소재지 경기도 인천시 고잔동 50
2. 종 류 ① 흑색화약 ② 공업용뇌관 ③ 다이나마이트 ④ 공용뇌관 ⑤ 면약 ⑥ T.N.T ⑦ 초안폭약 ⑧ [illegible]

1956 년 6 월 30 일
1973 년 11 월 [illegible]

내 무 부 장 관

1956년 6월 30일 다이너마이트 제조 허가를 받았던 「화약류제조업허가증」(본 허가증은 1973년 제조 종목을 추가하면서 재발행된 것임).

인천 화약공장의 폐쇄 위기

우여곡절을 겪으며 화약공장이 복구되기는 하였지만 한때는 인천 화약공장이 영원히 화약공장으로 복구되지 못하고 다른 용도로 전환될지도 모르는 위기에 처한 적도 있었다. 1946년 여름, 미 군정청에서는 인천 화약공장을 얼음공장(製氷工場)으로 전환하여 여름철 얼음성수기에 대비하고자 했던 것이다.

다이너마이트 공장에는 절대적으로 냉동기冷凍機가 필요하다. 다이너마이트 주원료인 니트로글리세린 합성반응이 격렬한 발열반응이기 때문인데 합성반응 중에 적정온도를 유지하지 못하여 온도가 계속 상승하면 니트로글리세린은 폭발하고야 만다. 다이너마이트 제조공정 중 가장 위험한 부분 중의 하나다. 이처럼 상승하는 반응물의 온도를 조절하기 위해서는 합성반응을 하는 동안 냉각을 해주는 것이 필수적인데 이때 냉각에 필요한 냉매冷

媒를 만들어 주는 것이 바로 냉동기의 역할이다. 미 군정청에서 이 냉동기를 이용, 제빙공장製氷工場을 구상하고 있었던 것이다.

1946년 6월 미군정 장관 러취Archer L. Lerch가 기자단과의 회견석상에서 기자들의 질문에 답한 내용을 보면 "**인천의 화약공장 일부분은 어업에 필요한 얼음을 제조하기 위해 전환 중인 것이 사실**이며 얼음 부족이 완화되면 곧 광산용鑛山用 다이너마이트 공장으로 재전환하겠다"고 했던 사실이 있다. 이미 얼음공장으로 전환 중이었음을 알 수가 있다.36)

1955년 한국화약이 인천공장을 인수했을 때 대부분의 시설이 파괴되어 있었음에도 불구하고 제대로 보존되어 있던 설비는 냉동기를 포함한 몇몇 시설들뿐이었는데 냉동기가 온전히 보존될 수 있었던 이유는 바로 제빙공장을 위해 이를 보수해 놓았기 때문이었을 것이다.

당시는 남북을 38선으로 나누어 미·소가 각각 남한, 북한에 진주해 있던 때로서 북한에서는 이미 소련군이 함경도에 있는 공업시설 대부분을 반출하면서 흥남의 질소비료窒素肥料공장 설비와 함께 화약공장 설비도 모조리 철거, 선박편으로 소련으로 이전해 가고 있었다 한다.37)

---

36) 동아일보 1946. 6. 26

〈前略〉 러취, 일인소유 농지매매·이앙상황 등에 대해 해명

軍政廳에서는 〈中略〉 25일 오전 10시에 러취 軍政長官은 기자단과 회견하고 〈中略〉 다음과 같은 問答을 하였다. 〈中略〉

(問) 仁川에 있는 火藥工場을 製氷工場으로 전환 준비 중이라는데 이것이 사실인가? 朝鮮에 있어서는 鑛山開發을 위하여서는 한 개의 화약 공장쯤은 절대 필요하다고 생각하는데 이를 鑛山用 火藥工場으로 존속시키는 것이 어떠한가?

(答) 仁川의 화약공장 일부분은 어업에 필요한 얼음을 제조키 위하여 전환 중이다. 그러나 商務部의 말에 의하면 얼음 부족이 완화되는 대로 곧 鑛山用 다이나마이트 공장으로 재전환 계획이라고 한다. 〈下略〉

37) 조선일보 1946. 6. 24

"재미 조미협회대표 신상길, 북한에서의 소련정책 비난"

조미협회 代表 申祥吉은 蘇聯軍이 北朝鮮 咸鏡道에 있는 공업시설 기타를 대부분 반출하고 同 地域에 군대를 증원하고 군사시설을 설치하고, 日本人 勞動者를 朝鮮人보다 우대하였다고 비난하였다. 同氏의 논거는 咸興鐵道局에 근무하는 2명의 鐵道局員이 美軍占領地帶에 비밀히 보낸 현지보고서에 유래한 것인데 同 報告書에 의하면 蘇聯軍은 〈中略〉 興南에 있는 窒素肥料工場의 설비도 화물선박에 적재하여 蘇聯으로 이전하였다 한다. 이전된 설비는 本宮工場으로부터 제작기계 30대 기중기 1대, 龍城工場으로부터 제작기계 30대 기중기 2대, 興南化學工場으로부터 제작기계 40대 기중기 5대, 興南火藥工場으로부터 제작기계 5대, 부속공업학교로부터 제작기계 30대 其外에 興南火藥工場에 있는 全설비이다. 〈下略〉

[워싱턴 17日 UP發 朝鮮]

만약 당시 언론에서 화약공장의 필요성에 대해 관심을 갖고 있지 않았더라도 미군정 당국자들 스스로가 얼음 생산을 중단하고 화약공장으로 재복구가 가능하도록 공장을 유지했을지는 알 수 없는 일이다. 그 옛날 수백 년을 두고 명·청 두 나라에서도 유독 화약에 대해서만은 엄격했었고, 소련은 북한에 있던 화약 제조 공장 자체를 철거해 갔듯이 남한에 진주한 미군도 대한민국이 스스로 화약을 생산하는 것은 바라지 않던 일인지 모르기 때문이다.

05_

화약산업 진흥을 위한 원대한 계획

한국화약이 처음 다이너마이트 국산화를 준비할 때 단순히 다이너마이트만을 만들고자 하지는 않았다. 화약을 생산하는 것도 중요하지만 모든 원료를 외국에서 수입해야만 하는 우리나라 입장으로 보면 원료의 국산화도 시급한 과제였기 때문이다.

그중에서도 가장 문제가 컸던 것은 질산窒酸이었다. 질산은 부식성이 매우 강한 강산强酸의 일종이지만 당시는 질산의 부식성에 견딜 만한 재질이 부족했던 때라 질산을 담을 용기를 구하는 것조차도 어려웠기 때문이다. 궁여지책으로 옹기甕器항아리를 사용하긴 했지만 선적이나 하역과정에서 옹기항아리가 깨지는 사고라도 난다면 이는 매우 위험한 일이다. 실제로 한국화약이 대만에서 질산을 수입할 때 항아리가 깨지는 문제가 발생하여 228톤 중 겨우 80톤만이 사용 가능했던 사례도 있다.

이 같은 상황을 감안, 한국화약에서는 암모니아는 물론 질산, 초안까지도 자체에서 생산하겠다는 계획을 세웠다. 당시는 겨우 니트로글리세린 합성에 성공하고 다이너마이트 제조시험을 하고 있던 중으로서 현재에 와서 생각해도 함부로 추진하기 어려울 정도의 계획을 구상하고 있었으니 화약산업에의 열의가 얼마나 대단했었는지 알 수가 있다. 명나라로부터 화약의 원료를 수입하는 것에 만족하지 않고 염초焰硝를 국산화했던 최무선이 다시 한번 생각나는 대목이다.

1958년 1월 한국화약에서는 다음과 같이 질산과 초안 생산에 대한 사업을 구상하고 투자 계획을 수립했다. 주요 내용을 요약해 보았다.

The Production plan of the Ammonium nitrate and Nitric acid plants for Explosives raw materials

1. 사업계획 설명(요약)

1955년 내수용 화약의 자급자족을 위해 인천 화약공장이 한국화약(주)에 불하되었고, 최근 이 공장에서는 세이프티마이트Safetymite라고 부르는 분상 초안폭약과 도화선, 공업뇌관을 생산하고 있으나 국내에서의 원료 조달 없이 화약을 만든다는 것은 매우 어려운 일인데 화약 제조 원료로서 필수 불가결한 것은 질산과 초안임.

따라서 한국화약에서는 초안과 질산을 생산하여 외화낭비를 줄이고 양질의 화약을 저렴하게 만들고자 하는바, 이것들은 내수용 화약에 사용하는 동시에 외국으로 수출도 할 것임. 초안은 직접 화약원료로 사용할 것이고 질산은 면약·니트로글리세린·니트로글리콜·테트릴·뇌산은 및 디니트로나프탈린을 만드는 데 사용할 것임.

최근 한국화약에서 Formosa로부터 톤당 300불이라는 고가격으로 질산 228톤을 수입하였는데 이 질산은 유독물질로서 취급하기가 매우 어렵고 운반 용기도 옹기그릇이나 유리병 등 특별한 용기를 사용해야만 하는 것으로서 운송 과정에서 취급부주의나 예기치 않은 사고로 인해 파손될 우려가 있어 수입을 하기가 매우 어려운 실정임. 실제로 지난번 질산 228톤을 수입했을 때 사용 가능한 것은 단지 80톤뿐이었고 나머지는 깨지거나 하자가 있었음.

한국화약은 이러한 이유로 불가피하게 질산을 생산, 자급자족함으로써 생산비용도 절감할 예정이고 특히 이 계획에서 소요될 연간 5,800톤의 암모니아는 충주비료공장에서 공급받을 것임.

2. 생산계획

품 목	일일 생산량	연간 생산량	순도, 성상	비 고
질 산	40톤	10,900톤	98%, 액체	* 연간 작업일수 300일 기준
초 안	40톤	11,700톤	97.5%, 고체	

3. 품목별 소비계획

품 목	연간 생산량	자가 소비	판 매
질 산	10,900톤	9,300톤	1,600톤
초 안	11,700톤	3,400톤	8,300톤

4. 암모니아 사용계획(6,000톤/년)

용 도	소요 수량	비 고
질산 생산	3,200톤	* 자체 소비
초안 생산	2,600톤	
합 계	5,800톤	

5. 초안 소비계획

용 도	소요 수량	비 고
화약 생산	3,400톤	* 자체 소비
비 료 용	8,300톤	* 판매
합 계	11,700톤	

6. 질산 소비계획(10,900톤/년)

용 도	소 비 량	비 고
초 안 생 산	9,300톤	* 자체 소비
화 약 생 산	900톤	* 자체 소비
판 매 용	700톤	* 판매
합 계	10,900톤	

7. 화약생산용 질산의 세부 사용계획

용 도	소 비 량	비 고
면 약 생 산	350톤	
니트로글리세린	300톤	
니트로글리콜	30톤	
D.N.N	80톤	
TETRYL	30톤	
T.N.T	60톤	
합 계	900톤	

8. 생산설비, Utility, 인원, 생산비용, 외화절감 계획 〈내용 생략〉

9. 공정설명 〈내용 생략〉

10. 투자계획 〈상세내역 생략〉 (단위 : 달러, 천환)

구분	합 계	질 산	초 안	건 축	토 목	Utility	설치비	통신	실험실
외자	$123,000	92,000	31,000						
내자	₩448,349			83,500	27,703	93,859	237,000	1,650	4,637

한국화약에서는 상기 사업계획서를 첨부하여 당시 상공부와 부흥부復興部, 그리고 UNC의[38] 경제협력 담당관 와르네William E. Warne에게 공문을 보내어 KFX[39] 달러 등 내외자內外資 자금 지원을 요청하였다.[40]

이 같은 한국화약의 계획에 대해서는 당시 대한민국 정부에서도 긍정적인 판단을 하였고 따라서 상공부장관 김일환도 한국화약의 계획서를 첨부하여 와르네에게 공문을 보내 한국화약의 추진 계획을 지원하고 나섰다.[41]

이 문서들은 그 후 어찌 된 일인지 비밀문서로 분류되어 미국 정부에 보관되어 있다가 후에 비밀 해제되었는데 당시 UNC에서는 이 문서에 대해 가타부타 회신조차 하지 않았던 것으로 보인다. 미군 측에서 회신조차 하지 않음으로써 본 계획은 무산되고 말았지만 이미 당시에 현암 김종희는 오늘날 생각해도 실로 엄청난 야망을 가지고 있었다고 볼 수 있다. 만약 그때 이와 같은 한국화약의 계획이 성사되었다면 이것은 한 개인기업의 성공 여부를 떠나 우리나라의 화약공업火藥工業 발전에 커다란 기여를 할 수 있는 좋은 계기가 되었을 것이다.

---

38) 유엔군 사령부(United Nations Command, 略 UNC)

39) 한국정부 보유 외환(Korean Foreign Exchange, 略 KFX)

40) 한국화약주식회사가 보낸 문서

Date : January, 1958
To : Minister of Commerce and Industry
Minister of Reconstruction
Mr. Warne W.E. UNC Economic Coordinator
From : Chong Hee Kim, President of Korean Explosives Co., Ltd.
23, 2nd St., Taipyung-Ro, Chung-Ku, Korea
Subject : Application for requesting counter part account HWAN funds and KFX Dollar funds for constructing Ammonium nitrate and Nitric acid plant for Explosives raw materials

41) 상공부장관이 Mr. Warne에게 보낸 공문

Date : March 8, 1958
To : William E. Warne
UNC Economic Coordinator for korea
United Nations Command
APC 301, San Francisco, California
From : Kim, Il Hwan
Minister
Ministry of Commerce and Industry / Republic of Korea

06_

국산 화약의 보급 확대

니트로글리세린 생산으로 다이너마이트를 생산할 수 있게 되면서 우리나라 산업용화약은 비약적인 발전의 기초를 다지고 있었고 초안폭약과 도화선, 공업뇌관은 이미 생산을 시작한지 2년이 넘고 있었지만 정부에서는 계속해서 화약을 수입하여 사용하고 있었다. 그 이유는 1956년 처음 국산화에 성공한 초안폭약은 당해 연도 4톤을 생산하는 것을 시작으로 1957년도에는 385톤을 생산, 국내수요를 충당할 수 있었지만 다이너마이트는 아직 생산이 되지 않았기 때문에 수요량 304톤 전량을 수입에 의존할 수밖에 없었던 것이었다.〈표 13-4〉

한국화약은 다이너마이트 생산에 박차를 가했다. 드디어 1958년 3월 말, 다이너마이트 제조실험을 성공적으로 마친 후, 6월부터는 양산할 수 있는 기반을 마련하고 나서 정부와 유엔군사령부 경제협력관실(OEC)[42]에 국산 화약을 사용해 달라는 요청을 하기에 이른다.[43]

과거 초안사업에 대한 지원을 요청할 때와는 달리 이번에는 수신처에 농림부장관과

---

42) OEC : Office of the Economic Coordinator(UNC 경제협력관실)

43) 한국화약주식회사가 보낸 문서

Date	: March 25, 1958
To	: Minister of Commerce and Industry
	Minister of Reconstruction
	Minister of Agriculture and Forestry
	Mr. Warne, Economic Coordinator, O.E.C.13-42)
	Mr. Tom, Advisor to Ministry of Agriculture and Forestry
From	: Chong Hee Kim, President of Korean Explosives Co., Ltd.
Subject	: Requesting an Import Prohibition on Explosives

농림부 고문관顧問官 톰Tom이 추가된 것을 볼 수가 있다. 농림부에서 용수로 및 토양 개량 공사용으로 화약 수입을 추진하고 있었기 때문이다. 그뿐만 아니라 해무청海務廳(해양수산부 전신)도 항만 건설용의 화약이 필요했다. 당시 해무청과 농림부에서 요청한 화약은 다이너마이트 50톤, 공업뇌관 90만 발, 그리고 도화선 90만 미터로, 당시로서는 상당히 많은 양이었다. 한국화약에서는 이에 대해 "이미 인천공장에서 초안폭약과 공업뇌관, 도화선을 생산하여 각종 광산과 철도, 용수로 공사 등에 공급하고 있고, 또 6월부터는 다이너마이트도 생산할 예정인데 계속해서 ICA 자금을 이용, 정부에서 화약을 수입한다면 이는 국내 화약산업에 큰 어려움이 될 것"이라며 국산 화약 사용을 요청한 것이다. 제품에 대한 자신감이 없으면 도저히 할 수 없는 일이었지만 한국화약은 이미 생산하고 있는 초안폭약과 또 2개월 후면 곧 양산에 들어가게 될 다이너마이트에 대해 품질은 물론 수요에 부응할 만큼의 수량 공급에도 자신이 있었던 것이다.

하지만 이러한 한국화약의 요청을 받은 UNC에서는 "한국화약에서 모든 공사工事에 적합한 다양한 용도의 화약을 생산한다면 OEC의 기술진이 추천을 할 수 있겠지만 해무청과 농림부가 요청하고 있는 화약은 블라스팅 젤라틴Blasting Gelatine으로서 한국화약에서는 생산되지 않는 것이고, 오는 6월 1일부터 생산 예정인 제품도 블라스팅 젤라틴이 아닌 암모니아 젤라틴Ammonia Gelatine으로 알고 있으며, 더구나 현재 생산하고 있는 세이프티마이트Safetymite는 해무청海務廳과 농림부의 공사에는 적합하지 않다"라고 하면서 이들 두 기관과 함께 한국화약이 생산한 제품 10상자씩을 가지고 시험을 할 것을 제안하였다.

물론 정부기관들뿐만 아니라 대한석탄공사에서도 한국화약의 제품에 대해 불신을 가지고 있었고 계속해서 수입품을 사용하고 있었다. 이를 극복하기 위해 한국화약에서는 품질 개선과 제품의 다양화를 위해 더욱 적극적으로 노력할 수밖에 없었다.

이때 한국화약과 OEC 사이에 주고받았던 문서들에는 당시 한국화약이 생산한 제품, 즉 우리나라 초창기 다이너마이트 조성과 성능, 발파시험 결과 등이 상세히 기록되어 있다.〈표 13-1, 2, 3〉 한국화약에서는 OEC에 자체 시험 데이터〈표 13-1〉를 제출하면서 당시 한국화약 외에 국내에서 화약을 시험할 수 있는 유일한 공인기관이었던 국방부 산하의 '과학연구소Institute of Scientific Research'에도 시험을 의뢰하였다.

〈표 13-1〉 1958년 6월 6일 한국화약 다이너마이트 시험 결과

Composition(%)		Characteristics and Testing Results	
Nitroglycerine	30.0	Specific Gravity	1.41
Nitrocellulose	1.5	Gap Test	5.0(Multiple per Diameter)
Ammonium Nitrate	64.0	Oxygen Balance	+7.845
Wood Meal	0.5	Trauzle Test	382cc
Starch	4.0	Specific Volume of Gas	886.1 l /Kg
		Heat of Explosion	1,063.6 Kcal/Kg
		Brisance Test	18mm
		Poisonous Gas	None
		Water Proof	Perfect
Total	100	State	Gelatinous

*시험제품 규격 : ∅28mm × 130mm × 112.5g (한국화약 자체 시험 데이터)

상기 표에서 우리는 **우리나라 최초의 다이너마이트 조성과 그 성능**을 확인할 수 있다. 현재와 비교해도 손색없는 조성이었으나 산수평형Oxgen Balance이 +7.845로 다소 높았다. 며칠 후 한국화약은 국방부 과학연구소의 시험 결과도 OEC에 제출하였다.〈표 13-2〉

〈표 13-2〉 1958년 6월 24일 한국화약 다이너마이트 시험 결과

Composition(%)				Result of Test			
Law Materials	(A)	(B)	(C)	Test Items	(A)	(B)	(C)
Nitroglycerine	32.0	30.0	6.0	Oxygen Balance(g/100g)	+6.5	+6.5	+19.2
Nitrocellulose	1.5	1.5	0.3	Trauzle test(cc)	414	265	220
Ammonium Nitrate	61.5	30.0	67.0	Explosion Temperature(℃)	2,740	2,100	1,900
Sodium Nitrate		33.5	22.0	Explosion Heat (Kcal/Kg)	1,070	760	700
T.N.T.			3.0	Detonation Velocity(m/s)	6,000	4,300	2,400
Wood Meal	2.0	2.0	1.7	Brisants(mm)	1.8	1.2	0.8
Starch	3.0	3.0		Volume of Gas (l /Kg)	860	605	735
				S T G	1.44	1.49	0.9
				State	Gelatinous		Powder
				Heat Test	Passed		
Total	100	100	100	Water Proof	Complete Water Proof		Suction

* (A) : Dynamite No.1, (B) : Coal Dynamite No.2, (C) : Ammon Dynamite(국방부 과학연구소 시험 데이터)

그리곤 UNC에서 제안한 대로 1958년 7월 인천공장에서 생산한 제품의 시험발파가 실시되었다.〈표 13-3〉 국방부 과학연구소 주관으로 시흥의 구리광산에서 관련 부처 공무원들과 수요자들이 참석한 가운데 시험발파를 실시하였는데 결과는 한국화약의 예상대로 모든 부분에서 합격점을 받았다.

〈표 13-3〉 1958년 7월 24일 한국화약 화약류 시험발파 결과

(국방부 과학연구소 주관 시험발파 데이터)

1. 장소 : 경기도 시흥군 시흥광산(구리광산), 암질 : 경암
2. 일시 : 1958. 7. 24
3. KECO 순폭 시험
   KECO No.1 Dynamite : 4 multiple per dia., complete explosion
   KECO No.1 Coalmine Dynamite : 2 multiple per dia. complete explosion
4. KECO Dynamite 시험발파 결과

	KECO DYN. No.1		Japan made "Shinkiri" DYN.	KECO Coalmine DYN. No.1 (Siraume Grade)
Hardness of Rock	5	5	5	5
Spot	2	3	4	1
Hole	4	3	2	4
Length of Hole	8.5ft.	5.5ft.	3.4 ft.	7.6 ft.
Charge	900g	675g	450g	900g
Hole Remained	None	None	1 ft.	None
Misfire	None	None	None	None
Compared Stren. with Jap. made	Good	Good		Good
Toxic Gas	None	None	None	None
Gap Test	4	4		2
Remarks	*As the KECO's Dynamite No.1 has a strong strength and no injurious gas, it is suitable for the project of evacuation in the underground. **As the KECO's Coalmine Dynamite No.1 has no injurious gas, residue, it is suitable for the coal mine in the underground.			

5. 최종 평가

상기와 같이 KECO에서 제조한 Dynamite는 1958년 6월 24일 13시 시흥 광산에서 관계기관의 입회하에 시험발파를 실시하였다. 시험발파 결과 KECO의 Dynamite는 일본산 "Shinkiri" Dynamite보다도 Strength나 다른 효율성 면에서 매우 우수했고 발파 후 유해 Gas도 발생하지 않아 지하발파 작업에 사용하는 데 적합하였다. 그리고 KECO의 Coalmine Dynamite No.1도 발파 후 유독 Gas가 나오지 않아 모든 것이 지하탄광에서 사용하는 데 적합하다. 〈끝〉

상기 보고서에서 'KECO'[44]란 당시 한국화약주식회사 영문표기의 약자이다. 모든 보고서는 영문으로 작성되었다. UNC와 OEC에도 제출해야 했기 때문이다. 당시 시험발파에 참석했던 인원은 상공부 3명, 교통부 2명, 해무청과 농림부 각 1명, 대한석탄공사, 대한중석, 국방부 과학연구소 각 1명 및 시흥 광산 소장 등 정부 각 부처의 공무원들과 수요자들로서 한국화약의 다이너마이트 성능에 의구심을 가지고 있던 사람들이었다. 하지만 이 시험발파를 기점으로 하여 국산 화약의 국내 보급은 활발해지기 시작하였다.〈표 13-4〉[45][46]

〈표 13-4〉 1951~1961년간 화약류 생산 및 소비 현황

품 명 \ 연 도		1951	1952	1953	1954	1955	1956	1957	1958	1959	1960	1961
Dynamite	수요	150	320	560	570	1,600	1,100	304	658	986	1,442	1,852
	생산	-	-	-	-	-	-	-	293	1,031	1,414	1,897
초안폭약	수요	-	18	30	24	-	4	385	489	511	486	537
	생산	-	-	-	-	-	4	385	489	481	535	616
폭약계	수요	150	338	590	594	1,600	1,104	689	1,147	1,497	1,928	2,389
	생산	-	-	-	-	-	4	385	782	1,512	1,949	2,513
공업뇌관	수요	190	360	210	230	1,030	522	240	300	390	424	555
	생산	-	-	-	-	-	14.2	-	-	277.7	424	624.3
瞬發전기뇌관	수요	20	20	20	50	120	-	-	30	42	59	59
	생산	-	-	-	-	-	-	-	-	4.7	57.5	75.9
遲發전기뇌관	수요	?	?	?	?	?	?	?	?	?	?	?
	생산	-	-	-	-	-	-	-	-	-	1.5	7.9
뇌관계	수요	210	380	230	280	1,150	522	240	300	814	483	614
	생산	-	-	-	-	-	14.2	-	-	282.4	483	708.1
도화선	수요	1,400	4,900	1,000	770	6,500	5,063	3,298	2,333	4,640	5,871	7,540
	생산	-	-	-	-	-	63	287	1,286	6,037	7,471	6,938

〈주〉 1. 단위 : 폭약(톤), 뇌관(만발), 도화선(Km)
2. 수요란 중 밑줄 표시 부분은 각주 13-45), 기타 자료는 각주 13-46)을 인용하였음.

44) KECO : 당시 한국화약주식회사는 영문표기를 Korean Explosives Co., Ltd.로 하였고 약자로 "KECO"를 사용하였으나, 후에 Korea Explosives Co., Ltd.와 "KEC"로 변경하였다.

45) 맹원기, "한국화약공업개관", 《화학공학》 Vol. 3, No. 1(1965)

46) 調査月報, 韓國産業銀行 調査部(1966)

그동안 TNT를 예감제로 사용하여 생산하던 세이프티마이트는 니트로글리세린을 사용하는 초안폭약으로 변경되었고, 1958년 6월부터 대한석탄공사의 채탄용 화약도 국산화약으로 대체, 사용되기 시작하여 드디어 1959년에는 국내 폭약 수요의 약 98%를 공급하게 된다.

그로부터 불과 3년 뒤 한국화약이 생산한 다이너마이트는 미8군에도 납품되기 시작되었다. 1961년 8월 미8군과 400톤의 다이너마이트 공급 계약을 체결한 것이다. **국산화약 수출의 효시**라고 할 수 있으며 이는 국산 화약이 국제적 품질 수준에 도달했다는 것을 입증한 것이기도 했다. 해외로의 수출은 1969년 베트남에 다이너마이트를, 1970년 괌에 초안폭약을 수출한 것이 최초였다.

07_

최무선과 김종희

최무선이 고려 말에 화통도감을 설치하고 우리나라 최초로 '화약 국산화'를 이루었다면 현암玄岩 김종희金鍾喜는 대한민국 초에 한국화약을 설립하고 '제2의 화약 국산화'에 성공한 인물이다. 600년이라는 시간 차이가 있음에도 불구하고 고려 말 최무선이 화약을 국산화할 때와 대한민국 건국 초 현암 김종희가 화약을 국산화할 때의 상황은 매우 많이 닮았다.

첫째 화약을 만들고자 시도하던 당시의 시대적 배경이다. 고려 말 최무선이 화약을 국산화하였을 때는 남쪽의 왜구와 북쪽의 오랑캐를 격퇴하기 위해 화약이 필요한 시기였고, 600년 후 현암이 화약을 국산화할 때는 국토 재건과 북한의 재침을 막기 위해 화약이 필요한 시기였다. 북한의 재침을 막는 것은 물론이고 한발 더 나아가 북진北進을 통한 조국통일을 기원하던 시기이기도 했다. 한국화약이 인천공장을 인수, 복구한 후 1956년 처음 화약을 생산하고 있을 때 공장 안에 세워져 있던 입간판의 〈北進에도 火藥 建設에도 火藥〉이라는 구호가 이를 한 마디로 잘 표현하고 있다.

1969년 1월 1일 박정희 대통령은 신년사新年辭에서 1969년을 "**싸우며 건설하는 해**"로 선언한 적도 있었고, 필자가 어렸을 때 "**총을 들고 건설하며 보람에 산다**"라는 가사歌詞의 향토예비군의 노래와 "**한 손에 망치 들고 건설하면서 한 손에 총칼 들고 나가 싸우자**. 내 강토 지키세 이 목숨 다해, **일하며 싸우고 싸우며 일하세**" 운운하는 향토 방위의 노래를 목청 높이 따라 불렀던 적도 있다. 이들 모두가 국토 분단 상황에서의 방위력 증강과 경제 부흥을 통한 빈곤 탈피를 위해 전 국민이 고생하던 시절, 암울했던 우리나라의 한 시대를 떠올리게 하는 것들이다.

이처럼 1950년대는 고려 말에 비해 화약의 필요성이 더욱 절실한 시기였다. 고려

1956년 한국화약 인천공장의 입간판, 〈북진에도 화약, 건설에도 화약〉이라는 글이 시대 정황을 잘 보여 준다.

말 당시는 화약이 처음 보급되던 때로서 화약에 대한 인식이 부족하여 그 실효성을 깊이 느끼지 못하던 시절이었지만, 1950년대는 구한말부터 60여 년간 이미 화약을 공업적으로 사용해 본 경험이 있는 대한민국은 그 유용성과 편리성을 잘 알고 있었을 뿐만 아니라 북한의 남침으로 전국토를 유린당한 직후로 국가 재건과 조국 통일이라는 두 가지 대명제를 동시에 해결해야만 하던 시기로서 화약의 중요성이 더욱 부각되어 있었기 때문이다. 군사용 화약 생산은 꿈도 꾸지 못하고 있었고 그나마 수입하여 사용하고 있던 산업용화약마저도 국가재정 궁핍으로 넉넉히 수입할 수 있는 형편이 못되어 수요에 비해 항상 공급이 부족하였으니 화약을 국산화해야겠다는 민관民官 간의 공감대가 이루어질 수밖에 없었던 시기였다.

두 번째 최무선과 현암이 화약을 국산화하던 과정도 유사하다. 최무선이 여러 해를 두고 염초焰硝제조법을 알아내려고 노력하다가 마침내 중국 상인 이원李元으로부터 그 제조법을 익혔다면 현암은 수년간 화약업계에 종사하면서 화약 국산화를 구상하다가 일본에 있는 화약공장 설계도를 입수하여 공장을 복구했다는 점이다. 위기에 처한 국가의 장래를 위한 이들 두 사람의 사명감이 화약의 국산화라는 커다란 업적으로 연결된 것이다.

세 번째 최무선은 수년간 화통도감의 설치를 건의하여 목적을 이루어 내었고 현암은 수년간 화약 생산을 계획, 정부로부터 어렵게 화약 제조 허가를 받아 인천공장을 성공적으로 복구해 냄으로써 화약 국산화를 이루었다는 점 또한 매우 흡사한 부분이다.

네 번째 최무선과 현암이 화약을 만들고자 시도했을 때의 사회 반응 또한 닮은 점이 있었다. 최무선이 화약을 만들 것을 건의했을 때 많은 사람들은 이를 믿지 않고 험담을 하기까지 했는데[2-37] 역시 현암이 위험한 화약을 만들면서 동분서주하고 있던 중에도 사회 일각에서는 그를 의심의 눈초리로 보고 있었다. 한국화약의 화약 생산 초기, 도화선의 품질에 일부 문제가 발생하고 공장 복구가 지연되자 화약 생산의 어려움이나 위험성은 고려하지 않고 언론에서는 이를 비난하기도 한 것이다.[13-31] 하지만 최무선과 현암은 이 같은 주변의 시선에 굴하지 않고 끝내 화약의 국산화를 이루어 냄으로써 외적 방어와 국토 개발에 크나큰 기여를 하게 된다.

다섯째 끝으로 이러한 그들의 업적이 사후死後에 더욱 크게 인정받고 있었다는 점도 최무선과 현암 김종희가 닮은 부분이다. 최무선은 사후에 대광보국숭록대부의정부우정승판병조사大匡輔國崇祿大夫議政府右政丞判兵曹事에 추증追贈되고, 영성부원군永城府院君에 봉해졌는데[2-44, 45] 현암은 사후에 금탑산업훈장金塔産業勳章을 추서追敍받았다.[47] 국가기간산업발전國家基幹産業發展에 주력注力하여 국민경제발전國民經濟發展에 기여한 공로를 인정받은 것이다.

최무선은 사후 600년이 지난 지금까지도 화약을 발명한 위인으로 추앙받고 있다. 현암은 아직 사후 30년도 안 되었지만 '다이너마이트 김'이라는 애칭과 함께 '**한국의 노벨**'이라며 찬사讚辭를 받기 시작한 것이 벌써 오래 전의 일로서[48] 앞으로 또 얼마를 두고 그 업적을 인정받게 될지 모를 일이다. 필자는 이러한 현암 김종희을 두고 '한국의 노벨'에 덧붙여 '**현대의 최무선**'이라 평가하고자 한다.

---

47) 대한민국 국무회의 의안 처리전(1981년 9월 4일 제65회 국무회의)

議案番號　880호

議決事項　榮譽受與〔'前' 한국화약(주) 회장 '故' 김종희(金鍾喜)〕

提 出 者　國務委員　總務處長官　金容烋

1. 議決主文 다음 사람에게 金塔産業勳章을 追敍하기로 議決한다.
   所屬 : '전' 한국화약(주), 職位 : 회장, 姓名 : '고' 김종희(金鍾喜), 勳格 : 金塔産業勳章
2. 提案事由 : 國家基幹産業發展에 注力하여 國民經濟發展에 기여하여 오다가 別世(81. 7. 23) 하였으므로 追敍하고자 함. 〈下略〉

48) 서울경제신문, 1999. 6. 1

왜 이 사람인가? 『한국의 노벨 / 다이너마이트 김』 〈本文기사 省略〉

08_

1960~70년대 한국화약(주) 화약류 제조시설

1960년대 한국화약 인천공장에서 가동되던 화약류 제조시설은 모두가 수동식이었다. 당시는 위험공정을 기계화하거나 자동화할 수 있는 기술이 부족했던 때로서 인력으로 조심조심 화약을 다루는 것이 가장 안전한 방법일 수도 있었다. 하지만 이 같은 수동작업 방법은 대부분의 작업자가 직접 화약에 노출될 수밖에 없었고 유사시 인명피해를 입는 사고를 당하기도 하였다.

다음은 1960년대 한국화약 인천공장의 제조시설 현황이다. 이후 계속적인 증설을 통해 그 숫자는 증가했지만 1970년대에 이르기까지 제조공정 자체는 큰 변화 없이 유지되었다.〈표 13-5〉49)

〈표 13-5〉 1960년대 한국화약(주) 화약류 제조설비 보유 현황

연 도	다이너마이트 제조시설			초안폭약 제조시설		酸處理 시설		도화선 제조시설	
	硝化機	捏和機	壓伸機	混和機	塡藥機	濃縮塔	脫硝機	含藥機	糸燥機
62. 4	2	6	4	6	2	?	?	15	2
62. 10	2	6	4	6	4	?	?	?	?
68.	3	12	5	4	8	3	2	25	5

처음 화약을 만들기 시작했을 때 우리나라에는 적당히 사용할 만한 용어조차도 없던

49) 調査月報, 韓國産業銀行 調査部(1962, 1966)
韓國經濟年鑑, 全經聯(1968)

시절이었다. 따라서 대부분 일제 강점기에 사용하던 일본어나 일본식 발음을 사용할 수밖에 없었다. 1961년 "총포화약류단속법"이 제정되면서 한글로 된 용어가 생기긴 했지만 이 역시 일본의 "화약류취체령"을 번역한 것으로서 아직까지도 낯설게만 느껴지는 용어들이 상당수에 이르고 있다. 번역을 했다기보다는 일본식 한자어를 발음만 한글로 변환시킨 것들이 많기 때문이다.

제품별로 사진을 곁들여 1960~70년대에 생산되던 화약들의 제조공정을 정리해 보았다. 좀 더 많은 사진을 확보하지 못해 아쉽기는 하나 당시는 회사 자체에서뿐만 아니라 국가 정보기관들까지도 보안을 이유로 공장 내에서의 촬영 자체를 제한하던 시절이었기 때문에 전해지는 사진이 많지 않을 것으로 판단되는바, 앞으로도 충분한 자료를 찾기에는 어려움이 있을 것으로 보인다.

비록 현재의 시설과 비교하면 격세지감을 느끼게 하는 사진들이지만 과거 한때 우리나라 화약산업 중흥에 일익을 담당했던 자랑스러운 것들이다. 이미 오래전에 현대식 설비에 밀려 가동이 중난된 후에도 대부분 2000년대 초까지도 보관되어 있었으나 공장이전과 함께 모두 없어지고 현재는 일부 시설들만이 한화기념관에 전시되어 있다.

8-1. 다이너마이트 제조공정

다이너마이트 제조공정은 크게 5~6개 공정으로 나누어 볼 수 있다. 일반적으로는 **초화**硝化(니트로글리세린 합성),[1-7] **날화**捏和(다이너마이트 반죽), **압신**壓伸(다이너마이트 성형), 완제품 **포장**공정을 비롯해서 혼산混酸 제조, 폐산廢酸 회수, 탈초脫硝 및 희황산稀黃酸 농축시설을 포함하는 **산처리**酸處理공정(Acid treatment)까지 5개 공정으로 분류하지만, 1960년대에는 **글리세린 정제공정**(Glycerine refining)을 포함하여 6개 공정으로 나누기도 하였다.

니트로글리세린(NG) 초화(합성)에는 나단Nathan(나산)식 초화기를 사용하였고, 흔히 "NG바께스"라고 부르던 통(Bucket, 알루미늄에 고무를 코팅하여 만든 양동이, 들통)에 담아 손수레로 운반하였다. 날화기捏和機로 반죽을 한 다음, 압신기壓伸機를 이용하여 설날에 먹는 가래떡처럼 길게 뽑아 알맞게 자른 후, 수작업으로 일일이 종이에 싸서 다이너마이트를 만들었다.

특별한 시설로는 순도 약 80%의 조제粗製 글리세린을 수입하여 니트로글리세린 생산에 적합하도록 98.5% 이상으로 정제精製, 표백漂白하던 글리세린 정제시설이 있었다. 당시는 국내에 단 하나 밖에 없던 시설이었으며 연간 600톤 규모의 정제능력을 가지고 있었으나 국내에서 정제글리세린이 생산되면서 일찌감치 가동이 중단되었다. 당시의 다이너마이트 제조공정을 요약해 보면 다음과 같다.

〈표 13-6〉 1960년대 다이너마이트 제조공정도

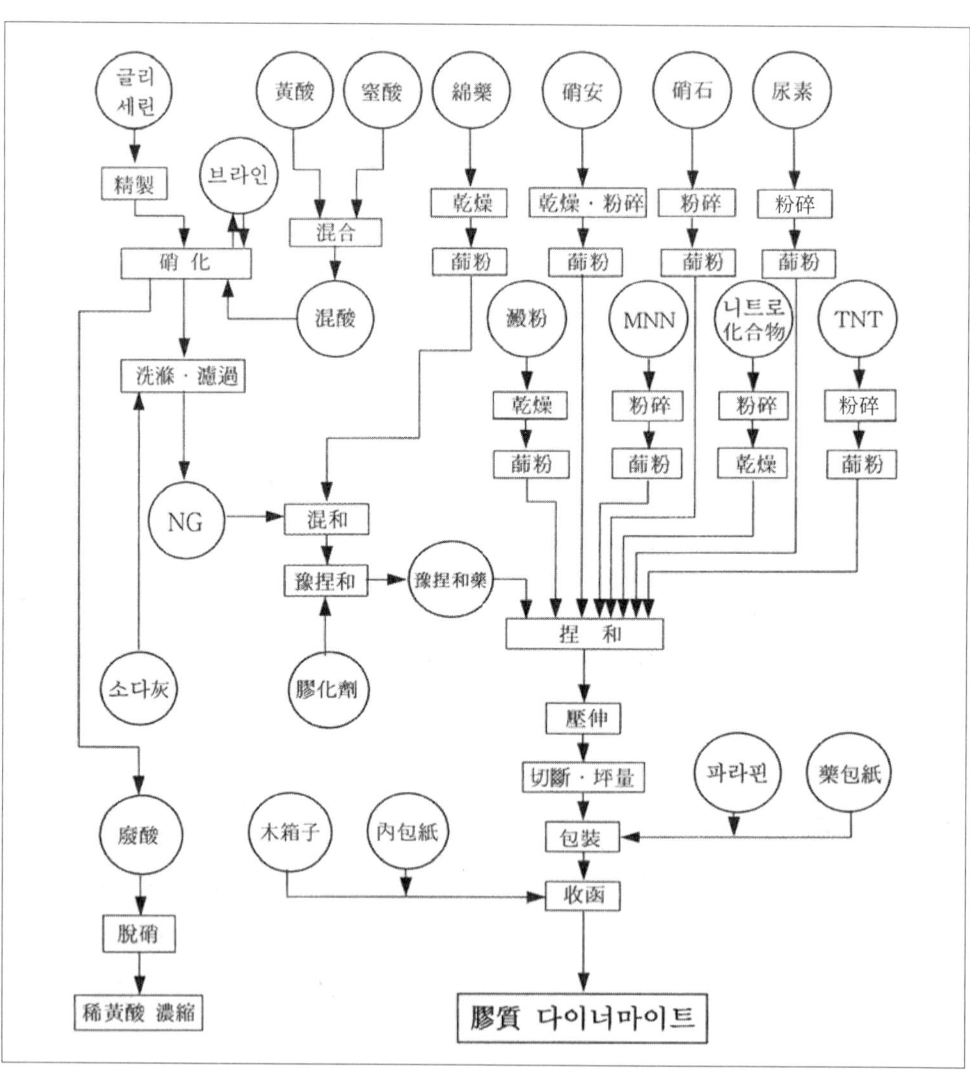

01 니트로글리세린 초화공실 외부 전경

02 질산 운반 항아리(甕器)

03 니트로글리세린 초화공실 내부

04 손수레로 질산을 운반하는 광경

01 02 니트로글리세린 운반용기들

03 니트로글리세린 운반 손수레

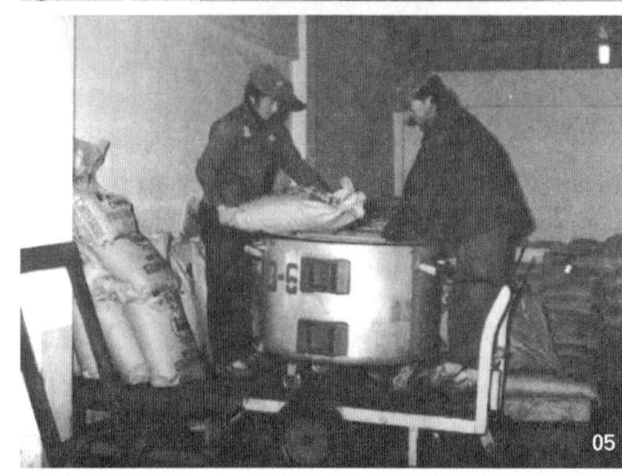

04 니트로글리세린 세척공실

05 다이너마이트 원료 사분 작업

06 다이너마이트 날화기

01 폐산 탈초 및 황산 농축공실 / **02 03 04** 다이너마이트 압신기 / **05** 다이너마이트 압신 작업 광경

8-2. 초안폭약 제조공정

처음 초안폭약을 생산하기 시작했을 때는 예감제로 DNN(디니트로나프탈렌)이나 TNT 등을 사용하였으나 니트로글리세린(NG)을 생산하면서부터 NG를 사용하였다. 다이너마이트가 교질膠質 상태였던 것과 달리 NG 함량이 6% 내외인 가루형태의 분상粉狀폭약이었다. 따라서 다이너마이트를 성형할 때는 수평水平스크류 형태의 압신기壓伸機를 사용한 반면 초안폭약은 수직垂直스크류 형태의 전약기塡藥機라 부르던 기계를 사용, 미리 만들어진 지통紙筒(종이 튜브)에 가루약을 충전하는 방식으로 생산하였다.

〈표 13-7〉 1960년대 초안폭약 제조공정도

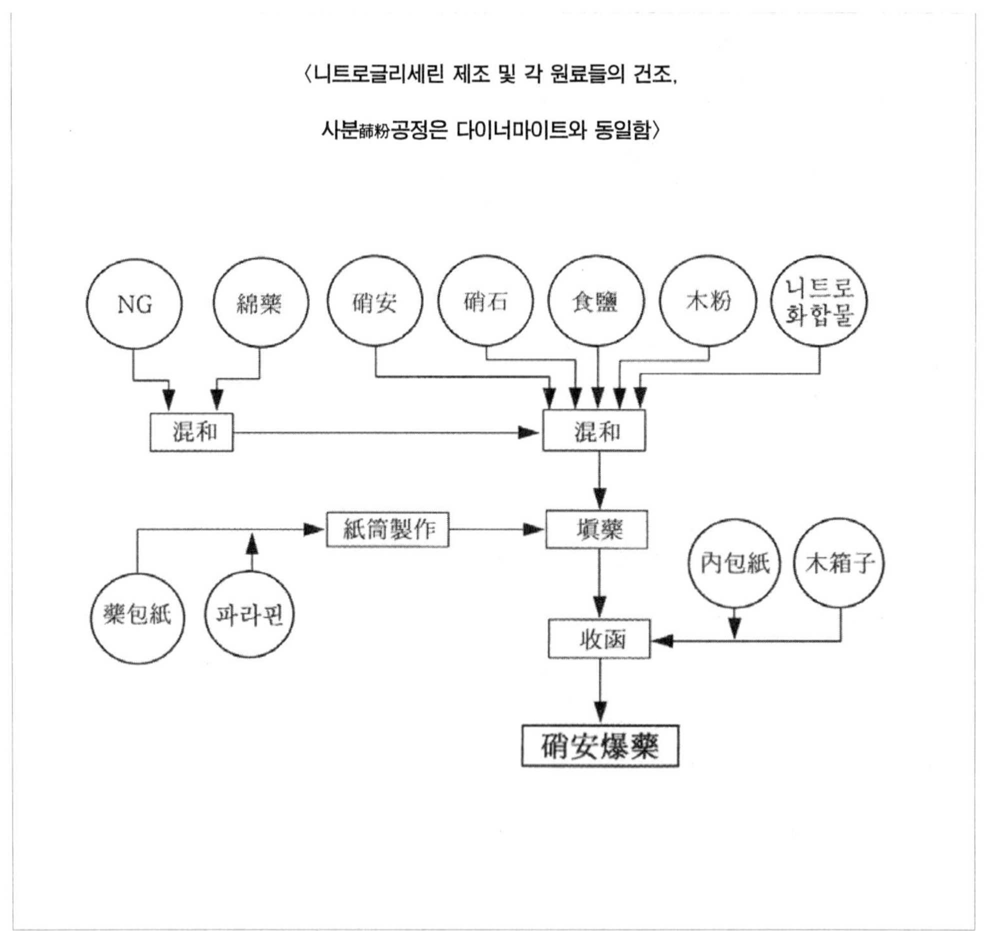

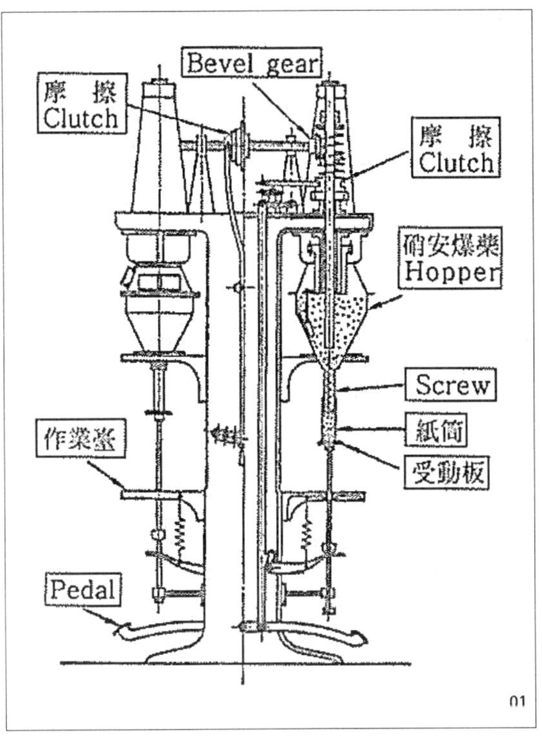

01 초안폭약 전약기 구조도

02 03 초안폭약 지통(紙筒)제작기

04 초안폭약 혼화기

초안폭약 전약공실 작업 광경

8-3. 공업뇌관, 전기뇌관 제조공정

뇌관 제조공정은 프레스를 이용하여 관체管體를 만든 다음 관체 안에 첨장약과 기폭약을 충전하고 점화장치를 부착하는 방식으로서 기본 원리는 현재와 동일하다고 할 수 있다. 하지만 당시는 대부분 수작업으로 화약을 취급했기 때문에 예민한 화약을 취급하는 과정에서 안전사고를 가장 우려했던 공정이었다.

초창기에는 기폭약과 첨장약으로 뇌홍雷汞과 테트릴Tetryl이 사용되다가 DDNP폭분, PETN으로 바뀌었으며 연시장치도 현재와 같은 금속관식이 아니고 장초시長秒時에는 연시도화선延時導火線을, 단초시短秒時에는 연시약延時藥을 직접 충전하는 방식이었다.

〈표 13-8〉 1960~70년대 뇌관 제조공정도

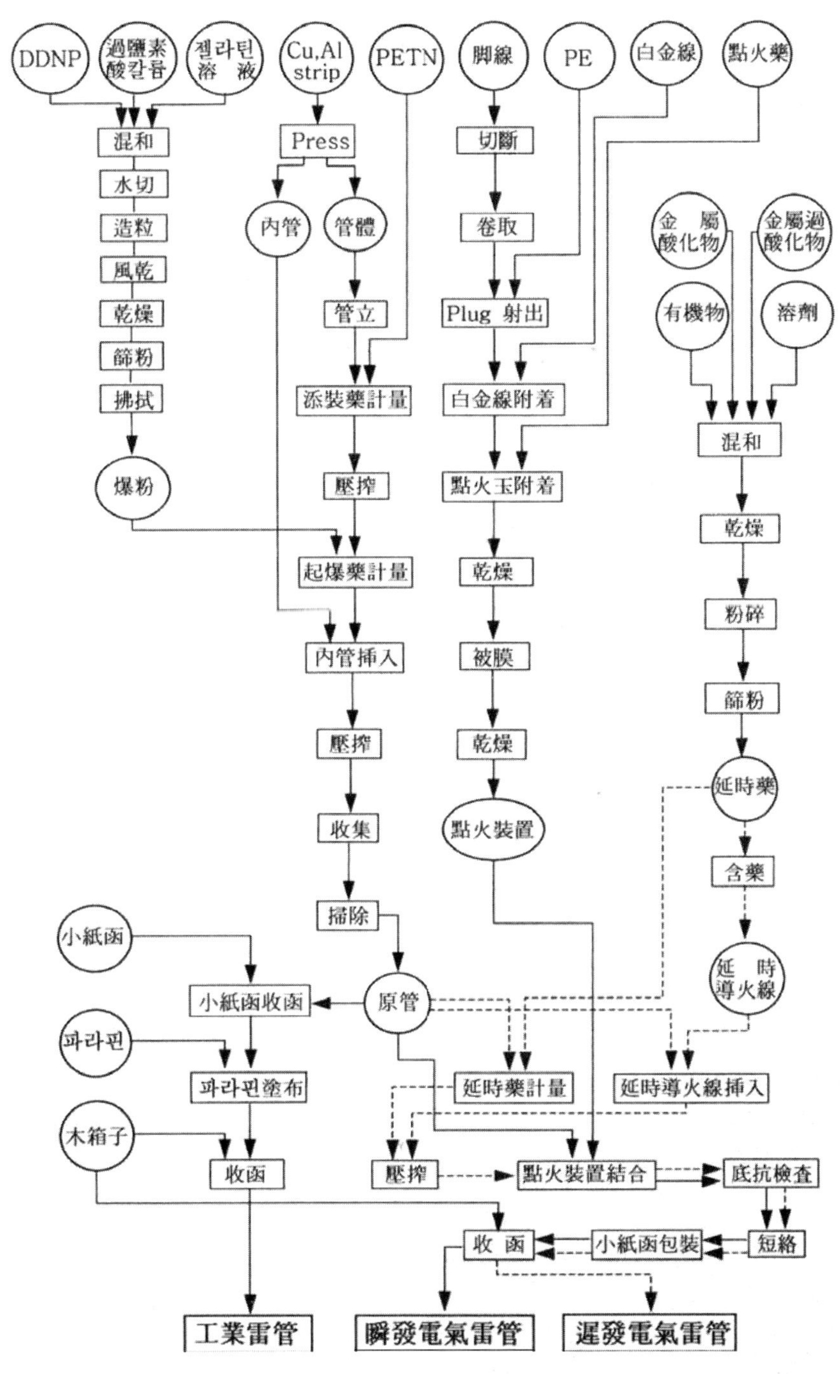

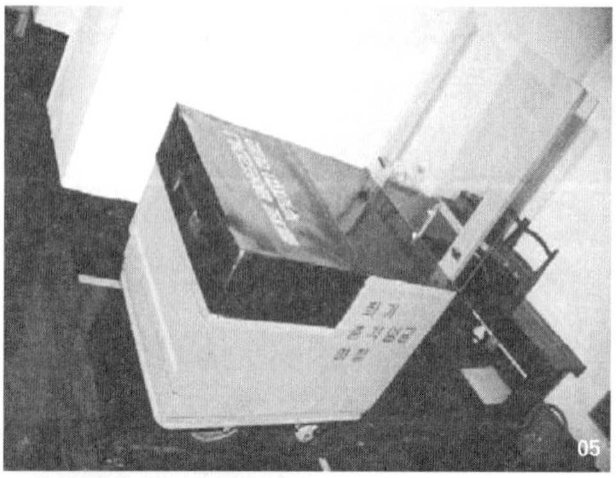

01 뇌홍(雷汞) 합성공실
02 DDNP 합성공실
03 첨장약 건조공실
04 기폭약 건조공실
05 기폭약 운반 손수레
06 전압공실 내부
07 기폭약 계량

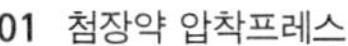

01 첨장약 압착프레스

02 공업뇌관 검사

03 공업뇌관 소지함 파라핀 도포

04 백금선 부착

05 백금선 피막 작업

06 전기뇌관 점화옥 제조공실(건조터널)

좌 전기뇌관공실 내부. **우** 전기뇌관 수동구제기

8-4. 도화선 제조공정

분상粉狀 흑색화약을 심약心藥으로 하고 마사麻(주로 황마사를 사용), 면사綿, 지紙 Tape 등으로 피복被覆하여 소정所定의 연소燃燒속도를 유지할 수 있도록 만든 것을 말한다. 제1종, 2종, 3종 세 가지가 있으나 국내에서는 주로 제2종 도화선을 사용하였다.

함약기含藥機라고 하는 기계로 생산을 하였는데 생산초기 품질관리에 많은 문제점이 있었던 제품이었다. 후에 품질관리를 위한 각종 장치가 개발되어 해결은 되었지만 가장 오랫동안 품질문제를 일으키던 것은 도화이었을 것이다.

〈표 13-9〉 도화선 제조공정 및 함약기 구조

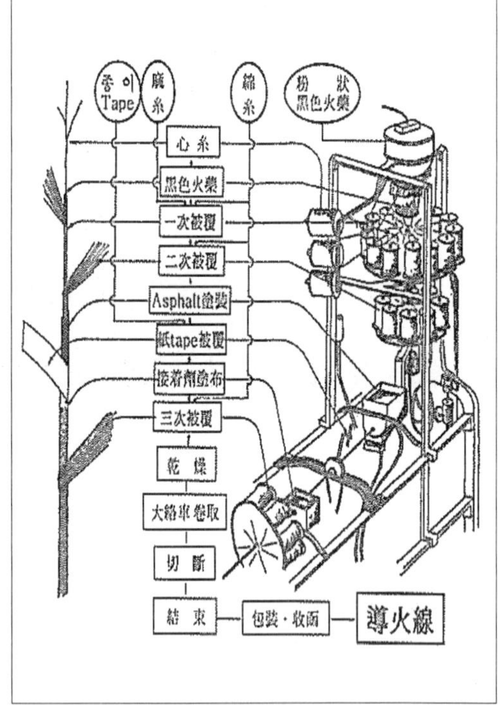

01 핏치공실
02 사조기(糸燥機)
03 도화선 함약공실
04 도화선 일광건조 광경
05 대락차(大絡車) 공실
06 도화선 포장공실

8-5. 흑색화약 제조공정

600년의 역사를 가지고 있는 흑색화약이었지만 한국화약 인천공장에서 흑색화약을 생산하기 시작한 것은 의외로 다이너마이트나 뇌관보다도 10여 년이나 늦은 1972년 7월이었다. 흑색화약은 암석 발파에 적합지 않았기 때문에 필요가 없었던 것이다. 물론 도화선에 분상흑색화약을 사용하기는 했으나 처음에는 그 양이 너무 적어서 굳이 자체에서 생산하지 않고 수입하여 사용해도 큰 문제가 없었다.

하지만 시간이 지나면서 도화선의 생산량이 증가하기 시작했고 또한 채석장에서 사용하던 구상흑색화약도 점차 수요가 늘고 있었을 뿐만 아니라 1970년대 들어 군용 추진제에 사용할 입상흑색화약 수요까지 겹치면서 더 이상 수입에만 의존할 수가 없게 되자 자체 생산을 시작하였다. 처음에는 숯을 만드는 공정(탄화炭化)부터 시작하여 생산하였으나 1980년대에 들어 숯은 외부로부터 조달하였다.

〈표 13-10〉 1970년대 흑색화약 제조공정도

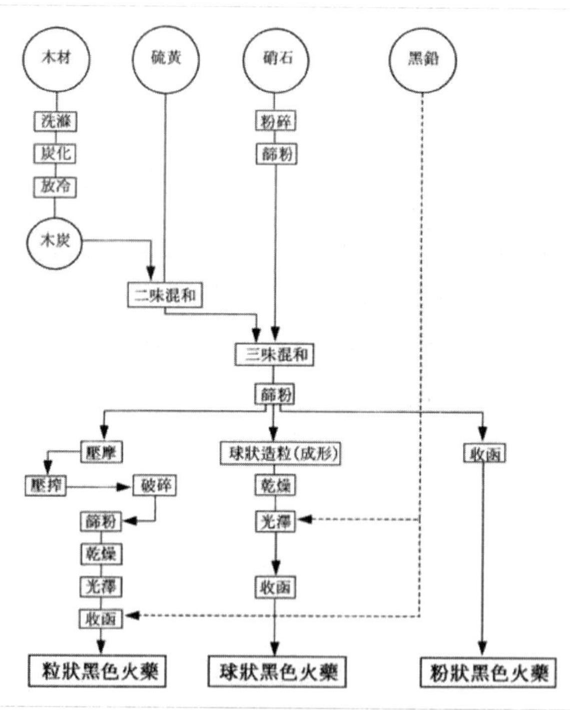

01 탄화(炭化)공실

02 2미 혼화기

03 3미 혼화기

04 압마기(0.5톤)

05 구상흑색화약 성형기

01 압마기(5톤)

02 압착기

03 사분기

8-6. 기타 원료용 화약류와 연화煙火

대한민국 초창기의 화약이라면 보통은 전술한 다이너마이트, 초안폭약, 뇌관 및 도화선, 흑색화약 등 다섯 가지를 꼽는다. 하지만 이외에도 이미 1958년부터 불꽃놀이용 연화煙火도 국내에서 생산되고 있었다.

뿐만 아니라 이 같은 화약류를 만들려면 그에 필요한 원료용 화약들도 다수 필요한데 원료로 사용되기 때문에 일반적으로는 잘 언급하지 않을 뿐이다. 우선 다이너마이트나 초안폭약에는 티엔티TNT, 디엔엔DNN 등이 사용되었고, 뇌관에는 기폭약으로 뇌홍, 아지화납(LA), 디디엔피DDNP라는 화약이, 첨장약으로 테트릴Tetryl, 피이티엔PETN이라는 화약이 사용되었다.

한국화약 인천공장에서는 1960년 테트릴과 디엔엔을 생산하는 것을 시작으로 1970년대에 이르기까지 단계적으로 모든 품목의 원료용 화약들을 국산화하였고, 1990년대에 들어서는 단일 공장에서 모든 품목의 화약류를 생산하던 세계 유일의 공장으로 성장하였다. 연화煙火와 원료화약들의 제조공정은 생략하기로 한다.

제 14 장

산업용 화약산업의 발전과 변화

01_

산업용화약의 태동기

고려 말 화통도감이 설치되고 화약이 만들어졌다고 해서 모든 것이 해결된 것은 아니었다. 최무선은 계속해서 각종 화약병기를 만들었을 뿐만 아니라 전함까지도 건조하였고 이들을 실전에 투입하여 왜구들을 소탕하는 전과를 올림으로써 비로소 그의 공적은 더욱 높이 평가될 수가 있었다.

처음 초안폭약을 국산화한 한국화약도 예외는 아니었다. 1956년 1월 제1단계 공장 복구공사를 완료하고 4월부터 초안폭약 공실, 도화선 함약공실, 공업뇌관 제조공실의 가동을 시작하고 나서, 다시 제2단계 복구에 착수, 1958년 6월 니트로글리세린 초화硝化공실과 날화捏和, 압신壓伸, 포장공실 등 다이너마이트 제조 라인Line을 차례로 가동하였다. 제1, 2단계에 걸친 공장 복구공사를 성공적으로 끝내고 난 1959년 1월, 한국화약은 드디어 전기뇌관을 생산하기 시작한다. 초안폭약과 다이너마이트, 그리고 공업뇌관, 도화선에 이어 전기뇌관까지 생산함으로써 비로소 한국화약 인천공장이 산업용화약 생산의 기틀을 완성한 것이다.

하지만 최종 완제품만을 놓고 볼 때는 어느 정도 화약공장의 면모를 갖추었다고는 하더라도 아직도 주요 원료들은 수입에 의존할 수밖에 없었고 제조시설들은 많은 부분이 인력에 의한 수작업 형태의 낙후된 시설들이 대부분이었으며 생산 능력조차도 부족한 형편이었다. 그중에서도 제일 시급한 것은 국내 화약 수요 증가에 부응할 수 있는 생산 능력의 확충이었다.

시설 확충 및 대량생산 체제 구축

한국화약은 즉시 3단계 복구공사에 착수하였고 니트로글리세린 초화공실, 도화선 함약공실, 공업뇌관 전압공실, 전기뇌관 공실을 차례로 증설, 1962년 12월, 3차에 걸친 공장 복구공사를 성공적으로 마무리하면서 대량생산 체제를 갖추었으며 글리세린 정제와 탈초시설 등 원료 가공부터 폐산廢酸처리 시설까지도 완벽하게 구비하게 되었다.

1, 2, 3단계에 걸친 세 차례의 시설 복구와 확충으로 기본적인 생산체제를 갖추고 난 한국화약은 수입에 의존하던 화약들을 차례차례 국산화하고 품질 개선과 함께 다양한 품종의 신제품을 꾸준히 개발하기 시작하였다. 제일 먼저 원료화약의 국산화가 시작되어 1960년 3월 Tetryl(뇌관 첨장약), 1963년 5월 DDNP(뇌관 기폭약), 1968년 7월 PETN이 시차를 두고 하나씩 국산화되었다. 1962년 9월과 1963년 1월에는 각각 탄광용 초안폭약과 부동 다이너마이트를 생산하는 등 기존 제품들의 용도별 특성에 맞는 제품 개발도 이루어졌고 폐허나 다름없던 인천 화약공장은 비로소 완전한 화약공장으로 변모하게 되었다.

복구공사를 마친 1960년대 한국화약(주) 인천공장 전경

02_

산업용화약의 성장기

계속해서 한국화약은 1966년 6월 초유폭약(AN-FO) 생산, 1972년 7월 흑색화약 생산, 1975년 3월 신호기류 생산, 1976년 6월 도폭선, 1978년 2월 MS지발전기뇌관을 생산하는 등 다양한 신제품들을 속속 개발하여 발파 현장으로 출시하였고, 1979년 8월에는 함수폭약(슬러리폭약)을 개발, 시험발파를 실시하기에 이르렀다. 이들 모두가 외부 기술의 도입 없이 자체 기술로 이루어 낸 쾌거였다.

한편 1969년 5월 수류탄 생산을 시작하면서 1973년 4월 한국화약 인천공장은 방위산업체로 지정되었고 1973년 6월 각종 고폭탄을 양산하면서 본격적으로 군수용 화약 제조에도 참여하였다.

인력에만 의존하던 소형 착암기 위주의 발파 현장에 대형 크로라드릴과 유압드릴이 등장하면서 이에 부응하기 위한 직경 50mm, 60mm의 대구경 다이너마이트를 생산한 것이 1980년 10월이었고, 1981년 3월과 11월에는 정밀폭약(FiNEX)과 함수폭약의 양산을 시작하였다.

수년간에 걸친 개발시험을 통해 1981년 12월부터 생산한 컵식(Cup式) 내정전기뇌관은 발파 현장의 안전성을 크게 향상시켰으며, 1984년 4월, 보다 우수한 제품을 공급하기 위해 미국 듀퐁DuPONT사로부터 함수폭약 제조기술을 도입, '코벡스KOVEX'라는 상표로 출하를 시작하는 한편 한국화약은 미래의 화약산업에 다가올 변화에 발맞추어 1984년 11월 에멀젼폭약 개발에 착수, 1987년 11월 국내 최초로 특허등록까지 마치게 된다.

1970년대 말 한국화약 인천공장은 대대적인 공장 자동화에 착수하였다. 30여 년 동안 가동하던 수동식 다이너마이트 제조공정은 초화부터 시작하여 포장에 이르기까지

전 공정을 기계화, 자동화하면서 안전성과 생산성을 획기적으로 향상시켰고 고질적인 문제를 안고 있던 폐산廢酸처리 시설은 진공농축 프로세스Process를 적용하여 해결했다.

도화선과 도폭선, 전기뇌관도 대폭적인 시설 개량과 기계화 및 자동화를 통해 생산성 향상은 물론 세계 수준의 품질 기준에 맞도록 품질을 고급화하고 아울러 다양한 품종의 제품 생산 체제를 갖추었다.

1992년 5월 한국화약은 인천 화약공장 내에 질산공장을 건설하고 가동을 시작하였다. 1958년 창업자인 현암 김종희가 구상했던 질산과 초안사업이(13-5절) 부분적으로 실현된 것이다. 에멀젼폭약의 생산이 증가하면서 질산공장에 이어 액체초안 공장까지 건설함으로써 한국화약의 질산·초안사업은 40여 년이라는 세월이 흐른 뒤이긴 했지만 적어도 70~80%는 달성된 셈이라 할 수 있다.

〈표 14-1〉 1984년 국내 산업용 화약류 제조소 현황(허가일자 순)

회사명	허가일자	대표자	제조소 소재지	주요 생산 품목
韓國火藥	54. 12. 11	權赫重	인천 남구 고잔동	폭약, 화약, 화공품, 연화류
東基火工	57. 12. 4	具營書	대구 수성 범어3동	實砲(獵用)
東一火工	63. 9. 18	梁銀洙	충남 대덕 신탄진읍	완구연화
始動藥工業	64. 4. 22	韓商福	경기 부천시 중동	선박용 시동약
冶山火工	72. 5. 2	李潤燾	평택 서탄 수월암리	실포, 공포(엽용, 打釘用)
木浦火工	73. 12. 15	朴華福	전남 목포시 상동	완구연화
大海實業	75. 3. 25	崔重震	화성 팔탄 창곡리	완구연화
弘能物産	76. 3. 25	李承珪	서울 도봉 월계동	완구연화
高麗火工	76. 4. 16	曹孝植	부산 사하 장림동	선박용 신호기
和生火工	77. 7. 28	崔燐舜	부산 사하 장림2동	射擊 競技用 實砲, 空砲
弘能物産	77. 10.18	李承珪	가평 외서 상천리	완구연화
京東煙火	79. 1. 25	李京穆	충남 대전 용운동	완구연화
韓國火藥	80. 8. 25	權赫重	강원 동해 어달동	폭약(AN-FO)
大海火工	84. 9. 24	崔重震	경북 칠곡 양목면	완구연화

1980년대 우리나라 화약 제조 업체

이처럼 우리나라의 산업용화약은 한국화약주식회사가 선두에 서서 주도적으로 이끌어 가고 있었다. 하지만 한국화약에 의해 산업용 화약산업의 틀이 갖추어지고 있는 동안 국내에서는 한국화약 외에도 여러 업체들이 화약제조업에 참여하기 시작하였다.

비록 폭약이나 뇌관을 제조하는 업체들은 아니고 완구연화 등 한정된 분야이긴 했지만 1984년 9월 현재 11개 화약 제조 업체가 14개소 화약류 제조소에서 화약을 생산하였고 이외에 몇몇 방위산업체들도 군용화약을 생산하기 시작하였다.

현재는 대부분의 제조소가 주변의 도시화에 따라 다른 곳으로 이전하거나 경영난으로 폐업을 하였고 당시의 소재지에서 아직도 생산 활동을 하고 있는 곳은 소수에 불과하다.

03_
산업용화약의 세대교체

1990년대에 들어 국내 산업용화약은 일대 변혁기를 맞게 된다. 1993년 5월 한국화약이 에멀젼폭약(NewMITE) 공장을 준공하고 양산을 시작함으로써 본격적인 에멀젼폭약 시대를 열어가기 시작하였다. 뒤이어 1994년 1월에는 비전기뇌관(HiNEL)을 생산하였고 1996년 6월에는 기존의 직전식直塡式과 연시延時 도화선식導火線式 전기뇌관(KoDETO)을 획기적으로 개선한 금속관시金屬管式 전기뇌관(HiDETO)을 생산하기 시작하였다.

이처럼 안전성이 높은 신종 화약류가 속속 개발되면서 함수폭약으로 수요가 대체되던 초안폭약은 설상가상으로 주소비처인 석탄광들의 폐광으로 인해 수요가 급격히 줄게 되면서 1999년 7월 생산이 종료되었고, 이에 앞서 1998년 12월 도화선과 공업뇌관 생산도 종료됨으로써 1956년 4월 "이것이 국산품이 아니라 이것도 국산품"이라는 찬사를 받으며 13-28) 시작된 대한민국 최초의 화약들은 역사 속으로 사라지고 말았다.

2004년 7월에는 고려 말 최무선에 의한 "화통도감"에서 시작된 흑색화약도 628년 만에 생산이 중단되었고, 우리나라 화약은 완전히 그 세대를 달리하게 되었다. 그동안 한국화약 인천공장에서 생산했던 초창기 화약류 중 이미 생산이 중단된 품목들의 생산량은 〈표 14-2〉와 같다.

〈표 14-2〉 인천 화약공장의 누적 생산량

품 명	다이너마이트	초안폭약	흑색화약	공업뇌관	도화선
수 량	640,000톤	64,800톤	2,200톤	558,900천 발	788,000천 미터

* 출처: 『한화 인천공장 50년』, (주)한화, 2005

(주)한화 인천공장 전경(2004년)

이처럼 일대 변혁기를 거친 산업용화약은 2000년대에 들어 완전히 변신을 끝내고 제3의 시대를 맞게 된다. 다양했던 모든 종류의 폭약은 안전폭약인 에멀젼폭약으로 모조리 대체되기 시작하여 2005년 10월에는 다이너마이트 공장마저도 일부 시설만을 에멀젼폭약에게 물려주고 대부분이 폐기되었으며 이제는 초유폭약 한 가지만이 역사의 명맥을 유지하고 있다.

1939년 9월 28일 성대한 기공식과[12-28] 함께 건설되었던 인천 화약공장은 그 터를 잡은 지 66년 9개월 만인 2006년 6월 20일을 기해 가동을 중단하고 충청북도 보은군으로 이전하였다. 우리나라 초창기 화약 제조 설비와 자료들은 인천의 화약공장 터에 자리하고 있는 '한화기념관'에서 그 일부를 찾아볼 수가 있다.

그 사이 1990년대에는 한국화약 외에도 산업용폭약을 생산하는 회사들이 속속 등장하였다. 1994년 고려화약주식회사가 에멀젼폭약을 생산하면서 비전기식 뇌관(NONEL)을 수입하기 시작했고, 비록 정상 가동에는 이르지 못하였지만 1995년 야산화공冶山火工주식회사가 경기도 평택에 초유폭약 제조공장을 건설한 적도 있다. 최근에는 코스텍(주)이 2003년부터 초유폭약을 생산하고 있고 세홍화약(주)도 2004년부터 에멀젼폭약 생산을 시작했으나 2006년 중단하였다.

04_

국가산업 발전과 화약

4-1. 경제개발계획과 화약

해방 후 지지 부진하던 산업용 화약산업은 1960년대에 들어 첫 호황기好況期를 맞이하였다. 1947년 100톤 수준에 불과하던 연간 폭약 소비량이 1948년 약 180톤, 1949년 약 200톤으로 조금씩 증가하다가 1955년 비로소 1,000톤을 넘어 1,600톤에 달하게 된다. 하지만 이후 화약 수요는 다시 감소하였고 1959년이 되어서도 겨우 1,497톤에 불과했다. 일제 강점기인 1942년 10,417톤의 15%도 되지 않는 적은 양이었는데 이는 해방 후 혼란기를 거치고 연이어 6 · 25를 치르면서 남한 산업설비의 대부분이 파괴되고 난 후유증이 가시지 않고 있었기 때문이었다.

하지만 1960년대에 들어 '경제개발계획'이 추진되면서 상황은 달라졌다. 화약 소비량이 증가하기 시작하더니 1966년 5,000톤을 넘어섰다. 처음 '경제개발계획'이 수립된 것은 이승만 정권 시절이었다. 1958년 정부는 부흥부 산하에 경제개발계획 입안을 위한 산업개발위원회Economic Development Committee를 설치하고 1960년 4월 15일, 역사적인 경제개발 3개년계획을 확정하였다. 1960년부터 1962년까지를 계획년도로 설정했던 우리나라 경제개발계획의 효시였다고 할 수 있다. 불과 나흘 후 4 · 19가 터지는 바람에 빛을 보지 못하고 말았지만, 5 · 16 직후 이 계획은 제1차 경제개발 5개년계획(1962~1966)으로 승계되었고 정부는 공업화에 중점을 두며 수출증대에 힘을 기울이는 한편 기간산업과 사회간접자본을 갖추는 데 주력하게 됨으로써 자연히 화약의 수요도 증가하게 되었던 것이다.

계속된 제2차 경제개발계획(1967~1971)은 산업구조를 근대화하고 자립경제의 확립을 촉진하는 데 목표를 두었다. 그 결과 노동집약적인 경공업 중심의 산업구조에서 벗어나 자본집약적인 중화학공업의 기반이 갖춰지면서 광공업 비중은 더욱 높아졌고, 그에 따라 화약의 소비량도 증가할 수밖에 없었다. 경부고속도로를 비롯한 도로와 항만, 다목적댐 등의 사회간접시설 공사와 함께 간척사업이 진행되었고, 탄광 등 광산업의 호황, 시멘트 생산 증가 등에 따라 화약 소비량은 계속 증가하여 1967년에 6,000톤을 넘어섰고 제2차 경제개발계획 마지막 연도인 1971년에는 9,380톤에 달했다.

이어서 실시된 제3차(1972~1976), 제4차 경제개발계획(1977~1981)은 '공업 한국'의 기반을 완전히 구축하였고, 1974년 드디어 화약 수요는 처음으로 10,000톤을 넘어서 11,310톤에 이르고, 이후 꾸준한 성장을 통해 1979년 20,000톤을 돌파하였다.

5차 계획부터는 그 명칭이 '경제사회개발 5개년계획'으로 바뀌어 시행되면서 성장위주의 경제개발이 가져온 사회, 경제적인 불안요인을 줄이고 성장대신 안정적이고 능률적이며 균형 있는 발전에 주력하게 된다.

4-2. 연도별 산업동향과 화약

석탄산업 및 건설업과 화약

이처럼 국가 경제 발전에 발맞추어 화약산업도 나름대로 고도의 성장을 하였지만 그동안 몇 차례의 부침도 있었다. 그중에서 화약산업에 가장 큰 영향을 미치던 것은 당연히 석탄산업과 건설업이었다. 제1차~제3차 경제개발계획에는 각종 광공업의 진흥책과 함께 국토개발에 따른 건설공사가 다수 포함되어 있었기 때문이다. 그중에서도 석탄산업은 1960년대 중반, 전체 화약 소비의 50% 가까이 차지하며 화약산업에 절대적인 영향을 끼치고 있었다. 석탄광 외에 일반광산까지 포함하면 90%에 육박할 정도였다.

〈14-3〉 업종별 폭약류 소비량 점유비

연도별 \ 업종별		광업 분야			토목/기타	합 계	비 고
		석탄광	일반광	소 계			
1934년	수 량(톤)	-	-	1,239	865	2,104	〈표 12-7〉
	점유율(%)	-	-	58.9	41.1	100	
1935년	수 량(톤)	-	-	1,992	710	2,702	
	점유율(%)	-	-	73.2	26.8	100	
1936년	수 량(톤)	-	-	2,979	916	3,895	
	점유율(%)	-	-	76.5	23.5	100	
1937년	수 량(톤)	-	-	3,788	1,181	4,969	
	점유율(%)	-	-	76.2	23.8	100	
1942년 2/4분기	수 량(톤)	350.7	1,558.8	1,909.5	655.5	2,565	〈표 12-14〉
	점유율(%)	13.7	60.8	74.5	25.5	100	
1965년	수 량(톤)	2,258.7	1,865.5	4,124.2	629.8	4,754	1)
	점유율(%)	47.5	39.2	86.7	13.3	100	

일제 강점기에도 광업 분야의 화약 소비량 점유율이 75%에 이르고 있었지만 1942년 2/4분기를 기준으로 보면 석탄광에는 13.7%만이 사용되고 있는 것을 볼 수 있다. 하지만 이러한 현상은 일제 말기 금산장려책 일환으로 각종 금광에 화약이 대량으로 소비되었기 때문에 상대적으로 석탄광의 점유율이 낮았던 것일 뿐 절대수량 면에서 본다면 석탄광에 소비된 화약이 1942년에만도 1,400~1,500톤에 달했을 정도로 결코 적은 수량이 아니었음을 알 수 있다.

참고로 1942년 금광에서 사용된 폭약은 2/4분기에만 1,043톤이나 되었다. 광업 분야 사용량 1,909.5톤의 54.6%, 전체 화약소비량 2,565톤의 40.7%나 되는 양이다. 일제가 금金 생산에 얼마나 혈안이 되어 있었는지 알 수 있는 자료이다.

이처럼 화약의 주소비처가 석탄광 위주로 치우쳐 있던 현상은 1980년대에까지도

1) "火藥製造業의 槪況", 調査月報 129(1966), 韓國産業銀行 調査部

지속되다가 석탄산업이 사양길에 접어들면서부터 건설 분야의 화약 소비량이 이를 대체하게 되는데 바로 이 두 가지 산업이 산업용화약에 가장 큰 영향을 끼쳤던 분야였다. 이후 건설업이 성장하면서 시멘트 생산이 증가함에 따라 석회석 발파용 화약 수요가 그 다음을 차지하게 된다.

1960년대 에너지 정책과 국토개발

국가 경제 성장을 위해서는 산업에너지의 공급 확대가 필수 불가결한 조건이다. 우리나라에서도 1960년대 들어 시작된 경제개발정책은 당연히 산업용 에너지 수요의 급증을 불러왔다.

하지만 이처럼 급증하는 에너지 수요 증가를 기존의 주요 에너지원이었던 신탄薪炭만을 가지고 해결할 수는 없는 노릇이다. 1950년대 신탄 위주의 에너지 구조는 당연히 석유와 석탄 중심으로 전환되어야만 했고 증가하던 석탄 수요는 다시 채탄량 증가로 이어져 1960년 535만 톤에 불과하던 채탄량이 1967년 1,244만 톤으로 증가하였고 이는 다시 화약의 수요 증가로 연결될 수밖에 없었다.

1950년대에서 1970년대 초에 이르기 까지 우리나라 에너지 원천별 수급 구조를 보면 1950년대 초 80%에 육박하던 신탄 위주의 에너지원이 1960년대에는 석탄으로, 다시 1970년대에 들면서 석유 위주로 변경되는 것을 볼 수가 있다.〈표 14-3〉2)

아울러 60년대 들어 본격적으로 시작된 국토종합개발에 따른 도로 개설, 항만 건설, 도시개발 사업, 상하수도 사업, 다목적 수자원 개발공사는 계속해서 화약의 수요를 증가시키기 시작했다. 섬진강댐, 소양강댐이 착공되었고, 경인고속도로와 경부고속도로를 비롯해서 전국 각지에서는 대규모 공업단지도 속속 착공되었다. 울산, 진해, 비인, 여수, 포항 등 임해 공업단지와 광주, 대구, 전주, 대전, 춘천, 제주, 구미 등 내륙 공업단지들이 60년대에 착공된 곳들이다.

이처럼 석탄 생산량 증가와 각종 토목공사의 동시 다발적 착공으로 1959년 1,500톤

---

2) 『한국경제연감』, 1966, 1969, 1975, 전국경제인연합회 발행

에도 미치지 못하던 화약 수요는 1960년대 말 9,300여 톤으로 급증하였다. 하지만 증가율상으로만 급격한 증가를 한 것일 뿐 절대수량 면에서는 10,000톤에도 미치지 못하는 규모로서 아직도 20년 전 일제 강점기였던 1940년 폭약 소비량 9,099톤과 유사한 수준일 뿐이었다.

1970년대 석유파동과 2, 3차 경제개발 계획

1960년대 석탄 생산량이 증가하고는 있었다고 하지만 이 시기는 비교적 가격이 싼 원유原油도 풍족하게 공급되던 시기였다. 따라서 총에너지 확보에 크게 부심할 필요가 없었던 정부에서는 60년대 말부터 에너지 구조를 석탄 중심에서 석유 중심으로 바꾸기 시작하였다.〈표 14-4〉 이와 같은 '주유종탄主油從炭'의 에너지 정책은 산업에너지로서의 석탄수요 정체

〈표 14-4〉 에너지 원천별 수급 구조

연도별	無煙炭	石 油	水 力	有煙炭	薪 炭	合 計
1954	889	704	349	1,131	12,103	15,176
1960	5,350	1,433	394	173	11,496	18,846
1961	5,884	1,563	443	307	10,635	18,832
1962	7,444	1,932	477	225	10,093	20,171
1963	8,858	2,151	494	163	9,713	21,379
1964	9,622	2,174	509	201	9,778	22,284
1965	10,188	2,894	480	124	9,491	23,387
1966	11,613	4,189	664	229	9,464	25,279
1967	12,435	4,886	642	110	8,837	25,074
1968	12,875	5,320	660	107	8,365	25,632
1969	11,177	13,689	700	-	8,540	39,106
1970	11,933	18,011	597	-	8,355	38,876
1971	12.061	21,263	646	-	8,051	42,121
1972	12,366	22,776	670	-	7,824	43,636
1973	15,537	26,718	629	-	7,200	50,084
1974	16,032	26,938	869	-	6,981	50,820

〈주〉 단위 : 천톤(5,300Kcal/kg 無煙炭으로 환산)

경부고속도로 옥천터널 공사현장(공사 중 13번이나 무너지는 사고가 있었다 한다.)

로 이어졌고 결국 채탄량 증가율이 둔화되면서 화약 수요 증가마저 지지부진하게 되고야 말았다. 1969년도 화약 소비량이 전년의 7,150톤에서 무려 30%가 넘게 증가한 9,312톤으로 급성장하는 것을 끝으로 정체를 거듭하다가 1972년에는 화약 소비가 5.8%나 감소하는 현상이 발생하였다.

하지만 그해 10월 6일 발발한 제4차 중동전쟁이 석유전쟁으로 비화하면서 상황은 달라졌다. 석유수출국기구(OPEC) 회의에서 원유가격을 17% 인상한다고 발표하면서 이스라엘이 아랍 점령지역에서 철수하고 팔레스타인의 권리가 회복될 때까지 매월 원유생산을 5%씩 감산할 것을 결정하는 등 석유를 정치적 무기로 사용할 것을 선언함에 따라 석유수급은 전 세계적으로 제1차 석유파동Oil Shock이라는 큰 혼란에 빠지고야 만 것이다.

이 제1차 석유파동으로 정부에서는 다시 채탄량 증대를 추진할 수밖에 없었다. 1972년 주유종탄主油從炭에서 주탄종유主炭從油로 선회, 석탄 생산 극대화 방안을 포함한 장기 에너지 정책을 수립하였다. 매년 누적 적자에 허덕이던 석탄업계에도 새로운 활기가 찾아왔다. 화약의 수요도 증가하기 시작, 1973년 전년 대비 9.9%가 증가하는 것을 시작으로 74년 16.4%, 75년 29.1%, 76년 7.9%가 증가하여 15,000톤을 넘어서는 등 전에 없는 호황을 맛보기도 하였다.

이러한 제1차 석유파동은 부존자원賦存資源이 절대적으로 부족하여 에너지 수입 의존도가 높았던 우리나라에게 에너지 수급정책의 중요성을 일깨워 주었으며 1978년 1월 동력자원부를 발족하는 등 종합 에너지 수급 대책이 시행되기 시작하였다.

하지만 이 같은 종합 에너지 정책이 정착되기도 전에 다시 석유파동이 일어났다. 1978년 말 이란의 국내 혼란과 1979년 초의 이슬람 혁명을 계기로 제2차 석유파동이 일어난 것이다. 1980년 8월 이란·이라크전쟁 발발 직전 원유가는 30달러대를 돌파했으며 1981년 10월 34달러 선에서 단일화될 때까지 1978년의 12달러 70센트에 비해 무려 168%나 뛰어오르고야 말았다. 그러나 이러한 제2차 석유파동은 이미 1차 석유파동으로 증가되었던 석탄의 추가 증산에까지는 이르지 못했고 따라서 화약 수요 증가에도 큰 영향을 주지는 못하였다.

한편 1970년대의 화약수요 증가에는 석탄산업뿐만이 아니라 역시 건설업이 끼친 영향도 매우 컸다. 60년대에 시작된 고속도로건설은 70년대로도 이어져 호남고속도로, 영동고속도로, 남해고속도로가 연이어 착공되었고 안동댐, 연천댐, 대청댐, 수어댐, 충주댐 등 다목적댐도 착공되었다.

건설 부문 수주액은 1976년 7,386억 원에 불과하던 것이 1979년에는 2조 8,860억원으로 급증하였고 이와 더불어 1970년 580만 톤에 불과하던 시멘트 생산량이 1975년 1,000만 톤을 넘어섰고 1979년에는 1,660만 톤으로 증가하는 등 화약 소비 증가에 크게 기여를 하게 된다.

1971년 착공된 서울지하철 1호선이 1974년 개통되면서 우리나라에 지하철시대를 열었고 서울지하철 2호선이 착공된 것도 모두 70년대 말의 일이었다. 이 같은 지하철공사는 도심지 발파, 그리고 지하터널식 공법이라는 특성상, 단위 암량岩量당 화약 소비가 비교적 큰 분야이다. 이 같은 석탄산업과 건설업의 호황에 힘입어 화약 수요는 1979년 처음으로 20,000톤을 돌파, 21,094톤이 소비되었다.

상 소양강댐 공사 광경(1970년대)
하 소양강댐 첫 방류 광경(1981. 7)

1980년대 화약 소비 정체

1980년대 초반까지도 이 같은 70년대의 호황은 계속되었다. 1983년 화약 소비량은 26,935톤으로서 석유파동이 시작되던 1973년 9,714톤에 비해 10년 만에 3배 가까이 껑충 뛰었다.

하지만 이미 이때부터 석탄산업은 합리화를 모색해야 할 정도로 각종 문제점을 안고 있었다. 연간 석탄 생산 규모가 2,000만 톤을 넘어서면서 대부분의 탄광들이 급격히 심부화深部化되었고 점차 생산의 한계를 예고하기 시작한 것이다. 이 같은 채탄 심부화에 따른 생산성 악화와 인건비 상승 등으로 인한 경제성 저하는 정부로 하여금 다시 '주유종탄主油從炭' 정책을 펴도록 할 수밖에 없었고 결국 1983년 그동안 늘어나던 석탄 생산이 주춤하면서

1.3% 감소로 돌아섰다. 1984년에는 화약의 소비도 1960년대 이후 두 번째로 전년 대비 약 1% 감소하게 된다.

1987년 4월 '석탄산업합리화사업단'이 설립되면서 석탄산업 합리화가 본격적으로 추진되었다. ① 석탄광 폐광 대책사업, ② 석탄광 통합에 필요한 지원사업 등을 포함, 탄광의 폐광과 통폐합 등을 유도하면서 전국의 가행稼行 탄광 숫자는 급격히 감소하기 시작하였다.3)

〈도표 14-5〉 연도별 가행(稼行) 탄광 수

연 도	1979	1980	1981	1982	1983	1984	1985	1986	1987
가행 탄광 수	201	196	219	349	346	347	361	-	-
연 도	1988	1989	1990	1991	1992	1993	1994	1995	1996
가행 탄광 수	347	332	215	170	115	70	45	27	11

80년대 후반 석탄산업이 사양으로 접어들었지만 이때는 이미 화약의 수요는 석탄 생산량 증감에 영향을 받을 정도는 벗어나 있었고 주로 토목공사의 증감에 좌우되고 있었다. 1983년부터 1985년까지 연평균 0.1% 증가에 머물던 화약 수요가 1986년~1989년 4년간 연평균 4.9%의 완만한 증가를 한 것도 토목공사의 증가에 기인한 것이었다.

1970년대 말에 착공한 충주 다목적댐과 서울지하철 2호선 공사는 1980년대 들어서도 계속되었고, 1980년의 서울지하철 3, 4호선 공사에 이어 1981년에는 부산지하철 공사가 착공되었다. 고속도로공사로는 88올림픽고속도로, 중부고속도로, 서울외곽순환고속도로 동부순환로, 신갈 ↔ 안산간고속도로가 신규로 착공되고, 남해고속도로와 호남고속도로는 4차선 확장공사가 시작되었다. 중앙고속도로 1단계 공사가 시작된 것도 80년대 말인 1989년이다.

또한 1980년대에는 각종 댐 공사도 활발한 편이었다. 합천댐을 비롯해서 낙동강

3) 『한국경제연감』, 1986, 1994, 1997, 전국경제인연합회 발행

하구둑, 임하댐, 주암댐, 운문댐, 달방댐, 남강댐 등이 있었다. 1986년 전두환 정권 말기, 북한의 금강산댐 건설 의도가 과연 무엇인가에 대한 숱한 논란과 함께 화제 속에서 국민성금으로 착공한 '평화의 댐'도 일시적이었지만 화약 수요 증가에 기여를 하였다.

1990년대 화약 수요의 부침

1988년 노태우 정부가 들어선 후 화약산업은 1960년대와 1970년대 중반에 이어 사상 세 번째로 호황을 맞게 된다. 우선 대선공약이었던 주택 200만 호 건설 계획에 따라 분당, 평촌, 산본, 일산, 중동의 신도시 건설을 시작으로 전국에 주택건설이 본격화되면서 그에 따른 택지개발공사와 함께 시멘트, 골재 생산량 증가가 이어졌다.

또한 1989년 중앙고속도로 착공을 필두로 제2경인고속, 서해안고속, 서울외곽순환고속도로 남부순환로, 중부내륙고속 등 90년대에 착공된 고속도로만도 15개소나 된다. 고속도로 외에 서울지하철 5, 7, 8호선을 비롯하여, 부산지하철 2, 3호선, 대구지하철 1, 2호선, 인천, 대전, 광주지하철도 연이어 착공되었다. 새만금간척사업과 경부고속전철 공사가 시작된 것도 90년대 초의 일이었고, 양양 및 산청 양수발전소, 영종도 인천국제공항 공사도 대량으로 화약이 사용된 곳들이다. 1989년 32,058톤이었던 화약 소비량은 1990년 46,650톤으로 45.5%나 증가했고 계속해서 1991년에는 55,993톤으로 20%나 급증하는 등 단 2년 만에 74.7%라는 놀라운 증가를 보였다.

하지만 노태우 정권 말기, 각종 공사가 중단되면서 화약 수요도 잠시 주춤하더니 1992년에는 7.2%, 1993년에는 1.8%, 2년 연속 화약 수요가 감소하는 등 다시 정체기로 접어드는 듯했다. 그러나 정권이 바뀌고 중단되었던 공사들이 재개되자 김영삼 정권 말기인 1996년과 1997년, 또다시 전년 대비 각각 22.4%, 15.0%라는 가파른 증가를 기록하며 화약 수요는 각각 66,000톤, 75,000톤을 상회하였지만 이는 결코 정상적인 것으로는 볼 수 없는 일시적인 현상이었을 뿐이다. 1997년 12월 국제통화기금IMF의 구제금융지원체제하에 들어가면서 이듬해인 1998년 화약 수요는 무려 30%나 감소하는 등 유사 이래 최대의 낙폭을 기록하게 된다.

1990년대 화약 수요 증가에 기여를 했던 부분 중에 특이한 점이라면 동시 다발적으로 착공된 골프장 건설이 단기간에 집중적으로 화약 수요를 이끌기도 하였다는 점이다. 노태우 정부가 들어서면서 골프장 건설 허가가 급증한 것이다. 80년대 말 전국의 골프장은 겨우 50여 곳에 불과하였으나 90년대 들어 10년 동안에만 7～80개소가 공사를 마치고 신규로 개장을 하였다.

2000년대 화약산업

1990년대 말에 시작된 화약 수요 감소는 2000년대에 들어서도 계속되었다. 2003년 들어 어느 정도 안정을 찾는 듯하였으나 이미 국내의 화약 소비량은 10여 년 전 수준으로 후퇴하고 난 뒤였다. 이후 완만한 증가를 기록하며 1997년 국제통화기금IMF 구제금융지원 이전 수준으로 회복되고 있다.

〈표 14-6〉 연도별 사회적 환경 변화와 폭약류 소비량 증감 현황

구분 / 연도	폭약류 소비량 수량(톤)	폭약류 소비량 전년비(%)	무연탄 생산량 (백만톤)	건 설 수주액 (천억원)	시멘트 생산량 (백만톤)	특 기 사 항	
1896	12					대한제국	경인선 착공, 운산·당현금광,
97	-						경원·종성탄광
98	10						송화금광
99	23						은산금광
1900	101	-	-	-	-		직산금광
01	40	-	-	-	-		경부선철도 착공, 창성금광
02	38	-	-	-	-		경의선철도 착공
03	140	-	-	-	-		
04	123	-	-	-	-		용동·평양탄광, 구암탄광, 경원철도
05	198	-	-	-	-		을사늑약, 경원선 착공, 마산선 개통
06～9	-	-	-	-	-		1906년 광업법 제정
1910	-	-	-	-	-	일제	한일합방
11	-	-	-	-	-		호남선 철도 착공
12	253	-	-	-	-		총포화약류취체령 제정
13	316	24.9	-	-	-		
14	323	2.2	-	-	-		1차 세계대전, 전라선 착공, 경원선 개통

15	225	▼30.3	-	-	-		조선광업령 제정
16	462	105.3	-	-	-		
17～22	-	-	-	-	-		1918년 동해남부선 1단계 개통 1920년 충북선착공, 1922년 장항선 1단계개통
1923	421	-	-	-	-		진주선철도 개통
24	-	-	-	-	-		경북선철도 부분 개통
25	-	-	-	-	-		문경탄전(은성광업소)
26	313	-	-	-	-		
27	-	-	-	-	-		
28	742	-	-	-	-	강	
29	638	▼14.0	-	-	-		동해북부선 1단계 개통
1930	838	31.3	-	-	-		
31	652	▼22.2	-	-	-	점	장항선철도 전 구간 개통
32	1,078	65.3	-	-	-		산금장려정책
33	1,524	41.4	-	-	-		예산탄광
34	2,104	38.1	-	-	-	기	
35	2,702	28.4	-	-	-		동해남부선 전 구간 개통
36	3,896	44.2	-	-	-		영월 및 도계탄광, 중앙선 철도 착공
37	4,969	27.5	-	-	-		조선산금령, 산금5개년계획, 장성탄광
38	7,700	55.0	-	-	-		동해북부선 전 구간 개통
39	8,500	10.4	-	-	-		조선중요광물증산령, 경춘선철도 개통
1940	9,099	7.0	-	-	-		철암선철도 개통
41	9,881	8.6	-	-	-		
42	10,417	5.4	-	-	-		중앙선 전 구간 개통
43	-	-	-	-	-		
44	-	-	-	-	-		경부선철도 복선화 준공
1945	-	-	-	-	-	미	8 · 15 해방과 미군정 실시
46	-	-	-	-	-	군	석탄생산위원회 설립
47	100	-	-	-	-	정	
48	180	-	0.87	-	-	대한민국 정부 수립	
49	200	-	1.13	-	-		
1950	-	-	-	-	-	한	대한석탄공사 설립
51	150	-	-	-	-	국	
52	338	25,3	-	-	-	전	김종희, 조선화약공판 인수 및 한국화약 창립
53	590	74.6	-	-	-	쟁	한국화약, 일본산 화약류 수입 개시
54	594	0.7	-	-	-		
1955	1,600	169.4	-	-	-	한국화약(주) 인천 화약공장 인수 석탄생산 5개년계획 수립,	

							영암선, 영월선철도 개통
56	1,104	▼31.0	1.82	-	-		한국화약, 초안폭약 · 공업뇌관 · 도화선생산
57	689	▼37.6	-	-	-		함백선철도 개통
58	1,147	66.5	-	-	-		한국화약, 다이너마이트 생산
59	1,497	30.5	-	-	-		
1960	1,928	28.8	5.35	-	0.47		
61	2,389	23.9	-	-	0.51		5 · 16 군사혁명, 섬진강댐 착공
62	3,516	47.2	7.44	-	0.79	1차 경제 개발 계획	사연댐 착공, 울산공단 착공
63	3,768	7.2	8.86	-	0.78		
64	3,926	4.2	-	-	1.24		
1965	4,754	21.1	10.25	-	1.61		진해공단, 비인공단 착공
66	5,400	13.6	11.61	0.404	1.88		고한선철도, 경북선 전 구간 개통
67	6,000	11.1	12.44	0.602	2.44	2차 경세 개발 계획	경인고속도로 착공, 소양강댐 착공 여수, 광주, 대구공단 착공
68	7,150	19.2	10.24	1.02	3.57		경부고속도로 착공, 포항공단 착공 대암댐 착공, 경전선철도 전 구간 개통
69	9,312	30.2	10.27	1.64	4.87		춘천, 대전, 제주, 구미공단 착공
1970	9,360	0.5	12.29	1.79	5.82		호남고속도로 1단계 착공 원주, 이리, 목포공단 착공
71	9,380	0.2	12.78	1.76	6.87		영동고속도로 1단계 착공 안동댐 착공, 서울지하철 1호선 착공
72	8,835	▼5.8	12.40	-	6.49	3차 경제 개발 계획	남해고속도로, 호남고속도로 2단계 착공
73	9,714	9.9	13.57	-	8.18		제1차 석유파동(중동전쟁 발발)
74	11,310	16.4	15.26	-	8.84		수어댐 착공, 연천댐 착공 영동고속도로 2단계, 동해고속도로 착공
1975	14,600	29.1	17.59	-	10.13		대청댐 착공, 태백선 전 구간 개통
76	15,755	7.9	16.43	7.39	11.87		구마고속도로 착공
77	18,677	18.5	17.27	12.6	14.42		
78	19,922	6.7	18.05	23.2	15.47		충주댐 착공, 호남선 복선화 1단계 완공 서울지하철 2호선 착공
79	21,094	5.9	18.21	28.9	16.61		제2차 석유파동
1980	21,451	1.7	18.62	29.7	15.57		서울지하철 3, 4호선 착공, 충북선 복선화 착공, 서산 간척지 착공
81	23,254	8.4	19.87	41.2	16.78		88올림픽고속도로, 부산지하철 1호선 착공
82	26,724	14.9	20.12	51.7	19.06		합천댐, 남해고속도로 4차선 확장공사 착공

83	26,935	0.8	19.86	56. 4	20.79	낙동강 하구둑, 호남고속도로 4차선 확장 착공
84	26,671	▼1.0	21.37	-	20.43	임하댐, 주암댐 착공 주암홍수조절지, 거제석유비축기지 착공
1985	26,843	0.6	22.54	53.9	20.56	운문댐 착공, 중부고속도로 착공
86	30,190	12.5	24.25	59.8	23.23	달방댐 착공, 석탄산업법 제정
87	31,332	3.8	24.27	91.5	25.05	평화의 댐 1단계 착공
88	33,005	5.3	24.30	99.4	27.42	서울외곽순환고속도로 동부순환로 착공 신갈 - 안산 고속도로 착공
89	32,058	▼2.9	20.79	156. 6	28.01	남강댐 착공, 전라선 직선화 1단계 착공 중앙고속도로 1단계 착공
1990	46,650	45.5	17.22	263.8	33.58	용담댐, 횡성댐, 밀양댐 착공 서울지하철 5, 7, 8호선 착공 서해안고속도로, 제2경인고속도로 착공
91	55,993	20.0	15.06	313.3	38.33	서울외곽순환고속도로 남부순환로 착공 중부내륙고속도로 착공 서울 - 안산간고속도로 착공 대구 - 부산간고속도로 1단계 착공 새만금간척지, 부안댐 착공 부산지하철 2호선 착공 대구지하철 1호선 착공 영동고속도로 4차선 확장공사 착공
92	51,953	▼7.2	11.97	348.5	42.65	경부고속철도 1단계 착공 대전 - 통영간고속도로 1단계 착공 인천국제공항, 보령댐 착공
93	51,003	▼1.8	9.44	409.1	49.93	중앙고속도로 2단계 착공 인천지하철 1호선 착공 덕소 - 원주 복선 전철공사 착공

〈주〉 1. 폭약류 : 국내에서 사용된 전 폭약류 포함(단, 흑색화약 제외).

2. 폭약 소비량은 전경련 발행 경제연감, 일제통감부 발행 조선경제통계연보, 경성상공회의소 발행 조선경제연감, 한국은행조사부 발행 조선경제연감 및 조선총독부문서, 대한제국 해관문서, 신문기사들을 인용하였고 **밑줄부분**은 당시의 수입 실적 및 기타 자료를 토대로 하여 필자가 추정한 수치임.

3. 석탄, 시멘트 생산량 및 건설공사 수주액은 전경련 발행 한국경제연감을 인용하였음.

향후 화약산업 전망

2008년 미국에서 시작한 금융위기는 전 세계를 경제 위기로 몰아넣었고 우리나라라고 해서 예외가 될 수는 없었다. 특히 건축, 토목 경기 불황은 화약 수요 감소로 이어질 수밖에 없다.

다만 정부의 부동산 거래 활성화 정책을 비롯한 각종 경기부양 정책에 힘입어 크게 위축되었던 민간부문의 건축 경기가 수도권을 중심으로 다소 호전될 기미를 보이는 것은 다행한 일이다. 계속해서 이명박 정부에서 추진하고 있는 경제 위기 극복을 위한 재정투자 확대 정책도 화약 수요 감소를 어느 정도 막아 줄 것으로 기대되는 부분이다. 특히 4대강유역 개발 등 각종 SOC사업이 지속적으로 추진된다면 당분간 화약산업은 안정된 분위기로 돌아설 수도 있을 것이지만 지난 80년대 말이나 90년대 중반과 같은 급격한 수요 증가가 재연될 가능성은 없을 것으로 판단된다.

한 가지 더 기대해 볼 것으로는 남북경제협력이 확대되어 북한지역 개발에 참여의 폭을 넓혀 나가는 것을 들 수 있다. 물론 통일이 된다면야 더더욱 좋을 일이다. 하지만 경협이든 통일이든 너무 오랜 시일이 경과한 후에나 성사된다면 그때까지도 남한이 참여할 몫이 얼마나 남아 있을지는 알 수 없는 일이다.

이미 중국에서는 북한의 무산철광, 룡등탄광, 상농산금광, 혜산동광 및 평양의 몰리브덴광을 비롯하여 남포 앞바다 유전 개발에도 대규모 투자를 하고 있다. '제2의 석유'로 불리는 잠재매장량 2,600만 톤(가채매장량 400만 톤)의 우라늄, 세계 3위의 매장량을 자랑하는 마그네사이트(30~40억 톤) 및 철광석(20~40억 톤) 등은 중국뿐 아니라 유럽연합EU 각국을 비롯한 미국, 일본 등 제3국에서도 눈독을 들이고 있는 북한의 지하자원들이다.

하지만 요즘의 남북 관계는 북핵 문제 등과 맞물려 경색 국면을 맞고 있다. 구한말 서구 열강들에게 철도 건설을 비롯한 SOC사업과 지하자원개발을 통째로 내주었던 과거의 전철을 북한이 되풀이 하지나 않을까 우려되는 부분이다.

이처럼 화약산업은 국내외 정치 · 경제 상황의 변화와 함께 부침을 반복하면서 성장을 하였다. 사람들은 이를 두고 흔히 화약산업은 경제발전에 힘입어 성장했다고 한다. 분명 틀림없는 말이기도 하다. 하지만 필자는 경제발전에 힘입어 화약산업이 성장하였다고만 할 것이 아니라 화약이 있었기에 경제발전 속도를 배가할 수 있었다는 이야기도 하고 싶다. 화약이 없었다면 각종 지하자원 개발이나 토목공사 등 기간산업은 그 진행 속도가 현저히 늦어졌을 것이고 이를 기반으로 해야 하는 나머지 산업들도 필연적으로 그 발전 속도가 함께 지연되었을 것이기 때문이다.

제 15 장

법령으로 살펴보는 산업용 화약산업 제도의 변천

우리나라의 산업용화약에 관한 제도는 1961년 "총포화약류단속법"(이하 "**총단법**"이라함)에 의해 그 틀을 잡고 나서 여러 차례에 걸친 법령의 개정과 함께 변모해 왔다.

'화약산업'이라는 국가 기간산업의 한 분야를 오로지 '단속'이라는 이름의 법률이 좌지우지하고 있다는 자체가 의아하기는 하지만 이는 오랜 관습에서 비롯된 화약에 대한 편견이 그 원인이었다고 생각된다. 조선 건국 후부터 '화약은 금물禁物'이라는 고정관념이 있어왔고 일제 강점기에 들어서는 항일, 독립운동가들의 저항(일제의 입장으로는 테러였겠지만)을 제압하기 위해 각종 화약류의 유통이나 소지 등을 강력하게 단속할 필요도 있었을 것이며, 해방 후에는 남북분단과 6·25를 거치며 국가안보상의 명분도 있기는 했지만 어쨌든 현재까지도 큰 범주에서는 그 틀을 벗어나지 못하고 있다.

모든 법이 그렇듯이 그 내용 중에는 특정 사안에 대한 금지나 제한 조항들은 반드시 있게 마련이다. 따라서 법을 위반할 경우 당연히 단속의 대상이 되는 것이며 위반 시의 처벌 조항도 포함되어 있다. 그렇다고는 하지만 굳이 그 이름에서부터 '단속법'이라 하는 것에는 문제가 있다고 본다. 현행 대한민국 법령 중에 '단속법'은 8개가 있다. "밀항단속법", "부정수표단속법" 등과 함께 "총단법"도 그중 하나다. 제조에서부터 소지, 판매, 사용에 이르기까지 전 과정이 적법하게 허용되는 '화약'을 원천적으로 금지된 행위인 '밀항'이나 '부정수표'와 같이 단속의 대상으로만 바라보는 것은 아닌지 모르겠다. '밀항'이나 '부정수표'처럼 무조건적인 '단속' 대상이 아님에도 아직도 『경국대전』에서부터 시작된 '금제禁制'의 틀을 벗어나지 못하고 있는 것이 일면 안타깝기도 하다.

반면에 현행 법률 중에는 각종 '진흥법', '육성법', '보호법'들이 각각 20여 개씩, 60여 개나 있다. 이제는 총단법도 '진흥법'이나 '육성법'까지는 아니더라도 그저 '~에 관한 법' 정도로라도 바꿔보면 어떨까 싶다.

결과적으로 필자는 지난 30여 년간 화약산업 분야에 종사하고 있는 동안 나도 모르게 "종사하고 있다는 큰 죄"를 짓고 부정수표 발행자, 밀항자와 함께 평생을 '단속의 대상'으로만 살아온 셈이다. 하지만 어찌 되었든 간에, 또 싫든 좋든 간에 화약 관련 제도를 살펴보려면 총단법의 변천 과정과 그 내용을 살펴보지 않을 수 없다. 이 장에서는 총단법과 일부 관련 법령들을 중심으로 각종 제도의 변천 과정을 검토해 보았다.

01_

총포 · 도검 · 화약류 등 단속법

현행 "총포 · 도검 · 화약류 등 단속법"(이하 "총단법"이라 한다)은 1961년 12월 13일 법률 제835호로 "총포화약류단속법"이 제정되고 62년 4월 10일 각령閣令 제649호로 "총포화약류단속법시행령"이 제정됨으로써 시작되었다.

1956년 2월 10일 서울특별시에서는 법 제정에 한발 앞서 총포화약류취체령 시행세칙施行細則을 제정, 공포한 적이 있다. 일제 강점기부터 총포화약류취체령 아래 각 시도에 위임된 취체령 시행세칙이 있었는데 일제 강점기의 세칙細則을 사용하고 있던 서울시에서 총단법이 제정되기 전에 제일 먼저 시행세칙施行細則을 제정한 것이다. 일본어로 된 것을 번역하는 수준이었고 비록 서울시에 국한된 것이었다고는 하더라도 이 서울시의 시행세칙細則이 우리나라 정부조직에 의해 최초로 만들어진 총단법의 일부였음은 틀림이 없다.

1-1. 총단법 제정

"총단법"은 해방 후 계속 사용하던 일제 강점기 의용법령依用法令[1])들 중 총포화약류취체령銃砲火藥類取締令, 보통화약류제조취체규칙普通火藥類製造取締規則, 연화취체규칙煙火取締規則과 해방 후 군정법령이었던 일반 인민의 무기해제와 무기, 탄약 또는 폭발물의 불법소지

1) 의용법령(依用法令) : 일제 강점기 조선총독이 직접 제정하는 제령(制令) 외에 일본 본국의 법령을 그대로 차용하여 쓰기도 했는데 이를 "의용법령"이라고 하였다. 해방 후에 우리나라의 법률이 정해지기 전 일제 강점기에 사용하던 법을 사용할 때도 이를 두고 "의용법령"이라 부르기도 하였다.

금지령을 각각 폐지하고 이를 통폐합하는 형식으로 제정되었다.[2)]

총단법 제정 연혁

이처럼 해방 후 사용되던 의용법령依用法令들을 폐지, 대체하는 과정에서 "총단법"의 제정을 준비하기 시작하던 기록은 1949년부터 발견된다.

1949년과 1950년 국무회의 부의附議 안건철案件綴 중에서 첨부서류로 "총단법" 초안草案이 발견되는데 정확한 작성일자는 확인되지 않으며, 한국전쟁 발발로 법 제정 절차가 중단된 것으로 판단된다. 전문全文 22개 조항과 부칙으로 만들어진 매우 간략한 내용이었다.

그 후 법 제정이 재추진된 것은 6 · 25 전쟁 종료 후, 1959년 6월 8일 국무회의에 총단법(안)이 상정, 발의되면서 시작되었다.[3)] 6월 25일 제47차 차관회의와[4)] 다음날 6월 26일 국무회의에서 각각 원안대로 통과되었다.[5)]

하지만 국무회의만 통과했을 뿐 곧바로 시행되지는 못하였다. 그 이유 역시 확인할 수는 없는데, 6개월 후 1961년 1월 19일 국무회의에 재상정되고[6)] 다음 날 제9회 국무회의

---

2) 銃砲火藥類取締令(1961. 12. 13 법률 835호)
檀紀 4245年 制令 第3號 銃砲, 火藥類取締令은 廢止한다.
附則
第41條 (施行期日) 本法은 檀紀 4295年 1月 1日부터 施行한다.
第42條 (廢止法令) 檀紀 4245年 制令 第3號 銃砲火藥類取締令, 檀紀 4265年 總令 第65號 普通火藥類製造取締規則, 檀紀 4260年 總令 第4號 煙火取締規則과 軍政法令 第5號 一般人民의 武器解除와 武器彈藥 또는 爆發物의 不法所持禁止令은 이를 廢止한다. 〈下略〉

3) 제57회 국무회의상정 안건철, 1959. 6. 8
〈안건 제목〉 총포화약류단속법안

4) 제47차 차관회의록, 1959. 6. 25
안건번호 : 129(156)　부의년월인 : 1959. 6. 8
내용 : 원안대로 통과하다.

5) 제64회 국무회의록, 1959. 6. 26
〈의결 사항〉 부의년월일 : 1959. 6. 8　건명 : 총포화약류단속법
내용 : 원안대로 하기로 하다.

6) 제9회 국무회의 상정안건철, 1961. 1. 19
國事法第72號 國務院事務處長　〈附議案件〉 총포화약류단속법안

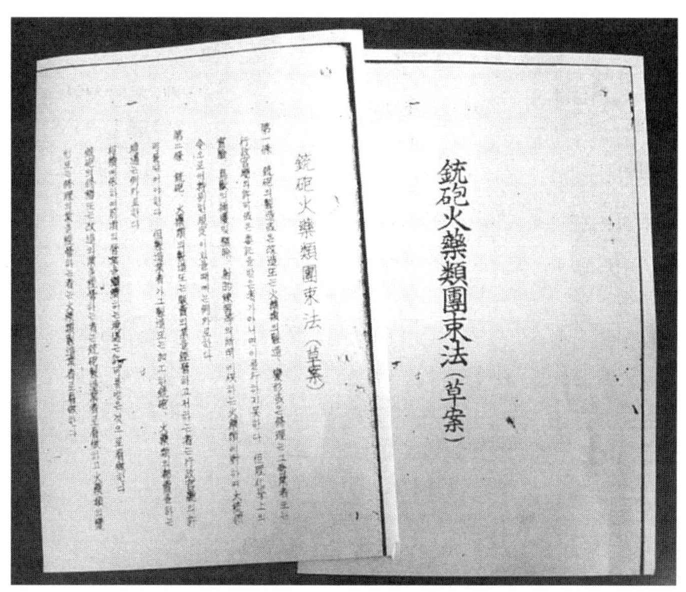
銃砲火藥類團束法(草案)

1950년 총포화약류단속법 초안(草案)

에서 다시 한번 의결을 거친다.[7]

그러나 이 법령은 결국 공포되지 못하였는데 이번에는 5·16 군사정권이 들어서면서 그동안의 국무회의 결과는 무시되었을 것으로 판단된다. 그 뒤에 1961년 7월 15일 "구법령 정리에 관한 특별조치법" 제정과 함께 총단법 법률안은 '법령정리위원회'의 검토와 수정을 거친 뒤 1961년 10월 다시 한번 차관회의와[8] 국무회의 의결을[9] 거쳐 드디어 1961년 12월 13일 법률 제835호에 의해 "총포화약류단속법"으로 공포되었고[10] 1962년 1월 1일 부로 시행되었다. 세 번에 걸쳐 작성되었던 법안法案의 차이점을 발췌, 비교해 보았다.

---

7) 제9회 국무회의록, 1961. 1. 20
의안번호 제35호 國務院事務處長 〈附議案件〉 총포화약류단속법안

8) 제28회 차관회의록, 1961. 10. 5
안건 201(918)호 총포화약류단속법, 보류키로 하다.

9) 제29회 차관회의록, 1961. 10. 16
안건 201(918)호 총포화약류단속법, 원안대로 의결하다.

10) 제102회 국무회의록, 1961. 12. 8
의결번호 제1344호 〈의결안〉 총포화약류단속법 공포의 건

〈표 15-1〉 총단법 제정안 비교[15-3, 7, 9]

항목＼제정안	제1차 제정안(1959. 6)	제2차 수정안 (1961. 1)	최종안(1961. 10)
화약류 정의	대통령령에 위임	본 법에 명시	左同
법적용 예외	군용 총포화약 적용 제외	左同	-
판매업자의 정원	-	-	내무부장관이 판매업자의 정원을 정함
보안책임자	화약류 작업주임과 취급주임	화약류 작업 및 취급책임자로 명칭 변경	左同
취급 제한	미성년자, 백치자(白痴者), 풍전병자(瘋癲病者) 취급 금지	左同	-
포장 제한	화약류는 假裝, 變裝, 혼합 포장하여 소지, 운반, 탁송금지	左同	左同
감독	사용 개시 전, 제조작업장, 저장소의 검사 의무화	左同	사용 개시 전, 완성검사 의무화
소지 허가의 제한	공안(公安)상 필요시 소지, 운반 제한 및 가영치(假領置)	左同	소지 외에 제조업자, 판매업자에 대한 행위 제한, 금지 및 가영치 가능토록 상세히 명문화

일제의 "화약류취체령"을 그 모태로 하면서도 2년여의 시간을 끌어가며 법률이 제정된 것을 보면 처음 법 제정 당시 상당히 신중을 기하고 면밀한 검토를 거쳤을 것 같기도 한데 최초 초안草案이 만들어지고 나서 두 차례에 걸쳐 수정되었던 내용들을 비교해 보면 특별한 것이 없음을 알 수가 있다. 몇몇 용어나 법 조항의 체계를 변경한 것에 불과하였을 뿐이고, 특이한 점이 있다면 최종안에서는 군용 총포화약류도 총단법의 적용 대상에 포함시킨 것과 '판매업자의 정원' 규정을 둔 것이라 할 수 있다.

총단법 제정의 문제점

새로운 국가가 설립되면 새로운 법률을 구비하는 것은 동서고금의 당연한 이치이다. 우리나라에서도 1948년 대한민국 정부가 수립되고 나자 새로운 법령의 제정은 시급한 일이었다. 하지만 국가 체계가 바뀌었다고 해서 구법령舊法令들을 모두 폐지하고 즉시 새로운 법을 만든다는 것은 현실적으로 불가능한 일이다. 따라서 대한민국 정부 수립 당시 우리나라에서는 일제 강점기의 법령과 남한에 진주했던 미군정 시절 공포된 군정법령들을 사용할 수밖에 없었다. 1910년 한일합방 시 조선총독부에서도 제령制令 제1호에 의해 "조선에 있어서의 법령의 효력에 관한 건"을 공포하면서 구한말 법령의 효력을 계속 인정하였고 1945년 11월 미군정 당국도 군정법령 제21호로 일제 강점기의 구법령의 효력을 인정한 바 있다.

1948년 대한민국 정부 수립 후 우리나라의 제헌헌법에서도 "현행 법령은 이 헌법에 저촉되지 아니하는 한 효력을 가진다"고 규정하여 종전 법령, 즉 일제 강점기의 법령과 미군정 법령의 효력을 인정하고 있었다.

그 후 대한민국 정부에서는 정부 수립 직후인 1948년 9월 대법원장을 위원장으로 하는 '법전편찬위원회'를 설치하였고 1951년 5월 국무총리실 산하에 '법령정리간행위원회'를 두었다가 1956년 7월 '법령정리위원회'로 개편하는 등 구법령들을 심의, 정리하기 위한 작업을 꾸준히 진행하였다. 하지만 1961년 5·16 군사 쿠데타가 일어나기까지 국회를 통과한 구법령 대체 법률은 19건에 불과할 정도로 실질적인 성과는 미진한 편이었다. 여러 가지 사유가 있었겠지만 국회의 태만과 관계기관의 비협조 등이 주원인이었다고 한다.[11)12)]

5·16 직후 국가재건최고위원회는 "왜정 및 군정법령과 현 실정에 맞지 않는 법령을 시급히 재정비한다"는 발표와 함께 1961년 7월 15일 "구법령 정리에 관한 특별조치법"을 제정하였고 7월 18일에는 법령정리위원회 규정도 제정, 공포하였다. 당시에 공포되었던 특별조치법 제1조 내지 제3조에서는 "1948년 7월 16일 이전에 시행된 법령으로서 제헌헌법 제100조의 규정에 의하여 존속하고 있는 것은 1961년 12월 31일까지 정리하도록 하고 그때까지 정리되지 아니한 구법령은 1962년 1월 20일에 폐지된 것으로 간주한다"라고 규정하면서 기한을 정하여 구법령의 대체를 조속히 추진하고자 하였다. 이러한 정책에 힘입어 1962년 1월 17일 구법령에 대한 정리 시한이 다가올 때쯤에는 구법률 82건, 제령 80건, 칙령 64건 등 362건의 법령이 대한민국 법률로 정리되었다 한다. 이렇게 국가재건최

11) 경향신문 1961. 6. 20. 사설

12) 경향신문 1961. 7. 16. 1면

고위원회가 강력히 구법령의 정리를 추진하는 과정에서 "총포화약류단속법"도 정리위원회와 각의閣議를 통과하였고 드디어 대한민국 법률로 재탄생하게 된 것이다. 하지만 문제는 기한까지 설정하여 구법령의 정리를 추진하는 과정에서 시간에 쫓긴 졸속 입법을 피할 수가 없었다는 점이다.13)

대한민국 정부 수립 후 13년을 끌어 오던 방대한 사업을 6개월이라는 짧은 기간 안에 정리할 수밖에 없었던 과정에서 발생된 문제점은 다른 법령에도 있겠으나 "총단법" 하나만 놓고 보더라도 문제가 많았다고 판단된다.

"총단법"은 일본의 "화약류취체령"을 번역하면서 만들어진 법이다. 따라서 타국他國의 법령을 그 근본부터 완전히 바꾼다는 것은 쉬운 일은 아니었을 것이다. 법체계에 대한 면밀한 검토를 통한 법 제정이 아니라 주로 일본어의 번역에만 충실하고자 했을 수가 있다. 당시 위원장을 포함, 7인으로 구성된 법령정리위원회 위원은 차관급이거나 대법원 판사 이상의 고위직 공무원들이었고, 실무적으로는 9명의 전문위원들이 주로 초안草案을 작성하였는데, 전문위원 중 일부는 법률 전문가도 아닌 어학 전문가들이었다고 한다. 이런 전문위원들에게 '화약산업'이라는 특수한 분야는 생소하기만 했을 것이고, 따라서 사용되는 용어는 물론 산업 전반에 관한 시스템의 이해도 부족했을 것은 당연하다. 이를 감안하였다면 "총단법"을 제정할 때 적어도 "화약에 대한 지식이 풍부한 전문가"를 참여시키는 정도의 배려는 있어야 했다는 생각이 든다.

아직도 현행 "총단법"에는 "무엇을 뜻하는 내용"인지 해석이 애매한 조문이 있어 "30년을 산업용 화약산업에 종사한 필자"도 특정 사안이 발생할 경우 "어느 조문을 적용, 어떻게 해석해야 할지" 난감한 경우가 종종 발생한다.

법 제정 후 '수십 차례의 개정'을 거치기는 하였으나 큰 골격은 그대로 둔 상태에서 그때그때 필요한 사항만 추가하거나 삭제하는 정도로서 시대의 흐름을 제때에 반영하지 못하고 "총단법"은 점점 더 누더기 같은 법이 되고야 말았다고 평가하고 싶다. 특히 제조 분야에서는 그 모순이 극명하게 나타나는 부분이 많아서 필자는 그동안 "총단법"에 대한 의문사항이 발생하면 일본의 『火薬類取締令の解說』을 뒤적거린 적이 한두 번이 아니다.

---

13) 동아일보 1962. 1. 18. 1면

20여 년 전 경찰청 전신인 '치안본부' 시절, 당시 보안과에 근무하던 경찰관으로부터 법 개정의 애로사항을 전해들은 바가 있다. "총단법 개정은 무조건 단속을 강화하는 내용이어야만 무난하게 국회를 통과할 수가 있고, 불합리한 부분을 현실화하고자 할 경우는 마치 단속을 완화하는 것처럼 인식되어 통과가 어렵다"는 것이었다. 『경국대전經國大典』에서 시작하여 『대전회통大典會通』에 이르기까지의 형전刑典 '금제禁制' 규정이 생각나는 안타깝고 어이없는 일이다.

1-2. 총단법의 변천

"총단법"은 최초 제정 이후, 여러 차례의 개정이 이루어진다. 2008년까지 법 개정만 17번이었고, 시행령은 23번, 그리고 시행규칙도 21번의 개정이 있었다. 총단법의 개정 연혁을 요약해 보면 다음과 같다.

총단법 및 동 시행령 개정 연혁

〈표 15-2〉 총포 · 도검 · 화약류 등 단속법 및 시행령 개정 연혁

연도	법	시 행 령
1961	12/13 〈銃砲火藥類團束法 制定〉 依用法令인 銃砲火藥類取締令, 普通火藥類製造取締規則, 煙火取締規則, 一般人民의 武器解除와 武器, 彈藥 또는 爆發物의 不法所持禁止令은 廢止함.	
1962	9/3 일부개정 1. 玩具用煙火제조 銃團法 適用	4/10 〈銃砲火藥類團束法施行令 制定〉 4/27 일부개정
1963		1/29 일부개정 1. 免許試驗委員會 설치 2. 화약류작업책임자면허는 내무부,

		취급책임자면허는 시도지사가 실시
1964		11/10 일부개정 1. 火藥類 運搬 신고, 運搬開始 24時間 前에 신고 2. 火藥類 2톤 이상의 市街地 運行시 先導車 운영 5. 면허시험의 과목별 합격 기준, 필기시험 면제 규정 수정
1966		10/25 일부개정 1. 용어의 정의(正義)에 硝油爆藥 추가(硝酸암모늄을 主劑로 燃料油를 混合한 硝安爆藥으로 內務部長官과 商工部長官이 共同으로 原料規格, 混合比率, 起 爆感度試驗法 告示함)
1970		3/4 전문개정
1972		12/28 일부개정 * 연화류를 사용허가 대상에 포함
1975	12/31 일부개정 1. 火藥類 發見, 拾得시 警察官署에 申告 의무화, 移動, 解體금지 2. 용어 변경(閣令 → 大統領令)	
1976		5/7 일부개정 * "기타 화약류로 인정되는 물체"에 폭탄, 포탄, 지뢰, 수류탄, 총탄 포함
1981	1/10 일부개정(법명 변경) 1. 법명 : **銃砲 · 刀劍 · 火藥類團束法**(도검 포함) 2. 銃砲의 종류 구체화 : 권총 · 소총 · 기관총 · 포 · 엽총 3. 화약류 추가 : 카릿트 · 霰彈 · 始動藥 · 미진동파쇄기 · 신호용 화공품 · 완구용연화 4. 군수용 화약류 제조허가 제외 5. 광업법에 의한 채광업자 사용허가 제외 6. 화약류작업 및 취급책임자 명칭 변경 → 제조 및 관리보안책임자 7. 국가기술자격법에 의한 기사, 기능사자격 취득자에게 보안책임자 면허부여 8. 판매업자의 정원규정 철폐	11/6 전문개정(법명 변경) 1. 화약 종류에 "초유폭약" 추가 2. 銃砲 및 刀劍의 종류 구체화 3. 火藥類 제조 · 판매업 시설기준, 발파기술기준, 저장소시설기준을 정함 4. 火藥類貯藏所 종류에 簡易貯藏所追加 6. 貯藏所의 最大貯藏量을 增量 7. 火藥類製造保安責任者, 管理保安責任者의 選任基準 및 免許에 관한 事項 및 감독직무를 구체적으로 정함.
1983	12/30 일부개정 1. 소지허가 관련 조항에 총포, 도검 외에 화약류도 포함	

1984	8/4 일부개정 1. 일반國民이 이해하기 쉽게 용어 개정 2. 銃砲火藥安全技術協會 규정 신설 3. 銃砲와 유사한 형태의 模擬銃砲 제조, 판매, 소지 규제조항 신설	
1985		2/2 전문개정 1. 銃砲에 迫擊砲, 銃砲의 部品에 實包 및 空包를 추가 2. 模擬銃砲 基準 조정 3. 火藥類 製造, 販賣業者 및 保安責任者에 대한 安全敎育실시 4. 銃砲 · 火藥安全技術協會의 회비금액 및 징수방법을 정함
1986	12/31 일부개정 1. 총포의 성능변경을 위한 개조 금지 2. 수입검사업무의 총포화약안전기술협회에 위탁 근거 마련	
1987		11/10 일부개정 1. 大發破의 기준 변경(爆藥使用量 200Kg을 300Kg 이상으로) 2. 대발파 시 1級 火藥類管理保安責任者 선임 3. 운반신고 없이 운반할 수 있는 화약의 종류, 수량 변경(別表13) 4. 용어의 정의 중 "함수폭약"에 "에멀젼폭약" 추가
1989	12/30 일부개정(법명변경) 1. 법명 : **銃砲 · 刀劍 · 火藥類등團束法** 2. 총단법에 가스분사기, 전자충격기 포함 3. 화약류에 로단염류 · 테트라센 · 펜트리트 추가 4. 화약류 제조보안책임자 면허권자 변경(내무부장관 → 시 · 도지사)	
1990		3/31 일부개정(법명변경) 1. 총단법에 가스噴射器, 電子衝擊器 포함 2. 模擬銃砲 기준강화
1991	5/31 경찰법 제정에 따른 일부개정 * 내무부장관 및 시도지사를 경찰청장, 지방경찰	7/30 * 警察法 制定에 따른 일부개정

	청장으로 변경	
1993		3/6 일부개정 * 상공자원부와 소속기관 직제의 개정에 따른 일부개정
1995	12/6 일부개정 1. 법 적용 대상에 石弓 포함 : 電子衝擊器 수준으로 製造 · 취급 規制 2. 刀劍 · 噴射器 · 電子衝擊器 · 石弓의 製造, 輸出入許可 地方廳 移讓 3. "硝酸", "實砲" 등 일본식 용어를 "窒酸", "實彈" 등으로 변경함. 5. 화약 종류에 자동차 에어백용 가스발생기, 자동차 긴급신호용 불꽃신호기 추가 6. "기사 · 기능사"를 "기술계 및 기능계 기술자격 취득자"로 변경	
1996	12/30 일부개정 * 銃砲火藥安全技術協會 理事長, 理事 및 監事의 任期단축(3年 → 2年)	6/20 일부개정 1. 법 적용대상에 石弓 포함 2. 산업용銃에 가스發射銃 추가 3. 지상 2급화약류 저장소의 위치, 구조, 설비기준 補完 4. 火藥운반 차량 중 2륜 및 영업용 택시 제외 5. 月사용 50Kg 미만도 6個月 이상 사용 시 保安責任者 선임 6. 3급 화약류관리보안책임자 면허조항 신설 7. 1급관리보안책임자 면허자격에 화약류관리기술사 추가
1997	12/13 일부개정 * 보안책임자면허, 제조업 및 판매업허가, 사용허가 취소 시 사전 청문제도 도입	4/12 1. 綿藥 질소함량 기준조정(12% → 12.2%) 2. 船舶, 航空機 整備事業者의 신호용 조명탄(200개) 소지, 판매 가능 12/31 행정절차법에 따른 일부개정
1999	3/31 일부개정 行政規制基本法에 의한 規制整備計劃에 따라 輸出用 銃砲 · 刀劍 · 火藥類 등의 構造, 性能基準 적용제외, 輸出 촉진	6/30 일부개정 1. 左同 2. 黃酸알루미늄 등으로 만든 新種火藥類를 火藥類에 추가 3. 1, 2급 기사 → 기사, 산업기사로 변경

2001	1/26 일부개정 1. 장난감용 꽃불류에 대해 제조 · 수출입허가 규정 외에 취급 · 저장 등에도 법규 적용 2. 완성검사 기한 연장(최장 1년→ 2년) 3. "구명줄발사총" → "구난구명총"으로 변경	3/31 일부개정 1. 함수폭약 등 수분, 유분이 포함된 화약 현장제조 시 탱크로리차 운영규정 추가 2. 예비운전자 감축 및 일일 운반사용 시 운반책임자, 경계요원 겸임 허용
2003	7/29 일부개정 1. 총포의 부품에 대해서도 제조 · 판매 및 소지 허가를 받도록 함 2. 저장소 허가 취소 후 6월 이내에 동일 장소에서 허가 불가 3. 허가의 상속, 양수, 법인 합병 시 종전 허가자 지위 승계조항 신설 4. 허가승계 시 행정처분도 승계, 악의적(惡意的) 행정처분 면탈 방지	
2004		1/20 일부개정 1. 차량 1대로 1개 장소에 운반 시 운반책임자의 경계요원 겸임 허용 (사용자 외에 제조, 판매업자에게도 허용) 2. 시가지(市街地)운반 시 선도자(先導車) 운행제도 폐지 3. 화약류운반책임자를 화약류제조 또는 관리보안책임자 등으로 함 4. 장남감용 꽃불류 등 화공품도 안정도시험을 실시토록 함
2005	5/31 일부개정 * 채무자회생 및 파산에 관한 법률의 개정에 따른 일부개정	
2006	2/21 일부개정 * 제주특별자치도 설치 및 국제자유도시 조성을 위한 특별법 개정에 따른 일부개정	3/10 일부개정 * 총포, 분사기 및 약협(藥莢), 신관류(信管類) 제조시설기준 완화
		6/29 일부개정 * 左同
2008	2/29 * 정부조직법 개정	1/22 일부개정 * 교육면제 평가시험에 합격한 사람의 총포 · 석궁 소지허가 교육 면제, 꽃불류의 사용 기준과 화약류 저장소의 설비기준 중 모호한 내용 구체화 등 현행 제도의 일부 미비점 개선 · 보완
		2/29 일부개정 * 左同

총단법 시행규칙 개정 연혁

총단법과 시행령은 최초 제정부터 현재까지 개정된 내용이 확인되고 있지만 시행규칙은 최초 제정 내용을 확인하지 못하였다. 1963년 2월 14일 내무부령 87호에 의해 일부 개정된 내용부터 확인이 가능하다.

그 후 1969년 12월 30일 내무부령 56호로 개정된 시행규칙 전문이 처음 발견되는데 이를 토대로 최초 제정 내용도 어느 정도 짐작은 할 수 있으나 정확한 내용은 알 수가 없다. 어딘가 소장한 사람이 있을 것으로 생각되지만 법제처 국가법령정보센터에는 전해지지 않는다. 수백 년 전 『경국대전』도 전해지고 있는데 50년도 안 된 법률조차 보관되지 않고 있다는 것은 납득하기 어려운 부분이다. 다음은 총단법 시행규칙 개정 연혁이다.

〈표 15-3〉 총포 · 도검 · 화약류 등 단속법 시행규칙 개정 연혁

연 도	총포 · 도검 · 화약류 등 단속법 시행규칙
?	〈銃砲火藥類團束法 施行規則 制定〉 : 제정 연월일 및 전문 내용 미확인
1963	2/14 일부개정 * 총포판매업과 화약류판매업자 정원 조정(증원하였을 것으로 추정) : 59명
	6/14 일부개정 * 총포판매업과 화약류판매업자 정원 증원 : 66명
1968	1/16 일부개정 1. 초유폭약(AN-FO) 포장기준, 사용기준, 제조공실조항 신설 2. 총포판매업과 화약류판매업자 정원 증원 : 74명 3. "取扱責任者" "甲種" 면허시험 응시자격에 "大學에서 鑛山科를 졸업한자" 추가
1969	12/30 전문개정
1977	3/23 일부개정 1. 총포수출입 허가권 등의 위임(내무부 → 시도지사) 2. 보안거리, 위험공실의 방폭 · 준방폭식 구조 및 정원, 화약류 외포장 기준변경
1979	2/14 일부개정 1. 화약류의 외장과 공업용뇌관 및 전기뇌관에 관한 규정 중 특별 용기의 기준 제정
1982	8/13 전문개정(법명 변경)
1985	2/6 전문개정 1. 공기총의 구조, 형식 변경 및 장난감 꽃불류 성능 제한 2. 銃砲火藥安全技術協會의 안전진단 및 기술검토 조항 신설

	3. 수입화약류에 대한 銃砲火藥安全技術協會의 안정도검사 규정 신설 4. 銃砲火藥安全技術協會의 검사 및 시험, 교육 수수료를 정함
1989	3/14 일부개정 1. 공기총의 성능 제한 및 모의총포제조 신고에 관한 규정 신설 2. 24시간 전 운반신고를 4시간 전으로 변경 3. 완성검사 : 허가 후 2개월 내 신청, 1회 2개월 연장 가능 4. 화약류 사용지가 2개소 이상일 때에는 주된 사용지를 관할하는 경찰서장에게 신청하도록 하되, 신청을 접수한 경찰서장은 종된 사용지 경찰서장과 협의하여 허가
1990	4/2 일부개정 1. 분사기 및 전자충격기의 제조 · 수입 · 판매 · 소지 규제 2. 보안책임자면허 기간(5년)만료 40일 전 갱신 신청을 15일 전으로 단축
1991	9/19 일부개정 〈경찰법 제정에 따른 일부개정〉 1. "내무부장관"을 "경찰청장"으로, "시 · 도지사"를 "지방경찰청장"으로. 2. "보안과"를 "방범과"로.
1996	7/29 일부개정 1. 총포 · 석궁의 구조, 성능기준 변경 2. 관리보안책임자 면허자격에 화약류관리기술사 · 화약취급기능사 추가
1997	4/16 일부개정 * 분사기 및 전자충격기의 제조번호 부여방법 개선
1999	7/15 일부개정 1. 수출용 총포 · 도검 · 화약류에 대한 구조 및 성능기준 적용 제외 2. 신체검사서 발행기관을 일반병원으로 확대
2001	4/12 일부개정 1. 사격선수 추천기관에 한국장애인복지진흥회,장애인사격연맹회장추가,장애인사격선수육성 도모 2. 화약류 사용허가 신청서 처리기간 단축, 국민의 편익 도모
2004	2/2 일부개정 1. 제조 · 판매업자 및 화약류저장소설치자의 지위승계 신고절차 규정제정 2. 공기총의 구조 및 형식 기준 완화 3. 장난감용 꽃불류의 성능기준을 강화, 안전사고 및 소음피해 예방
	11/1 일부개정 * 실제 총기와 유사한 분가기 규제 강화
	12/10 일부개정 〈전자적 민원처리 활성화를 위한 일부 개정〉
2006	9/7 일부개정 * 행정정보의 공동이용을 통해 국민의 서류제출 부담 경감 및 행정업무의 효율화(인허가 신청시 행정정보 해당 서류제출 생략, 공무원이 행정전산망으로 확인의무화)
2008	3/6 * 정부조직법 개정에 따른 일부 개정
	3/17 일부개정 1. 총포 · 석궁 소지허가에 필요한 시험방법 및 출제 범위 등 필요한 사항을 규정 2. 화약류 운반용 축전지차의 구조 기준 중 모호하고 추상적인 내용을 구체화

1990년대 초였을 것으로 기억된다. 경찰청에서 '총포 · 도검'과 '화약'을 분리하는 새로운 법 제정을 추진한 적이 있었다. 우여곡절 끝에 무산되고 말았는데 이제라도 다시 한번 검토해 볼 문제라고 생각한다.

02_

화약산업 제도의 변천

제조, 판매, 저장, 운송, 사용 등 화약류에 관한 모든 제도의 변화는 "총포 · 도검 · 화약류 등 단속법"과 동 시행령 및 시행규칙의 개정에 따라 이루어졌다. 총단법의 개정 연혁을 통해 주요 부문별 화약에 관한 제도의 변천 과정을 살펴보았다.

2-1. 총단법 적용 대상의 확대

법 제정 초기의 "총단법"은 총포와 화약류만을 그 단속의 대상으로 출발하였다. 그 후 시간이 지나면서 기존의 총포류 외에도 무기 또는 흉기화凶器化할 수 있는 기구나 장비들이 등장했고 또 기술의 발달과 함께 화약류와 유사한 성능이나 기능을 가진 새로운 물질도 다수 출현하게 되자 이러한 것들까지도 포괄적으로 규제할 필요성이 제기되었다.

하지만 새로운 무기나 물질들이 나타날 때마다 매번 새로운 법을 제정할 수는 없는 것인바, 이 모든 것들을 총단법에 포함시켜 단속 대상을 하나씩 늘려 나가기 시작하였다. "총포 · 화약류단속법"에서 "총포 · **도검** · 화약류 단속법"으로, 그리고 다시 "총포 · 도검 · 화약류 **등** 단속법"으로 법의 명칭이 바뀌게 된 것도 바로 그러한 이유에서였다. 아울러 기존의 단속 대상이던 것들도 그 모양이나 기능, 위력 등이 변한다거나 이로 인한 각종 안전사고가 증가하는 등 규제 조건을 강화할 필요성이 제기될 때에도 "총단법"에서 이를 적용할 법적 근거를 마련하기 위한 법 개정은 계속되었다.

물론 규제 일변도의 법 개정만 있었던 것은 아니다. 시대의 변화에 발맞추어 신규로 출현하는 화약류를 법적용 대상에 포함시킴으로써 산업 현장에서 적법하게 사용할 수 있는 근거를 마련한다거나 또는 사용자의 편의와 수출 장려 등의 목적으로 법규 적용을 완화시키는 법 개정도 여러 차례 진행되었다. "총단법"에서 적용 대상을 확대해 가던 법 개정 내용을 요약해 보았다.

〈표 15-4〉 총단법 적용 대상의 변천 과정

법명칭	연 월 일	주 요 내 용
총포·화약류 단속법	1961. 12. 13	* 법 제정
	1962. 9. 3	* 완구연화 제조를 총단법에 적용(법)
	1966. 10.25	* 용어의 정의조항에 초유폭약(AN-FO) 추가(시행령)
	1976. 5. 7	* 기타 화약류에 폭탄, 포탄, 지뢰, 수류탄, 총탄 포함(시행령)
총포·도검·화약류 단속법	1981. 1. 10	* 법명 변경 * 법 적용대상에 도검 포함(법)
	11. 6	* 화약의 종류에 초유폭약(AN-FO) 추가(시행령) * 화약류에 함수폭약(슬러리폭약) 추가(시행령)
	1984. 8. 4	* 총포와 유사한 模擬총포 규제(법)
	1985. 2. 2	* 총포에 박격포(迫擊砲) 추가(시행령)
	1987. 11. 10	* 용어의 정의 중 "함수폭약"에 "에멀젼폭약" 추가(시행령)
총포·도검·화약류 등 단속법	1989. 12. 30	* 법명 변경
	1990. 3. 31	* 가스분사기, 전자충격기 포함(시행령)
	1995. 12. 6	* 가스발사총, 석궁(石弓) 포함(법) * 자동차 긴급신호용 불꽃 신호기 추가(법) * 자동차 에어백용 가스발생기 추가 및 규제완화(법)
		* 軍用 총포·도검·화약류·분사기·전자충격기·석궁 법적용 제외(법)
	1997. 4. 12	* 공업용 면약의 질소함량 기준 하향 조정(시행령) * 권총형 석궁을 석궁에 포함(시행령)
	1999. 6. 30	* 황산알루미늄 사용, 신종화약을 화약류에 추가(시행령)
	2001. 1. 26	* 장난감 꽃불류, 제조·수출입 외 취급·저장법에 적용(법)
	2004. 1. 20	* 실탄 부속품 약협(藥莢) 총포부품에서 제외(시행령) * 공기총의 단탄(單彈), 연지탄(鉛地彈)을 총포부품에 포함(시행령)

법 개정을 통해 화약의 종류를 추가해 가던 과정 중 특이한 부분이 있었다. 1966년 초유폭약을 시행령의 '용어의 정의'에 먼저 추가한 후, 뒤 늦게 1981년이 되어서야 '화약의 종류'에 초유폭약을 포함시키는 앞뒤가 바뀐 일이 발생한 것이다. 1960년대 중반, 당시로서는 신종 폭약이었던 '초유폭약(AN-FO)'이 처음 개발되고 나서 그 유용성이 알려지게 되자 일선 현장, 특히 석회석 광산 등에서 이를 발파작업에 적용하려는 시도를 하였다.

하지만 아직 "총단법"에서는 '초유폭약'을 화약류로 분류하지 않고 있었기 때문에 사용할 수 없었다. 당시 상공부와 치안본부에는 이를 사용할 수 있도록 해달라는 건의가 잇따랐고 결국은 시급히 시행령을 개정하다 보니 법에서 화약의 종류로 규정하지도 않은 '초유폭약'이라는 물질, 즉 "상위법 조문에 들어 있지도 않는 용어에 대해 하위법이 '용어를 정의'"하는 오류를 범한 것이다. 호적 없는 주민등록과 같다고 할 수 있을 것이다.

15년 후 또 다른 신종 폭약인 '함수폭약'이 등장하자 '화약의 종류'에 이를 추가하기 위해 시행령을 개정하면서 아무런 설명도 없이 슬그머니 '초유폭약'도 '화약의 종류'에 포함시켰다. '함수폭약'은 '화약의 종류'와 '용어의 정의' 두 곳에 동시에 포함시키면서 시행령을 개정하였기 때문에 문제가 없었고, '에멀젼폭약'은 이미 화약의 종류에 포함되어 있던 '함수폭약'에 대한 용어의 정의를 '슬러리' 한 가지에서 '슬러리'와 '에멀젼'으로 확대하는 방법으로 법에 포함시켰다.

2-2. 화약류 판매업허가제도의 변천

초창기 화약류 판매업허가제도는 각 시도별로 판매업자의 정원을 제한하는 매우 특별한 제도를 시행하고 있었다. 대통령령에 각 시도별 판매업자 수를 규정해 놓고 허가 숫자를 통제하였던 것이다.

당시의 시대 상황은 남북 분단 이후 국가안보상의 문제와 함께 화약고가 난립할 경우 공공의 안전 확보에 우려가 있다고 생각할 수도 있는 시절이었다. 하지만 1959년 6월과 1961년 1월 두 차례의 총단법 초안에서는 정원제도가 없었으나 1961년 10월 최종안에 뒤늦게 포함된 것을 볼 수가 있다.〈표 15-1〉 이는 기존 판매업자들의 기득권 확보를 위한

〈표 15-5〉 판매업자의 정원 변천 과정

연월일	주요 내용												
1962.12. 1	* 총포판매업과 화약류판매업자의 각시도별 정원 변경(규칙, 별표)												
		서울	경기	충남	충북	경남	경북	전남	전북	강원	제주	합계	
	총포	24	5	5	5	8	6	5	4	6	1	69	
	화약	5	3	6	7	5	7	5	5	15	1	59	
1963. 2. 14	* 총포판매업과 화약류판매업자의 각시도별 정원 변경(규칙, 별표)												
		서울	부산	경기	충남	충북	경남	경북	전남	전북	강원	제주	합계
	총포	25	6	5	5	5	4	6	5	5	6	1	73
	화약	5	2	3	6	7	3	7	5	5	15	1	59
1963. 6. 14	* 총포판매업과 화약류판매업자의 각 시도별 정원 변경(규칙, 별표)												
		서울	부산	경기	충남	충북	경남	경북	전남	전북	강원	제주	합계
	총포	28	7	5	5	5	7	7	6	5	6	1	84
	화약	5	4	3	6	7	5	7	5	5	16	1	66
1968. 1. 16	* 총포판매업과 화약류판매업자의 각 시도별 정원 변경(규칙, 별표)												
		서울	부산	경기	충남	충북	경남	경북	전남	전북	강원	제주	합계
	총포	28	7	9	6	6	7	10	7	6	9	2	97
	화약	5	4	5	7	8	5	10	7	5	16	2	74
1981. 1. 10	* 총포판매업과 화약류판매업자의 각 시도별 정원제도 철폐(법 조항 삭제)												

대정부 로비 때문이었다고 한다. "판매업자 정원제도"의 공식적인 명분은 화약고 난립을 통제하여 공공의 안전을 확보한다는 것이었지만 실제는 판매업자의 숫자를 규제하기 위한 목적이었던 것이다. 이러한 정원제도는 당연히 판매업 허가를 제한할 수밖에 없는 결과가 되었고 결국 '판매업 허가'는 그 자체가 화약류 유통시장에서 커다란 이권이 되어 갔음은 물론 화약 소매시장을 행정구역별, 지역별 독점체제로 변질시키는 커다란 문제점을 내포하게 되었다.

또한 당시는 경제개발에 필요한 화약의 중요성이 크게 부각되던 때로서 "**화약류 최고 가격제도**"까지 운영하고 있었으니 시장원리에 의한 가격 조정 기능은 별로 필요치 않다고 판단했을 수 있다. 1961년 11월 9일 법률 제770호에 의해 중요물자의 가격을 조절하여 물가 안정을 도모함으로써 국민 경제의 정상적 발전을 기한다는 목적으로 "물가조절에 관한 임시조치법"이 공포되면서 쌀, 보리쌀, 석탄, 연탄, 비료, 시멘트 등과 함께 화약류도 "국민생활상 필요불가결하다고 인정되는 중요물자"로 지정되어 '**최고가격**'이 운영되고 있었던 것이다. 따라서 화약의 유통은 단순히 통제의 편리성만 감안하면 되었을 것이다. 그 후 1973년 3월 12일 "물가 안정에 관한 법률"이 제정되고 나서 1974년 11월 "정상적인 가격기능 회복으로 물량 수급의 안정을 도모"한다는 사유로 화약류는 '최고가격' 지정 품목에서 제외되었다.[14]

1981년 1월 10일 총단법 개정과 함께 "화약류 판매업자의 정원제도"가 철폐되었다. 하지만 정원제도를 철폐하면서 다시 애매모호한 규정이 이를 대체하였는데 판매업자 화약고 간의 거리를 40Km 이상으로 규제한 것이다. 정원제도를 일시에 철폐하는 데 따른 화약고 난립을 방지한다는 명분으로 치안당국에서는 법에도 없는 내부 허가 지침을 만들어 적용하기 시작한 것인데 이 같은 "화약고와 화약고 간에는 40Km 이상 이격離隔하여야 한다"라는 규정은 '정원제도'를 운영할 때보다도 화약고 설치 조건을 더욱 제한하는 결과를 초래하고야 말았다. 기존의 판매업자들이 이미 요소요소에 화약고를 설치하고 있어 40Km를 이격하여 장소를 확보한다는 것 자체가 어려웠기 때문이다. 다행히 40Km라는 거리 조건을 만족하는 곳이 있다고 하더라도 이미 이러한 장소는 다른 법령에 저촉되어 건축에 제한을 받는 곳이거나 또는 총단법에 규정된 보안거리를 확보할 수 없는 곳들만이 그 대상지역으로 남아 있었으니 '정원제도'를 적용할 때보다도 오히려 화약 소매시장의 지역별 독점체제는 더욱 견고(?)해졌을 뿐이었다.

처음 판매업자 정원제도를 철폐하면서 거리제한 지침을 정할 때 40Km라는 기준의 근거는 1977년에 발생한 이리역 화약열차 폭발 사고를[15] 감안한 것이었다고 한다. 이리역 폭발 사고의 피해 정도를 감안할 때 총단법 상의 화약고 최대 저장량인 폭약 40톤이 폭발한

---

14) 국무회의 안건철(1974년 11월)
의안번호 : 1217호, 제출자 : 상공부장관 장예준, 합의기관 : 경제기획원

15) 이리역 화약열차 폭발 사고 : 1977년 11월 11일 밤 9시 15분경 다이너마이트 20톤을 포함, 뇌관, 초안폭약, 흑색화약 등 약 30여 톤의 화약을 싣고 인천에서 광주로 가던 화약 운송열차가 폭발한 사건. 사망 59명 등 1400여 명의 인명 피해가 있었다.

다면 40Km 정도는 떨어져 있어야 피해를 입지 않을 것이라 판단, 기준을 정했다는 것이다.

하지만 이때의 40Km 규정은 기존 판매업체들의 기득권을 보호해 주려는 뜻이 강하게(?) 내포되어 있었다. 이는 판매업자가 아닌 제조업자나 실수요자들이 소유한 화약고에는 이 규정을 적용하지 않았던 점과 40톤 미만의 화약고들까지도 모두 40Km를 적용했던 사례에서 잘 알 수가 있다.

결국 신규로 화약류 판매업을 하기 위한 화약고 설치허가 신청자들과 당시 허가관청이던 치안본부(현 경찰청)나 시도경찰국(현 지방경찰청)과는 마찰이 생길 수밖에 없었고 끝내는 행정소송까지 제기되고야 말았다. 1989년 6월 15일 서울고법 제7특별부에서 이러한 "치안본부의 처분은 위법하다"는 판결이 있었고 치안본부에서 상고를 포기하면서 확정되어 40Km 규정은 없어졌다.[16] 다음은 당시의 판결 내용이다.

1. 사 건 명

화약류판매업 불허가처분 등 취소(법령이 정하는 허가조건 외에 합리성 없는 내무부 단속지침상의 허가기준에 따라 화약류판매업 및 그 저장소 설치허가신청을 거부한 처분의 적부)

2. 법 원 명 : 서울고법 제7특별부 **3. 선고일자** : 1989. 6. 15

4. 판결요지

화약류판매업 및 그 저장소설치허가는 화약류로 인한 위험과 재해방지를 위한 행정청의 재량행위이므로 법령이 정하는 허가조건 외에 별도의 허가기준을 설정할 수는 있다 하겠으나 그 허가기준이 합리성 없는 것일 경우에는 위 허가신청이 그에 적합하지 않다는 이유만으로 이를 거부하는 것은 재량권 남용 또는 그 범위를 일탈한 것이라 할 것인 바, 화약류판매업 및 저장소설치허가 신청인이 그에 적합한 법령상의 제반조건을 구비하였음에도 불구하고 그 판매업소 및 저장소는 다른 판매업소와 40킬로미터 이상 떨어져 있어야 한다는 내무부 단속지침상의 이격거리가 지도상의 축척에 의한 직선거리를 뜻한다는 치안본부장의 질의회시에 따라 위 신청을 거부한 처분은 재량권 남용 또는 그 범위를 일탈한 것으로서 위법하다.

16) 행정소송 판례(사건번호 : 89 구 2174)

화약고는 가까운 곳에 있는 다른 화약고가 폭발했을 때 순폭만 예방하면 되는 것이지 화약고 건물 손상 등 단순한 재산 피해까지도 보호받을 필요는 없는 것이다. 따라서 수십 미터 거리 안에 2동棟 이상의 화약고를 연접하여 건축할 수도 있는 것인데 판매업자의 화약고에 대해서만은 40Km라는 어처구니없는 비과학적 기준을 적용하였지만 현재는 이 기준도 없어지고 오늘에 이르고 있다.

2-3. 화약류 운송 방법의 변천

운송 수단

1962년 4월 10일 제정된 "총포화약류단속법 시행령"에서는 특별히 화약 운송 수단을 규정하지는 않았다. 다만 운송 수단별 운반 방법을 세부적으로 규정한 법조문을 통해서 자동차, 2륜 자동차를 비롯해서 우마차牛馬車로도 운반이 가능했음을 알 수는 있다. 자동차가 널리 보급되지 않았던 시절, 우마차에 의한 화약 운반은 필요했을 것이다. 하지만 시대가 변하면서 실질적으로 우마차에 의한 화약 운반은 현실성이 떨어지고 있었음에도 20세기가 끝나 가고 21세기가 다가오는 시점까지도 일제 강점기부터 내려오던 우마차에 의한 화약 운반 방법은 법에 명시되어 있었다.

이처럼 명확히 운송 수단을 규정하지 않았던 법규로 인해 심지어는 영업용 택시로 화약을 운송하는 사례도 발생하였고, 결국 1996년 6월 20일 "화약류의 운반은 자동차(2륜 자동차 및 택시를 제외한다)에 의한다"라고 시행령을 개정하면서 우마차에 의한 화약 운반을 금지시켰다. 총단법이 제때에 현실을 반영하지 못하던 대표적인 사례였다.

소나 말이 끄는 우마차에 화약을 싣고, 마부馬夫(운전자)와 운반책임자(화약류관리기사), 경계요원(경비원)이 터덜터덜 우마차를 따라 걸어가는 모습을 상상해 보자. 만약 우마차 앞에 선도차가 선도를 한다면 또 어떠했을까? 필자는 법 개정 당시에 20년 가까이 화약산업 분야에 종사하고 있었지만 우마차나 2륜차로 화약을 운송하는 경험을 해본 적도, 전해 들은 바도 없었다. 다만 일제 강점기의 신문기사에서나 확인이 가능한 정도였다.[17)18)]

운반 신고

법 제정 당시에는 화약류를 운반하고자 할 때 특별히 시간제한을 두지 않고 관할 경찰서에 운반 신고만 하도록 하였으나 후에 24시간 전에 신고하도록 하였다가 불합리한 부분이 발생하자 4시간 전으로 단축, 개정하였다.

〈표 15-6〉 운반 신고 규정에 대한 법 개정 연혁

근 거	내 용
시행령 1962. 4. 10	第77條 火藥類를 運搬하는 者는 運搬申告書를 發送地를 管轄하는 警察署長에게 提出하여야 한다.
시행령 1964. 11. 10	第77條 ① 火藥類를 運搬하는 者는 運搬開始 24時間前에 運搬申告書를 發送地管轄 警察署長에게 提出하여야 한다.
시행규칙 1989. 3. 14	제38조 ① 화약을 운반하고자 하는 사람은 화약류운반신고서를 운반 개시 4시간 전까지 관할 경찰서장에게 제출하여야 한다.

선도차

1964년 시행령 개정과 함께 2톤 이상의 화약을 싣고 시가지를 운행할 경우 선도차先導車를 별도로 운행하여 경계를 강화하도록 하였으나 이 또한 실효성이 없다고 판단, 2004년 폐지되었다.

〈표 15-7〉 선도차 운영규정에 대한 법 개정 내용

시행 시기	내 용
시행령 1964. 11. 10	第83條 ④ 4. 火藥類 2톤 이상을 積載하고 市街地를 運行하고자 할 때에는 先導車로 하여금 필요한 警戒를 하게 하여야 한다.
시행령 2004. 1. 20	제50조 (운반방법) ② 4. 삭제

---

17) 동아일보 1927. 2. 1
火藥滿載한 荷馬車 列車와 衝突爆發,
五名死傷 十餘臺粉碎, 附近人家十餘戶破壞(福岡전보)

18) 동아일보 1935. 2. 5
自轉車에 실은 火藥일코 騷動(金泉)

운반 신고를 하지 아니하고 운반할 수 있는 수량

〈표 15-8〉 운반 신고를 하지 않고 운반할 수 있는 화약류에 대한 법 개정 연혁

화약류 구분 \ 개정 연혁			시행령 62. 4. 10	시행령 81. 11. 6	시행령 87. 11. 10
화 약(Kg)			50	50	삭제
폭 약(Kg)			25	25	삭제
화공품	공업뇌관, 전기뇌관, 신호뇌관(개)		10,000	10,000	삭제
	총용뇌관(개)		100,000	100,000	100,000
	포경용 뇌관, 포경용 화관(개)		30,000	30,000	30,000
	실 포	1개당 장약량 0.5g 이하(개)	100,000	100,000	100,000
	공 포	1개당 장약량 0.5g 이상(개)	50,000	50,000	50,000
	도폭선(미터)		1,500	1,500	1,500
	폭발천공기(개)		500	**600**	600
	미진동파쇄기(개)		-	**5,000**	5,000
	꽃 불 류	장난감용 꽃불류(Kg)	500	500	500
		기타의 꽃불류(Kg)	150	150	150
	상기 이외의 화공품(Kg)		25	25	25

상기 두 번에 걸친 개정이 있기 전인, 1964년 11월 10일 시행령을 개정, "신고의 필요 없이 화약류를 운반하는 자는 당해 화약류의 양수허가증을 휴대하여야 한다"는 조항을 신설하여 소량일지라도 무분별한 무신고 화약 운반을 일부 규제한 바가 있었다. 그 후 1981년 11월 미진동파쇄기의 무신고 운반 수량을 추가하여 사용자들의 편의를 도모하였다. 하지만 1987년 11월 시행령을 다시 개정하면서 화약, 폭약 및 뇌관류를 운반 신고를 하지 아니하고 운반할 수 있는 품목에서 완전히 삭제함으로써 아무리 적은 수량, 즉 뇌관 1발, 다이너마이트 1개라도 무조건 운반 신고를 하도록 한 것은 문제가 있다고 본다.

당시 1986년 아시안게임을 전후해서 발생했던 수차례의 폭발 사고를 감안,[19] 1988년 서울올림픽을 앞두고 폭발물에 의한 테러를 예방하기 위한 것이 이를 삭제하게 된 주된 이유였는데 현재까지도 이때 개정된 내용이 그대로 유지되고 있다.

---

19) 『폭발물 폭파실습 자료집』, 경기지방경찰청(2003)
　1. 국내 폭발물 협박(의심) 신고 및 사고 발생 현황

하지만 여기에는 모순점이 내포되어 있다. 예를 들면 화약 저장소를 소유하지 않은 사용자들은 매일 인근의 가까운 화약류 저장소에서 화약을 운반하여 사용해야 하고 사용한 후에 남은 잔량殘量은 다시 화약 저장소에 반납해야만 하는데 현실적으로 4시간 전에 운반 신고를 하고 반납할 수는 없는 노릇이기 때문이다. 더구나 1987년 11월 모든 화약, 폭약, 뇌관에 대해 운반 신고를 하도록 시행령을 개정할 당시는 4시간 전도 아니고 24시간 전에 운반 신고를 해야만 하던 시기였으니 더더욱 문제가 있는 개정이었다.

운반 책임자

운반신고서에 운반 책임자와 운반 인원의 숫자만 기재하도록 하다가 1989년 운전자와 운반 경비원의 인적사항도 기재하도록 변경되었다. 24시간 전에 운반 신고를 해야 할 때는 운전자의 인적사항까지 기재하는 것이 무리가 있었으나 4시간 전에 운반 신고를 할 수 있도록 변경되면서 가능해졌다고 볼 수 있다. 그 후 실수요자가 일일 운반 사용 시에는 운반 책임자가 경계요원을 겸할 수 있도록 운반 규정이 완화되었다. 차량 1대로 운반하는 경우 동일 차량에 운반 책임자와 경계요원까지 동승해야 하던 것을 1인이 담당할 수 있도록 한 것이다.

한편 운반 책임자의 자격에는 특별한 요건이 정해져 있지 않았다. 다만 허가관청(경찰서)들이 운반 신고를 접수할 때 '화약류 관리보안 책임자'를 운반 책임자로 선임하도록 지도를 하고 있었을 뿐이다. 하지만 2004년 1월 20일 시행령을 개정, 화약류 운반 책임자는 '화약류 제조 또는 관리보안 책임자'만이 할 수 있도록 운반 책임자 자격요건에 대한 규정을 신설하였다.

연도별	1984	1985	1986	1987	1988	1989
신 고	3	2	2	0	5	0
발 생	2	2	1	0	1	0

2. 김포공항 쓰레기통 폭발 사건
   1) 일시 : 1986년 9월 14일, 15시 12분경
   2) 장소 : 국제선 청사 1층 출구 건물외벽
   3) 피해 : 사망 5명, 부상 29명

〈표 15-9〉 운반 책임자 선임규정에 대한 법 개정 연혁

시행시기	내 용
시행령 1962. 4. 10	第77條 〈별표 17〉 운반신고서, 운반 책임자, 운반 인원수 기재 第82條 2. 自動車 또는 牛馬車에 依하여 運搬할 境遇에는 運送人은 當該 車輛에 監視員을 配置할 것.
시행령 1985. 2. 2	제50조 ① 2. 자동차 또는 우마차로 운반하는 경우에는 운송인은 그 차량에 경계요원을 태울 것
시행규칙 1989. 3. 14	[별지 제20호 서식] 화약류운반신고서 운반 책임자 외에 운전자, 운반 경비원 인적사항 기재
시행령 2001. 3. 31	제50조 ① 2. 운반 자동차에 경계요원을 태울 것. 다만, 저장소 없이 사용하는 사람이 차량 1대로 일일 운반하는 경우에는 운반 책임자로 하여금 경계요원을 겸하게 할 수 있다.
시행령 2004. 1. 20	제52조 ① 운송인은 화약류를 운반함에 있어서는 화약류제조보안책임자면허 또는 화약류관리보안책임자면허를 받은 사람으로 운반 책임자를 정하고 〈下略〉

예비운전자 탑승

1962년 제정된 시행령에서는 단순하게 "200Km 이상의 거리를 운반하는 때에는 운송인은 도중에 운전자를 교체할 것"이라고 했던 것을 1985년 "200Km 이상의 거리를 운반하는 때에는 자동차 1대에 운전자 2인을 태울 것"이라고 명확히 하면서 예비운전자 탑승규정이 강화되었다.

하지만 이 역시 현실과는 거리가 있는 규정이었다. 예를 들면 5대의 차량을 운행하려면 10명의 운전자가 필요하다는 것인데 과연 이러한 내용이 현실성이 있느냐는 문제가 제기된 것은 당연한 일이다. 또한 처음 법이 제정될 당시와 비교할 때 고속도로를 비롯한 도로 사정이나 차량의 성능 향상 등을 감안하면 200Km라는 숫자 자체에도 문제가 있을 수밖에 없었다.

결국 2001년 3월 이 같은 현실을 반영, "200Km 이상의 거리를 운반할 때는 예비운전자 1인 이상을 태울 것"으로 시행령이 개정되었다. 여러 대의 차량이 운행되더라도 동일 행렬에는 예비운전자 1명 이상만을 확보하여 비상시에 대비할 수 있도록 완화한 것이다.

〈표 15-10〉 예비운전자 탑승 규정에 대한 법 개정 연혁

시행시기	내 용
시행령 1962. 4. 10	第82條 ① 1. 自動車에 依하여 200Km 以上의 距離를 運搬하고자 할 때에는 途中에 運轉者를 交替할 것.
시행령 1985. 2. 2	제50조 ① 1. 〈前略〉 200Km 이상의 거리를 운반하는 때에는 〈中略〉 자동차 1대에 운전자 2인을 태울 것.
시행령 2001. 3. 31	제50조 (운반방법) ① 1. 〈前略〉 200Km 이상의 거리를 운반하는 때에는 〈中略〉 예비운전자 1명 이상을 태울 것.

2-4. 화약류 관리보안 책임자 제도의 변천

화약류 관리보안 책임자 제도는 총단법 개정 연혁 중 개정 횟수가 꽤 많았던 부분 중의 하나일 것이다. 이는 '화약류 관리보안 책임자'라는 면허가 화약산업에 종사하는, 또는 종사하고자 하는 사람들에게는 가장 기본적이면서도 필수적인 자격요건으로서 그만큼 '화약인火藥人'들의 커다란 관심사항이었기 때문이라고 생각된다. 본서에서도 이 부분에 대해서는 좀 더 상세하기 살펴보았다.

화약류 관리보안 책임자 교육, 양성기관

일제 강점기에 설치되었던 여러 교육, 연구기관이나 각종 협회, 조합들 중에는 해방 후 그 이름 앞에 붙었던 '조선朝鮮'이라는 단어를 '대한大韓'이나 '한국韓國'으로 바꾸어 달고 본래의 기능을 유지하고 있는 것들이 상당수에 달하고 있었다. 하지만 화약분야에서는 제조공장들이 폐쇄되고 산업 자체가 황폐해지면서 화약과 관련된 대부분의 각종 기관, 단체들까지 없어지고 말았다. 특히 '발파연구소'나 '발파기술원양성소'가 없어진 것은 지금에 와서 생각해도 아쉬운 부분이다. '발파기술원양성소'는 일제 말에 없어진 것으로 보이고 '발파연구소'는 홍제동 '발파시험장'과 함께 대한민국 정부 수립 후까지도 일부 그 기능이 남아 있었으나[13-5), 15-21)] 그 후 언젠가 없어지고 말았다.

또한 일제 강점기에는 '전선全鮮화약상연합조합'이나 '화약협회조선지부火藥協會朝鮮支部'와 같은 단체들도 안전교육과 병행해서 발파기술 교육 등을 실시하고 있었으나 해방과 함께 자취를 감추고 말았다. 훗날 우리나라에서도 '전국화약상연합회'라든가 '화약기술자연합회' 등이 결성되긴 하였으나 발파기술 교육이나 보급과는 거리가 있었고 회원 간의 친목과 권익 보호가 주요 활동목적이었다.

한편 1967년 4월 '대한화약기술학회'가 창립되었고 초대회장으로 허진許眞 박사가 취임하였다. 매년 계간季刊으로 학회지를 발간하는 등 나름대로 꾸준한 활동을 하였으나 회원들의 큰 호응을 받지는 못한 편이었으며 주로 허진 회장 주도하에 운영되고 있었다.

2000년 3월 김희창金熙昶 회장이 취임, 그 해 10월 제1회 학술발표회를 개최하였고 2001년 11월에는 '대한화약발파공학회'로 학회 명칭을 변경, 2003년 10월 사단법인으로 등록하였다. 이후 2008년까지 총 17회의 학술발표회와 수차례에 걸친 발파시공기술 및 진동소음 계측 워크숍 개최, 학회지 발간 등 활발한 활동을 펼치고 있다. 하지만 이 역시 화약산업과 발파기술 발전을 위한 학술활동 측면에서는 긍정적으로 평가할 수도 있겠으나 화약 발파 기술자를 양성하기 위한 교육 프로그램을 실시하는 단체는 아니다.

결국 아직까지도 우리나라에는 일제 강점기의 '발파기술원양성소'나 '발파연구소'와 같은 화약류 관리보안 책임자 양성을 위한 체계적인 교육이나 기술 보급을 위한 별도의 제도는 없는 것이 현실이고 각 대학교의 자원공학과(광산과)에서 관련 과목을 개설하고 있는 것이 공교육으로서는 유일하다고 할 수 있다.[12-49] 최근에는 화약류관리기사를 양성하는 사설학원들이 설치되어 그 교육의 일부를 담당하고 있다.

하지만 일제 강점기 '발파기술원양성소'가 총 교육시간의 60% 정도에 해당되는 500여 시간을 실험실습에 할애했던 것과 비교하면〈표 12-20〉 현재는 주로 이론교육에 치중할 뿐 실기교육은 매우 부족하다.

총단법 제정 이전의 화약류 취급주임

총단법이 제정되기 전까지 우리나라에서는 계속해서 일제 강점기에 사용하던 '**화약류 취급주임**'이라는 용어를 사용하고 있었는데 일제 강점기 동안 주로 일본인 화약 주임에 의해서 이루어지고 있던 화약 발파 업무는 해방과 함께 일본인들이 철수를 했어도 해방 직후에는 크게 문제가 되지는 않았다고 보인다. 왜냐하면 발파 업무 자체가 적었고 화약도 부족했으니 화약 주임의 수요도 그리 많지 않았을 것이기 때문이다.

해방 후 최초로 화약류 취급 주임 면허시험이 실시된 것은 미군정 시절인 1947년 11월 20일이었다. 합격자 규모 등 상세한 내용은 확인되지 않으나 화약 주임 '면장免狀'이라는 일본식 명칭이 화약 주임 '면허免許'로 바뀌어 실시되었다.20)

대한민국 최초의 화약류 취급주임 면허시험

미군정이 끝나고 대한민국 정부 수립 후 실시된 첫 면허시험은 한국전쟁 발발 3개월 전인 1950년 3월 8~9일 양일간에 걸쳐 실시되었다.21) 주요 내용을 요약해 보면 다음과 같다.

1. 면허종류 : 갑종 화약류취급주임면허
2. 시험기일 : 학과시험 3월 8일, 구술시험 3월 9일
3. 장　　소 : 내무부 치안국 보안과 화약발파연구소
4. 시험과목 : 화약학, 발파학, 화약법규, 구술시험

1950년 3월 18일자로 합격자가 발표되었다.22) 합격자들을 현주소지별로 분류해 보면 경기도 개성시開成市 거주자 왕성서王聖瑞 외 1인, 서울특별시 거주자 김봉연金鳳淵 외 4인, 강원도 삼척군과 정선군 거주자 각 1명씩 총 9명이 합격하였다.

이들이 대한민국 최초의 화약 주임 면허시험 합격자들인 셈인데 현재 남북이 분단되

20) 동아일보 1947. 10. 4
〈火藥取扱免許試驗〉
남조선에 미군정이 실시된 후 중지 상태에 있던 화약류취급면허시험을 오는 11월 20일 경무부 각 관구 경찰청에서 처음으로 실시하기로 되였는데 원서접수는 오는 11월 15일까지라고 한다.

21) 대한민국 관보 제286호(단기 4283년 2월 18일) 대한민국 공보처
〈내무부 고시 제8호, 단기 4283년 2월 6일〉

22) 대한민국 관보 제309호(단기 4283년 3월 22일) 대한민국 공보처
〈내무부 공고 제1호, 단기 4283년 3월 18일〉

어 있는 점을 고려하여 북한지역으로 편입된 개성시 거주자를 제외한다면 **김봉연金鳳淵 외 6인을 대한민국 최초의 갑종 화약류 취급주임**이라고 할 수 있다.

이와 같이 시험을 통해 면허를 발급하기도 했지만 1961년 "총단법"이 제정되기 전까지는 일제의 총포화약류취체령을 적용하여 동령 시행규칙 제48조에 의거[23] 갑종 화약류 취급주임 자격을 인정하고 면허증을 발급해 주기도 하였다. 이 같은 자격인증 내무부 공고가 여러 곳에서 발견되고 있다.[24]

총단법 제정과 화약류 취급주임의 명칭 변경

1961년 총단법이 제정되면서 '**화약류 취급주임**'이 '**화약류 취급책임자**'로 호칭이 바뀌었다. 일본인들이 사용하던 용어를 우리나라 용어로 바꾼 것이다. 그 후 1981년 1월 10일 법 개정과 함께 다시 한 번 화약류취급책임자는 '**화약류 관리보안 책임자**'로 명칭이 바뀌어 오늘에 이르고 있다. 하지만 지금도 일선 발파 현장에서는 '관리보안 책임자'라고 호칭하는 것을 찾아보기는 어렵고 '화약 주임'으로 부르는 경우가 대부분이다.

---

23) 朝鮮總督府官報 第3613號(大正 13年 8月 28日)
朝鮮總督府令 第46號, 銃砲火藥類取締令施行規則
第48條 火藥類取扱免狀ハ甲乙ノ二種トシ左ノ資格ヲ有スル者ニ限リ本人ノ申請ニ依リ道知事銓衡ノ上之ヲ交付ス〈下略〉**(12-3-4 참조)**

24) 대한민국 관보 제2391호(단기 4292년 9월 2일)
〈내무부 공고 제80호〉
하기 자에 대하여 총포화약류취체령 시행규칙 제48조에 규정하는 갑종 화약류취급자의 자격을 인정하였기에 공고함.

단기 4292년 8월 28일
내무부장관 최 인 규

성 명	생 년 월 일	본 적
김 ○ 영	424○년 ○월 27일	서울특별시 종로구 삼청동 ○번지

*개인 신상 기록임을 감안, 일부 ○로 처리하였음(필자 註)

화약류 취급 책임자의 임무

처음 '화약류취급책임자면허' 제도가 생겼을 때부터 화약류 취급 책임자에게는 화약의 출납, 접수, 사용, 운반, 저장 등 화약 관리 분야의 모든 업무를 관장할 수 있도록 하였다. 이점은 오늘날과도 크게 다르지 않다.[25)26)]

총단법 시행 초기 면허시험 제도

처음 총단법이 시행될 당시 화약류 취급 책임자는 갑종과 을종이 있었다. 1981년 화약류 관리보안 책임자로 명칭이 바뀔 때 갑종과 을종은 1급, 2급으로 바뀌었고 1996년에는 3급 화약류 관리보안 책임자 면허가 신설되었다.

다음은 1962년 4월 10일 시행령 제정과 함께 실시된 최초의 면허시험 규정이다.

〈표 15-11〉 1962년도 화약류 취급 책임자 면허시험 규정

종별	시험 기관	시험 응시 자격	시험 과목	합격 기준
갑종	내무부 장관	1. 대학에서 화약학을 전수 졸업한 자 2. 대학의 공업화학에 관한 과를 졸업하고 1년 이상 실무에 종사한 자 3. 을종 화약류취급면허를 받은 자로서 1년 이상 실무에 종사한 자	1. 화약류 단속에 관한 법령	과목당 100점 기준,
을종	시도지사	1. 고등학교 또는 동등 이상의 학교에서 재학 중 화약학을 수습한 자 2. 3년 이상 화약류 취급 실무에 종사한 자 3. 내무부장관이 인정하는 화약강습회에서 화약류 취급에 관한 학술 및 실무를 수습한 자	2. 일반 화약학 3. 발파학	매 과목 40점 이상, 전 과목 평균 60점 이상

25) 총포화약류단속법(1961년 12월 13일 제정)

第19條 ② 〈중략〉火藥類取扱責任者는 火藥類의 出納, 接受, 使用, 運搬, 貯藏 等의 管理에 關한 事項을 主管한다

26) 총포도검화약류 등 단속법(2007년 2월 21일 개정)

第31條 ① 〈중략〉 화약류관리보안책임자는 화약류의 취급(제조를 제외한다) 전반에 관한 사항을 주관하되〈하략〉

1963년 1월 29일 시행령을 개정, 각 시도에 화약류 취급 책임자 면허시험을 위한 '화약류취급책임자 면허시험위원회'를 설치하였다. 각각 관할 시도지사를 위원장으로 하여 위원장을 포함한 위원 5인으로 구성하였고 면허시험위원회의 위원은 다음에 해당하는 자 중에서 위원장이 위촉하였다.

1. 화약류에 관한 학식과 실무에 밝은 자
2. 공업고등학교 또는 공과대학에서 1년 이상 화약류에 관한 학과의 강의를 담당한 자
3. 화약류와 관계있는 기관의 공무원

그 후 1968년 1월 시행규칙을 개정 '갑종 화약류 취급책임자'의 '응시자격' 중 제2호를 "대학의 공업화학에 관한 과"에서 "**대학의 광산과 또는 공업화학에 관한 과**"로 변경하여 광산학 전공자들에게도 응시자격을 주었다.

상기 **〈표 15-6〉**의 시험 응시자격을 보면 "일정 기간 실무에 종사한 자"로 규정하여 실무 경험을 중요시하고 있었던 것을 알 수 있는데 그럼에도 불구하고 시험 과목에 실기시험이 포함되지 않았고 필기시험만으로 실시하고 있다. 오히려 1950년 3월 총단법 제정 전 '화약류 취급 주임' 시험에서 실시하고 있던 구술시험마저도 폐지된 것이 다소 의아하다.

화약류 관리보안 책임자

면허를 발급하는 과정도 몇 차례의 변경이 있었다. 가장 큰 변화는 일정한 응시자격을 갖춘 자들을 대상으로 내무부(치안본부)에서 직접 시험을 치르던 것을 별도의 시험을 거치지 않고 '화약류관리기사' 자격 취득자에게 '보안책임자면허'를 부여하는 것이라 할 수 있다.

1981년 1월 10일 총단법 개정 및 동년 11월 6일 시행령 개정과 함께 '갑종, 을종 화약류취급책임자'는 '1급, 2급 화약류관리보안책임자'로 그 명칭이 바뀌면서 '국가기술자격법'에 의해 '**1급 및 2급 화약류관리기사**' 자격을 취득한 사람에 한하여 각각 1급 및 2급 관리보안 책임자 면허를 부여하는 것으로 제도가 변경된 것이다.

1996년 6월 20일 시행령 개정 시 '3급 화약류관리보안책임자면허'가 신설되고, '1급 화약류관리보안책임자' 면허 부여 자격에 '화약류관리기술사' 자격 취득자도 포함되었다. 이는 '국가기술자격법'에 의해 '화약류취급기능사'와 '화약류관리기술사' 제도가 새로 시행되었기 때문이었다.

그 후 다시 한번 "국가기술자격법"의 개정이 있었고 1급 및 2급 화약류관리기사의 호칭이 '화약류관리기사'와 '화약류산업기사로' 변경됨에 따라 총단법에서도 이를 적용, '1급 화약류관리보안책임자' 면허는 '화약류관리기술사'와 화약류관리기사에게, '2급 화약류관리보안책임자' 면허는 산업기사에게 부여하는 것으로 변경되어 2006년 3월 10일 시행령 개정 시부터 적용되었다. '화약류취급기능사'에게 부여하던 '3급 화약류관리보안책임자면허'는 변동이 없다.

화약류 관리보안 책임자 선임 기준

화약류 판매업자나 사용자는 화약류의 출납, 사용, 운반, 저장 등의 관리에 관한 사항을 주관할 '화약류 관리보안 책임자'를 두어야 한다. 취급 주임, 취급 책임자, 관리보안 책임자 등 몇 차례에 걸쳐 호칭 변경이 있었지만 편의상 현행 법령상 호칭인 '1급, 2급 관리보안 책임자'로 통일하기로 한다.

〈표 15-12〉 화약류 관리보안 책임자 선임 기준 변천 과정

구분		저장소 설치자 (연화, 도화선 제외)		연화, 도화선 저장소 설치자	사 용 자		
관리보안 책임자 자격		1급	2급 또는 1급	2급 또는 1급	1급	2급 또는 1급	3급, 2급 또는 1급
저장 또는	1962. 4.10	연중 20톤 이상의 폭약	연중 20톤 미만의 폭약	-	월중 1톤 이상의 화약 또는 폭약	월중 50Kg 이상의 화약 또는 폭약	규정 없음
	1964. 11. 10	〈상 동〉 〈註〉 사용자는 화약류취급소마다 화약류취급책임자를 선임하여야 한다. 다만, 화약류취급소가 2개소 이상인 경우에 그 화약류취급소 상호간의 거리 및 화약류의 사용량으로 보아 1인으로 가능하거나, 또는 화약류취급소의 수보다 적은 수의 화약류취급책임자로써 관리					

사용 합계량		할 수 있을 때에는 예외로 한다.					
	1981. 11. 6	연중 40톤 이상의 폭약	연중 40톤 미만의 폭약	-	월중 1톤 이상의 화약 또는 폭약	월중 50Kg 이상의 화약 또는 폭약	규정 없음
	1985. 2. 2	연중 40톤 이상의 폭약	연중 40톤 미만의 폭약	-	월중 2톤 이상의 화약 또는 폭약	월중 50Kg 이상의 화약 또는 폭약	규정 없음
	1987. 11. 10	〈상 동〉 〈註〉〈前略〉 또는 화약류 취급소의 수보다 적은 수의 화약류 취급 책임자로써 관리할 수 있을 때에는 예외로 하되, 밤낮을 계속하여 작업하는 사용 장소에는 2인 이상의 관리보안 책임자를 선임하여야 한다.					
	1996. 6. 20	연중 40톤 이상의 폭약	연중 40톤 미만의 폭약	-	월중 2톤 이상의 화약 또는 폭약	월중 50Kg 이상의 화약 또는 폭약	월 50Kg 미만이나 6개월 이상 장기 사용 시

화약류 관리보안 책임자 선임 기준은 법 제정 이후 몇 차례의 변경이 있었지만 큰 골격에서는 변함이 없었고 주로 2급 보안책임자의 선임 가능 기준을 확대한 것과 3급 보안책임자제도가 신설된 것이라 할 수 있다. 1981년 화약류 저장소의 관리보안 책임자 선임 요건이 연중 20톤에서 40톤으로 변경된 것은 1급 화약류 저장소 대저장량이 20톤에서 40톤으로 변경되었기 때문에 화약고 1동의 최대 저장량을 따른 것이었다.

또한 1985년 화약류 사용 장소에 선임하는 1급 관리보안 책임자의 요건이 월 1톤 이상 사용 장소에서 2톤 이상으로 변경된 것은 2급 보안책임자들의 업무영역을 넓혀 주는 것이 주된 목적이었다. 이미 화약 발파는 대형화되고 있었으나, 기존 규정으로 한다면 2급 보안 책임자들은 월 1톤 미만 사용 장소에만 선임할 수밖에 없었기 때문에 이들은 선임할 곳이 점차 줄어들고 있었고, 따라서 이를 증량增量시키는 것은 2급 관리보안 책임자들에게는 생계와도 직결되는 숙원 중의 하나였다. 우여곡절 끝에 2톤으로 변경되긴 하였지만 당시 이를 변경하는 과정에서 1급, 2급 보안 책임자들 사이에 갈등이 빚어지기도 하였다.

1996년 2월 20일 "월중 50Kg 미만이나 6개월 이상 장기 사용 시"에는 3급 이상의 화약류 관리보안 책임자를 선임토록 하였다. 전술하였듯이 "국가기술자격법"에서 '화약류 취급기능사' 제도가 신설되고 이에 따라 총단법에서도 '3급 화약류관리보안책임자' 제도를 도입하면서 만들어진 규정이었다. 이로서 우리나라에서는 월중 50Kg 미만의 소량 사용

장소일지라도 6개월 이상 장기간 사용하는 모든 발파 장소에는 관리보안 책임자를 선임하도록 된 것이다.

끝으로 관리보안 책임자의 선임 기준에는 포함되어 있지 않지만 2004년 1월 20일 개정된 시행령 제52조 ①항에서 "운송인은 화약류를 운반함에 있어서는 **화약류제조보안책임자면허 또는 화약류관리보안책임자면허를 받은 사람으로 운반 책임자를 정하고**"라 하였으니 매 운반 시마다 1회성으로 필요한 것이긴 해도 실제로는 관리보안 책임자를 선임해야 할 곳이 하나 더 있는 셈이다.

화약류관리기사와 화약류 관리보안 책임자

앞서 '화약류 관리보안 책임자'를 오랜 습관에 따라 아직도 '화약 주임'이라고 부르는 경우가 많음을 지적한 바 있는데 이외에도 한 가지 호칭이 더 있으니 바로 '관리기사'라는 호칭이다.

1973년 국가기술자격법이 제정되면서 법 제10조 ③항 및 동 시행령 제33조 ①항에 의해 "기술자격취득자는 대통령령이 정하는 바에 의하여 그 자격과 동종 · 동등한 다른 법령에 의한 자격 취득자와 같은 대우를 받는다"라는 규정에 따라 기존 총포 · 도검 · 화약류 등 단속법에 의해 관리보안 책임자 면허를 취득한 사람들에게 일괄적으로 화약류관리기사 자격을 인정해 주었다.[27][28]

이어서 1981년 1월 10일 총단법 개정 및 동년 11월 6일 시행령 개정과 함께 '1급, 2급 화약류 관리보안 책임자'에 대한 별도의 선발 시험제도 자체가 폐지되었고 '국가기술자

27) 국가기술자격법(1973. 12. 31)

제10조 ③ 기술자격 취득자는 대통령령이 정하는 바에 의하여 그 자격과 동종 · 동등한 다른 법령에 의한 자격의 취득자와 당해 법령상 같은 대우를 받는다.

28) 국가기술자격법 시행령(1974. 10.16)

제33조 ① 법 제10조 제3항의 규정에 의하여 다른 법령에 의한 자격의 취득자와 당해 법령상 같은 대우를 받는 기술자격취득자의 자격 및 이와 동종 · 동등한 그 다른 법령에 의한 자격은 [별표 7]과 같다.

[별표 7] 국가기술자격법에 의한 기술자격과 동종 · 동등한 다른 법령에 의한 자격

자격의 명칭	근거법령	국가기술자격법의 기술자격
갑종 화약류취급책임자	총포화약류단속법	화약류관리기사 1급
을종 화약류취급책임자	총포화약류단속법	화약류관리기사 2급

격법'에 의해 '**1급, 2급 화약류관리기사**' 자격을 취득한 사람에 한하여 관리보안 책임자 면허를 부여하는 것으로 변경되었다.

이처럼 기존의 보안책임자 면허자들에게 관리기사 자격을 인정해 주었고 또 관리기사 자격을 취득한 사람에게만 보안책임자 면허를 주기 시작하면서 〈**보안책임자 = 관리기사**〉라는 등식이 성립하게 되었고 이때부터 '보안책임자'들에게는 '화약 주임'이라는 명칭과 함께 '관리기사'라는 명칭도 함께 사용되기 시작하였다.

하지만 이처럼 단순하게 제도를 변경한 것에는 몇 가지 문제가 있다고 판단된다. **첫째** 총단법에 의해 면허를 받았던 기존의 화약류 관리보안 책임자들에게 일괄적으로 국가기술자격법에 의한 화약류관리기사 자격을 주었던 부분이다. 이를 설명하자면 우선 자격 취득을 위해 실시되었던 시험 응시 자격과 시험 과목의 차이를 알아보아야 하는데 편의상 1급에 한해 비교해 보았다.

〈표 15-13〉 보안책임자에게 관리기사자격을
인정할 당시(1981년 1월)의 응시 자격 및 시험 과목 비교

<table>
<tr><th>구분</th><th>1급 화약류관리
보안책임자(총단법)</th><th colspan="2">1급 화약류관리기사
(국가기술자격법)</th></tr>
<tr><td>응시
자격</td><td>1. 대학에서 화약학을 전수 졸업한 자
2. 대학의 공업화학에 관련된 과를 졸업하고 1년 이상 실무에 종사한 자
3. 을종 화약류취급면허를 받은 자로서 1년 이상 실무에 종사한 자</td><td colspan="2">1. 기사 2급의 자격을 취득한 후 당해 기술 분야에서 2년 이상 실무에 종사한 자
2. 4년제 대학졸업자(1966년 이후의 졸업자에 있어서는 학위등록을 한 자)와 그 졸업예정자 또는 이와 동등 이상의 학력이 있다고 인정되는 자
3. 초급대학 · 실업고등전문학교 및 전문학교의 졸업자 또는 이와 동등 이상의 학력이 있다고 인정되는 자로서 당해 기술 분야에서 2년 이상 실무에 종사한 자</td></tr>
<tr><td rowspan="6">시험
과목</td><td rowspan="6">1. 화약류 단속에 관한 법령
2. 일반 화약학
3. 발파학</td><td colspan="2">〈기술분야 : 화공〉</td></tr>
<tr><td>화공 분야</td><td>1. 화공열역학 2. 단위조작</td></tr>
<tr><td>화학 분야</td><td>1. 화학분석 2. 유기합성</td></tr>
<tr><td>토목 분야</td><td>1. 응용역학 2. 수리학</td></tr>
<tr><td>광업 분야</td><td>1. 채광학 2. 광상학</td></tr>
<tr><td>공통과목</td><td>1. 일반화약학 2. 발파공학
3. 화약류단속관계법규
4. 화약류취급 및 발파작업 실기</td></tr>
</table>

응시 자격에서도 상이한 부분이 있지만 특히 시험과목을 보면 보안책임자면허 취득자들에게 관리기사 자격을 인정한 것에는 무리가 있다고 보인다. 시험과목 상 동일한 자격이라고 할 수가 없기 때문이다. 하지만 이는 국가기술자격법 시행 초기에 실시되었던 일회성의 조치로서 총단법에 의한 보안 책임자 면허시험이 중지된 지가 이미 30년 가까이 지났으니 현재는 문제점 자체가 거의 소멸되었다고 할 수 있다.

이보다는 현행 제도에 더 큰 문제가 있다고 본다. 이 부분은 현행 관리기사 제도와 과거 보안 책임자 제도를 살펴보면 될 것인데 역시 편의상 1급에 한하여 비교해 보았다.

〈표 15-14〉 과거 보안책임자와 현행 관리기사 응시 자격 및 시험 과목 비교

구 분	1급 화약류관리보안책임자	1급 화약류관리기사
〈응시 자격 : 생략〉		
시험 과목	1. 화약류 단속에 관한 법령 2. 일반 화약학 3. 발파학	〈기술 분야 : 광업자원〉 1. 일반화약학 2. 발파공학 3. 암석역학 4. 화약류단속관계법규 5. 굴착공학 6. 실기시험 : 화약류 취급 및 발파 작업

애초에는 국가기술자격법상 '화약류관리기사'가 속했던 기술 분야가 '화공'이었다.〈표 15-13〉 하지만 기술 분야만 화공이었을 뿐 실제로는 그 시험 과목을 화공, 화학, 토목, 광업 분야 등으로 세부적으로 분류하여 다양한 관련 분야 전공자들이 응시할 수 있도록 배려하고 있었다.

하지만 현재는 광업자원 분야 한 가지로 그 기술 분야가 바뀌었고 시험 과목마저도 공통과목을 제외하고는 암석역학 및 굴착공학으로만 한정하였다.〈표 15-14〉 화공이나 화학 분야를 제외한 것은 그럴 수 있다 하더라도 현재 화약의 주된 소비 분야인 토목 분야마저 제외하면서까지 광업자원 분야로만 한정한 점이 특이하다. 물론 어느 기술 분야에 속해 있느냐 보다는 시험 과목이 무엇인지가 더 중요하다고 보면 형식상 토목 분야가 제외는 되었더라도 현행 암석역학이나 굴착공학이라는 시험 과목을 볼 때 그 자체가 크게 문제될 바는 아닐 것이다.

다만 문제는 현행 총단법이 관리기사들에게만 보안책임자 면허를 부여하는 제도라고

할 수 있는데 이것이 바로 "보안책임자 = 관리기사"라는 등식에서 발생하는 가장 큰 문제인 것이다. 현재 '보안책임자'를 선임해야 하는 곳이 '암석역학'이나 '굴착공학'에 대한 지식을 필요로 하는 화약 발파 현장만 있는 것이 아니기 때문이다.

화약류 저장소에서는 화약의 출납과 저장상의 안전 관리, 시설물 관리, 경계, 도난 방지 등을 관리해야 하고 심지어는 완구용 연화를 포함한 연화류 저장소나 도화선 저장소에도 선임되어야 할 뿐만 아니라 화약류를 운반할 때에도 관리보안 책임자가 운반 책임자로서의 직무를 수행해야 한다. 물론 연화발사 시의 안전 관리도 '관리보안 책임자'들의 몫이다. 그럼에도 불구하고 '화약류관리기사'에게만 보안책임자 면허를 부여할 수 있도록 제한함으로써 화약고 관리나 운반 책임까지도 꼭 '암석역학'이나 '굴착공학'을 공부한 '고급 기술자'들에게 맡겨야 하는가는 생각해 볼 여지가 있다는 것이다.

물론 '관리기사'에게 '보안책임자' 면허를 부여하는 것은 당연하다고 할 수 있다. 하지만 '관리기사'에게만 그 면허를 부여하고 있기 때문에 이 같은 지적이 생기는 것이다. 이는 1, 2급 '관리보안 책임자'의 종별 직무 구분을 '취급하는 수량'으로 하는 것에서 더욱 명확하게 문제점이 들어난다. 취급하는 화약의 수량은 매우 적더라도 '고도의 발파기술'을 요하는 곳이 있고, 취급 수량은 많아도 저장소 관리나 운송 등 '발파기술'과는 관계없는 안전 관리 위주의 분야도 있기 때문이다.

한 가지 제안을 해본다면 '관리보안 책임자' 간의 직무 구분을 '취급하는 수량'으로만 할 것이 아니라 '업무의 성격'으로 구분하는 방법도 생각해 볼 수 있다. 예를 들어 발파 업무를 담당하는 '발파기사'가 있다고 가정해 보자. "저장소에 선임하거나 운반을 담당하는 **관리보안 책임자**'와 "발파설계와 시공을 담당하는 **발파보안 책임자**'는 그 직무를 명확히 구별할 수가 있을 것이다. 나아가 화약을 운송하기 위해 또는 저장소의 재고 관리, 안전 관리나 연화발사를 위해 '암석역학'이나 '굴착공학'을 열심히 공부해야 하는 어처구니없는 오류를 범하지도 않을 것이다.

2-5. 화약류 저장소 설치 기준의 변천

화약류 저장소와 관련하여 그동안 몇 차례 개정된 "총단법"에 대해 검토해 보았다.

최대 저장량 변경

1962년 시행령 제정 당시 '1급 화약류 저장소'의 최대 저장량은 폭약 기준 20톤이었다. 그 후 1981년 11월 6일 시행령을 개정, 40톤으로 증량시켰다. 당초 최대 저장량이 20톤에서 40톤으로 개정된 과정에 대해 살펴보자.

화약고의 최대 저장량은 첫째 외부 보안물건과의 보안거리에 따라 달라져야 한다. 또 두 번째로 화약고를 2동 이상 연접할 경우에는 화약고와 화약고 상호간의 거리(편의상 "동간거리棟間距離"라 함)에 따라 결정되어야 한다.

여기서 첫 번째의 보안거리에 대한 규정은 저장량별로 법규에 상세히 규정하고 있으므로 문제가 없다. 40톤으로 증량增量하던지 아니면 그 이상으로 하던지 정해진 보안거리를 확보하면 되기 때문이다. 다만 두 번째의 경우, 즉 연접한 화약고 간의 동간거리가 문제다. 20톤을 40톤으로 변경하려면 당연히 동간거리도 커져야 하는 것이기 때문이다. 하지만 1981년 시행령을 개정할 때, 향후 신설되는 화약고에 대해서만 이 기준을 적용한 것이 아니라 기존의 화약고들에 대해서도 **동간거리**를 전혀 고려하지 않고 일괄적으로 저장량을 40톤으로 증가시켜 주었다. 결과적으로 **동간거리**에 대한 개념을 무시해 버렸던 것인데 이는 그 당시에, 현재도 그렇지만, 법규상에 연접한 화약고 간의 동간거리에 대한 규정이 없기 때문이다.

우선 법 제정 시 20톤이라는 기준이 어떻게 만들어졌는지 생각해 보자. 이는 최초 입법 과정을 먼저 살펴보아야 하는데 당시 입법 과정이란 것이 그저 일본의 "화약류취체령"을 단순 번역하는 수준이었던바, 특별히 과학적 근거를 제시해 주지 않고 있어 검토 자체가 불가능하다. 당시 우리나라에서 베껴 온 일본법의 최대 저장량이 20톤이었을 뿐이다. 그렇다면 40톤으로 변경할 때는 어떤 근거가 있었을까? 이 역시 매우 간단하다. 역시 일본이 법을 개정한 것을 그대로 따랐을 뿐이었다. 1973년 일본에서 먼저 법을 개정하여

20톤을 40톤으로 변경하자 우리나라에서도 이를 모방하여 40톤으로 변경한 것이다.

1970년대 초 일본은 화약의 수요가 급격히 증가하고 있던 때였다. 따라서 화약류의 유통량이 늘어나게 되면서 화약고가 절대 부족한 상황이 되었는데 반하여 단시간에 다수의 화약고를 증설할 수는 없었고 궁여지책으로 기존 화약고의 저장량을 늘리는 방법을 쓴 것이다. 마침 우리나라에서도 1970년대 말 화약의 수요가 증가하기 시작하였다. 1973년 9,000여 톤에 불과하던 화약의 수요가 5년 만인 1978년에는 그 두 배가 넘는 20,000톤에 달할 정도여서 화약고의 부족 현상이 발생하였다. 하지만 우리나라 역시 단기간에 화약고를 증설하는 것은 쉬운 일이 아니었다. 그런 중에 일본에서 먼저 법을 개정하자 이를 근거로 하여 동일하게 40톤으로 변경한 것뿐이다.

연접連接한 화약고는 어느 한 화약고가 폭발했을 때 다른 화약고가 순폭殉爆이 되지 않을 거리, 즉 **동간거리**를 확보해야만 하는 것은 필수조건이다. 그렇다면 단순히 일본법을 베끼기만 했던 우리나라는 그렇다 치더라도 일본에서는 무엇을 근거로, 이런 시도를 했었는지 다소 의문스러운 부분이다. 이에 대해 일본의 '일본화약공업회日本火藥工業會'에서는 다음과 같이 설명하고 있는데[29] 다소 어설픈 변명 같기만 하다.

"〈前略〉 다음은 화약고 상호간의 거리인데 법에는 화약고 상호간의 거리에 대해서는 규정되어 있지 않으나, 토제土堤를 설치함에 따라 대략 순폭殉爆을 피할 수 있는 거리가 유지되어 진다. 〈中略〉 화약고의 폭발에 의해 다른 화약고가 2차적 폭발을 하는 일이 절대 없도록 하기 위해 상호간 보안거리를 두지 않으면 안 되지만 연접한 두 개의 화약고 사이에 법규상의 보안거리를 확보한다는 것은 도저히 불가능한 일이다. 하지만 화약고의 지붕 높이가 상식적이고, 또한 각 화약고의 중간에 법에 명시한 제대로 된 규격의 토제土堤를 설치한다면 대개는 자연적으로 순폭殉爆을 피할 수 있는 보안거리가 확보되게 되어 있다. 다음 공식을 참고했으면 한다. 〈下略〉"

$$\text{순폭을 피할 수 있는 거리(m)} = 0.75 \times \sqrt[3]{\text{저장화약류의 수량}(Kg)}$$

29) 火藥類取締法令の解說(平成8年 改正版)
日本火藥工業會 資料編輯部編, 通商産業省 環境立地局 保安課 監修

토제 높이와 보안거리

원칙적으로 토제土堤(흙둑)의 높이는 화약고 지붕 높이 이상이어야 하고 저장량에 따라 해당되는 보안거리를 확보해야 한다. 하지만 토제 높이를 화약고 지붕 높이보다 4분의 5 이상 높이로 쌓은 때는 보안거리를 단축할 수 있도록 완화해 주는 조항이 있다.[30)]

이 역시 일본에서 만들어져 우리 법에서 적용된 조항이다. 하지만 우리나라에서 처음 총단법을 제정했을 때는 4분의 5 이상 높이가 아니라 4분의 3 이상의 높이를 쌓을 경우 보안거리를 단축할 수 있다고 하였다. 당연히 오타誤打였겠지만 어처구니없는 실수였다. 시행령 제정 후 2년 7개월이나 지나서야 1964년 11월 10일 시행령을 개정, 4분의 5로 바로잡았다. 2년 7개월간 법적용을 어떻게 했을지 궁금하다.

참고로 일본에서 이 조항이 만들어진 것에도 다음과 같은 사연이 있었다. 1960년 일본에서는 그 간의 각종 사고사례와 유럽 각국의 자료들을 참고로 하여 '보안거리표'를 대폭 수정하였다. 그중 가장 유력한 근거로 판단했던 자료는 세계 각국의 130여 건에 이르는 폭발사례들을 모아 작성한 '미국화약제조업협회(The Institute of Makers of Explosives)'의 '보안거리표'였다고 한다. 역시 아래의 뢰덴베르크 공식을 적용하였다.

$$\text{보안거리(m)} = K \times \sqrt[3]{\text{저장 화약량}(Kg)}$$

일본에서는 이를 토대로 소화 35년(1960) 12월 1일 법규를 개정하여 보안거리에 대한 규정을 강화하였다. 보안거리를 강화한다는 것은 그 거리를 멀리하는 것인데 상수 K를 좀 더 크게 적용하여 그에 맞는 보안거리를 확보토록 하든가 저장 화약류의 수량을 감소시켜 이미 정해진 거리 내에서 보안거리를 확보하는 방법밖에 없다.

하지만 이에 따른 새로운 문제가 발생하였다. 법을 개정하면서 보안거리 기준을 강화하자 이미 설치되어 있는 화약고들이 문제였던 것이다. 화약고를 간단히 이전을 할 수도 없고, 이전을 하려해도 대체 용지를 찾는 것도 용이하지가 않았으며, 막연히 저장량을

30) 총단법 시행령 42조 3호, 시행령 30조 1항, 시행령 30조 3항

줄여 해결하자니 산업 유통상 지장을 초래할 수밖에 없었다. 이러한 문제를 해결하기 위해 나온 것이 바로 토제를 저장소 지붕보다 4분의 5 이상 높게 쌓을 경우 보안거리를 단축할 수 있도록 한 조항이었다.

2급 화약류 저장소 시설 기준 변경

2급 저장소는 "일시적인 토목공사를 하거나 기타 일정한 기간의 공사를 하는 자가 그 공사에 사용하기 위하여 화약류를 저장하고자 할 때 설치할 수 있는 저장소"이다.[31] 따라서 임시로 단기간 동안 설치하는 것에 대해 1급 저장소와 같은 과도한 시설 기준을 설정하는 것은 경제적인 측면 등 문제가 있으므로 총단법에서는 그 시설 기준을 완화할 수 있도록 하였다.

하지만 1996년 6월 20일 시행령 개정과 함께 지상 2급 저장소의 설치 기준이 대폭 강화되었는데 그중 2급 저장소에도 무조건 토제土堤를 설치토록 한 점이 문제다. 당초 법 취지는 "2급 저장소는 일시적인 것이므로 단기간 사용 후 철거할 시설"이라는 점을 감안하여 토제를 설치했을 때의 보안거리보다 2배 이상 거리를 확보하면 토제 설치를 생략할 수 있도록 한 것이었다. 아울러 이 경우 2동 이상의 화약고를 연접할 때는 어느 한쪽의 폭발이 있더라도 다른 화약고까지 순폭殉爆되는 것을 방지하기 위한 보완조치로 저장소 상호간의 거리도 별도로 정하여 규제하는 것으로 보완하였다. 토제를 생략하더라도 보안거리를 2배로 늘리고 화약고 상호간 거리도 충분히 확보토록 함으로써 만일의 사태에 대비, 토제가 있을 때와 버금가는 안전조치를 취했던 것이다.

하지만 1996년 6월 20일 시행령이 개정되면서 "보안거리를 2배 이상 확보하면 토제 설치를 생략할 수 있다"는 규정은 삭제되었고 2급 저장소에도 무조건 토제를 설치하도록 하고 말았다. 결국 표현만 2급 저장소이지 1급 저장소와 큰 차이가 없는 화약고가 되고 말았고, 실질적으로 우리나라에는 "일시적으로 사용하기 위한 2급 저장소"는 없어진 것과 다름이 없다. 변경 전후의 토제 관련 내용을 요약해 보면 다음과 같다.

31) 총단법 시행령 제28조 제2항

〈표 15-15〉 2급 화약류 저장소 설치 기준

개 정 전	1996. 6. 20 개정 후
제34조 (2급 저장소의 위치 · 구조 및 설비) 1. 지상에 설치하는 2급 저장소의 위치 · 구조 및 설비의 기준은 다음 각 호와 같다. 〈中略〉 3. 저장소의 주위에는 흙둑을 쌓을 것. 다만, 저장소와 보안물건 사이에 별표 8에 의한 보안거리의 2배 이상의 거리를 둔 때에는 그러하지 아니하다. 4. 제3호 단서의 경우 2급 저장소 상호간의 거리는 별표 11의 기준에 의할 것. 〈下略〉	제34조 (2급 저장소의 위치 · 구조 및 설비) 1. 지상에 설치하는 2급 저장소의 위치 · 구조 및 설비의 기준은 다음 각 호와 같다. 〈中略〉 10. 저장소 주위에는 흙둑을 쌓을 것. 〈下略〉

〈별표 11〉 **2급 저장소 상호간의 거리 기준**(제34조 제4호 관련)

저장하고자 하는 폭약(톤 이하)	저장소 상호간의 거리(미터 이상)	비 고
10	33	
9	32	
(이하 생략)	(이하 생략)	

그럼에도 불구하고 법 개정 이전에 토제가 없는 2급 저장소에 적용하던, 즉 이제는 적용할 곳도 없는 "**2급 저장소 상호간의 거리 기준**"은 삭제되지 않고 제34조 4호(없어진 조항임) 관련사항이라며 현재까지도 [**별표** 11]에 남아 있다. 따라서 본 조항에 대해서는 재검토를 해야 할 필요가 있다. 현행법상으로만 보면 [별표 11]을 삭제하는 것으로 법규의 형식은 바로잡을 수 있겠지만 그보다는 2급 저장소 규정의 원래 제정목적을 감안하여 본 조항은 개정 이전으로 원상회복하는 것이 타당하다고 본다.

2-6. 총포 · 화약안전기술협회

1984년 8월 4일 "총단법"에 '총포화약안전기술협회'에 대한 규정이 신설되었고, 1985년 7월 11일 법인설립 등기를 하면서 '총포화약안전기술협회'가 설립되었다. 설립 당시 주요 현황을 보면 다음과 같다.

1. 설립 목적

총포 · 화약류로 인한 위험과 재해의 예방을 위한 안전기술의 연구 · 개발과 행정관청이 위탁하는 총포 · 화약류 안전에 관한 교육 그 밖의 업무 수행

2. 회원

총포 · 화약류의 제조업자 · 판매업자, 수출입 허가를 받은 사람, 소지허가를 받은 사람과 화약류저장소설치자, 화약류사용자, 화약류제조보안책임자 및 화약류관리보안책임자면허를 받은 사람

3. 사업

1) 총포 · 화약류의 안전에 관한 기술지원 및 조사 · 연구
2) 총포 · 안전검사 및 화약류 안정도 시험
3) 총포 · 화약류의 제조 · 운반 · 사용 · 저장 등의 기술 및 시설에 관한 연구 · 개발 · 보급
4) 총포 · 화약류 안전사상의 계몽 및 홍보
5) 총포 · 화약류의 안전 및 기술 교육
6) 총포 · 화약 안전에 관한 자료수집과 기술서적 등 간행, 반포
7) 총포 · 화약류 안전에 관한 기술도입 및 국제협력
8) 총포 · 화약류 안전을 위한 행정업무에 관한 기술 자문
9) 내무부장관이 위탁하는 총포 · 화약류 안전에 관한 업무
10) 그 밖의 협회의 목적 달성에 필요한 사업

4. 재정

1) 정부 및 지방자치단체의 보조금
2) 내무부령이 정하는 총포의 안전검사, 화약류의 안정도시험 및 교육 등의 수수료
3) 회원 중 대통령령이 정하는 사람의 회비

후에 총단법이 변경되면서 총포 · 화약 외에 분사기 · 전자충격기 · 석궁 등에 관한 업무가 추가 되었다. 하지만 현행 '총포화약안전기술협회'는 일제 강점기에 유사한 기능을 가지고 설치되었던 '발파연구소'나 '화약시험실' 수준의, 즉 70년 전 수준의 시험장비조차 갖추고 있지 못한 것이 현실이다.(12-3-2절) 대폭적인 투자가 수반되어야 가능할 것이겠지만 회원들의 회비나 수수료에 의존하는 재정수입만으로는 한계가 있을 것이다.

제 16 장

우리나라 불꽃놀이의 역사

01_
불꽃놀이의 기원과 발달

불꽃놀이란, 화약이 연소하거나 폭발할 때 발생하는 빛 · 소리 · 연기 등이 다양한 형상으로 나타나는 것을 이용하여 특수하게 만든 화공품火工品을 연소 또는 폭발시키며 이를 즐기는 것을 말한다. 이때 사용하는 화공품을 연화煙火(꽃불) 또는 폭죽爆竹이라고 하며 크게 타상연화打上煙火 · 장치연화裝置煙火 · 완구연화玩具煙火 등으로 구분한다.

불꽃놀이는 고대 인도 · 페르시아 · 그리스 · 로마 등에서 기원전 수백 년부터 그 착상이 있었다고 한다. 하지만 횃불이나 봉화烽火 등 주로 신호용의 불꽃을 원형原型으로 했던 단순한 불놀이였을 뿐 화약火藥을 이용한 불꽃놀이는 아니었다.

일찍이 화약을 만들어 썼던 중국에서도 처음에는 전쟁터의 신호용으로 원시적 형태의 불꽃이 사용되다가 7세기 초 수隋나라 양제煬帝 무렵부터 놀이로서의 불꽃놀이가 시작되었다고 한다. 중국 명말청초明末淸初 방이지方以智(1611~1671)가 저술한 『물리소지物理小識』를 보면 "당나라에 화수은화火樹銀花가 있었으니 그때에 이미 화폭火爆이 있었던 것 같다"[16-55]고 하였다. '화수은화'라는 이름을 볼 때 이미 중국에서는 당나라 때부터도 꽃이나 나무 형태의 아름다운 불꽃놀이(花火)를 하고 있었음을 알 수 있다.

중국에서는 또한 일찍부터 불꽃놀이가 대중화되어 일반 대중들까지도 널리 즐길 정도로 성행하였다. 이는 화약이 잡귀를 쫓는다는 무속신앙巫俗信仰과 결부되었기 때문인데 정월 초하루 날 첫닭이 울면 집 마당에서 폭죽을 터뜨려 악귀를 쫓는 풍속이 전해지면서 "폭죽 소리에 묵은해가 걷힌다(爆竹一聲除舊)"는 세시歲時의 말도 있다고 한다. '폭죽爆竹'이라는 말은 원래 대나무를 태울 때 마디마디가 소리를 내며 터지는 것을 말하다가 이후 불꽃놀이를 뜻하는 말이 되었다 한다. 중국에서는 현재까지도 국민적 습관으로 이어져

오고 있고, 오늘날 중국의 연화煙火는 그 제조 수량에서 만큼은 세계 제일을 자랑한다. 16세기 이후 중국의 불꽃놀이에 대해서는 〈16-3-6절〉에서 상술하였다.

화약의 발달과 함께 연화도 진보하였고, 13세기 말 이탈리아에 전해지고 나서 15세기 무렵 유럽 각지로 퍼지면서 보편화되었다. 이탈리아와 독일은 유럽의 불꽃놀이 문화를 선도한 나라였으며 현재까지도 유럽에서는 이들 두 나라의 불꽃놀이가 가장 유명한 편이다.

고대 유럽의 불꽃놀이는 일반 대중들을 위한 것이기보다는 왕실을 중심으로 한 행사가 주를 이루고 있었다. 프랑스 부르봉 왕조의 루이Louis 14세(재위 1643~1715)는 바르세이유 궁전에서 불꽃놀이를 하였고, 러시아제국의 표트르Pyotr 대제(재위 1682~1725)는 매년 새해가 되면 이를 축하하는 불꽃놀이를 하였다 한다. 하지만 근대적 의미에서 최초의 공개적인 불꽃놀이는 영국 앤Anne 여왕 시절(재위 1702~1714)이었다고 한다.

1749년 4월 독일 출생의 영국 작곡가 헨델Georg Friedrich Handel은 〈왕궁의 불꽃놀이 음악Royal fireworks music〉이라는 관현악곡을 작곡하기도 하였다. 이는 국왕 조지 2세가 네덜란드 전쟁 및 오스트리아 계승전쟁을 종결하는 아헨조약(1748)을 축하하기 위해 런던 그린 파크에서 개최될 불꽃놀이에서 연주할 음악을 헨델에게 의뢰하여 작곡한 것이다. 이때부터 이 음악은 불꽃놀이와 함께 연주되었다 한다. 1960년 프랑스의 칸Cannes에서 처음으로 불꽃놀이에 음악을 동조同調(Synchronize)시킨 불꽃놀이가 선보였고, 이후 불꽃놀이는 축제의 성격을 띤 불꽃축제로 그 의미가 확대되면서 이제는 오케스트라와의 협연으로까지 발전하고 있다.

한편 연화煙火의 개발과 발전에는 일본이 기여한 바도 크다. 일본에서는 16세기 말부터 폭죽爆竹이 유락물遊樂物로 발달하여 17세기 초인 에도江戶 시대부터 대중화되기 시작했고 1732년에 이미 타상연화도 시작되었다 한다. 전국적인 경진대회도 열리고 대代를 잇는 폭죽爆竹 제조의 명문 가문이 생기기도 하면서 오늘날에 이르러 일본의 폭죽은 연화라는 제품뿐만 아니라 그 행사[花火(はなび)祝祭] 자체까지도 훌륭한 관광상품이 되고 있다.

우리나라는 고려 말 불꽃놀이가 시작되었으나 조선 중기 이후 완전히 사라졌다가 대한제국 말기 일본인들에 의해 근대적 형태의 불꽃놀이가 다시 시작되었다. 일제 강점기를 거치면서 한때 성행하던 불꽃놀이는 해방과 함께 주춤하다가 한국전쟁 후 한국화약주식회사(현 주식회사 한화)에서 연화煙火를 생산하면서 다시 시작되어 오늘에 이르고 있다.

02_

우리나라 불꽃놀이 기원

2-1. '불놀이'와 '불꽃놀이'

우리나라에서 '불꽃놀이'라 하면 화약을 터트리며 즐기는 불꽃놀이뿐만이 아니라 줄불놀이, 횃불놀이, 낙화놀이 등 여러 가지가 있었다. 그 외에도 '불'과 관련된 것으로는 정월 대보름에 풍농豊農과 풍어豊漁를 기원하며 행하던 달맞이, 달집태우기, 횃불싸움, 연등놀이도 있다.

시대가 변함에 따라 이제는 풍농, 풍어의 무속적 사상은 점차 없어지고 각 지방의 축제나 큰 행사 때에 순전히 흥미 본위의 오락적인 놀이로 일부가 전승되고 있다. 대표적인 예로는 안동 하회마을의 줄불놀이 등을 들 수 있다.

하지만 최근에 들어서 '불꽃놀이'라 하면 '연화煙火', '폭죽爆竹' 등과 함께 주로 '화약'을 사용하는 놀이를 통칭하는 말로 사용되고 있다. 따라서 본서에서는 편의상 화약이 아닌 단순히 '불'을 가지고 즐기던 것은 '불놀이'로, 그리고 '화약'을 이용하던 것은 '불꽃놀이'로 구분하기로 하였다.

3-2. '불꽃놀이' 기원

우리나라의 화약을 이용한 불꽃놀이는 고려 때부터 시작되었다는 것이 일반적인 정설이다. 하지만 정확한 시기에 대해서는 이견異見들이 있다. 이는 '화약을 사용하지 않던 단순한 불놀이'를 커다란 의미에서 불꽃놀이의 범주에 포함시키느냐 마느냐에 따른 견해 차이가 있고, 또한 '단순한 불놀이'에서 '화약을 사용하는 불꽃놀이'로 '불꽃놀이'의 방법이 바뀌는 시점에 대해서도 해석이 분분하기 때문이다. 따라서 필자는 이미 전술한 대로 '불꽃놀이'의 정의定義를 '화약을 사용하는 불꽃놀이'만으로 국한하고 우리나라 불꽃놀이의 기원을 검토하였다.

우선 일부에서 '화약을 사용한 최초의 불꽃놀이'였을 것으로 추정하면서 제시하는 근거인 고려사의 "**화산**火山, 또는 **화산희**火山戱"라 하던 '놀이'부터 검토해 보았다. 이 기록들을 '화약을 사용한 불꽃놀이'였을 것으로 여기는 근거는 단순히 '관화산觀火山이나 관화산희觀火山戱'를 '불꽃놀이를 보았다(또는 즐겼다)'라고 해석하는 데서 출발한다. 따라서 우리나라의 '화약을 이용한 불꽃놀이'의 기원을 살펴보려면 제일 먼저 고려 말의 '화산, 또는 화산희'가 무엇이었는지 알아보아야 할 것이다. 왜냐하면 오늘날 우리가 얘기하는 '화약을 사용한 불꽃놀이'가 아니고, 단순한 '불놀이' 정도는 아니었을까 하는 생각도 해볼 수가 있기 때문이다.

고려의 화산놀이 유래

고려 말 '화산火山'에 대한 가장 오래된 기록은 화약이 군사용으로 처음 사용된 것[2-19]보다 10여 년이나 앞선 1342년의 기록에서 발견되는데, 『고려사』 36권 세가世家에 "충혜왕 3년(1342) 5월 왕이 연경궁延慶宮에서 화산火山놀이를 관람하였다(觀火山)"라는 기록이 그것이다.[1] 그 후 1352년 공민왕 원년 4월 석가모니 탄생일에는 왕이 궁중에 화산을 만들어 놓고 잡희雜戱를 베풀었다고 하였고[2][3] 계속해서 공민왕 17년(1368),[4][5] 공민왕 18년

1) 고려사 권36 세가 충혜왕(忠惠王) 3년(1342)
五月 壬午 幸延慶宮觀火山

2) 고려사 권38 세가 공민왕1 원년(1352)
四月 庚戌 王以佛生日燃燈禁中飯僧一百設火山雜戱奏妓樂以觀

3) 고려사절요 제26권 공민왕1 원년(1352)
夏四月癸卯朔〈中略〉王以佛生日燃燈禁中飯僧一百奏妓樂以觀〈中略〉王設火山於禁內陳雜戱趙日新與王同倚欄觀之

4) 고려사 권41 세가 공민왕4 17년(1368)

(1369)에도[6] 화산놀이를 했던 기록이 전해진다.

위에 열거한 기록들을 다시 한번 살펴보기로 한다. 최초의 기록인 충혜왕 3년(1342)의 화산놀이가 5월에 실시되었던 것을 제외하면 다음부터는 주로 4월에 이루어졌음을 알 수가 있다. 또한 공민왕 원년(1352)의 기록은 4월 중에서도 석가모니 탄생일에 행해진 행사였고, 그 외에도 당시 세도가였던 승려僧侶 신돈辛旽과 관계가 있는 행사들도 있다. 또 하나 주목할 만한 것은 화산火山이란 말과 함께 연등燃燈이 동시에 등장한다는 점이다. 이처럼 4월과 승려, 연등, 그리고 석가탄신일 등을 연관시켜 보면 당시 국가적 불교행사였던 연등회燃燈會 행사의 일부였음을 알 수가 있다.

고려시대의 연등회는 고려를 건국한 태조의 훈요10조訓要十條에 의해 시행되기 시작하였다.[7] 처음에는 매년 정월 보름에 실시하였는데 성종 시절 백성들을 동원하여 노역을 시키는 문제 때문에 중지하였다가[8] 현종 1년(1010) 부활하면서[9] 그 후로는 행사일이 음력 2월 15일로 변경되었다.[10]

그 후 언제부터인가 연등회 날짜가 석가탄신일로 변경되었다. 사월 초파일에 실시되었던 연등회로는 고종高宗 32년(1245)에 최이崔怡가 실시한 것이 최초의 기록으로 보이는데[11] 그 뒤로도 한동안은 2월 보름에 실시되다가[12][13] 왕王이 참석하는 국가행사로서의

四月 庚戌 幸辛旽家觀燃燈火山

5) 고려사 권132 列傳 신돈
恭愍王十七年旽燃燈設火山遊王宰其第〈中略〉燈以百萬計極其奇巧又盛陳雜戲

6) 고려사 권41 세가 공민왕4 18년(1369)
癸酉 王觀火山戲

7) 고려사절요 제1권 太祖 神聖大王 계묘 26년(943)
夏四月王御內殿召大匡朴述熙親授訓要曰〈中略〉其六曰燃燈所以事佛八關所以事天靈及五嶽名山大川龍神也後世姦臣建白加減者切宜禁止吾亦當初誓心會日不犯國忌君臣同樂宜當敬依行之

8) 고려사절요 제2권 成宗 文懿大王 임오 원년(982)
〈前略〉正匡行選官御事上柱國崔承老上書〈中略〉臣又錄時務二十八條隨狀別封以進〈中略〉一我國春設燃燈冬開八關廣徵人衆勞役甚煩願加減省以紓民力

9) 고려사절요 제3권 顯宗 元文大王 경술 원년(1010)
春閏二月復燃燈會國俗自王宮國都以及鄕邑以正月望燃燈二夜自成宗以來廢而不擧至是復之

10) 고려사절요 제3권 顯宗 元文大王 신해 2년(1011)
二月〈中略〉設燃燈會于行宮是後例以二月望行之

11) 고려사절요 제16권 高宗 安孝大王 3 을사 32년(1245)
夏四月〈中略〉崔怡以八日燃燈結綵棚陳伎樂百戲徹夜爲樂都人士女觀者如堵

연등회가 사월 초파일에 처음 실시된 것은 기록상으로 볼 때 공민왕 원년(1352)의 일인 듯하다.[16-2)]

이처럼 연등회가 사월 초파일로 변경되던 즈음부터 연등회 행사 중에 화산이 포함되기 시작하는 것을 볼 수가 있다. 즉, 고려의 화산놀이는 연등회 행사의 일부로 치러졌던 행사였다.

화산놀이와 불꽃놀이

그렇다면 고려 말의 화산놀이가 화약을 이용한 '불꽃놀이'였는지 아니면 단순한 '불놀이'였는지 생각해 보기로 하자.

우선 **첫 번째**로 생각해 볼 것은『고려사』에서 화산이 등장하는 1342년에서 1369년이라는 기간에 고려가 불꽃놀이를 했을 만큼 화약을 사용할 수 있었는지 여부다. 이 당시의 고려는 화약에 대한 명확한 지식이 부족했던 시기였기 때문이다.[(2-1-2절)] 물론 고려 말 화약이 최초로 사용된 것이 공민왕 5년(1356년)이었음은 전술한 바 있다.[2-19)] 하지만 그 후 기록이 단절되었던 것에서 한두 차례에 걸친 시험이었을 것으로 본다면 화약으로 불꽃놀이까지 했을 정도는 아니라고 보인다. 따라서 화약의 배합법이나 활용 방법을 어느 정도 알기 시작하고 명나라에 화약 원료를 요청했던[2-23~26)] 1372년과 1373년, 즉 1370년대 이전에 화약을 이용한 불꽃놀이를 했다고 보는 것은 무리한 발상일 것이다.

두 번째로는 조선시대의 기록을 살펴볼 필요가 있다. 조선의 기록들에서는 화약을 이용한 불꽃놀이를 '화산'이라는 명칭으로 부른 적은 없었고 화산대火山臺를 비롯해서 화산붕火山棚, 화붕火棚, 화희火戱 등의 이름으로 기록하고 있는 것이다.[〈표 16-1〉] 드물긴 하지만 여러 가지 다른 이름들도 있었는데 화폭火爆, 포도화葡萄火, 화화花火, 매화포梅花砲, 埋火砲, 성산화星散火, 방화放火 또는 방포화放砲火라고도 하였다. 또한 "불꽃놀이를 하다"라는 표현

---

12) 고려사절요 제22권 忠烈王 4 무술 24년(1298)
二月〈中略〉王以燃燈如奉恩寺

13) 고려사절요 제23권 忠烈王 5 무신 34년(1308)
二月〈中略〉燃燈大會侍臣上壽王酬之謂曰今日觀燈是吾畢竟事鄕等宜無辭侍臣皆爲之盡觴

도『고려사』의 기록처럼 관화산觀火山이 아니고 관화觀火, 관화례觀火禮, 관방화觀放火라고 했던 점도 다른 부분이라 하겠다.

끝으로 '觀燃燈火山'이나 '燃燈設火山'이라고 했던『고려사』의 기록을 문자의 뜻 그대로 생각해 본다면 수많은 연등을 매달아 화산 모양을 만들어 놓고 이를 감상하며 즐기던 놀이였다고 볼 수도 있다.[14][15]

훗날의 기록이지만 중국의 연등놀이를 설명하면서 "여러 가지 색깔의 채등彩燈이 별처럼 점점이 반짝거려 혹 나무에 걸기를 처마 끝에 저절로 난 것 같이 하였으며, 나뭇가지마다 모두 촛불을 달아 멀리 바라보니 마치 화산과 같다"라고 했던 표현에서도 짐작해 볼 수가 있다.[16] 결국 화산놀이란 것은 화약을 이용한 불꽃놀이가 아니고 연등행사와 함께 치러졌던 단순한 불놀이였거나 연등행사 자체라고 보는 것이 옳다고 본다.

우리나라 최초의 불꽃놀이

하지만 이러한 기록과는 좀 다른 면이 엿보이는 기록이 바로 몇 년 후에 나타난다. 그 첫 번째가 바로 공민왕 20년(1371)의 기록이다. 역시 고려 말 세도가였던 승려 신돈辛旽과 연관된 행사였는데 화산이 아니라 이번에는 **화산대**火山臺를 설치했다는 것이다. 권적權適이 화산대를 설치하니 신돈이 불안하게 여겨 장소를 시원한 대청으로 옮기고 왕과 함께 구경을 했다고 한다.[17][18]

---

14) 고려사 권41 세가 공민왕4 17년(1368)
四月 庚戌 幸辛旽家觀燃燈火山

15) 고려사 권132 열전 신돈
恭愍王十七年旽燃燈設火山遊王宰其第〈中略〉燈以百萬計極其奇巧又盛陳雜戱

16) 燕行錄選集 몽경당일사(夢經堂日史) 제5편 옥하선진록(玉河旋軫錄)
○ 철종 7년(1856) 1월 14일(신미)
〈前略〉問于居人曰自今至十六日三夜燃燈聚會與皇城一般云〈中略〉各色彩燈點綴如星或掛樹寄生於簷端而樹枝樹杪皆爇紅燭遙望如火山〈下略〉

17) 고려사절요 공민왕4 20년(1371)
夏四月權適大宴辛旽設火山臺旽不敢自安乃移涼廳請王觀之

18) 고려사 권132 열전 신돈
恭愍王二十年 權適又大亭旽設火山臺旽不敢自安又移涼廳請王觀之

여기서 필자는 신돈이 **"불안하여 장소를 옮겨 구경을 했다"**고 한 점에 주목해 보았다. 늘 보아오던 단순한 화산이 아니었을 것으로 생각되기 때문이다. 과거에 늘 보아오던 연등행사나 불놀이가 아닌 화약을 사용하는 불꽃놀이를 처음 보는 사람이라면 **"요란한 소리와 함께 불꽃과 연기를 뿜어 댈 것이라고 전해 들었거나 또는 예상하면서 막연하지만 불안을 느끼게 되는 것"**은 누구에게나 당연한 일이었을 것이다.

두 번째로 '**화산대**火山臺'라고 했던 단어에서도 다른 점이 느껴진다. '設火山臺'라 하였으니 대臺를 만들어 놓고 그 위에 화산을 설치한 것이 분명한데 과거에는 단순히 관화산觀火山 또는 설화산設火山이라고만 하였지 화산대를 설치하였다고 하지는 않았었다. 기존의 단순한 화산과는 분명 달랐을 것을 암시해 준다.

셋 번째 가장 확실한 근거로 제시해 볼 수 있는 것으로 조선조에 들어와서 일반적으로 화약을 이용한 불꽃놀이를 화산대라 하였던 것을 들 수 있다.〈표 16-1〉 따라서 이미 화산대라는 단어를 사용하고 있던 조선의 사관史官들이 『고려사』를 집필하면서 화약을 이용한 '불꽃놀이(火山臺)'와 단순한 '불놀이(火山戲)'를 구뷴하여 기록하였을 것이다.

끝으로 이 화산대가 등장하는 시기는 고려에도 화약이 막 쓰이기 시작한 때였다. 군사용 병기로 화약이 처음 사용되었을 것으로 추정되는 공민왕 5년(1356)의 기록이 있은 후 15년간 화약에 대한 기록이 단절되다가 고려에서도 화약에 대한 지식이 어느 정도 보급되고 중국에 화약과 화약의 원료를 공급해 줄 것을 요청했던, 즉 공민왕 22년(1373)의 기록이[2-23, 24] 있기 직전인 공민왕 20년(1371)에 화산대가 등장했다는 점도 눈여겨볼 필요가 있다. 따라서 이 같은 여러 사실들을 조합해 볼 때 공민왕 20년(1371)의 화산대를[16-17, 18] 우리나라 불꽃놀이의 시작이라고 보는 것이 원만한 결론이 아닐까 싶다.

그 후 우왕 5년(1389) 5월에는 드디어 화포잡희火砲雜戲가[19] 등장하면서 더 이상 화약을 이용한 불꽃놀이인지, 아닌지에 대한 논란은 필요 없어지게 된다. 단순한 화산이 아니고 화포火砲를 쏘는 놀이(戲)였으니 화약을 사용하는 '불꽃놀이'였음이 확실해졌기 때문이다.

19) 고려사 권134 列傳47 辛禑2
辛隅五年〈中略〉五月〈中略〉禑以端午登市街樓觀擊毬<u>火砲雜戲</u>

03_ 조선의 불꽃놀이

3-1. 조선의 불꽃놀이 풍습

조선 최초의 불꽃놀이

조선 최초의 불꽃놀이는 조선 건국 후 처음 맞는 새해에 이루어졌다. 정월 초하루 새해 아침 백관의 조하朝賀를 받은 태조 임금이 여러 신하들에게 잔치를 베풀어 새해를 축하하는 의식을 한껏 즐기고 파한 뒤에 해가 지고 나자 군기감軍器監에 명하여 불꽃놀이(火戱)를 하도록 시키고 이를 구경하였다.[20] 조선의 불꽃놀이가 연회宴會 끝에 흥을 더하기 위한 하나의 여흥餘興으로 시작되었음을 알 수가 있다.

조선의 불꽃놀이 연혁

조선시대의 불꽃놀이 풍습을 살펴보기 전에 우선 『조선왕조실록』에 나타나는 불꽃놀이 기록을 요약해 보았다. 태조 즉위와 함께 불꽃놀이를 시작하였다고 하지만 『조선왕조실록』의 기록을 볼 때 조선 건국 초기에는 크게 성행하지는 않다가 조선 3대 임금인 태종 때부터 임진왜란이 일어나기 전 명종 임금 시절까지 성행하였음을 알 수 있다. 특히 중종

---

20) 태조실록 3권 태조 2년 癸酉(1393) 1월 1일(정미)
丁未朔〈中略〉上坐殿受中外朝賀〈中略〉仍賜宴群臣左侍中趙浚奉觴稱壽曰元正首祚臣等不勝大慶謹上千歲壽群臣皆三呼千歲上盡觴許群臣坐群臣再拜就坐極歡而罷暮使軍器監設火戱觀之

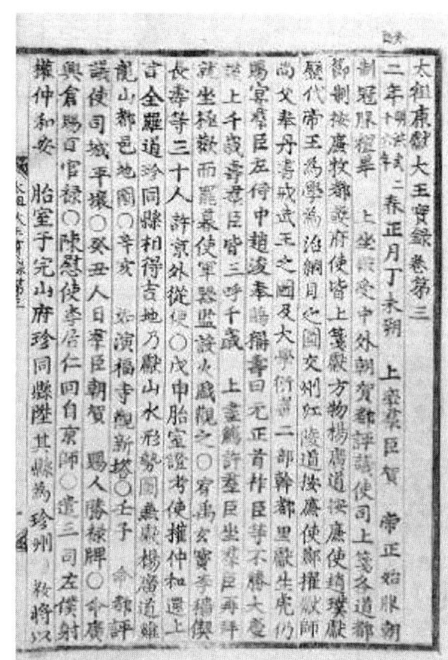

太祖康獻大王實錄卷第三
二年洪武二十六年春正月丁未朔 上率羣臣賀 帝正始服朝
制冠服禮畢 上坐殿受中外朝賀 都評議使司上箋 各道都
節制按廉牧都護府使皆上箋獻方物 楊廣道按廉使趙璞獻
歷代帝王爲學爲治綱目之圖 交州江陵道按廉使鄭擢獻師
尙父奉丹書戒武王之圖及大學衍義二部 幹都都里獻生虎 仍
賜宴羣臣 左侍中趙浚奉觴稱壽曰 元正首祚 臣等不勝大慶
謹上千歲壽 羣臣皆三呼千歲 上盡觴 許羣臣坐 羣臣再拜
就坐極歡而罷 暮使軍器監設火戲觀之 ○宥高玄寶李穡與
女壻等三十人 許京外從便 ○戊申 胎室證考使權仲和還 上
言 全羅道珍同縣相得吉地 乃獻山水形勢圖 兼獻楊廣道雞
龍山都邑地圖 ○辛亥 如演福寺 觀新塔 ○壬子 命都評
議使司城平壤 ○癸丑人日 羣臣朝賀 賜人勝標牌 ○命廣
興倉賜百官祿 ○陳慰使李居仁回自京師 ○遣三司左僕射
權仲和 安胎室于完山府珍同縣 陞其縣爲珍州

태조실록 3권 태조 2년 癸酉(1393) 1월 1일(정미)

임금 시절 가장 많은 기록들이 발견되는데 실록의 불꽃놀이 기록에서 그 목적과 이를 주관했던 기관, 시행시기 등을 파악해 볼 수가 있다.

〈표 16-1〉 조선의 불꽃놀이 요약

연도	왕조	일자	비	고
1393	태조 2	1월 1일	火戲	조선 최초의 불꽃놀이 백관의 조하를 받고, 황제가 있는 곳을 향하여 새해를 축하하는 의식을 가진 후 해가지매 군기감(軍器監)으로 하여 불놀이[火戲]를 설치케 하고 이를 구경하다.
1399	정종 1	6월 1일	火戲	일본사신 접대 日本國사신이 예궐(詣闕)하니 酒食을 하사하고, 날이 저물자, 군기감으로 하여 불꽃놀이[火戲]를 베풀게 하여 구경시켰다.
1401	태종 1	12월 26일	火戲	군기감으로 하여 대궐 뜰에 불놀이[火戲]를 베풀게 하고 구경하였다.
1407	태종 7	12월 30일	火山臺	除夜에 군기감에서 화산대(火山臺)를 베풀었다.
1410	태종10	12월 26일	火戲	군기감에 명하여 궁중에 불놀이[火戲]를 베풀다.

1412	태종12	12월 28일	火戲	군기감에 명하여 인덕궁(仁德宮)에서 화희(火戲)를 베풀게 하였다.
1413	태종13	12월 29일	設火藥	군기감에서 화약을 전정(殿庭)에 설치하여 역질(疫疾)을 쫓았으니 年例행사였다. 이에 올량합(兀良哈)과 왜사(倭使)로 하여금 구경하게 하였다.
1418	태종18	1월 1일	放火	중국사신 접대 사신(使臣)을 근정전(勤政殿)에서 연회(宴會)하였다. 군기감에 명하여 불꽃놀이[放火]의 기구를 근정문(勤政門) 바깥뜰[外庭]에 설치하고, 저녁이 되자 사신과 더불어 불꽃놀이[放火]를 구경하였다.
1418	세종즉위	12월 29일	火山臺	노상 왕께서 나례(儺禮)와 화산대를 구경하고자 하시어, 여러 관사(官司)로 하여금 그 일을 준비케 하다.
1419	세종 1	1월 21일	火棚	중국사신 접대 사신이 火砲를 보여 달라 하여 화붕(火棚)을 설치하고 어둠녘에 사신과 더불어 관문(館門)에 나가 구경하다.
1424	세종 6	12월 29일	火棚	화붕(火棚)을 궐내(闕內)에 만들고, 날이 저물어서 임금이 악차(幄次)에서 나와 구경하는데, 귀화한 올적합(兀狄哈)·올량합(兀良哈)·알타리(斡朶里)의 여진인(女眞人)과 왜인(倭人)도 모두 불구경을 하게 하였다.
1426	세종 8	12월 28일	火棚	귀화한 왜인·야인들을 모두 대궐에 들어오게 하여 除夜의 불꽃놀이[火棚]를 보도록 하다.
1442	세종24	1월 1일	火棚	중국사신 접대 임금이 근정문(勤政門) 밖에 나아가 사신을 근정전으로 맞아들였다. 그리고 잔치를 열었는데, 날이 저물자 화붕(火棚)을 설치하고, 관람하니, 야인(野人)들도 모두 와서 구경하였다.
1444	세종26	1월 1일	火棚	임금이 강녕전(康寧殿)에서 잔치하고, 종친(宗親)에게는 사정전(思政殿)에다 잔치를 베풀게 하였으며, 당상관 이상에게도 잔치를 내렸다. 또 왜사(倭使) 광엄(光嚴)과 야인(野人) 낭복아한(浪卜兒罕) 등에게는 대궐 마당에서 음식을 먹이었는데, 날이 저물매, 근정전(勤政殿)뜰에 화붕(火棚)을 설치하여 왜인(倭人)과 야인(野人)으로 하여금 보게 하였다.
1454	단종 2	12월 30일	火山棚	임금이 사정전(思政殿)에 좌정(坐定)하여 나희(儺戲)를 구경하고, 저녁때에 이르러 경회루 아래에 좌정(坐定)하여 화산붕(火山棚)을 구경하였는데, 종친(宗親)·부마(駙馬)와 의정부(議政府)·육조(六曹) 당상(堂上), 대사헌(大司憲)·6승지(承旨) 등이 입시(入侍)하고 왜인(倭人)과 야인(野人)들도 들어와 구경하였다.
1462	세조 8	1월 2일	火山棚	임금이 중궁(中宮)과 더불어 경복궁(景福宮)에 거둥하여 화산붕(火山棚)을 구경하였는데 유구국(琉球國) 사신과 왜인(倭人)·야인(野人) 등을 불러 이를 구경시켰다.
1462	세조 8	1월 16일	火山棚	숭문당(崇文堂)에 나아가서 임영대군(臨瀛大君) 이구

				(李璆)에 명하여 뜰 가운데 작은 화산붕(火山棚)을 설치하게 하고 이를 구경하였다.
1464	세조10	1월 4일	火山棚	충순당(忠順堂)에 나가 화포(火砲) 쏘는 것을 구경하였다. 먼저 화산붕(火山棚)을 후원(後苑)에 설치하고, 또 백악(白岳)의 봉두(峯頭)에 직상화(直上火)를 설치하여, 이날 저녁 일시(一時)에 함께 쏘니, 화염(火焰)이 하늘에 닿았으며, 또 후원에서 계속 화전(火箭)을 쏘니 모양이 유성(流星)과 같고 소리는 천둥하고 벼락치는 것과 같았다.
1464	세조10	12월 29일	放火	임금이 중궁(中宮)과 더불어 충순당(忠順堂)에 나아가서 화포(火砲)를 쏘는 것을 구경하니, 야인(野人) 마구음파(馬仇音波) 등과 왜호군(倭護軍) 삼보랑(三甫郎)·대랑(大郎) 등이 입시(入侍)하였는데, 後苑과 白岳山 꼭대기에서 일시에 화포를 쏘자 그 소리에 天地가 진동하니, 倭人과 野人이 놀라고 두려워하며 실색(失色)하였다.
1472	성종 3	12월 29일	火山臺	임금이 후원(後苑)에 나아가 화산대를 구경하였다.
1476	성종 7	12월 30일	火山臺	임금이 後苑에 나아가 화산대를 구경하였는데, 종친과 재추(宰樞)들이 입시(入侍)하였다.
1477	성종 8	12월 30일	火山臺	초저녁[初昏] 임금이 後苑에 나가 화산대를 관람하다.
1479	성종 10	12월 30일	觀火	초혼(初昏)에 임금이 後苑에 나아가 불놀이를 구경하였는데, 종친(宗親)과 재추(宰樞) 2품 이상의 관원이 입시(入侍)하고, 倭人과 野人도 들어와 있었다.
1480	성종 11	12월 30일	觀火	후원(後苑)에 나아가 불꽃놀이를 구경하였다.
1489	성종 20	12월 30일	觀火	임금이 후원에 나가 불꽃놀이를 구경하였다. 종재(宗宰) 2품 이상이 입시(入侍)하였다.
1490	성종 21	12월 30일	觀火	後苑에 나가 불꽃놀이를 구경하였다. "이보다 앞서서는 불을 붙일 적에 반드시 음악을 연주하였는데, 지금은 어떻게 해야 합니까?" 하니, "지금은 마땅히 하늘의 경계를 삼가야 하므로 음악을 연주할 수 없다" 하였다.
1504	연산 10	12월 30일	火山臺	전교하기를, "명일 화산대(火山臺)를 만들라" 하였다.
1505	연산 11	1월 1일	火棚	왕이 옛成均館에 가서 화붕(火棚)을 구경하다.
1505	연산 11	1월 3일	星散火	전관(箭串)과 녹양(綠楊)에서 실시
1505	연산 11	12월 30일	火山臺	경회루에 화산대를 배설하고, 왕이 불구경을 하다.
1513	중종 8	12월 30일	火山臺	상이 조량전(照殿)에 거둥하여 화산대를 보다. 관(館)에 머물러 있는 왜인과 야인도 입시를 허락하였다.
1525	중종 20	8월 18일	放火	일본사신 및 대내전 사신 접대 영의정 남곤 등이 명을 받고 일본(日本) 사신 및 대내전(大內殿)〈주〉 사신을 모화관(慕華館)에서 잔치를 열어 대접하고 무예(武藝)와 불놀이를 관람시켰다. 〈주〉 대내전(大內殿) : 우리나라에 사자(使者)를 보내오던 일본 호족(豪族)의 하나로 그의 가계(家系)는, 백제 성명왕(聖明王)의 셋째 아들 임성(林聖)

				이 일본으로 건너가 주방주 길부군 대내(周防州 吉敷郡 大内)에 살면서 대내씨가 되었다 한다.
1527	중종 22	12월 30일	<u>觀火</u>	유시(酉時)에 상이 後苑 조량전(照殿)에 나가 불꽃놀이를 구경하였는데 세자가 입시하였다.
1533	중종 28	12월 29일	<u>觀火</u>	상이 照殿에 나가 불꽃놀이를 구경하였다
1534	중종 29	12월 29일	<u>觀火</u>	상이 照殿에 나가 불꽃놀이를 구경하였다.【경회루 못 북쪽에 설치했다.】세자도 입시하였다.
1535	중종 30	12월 28일	<u>觀放火</u>	상이 충순당(忠順堂)에 나아가 불놀이를 구경하였다
1537	중종 32	3월 16일	<u>觀火</u>	<u>중국사신 접대</u> 정원에 전교하기를 "경회루에서 불꽃놀이를 관람할 때 천사가 불꽃이 터질 적마다 아름답다"라고 하였으며 "현명하신 왕이 아니면 어찌 이런 성대한 일을 볼 수 있었겠는가" 했었으니, 이는 기뻐서 한 말이다.
1539	중종 34	4월 12일	<u>觀火</u>	<u>중국사신 접대</u> 날이 저물어 상이 불꽃구경을 청하여 못 가 계단 위로 자리를 옮겼다. <u>족자(簇子)·포도(蒲萄) 등 불꽃이 일시에 터지니</u> 두 사신이 서로 감탄하면서, "이것이 사람이 하는 것인가" 하였다.
1557	명종 12	4월 25일	<u>觀火</u>	전교하였다. "조강에서 병판(兵判) 이준경(李浚慶)의 말을 들었는데, 서울에 머무는 군사들의 폐단이 과연 아뢴 바와 같으니 친열은 앞당겨 <u>28일에 하겠다</u>. 그리고 친열한 후에는 마땅히 유장(儒將)들의 활쏘기를 보겠는데 그 중에 말을 달릴 줄 아는 자는 말을 달리게 해도 좋다. <u>관화(觀火)도 하겠다</u>.
1558	명종 13	3월 3일	<u>觀放火</u>	<u>중국사신 접대</u> 상이 경회루에서 두 사신에게 잔치를 베풀었는데, 물고기를 구경하고 방화(放火)를 구경하였다.
1558	명종 13	12월 30일	<u>火山臺</u>	상이 충순당(忠順堂)에 나아가 화산대를 관람하다.
1561	명종 16	12월 28일	<u>觀火</u>	땅거미가 질 무렵 상이 은행정(銀杏亭)에 나가 불꽃놀이를 구경하였다.
1795	정조 19	윤2월 14일	<u>埋火砲</u>	상이 득중정(得中亭)에서 활을 쏘고 매화포(埋火砲)를 관람하였다.
1796	정조 20	1월 22일	<u>埋火砲</u>	상이 동장대(東將臺)에 나아가 무예를 시험하고 군사를 사열하고 매화포(埋火砲)를 구경하였다.

불꽃놀이의 목적

상기 〈표 16-1〉에서 알 수 있듯이 조선의 불꽃놀이는 크게 네 가지 목적으로 실시되고 있었다. **첫 번째**는 축제일에 여흥餘興을 돋우기 위한 것이었다. 처음 불꽃놀이를 시작하였을 때는 주로 제야除夜와 정조正朝 즉, 연말연시에 이루어졌다. 요즘으로 보면 송년회나 신년회를 축하하는 행사라고 할 수 있다. 가는 해를 보내고 새해를 맞이하는 축제의 대미大尾를 불꽃놀이로 장식했던 것인데 이는 오늘날과도 매우 흡사하다. 간혹 임금의 특별지시에 의해 실시된 행사도 있긴 했지만 기록에서 발견되는 횟수는 그리 많지 않은 편이다.

두 번째는 외국 사신을 접대하는 행사의 하나로도 불꽃놀이를 하였다. 사신들을 위한 잔치를 베풀면서 이루어진 것이기 때문에 크게 보면 이것 역시 연말연시의 축제행사와 같은 의미의 여흥으로 볼 수도 있다. 사신 접대만을 위한 독립적인 불꽃놀이 행사도 있기는 했지만, 연말연시에 조선을 방문한 사신들과는 연례적인 제야행사나 정조행사의 불꽃놀이를 함께 구경하는 것이 보통이었다.

세 번째 외국 사신을 접대하던 불꽃놀이는 단순히 잔치의 흥을 돋우기 위한 것만은 아니었다. 즉 일종의 군사력, 즉 화기火器의 위력을 과시하는 수단으로도 사용되고 있었다. 특히 이는 일본에서 화약병기를 사용하지 못하던 시절, 주로 일본 사신들에게 해당하는 것이었는데 일본 사신들은 자청해서 불꽃놀이를 보여 줄 것을 간청하기도 하였다.

네 번째 조선의 불꽃놀이는 질병疾病이나 사기邪氣를 쫓는 일종의 무속적巫俗的목적도 있었다. 연례年例행사로서 대궐 뜰에 화약을 설치하고 불화살(火矢)을 함께 발사하여 역질疫疾을 쫓았다고 하였고[21] 궁중에서 방포放砲하는 것은 사기를 쫓는 일이라거나[22] 불꽃놀이를 구경하는 것은 양전兩殿(두 大妃)을 위해 사邪를 쫓는 것(逐邪)이라고도 하였다.[23]

끝으로 시간이 흐르면서 불꽃놀이는 단순한 놀이나 무속적인 행사뿐만이 아니라 군사

---

21) 태종실록 26권 테종 13년 癸巳(1413) 12월 29일 갑술
軍器監設火藥于殿庭逐疫年例也乃令兀良哈與倭使觀之及火矢交發皆驚懼奔走或有燒其衣者

22) 성종실록 221권 성종 19년 戊申(1488) 10월 14일 갑진
司憲府掌令金楣來啓曰臣等聞將觀火山臺夫放炮宮中所以辟邪氣〈下略〉

23) 성종실록 248권 성종 21년 庚戌(1490) 12월 24일 신미
傳曰爾等所言深有義理然觀儺觀火非以玩戲而爲之只爲兩殿逐邪耳〈下略〉

들의 조련調練 즉, 방포훈련放砲訓鍊의 한 과정으로도 실시되었다.

후원後苑의 관화觀火는 곧 놀이(戱玩)하는 일이니 정지하자는 상소가 있었을 때 이것은 **군무軍務에 관계되는 일인데, 놀이라고 할 수 있겠느냐**고[24] 하였고 선왕先王 때에 이일을 한 것은 **다만 연습을 하기 위한 것이었다**고[25] 한다거나 **화산대는 방화放火를 익히는 것**이며, 그 유래가 이미 오래된 것이라는[26] 등 불꽃놀이의 폐단을 들어 이를 정지하자는 상소가 있을 때마다 성종 임금이 이를 불허했던 사유들을『성종실록』에서 찾아볼 수가 있다.

궁궐 밖의 불꽃놀이

궁궐 내에서 수시로 불꽃놀이가 행해지고 있었다고는 하지만 일반 대중들까지 불꽃놀이를 즐길 수는 없었다. 화약은 그 자체가 군사용 물자로서 일반인들이 함부로 사용할 수도 없었거니와 만약 허용한다 하더라도 비용이 매우 많이 들기 때문에 일반 백성들까지 불꽃놀이를 할 수는 없었을 것이기 때문이다. 따라서 조선의 불꽃놀이는 임금이 주관하는 궁궐 행사에서만 실시되었고 그 참석 대상도 매우 제한적이었다. 문·무 2품 이상의 재상들과[27] 종친宗親, 외국사신들 그리고 특별히 임금이 구경을 허락했던 외국인(倭人, 野人) 정도만이 참석할 수가 있었다.〈표16-1〉

하지만 궁궐 밖에서도 불꽃놀이가 실시되었던 기록이『연산군일기』에서 발견된다. 연산군 11년(1505) 1월 2일 "내일 밤 전관箭串·녹양綠楊 등지에서 성산화星散火를 놓으라"는 연산군의 전교가 있었다.[28] 성산화星散火가 불꽃놀이를 일컫는지 정확하지는 않다.

---

24) 성종실록 87권 성종 8년 丁酉(1477) 12월 21일 갑인
〈前略〉大司憲李繼孫啓曰後苑觀火乃是戱玩之事不必行之況今人多燒死大是變異請停之上曰此是係關軍務謂之戱玩可乎〈下略〉

25) 성종실록 98권 성종 9년 戊戌(1478) 11월 18일 을해
〈前略〉火山臺雖一年一度然無用而費廣是以在先王朝或停或設而停之者居多若歲時宮中進宴等事不可不爲如觀儺事停之何如〈中略〉上曰先王之時爲此事者只爲肄習也然則限今年姑停可也

26) 성종실록 284권 성종 24년 癸丑(1493) 11월 8일 기해
〈前略〉火山臺習放火也其來已久

27) 연려실기술 별집 제12권 정교전고(政教典故) 속절(俗節)의 잡희(雜戱)
〈前略〉 관화(觀火)의 예는 군기시(軍器寺)에서 주관하였다. 〈中略〉 임금이 후원 소나무 언덕에 나와 문·무 2품 이상 재상들을 불러들여 입시하게 하였는데, 밤이 깊은 뒤에 파하였다. 〈下略〉

이 기록을 전후해서 불꽃놀이를 일컫던 말은 화붕火棚, 화산붕火山棚, 화산대火山臺 등이었는데 이때는 특별히 성산화라 하였기 때문이다. 하지만 '星散火'라는 한자漢字의 뜻만을 놓고 보면 "화포火砲나 화시火矢를 쏘아 별이 퍼지듯이 불꽃을 흩어지게 하였을 것"이 연상되고 또 연산군 11년(1505) 1월 1일 궐내에서 불꽃놀이가 있고 난 다음날인 1월 2일 즉, 정월 초에 있었던 일이었음을 볼 때 불꽃놀이로 추정해 보는 것이다.

조선조 내내 궁궐에서만 행해지던 불꽃놀이가 대궐 밖에서도 실시되었다고 본다면 이때의 불꽃놀이, 즉 성산화는 혹시 궐내의 특수계층이 아닌 일반 백성들의 관람 목적이 아니었을까 생각해 볼 수 있지만 이 역시 일반인들의 관람을 목적으로 하던 불꽃놀이는 아니었다고 판단되며 단지 군사조련 목적의 방포훈련이었던 것으로 보인다. 당시 연산군이 성산화를 하라고 지시했던 두 곳, 즉 전관箭串과 녹양綠楊은 전관평箭串坪과 녹양평綠楊坪이라 하여 국가에서 군마軍馬를 기르는 목장牧場이 있던 곳이다.[29] 또한 이들 두 곳은 군마 목장이기도 했지만 임금이 사냥을 하거나[30][31][32][33][34] 또는 군사들을 풀어 사냥하는 것을 구경하면서 군사들을 사열(열무閱武)하고 진법陣法을 익히며 군사훈련(강무講武)을 시키던 장소이기도 하였다.[35][36][37][38][39]

28) 연산군일기 57권 연산군 11년 乙丑(1505) 1월 2일 무자
傳曰來夜放星散火于箭串綠楊等處

29) 世宗實錄地理誌 경기 양주 도호부(楊州都護府)
〈前略〉 목장(牧場)이 둘이니, 하나는 살곶이들[箭串坪]이요【부(府) 남쪽에 있으니 동서가 7리요, 남북이 15리이다. 나라의 말을 놓아먹인다.】 둘째는 녹양벌[綠楊坪]이다.【부(府) 남쪽에 있으니 동서가 5리요 남북이 12리이다. 중군(中軍)과 좌군(左軍)의 말을 함께 놓아먹인다】(牧場二一曰箭串坪【在府南 東西七里 南北十五里 放國馬】二曰綠楊坪【在府南 東西五里 南北十二里 合放中軍左軍之馬】)

30) 세종실록 27권 세종 7년 乙巳(1425) 3월 19일 기축
〈前略〉 거가가 녹양역평(綠楊驛平)에 이르러 매를 놓아 사냥하는 것을 구경하였다.(駕至綠楊驛平觀放鷹) 〈下略〉

31) 세종실록 43권 세종 11년 己酉(1429) 3월 15일 신유
辛酉幸綠楊平觀放鷹

32) 세종실록 65권 세종 16년 甲寅(1434) 9월 28일 임인
〈前略〉(是日上獵于楊州府綠楊驛之原及檜巖南山次于楊州楓川之原)〈下略〉

33) 세조실록 6권 세조 8년 壬午(1462) 3월 17일 임자
壬子上與王世子觀獵于綠楊平

34) 세조실록 29권 세조 8년 壬午(1462) 9월 19일 경술
庚戌幸綠楊平觀獵〈下略〉

35) 國朝寶鑑 제20권 중종조 3, 31년(병신, 1536)

이처럼 전관이나 녹양이 군사시설물이 있었던 곳이었음을 볼 때, 연산군이 대궐 밖에서 성산화를 하라고 지시한 것은 강무講武 등 군사조련 목적의 방포훈련을 했던 것일 뿐 일반 백성들에게 보여 주기 위한 불꽃놀이는 아니었을 것이다.

당시 전관箭串은 '살곶이'라고 하던 곳으로(현재의 뚝섬 일대) 지금도 살곶이 다리가 남아 있는데 현존하는 조선의 돌다리(石橋) 중 가장 긴 다리라고 한다. 태조가 인근의 응봉산에서 매사냥을 할 때 화살에 맞은 매가 떨어지던 곳이라 하여 살곶이(箭串)라는 이름이 지어졌다고 한다. 또한 살곶이와 함께 성산화를 실시했던 녹양綠楊은 당시 양주목陽州牧에 있던 평구역平丘驛의 11개 속역屬驛 중의 하나인 녹양역綠楊驛이 있던 곳으로서 경기도 의정부시 녹양동 일원을 말하며 현재도 경원선 녹양역이 있다.

3-2. 조선의 불꽃놀이 방법

조선의 불꽃놀이 형태, 즉 그 방법은 어떠했는지 살펴보고자 하였으나 화약 제조기술이 명확히 전해지지 않듯이 이 역시 뚜렷한 자료들이 발견되지 않는다. 다만 지상에서 행해지는 일종의 장치연화裝置燃火들이 주종을 이루었을 것으로 보이는데 이는 화산대火山臺라거나 화붕火棚, 화산붕火山棚라고 했던 이름에서도 짐작해 볼 수 있다. 또한 화시火矢와 같은 불화살을 쏘아 올리는 것으로 오늘날의 타상연화打上燃火를 대신하였고 화약을 땅에 설치

〈前略〉11월. 상이 살곶이[箭串]에서 열무(閱武)하였다.

36) 國朝寶鑑 제11권 세조조 2(世祖朝二) 3년(무인, 1458)
〈前略〉 8월 〈中略〉 상이 전관평(箭串坪)에 행행하여 장사(將士)들을 대대적으로 사열하였다. 좌상(左廂)과 우상(右廂)으로 나누어 진법(陣法)을 익혔는데 승지에게 법온(法醞)을 가지고 가서 장사들을 위로하게 하였다.

37) 세종실록 95권 세종 24년 壬戌(1442) 3월 3일 갑자
임금이 중궁(中宮)과 같이 강원도 이천 온정(伊川 溫井)에 거둥하고 겸하여 춘등강무(春等講武)도 거행하는데 왕세자도 따라 갔다. 녹양평(綠楊平)에 주정(晝停)하니(甲子上輿中宮幸江原道伊川溫井兼行春等講武王世子從之晝停于綠楊平〈下略〉

38) 세조실록 23권 세조 7년 辛巳(1461) 2월 28일 기해
〈前略〉上御交泰殿召礩及右承旨韓繼禧親受講武節度恭師禹入內受命領兵先發屯于綠楊平)〈下略〉

39) 성종실록 6권 성종 8년 丁酉(1477) 2월 18일 정해
〈前略〉命左右廂移陣于楊州綠楊平

하여 터트린다거나 포를 쏘아 큰 폭음을 내기도 하는 등 단편적이지만 일부라도 추정해 볼 수 있는 기록들이 있기는 하다. 전해지는 기록을 중심으로 조선의 불꽃놀이 방법을 간추려 보았다.

화포와 불꽃놀이

화포火砲는 불꽃놀이의 가장 기본적인 형태라고 할 수 있으며 조선의 초창기 불꽃놀이 기록에서부터 발견된다. 화염火焰과 폭음爆音을 동시에 표현하는 방법이었다. 화염이 하늘에 치솟고 폭음이 궁정宮庭을 뒤흔들었다고 하였다.[40]

일종의 놀이로서 화포를 쏘아 화염과 폭음 효과를 나타냈던 사실은 세종 1년(1419)의 기록에서도 찾아볼 수 있다. 일본 사신이 화포를 보여 달라고 했을 때 화붕火棚을 설치하고 구경시켰는데 화약이 터지니 사신이 놀라 들어갔다 다시 나오기를 두 번이나 하였다 한다.[41]

화시火矢와 불꽃놀이

지상에서는 화염과 폭음을 내는 화포를 쏘았다면 하늘에는 불화살(火矢)을 쏘아 올렸다. 요즘의 타상연화打上煙火와 유사한 효과를 표현하는 방법이었을 것이다. 『태종실록』에 따르면, 불화살이 섞여 발사되자 왜사倭使들이 모두 놀라고 두려워하며 부산하게 달아났다고 하였고[42] 후원에서 계속 화전火箭을 쏘니 모양이 유성流星과 같다고 하였다.[16-43] 연산군 11년(1505) 전관 · 녹양에서 행해졌던 성산화도 유사한 형태였을 것이다.[16-28]

---

40) 태종실록 35권 태종 18년 戊戌(1418) 1월 1일 임자
〈前略〉命軍器監設放火之具於勤政門外庭至暮宴罷與使臣御勤政門觀放火火焰橫空聲振宮庭使臣及頭目等甚奇之讚服無已〈下略〉

41) 세종실록 3권 세종 1년 己亥(1419) 1월 21일 병인
〈前略〉使臣求見火砲命設火棚至昏與使臣御館門觀之火發泉或樂或驚起入復出者再〈下略〉

42) 태종실록 26卷 태종 13년 癸巳(1413) 12월 29일 갑술
軍器監設火藥于殿庭逐疫年例也乃令兀良哈與倭使觀之及火矢交發皆驚懼奔走或有燒其衣者

직상화와 불꽃놀이

화시 외에도 하늘로 쏘아 올리는 것이 있었다. 직상화直上火라고 하였는데 이름 그대로 하늘로 곧게 쏘아 올리는 것이었다고 판단된다. 세조 10년 정조正朝와 제야除夜행사 때의 일이다. "먼저 화산붕火山棚을 후원後苑에 설치하고, 또 백악白岳의 봉두峯頭에 **직상화를 설치하여** 이날 저녁 **일시一時에 함께 쏘니 화염이 하늘에 닿았으며** 또 **후원後苑에서 계속 화전火箭을 쏘니 모양이 유성流星과 같고** 소리는 천둥 벼락 치는 것과 같았다"고 하였고[43] "**후원後苑과 백악산白岳山(북악산) 꼭대기에서 일시에 화포를 쏘자 그 소리에 천지天地가 진동하니,** 왜인倭人과 야인野人이 놀라고 두려워하며 실색失色하였다"고[44] 했던 사실도 있다.

직상화를 쏘니, 화염이 하늘에 닿았다고 하였지만 아직 타상연화打上煙火라고 할 수는 없을 것 같다. 단순히 화염을 하늘로 쏘는 정도였을 것이다. 직상화를 백악산 봉우리에 설치했던 이유로는 두 가지를 추리해 볼 수 있다. 하나는 그 규모가 매우 커서 안전상 대궐에서는 할 수가 없었기 때문이거나, 좀 더 비약해 본다면 혹시 대궐의 후원, 즉 땅에서는 화포를 이용, 불꽃과 폭음을 내면서 동시에 수많은 불화살을 쏘아 유성이 날아다니는 모양을 표현하고 멀리 북악산 봉우리에서는 하늘 높이 올라가는 직상화를 쏘아 밤하늘을 밝혀 줌으로써 입체적인 효과를 극대화하기 위한 뜻이 있었는지도 모른다.

꽃 모양의 불꽃놀이(花火)

고려 말 불꽃놀이가 시행되기 시작하고 나서 100여 년간은 주로 화포나 불화살 등에 의한 놀이만 행해지고 있었고 요즘과 같이 각종 꽃 모양을 만들거나 다양한 불꽃 색깔을 만들지는 못하고 있었다.

세조 8년(1462) 유구국琉球國 사신과 함께 후원에서 관화觀火를 하던 날 사신이 말하기

---

43) 세조실록 32권 세조 10년 甲申(1464) 1월 4일 정사
〈前略〉先設火山棚於後苑又於白岳峯頭設直上火是夕一時俱放火談燭天又於苑中交放火箭狀如流星聲如震雷

44) 세조실록 34권 세조 10년 甲申(1464) 12월 29일 무신
〈前略〉觀放炮火野人馬仇音波等二十一人倭護軍三甫郎大郎等三人入侍後苑及白岳山頂一時放火聲震天地倭野人驚懼失色

를 "화포가 맹렬猛烈하여 천하天下에 비할 데가 없으나, 다만 불꽃의 빛깔이 붉을 뿐인데, 만약 동말銅末과 장목樟木의 기름을 합하여 사용하면 불꽃의 빛깔이 희어질 것입니다"라고 하자, 선위사宣慰使 이계손李繼孫이 "불꽃의 빛깔이 본래 붉은데 어찌 흰 것을 쓰겠는가?"라고 반문하였고, 다시 사신이 답하기를 "보통의 것을 변하게 하는 것이 귀한 것입니다"라고 하였다.[45] 그때까지 조선에서는 붉은 색 이외의 불꽃 색깔을 만들지 못하고 있었음을 알 수 있다.

이런 일이 있은 지 15년 후인 성종 8년(1477) 처음으로 불꽃놀이를 **포도화**葡萄火라고 부르는 기록이 등장하였다. 성종 8년(1477) "세조 때에 충청도 청풍淸風에서 석류황이 발견되었을 때 방화放火에 쓰면 왜인의 석류황과 다름없으나 **포도화**에는 쓸 수 없었다"라고 했던 사실이 그것이다.[46]

'포도화'라는 명칭은 불꽃 모양이 포도송이와 같다고 하여 붙여진 이름이었다.[16-48] 따라서 이때쯤에 와서 각종 꽃모양의 불꽃(花火)이 만들어지기 시작했을 것으로 추정이 가능하다. 그 후 연산군 3년(1497)에는 "**포도화**는 내가 당초에 간략하게 만들어서 구경하려 했는데, 지금 사치스럽게 만들었으니 매우 불가하다. **화산대**火山臺도 역시 심한 낭비가 되므로 일찍이 간략하게 만들라고 명령하였다"는 기록이 있다.[47] 동일한 기록에서 화산대와 포도화를 구별하여 언급하고 있는바, 포도화가 기존의 화산대와는 다른 형태의 불꽃이었음을 뒷받침해 준다.

중종 32년(1537)에 와서는 이러한 사실이 더욱 명확해진다. 경회루에서 중국 사신에게 잔치를 베풀고 불꽃놀이를 보면서 있었던 일이다. 사신이 말하기를 **광대화**廣大火를 보고서는 "이는 곧 두회화頭盔火입니다"라고 하였고 **포도화**를 보고서는 "만원포도일타홍滿園葡萄一朵紅입니다"라고 하였다.[48] 불꽃의 모양에 따라 각각 그 이름까지 달리하여 부르고

---

45) 세조실록 27권 세조 8년 壬午(1462) 2월 28일 계사
琉球國使臣宣慰使李繼孫上《聞見事目》曰〈中略〉副使於後苑觀火之日曰火砲猛烈天下無比但火色紅若合用銅末與樟木之油則火色白臣曰火色本紅何用白答曰變常爲貴〈下略〉

46) 성종실록 75권 성종 8년 丁酉(1477) 1월 28일 정묘
〈前略〉世祖朝忠淸道淸風人進石硫黃用於放火與倭人石硫黃無異但於葡萄火則不可用也〈下略〉

47) 연산군일기 28권 연산군 3년 丁巳(1497) 12월 29일 병신
傳曰葡萄火予初欲略設以觀之今侈設甚不可承旨愼守勤等啓軍器寺不取稟而擅自侈設甚不可請鞫之傳曰今年適有天變而火山臺亦甚虛費故曾命略設〈下略〉

있었다.

이미 이때에는 불꽃놀이를 보면서 놀라서 실색失色을 하는 것이 아니고 '아름답다'고 하는 등 그 표현이 바뀐 것에서도 단순히 화포火砲를 쏘는 것에서 진일보하였음을 알 수 있다.49)

음악과 불꽃놀이

최근에 들어 음악과 함께하는 불꽃놀이가 유행하고 있다. 단순히 함께하는 것이 아니라 컴퓨터 발사기를 이용하여 연화煙火로 그린 악보에 불을 붙인 듯 보는 사람들의 눈과 귀를 절묘하게 조화시켜 준다.

우리의 선조들 역시 이미 500여 년 전부터 불꽃놀이 행사에 음악을 연주하면서 감상하는 방법을 알고 있었다. 성종 21년(1490) 12월 30일 제야除夜의 불꽃놀이 행사를 할 때에 "**이보다 앞서서는 불을 붙일 적에 반드시 음악을 연주하였는데** 지금은 어떻게 해야 합니까?"라며 승정원에서 임금께 고하던 기록이 있다. 이미 그 이전부터도 불꽃놀이와 주악奏樂을 함께했던 것을 알 수가 있다.50) 1749년 영국의 작곡가 헨델이 〈왕궁의 불꽃놀이 음악 Royal fireworks music〉을 작곡한 것보다 무려 260여 년이나 앞선 시기였다.

불꽃놀이와 시

과거 조선의 선비들은 불꽃놀이를 보며 시詩를 읊기도 했다. 그 옛날, 시로서 불꽃놀이를 그려봄으로써 오래오래 그 여운餘韻을 간직하고자 했을 수도 있겠지만 한편으로는 그만큼

48) 중종실록 84권 중종 32년 丁酉(1537) 3월 14일 계사
〈前略〉正使謂廣大火曰此乃頭盔火也見葡萄火曰滿園葡萄一朶紅又曰葡萄正好欲飮一杯云酌一大杯而各呈之〈下略〉

49) 중종실록 84권 중종 32년 丁酉(1537) 3월 16일 을미
傳于政院曰慶會樓觀火時天使於每火稱美〈下略〉

50) 성종실록 248권 성종 21년 庚戌(1490) 12월 30일 정축
丁丑御後苑觀火兩大妃亦於苑內觀火承政院啓曰前此放火時必奏樂今何如傳曰今當謹天戒不可奏樂也

우리 조상들은 운치韻致가 있었던 것이다. 요즈음 불꽃놀이를 보면서 시상詩想을 떠올리는 사람이 몇이나 될지 궁금하다. 현대에 와서는 시 대신에 사진寫眞을 찍어 그 아름다움을 간직하고자 하는 것이 옛날과 다른 점이라고 할 수는 있지만 사진 찍기에 급급해서 아름다운 불꽃놀이를 감상하는 정취情趣는 뒷전으로 흘려버리는 사람들이 더 많은 것 같기도 하다.

서거정徐居正(1420~1488)의 시문집인 『사가집四佳集』에 수록되어 있는 불꽃놀이를 노래한 시 몇 수를 소개한다.[51][52]

좋은 밤 어원에서 불꽃놀이 구경하노라니	良宵觀火御園東
온갖 놀이 다 바쳐라 기세도 웅장하구려	百戲皆呈氣勢雄
거북은 선산을 지고 바다 위에 떠 있고	鰲負仙山浮海上
용은 광촉 머금고 하늘에서 내려오누나	龍銜光燭下天中
큰 소리는 땅을 진동해라 갠 하늘에 우박이 날고	豪聲動地飛晴雹
공중 가득 장대한 형상은 오색 무지개를 토하네	壯態漫空吐彩虹
뫼셔 앉은 신하들 모두 덩실덩실 춤을 출 제	侍坐羣臣皆蹈舞
오색 구름 상서론 기운이 성대히 어리는구나	五雲佳氣靄葱蘢

백척의 산붕은 우뚝해라 몇 층이나 되는고	百尺山棚矗幾層
활활 타오르는 불을 앉아서 구경하노라니	坐看炎上勢飛騰
때로는 포도가 달리는 형상을 짓기도 하며	有時能作葡萄走
긴 밤을 온통 빨간 철쭉꽃 밭으로 만드누나	長夜渾成躑躅蒸
붉게 떠오른 신기루대는 보일락 말락 하고	蜃氣樓臺紅隱映
번갯불은 천지 사이를 빨갛게 횡행할 제	電光天地紫憑凌
자리 가득한 오랑캐들이 모두 경악하여라	諸戎滿坐皆驚愕
태평성대의 위령을 진작 보지 못했음일세	盛代威靈見未曾

51) 四佳詩集 卷之二十〇 第十三 後苑觀火入待 二首

52) 四佳詩集 卷之二十〇 第十三 火山臺額字 二首

촉룡은 하늘 위에서 내려오고	燭龍天上降
단봉은 태양 가로부터 왔도다	丹鳳日邊來
북궐에서는 새해를 맞이하고	北闕迎新歲
남산으로 축수를 드리는구나	南山獻壽杯

수많은 별은 대궐 위에 나직하고	星斗低金闕
천지는 궁전 섬돌을 둘러쌌도다	乾坤繞玉墀
적오가 내려와서 상서를 바치매	赤烏來獻瑞
모두 함께 태평의 봄을 즐기누나	同樂太平春

3-3. 조선의 불꽃놀이 기술

전술한 조선의 불꽃놀이 방법만을 보고도 부분적이지만 그 기술까지 짐작해 볼 수도 있다. 하지만 막연할 뿐이고 조선 중기에 들어서야 불꽃놀이 기술을 구체적으로 설명하는 저서가 등장한다. 바로 중종 20년(1525년) 출판된 용재慵齋 성현成俔의 수필집, 『용재총화慵齋叢話』가 그것이다. 조선의 불꽃놀이를 상세히 묘사한 내용이 수록되어 있으며 당시 불꽃놀이 기술을 짐작해 볼 수 있는 기록이라 할 수 있다. 비록 기술의 발달과정까지는 알 수 없더라도 나름대로 조선의 불꽃놀이 기술의 특징을 살펴볼 수는 있다. 18~19세기에도 유사한 기록들이 발견되긴 하지만 이들은 모두 『용재총화』의 내용을 원문 그대로 인용한 것들뿐이다.

용재총화慵齋叢話 제1권[53]

○ 관화觀火의 예는 군기시軍器寺에서 주관한다. 미리 기구를 뒤뜰에 설치하는데 대·중·소의 예가 있고 비용이 많이 든다. 그 방법은 두꺼운 종이로 포통砲筒을 겹으로 싸고

53) 용재총화(慵齋叢話) : 성종 때 용재(慵齋) 성현(成俔)의 수필집이다. 본서 간본의 말미에 가정 을유(嘉靖乙酉) 추(秋), 경주부윤, 황필(黃瑾) 말이라 적혀 있어서 본서가 중종 20년(1525년) 가을 출판된 것을 알 수 있다.

그 속에 석류황石硫黃 · 반묘班猫 · 유회柳灰 등을 넣어 단단히 막고 이를 다진다. 그 끝에 불을 붙이면 조금 있다가 연기가 나고 불이 번쩍 하면서 통과하면 종이가 모두 터지는데 소리가 천지를 흔든다. 시작할 때 수많은 불화살을 동원산東遠山에 묻어 놓아 불을 붙이면 수많은 화살이 하늘로 튀어 오른다. 터질 때마다 소리가 나고 그 모양은 마치 유성流星과 같아서 온 하늘이 환하다. 또 긴 장대 수십 개를 원중苑中에 세우고 그 장대 끝에 조그만 주머니를 단다. 임금님 앞에는 채색한 채롱(燈籠)을 달아 놓는데 채롱 밑으로부터 긴 끈으로 여러 장대를 얽어 종횡으로 서로 연결하게 하고 끈 꼭지마다 화살을 꽂는다. 군기시軍器寺 정正이 불을 받들어 채롱 속에 넣으면 잠깐 사이에 불이 일어나고 화염이 끈에 떨어지면 화살이 끈을 따라 달려 장대에 닿는다. 장대에 조그만 주머니가 달려 있는데 끊어지며 불빛이 빙빙 돌고 마치 돌아가는 수레바퀴의 모양과 같다. 화살은 또 끈을 따라 달려 다른 장대에 닿는다. 이와 같이 달려 닿기를 서로 계속하여 그치지 않는다. 또 엎드린 거북 모양을 만들어 불이 거북의 입으로부터 나오는데 연기와 불꽃이 흐르는 불처럼 어지럽게 쏟아져 나온다. 거북 위에다 만수비萬壽碑를 세우고 불을 비碑 속에 밝혀 비면의 글자를 똑똑히 비치게 한다. 또 장대 위에는 그림 족자簇子를 말아서 끈으로 매어 놓으면 불이 끈을 타고 올라가 불이 활활 타 끈이 끊어지고 그림 족자가 떨어지면서 펼쳐져 족자 속의 글자를 똑똑히 분별할 수 있다.

○ 또 긴 수풀을 만들고, 꽃잎과 포도의 모양을 새겨 놓는다. 불이 한구석에서 일어나면 잠깐 사이에 수풀을 불태우고 불이 다 타고 연기가 없어지면 붉은 꽃봉오리와 푸른 나뭇잎의 모양이 아래로 늘어진 쥐방울열매(馬乳)처럼 되는데, 진짜인지 가짜인지 분간하기 어렵다.

○ 또 가면을 쓴 광대가 등 위에 목판을 지는데 목판 위에 주머니를 단다. 불이 댕기어 주머니가 터지고 불이 다 타도록 소리치며 춤추되 조금도 두려워하지 않는다.

○ 이런 것이 그 대략인데, 임금님은 후원의 소나무 언덕에 납시어 문 · 무 2품 이상의 재상들을 불러 입시하게 하고, 밤이 깊어서야 파한다.

『용재총화』의 기록을 볼 때 당시에 사용한 '불꽃놀이(煙火)'는 장치연화 종류였음을 알 수 있다. 나름대로 상세히 묘사한 부분도 포함되어 있는바, 좀 더 구체적인 고증을 거쳐 재현해 보고 싶기도 하다.

3-4. 조선 중기 불꽃놀이 쇠퇴

『용재총화』에 불꽃놀이 기록이 있고 나서 18세기 말 이긍익李肯翊이 지은 『연려실기술燃藜室記述』에서 다시 한번 불꽃놀이에 대한 기록이 나타나긴 하지만 이는 『용재총화』를 인용한 것으로 그 내용이 동일하다. 근 200년을 두고 동일한 기록을 인용한 것을 보면 그동안 불꽃놀이 기술이 특별히 발전하지 않았다고 생각할 수도 있지만 사실은 16세기 이후 조선에서 불꽃놀이가 사라지고 있었기 때문이다.

연려실기술 별집 제12권 정교전고政教典故54) 속절俗節의 잡희雜戲

〈내용 생략〉 : 용재총화慵齋叢話와 동일

16세기 이후 조선에서 불꽃놀이가 중단되고 있었다는 사실은 우선 『조선왕조실록』에서 불꽃놀이 기록이 사라진 것에서 알 수 있다.〈표 16-1〉 명종 16년(1561) 12월 28일 제야除夜 행사를 끝으로 실록에서는 불꽃놀이에 대한 기록이 발견되지 않는다. 그 후 230여 년이 지난 정조 때에 들어서 겨우 두 건의 불꽃놀이 기록이 있기는 하지만 이는 일시적인 것이었을 뿐이다.(16-3-5절)

16세기 이후 조선에서 불꽃놀이가 사라지고 있었던 사실은 19세기에 편찬된 『오주연문장전산고五洲衍文長箋散稿』에서 확실하게 나타난다. 『오주연문장전산고』 역시 『연려실기술』처럼 16세기 『용재총화』의 기록을 인용한 것이었지만 그 내용 중에 16세

---

54) 연려실기술(燃藜室記述)은 조선에 관한 기사 본말체의 야사로서 이긍익(李肯翊)의 저서이다. 이 책의 편저자인 이긍익은 영조(英祖) 12년(1736년)에 출생하여 순조(純祖) 6년(1806년)에 71세로 돌아간, 우리나라의 문예(文藝) 부흥기라 할 수 있는 영 · 정(英 · 正)시대의 학자이다.

기 이후 불꽃놀이가 중단되었음을 알려주는 기사가 포함되어 있기 때문이다.

오주연문장전산고五洲衍文長箋散稿[55] 경사편5, 논사류2 풍속風俗

불놀이에 대해 그 근원을 소급해 보면 별로 상고할 데가 없다. 그러나『물리소지物理小識』에 "당나라에 화수은화火樹銀花가 있었으니 그때에 이미 화폭火爆이 있었던 것 같다" 하였으니 화폭은 지금의 화약火藥이다. 〈中略〉 우리나라에도 불꽃놀이가 있었다. 중종 34년(1539) 경회루慶會樓에서 잔치를 베풀고 명나라의 두 사신을 접대하면서 석지石池에서 노는 물고기를 구경하다가 두 사신과 함께 걸어서 후원後苑 서현정序賢亭에 당도하였을 때 두 사신이 통사通事에게 "정자亭子 이름을 서현序賢이라 하였으니 이른바 서빈이현序賓以賢이란 뜻이 아니냐?" 하였다. 이어 석지 가에 둘러앉아 놀다가 해가 어둑어둑해졌을 때 중종이 두 사신에게 불꽃놀이를 구경하자고 제청, 족자화簇子火와 포도화葡萄火 등이 일시에 폭발되자 두 사신이 보고 "이 어찌 사람의 힘으로 될 일인가!" 감탄하였다. 우리나라 고사故事에 불꽃놀이에 대한 의식은 일체 군기시軍器寺에서 주관하여 미리 후원에 설치하게 되어 있는데 중中·소小의 규모가 다르고 또 그 경비도 매우 많이 소요된다. 설치하는 법은 다음과 같다. 〈中略 : 이하 용재총화齋叢話와 동일〉 이것이 우리나라 불놀이의 대충이다.〈下略〉

이규경은『오주연문장전산고』에서 "**우리나라에도 불꽃놀이가 있었다**"면서 약 200년 전인 중종 34년(1539) 경회루慶會樓에서 명나라 사신을 접대하던 당시의 불꽃놀이를 예例로 들고 있다. 따라서『오주연문장전산고』를 편집할 당시까지, 즉 19세기 중엽까지 우리나라에는 불꽃놀이가 **없었다**"는 것을 알 수가 있다. 또한 불꽃놀이는 군기시가 주관했었다는 것을 설명하면서 "**우리나라 고사故事에 있었던 일**"이라고 했던 것에서도 불꽃놀이라는 것은 단지 예전에 있었던 '**고사**'일 뿐, 역시 오래 전에 중단된 놀이였음을 알 수가 있다. 이미 19세기 중엽 조선에서의 불꽃놀이는 먼 옛날의 이야기가 되어 버린 것이다.

---

55) 오주연문장전산고(五洲衍文長箋散稿) : 19세기 중엽에 편집되었다. 조선 후기 실학파의 박학다식(博學多識) 사조(思潮)의 대표자인 오주(五洲) 이규경이 중국과 우리나라의 고금의 각종 사물을 비롯하여 경전·역사·문물제도·시문 등 소위 경전과 명물도수(名物度數) 전반에 걸쳐 변증을 가한 백과전서적인 저술이다.

이처럼 조선에서 불꽃놀이가 사라진 이유는 무엇이었을까? 결론적으로 말하면 16세기 이후 조선에서는 불꽃놀이를 두고 "한때를 즐기는 놀이에 막대한 비용과 인력이 소요되는 것은 물론 군수물자인 화약을 대량으로 허비하는 것"이라고 생각했기 때문으로 보인다.[56)57)] 즉 경제적인 문제와 군수물자인 염초의 부족이 가장 큰 이유였을 것이다.

중국의 불꽃놀이를 보고 온 사신들의 기록을 보면 이와 같은 정황이 잘 나타나 있다. 구경하기에는 매우 화려하고 볼 만하였지만 조선의 사신들은 막대한 화약을 소비하는 중국의 불꽃놀이 풍습을 이해할 수가 없었다. 한때를 즐기는 놀이에 막대한 비용과 인력을 투입하는 것은 물론 군수물자인 화약을 대량으로 허비하는 것을 두고 "그만두어야 할 일인데 왜 그만두지 못하는 것일까? 또 화약은 병사兵事에 이로운 기구인데 절도節度 없이 마구 없애기를 이처럼 심하게 하니, 나는 그것이 옳은 일인지 알지 못하겠다"라고 했을 정도였다.[16-56, 57)]

이처럼 불꽃놀이에 비용을 들이는 것을 꺼려하던 사실은 이미 숙종 시절에도 나타난다. 당시 조선 사신들은 중국에 머무는 동안 중국 조정에서 보여 주는 불꽃놀이 외에도 자비自費를 들여 별도로 불꽃놀이 구경을 하였던 것으로 보이는데 이는 숙종 39년(1723) 중국에 갔던 사신 일행이 "이번에는 불꽃놀이 구경을 하지 말자"라고 했던 것에서 알 수 있다.[58)] 하지만 사행使行 마지막 날 밤 역관이 포도화葡萄火와 난초화蘭草火 5대를 가져

---

56) 무오연행록(戊午燕行錄) 3권 정조 22년 戊午(1798) 12월 30일
관에 머물다. 〈中略〉 관에 들던 날로부터 밤이면 딱총 소리가 이따금 일어나는지라 이날 밤은 벽력(霹靂)이 진동하는 듯하여 밤이 새도록 그치지 아니하고 점점 더하니 잠을 이루기 어렵더라. 지총은 화약(火藥)과 염초를 당지(唐紙) 속에 가득히 넣었으되, 당지를 여러 겹으로 싸고 밖에 붉은 당지로 입혔으니 크기가 한 줌은 되고 길이가 서너 치나 되는지라 그중 크게 만들어 기이(奇異)한 형상(形像)이 되게 한 것은 각각 이름이 있어 재료와 노력을 무수히 허비하니 이는 왕공(王公), 귀인(貴人)의 집에서 쓰는 것이니 매화포(梅花砲)와 좌대상과 굉천뢰(轟天雷) 등 여러 가지 이름이라. 섣달 보름으로부터 정월(正月) 한 달을 그치지 아니하니 부잣집은 수백 냥 은자(銀子)를 허비한다 하더라.

57) 연행록선집 연원직지(燕轅直指) 5권 유관록(留館錄) 하
계사년(1833, 순조 33) 1월[14일-29일] 14일 지포기(紙砲記)
〈前略〉 그 밖의 여러 포들은 다 기록할 수 없거니와 이른바 유성포(流星砲), 반사포(盤蛇砲), 낙매화포(落梅花砲), 파대성포(破大城砲) 등이 그중에서 가장 뛰어나다. 대개 한 통에 드는 비용은 혹 은자(銀子) 4, 5냥에 이르는데 한 집에서 하룻밤 태우는 것 또한 100자루에 가까운 많은 양이고 보면 높은 벼슬아치 집에서의 사치스러움을 다투는 것이나, 궁궐 안에서 거창하게 설시하는 것은 더욱 미루어 알 만하다. 이 역시 그만두어야 할 일인데 왜 그만두지 못한 것일까? 또 화약은 병사(兵事)에 이로운 기구인데 절도 없이 마구 없애기를 이처럼 심하게 하니 나는 그것이 옳은 일인지 알지 못하겠다.

왔는데 "이는 값이 싸기 때문"이라 하였으니 여기서도 조선 사신들이 불꽃놀이를 자제할 수밖에 없었던 이유 중의 하나가 경제적인 문제였음을 알 수 있다. 아마 중국 출장여비(?)가 넉넉지 못했는지도 모른다.

이처럼 조선 후기는 불꽃놀이 자체가 중단되고 있었으니 당연히 조선 후기에는 불꽃놀이 기술을 살펴볼 수 있는 기록 역시 없을 수밖에 없다. 중국을 왕래하던 사신들에 의해 중국의 발전된 불꽃놀이 기술이 상세히 전해지고(16-3-6절) 있었음에도 불구하고 조선에서는 화약이라는 군수물자를 단지 한때를 즐기는 놀이에 사용하지는 못하고 있었던 것이다.

3-5. 조선 후기의 불꽃놀이

16세기 이후 불꽃놀이가 전면 중단되고 있던 조선에서 18세기 말 정조 임금 시절 두 건의 불꽃놀이 기록이 발견된다. 정조 19년(1795) 임금이 "득중정得中亭에서 활을 쏘고 **매화포**埋火砲를 관람하였다" 하였고, 역시 동왕 20년(1796)에도 "동장대東將臺에 나아가 무예시험과 군사를 사열하고 **매화포**를 구경하였다"고 하였다.

하지만 정조 20년의 매화포 이후 또다시 조선의 불꽃놀이 기록은 발견되지 않는다. 따라서 이때의 '매화포'는 일회성의 행사였을 것으로 보일 뿐, 특별히 조선 후기 불꽃놀이의 역사에서 큰 비중을 차지하지는 않는다. 중국을 다녀 온 사신들의 기록을 보면 조선인들에게 불꽃놀이(매화포)는 신기한 존재였을 뿐이다.

정조 19년 '득중정 불꽃놀이'[59][60][61][62]는 단원檀園 김홍도金弘道의 《득중정어사도得

---

58) 연행록선집(燕行錄選集) 연행일기(燕行日記) 제6권
계사년(1713, 숙종 39) 2월[9일-14일] 14일
〈前略〉 역관이 지포(紙炮) 5대를 들여보냈는데 그 이름은 포도화(葡萄火), 난초화(蘭草花)였다. 불을 앞뜰에 놓고 태우니 소리는 포와 같았고 불꽃이 온 마당에 흩어졌는데 불꽃 모양이 난초나 포도와 같았다. 이것은 종이에 화약을 싸서 만든 것으로 모양은 대나무 통과 같다. 무릇 세 마디인데 윗마디부터 점화되어 세 마디가 차례로 터졌으나, 한 마디의 불이 다된 뒤에야 비로소 다음 마디가 터지니 역시 기이한 일이다. 앞서 사행들은 요술과 화포를 보았었는데 그 값을 사행들이 지불하였으므로 이번에는 들여오지 못하게 하였으나 이 화포는 값이 싸기 때문에 역관들이 가져온 것이다. 〈下略〉

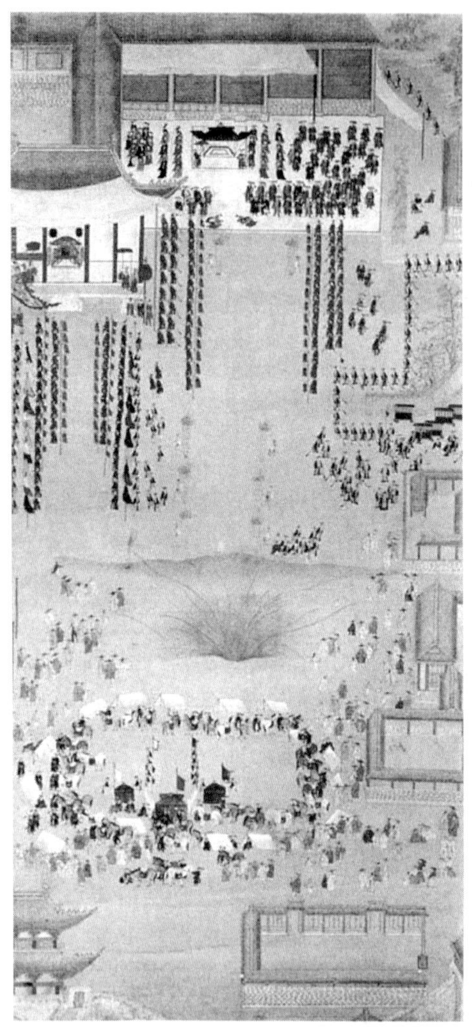

단원 김홍도의 《득중정어사도(得中亭御射圖)》

中亭御射圖》에서 당시의 불꽃놀이 광경이 그림으로 전해지고 있다. 화약을 땅에 묻고 터트리는 방법이었음을 알 수 있는데 일반 백성들까지도 운집하여 구경을 하고 있었다.

이때 사용하던 매화포라는 말은 훗날 타상연화打上煙花를 일컫는 용어로도 사용되고 있었는데 구한말을 거쳐 일제 강점기까지도 타상연화를 두고 매화포라고 했던 기록들이 발견되고 있다. 1907년에 있었던 서울박람회개회식 불꽃놀이[16-74]와 1919년『창조創造』창간호에 발표되었던 주요한朱耀翰의 시詩 '불놀이'에서 타상연화를 두고 매화포라고 하였다.[63)]

주요한의 '불놀이'는 순수하게 불꽃놀이의 아름다움을 묘사했던 서거정의 시와는[16-51, 52] 달리 불꽃이 타들어가는 것을 두고 "나라 잃은 민족의 비분과 갈등

---

59) 정조실록 42권 정조 19년 乙卯(1795) 윤2월 14일 병신
御射于得中亭觀埋火砲

60) 득중정(得中亭) : 화성행궁(華城行宮)에 활을 쏘기 위해 세웠던 정자. 정조 14년(1790) 처음 건립하였고 정조 18년 현재의 위치로 옮겨서 지었다. 그 뒤 일제가 철거한 것을 1998년 12월 복원하였다. 정조가 이곳에서 활 4발을 쏘아 모두 맞히자 이를 기념하여 "활을 쏘아 맞으면 제후가 될 수 있고, 맞지 않으면 제후가 될 수 없다(射中則得爲諸侯射不中則不得爲諸侯)"라는 구절에서 '득' 자와 '중' 자를 따서 지었다고 한다.

61) 정조실록 44권 정조 20년 丙辰(1796) 1월 22일 기사
己巳上在行宮御東將臺試藝閱武觀埋火砲〈下略〉

62) 동장대(東將臺) : 장수가 산성(山城)을 지킬 때에 올라가서 지휘하던 높은 대(臺) 중에서 동쪽의 대를 말하는데 여기서는 화성행궁(華城行宮)에 있는 동장대를 말한다.

63) '불놀이', 주요한(朱耀翰),『창조』창간호, 1919

이 응축된 몸부림"에 비유했던 산문시散文詩이긴 했지만 이를 통해서도 불꽃놀이의 한 모습을 떠올려 볼 수는 있다.

〈前略〉 아아 춤을 춘다. 시뻘건 불덩이가 춤을 춘다. 잠잠한 城門(성문) 위에서 내려다보니 물 냄새 모래 냄새, 밤을 깨물고 하늘을 깨무는 횃불이 그래도 무엇이 부족하여 제 몸까지 물고 뜯을 때 혼자서 어두운 가슴 품은 젊은 사람은 과거의 퍼런 꿈을 찬 강물 위에 내어 던지나, 무정한 물결이 그 그림자를 멈출 리가 있으랴? 아아 꺾어서 시들지 않는 꽃도 없건마는 가신 님 생각에 살아도 죽은 이 마음이야, 에라 모르겠다, 저 불길로 이 가슴 태워버릴까 이 설움 살라버릴까, 어제도 아픈 발 끌면서 무덤에 가 보았더니 겨울에는 말랐던 꽃이 어느덧 피었더라마는 사랑의 봄은 또다시 안 돌아오는가, 차라리 속 시원히 오늘밤 이 물속에…… 그러면 행여나 불쌍히 여겨 줄이나 있을까…… 할 적에 **퉁, 탕, 불티를 날리면서 튀어나는 매화포**, 펄떡 精神(정신)을 차리니 우구구 떠드는 구경군의 소리가 저를 비웃는 듯 꾸짖는 듯. 아 아 좀더 强烈(강열)한 情熱(정열)에 살고 싶다. 저기 저 횃불처럼 엉키는 煙氣(연기), 숨 막히는 불꽃의 苦痛(고통) 속에서라도 더욱 뜨거운 삶을 살고 싶다고 뜻밖에 가슴 두근거리는 것은 나의 마음…… 〈下略〉

한편 조선에는 '매화포**埋**花砲' 이전에 이미 '매화포**梅**花砲'[16-56, 57]라는 용어를 사용하고 있었다. 이때는 불꽃이 매화꽃과 같다고 하여 매화포梅花砲라 했던 것인데 정조 시절의 매화포埋花砲는 발음發音이 '매화포'로 서로 같기도 하고 불꽃놀이(**梅花**)를 할 때 화약을 땅에 묻고(**埋火**) 터트리는 방법도 있었기 때문에 이 두 용어를 혼용했을 것으로 생각된다.

3-6. 중국의 불꽃놀이

조선 후기에 들어서는 조선의 불꽃놀이 기록보다도 중국의 불꽃놀이에 대한 기록이 더 많이 발견되는데 중국의 불꽃놀이를 보고 온 사신들이 그 소감과 방법들을 비교적 상세하게 적고 있다.

사신들의 기록을 통해서 중국은 일찍부터 각종 꽃과 나무들의 이름을 딴 다양한 불꽃을 만들어 사용했었고 그 행사 규모도 상당했음을 알 수 있다. 물론 단순히 보고 들은 바를 기록한 것만을 가지고 상세한 내용까지 판단할 수는 없겠지만 어느 정도는 불꽃놀이 기술도 짐작해 볼 수 있다. 중국의 불꽃놀이를 보고 온 사신들의 기록을 발췌해 보았다.

연행록선집燕行錄選集

1) 계산기정薊山紀程 제5권 부록附錄 공역公役

〈前略〉 산고수장각등희山高水長閣燈戲 : 원명원에 가서 정월부터 연 3일 동안 매화埋火 · 낙화落火놀이 및 등희燈戲를 구경하며, 시詩를 화답하여 상사賞賜를 받고 19일에 또 원명원에 나아가 화희火戲를 구경하고 이어서 앞에 나아가 사폐辭陛함. 〈下略〉

2) 연행일기燕行日記 제6권 계사년(1713, 숙종 39) 2월 9일-14일

조금 흐렸다. 북경에 머물렀다. 〈中略〉 역관이 지포紙 5대를 들여보냈는데 이름이 포도화葡萄火, 난초화蘭草火였다. 불을 앞뜰에 놓고 태우니 소리는 포와 같았고, 불꽃이 온 마당에 흩어졌는데 불꽃 모양이 난초나 포도와 같았다. 이것은 종이에 화약을 싸서 만든 것으로 모양은 대나무통과 같다. 무릇 세 마디인데 윗마디부터 점화되어 세 마디가 차례로 터졌으나 한 마디의 불이 다된 뒤에야 비로소 다음 마디가 터지니 역시 기이한 일이다. 〈下略〉

3) 심전고心田稿 제2권 유관잡록留館雜錄 매화포기梅花砲記

산고수장각山高水長閣의 등불놀이가 끝나자마자 매화포를 벌이었다. 홍지통紅紙筒(붉은 종이로 만든 통) · 화살통(箭筒) 같은 것을 양쪽 뜰에 각각 10여 군데 세워놓고 그 통 아가리에 불을 붙이면 광염光焰이 사방으로 흩어지면서 천지를 뒤흔든다. 공중으로 날아 올라가는 불꽃들은 모두 물건들의 모양을 갖추었는데 용과 범이 서로 그러잡고 싸우는 듯 입을 벌리고 꼬리를 펴 뻗듯, 벌나비가 꽃을 머금은 듯, 매화와 대나무가 바람에 살랑대는 듯, 천불千佛이 세상에 나온 듯, 휘당번개麾幢幡蓋(여러 가지 깃발)가 푸른 하늘에 휘날리고,

뭇 선인들이 하늘로 올라가느라고 혹은 연꽃 배를 타고 혹은 학을 타고 고래를 타고 혹은 선사仙傞를 타고 난새(鸞)를 탄 듯, 혹은 보검寶劍을 지고, 혹은 호로葫蘆를 받들고 있는 듯한 것들이다. 대낮같이 불꽃이 날아 공중에 이르렀다가는 시름시름 꺼져 버리곤 하여 깜짝깜짝 놀라게 하여 쳐다볼 겨를이 없다. 또 각 위에다 뜰을 가로 건너 줄을 매어 놓은 뒤에 등을 달아 놓은 시렁이 4, 50군데나 된다. 각 앞의 줄을 맨 곳곳의 양쪽 줄의 불덩어리가 유성流星같이 빨리 달려가 앞줄에 부딪치고, 또 따라서 두루 여러 시렁에 흩어져 한꺼번에 불을 일으키면 요란한 우레가 땅을 뒤흔드는 것을 본다. 사나운 불꽃이 하늘을 덮고 밝은 등불에 휘황찬란한 세계가 갑자기 캄캄한 구렁이 되어 지척을 가릴 수가 없다. 이윽고 황제의 수레가 돌아가고, 정반庭班이 퇴출하였다.

5) 연원직지燕轅直指 제5권 유관록留館錄 하

계사년(1833, 순조 33) 1월[14일-29일] 15일

산고수장각등희기山高水長閣燈戲記

원명원 문을 들어서면 왼쪽에 또 문 하나가 있다. 〈中略〉 뜰 좌우에는 몇 보 간격으로 커다란 붉은 지통紙桶을 마주 세웠는데 아마 그 속에 화약을 넣어서 포를 쏠 기구로 만들어 놓은 모양이다. 〈中略〉 또 그 밖에도 이따금 지뢰포地雷砲를 묻고, 또 비포飛砲를 설치한 다음, 긴 노끈을 가지고 지통紙桶을 꿰어 그 두 끝을 나무에 맸는데 모두 놀이의 기구를 미리 설치한 것이다. 〈中略〉 놀이가 끝나자 바로 뜰 앞에 세워 둔 지통에 불을 붙였다. 불은 곧 발화되어 화염이 올랐다. 몹시 세찬 화광이 하늘을 진동하는 것이 민가에서 전날 밤에 폭발하던 것과 비교할 바가 아니었다. 또 긴 횃불을 가지고 먼저 양쪽 가의 채붕 위에 달린 큰 상자에 불을 질렀다. 대개 문을 상자 밑에 내고 노끈으로 묶어 닫아 놓았기 때문에 노끈이 타면 문이 열리면서 상자 속에 있던 무수한 등들이 서로 얽힌 상태로 쏟아져 내려 거의 땅에 이르게 마련이다. 그중 큰 것은 항아리만 하고 작은 것은 주먹만 하였으며 혹은 유리琉璃, 혹은 주기珠璣, 혹은 금수錦繡, 혹은 색지色紙로 된 것들이다. 더러는 둥글고 더러는 모지고, 더러는 기다랗고 더러는 짤막한 것도 있으며, 혹 인물人物을 본뜨거나 혹은 산수山水로부터 금수禽獸, 충어蟲魚, 초목草木, 화과花果, 누대樓臺, 운물雲物

에 이르기까지를 상징하여, 형형색색 교묘하게 꾸미지 않은 것이 없었다. 〈中略〉 거기에 든 비용을 계산하면 비단 천만 냥뿐이 아니겠고 설사 천만 냥이 있다 하더라도 그 기묘한 기법技法은 배우지 못할 바였다. 갈채 소리가 멈추기도 전에 갑자기 한 덩이의 마구 달리는 불이 전각 앞으로부터 날아 지나면서 지포에 부딪쳐 발화시키니, 포화砲火가 마구 치솟아 불꽃이 공중에 퍼지면서 천지를 진동하는 소리가 났다. 사람들은 모두 무서워서 정신을 차리지 못하고 있는데, 또 불덩이가 줄을 타고 오가더니 날던 포차가 다투어 폭발하여 마치 별이 흐르고 번개가 번쩍거리는 것과 같아, 쳐다볼 겨를이 없을 지경이었다. 〈下略〉

6) 연원직지燕轅直指 제5권 유관록留館錄 하

계사년(1833, 순조 33) 1월[14일-29일] 14일

지포기紙砲記

지포紙砲는 지등紙燈이라 일컫기도 한다. 그 유래는 대나무를 태워 폭음이 나게 한 데서 시작된 것인데 잡귀를 물리치는 데 목적이 있으므로 곧 나희儺戲에 가까운 것이다. 섣달 그믐날 밤부터 정월 보름날 밤까지 온 성의 인가가 밤마다 그것을 터뜨린다. 그 제도는 종이에 풀칠을 하여 통桶을 만드는데 크기와 길이가 같지 않다. 그 안에 화약을 넣고 심지를 넣어서 불을 댕기면 불이 통에 붙자마자 갑자기 발화되는데 터지는 소리가 매우 웅장하다. 혹 2, 30자루를 일시에 터뜨리면 그 소리가 더욱 웅장해서 거의 천지를 진동시킬 듯한 것도 있고, 혹은 화염이 폭발되자마자 갖가지 전광電光이 공중을 향해 어지럽게 뿜어서 마치 불을 부채처럼 펼치는 것도 있고, 혹은 통 하나가 마디마디 터지면서 4, 5자루의 짤막한 포砲로 나눠져서 처음에는 한꺼번에 불을 뿜다가 나중에는 맹렬한 소리를 내고 사라지는 것도 있으며, 혹은 1개의 큰 통 속에 4, 5개의 작은 통이 들어 있어 큰 통이 터지면서 바로 작은 통이 튕겨 나가 마치 유성流星이나 화전火箭처럼 공중을 날다가 터지는 것도 있고 솟구쳐 오르락내리락하면서 마치 수십 가닥의 화사火蛇처럼 굽어 돌아 가시 같은 불꽃이 하늘에 넘쳐 재가 땅에 떨어져서 사람이 감히 가까이 하지 못할 것도 있다. 그 밖의 여러 포들은 다 기록할 수 없거니와, 이른바 유성포流星砲, 반사포盤蛇砲, 낙매화포落梅花砲, 파대성포破大城砲 등이 그중에서 가장 뛰어나다. 〈下略〉

오주연문장전산고五洲衍文長箋散稿

1) 경사편 5 – 논사류 2 풍속風俗

불놀이에 대해 그 근원을 소급해 보면 별로 상고할 데가 없다. 그러나 『물리소지物理小識』에, "당 나라에 화수은화火樹銀花가 있었으니, 그때에 이미 화폭火爆이 있었던 것 같다" 하였으니 화폭은 지금의 화약火藥이다. 이를 상고해 보면 당 나라 때부터 이미 그 조짐이 있었거나, 아니면 원소元宵(정월 보름날 밤)의 연등燃燈행사에 의해 불놀이가 생긴 것 같다. 중국의 불놀이에 화화花火, 화포火砲놀이가 원소元宵에 행해져 오다가 근대에는 가장 성행되고 그 명칭도 매우 많아서 화이화火梨花・천지매千枝梅・해아지화孩兒枝花・일장국一丈菊・천장매화千丈梅花・백국화白菊花・금사국金絲菊・수엽류垂葉柳・주밀봉酒蜜蜂・보주다寶珠茶・소엽리小葉梨・일장리一丈梨・석류화石榴花・규화葵花・진주산珍珠傘・모란화牧丹花・자포도紫葡萄・목서화木犀花・삽고매揷枯梅 등이 있는데, 여기에 각기 소요되는 약재藥材가 있고 화화花火 이외에도 연염煙焰을 만드는 법, 즉 청연青煙・백연白煙・홍연紅煙・자연紫煙법 등이 있는데, 여기에도 각기 소요되는 약재가 있다. 『요산당외기堯山堂外記』에 "영봉자寧封子는 황제黃帝 시대에 도정陶正(벼슬 이름)이 되었는데, 능히 오색五色의 연기(煙)를 낼 수 있었다"라고 하였으니, 혹 이를 모방하여 오색 연기의 놀이가 생겼는지도 모른다. 또 오채화법五彩花法이 있다. 일찍이 연경燕京에 다녀 온 사람의 기록에 보면 "연경에서 황제가 불놀이를 벌였는데 그 신묘함을 이루 표현할 수 없어 조화옹造化翁과 맞서서 그 고하高下를 겨룰 만했다"고 하였다. 그 기록에 "정월 13일에 황제가 불놀이를 벌였는데 사면四面의 유리등琉璃燈에 불이 켜진 가운데, 계단 위에는 세 개의 홍색 탁자를, 탁자 위에는 각기 화로를 설치한 다음, 시자侍者가 화로에 불을 붙인지 잠시 후에 화로에서 불이 폭발, 금화金花가 발산하여 마치 폭우처럼 쏟아져 내렸다. 또 합자등盒子燈놀이가 있는데 두 사람이 철갈고리(鐵鉤)를 들고 사닥다리에 올라서서, 중간에 설치한 큰 합盒 밑에 연결된 약선藥線에 불을 붙이자 불이 합 밑에서 탈 적에는 합의 뚜껑이 벗겨져 땅바닥으로 떨어지고 불이 위로 탈 적에는 한 개의 첩지貼紙가 땅바닥으로 떨어진다. 또 3, 4척尺 높이의 수탑綉榻(비단으로 꾸민 탑)이 세워지고 수탑 위에는 4, 5명의 미인美人이 허리를 구부린 채 서 있는 가운데 사면四面에서 조그만 첩지貼紙들이 불길을 따라 떨어져 내리는데 이 첩지는 모두 원형圓形의 수선綉扇(비단으로 된 부채)이다. 이어 불길이 큰 밧줄까지 타들어가 수탑과 미인들이 땅바닥으로 넘어지면 여러 사람이 달려들어 미인들을 끌어내었다. 또 원형으로 된 등롱燈籠 수백 개가 공중으로부터 출현하면서 일제히 불이 켜지는데, 이는 약선藥線이 서로 연결된 때문이다. 그리고 양편의 작은 홍색문紅色門에서도 불이 켜지면서 방형方形으로 된 수롱綉籠(비단으로 꾸민 등롱) 한 개가 출현하는데 수롱 밑에는 수백 개의 약선이 연결되어 있어 불빛이 마치 진주眞珠처럼 환하다가 잠시 후에 포砲 소리가 크게 터지면서 수롱이 갈기갈기 찢겨져 아무 흔적도 없어졌다. 또 연화법煙火法이 있었는데, 곧 매화법埋火法이다. 역시 약선을 연결해 놓고 전殿 위에서 불을 붙이면 불길이 마치 유성流星처럼 타들어 가다가 잠시 후에는 화염火焰이 하늘을 가리고 벽력霹靂이 지축地軸을 울리면서 아무 흔적도 없어졌으니 그 신교神巧함은 사람으로서는 상상할 수가 없었다"라고 하였다. 〈下略〉

열하일기熱河日記

1) 찰십륜포札什倫布

반선액이덕니班禪額爾德尼를 찰십륜포札什倫布에서 보았다. 찰십륜포란 서번西番 말로서 대승大僧이 거처하는 곳이란 말과 같다. 〈中略〉 황제는 어원御苑에서 매화포梅花砲를 놓고 사신을 불러 보게 하였다.

2) 산장잡기山莊雜記 매화포기梅花砲記

날이 이미 황혼이 되자 만포萬砲가 동산 안에서 나오는데 소리는 천지를 진동하고 매화꽃이 사방으로 흩어져 마치 숯불을 부채질하면 불꽃이 튀어 흐르는 것 같았다. 거울을 들여다보면서 웃음을 짓는 듯 바람을 맞이하여 춤을 추는 듯도 하려니와 마치 노포魯褒의 돈이 이지러진 듯 토끼 주둥이가 살아나지 못한 채(이지러진 달을 말함) 이어져서 온갖 화병花瓶을 진열하고는 여사女士가 그 품위의 상하를 평정하는데 화방花房에 드리운 술이 분명하고 봉오리에 찍힌 검은 점이 가느다란 듯이 된 것들이 모두 불꽃으로 화하여 난다. 조수鳥獸와 충어蟲魚의 족속이 날아가고 뛰놀고 하는 것이 모두 정상情狀을 갖추었는데 새는 혹 날개를 벌리기도 하고 입부리로 깃을 문지르기도 하며 혹 발톱으로 눈깔을 비집기도 하고 혹 벌과 나비를 쫓기도 하여 혹 꽃과 과실을 쪼아 먹기도 한다. 짐승은 모두 뛰놀고 버티며 입을 벌리고 꼬리를 펴서 천태와 만상이 모두 꽃불로 펄펄 날아가서 반공에 이르러서는 시름시름 꺼지곤 한다. 대포 소리는 더욱 커지고 불빛은 더욱 밝아지면서 1백 신선과 1만 부처가 날아올라가 혹은 뗏목을 타고 혹은 연잎 배를 타며 혹은 고래와 학을 타고 혹은 호로병葫蘆甁을 들고, 혹은 보검寶劍을 차며, 혹은 석장錫杖을 짚고 혹은 맨발로 갈대를 밟기도 하며 혹은 손으로 범의 이마를 어루만지면서 허공에 떠서 흘러가지 않는 것이 없는데 눈으로 다 볼 새가 없이 번득번득 눈이 어른거렸다. 정사正使가 말하기를 "매화포梅花砲가 좌우로 벌여 있는 것은 그 통이 혹은 크고, 혹은 작아서 긴 놈은 서너 길이 되고, 짧은 놈은 서너 자가 되어 우리나라 삼혈총三穴銃 같이 만들었고 불꽃이 반공에서 가로 퍼지는 것이 우리나라 신기전神機箭과 같데그려" 한다. 불이 다 꺼지기 전에 황제는 일어나 반선班禪을 돌아다보고 잠깐 이야기를 하더니 가마를 타고 안으로 들어갔다. 때는 바야흐로 어두웠는데 앞에서 인도하는 등불이 하나도 없었다. 대체로 여든한 가지 놀음에 매화포로써 끝을 맺는바 이것을 구구대경회九九大慶會라고 불렀다.

중국[청나라]의 불꽃놀이 상고詳考

고대 중국의 불꽃놀이 특징을 확인하려면 중국의 자료를 살펴보아야겠지만 전술한 조선 기록만을 가지고도 어느 정도 짐작은 가능하다.

첫째 중국에서는 이미 오래전부터 매우 다양한 종류의 제품들이 있었다. 그 형태와 색깔에 따라 주로 각종 꽃의 이름을 따서 불렀음을 알 수가 있으며 나뭇잎이나 곤충을 나타냈을 것으로 보이는 이름도 있고 몇몇 제품의 이름들은 현재 우리가 부르는 이름과 유사하거나 일치하는 것들도 있다. 포도화葡萄火, 난초화蘭草火, 화이화火梨花, 천지매千枝梅, 해아지화孩兒枝花, 일장국一丈菊, 천장매화千丈梅花, 백국화白菊花, 금사국金絲菊, 수엽류垂葉柳, 주밀봉酒蜜蜂, 보주다寶珠茶, 소엽리小葉梨, 일장리一丈梨, 석류화石榴花, 규화葵花, 진주산珍珠傘, 모란화牧丹花, 자포도紫葡萄, 목서화木犀花, 삽고매揷枯梅 등이 그것이다.

둘째 화화花火 이외에도 여러 가지 색깔의 연염煙焰, 즉 연막煙幕을 이용하기도 하였다.

청연青煙·백연白煙·홍연紅煙·자연紫煙법 등이 그것으로 이들 연염煙焰을 만들기 위해서는 각기 소요되는 약재藥材가 따로 있다고 하였다.

셋째 중국의 불꽃놀이는 대부분 연등燃燈놀이와 병행해서 이루어지고 있었다. 모든 기록에서 연등행사와 불꽃놀이를 동시에 기록하고 있으며 화약을 이용하여 연등에 점화를 하는 방법도 있었다.

넷째 조선과는 달리 중국에서는 일반 백성들까지도 불꽃놀이를 즐기고 있었다. 중국에서는 옛날부터 "정월 15일 밤, 도성 사람들이 밤새도록 거리에 나와 화포花砲를 쏘고 청춘남녀들이 법석을 떨며 풍악 소리가 거리를 메웠다"라고 하였고[64] 조선의 사신이 불꽃놀이가 끝난 후의 풍경을 묘사한 것에서는 "수레가 벌써 와서 대기하고 있었는데, 인산인해여서 수레가 달리고 말이 달음질쳐 발굽과 다리가 거의 서로 바뀔 듯하였고, 더러 자기 수레를 찾아서 타지 못하는 자가 있는가 하면, 보행자는 말굽과 수레바퀴 사이에 발을 다치기 십상이었으니 이것이 문을 나온 뒤 가장 방심할 수 없는 일이었다"라고까지 하였다.[65] 요즘 한강에서 매년 열리고 있는 '서울세계불꽃축제' 행사 전후의 극심한 여의도 일대 교통 체증이 연상된다.

또한 1625년에는 황제가 오성五城에 분부를 내려 민간을 단속하여 화포와 유성流星을 쏘는 것을 엄금하고 이를 어기는 자는 관에서 잡아 구속하게 한 일이 있었는데[16-64] "민간 사람들이 불꽃놀이와 관등놀이를 하지 못하니 태평한 기상이 없고 쓸쓸해 보였다"고[66] 한 것도 중국에서의 불꽃놀이는 많은 백성이 즐겨하던 보편적인 놀이였음을 보여 준다.

---

64) 조천항해록(朝天航海錄) 2권 인조 3년 乙丑(1625) 1월 14일 계해
맑음. 이른 아침에 제독이 사관을 찾아왔다. 중국에서 옛날부터 정월 15일 밤을 원소(元宵)라 하여 집집마다 등불을 달고 도성 사람들이 밤새도록 거리에 나와 화포(花砲 불꽃놀이)를 쏘고 청춘남녀들이 법석을 떨며 풍악 소리가 거리를 메웠다고 한다. 그런데 금년에는 황제가 오성(五城)에 분부를 내려 민간을 단속하여 화포와 유성(流星 불꽃놀이의 일종)을 쏘는 것과 북치고 공 차는 것을 엄금하였으며, 이를 어기는 자는 관에서 잡아 구속하게 하였다. 동지사가 그의 생일이므로 주연(酒宴)을 베풀고 초청하였다.

65) 연행록선집(燕行錄選集) 연원직지(燕轅直指) 제5권 유관록(留館錄) 하
계사년(1833, 순조 33) 1월[14일~29일] 15일
산고수장각등희기(山高水長閣燈戲記)
〈前略〉 잠시 후에 불꽃이 걷히고 소리가 조용해졌는데, 날이 이미 저물었다. 황제는 안으로 들어가고 나는 정사, 부사와 함께 원명원 문을 나왔다. 수레가 벌써 와서 대기하고 있었는데 인산인해여서 수레가 달리고 말이 달음질쳐 발굽과 다리가 거의 서로 바뀔 듯하였고 더러 자기 수레를 찾아서 타지 못하는 자가 있는가 하면 보행자는 말굽과 수레바퀴 사이에 발을 다치기 십상이었으니 이것이 문을 나온 뒤 가장 방심할 수 없는 일이었다. 〈下略〉

66) 조천항해록(朝天航海錄) 2권 인조 3년 乙丑(1625) 1월 15일 갑자
맑음. 민간사람들이 불꽃놀이와 관등놀이를 하지 못하니 태평한 기상이 없고 쓸쓸해 보였다.

04_

구한말 근대식 불꽃놀이

조선 말기에 와서 일본의 불꽃놀이도 소개되고 있다. 구체적이지는 않고 단순히 일본의 불꽃놀이를 구경하고 왔다는 사실 정도만을 묘사하고 있기는 하지만 조선 초 외국 사신에게 '화산대火山臺'를 베풀었듯이 일본 역시 외국 사절들을 위한 연회장에서 불꽃놀이를 하고 있었다.67)

딱총놀이 보급

우리나라에서 오늘날과 같은 현대식 불꽃놀이(타상연화)가 시작된 것은 구한말 일본인들에 의해서였다. 하지만 타상연화 이전에 이미 완구용 연화가 사용되고 있었는데 1890년대 중반 어린이들 사이에 '딱총놀이'라고 하던 완구용 연화가 보급되어 있었음을 알려 주는

---

67) 사화기략(使和記略) 고종 19년(1882) 壬午 9월 23일

맑음. 오전 8시에 세 사신과 함께 연병장으로 나가니 〈中略〉 각국의 공사들이 모두 와서 모였다. 조금 후에 축포 10여 발을 쏘니 일황이 마차를 타고 어악(御幄)에 도착했는데 〈中略〉 영국공사 · 미국공사 · 벨기에공사 · 청국공사 · 프랑스공사 · 조선공사의 차례로 전권공사(全權公使)가 앉고 네덜란드공사 · 조선부사의 차례로 판리공사(辦理公使)의 자리에 앉고 스페인공사 · 이탈리아공사 · 러시아공사 · 독일공사의 차례로 대리공사(代理公使)의 자리에 앉고 〈中略〉 오후 6시에 외무경의 관저에 가니 불놀이[火戱]를 크게 벌였는데 기이하고 교묘함이 형용하기 어려웠다.(二十三日 〈中略〉午前八時 偕副三行人 詣練兵場〈中略〉各國公使皆來會 少頃 開祝礮十餘聲 日皇乘馬車 到御幄〈中略〉英公使 · 美公使 · 白耳義 公使 · 淸公使 · 法公使 · 朝鮮公使 以全權 序次坐 荷蘭公使 · 朝鮮 副使 以辦理序次坐 西班牙公使 · 伊大利公使 · 露西亞 公使 獨逸公使 以代爲〈中略〉 午後六時 往外務卿官宅 大設火戱 奇巧難狀〈下略〉

〈註〉 사화기략(使和記略) : 고종 19년(1882) 6월 임오군란(壬午軍亂) 후, 수신사(修信使)로 일본에 파견했던 박영효(朴泳孝)의 견문 일기. 우리나라 최초의 태극기에 대한 도안(圖案)도 수록되어 있다.

기록이 있다.[68][69][70]

아이들의 딱총놀이에 대한 기록이 있고 난 지 얼마 후 **타상연화**를 사용하는 불꽃놀이가 등장한다. 이러한 사실은 한일합방 이전 10여 년 동안 간간이 등장하는 불꽃놀이 기록에서 확인된다.

조선 최초의 근대식 불꽃놀이 '왜성대倭城臺의 연화烟花'

1899년 일본인들이 불꽃놀이를 했다는 기록이 처음으로 발견된다. 조선 내에서 실시되었던 첫 번째 근대식 불꽃놀이가 아닌가 여겨지지만 아쉽게도 조선인들의 행사가 아니라 조선에 주둔해 있던 일본군, 즉 경성수비대가 군기제軍旗祭를 하면서 실시했던 불꽃놀이였다.

1899년 4월 18일 왜성대倭城臺에서 경성수비대京城守備隊가 군기제軍旗祭를 맞아 불꽃놀이(烟花)를 하겠다고 일본공사를 통해 대한제국 외부外部에 허가를 신청하였다.[71][72]

---

68) 독립신문 1896. 5. 23

음력 사월 팔일전 브터 아해들이 딱총을 노면 집에 불 내기와 아해 밴 여인네 낙태 하기와 아해들이 대이기와 잔젼냥이 업셔지기로 경무청에서 엄금하엿다더라.

69) 독립신문 1896. 6. 25

아어와 법어 학도들이 이달 23일에 아라샤 공사관에 가셔 대군쥬 폐하 압희 보옵시는데 쳬죠와 운동을 잘하니 대군쥬 폐하께셔 학도마다 붓채 두 자리식을 줍시고 매우 잘한다고 칭찬하옵셧다더라. 생도들이 대군쥬 폐하를 위하야 크게 만셰를 세번 불으고 그아래 아라샤 병뎡들 잇난 집에 도라와 점심을 먹고 다시 그 운동하던 터에 가셔 불노리를 하니 아라샤 공사의 부인이 그 중에 시험을 잘 지낸 학도들은 샹급을 주엇다더라.

70) 독립신문 1896. 12. 26

배재학당 학원(學員)들이 어제 저녁에 예수 탄일 경축회를 학당에서 하난대 〈中略〉 학원들이 나와 딱총을 놋노아죠 명일 갓치 노랏더라. 〈下略〉

71) 규장각 근대정부기록

大韓帝國 宮內府案 (1899年 4月 17日)

발 신 자 議政府贊政外部大臣 朴齊純

수 신 자 議政府贊政宮內府大臣 李載純

내 용 〈요약〉 일본공사 加藤增雄에 따르면 京城수비대가 4월 18일 軍旗祭를 맞아 倭城臺에서 烟花를 터뜨릴 예정이라는 照會 제40호

72) 국사편찬위원회 각사등록 근대편

제 목 외부에서 경성수비대가 打烟花하는 문제로 경무사에 내린 훈령

문서번호 訓令 第十三號

발 송 일 光武三年四月十七日(1899년 4월 17일)

행사 당일 《독립신문》은 일병日兵들의 놀이라면서 이날의 불꽃놀이를 보도하고 있다.73) 따라서 이 불꽃놀이 행사는 조선 정부로부터 허가를 받았고 또 실시되었다고 볼 수 있다. 우리나라에서 타상연화打上煙火, 打颺烟花가 사용되었던 최초의 근대식 불꽃놀이라고 할 수 있다.

왜성대倭城臺는 남산 북쪽 기슭(현 서울시 중구 예장동)에 일본인들이 조성했던 왜성대공원倭城臺公園을 일컫는 말로서 당시 이 일대는 일인들의 집단거주지였다. 통감부 건물도 이곳에 있었는데 한일합방 후에는 조선총독부가 이 건물을 청사廳舍로 사용하다가 1924년 경복궁 앞으로 이전하였다.

왜성대倭城臺의 불꽃놀이 이후에도 한일합병이 되기 전까지 몇몇 불꽃놀이에 대한 기록이 있다. 단순히 일반 대중들을 상대로 불꽃놀이 자체를 즐기기 위한 것은 아니었고 특정 행사의 축하연이나 황제의 행차를 환영하는 목적으로 치러진 것들이었다.

서울박람회 개회식 불꽃놀이

1907년 10월15일자 《대한매일신보》 기사에서 9월 15일에 있었던 서울박람회74) 개회식이 끝난 후, 남산에서 불꽃놀이를 하고 있었음을 확인할 수 있다.75)

발 송 자 議政府贊政外部大臣 朴齊純
수 신 자 警務使 元禹常 閣下
本日에 駐京 日本公使 加藤增雄이 函稱 駐箚京城守備隊請 本月 十八日 値該隊軍旗祭午後於倭城臺 打颺烟花 以表慶意 將此預行照會等因이 온바, 京城內에서 外國人의 打颺烟花함을 不容不 佈明이기로 玆에 訓令하니 查照함이 爲可.

光武三年四月十七日 光武三年四月十七日 起案

73) 독립신문 1899. 4. 18
〈일병놀이〉 오늘 일본 수비대에서 왜장터에 연회장을 배설하고 불놀이를 한다더라.

74) 서울박람회 : 일본인이 주축이 되어 열렸던 박람회. 舊대한제국 정부가 2만 5천 원을 보조하여 45일간 99,126점을 전시하였으나, 대부분 일인들이 출품한 것들이었고 한국인이 출품한 것은 4,500점에 불과했다. 일본의 선진성과 조선의 후진성을 대비하여 조선 지배에 대한 정당성을 나타내기 위한 목적이 있었다고 한다.

75) 대한매일신보 1907. 10. 15
〈前略〉 9월 15일 서울박람회에서 개회식을 굉장하게 하는데 밤놀이는 남산에 **매화**를 묻고 불놀이를 하는지라 온 성안 사람이 다 구경을 하는 중에 우리도 또한 구경하니 그 장하게 번화하여 구경하염즉 한즉 다른 이의 눈에도 필경 보기 조아 구경스러올 거시어니와 〈下略〉

대한의원 낙성식 축하 불꽃놀이

순종 2년(1908) 대한의원大韓醫院을[76] 준공하고 낙성식을 하던 날, 축하연에서도 불꽃놀이를 하였다. 하루 종일 포성砲聲이 끊이질 않았다고 한 것을 보면 상당히 많은 숫자의 연화를 사용했을 것인바, 이는 아마도 완구연화 종류였을 것이다.[77][78]

순종 황제 지방 행차와 연화행사

순종 황제가 지방을 행차할 때면 도착지에서 황제를 환영하는 행사의 일환으로 연화를 발사하기도 하였다. 이때는 이미 대한제국 황제의 행차 계획마저도 일제 통감부에서 주관하고 있음을 알 수 있는데 1909년 1월 마산馬山과[79] 신의주新義州[80] 행차 계획 중에

---

76) 대한의원(大韓醫院)

서울대학교병원의 전신이다. 1899년 4월 최초로 국립병원으로서 내부병원(內部病院)이 설치되고, 1900년 6월 광제원(廣濟院)으로 바뀌었으며, 1907년 3월 대한의원으로 개칭되었다. 1910년 조선총독부의원으로 개칭되었다.

77) 속음청사(續陰晴史) 卷十三 隆熙二年(1908) 戊申 十月

〈前略〉二十四日 三十日壬子 大韓醫院落成式

土, 晴, 下午一時赴東村大韓醫院落成式兼園遊會, 內外國官人男女會者數千餘名, 設妓舞舞童諸戲, 後園設臨時茶酒, 各店又放火花, 終日砲聲不絶, 此院之制, 在我國最爲宏偉, 今日設宴亦甚盛, 自內, 遣勅使尹德榮, 賜詔褒諭〈下略〉

78) 속음청사(續陰晴史)

고종 24년(1887) 5월 29일부터 1921년 12월 31일까지 35년간에 걸친 조선 후기의 문신 김윤식(金允植)의 일기(日記)

79) 통감부문서

문서제목 [韓皇 行幸當日의 諸般準備 및 行事計劃報告]

발 송 일 明治四十二年一月六日 午後一一時四五分 馬山發(1909년 1월 6일)

발 송 자 松井 局長 **수 신 자** 伊藤 統監

수 신 일 明治四十二年一月七日 午前一時 五分 京城着

唯今高觀察使ト共ニ馬山ニ到着理事官宮岡少將等ト會見シタルニ行幸當日ハ軍艦ヲ四五隻港內ニ碇泊セシメラルン苦又鎭海灣ノ漁業盛ナル故晝ハ港內ニ網ヲ張ラシメ夜ハ漁火ヲ照サシメントノ希望ナリ又防備隊ヨリハ水雷ヲ發火シ夜ハ 「イルミネーシヨン」ヲ天覽ニ供シ晝夜共ニ花火ヲ揚ケ提燈行列ハ日韓人共ニ行ハントス「アーチ」ハ日韓共ニ之ヲ設クル苦舊馬山ハ韓國側ニテハ最モ重キヲ置ク場所柄故是非共府尹廳ニ陛下ノ行幸ヲ乞ハントノ希望ナリ小官ハ明朝大邱ニ向ク苦

80) 통감부문서

문서제목 [韓皇陛下 西北巡幸計劃]

연화(花火) 발사가 포함되어 있었다.

왜성대倭城臺의 불꽃놀이를 할 때 '打颺烟火'라고 했던 것과는 달리 순종황제 행차 때에는 "화화花火를 '揚', '打揚'"한다고 하여 서로 다른 용어가 사용되고 있다. 하지만 '양颺'이나 '양揚'은 '날리다'라는 동일한 뜻의 한자로서 요즘의 타상연화打上煙火를 일컫던 일본식 용어였을 것이다.

한일인친목회 발기원發起員 대회 연화행사

한국인과 일본인들 간의 친목회 발기대회發起大會를 마친 후 여흥餘興의 일환으로 실시했던 불꽃놀이도 있었다.[81] 그 장소가 경희궁慶熙宮이었고 친목회 사무소가 한성부 관청 내에

발 송 일 明治四十二年一月二十三日(1909년 1월 23일)

발 송 자 統監府鐵道管理局長官 工學博士 大屋權平

巡幸及其日程ハ豫定ノ通リ二十日官報號外ヲ以テ發表セラル卽チ左ノ如シ大皇帝陛下ハ平壤・新義州・義州及開城ニ巡幸アラセラル宮廷列車發着日取及時刻左ノ如シ〈中略〉

奉迎送次第書

一月二十九日

一. 觀察使, 日本人會長新義州道警察部長ハ平壤迄奉迎ノ事

二. 日韓各學校生徒各官衙公署吏員, 日本赤十字社社員,各團體代表者并ニ一般有志者ハ市外ノ各指定ノ場所ニ奉迎ノ事

三. 御通輦ノ際各奉迎者萬歲ヲ唱フル事

四. 御着輦ノ際花火二十一發打揚ノ事

五. 行在所入御觀察使御先導ノ事

六. 御發輦ノ際煙火二十一發奉送者一同萬歲ヲ唱フ〈下略〉

81) 각사등록 근대편 국사편찬위원회

발 송 일 隆熙三年五月十四日(1909년 5월 14일)

수 신 자 韓日人親睦會事務所

追テ異動ノ虞別紙氏名ノ上ヘ朱書シ置ク乞ヘ.

敬啓者韓日人親睦會發起員의 徽章九枚를 送交하오니 各僉位게 分呈하시와 入場時佩用表示케 하심을 敬要.

一 會場 西大門內慶熙宮(西闕)

一 開會日時 本月十六日(日曜)下午一時(兩天順延)

一 會費金 三十(入場券一枚의 配當)

一 入場券 本事務所(漢城府官廳內)로 請求홈.

但當日會場門外에 臨時로도 發給하되 每一券에 配當한 會費金으로 三十를 受取함.

一 摸擬店 韓日料理로 會場內에 隨處設備홈.

一 餘興 花火 爆竹 會員運動 兩國音樂隊 兩國藝技演戲 舊軍樂 倡夫繩戲 日人角力 日人奇術

위치했던 것을 보면 순수 민간단체가 아닌 일제 통감부가 주도하던 관변단체였을 것이다.

이와 같이 타상연화의 경우는 일본인들이 주도했던 행사가 대부분이고 이때까지도 조선인들 사이에서는 겨우 아이들이 완구연화를 가지고 노는 정도의 기록만이 발견될 뿐이다.[82]

日人劇戲演技 〈下略〉

82) 대한매일신보 1907. 9. 24

"딱총도 겁난다"

내각에서 내부로 조회하되 소관한 경시청에 훈령하야 가로상에서 아해들이 혹 대통에 화약불을 놋흔지 혹 딱총을 놋난 폐단을 금지케 하라 하엿다더라.

05_

일제 강점기의 불꽃놀이

일제 강점기의 불꽃놀이는 이제까지 필자가 상상하고 있던 것보다 횟수도 많았고 그 규모 또한 상당한 수준이었음을 확인할 수 있었다. 우선 일제 강점기 동안 실시되었던 주요 불꽃놀이 행사를 발췌해 보았다. 이외에도 많은 불꽃놀이가 있었겠지만 모두를 열거할 수는 없고, 다음 기록만을 가지고도 대략 당시의 불꽃놀이에 대한 특징은 살펴볼 수가 있다.

〈표 16-2〉 일제 강점기 불꽃놀이 사례

행사일	내 용	비 고
1910. 8. 28	사동 연흥사에서는 오늘 저녁부터 신기한 불놀이로 연희한다더라.	대한매일신보 8. 28
1910. 9. 10	京城 寺洞 演興社에서 煙火術(불꽃놀이)을 공개하여 기이스러운 광경을 이루다.	대한매일신보 9. 11
1921. 5. 26	평양전차 개통기념, 대동강 연화대회, 100여 발 발사	동아일보 5. 30
1921. 8. 10	평양 7만 시민을 위한 納凉煙火大會(대동강), 평양세관출장소 부근 광장, 평남매일신문 주최, 大阪 選手초빙, 수천 발 발사	동아일보 7. 25, 27; 8. 9
1921. 8. 6	장충단공원 納凉연화대회, 조선신문사 주최	동아일보 8. 5
1923. 8. 12	장충단공원 納凉연화대회, 조선신문사 주최	동아일보 8. 13
1923. 7. 26	인천 월미도 해수욕장에서 연화대회, 인천朝毎 주최	동아일보 8. 30
1925. 8. 23	제12회 시민위안 納凉연화대회, 장충단공원, 조선신문사 주최	동아일보 8. 24
1925. 8. 31	대동강 철교 밑 평양연화대회, 관중 수만, 평양매일신문 주최	동아일보 9. 4
1925. 9. 5	인천 월미도 納凉연화대회, 조선매일신문 주최	동아일보 9. 8
1927. 8. 20	제14회 시민위안연화대회, 장충단공원, 조선신문주최	중외일보 8. 18

1927. 8. 24	納凉연화대회, 충북선 沿路 無心川, 호남일보 충북 총지사 주최, 四方 3里에 爆音이 波動되는 大煙火를 打揚, 조치원 ↔ 청주역 간 특별열차 운행 및 충북선 열차 운임 할인	중외일보 8. 21
1927. 8. 27	沙里院 納凉연화대회, 景岩山, 사리원鳳陽기자단 주최, 打上연화 및 仕掛연화, 예산 약 300圓, 2분에 1발씩 60발 打揚, 사리원 ↔ 信川 간 특별열차 운행	동아일보 8. 17, 26, 30 중외일보 8. 31
1927. 8. 27	漢江納凉연화대회, 한강인도교 밑, 경성일일 주최	동아일보 8. 19
1928. 5. 26～7	陰 4월 8～9 兩日, 脚戱 및 연화대회, 信川온천(황해도) 운동장, 동아 · 중외일보 信川지국 공동후원	동아일보 5. 13, 16, 22, 25
1928. 5. 26	陰 4월 8일, 年例 대동강觀火대회, 平壤朝鮮人綢緞布木商組合 主催, 동아일보 평양지국후원(流火 1,000여 개, 폭죽100여 발) - 8 : 00 爆竹 3발로 개회선언 - 8 : 30 폭죽 3발과 舊樂연주 - 9 : 00 폭죽 3발로 炬火, 江上流火 및 폭죽 連發 - 9 : 30 폭죽 2발로 觀火船 출동, 半月島에 碇泊 - 10 : 30 浮碧樓와 練光亭에서 妓生연주회 시작	동아일보 5. 21, 22, 24, 27, 28, 30 중외일보 5. 25
1928. 7. 22	제1회 納凉觀火대회, 한강인도교 밑(노량진 側), 동아일보 시흥지국 주최, 船遊具樂部 후원 - 8 : 30 연화3발 발사와 함께 전기장치로『開會』라는 2字를 강상에 띄움. 5～10분에 1발씩 連發 - 타상外에 江上에 동아일보『마크』와『영등포香泉소주』등 여러 형상의 불(火)과 유화(流火)를 띄움.	동아일보 7. 14, 17, 19, 20 21, 22, 24
1928. 8. 28	제4회 한강연화대회, 수백발 발사, 경성일일신문주최, 大阪의유명 煙火師 초빙 魔의 漢江, 煙火의 저주(詛呪), 男女 3인 一時에 溺死 한강 련화대회 구경갓던 남녀 네 명이 뽀드를 타다가 일시에 빠저 그중 남자 한 명은 구하고 세 명은 죽엇다.	동아일보 7. 28 중외일보 7. 30
1928. 11. 3	전남 蠶繭(누에고치)생산 45,000石 돌파 축하 연화대회, 광주 임시열차 운행	동아일보 11. 3
1929. 8. 24	제5회 納凉연화대회, 한강인도교 둔치, 경성일일신문주최, 斯界의 권위자 熊本中川 煙師 초빙	동아일보 8. 24
1933. 7. 24	평북 鐵山소방서 주최, 철산면 및 경찰서 후원, 소방기구 구입에 義捐者를 위안하기 위한 연화대회	동아일보 7. 27
1934. 7. 15	경북 金泉 納凉연화대회, 甘川 鐵橋 上部, 김천 신문기자단 주최, 일본 사계(斯界)의 전문가 초빙	동아일보 7. 18
1936. 8. 8	鐵嶺조선청년회 야유회 연화대회, 용수산(龍首山)	동아일보 7. 31
1936. 8. 18	제3회 김천納凉연화대회, 甘川강변, 동아, 朝鮮時報, 대구일보 김천지국 공동주최, 일본 일류기술자 초빙	동아일보 7. 14, 27, 18

5-1. 일제 강점기 불꽃놀이 특징

조선의 불꽃놀이가 왕실을 중심으로 치러졌다면 일제 강점기는 일반 대중의 오락으로 행해진 것이 다른 점이라고 할 수 있다. 대부분이 중앙 및 지방의 신문사들이 주최하거나 후원을 하였으며 매년 유사한 시기에 정기적으로 실시되는 행사도 있었고 서울이나 평양 등 대도시뿐만 아니라 지방의 행사도 상당수에 달하고 있었다.

일제 강점기 불꽃놀이 방법

한마디로 한발 한발 쏘아 올리는 방법이었다. 일본식 불꽃놀이의 전형으로서 현재까지도 일본의 대표적 불꽃놀이 방법 중 하나로 이어져 오고 있다. 한발의 연화를 발사한 다음, 아름답게 퍼지는 불꽃 모양을 감상하고 그 불꽃이 다 꺼지면 다시 또 한 발을 발사하는 방법으로서 몇 십 발밖에 되지 않는 연화를 가지고도 몇 시간씩 행사를 하였다.[83][84]

발사기술자는 주로 일본기술자를 초빙하였으며[85][86][87][88][89] **국내 기술진에 의해서 실시된 불꽃놀이는 1928년 7월 22일** 《동아일보》 시흥지국이 주최하여 한강 인도교 아래에서 실시되었던 **제1회 납량관화대회**納凉觀火大會가 처음이었다.[90]

---

83) 중외일보 1927. 8. 31
지난 27일 오후 7시부터 〈中略〉 간단한 개회사가 있은 후 각종 연화를 2분間에 1발式 同 및 10시까지 打揚하여 〈下略〉

84) 동아일보 1928. 7. 21
〈前略〉 10분間 1발씩 連發되는 연화는 동 11시까지〈下略〉

85) 동아일보 1921. 2. 27
平壤納凉연화대회 〈中略〉 大阪으로부터 選手를 招聘하여 연화를 打揚 〈下略〉

86) 동아일보 1928. 7. 28
〈前略〉 大阪에서 이름있는 煙火師를 불러다가 〈下略〉

87) 동아일보 1929. 8. 24
〈前略〉 사계의 권위 웅본중천 연화사(斯界權威熊本中川煙師)를 초빙 〈下略〉

88) 동아일보 1934. 7. 18
〈前略〉 멀리 일본으로부터 사계(斯界)의 전문가를 초빙하여 〈下略〉

89) 동아일보 1936. 7. 14
〈前略〉 특히 금년에는 일본 내지로부터 일류 기술자를 초빙하여 〈下略〉

90) 동아일보 1928. 7.

행사 수일 전부터 신문들은 행사를 알리는 기사와 광고를 게재하였으며 당일에는 오전부터 각종 식전행사를 거행, 관람객을 모아 들였고 **주간연화**晝間煙火**행사**도 병행하였다.[91] 한강이나 대동강 등 강변江邊행사 시에는 일종의 **수상**水上**연화**라고 할 수 있는 유화流火(방석불)를 강물 위에 띄웠고[16-91, 93] **괘식연화**掛式煙火를 사용, 협찬회사나 행사를 주관하는 신문사를 홍보하기도 하였다.[92)93] 타상연화를 1발씩 쏘아 올리는 점을 제외하면 그 규모나 행사방법이 현재의 불꽃놀이와 거의 동일한 형태였으며 매우 큰 규모의 행사가 치러졌음을 알 수가 있다.

1927년 월 21일 충북 청주의 무심천無心川 변에서 열린 납량納凉연화대회에서는 처음으로 **대형연화**가 선보였다. 정확한 크기는 알 수 없지만 "四方三里에 爆音이 波動되는 **大煙火**를 打揚"하였다고 하였으니 당시로서는 상당히 큰 연화였을 것으로 보인다.[94]

특이한 점은 행사 당일 모여드는 관람객들의 편의를 위해 임시열차를 운행한다거나 열차운임도 할인해 주는 등 지원이 있었다는 것이다.[95)96)97] 수많은 관중이 운집하여 인산인해를 이루었다고 보도하던 신문기사들에서도 알 수 있지만 행사가 열리는 지방뿐만 아니라 타 지역 사람들까지도 불꽃놀이를 보려고 모여드는 등 대성황을 이루었음을 짐작케

漢江觀火大會 〈中略〉 동대회가 每年 다른 사람 손으로 開催케 되는 다른 煙火大會와 달라서 純全히 우리 손으로 열게된 것이 朝鮮에 잇서서 今般이 嚆失인만치 一般의 人氣가 오로지 이곳으로 集中되어서 〈下略〉

91) 동아일보 1921. 7. 25
〈前略〉 당일은 주야겸행하여 아침부터 기묘한 각종의 연화를 날리고 밤에는 대활극의 야외 활동사진까지 비치는 외에 양양한 대동강에 수백의 방석불을 띄워 대성황으로 거행할 예정인데 〈下略〉

92) 동아일보 1927. 8. 17
〈前略〉 연화의 종류는 打上연화와 仕掛연화 2종을 준비하였으며 〈下略〉

93) 동아일보 1928. 7. 14
〈前略〉 江上에는『永登浦香泉燒酒』라는 불을 비롯 본사(동아일보)『마크』 등 수십 종의 자형(字形)으로된 불외에 수천 개의 유화(流火)로서 한강은 正히 화해(火海)로 化하게 된 것과 〈下略〉

94) 중외일보 1927. 8. 21

95) 중외일보 1927. 8. 21
汽車賃은 당일에 한하여 忠北線 何驛을 莫論하고 개인에 二割引, 10인 이상 三割引하는 외에 150인 이상 관람객이 有할 時는 淸州驛으로부터 鳥致院驛間 왕복 특별열차를 運轉한다더라.

96) 중외일보 1927. 8. 31
朝鮮鐵道에서는 黃海線 沙里院 信川驛間 임시열차도 運轉하야 관객에게까지 二割引하야 당일 遠近 관중은 약 三萬에 달하였다더라.

97) 동아일보 1928. 11. 3
당일의 성황을 예측하는 光州驛에서는 임시열차까지 運轉케 하리라더라.

1928. 5. 28 평양관화대회, 동아일보(1928. 5. 30)

한다.

불꽃놀이 행사에 **소요되는 비용은 행사를 주관하던 신문사들이 협찬을 받아 충당**했고[98][99] 그 대가로 이들 협찬업체회사 이름을 괘식연화로 만들어 홍보하였다.[100] 주로 신문사들이 불꽃놀이를 주최했던 것은 행사를 홍보하기도 쉬웠겠지만 찬조금을 협찬받기도 비교적 용이했기 때문이 아닌가 생각된다.

98) 동아일보 1928. 5. 24

觀火대회를 위하여 金品을 贊助한 이의 芳名과 金額

金熙俊商店 평양출장소 50원, 同源興, 春盛永, 廣田鐵次郎 각 50원 등 〈中略〉 (22일 오후 6시 현재 計 560圓也)

99) 동아일보 1928. 5. 27

觀火會義捐金(平壤) 長春館 29圓, 高麗合名會 지점, 大正館 각 20원, 華成商店 10원 등 (24일 오후 4시 현재 소계 84원)

100) 동아일보 1928. 7. 14

〈前略〉 江上에는 『永登浦香泉燒酒』라는 불을 비롯 본사(동아일보) 『마크』 등 수십 종의 자형(字形)으로된 불 외에 〈下略〉

일제 강점기 불꽃놀이의 목적

그렇다면 일제 강점기 왜 이렇게 수많은 불꽃놀이 행사가 실시되고 있었을까 궁금하지 않을 수 없다. 특정 행사를 축하하기 위한 행사는 당연히 그 행사를 빛내기 위한 확실한 목적이 있는 것으로서 거론할 필요가 없다. 다만 일반 관중을 대상으로 하던 불꽃놀이가 문제가 된다.

당시 행사를 주최하거나 후원하던 신문사들의 불꽃놀이 홍보기사에서는 이러한 불꽃놀이의 목적을 잘 설명하고 있다. "지리한 여름날에 모든 고통과 번민과 곤란으로부터 한 몸과 한 집을 위하여 또는 사회를 위하여 열심히 분투하는 평양 7만 시민을 위안하기 위해"라든가[101] "더위에 시달리는 일반 시민에게 하루 밤이라도 위안을 주기 위해"[102] 또는 "혹서에 시달리던 일반 시민의 一大 慰安이 될 터이다"[103]라고도 하였고 "大地를 삶을 듯이 뜨거운 苦炎에 부대끼는 京城市內 市外 一般人士들에게 一夜 慰安을 드리고자…"라고 하는 등[104] 대부분이 한여름 더위에 지친 시민들을 위안하기 위한 순수한 '불꽃놀이'그 자체였음을 알 수가 있다. 행사 이름 자체가 '納涼煙火大會'였고 일부는 '市民慰安納涼煙火大會'라고도[105] 하였다.

하지만 필자는 일제 강점기에 순수하게 **시민을 위안한다**는 목적으로 불꽃놀이를 실시했다는 점에 대해 석연치 않은 느낌이 든다. 불꽃놀이 행사를 한 번 하려면 현재나 그때나 많은 비용이 드는 것은 물론이고, 특히 일제 강점기에는 화약의 소지나 유통을 엄히 단속할 수밖에 없었던 시절이었는데도 말이다. 그뿐만이 아니라 3·1 독립만세 운동이 일어난 후에도 일제 강점기의 불꽃놀이는 그 횟수가 점점 늘어나고 있었다. 당시 조선을 강압적으로 통치하던 일제로서는 수많은 인파가 합법적으로 모여드는 것에 대해 부정적이었을 것인데도 불구하고 운임까지 할인해 주면서 임시열차를 운행하여 사람들을 운집하게 한 것은 더욱 이해가 되지 않는다. 따라서 필자는 나라를 빼앗긴 조선 백성들의 분노심와

101) 동아일보 1921. 7. 21
102) 동아일보 1925. 8. 24
103) 동아일보 1927. 8. 17
104) 동아일보 1927. 8. 26
105) 동아일보 1928. 7. 19

저항심을 잠재우고 관심을 다른 데로 돌리기 위한 일제의 **우민화愚民化 정책**의 일환이었다는 생각을 해보지 않을 수가 없었다.[16-119]

일제 36년이라는 치욕의 역사와 그에 따른 반일감정 때문에 지나간 사실事實을 하나의 사실史實로 보지 못하는 필자의 빗나간 판단일 수도 있겠지만, 해방과 동시에 우리나라에서는 이러한 불꽃놀이가 완전히 사라지고 대부분 특정 행사일에나 치러지는 것으로 변해 있었던 점을 볼 때 그 같은 생각을 하는 것도 무리는 아닐 것이다. 그뿐만 아니라 해방 후에는 특정 행사에 실시하는 불꽃놀이마저도 국가기관이나 지방자치단체 또는 관변단체들이 주관하는 것들뿐이었고 일반인들이 사적으로 실시하는 것은 극히 소수에 불과했으며 이 점은 현재까지도 거의 유사하다고 볼 수 있다.

현재에 와서도 순수하게 불꽃놀이 자체만을 즐기기 위한 것으로는 매년 여의도에서 실시하고 있는 '서울세계불꽃축제'를 비롯해서 일부 지방에서 실시되고 있는 몇몇 행사가 고작이다. 하지만 이것들도 겨우 몇 년 전에서야 시작된 것들이며 그마저도 지방자치단체에서 의도적으로 기획한 축제행사들로서 관광객 유치 수단이라는 상업적, 홍보적 목적이 일부 가미되어 있는 점을 감안하면 아직도 일제 강점기와 마찬가지로 그 순수성이 부족하다고 볼 수 있다. 따라서 일제 강점기 민간인들에게까지도 성행하던 불꽃놀이가 해방과 함께 사라진 것을 보면서 일제 강점기의 불꽃놀이에 대해 이러한 의문을 가져 보는 것은 당연한 일일 것이다. 훗날 1980년대에 들어서도 우민愚民정책이라 할 수 있는 유사한 사례가 있다.[16-118]

중국인들의 불꽃놀이

조선에 들어와 살고 있던 중국인들도 음력 설날과 보름날을 전후해서 각종 불꽃놀이를 하였다. 주로 완구용 연화로서 딱총놀이라고도 하였는데 그들의 불꽃놀이는 사회적으로 문제를 일으킬 정도로 성행하였다. 1896년 중국인들의 불꽃놀이 기록이 처음 전해지기 시작할 때부터 시작해서106)107) 일제 강점기에 들어 중국인들의 불꽃놀이는 그 규모가

106) 각사등록 근대편 국사편찬위원회

제 목 청국영사에게 요청하여 딱총을 난사하는 행위를 금지시킬 것

점점 커지면서 무분별할 정도에 이른 것 같다. 결국 조선총독부가 불꽃놀이 시간을 정해가며 규제를 해야 할 정도였으니 말이다.108)

5-2. 일제 강점기 연화 생산

일제 강점기의 연화 생산에 대해서는 아쉽게도 정확한 내용을 확인하지 못하였다. 기록 자체가 없을 수도 있지만 아직도 필자가 쉽게 접근할 수 없는 기록들 속에 묻혀 있는지도 모른다. 다만 1912년 12월 10일 "연화취체규칙煙火取締規則"에109) 이어 12월 12일 "연화취체규칙취급수속煙火取締規則取扱手續"이110) 공포되면서 연화제조업 허가가 가능해졌던

문서번호 照會 第四號
발 송 일 建陽元年二月七日(1896년 2월 7일)
발 송 자 內部大臣 兪吉濬
수 신 자 外部大臣 金允植 閣下

現今有事한 時에 清國商民輩가 紙砲를 亂放하야 民心을 驚惑케 하니 該商等의 所爲가 甚히 無據하기로 玆에 仰佈하오니 照亮하신후 貴部로셔 該商管領한 領事에게 照會하야 此後로는 如此行爲을 禁止하심을 要홈.

內部大臣 兪吉濬 外部大臣 金允植閣下 建陽元年二月七日

107) 대한매일신보 1908. 1. 28
딱총에 놀나. 대작일 하오 칠덤죵가량에 셔강등디에 쳥인이 딱춍을 놋난대 의병이 드러왓다고 와젼하야 셔부경찰셔에셔 슌사를 파송하야 총을 놋코 드러가니 그 근쳐 인민들이 한시간이나 경동하엿다더라.

108) 시대일보 1925. 1. 23
폭죽시간 제한, 시간외는 取締
오는 24일은 음력 정월 초하루 날임으로 시내에 잇는 중국인들의 습관으로 하는 폭죽을 노흘터임으로 그네들은 다음과 가튼 날자와 시간에 폭죽을 노흘터이라는데 일반인은 이에 대하야 놀라지 말 것이며 또는 시간외에 공연히 장난삼어 놋는 일이 잇서서 지나다니는 사람들을 놀래이는 일에 대하야는 엄중한 취체를 할터이라고 한다.
23일(1일) 오후 6시~12시, 24일(2일) 오전 7시~오후 8시
25일(3일) 오후 6시~8시, 27일(15일) 오후 7시~10시

109) 朝鮮總督府官報 제109호(1912. 12. 10)
朝鮮總督府令 第41號
煙火取締規則(朝鮮譯文)
第一條 煙火는 煙火製造業者가 아니면 此를 製造, 改造, 變形, 修理함을 得치 못함.
第二條 煙火製造의 營業을 하고자 하는 者는 左의 各號의 事項을 具하여 警務部長에게 請願하여 許可를 受함이 可함. 〈下略〉

110) 朝鮮總督府官報 제111호(1912. 12. 12)

점을 감안하면 일제 강점기 조선 내에서도 연화제조가 시작되었을 것으로 짐작해 볼 수는 있다.

하지만 구체적인 연화제조회사에 대한 자료는 발견하지 못하였다. 1927년에 개정된 "연화취체규칙취급수속" 중에 '연화제조업자대장' 양식樣式이 포함되어 있는 것에서 역시 연화제조업 허가를 받은 업체들이 있었을 것으로 짐작해 볼 뿐이다.111)

(樣式) 第一號 **煙火製造業者臺帳**

<table>
<tr><th>許 可 番 號</th><th>第 號</th><th>許可日</th><th>昭和 年 月 日</th><th>廢業日</th><th>昭和 年 月 日</th></tr>
<tr><td>營 業 名</td><td colspan="5"></td></tr>
<tr><td>本 籍</td><td colspan="2"></td><td rowspan="2">氏 名
(年 齡)</td><td colspan="2" rowspan="2">( )</td></tr>
<tr><td>住 所</td><td colspan="2"></td></tr>
<tr><td>一年內ニ製作スヘキ種類別 最大數量</td><td></td><td colspan="2">所要火藥類及煙火貯藏ノ方法</td><td colspan="2"></td></tr>
<tr><td>所要火藥類及煙火貯藏所 位置</td><td></td><td colspan="2">規則第二十三條ニ揭クル建物又ハ場所トノ距離</td><td colspan="2"></td></tr>
</table>

그 외에 실제 조선에서 연화가 제조되고 있었다는 사실을 확인시켜 주는 것으로는 연화 제조공장의 폭발 사고 기록이 있다.112)

朝鮮總督府 警務總監部 訓令 甲 第15號

煙火取締規則取扱手續

第一條 警察署長ニ於テ煙火取締規則 第二條 又ハ 第六條ノ規定ニ 依リ煙火製造又ハ販賣營業ノ許可願ヲ受理シタルトキハ其ノ許容ノ決定ヲ爲スニ付必要ナル事項ヲ詳細調査ノ上願書ニ意見ヲ附シ警務部長ニ進達スヘシ 〈下略〉

111) 朝鮮總督府官報 第15號(1927. 1. 18)

朝鮮總督府令 第4號 煙火取締規則

第九條 (樣式) 第一號 煙火製造業者臺帳

112) 동아일보 1922. 4. 21

『五名燒死, 부산에 화재, 화약 불에 타죽어』 십구일 오후 한시반에 부산 부평뎡(釜山 富平町) 일뎡목 십칠번디 연화를 만드는 총본권지조(塚本卷之助)(五三)의 집에서 불이 나서 집 두 채를 소실하고 작 이십일 오전 일시 오후 1시 반, 대낮의 작업시간에 발생한 사고였음에도 다른 피해자는 없었고 일가족만이 재해를 입었던 것을 보면 가족 중심의 가내수공업 형태였을 것으로 보인다. 따라서 타상연화 공장은 아니고 완구연화 제조공장이었을 것이다. 하지만 상세한 내용을 확인할 수는 없고, 단지 조선에서도 연화를 만들고 있었다는 사실만을 확인시켜 주는 기록이라 하겠다.

반에 진화하얏는대 총본의 처「히데」(四二)와 그의 세재 아들 승지(勝之)(十二) 댱녀「요시」(八) 네재 아들 의지(義之)(三) 둘재 딸「시쓰」(一) 등 다섯 명은 화약폭발로 인하야 참혹히 즉사하고 둘재 아들 홍지(弘之)(十七)는 머리와 얼골에 화상을 당하얏스나 생명에는 관계가 업스며 집의 손해는 약 팔천원이라 하며 원인은 방금 조사중이라더라.(부산뎐보)

06_
해방 후의 불꽃놀이

해방 후 최초의 불꽃놀이

우리나라 근대 화약의 역사를 뒤돌아보면 "중국을 통해 어렵게 가져왔던 화약을 스스로 근대화시킬 기회를 놓쳐 버리고 구한말 개화기를 맞아 서구 열강들과 일제의 손에 통째로 넘겨주었다가, 해방 후에는 다시 미국의 원조 밑에서 유엔군의 관리를 받게 되었던 일련의 과정"이 있었음을 부정할 수는 없다. 무척 아쉬운 마음이 드는 부분이다. 화약이란 것이 대부분의 다른 산업들처럼 현대에 와서 새롭게 접한 서구문명이 아니고 이미 600여 년 전 스스로 노력하여 시작했던 것이기 때문에 더욱더 그러한 생각이 드는지도 모른다.

불꽃놀이 또한 똑같은 과정을 거치고 있었다. 아마도 해방 후 최초의 불꽃놀이는 1946년 7월 4일 미국독립기념일에 미군들이 남산에서 실시했던 행사가 아니었나 생각된다.[113][114] 이듬해인 1947년 7월 4일에도 주간의 각종 기념행사 후에 야간에는 남산에서

---

113) 大東新聞 1946. 7. 4
내 7월 4일 미국독립기념일을 기념키 위하여 경성주둔 미군이 대규모의 연화(煙火)대회를 거행한다고 한다. 이 대회는 남산 위에서 거행한다는데 여기 사용하는 연화(煙火)는 20分乃至 30分간이나 꺼지지 않는다 하며 이외에 군용폭발약과 연화제조술과 항공부대의 섬광신호로 사용한다고 한다. 당일 남산은 아침 7시부터 자정 12시까지 관계자 외에는 출입을 금지한다고 한다. 이 연화대회는 식민지이던 미국이 대영제국으로부터 독립을 선언한 날을 기념하는 전통적 방법이다. 1776년 7월 4일에 13식민지의 연합식민지대회가『패실바니아』주 필라델피아에 있는 독립기념당에서 있었고 여기서 정식으로 독립선언을 선포한 것이다.

114) 농민주보 1946. 7. 13
지난 7월 4일은 미국 독립기념일이었다. 이 날 밤에 경성 남산에서는 미군측 주최하에 매우 장관스러운 연화(煙花)대회를 거행하였다는데 이 연화대회는 미국이 영국으로부터 독립(1776년 7월 4일)한 날을 기념하는 전통적

불꽃놀이가 벌어졌다.[115] 하지만 당시 우리나라 입장에서 본다면 이는 우리와는 관계없는 남한에 주둔한 미군들의 축제였을 뿐이다. 1947년 〈동아일보〉는 미군들의 두 번째 불꽃놀이를 보도할 때 **"우리는 주권도 찾지 못한 채 남의 독립경축 불꽃을 두 번씩이나 구경하게 된 심회心懷 그 어떠하랴"**라고 하면서 당시 우리 민족의 심정을 토로吐露하고 있었다.[116] 다음은 당시의 기사 내용이다.

> 미국이 독립한 날인 오는 4일 남조선에 진주한 미군은 서울에서 이날 하오 9시 남산에서 독립을 경축하는 불꽃을 올리기로 되어 하오 7시부터 자정까지 남산 일대의 통행을 금지하기로 되었다고 한다. 미국인들이 독립을 선언한 이날 외지에 나가 있는 미국인들도 본국의 하늘을 우러러보며 거룩한 독립정신을 새롭게 한다거니와 우리는 주권도 찾지 못한 채 남의 독립경축 불꽃을 두 번씩이나 구경하게 된 심회心懷 그 어떠하랴. 그리고 또 이날 진주미군 제7사단 야포대에서는 오정을 기하여 남산에서 48발의 예포를 발사하기로 되었다.

그 후 미국독립기념일의 불꽃놀이 행사는 현재까지도 매년 7월 4일이면 전국에 산재해 있는 미군기지마다 어김없이 실시되고 있다.

인 관례행사의 하나라고 한다.

115) 조선일보 1947. 7. 5
〈前略〉 미국 제171주년 독립기념일을 맞이하여 4일 서울시내에는 다채로운 행사가 벌어졌다. 〈中略〉 뒤이어 동 12시에는 남산 위에서 발사하는 미군의 48발의 축포소리는 서울 천지를 진동하여 반가운 우방의 축일을 일층 뜻깊게 하였는데 〈中略〉 밤 7시에는 남산 위에서 미군부대의 화려한 불꽃놀이가 벌어져 뜻 깊은 독립기념의 하루를 보냈다.

116) 동아일보 1947. 7. 2
남산서 불노리, 美獨立記念日인 四日밤 九時부터.

연화煙火 생산

1955년 조선유지 인천 화약공장을 인수한 한국화약주식회사가 1958년 연화공장을 건설하고 첫해에 1,056발을 생산하면서 수입에 의존하던 연화도 국산화가 시작되었다.〈표 16-3〉117)

〈표 16-3〉 1958~1961년간 연화류 생산 현황

연 도 별	1957	1958	1959	1960	1961
연화생산량(발)	-	1,056	2,267	1,316	971

그 후 국내에는 1963년 동일화공東一火工이 완구연화 제조 허가를 받는 것을 시작으로 해서 7~8개의 연화煙火회사들이 속속 등장하였다.〈표 14-1〉 1973년 목포화공주식회사는 일본의 '荒尾火工有限會社'의 기술과 자본을 들여와 완구연화를 생산하였고, 1980년대에는 OEM 생산 방식으로 타상연화를 생산, 일본의 '細谷火工株式會社'에 수출도 하였다.

1975년 대해실업, 1976년 홍릉물산 그리고 1979년에는 경동연화 등이 연이어 완구연화를 생산하기도 하였으나 현재 우리나라에서 사용되는 연화들은 주로 중국 등지에서 수입한 것들이 대부분이다.

대한민국의 불꽃놀이

대한민국 정부 수립 후, 국가에서 실시하던 주요 불꽃놀이 행사를 발췌, 요약해 보았다. 1946년 7월 4일 시작된 미국독립기념일 행사를 시작으로 광복절, 대통령 취임식 등에 주기적으로 불꽃놀이가 실시되었다.

117) 맹원기, "한국 화약공업개관", 『화학공학』 Vol. 3, No. 1(1965)

〈표 16-4〉 해방 후 1980년대까지의 주요 불꽃놀이 행사

행사 일자	행 사 명	비 고	출 전
1946. 7. 4	미독립기념일 행사	남산	대동신문 7. 4 농민주보 7. 13
1947. 7. 4	미독립기념일 행사	남산	조선일보 7. 5
1955.	행사명 불명(사진)		국가기록원
1956. 3. 26	이승만 대통령 81회 탄신경축	주간연화 : 경무대 야간 : 남산, 중앙청	동아일보 3. 27 국가기록원
1956. 8. 15	제11회 광복절, 제3대 대통령 및 제4대 부통령 취임	중앙청 광장	동아일보 8. 17
1957. 3. 26	이승만 대통령 82회 탄신경축		국가기록원
1957. 8. 15	제12회 광복절		국가기록원
1958. 3. 26	이승만 대통령 83회 탄신경축		국가기록원
1958. 8. 15	제13회 광복절	남산	동아일보 8. 16
1959. 3. 26	이승만 대통령 84회 탄신경축	남산, 중앙청광장	동아일보 3. 27
1959. 8. 15	제14회 광복절	한강 인도교 밑, 남산	동아일보 8. 16
1962. 4. 28	417회 충무공 이순신 탄신일	현충사, 온양읍	동아일보 4. 28
1962. 5. 16	5 · 16 1주년,「5 · 16의 밤」	남산, 중앙청광장	동아일보 5. 17
1963. 12. 17	제5대 박정희 대통령 취임식		국가기록원
1966. 8. 15	8 · 15 경축		국가기록원
1967. 7. 1	제6대 박정희 대통령 취임식		국가기록원
1971. 7. 1	제7대 박정희 대통령 취임식		국가기록원
1975. 8. 15	광복 30주년		국가기록원
1978. 4. 1	제10주년 향토예비군의 날		국가기록원
1978. 12. 27	제9대 박정희 대통령 취임식	(서울, 지방)	국가기록원
1980. 8. 27	제11대 전두환 대통령 취임식		국가기록원
1981. 2. 25	제12대 전두환 대통령 취임식	서울 남산 및 전국 도청 소재지	국가기록원
1981. 6. 1	국풍 81	여의도	
1986. 10. 5	제10회 아시안게임 폐회식		국가기록원
1988. 2. 25	제13대 노태우 대통령 취임식		국가기록원
1988. 10. 2	제24회 서울올림픽 폐회식	올림픽경기장	국가기록원

1959년 광복절 불꽃놀이: 동아일보(1959. 8. 16)

1959. 3. 26 대통령 탄신일 불꽃놀이: 동아일보(1959. 3. 27)

이승만 정권 시절에는 대통령 생일에도 성대한 축하연과 함께 불꽃놀이를 하였으며, 박정희 정권이 들어선 후에는 5 · 16기념일, 충무공 이순신 탄신일, 국군의 날, 향토예비군 창설기념일 등 군사정권과 밀접한 행사일이면 어김없이 불꽃놀이 행사가 실시되었다.

1981년 5월 28일부터 6월 1일까지 5일간에 걸쳐 여의도에서 실시되었던 '국풍 81' 행사에서는 당시로는 꽤 규모가 큰 불꽃놀이가 펼쳐지기도 하였다.[118] 하지만 이 '국풍 81' 행사는 80년대 초의 컬러TV 방송, 프로야구 출범, 야간통행금지 해제 등과 함께 '3S 정책'의[119] 일환으로 치부되면서 그 행사의 순수성이 비판을 받고 있다.

대통령 취임 축하행사 중 가장 규모가 크게 치러졌던 불꽃놀이는 1981년 2월 25일 제12대 전두환 대통령 취임행사였던 것으로 기억된다. 서울의 남산을 비롯해서 전국의 주요 도시에서 일제히 불꽃놀이를 하였다.

이 외에도 주기적으로 실시되던 불꽃놀이로는 연말의 제야除夜행사를 비롯하여 대한체육회가 주최하여 해마다 전국적 규모로 열리는 전국체육대회全國體育大會의 개막식 전야제前夜祭와 폐회식閉會式, 그리고 각 지방자치단체에서 실시하는 정례적인 지역축제 또는 문화예술행사들이 있었다. 역시 모두가 관에서 주도하던 행사들이다. 순수 민간행사라고 할 수 있는 것은 각급 학교의 축제나 일부 기업체 행사, 또는 방송국의 오락프로 등에서 실시하던 불꽃놀이 정도가 있었지만 특별히 행사 규모도 크지 않았고 차지하던 비중도 낮은 편이었다.

---

118) 국풍 81(1981. 5. 28~6. 1)
1981년 5월 여의도 광장에서 전국 194개 대학, 244개 동아리 및 대다수 연예인 등 4,000명 이상이 참가했던 행사. 이 행사에 동원된 사람이 하루에 60만에서 100만 명에 이르렀다고 하는 대규모의 행사였다. 하지만 이는 1980년의 봄을 피로 물들였던 광주민주화운동에 대한 국민적인 비판과 불신을 희석시키고 5공화국 정권의 정당성을 홍보하기 위해 광주항쟁 1주년을 기해 쿠데타로 집권한 신군부가 기획한 여론 호도책에 불과했으며 5공 정권이 3S 정책의 하나로 만든 대규모 관제(官製) 축제라는 평가를 받고 있다.

119) 3S 정책
스크린(Screen, 영화), 스포츠(Sport), 섹스(Sex) 또는 스피드(Speed)에 의한 우민화(愚民化) 정책. 대중을 3S로 유도함으로써 우민화하여 대중의 정치적 자기 소외, 정치적 무관심을 유도, 지배자가 마음대로 대중을 조작할 수 있게 하는 정책을 말한다. 식민지 정책에 있어서 순치(馴致)정책의 한 전형이다.

07_

오늘날의 불꽃놀이

불꽃놀이 컴퓨터 프로그램 등장

일제 강점기부터 1980년대에 이르기까지 70여 년간의 불꽃놀이는 주로 한발 한발 쏘아 올리던 수동식 발사방법이었다. 하지만 이제는 컴퓨터 발사기의 등장과 함께 다양한 연화煙火를 음악에 맞추어 자유사새로 연출할 수가 있게 됨으로써 오늘날의 불꽃놀이는 보는 이로 하여금 그 묘미를 한층 더 배가시켜 주고 있다. 물론 아직도 일부 소규모 행사에서는 수동식 점화방법을 사용하기도 하지만 현재의 불꽃놀이는 대부분 컴퓨터 발사방법을 사용하고 있다. 이 같은 컴퓨터 발사방법은 불꽃놀이 행사를 보다 다양하고 정교하게 연출함으로써 그 예술성을 한층 끌어올리는 역할을 하였으며 또 다른 장점을 들자면 불꽃놀이의 대형화를 가능하게 했다는 점도 빼놓을 수 없을 것이다.

현재 우리나라에서 현대식 컴퓨터 발사방법을 사용하여 실시되고 있는 대형 불꽃놀이 중 대표적인 것을 꼽는다면 매년 가을, 서울의 여의도 한강변에서 실시되고 있는 '서울국제불꽃축제'를 들 수가 있다.

1986년 서울아시안게임 폐회식 불꽃놀이

현대식 불꽃놀이는 1986년 제10회 서울아시안게임 폐회식으로 시작되어 1988년 제24회 서울올림픽 폐회식으로 이어졌다. 아시안게임을 앞두고 몇몇 사전 행사를 통해 시범적으로 적용하기는 했으나 컴퓨터 발사방법을 사용한 본격적인 행사는 86 아시안게임 폐회식

서울세계불꽃축제
(좌) 2004년, (우) 2007년.
출처: www.bulnori.com

행사였다. 따라서 이 행사를 우리나라 불꽃놀이를 현대화시킨 전환점, 즉 현대식 불꽃놀이의 효시嚆矢라고 해도 무방할 것이라 본다.

우리나라 최초로 컴퓨터 발사방법에 의해 연출되었던 대형 불꽃놀이인 1986년 서울아시안게임 폐회식 불꽃행사 내용을 요약해 보았다.120)

제10회 서울아시아경기대회 폐회식 불꽃놀이 연출 계획

1. 주최 : 서울아시아경기대회 개폐회식 운영본부
2. 행사용역 : 한국화약주식회사(대표 권혁중)
3. 일시 : 1986년 10월 5일 20:20~20:31(11분)
4. 장소 : 서울시 강동구 잠실1동 10번지 올림픽 주경기장 주변 3개소
   F1 - 보조경기장 북서쪽 한강시민공원
   F2 - 잠실 실내체육관 북동쪽 선착장부근 한강시민공원 주차장

120) 제10회 서울아시아경기대회 폐회식 불꽃놀이 연출계획, 국가기록원

F3 - 잠실 야구경기장 서쪽 삼성교부근 주차장

5. 연화발사 수량 및 종류 : 1,400발 × 3개 장소

〈각 장소별 제품 구성〉

종 류	3inch	4inch	5inch	6inch	8inch	10inch	12inch	합 계
수 량	55	55	1,130	90	27	24	19	1,400

6. 폐회식 주요내용

1) 성화 소화 후, 불빛이 없는 깜깜한 상태에서 출연자가 청사초롱을 들고 등춤을 추면 스탠드의 모든 관중이 1인당 1개의 청사초롱에 동시 점등을 하고 출연자 전원이 녹음음악에 맞추어 강강술래를 추다가 음악이 끝날 무렵 불꽃놀이를 시작함.
2) 강강술래 녹음음악이 끝나고 생음악으로 다시 템포가 빠른 강강술래가 나오고 출연자의 리드 아래 각국선수단들이 강강술래를 추는 동안 불꽃놀이가 계속됨.
3) 선두에서 리더가 퇴장하면서 줄을 이어 선수단이 퇴장함.

7. 시간대별 불꽃놀이 상세 연출내용

〈001~047초〉

고요한 밤하늘에 천둥번개를 동반한 뇌성으로 불꽃놀이를 알리고 동시에 국화, 해바라기, 무궁화 등의 각종 꽃모양으로 잠실벌을 수놓기 시작.

〈048~100초〉

청사초롱, 등대불빛, 완두콩 모양을 올림. 각종 "등"이 밤하늘 높이 떠다니며 고요하고 숙연한 분위기 연출.

〈101~160초〉

크고 작은 국화, 무궁화에 줄기가 부착된 모양을 나타내며 불가사리가 분주히 움직이는 형상과 오륜마크를 하늘에 그려서 이 불꽃놀이의 목적과 아시안게임을 연계시키고 88서울올림픽 개최지로서의 자부심과 긍지를 나타냄.

〈161~207초〉

해바라기에 의한 각종 꽃모양을 그리고 별똥별이 날아가는 형상으로 조용한 분위기를 잠깐 연출한 후, 이어서 Starmine이 나타나는 것을 예고.

〈208~235초〉

Starmine 2호(꿀벌이 날아다니는 중 괴물형상이 휘파람소리를 동반하여 나타 남), 약간의 분위기 고조.

〈236~245초〉

녹색버들 형상으로 다음 분위기 연결.

〈246~345초〉

붉고 푸른 색상을 가미한 천둥소리와 곧 이어 4월의 유채꽃밭을 연상시키는 노란필드를 하늘에 그리고 다시 짧은 뇌성벽력과 푸른 초원을 나타내어 한 여름을 표현하고 이어서 가을바람에 들국화와 민들레꽃이 휘날리는 모습으로 봄, 여름, 가을을 표현함.

〈346~375초〉

휘파람소리와 함께 나타났던 가을바람이 사라지며 별똥별 불빛이 천천히 하늘을 가로 질러 겨울밤을 표현.

〈376~410초〉

Starmine 4호(뇌성벽력과 같은 폭음을 동반한 각양각색의 국화꽃 모양으로 주위 집중)

〈411~480초〉

괴물, 개똥불, 등대불, 호롱불, 청사초롱 등(燈)을 높고 낮게 혼합하여 각양각색의 형상을 연출함으로서 흥분된 분위기로 이끌어 감.

〈481~590초〉

무궁화, 국화, 채송화 등의 꽃 종류를 펼쳐 보이며 이어서 꿀벌이 나는 형상이 나타남. 짧은 뇌성벽력으로 잠시 주위를 환기시킨 후, 앞의 분위기 재연(우리 민족의 근면성과 은근과 끈기를 표현).

〈591~620초〉

희미한 가로등 불빛과 함께 별똥별이 흘러가고 등대불이 깜빡깜빡 어느덧 종착역에 다다랐음을 예고.

〈621~660초〉

Starmine 4호(천지를 진동하는 뇌성을 계속하며 한강물이 하늘을 향해 치솟다가 다시 쏟아지는 듯한 형상으로 모든 관중이 온통 축제 분위기 속에 도취되도록 함).

그리고 안녕~~~! 아쉬운 '86이여~~~! '88을 크게 기대하며~~~!
아~듀~~~!

86 아시안게임을 치른 지도 벌써 23년이 흘렀다. 지금에 와서 당시의 연출 내용을 돌아보면 일부 미흡한 점이 있는 것도 사실이지만 그래도 당시로서는 컴퓨터 발사장비와 프로그램이 있었기 때문에 가능했던 최초의 현대식 행사였다.

86 서울아시안게임 이후 불꽃놀이는 연화煙火라는 제품의 생산과 함께 연출효과에 더욱 비중을 두면서 나날이 발전하고 있다. 특히 지난 20여 년간 국내에서 치러진 대형 국제행사, 즉 1988년 서울올림픽, 1993년 대전엑스포, 1997년 무주·전주 동계 유니버시아드대회, 2002년 서울월드컵과 부산아시안게임, 2003년 대구 하계유니버시아드대회, 2005년 APEC 행사 등은 불꽃놀이의 대형화, 대중화에 크게 기여를 하였음은 물론이고, 서울 중심의 대규모 불꽃놀이 행사를 전국적으로 확산시킨 계기가 되기도 하였다.

또한 2000년부터 시작하여 매년 가을 서울의 여의도 한강변에서 실시되고 있는 '서울세계불꽃축제'는 세계 각국의 다양한 불꽃놀이를 국내에서도 감상할 수 있는 기회를 제공해 주고 있다. 다음은 86년 서울아시안게임과 88년 서울올림픽 당시의 불꽃놀이 사진들이다.

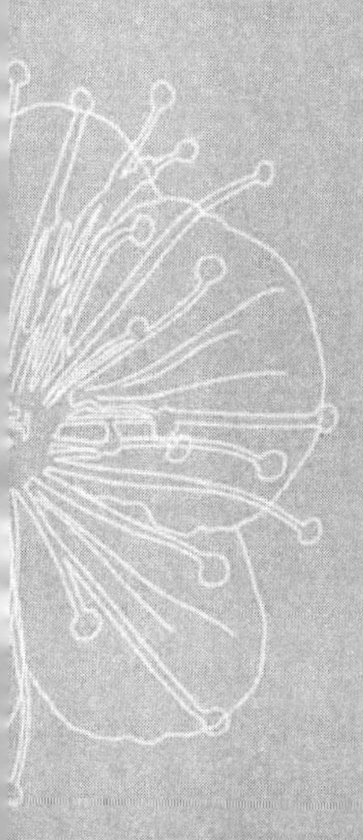

부 록

화약사 연표
화약 용어 사전

부록 1

{火藥史 年表}

世界 火藥史	연 도	우리나라 火藥史
트로이 전쟁에서 "꺼지지 않는 불" 사용	BC 1190	
서남아시아 메소포타미아의 고대국가에서 일종의 연소가열제(燃燒加熱劑)를 병기에 사용	BC 850	
피치, 유황, 마대껍질을 섞어 화살에 발라 적진 방화(放火)에 사용(古代 유럽)	BC 431 ~404	
스파르타 동맹군, 시라쿠사(시실리) 전투에서 황, 피치, 송진을 혼합한 燒夷劑 사용	BC 410 ~302	
魏伯陽, 周易參同契 發刊(中國 最古의 煉丹術書)	BC 220	
淮南王 劉安, 淮南子 著述	~BC 122	
後漢 順帝시절 丹藥爐 화재에 대한 逸話 기술(977년 宋나라 李昉, 太平廣記에서 소개)	125 ~144	
張機(仲景), 新農本草經 發刊(朴硝, 石硫黃 등 기재)	220(?)	
메소포타미아전쟁, 自動火(생석회+아스팔트)사용	226	
西晋 鄭思遠, 眞元妙道要略 저술	~322	
Julius Africanus, 硝石·硫黃 혼합물 製造	275	
葛洪, 抱朴子 著述(金丹編에 練金術 造作法 기록)	~343	
Vegeteus, 석유·피치 혼합 연소물(燃燒物) 製造	380	
陶弘景, 新農本草經集註 著述(硝石과 芒硝 구분)	502	
李勣 蘇敬, 新修本草 著述(朴消, 消石, 芒硝 기록)	659	
Kallinikos, "희랍의 불(Greek Fire)" 제조	667	
비잔틴제국, Greek Fire사용, 사라센군 격퇴	7세기	
孫思邈, 內伏硫黃法에서 伏火제조법 처방 기록(硝石과 硫黃으로 煉丹제조)	~682	
당나라 반란군 李希烈, 方士策 사용	784	
淸虛子, 鉛汞申辰至寶集成 著述	808	
사라센군, Greek Fire와 유사한 발화제 사용	813	
사라센軍, 發火性 火攻무기 제조(핏치, 松脂, 生石灰)	904	
鄭璠, 豫章 공격 시 發起飛火를 사용, 龍沙門 소각	904~906	
	918	高麗 建國
許洞, 兵書 虎鈐經 著述(火砲, 火毬, 焰消 사용)	940	
나프타, 생석회, 유황혼합물 "SeaFire" 제조, 콘스탄티노플 전투에서 러시아船隊 공격(비잔틴軍)	941	
	942	太祖, 訓要十條 親授
火砲, 火箭으로 南唐 공격, 멸망시킴(송나라 趙宋)	975	
도교 경전 道藏에서 "火藥"이라는 단어 최초 기술	962~1279	

世界 火藥史	연 도	우리나라 火藥史
	980 ~1009	군기감(軍器監) 최초 설치 - 고려 목종(穆宗) 년간
화포, 火毬, 火蒺藜 제조(송나라 東福)	1000	
	1007	고려사절요, 유황에 대해 기재
	1032	뇌등석포(雷騰石砲) 제조
北宋 수도 汴梁의 병기공장 廣備攻城作에 화약제조 작업장 火藥窯子作 설치	1040	
北宋 曾公亮 · 丁度 등, 武經總要 纂述(화약조성 기록)	1044	
西夏軍 蘭州 침공시, 北宋軍 25만개의 火箭 사용	1083	
	1093	해적선 나포, 유황 압수
	1104	別武班에 발화(發火)부대 설치
	1123	선화봉사고려도경(宣和奉使高 麗圖經), 고려의 유황산출 기록
北宋軍 화약병기를 사용, 金軍을 梁에서 격퇴 (曾竭 : 화기, 화전, 화포 사용, 李綱 : 霹靂砲 사용)	1126	1120년대 중반 火箭 제조
金나라, 北宋의 화약 및 火器생산지인 澤州와 大名 占領 (화약기술 습득)	1127	
南宋 陳規, 德安 수비 시 火槍사용, 금군에 대항 (원형竹筒에 화약을 장착한 최초의 管形화기)	1132	
	1135	妙淸의 亂 진압 시 高麗 官軍 砲石, 砲機, 火毬 사용
石灰와 유황의 혼합물로 만든 霹靂砲 사용하여 金軍 擊退 (南宋 盧允文)	1161	
金나라 및 南宋, 연화(煙火) 제조	1163 ~83	
	1174	趙位寵 擧兵
	1175	杜景升의 官軍, 漣州城에서 趙位寵 진압 시 大砲 사용
金나라, 화약공장 및 기술을 奪取	1214	
金나라, 鐵火砲(震天雷) 사용, 南宋 공격	1221	
河中府 金軍 공격 시 震天雷사용 고려와 龜州 전투 시 砲, 大砲車 사용(蒙古軍)	1231	고려, 蒙古침입에 대항, 포차(砲車, 炮車), 大砲車 사용
南京에서 震天雷 사용(蒙古軍) 汴梁에서 飛火槍으로 蒙軍 공격(金나라)	1232	
金나라, 南京전투에서 飛火槍 사용	1233	
蒙古軍, 高麗 3차 침입, 竹州城 공격 시 炮 사용	1236	포(砲, 炮) 사용, 對蒙 抗戰
蒙古軍, 폴란드 Wahlstat에서 毒藥煙毬 사용	1241	
Ibn al Baythar, 그의 醫書에서 硝石을 "중국의 눈"이라 함(아랍)	1248	
이집트 아이유브조 재상, 초석으로 화약 제조 Roger Bacon, 흑색화약(Black Powder) 제조	1249	
南宋, 突火槍 발명	1259	

世界 火藥史	연 도	우리나라 火藥史
元나라, 回回砲(襄陽砲) 사용	1273	耽羅 三別抄 진압 시, 麗蒙 연합군 火矢 사용
몽고, 일본 博多灣 침공 시 震天雷 사용	1274 (1281)	
Hasan al-Rammah al-Ahdab가 지은 아랍어 兵書『기마술과 병기』에서 契丹花 성분과 契丹火槍, 契丹火箭 제조법 소개	1285 ~1295	
	1318	군기감(軍器監) 폐지
火藥 兵器 사용(이탈리아)	1326	
	1328	崔茂善 탄생
鐵頭火箭 사용(프랑스)	1338	
鐵砲 제조(영국)	1342	왕이 延慶宮에서 火山놀이를 즐기다.
Crecy전쟁에서 英國軍이 흑색화약을 發射藥으로 사용(臼砲, 캐논砲)	1346	
아랍의 화포(火炮) 마드파아(madfa'a)를 모조한 화포제작(영국)	1347	
장형홍동총(長形紅銅銃) 제조(독일)	1348	
	1350	1350년대 왜구침략 극심
	1352	석가탄신일, 왕이 火山雜戲를 베풀다.
	1356	1. 軍器監 부활 2. 銃筒으로 箭을 발사(최초 화약사용)
	1362 ~1363	軍器監, 軍器寺로 개칭
	1368	辛旽, 燃燈火山놀이
	1369	왕이 火山戲를 즐기다.
	1371	辛旽이 火山臺를 설치하고 임금을 청하여 구경하다.(최초의 불꽃놀이)
	1372	화전(火箭) 발사
	1373	1. 화전(火箭)과 화통(火筒) 시험 2. 明나라에 화약 요청
	1374	1. 明에 硝石, 유황, 화약 요청 – 明황제 거절 2. 화통(火筒)과 화포(火砲) 제작 사용 3. 방어도감(防禦都監) 설치
	1377	최무선의 건의로 화통도감 설치 – 화약 및 화포(火砲) 제작
Berthold Schwarz, 관형 금속대포 제조	1380	최무선, 나세 · 심덕부와 진포해전 승리
	1388	화통도감 및 방어도감 폐지 – 軍器寺에 흡수
	1380 ~1390	최무선, 화약수련법 저술
	1389	1. 왕이 火砲雜戲를 구경하다. 2. 琉球國使臣, 方物로 琉黃을 가져옴.

世界 火藥史	연 도	우리나라 火藥史
	1392	1. 조선 건국 2. 軍器監 설치
	1393	정월 초하루 신년하례회 후 군기감을 시켜 불꽃놀이(火戲)를 하다.(조선 최초의 불꽃놀이)
	1395	최무선 사망
	1399	倭使들에게 불꽃놀이(火戲)를 구경시킴.
	1401	최무선의 아들 崔海山 軍器注簿로 등용
	1405	1. 漢陽 遷都시 군기감을 西部 皇華房으로 이전 2. 軍器監을 兵曹 속아문(屬衙門)으로 재편
	1415	중소 화통 13,000여 개, 화약 6,980근, 화통군의 수가 10,000여 명에 달함
	1417	군기감 내에 화약감조청(火藥監造廳) 완공
	1423	彩玉 燔造 및 焰硝 轉用금지
粒狀 黑色火藥 제조(프랑스)	1425	선상기계회계(船上機械會計) 목록에 화약 포함
	1426	영동지방 沿海고을의 화약제조 금지 (왜구에게 기술 유출 예방)
	1431	사신 접대용 불꽃놀이 규모 축소 – 화약절약
	1432	왜인의 왕래가 뜸한 東界(함경도), 西界(평안도)에서만 염초 제조(기술 유출 예방)
	1434	군기감의 藥匠(22 → 32), 磨造匠(5 → 10)을 증원
	1435	1. 軍器監 火藥庫를 민가와 떨어진 昭格殿洞으로 이전 2. 藥匠 수 감축 및 염초 常貢 철폐(기술 유출 예방)
	1437	화약고 숙직 강화(도난 방지 및 화재 예방)
	1440	昭格殿洞 화약고 서쪽에 제약청(劑藥廳) 설치
	1445	1. 세종 염초제조 시험 성공 후, 司豹局 설치 2. 화약장(火藥匠)의 임무 분리 · 화약 제조는 환관(宦官)에게 일임 · 화약장을 火砲匠으로 변경, 화포 제작에 주력 3. 慶尙道 東海 牧羊山 계곡, 寧海府 남쪽 유황발견
	1446	은퇴한 화약기술자 소재 파악 등 특별관리
	1447	焰硝 燔造 및 珠玉 買賣者 처벌 기준을 정함
	1448	총통등록(銃筒謄錄) 발간
	1450	도회소(都會所) 25개소 설치 : 염초자취제도 개선
	1466	軍器監을 군기시(軍器寺)로 호칭 변경 – 군기시 편제 확대 개편
	1468	경국대전(經國大典) 편찬(編纂) 완료 – 刑典 禁制 "潛賣禁物條" 염초를 禁物로 지정
	1471	염초의 國用외 私用을 嚴禁함.
	1477	1. 忠清道 清風産 유황으로 화약 제조 시험 2. 유황광 발견 및 생산자 포상토록 조치

世界 火藥史	연도	우리나라 火藥史
	1478	1. 전국의 銃筒謄錄 회수(기술 유출 예방) 2. 유황의 사사로운 채취 금지
	1479	일본 통신사 일행 화약기술 유출 방지 조치 - 외방(外方)의 약장으로 총통군 편성 - 왜구들과의 불필요한 대화 금지
	1485	왜구들에게 화약 밀수출 금령을 내림
	1487	최무선의 증손자 禦侮將軍 崔湜,《用火砲殲賊圖》와 『火砲法』을 임금께 바치다.
	1505	箭串, 綠楊에서 星散火를 하다.
明, 李時珍, 本草綱目 저술	~1593	
캐논砲에 粒狀흑색화약사용(프)	1540	
	1542	倭人들의 放火 참관 제한(기술 유출 예방)
일본 種子島 포르투칼人 상륙, 鐵砲 傳來	1543	
	1554	倭人, 信長이 총통을 가지고 와 발사실험
	1555	倭人, 平長親이 총통을 가지고 와 발사시험
Basilius Valentinus, 雷酸金제법 기록(이태리)	1575	
	1589	왜사(倭使) 平義智, 鳥銃 수 자루를 헌납
	1592	1. 임진왜란 발발 2. 謝恩使 신점(申點) 명나라 화약 첫 수입 3. 명나라 : 원병 파병 승낙 및 마가은(馬價銀) 3천 냥 지급 (궁각, 화약 수입에 사용)
	1593	1. 일본 염초법 습득 시도 (생포한 왜인 포로들로부터 염초법 입수) 2. 명나라 군사로부터 염초법 전습 시도 3. 중국의 해초법(海硝法) 입수 시도 4. 譯官 表憲이 明나라 염초법 배워 오자 加資함 5. 염초의 사조납관(私造納官) 허용
	1594	1. 염초기술자를 천거하라는 명을 내림 2. 훈련도감(訓鍊都監) 설치 - 火藥色, 焰硝色을 두고 화약과 염초 생산
	1595	舒川의 군보(軍保) 임몽(林夢)이 바다 흙으로 염초 굽는 시험에 성공, 벼슬을 내림
	1596	명나라에 火藥을 청하는 咨文을 보냄
	1597	1. 명나라, 화약구입자금으로 馬價銀 2천 냥 보내 옴. 2. 정유재란 발발
Cornelis Drebbel, 雷酸金(銀) 발견(네덜란드)	1600	
	1603	함경도 都巡察使 韓孝純『神器秘訣』저술 - 화약합제식(火藥合製式) 기록

世界 火藥史	연도	우리나라 火藥史
Johanne Thoeld, 雷酸金, 窒酸銀제법 발표	1604	
	1606	명, 염초공무역 허용(매년 冬至使行 시 3천 근씩)
	1609	1. 명나라의 염초 공무역 중단 2. 염초 국내 생산 독려
	1610	부정기 사무역(私貿易)으로 중국 염초 조달
	1612	염초 수입이나 생산에 공이 있는 자 포상
Weigel, Freisberg 광산에서 흑색화약을 채굴작업에 사용(독일)	1613	허준(許浚), 동의보감(東醫寶鑑) 발간 – 염초의 의학적 효능과 가죽가공 기술(記述)
	1618	조선 – 명나라에 파병, 명나라 – 염초공급 재개
	1619	1. 명나라의 재파병 요청 및 광해군 거절 2. 염초 貿易路 봉쇄(後金)로 염초가격 급등
	1623	명나라 염초 수 만근 수입
	1624	명나라 염초 1만 근 수입
Kasper Weindl, Schemnitz의 Royal광산에서 흑색화약 을 발파에 사용(헝가리)	1627	1. 정묘호란 발발, 조선 청나라와 和親 2. 對馬島主 平調興으로부터 일본 鳥銃수입
	1631	1. 別造廳 설치, 화약과 화기 생산 2. 陳奏使 鄭斗源, 명나라 염초법을 배워 오고, 焰硝花를 가져 옴
	1632	명나라 염초와 유황무역 재중단
	1633	鄭斗源이 배워온 염초법을 널리 전수함.
	1634	조선, 염초무역 재개 요청, 명나라 거절
	1635	火砲式(附錄 新傳煮取焰焇方) 발간 – 관서(關西)사람 성근(成根)이 명나라 난민에게 염초 법을 배우고 完豊附院君 이서(李曙)가 저술
	1636	1. 일본산 유황의 공무역 중단 2. 명나라에 염초와 유황무역 요청 呈文 발송 3. 병자호란(丙子胡亂) 발발
宋應星 天工開物 발간	1637	1. 정축화약(丁丑和約) 2. 중국(清)과의 염초, 유황무역 완전 중단
Morgenstern, 천공 발파법 고안	1643	
	1652	南九萬, 藥泉集 嶺南雜錄에 유황정제법 기록
	1657	일본산 유황 공무역 부분 개시
J. R. Glauber, 질산암모늄(硝安) 발견(독일)	1659	譯官 洪喜男이 일본 유황정제법을 배워 옴.
Cornelis Drebbel, 雷汞 발견(네덜란드)	1660	
	1661	일본산 유황 공무역 중단, 밀무역 실시
영국 R. Moray, "A way to breal easily and speedily the hardest rock" 논문 발표	1665	1. 남한산성 화재, 화약 15,000여 근 燒失 2. 일본산 유황 수입(公私무역) 전면 중단
	1670	조총을 사용한 密獵 성행

世界 火藥史	연도	우리나라 火藥史
흑색화약 사용, 터널 굴진(프, 마르파스 터널)	1679	
	1681	新傳煮取焰焇方 重刊
	1684	화약과 조총의 사조 엄금
Zumbe, 진흙 전색법 고안	1687	
Johan Rudolph Glauber, 硝石을 황산으로 분해, 질산제조(독일)	1688	
Johann Kunkel, 雷汞의 화학적 제법 발명(독일)	1690	
	1698	新傳煮硝方 발간 – 역관 金指南이 배워 오고 군기시 제조 南九萬의 건의로 발간
	1719	청나라, 조선의 火藥合劑法을 요청하여 가져감.
	1728	本府 화약고 화재 – 화약 4,213근 燒失
	1729	鳥銃火藥製造節目 제정
타상연화[打揚花火] 開始(일본)	1732	
	1744	속대전(續大典) 편찬 – 兵典 軍器條 군기절도죄 신설
Watson, 전기스파크로 흑색화약 폭발 규명	1745	
Benjamin Franklin, 전기뇌관 아이디어 고안	1749	
Peter Woulf, Picric acid 제조(영)	1771	
라보아지에, 酸素에 의한 燃燒說 발표(프랑스)	1774	
	1777	武庫의 火藥 7,000여 근 도난
	1785	대전통편(大典通編) 편찬 – 군기절도죄 조항에 화약을 명문화
C. L. Berthollet, 鹽素酸칼륨 발견(프랑스)	1786	
C. L. Berthollet, 흑색화약에 鹽素酸칼륨을 첨가, Berthollet 폭약 創製(프랑스)	1788	
Champy, 흑색화약 조립법 발명	1795	王, 得中亭에서 埋火砲 관람
	1796	1. 王, 東將臺에서 埋火砲 관람 2. 新傳煮硝方 重刊 3. 軍器寺 本寺, 화약 제조 중단 – 삼청동 화약고 폐쇄
Edward Howard, 뇌홍 폭발성 확인(영국)	1800	
E. I. DuPont de Nemours, 화약공장 설립(미국)	1802	
Forsyth, 雷粉제조(흑색화약 + $KClO_3$ 혼합물)	1805	
	1807	慈母山城 화약고 화재 – 화약 38,407근 燒失
	1811	홍경래의 난 진압 시 화약으로 정주성 폭파 (최초의 발파)

世界 火藥史	연도	우리나라 火藥史
Joseph Egg, 擊發뇌관 개발(영국) H. Davy, 탄광폭발 연구	1815	
	1819	어영청 남소영 화약고 화재 – 화약 93,000근 폭발
安田彦左衛門, 입상 흑색화약 제조(일본)	1825	
J. Walker, 마찰 성냥 발명(영국)	1827	
Morses Shaw, 뇌산은과 흑색화약을 기폭약으로 사용한 전기뇌관 아이디어 고안	1830	
W. Bickford, 안전도화선 발명(영국)	1831	
Morses Shaw & Robert Here, 白金電橋 사용한 전기뇌관 창제(미국)	1832	
Henri Braconnot, 窒酸녹말 제조(프랑스)	1833	
	1835	충청도 本城 火藥庫 落雷 – 화약 12,800근 燒失
Richard Bacon, 도화선공장 건설(미국)	1836	
T. J. Pelouze 종이를 초화(綿藥 발견)	1838	
	1839	訓局, 禁衛營 및 御營廳의 月課 火藥價米를 향후 10년간 절반으로 감축
Reise, Millon, 초안과 목탄 혼합물의 폭발성 발견	1840	
擊針뇌관을 사용하는 총 개발(독일) Marchand, 피크린산암모늄 발견	1841	
A. Laurent, Phenol 사용, Pcric acid 제조(프랑스)	1842	
C. S. Schnbein & R. Bottger, 질산과 황산 사용, 綿火藥 제조(스위스)	1845	
Faversham, 綿火藥공장 건설(영국)	1846	
Ascanio Sobrero, Nitroglycerine 제조(이태리) Faversham의 綿火藥공장 폭발(영국) Maynard, NC의 에테르, 알코올 可溶性 발견(미국)	1847	
島津齊彬, 흑색화약 공장 건설(일본)	1848	
Augendre, 白色火藥 제조(염소산칼륨 + 砂糖 + 黃血)	1849	
Baron von Ebner, 전기발파기(Electric Friction Machine) 발명(오스트리아)	1850	
J. E. Lundstrom, 안전성냥 발명(스웨덴)	1855	
C. Wheatstone, 자석식 전기발파기 발명(영국) 島津齊彬 흑색화약 제조, 채광에 사용(일본)	1856	
Johann Peter Griess, DDNP 제조(독일)	1858	
A. Nobel, NG 제조공장 건설, 공업생산 개시	1862	
Wilbrand, TNT 발견(러시아) 영국인 지도로 北海道 八雲鑛山에서 채광 발파(일본)	1863	

世界 火藥史	연도	우리나라 火藥史
NG를 발파에 사용(스웨덴) A. Nobel, 공업뇌관(뇌홍뇌관) 발명(스웨덴)	1864	
	1865	大典會通 편찬 – 화약절도죄 외에 火藥 私製 賣買 처벌 조항 명문화
F. A. Abel, 綿火藥 安定化法 연구, 耐熱安定度 시험법 고안 및 강면약 정제법 특허(영국)	1866	
A. Nobel, 규조토 Dynamite 발명 C. J. Ohlsson & J. H. Norrbein, Ammoniakkrut (질산암몬폭약, 硝安 + 木炭 + 나프탈렌) 발명(스웨덴) A. Nobel, 공업뇌관(뇌홍뇌관) 영국 특허등록 Borlinetto, 피크린산을 폭약에 사용 (피크린산, 질산나트륨, 크롬산칼륨)	1867	
別子鑛山 및 生野鑛山에서 프랑스인 지도로 채광발파(일본)	1868 ~69	
Brugere, 피크린산암모늄, 질산칼륨 혼합물을 폭발에 이용	1869	
Henry, 니트로글리콜 발명 A. Nobel, Ohlsson & Norrbein의 Ammoniakkrut 특허권 매입(스웨덴) 폭파용 뇌관 제조개시(일본 육군)	1870	
H. Sprengel, 액체폭약 발명(窒酸+니트로벤젠) 도화선 제조 개시(일본 육군)	1871	
A. Brown, 압축 습윤 강면약의 압축 건조 강면약 기폭성 및 건면약의 MF뇌관 기폭성 발견	1872	
E. Maynard, NC의 아세톤, 에테르 용해성 발견	1873	
A. Nobel, Gelatine Dynamite 발명(스웨덴) Explosives Act(화약법) 제정(영국)	1875	
H. J. Smith, Rack & Pinion 전기발파기 발명(미국) A. Nobel, 不凍다이너마이트 개발(스웨덴) 板橋화약제조소 稼動(일본 육군)	1876	武衛所, 자기황칠연총(白起七連銃) 생산
Mertens, Tetryl 발명(독일) Jousselin, 니트로구아니딘 발명 프랑스, 탄광폭약회의 개최	1877	北漢山城 訓倉 火藥庫 失火 – 火藥 7,597片 燒燼
영국 노벨사에서 규조토 다이너마이트를 최초로 수입하여 逢坂山터널 발파(일본)	1879	
別子鑛山, 足尾鑛山 등에서 채광 발파에 다이너마이트 최초 사용(일본)	1880	清에 "天津 기기창의 무기 제조술 전수 요청" 咨文발송
	1881	1. 일본에 紳士遊覽團 파견 – 화약제조소 견학 2. 청나라에 領選使 파견 – 유학생 파견, 무기 제조법과 신무기 도입 목적

世界 火藥史	연도	우리나라 火藥史
岩鼻화약제조소에서 흑색화약 제조 개시(일본 육군) W. F. Reid, D. Johnson, EC Powder발명(면약, 질산칼륨, 질산바륨)	1882	1. 朝美修好條約締結 – 화약 수입 조항 포함 2. 임오군란 후, 청나라 유학생 조기 철수
Romburg, 鑄造TNT를 피크린산 전폭약으로 사용하여 완폭됨을 발견	1883	1. 機器局 설치 2. 朝日通商章程 및 間行里程約條 체결 3. 慶熙宮 煮硝所 失火(사망30, 부상4명)
Vieille, NC를 젤라틴화하여 B화약(Poudre B) 발명	1884	1. 機器局내에 機器廠 설치 – 청나라에서 수입한造銃機器 · 內鑽穴機 · 細砲機 · 製藥機 설치 : 무기, 화약 생산 2. 軍器寺, 機器局에 흡수, 폐지 – 機器廠, 飜沙廠, 木樣廠, 熟鐵廠 설치 운영
Favier, 탄광용 질산암몬폭약 창제(프랑스) 目黑화약제조소 가동 개시(일본 해군)	1885	
灼藥으로 Melinite(鑄造피크린산) 사용(프랑스) Vieille화약(無煙화약) 軍用사용(프랑스) 板橋화약제조소, 민간에 화약 拂下 개시(일본 육군) 독일로부터 褐色화약 기술 도입(일본)	1886	
Mller, 탄광용 다이너마이트 발명(독일)	1887	
A. Nobel, Ballistide(NC+NG) 및 피크린酸암모늄 발견(스웨덴)	1888	朝俄陸路通商章程 체결
Abel & Dewer, NC를 NG로 겔화하여 무연화약(Cordite) 발명(영국) O. Carlson, 카리트 발명(스웨덴)	1889	1. 親軍衛營 蕩春新營 火藥庫 失火 – 火藥 8만餘斤 燒燼 2. 일본 유학생 4명 선발 파견 – 화약제조법 학습
T. Curtius, 아지화鉛 발명(독일)	1890	1. 東萊 水營 火藥庫 失火 – 火藥 13,383斤 8兩重 燒蕩
Berthelot, 폭속측정법 고안(프랑스) B. C. G. Tollens, Pentaerithritol 발명(독일)	1891	1. 機器局 製藥學徒(金有植 等 四人) – 귀국 시 火藥 2상자 수입 2. 機器局, – 화약 제조기계 57건, 화약 2상자 수입
板橋화약제조소, 독일로부터 기술도입, 무연화약 제조 개시(일본 육군)	1894	1. 경무청 신설(내무아문 부속) – 좌 · 우 포도청(捕盜廳) 통합 – 한성부 내 경찰사무 관장 – 총무국, 화약업무 담당 2. 일본인 馬木建三 父子, 경남 창원에서 금광시굴에 다이너마이트, 뇌관 사용
H. J. Smith, 遲發전기뇌관 창제(미국)	1895	1. 고종의 訓示로 개인 소지 軍物과 총포, 도검, 화약, 탄환 등 회수 2. 勅令 第110號 "軍器等의 管査에 關한 件" 頒布 3. 勅令 제85호 警務廳 직제 변경

世界 火藥史	연도	우리나라 火藥史
	1896	1. 美公使, 경인철도 및 운산금광용 다이너마이트 10톤 최초 수입 2. Dynamite를 "대나마이트"라는 한글 이름 사용 (독립신문)
피크린산 제조 개시(일본 육군)	1898	1. 內部令 第15號 地方警務章程 發布 2. 日本公使, 일본인 거류지 도로개설용 火藥丸 1,000磅 수입 3. 최초의 판매용 화약수입(세창양행) – 열화약(烈火藥) 120궤(櫃) – 자기황(自起磺) 3궤(櫃) – 화승(火繩) 6궤(櫃)
G. F. Henning, 헥소겐 발명(독일)	1899	1. 한청통상조약(韓清通商條約) 체결 2. 倭城臺에서 일본 京城 守備隊가 軍旗祭를 맞아 불꽃놀이(打颺烟花) 실시 3. 世昌洋行 인천 甕巖에 최초로 영업용 화약고 설치, 화약수입 판매 개시
Knich & Bechel, TNT로 군용灼藥 제조 (독일) 피크린산 제조공장 완공(일본해군)	1900	1. 영국 노벨火藥公社, 富平 西面 栗島에 화약고 설치 2. 勅令 第20號 警部官制 頒布 – 警務廳을 警部로 승격
	1902	警部 폐지, 警務廳 환원
	1903	山砲手 모집, 把守部隊 편성
Nitroglycol을 不凍다이너마이트에 사용(독일)	1904	1. 勅令 제18호 軍器廠 官制 반포 2. 世昌洋行 獵用火藥 220桶 수입
岩鼻화약제조소에서 다이너마이트류 제조 개시(일본 육군)	1905	1. 勅令 第26號 軍器廠 관제 개정 – 총포탄환제조소, 화약제조소 배치 2. 을사늑약 체결
Dautriche, 폭속측정법 고안	1906	
Whler, LA뇌관 특허(독일) 清水商會, 전기뇌관 제조 개시(일본)	1907	法律 第五號 "銃砲及火藥類團束法" 頒布
炭鑛用폭약 시험용 坑道시험기 개발 (US Bureau of Mines, 美 鑛務局) TNT 제조 개시(일본 육군)	1909	
雷汞 + $KClO_4$ 혼합물로 爆粉 제조(영국) E. Neuman, Neuman효과 발견(영국)	1910	한일합방
	1911	조선총독부 화약고 설치허가 시작
	1912	1. 총포화약류취체령 공포 2. 화약류 취급 주임 및 출납 주임 제도 시행
宇治화약제조소, 초안폭약 제조 개시 (일본 육군)	1913	
제1차 세계대전 발발 공업뇌관 제조 개시(일본)	1914	

世界 火藥史	연도	우리나라 火藥史
	1915	"조선광업령" 제정
A. Stettbacher, 펜트리트 제조법 개량 및 용도 개척(독일) 민간에 다이너마이트 제조 허가(일본) 일본화약 폭약 제조 개시(厚狹)	1916	
	1917	경성공업전문학교 鑛山課설치
제1차 세계대전 終戰	1918	
淺野總一郎, 카리트 제조 허가 획득(일본) 帝國火藥工業(武豊), 다이너마이트 제조 개시(일본) 테트릴 제조 개시(일본 육군)	1919	
Von Herz, 헥소겐 폭발 효과 발견(독일) 淺野카리트(保土谷) 폭약 제조 개시(일본)	1920	
비료용 초안창고 폭발 사고 발생(독일, Oppau)	1921	
Dehn, DDNP뇌관 특허	1922	
초안 다이너마이트 생산개시(일본)	1924	1. 銃砲火藥取締令 施行規則 개정 - 차량을 이용 화약 운송 허용 2. 갑종 및 을종 화약류 취급주임 제도 실시
Rathburg, 테트라센을 기폭약으로 사용(독일)	1926	
Schmid, NG연속 초화법 특허	1927	
桐 다이너마이트 생산 개시(일본)	1930	
日本窒素火藥(延岡) 폭약 제조 개시	1931	만주전쟁(만주사변) 발발
白梅다이너마이트 생산 개시(일본)	1932	1. 産金奬勵정책 시작 2. 爆藥製造取締規則 제정(군용화약 제조 허용)
RDX 생산개시(일본 해군)	1933	1. 한국인 최초 을종 화약류 취급주임 - 金奎鏞(1901. 9. 5생, 함남 咸州郡) 2. 爆藥製造取締規則 개정 - 다이너마이트, 초안폭약 제조 허용
	1934	한국인 최초 갑종 화약류 취급주임 - 安明哲(1901. 7. 17생, 경성부 거주)
Du Pont, Nitramon 폭파제 제조(미국) NG연속 제조법 특허(이태리, Biazzi) 段發전기뇌관 제조 개시(일본)	1935	1. 조선질소화약주식회사 설립(흥남) 2. 한국인 최초 화약상(方義錫) 허가 3. 普通火藥類製造取締規則 실시 - 산업용화약류 전 품목 제조 허용
	1936	火藥試驗室과 發破硏究所 設立
WASAG, Bicarbit A발명(Eq. S폭약의 시초) 민간에서 PETN 제조 개시(일본)	1937	1. 조선화약(주) 海州 화약공장 착공 2. 중일전쟁(지나사변) 발발 3. 산금 5개년계획 및 朝鮮産金令 공포 4. 조선질소화약(주) 화약 생산 개시 - 다이너마이트, 도화선 생산 5. 淺野카릿트(주) 황해 鳳山 화약공장 착공

世界 火藥史	연도	우리나라 火藥史
	1938	1. 조선화약(주) 화약공장 준공(海州) 2. 조선의 폭약 수요 급증 – 1937년 4,969톤 → 1940년 10,417톤 3. 다이너마이트 수출 개시(1,054.6톤)
	1939	1. 「조선중요광물증산령」을 공포 2. 조선질소화약(주) 공업뇌관 생산 개시 3. 조선유지(주) 화약공장 기공(9월 28일) – 부천군 남동면 고잔리(현 인천광역시 남동구 고잔동) 4. 화약위원회(火藥委員會) 설치 – 화약류수급조정대책위원회 요강 제정 – 화약류 수급 조정 개시 5. 경성공업전문학교 광산학과 분리 – 경성광산전문학교 신설
제2차 세계대전 발발	1940	1. 조선유지(주) 화약공장 준공 2. 朝鮮總督府 發破技術員養成所 설치
de Wilde, 유니버샬 도화선 창제(스위스)	1941	1. 工業用火藥類配給統制要領 실시 2. 朝鮮火藥共販株式會社 설립 3. 경성제국대학교 이공학부 鑛山冶金學科 설치
RDX 양산 방법 확립(미국)	1942	
Prill 초안 개발(캐나다)	1943	
	1944	군수회사법(軍需會社法) 제정, 시행
제2차 세계대전 종료	1945	1. 8 · 15 해방 2. 9월 22일 朝鮮火藥共販株式會社 지배인으로 金鍾喜 취임 – 미군에 화약 납품 개시 3. 11월 30일 조선산업건설협회 인천 화약공장 복구 검토차 인천 화약공장 방문 – 폭발 사고로 부위원장 崔斗先, 협회위원 崔鎭觀 등 12명 사망
	1946	1. 1월 조선화약협회(朝鮮火藥協會) 창설 – 김봉수(金鳳洙), 김재한(金在漢) 등 발기 2. 4월 군정법령 제73호에 의거 조선화약공판주식회사 관리인으로 김종희 임명 3. 7월 미독립기념일 불꽃놀이(남산, 美軍) 4. 8월 미국산 다이너마이트 56톤(2천 5백 상자) 첫 수입 5. 6월 인천 화약공장 일부 얼음공장으로 전환 6. 6월 소련군, 흥남조선질소화약공장의 화약제조설비 철거, 소련으로 이전
텍사스항, 초안선박 폭발(미국) Brest항, 초안선박 폭발 (프랑스)	1947	1. 5월 무궁화 2호 폭약 시험생산 – 조선유지 인천공장 2. 10월 무궁화 2호 생산 3. 11월 20일 최초 화약취급면허시험
	1948	1. 대한민국 정부 수립 2. 조선화약공판 화약 100여 톤 판매
	1950	1. 3월 최초 갑종 화약류취급면허 시험 2. 5월 조선화약공판 다이너마이트 225톤 수입 3. 6월 25일 한국전쟁 발발
MS 段發전기뇌관 제조(일본)	1951	朝鮮火藥共販(株) 김종희, 미8군과 "화약관리용역계약" 체결

世界 火藥史	연도	우리나라 火藥史
	1952	1. 6월 12일 金鍾喜, 조선화약공판(주) 인수 2. 10월 9일 한국화약주식회사 설립(金鍾喜)
비닐도화선 제조(미국)	1953	1. 4월 한국화약(주), 일본산 화약 수입개시 – 다이너마이트 40톤, – 과염소산폭약 10톤 – 공업용뇌관 20만개, – 도화선 30,000미터 2. 10월 16일 제80회 국무회의 – 이승만 대통령 화약 국산화 지시 3. 10월 30일 제82회 국무회의 – 화약공장 복구 운영 계획 가결 4. 한국화약공업주식회사 설립(정완규) 5. 12월 한국화약, 폭약 500톤 수입(일본 제품)
	1954	1. 3월 8일 제14회 국무회의 – 이승만 대통령, 다이너마이트 국산화 조속 추진 지시 2. 4월 인천 화약공장 국방부에서 상공부로 이관 3. 7월 상공부 ↔ 한국화약공업(주), 인천 화약공장 임대차계약 4. 8월 14일 한국화약, 화약공장 설치 허가 신청 – 인천시 간석동(부지 : 25,380평) – 카-릿트 월30～50톤, 도화선 월30～40만m 5. 9월 3일 제44회 국무회의 – 상공부, 인천 화약공장 시설 복구에 관한 수정 계획 상정 6. 10월 8일 제52회 국무회의 – 이승만 대통령 인천 화약공장 시설 복구 수정 계획 부결 7. 12월 11일 한국화약(주) 화약류제조허가 취득 8. 동양화약주식회사 설립
R. Akre & H. B. Lee, 초유폭약(AN-FO, Akremite) 발명(미국)	1955	1. 1월 한국화약공업(주) 화약공장 임대차 계약 반환 2. 7월 상공부, 한국화약과 한국화약공업에게 인천 화약공장 복구 계획 제출 의뢰 3. 7월 31일 한국화약 및 한국화약공업, 복구 계획 제출 4. 8월 10일 상공부, 한국화약(주)와 인천공장 임대차 계약 – 9월 한국화약, 복구공사팀 조직, 복구공사 개시 5. 8월 한국화약, 미국산 폭약 100톤 수입 6. 9월 상공부, 화약공장 민영화 결정 7. 10월 26일 한국화약, 인천 화약공장 매매계약 체결 8. 6월 동양화약(주) 초안폭약 생산
M. A. Cook & H. E. Farnam, 슬러리폭약 발명(미국)	1956	1. 1월 한국화약 인천공장, 초안폭약 시험생산 2. 2월 10일 서울시 총포화약취체령 시행세칙 공포 3. 4월 한국화약, 초안폭약 · 공업뇌관 · 도화선 양산 개시
DDNP 뇌관 제조(일본)	1957	1. 5월 29일 한국화약, 니트로글리세린 시험생산 성공 2. 11월 한국화약, 니트로글리세린 공업생산 성공 3. 12월 東基화공(주) 화약류제조허가(實砲, 獵用) 4. 동양화약(주) 공장 가동 중단
	1958	1. 1월 한국화약, 질산 · 초안공장 건설계획 수립 – 상공부, 부흥부, UNC에 KFX 자금지원 요청 2. 3월 한국화약, 다이너마이트 시험생산, 6월 상업생산 개시 3. 7월 한국화약, 다이너마이트 공개 시험발파 성공 (상공부, 교통부, 항만청, 농림부, 국방부, 대한석탄공사, 시흥광산 관계자 입회) 4. 한국화약, 연화 생산 개시(1,056발 최초 생산)

世界 火藥史	연도	우리나라 火藥史
	1959	1. 1월 한국화약, 순발전기뇌관 생산 2. 2월 한국화약, 遲發전기뇌관용 연시도화선 개발 3. 이승만 대통령, 한국화약 인천 화약공장 방문
	1960	1. 한국화약, DS 遲發전기뇌관 생산 2. 한국화약, DNN 생산 3. 3월 한국화약, 테트릴 생산
R .S. Egly, W/O형 에멀젼과 O/W형 슬러리의 혼합형태의 에멀젼폭약 원형 제조(미국)	1961	1. 8월 한국화약, 미8군과 다이너마이트 공급 계약 체결 - 최초의 수출 2. 11월 화약류최고가격제도 실시 3. 12월 13일 총포화약류단속법 제정
	1962	1. 4월 10일 총포화약류단속법 시행령 제정 2. 9월 한국화약, 탄광용 초안폭약 생산
Ireco社, 비금속 가연제를 예감제로 사용한 슬러리폭약 제조(미국) N. E. Gehrig, 슬러리를 포함하지 않은 에멀젼폭약 제조(미국)	1963	1. 1월 한국화약, 부동 다이너마이트 생산 2. 5월 한국화약, DDNP생산 3. 8월 한국화약, 뇌관 기폭약 변경(뇌홍 → DDNP) 4. 9월 東一화공(주) 화약류 제조 허가(玩具煙火)
Chemical Gassing 예감화 방법에 의한 슬러리폭약 제조(미, Atlas사) 초유폭약 시판 개시(일본)	1964	4월 始動藥공업(주) 화약류 제조 허가(船舶用 始動藥)
耐靜電氣뇌관 시판 개시(일본)	1965	
	1966	6월 한국화약, 초유폭약(AN-FO) 생산 개시
Shock Tube형 비전기뇌관 개발 (스웨덴, NNAB)	1967	1. 1월 Urea nitrate 생산 2. 4월 대한화약기술학회 창립(許眞 회장 취임)
콘크리트 파쇄기 생산개시(일본)	1968	7월 한국화약, PETN 생산
Du Pont, MMAN을 예감제로 한 슬러리폭약(Water Gel) 제조(미국) H.F. Bluhm, 에멀젼폭약 제조기술 완성, 특허등록(미국, Atlas사)	1969	
G. R. Catermole, Amine nitrate 사용, 에멀젼폭약 폭굉감도를 증대시킨 소구경 에멀젼폭약 제조(미국, Du Pont)	1972	1. 5월 冶山화공(주) 화약류 제조 허가 (實砲, 空砲, 獵用 · 打釘用) 2. 7월 한국화약, 흑색화약 생산
C. G. Wade, 기폭감도를 향상시킨 에멀젼 폭약 제조(미국, Du Pont) E. A.Tomic, Stearates유화제 사용, 유동성을 향상시킨 에멀젼 폭약 제조(미국, Du Pont)	1973	1. 12월 목포화공(주) 화약류 제조 허가(완구연화) 2. 3월 화약류 최고가격제도 폐지
뇌관기폭성 함수폭약 시판 개시(일본)	1974	1. 6월 한국화약, 아지화鉛 생산 2. 7월 한국화약, 면약 개발 3. 한국화약, 연화용 雷酸銀 생산
	1975	1. 3월 大海실업(주) 화약류제조허가(완구연화) 2. 3월 한국화약, 신호기 생산

世界 火藥史	연도	우리나라 火藥史
	1976	1. 3월 홍능물산(주) 화약류 제조 허가(완구연화) - 서울 도봉구 월계동 2. 4월 고려화공(주) 화약류 제조 허가(신호기) 3. 6월 한국화약, 도폭선 생산 4. 12월 한국화약, Picric acid 생산
C. G. Wade, GMB를 사용하는 에멀젼폭약 제조 (미국, Atlas사)	1977	1. 4월 한국화약, 미진동파쇄기 생산 2. 5월 국산 Prill초안 사용(남해화학) 3. 7월 和生화공(주) 화약류 제조 허가(클레이사격용 實砲, 空砲) 4. 10월 홍능물산(주) 화약류 제조 허가(완구연화) - 경기 가평군 외서면 5. 11월 11일 이리역 폭발 사고
C. G. Wade, 연속식 에멀젼폭약 제조기술 개발, 특허(미국)	1978	1. 2월 한국화약, MS遲發전기뇌관 생산 2. 3월 한국화약, 구명줄발사기 생산 3. 9월 한국화약, 묵호공장 AN-FO 생산
	1979	1. 1월 京東연화(주) 화약류제조허가(완구연화) 2. 1월 국산 분상초안 사용(남해화학) 3. 한국화약, 슬러리폭약 개발 4. 한국화약, 정밀폭약 개발, 시험발파 성공
	1980	1. 8월 한국화약(주) 화약류 제조 허가(초유폭약) - 강원도 동해시 2. 9월 한국화약, P5 type 탄광용폭약 개발 3. 10월 한국화약, 대구경(∅50mm) 다이너마이트 생산
에멀젼폭약 시판 개시(일본)	1981	1. 총단법 개정(총포·화약류 → 총포·도검·화약류 단속법) 2. 1월 한국화약, 정밀폭약 생산 3. 5월 한국화약, 탄광용 슬러리폭약 개발 4. 9월 한국화약 회장 김종희, 금탑산업훈장 追敍 5. 11월 6일 총단법 시행령 개정 - 화약류판매업자 정원제도 폐지 - 갑, 을종 화약류제조 및 취급책임자 호칭변경 (→ 1, 2급 화약류 제조 및 관리보안책임자) 6. 11월 한국화약, 슬러리폭약 생산 7. 12월 한국화약, Cup식 내정전성 뇌관 생산
	1982	8월 한국화약, 미 DuPont사와 함수폭약 기술 도입 계약
	1984	1. 3월 한국화약, 테트릴 생산 종료 2. 4월 한국화약, 함수폭약(KoVEX) 생산 3. 9월 大海화공(주) 화약류 제조 허가(완구연화) - 경북 칠곡
	1985	1. 7월 11일 총포화약안전기술협회 설립 2. 8월 한국화약, 연화 컴퓨터 발사 시스템 개발
	1986	1. 1월 한국화약, Oily DNT 생산 2. 4월 한국화약, 성화봉 개발, 생산(86 아시안게임 사용) 3. 10월 제10회 서울아시아경기대회 폐회식 불꽃놀이 4. 한국화약, 내정전성 AN-FO 생산
	1987	3월 한국화약, 에멀젼폭약 발명특허 등록
	1988	1월 한국화약, Cup식 점화장치 전기뇌관 생산

世界 火藥史	연도	우리나라 火藥史
	1989	총단법 법명 변경 (총포 · 도검 · 화약류 단속법 → 총포 · 도검 · 화약류 등 단속법)
	1990	1. 3월 한국화약, 제천공장 화약류 제조 허가(AN-FO) 2. 10월 한국화약, NOF에멀젼폭약 기술 도입 계약
	1991	9월 한국화약, 화공품 Plant 수출 – 파키스탄 BIAFO사 (공업뇌관, 전기뇌관, 도화선, 도폭선 제조시설 및 LA, LS, PETN 합성시설)
비전기식 뇌관 수입판매 개시(일본)	1992	1. 9월 한국화약, 비전기뇌관 개발 2. 10월 한국화약(주) 사명 변경(→주식회사 한화)
	1993	1. 5월 한화, 에멀젼폭약 양산(NewMITE) 2. 한화, 비전기뇌관(HiNEL) 생산 3. 고려화약(주) 설립
	1994	1. 고려화약, – 에멀젼폭약(Emulite) 생산, 비전기뇌관(Nonel) 수입 판매 2. 11월 한화, Hi-Booster생산
	1995	1. 8월 한화, 구상 DDNP생산 2. 11월 한화, 액체초안으로 에멀젼생산
	1996	6월 한화, 전기뇌관 구조변경(KoDETO→HiDETO) – 금속관, V-Cup점화장치, 8호뇌관
	1997	4월 자동차 에어백(Air bag)용 인플레이터(Inflator) 공장 준공(한화 보은 공장)
	1998	12월 한화, 도화선, 공업뇌관 생산 종료
	1999	7월 한화, 초안폭약 생산 종료
	2000	1.10월 제1회 서울국제불꽃 축제 실시 2. 고려화약(주) 사명 변경(→ 고려노벨화약주식회사)
	2001	11월 대한화약기술학회 학회명칭 변경(→ 대한화약발파공학회)
	2002	5월 한화, 함수폭약(KoVEX) 생산 종료
	2003	1. 1월 한화, 정밀폭약 생산 종료 2. 코스텍(주) 초유폭약(AN-FO) 생산
용천역 구내 열차 폭발 사고(북한)	2004	1. 7월 한화, 흑색화약 생산 종료 2. 세홍화약(주) 에멀젼폭약 생산
	2005	10월 한화, 다이너마이트 생산 종료
	2006	1. 6월 20일 (주)한화 인천 화약공장 가동 종료, 공장 이전 2. 12월 세홍화약(주) 에멀젼폭약 생산 중단
	2009	(주)한화 "한화기념관" 개관

부록 2

{火藥 用語 辭典}

〈일러두기〉

1. 화약 전문가가 아닌 독자들을 위해 본서에 등장하는 화약용어에 한하여 수록하였다.
2. 일반적인 해석보다는 주로 화약 분야에서 사용되는 뜻으로 표현하였으며 뜻의 이해를 돕기 위해 한자와 영어를 병기하였다.
   (예) 날화(捏和, Kneading)
3. 외국어(외래어)는 한글 발음순으로 배열하였다. (예) Dynamite → 다이너마이트 → "ㄷ"
4. 본문에서 원어로 기술된 용어들은 〈영한 대비표〉에 별도로 수록하여 찾아보기 쉽도록 하였다.

ㄱ

가스비용(Gas比容, Specific Volume of Gas) 폭발생성 가스가 0℃, 1기압의 표준상태에서 차지하는 용적. 생성가스의 몰mole 수에 22.4를 곱하여 구한다. 비용(比容, Spesific Voulme)이라고도 한다.

가연물(可燃物, Combustibles) 산화를 동반한 온도 상승에 의해 연소하는 것으로서 가연제라고도 한다. 혼합화약의 경우 산화제와 가연제를 혼합하여 만드는데, 다이너마이트 조성 중에서는 목분木粉, 전분澱粉 등이 가연물이다.

가연제(可燃濟) ☞ 가연물

각선(脚線, Leg wire) 전기뇌관에 연결되어 있는 전선. 일반적으로 합성수지로 피복被覆한 구리 전선을 사용하지만 특수한 경우 구리 각선대신 철鐵각선을 사용하기도 한다.

감열소염제(減熱消焰濟, Cooling agent, Flame-coolant) 폭발 온도를 낮추고 불꽃 발생을 억제하는 용도로 사용되는 원료. 주로 탄광용 폭약에서 사용하는데 일반적으로 소금, 염화칼륨, 붕사 등을 사용한다.

강면약(强綿藥, Gun Cotton) 질소 함량 12.5% 이상의 면약. 발화점 180~184℃. 에텔, 알콜, 니트로글리세린에 녹지 않으며, 아세톤, 니트로벤젠 등에 녹는다.

갱내 발파(坑內 發破, Underground Blasting) 지하에서 행하는 발파의 총칭. ☞ 노천 발파

갱내용 폭약(坑內用 爆藥) 일반적으로는 갱내 발파에 사용되는 폭약을 말하지만 여기서는 갱내 폭발에 안전한 폭약을 의미한다. ☞ 갱내 폭발

갱내 폭발(坑內 爆發, Mine Explosion) 탄광 내의 메탄 또는 탄진이 화약 발파 또는 그 외의 원인에 의한 발화원에 의해 폭발을 일으키는 것. 화약 발파에 의한 화염으로 다시 한번 폭발을 일으킨 것이라 하여 2차폭발이라고도 하며, 이는 폭발 사고를 의미한다. ☞ 이차 폭발, 분진폭발, 탄진폭발, 검정폭발

갱내폭발 가스(坑內爆發 Gas, Fire Damp, Mine Gas) 탄광 내에서 발생하는 가스와 공기가 혼합되어 폭발성을 갖는 가스. 주성분은 메탄이나 에탄이 포함된 것도 있다. 메탄의 폭발 한계는 5.3~14.82%이다.

갱외용 폭약(坑外用爆藥) 갱내용 폭약에 대응하는 말. ☞ 노천 발파

건설용 타정총(建設用打釘銃, Power Actuated Fastening Tool) 화약의 추진력을 이용하여 콘크리트나 철판 등에 정(釘, 못)을 박는 총.

건설용 타정총 공포탄(Cartridge for Power Actuated Fastening Tool) 타정총에 쓰는 공포탄.

검정폭약(檢定爆藥, Permissible Explosive 美, Permitted Explosive 英) 광산 갱내용 검정 규칙에 합격한 폭약. 갱내 가스 또는 탄진炭塵이 존재하는 탄광에서 안전하게 쓸 수 있는 폭약. 탄광용 폭약 또는 안전폭약이라고도 한다. ☞ 이차 폭발, 분진폭발, 탄진폭발, 검정폭발

격발뇌관(擊發雷管, Percussion Cap) 총용뇌관 중에서 타격 또는 마찰에 의해 발화하는 뇌관

격침(擊針, Firing Pin, Strike) 타격에 의해 기폭약을 점화(기폭)시켜 주는 격발장치.

고화(固化, Caking) 어떤 물질이 단단하게 굳는 것을 뜻하나, 여기서는 초안이나 다이너마이트가 굳는 것을 말한다. 초안이 32.3℃의 온도를 전후하여 체적 변화를 일으키면서 입자 표면과 입자 자체의 파괴가 일어나, 가지고 있는 수분을 방출, 단단하게 굳어지는 현상. 초안을 원료로 사용하는 폭약 중, 다이너마이트나 초안폭약은 장기 저장 중 고화현상이 발생하지만 슬러리폭약은 초안이 물에 용해되어 있기 때문에 고화하지 않는다.

고화방지제(固化防止濟, Anticaking agent) 초안의 고화를 방지하기 위해 초안의 표면에 도포塗布(Coating)하는 물질. 주로 점토, 규조토, 계면활성제 등을 사용한다.

공업뇌관(工業雷管, Plain Detonator, Blasting Cap) 관체 안에 기폭약, 첨장약을 장전한 화공품. 뇌관의 끝에 도화선을 연결하고 도화선 반대쪽에 점화를 하면 도화선이 타 들어가 그 화염이 뇌관 안의 기폭약을 기폭시킨다. 이어서 첨장약이 폭발하면서 뇌관을 꼽은 폭약을 폭발시킨다. 관체는 알루미늄이나 구리를 사용하나 특수한 경우 철鐵을 사용하기도 한다. 기폭약으로는 DDNP나 LA 등을 주로 사용하고 첨장약으로는 PETN, 테트릴, RDX 등을 사용한다.

교질(膠質) 다이너마이트(Gelatine Dynamite) 니트로겔Nitrogel을 기제로 하고 초안, 질산나트륨 등의 산화제와 목분, 전분 등의 가연제를 혼합, 반죽하여 만든다. 성상은 교질膠質이며 오늘날 다이너마이트의 주류를 이룬다. ☞ 다이너마이트

교화(膠化, Gelatinization) 다이너마이트 제조 과정에서 니트로글리세린 또는 니트로글리콜에 약면약을 넣어 묵 상태(Gel)로 만드는 것.

과염소산암모늄(Ammonium perchlorate) NH_4ClO_4, 분자량 117.5, 비중 1.95, 물에 녹으며 가열에 의해 분해됨 ($4NH_4ClO_4 \rightarrow 6H_2O + 4HCl + 2N_2 + 5O_2$). AP라고 약기하며 카리트폭약 및 군용 콤포지트 추진제에 사용된다.

과염소산염폭약(過鹽素酸鹽爆藥, Perchlorate Explosives) 과염소산염을 산화제로 한 폭약. 대표적인 것으로 카리트가 있다.

과염소산칼륨(Potassium perchlorate) $KClO_4$. 백색 결정. 분자량 138.6. 산소평형 +46.2%. 가열하면 분해하여 염화칼륨이 된다. 카리트 등 과염소산염폭약 및 연화의 원료로 쓰인다.

관체(管體, Shell, Capsule) 뇌관의 껍질, 즉 기폭약이나 첨장약을 장전하는 통. 보통은 알루미늄이나 구리로 만들며 특수한 용도로 철鐵로 만드는 경우도 있다.

광택(光澤, Grazing, Graphiting) 흑색화약 또는 무연화약의 표면에 흑연(Graphite)을 입히는 작업을 말한다. 성형기(혼동기)에 흑연(Graphite)과 함께 넣고 회전을 하는 동안 표면의 각角이 평탄하게 되어 비중을 높여 주고, 대전帶電을 방지하며 윤활성을 좋게 하여 장전성도 좋아진다.

규조토(硅藻土) 다이너마이트 1867년 노벨이 니트로글리세린을 규조토에 흡수시켜 만들었던 다이너마이트. 장시간 수분에 노출되면 니트로글리세린과 규조토가 분리되며, 규조토가 불연성 재료로서 다이너마이트의 위력을 저하시키는 단점이 있다. 후에 면약으로 니트로글리세린을 교화한 젤라틴다이너마이트로 발전하였다.

기폭(起爆, Initiation) 충격을 받아 폭약이 폭굉을 일으키는 것.

기폭감도(起爆感度, Priming Sensitivity) 기폭이 되기 위한 예민성. 기폭약은 도화선의 불꽃으로도 기폭되지만 다이너마이트는 뇌관을 사용해야 기폭이 된다.

기폭약(起爆藥, Initiation Explosives, Primary Explosives, Initiatior) 약간의 충격 또는 가열에 의해 보다 용이하게 분해를 일으키고 아주 짧은 시간에 극대 분해압에 도달하여 최고 폭속에 도달하는 화약류. 뇌홍, 아지화연, DDNP 등이 여기에 속하며 주로 뇌관에 사용된다.

ㄴ

나산법(Nathan's method) 니트로글리세린을 제조하는 방법의 하나. 1910년 영국의 나산과 톰슨이 고안한 배치batch식 합성법이다. 납으로 된 합성조에 혼산을 넣고 압축공기로 교반하면서 분무噴霧하듯 글리세린을 주입한다. 15℃ 이하로 반응온도를 유지하는 것이 중요하다.

난동(難凍) 다이너마이트 다이너마이트의 원료 중 니트로글리세린을 10% 정도 니트로글리콜로 대체하여 만든 다이너마이트 ☞ 니트로글리콜

날화(捏和, Kneading) 다이너마이트 제조공정 중 니트로겔과 도프Dope를 혼화(반죽)하는 것.

내열시험(耐熱試驗, Heat Test) 1866년 아벨Abel이 고안한 질산에스텔류 화약의 안정도 시험법. 아벨 테스트법이라고도 하며 시료를 일정한 온도(65℃)로 가열하여 분해되는 속도를 측정한다. 화약이 분해할 때 발생하는 NO_2에 의해 요오드칼리 전분지의 색깔이 변하는 시간을 측정하는데 8분 이상이면 합격으로 한다.

노천 발파(露天發破, Open Pit Blasting, Open Face Blasting, Surface Blasting) 광물이 지표에 노출되어 있거나 지표 가까이에 있을 때 행하는 발파. 갱내 발파에 대응하는 말. ☞ 갱내 발파

뇌관(雷管, Detonator, Cap) 폭약 또는 화약을 폭발시키기 위해 기폭약, 첨장약을 관체 안에 충전한 것. 크게 군용뇌관과 공업용뇌관으로 구분되며, 공업용 뇌관에는 공업뇌관, 전기뇌관, 비전기뇌관 등이 있다. ☞ 공업뇌관, 전기뇌관, 비전기뇌관

뇌관기폭성(雷管起爆性, Cap Sensitivity) 뇌관에 의해 기폭되는 성질(감도), 6호뇌관 1개로 기폭될 수 있는 것을 뇌관기폭성, 될 수 없는 것을 뇌관비기폭성이라고 한다. ☞ 뇌관비기폭성

뇌관비기폭성(雷管非起爆性, Non-Cap sensitivity, Cap Insensitivity) ☞ 뇌관기폭성

뇌산염(雷酸鹽, Fulminate) 뇌산(HONC)의 염류. K^+, Ca^{2+}, St^{2+}, Ba^{2+}, Mn^{2+}, Cd^{2+}, Ti^{2+}, Ag^+, Hg^{2+}염 등이 있으며 이 모든 것들이 기폭약의 일종이지만 수은염, 즉 뇌홍 이외에는 이용되지 않는다.

뇌산은(雷酸銀, Silver Fulminate) AgONC. 분자량 149.9. 백색 결정 분말. 발화점 170℃, 뇌홍보다 감도가 예민하여 실용화되지 못하였다.

뇌홍(雷汞, Mercury Fulminate) $Hg(ONC)_2$, 백색 결정. 분자량 284.7. 발화점 105～170℃. 과거 뇌관의 기폭약으로 사용되었으나 수은에 의한 공해 문제 등으로 현재는 사용되지 않는다. MF로 약기한다.

뇌홍뇌관(雷汞雷管) 뇌홍을 기폭약으로 사용한 뇌관. 1864년 노벨이 발명하였다.

누설전류(漏泄電流, Leakage Current) ☞ 미주전류

니트로겔(Nitrogel) 니트로글리세린, 니트로글리콜 또는 이들의 혼합물에 면약(綿藥, Nitrocellulose)를 혼화하여 교질화膠質化시킨 것.

니트로글리세린(Nitroglycerine, NG) 황색 유상油狀의 액체. 분자량 227.1. 산소평형 +3.5%. 폭속 7,600m/s. 발화점 223～225℃. NG로 약기하며 다이너마이트의 기제로 사용된다.

니트로글리콜(Nitroglycol, Ng) 무색 유상油狀의 액체. 분자량 152.1. 산소평형 +0%. 폭속 7,200m/s. 발화점 217℃. 니트로글리세린은 융점이 +13.5℃이나 니트로글리콜은 -22.7℃로서 융점이 낮기 때문에 난동難凍 또는 부동不凍다이너마이트를 만들 때 니트로글리세린을 대신하여 쓰이고 있으나, 증기압이 높고 피부 흡수가 용이하여 인체 유해성이 크다. 다량 흡입하면 협심증 발작을 일으킬 우려가 있어 사용을 제한해야 한다. EGDN 또는 Ng라고 약기한다.

니트로셀룰로오즈(Nitrocellulose, NC) ☞ 면약

ㄷ

다단발파(多段發破) 연소초시가 다른 여러 개의 단발 전기뇌관을 순차적으로 기폭시키는 발파. 동시에 많은 양의 폭약을 기폭시키면서도 소음이나 진동을 제어하는 데 유리하다. ☞ 단발발파

다이너마이트(Dynamite) 1867년 스웨덴의 노벨이 규조토에 니트로글리세린을 흡수시킨 폭약을 만들고 규조토다이너마이트라고 한데서 시작한 폭약의 이름이다. 현재는 니트로글리세린을 기제로하는 폭약의 일반 명사화되었다. 우리나라 KS에서는 니트로겔을 기제로 하고 그 함유량이 6% 이상인 것으로 규정하고 있다. 면약를 포함하지 않은 것은 스트레이트 다이너마이트, 포함한 것은 젤라틴 다이너마이트라고 한다. 초안을 포함하면 암모니아 다이너마이트, 초안과 면약을 모두 포함하면 암모니아젤라틴이 된다. 감열소염제를 추가한 탄광용 다이너마이트도 있다. 니트로겔의 함량에 따라 반교질 상태의 세미젤라틴 다이너마이트와 가루 형태의 분상 다이너마이트로도 구분하지만 세미젤라틴과 분상을 명확히 구분하기는 곤란하고 대체로 동일하다고 생각해도 무방하다. 초유폭약(AN-FO), 에멀젼폭약 등에 밀려 수요가 줄면서 우리나라에서는 2005년 10월 생산이 중단되었다.

단발발파(段發發破, Delay Blasting) 단발전기뇌관을 이용한 발파로서 순발전기뇌관 여러 발을 동시에 점화하는 제발발파에 대응하는 말이다. 사용하는 전기뇌관의 종류에 따라 MS발파, DS발파 등으로 구분하기도 한다. ☞ 다단발파, 연시초시

단발전기뇌관(段發電氣雷管, Delay Electric Detonator) 지발전기뇌관이라고도 한다. ☞ 전기뇌관

도폭선(道爆線, Detonating Fuse, Detonating Cord) 폭약을 심약心藥으로 하고 이것을 섬유, 합성수지 등으로 피복한 것. 현재 국내에는 PETN이나 RDX 등을 심약으로 사용하며 폭속은 5,500m/s 이상이다. 뇌관으로 기폭시킨다.

도프(Dope) 다이너마이트 원료 중 니트로겔을 제외한 나머지 모든 분상 원료를 말한다. 초안, 목분, 전분, 소금, 질산나트륨 등이 있으며 이것들은 비화약으로서 미리 혼화를 한 다음 마지막에 니트로겔과 섞어 날화(반죽)한다.

도화선(導火線, Safety Fuse) 분상흑색화약을 심약心藥으로 하고 마사麻絲, 면사綿絲, 지紙Tape 등으로 피복하여 소정의 연소속도를 유지할 수 있도록 만든 것을 말한다. 공업뇌관 점화에 사용한다. 제1종, 2종, 3종 세 가지가 있으나 국내에서는 주로 제2종 도화선을 사용하였다. 연소속도는 100~140s/m이다. 연소속도가 느리기 때문에 완연緩燃 도화선이라고 한다.

독성가스(毒性Gas) ☞ 유독가스, 후가스

디니트로나프탈렌(Dinitronaphthalene) 황갈색 분말. 분자량 393.2. 산소평형 -139.4%. 나프날렌을 혼산으로 초화시켜 만든다. 다이너마이트, 초안폭약 등 폭약의 원료로 사용되었다. DNN으로 약기한다.

디니트로벤젠(Dinitrobenzene) 황색 결정. 분자량 168.1. 산소평형 -98.18%. 벤젠 또는 모노니트로벤젠을 초화하여 만든다. 폭약의 원료로 사용되었으며 DNB로 약기한다. *o*-, *m*-, *p*- 3종의 이성체가 있으나 대부분 *m*- 화합물이다.

디니트로톨루엔(Dinitrotoluene) $C_6H_3CH_3(NO_2)_2$. 황색 결정. 분자량 182.1. 산소평형 -114.4%. 폭약의 원료로 사용되며 DNT로 약기한다.

디디엔피(DDNP) ☞ 디아조디니트로페놀

디아조디니트로페놀(Diazo-dinitrophenol) 분자량 210.1. 황색 침상 결정. 산소평형 -60.9%. 발화점 180~200℃. 폭속 6,600~6,700m/s. 피크린산을 환원하여 피크라민산소다를 만들고 이것을 디아조화하여 만든다. DDNP라고 약칭하며 뇌관의 기폭약 등으로 사용된다.

ㄹ

ㅁ

마찰감도(摩擦感度, Friction Sensitivity) 화약류의 마찰에 의한 감도로 충격감도와 함께 화약류를 취급할 때, 즉 제조, 운반, 사용 시에 고해야 할 중요한 특성이다.

맹도(猛度, Brisance) 폭약의 동적 파쇄강도를 나타내는 척도이다. 폭약을 터트려서 그것에 접한 물체의 파괴 정도를 관측하는 방법으로 측정하는데 카스트 맹도시험, 헤스 맹도시험, 강판시험, 모래시험, 파편시험 등이 있다.

맹도시험(猛度試驗, Brisance Test) ☞ 맹도

면약(綿藥, Nitrocellulose) 섬유소를 혼산으로 초화시켜 만든다. 강면약, 약면약 등이 있다. 면화약 또는 초화면이라고도 하며 NC로 약기한다. ☞ 강면약, 약면약

면화약(綿火藥) ☞ 면약

목탄(木炭, Charcoal) 흑색화약 원료의 하나. 탄질이 유연하고 회분이 적은 것이 좋다. 오리나무, 버드나무, 미루나무, 보리수 등을 탄화시켜 사용한다.

무가스화약(無Gas火藥, Gasless Powder, Gasless Delay Powder) 연소할 때 가스가 거의 발생하지 않는 화약. 주로 지발전기뇌관의 연시약으로 사용되며 산화제와 환원제를 적절히 조합하여 만든다. 산화제로는 금속 산화물을, 환원제로는 금속, 비금속 분말을 사용한다.

미소중공구체(微小中空球體, Hollow microballoons) 여기서는 에멀젼폭약의 예감제로 사용하는 미세한 유리공(Glass microballoons)을 뜻하며 통상 GMB로 약기한다.

미주전류(迷走電流, Stray Current) 지표면에는 주변의 전기 기기들로부터 흘러나온 전류가 흐를 수 있는데 이를 미주전류 또는 누설전류漏泄電流라고 한다. 흔히 누전漏電되었다고 하는 현상이다. 이 미주전류가 클 경우, 전기뇌관 회로 내로 유입되어 전기뇌관이 폭발하는 사고가 발생할 수 있어 주의를 요한다. 우리나라 전기뇌관의 미주전류에 대한 안전기준은 최소 발화전류 0.35암페어에서 통전시간 30초 이상을 견디도록 규정하고 있다. ☞ 누설전류

밀폐폭발시험기(密閉爆發試驗器, Closed Bomb, Closed Vessel) 화약의 연소 압력을 측정하는 장치. 비첼 Bomb, Krupp Bomb, du Pont Bomb 등이 있다.

ㅂ

발파(發破, Blasting, Firing, Shooting, Blast) 화약류를 사용하여 어떤 물체를 파괴하는 것을 말하지만 여기서는 군사용이 아닌 산업용을 일컫는다. 터널 발파, 벤치 발파, 단발 발파, 제발 발파, 대발파, 소발파, 도화선 발파, 전기발파, 수중 발파, 채광 발파, 채탄 발파, 조경 발파, 시가지 발파, 농경 발파 등 발파 방법이나 목적, 용도에 따라 다양한 종류의 발파가 있다.

발파기(發破器, Blasting Machine) ☞ 전기발파기

발파해체(發破解體) 화약을 이용하여 건물이나 기타 구조물을 철거하는 공법. 폭파해체라고도 한다.

벌크로딩(Bulk Loading) AN-FO나 슬러리폭약, 에멀젼폭약 등은 종래의 다이너마이트와 같이 약포(藥包, Cartridge)로 포장하여 장전하는 방법 외에 천공 내에 화약 자체를 그대로 장전하여 사용하기도 하는데 이를 벌크로딩(벌크장전)이라고 한다. 밀장전이 가능하며 대구경 천공의 경우 장전시간을 절약할 수 있어 대발파에 유리하다. 화약의 운송과 장전을 겸용하는 벌크로딩 트럭을 사용한다.

베르톨레 화약(Powder of Berthollet) 염소산칼륨($KClO_3$)를 발견한 베르톨레가 라부아지에와 함께 흑색화약의 초석(질산칼륨) 대신에 염소산칼륨을 사용하여 만들었던 염소산염폭약. 너무 예민하여 실용화되지는 못했지만 화약 역사상 최초의 폭굉爆轟 물질을 발견하였다는 점에서 커다란 의의가 있다. ☞ 염소산폭약

보안간격(保安間隔, Safety Interval) 화약류 제조를 위한 위험공실들 사이에 확보해야 할 최소한의 안전거리. 취급하는 화약류의 위험성이나 화약량에 따라 달라진다.

보안거리(保安距離, Safety Distance, Separation Distance) 화약류저장소(화약고)나 위험공실과 보안물건 사이에 확보

해야 할 최소한의 안전거리. 화약의 종류와 수량, 보안물건의 종류에 따라 달라진다.

보안물건(保安物件) 화약고나 위험공실의 폭발로부터 재산과 인명을 보호해야 하는 물건. 우리나라 총단법에서는 시설의 보호 가치가 높은 것과 유사시 인명피해가 클 것으로 예상되는 순서에 따라 제1종부터 제4종으로 분류하여 각각의 보안거리를 달리한다.

부스터(Booster) ☞ 전폭약

부동(不凍) 다이너마이트 다이너마이트의 원료 중 니트로글리세린을 25% 정도 니트로글리콜로 대체한 다이너마이트 ☞ 니트로글리콜

분상(粉狀) 다이너마이트 니트로겔을 6%～20% 정도로 적게 사용하여 반죽(젤라틴) 상태가 아닌 가루 형태로 된 다이너마이트를 말하며 세미젤라틴 다이너마이트라고도 한다. ☞ 다이너마이트

분진폭발(粉塵爆發, Dust Explosion) 미세하게 분쇄된 가연물이 공기(산소)와 적절히 혼합되어 있을 경우 폭발할 수가 있는데 이를 분진폭발이라고 한다. 알미늄, 마그네슘 등의 금속분말이나 니트로셀룰로오즈, 폴리에치렌 등 화학약품 분말, 그리고 소맥분, 면, 쌀, 목분, 유황, 석탄분말 등이 폭발가능성이 있다. 하지만 화약과 관련된 분진폭발은 주로 석탄광의 탄진폭발이 문제가 된다. 탄광 발파 시 메탄가스의 폭발과 함께 주의를 해야 하는 부분이다. ☞ 탄진폭발, 검정폭약, 이차 폭발, 분진폭발, 갱내폭발

불발(不發, Misfire) 일반적으로 폭발해야 할 폭발물이 점화를 했음에도 폭발하지 않는 것을 뜻하나 여기서는 발파 시 천공 내에 장전한 뇌관 또는 폭약이 폭발하지 않는 것을 말한다. ☞ 불폭

불식(拂拭) 기폭약 제조공정 중의 하나. 사분篩粉을 하기 위한 준비 작업으로서 건조된 기폭약을 건조 상자로부터 용기容器에 옮겨 담는 작업을 말한다.

불폭(不爆, Non-Detonation) 화약을 발파할 때 어떤 이유에서 화약이 폭발하지 않는 것. 완폭完爆에 대응하는 말이며, 그 중간인 반폭半爆도 있다. 불발과 대체로 동의어로 사용된다.

블라스팅 젤라틴(Blasting Gelatine) 니트로글리세린과 면약을 교화한 폭약 노벨이 처음 만들고 붙인 이름이다. 오늘날의 블라스팅 젤라틴은 니트로글리세린과 면약을 92 : 8 정도로 혼화하여 만든다.

블랙파우더(Black Powder) ☞ 흑색화약

비전기뇌관(非電氣雷管, Non-electric Detonator) 전기를 사용하지 않는 뇌관이란 뜻이나 우리나라에서는 **시그널 튜브(Signal Tube)**를 이용하여 점화하는 뇌관을 지칭하는 용어로 입반 명사화되었다. 외부 전류에 의한 전기뇌관 사고를 막기 위해 만들어진 것으로 1967년 스웨덴의 NNAB사에서 개발하였다. 시그널 튜브는 내경 약 1mm, 외경 약 3mm의 합성수지 튜브 내면에 HMX와 알루미늄 분말을 혼합한 화약을 미량微量 코팅한 장치이다. 도화선을 사용하는 공업뇌관도 비전기식이기는 하지만 이를 비전기뇌관이라고는 하지는 않는다. 비전기식 점화시스템이라고 하면 적당할 것이다.

ㅅ

사분(篩粉, Sieving) 화약의 사분에는 통상 2가지 목적으로 실시한다. 하나는 화약의 원료 중에서 이물질을 제거하는 과정으로서 다이너마이트 제조 공정 중 도프Dope 사분이 여기에 속하며, 흑색화약의 경우와 같이 입자 크기별로 제품을 구분하거나 최종 제품에서 불필요한 가루를 제거하는 것을 말한다.

산소공급제(酸素供給濟, Oxygen Carrier) 화약류가 연소 또는 폭굉을 하기 위해서는 조성 중에 산소를 포함해야 한다. 이때 배합 성분 중에서 산소를 주는 역할을 하는 것을 말한다. 질산염(질산칼륨, 질산나트륨, 초안, 질산바륨), 염소산염(염소산칼륨), 과염소산염(과염소산칼륨, 과연소산암모늄) 등이 있다. 모든 공업용 화약류에는 산소공급제가 포함되어 있다.

산소평형(酸素平衡, Oxygen Balance) 화약이 폭발했을 때 에너지가 최대가 되려면 화약 내부에 있는 모든 가연물이 완전히 연소가 되어야 한다. 완전 연소가 되려면 가연물이 연소하는 데 필요한 만큼의 산소가 있어야 하는데 화약에 따라서는 남거나 부족할 때도 있다. 이때 산소의 과부족량을 %로 표시한 것을 산소평형이라고 한다. 화약류가 완전 연소를 하면 탄소(C)는 CO_2로, 수소(H)는 H_2O로, 질소(N)는 N_2로 되는데 만약 산소가 부족하면 일산화탄소(CO)가

발생하고, 남으면 산화질소(NO_x)가 발생하므로 이를 피해야 한다.

산업용화약(産業用火藥, Industrial Explosives) 군사용 화약에 대응하는 말. 토목공사, 채광작업 등에서 주로 암석 발파에 사용하는 화약으로서 군사용 목적의 화약을 제외한 민수용 화약을 말한다.

산화제(酸化劑, Oxidizing Agent) 다른 물질을 산화시키는 물질. 다른 분자에서 전자電子를 뺏는 성질을 가진 원자. 산소를 방출하기 쉬운 화합물. 후자는 산소공급제라고도 한다. ☞ 산소공급제

삼미혼화(三味混和, Mixing of Three Ingredients) 흑색화약 제조 시 미리 분쇄한 목탄과 유황의 혼합물에 질산칼륨을 넣고 혼화하는 것. 목재로 만든 혼화기에 목볼木Ball을 함께 넣고 혼화한다.

속연(速燃, Quick Burning) 화약류가 예정된 연소속도보다 빠르게 연소하는 것. 예를 들어 도화선은 100~140m/s로 연소하는 것이 정상이지만 비정상적으로 빠른 속도로 연소를 할 경우 이를 속연이라 한다.

속연도화선(速燃導火線, Quick Burning Fuse, Instantaneous Fuse) 완연도화선에 대응하는 말이다. 면사綿絲 묶음에 흑색화약을 입히고 면테이프로 피복한 다음 합성수지를 입혀 방수시킨 것. 연소속도는 30~100m/s 정도이다. ☞ 도화선, 완연도화선

속화선(速火線) 속연도화선의 일종. 보통 연화발사 시 사용한다. 동시에 여러 발의 연화를 발사할 때 속화선으로 여러 개의 연화 발사포을 연결한 다음, 한 곳에 점화를 하면 근소한 차이로 여러 발의 연화가 발사된다. 연소속도는 15s/m 정도이다.

쇼크튜브(Shock Tube) ☞ 시그널튜브, 비전기뇌관

수절(水絶) 건조 상태에서 위험성이 큰 화약은 물에 담가 저장하기도 하는데 물과 함께 저장한 화약에서 물기를 제거하는 작업을 말한다. 예를 들면 물과 함께 저장된 기폭약을 프레스로 제수除水하여 수분을 15% 내외로 하는 것을 말한다.

순발전기뇌관(瞬發電氣雷管, Instantaneous Electric Detonator) ☞ 전기뇌관

순폭(殉爆, Sympathetic Detonation) 한 개의 화약 덩어리(塊)가 폭발했을 때 인접한 다른 폭약 덩어리가 감응하여 폭발하는 현상. 발파 작업에서 불발 화약의 잔류 여부에 관련되며, 제조공실 및 화약고의 보안대책에서 보안간격, 보안거리 등을 결정하는 데 중요한 요인이 된다.

순폭감도(殉爆感度, Gap Sensitivity) 한 개의 폭약이 폭발했을 때 근접한 다른 폭약이 순폭되는지 여부의 척도. 발파 작업에서는 순폭감도가 좋은 쪽이 유리하지만 안전 측면에서는 나쁜 쪽이 유리하다고 할 수 있다.

순폭시험(殉爆試驗, Gap Test) 폭약의 순폭거리를 측정하는 시험. 사상砂上순폭, 밀폐순폭시험 등이 있다. 순폭거리는 폭약의 종류, 약포의 형상, 약포의 직경, 화약의 장전밀도 등에 따라 달라진다. ☞ 순폭도

순폭도(殉爆度) 순폭시험 결과 여與폭약(먼저 폭발한 폭약)이 폭발할 때 수收폭약(여폭약 폭발로 순폭된 폭약)이 폭발(순폭)하는 최대거리(Smm)를 순폭거리라고 하는데 이때 약포의 지름(∅mm)으로 순폭거리를 나눈(S/∅) 수치를 순폭도라 한다.

스트레이트 다이너마이트(Straight Dynamite) 니트로글리세린을 면약으로 교화하지 않고 만든 다이너마이트. ☞ 다이너마이트

스트렝스(Strength) 폭약의 위력 표시법의 하나이다. 다음 4종류가 있으나 주로 RWS와 RBS를 쓴다.

1) RWS(Relative Weight Strength) : 블라스팅 젤라틴의 폭력을 100으로 했을 때 동일 중량의 시료 폭약의 폭력을 %로 나타낸다. Weight Strength라고도 한다.
2) RBS(Relative Bulk Strength) : 블라스팅 젤라틴의 폭력을 100으로 했을 때 동일 약포에 상용 가비중으로 장전한 시료 폭약의 폭력을 %로 나타낸다. Cartridge Strength 또는 Volume Strength라고도 한다.
3) GS(Grade Strength)
4) BS(Bulk Strength)

슬러리폭약(Slurry Explosive, Water Gel) ☞ 함수폭약

시그널 튜브(Signal Tube) 쇼크 튜브Shock Tube라고도 한다. ☞ 비전기뇌관

신호기기(信號機器, Signals) 해상 조난 시 구조 요청을 하기 위한 신호에 사용되는 화공품이다. 선박용 신호화전, 자기발연부 신호, 발연부 신호, 구명줄 발사기 등과 철도용의 신호염관이 있다.

심약(心藥, Powder Core) 도화선, 도폭선 등에 들어 있는 화약 또는 폭약. 도화선에는 흑색화약, 도폭선에는 PETN,

TNT, RDX 등을 사용한다.

ㅇ

아벨내열시험(Abel耐熱試驗, Abel Test) ☞ 내열시험

아지화연(Lead Azide) $Pb(N_3)_2$. 무색 결정. 분자량 291.3. 산소평형 -55%. 폭속 4,500m/s(비중 3.8), 5,300m/s(비중 4.6). 뇌관의 기폭약으로 사용된다. LA로 약기한다.

안정도(安定度, Stability) 화약류의 완만한 분해에 대한 저항성의 척도를 말한다. 일반적으로는 질산에스텔의 경우를 말하나 넓게는 화약류 전반에 대해서도 적용된다. 질산에스텔은 미량의 물과 반응하여 다음과 같이 반응한다. R·O·NOX + H_2O → R·OH + HNO_3 혼합화약류에서는 금속 미분말, 특히 알루미늄을 함유한 것은 습기에 의해 산화하여 자연발화를 일으키는 것이 있고 적린을 함유한 것은 산화제 등과 습상에서 혼합되면 자연발화를 일으킨다.

안정도 시험(安定度 試驗, Stability Test) 질산에스텔을 함유한 화약의 자연분해에 대한 저항성, 즉 안정도를 조사하는 시험. 우리나라 총단법에는 유리산시험, 내열시험, 가열시험 등 3가지를 규정하고 있다.

안포(AN-FO) ☞ 초유폭약

암모늄 나이트레이트폭약(Ammonium nitrate Explosives) 초안을 주제로 하는 폭약. 통상 초안폭약으로 부르기도 하지만 니트로겔을 함유한 것과 함유하지 않은 것 등 여러 가지가 있다. ☞ 초안폭약

암모니아 다이너마이트(Ammonia Dynamite) ☞ 다이너마이트

암모니아젤라틴(Ammonia Gelatine) ☞ 다이너마이트

암모니아폭약(Ammonia Explosives) ☞ 초안폭약

압마(壓摩, Incorporation) 흑색화약 등에서 밀도를 높이기 위해 3미혼화한 분상화약을 압마기(壓摩機, Edge Runner)로 압착, 혼화하는 것.

압신(壓伸, Extruding) 날화한 다이너마이트 반죽을 스크류를 이용, 노즐을 통해 밀어내어 필요한 약경으로 압출, 성형하는 것.

약경(藥經, Cartridge Diameter) 다이너마이트와 같이 원통형으로 만든 폭약의 직경

약면약(弱綿藥, Collodion Cotton) 질소 함량 10~12%인 면약. 주로 다이너마이트를 만들기 위해 니트로글리세린, 니트로글리콜과 교화하여 니트로겔을 만드는데 쓰인다.

약포(藥包, Cartridge) 화약을 지통紙筒, 약포지藥包紙, 합성수지제 필름 등으로 포장한 것. 우리나라의 경우 다음과 같은 것이 있다. 지통 포장 → 초안폭약, 약포지 → 교질다이너마이트 및 에멀젼폭약, 폴리에틸렌 필름 → 교질다이너마이트, 슬러리폭약 및 에멀젼폭약, 폴리에틸렌 튜브 → 정밀폭약 등.

약포지(藥包紙) 약포를 만들기 위해 화약을 포장하는 종이. 흡습을 방지하기 위해 주로 파라핀으로 도포한 것을 사용한다. ☞ 약포

에멀젼폭약(Emulsion Explosive) ☞ 함수폭약

엠엠에이엔(MMAN) ☞ 질산모노메칠아민

예감제(銳感濟, Sensitizer) 폭약이 기폭에 둔감하든가 폭발의 지속이 곤란할 경우, 감도를 증가시키기 위해 배합하는 첨가물. 초안폭약의 디니트로나프탈렌, 슬러리폭약의 MMAN 등이 있다.

연시도화선(延時導火線) 연시약을 심약으로 하여 만든 도화선. 과거 전기뇌관의 지연장치로 사용하였으나 요즘은 사용되지 않는다.

연시약(延時藥, Delay Powder) 지발전기뇌관의 연시장치에 사용하는 약제. ☞ 무가스화약

연시장치(延時裝置, Delay Element) 지발전기뇌관에서 통전 후 폭발까지의 시간을 늦추기 위한 지연장치. 연시약을 직접 관체 안의 기폭약 위에 장전하는 직전식, 연시약을 도화선 형태로 만들어 삽입하는 연시도화선식, 금속관 내에 연시약을 장전하여 사용하는 금속관식 등이 있다. 현재 우리나라에서는 금속관식으로 제조되고 있다.

연시초시(延時秒時) 연시장치가 연소하는 속도 또는 지발전기뇌관의 정해진 연소시간을 말한다. 우리나라의 경우, 연소

초시를 MS(Milli-Second, 1/1,000초) 단위로 한 것을 비롯하여 DS(Deci-second, 0.1초) 단위로 한 지발전기뇌관 등 여러 종류의 초시 간격을 갖는 뇌관이 있다.

연주 시험(鉛鑄 試驗, Trauzle Test, Lead Block Expansion Test) 화약류의 위력을 판정하는 방법의 하나로서 연주 확대 시험이라고도 한다. 연주鉛鑄 중심에 구멍을 뚫고 그 안에 시료를 넣은 다음, 모래를 채우고 기폭시켜 폭발에 의해 팽창된 연주 구멍의 부피를 측정한다.

연화(煙火, Firework) 화약을 이용한 불꽃놀이 또는 불꽃놀이를 하기 위한 제품(꽃불).

염소산염폭약(Chlorate Explosives) $KClO_3$, $NaClO_3$, NH_4ClO_3 등 염소산염을 산화제로 한 폭약.

염소산칼륨(Potassium Nitrate) $KClO_3$. 백색 결정. 분자량 122.6. 산소평형 +3.92%. 가열하거나 충격을 주면 분해한다. 단독으로도 폭발 가능하며 유기물을 섞으면 극히 예민한 혼합물이 된다. 염소산염폭약의 원료로 사용되었다.

예날화(豫捏和, Pre-Kneading) 다이너마이트 제조공정 중에서 니트로글리세린과 면약을 교화할 때 온도를 높여 교화속도를 빠르게 해주는 작업을 말한다.

옥토겐(Octogen, Cyclotetramethylene tetranitramine) 무색 결정. 분자량 296.2. 산소평형 -21.6%. 폭속 9,100m/s. 시그널튜브에 사용되며 High Melting point Explosives라 하여 HMX로 약기한다.

완연도화선(緩燃導火線) ☞ 도화선

외부전기(外部電氣, Extraneous Electricity) 외래전기라고도 한다. 발파 작업 시 발파기에 의한 정규 전기 이외의 전기에너지. 예를 들면 미주전류(누설전류), 정전기, 낙뢰, 무선전파에너지 등이 있다. 전기 발파 작업 시 안전사고를 유발하는 요인이 되므로 주의해야 한다.

유독 가스(有毒 Gas) 발파 후에 발생하는 가스 중, 인체에 유독한 가스. 산화질소, 일산화탄소, 염소가스, 황화수소 등이 있다.

위험공실(危險工室, Explosive Operating House) 화약류 제조소에서 폭발 또는 발화의 위험이 있는 공실

이미혼화(二味混和, Mixing of Two Ingredients) 흑색화약 제조 시 목탄과 유황을 혼화하는 것을 말한다. 철鐵로 만든 둥근 통모양의 혼화기에 먼저 목탄과 쇠 볼Ball을 함께 넣고 분쇄하면서 유황을 넣어 혼화한다.

이차 폭발(二次 爆發) ☞ 탄진폭발, 갱내폭발, 분진폭발, 검정폭약

임계약경(臨界藥經, Critical Diameter) ☞ 한계약경

ㅈ

장약(裝藥) 발파를 위해 천공 내에 넣는 폭약(Charge) 또는 천공 내에 폭약을 장전하는 작업을 말한다.

장전(裝塡) 1) 발파 작업 시 폭약을 천공 내에 넣는 것(Loading, Charging)

2) 폭약을 장전한 후, 전색물로 나머지 공간을 채우는 것(Tamping, Stemming) ☞ 전색

전교(電橋, Bridge Wire) 전기뇌관 각선의 뇌관 방향 끝에 부착한 전기 저항이 큰 금속선. 백열전구의 필라멘트에 해당한다. 백금-이리듐 합금, 니크롬 등이 사용된다. 전자의 경우 선경 0.03mm, 전기저항 300~400Ω인 것을 사용한다. 전기뇌관에 통전을 하면 전교가 발열하여 점화약을 발화시킨다.

전기뇌관(電氣雷管, Electric Detonator) 전기점화장치를 뇌관에 부착, 전기를 통하면 기폭되는 뇌관. 도화선으로 점화하는 공업뇌관과 대응된다. 순발전기뇌관과 지발전기뇌관이 있다.

1) 순발전기뇌관 : 각선에 전류를 통하는 순간 폭발하는 전기뇌관. 실제로는 점화약이 연소하는 시간과 그로부터 폭발이 일어나 전기회로가 절단될 때까지의 시간의 합계(약 1.5~2ms 정도)만큼의 시간이 경과한 후에 폭발한다.

2) 지발전기뇌관 : 기폭약 위에 연시장치를 장전한 뇌관. 통전을 하면 점화약이 발화하여 연시장치가 점화되고, 정해진 연시초시 후에 기폭약과 첨장약이 기폭된다. 단발전기뇌관이라고도 한다. ☞ 연시약, 연시장치

전기도화선(電氣導火線, Electric Fuse, Electric Ignitor) 도화선 한쪽에는 공업뇌관을 연결하고 반대 쪽에는 전기점화장치를 연결하여 도화선을 점화시키는 화공품. 발파 수단이 전기뇌관과 동일하기 때문에 특별한 장점이 없어 현재 사용되지 않는다.

전기발파(電氣發破, Electric Blasting) 전기뇌관을 이용하는 발파. 도화선발파에 대응하는 말.

전기발파기(電氣發破器, Blasting Machine, Exploder) 전기발파 시 전기뇌관에 전류를 공급해 주는 휴대용 점화기. 우리나라에서는 주로 콘덴서식 전기발파기를 사용한다. 간단히 발파기라고도 한다.

전기점화장치(電氣點火裝置, Electric Squib) 각선의 끝에 전교를 용접하고 전교 주위에 점화약을 붙여 놓은 것. 전기를 통하면 전교가 발열하여 점화약을 발화시킨다. 성냥골 형태의 점화옥과 컵Cup 안에 점화약을 넣고 전교를 꼽은 형태의 것 등이 있다.

전색(塡塞) 발파공 바닥에 폭약을 장전한 후, 그 나머지 공간을 점토나 모래 등으로 단단히 밀폐하는 것(Tamping) 또는 밀폐하는 물질(전색물, Stemming material)을 말한다. 전색에 의해 밀폐 효과가 확실하면 폭약의 위력을 충분히 발휘되며 특히 탄광에서는 발파 시 발생하는 화염이 메탄, 탄진 등에 착화되는 것을 막아 주므로 매우 중요한 작업이다. ☞ 장전, 천공발파

전약(塡藥, Loading) 분상의 화약을 지통 또는 합성수지통 등에 넣는 것.

전폭약(傳爆藥, Primer, Booster)

1) 일반적으로 폭약을 확실하게 폭발시키기 위해, 즉 폭력을 확실하게 전달하기 위해 사용하는 폭약을 전폭약이라 한다. 뇌관의 첨장약은 기폭약의 폭력을 주장약에 전달하는 것으로 일종의 전폭약이다.
2) AN-FO와 같이 기폭감도가 낮은 폭약은 6호 뇌관 1개로는 폭발하지 않는다. 따라서 뇌관에 의해 기폭되는 폭굉압이 큰 폭약을 뇌관으로 먼저 폭발시켜 그 폭력으로 주장약을 폭발시키는 방법을 사용한다. 이때 뇌관에 의해 먼저 기폭되어 폭력을 전달해 주는 폭약을 전폭약이라 한다.

점폭약(点爆藥, Primary Explosives, Initiatior) 기폭약을 용도로 구분하여 이르는 말. ☞ 기폭약

점화약(點火藥, Igniter, Ignition Charge, Priming Composition) 일반적으로 화약류를 점화하여 연소 또는 폭굉시키는 약제를 말하나 여기서는 주로 전기뇌관의 점화용 약제를 말한다. 전기뇌관에 통전을 하면 제일 먼저 점화약이 발화하여 화염을 뇌관 하부로 전달, 기폭약을 터뜨려 준다. 발화감도가 예민하고 착화성이 좋아야 하는데 로단연, 염소산칼륨 등을 사용한다.

점화옥(點火玉, Fuse Head) 전기 점화장치의 전교에 점화약을 도포하여 성냥골 형태로 만든 것. 주로 로단연 등 방향족 초화물을 사용한다. ☞ 전기 점화장치

점화장치(點火裝置) ☞ 전기 점화장치

젤라틴 다이너마이트(Gelatine Dynamite) ☞ 다이너마이트, 교질다이너마이트

지발전기뇌관(遲發電氣雷管, Delay Electric Detonator) 단발전기뇌관이라고도 한다. ☞ 전기뇌관

지통(紙筒, Paper Shell) 분상다이너마이트, 초안폭약, 카리트 등 분상의 화약을 충전할 수 있도록 종이를 말아서 만든 통(Tube). 방습을 위하여 파라핀으로 도포하여 사용한다. ☞ 약포

지연초시(遲延秒時) ☞ 연시초시

지포장(紙包裝) 화약을 종이로 포장하는 것. ☞ 약포, 약포지

질산나트륨(Sodium Nitrate) $NaNO_3$. 분자량 85.0. 산소평형 +47.1%. 산소공급제로서 다이너마이트, 슬러리폭약, 에멀젼폭약 등에 사용된다.

질산모노메칠아민(Monomethylamine Nitrate) CH_3-NH_2HNO_3. 알킬아민을 질산으로 처리하여 만든다. 슬러리폭약의 예감제로 사용한다. MMAN으로 약기한다.

질산암모늄(Ammonium Nitrate) NH_4NO_3. 분자량 80.04. 백색 결정. 온도에 따라 결정 형태가 변한다. 흡습성, 조해성이 있고 저장 중 고화하는 경향이 있다.(☞ 고화) 강력한 산화제로서 환원성 물질과 혼합했을 때 연소 또는 폭발을 일으키기 쉽다. AN-FO, 다이너마이트, 초안폭약, 슬러리폭약, 에멀젼폭약 등 대부분의 산업용 폭약의 원료로 사용된다. AN으로 약기하고 초안이라고도 하며 분상초안과 프릴초안(Prill AN)이 있다. 프릴초안은 내부에 다수의 동공洞空이 있는 다공성 입자 형태로서 흡유율이 크기 때문에 AN-FO의 원료로 사용된다.

질산암모늄 다이너마이트(Ammonium Nitrate Dynamite) 암모니아다이너마이트라고도 한다. ☞ 다이너마이트

질산요소(窒酸尿素, Urea Nitrate) $CO(NH_2)_2 \cdot NO_3$. 분자량 123.1. 산소평형 -6.5%. 발화점 180℃. 요소를 질산으로 초화하여 만든다.

질산칼륨(Potassium Nitrate) KNO_3. 백색 결정. 분자량 101.1. 산소평형 +39.6%. 흑색화약의 산화제(산소공급제)로 사용된다. 초석이라고도 하는데 예전에는 염초라고도 하였다.

ㅊ

채탄발파(採炭發破, Coal Blasting) 탄광에서 석탄 채취를 위한 발파.

천공발파(穿孔發破, Confined Blasting) 폭약으로 물체를 파괴할 때 물체에 구멍을 뚫어(穿孔) 그 안에 폭약을 장진하고 입구를 전색물로 밀폐한 다음 기폭시키는 발파방법. 내부장약발파라고도 하며 폭약을 발파하고자 하는 물체의 표면에 부착시키고 발파하는 외부장약발파에 비해 폭약의 에너지를 보다 유효하게 활용할 수가 있어 발파 효과가 좋다. ☞ 전색, 장전

첨장약(添裝藥, Base Charge) 뇌관의 기폭약 하부에 장전한 폭약. 기폭약의 폭력에 의해 기폭되며 뇌관의 폭력을 확대하여 주장약을 확실하게 폭굉시키는 용도로 쓰인다. 테트릴, PETN, RDX, TNT 등과 같이 폭속이 크고 기폭약에 비해 상대적으로 안전도가 높은 폭약을 사용한다.

초석(硝石) ☞ 질산칼륨

초시(秒時) ☞ 연시초시

초안(硝安) ☞ 질산암모늄

초안유제폭약(硝安油劑爆藥) ☞ 초유폭약

초안폭약(硝安爆藥, Ammonium Nitrate Explosive) 넓은 의미로 초안을 포함한 폭약을 통칭하지만 우리나라에서 초안폭약이라는 이름으로 생산되던 폭약은 니트로겔을 포함하지 않은 폭약과 포함한 폭약, 두 가지 형태의 초안폭약이 있었다. 전자는 DNN, TNT 등 니트로화합물을 포함한 폭약으로 1960년대에 생산되었고, 후자는 니트로겔을 6% 정도 포함한 것으로 감열소염제를 포함한 탄광용 초안폭약과 포함하지 않은 일반용 초안폭약이 있었다. 폭속 3,000~4,000m/s, RWS 45~60%.

초유폭약(硝油爆藥, Ammonium Nitrate Fuel Oil) 프릴초안에 연료유를 혼합한 폭약. 취급이 편리하고 저렴하면서 안전하기는 하나 위력이 약하고 내수성이 취약하며 인체에 유해한 후 가스가 발생하는 등 결점이 있어 사용에 제약을 받는다. AN-FO라고 약칭한다. 비중 0.85~0.95. 폭속 2,600~3,500m/s.

초화(硝化, Nitration) 유기화합물의 분자 속에 있는 수소원자를 니트로기($-NO_2$)로 바꾸어 주는 일. 화약으로 사용되는 대표적 초화硝化 생성물로는 NG(니트로글리세린), TNT(트리니트로톨루엔), NC(니트로셀룰로오즈) 등이 있다. 다음의 세 종류가 있다.

1) 에스테르화Esterification

$$C\text{-}OH + HNO_3 \rightarrow C\text{-}O\text{-}NO_2 + H_2O$$

질산에스텔

2) 니트로화Nitrification

$$C\text{-}H + HNO_3 \rightarrow C\text{-}NO_2 + H_2O$$

니트로화합물

3) 니트롤리시스Nitrolysis

$$C\text{-}N^- + 2HNO_3 \rightarrow C\text{-}O\text{-}NO_2 + N\text{-}NO_2 + H_2O$$

질산에스텔 니트라민

추진약(推進藥, Propellant) 물체를 추진하는 데 쓰는 화약. 추진약이 연소할 때 발생하는 가스를 노즐 등을 통해 분출시켜 그 반동으로 물체를 추진시킨다.

추진제(推進劑) ☞ 추진약

ㅋ

카리트(Carlit) 과염소산염을 주로 한 폭약의 일종.

코벡스(KoVEX) (주)한화에서 생산하던 슬러리폭약의 상품명. ☞ 함수폭약

ㅌ

타정총(打釘銃) ☞ 건설용 타정총

탄광용 폭약(炭鑛用爆藥) ☞ 검정폭약

탄진(炭塵, Coal Dust) 석탄 채굴 시 발생하는 석탄 미분말. 공기 중에 부유되어 탄진폭발의 원인이 된다.

탄진폭발(炭塵爆發, Coal Dust Explosion) 공기 중에 부유된 석탄의 미립자가 폭발하는 것. ☞ 분진폭발, 이차 폭발, 갱내폭발

탄화(炭化, Carbonization) 일반적으로는 유기화합물이 열분해나 화학적 변화에 의하여 탄소로 변화하는 것을 말하나 여기서는 흑색화약의 원료인 목탄(숯)을 굽는 것을 뜻한다.

탈초(脫硝, Denitration) 초화에 사용한 폐산은 황산이 주성분이지만 소량의 질산과 수분도 포함하고 있다. 폐산에서 질산을 회수하는 것을 탈초라고 한다.

테트라센(Tetracene, Tetrazene) 무색 또는 엷은 황색 결정. 분자량 188.2. 발화점이 약 140℃로 뇌홍보다 낮고 마찰감도, 충격감도는 뇌홍과 유사하다. 기폭약으로 사용되었다.

테트릴(Tetryl) Trinitro 2,4,6-phenylmethyltetramine 또는 Tetranitromethylaniline. 황색 분상 물질. 분자량 287.2. 산소평형 47.4%. 폭속 7,500m/s. 발화점 185～195℃, 독성이 있고 물에 녹지 않는다. 뇌관의 첨장약, 군용폭약 등에 사용된다.

토제(土提, 흙둑, Earth Bound, Earth Barricade) 폭발의 위험이 있는 공실, 화약류 저장소 등의 주위에 설치한 방폭을 위한 흙더미.

트라우즐 테스트(Trauzle Lead Block Test, Trauzle Test) ☞ 연주시험

트리니트로페놀(Trinitrophenol) ☞ 피크린산

티엔티(TNT, Trinitrotoluene) 2,4,6-Trinitrotoluene. 무색 또는 담황색 사방 육면체 결정. 융점 30～75℃. 물에 불용. 발화점 300℃이상. 산소평형 -73.9%. 폭속 6,800～7,000m/s. 일반적으로 톨루엔을 초화하여 MNT를 만들고 DNT, TNT를 합성하는 삼단三段 초화법으로 합성한다. 발파용 폭약, 뇌관 첨장약 및 군용폭약으로 사용된다.

ㅍ

펜스리트(Penthrit) ☞ 피이티엔

폐산(廢酸, Spent Acid) 질산에스텔 또는 니트로화합물을 초화하고 남은 산. ☞ 탈초

폭굉(爆轟, Detonation) 물체가 발열 화학반응을 수반하며 분해될 때 화염이 발생하는데 화염의 전파속도가 매질 중의 음속보다 빠르면 화염면 직전에서 불연속적인 압력의 융기가 일어나며 충격파가 발생되어 반응속도가 급격히 빨라진다. 이 현상을 폭굉이라 하며 연소와는 구별된다. 연소에서 폭굉으로 옮겨질 수가 있으며 그 변화는 급격히 일어난다. 폭굉반응을 하는 화약류를 폭약이라 한다.

폭굉속도(爆轟速度, Detonation Velocity) 폭굉파의 속도. 폭발속도이라고도 하며 보통 폭속으로 약기한다. 동일한 화약이라도 화약의 장전비중, 약경 등에 따라 차이가 난다.

폭발(爆發, Explosion) 여기서는 화약의 폭발을 의미한다. 화약이 분해반응을 하면 연소 또는 폭굉에 이르는데 보통은 폭굉을 폭발이라고 한다. ☞ 폭굉

폭발금속가공(爆發金屬加工, Explosives Working of Metals) 화약의 폭발력을 이용하여 각종 금속을 가공하는 일. 폭발가공이라고도 하며 화약과 금속을 직접 접촉시키고 폭발시키는 직접법과 금속과 화약 사이에 매체를 넣고 하는 간접법이 있는데 다음과 같은 다양한 분야가 있다.

1) 폭발성형(爆發成形, Explosive Forming)
2) 폭발경화(爆發硬化, Explosive Hardening)
3) 폭발압축(爆發壓縮, Explosive Compaction)
4) 폭발용접(爆發鎔接, Explosive Welding)
5) 폭발절단(爆發切斷, Explosive Cutting)
6) 폭발압접(爆發壓接, Explosive Cladding)
7) 폭발확관(爆發擴管, Explosive Expanding, Tube to Tube plate Welding)
8) 폭발합성(爆發合成, Explosive Synthesis)
9) 폭발체결(爆發締結, Explosive Jointing)
10) 폭발주조(爆發鑄造, Explosive Casting)
11) 폭발충전(爆發充塡, Explosive Plugging)
12) 폭발라이닝(爆發라이닝, Explosive Lining)
13) 폭발리베트(爆發리베트, Explosive Rivet)

폭발속도(爆發速度, Detonation Velocity) ☞ 폭굉속도

폭발열(爆發熱, Heat of Explosion) 폭약이 폭발할 때 분해되어 만들어지는 분해 생성물들의 생성열의 합을 폭발 생성열의 합에서 뺀 열량. 열량계로 직접 측정하거나 분해 생성물의 종류와 양을 알면 계산식으로도 구할 수 있다.

폭약(爆藥, Explosive, High Explosive) 폭굉반응을 하는 화약류 ☞ 폭굉

폭속(爆速, Detonation Velocity) ☞ 폭발속도, 폭굉속도

폭분(爆粉, Priming Charge) 뇌관의 기폭약으로 사용되는 혼합 기폭약의 총칭. 뇌홍폭분(뇌홍 + 염소산칼륨), DDNP폭분(DDNP + 염소산칼륨), 아지화연 폭분(아지화연 + 염소산칼륨) 등이 있다.

폭연(爆煙, Deflagnation) 화약이 분해하여 반응하는 현상으로는 연소와 폭굉이 있으나, 포신砲身 속의 발사약과 같이 폭발적으로 연소하는 현상을 폭연이라 한다. 하지만 폭굉은 아니고 일종의 연소이다.

폭죽(爆竹) 불꽃놀이를 위해 만든 화공품(연화) ☞ 연화

폭파(爆破, Blasting) 화약을 이용하여 물체를 파괴하는 것. 산업용의 폭파를 발파라고 한다.

폭파해체(爆破解體) ☞ 발파해체

프릴초안 ☞ 질산암모늄

피복기(被覆機) ☞ 함약기

피이티엔(PETN) Pentaerithritol tetranitrate 또는 Tetranitropentaerithrit. $C-(CH_2-ONO_2)_4$. 무색결정. 분자량 316.1. 산소평형 -10.1%. 폭속 8,400m/s. 펜타에리스리톨을 농질산으로 초화하여 만들며 뇌관의 첨장약, 도폭선의 심약 등으로 사용한다. 니트로펜타라고도 한다.

피크린산(Picric Acid, 2,4,6-Trinitrophenol) 분자량 229.11. 발화점 310℃. 폭속 7,100m/s. 군용 폭약의 작약炸藥으로 사용되었다.

ㅎ

한계약경(限界藥經, Critical Diameter) 일반적으로 산업용폭약은 어느 약경 이하가 되면 폭굉이 지속되지 못한다. 폭굉이 1미터 이상 전달되는 최소 약경을 한계약경이라 한다. 임계약경이라고도 한다.

함수폭약(含水爆藥) 물을 포함하고 있는 폭약이라 하여 함수폭약이라고 한다. 슬러리폭약과 에멀젼폭약 두 종류가 있다.

1) 슬러리폭약(Slurry폭약) : 1956년 미국의 M. A. Cook과 캐나다의 H. E. Farnam이 발명하였다. AN-FO에 물과 가교제(Guar Gum)을 가하여 슬러리 상태로 만들고 예감제로 알루미늄 분말과 TNT를 사용하였다. 그 후 비금속 가연제와 MMAN등을 예감제로 사용하는 슬러리폭약으로 발전하였다. Oil in Water(O/W)형의 함수폭약으로 저온에서는 기폭되지 않는 단점이 있다.
2) 에멀젼폭약(Emulsion폭약) : Water in Oil(W/O)형 함수폭약으로서 산화제 용액과 Oil을 유화한(Emulsifing) 후, 예감제를 혼합한 폭약이다. 저온 기폭성과 위력이 슬러리폭약보다 뛰어나다. 1961년 미국의 R. S. Egly가

W/O(Water in Oil)형 에멀전과 O/W(Oil in Water)형 슬러리를 혼합한 형태의 폭약을 만든 것이 에멀전폭약의 시초이다. 1963년 미국의 N. E. Gehrig이 슬러리를 포함하지 않는 에멀전을 개발하였고 1972년 G. R. Catermole이 MMAN 등을 사용하여 폭굉감도를 증가시킴으로써 소구경 발파가 가능한 에멀전폭약이 개발되었다. 1977년 미국의 Charles G. Wade가 예감제로 GMB(Glass microballoons)를 사용한 에멀전폭약을 만들었고 계속해서 Field loading기술, 지포장(Paper Cartridge)기술 등이 도입되면서 다이너마이트, 슬러리폭약의 수요를 대체해 가고 있다.

함약기(含藥機, Spinning Machine) 도화선, 도폭선을 만드는 기계를 말한다. 피복기라고도 한다.

헥소겐(Hexogen, Trimethylene trinitramine, Research Department Explosives) 분자량 223.13. 무색 사방 결정. 산소평형 -21.6%. 발화점 230℃. 폭속 6,080m/s(비중 1.0), 8,500m/s(비중 1.7). RDX로 약기한다. 주로 군용으로 쓰이지만 뇌관의 첨장약, 도폭선의 심약 등에도 사용된다.

혼산(混酸, Mixed Acid, Acid Mixture) 초화를 할 때 질산을 단독으로 사용하면 초화 반응 시 생성된 물 때문에 질산의 초화력이 약해진다. 따라서 생성되는 물을 제거할 수 있는, 즉 탈수기능을 가진 것을 섞어 주는 것이 필요하다. 주로 황산이 사용되는데 이처럼 질산과 황산을 섞은 것을 혼산이라고 한다.

화공품(火工品) 화약류를 사용 목적에 맞도록 가공한 것을 말한다. 군용 탄약류(Ammunition)와 뇌관, 도화선 등 산업용 화공품(Blasting Supplies), 연화(Fireworks), 신호기기(Signals) 등을 말한다.

후가스(後Gas) ☞ 유독가스

흑색화약(黑色火藥, Black Powder) 질산칼륨, 유황, 목탄(木炭)을 원료로 하여 만든 화약. 목탄 때문에 색이 검다고 하여 흑색화약이라고 한다. 분상粉狀흑색화약, 구상球狀흑색화약, 입상粒狀흑색화약 등이 있다. 분상흑색화약은 도화선의 심약으로 사용되며 구상 및 입상화약의 재료가 된다. 구상흑색화약은 광산용鑛山用 흑색화약이라고도 하며 채석 발파에 사용되고 입상흑색화약은 추진제로 사용된다.

英韓 對比表

Abel Test	아벨 내열시험	Ammonium perchlorate	과염소산암모늄
Ammonium Nitrate Fuel Oil	초유폭약	AN	질산암모늄
AN-FO	초유폭약	AP	과염소산암모늄
BlackPowder	흑색화약	Blasting Cap	공업뇌관
Booster	전폭약	Bridge Wire	전교
Brisance Test	맹도시험	Bulk Loading	벌크로딩
Caking	고화	Cap Sensitivity	뇌관 기폭성
Closed Bomb	밀폐 폭발시험기	Collodion Cotton	약면약
DDNP	디아조디니트로페놀	Detonation Velocity	폭굉속도
DNB	디니트로벤젠	DNN	디니트로나프탈렌
DNT	디니트로톨루엔	Dope	도프
DS	연소초시		
Emulsion Explosive	에멀젼폭약		
Field Slurry Mixing System	벌크로딩		
Gap Test	순폭시험	Gasless Delay Powder	무가스화약
GMB	미소중공구체	Gun Cotton	강면약
Heat Test	내열시험	HMX	옥토겐
Heat of Explosion	폭발열		
LA	아지화연	Lead Azide	아지화연
Leg wire	각선		
Mercury Fulminate	뇌홍	MF	뇌홍
MMAN	질산모노메칠아민	MNN	모노니트로나프탈렌
MNT	디니트로나프탈렌	MS	연소초시
Nathan's method	나산법	NC	면약
NG	니트로글리세린	Nitration	초화
Nitrocellulose	면약	Nitroglycerine	트로글리세린
Nitrogel	니트로겔	Non-Cap sensitivity	뇌관 비기폭성
Non-electric Detonator	비전기뇌관		
Oxygen Balance	산소평형		
Penthrit	피이티엔	Percussion Cap	격발뇌관
Permissible Explosive	검정폭약	Permitted Explosive	검정폭약
PETN	피이티엔	Picric Acid	피크린산
Plain Detonator	공업뇌관		
RDX	헥소겐	RWS	스트렝스
Safety Fuse	도화선	Sieving	사분
Shock Tube	쇼크 튜브	Signal Tube	시그널 튜브
Slurry Explosive	함수폭약	Specific Volume of Gas	가스 비용
Tetracene	테트라센	Tetryl	테트릴
TNN	트리니트로나프탈렌	TNT	티엔티
Trauzle Test	연주시험		
Underground Blasting	갱내발파	Urea Nitrate	질산요소
Water Gel	함수폭약		

{參考文獻}

1. 古文獻

1. 高麗史　2. 高麗史節要　3. 朝鮮王朝實錄　4. 備邊司謄錄　5. 承政院日記
6. 西厓集　7. 青莊館全書　8. 醫林撮要　9. 醫門寶鑑　10. 金匱秘方
11. 鄕藥救急方　12. 東醫寶鑑　13. 新傳煮硝方　14. 弘齋全書　15. 神器秘訣
16. 萬機要覽　17. 東槎錄　18. 藥泉集　19. 四佳集　20. 慵齋叢話
21. 熱河日記　22. 朝天航海錄　23. 使和記略　24. 經國大典　25. 續大典
26. 大典通編　27. 大典會通　28. 續陰晴史　29. 陽村集　30. 林下筆記
31. 戊午燕行錄　32. 星湖僿說　33. 東史綱目　34. 潛谷先生遺稿　35. 燃藜室記述
36. 牧民心書　37. 新增東國輿地勝覽　38. 郊隱文集(火藥庫記)　39. 大東野乘(海東雜錄)
40. 國朝寶鑑　41. 火砲式(新傳煮取焰焇方)　42. 五洲衍文長箋散稿
43. 燕行錄選集(薊山紀程, 燕行日記, 心田稿, 燕轅直指, 夢經堂日史)

2. 舊韓末 近代政府記錄

1. 舊韓末 官報(內閣 法制局 官報課)
2. 舊韓末 駐韓日本公使官 記錄
3. 總關去函
4. 舊韓末 宮內府案
5. 統監府文書
6. 舊韓末 駐韓 日本公使館 文書
7. 舊韓末 各國 條約
(韓美通商條約 稅則, 韓獨條約 稅則, 韓英條約 稅則, 韓伊條約 稅則, 韓佛條約 稅則,
韓白條約 稅則, 韓丁條約 稅則, 韓墺修好通商條約, 朝日通商章程, 朝日閒行里程約條,
朝俄陸路通商章程, 韓淸通商條約)

3. 日帝强占期 朝鮮總督府 文書

1. 朝鮮總督府 官報
2. 大正 元年～昭和 15年間 火藥庫臺帳, 警察廳 警務局
3. 大正 2年～昭和 17年 火藥類假貯藏所臺帳, 警察廳 警務局

4. 大正 2年～昭和 17年 火藥類倉庫臺帳, 警察廳 警務局
5. 昭和 11年 新築工事關係書類綴, 警務局發破硏究所
6. 昭和 14～16年 以前 火藥關係書類綴, 物資調整 第2課
7. 昭和 17年度 火藥關係書類綴, 物資調整 第二課
8. 昭和 15年 發破技術員養成所 關係書類綴
9. 昭和 16年 發破技術員養成所 關係書類綴
10. 昭和 17年 發破技術員養成所 關係書類綴
11. 昭和 15～16年 警察官 敎養關係綴, 警務課
12. 昭和 8～15年間 火藥類取扱主任 免狀 臺帳

4. 大韓民國 政府文書

1. 國務會議錄(1953～54, 1957～59, 1961년, 1974, 1981년)
2. 次官會議錄(1959, 1961년)
3. 行政訴訟 判例
4. 國務總理室 保存文書(1954)
5. 商工部 保存文書(1954)
6. 大韓民國 官報
7. 公報室 視聽覺 記錄物(1956년 公報室 製作)

5. 新聞記事

1. 1910年 以前
   獨立新聞, 大韓每日新報, 漢城旬報(週報)
2. 日帝强占期
   東亞日報, 朝鮮中央日報, 大韓每日新報, 中外日報, 時代日報
3. 解放 以後
   서울新問, 聯合新聞, 大東新聞, 農民週報, 京鄕新聞, 朝鮮日報, 東亞日報

6. 統計年鑑類

1. 『統監府 統計年報』(1907年, 統監 官房文書課)
2. 『朝鮮經濟年鑑』(1917年, 京城商業會議所編纂)
3. 中村資良, 『朝鮮銀行會社組合要錄』(1937年版, 東亞經濟時報社)
4. 『朝鮮銀行會社組合要錄』(1942年版)
5. 『朝鮮經濟年鑑』(1948年, 朝鮮銀行 調査部)
6. 『朝鮮經濟統計要覽』(1949년, 發行處 未詳, 仁荷大學校 中央圖書館 所藏)
7. 『全國主要企業體名鑑』(1956年版)
8. 國史編纂委員會 近代史 年表
9. 國史編纂委員會 韓國 近現代 會社·組合 資料(解放以後 會社資料)

10. 『韓國經濟年鑑』(1966~2007年, 全國經濟人聯合會)
11. 《調査月報》(1962년, 1966년, 韓國産業銀行 調査部)

7. 國內 著書

1. 洪以燮, 『朝鮮科學史』, 正音社(1946)
2. 全相運, 『韓國科學技術史』, 正音社(1975)
3. 김영식, 『中國 傳統文化와 科學』, 창작과 비평사(1986)
4. 김기웅, 『武器와 火藥』, 世宗大王紀念事業會(1977)
5. 정수일, 『씰크로드학』, 창비(2001)
6. 황덕상, 『火藥學 槪論』, (주)한화(1999)
7. 전범성, 『實錄小說 金鍾喜』, 서문당(1988)
8. 이병하, 『나만의 釉藥만들기』, 도서출판 예경(2004)
9. 『한화 仁川工場 50年』, (주)한화(2005)
10. 윤용이, 『韓國陶瓷史硏究』, 문예출판사(1993)
11. 崔晦炯, 『불과 消火藥劑』, 銀星文化(1992)
12. 『火藥製造實務』, 韓國火藥株式會社 第2工場(1985)
13. 洪文和, 『(新釋)東醫寶鑑』, 文學藝術社(1983)
14. 東醫文獻硏究室 編譯, 『(新編 · 對譯) 東醫寶鑑』, 법인문화사(2005)
15. 김홍두 외, 『化學과 現代生活』, 도서출판 대광서림(2006)
16. 『舊韓末條約彙纂(上卷)』, 國會圖書館 立法調査局(1964)
17. 『舊韓末條約彙纂(中, 下卷)』, 國會圖書館 立法調査局(1965)
18. 『朝鮮王朝法典集(1)』, (朝鮮經國典 · 經國大典 · 大典註解), 景仁文化社(1943)
19. 『朝鮮王朝法典集(2)』, (大典續錄 · 大典后錄續 · 各司受教 · 受教輯錄 · 新補受教輯錄), 景仁文化社(1943)
20. 『朝鮮王朝法典集(3)』, (續大典 · 大典通編), 景仁文化社(1943)
21. 『朝鮮王朝法典集(4)』, (大典會通), 景仁文化社(1943)
22. 『大典通編(上, 下)』, 서울大學校 奎章閣(1998)
23. 『韓國經濟政策 40年史』, 全國經濟人聯合會(1986)
24. 永川崔氏大同譜 編纂委員會, 『永川崔氏大同譜』, 大譜社(1993)
25. 『火藥製造實務』, 韓國火藥(株) 第2工場(1985)
26. 金載極, 『産業火藥과 發破工學』, 서울大學校 出版部(1986)
27. 김인덕 외 3인, 『科學文化』, 솔출판사(2005)
28. 國史大辭典編纂委員會, 『國史大辭典』, 教育圖書(1989)
29. 崔晦炯, 『불과 消化藥劑』, 圖書出版 銀星文化(1992)
30. 『工業火藥辭典』, 韓國火藥(株) 仁川工場(1987)
31. 南相郁, 『土木施工學』, 청운문화사(2004)
32. 『建設工事 標準품셈』, 大韓建設協會(2005)
33. 『爆發物 爆破實驗 資料集』, 京畿地方警察廳(2003)
34. 韓國科學史學會, 『新傳煮硝方 · 戎垣必備』, 誠信女大 出版部(1986)
35. 海軍士官學校(최두환 譯註解), 『火砲式諺解』, 海軍印刷廠(1997)
36. 『民族記錄畵로 본 韓國歷史』, 國家功勳宣揚會(2004)
37. 정재영 외, 『正祖代의 한글 文獻』, 문헌과 해석사(2000)

38. 정해은, 『韓國 傳統兵書의 理解』, 國防部 軍史編纂硏究所(2005)
39. 채연석 · 강사임, 『우리의 로켓과 火藥武器』, 韓國科學文化財團(1998)
40. 科學技術部, 『우리나라 科學史의 올바른 理解』, 韓國科學技術翰林院(2005)
41. 한국민족문화대백과사전 편찬부, 『한국민족문화대백과사전』, 한국정신문화연구원(1991)
42. 其他(辭典類)
    1) 『漢韓大字典』, 李相殷 監修, 民衆書林(1994)
    2) 『東亞玉篇』, 柳正基 監修, 圖書出版 東亞圖書(1891)
    3) 『理想 學習玉篇』, 理想社(1994)
    4) "NAVER 中國語辭典", 〔高麗大學校 民族文化硏究院 『中韓辭典』(2004)〕

8. 國內 論文

1. 노영구, "朝鮮後期 火器 發達史 硏究現況과 理解의 方向", 《學藝志》 第9輯(陸軍士官學校 陸軍博物館)(2002)
2. 이강칠, "韓國의 火藥兵器", 《學藝志》 第9輯(2002)
3. 孟元起, "韓國 火藥工業概觀", 《化學工學》 Vol. 3, No. 1(1965)
4. 許　塡, "우리나라 産業火藥의 課題", 《鑛山學會誌》 Vol. 6, No. 2(1969)
5. 金正起, "1880年代 機器局 · 機器廠의 設置", 《韓國學報》 Vol. 10
6. 金鍾聲, "유럽 火藥技術 發展의 史的考察", 《檀國大學校 化學工學科 碩士學位 論文》(1979)
7. 孫仙官 외 2, "火藥技術 發展의 史的考察에 관한 硏究", 《火藥發破》 Vol. 3, No. 1(1978)
8. 崔圭男, "舊韓末 外國 機械技術의 受容 過程", 《忠南大學校 工業敎育學科 碩士學位 論文》(1990)
9. 金一煥, "朝鮮初期 軍器監의 武器製造硏究", 《弘益大學校 史學科 博士學位 論文》(2000)
10. 朴官洙, "世宗의 國防 및 軍事分野의 業績에 關한 硏究", 《大田大學校 軍事學科 碩士學位 論文》(2004)
11. 許善道, "朝鮮前期 火藥兵器의 發達과 그 禁秘策", 東洋學學術會議 講演(1984)
12. ———, "麗末鮮初 火器의 傳來와 發達(上)", 《歷史學報》 24輯(1964)
13. ———, "麗末鮮初 火器의 傳來와 發達(中)", 《歷史學報》 25輯(1964)
14. ———, "麗末鮮初 火器의 傳來와 發達(下)", 《歷史學報》 26輯(1965)
15. ———, "李朝中期 火器의 發達(上)", 《歷史學報》 30輯(1966)
16. ———, "李朝中期 火器의 發達(下)", 《歷史學報》 31輯(1966)
17. 李培鎔, "舊韓末 美國의 雲山金鑛 採掘權 獲得에 대하여", 《歷史學報》 50輯(1971)
18. 柳承宙, "朝鮮後期 硫黃鑛業에 관한 硏究", 《李弘植 博士 華甲記念 韓國史學論叢》(1969)
19. ———, "朝鮮後期 軍需工業에 관한 一硏究", 《軍史》 第3號(1981)
20. ———, "17世紀 私貿易에 관한 一考察", 《弘大論叢》 Vol. 10(1978)
21. 許泰玖, "17世紀 朝鮮의 焰硝貿易과 火藥製造法 發達", 《서울大學校 國史學科 碩士學位 論文》(2002)
22. 李旺茂, "17~18世紀初 鳥銃製造에 關한 硏究", 《京畿大學校 史學科 碩士學位 論文》(1996)
23. 朴星來, "우리나라 '火藥의 아버지' 崔茂善", 《火藥發破》 第13卷 第3號(1995)
24. 박제광, "東아시아 三國의 火器製造와 交流", 《學藝志》 第5輯(1997)

9. 外國 文獻 · 著書

1. 曾公亮 · 丁度, 『武經總要』(1044)
2. 徐兢, 『宣和奉使高麗圖經』(1124)

3. 宋應星,『天工開物』(1637)
4. 藪內 淸(전상운 역),『中國の 科學文明』, 민음사(1997)
5. 사꾸라이 히로무(김희준 역),『元素 111の 新知識』, 아카데미서적(2000)
6. 길리스피(이필렬 역),『科學의 歷史』, 종로서적(1975)
7. 宋應星(崔炷 譯),『天工開物』, 傳統文化社(1997)
8. 요시다 미쯔구니(吳鎭坤 譯),『鍊金術』, 電波科學社(1974)
9. J. N. Bradley(朴肯植 · 崔星洛 譯), *Flame and Combustion Phenomena*, (火災 · 爆發 및 燃燒現象), 螢雪出版社(1979)
10. 大宮信光(오근영 역),『재미있는 化學常識』, 도서출판 맑은창 (2004)
11. 吉田信弘, 大西正夫,『火藥が心臟を救う』, ダイヤモンド社(1990)
12. *The MERCK Index(An Encycloprdia of Chemicals, Drugs, and Biologicals)*, 10th edition, MERCK & Co,. Inc.(1983)
13. Robert H. Perry, *Perry's Chemical engineers' handbook*, 6th edition, McGraw-Hill Book Co.(1984)
14. Allen G. Debus, *World who's who in science*, Marquis-Who's Who(1968)
15. 中原正二,『火藥學概論』, 產業圖書(1983)
16. 日本火藥工業會 資料編輯部,『一般火藥學』, 永興印刷(1994)
17. 有馬成甫,『火砲の 起源とその傳流』, 吉川弘文館(1962)
18. 大久保正八郎 外 1,『火藥と發破』, (株)オーム社(1971)
19. Sung Ying-hsing(translated from the Chinese and annotated by E-tu Zen Sun and Shiou-chuan), *Chinese technology in the seventeenth century*, Sun Dover Publications(1997)
20. 蔡仁堅,『科技的百科全書(10) 天工開物』, 臺北, 時報出版公司(1983)
21. 宋應星(藪內淸, やぶらちきよし譯),『天供開物』, 平凡社(1966)
22. 日本工業火藥協會編,『工業火藥ハンドブケ』, 共立出版(1981)
23. 日本火藥工業會 資料編輯部編,『火藥類取締法令の解說』, (平成8年)
24. 吉田光邦,『鍊金術』, 中央公論社(1971)
25. Melvin A. Cook, *The science of high explosives*, Reinhold Pub. Corp.(1958)
26. 東醫治療經驗集成 編纂委員會,『東醫治療經驗集成』, 平壤, 驪江出版社(2001)
27. Tenney L. Davis, *The Chemistry of Powder and Explosives*, John Wiley & Sons(1956)
28. Wang Xuguang, *Emulsion Explosives*, Metallurgical Industry press(1994)
29. Atlas Powder Co., *Explosives and Rock Blasting*(1987)
30. Tadeusz Urbanski, *Chemistry and Technology of Explosives*, Pergamon press(1964)
31. 木村 眞(李榮一 譯), "發破의 歷史",《火藥發破》Vol. 8, No. 1(1990)
32. Basil T. Fedoroff et al, *Encyclopedia of Explosives and Related Items*, Picatinny Arsenal(1962)
33. John A. Conkling, *Chemistry of Pyrotechnics*, Maecel Dekker, Inc.(1985)
34. 朝鮮技術發展史編纂委員會,『朝鮮技術發展史 3(高麗編)』, 平壤, 科學百科事典綜合出版社(1994)
35. 朝鮮技術發展史編纂委員會,『朝鮮技術發展史 4(李朝前期編)』, 平壤, 科學百科事典綜合出版社(1997)
36. 朝鮮技術發展史編纂委員會,『朝鮮技術發展史 5(李朝後期編)』, 平壤, 科學百科事典綜合出版社(1997)
37. T. Z. Blazynski, *Explosive Welding, Forming and Compaction*, Applied Science Publishers Ltd(1983)
38. S. Fordham, *High Explosives and Propellants*, 2nd Edition, Pergamon Press Ltd., England(1980)

10. 인터넷 홈페이지

1. http://www.kuksa.nhcc.go.kr(國史編纂委員會)
2. http://www.archives.go.kr(國家記錄院)
3. http://www.minchu.or.kr(韓國民族文化推進會 韓國古典飜譯院)
4. http://www.law.go.kr/(法制處 國家法令情報센터)
5. http://glaw.scourt.go.kr(大法院 綜合法律情報)
6. http://www.dlibrary.go.kr(國家電子圖書館)
7. http://www.nl.go.kr(國立中央圖書館)
8. http://www.nanet.go.kr(國會圖書館)
9. http://www.kinds.or.kr(韓國言論財團)
10. http://e-kyujanggak.snu.ac.kr(서울大學校 奎章閣 韓國學硏究院)
11. http://www.kisti.re.kr(韓國科學技術情報硏究院)
12. http://www.akhc.or.kr(韓國歷史文化硏究院)
13. http://lib.aks.ac.kr(韓國學中央硏究院 韓國學電子圖書館)
14. http://www.imhc.mil.kr(國防部 軍史編纂硏究所)
15. http://museum.kma.ac.kr(陸軍博物館)
16. http://www.kocoal.or.kr(大韓石炭公社)
17. http://www.koreanhistory.or.kr(韓國歷史情報統合시스템)
18. http://sjw.history.go.kr(承政院日記)
19. http://sillok.history.go.kr(朝鮮王朝實錄)
20. http://search.i815.or.kr(獨立紀念館 韓國獨立運動史 情報시스템)
21. http://www.nktech.net(北韓科學技術네트워크)
22. http://www.riss4u.net(韓國敎育學術情報院)
23. http://www.krpia.co.kr(KRpia)
24. http://khis.kyunghee.ac.kr(慶熙大學校 中央圖書館)
25. http://library.korea.ac.kr(高麗大學校 圖書館)
26. http://www.sangji.ac.kr(尙志大學校)
27. http://library.snu.ac.kr(서울大學校 中央圖書館)
28. http://libsvr.yonsei.ac.kr(延世大學校 中央圖書館)
29. http://lib.inha.ac.kr(仁荷大學校 靜石學術情報館)
30. http://www.naver.com(NHN株式會社)
31. http://museum.hanwha.co.kr(株式會社 한화, 火藥博物館)
32. http://www.bulnori.com(株式會社 한화, 불놀이닷컴)